机电工程新技术（2022）应用指南

（上册）

中国安装协会　组织编写

中国建筑工业出版社

图书在版编目（CIP）数据

机电工程新技术（2022）应用指南. 上册 / 中国安
装协会组织编写. — 北京：中国建筑工业出版社，
2021.9
　ISBN 978-7-112-26485-8

　Ⅰ. ①机⋯　Ⅱ. ①中⋯　Ⅲ. ①机电工程-高技术
Ⅳ. ①TH

中国版本图书馆 CIP 数据核字（2021）第 166504 号

　　　本书由中国安装协会组织编写。内容与《机电工程新技术2020》对应，共分为五个部
分，分别为建筑工程安装新技术、一般工业工程安装新技术、石油化工工程安装新技术、
电力工程安装新技术、冶金工程安装新技术。通过列举工程实例的方法，深入浅出的阐述
新技术的应用及产生的社会和经济效益，通过本应用指南，可更好地了解和掌握机电工程
新技术。
　　　本书适用从事相关工作的专业人员或对此感兴趣的相关人员。

　　　责任编辑：张　磊　李春敏
　　　文字编辑：高　悦
　　　责任校对：李美娜

机电工程新技术（2022）应用指南
中国安装协会　组织编写

*

中国建筑工业出版社出版、发行（北京海淀三里河路 9 号）
各地新华书店、建筑书店经销
北京鸿文瀚海文化传媒有限公司制版
北京建筑工业印刷厂印刷

*

开本：787 毫米×1092 毫米　1/16　印张：72¾　字数：1773 千字
2021 年 12 月第一版　　2021 年 12 月第一次印刷
定价：**218.00** 元（上、下册）
ISBN 978-7-112-26485-8
（37228）

审定委员会

主　　任：杨存成
委　　员：相咸高　郝继红　郑建华　刘建伟　王清训　殷炜东
　　　　　李云岱　王利民　宋　健　刘冬青　张　勤　杜正义
　　　　　范　凯　吴　瑞　唐艳明　杜　旭　马建国　陈　伟
　　　　　李学庆　黄尚敏　郭峰祥　纪勇军

编写委员会

主　　编：杜伟国
副 主 编：刘福建　徐贡全　汤志强　石玉成　祃丽婷

编写单位

主编单位：中国安装协会
参编单位：中国电力建设企业协会
　　　　　中国化工施工企业协会
　　　　　上海市安装行业协会
　　　　　上海市安装工程集团有限公司
　　　　　中建安装集团有限公司
　　　　　中国机械工业建设集团有限公司
　　　　　中建一局集团建设发展有限公司
　　　　　陕西建工安装集团有限公司
　　　　　山西省工业设备安装集团有限公司
　　　　　青岛安装建设股份有限公司
　　　　　苏华建设集团有限公司

上海宝冶集团有限公司

中国核工业二三建设有限公司

江苏启安建设集团有限公司

中建五局第三建设有限公司

兴润建设集团有限公司

陕西建工第一建设集团有限公司

陕西建工第三建设集团有限公司

南通市中南建工设备安装有限公司

福建省工业设备安装有限公司

中安建设安装集团有限公司

案例提供单位及编写人员：见各章节书稿。

前　　言

　　由中国安装协会组织编写的《机电工程新技术（2020）》已于2020年4月出版发行，该书按行业分类设为建筑工程、一般工业工程、石油化工工程、电力工程、冶金工程等五章，反映了近年来安装行业机电工程技术的创新发展。为使这些机电工程新技术得到更好的应用，协会继续组织了《机电工程新技术（2022）应用指南》（以下简称《应用指南》）的编撰。

　　《应用指南》延续了《机电工程新技术（2020）》的行业分类，对工程案例的成功实施进行重点叙述，为广大工程技术人员展现机电工程新技术在我国国民经济建设中取得的飞跃发展，力求使读者更好地了解、掌握新技术，推动新技术的推广、应用，促进机电安装工程技术、管理、效率、质量的进一步提高。

　　《应用指南》共收录工程案例187项，其中建筑安装工程39项、一般工业安装工程38项、石油化工安装工程19项、电力安装工程51项、冶金安装工程40项。工程案例既有单个专业、单个系统，如新型减振降噪技术、薄壁不锈钢洁净管道施工技术、冷梁系统施工技术，也有内容全面的成套技术如大型纸浆项目施工综合技术、大型乙烯裂解炉整体模块化建造施工技术，还有引领科技创新潮流的工业化、信息化建造技术如三维扫描点云技术及三维模型放样技术、基于BIM的工业管道安装技术、基于"互联网＋BIM"的机电项目管理技术等，着重从工艺流程、工艺过程、操作要点、实施总结等方面，介绍机电工程新技术的发展过程、主要关键技术、技术应用、技术指标及效益，内容丰富、数据详实，具有很强的实用性和指导性，体现了安装行业"大安装""高、精、尖""智能化"的鲜明特点。

　　《应用指南》可供建筑、工业、石油化工、电力、冶金等行业建设单位、施工单位、监理单位相关管理、技术人员在工程策划、方案编制、工程实施、工程验收等方面参考使用，也可选作安装专业技术人员的继续教育培训教材。

　　《应用指南》的编写得到了行业诸多企业、技术人员的大力支持，他们将在工程建设过程中通过技术研发、攻关所取得的丰硕成果无私地奉献出来，供行业共同学习、交流，在此表示衷心的感谢。

　　鉴于《应用指南》内容丰富，收录工程案例多、信息量大，且编写人员众多、编写时间有限，书中难免存在疏漏和不妥之处，恳请读者批评指正。

目　　录

（上册）

（下册）

1 建筑工程安装新技术

1.1 三维扫描点云技术及三维模型放样技术

1.1.1 技术发展概述

目前，施工现场的误差复测和现场放样还停留在传统的"尺量"阶段，大多以墙边、柱边为基准进行现场复测和放样，容易因为人工操作导致复测、放样偏差，造成工程返工。

在机电工程施工前进行现场三维扫描，复核现场土建施工误差，及时调整设计、施工方案，避免施工交叉及反复拆改。施工过程中应用三维模型放样技术，精准进行现场放样，从源头最大限度地减少施工误差。施工过程中应用三维扫描点云技术，对关键工序和施工过程进行施工误差的校核，及时调整，避免误差的积累造成管线交叉及返工。

1.1.2 技术内容

三维扫描点云技术是指利用三维激光扫描仪快速获得被测对象表面每个采样点空间立体坐标，得到被测对象的采样点（离散点）集合，即点云，导入点云分析软件中，生成三维点云模型。从点云模型中提取三维特征构建三维模型，通过在三维模型表面粘贴彩色纹理，可进行空间仿真、虚拟现实等可视化模拟操作。三维扫描设备包括扫描头、云台、三脚架和点云分析系统。

三维模型放样技术是指将三维建模软件导出的三维格式文件转换为移动端格式文件，用于移动端信息读取及建立放样任务，链接移动端设备与放样机器人，通过移动端设备进行可视化操控，实现自动化、高精度放样。三维模型放样设备包括移动端设备和放样机器人。

1.1.3 技术指标

（1）三维扫描技术应满足规范《地面三维激光扫描作业技术规程》CH/Z 3017—2015的要求。

（2）扫描仪球形标靶和全站仪棱镜的配准精度≤1.5mm。扫描数据整体拼接精度≤2mm。

（3）单站点云数据体量一般控制在 1G 内，并最大限度地还原现场情况。

（4）放样机器人架设的倾斜角度应控制在 5°以内。

1.1.4 适用范围

适用于工业与民用建筑工程机电系统的测量及放样。

1.1.5　工程案例

1. 北京中国尊项目

（1）工程概况

中国尊位于北京市朝阳区 CBD 核心区 Z15 地块，项目总用地面积 $11478m^2$，建筑高度 528m，集甲级写字楼、会议、观光、多功能中心等于一体。本工程为首幢在抗震 8 度设防的高设防烈度地区超过 500m 的超高层建筑，建成后成为北京市新的地标性建筑，社会影响大，施工技术复杂，质量和安全管理要求高。

（2）技术应用

1）三维扫描点云技术及三维模型放样技术重难点及解决途径

① 技术重难点

a. 现场坐标控制网的建立关系到点云数据和 BIM 模型的叠加精度。

b. 扫描点云数据的拼接、去噪，冗余数据的剔除等工作将直接影响点云数据的使用效果。

c. 局部施工误差的测量精度误差大，将导致对现场指导作用降低。

d. BIM 模型进行坐标转换时，由于软件兼容性等原因容易出现转换错误和无法识别等问题。

e. 现场三维模型放样时控制点、控制线或控制网的建立与选取直接关系到放样精度。

② 解决途径

a. 现场扫描及放样前进行现场勘察，提前确认控制轴线和扫描站点的架设。扫描前，在可视条件良好的区域布设标靶，保障点云数据和 BIM 模型的叠加精度。

b. 三维激光扫描仪采集的原始点云数据，通过扫描过程中布设的人工参考标靶或自然参考标志物或自动进行整体拼接，完成之后对整体的点云数据进行去噪、冗余数据的剔除，并和施工坐标系或现场轴网进行配准。

c. 现场真实的三维点云数据与设计 BIM 模型进行精确的配准后，利用专业的检测分析软件分析基础结构的整体偏差，色谱图通过颜色的深浅直观地显示出具体偏差值。三维扫描仪的数据可以输出为 RCP 格式，把转换成的 RCP 点云数据直接导入 Navisworks 软件，局部点云数据与局部模型数据精确配准后，进行碰撞分析和施工误差查找。

d. 根据放样任务，选取合适的若干控制点，通过软件设置进行控制点、控制线或控制网的建立，复核后进行现场放样工作。

2）三维激光扫描技术实施方案

三维激光扫描仪具体扫描检测施工流程如图 1.1-1 所示。

① 现场踏勘

确定扫描站点的架设和具体扫描时间，方便后期扫描测量和全站仪测量的具体实施。并充分考虑光照等各种情况，同时也要对现场可能会影响扫描实施的影响因素（如建筑垃圾、现场工人施工等）加以清除。

② 施工控制网布设

为满足项目测量精度要求，需在现场布设高精度的施工控制网。施工控制网以土建轴网为基准，在对现场土建轴网复核无误的情况下，对扫描现场进行踏勘，充分考虑通视、

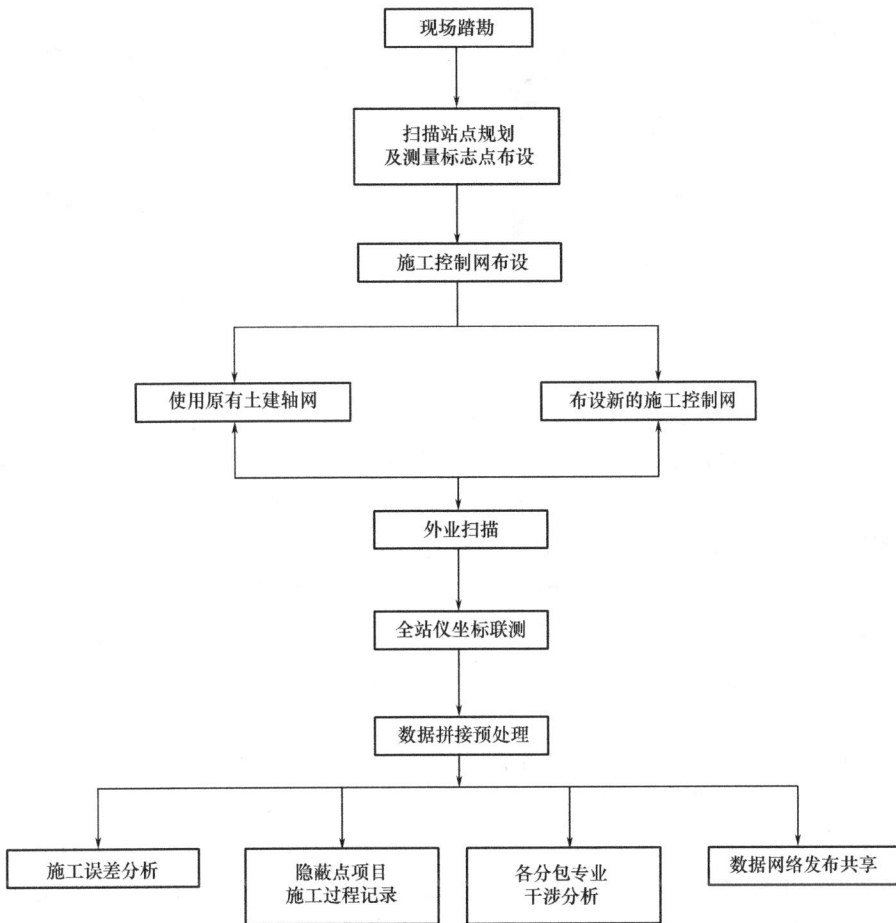

图 1.1-1 三维激光扫描仪具体扫描检测施工流程图

覆盖、测站距离、建筑物拐角、测量精度等情况选择合适的测量控制点位置。然后，将测量专用的木方和带有十字丝的测量钉固定在控制点的位置，并将该测量钉作为测量控制点。将测量控制点做标记，便于后期的查找。

③ 测量标志点布设

在扫描测量方案中，需要将扫描坐标系和施工坐标系（轴网坐标）进行高精度匹配，在进行扫描工作之前，需要将用于扫描仪和全站仪联测的标志点提前布设好。根据前期现场踏勘情况，合理布置扫描仪的具体扫描站点。在扫描仪的各个站点布设用于联测扫描坐标系与施工坐标系的棋盘板和球形标靶。

为保证坐标匹配精度，用于坐标转换的标靶应使用球形标靶。扫描仪是一种面测量设备，为了实现扫描坐标和全站仪测量坐标的匹配，必须有能从点云数据中精确提取单点坐标的标靶，而目前扫描仪识别的主要标靶是图 1.1-2 所示的黑白棋盘格标靶和球形靶标，球形标靶球心提取精度在 0.6mm 左右，棋盘格平面标靶的点位提取精度在 4mm 左右，而且全站仪测量棋盘格标靶只能通过无棱镜测距的方式，降低了测量的精度，所以现场扫描数据和全站仪数据联测应使用球形标靶。通过这种方式，保证扫描数据整体拼接精度在 2mm 以内。

图 1.1-2　用于坐标联测的球形标靶，棱镜和平面标靶

④ 外业扫描测量

根据前期勘察的结果，按照测量需求和范围进行外业扫描，扫描过程合理布置站点，兼顾扫描的数据精度和效率。根据 FARO 三维激光扫描仪一般参数设置原则，数据扫描的分辨率可设置为 1/4 或 1/5，质量设置为 3 倍或 4 倍，在保证点云密度的同时，最大限度地控制噪点的产生。在扫描的同时，获取现场的全景彩色照片，由扫描仪的内置相机完成。360°全景照片分辨率为 7000 万像素，单站测量时间控制在 5min 左右。单站原始扫描数据经过高压缩算法，数据量在 135M 左右，数据经解压为标准点云数据格式如 E57、XYZ 格式后，数据大小为 1G 左右，最大限度地还原现场情况。

⑤ 全站仪坐标联测

利用高精度全站仪，测量上述布设的球形标靶，留作后期坐标系统配准使用。扫描仪球形标靶和全站仪棱镜的配准精度必须在 1.5mm 以内，以保证整体数据的拼接精度。

⑥ 数据拼接预处理及转换输出

三维激光扫描仪采集到的原始点云数据，通过扫描过程中布设的人工参考或自然参考进行整体拼接，完成之后对整体的点云数据进行去噪、冗余数据的剔除，并和施工坐标系或现场轴网进行配准，如图 1.1-3 所示。

图 1.1-3　整体三维点云

4

⑦ 施工误差色谱分析模拟

施工误差色谱分析模拟所使用的软件是 Geomagic Control 三维检测软件，利用一系列广泛的计量工具，如硬测头和非接触式扫描仪获取数据，使客户能显著节约时间并提高检测精度，同时还具备轻松地对复杂结构进行自动化处理的能力。形位公差、硬测和方位检查功能够加快对被检测物体的测量速度并提高其准确度，并且 Geomagic Control 还可以智能创建三维 PDF 报告。通过这个功能丰富的软件平台、结合三维扫描仪，可以在待检测对象上方便地进行编辑、CAD 比较、GD&T 等自动化操作。

Geomagic Control 检测分析基本流程如图 1.1-4 所示。

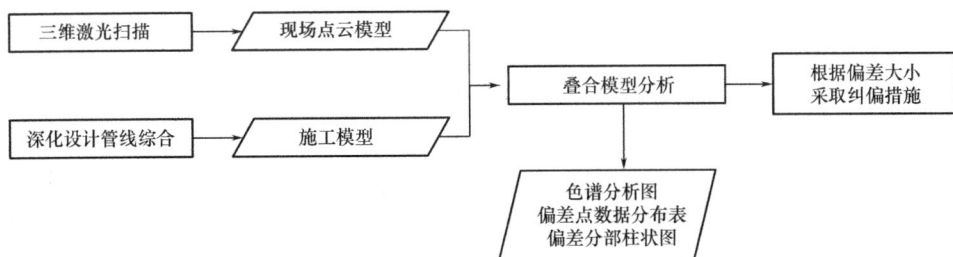

图 1.1-4　Geomagic Control 检测分析基本流程

经过数据获取和模型转换等工作之后，Geomagic Control 软件会自动对施工偏差进行全面的三维分析，并直观地以色谱图的形式表示出来。除此之外，还可对指定标高位置进行二维分析，指定墙面的平整度分析、垂直度分析等多种分析检测手段。

3）拓普康 LN-100 放样机器人 BIM 放样技术实施方案

拓普康 LN-100 放样机器人剔除了传统全站仪的众多复杂功能，加入了自动跟踪、找准的自动化跟踪技术，使得设备的操作便携性提高（图 1.1-5）。

图 1.1-5　拓普康 LN-100 现场实测

LN-100 现场施工放样流程如图 1.1-6 所示。

① 数据准备

为了方便将 Revit 模型数据能够轻量化并能在平板电脑中流畅运行，需要对 Revit 模型进行简单处理。将 Revit 模型以 IFC 格式导出，并通过 GeoBIM-ConverToPad 桌面端软件进行转换。通过转换软件，可以把 IFC、3DS、FBX 等的格式转换成平板格式。然后，

```
                        ┌─────────────────┐
                        │ 新建任务(添加模型) │
                        └────────┬────────┘
                                 │
                        ┌────────▼──────────┐
                        │ 添加放样点(模型轻量化) │
                        └────────┬──────────┘
        ┌────────────────────────┼────────────────────────┐
┌───────▼────────┐      ┌────────▼────────┐       ┌────────▼────────┐
│   从文件导入    │      │   从模型上提取   │       │   从模型上选点   │
│ (csv、txt格式)  │      │     特征点      │       │                 │
└────────────────┘      └────────┬────────┘       └─────────────────┘
                        ┌────────▼────────┐
                        │      设站        │
                        │ 架设仪器，开机，自动安平 │
                        └────────┬────────┘
        ┌────────────────────────┼────────────────────────┐
┌───────▼────────┐      ┌────────▼────────┐       ┌────────▼────────┐
│   已知点设站    │      │   后方交会设站   │       │   使用上一次     │
│                │      │                 │       │   设站数据       │
└────────────────┘      └────────┬────────┘       └─────────────────┘
            ┌────────────────────┴────────────────┐
    ┌───────▼───────┐                      ┌───────▼───────┐
    │   开始放样     │                      │   开始测量     │
    └───────┬───────┘                      └───────┬───────┘
   ┌────────┼────────┐                              │
┌──▼──┐ ┌──▼──┐ ┌───▼───┐              ┌───────────▼────────┐
│输入 │ │从已知│ │从模型  │              │ 记录实测坐标，检核   │
│放样 │ │点选择│ │选取    │              │ 相关位置准确性       │
│点   │ │放样点│ │放样点  │              └───────────┬────────┘
└─────┘ └──┬──┘ └───────┘                          │
     ┌─────▼──────┐                       ┌─────────▼────────┐
     │确定待放样点准确│                      │   导出测量成果    │
     │位置，记录实测坐标│                      └──────────────────┘
     └─────┬──────┘
     ┌─────▼──────┐
     │ 导出放样成果 │
     └────────────┘
```

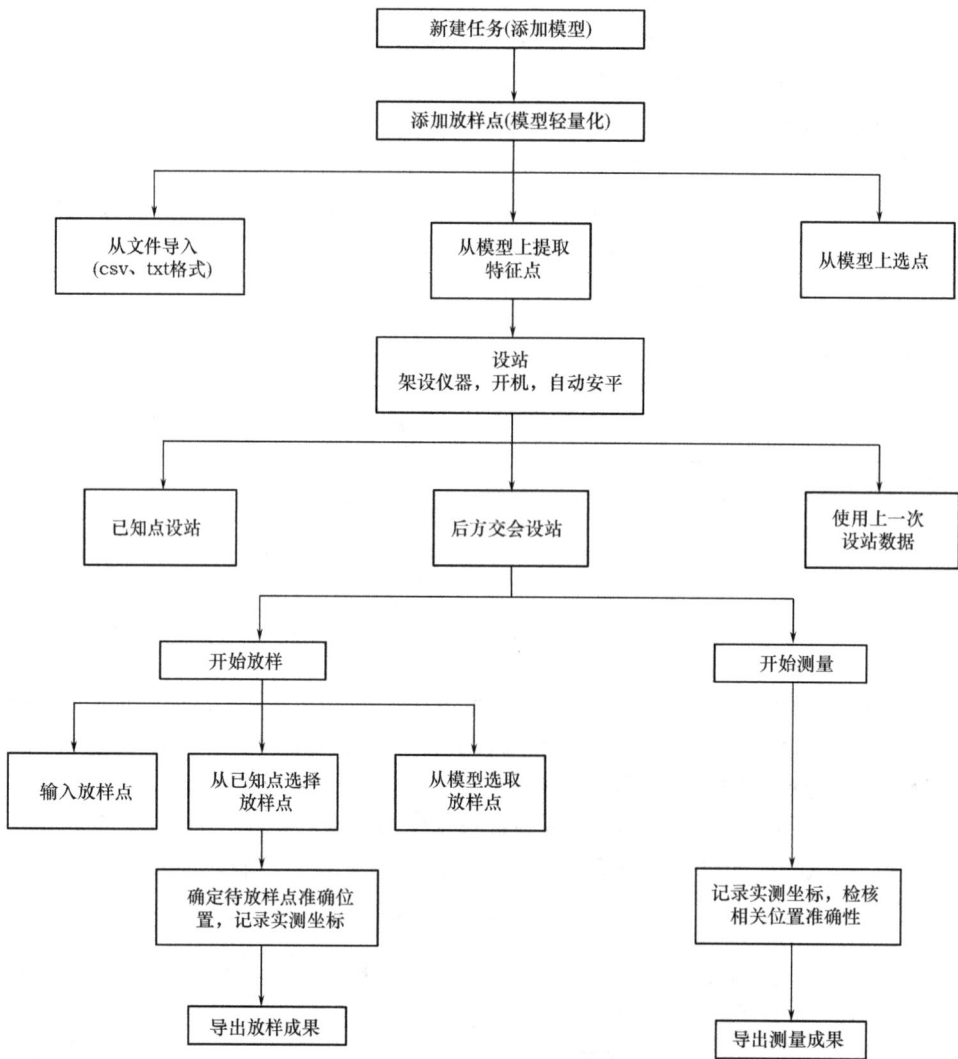

图 1.1-6　LN-100 现场施工放样流程图

建立放样任务、加入所在楼层的 BIM 模型，把要放样的点位准备列表在模型上直接提取，或者手工输入，或者导入在 PC 上准备的数据文件。如果遇到套管、吊杆等特殊形状的结构，需进行相关处理，具体处理事项如下：

a. Revit 建模中，对于例如吊杆等需要额外计算特征点的构件模型，需要对每个吊杆单独建模，保持独立接口，以便后期单独检索吊杆模型求取放样点。

b. 导入 GeoBIM 模型转换工具，在特征点提取模块，选取待提特征点构件组（吊杆）、选取需要放样的构件组（天花板、屋顶）后执行提取任务。

c. 将提取后的特征点文件拷贝至移动端进行导入。

② 现场设站

LN-100 具备自动安平功能，内置双轴补偿器补偿范围可达 5°，只要仪器架设的倾斜度不超过 5°，设备即可自动整平。之后打开平板电脑，将平板电脑与机器人进行连接，启动 APP，打开任务和上一步转换好的 BIM 模型，进行后方交会自由设站，这样可以在方便的位置架设仪器，然后用棱镜引导仪器跟踪测量两个或更多已知点，比如控制点，或者现场与模型能对应上的特征点，然后系统就自动计算出仪器的三维坐标，建立 BIM 模型与现场坐标系统的对应关系，完成设站。

后方交会法设站的优势：后方交会法相比把仪器架设在已知点更加方便，因为不需要找控制点、不需要精确对中、不需要人工整平（开机后自动安平），所以设站的过程比传统经纬仪或全站仪快得多。

③ 现场放样

按照模型中的三维坐标，定位到现场的准确位置，地面点、墙面点、空间点都可随意放样。指定一个放样点，仪器立即自动旋转到这个点的方向。然后手持棱镜找仪器正面的导向光，看到红色就向左移动，看到绿色就向右移动，同时看到红绿光，就表明在正确的方向上。仪器锁定并跟踪棱镜，直到完成精确定位。

放样机器人放样与传统放样方式对比见表 1.1-1。

放样机器人放样与传统放样方式对比表 表 1.1-1

BIM 机器人放样	传统方法
1 人即可完成	一般需要 2～3 人
自动整平，设站方便快捷	手动调节，受环境限制大
基于 BIM 模型，操作直观	需要图纸进行计算，抽象，易出错
一次操作锁定放样点	多次选择方可确定
操作简单，无需计算，无需专业测绘背景	手工计算轴线和距离，需要专业测绘人员才能操作
同步实测，自动记录	人工记录数据
自动检查放样结果	再次放样复查

4）三维激光扫描及 BIM 放样技术主要应用点

根据上述步骤，在施工的不同阶段获取的高精度三维彩色点云数据是对整个施工过程中现场环境的真实记录，也是后期机电安装的数据基础。同时也为相关数据分析工作和精度管控工作提供了可靠的数据支撑。

① 基于互联网的可实时量测 webshare 数据记录和共享

利用三维激光扫描仪标配点云后处理软件（webshare），可将现场获取的三维实景进行网络共享和发布，不同阶段获取的点云数据可上传至同一服务器，根据数据浏览权限，各单位可共享所有点云数据，并能在 webshare 网络共享数据中实时进行测量，业主单位也可根据各分包专业共享的 webshare 数据，全面掌握项目的整体情况。

② 土建及施工精度检测

土建在施工过程中不可避免地会产生误差，若按照原设计图纸深化出来的机电三维 BIM 模型与土建结构会产生不可避免的碰撞，该碰撞直接影响了后期机电管线的安装，甚至会产生材料浪费和工期的延误。所以，总包施工完成后的土建必须作为基础数据来采集，方便后期数据的查证。

经过配准的高精度三维点云数据可使用专业的检测分析软件分析点云数据（As-Built

数据）与 BIM 模型的整体偏差，包括平面度、垂直度、层高偏差等各项指标。该偏差数据可作为其他分包专业后期安装的指导。

③ 隐蔽点工程过程记录

隐蔽工程的施工过程记录一直是机电专业施工过程必不可少的环节，而传统的记录方式是以照片的形式为主，现场只能记录图片信息，而不具备实测实量的尺寸信息。三维激光扫描的方式在获取图片信息的同时，采集现场高精度的三维点云信息作为施工过程的记录，后期施工结束，可随时查阅某一阶段的真实数据信息。

④ 安装前的机电 BIM 模型和土建结构碰撞分析

机电 BIM 模型与土建结构安装前的碰撞分析是点云在机电专业中应用最核心的点。BIM 技术的应用，干涉检查碰撞分析解决了模型阶段机电设备、管线之间的内部碰撞关系，而该阶段对点云的使用则是解决模型阶段处理好之后的模型和真实土建结构之间的碰撞关系。经过这一过程，可以将机电管线与真实土建完成面的碰撞问题在安装之前得到有效解决，节约工期并减少材料的浪费，如图 1.1-7 所示。

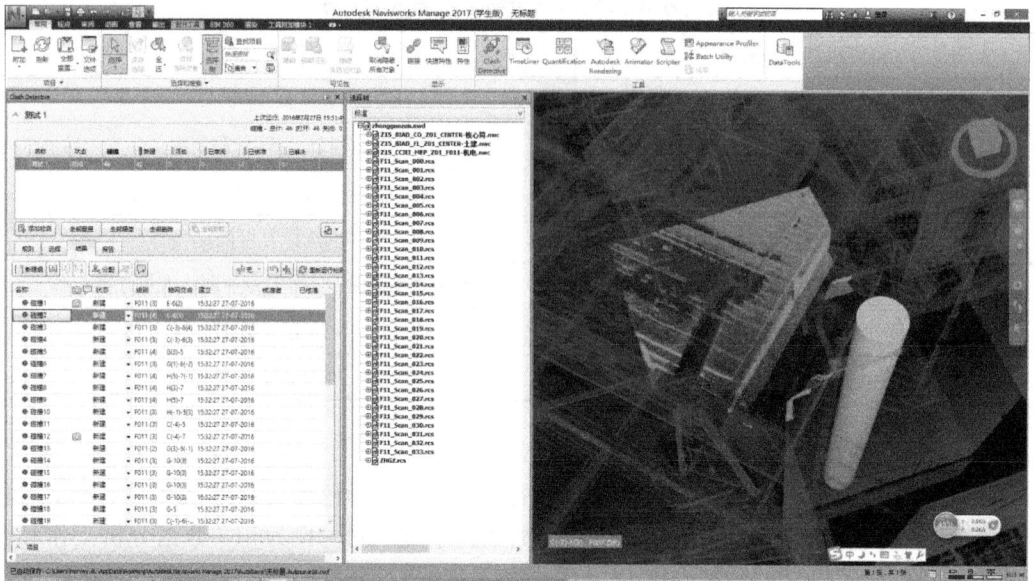

图 1.1-7　机电管线与土建结构碰撞分析

⑤ 机电管线安装精度复核复查

机电管线安装完成之后，单靠人工、钢卷尺很难全面复核出每个位置安装的准确性，而三维激光扫描仪很好地解决了这个问题，只需要很少的站点数，就能记录现场海量的数据信息，一次扫描获取的可为后面整个施工过程服务。

⑥ 施工完成数据存档及运维管理

整个项目完成，可将现场所有数据进行全方位无死角的扫描，将数据进行 webshare 网络发布，该数据可作为后期运维的数据依据。

（3）实施总结

本工程在现有设备、仪器功能的基础上，结合在医药、考古等行业中的应用特点，完成了三维扫描点云技术和三维模型放样技术的探索、研究、应用开发工作，开创了施工管理新模式，提高了现场施工质量和施工效率。

（提供单位：中建安装集团有限公司；编写人员：吴金龙、贺小军、冯德明）

1.2 基于"互联网＋BIM"的机电项目管理技术

1.2.1 技术发展概述

BIM技术从2003年引入我国建筑行业，历经多年的发展，在我国建筑领域的应用越来越广泛，政府、研究机构、建筑企业都在大力推动着BIM技术的应用。随着"互联网＋"的概念被正式提出后迅速发酵，各行各业纷纷尝试借助互联网思维推动行业发展，时代的进步要求建筑业必须要实现与互联网的融合，"互联网＋BIM"应运而生。

"互联网＋BIM"使项目管理发生革命性的变化，生产效率大幅提升，同时BIM技术能够提前预知和解决各专业冲突等其他问题，使建筑产品的品质得到提升。通过"互联网＋BIM"对建筑业价值链决定性关键要素进行重分配，即对工程量、建材设备产品价格、消耗量指标、造价等建筑产业链中工程信息透明化，使行业竞争变得更为健康。

目前，对于"互联网＋BIM"技术的应用集中在互联网的BIM云平台、智慧工地建设。

1.2.2 技术内容

基于"互联网＋BIM"的机电项目管理技术以BIM集成平台为核心，通过三维模型数据接口，集成项目机电、土建模型，将机电施工过程中的进度、质量、工艺、安全、材料等信息集成到同一平台，利用BIM模型的形象直观、可计算分析的特性，结合以互联网为载体的云计算分析能力，为施工工程中的进度管理、现场协调、材料管理、质量管理等关键过程提供可靠分析数据，使管理人员能够进行有效决策和精细化管理，减少施工变更、缩短工期、控制项目成本、提升施工质量。

（1）技术特点

1）采用互联网＋BIM技术对工程项目全过程信息、数据有效集成化，参与各方可进行协同办公和数据共享，使数据信息公开化、透明化。

2）通过对各环节的仿真，优化管理流程，控制项目的施工成本，达到机电项目精细化管理的目标。

3）构建多方参与的协同工作信息化管理平台，并建立数据标准，为运维管理提供标准化的数据存储和共享方式，将宏观管理和精细化管理的功能结合，提升管理效率和集成度。

4）积累项目管控信息，通过项目管控数据的大数据分析，辅助公司进行各项重大决策，降低决策风险。

（2）施工工艺

1）工艺流程：平台搭建 → 模型上传 → 挂接项目信息 → 云计算分析对比及预警提示 → 施工过程管控 → 管控信息更新至平台

2）平台搭建：针对项目需求与公司管控需求，搭建BIM协同管理平台，进行权限分配。以项目为单元，通过互联网形式实时共享项目数据。

3）模型上传：将原模型根据要求格式转换后上传至平台，并在后续过程中对模型不断更新。

4）挂接项目信息：将图纸、变更、进度、质量、物资等项目管理信息与 BIM 模型挂接，按照项目本身需求，平台软件自动分类归档各类清单及报表资料。

5）云计算分析对比及预警提示：通过平台软件云计算能力，将 BIM 模型与挂接的项目管理信息进行对比分析，自动生成分析报告。针对各类项目管控节点，平台软件根据云计算所得对比数据，进行预警提示。

6）施工过程管控：通过平台生成的预警提示、各类分析报告等信息，项目管理人员对项目管理全过程中出现的偏差，制定相应的应对措施，实现质量问题整改、安全施工管控、施工进度调整、物资管控等。

7）管控信息更新至平台：项目上的各类技术文件、影像资料等管控信息及时上传至平台，更新平台模型信息，进行管理信息反馈，完成信息闭环，实现项目的精细化管理。

1.2.3 技术指标

（1）《建筑工程设计信息模型制图标准》JGJ/T 448—2018；

（2）《建筑信息模型施工应用标准》GB/T 51235—2017；

（3）《建筑信息模型应用统一标准》GB/T 51212—2016；

（4）《建筑信息模型分类和编码标准》GB/T 51269—2017。

1.2.4 适用范围

适用于工业与民用建筑工程机电系统的设计、施工、运维全周期动态管理。

1.2.5 工程案例

1. 西安"三中心"（丝路国际会议中心、展览中心、奥体中心）项目

（1）工程概况

西安"三中心"（丝路国际会议中心、展览中心、奥体中心）项目位于陕西省西安市，总建筑面积 445.7 万 m^2。此项目属于大型的场馆综合体，场馆形式多样，工程安装具有体量大、工期紧、要求高、施工难度大、专业多、系统复杂等特点。

为提高项目管理水平和技术质量水平，确保工程创优，引入 BIM 技术进行深化设计并指导现场施工，对施工重点、难点问题及区域进行预判，并运用 BIM 技术对空调系统复核计算及气流组织模拟，对机房区域进行工厂化预制装配化施工，从而节约成本、工期，提高工程质量。

（2）技术应用

1）软硬件环境

通过自主开发、应用各类软件，大幅度提高了 BIM 建模效率（建模周期缩短 50％以上）、BIM 模型精细度、准确度（表 1.2-1）。

应用软件列表   表 1.2-1

基础软件	Revit、AutoCAD、Navisworks、Fuzor 等
自主开发 BIM 软件	翻模大师、中建安装支吊架布置系统、预留预埋软件、ISO 图绘制工具、机电设计系统、智能布管系统、中建安装族库等
BIM 工具	V-Ray 渲染工具

除了必备的 BIM 办公设备外，本项目还配备了 3D 扫描仪、VR 等先进设备，有效提高了 BIM 技术应用的效率及质量（表 1.2-2）。

硬件列表   表 1.2-2

设备名称	数量（台）	设备名称	数量（台）
3D 扫描仪	1	VR 设备	1
协同工作站 CPU：英特尔 R 至强 RE5 系列 八核处理器；内存：64G；硬盘 2TB	3	台式电脑 Intel(R)I7-7700K 32G 内存 2TB 硬盘 256G SSD	8
笔记本电脑 Intel(R)I7-9750H；32G 内存；1TB 硬盘	5	绘图仪 HPT790	3
多功能一体机 SAMSUNG CLX-9251	3	投影仪	3

2）机电模型创建

以 BIM 样板为基础、BIM 实施标准为指导、BIM 族库为保障进行建模，建模效率更高、质量更好。其次，通过引进一些软件提高建模效率，如自主研发的翻模软件，以宴会厅的喷淋建模为例，手动需要 3d 的工作量，而借助于翻模插件 3min 就可以完成，提高了建模的效率。翻模完成之后，还可以一键完成管径的复核。

3）机电管线综合

机电管线综合前，根据项目实际情况及特点制定了相匹配的深化原则：

① 满足设计意图和规范标准，保证机电功能的使用。

② 充分考虑机电系统施工、调试、检测和维修等技术要求和空间要求。

③ 尽可能保证最大净高，为业主获得更大使用空间并满足装修要求。

④ 遵循管线最优路径原则，以节省成本、降低资源损耗。

⑤ 综合机电管线排布必须要整齐、美观，满足业主对机电高品质的要求。

4）空调系统 BIM 计算模拟

首先通过气流组织模拟软件进行高大空间内气流组织模拟计算，准确分析出空间每一个点的温度场、速度场、二氧化碳分布场、相对湿度场。

其次通过自主开发的 BIM 机电系统设计计算插件，快速完成空调系统设计计算，在有限元分析的基础上进一步确保了风口位置、流速的合理性以及空调机组等设备参数的准确性，为空调系统设计、选型的合理性、舒适性提供技术支撑。

5）BIM＋支吊架应用

支吊架布置的合理、准确与否直接影响到管线施工的质量，甚至直接决定了现场能否根据管线综合排布结果进行施工，通过开发支吊架布置插件，可进行各种支吊架的自动选型及快速灵活准确布置，有效解决了项目支吊架数量庞大、形式多样、标准不一、建模难度大、计算困难、快速统计出图的问题。

支吊架预制加工详图，包含详细的支吊架信息，为支吊架的准确预制、施工提供保障。运用支吊架布置系统两天完成会议中心 2168 种支吊架计算书及预制加工详图，相比传统支吊架设置，节省 80% 以上的时间。

6）标准化出图

开发了一键标注插件，可快速完成符合规范、要求的图纸，准确指导现场的施工，确保项目 BIM 应用的顺利落地。

7）BIM＋预留洞应用

机电系统繁多，预留洞工作量大，开发了满足施工要求且可以自动识别管线保温尺寸的开洞插件，提高了开设预留洞口的准确性及效率，并降低了预留预埋留洞工作的时间。

在预留洞图中，包含详细的预留洞尺寸、标高及水平定位尺寸等详细信息，如图 1.2-1 所示。通过 BIM 技术应用，会议中心二次墙体预留洞仅用 1d 时间完成出图上报，有效节约 80% 的工作时间。

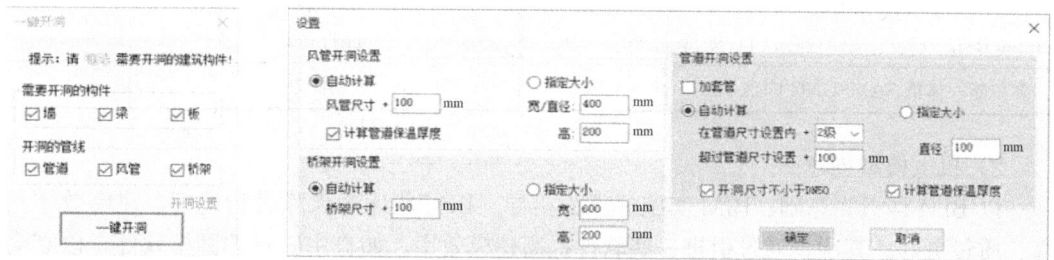

图 1.2-1　开洞插件布置界面

8）弧形管道施工

奥体中心体育场地上部分结构为椭圆形，针对弧形机电管线施工应用 BIM 技术，总结出了一套弧形管道的预制及施工方法，其流程为支吊架的设计、计算弦高、管线机械自动预制、支架、管线定位安装。

9）BIM＋装配化

为提高装配化施工的精度及质量，在本项目运用 3D 扫描仪进行机房实体扫描，并将扫描获取到的制冷机房点云模型导入 BIM 模型中，进行机房模型的精准深化。

为保证装配化施工顺利进行，根据项目各机房实际情况确定装配化施工方案；会议中心项目由于无吊装孔且运输坡道限高无法进行大模块拆分，进行小模块装配化施工；展览中心项目有吊装孔，进行泵组大模块的工厂化组装，现场整体吊装就位。

模型深化确定后进行管段拆分、利用化工单线图的出图方式完成装配式机房的预制加工详图绘制，单线图不仅能真实反映管线的走向，还能体现准确的尺寸信息，同时便于读图，不易出错。

对一些机房重点区域的施工，在施工前进行施工方案的模拟论证，会议中心制冷机房顶制支吊架及预制模块总质量达 28t，进行整体吊装模拟。根据模拟视频进行预制化交底、装配、运输、吊装及就位安装，并在后期制作了对比视频，项目在预制装配化施工基础上，上升为泵组大模块装配化施工，如图1.2-2所示。

图1.2-2 BIM＋模块化装配论证演示与现场装配

（3）实施总结

结合项目情况制定了BIM实施目标：BIM深化设计、BIM 5D、模拟大模块装配化、加强BIM平台应用探索、开展机电系统设计复核应用，均已落地应用。实现了项目的所见即所得，指导工程的实施；整体把控施工进度，项目多方、多专业协调管理，减少返工、节约材料，节约成本，提质增效；取得了良好的经济效益与社会效益，对机电方面空调系统BIM计算模拟、BIM＋电缆排布、BIM算量等应用进行了探索、改进与创新，为进一步发展BIM技术积累了宝贵经验。

（提供单位：中建安装集团有限公司；编写人员：王保林、李海滨、彭瑞恒）

2. 徐州城市轨道交通1号线

（1）工程概况

徐州市轨道交通1号线一期工程西端起点位于龟山西侧的路窝村站，止于高铁徐州东站，全线共18个站，其中地下站17座，高架站（路窝村站）1座。

（2）技术应用

1）工程特点难点

本工程工作内容包括轨道工程、系统机电、常规机电、特种设备、综合监控等。整个项目面临工程量大、工法多样、施工覆盖范围广、施工时间较短、作业面广、专业分工细等诸多难点。施工过程中还面临"三多一少"的问题，即作业面多、危险源多、质量控制点多、施工区域内可以利用的施工场地少。

2）BIM应用标准化工作流程

① 施工前准备

在项目初期，收集车站建筑结构、机电设计版（有效版本）、施工规范和标准等技术资料；熟悉图纸和有关技术规范，参加施工图设计交底，并做好记录。如图纸有局部变化或局部修改，应及时办理施工技术核定，仔细核对、理解有效设计图纸，提高 BIM 输出成果的可靠性。

② 标准化工作流程

建立了各专业设计的信息共享交流平台，制定统一 BIM 标准文件，策划书、BIM 项目管理要求等标准文件为技术后备依托，确定 BIM 驻场工程师以协助项目完成 BIM 技术的落地应用。

③ 深化前现场土建尺寸复核，建立模型

问题较多的是在临时出土孔位置，临时加固梁没有拆除，导致管道排布时需考虑此高度，就此结合现场进行深化工作，以及现场柱子尺寸和图纸对不上情况也有出现，因此在深化前，通过现场真实测量数据，与实际土建模型进行复核，如图 1.2-3 所示。

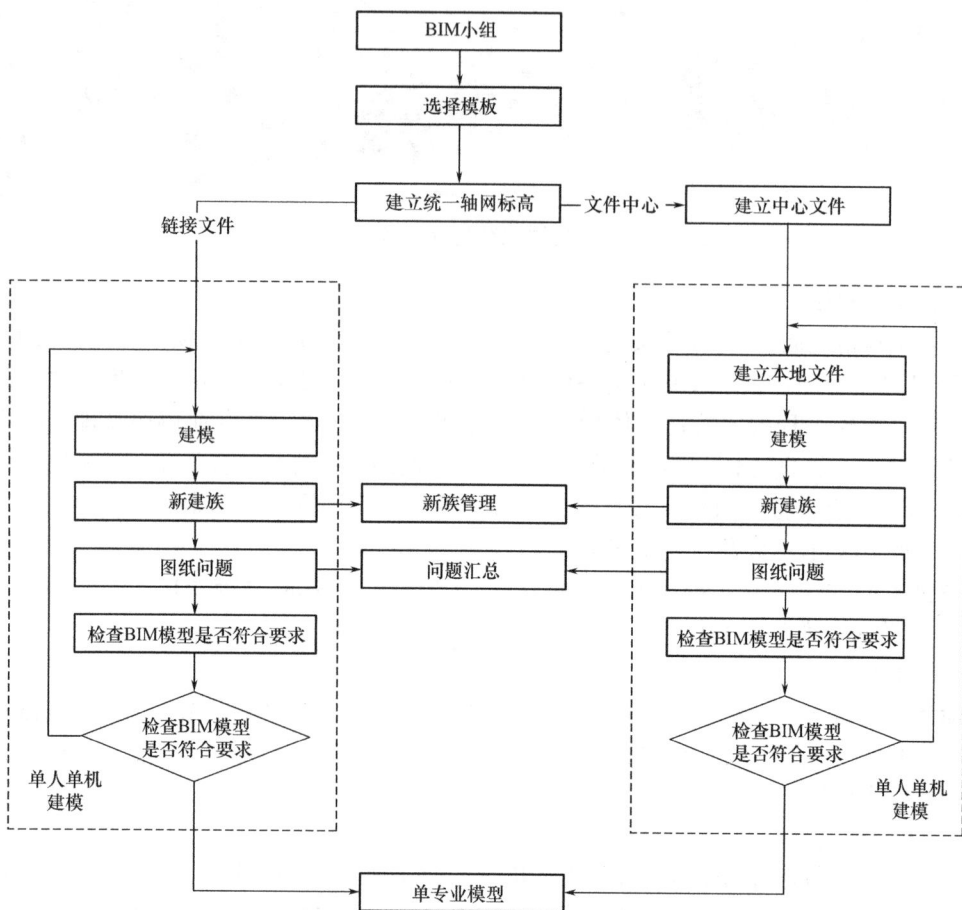

图 1.2-3　单专业模型建立

3）碰撞检测

传统 2D 图纸中即便做设计深化也很难考虑到各专业间的碰撞，通过 BIM 碰撞检查功能可以将设计中各自专业及各专业间的碰撞全部反馈给设计人员，同时自动生成检查结果报表，让项目参与各方以报表为依据进行及时、有效地沟通与协调，减少设计变更及施工返工的现象，降低额外成本增加，缩短工期。

4）机电深化设计

支吊架设置：根据三维模型及相关规范图集，对支吊架的安装位置、支吊架的形式、型钢规格如实反映，检测是否满足安装空间要求，横担设置是否合理，不合理之处导出问题报告，并提出修改方案。

5）BIM＋预制机房

① 机房深化重要性及原则

冷水机房的主要设备有：冷水机组、冷冻水泵、冷却水泵、水处理仪器、小球在线清洗装置。排布时需考虑因素如下：

a. BIM模型中所有构件的几何必须与实际产品一致（或者尽可能接近）；

b. BIM模型在方案调整过程中必须考虑实际施工的可操作性（如焊接空间、支吊架空间、保温空间、电缆敷设空间、特殊部件的空间需求等），且尽可能考虑到后期运维时的人员检修空间、设备检修通道等；

c. BIM模型在方案调整过程中，在保证功能满足需求的情况下尽可能地使得整体建筑、机电管线空间排布的美观性。

② 预制机房深化工作

a. 创建机电族：根据厂家实际设备尺寸创建设备族。

b. 站点泵房优化：优化前管线规格大，设备集中，管线排布空间狭小，施工难度大，且后期检修困难，故重新排版后方便后期安装以及检修，且空间利用率提升。

c. 站点1机房优化：此机房分集水器和消火栓箱体位置冲突，故调整消火栓箱体位置和全程水处理器的位置，使整个机房管线更整齐划一，方便施工，全程水处理器管口和水泵口齐平，防止绕弯，节省管材，减小施工难度；机房走道宽度由原先的1m宽度，优化至1.6m，提升机房的空间感以及管线的合理性；通过调整冷冻水泵和水处理器的位置，避免了给水排水地漏和水泵基础冲突；机房走道宽度由原先的0.65m宽度，优化至1.0m空间，操作和通行空间更充足，如图1.2-4所示。

③ 预制机房管线分段

分段前将整个系统水流方向以及管道类型标识清楚，供工程师复核原理是否正确，通过发布三维网址模型的形式，让工程师通过三维模型直接查看模型原理以及有无缺少附件，然后出具预制加工图纸，如图1.2-5所示。

④ 现场设备尺寸与基础复核

设备到场后复核其尺寸和提供图纸的误差情况，以及到货型号是否和提供型号一致，确保预制管道精确下单，减少后期现场返工。

根据机房前期布置方案，提供设备基础图纸，由土建单位进行基础浇筑，后期现场复核基础浇筑的准确度以及误差所在，根据现场浇筑情况及时更新，确保预制管道的准确性。

⑤ 预制管道分段编码、出图

根据现场设备尺寸复核，进行管道的分段和编号，具体案例如图1.2-6所示。

管道分段后，进行管道出图，出具平立剖面图纸以及三维轴测图，提供备料表。

原设计平面布置　　　　　　　　优化后布置

优化前排布　　0.65m　　　　　　优化后排布　　1.0m

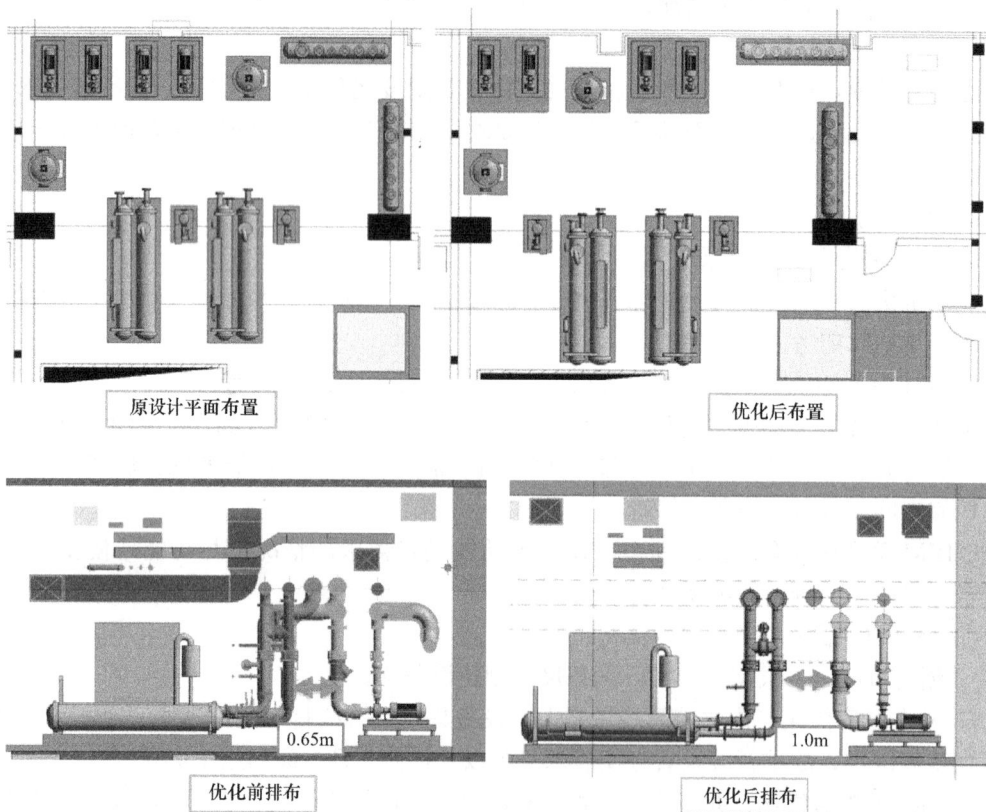

图 1.2-4　模型优化排布三维展示

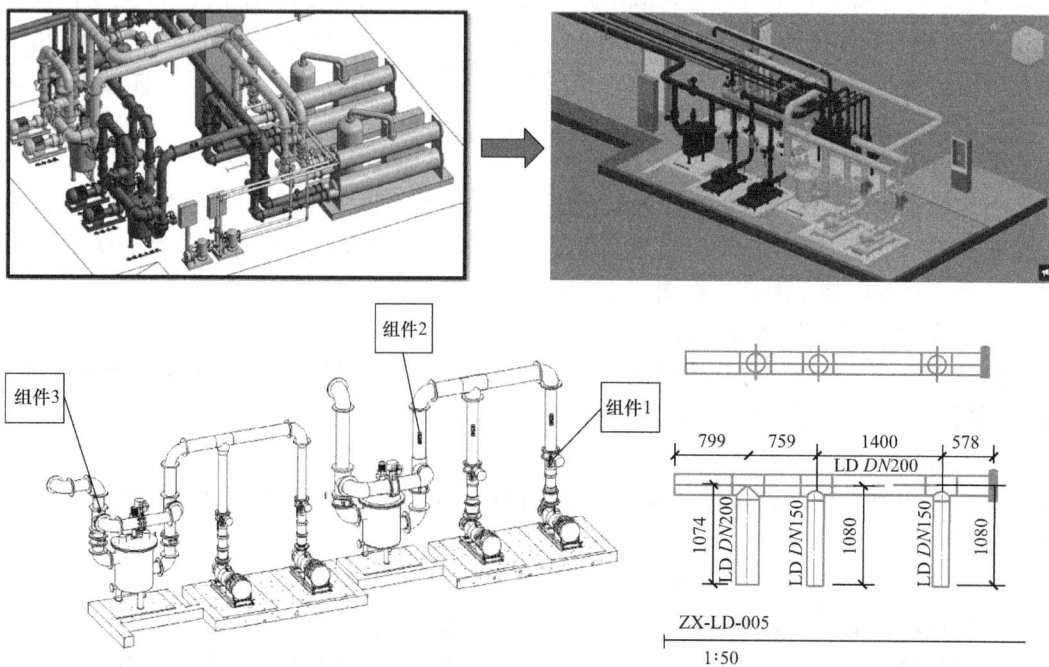

组件2

组件3　　　　　　　　　　　　　　组件1

799　759　　1400　　578

LD *DN*200

1074　LD *DN*200　LD *DN*150　1080　LD *DN*150　1080

ZX-LD-005

1:50

图 1.2-5　管线诊断预制与分段出图

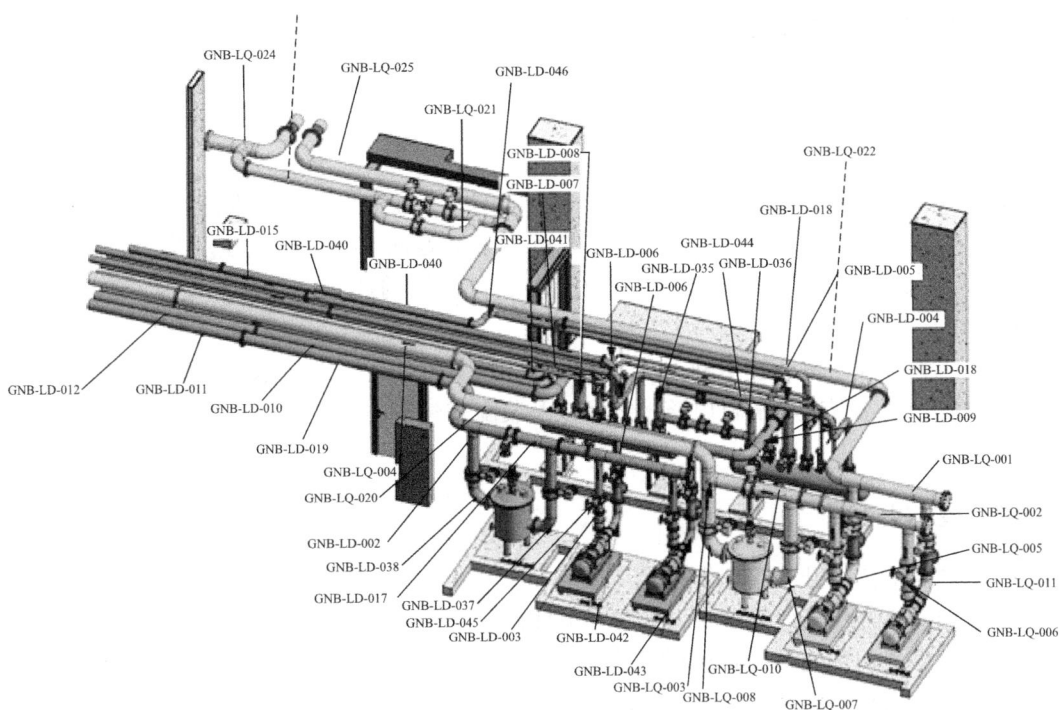

图 1.2-6 预制管道分段编码

⑥ 工厂预制加工

依据 BIM 出具的加工图纸，工人在厂内完成焊接，然后运送至现场进行拼装。

⑦ 现场三维技术交底并安装

机房安装前，对现场工人进行三维技术交底，帮助工人更好地理解图纸，并打印三维彩印图纸发放到每个工人手中。通过 BIM 进行现场设备定位以及现场安装。

6）BIM 轻量化

运用轻量化工具，使现场更好地运用 BIM 模型进行施工配合，在施工过程中，提供现场的信息交流、沟通、协同工作，减少安全质量问题，实现了现场施工管控，提高施工效率。

（3）实施总结

BIM 应用需要项目各参与方充分参与其中，尽最大可能优化 BIM 模型。BIM 模型在方案调整过程中必须考虑实际施工的可操作性（如焊接空间、支吊架空间、保温空间、电缆敷设空间、特殊部件的空间需求等），且尽可能考虑到后期运维时的人员检修空间、设备检修通道等；BIM 模型在方案调整过程中，在保证功能满足需求的情况下尽可能地使得整体建筑、机电管线空间排布美观。

BIM 技术的应用，为业主方投资策划及项目管理节约了成本，是施工单位精细化管理的基础，将建筑物的运行维护提升到智慧建筑的全新高度，带来良好的经济效益和社会效应。

（提供单位：中建安装集团有限公司；编写人员：高鹏、张睿航、刘彬）

1.3 新型预留预埋技术

1.3.1 技术发展概述

目前，机电工程的预埋预留工作首要解决的问题是如何快速且精准的实施，而装配式机电施工技术的发展，特别是 BIM 技术的运用给精确预埋预留提供了靶向。与此同时，各种预埋预留技术不断涌现，也进一步使得工程项目的质量、工期、安全与成本得到控制。

机电工程预埋预留新技术种类多，在此只介绍新型预留预埋技术包括填充墙体不开槽暗埋管技术、清水混凝土的机电暗埋技术以及装配式建筑的机电暗埋技术，为后续同类工程提供借鉴。

1.3.2 技术内容

（1）填充墙体不开槽暗埋管技术

填充墙体不开槽暗埋管技术，通过在墙体砌筑时使用事先切好沟槽的砖进行砌筑，使管线嵌固在做了切割处理的砌块形成的间隙内，线管用砌筑的砂浆填槽进行固定，砌筑一次完成不需要进行墙面修补，保证了墙面的美观和整体性，避免了大面积剔槽对墙体的损坏，杜绝了由于开槽造成的质量通病，不产生建渣和粉尘，满足施工现场安全文明施工的要求，提高工作效率，降低施工成本。

技术特点：

① 线管一次测量安装到位，砌墙砖集中进行切割，施工速度快，提高工效。

② 不需要进行已砌筑墙体的切槽、剔槽、后期的墙体修补和建渣清运，减少劳动用工，提高效率，降低成本。

③ 线管暗埋于墙体内避免了外部的机械伤害，提高了线管暗埋的施工质量。

④ 满足安全文明施工要求，对环境影响小，施工完成后墙体观感质量好。

（2）清水混凝土机电暗埋技术

清水混凝土一次浇筑成型，表面平整光滑、色泽均匀、棱角分明、无碰损和污染，不做任何装饰，表面仅刷涂一层或两层透明的保护剂。清水混凝土对机电安装暗埋技术提出了严格的施工要求，即机电预埋点位需一次成型，后续安装管线需整齐、简洁大方，衬托清水装饰效果。

技术特点：

① 线盒、套管一次成型，避免后期修补。

② 减少了土建专业吊模堵洞费用。

③ 支吊架预埋件减少后期登高作业及修补增加的成本。

④ 使用四内耳线盒减少了打磨钢钉的人工成本。

（3）装配式建筑机电暗埋技术

装配式建筑的机电暗埋技术主要包括可调节预埋接线盒技术、装配式结构预埋墙扳手孔区域机电安装技术、新型预埋件排水点位预留技术等，可避免施工过程中由于管路错位而对建筑结构造成的破坏。

技术特点：

① 提高了预埋线管与预制墙板线管对接的准确性，减少了对结构的破坏。

② 当预埋线管出现细微偏位时，依然能与预制墙板线管顺利对接。

③ 对构件预留手孔进行封堵作业时，能使封堵作业一次性合格，减少工作量，同时不破坏构件，不打孔，保证构件外观的平整性及美观性。

1.3.3 技术指标

（1）填充墙体不开槽暗埋管技术：

1）《建筑电气工程施工质量验收规范》GB 50303—2015；

2）《砌体结构工程施工质量验收规范》GB 50203—2011；

3）《砌体结构设计规范》GB 50003—2011。

（2）清水混凝土机电暗埋技术：

1）结构完成面套管预留允许偏差±5mm；

2）清水墙板套管定位允许偏差±2mm；

3）电气线盒预埋允许偏差±2mm；

4）支吊架预埋件定位允许偏差±5mm，单处多固定点预埋件间允许偏差±5mm。

1.3.4 适用范围

适用于工业与民用建筑工程机电系统的预留预埋，特别适用于装配式建筑。

1.3.5 工程案例

1. 上海市宝山区顾村镇宝山新城项目

（1）工程概况

顾村镇宝山新城项目位于上海市宝山区顾村镇。本项目由 41 个建筑单体组成，分为 10～03 和 10～05 两个地块。建筑类型包含合院、洋房、高层、商业，装配式建筑比例 100%，单体预制装配率达 42%。总建筑面积 27.3 万 m^2。

（2）技术应用

1）特难点

① 水暖立管预留洞口套管上下不对应，造成后期剔凿，严重影响结构完成面的质量。

② 结构完成面范围内，末端设备需要精确定位，如果不精确会影响清水效果。

③ 预埋线盒无法按照传统做法打钉子固定。线盒预留时会因板筋活动、混凝土振捣等导致无法紧贴模板。拆模后线盒无法露出，造成线盒找不到或者找线盒过程中破坏清水混凝土。

④ 机电管线安装阶段，顶板需大量打螺栓孔用于安装支架，若碰上钢筋则螺栓孔废弃，顶板不美观。

2）关键技术

① 严格按照 BIM 综合定位图进行套管定位施工；采用新型套管定位装置进行套管预留。

② 顶板线盒采用新型内耳式线盒，定位采用定位标识贴，避免对清水板面造成污染。墙面线盒采用衬板＋对拉螺栓杆形式进行定位预留。

③ 通过综合排布确定主管线走向，提前策划支架位置、安装方式，预埋定位螺栓。顶板上喷淋管道较多，提前预埋螺栓预埋件，尽量避免后期打孔。

3）施工工艺和过程

① 工艺流程如图 1.3-1 所示。

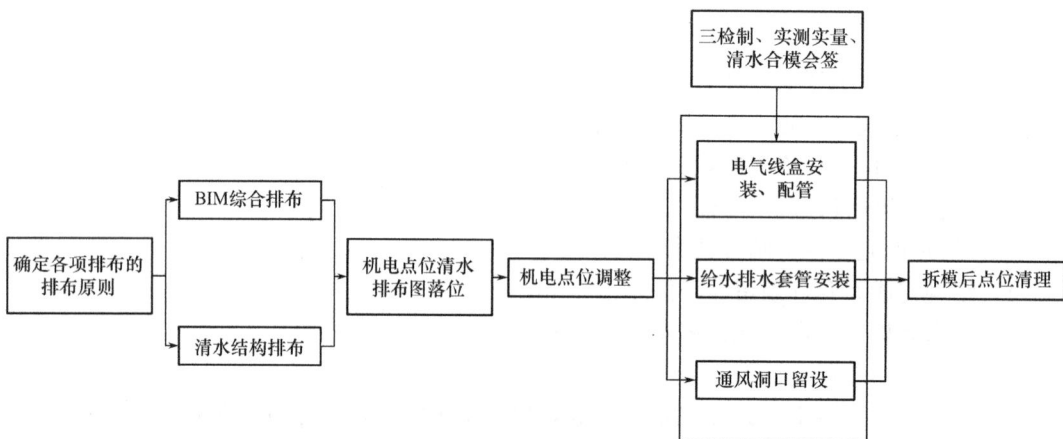

图 1.3-1 预留预埋工艺流程

② BIM 综合排布：利用 BIM 技术对于清水结构完成面的机电综合排布。土建专业完成清水结构禅缝、螺栓孔排布后，底图发安装专业。机电综合排布在保证规范、系统功能前提下进行点位落位、调整。

③ 结构完成面套管预留：套管预留采用新型套管留洞装置（图 1.3-2、图 1.3-3），完成套管一次预留成型。清水墙板套管留设增加定位衬板以及对拉通丝，严格按照机电末端点位排布图定位，定位允许偏差±2mm。

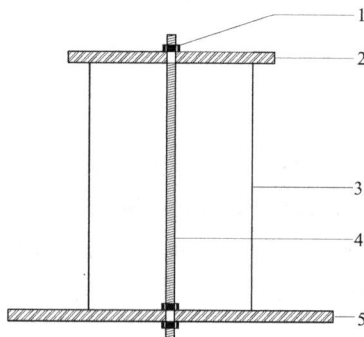

图 1.3-2 清水混凝土顶板区域预留套管

1—螺母；2—保护盖板（防止混凝土灌入）；3—预留套管；4—通丝吊筋；5—结构模板

④ 电气线盒预埋：清水顶板线盒预埋所采用的四内耳线盒及清水墙体预埋线盒均增加定位衬板、对拉通丝技术措施（图 1.3-4、图 1.3-5），保证线盒贴模板。该技术定位尺寸严格按照机电末端点位排布图定位，线盒预留偏差允许范围±2mm。

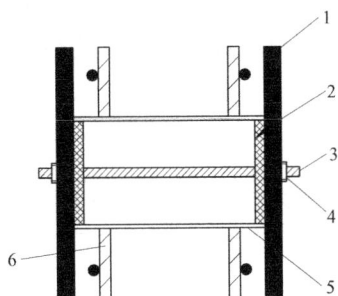

图 1.3-3　清水混凝土区域墙体预留套管

1—18mm清水木模板；2—10mm普通木模板；3—φ10通丝吊筋；4—螺母；

5—可伸缩式套管；6—结构钢筋

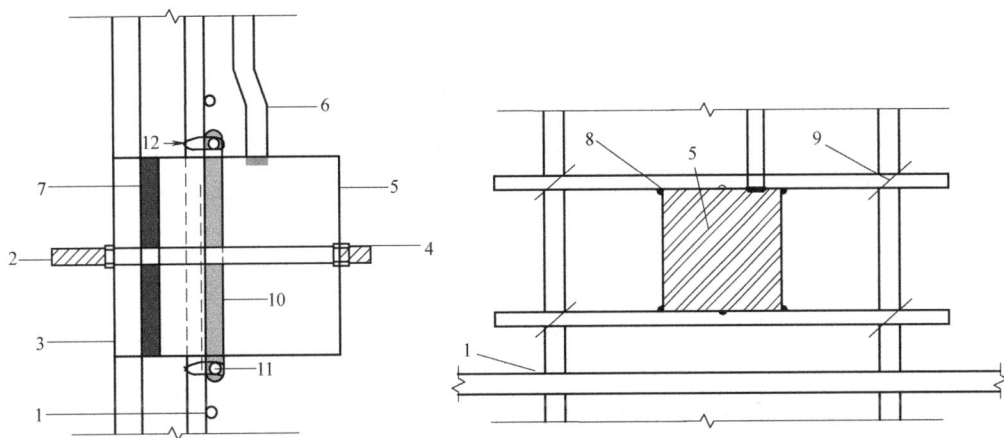

图 1.3-4　墙面预埋线盒施工细部节点做法

1—纵横双向结构钢筋；2—φ8通丝吊筋（紧固用）；3—结构混凝土模板；4—PVC管帽；

5—金属穿线盒；6—预埋线管；7—木质衬板；8—圆钢与线盒焊接点；

9—圆钢与钢筋绑扎点；10—薄钢片；11—φ6圆钢；12—扎丝

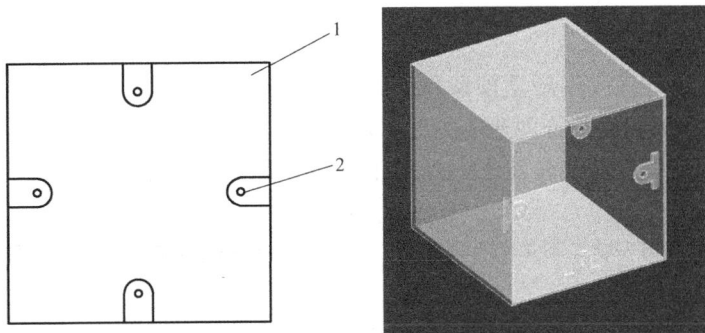

图 1.3-5　顶板四内耳线盒

1—钢制接线盒；2—线盒内耳（4个）

⑤ 支吊架预埋件：支吊架固定点采用结构螺栓预埋件方式进行施工，需在前期完成 BIM 综合排布，施工过程中需进行成品保护。机电管线后期安装时采用预埋件固定支吊架，如图 1.3-6 所示。

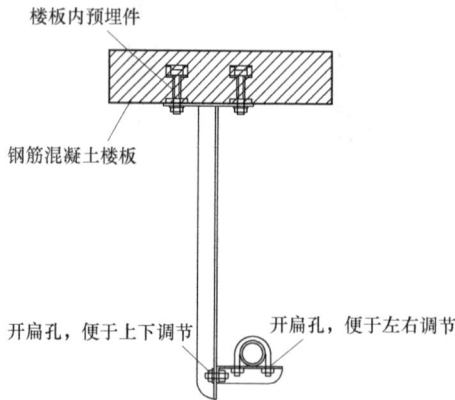

图 1.3-6　支吊架安装示意图

通过上述新技术应用，提高了清水混凝土机电预留预埋一次成型合格率，保证了清水混凝土美观大方的效果。图 1.3-7、图 1.3-8 为现场实际应用效果图片。

图 1.3-7　穿梁套管应用效果

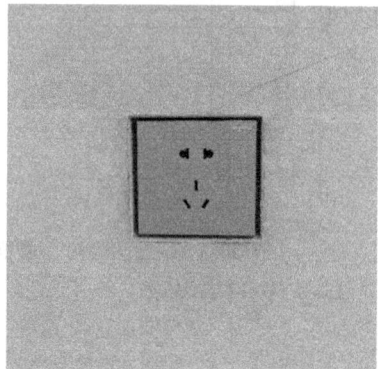

图 1.3-8　清水墙体预埋线盒效果

（3）实施总结

① 本项目通过开发应用新型预留预埋技术，保证了清水混凝土的一次成型效果，避免了后期返修对清水混凝土饰面造成的破坏，同时避免了返修产生的经济损失。

② 通过应用新型预留预埋技术，提高了预留预埋的合格率，为后序机电安装打下了坚实的基础。

（提供单位：上海市安装工程集团有限公司、中建八局第一建设有限公司；编写人员：汤毅、王克阳、姜伟）

2. 中交国际中心项目

（1）工程概况

中交国际中心项目占地 $6845.02m^2$，总建筑面积 $162580.3m^2$；主楼 39 层、地下室 3 层，其中 1～4 层为配套商业，5～39 层为办公用房；副楼 12 层，其中 1～4 层为配套商业，6～12层为酒店。该项目运用了填充墙体不开槽暗埋管技术。

（2）技术应用

1）特难点

① 常规墙体砌筑完成后进行线管切槽作业，现场粉尘多、噪声大。

② 现场切槽建渣清理不便。

③ 已完成的墙面切槽存在墙体结构破坏的情况，后期修补作业多。

④ 现场切槽，槽宽槽深不一致，后期填充质量难以控制。

⑤ 安装土建交叉作业，不利于现场进度控制。

2）关键技术特点

① 墙体砌块切槽采用湿式集中切割，降低了机械切槽带来的不安全因素，粉尘及噪声污染易于控制，建渣方便集中清理。

② 集中切槽较现场零星切槽施工，成本降低。

③ 避免墙体砌筑完成后切槽对墙体结构的破坏，有利于墙体质量控制。

④ 减少现场施工墙面剔槽和后期修补，现场配合土建用开好槽的砖砌筑暗埋线管处的墙面即可，利于进度控制。

3）施工工艺和过程（图1.3-9）

① 图纸深化，墙面排版。利用BIM软件对墙体砌块排布，布置管线安装位置，确定砌块切槽部位。

② 集中切槽。采用湿式集中切槽，形成砌块。

③ 测量定位，线管安装。根据模型进行现场线管安装，根据土建放线定位好的空心砖墙体及1m标高线，对即将施工的墙体提前配管。

④ 配合砌筑。墙体砌筑时，安排电气技术人员现场看护已经配好的管线，及时调整位置不准确的接线盒及管线，确保接线盒水平，盒面出墙面约0.5cm。当墙体配管比较密集时，为了确保墙体的完整性，在管线完成后应浇筑混凝土。配管完成后，用和电管直径

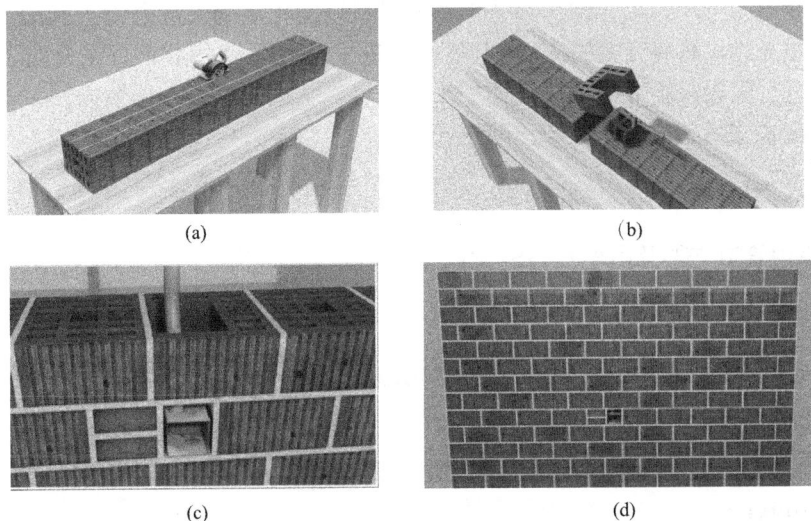

(a)   (b)

(c)   (d)

图 1.3-9 过程模拟图

（a）集中切割（湿式）；（b）切割成型；（c）安装线管砌体施工；（d）施工完成

配套的管堵封堵管口，并用胶带密封接线盒，防止砌筑砂浆及填槽砂浆在此处渗漏进管和盒内。管线预埋处砌块砌筑后，及时清理间隙内浮浆及残渣，线管用砌筑的砂浆填槽进行固定，为保证间隙处砌筑砂浆灌注密实可靠，沿砌筑高度不超过500mm进行一次砌筑砂浆灌注，随砌随灌并振捣密实。

　　（3）实施总结

　　通过对砌块采用集中湿式切割后现场砌筑，有效避免现场已砌筑墙体切槽、补槽等二次作业，墙体砌筑一次成型，施工周期短，控制扬尘效果好；电气线管先安装后，配合砌体施工，工序搭接顺畅，减少现场交叉作业。该工艺工效是常规安装方式的2倍以上，线管稳固性好，墙体结构强度、观感质量得到较大提升。

　　（提供单位：上海市安装工程集团有限公司、四川省工业设备安装公司；编写人员：汤毅、朱进林、何碧琼）

1.4　用于装配式支吊架的哈芬槽预埋技术

1.4.1　技术发展概述

　　哈芬槽由德国哈芬公司于1929年创造。与传统的预埋钢板相比，哈芬槽易于预埋、后期施工简单、可调整、不需要焊接、不需要另外做防腐；与后置锚栓相比，哈芬槽定位容易、施工快捷、不存在打断钢筋毁坏构造的风险。因而哈芬槽面世之后在各个行业得到了应用。哈芬槽进入我国后，这种截面是C型、背部带锚腿的产品被统称为"预埋槽道"。目前，哈芬槽在国内主要用于四个方面：高铁隧道接触网的固定、高铁机车制造范畴、核电站混凝土预制构件的装配、高端建筑幕墙。

1.4.2　技术内容

　　哈芬槽是一种建筑用的预埋装置，由C型槽钢、T型螺栓和填充物组成。施工时将C型槽钢预埋在混凝土中，填充泡沫或条形填充材料以防止混凝土或杂物进入槽内，待浇筑完成后取出填充物，再将T型螺栓的T型端扣进C型槽，使用相匹配的螺母、垫圈将要安装的构件进行固定。哈芬槽由于其体积小、质轻、承载能力高、调节方便、安装省时等特点，在装配式支吊架安装中被广泛使用。

1.4.3　技术指标

　　（1）《室内管道支架及吊架》03S402；

　　（2）《金属、非金属风管支吊架》19K112；

　　（3）《电缆桥架安装》04D701-3；

　　（4）《装配式室内管道支吊架的选用与安装》16CK208；

　　（5）《管道支吊架》GB/T 17116—2018；

　　（6）《建筑机电工程抗震设计规范》GB 50981—2014。

1.4.4　适用范围

　　适用于工业与民用建筑工程中各类管线预埋型装配式支吊架安装，特别适用于地铁隧道、地下综合管廊工程。

1.4.5 工程案例

1. 西安市地下综合管廊建设项目

（1）工程概况

西安市地下综合管廊的建设采用 PPP 模式，是目前国内单笔投资额最大、总里程数最长的城市地下综合管廊 PPP 项目，分为南北两大片区建设。西安市地下综合管廊容纳给水、再生水、电力、通信、热力、天然气六类市政基础管线，并视条件纳入雨水、污水管线。应西安市建委批复的文件要求，为避免支架后期安装和二次施工对廊体造成破坏，综合管廊内入廊管线支吊架应采用装配式。

（2）技术应用

1）哈芬槽预埋特点难点

电力、通信管线支架间距 1.5m，哈芬槽预埋数量巨大，而且预埋质量直接关乎支吊架安装质量以及管线支架受力安全。哈芬槽垂直度、贴模度都将影响支吊架安装的观感质量，也在一定程度上影响支吊架的使用安全。

2）关键技术特点

在哈芬槽固定过程中，要保证哈芬槽与混凝土模板完全贴合。如果哈芬槽埋设过深，后期影响装配式支吊架的整体受力，甚至无法找到；要保证哈芬槽与结构完成面垂直，如果垂直度偏差较大，导致装配式支吊架安装后无法正常固定管线。

3）施工工艺流程图（图 1.4-1）

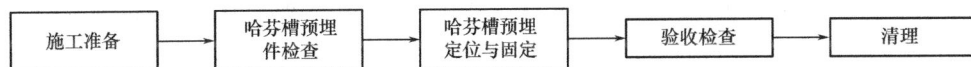

图 1.4-1 装配式支吊架哈芬槽预埋施工工艺流程

4）施工机具和计量器具的准备

主要的施工机具、计量器具见表 1.4-1、表 1.4-2。

主要施工机具表　　　　　　　　　　　　　　　　表 1.4-1

序号	名称	型号规格
1	直流电焊机	ZX7-400
2	手电钻	GSR120-Li

主要计量器具表　　　　　　　　　　　　　　　　表 1.4-2

序号	名称	型号规格
1	钢卷尺	2～15m
2	水准仪	J2
3	水平尺	8″～12″
4	坡度仪	JZC-B2
5	游标卡尺	

5）哈芬槽预埋件检查

材料进场时检查钢材材质证明单、镀锌质量检测报告、埋件出厂合格证、抗拉试验报告、焊缝质量（焊缝高度、焊角咬边情况等）、加工尺寸、哈芬槽槽口及端部填充、封口措施。

质量要求：

① 外观：表面应平滑，无滴瘤、粗糙和锌刺，无起皮，无漏镀，无残留的溶剂渣。

② 镀锌层厚度：镀锌层测厚仪测量，哈芬槽镀锌层厚度平均值不小于 $70\mu m$；现场取样三组，每组 10 个哈芬槽，每个哈芬槽测三次，取平均值，且单个哈芬槽的最小值不得低于 $60\mu m$。

③ 哈芬槽封堵：哈芬槽内部填充条应密实，外表面封堵严密，外表面封堵胶带无损坏；外表面封堵损坏的及时封堵后再进行安装，以防混凝土砂浆进入哈芬槽内部。安装过程中严禁对哈芬槽本体进行焊接作业，焊接产生高温会熔化哈芬槽内部填充条。

④ 壁厚测量：现场取样三组，每组 6 个哈芬槽，采用游标卡尺测量。

⑤ 敲击检查：现场取样三组，每组 2 根哈芬槽相互进行撞击试验，观察镀锌层有无裂纹、皱纹、脱落情况。

6）哈芬槽预埋件定位与固定

① 预埋件埋设之前，首先进行技术交底，特别要说明转角位置哈芬槽的埋设方法。

② 按照预埋点位布置图及标高尺寸，进行现场测量定位，确保哈芬槽标高以及间距满足深化设计及设计规范要求。

③ 哈芬槽道初定位：绑扎网片钢筋时，依照规划方位，测量出哈芬槽道方位，并将槽道就位；在槽道后部铆钉处，垂直槽道方向绑扎几根短筋，将其挂在钢筋网上，如图 1.4-2 所示。

图 1.4-2　哈芬槽道初定位

④ 哈芬槽道准确定位及固定：将螺栓穿过模板上预留长孔，找到并调整槽道方位，锁紧螺栓，使槽道紧贴模板进行准确定位，如图 1.4-3 所示。

7）验收检查

预制段或预制块拼装时核对组对编号，避免施工错误；保证哈芬槽的贴模度、垂直度等符合质量验收要求。

图 1.4-3 哈芬槽道准确定位及固定

验收标准：

① 安装间距、高度：哈芬槽安装高度及间距符合图纸要求，不得随意更改。伸缩缝处哈芬槽可根据现场情况进行调整，但间距不得大于图纸要求。高度不得影响最底层或最顶层托臂安装，两处伸缩缝之间所有哈芬槽的高度偏差不大于±2cm。

② 垂直度：立向哈芬槽在安装过程中应采用水平仪进行测量，确保立向哈芬槽垂直安装后再进行固定。立向哈芬槽倾斜度不得大于 2°。

③ 贴模度：哈芬槽贴模度是哈芬槽施工最重要的指标，既关系到支架托臂的安装质量，又增加哈芬槽的清槽难度，原则上哈芬槽必须紧贴模板。在土建合模板前，必须对哈芬槽进行逐一检查并调整。

8）清理

完成混凝土浇筑及拆除模板后，清理黏附在埋件外表面上混凝土，露出其表面，将槽内部的填充物取出，清槽前还需要将用来固定的自攻螺钉或者扎丝清除，哈芬槽内不得灌入砂浆，槽体内部齿槽应清晰。

（3）实施总结

装配式支吊架的哈芬槽预埋相对于传统预埋件预埋无需电焊、油漆等作业，安装操作简易、高效，安全环保，降低施工难度，提高了施工效率。

哈芬槽采用标准化产品，产品质量稳定，且具有通用性和互换性；哈芬槽预埋的垂直度及与结构主体墙面贴合较好，能够进一步保证装配式支架的安装效果。

T 型螺栓位置可调，可根据后续管线支架安装需求灵活调节支吊架标高及位置，在保证支吊架使用强度的同时增强支吊架的易用性。

西安市地下综合管廊项目从开工至今，装配式支吊架的哈芬槽预埋技术经过层层考验，为后续支吊架安装打下良好基础，也为西安地下综合管廊项目质量评优创造先决条件。

（提供单位：中建安装集团有限公司；编写人员：李伟、赵林、王琦）

1.5 综合支吊架技术

1.5.1 技术发展概述

综合支吊架的选择与安装是决定机电管线与设备综合排布是否合理及美观的重要影响

因素。综合支吊架施工简单，一般在施工前布置安装完成，省去施工过程中穿插安装支吊架的复杂过程，管线布局清晰明了，不仅有效利用了空间，提高工作效率，而且在减少钢材用量、降低施工成本方面具有优势。它是管线综合排布的延伸，也是观感质量的要求，更是绿色施工的要求。随着技术的发展，支吊架从原先的单一品种到现在的多元化，从原先的单一恒力支吊架到后来的弹性支吊架、限制性支吊架。2010年左右，综合支吊架的概念得到了兴起，并随着计算机技术的发展，综合支吊架的形式也更加多样化和科学化。

1.5.2　技术内容

综合支吊架技术是对建筑安装工程中给水排水、暖通空调、消防、强电、弱电等专业的管道、风管、电缆桥架支吊架进行统筹规划设计，综合成整体支吊架，在保证各专业施工工艺和工序的前提下满足多专业对支吊架的不同需求，实现安装空间的合理分配与资源共享。

新型装配式综合支吊架技术结合 BIM 技术实现绿色设计理念，采用工厂标准化预制、现场模块化安装的方式，具有使用寿命长、安装灵活、更换便捷、可重复利用等特点，显著提高了施工效率和管线安全系数。

1.5.3　技术指标

（1）主要性能

1）综合支吊架布置间距应满足各专业相关规范要求。

2）综合支吊架应进行强度、刚度、稳定性验算，抗震支吊架还应根据其承受的荷载进行抗震验算。

（2）技术规范标准

1）《管道支吊架　第1部分：技术规范》GB/T 17116.1—2018；

2）《管道支吊架　第2部分：管道连接部件》GB/T 17116.2—2018；

3）《管道支吊架　第3部分：中间连接件和建筑结构连接件》GB/T 17116.3—2018；

4）《通风与空调工程施工规范》GB 50738—2011；

5）《通风管道技术规程》JGJ/T 141—2017；

6）《建筑给水排水及采暖工程施工质量验收规范》GB 50242—2002；

7）《通风与空调工程施工质量验收规范》GB 50243—2016；

8）《建筑电气工程施工质量验收规范》GB 50303—2015；

9）《建筑结构荷载规范》GB 50009—2012；

10）《钢结构设计标准》GB 50017—2017；

11）《钢结构工程施工质量验收标准》GB 50205—2020；

12）《室内管道支架及吊架》03S402；

13）《金属、非金属风管支吊架》19K112；

14）《电缆桥架安装》04D701-3。

1.5.4　适用范围

适用于工业与民用建筑、市政工程的通风与空调系统、建筑给水排水及采暖系统、建筑电气系统、消火栓与喷淋系统的支吊架安装。

1.5.5 工程案例

1. 国家会展中心（上海）工程

（1）工程概况

国家会展中心（上海）项目总建筑面积 147 万 m^2，地上建筑面积 127 万 m^2，可展览面积 50 万 m^2，包括 40 万 m^2 的室内展厅和 10 万 m^2 的室外展场。综合支吊架在本项目中的应用范围贯穿 A、B、D、E 区，按各分项工程划分如下：通风与空调分部的风管支吊架；建筑给水排水及采暖分部的局部地下机房、辅楼、地下室、空调机房、大小管沟、展厅明露区域、中间走道的消火栓系统、喷淋系统管道支吊架；建筑电气分部的照明、动力桥架支吊架。

（2）技术应用

1）特难点

国家会展中心（上海）超高大空间钢桁架内布设有大口径风管、消防水管、强弱电桥架等，各专业管线之间以及各管线和钢桁架结构复杂交叉，易发生碰撞，且布设空间有限；热力机房设备多、专业管线种类繁杂、数量大、集中度高、水管管径大，轻型综合支吊架选型缺少比较完善的方法及相应的理论依据支撑。

国家会展中心（上海）所有展厅均为超高、超大空间，屋面均为钢构架，屋面单榀桁架跨度大，不做吊顶，对支吊架的形式、统一性、耐腐蚀性及美观性要求高；展厅内采用的空调送风管、排风兼排烟风管均为大口径螺旋风管，最大直径达 2m，支吊架同时具有承载电缆桥架、消防水管道、生活水管道的综合功能，且数量众多（A、B、D 三个展厅共 500 多付），其选型及承载荷载计算校核精度要求高；支吊架只能在钢桁架上设置安装；双层风管分别布置在标高 24.1m 和 30.1m 的楼台外侧悬空位置上，支吊架的形式和布局受限。

2）关键技术特点

在装配式综合支吊架选取过程中，应经过 BIM 技术对支吊架的具体位置进行确认，同时为保证其力学性能满足机电管线的承重要求，选取时应通过相应的计算以确定支吊架的长细比、挠度或强度等要求，最后在支吊架安装前，相应的配件也应仔细核对以满足国家相应规范及力学性能要求。

3）施工工艺和过程

① 装配式综合支吊架施工工艺流程图（图 1.5-1）

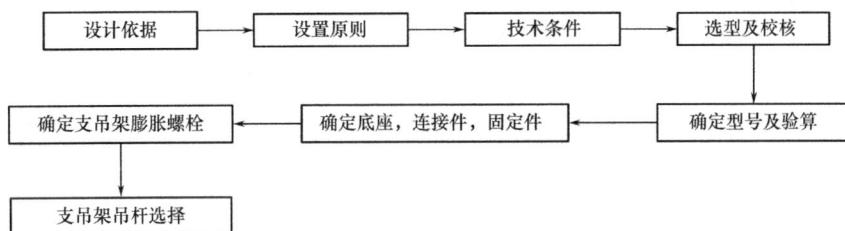

图 1.5-1 支吊架施工工艺流程图

② 支吊架点位设置原则

a. 支吊架点位选择应符合设计及 GB 50242、GB 50243、GB 50303 等现行国家标准要求。

b. 支吊架点位选择同时应遵循"墙不作架、托稳转角、中间等分、不超最大、特殊先定"等原则。"墙不作架"是指管道需穿墙时，不能用墙体作为管道的支架，而应从墙表面各向外量取 1m，作为管道过墙前后的第一个活动支架位置。"托稳转角"是指在管道产生转角的墙角处，综合式装配支吊架距离该处至少应留出 1m 距离以便安装与维修。"中间等分、不超最大"是指管道在穿墙、转角等处的活动支架定位后，剩余的管道直线长度上，按照不能超过规定的最大间距值将管道长度均匀分配，使支架均等布置，这样受力合理且布置美观。除此之外，管道分支节点处、拐弯处以及管道进入室内前必须设置支吊架。"特殊先定"是指管道设有特殊支吊架（固定支架等）时，应首先确定有特殊要求的支架位置，再布置其他形式的支架。

③ 技术条件

a. 支吊架计算间距，见表 1.5-1。

钢管管道支架的最大间距（m）

表 1.5-1

公称直径（mm）	15	20	25	32	40	50	70	80	100	125	150	200	250	300
保温管	2.0	2.5	2.5	2.5	3.0	3.0	4.0	4.0	4.5	6.0	7.0	7.0	8.0	8.5
不保温管	2.5	3.0	3.5	4.0	4.5	5.0	6.0	6.0	6.5	7.0	8.0	9.5	11.0	12.0

b. 重量计算

以支吊架间距尺寸为计算长度，计算其自重，并加上其介质或电缆重量，有保温层的还应计算保温层的重量，再乘以 1.1 的安全系数，得出支架需要承载的标准荷载。

管道：按设计管道支吊架间距内的管道自重、介质重量、保温层重及以上三项之和及 10% 的附加重量（管道连接件等）计算，保温材料密度按岩棉 100kg/m³ 计算。

桥架：按设计桥架支吊架间距内的桥架自重、电缆重量及以上两项之和及 10% 的附加重量（风管连接件等）计算。

母线：按设计母线支吊架间距内的母线自重及 10% 的附加重量计算。

风管：按设计风管支吊架间距内的风管自重、保温层重及以上两项之和及 10% 的附加重量（风管连接件等）计算，保温材料密度按岩棉 100kg/m³ 计算。

c. 设计荷载计算

垂直荷载：考虑制造、安装等因素，采用支吊架间距的标准荷载乘以 1.35 的荷载系数；

水平荷载：管道支吊架的水平荷载按垂直荷载的 0.3 倍计算。室内管道不考虑风荷载。

悬臂梁垂直荷载：以简支梁垂直荷载再乘以 2 计算；悬臂梁水平荷载：以简支梁水平荷载再乘以 2 计算。

d. 横梁长度计算

管道：根据管道外径（有保温按保温外径计）、管道相互之间间距、管道至立柱或外延距离计算横梁长度。

桥架及母线：根据桥架（母线）外形尺寸、桥架（母线）相互之间间距、桥架及母线至立柱或外延距离计算横梁长度。

风管：根据风管外形尺寸、风管至立柱或外延距离计算横梁长度。

横梁两端还需要注意管道管卡螺栓与连接件螺栓的位置，避免螺栓碰撞。

④ 支吊架选型流程及校核计算公式

a. 支吊架选型流程（图 1.5-2）

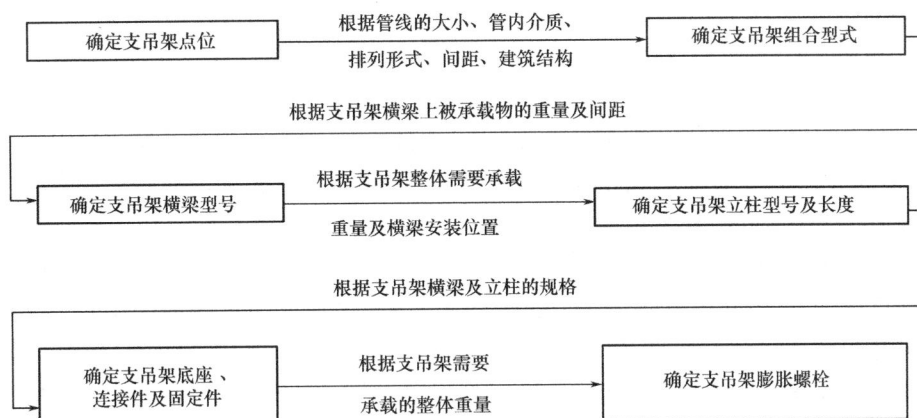

图 1.5-2　支吊架选型流程

b. 确定支吊架点位

根据支吊架点位设置原则，在管线综合布置图上确定支吊架具体点位位置。

c. 确定支吊架组合形式

根据管线综合布置图的具体定位，管线大小、排列形式、间距、建筑结构情况可设计成"L"形、门形、三角形等形式。"L"形支吊架一般适用管道靠近梁、柱等位置；门形支吊架可承受较大的荷载，一般适用于管径较大或多根敷设，双门或多门支吊架可用于综合管线敷设；三角形支吊架主要对超长支吊架增加稳固性或固定支架时使用。支吊架要布置在靠近荷载的地方，以减少偏心荷载和弯曲应力。

各区域管线装配式综合支吊架三维效果图，如图 1.5-3 所示。

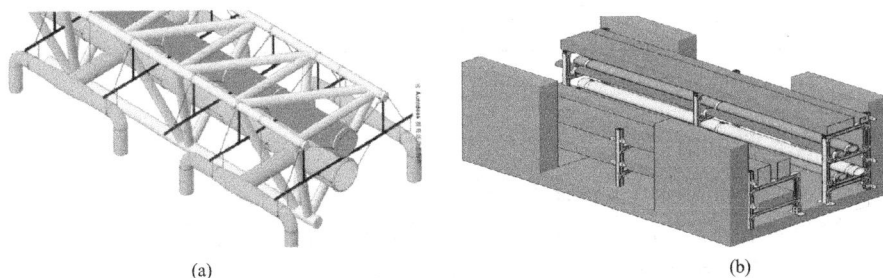

(a)   (b)

图 1.5-3　各区域管线综合装配式支吊架三维效果图

（a）桁架内综合装配式支吊架三维效果图；（b）大展沟综合装配式支吊架的三维效果图

d. 确定支吊架横梁型号

支吊架横梁长度计算：根据管线间的间距要求及管线至立柱的最小距离计算支吊架横梁的长度。

支吊架横梁型号及验算公式：根据支吊架横梁上管线计算荷载查相关 C 型钢技术参数，初定横梁型号。经抗弯强度、挠度验算满足要求为合格，反之再次选择直至验算合格。管道及多根桥架按集中荷载选取，单根桥架及风管按均布荷载选取。

横梁抗弯强度和挠度需按规范要求进行验算：

⑤ 确定支吊架立柱型号及验算公式

支吊架立柱长度计算：根据管线的安装高度及支吊架固定点的高度计算支吊架立柱（拉杆）的长度。

支吊架立柱选取及验算：按照支吊架横梁上管线计算荷载查相关 C 型钢技术参数，初定立柱型号，经抗拉强度、长细比验算满足要求为合格，反之再次选择直至验算合格。

根据横梁大小选择立柱（拉杆）的型号。

⑥ 确定支吊架底座、连接件及固定件

根据立柱（拉杆）的型号、支吊架组合形式、支吊架生根方式选择相应的连接件、底座及固定件。

焊接连接和螺栓连接按钢结构设计规范的有关公式，计算所需焊缝长度及连接螺栓的大小。在对接焊时，按实际截面的 0.7 倍计算应力。焊缝强度主要考虑抗拉和抗剪，并取 0.5～0.8 倍的焊缝折减系数，即将常规材料的许用抗拉和抗剪强度乘以焊缝折减系数后作为焊缝的许用应力进行校核。各种连接件的受力分析可依据材料力学和结构力学的相关公式进行。

⑦ 确定支吊架膨胀螺栓

根据《钢结构设计手册》，对膨胀螺栓、普通螺栓和高强度螺栓承载力进行设计计算。

⑧ 支吊架吊杆的选择

吊杆按轴心受拉构件计算，并考虑一定腐蚀余量。吊杆净面积需满足现行国家标准 GB/T 17116.3。吊杆最大使用荷载见表 1.5-2。

吊杆拉力允许值表　　　　　　　　　　　表 1.5-2

吊杆直径(mm)	10	12	16	20	24	30
拉力允许值(N)	3250	4750	9000	14000	20000	32500

（3）实施总结

装配式综合支吊架构件均在严格的质量管理体系下生产，产品质量稳定，工艺简单，组合形式多样，可使用于机电安装各个系统。

装配式综合支吊架安装时一般只需要 2～3 人即可进行，操作简单、方便，工效较高，现场只需组装，避免了电焊及切割作业，减少了安全隐患。

装配式综合支吊架按照支架图定尺生产，安装过程中无废料产生，避免了材料的浪费。施工现场无须电焊机、钻床、氧气乙炔装置等施工设备的投入，在确保其承载能力的前提下，C 型钢重量相对于传统支架所用的槽钢、角钢等材料可减轻 15%～20%，节约施工成本。

国家会展中心（上海）从建成至今，开展了多项大型会议和会展活动，目前为止，机电各系统运行正常，综合支吊架系统没有出现任何安全问题。

（提供单位：上海市安装工程集团有限公司；编写人员：葛兰英、施强、汤毅）

2. 深圳前海深港集中供冷项目

（1）工程概况

前海深港合作区二单元区域集中供冷项目（又叫 2 号冷站）位于前海桂湾片区卓越前海金融中心地下四层，前海 2 号冷站采用双工况冷水机组与冰蓄冷系统并联供冷。2 号冷站机房空间狭窄，管道在机房内设计为四层分布，管道走向复杂，且机房结构顶板土建设计时未考虑大管道载荷承重，主管道安装时不能在顶板上设支吊点。考虑后期运营预留检修通道和管道系统运行的安全因素，2 号冷站管道综合支架的布置考虑为尽可能地提高综合支架的利用率，即将某个局部区域的所有支撑点布置在一个管道综合支架内，部分单个综合支架的承载重量将达到近 30t。

（2）技术应用

1）难点与关键技术点

2 号冷站管道综合支架设计、安装需全面考虑如下因素：

① 制冷机房管道量多，管道分层布置，布置紧密，空间有限，考虑后期运营维护采用全自动升降机，需预留足够宽度的过道。

② 综合支架的布局及形式需与后期阀门检修平台的安装相结合。

③ 土建钢横梁跨度较大，对于"最高层"及"较高层"管道上安装的阀门，需增加支架支撑固定。

2）施工工艺流程：绘制支架平面图 → BIM 建模 → 模型检查及调整 → 利用 BIM 技术进行技术交底 → 预制加工钢材 → 确定最优施工工序 → 现场钢材拼装焊接 → 油漆修补 → 综合支架验收

3）施工机具的准备

主要的施工机具见表 1.5-3。

主要施工机具表 表 1.5-3

序号	名称	型号规格	数量
1	CO_2 保护焊接机		1 台
2	直流电焊机	ZX7-400	2 台
3	氧乙炔割具		1 套
4	手动葫芦	5t	2 个
5	手动葫芦	3t	2 个
6	砂轮切割机		1 台
7	叉车	CPCD5AⅡ2 4T/5T	1 台
8	角磨机		1 把
9	榔头		2 把

33

序号	名称	型号规格	数量
10	活动扳手、开口梅花扳手		1套
11	台钻	Z4125	1台
12	冲击钻	TE76	1台
13	经纬仪	DJD5	1台
14	水平仪	SJZ-1	1台

4）施工阶段

① BIM技术应用

大型冷站机房内管道错综复杂，相比于普通机房管道更需要精准的定位。前海2号冷站在施工阶段对局部管道走向及布局进行优化，导致安装线路与设计图纸有一定的偏差，施工前精准确定支架生根点和支架尺寸尤为重要。

前海2号冷站综合支架安装工程应用BIM技术，施工前建立可视化模型，根据现场和后期阀门检修平台的布局不断优化完善。根据BIM模型准确统计材料工程量，同时根据模型尺寸和细节设计加工预制钢材，并逐一编号。工厂加工预制的钢材运至施工现场后，工人根据钢材上的编号逐一拼接安装，减少了现场加工作业。

② 综合支架安装就位

对管道综合支架的吊装及安装工艺，采用"一种吊装矩形截面钢柱的专用夹具及利用该夹具的吊装方法"。吊装矩形截面钢柱时，能保证钢柱吊装过程中和就位时保持良好的方向性，钢柱上端轻松就位。上端就位后，电动葫芦逐渐松钩，专用夹具能够自动回落到地面。采用此专用夹具吊装矩形截面柱不用焊接吊耳，没有高空拆除钢丝绳和高空割除吊耳的问题，降低高空作业风险，减轻了劳动强度、提高了吊装效率、保证了吊装质量。

③ 综合支架焊接

a. 打底层焊接

如图1.5-4所示，引弧前，焊丝凸出保护罩8～10mm，先对1、3、5位置进行点焊固定，再从位置5固定焊位置起弧连续焊接到位置4，从位置1固定焊位置起弧连续焊接到位置2，最后从位置2固定焊位置起弧连续焊接到位置4。

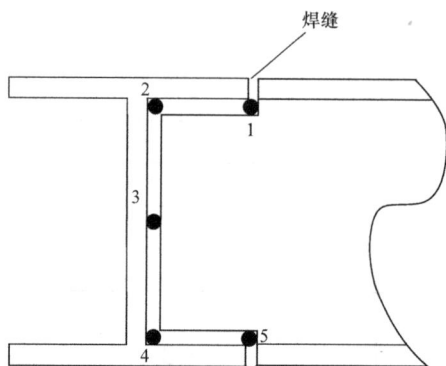

图1.5-4　钢柱焊接口对接示意图

综合支架焊接必须采用单面焊接双面成形技术焊接全熔透的对接焊接。整个支架焊接时，应从底部起焊顶部收焊。引弧前，焊丝凸出保护罩8～10mm。

b. 中间层焊接

中间层的焊接顺序刚好与打底层相调换。中间层焊接前，应先用手提砂轮磨光机修整接头位置，去除多余的余高和缺陷，并用钢丝刷刷除打底焊缝表面的氧化物。

从管底部起焊后，按焊接顺序连续施焊，并采用打8字的运条方法焊接。运条时注意在两侧坡口边的停留时间应比中间位置稍长，填充后的焊缝应平整光滑。焊接厚度 3～4mm，预留 1～2mm 深度作盖面使用。

c. 盖面层焊接

盖面层焊接时，在管底位置起弧，管顶收弧，所有接头应与中间层的接头错开。焊缝的宽度应控制在坡口边 1～2mm。采用打 8 字的运条方法焊接，盖面后的焊缝应平直、光滑、焊鳞均匀。

d. 防腐刷油

综合支架钢材在入场后进行防腐、刷油处理，安装完成后需对焊口及油漆破损处进行刷油修补。钢构件进行刷油时其表面必须清洁、干燥。刷油必须严格按设计要求分层进行，两道防锈底漆＋一道面漆，且每层涂料已经干透后，才能刷下一层涂料，涂刷时层间要纵横交错，均匀涂刷，每层应往复进行。钢构件刷油需达到以下要求：（a）底漆涂层：不流坠、不露底、涂层均匀，成膜后底漆表面不允许成粉状。（b）面漆涂层：表面漆膜平整、色泽均匀，肉眼观摩不到伤痕、流坠、嘘气现象。

（3）实施总结

前海 2 号冷站综合支架，施工前采用 BIM 建模，工厂加工预制钢材，施工现场进行装配式施工，安装速度快，施工工期短，降低制作成本。施工过程中 H 型钢的吊装采用专用夹具，安全可靠，提高功效。施工完后管道及阀门、阀件受力可靠，系统注水后管道安全可靠，系统运行安全稳定，其他专业可共用综合支架，充分利用空间，合理布置管线，各专业布置整齐、美观。综合支架预留了后期运营维护移动升降平台车的通道，同时也充分考虑了阀门检修平台的相互结合。

前海 2 号冷站从投入运行至今，经过两年运行，系统运行正常、可靠。

（提供单位：广东省工业设备安装有限公司；编写人员：张佳文、陈诗光）

1.6 永临结合技术

1.6.1 技术发展概述

近年来，施工企业为实现节约成本、缩短工期，开展了永临结合技术研究，在行业内推行。临时设施是为保证施工和管理的正常进行而临时搭建的各种建筑物、构筑物和其他设施，在基本建设工程完成后拆除。永临结合技术是将部分建筑工程永久性设施提前施工，并取代临时设施，实现节材、节能和缩短工期的技术，如消防系统永临结合、地下通风永临结合、电梯永临结合等技术。

技术特点

1）节约成本。减少临时材料的使用量以及临时设施搭建、拆除所需的工时，降低工程措施费。

2）缩短工期。将永久性设施提前施工，减少实际项目工期，同时避免临时设施与永久性设施交叉造成的工期延误。

3）质量可控。因临时设施仅服务于项目的施工阶段，对材料品质和施工过程管控要求低，采用永久性设施服务施工，可提高施工过程对安全及质量的管控。

1.6.2 技术内容

（1）消防系统永临结合技术

根据规范要求，建筑高度大于 24m 或单体体积超过 30000m² 的在建工程，应设置临时室内消防给水系统，将永久消防设施提前至施工阶段临时使用，可避免临时消防系统的安装拆除，减少工期、工作量、临时设备及材料。

1）工艺流程：设备及管道设计选型 → 临时消防施工 → 临时转正式施工

2）设备及管道设计选型主要包括：临时消防设备选型、室外储水水箱选型、临时消防及施工用水管道选型、转输水箱设计等。

3）临时消防施工

① 主要工艺流程：施工准备 → 管道加工 → 管道支架制作及安装 → 室外管道安装 → 室内干管安装 → 室内立管安装 → 水泵及其附属设备安装 → 消火栓及其他附件安装 → 通水试验 → 后续立管及附件随施工作业层安装

② 低层可采用市政压力供水，高层采用临时高压系统供水。

③ 超压部分通过设置减压阀和减压稳压消火栓进行改善。

4）临时转正式施工

① 主要工艺流程：临时消防系统停止使用 → 正式消防系统其余部分进场 → 临时水箱及加压泵拆除 → 正式水箱及加压泵安装 → 接口处理 → 通水试验 → 消防验收

② 临时消防泵安装在预留水泵位置，并在永久消防泵位置预留管道接口阀门。

③ 永久消防泵安装调试完成后，可作为临时消防泵的备用泵使用，待永久消防泵投入使用后，将临时消防泵接口阀门关闭，并拆除临时消防泵。

④ 转换时以竖向区域内的消火栓立管为基本单元，每次只进行一个竖向立管消火栓的转换，转换前将该立管泄空。

（2）地下通风永临结合技术：地下综合管廊主体工程在主体完成初期，由于环控系统无法运行，廊内存在缺氧和有毒有害气体超标的不安全因素。为排除此风险，提前完成廊内通风机的安装，利用钢筋混凝土结构风道对管廊内进行换气。

（3）排水系统永临结合技术：正式排水管道作为临时排水管，和地漏、雨水管道、集水坑连接，可局部设置临时管道、阀门、泵。施工前合理选取排水点，主要工艺流程同消防系统永临结合技术，施工时保证管道坡度、关键部位标高及位置的准确。

（4）排污系统永临结合技术：正式排污管道和临时卫生间连接，局部设置临时管道、化粪池，主要工艺流程同消防系统永临结合技术。

（5）供电系统永临结合技术：利用正式工程暗敷的照明电线管或其他电气回路，为施工提供临时照明用电。

（6）电梯永临结合技术：提前安装正式电梯，验收合格后作为施工垂直运输工具，在保证现场运输的同时，节省施工成本。

（7）自然采光系统永临结合技术：提前安装自然采光系统，并应用于地下室建造过程，以实现在满足施工照明要求的情况下节能降本。

1.6.3 技术指标

(1)《建筑给水排水设计标准》GB 50015—2019；

(2)《民用建筑电气设计标准》GB 51348；

(3)《自动喷水灭火系统设计规范》GB 50084—2017；

(4)《电气装置安装工程 低压电器施工及验收规范》GB 50254—2014；

(5)《建筑给水排水及采暖工程施工质量验收规范》GB 50242—2002；

(6)《消防给水及消火栓系统技术规范》GB 50974—2014；

(7)《城镇道路工程施工与质量验收规范》CJJ 1—2008；

(8)《通风与空调工程施工质量验收规范》GB 50243—2016；

(9)《缺氧危险作业安全规程》GB 8958—2006；

(10)《工作场所空气有毒物质》GBZ/T 160—2004；

(11)《作业场所环境气体检测报警仪 通用技术要求》GB 12358—2006。

1.6.4 适用范围

适用于工业与民用建筑工程的施工临时设施搭设。

1.6.5 工程案例

1. 北京中国尊项目

（1）工程概况

中国尊项目位于北京市朝阳区 CBD 核心区 Z15 地块，占地面积约 1.2 万 m²，该建筑地上 108 层，地下 7 层，地上建筑高度 528m，主要功能为办公、观光、多功能中心、会议中心、车库等。该项目由于社会影响力大，施工期间消防安全受到各界监督，使用常规的临时消防系统存在诸多弊端，故提出了永临结合消防水系统施工技术。

（2）技术应用

1）总体思路

主要思路是以正式消火栓系统的管道、设备等结合少量的临时管道及设备组成施工现场的消防系统，用来提供施工现场的消防保护。满足需求的同时，大量减少后续拆除工作量，不影响机电及装修单位的后续施工，达到节约成本及减少工期的目的。

2）技术方案

① 中国尊项目正式消防水系统介绍

a. 市政供水至 B1 层转输水箱，再由转输水泵加压至 F18 层转输水箱，通过连续加压的方式，将水最终转输至 F103 层的消防水池。

b. 消防水池通过重力方式向 F74 层、F44 层、F18 层减压水箱供水，减压水箱再向各自分区的消火栓供水，完成 B7 层～F96 层消火栓的常高压供水系统。

c. F97 层至屋顶层为临时高压系统，采用消防贮水池、消防水泵和屋顶消防水箱联合供水形式。

② 中国尊项目永临结合消防水系统施工技术

本项目的"临时/永久结合"消防水系统实施范围是首层～屋顶（地下室部分采用施

工总承包单位原临时消火栓系统）。

根据永临结合消防水系统的施工图纸，本系统可分为六个阶段，详见表 1.6-1。

永临结合消防水系统阶段划分 表 1.6-1

阶段划分	内容	供水范围
第一阶段	F18 层消防转输水箱投入使用前	施工总承包单位负责 B7～F22 层的临时消防系统的实施。B7 层～B1 层采用市政压力供水，首层～F22 层采用临时高压系统供水。 施工总承包单位在 B1 层设置临时转输水箱及临时消防水泵，保证首层～F22 层的临时高压系统和 F18 层正式消防转输水箱供水
第二阶段	F18 层消防转输水箱投入使用	通过施工总承包单位已设置的临时水箱、临时水泵及临时管道完成 F18 层正式消防转输水箱的供水。 F18 层消防转输水箱具备供水条件后，首层～F6 层的消火栓系统转换成常高压供水。 利用 18 层的临时消防泵及正式消防转输水箱加压，保证 F7 层～F52 层消火栓系统的临时高压供水。超压部分设置减压阀和减压稳压消火栓
第三阶段	F44 层消防转输水箱投入使用	通过转输水箱加压的方式完成 F44 层正式消防转输水箱的供水。 F44 层消防转输水箱具备供水条件后，F36 层以下的消火栓系统转换成常高压供水。 利用 F44 层的临时消防泵及正式消防转输水箱加压，保证 F37 层～F82 层消火栓系统的临时高压供水。超压部分设置减压阀和减压稳压消火栓
第四阶段	F74 层转输水箱投入使用	通过转输水箱加压的方式完成 F74 层正式消防转输水箱的供水。 F74 层消防转输水箱具备供水条件后，F66 层以下的消火栓系统转换成常高压供水。 利用 F74 层的临时消防泵及正式消防转输水箱加压，保证 F67 层～F96 层消火栓系统的临时高压供水。超压部分设置减压阀和减压稳压消火栓
第五阶段	F103 层消防水池投入使用	通过转输水箱加压的方式完成 F103 层消防水池的供水。 F103 层消防水池具备供水条件后，向 F74 层、F44 层、F18 层减压水箱供水，F96 层以下的消火栓系统切换成常高压供水。 利用 F103 层的临时消防泵及正式消防转输水箱加压，保证 F97 层～屋顶层消火栓系统的临时高压供水。超压部分设置减压阀和减压稳压消火栓。此时，临时高压系统供水完成，可以把一台备用临时消防泵转换成正式消防泵
第六阶段	给水系统向 B1 层正式转输水箱及屋顶水箱供水	生活补水满足屋顶水箱间供水条件后，F97 层～屋顶层采用消防贮水池、消防水泵和屋顶消防水箱联合供水形式。此时，另一台正式转输水泵替换临时水泵，临时水泵全部拆除，倒运出现场

3）关键工艺

① 两台临时消防泵安装完成投入使用（一用一备），临时消防泵安装于预留水泵位置（不占用正式消防水泵空间），安装时在正式消防泵位置预留进出口管道接口阀门，为切换做准备。正式消防泵进场后就位安装，并与预留管道接口阀门完成接驳，阀门开启，利用夜间进行调试。调试完成后，正式消防水泵作为临时消防水泵的备用泵使用。正式消防泵

投入使用（一用一备），临时消防泵接口管道阀门关闭，临时消防泵拆除。

② 结构阶段采用临时消火栓，装饰阶段采用正式消火栓。转换时，以竖向区域内的消火栓立管转换为基本单元，原则每次转换只进行一个竖向立管消火栓的转换，转换前将该立管泄空（其余三支消防立管处在正常消防保护状态），待此竖向立管完成转换后进行下一个竖向立管消火栓转换。转换需泄水时，提前确定排水措施。

③ 临时消火栓出口水压力大于 0.50MPa 时，采取减压稳压消火栓。每个临时消火栓箱配备消火栓 1 支，25m 水龙带 2 条，水枪 1 支，临时灭火器 2 具。每层除设有消火栓外另设置 12 具（含临时消防箱内）临时手提式磷酸铵盐干粉灭火器，根据现场实际情况进行布置。

④ 临时高压系统供水时控制柜具有常规电控柜的保护功能，具有手自动两种工作方式，且具有水泵吸水低水位保护功能。

⑤ 临时消防与永久消防转换过程跨越 2 个冬季，工程施工阶段防冻采用电伴热加保温处理。消防转输水箱和减压水箱采用电伴热加 B1 级橡塑保温，保温层厚度为 30mm。管道和阀门采用电伴热带加 B1 级橡塑保温（外缠保温专用胶带），保温层厚度为 40mm。

⑥ 给水排水专业在消防转输泵房防水施工前，在排水沟内安装正式的排水地漏，消防分包负责从地漏与施工总承包单位本层预留排水口之间的临时排水管道连接，临时管道采用 PVC 材质，管径 DN100。

⑦ 临时消防与永久消防转换工作由施工总承包单位、机电总承包单位、消防专业分包单位共同完成，因此需将界面划分明确，保证及时高效完成相关工作。

⑧ 其他注意事项：

a. 临时/永久系统转换中无法拆除的阀门后接短管用沟槽盲板封堵（相关的阀门、管材及沟槽件等采用正式材料）。

b. 所有与不锈钢水箱进出口连接的法兰均采用铜质法兰。

c. 由于临时消火栓在临时高压阶段和常高压阶段消火栓选型不同，因此采用减压稳压消火栓。

d. 每个竖向分区的最底层消火栓，利用自救卷盘接口阀门泄水，阀门采用临时球阀。

（3）实施总结

针对中国尊大厦的结构特点及社会影响，开发应用了高层建筑永临结合消防水系统施工技术，达到了预期目标，不仅确保了超高层建筑施工期间的消防安全，实现施工阶段临时消防与竣工后永久消防系统的无缝转换，也节约了工期，减少了精装修时临时设备及管道的收口工作量，更减少了临时设备及材料的投入，节约了建设成本。中国尊项目的永临结合消防水系统施工技术优点突出、效益显著，是首次把永临结合消防水系统技术应用于超 500m 的建筑上。

2. 西安地下综合管廊建设 PPP 项目

（1）工程概况

西安市干支线综合管廊远期形成"一环、六放射、多组团"的干支线地下综合管廊体系，规划总里程约 350.5km，约占城市主干路网的 20%（《西安市城市地下综合管廊规划》）。西安市地下综合管廊容纳附属工程包括通信系统、照明系统、排水系统、供配电系统等。

（2）技术应用

1）总体思路

① 管廊照明系统永临结合主要思路是以正式管廊附属自用缆线桥架、照明系统暗敷的照明电线管、灯具、电线电缆等结合少量的临时线缆及配电箱组成施工现场的照明系统，用来提供施工现场的临时照明，如图 1.6-1 所示。

图 1.6-1　管廊照明系统永临结合实施照片

② 管廊通风系统永临结合主要思路是在地下管廊部分主体结构初步完成，构成完整通风系统的情况下，提前完成管廊内风机、风阀的安装，通过钢筋混凝土结构风道对管廊内进行空气流通，以满足管廊内相对密闭空间施工作业要求，保证作业人员人身安全。风机的供电系统采用临时用电，在临时人员出入口设置风机启停控制箱和气体探测仪，每个控制区域内的风机供电单独设置回路，达到既满足空气流通要求，又节约用电的目的，如图 1.6-2 所示。

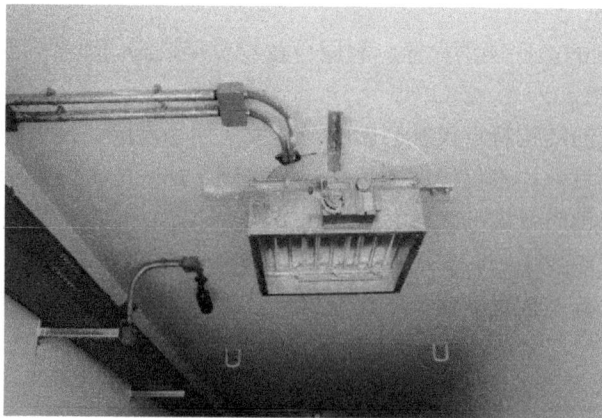

图 1.6-2　管廊通风系统永临结合实施照片

2）技术方案

① 管廊正式照明系统

采用一路 10kV 电源供电，10kV 电源与片区内相邻或相交路段管廊最终形成环网供电的形式，环网两端进线电源，引自片区内监控中心 10kV 配电室不同母线段（或引自上级不同变电站或同一变电站不同母线段）。

各路段在管廊配电室附近设置地埋式箱式变电站，为本工程所有低压用电设备提供低压电源，并设置 EPS 电源柜，作为二级负荷备用电源。

照明系统沿廊顶暗敷设至配电室处，经桥架进入配电室，电源引自配电室内配电柜。

② 管廊照明系统永临结合施工技术

a. 照明系统永临结合的实施范围

管廊内所有舱室主体结构已完成独立防火分区区段，安装工程廊内作业区域。

b. 永临结合照明系统的设计原理及转换

根据永临结合照明系统的施工图纸，本系统可分为三个阶段，详见表 1.6-2。

管廊照明系统永临结合系统阶段划分 表 1.6-2

序号	阶段划分	内容
1	室外开挖及前期预留预埋阶段	施工总承包单位负责室外的临时照明系统的实施，保证土方开挖及预留预埋前期施工现场的临时照明，配电箱每 100m 设置 1 个，每个配电室处设置一台配电箱
2	主体及廊内安装前期	廊内采用正式照明系统暗敷的照明电线管，安装正式灯具及敷设正式电线或电缆至配电室处；通过施工总承包单位设置的临时配电箱，将电源引至廊内正式照明回路，配电室处的配电箱负责相邻两个防火分区的照明电源
3	廊内安装后期	配电室内配电柜进场并安装完成后，将临时配电箱、电缆拆除，更换为正式电线或电缆

③ 管廊正式通风系统

管廊各舱室相对独立，通风形式包括自然进风、机械排风、机械通风等，各舱室每个防火分区单独为一个通风区间。通风进、出口分别位于防火分区两端，风机、风阀安装于上部结构夹层板上方，通过主体结构风道形成管廊空气流通。

④ 管廊通风系统永临结合施工技术

a. 通风系统永临结合的实施范围

管廊内所有舱室主体结构已完成独立防火分区区段，安装工程廊内作业区域。

b. 永临结合通风系统的设计原理及转换

根据临永结合通风系统的施工图纸，本系统可分为两个阶段，详见表 1.6-3。

管廊通风系统永临结合系统阶段划分 表 1.6-3

序号	阶段划分	内容
1	主体及廊内安装前期	廊内通风系统采用正式自用桥架、导管敷设，安装正式风机、风阀、敷设电线或电缆至配电室处；通过施工总承包单位设置的临时电源，将电源引至廊内正式风机控制箱、按钮箱
2	廊内安装后期	正式电源安装完毕后，将与临时电源缆线接线拆除，更换为正式电源，重新调试风机、风阀

3）关键工艺

①管廊照明系统永临结合关键工艺

a. 配电室内正式配电柜进场安装就位（原临时配电箱不占用正式配电柜空间），上端电源电缆敷设并压接完成，为切换做准备，此刻禁止送电。临时电缆拆除，采用正式线缆接至配电柜，然后进行送电调试，调试完成后送电，正式照明系统投入使用，临时配电箱及电缆拆除。

b. 配电箱安装前阶段为临时照明，配电箱安装后阶段采用正式照明。转换时，以每条廊的照明系统转换为基本单元，每次转换只进行一个防火分区照明的转换，转换前将该回路电源端拆除（其余照明系统处在正常状态），待此回路照明完成转换后进行下一个回路的照明系统转换。转换过程中，提前准备好临时照明措施（头灯）。

c. 现场土建主体每完成100m，机电单位进行廊内正式电线及灯具敷设安装；具备一个防火分区时将同一回路合并（每个防火分区约为200m）。

d. 临时照明与永久照明转换过程跨越时间较长，因此工程施工阶段，灯具采用塑料薄膜进行保护处理。

e. 临时照明与永久照明转换工作由施工总承包单位、机电总承包单位共同完成，因此需将界面划分明确，保证及时高效完成相关工作。

f. 其他注意事项：廊内所有电线并头处采用烫锡处理；管廊内临时线缆与正式线缆连接处考虑足够富余量，保证正式配电箱柜安装时，缆线满足正式工程使用要求；廊内天然气舱电缆接头处采用防爆接线盒。

② 管廊通风系统永临结合关键工艺

a. 通风系统正式风机控制箱与施工临时电源连接，控制箱至隔离箱、按钮箱所用自用缆线桥架、风机风阀缆线配管、穿线、风机风阀安装且设备调试完毕方可启动永临结合的通风系统。

b. 主体结构施工长度满足一个通风区间，且此区域内上部结构风道基本满足使用要求。

c. 通风系统永临结合实施过程中合理安排各工序，提早与主体结构施工单位沟通，尽量提早让此系统投入使用，确保管廊内相对密闭空间施工作业安全。

d. 对于未施工完毕上部结构风道临边、孔洞，做好围挡、护栏、防坠网、钢丝滤网等，确保临边洞口人员安全，同时也保证设备不受损坏。

e. 管廊内临时线缆与正式线缆连接处考虑足够富余量，保证正式配电箱柜安装时，缆线满足正式工程使用要求。

f. 定期对配电箱、风机、风阀设备检查、维护、保养，确保设备运转正常。

g. 切换正式系统前对配电箱、风机、风阀等设备统一清理、保养，切换后重新对设备进行调试。

（3）实施总结

针对西安管廊项目施工特点及社会影响，采用管廊照明系统永临结合、管廊通风系统永临结合施工技术达到了预期目标。本技术的实施不仅确保工程实施阶段使用要求，同时实现临时设施与正式工程的无缝转换，也节约了工期，减少了临时设施投入，节约了建设成本。

西安市地下管廊项目的照明系统永临结合、通风系统永临结合施工技术优点突出、效益显著，该技术成功实施，得到了社会各界的广泛好评，为地下密闭空间施工技术提供了宝贵的经验，具有广阔的应用前景。

（提供单位：中建安装集团有限公司；编写人员：余雷、黄友明、李龙）

1.7 集成式卫生间安装技术

1.7.1 技术发展概述

近年来，随着装配式建筑、建筑工业化概念的提出和发展，集成式卫生间也应运而生。随着 BIM 技术在建筑工程中应用的深入，有效地解决了集成式卫生间在结构预制过程中的定位问题，集成式卫生间可以缩短工期、提高施工质量、降低成本、节能减排，同时具有一定的社会经济效益。

集成式卫生间是指由工厂生产的楼地面、吊顶、墙板和洁具设备及管线等集成并主要采用干式工法装配完成的卫生间，是在工厂化组装控制条件下，遵照给定的设计和技术要求进行精准生产，在质量和成本上达到最优控制。一套成型的集成式卫生间产品包括顶板、壁板、防水底盘等外框架结构，也包括卫浴间内部的五金、洁具、瓷砖、照明以及水电风系统等内部组件，可以根据使用需要装配在酒店、住宅、医院等环境中，为"即插即用"的成型产品，如图 1.7-1 所示。

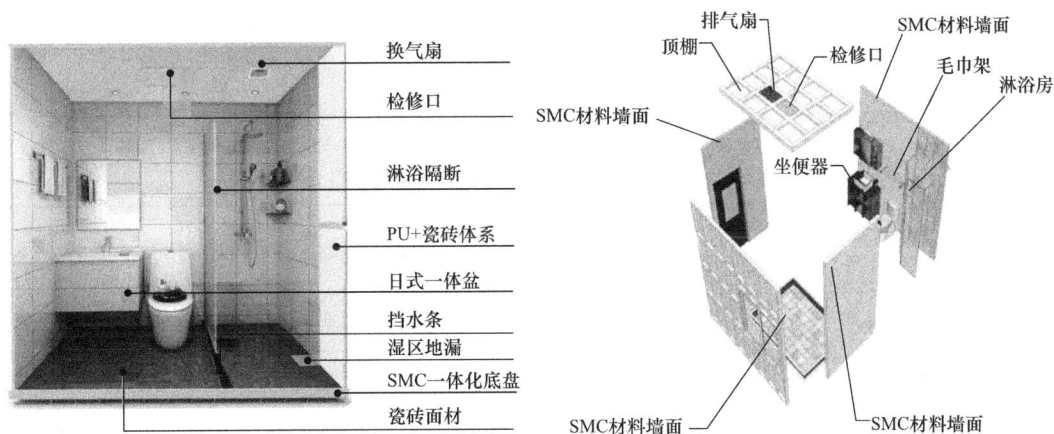

图 1.7-1 集成卫生间

1.7.2 技术内容

集成式卫生间采用一体化设计，将住宅内部所有构件进行模数化分解，即将现场湿作业部分和干法施工部分进行有效分离，降低现场作业的比例，所有装修物料在工厂进行预制生产，形成标准化、通用化的部品部件，准时、准量、准规格配送到现场进行装配式施工，实现了住宅装修部品的标准化、模块化、产业化和通用化，解决了传统住宅装修的诸多矛盾和问题。集成式卫生间与装配式建筑可实现同时施工，为住宅内部全装修提供了工业化整体解决方案。

1.7.3 技术指标

（1）集成式卫生间安装质量检验

集成式卫生间安装部件质量检验见表 1.7-1。

部件质量检验要求表 表 1.7-1

部品	安装内容	质量要求与标准
底盘	干、湿区地漏、面盆排水管	去孔周边毛刺,清理灰尘,拧紧,排水管 PVC 胶涂抹均匀饱满
	底盘调整水平	安装水平稳固,无空响、损伤、积水,平板底盘排水坡度为 10%
墙板	墙板与墙板加强筋	表面平整,上下平齐,墙板拼接缝隙≤1mm,安装螺钉间距为 250～300mm
	冷、热给水管,管夹	管夹间距为 500mm,水管上热下冷,横平竖直
	墙板、冷热给水管	墙板连接件插入到位,阴、阳角为 90°,组装缝隙≤1mm,表面平整、垂直
	门上加高墙板	墙板表面与门框内表面平齐,墙板两端头与门框竖边平齐,平整度≤1mm
	平开门	门框水平垂直,垂直度误差≤1mm,门开关无异响,门页四周间隙均匀
	墙板固定夹	固定夹间距为 600mm,每边单块墙板要求安装 2 个,墙板与底盘挡水边沿平齐稳固
顶棚	测量出顶棚内空尺寸与底盘内空尺寸一致	内空尺寸与底盘内空尺寸一致,误差≤1mm
	顶棚	表面平整垂直,拼接缝隙小,平整度误差≤1mm
踢脚线	从阳角处依次贴踢脚线	阴、阳角为 90°,拼接缝隙＜1mm
附件	洗面台/洗面盆与洗面盆水嘴	台面水平,稳固,水平误差≤1mm,水嘴按左热右冷控制,表面无损伤
下水管	PVC 管	横向支管排污管坡度为 2%
试水试电	排水系统	用看与触摸的方式检查浴室内、外各排水接点无渗漏
	通电试验	灯具、插座、排气扇等通电,开关正常

（2）技术规范/标准

1)《住宅室内装饰装修工程质量验收规范》JGJ/T 304—2013;

2)《卫生陶瓷》GB/T 6952—2015;

3)《坐便洁身器》JG/T 285—2010。

1.7.4 适用范围

适用于工业与民用建筑工程的集成式卫生间安装。

1.7.5 工程案例

1. 中建科技成都绿色建筑产业园（一期项目）研发中心

（1）工程概况

中建科技成都绿色建筑产业园（一期项目）研发中心整体建筑预制率达 67.85%，是国内首个"装配式＋被动式"建筑。

（2）技术应用

1）集成式卫生间管道连接特点难点

集成式卫生间现场安装时需要与原系统的同层排水管网及给水管网等相连接，因此前期的测量定位工作尤为重要，需要保证集成式卫生间内各洁具及管道所处位置的精准，也需要保证原建筑中给水及排水连接点位的精准。

2）关键技术特点

① 与建筑的构架分开独立，实现良好的负重支撑。

② 采用同层排水，管道连接方便。

③ 模压底盘整体化，有效提高防水防漏性能。

④ 具有装配式建筑施工周期短、质量可控等优点。

3）施工工艺流程：测量放线 → 设备末端及支管管线安装 → 底盘安装 → 墙板及附件安装 → 顶板及其余零件安装 → 内部设备安装 → 接口连接 → 接缝处理

4）测量放线

① 根据工程现场设置的测量控制网及高程控制网，利用经纬仪或全站仪定出建筑物的四条控制轴线，将轴线的相交点作为控制点。

② 对集成式卫生间安装测量，依据统一测定的装饰、装修阶段轴线控制线和建筑标高＋50cm线，引测至卫生间内，测定十字控制线并弹于地面和墙面上，按顶棚标高弹出吊顶完成面线，再上量 200mm 弹出设备管线安装最低控制线，以此作为控制机电各专业管线安装和甩口的基准。

③ 检查预留孔洞、预留管道口是否与集成式卫浴产品相匹配。

5）设备末端及支管管线安装

① 安装时复核各卫生器具的坐标、位置、再修正孔洞。

② 在水流转角小于135°的排水横支管上设检查口或清扫口。

③ 室内排水管道上应安装检查口或清扫口。污水管起点设置堵头代替清扫口，与墙面距离不得小于 400mm。

④ 室内排水立管上应采用45°三通或45°四通和90°斜三通或90°斜四通，立管与排出管之间应采用两个 45°弯头，以保证水流畅通。

6）底盘安装

对底盘进行安装固定，用微调螺栓调平。

7）墙板及附件安装

先安装底盘边缘上墙板，将接缝处卡子打紧，并在各接缝处用密封胶嵌实；安装浴盆，并将下水口接好，调平浴盆；再安装其余墙板，并嵌好各道接缝。

8）顶板及其余零件的安装

先安装两侧顶板，然后安装中间顶板，最后把顶板缝用塑料条封好，随后安装门窗，用螺钉紧固。

9）内部设备安装

按图纸设计要求摆放卫生设备，连接各管道接口。

10）接口连接

① 各种卫生器具石面、墙面、地面等接缝部位使用硅酮胶或防水密封条密封。

② 底盘、龙骨、壁板、门窗的安装均使用螺栓连接，顶盖与壁板使用连接件连接。

③ 底盘底部地漏管与排污管使用专用胶水粘结，在底盘面上完成地漏和排污管法兰安装。

④ 定制的洁具、电气与五金件等采用螺栓与底盘、壁板连接。给水、排水管与预留管道的连接使用专用接头，胶水粘结。

⑤ 台下盆须提前安装在人造石台面预留洞口位置，采用云石胶粘结牢固，接缝打防霉密封胶，水槽与台面连接方式如图 1.7-2 所示。

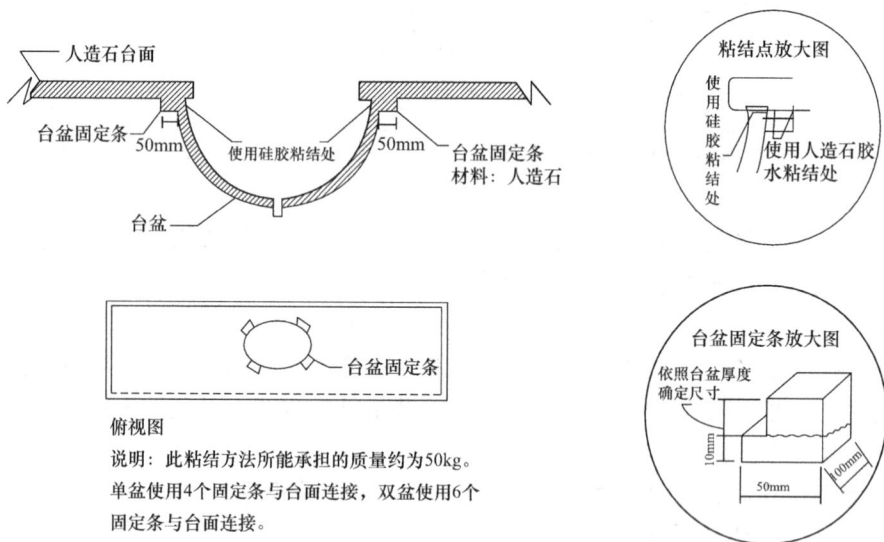

图 1.7-2　水槽与台面连接示意图

11）接缝处理

① 完成集成式卫生间与建筑结构主体风、水、电系统管线的接驳后，经验收合格后对集成式卫生间底板与降板槽缝隙进行灌浆。

② 所有板、壁接缝处打密封胶。

③ 螺栓连接处使用专用螺母覆盖，外圈打密封胶。

④ 底板与墙板、墙板与墙板之间及顶板之间均用特制钢卡子连接。

（3）实施总结

集成式卫生间安装技术立足于国内装配式建筑发展的现状，将 BIM 技术、装配式技术、整体式卫浴、机房模块化安装等先进的施工技术和方法加以融合、归纳、总结和革新，最终形成本技术。

集成式卫生间的生产、物流和现场作业环节都充分体现了现代建筑业的产业化特征。为未来装配式建筑技术的发展奠定了良好的基础，促使整体建筑装配化率的提高，也为将来承揽更多的施工任务打下良好的基础，应用前景广阔。

（提供单位：成都建工工业设备安装有限公司；编写人员：林吉勇、贺沸腾、周巾枫）

1.8 模块化装配式机房施工技术

1.8.1 技术发展概述

装配式机电安装技术在欧美、日韩等一些国家经过多年的应用总结，目前发展的较为成熟。而在我国，涉及项目工期、成本、技术落后等各种因素，该技术在前些年的发展相对比较缓慢。近几年，国内装配式机电安装技术的应用相继展开，模块化装配式机房技术已经得到成功应用。模块化装配式机房的显著特点就是模块化的预制加工，待各拼装模块运输至现场后按照设计图纸进行"积木式"的组装即可。机电安装专业具有系统多、管线复杂的特点，在应用机电安装的装配式施工时，模块化的预制加工方式将会显著提高装配阶段的施工效率。

1.8.2 技术内容

模块化装配式机房施工技术是以建筑信息模型（BIM）为基础，科学合理地拆分、组合机电模块单元，采用工业化生产的方式对模块单元进行工厂化预制加工，结合现代物料追踪、配送技术，实现机房机电设备及管线高效精准的模块化装配式施工。

国内传统的机电安装工程更多依靠在现场临时场地中对管道等进行加工制作，存在较大安全隐患，并且对施工现场环境造成污染，耗费大量人工，效率低下。同时加工工人技术水平、素质良莠不齐，导致加工的管道管件质量随机性大，若制作过程中尺寸有所偏差将导致不必要的返工或者报废。通过机电管线模块式工业化预制加工技术的应用，在工厂进行机械化流水制造，现场进行成品预制构件的组装即可避免上述问题。同时，高效率的机械生产，不受施工现场空间环境的影响，也不受其他专业施工的影响，在工厂内提前预制，按施工计划在合理时间进场，直接投入施工，避免管道的存放与保养。

1.8.3 技术指标

（1）《建筑给水排水及采暖工程施工质量验收规范》GB 50242—2002；

（2）《建筑工程施工质量验收统一标准》GB 50300—2013；

（3）《现场设备、工业管道焊接工程施工规范》GB 50236—2011。

1.8.4 适用范围

适用于工业与民用建筑工程机房设备与管线的模块化装配式施工。

1.8.5 工程案例

1. 歌尔科技产业项目一期工程

（1）工程概况

歌尔科技产业项目一期工程总建筑面积约 16.42 万 m^2，其中地上最高单体 17 层，地下 2 层。本项目制冷机房设置在地下 2 层，占地面积约为 1042 m^2。制冷机房布置 10 台冷冻水循环泵、7 台冷却水循环泵、3 台热水循环泵等，管道长度约 1020m。

（2）技术应用

1）装配式制冷机房施工技术的特点与难点

① 本项目制冷机房面积大，泵组、管道及阀门等零部件数量多，如何精准高效地预制及装配为一难点。

② 预制管组及泵组重量大，模块运送至现场后如何在机房内水平运输及吊装为一难点。

2）关键技术特点

① 缩短机房深化设计时间：使用标准化模块族进行 BIM 建模，缩短前期设计时间，加快工程进度。

② 提高施工质量：标准化模块单元在工厂采用固定流水线生产模式，将模块制作从完全定制变成部分批量生产，有效地提高施工质量。

③ 提升施工效率：采用标准构件进行工厂化加工，现场装配式安装，既可以实现快速装配，又可以在类似项目通用。

3）施工工艺流程：基于 BIM 的机电设备及管线模块化 → 机电设备及管线模块工厂预制加工 → 物联网化运输配送信息管理 → 机电设备及管线预制模块装配式综合施工 → 机电设备及管线预制装配误差综合补偿

4）施工机具的准备

主要的施工机具见表 1.8-1。

主要施工机具表   表 1.8-1

序号	名称	型号规格	备注
1	卷扬机	JMJK0530T	
2	地坦克搬运车	CRA	
3	活动扳手	8″~24″	根据需用配备足数
4	电动手枪钻	9310D	根据需用配备足数
5	电动试压泵	2.5MPa	管道试压

5）施工方法及控制要点

① 预制泵组、管组制作

a. 预制泵组、管组制作

整体方案确定及模型信息同步完成后，直接利用 Revit 模型输出一整套"BIDA 一体化"施工深化图，具体包括：基础布置图、设备布置图、排水沟布置图、机电综合图、机电专业图、装配单元加工图、预制管段加工图、支吊架加工图等，如图 1.8-1 所示。

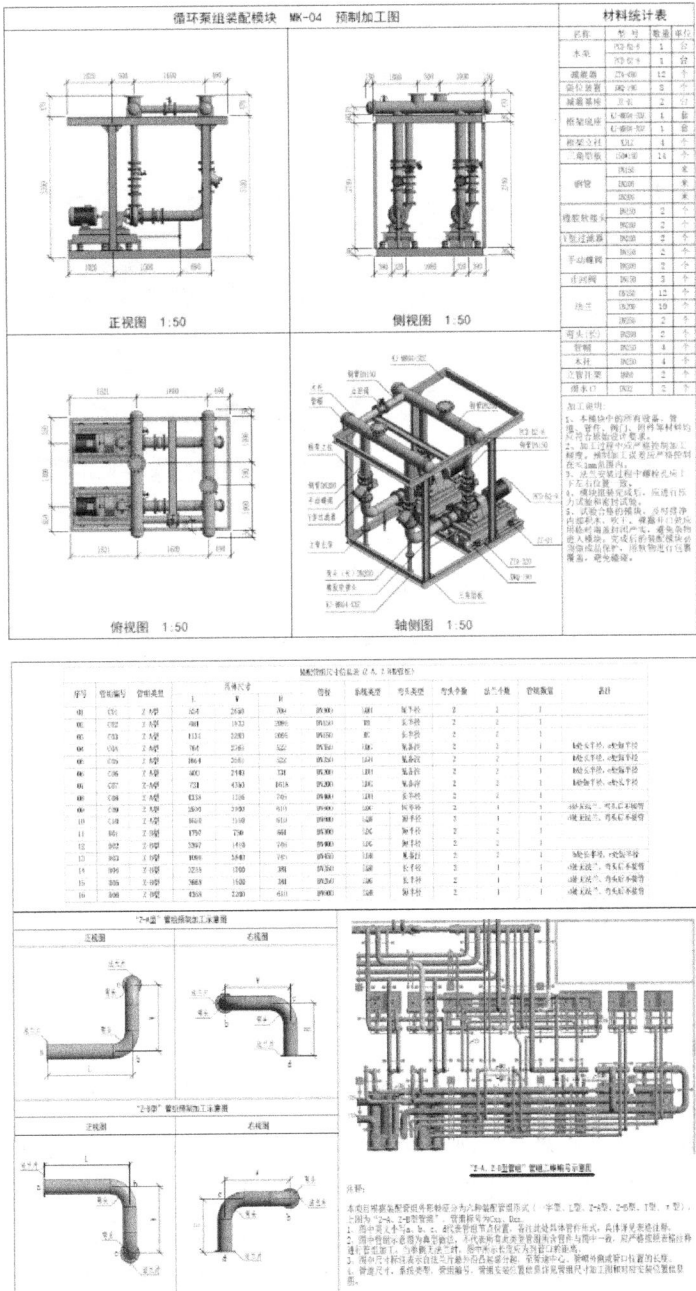

图 1.8-1 预制泵组、管组深化图

b. 建立预制加工基地，对预制厂家技术负责人、工人进行技术交底。根据高精度BIM模型导出的预制加工图纸，预制构件在工厂车间采用自动化设备进行流水化数控加工生产。全部预制完成后，在工厂进行场外验收，并形成验收记录单。

c. 利用BIM技术，进行预制装配单元和预制管组的装车运输模拟，合理摆放预制成品构件，充分利用运输车的空间，最大限度提升运输效率。运输至施工现场后，根据各预制管段的装配顺序进行合理的预制构件堆放平面规划，确保施工环节"随装随取"，实现物料的高效转运。

② 预制泵组、管组安装

a. 采用自主研发的可拆卸周转式栈桥移动轨道技术，在设备基础间搭建栈桥，利用卷扬机牵引、地坦克滑动的运输方式将装配单元运输就位，如图1.8-2所示。

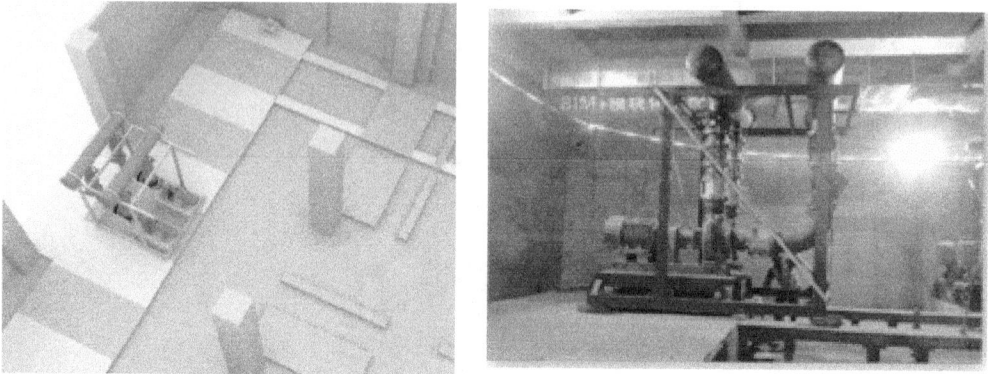

图 1.8-2　预制化泵组就位安装

b. 自主研发应用"天车系统"，帮助装配工人搬运小型预制管组或设备管件等，机房整体装配效率提升50%。在装配完成后，"天车系统"不拆卸，一并交付业主，为后期机房的运行维护提供可靠便利的机械化作业设备，如图1.8-3所示。

图 1.8-3　"天车系统"辅助预制管组安装

c. 自主研发组合式支吊架，实现"管道先就位，支吊架再装配"的逆工序安装。借助循环泵组装配单元主体构架间的组合式支吊架，将机房内的循环泵组模块进行连接，形成稳固的支吊架系统，增加了机房整体的安全稳固性，如图1.8-4所示。

d. 对于成排或密集预制管组，联合预制支吊架进行地面整体拼装，采用预制管排整体提升技术，通过组合式支吊架进行螺栓栓接固定，机房内无焊接作业。较传统施工方

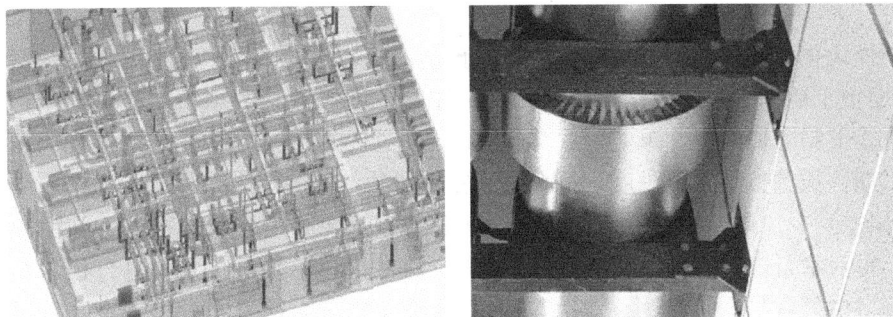

图 1.8-4 预制组合式支吊架

式，高空作业施工安全隐患减少 90％，焊接作业减少 100％，装配效率提升 90％，如图 1.8-5 所示。

图 1.8-5 预制管组吊装施工

e. 在设计阶段通过 3D 激光扫描技术复核土建施工偏差，调整 BIM 模型。在装配过程中，利用放样机器人精确放样定位，确保每段预制构件精确就位安装。结合 3D 激光扫描技术，实时对比实体装配与 BIM 模型的尺寸偏差，及时调整修正，如图 1.8-6 所示。

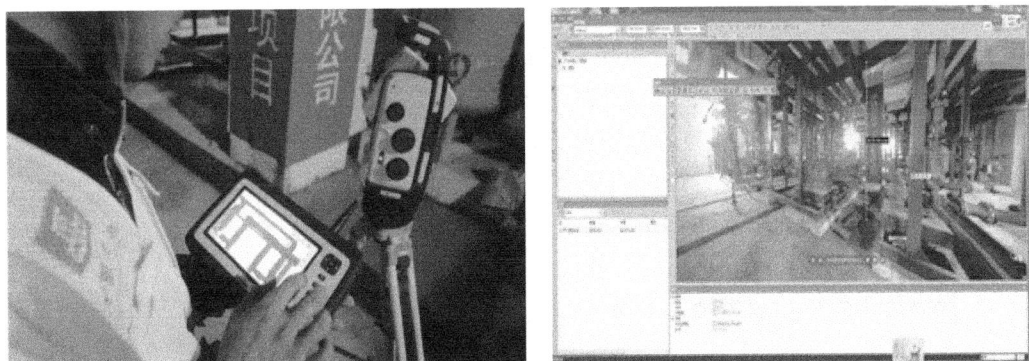

图 1.8-6 放样机器人复核偏差

（3）实施总结

机电设备及管线模块化工厂预制加工技术，将传统方式下的现场作业移至工厂，减少了现场的污染。同时，工厂化作业效率高、质量好，保障了机电设备及管线装配式施工的顺利进行。

预制模块化与传统施工方法或单纯管道预制比较，具有以下三个突出优势：

1）缩短工期。采用工厂化预制的形式，可与基础浇筑、二次砌体等多专业并行施工，将传统方式下制冷机房内"单流程式"施工变为"多线并行式"施工，有效缩短机房的整体施工工期，推进整个工程进度，符合企业完美履约的服务理念。

2）误差点少。单纯管段预制模式下，装配误差主要是由不同连接件之间的法兰接口处构成，每台水泵进、出水口管路附件约 14 个法兰接口。将循环泵组进行模块整合，法兰装配接口由每台水泵的 14 个，缩减为 1 个模块（2～3 台循环泵）的 4 个主管道法兰装配接口，误差率减少 85％以上，装配一次成优率达 99％，有效减少现场返工整改作业，避免了人、材、机的浪费。

3）装配高效。青岛歌尔项目酒店制冷机房 1020m 预制管组，8 个循环泵组模块、32 个预制管组模块，2 名管理人员、10 名操作工人仅用 38h 便全部装配完成，每名工人每小时平均装配 2.6m 管道。

（提供单位：中建八局第一建设有限公司；编写人员：刘益安、逯广林、钟凯）

1.9　高效机房管路优化技术

1.9.1　技术发展概述

随着建设事业迅猛发展，建筑能耗迅速增长。所谓建筑能耗指建筑使用能耗，其中采暖、空调能耗约占 60％～70％。通过空调优化技术，可有效减少建筑能耗，而高效机房管路优化安装施工技术（简称高效机房技术）是对制冷机房管道安装进行全面研究，通过管道优化、水阻降低等措施，可实现最大的节能减耗效果。该技术近年来逐渐被人们所重视，并得到了迅速的发展。

1.9.2　技术内容

高效机房管路优化技术是通过机房设备综合布局、低阻力阀件选型、管路优化降阻、先进管道制作、综合支架排布、预制化加工等手段，提高机房管道的节能降耗效果。

该技术的应用特点主要体现在以下几方面：

1）降低管路阻力，减少管道振动及噪声；

2）提高机房空间利用率和整齐度；

3）降低泵的能耗，提高机房综合效能；

4）提高施工效率，减少施工工期。

1.9.3　技术指标

（1）《建筑给水排水设计标准》GB 50015—2019；

（2）《工业建筑供暖通风与空气调节设计规范》GB 50019—2019；

（3）《民用建筑电气设计标准》GB 51348—2019；

（4）《建筑给水排水及采暖工程施工质量验收规范》GB 50242—2002；

（5）《通风与空调工程施工质量验收规范》GB 50243—2016；

（6）《电气装置安装工程 低压电器施工及验收规范》GB 50254—2014。

1.9.4 适用范围

适用于工业与民用建筑工程制冷机房设备、管道的安装。

1.9.5 工程案例

1. 广州市轨道交通十三号线首期（车站设备安装工程Ⅲ）工程

（1）工程概况

广州市轨道交通十三号线首期（车站设备安装工程Ⅲ）工程包括 3 个站，温涌路站、东洲站及新塘站，总建筑面积为 93209.96m²。其中东洲站和新塘站设置了高效制冷机房。东洲站总建筑面积为 15471.31m²，车站总计算冷量 1776kW（505RT），共设置 2 台制冷量为 888kW（252.5RT）的冷水机组；新塘站总建筑面积为 48385.25m²，车站总计算冷量 3570kW（1000RT），共设置 3 台制冷量为 1190kW（338RT）的冷水机组。冷冻水供回水温度为 7℃/12℃，冷却水供回水温度为 32℃/37℃。

（2）技术应用

1）工程难点

① 普通机房年平均能效比大约在 4.0（一般都小于 4.0），而本次高效制冷机房其年平均能效比要大于 5.5。

② 节能的三大步骤分为，耗能设备节能改造，能源控制策略优化，流体输送管路降阻节能，本技术将显著降低流体在管道工作中的阻力，属于流体输送管路降阻节能。

③ 优化管道布置减阻，优化管道制作与安装工艺减阻。

④ 管路布置方式新（适应冷水机组两头进出水方式），工艺方式比较复杂。

⑤ 由于施工空间有限，参与施工单位多，在空间及时间上协调好才能保证所有施工工序顺利开展。但由于在有限空间、时间里交叉作业比较多，施工空间、时间变动性大，工程协调比较困难。

⑥ 机房位于地下室，大型设备、管道、阀件数量多，不便于运输。

2）主要技术要点

基于广州地铁十三号线首期新塘站高效节能制冷机房管道安装，对地铁高效节能制冷机房管道安装进行全面研究，以实现管道节能的最大化，形成"高效机房施工技术"。

① 机房设备布局方案。结合传统制冷机房布置的特点，根据新型设备的外形尺寸及重量在设备层布置，设备布置应简洁整齐、便于安装维护；机组与墙之间的净距离不应小于 1.0m；机组之间及其他设备之间的净距，不应小于 1.2m；机组上方不应布置水管，且与上方电缆桥架的净距不应小于 1.0m；应留出蒸发器、冷凝器的清洗、维修距离；水泵宜采用立式安装，水泵之间间距不应小于 0.8m，水泵与墙体之间间距不应小于 0.8m；选择最佳的布置方案，充分利用设备房空间。

② 低阻力阀件选型方案

a. 采用直角式过滤器，过滤器的一端直接与水泵连接，减少了弯头的使用，从而降低阻力。

b. 采用静声止回阀，比其他止回阀更具有降低阻力的效果。

③ 管路降阻优化技术。降低机房内水阻，是优化管路的最终目的，管路布置要尽可能顺、平、直，避免复杂的、不合理的管路出现，尽量减少直角弯头、变径等管件设置，必要时多使用顺水弯头或顺水三通，以达到最优的管线布局，降低设备的长期能耗。

④ 优化管路制作工艺，管道弯头直接采用弯管技术、横向与纵向管道连接精准定位、内接口处无残留、无毛刺、焊接口平滑等工艺措施，减少阻力。

⑤ 综合支架排布技术。采用41单面槽钢和41双拼槽钢及相应槽钢底座和配件作为支撑管道的支架，根据管道的排布，相应设置支架，以确保管道固定、无晃动，又可根据管道的高度自由调整。

⑥ 预制化加工技术。采用已经优化好的三维精准模型，经拆分转化为二维平面图后，送加工厂进行预制化加工，工厂化加工提高工艺水平，保证管道制作质量，改善现场施工环境，提高了作业的效率。

3）工艺流程方框图

工艺流程方框图如图1.9-1所示。

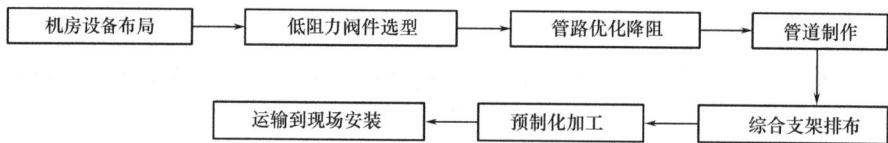

图1.9-1　工艺流程方框图

4）主要工艺过程

① 机房设备布置需考虑的因素

a. 详细了解设计者的意图及施工平面图的内容。

b. 详细了解设备的规格型号、用途，确保定位精准。

c. 详细了解设备安装区域的空间大小、以便合理安排运输通道、设备安装顺序、设备安装位置及管道安装工序。

d. 详细了解起重设备布置的具体位置，确保起重设备有足够的吊装能力把大型设备安全吊装到楼层内，方便进行二次运输。

② 选择位置

本工程在满足原有设计图纸的要求下，进行设备布置的调整，以达到空调水系统高效节能的目的。

原设计冷水机组布置适中，但冷却水泵、冷冻水泵位置相对于冷水机组之间的距离较小，不能满足管道上阀件、传感器安装位置要求。在设备调整布置后，有效利用设备房内的空间，使设备排布整齐，既满足了实用性，又具有美观性。为满足冷冻泵侧管道的安装，以及对维修通道的考虑，选择将分集水器移位；并按照先冷机后水泵的原则，避免了安装作业的交叉。

③ 低阻力阀件选择

选择低阻力阀件主要考虑几个因素：

a. 过滤器起到过滤杂质的作用，止回阀防止逆流和水锤；

b. 不同型号的过滤器阻力损失；

c. 不同止回阀对管道阻力的影响。

④ 过滤器选择

对于空调水系统，在水泵、冷水机组入口需设置过滤器，一般的Y形过滤器过滤面积小，阻力较大，在1~3m。而对空调水系统而言，直径<2mm杂质在系统内运行不会对制冷机、末端设备以及换热设备造成损坏。所以可以采用较大滤孔、较大过滤面积的过滤器，减少过滤器阻力，如篮式过滤器。不同厂家不同过滤器阻力可见表1.9-1。

不同厂家不同过滤器阻力损失对比表　　　　　　　　　　表 1.9-1

序号	设备名称	品牌	水流量 （m³/h）	管口尺寸 （DN）	水流速 （m/s）	水阻力 （$m\,H_2O$）
1	篮式过滤器	品牌1	292	250	1.65	0.2
2	Y形过滤器	品牌2	292	250	1.65	1
3	Y形过滤器	品牌3	292	250	1.65	2.2

可以按以下的原则选取过滤器：单个过滤器在额定流量下的初阻力不大于 $0.2\,m\,H_2O$。为进一步减少水管网阻力，还可以选择直角式过滤器，安装在水泵入口，连接水平管和竖向管道，节省一个弯头及其阻力损失。

⑤ 止回阀选择

常见止回阀有升降式、旋启式、蝶式、梭式、球形和静声止回阀等若干种。不同厂家不同止回阀阻力可见表1.9-2。某厂静声型止回阀不同流速下的阻力损失见图1.9-2所示。

不同厂家不同止回阀阻力损失对比表　　　　　　　　　　表 1.9-2

序号	设备名称	品牌	水流量 （m³/h）	管口尺寸 （DN）	水流速 （m/s）	水阻力 （$m\,H_2O$）
1	静声止回阀	品牌1	292	250	1.65	0.15
2	消声止回阀	品牌2	292	250	1.65	0.3
3	止回阀	品牌3	292	250	1.65	1.8

从表1.9-2和图1.9-2可以看出，不同类型止回阀、不同厂家，阻力损失相差较大，为降低水泵扬程，可选择静声型止回阀，既满足水系统关闭时的消声要求，又可控制阻力损失在 $0.2\,m\,H_2O$ 以内。

⑥ 管道降阻优化技术

一般公用设施中，过半数的能耗来源于暖通空调系统，而制冷机房作为空调系统中的主要组成部分，对制冷机房的管道进行优化降阻是高效制冷机房的重要研究内容。

管道降阻的方法主要包括：

a. 减少弯头

通过将水泵进出水口高度与主机进出口置平，减少管路弯头，如图1.9-3所示，左边

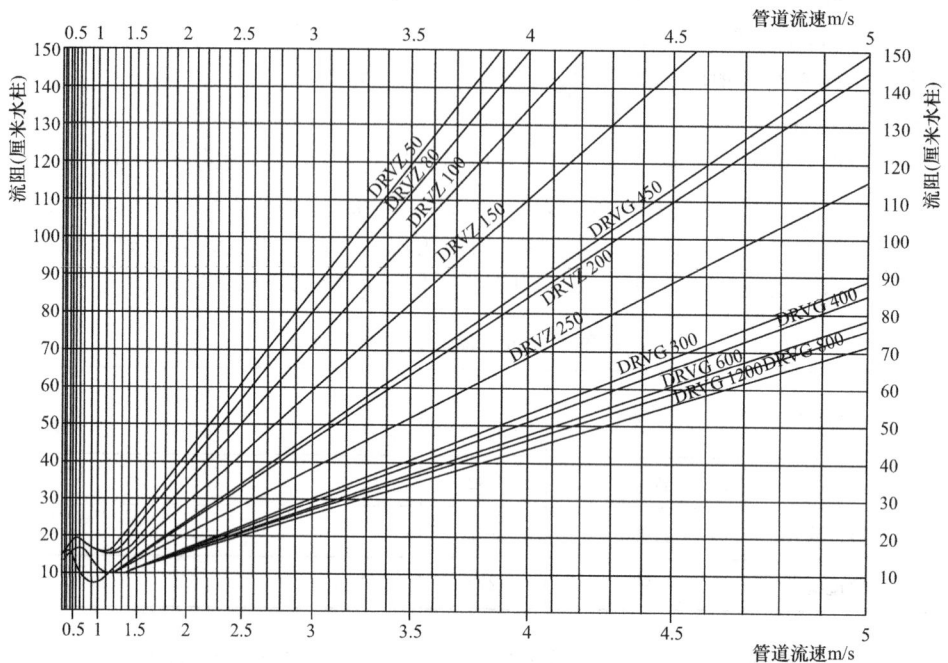

图 1.9-2　静声式止回阀流量-压差曲线图

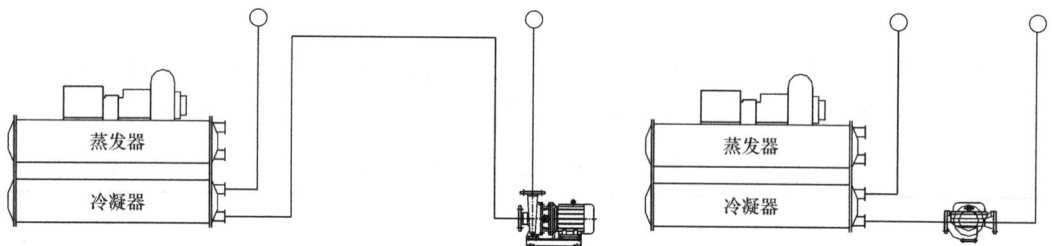

图 1.9-3　冷水机组与水泵优化接管方式

为常规接法，采用卧式端吸水泵，右边为采用立式或中开卧式水泵，将主机与水泵水平对接，直进直出，减少 3 个弯头。如将水泵入口处弯头改为直角式过滤器，则还可减少一个弯头。

b. 将直角弯头、直角三通改为直管弯制弯头或顺水三通

图 1.9-4 为机房内管路优化前后对比图，减少弯头，并尽量设置直管弯制弯头。

图 1.9-5 为弯头、三通优化前后的阻力系数比较，可以看出，优化后三通、弯头可分别减少 66% 和 50% 的阻力损失。

c. 采用弯管技术，普通的弯头是由不同角度的部件焊接而成，而本次所有弯头都是由直管采用弯管机弯制弯曲半径 $R>4D$ 的弯头。

d. 采用精确的定位和手工电弧焊，达到管道焊缝饱满、无漏焊，焊口表面平滑，有效降低水流阻力。

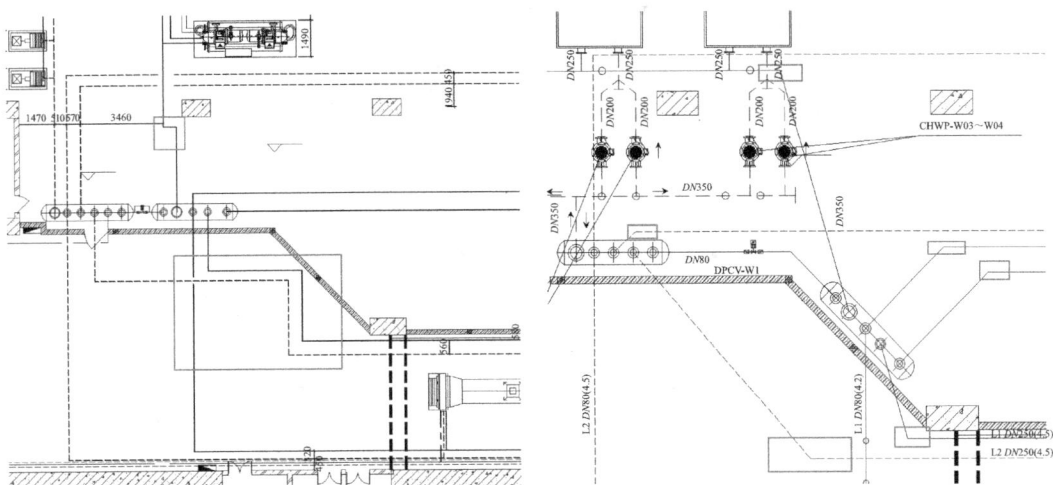

图 1.9-4 管路弯头优化前后对比图

形式简图	流向	阻力系数	弯头类型	阻力系数
1→ ↓2 →3	2→3	1.5	⌐	ζ
1→ ↗2 →3	2→3	0.5	⌐	0.5ζ

图 1.9-5 三通、弯头优化前后阻力对比

⑦ 预制化加工技术

a. 基本步骤：搭建模型→调整优化→模型拆分与编号→形成二维加工图→工厂加工→运输安装。

b. 根据施工蓝图和一定的建模标准，搭建机房模型。

c. 对模型进行优化和调整后形成精准模型。

d. 对精准模型进行拆分与编号（二维码）。

e. 拆分后的部件形成加工图：把已经优化好的管道模型，按构件进行拆分，拆分之后再转换为构件工程图，经原设计单位复核，并严格按照构件工程图进行加工。

f. 工厂加工。

g. 部件半成品包装与运输：制作加工好的构件，采用薄膜全覆盖或其他措施进行包装，保证管内无粉尘、颗粒物和管道表面无损伤；每层管道采用木条或其他软材料进行分割，禁止管道的堆叠对管道产生较大弯曲力；其他小配件可装箱运输。

h. 部件现场安装：用 Revit 软件将模型调至线性模式对模型进行标注，导出标注平面图纸，再根据平面图进行部件安装（图 1.9-6）。

⑧ 管道装配式施工：按照高效制冷机房管道装配式安装指导手册进行施工安装，首先定好冷水机组位置，并安装固定到位，以冷水机组为中心，安装好固定管道的支架，以先安装冷水机组出水口管道，再安装冷水机组进水口管道为原则依次进行。

图 1.9-6　现场安装完成效果图

（3）实施总结

高效制冷机房与传统冷水机房相比，*COP* 可从 4.5 提高到 6.0，能效比显著提高，且整个空调系统可以根据末端负荷的负载情况，及时调整冷机的供冷量，减少了冷量的消耗，从而使相应设备的耗电量降低。

高效制冷机房的设备、管道上都有表明其身份的二维码，通过扫描二维码可以详细了解其位置、设备信息等，以便工作人员能及时维修，为紧急抢险提供了有利的时间保障。且构件与构件之间完全法兰连接，拆卸方便易于更换。

所有管道的生产，依据二维平面加工图进行工厂化加工，对于异形构件的加工更加精准。加工好的半成品运到施工现场后，施工人员可参照模型的编码和相对应的构件直接进行管道的组装，缩短了施工的工期。

（提供单位：成都建工工业设备安装有限公司；编写人员：王超、陈永生、王映）

1.10　新型减振降噪技术

1.10.1　技术发展概述

随着人民物质文化需求的提高，对建筑的声学质量需求也日益增长，因此对各类居住、办公、娱乐等场所的隔声减振提出了更为严格的要求。而在机电工程实施过程中，设备、管线及各类建筑材料本身的隔振降噪效果，是减振降噪技术的关键。随着信息化时代的到来，计算机仿真技术的运用使得空间内流动实现可视化，有利于消除各类流体在管线中所产生的噪声，此外各类新材料、新装置、新工艺的运用也有利于创造一个安静舒适的建筑环境。

在各类建筑中，通常歌剧院、电影院及演播室的声学要求最高。机电工程减振降噪起初是通过设备优化选型、各类减振器设置、设备重心精确定位等方式解决，降噪的效果有限。进入 21 世纪后，计算机仿真技术和新材料的使用进一步推动了机电工程的降噪。

1.10.2　技术内容

对于常规空调系统，一般通过设置各类减振垫、减振器、消声器和风管优化等技术进行减振降噪，对于噪声敏感的歌剧院、广播厅和高等级电影院等场所，需要采用更有效的消声减振措施。新型减振降噪技术包括隔声毡降噪技术、双重地面减振消声技术、消声装置结构优化技术、气流组织预测技术。

（1）隔声毡降噪技术

隔声毡具有较高的面密度，有效抑制中低频声波的传播，同时具有较好的拉伸性能便于施工，可用于风管、水管及设备的隔声。

（2）双重地面减振消声技术

双重地面减振消声技术是指采用浮筑地面与设备减振器进行双重减振的技术，有效阻止振动传递到噪声敏感区域。

（3）消声装置结构优化技术

阻性消声器是利用声波在多孔且串通的吸声材料中摩擦转化进行消声，一般有直管式、片式、蜂窝式、折板式和声流式等，其中片式较为常见，消声装置结构优化技术主要通过设置加固构件改善消声装置性能（图1.10-1）。

1）在消声片壳体内腔与穿孔板固定连接加固件，防止吸声材料因受重力作用下沉造成密度不均匀及穿孔板变形，提高消声器消声效果的稳定性；扩大离心玻璃吸声棉的选择范围，可选用高密度离心玻璃棉，以提高吸声系数。

2）喇叭口形的进出口降低气流压降和再生噪声。

3）优化后消声器阻力比一般消声器大，风机选型时须进行系统阻力核算。

（4）气流组织预测技术

对于对噪声控制严格的场所，利用CFD（计算流体动力学）数值模拟仿真，在工程建设前对气流组织进行预测模拟，发现不合理的流速区，在深化设计中进行优化使得室内气流更均匀，从而起到降噪的作用，同时能提高室内温度场的均匀性。

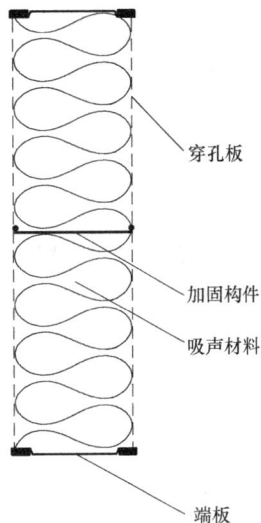

图1.10-1　阻性片式消声器优化结构剖面图

1.10.3　技术指标

（1）《消声室和半消声室技术规范》GB 50800—2012；

（2）《聚氨酯橡胶隔音减震垫》HG/T 5328—2018；

（3）《声环境质量标准》GB 3096—2008；

（4）《水泵隔振技术规程》CECS 59：94；

（5）《城市区域环境振动标准》GB 10070—1988。

1.10.4　适用范围

适用于对噪声控制较为严格的工业与民用建筑工程机电设备、管线安装。

1.10.5 工程案例

1. 上海交响乐团迁建工程

（1）工程概况

本工程位于复兴中路 1380 号，地处上海市衡山复兴历史风貌保护区内。工程地下 4 层，地上 2 层，地上分为四个单体：行政办公、入口大厅、贵宾厅及排演厅。占地面积 16318m²，总建筑面积 19950m²，建筑基底面积为 4895.4m²，建筑高度为 18m。表 1.10-1 为本工程中各区域的噪声最高限值。

各区域最高噪声   表 1.10-1

区域或房间	噪声标准(NC)	区域或房间	噪声标准(NC)
排演厅 A、排演厅 B	15	排练厅、排演厅、指挥休息室	25
声控室、追光室、光控室	20	办公室、会议室	35
候场大厅、展厅、休息室	35	—	—

注：表中的噪声标准为 NC 标准，凭借经验公式 LA＝NR＋5＝NC＋10（LA 为声压级，单位 dB）。

（2）技术应用

1）特难点

隔声毡作为一种新颖的建筑材料，由于其面密度较大，自身不易产生振动，贴附在薄钢板风管上可有效阻止风管管壁的振动，从而对风管起到良好的减振降噪效果。由于该材料的运用工程较少，在工程中如何规范其粘贴工艺，避免在系统运行后脱落，或粘贴不紧密影响隔声效果是关键，也是实施的难点。

2）关键技术特点

隔声毡粘贴过程中，胶水自身的性能是影响最终粘贴牢固性的关键因素，因此在隔声毡施工工艺优化的基础上，结合工程实际条件，对胶水的选择以及施工环境对粘结牢固性的影响做一定的试验。旨在区分不同性能参数的胶水以及不同湿度环境下操作对粘结力的影响。试验方法是在隔声毡贴附后镀锌钢条未包裹前，在隔声毡表面按等面积原则粘上挂钩，挂钩上悬挂一定重量的砖块，在房间内静置一定的时间观察其脱落情况并做出对比，若 48h 内没有发生脱落，则表明胶水的质量合格。此外，隔声毡粘贴完毕后外部镀锌钢条的包裹也十分关键，可进一步防止隔声毡的脱落。

3）施工工艺和过程

隔声毡的施工流程依次为：清理风管表面灰尘 → 隔声毡下料 → 隔声毡满刷胶水（经试验后合格的胶水，下同）→ 风管表面满刷胶水 → 贴隔声毡 → 使用刮刀将隔声毡内气泡挤出并压平 → 使用木榔头将剩余不平整处敲平 → 将边角上多余的隔声毡割除 → 使用 30mm 厚镀锌钢条加固 → 清理隔声毡表面灰尘并放置在阴凉处

施工的具体步骤为：

① 将风管本体制作成型后，检查其内外表面有无污染、划伤、高低不平等质量缺陷，在漏风量检测合格后，放置干净、通风良好的场所备用。

② 将隔声层和保温层贴附在风管本体上，以隔声层为例，先将风管本体抬升至0.5m左右，清除风管本体表面上的灰尘。

③ 将隔声毡按照风管本体的尺寸进行裁剪后，接着在风管本体上满涂专用胶水，10min内粘贴隔声毡。

④ 随后将贴完隔声毡的风管置于干净的通风处24h以上，最后贴上保温材料。

⑤ 将保温钉和加固条按照风管的规格固定在风管上，并检查制作完成的风管，储存至通风良好的干燥环境下备用。

隔声毡的裁剪要至少两人配合完成，粘贴要至少三人配合完成。具体裁剪时，一人负责固定靠尺，一人负责沿靠尺裁剪；粘贴时两人在相对的方向将裁剪下的隔声毡慢慢铺平，另一人在后面0.5m左右用靠尺轻刮或木槌轻敲以排除隔声毡与风管本体间的气泡，粘贴后再轻敲，以充分排出气泡（图1.10-2）。

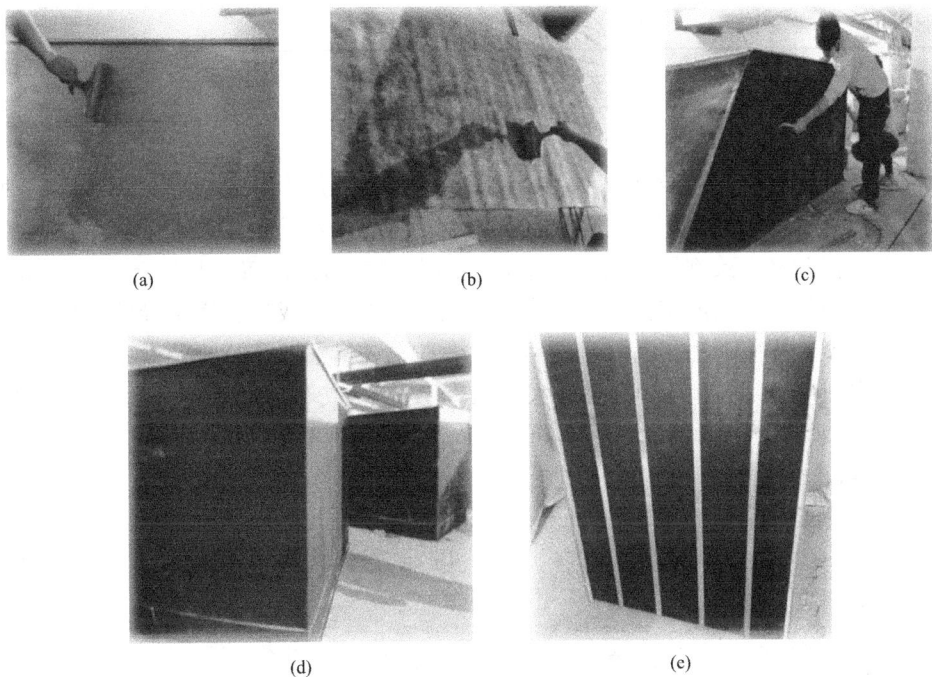

图1.10-2　隔声毡的粘贴工艺
（a）风管外部涂胶水；（b）隔声毡裁剪与胶水涂抹；（c）隔声毡粘贴后排出气泡；
（d）粘贴后质量检查与储存；（e）加固条的制作

（3）实施总结

本案例以上海交响乐团迁建工程为背景工程，对隔声毡的施工工艺进行了优化，并对隔声毡在不同种类胶水、不同环境下施工进行了粘结牢固性试验，得到了以下结论：

1）风管隔声毡镀锌钢条外包的形式能很好加强隔声毡与风管本体的连接性能，解决隔声毡脱落的问题。

2）胶水性能是影响隔声毡粘贴牢固性的最关键因素，建议在隔声毡施工前进行不同胶水的牢固性粘贴实验。

3）隔声毡粘贴过程中，环境湿度是影响牢固性的关键因素之一，要在通风良好且湿度满足要求的环境下进行隔声毡粘贴。

2. 上海音乐学院歌剧院工程

（1）工程概况

本项目位于上海音乐学院内，总建筑面积 32536.02m²，其中，地下建筑面积 17546.64m²，地上建筑面积为 14989.38m²。项目地下三层，地上五层，根据建设要求，参考表 1.10-2，部分区域的声学要求为 NR17。因此在机电安装的实施过程中，必须严格参照设计的要求进行，同时应对管道内的气流流动做前期的模拟，以确保项目顺利验收。

各区域最高噪声　　　　　　　　　　　　表 1. 10-2

区域或房间	噪声标准（NR）	区域或房间	噪声标准（NR）
管弦乐排演厅	17	歌舞排演室	25
歌剧厅	20	办公及会议室	40
其他区域（休息室、候场厅、展厅等）	40	—	—

（2）技术应用

1）特难点

空调系统管道中的气流流动如不顺畅，会导致能耗的加大，也会导致管道内振动和噪声的形成，而气流组织由于不能实现可视化，以往工程中对其缺乏测试方法，一般在建设后期进行发烟试验来大致判别流向和流速，仅试验很难做到准确，且对环境会造成污染，且如果施工后期发现管内或室内气流不合理的问题，难免造成返工直接导致工期和成本的上升；在中小型工程中，为了满足空调负荷，一般只凭借经验进行空调设备的选型，容易造成"大马拉小车"的现象，不但加大了设备投资的成本，对后期的运行能耗管理也不利。

2）关键技术特点

计算流体力学技术的运用（Computational Fluid Dynamics，下文简称"CFD"），通过前期在软件中建立模型，中期设置各类符合实际的边界条件和求解方程，后期出图进行分析，以有效解决上述问题。

3）仿真过程介绍：模型建立 → 计算网格生成 → 边界条件设置 → 计算设置 → 迭代计算至收敛 → 出图分析

① 模型建立：根据建筑图纸在前处理软件中建立仿真结构模型，确定各类气流进口与出口（风口）位置，建模时要注意各模块（如建筑围护结构、风口、吊顶及地板等）之间的具体关系。

② 网格生成：在建立完的模型中敷设计算网格，网格敷设质量关系到最终计算的精度，而建筑中的各类模块较复杂，如圆形的风口、梯田状的池座、方形的围护结构等，为匹配整体模型，建议使用杂交网格（风口部位使用精密的非结构网格，内部较规则区域使用结构网格），以在最小的计算量下提高计算精度。

③ 边界条件设置：在计算软件中设置符合实际情况的计算边界条件，如送风口风速、送风温度、室内温度、场内各类散热量等。

④ 计算设置：在软件中根据实际情况设置相应的方程与精度，如气流耗散方程式

（常用为 k-e 方程）、精度设置（一阶或二阶精度）、各方向的动量及能量方程，其他设置（如波兴涅克方程、亚松弛技术、泊松分布添加等），非稳态计算应设置需要计算的时间。

⑤ 迭代至收敛：开始数值计算，注意计算收敛性。

⑥ 出图分析：计算完毕在软件中设置一定的分析层面，对比不同方案的合理性，以在建设前为深化设计及调试提供建议，如本例中选取池座内中心高度层面分析池座中的气流组织分布，剧院内取 1.5m 高度分析人员舒适性，如图 1.10-3、图 1.10-4 所示。

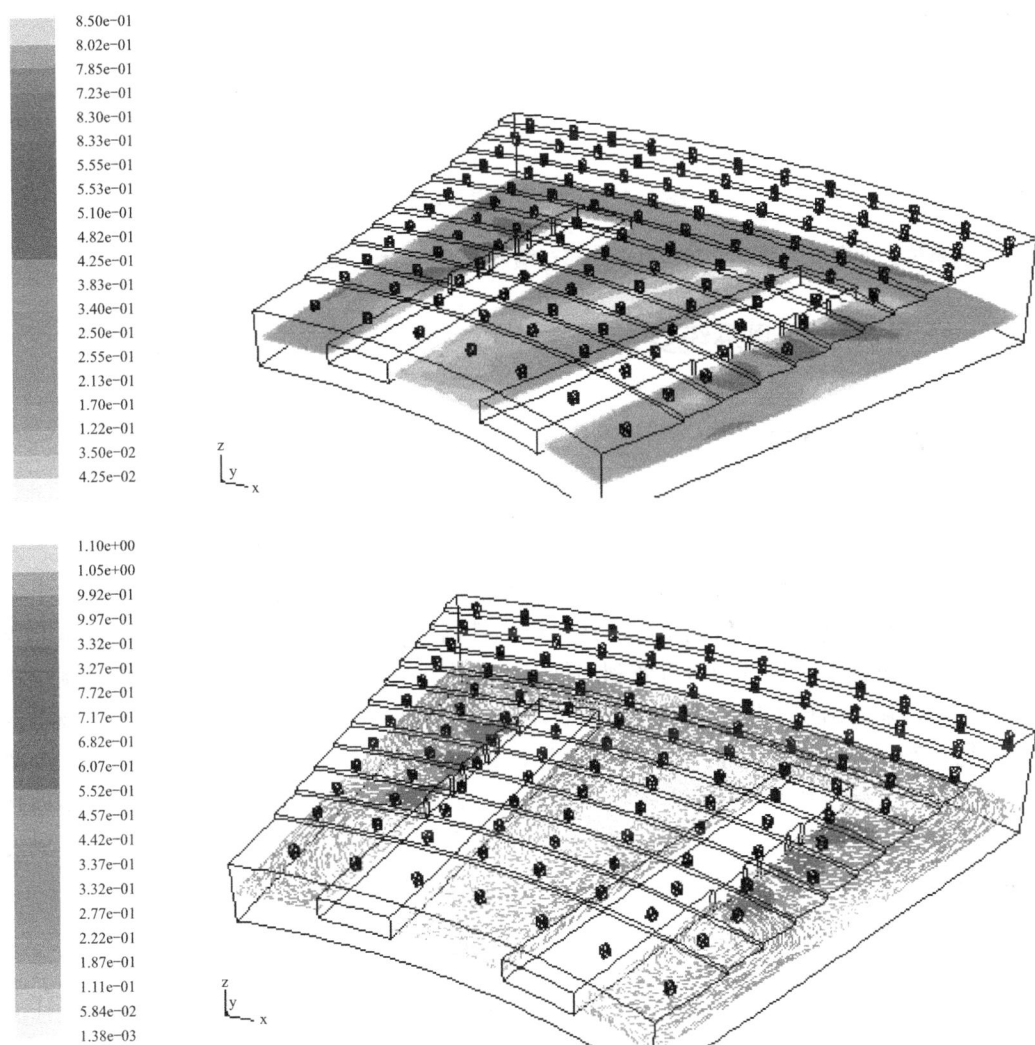

图 1.10-3　池座内气流速度与气流流向分布

（3）实施总结

运用数值仿真技术在建设前期分析满足设计条件下的剧场内气流组织和温度分布，有利于改善剧场内通风空调的舒适性；此外，能及时发现可能存在的涡流区，通过改变风管距离、调节风速、调节风口角度等措施加以解决，可节约空调能耗；而管道内的气流均匀性仿真分析能为系统减噪提供建设性的依据。

图 1.10-4　剧场内温度场分布

（提供单位：上海市安装工程集团有限公司；编写人员：汤毅、于晓民、梁雄）

1.11　低温送风空调系统安装技术

1.11.1　技术发展概述

在 19 世纪 80 年代美国开始关注冰蓄冷技术。单纯的冰蓄冷是利用夜晚的低谷电制冰，储存到白天用电尖峰时段供冷，有效地转移一部分尖峰用电时段的空调用电负荷，对平衡城市电力供需、削峰添谷做出了贡献。但是这种办法投资费用高，空调的实际用电量也比常规空调系统高，处于低温工况的运行以牺牲制冷机组的效率为代价，为此在空调末端的空气处理过程中，尽可能地有效利用低温冷冻水来提高整个系统的效率，弥补制冷机组的低效率，从而出现了低温送风系统。日本在 20 世纪 90 年代开始投入对冰蓄冷技术的实用研究，2001 年首次由国内单位独立设计、施工完成的集成冰蓄冷、低温送风、变风量等多项先进空调新技术系统在国家电力调度中心圆满竣工。低温送风空调系统与蓄冰技术结合，并辅以变风量形式，是解决空调行业发展和能源供应紧张的有效方法之一，成为 21 世纪中央空调的"主流"系统。

1.11.2　技术内容

低温送风空调系统是送风温度低于常规数值的全空气空调系统。常规送风系统设计温度为 12～16℃，而低温送风空调系统一般设计温度为≤11℃。低温送风系统主要由冷却盘管、风机、风管及末端空气扩散设备等组成，本技术主要包括严密性控制、保温层校核、高诱导比风口安装等，核心是防止结露产生。

（1）技术特点

相对于常规空调系统，低温送风空调系统最突出的特点是送风温差大，具有降低系统设备费用、投资费用、运行费用，并提高房间热舒适性的特点。

（2）施工工艺要点

1）优化风管安装工艺，控制风管严密性；

2）空调管道保温层厚度的校核计算；

3）低温风阀的保温；

4）热芯式高诱导比低温风口的安装。

1.11.3 技术指标

（1）主要性能

低温送风空调系统的施工应符合现行国家标准《通风与空调工程施工质量验收规范》GB 50243 中的规定：低温送风空调系统风管的严密性应符合中压风管的规定，试验压力应为 1.2 倍的工作压力，且不低于 750Pa；矩形金属风管在工作压力下的允许漏风量可按公式 $Q_m \leqslant 0.0352 P^{0.65}$ 计算。

（2）技术规范/标准

1）《民用建筑供暖通风与空气调节设计规范》GB 50736—2012；

2）《设备及管道绝热设计导则》GB/T 8175—2008；

3）《通风与空调工程施工质量验收规范》GB 50243—2016；

4）《通风空调工程施工规范》GB 50738—2011。

1.11.4 适用范围

适用于工业与民用建筑工程的低温送风空调系统，特别适用于空调负荷增加而又不允许加大风管、降低房间净高的改造工程。

1.11.5 工程案例

1. 中国石油大厦工程

（1）工程概况

中国石油大厦工程位于北京市东城区东直门桥西北部，总建筑面积为 200838m²，地下 4 层，主楼地上 22 层。中国石油大厦空调系统采用冰蓄冷外融冰＋超低温送风变风量系统，制冷机组融冰工况时能提供 1.1℃冷冻水，供冷工况时 1.1℃的冷冻水通过板式换热器进行热交换，为大厦空调机组供应供回水温度为 2.2℃/13.2℃的冷冻水。在夏季空调工况时，经过空调机组表冷器的出风温度仅为 5.5℃，送风口的送风温度为 7℃。本工程所有的低温风口均采用美国进口的热芯式高诱导比风口。

（2）技术应用

1）低温送风空调系统安装技术特点难点

本工程首次提出改良配套软接节点的做法，以保障热芯式高诱导比风口与风管连接处严密不漏风；本工程对于二次风管路（含高诱导比低温风口）的严密性测试，除按照中压系统要求进行漏风量测试之外，采用红外热成像技术进行二次辅助检测；本工程首次采用风管开椭圆接口加椭圆软接的做法，解决了风管与热芯高诱导比风口的连接问题；本工程提出了热芯式高诱导比风口与精装修吊顶配合安装的方法。

2）关键技术特点

本安装工艺降低了漏风量和产生冷桥的风险，有效解决了 10℃以下低温送风系统风口连接处易产生凝结露的难题，且风口安装完成后稳定、牢固、可靠。

3）施工工艺流程图（图 1.11-1）

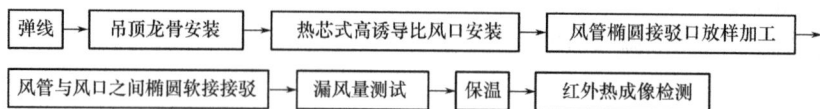

图 1.11-1　工艺流程图

4）工艺过程

① 优化风管安装工艺，控制风管严密性

低温送风的风管选用镀锌钢板法兰连接，风管安装完成后的漏风量检测按中压系统的标准执行，可以利用红外热成像仪辅助漏风检测，确保风管的严密性。

② 空调管道保温层厚度的校核计算

施工前对空调管道的保温层保温厚度进行校核计算，常用的计算方法有三种：经济厚度计算法、防结露法和热（冷）损失法，选用原则详见表 1.11-1，并结合实际采购的保温材料的制造规格进行整合和优化。

管道保温材料厚度计算方法选用表　　　　　　　表 1.11-1

计算方法 管道类型	经济厚度法	防结露法	热损失法	厚度取值
单冷管道	√	√		两者较大值
单热管道	√		√	两者较大值
冷、热合用管道	√（冷、热）	√（冷）	√（热）	四者较大值

③ 低温风阀的保温

低温送风系统的调节阀（防火阀）的保温应确保风阀保温层覆盖率，避免凝结露现象，且不影响操作和使用功能。

④ 热芯式高诱导比低温风口的安装

低温送风系统的风口须确保低温风不会沉降到空调区，不会产生穿流现象，热风不会漂浮，不产生结露现象，故常采用热芯式高诱导比风口，风口的采购选型应运用 CFD 气流模拟分析计算软件，辅助进行气流组织模拟。

热芯式高诱导比风口应布置在主风管顺气流侧；主风管开椭圆口位置应错开法兰接驳处；主风管端头不宜预留过长，应控制在 50mm 左右（图 1.11-2）。

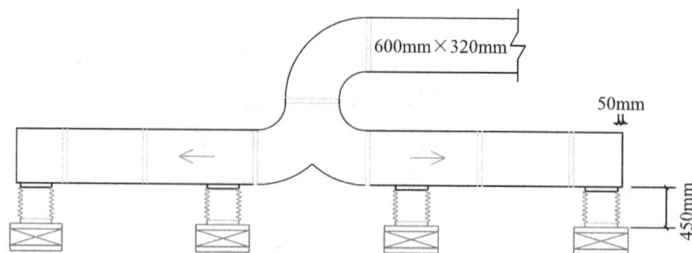

图 1.11-2　高诱导比风口平面布置图

热芯式高诱导比风口的椭圆接口应与主风管椭圆接口的中心标高一致，杜绝用软接翻弯来弥补高度的偏差。

热芯式高诱导比自带静压箱，其标准接口为椭圆形，采用风管开椭圆接口加椭圆铝箔软管的做法（图 1.11-3），铁皮椭圆接口与软管端口采用内平咬口方式连接，并用镀锌铁铆钉固定（图 1.11-4）；椭圆接口与主风管连接采用咬口方式，连接处用环保密封胶密封处理。

图 1.11-3　椭圆软接分别与风口、风管连接示意图

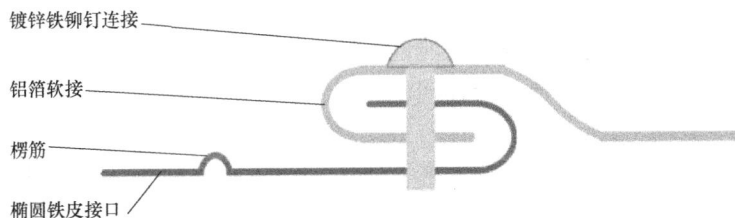

图 1.11-4　椭圆接口与铝箔软接内平咬口连接节点

（3）实施总结

低温送风空调系统由于送风温度降低，送风温差增大，一次风量的需求减少，也就减小了一次风的空气处理设备的装机容量，降低了建筑空调的能耗；同时，低温送风极易产生结露，对施工工艺提出了挑战，本工程施工安装技术填补了国内关于热芯式高诱导比风口安装方法的空白，成功解决了低温送风空调系统中热芯式高诱导比风口与风管连接处易漏风产生凝结露问题，通过工艺的改良和施工方法的创新，有效地保证低温送风空调系统的实施效果，保障了大厦低温送风空调系统的运行。

2. 国家开发银行办公楼工程

（1）工程概况

本项目位于北京市西城区复兴门内 4-2 号地块，东至佟阁路，西至规划路，北至长安街，南至文昌胡同。本项目建筑高度 50.8m，占地面积 20000m²，地下建筑面积 61450m²，地上建筑面积 88120m²，总建筑面积约 149570m²，为国家开发银行的总部办公大楼。

本工程的空调系统采用外融冰式冰蓄冷＋低温送风变风量系统，变风量末端分别采用风机驱动的串联、并联型末端装置（外区）及单风道型末端装置，与变风量末端装置相配的空调送风口均采用高诱导比的低温送风口，一次风的送风温度约7℃，低温风口均采用美国进口的热芯式高诱导比风口。

（2）技术应用

1）低温送风空调系统安装技术特点难点

低温送风系统的可拆卸防凝结露防火阀，将执行机构和防火阀本体的连接改为具有一个保温间距的可拆卸连接。既保持了原有技术功能，又提高了防火阀处保温覆盖率，有效解决了空调系统中防火阀处易产生凝结露的问题，特别适用于低温送风空调系统的防火阀保温。

2）关键技术特点

低温送风系统的调节阀（防火阀）的保温应确保风阀保温层覆盖率，避免凝结露现象，且不影响操作和使用功能。

3）施工工艺和过程

由于调节阀（防火阀）的手柄和联动阀杆与阀体间距过近，阀杆是固定件，支点过多，常规保温做法为：此处不保温或先将保温材料切割多片而后进行填充，或者先将手柄及联动阀完全保温后再将手柄处抠出，考虑到低温系统送风温度仅为7℃，外露部分极容易产生凝结水，常规做法无法满足此要求。

针对上述问题，综合考虑了阀体的功能性、结构特点及有效保温面积等因素，对阀门本身结构进行了创新性改良，解决了上述问题。

① 防火阀

将防火阀连接执行器与阀体本身的固定轴加长，使两者间距略大于保温层的厚度（图1.11-5、图1.11-6）。风阀保温时，先将执行器拆下，然后对风阀本体保温，待保温完成后再将执行器安装就位。这种保温做法能实现保温层的完全覆盖，有效杜绝了凝结水的产生。

图1.11-5 常规防火阀

图1.11-6 改进后的防火阀

② 手动调节阀

将调节阀连动杆与阀体的连接由焊接改为可拆卸式螺栓连接（图1.11-7、图1.11-8）。

图 1.11-7　常规手动调节阀　　　　　图 1.11-8　改进后的手动调节阀

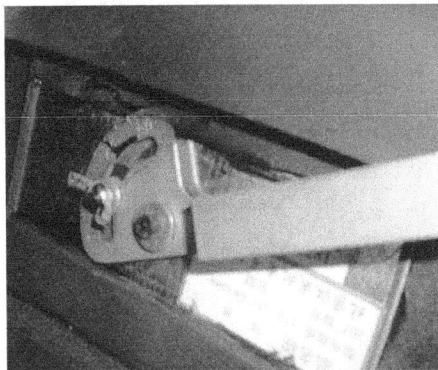

通过对阀门结构的创新性改造，使得保温层可以实现完全覆盖，有效地避免了凝结现象的产生，为工程带来了经济效益。

（3）实施总结

低温送风空调技术与冰蓄冷相结合使用，可降低系统运行能耗及电力需求，提高系统的 COP 值，创造显著的经济效益，特别适用于写字楼、体育馆、商业中心、文化场馆、教学实验楼等冷负荷要求变化的场所。低温送风系统在国家开发银行办公楼项目的成功运用，为该技术的推广普及做出了示范。

（提供单位：中建一局集团建设发展有限公司；编写人员：高惠润、张任、缪高俊）

1.12　燃气红外辐射采暖系统施工技术

1.12.1　技术发展概述

在 19 世纪 70 年代，世界发达国家，如法国、日本、美国、加拿大等就开始研究液化石油气红外线辐射采暖技术，并在生产生活中得到成功推广。该技术对空间高度比较高、保温性能较差的建筑的采暖比传统采暖方式有着明显的优势，其应用的主要方向是工业生产车间、大型场馆等特殊建筑的采暖，在国外广泛应用于仓储商场、大型阶梯教室、体育馆、高尔夫练习场、停车场门卫、剧院、展览馆、教堂、寺院、社区公共活动场所、工厂生产车间、动物养殖场馆等场所，这些地方用传统的采暖方式很难达到使用要求，即便达到要求，其运行费用也相当高。随着我国经济的持续发展，这样的建筑，如场馆、生产车间也越来越多，对燃气红外线辐射采暖技术的应用需求越来越大，便引进了这项节能、环保、安全、运行成本低的新型采暖技术。

1.12.2　技术内容

燃气红外辐射型采暖是利用天然气、液化石油气等可燃气体在辐射管内燃烧，产生的热流体在辐射管/板中循环流动，使辐射管表面产生远红外辐射波，直接作用于需要供暖的人或设备等，燃烧产生的尾气由真空泵排出室外。燃气红外辐射采暖系统由三部分组成：热能发生装置（发生器），热流体供暖管板系统（辐射管/板和反射板）和自动控制及

69

安全设备，其中安全设备主要包括集水器、真空泵、排气管等。

（1）技术特点

1）燃气辐射采暖热效率高，且排烟温度低。

2）红外辐射加热器构造简单轻巧、发热量大、安装方便、初投资和运行费用低、操作简单，施工劳动强度低，易于保证质量及施工进度。

3）采用低压天然气为热源，且只有一根燃气管道与发热设备连接，施工和试压工作简单。

4）发生器装有自动式点火装置，室内辐射管（发热元件）外表无明火，燃烧加热在管内负压进行，低于大气压力，无有害气体泄漏，安全性有充分保障。

5）天然气燃烧尾气由真空风机排出室外，对大气环境几乎无任何污染，具有环保、洁净等优点。

6）可以对高大空间、半开放式空间、室外及局部区域进行供暖；可以根据使用时间随时起停。

（2）施工工艺

主要施工工艺包括燃气红外辐射采暖系统的组装，燃气管道系统安装，控制系统安装，防爆与消防安装，系统试运行与验收。

1.12.3　技术指标

（1）《电气装置安装工程 爆炸和火灾危险环境电气装置施工及验收规范》GB 50257—2014；

（2）《城镇燃气室内工程施工与质量验收规范》CJJ 94—2009；

（3）《工业金属管道工程施工规范》GB 50235—2010；

（4）《火灾自动报警系统施工及验收标准》GB 50166—2019；

（5）《燃气红外线辐射供暖系统设计选用及施工安装》03K501-1。

1.12.4　适用范围

适用于持续或间断性使用的封闭或半开放式高大空间的燃气红外辐射采暖系统的施工。

1.12.5　工程案例

1. 国电联合动力技术（包头）有限公司风力发电机齿轮箱项目

（1）工程概况

国电联合动力技术（包头）有限公司风力发电机齿轮箱项目1、2号厂房机电设备安装工程，建筑面积26000m^2，建筑层高16m，室内设计温度20℃，围护结构热负荷约2900kW，生产厂房（不包括局部办公室）采用红外燃气辐射供暖系统，施工安装95台高强度辐射加热器，每台功率29.3kW，额定耗气量2.93m^3/h，辐射管布置高度7m；使用燃料为天然气，供气压力2500Pa，发生器供热量约2780kW。

（2）技术应用

1）燃气红外辐射采暖系统施工技术特点难点

红外辐射加热器可在地面装配成形后整体进场，直接吊装，辐射加热器的施工简便，易于保证质量及施工进度。

红外辐射加热器装配工艺需参照供应商的技术指导和要求，施工人员经培训后方可上岗。

2）关键技术特点

燃气红外辐射采暖系统施工的关键技术是红外辐射加热器的组装以及燃气系统的安全保障。该采暖系统可以对高大空间、半开放式空间进行供暖，甚至可以在室外进行加热；也可以在一个很大空间内的局部区域进行供暖；也可以根据使用供暖时间随时起停；这是常规供暖系统所无法实现的突破。

3）工艺流程图（图 1.12-1）

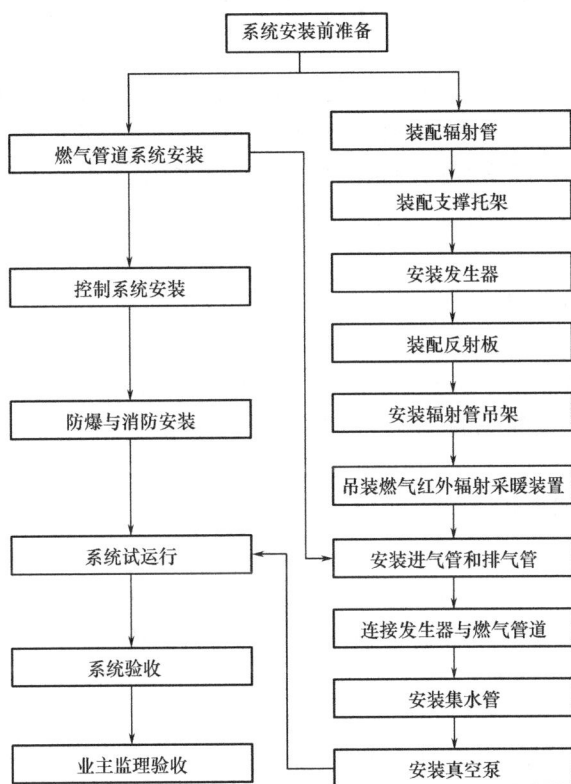

图 1.12-1 燃气红外辐射采暖系统施工工艺流程图

4）施工操作要点

① 辐射管分为无涂层辐射管和有涂层辐射管；无涂层辐射管之间、无涂层辐射管与有涂层辐射管之间的连接使用普通型接头，有涂层辐射管之间的连接使用耐腐型接头。

② 反射板应按顺序搭接，搭接部分至少为 180mm。

③ 根据每个发生器需要一个反射板、每个反射板配合一个辐射管、反射板之间的搭接长度和辐射管的数量，可以确定两个发生器之间所需的反射板数量。如相邻两个发生器之间有 n 段管道，则需要等距离地设置 n 个反射板托架，等距离地设置 n-1 个辐射管与反射板的吊架，确保每段反射板上至少设置一个吊架或托架。

④ 反射板之间应使用滑动连接，避免其扭弯、折损或滑开脱落。在直线形反射板的末端和辐射管三通处反射板的起始端处，均应加装反射板端盖。

⑤ 辐射管的安装应有一定坡度，安装坡度不应小于 3‰，并坡向真空泵。

⑥ 辐射采暖装置也可根据现场实际情况整体安装在墙上，但应注意整套采暖装置倾斜不能超过 30°。

⑦ 出建筑外的排气管应设在人员不经常通行的地方，距地面高度不低于 2.0m；水平安装的排气管，排风口伸出墙面不少于 0.5m；排气管穿越外墙或屋顶时加装金属套管并在穿管时做好防水工作；排气管出建筑外须做风帽，管口侧向做防护网。

⑧ 发生器与燃气管道连接应使用不锈钢金属软管，不锈钢金属软管与燃气管道连接处应装球阀，球阀必须与燃气入口平行。

⑨ 真空泵的安装宜用专用支架，并应保证真空泵的水平度和垂直度。真空泵的进出口应设置硅胶衬钢软节，软节有允许的最高温度要求。

⑩ 供暖系统控制箱、温感器的安装及接线由设备控制系统专业人员完成，系统的安装须符合《电气装置安装工程 爆炸和火灾危险环境电气装置施工及验收规范》GB 50257—2014 以及产品技术文件的规定。控制箱一般应安装于有人值班或便于操作的场所；温感器应安装在供暖区域内能正常反映室内温度的位置。

（3）实施总结

本厂房采用了红外燃气辐射采暖系统进行安装，2 个月内施工安装 ecoSchwank26 型号的高强度辐射加热器共计 95 台，整个安装过程安全、快速，试运行期短，于 2010 年冬季即投入正式供暖，保证了厂房的生产运行。现系统安装调试运行效果良好，解决了高大厂房采暖不均匀现象，为精密自动化车床的生产提供了稳定的温度条件，得到了业主的好评。

2. 上海迪士尼乐园工程

（1）工程概况

上海迪士尼度假区位于浦东新区川沙镇，占地面积 3.9 万 km^2，包括迪士尼乐园、迪士尼小镇和 2 家带有主题风格的酒店，上海迪士尼乐园主题乐园主入口检票处、局部餐饮等空旷的室外建筑（图 1.12-2）很多采用燃气红外辐射采暖系统取暖。

（2）技术应用

1）燃气红外辐射采暖系统施工技术特点

采用低压天然气为热源，一根燃气管道与发热设备连接，施工和试压工作简单。

施工的关键技术是红外辐射加热器的装配以及燃气系统的安全，施工劳动强度低；辐射采暖的方式具有节能和经济性高的特点，热效率高达 85%～95%。

2）施工工艺和过程

由于中、低强度单体或连续管式红外辐射加热器的各组件单独包装进场，须装配、吊装、连接燃气管道和控制系统、调试，安装工艺复杂；而高强度陶瓷板式红外辐射加热器为整套设备一体化进场，不需装配，可直接吊装、连接燃气管道和控制系统操作工艺。

① 系统安装前准备工作：熟悉设备安装图，对运至现场的设备进行开箱检验。

② 装配辐射管：每两段辐射管之间都必须使用专用管接头连接。

图 1.12-2　上海迪士尼主入口处的燃气红外辐射采暖器

③ 装配支撑托架。

④ 安装发生器：每个发生器需要一个有预留孔的反射板，将发生器穿过反射板上的预留孔，加装垫片后与辐射管依次组合；将发生器与辐射管安装固定。

⑤ 装配反射板：将反射板装在刚装配好的支撑托架上，并在反射板重叠点装上固定螺栓。反射板应按顺序搭接，搭接部分至少为 180mm。反射板之间应使用滑动连接避免其扭弯、折损或滑开脱落；每三个反射板应保留一个滑动接头，即不使用反射板固定夹固定连接反射板。每个固定连接的接头需要使用 4 个反射板固定夹，如图 1.12-3 所示。

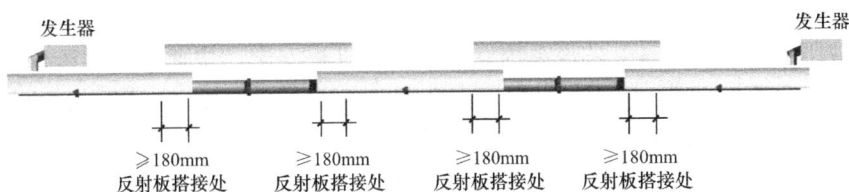

图 1.12-3　反射板的装配

⑥ 安装辐射管吊架：在装配好的辐射管、反射板及支撑支架的适当位置安装辐射管吊架。

⑦ 吊装燃气红外辐射采暖装置：悬挂装置的安装，将设备配套的金属链吊挂并固定在天花板上或建筑结构顶部或轻钢结构建筑檩条横梁上。

⑧ 燃气管道系统的安装：燃气管道系统的安装、检测和调试需由专业人员完成，系统安装工艺属于常规安装。

⑨ 安装进气管和排气管。

⑩ 连接发生器与燃气管道：发生器与燃气管道连接应使用不锈钢金属软管，安装连接软管时，应用管钳将燃气供应端的接头固定住，以防其转动导致内部元件的损坏。不锈钢金属软管与燃气管道连接处应装球阀，球阀必须与燃气入口平行，参见图 1.12-4。

⑪ 安装集水器：集水器设于系统末端，位于真空泵之前，其安装位置应以不影响系统安装、能牢固固定、便于排水为原则。

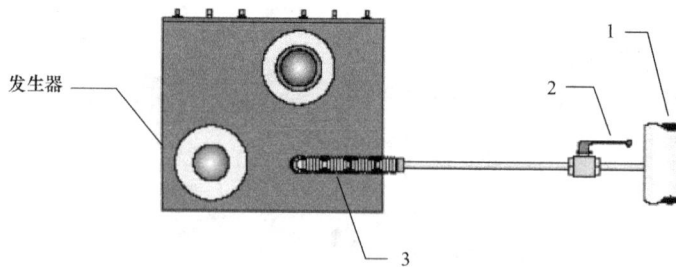

图 1.12-4　发生器与燃气管道连接示意图
1—燃气供气主管道；2—球阀；3—不锈钢金属软管

⑫ 安装真空泵：真空泵的安装宜用专用支架，并应保证真空泵的水平度和垂直度。

⑬ 控制系统安装：供暖系统控制箱、温感器的安装及接线由设备控制系统专业人员完成，进行电气安装和接线时，须切断电源。控制箱一般应安装于有人值班或便于操作的场所。

⑭ 防爆与消防安装：气体泄漏浓度检测及报警系统安装、调试和检测须按设计图纸施工并符合产品技术文件规定。报警系统安装完毕后，安装单位应提交安装技术记录、检测记录、安装竣工报告等各项资料和文件。

⑮ 系统试运行及验收：系统运行前，燃气系统强度试验完成，已具备供气条件或已供气正常；控制系统调试完成；气体泄漏浓度检测及报警系统调试完成，检测及报警灵敏。系统调试完成，各项数据符合设计及验收规范要求，通过监理及相关各方检验；竣工资料齐全完整；对使用方进行培训并合格，具备独立操作本系统能力。

（3）实施总结

项目采用了红外燃气辐射采暖系统，整个安装过程安全、快速，调试运行效果良好，解决了常规供暖系统所无法实现的室外高大空间、半开放式空间加热供暖的问题，还可以根据使用供暖时间随时起停，节能高效且使用方便。

（提供单位：中建一局集团建设发展有限公司；编写人员：高惠润、张任、刘晓阳）

1.13　地板下送风空调系统施工技术

1.13.1　技术发展概述

地板下送风空调（UFAD）系统的研究和应用在国外始于 20 世纪 50 年代，最初应用于计算机房、控制中心、实验室等室内空调负荷较大的房间。到 20 世纪 70 年代，因信息技术的飞速发展和智能化建筑需求，为解决办公设备激增所产生的电缆布线与排热困难问题，UFAD 系统被引入办公建筑。近年，能兼容办公区分隔灵活性、人员舒适性和节能性需求的 UFAD 系统，在美国和日本的新建办公楼内各种空调系统中的占比逐年增加。目前在国内，该系统也已陆续被应用于办公楼项目，如：上海财富广场、华尔登广场二期、侨福芳草地（北京）、上海微软紫竹园区、上海港国际客运中心、北京工商银行等。

1.13.2 技术内容

地板下送风空调系统（即 UFAD 系统）是利用结构楼板与可检视架空地板之间的敞开空间（即地板下送风静压箱），将处理后的空气通过地板上或近地板处的末端送风口，直接送到房间使用区域内的空调系统。此空调系统仅需考虑工作区域空调负荷，在制冷工况下可以提高送风温度，能形成具有一定热力分层效果的下送上回气流组织。

（1）技术特点

1）地板下送风空调系统改传统的上送风方式为下送风，达到快速制冷、快速供暖的目的，具有静声、节能、除湿的效果。

2）在楼板上安装双面彩钢酚醛风管，使用 H 形 PVC 和铝合金法兰连接风管，和传统铁皮风管相比，落地侧风管连接密封性更加良好，减少风管漏风量；成品酚醛风管安装轻便简洁，无需保温，能够减少施工现场环境污染，降低成本。

3）采用地板静压箱隔断技术，相邻静压箱采用防火帆布隔断，降低送风过程中的温升问题，减少冷量损失。

（2）施工工艺

1）地板静压箱指混凝土楼板之上与架空地板体系之下可开启的服务设施分布空间，典型高度为 300～450mm，在该空间内将完成暖通空调部件，如风机动力型末端、风道、风阀、电缆及布线等的安装。

地板静压箱的施工需要关注其漏风问题，尤其是有压静压箱的漏风控制措施，应保持静压箱内"窗墙与楼板连接处、内墙、隔断接缝、沿管道槽沟、楼梯平台、电梯、竖井墙及检查用地板块等处"的整体密封性，减少向室外漏风。

2）地板送风静压箱内的防火隔断材料应符合设计的防火性能要求。

3）地板送风静压箱内地台送风设备、控制箱及传感器等设备应在比较洁净的环境内安装。

4）根据架空地板体系间距（竖向可调支座间距为 600mm）设置风道宽度，对于较大的部件和风道需要在其上部特殊安装架空地板块的支撑结构。

5）地板送风静压箱内的风道在静压箱入口处的风速不宜超过 7.6m/s，以免产生气流噪声；且风道应与静压箱内的电线导管、水管、控制线缆槽盒等综合协调布置，以确保空调房间的净高最优。

1.13.3 技术指标

（1）主要性能

1）地板下送风空调系统的送风温度不宜低于 16℃；

2）热分层高度应在人员活动区上方，一般为 1.2～1.8m；

3）静压箱应保持密闭，与非空调区之间有保温隔热处理；

4）系统采用有压静压箱时，地板静压箱在 12.5Pa 时漏风量允许偏差为 -5%～$+10\%$。

（2）技术规范/标准

1）《建筑给水排水及采暖工程施工质量验收规范》GB 50242—2002；

2）《通风与空调工程施工质量验收规范》GB 50243—2016；

3）《民用建筑供暖通风与空气调节设计规范》GB 50736—2012。

1.13.4 适用范围

适用于工业与民用建筑通风空调工程，尤其适用于对人员舒适性与空气品质要求高的工程。

1.13.5 工程案例

1. 深圳腾讯滨海大厦项目

（1）工程概况

本项目为腾讯集团新总部大楼，主要功能为研发、商业、食堂、文体活动设施。共含两座塔楼，南塔高度约246m，北塔高度约192m，建筑面积约266200m²。标准层办公室采用一次回风单风机变风量全空气系统，送风方式下送上回，选用单风道地台风机送风末端。

（2）技术应用

1）地板下送风空调系统施工技术特点难点

采用BIM施工模拟技术，合理安排施工工序，尽量避免交叉施工。由于主送风管为环形设计，材质为双面彩钢酚醛风管，各专业施工人员需要来回跨越主风管，为防止风管破损，采用成品钢架踏步安装于风管之上；同时对地板送风系统中的精密测量设备单独进行保护。

土建、幕墙、精装等单位采用多种不同的先进技术减少风管、地板、结构的漏风率，使地板静压箱保持规定的风压。

2）关键技术特点

采用地板静压箱隔断技术，使用先进技术密封处理，有效降低送风过程中的温升，解决冷量损失问题。

3）施工工艺流程（图1.13-1）

4）施工准备

采用BIM技术对地板下送风空调系统及配电、控制系统进行施工模拟、进度模拟，提前发现问题、暴露问题、确定最优施工顺序、明确节点的施工方法。

5）风管安装

地板送风系统地腔内风管采用复合材料酚醛风管，以双层彩钢酚醛保温板为主材，具体安装流程如下：

地面清洁→风管清洁→粘贴密封填料→地面放线定位→风管就位→风管连接→支管阀门安装→支管安装→支管口成品保护。

6）地板送风设备安装

确定设备安装具体位置，放线定位，按照编号组装地面式风机动力型末端（图1.13-2），同时对条缝型风口和架空地板之间做密封处理。具体安装流程如下：

| 地面清洁 | → | 地面划线 | → | 组装并安装落地式设备、定压力调节器 | → |

| 安装软管及条缝型风口、方形地台末端 | → | 安装传感器 | → | 成品保护 |

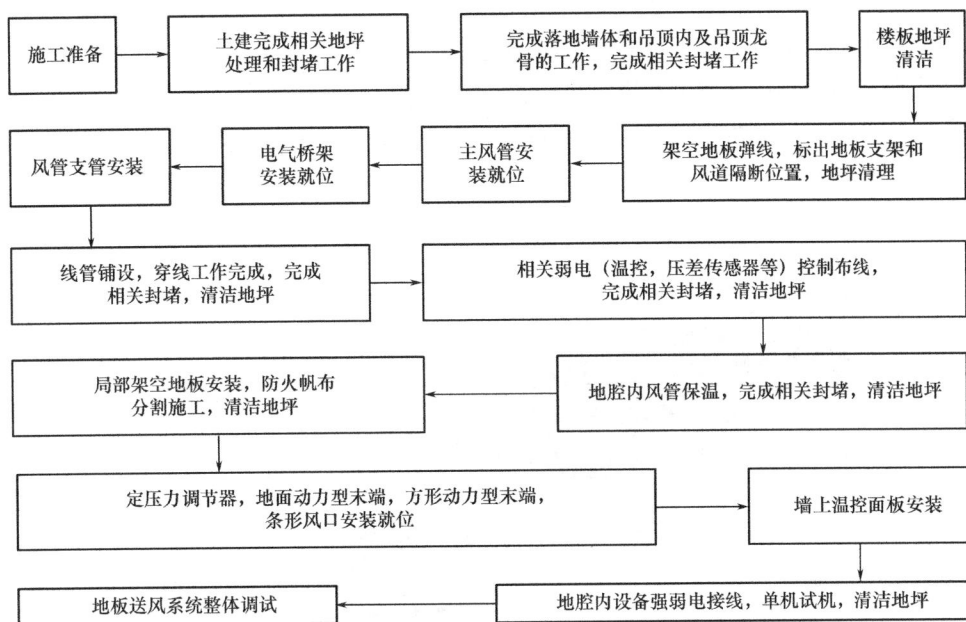

图 1.13-1 施工工艺流程图

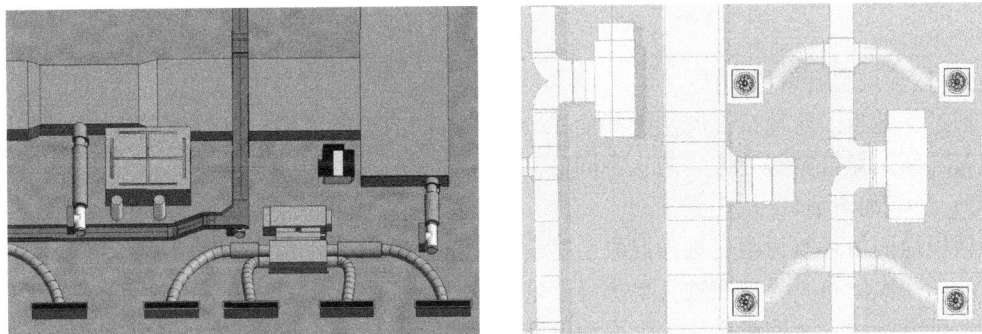

图 1.13-2 地板下送风系统的空调送风管安装

为达到系统的密封要求，风管连接时在法兰之间添加铝箔胶带，在风管内外打胶密封，开支管时在支管里外打胶密封，风管连接后，用角尺、钢卷尺检查、调整垂直度及对角线偏差，保证风管表面平整，四个角用 PVC 成品材料粘贴封堵。

7）地腔保压

地板送风系统地腔内采用压力控制，地板静压箱的密闭性是地板送风空调系统设计的重要环节之一，结构、幕墙、机电安装以及精装单位相互密切配合。

① 建筑结构在施工过程中对地板静压箱采取的密封措施，主要体现在以下三个方面：

a. 结构和二次砌墙施工过程中的密封性。

b. 建筑架空地板施工过程中的严密性。

c. 幕墙在施工过程中与结构的严密性。

② 机电安装单位在施工过程中为使地板静压箱达到密闭要求，采取的措施主要体现

在以下两个方面：

    a. 管道在静压箱内穿越楼板套管的缝隙封堵。

    b. 管道在静压箱内穿越墙体套管的缝隙封堵。

    ③ 精装单位在地板静压箱内施工完成，铺设地毯时采用错缝排列，可以有效减少漏风量。安装效果如图 1.13-3 所示。

图 1.13-3　深圳腾讯滨海大厦项目地台安装效果图

    8）地腔内温升解决办法

    通过将地板静压箱按不同功能和面积分割成不同的送风区域，使静压箱隔断。采用防火帆布隔断，做好密封处理，防止不同分割单元之间串风。

    9）地板的清洁

    楼板地面由环氧树脂变更为混凝土密封固化剂，有效防止水渗透以及化学的侵蚀，施工方便，一次涂布，无需擦洗，更加易于清洁。

    在机电管线安装完毕之后，全面深度清洁地坪，然后安装地台送风设备、控制箱及传感器，安装完成后封闭防尘。

    10）漏风量测试

    依据设计要求对地板静压箱进行漏风量检测，地板静压箱泄漏性试验主要采用发烟测试，主要流程如下：

    ① 试验准备工作。

    ② 发烟查找泄漏点。

    ③ 泄漏孔、洞封堵。

    发烟测试需要重复多次，具体重复次数视项目具体情况而定，根据测试结果，满足地台静压箱在 12.5Pa 时漏风量不大于 10％的要求。

    （3）实施总结

    地板下送风空调技术与传统的顶送风相比，降低了建筑层高，能够安全施工，地面施工场地开阔，采用严密的静压箱，减少漏风，低静压送风，送风能够形成温度分层，节约能源，降低了施工成本，确保了施工安全。

2. 国家游泳中心冰壶比赛改造项目

（1）工程概况

本工程位于北京奥林匹克公园 B 区，总建筑面积 87283m²。空调送风的方案 A 设计采用置换送风，即比赛场地的冰场周边地面设置地面送风口，风口位于比赛场地长边外围，位于 1.2m 围挡与冰面之间；置换送风主风管布置于比赛场地周边缓冲区地面之下，通过地台空腔连接至比赛场地周边，如图 1.13-4 所示。

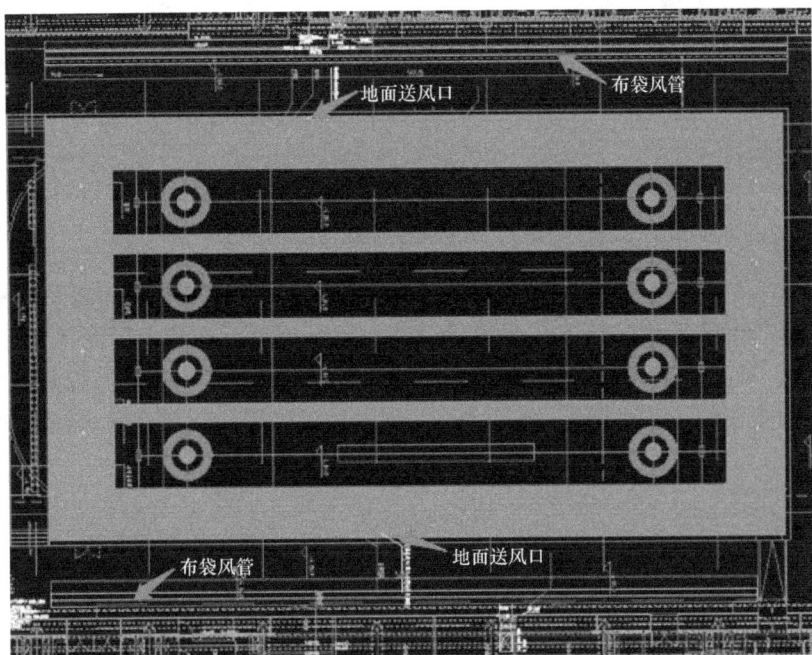

图 1.13-4　国家游泳中心冰壶赛场空调送风示意图

（2）技术应用

1）地腔送风空调系统施工技术特点难点

"冰立方"改造过程中的地腔送风利用池岸土建的架空地板作为机电送风的整体大静压箱，且地台采用模块化设计，均为 1200mm×1200mm×600mm（高）的空腔模块，以响应改造工程快速拆卸、快速安装、可持续利用的要求。池岸土建架空地板空腔模块（图 1.13-5），作为除湿机转换空调送风的输送通道，由于不再设置铁皮风管，故对送风模块化地台空腔施工的漏风性要求极高，同时拆卸、安装的效率要求也高。

2）关键技术特点

首次采用了地板空腔送风，实现了整体拆卸、安装的可循环利用，节约了材料成本，提高了整体场馆的持续性利用率。

3）施工工艺和过程

① 施工工艺流程：　预留孔洞 → 土建架空地板安装 → 架空地板间的空隙密封

→ 漏风量测试

② 将单个的地台空腔密封连接，最外端密闭。每个单元空腔模块内部有结构立柱，

图 1.13-5 土建架空地板空腔模块图

由 U 形卡连接，单元空腔模块之间预粘胶条相互挤压密封，模块与地面之间打密封胶。

③ 采用风管漏风量测试仪进行漏风量测试，测试方法：连接风管漏风量测试仪器和被测空腔管段；按被测管段的规格及长度计算出空腔的表面积；开动风管漏风量测试仪，调整仪器调压阀到测试空腔管段工作压力，待平稳后读出漏风压差毫米水柱数对照的漏风量。将漏风量除以被测风管的表面积得出单位面积漏风量，即漏风率。

（3）实施总结

本技术与传统的冰壶场馆送风空调系统相比，兼具功能性及可拆卸性，加快现场施工效率，可良好的配合冰水立方的转换需求，降低改造成本，实现场馆的循环利用。但由于地腔内灰尘较多，送风空气质量较差，会导致冰壶场地内的冰污染，因此后续改造将采用高空送风＋布袋风管侧送风。

（提供单位：中建一局集团建设发展有限公司；编写人员：于海洋、于洋、陈作桢）

1.14 冷梁系统施工技术

1.14.1 技术发展概述

冷梁是干盘管换热运行的一种诱导式末端装置（图 1.14-1），其在欧洲已盛行数十年，具有优异的节能效益，能提供完全均匀的室内空气分布与房间舒适度，具备超高的静声运转效果，是一项符合世界"节能减碳"发展趋势的空调技术。

1.14.2 技术内容

冷梁系统是在盘管内的水和管外空气之间的温差驱动下，形成气流循环，通过室内和盘管之间的空气对流和辐射来达到调节室内温度的系统，与传统的风机盘管＋新风系统、中央空调系统等

图 1.14-1 冷梁空调设备

相比，它能够提供良好的室内气候环境、舒适的工作氛围及区域性控制功能。根据冷梁是否有室外新风供给，可以分为主动式冷梁和被动式冷梁。

（1）技术特点

1）主动式冷梁具有较高的冷却和加热能力，低噪声且适应性好。适合用于对环境静声要求高的场所；被动式冷梁较传统的风机盘管具有舒适、低噪声、节能和低维护等优点。

2）相比于传统的风机盘管，冷梁使用较高温度的循环冷水，可以提高空调系统能效比、降低能量损耗。

3）安装简易：冷梁设备具有不同的规格尺寸，能方便地融合到各种材料的吊顶中。

（2）施工工艺流程（图 1.14-2）

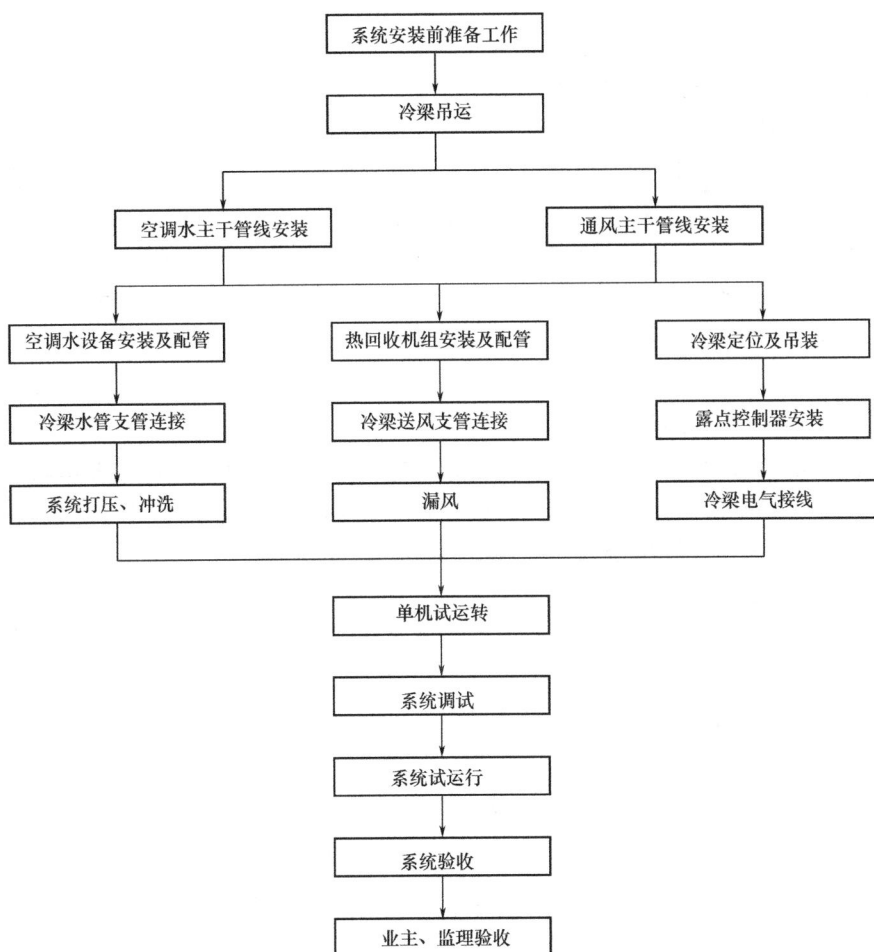

图 1.14-2　冷梁空调系统施工工艺流程

1.14.3　技术指标

（1）主要性能

1）诱导比是反应冷梁性能的重要参数，冷梁的诱导比通常在 2.5～4 范围内；

2）一般冷梁使用的冷水供水温度要略高于露点温度 1～2℃，通常为 18℃ 左右。

（2）技术规范/标准

1）《民用建筑供暖通风与空气调节设计规范》GB 50736—2012；

2）《通风与空调工程施工质量验收规范》GB 50243—2016；

3）《工业金属管道工程施工规范》GB 50235—2010；

4）《现场设备、工业管道焊接工程施工规范》GB 50236—2011；

5）《建筑节能工程施工质量验收规范》GB 50411—2019。

1.14.4 适用范围

适用于工业与民用建筑工程空调系统，尤其适用于实验室、办公区、精装区等区域。

1.14.5 工程案例

1. 北京泰德制药股份有限公司综合楼

（1）工程概况

北京泰德制药股份有限公司综合楼（配套宿舍）等两项目位于北京市亦庄高新技术开发园区荣京东街 8 号，本工程建筑总面积 43134m²，建筑高度 47.9m。本工程小试车间及实验室均采用冷梁系统，供末端冷梁盘管的冷冻水供回水温度为 18℃/21℃，采用板换法制取，热水系统供回水温度为 45℃/40℃，采用汽水板换机组制取。空调机组采用热回收机组，冷水系统为 7℃/12℃，热水系统为 45℃/40℃，通过插板阀回收一部分排风能量。

（2）技术应用

1）冷梁系统施工技术特点难点

该技术适用于舒适度和噪声控制要求高、无太多维修空间且换气次数要求较小的区域进行通风、冷却和供暖。如何有效探测、避免和控制制冷状态下吊顶的结露问题以及一旦失控时如何处理冷凝水是冷梁系统施工技术的难点。

2）关键技术特点

冷梁的安装施工需参照具体供应商的技术指导和要求，其中关键施工技术是冷梁设备的吊装及其水管、风管和电源的连接。

3）施工工艺和过程

① 系统安装前的准备工作

吊顶排布：受冷梁的气流组织的影响，在冷梁设计阶段一定要做好吊顶的综合排布工作。

标高排布：受建筑物层高及装修标高的影响，冷梁系统安装前要注意机电各专业管道与末端设备之间的互相位置排布，避免发生空间不足或标高不足等问题。

② 冷梁的搬运

冷梁内的盘管连接管是铜管，应确保连接处不受压，冷梁在进场时一般采用角钢固定，然后由薄膜包装，冷梁在拆箱检查和搬运过程中，要注意保护冷梁面板及表面的喷涂，避免磕碰、挤压变形。

搬运过程中，要注意保留冷梁水管接口处的临时封堵，直至水管连接，以免有杂质进入铜管堵塞。

③ 冷梁的吊装

冷梁采用丝杆吊装，所需的吊架数量取决于冷梁的长度。

有吊顶区域冷梁的安装，支架直接吊装在混凝土楼板上，一端用膨胀螺栓固定在混凝土板上，另一端固定在冷梁的支架上。

在无吊顶实验室区域，冷梁采用C型钢综合支吊架系统（图1.14-3）。C型综合支吊架系统坚固、快捷，安装灵活，可调性强，能够满足多专业共同使用，在无吊顶实验室区域能够减少混凝土板支吊架安装数量，保证美观性。

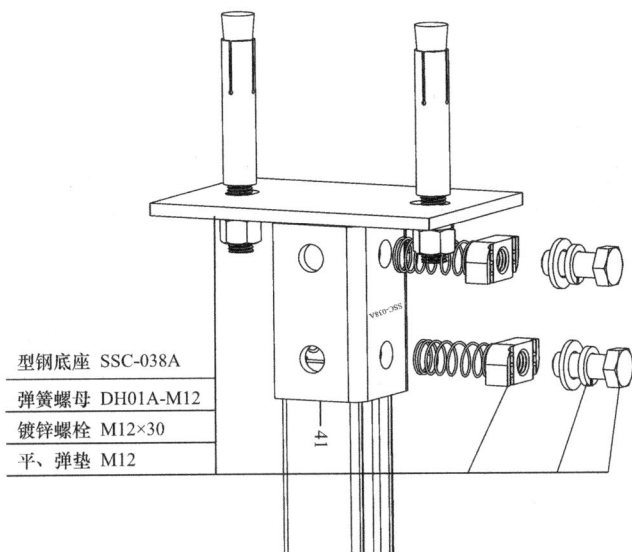

型钢底座 SSC-038A
弹簧螺母 DH01A-M12
镀锌螺栓 M12×30
平、弹垫 M12

图 1.14-3　C型钢支架组装大样图

无吊顶区域时，冷梁的吊装水平度应保持一致，标高允许偏差应为±10mm，水平度的允许偏差应为3‰；有吊顶的区域，冷梁送风口与装饰面贴合应紧密。

冷梁吊装时，冷梁面板上的保护膜应保留，以保护面板上的喷漆，防止二次污染。

④ 冷梁的水管连接

冷梁的水管连接方式主要有紧固式连接和金属软管快速插接式连接（图1.14-4），采用专用扳手紧固，使接口处连接紧密、不渗漏。

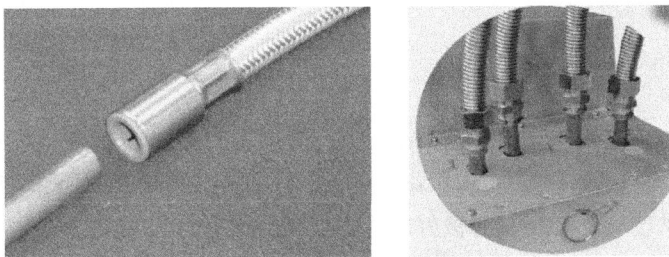

图 1.14-4　冷梁水管的金属软管快速插接式连接

空调水主管应比冷梁高，冷梁进出水的水平管段不宜过长，同时应考虑设有2‰～3‰的坡度，在供回水主干管上可设自动排气阀进行系统排空，水平支管安装时，进水管做顺坡，出水（回水）做逆坡安装，空气基本上可从主干管的排气阀排出，以确保冷梁铜管内不会存在空气。

冷梁金属软管快速插接式连接时，采用能够抗氧化的软管，避免从主管传来的压力和振动对冷梁的换热盘管造成破坏。

⑤ 冷梁的风管连接

在连接风管之前，应确保冷梁的风管接口一直保护严密，防止灰尘等杂物进入，堵塞喷嘴。冷梁一般预留圆口，与风管之间采用波纹软管连接，连接处用抱箍拧紧，安装简易，调整方便。

冷梁系统的风管常采用数字式定风量阀（如文丘里阀）或机械式定风量阀来调整一次送风量，试验室常采用文丘里阀以精确保证冷梁的出风量。

⑥ 冷梁的电气连接

主动型冷梁需要电气专业连接电动两通阀、温控面板和露点控制器；被动型冷梁只需要连接风机与温控面板。电气接线均与风机盘管温控面板接线相同。

冷梁的露点感应器安装在冷梁的进水管上，确保能够及时感应到水管的结露情况。

⑦ 冷梁空调系统的调试

调试主要包括系统及设备清洁、风系统平衡和测试、水系统平衡和测试、室内温度及速度场测试、噪声测试等，需冷梁设备供应商的技术人员配合进行。

（3）实施总结

本工程冷梁系统运行效果良好，试验室的冷梁采用裸露式安装（图 1.14-5），效率高；会议室的冷梁采用镶嵌式安装（图 1.14-6），美观大方且节能。

图 1.14-5　裸露式冷梁安装

图 1.14-6　镶嵌式冷梁安装

2. 上海星展银行大厦工程

（1）工程概况

上海星展银行大厦是 2009 年建成的新加坡发展银行中国总部大楼，位于上海浦东陆家嘴金融中心，为一座超甲级写字楼，高 90m，建筑面积约 46000m²，地上 18 层，外围护结构为双层通风玻璃幕墙，具有极好的保温、隔热及隔声功能，办公层内区设计采用冷辐射吊顶，外区采用被动型冷梁，核心区域采用主动型冷梁。

（2）技术应用

1）冷梁系统施工技术特点难点

全部采用辐射冷吊顶 CRCP（Ceiling Radiant Cooling Panel）＋独立新风 DOAS

（Dedicated Outdoor Air System）相结合的新型空调形式，本项目辐射吊顶＋独立新风系统主要由冷源设备、辐射冷吊顶、冷梁、新风系统（含排风热回收）、管道输配系统以及自动控制系统组成。办公外区采用被动型冷梁，核心区域采用主动型冷梁。

辐射是一种高效的传热方式，比对流和导热等传热方式快得多。空调系统使用辐射吊顶进行温度调节，具有以下优点：

① 辐射换热比蒸发或者对流换热更舒适；

② 辐射吊顶不会引起气流强烈流动，无吹风感（＜0.2m/s）；

③ 辐射吊顶系统噪声非常低（＜NC20）；

④ 辐射吊顶更节省机电空间（＜250mm）；

⑤ 辐射吊顶可提高主机 COP，减少媒介输送能量，节能效果明显；

⑥ 安装方便和调整灵活，维护成本低。

2）关键技术特点

辐射供热/冷是建筑物内部的棚顶、墙面、地面或其他表面进行供热/冷的系统，且辐射能占总能量的50%以上。按热源表面温度将辐射分为低温辐射、中温辐射、高温辐射，本项目采用的是表面温度低于80℃的低温顶面式辐射换热系统。

3）施工工艺和过程

① 辐射吊顶

辐射吊顶采暖或降温是将铜盘管敷设在铝制顶棚内，通过冷媒的不断循环，加热或对天花板进行降温（图1.14-7），传热以辐射传热为主，并辅助补充适量新鲜空气。冷水在夏季供水温度为15℃，回水温度为17℃，通过2℃温差来吸收室内热量，有效解决夏季降温的问题；而在冬季，盘管内的供水温度为28℃，回水温度为26℃，同样是通过2℃温差来向室内辐射热量。此低温差辐射方式采暖和制冷的效率高于空气对流，且无其他传热形式引起的空气对流所造成的不适感。其均匀的温度创造最佳的室内空调环境。

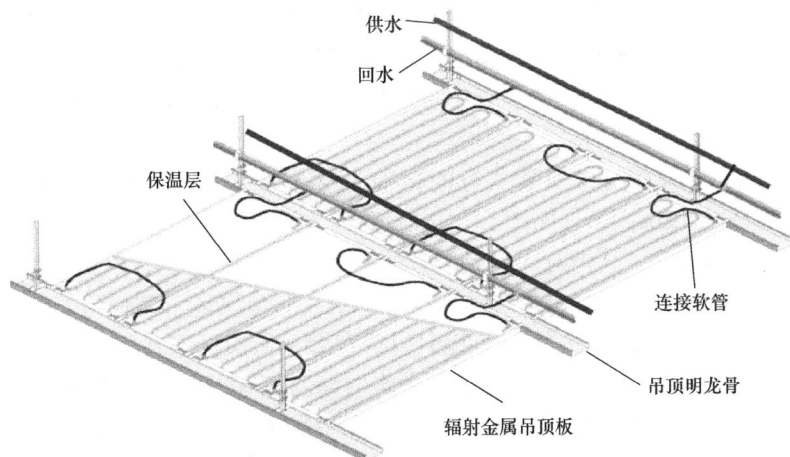

图1.14-7　辐射吊顶

② 冷梁

单位面积制冷能力比辐射吊顶强，适合在需要比辐射吊顶制冷量更高的内部区域与辐射吊顶结合使用，还适合在有阳光照射和传热负荷低的周边区域使用，如本案例中当办公层内区采用辐射吊顶板时，布置在建筑外区紧靠幕墙侧，吊顶安装被动式冷梁。

冷梁的施工技术措施，如冷梁的吊装、冷梁水管的连接、冷梁风管的连接等施工措施同北京泰德制药股份有限公司综合楼案例。

③ 冷源

由于新风系统与冷辐射板的冷冻水温度要求不同，因此本项目采用了双冷源，即高温水系统和低温水系统，本项目夏季空调总冷负荷为 3468kW，设计采用 3 台制冷量为 511kW（供冷辐射板）及 3 台制冷量为 645kW 的风冷热泵机组（供新风系统）。采用风冷热泵较好地满足了超甲级写字楼冬季空调供暖的需求，避免了设置锅炉或电加热器带来的环保及能耗问题。

④ 新风系统

为了保证空调末端设备（辐射吊顶、冷梁、新风送风口）在干工况下运行，新风负荷、全部潜热负荷及部分显热负荷都由新风处理机组承担，为了减少楼层新风机组的盘管面积以及排风能耗损失，在屋面新风与排风总管之间还设置转轮式全热交换器。

（3）实施总结

本项目自 2009 年投入使用以来，系统运行效果良好，相比传统空调形式具有显著的节能效果；而且这种空调形式具有较小的机电安装空间，可以减少建筑层高（至少 200mm/层），可以为建筑师提供更大的设计空间，为业主增加经济效益。

（提供单位：中建一局集团建设发展有限公司；编写人员：梁鑫、李洪涛、董晓旭）

1.15 玻璃纤维内衬金属风管制作安装技术

1.15.1 技术发展概述

玻璃纤维内衬保温金属风管是一种在普通镀锌钢板风管内侧贴敷有一层玻璃纤维内衬的风管形式，其与钢板外保温风管一样能防止金属风管表面结露，减少送风过程中的热损失，同时具有良好的消声特性。这种形式的风管在北美已得到广泛应用，而国内对内保温风管的研究及应用较少。

美国对于内保温风管制作安装执行的标准为 NAIMA（北美绝热材料制造商协会）《Fibrous Glass Duct Liner Standard》及 SMACNA（美国风管制造商协会）《HVAC Duct Construction Standards》，其中对内保温风管的制作安装要求进行了详细描述。

我国 2015 年出版的最新国家建筑标准设计图集《非金属风管制作与安装》15K114 中对内保温风管有制作安装的相关规定，其中包括直管、弯头的制作以及风管加固的形式。另外，行业标准 JGJ 141—2017 在修订过程中将内保温风管的制作安装技术作了补充。由于内保温风管在我国还未得到普及，仅近几年中在少数工程中得到应用，因此国标《通风与空调工程施工规范》GB 50738—2011 及《通风与空调工程施工质量验收规范》GB 50243—2016 未将内保温风管的具体施工及验收要求纳入。

1.15.2 技术内容

玻璃纤维内衬材料由离心玻璃纤维浸润硬化树脂粘合制作而成，表面覆有一层聚丙烯材料的涂层，在传统的镀锌钢板风管制作过程中，将玻璃纤维内衬材料贴敷在风管内侧，能够达到优于外保温风管的效果。

（1）技术特点

玻璃纤维内衬金属风管具有金属风管强度高和非金属风管吸声性能好的特点，提高施工效率、节省安装空间，同时可实现工厂化生产。

1）防止结露：内衬材料可以与外保温风管一样防止金属风管表面结露。

2）吸声降噪：纤维材料可以有效地吸附气流运行发出的噪声和机械设备的串声，具有良好的消声降噪特性。

3）减损防污：聚丙烯涂层在减少送风过程中能量损失的同时，可以有效防止灰尘污物侵入基质，降低霉菌及细菌滋生的可能性。

4）无危害性：玻璃纤维无致癌性。

5）高效率：风管通过数控流水线一次成型，无需现场保温作业，节省人工成本。

6）安装简便：现场直接吊装，缩短施工工期。

7）空间利用：可贴壁、贴梁、贴顶安装，有效利用建筑空间。

（2）施工工艺

1）玻璃纤维内衬金属风管制作流程

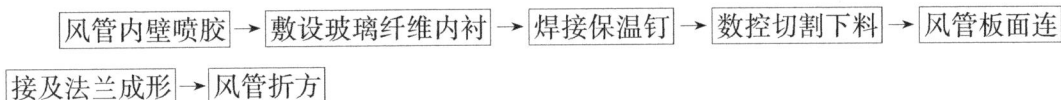

风管内壁喷胶 → 敷设玻璃纤维内衬 → 焊接保温钉 → 数控切割下料 → 风管板面连接及法兰成形 → 风管折方

2）玻璃纤维内衬金属风管加工制作

① 胶粘剂应喷涂均匀，保证风管内表面满布率达 90％以上。

② 玻璃纤维内衬金属风管在完成喷胶和贴棉后，应根据内衬保温棉厚度选用相应长度的保温钉，通过流水线将保温钉直接焊接在风管内壁上，保温钉不得挤压保温材料超过 3mm。

③ 弯头的制作采用可编程数控等离子切割机进行切割下料。弯头内的导流片安装时，与风管接触的两端用 U 形构件作为支撑，U 形构件高度为内衬厚度，与风管壁铆接固定，U 形构件内部填充保温棉。

④ 为防止风管两端玻璃纤维内衬被吹散，在风管两端安装"［"形挡风条，将玻璃纤维卡入凹槽内，用抽芯铆钉将型钢与风管镀锌钢板铆接牢固，抽芯铆钉间距与保温钉间距一致。

3）玻璃纤维内衬金属风管的安装

① 内衬风管的安装与薄钢板法兰风管安装工艺基本一致，先安装风管支吊架，风管支吊架间距按相关规定执行，风管可根据现场实际情况采取逐节吊装或者在地面拼装一定长度后整体吊装。

② 玻璃纤维内衬风管连接的实质是玻璃纤维内衬的连接。为防止漏风，选择宽度为法兰高度加上玻璃纤维内衬厚度（即挡风条宽度）的密封垫料。

③ 玻璃纤维内衬风管与外保温风管、风阀、设备等连接时，外保温风管及风阀等的口径与玻璃纤维内衬风管内径一致，其法兰高度等于玻璃纤维内衬风管法兰高度加上内衬厚度。

④ 玻璃纤维内衬风管与风口连接时，选用风口的颈部尺寸比玻璃纤维内衬风管的外径尺寸稍大，将风口套在玻璃纤维内衬风管的外侧，用自攻螺钉固定。

⑤ 风管安装完毕后须进行漏风量测试。

⑥ 玻璃纤维内衬金属风管应用于低温送风空调系统时，应按设计要求补充风管外保温。

1.15.3 技术指标

（1）《通风与空调工程施工质量验收规范》GB 50243—2016；

（2）《通风管道技术规程》JGJ/T 141—2017；

（3）《非金属风管制作与安装》15K114；

（4）采用的胶粘剂应为环保无毒型。

1.15.4 适用范围

适用于工业与民用建筑的低、中压空调系统，不适用于净化空调、除尘或有腐蚀性气体及防排烟系统。

1.15.5 工程案例

1. 上海迪士尼乐园梦幻世界工程

（1）工程概况

上海迪士尼乐园项目位于浦东新区川沙，S2 高速公路和航城路交界位置。其中梦幻世界是由奇幻童话城堡及其后面的游乐区组合而成，总用地面积 $112006m^2$，主要建筑和设施为 16 个主题场馆，建筑面积共 $35535m^2$，除城堡高 56m（不含塔尖装饰杆）以外，其余建筑单体均为 24m 以下建筑。

各主题场馆的空调系统风管采用了一种内保温金属风管，此类风管制作、安装工艺在北美已相当成熟。而在国内，上海迪士尼项目之前并无应用先例，也无相关制作安装标准可循。

（2）技术应用

1）特难点

① 内保温金属风管在国内使用比较少，没有成熟的制作安装工艺可供参考。

② 由于风管在制作过程中是先在内侧粘贴保温棉，再进行咬口成型，所以保温棉的粘贴质量和保温钉的排布及固定是内保温金属风管成型及确保使用功能的关键。

③ 内保温风管与外保温风管及阀门等风管部件的连接方式需考虑口径尺寸的匹配、保温的连续性等问题。

④ 大尺寸内保温风管的加固方式有别于普通金属风管，不能破坏内衬保温棉。

2）关键技术

① 参考国外技术标准，制定了一套内保温金属风管的制作安装技术指南，对保温棉的粘贴、保温钉的排布及固定方式均做了明确要求。

② 根据内保温风管的保温棉厚度及法兰高度确定外保温风管、风阀等部件的法兰高度，实现了不同类型风管及部件的连接。

③ 根据不同尺寸的内保温风管制定了相应的加固方式及加固间距，并增加了挡风条防止连接处的玻璃棉被气流吹出。

3）技术要点

① 内保温金属风管的特点及适用性

该类型风管采用的保温棉是由离心玻璃纤维浸润热硬化树脂粘合制作而成，并且接触气流一侧表面具有一层聚丙烯材料的涂层，具有一定的抗菌性、防潮性、抗玻璃纤维脱落特性以及良好的消声降噪等特性。

内保温金属风管适用于大多数低、中压通风空调系统，管内风速不得超过 20.3m/s，介质温度不高于 121℃。由于存在玻璃纤维脱落风险，因此，内保温金属风管不适用于净化空调系统，如手术室、ICU、食品药品工厂以及电子厂房等。

② 内保温金属风管的制作工艺流程

内保温金属风管的制作工艺流程如图 1.15-1 所示，从流程图可以看出，相较于普通薄钢板法兰风管的制作流程多了喷胶、贴棉和打钉三个步骤，其他步骤两者完全相同，这三个工艺步骤被整合到了整套流水线中，生产效率几乎与薄钢板法兰风管相当。

图 1.15-1　内保温金属风管制作工艺流程图（一）

（a）卷筒上架；（b）整平轧筋；（c）裁剪下料、冲角冲槽；（d）轧制咬口、法兰；（e）铁皮表面上胶；（f）铺设内衬棉

图 1.15-1　内保温金属风管制作工艺流程图（二）

（g）打保温钉；（h）折弯；（i）合缝成型；（j）法兰镶角；（k）内保温风管成品；（l）覆膜保护

③ 胶粘剂

用于粘贴玻璃纤维内衬的胶粘剂为一种水性进口胶粘剂，其基底为水，化学成分为合成乳胶，颜色有黑色或白色，具有不易燃、防潮、低气味、非氧化性等优点。在喷涂胶粘剂时，要求喷涂均匀，保证风管内表面 90% 以上面积的满布率。

④ 保温钉

保温钉在完成喷胶和贴棉后，通过流水线直接焊接在风管内壁上（图 1.15-2）。在选取保温钉时应根据内衬保温棉厚度选用相应长度的保温钉，保温钉不得挤压保温材料超过 3mm。

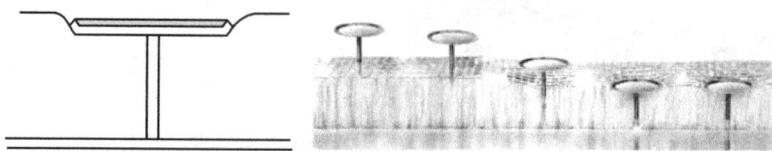

图 1.15-2　保温钉焊接固定示意图

其中，保温钉的排布与气流方向无关，但是需满足图1.15-3及表1.15-1的要求。

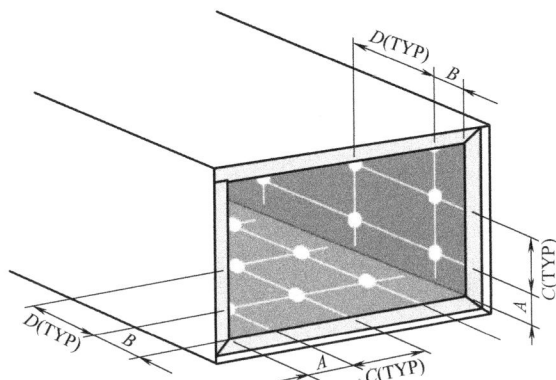

图 1.15-3　保温钉排布间距示意图

保温钉排布间距表　　　　　　　　　　　　　　　　　表 1.15-1

尺寸	风速（m/s）	
	0～12.7	12.7～30.5
A（风管截面长边角落算起）	100mm	100mm
B（风管截面短边角落算起）	75mm	75mm
C（风管截面长边、短边中心算起）	300mm	150mm
D（风管长度方向中心算起）	450mm	400mm

⑤ 风管端口处理

为防止风管两端玻璃纤维内衬被吹散，在风管两端安装有"〔"形挡风条（图1.15-4），挡风条材质可为镀锌钢或 PVC，"〔"的尺寸为 25mm×内衬厚度×25mm。将保温棉卡入凹槽内，用抽芯铆钉将"〔"形挡风条与风管镀锌钢板铆接牢固，抽芯铆钉间距与保温钉间距一致。

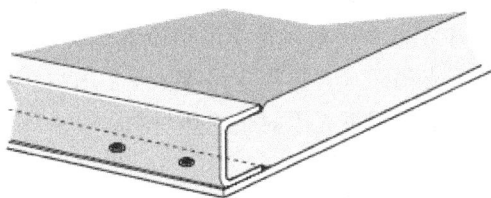

图 1.15-4　迎风端挡风条形式

⑥ 三通、弯头等管件的制作

三通、弯头等管件的制作经过计算机编程后采用数控等离子切割机进行切割下料，与之相配的玻璃纤维内衬保温棉可采用数控水切割机进行精确切割，可节省材料，减少切割产生的玻璃纤维粉尘，也可放线后手工切割。

手工涂胶粘贴内衬保温棉，用记号笔标记好保温钉排布位置，再采用独立的打钉机进行保温钉的焊接。

⑦ 内保温风管加固

内保温风管应用于中、高压系统时，加固形式如图 1.15-5 所示的角钢外加固框进行加固，自攻螺钉间距≤220mm，距离风管边缘≤30mm。对于长边尺寸 700mm<b≤1400mm，设置 1 道加固框，对于长边尺寸 1400mm<b≤2150 mm 设置 2 道加固框。

角钢防腐要求：对于暗装风管，刷防锈漆两遍；对于明装风管，刷防锈漆两遍后刷两遍面漆。

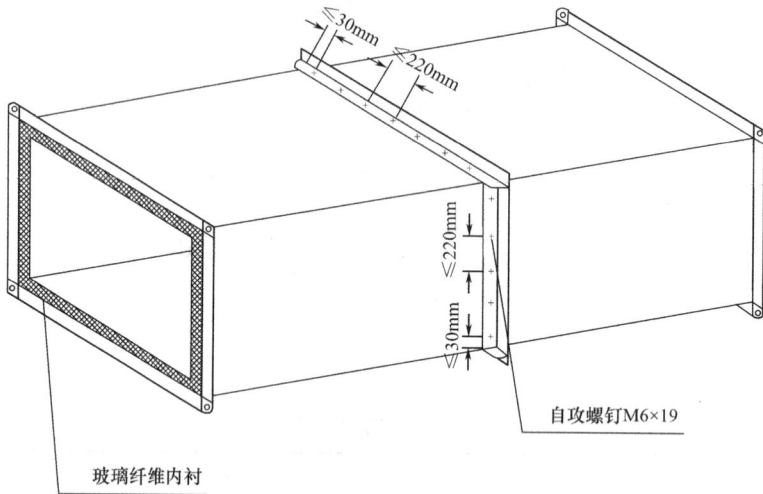

图 1.15-5　角钢外加固框构造

⑧ 风管运输及堆放

内保温金属风管制作加工完毕后在风管两端采用塑料薄膜或其他防尘防潮材料进行包覆，防止灰尘进入或因受潮而导致风管报废。内保温金属风管在搬运、运输以及堆放过程中，应将风管逐节堆放，严禁小风管外套大风管的做法，防止玻璃纤维内衬受到破坏。

⑨ 支吊架安装

内保温金属风管支吊架间距参照《通风与空调工程施工质量验收规范》GB 50243—2016 中第 6 章中对风管支吊架设置相关规定执行，支吊架形式参照国标图集《金属、非金属风管支吊架（含抗震支吊架）》19K112 选用。由于风管采取了内保温，风管与支吊架之间一般情况下无需衬垫绝热材料。

⑩ 法兰连接

内保温风管连接时，实质是玻璃纤维内衬的连接，为防止漏风，选择宽度为法兰高度加上玻璃纤维内衬厚度（即挡风条宽度）的密封垫料。

⑪ 内保温金属风管与外保温风管、风阀等连接

内保温风管与外保温风管、风阀等连接时，外保温风管及风阀等的口径与内保温风管内径一致，其法兰高度等于内保温风管法兰高度加上内衬厚度。

⑫ 严密性检验

内保温风管与其他类型风管一样，安装完毕后需进行漏风量测试，漏风量必须满足《通风与空调工程施工质量验收规范》GB 50243—2016 中 4.2.1 条的规定。漏风量测试方法参照《通风与空调工程施工质量验收规范》GB 50243—2016 中附录 C 执行。

（3）实施总结

1）内保温风管由于采用玻璃纤维内衬，在使用过程中可能存在玻璃纤维脱落的现象，因此在对洁净度有较高要求的环境，比如洁净手术室、电子厂房等不能使用此类风管。

2）内保温风管的特点在于采用玻璃纤维内衬在风管内壁进行保温，其具有与玻璃纤维复合风管一样的吸声降噪性能，同时又比复合风管强度高，且防潮，室外同样可以使用。

3）由于内保温风管的保温与风管制作同时完成，现场安装时省去了繁琐的外保温工序，节省安装空间的同时，避免了交叉施工时破坏保温层导致的返工，提高了施工效率。

4）内保温风管采用全自动生产流水线实现工厂化生产，产品质量可控。

5）内保温风管的缺点在于其成本较高，一是制作成本较高，其制作成本约为镀锌钢板风管（含外保温材料）的2倍，主要原因在于其采用的玻璃纤维内衬较普通离心玻璃保温棉贵，同时采用的胶水及保温钉均为进口产品；二是运输成本较高，由于风管内壁贴有保温棉，保温棉不能受到破损，在运输过程中无法像镀锌钢板风管那样采用大管套小管的堆放方式，因此其运输成本较镀锌钢板风管要高。成本成了制约内保温风管推广的最大瓶颈。各类风管特点比较见表1.15-2。

各类风管特点比较　　　　　　　　表1.15-2

特点＼风管类别	内保温风管	镀锌钢板外保温风管	玻璃纤维复合风管
适用范围	一般	广	一般
风管强度	高	高	易破损
吸声降噪	好	不好	好
技术成熟度	国内不成熟	成熟	较成熟
施工效率	高	低	低
建筑空间利用率	高	低	高
防潮性	好	差	差
施工质量控制	易控	不易	不易
制作成本	高	低	高
运输成本	高	低	低

（提供单位：上海市安装工程集团有限公司；编写人员：卢佳华）

1.16 自成凸槽法兰高密封镀锌钢板风管施工技术

1.16.1 技术发展概述

自1998年起，在通风系统风管制作中，我国开始大规模地采用无法兰（即共板法兰）工艺，由于技术先进，提高了生产效率，使其在市场上得到了迅速发展，提高了通风行业的整体水平。

通过十几年的实际使用，共板法兰风管的制作及安装工艺也逐步暴露了在风管强度、漏风量方面远低于角钢法兰风管的缺陷和不足，而强度、漏风量又是保证系统达到设计使用要求的重要参数。通过对角钢法兰风管和共板法兰风管的连接技术分析，结合两种风管各自的优势，开发了一种新型的自成凸槽法兰高密封风管。

1.16.2 技术内容

自成凸槽法兰高密封镀锌钢板风管施工技术采用螺栓紧固风管钢板自身折边而形成的凸槽法兰口进行风管连接，相比传统的镀锌钢板风管共板法兰连接施工技术，可显著提高风管的密闭性能。

（1）技术特点

1）密闭性能好：增强法兰垫压缩率，加强了法兰口密封效果；

2）耐腐蚀性强：自成凸槽法兰高密封镀锌钢板风管系统（包含悬挂吊架）主材及辅材均为镀锌材料，其防腐性能显著高于角钢法兰风管系统。

3）生产效率高：风管加工在机械化自动数控生产线上完成，比角钢法兰风管制作减少下料、冲孔、焊接、防腐喷漆、铆接、翻边等六道工序，可大幅节约材料、人工、模具成本。

（2）施工工艺

1）工艺流程：风管制作（下料、冲孔、咬口、法兰成型）→ 风管安装（风管连接、风管加固、风管密封、风管支架安装）→ 风管检测

2）自成凸槽法兰风管的连接采用镀锌钢板自身板材通过机械压制成型，通过在凸槽处的螺栓紧固，法兰接触面压强分布均匀，达到增强密封性的效果。

3）风管法兰密封垫料宜安装在凸槽法兰的中间，法兰密封垫料在法兰端面重合 30～40mm。自成凸槽法兰风管 4 个法兰角连接须用耐火垫料密封，耐火垫料应设在风管的正压侧。

1.16.3 技术指标

（1）主要性能

1）应用于中压系统时，漏风量低于国家标准允许值 5%；

2）应用于高压系统时，漏风量低于国家标准允许值 10%。

（2）技术规范/标准

1）《通风与空调工程施工质量验收规范》GB 50243—2016；

2）《通风管道技术规程》JGJ/T 141—2017；

3）《通风与空调工程施工规范》GB 50738—2011。

1.16.4 适用范围

适用于工业与民用建筑工程的空调风系统、通风系统、防排烟系统。

1.16.5 工程案例

1. 天津滨海新区文化中心

（1）工程概况

天津滨海新区文化中心项目位于天津市滨海新区中心商务区天碱片区，东至中央大道，南至紫云公园，西至规划旭升路，北至大连东道，建设规模为 251000 m^2。包含"一

个长廊"即文化长廊，及"五个场馆"即滨海东方演艺中心、滨海图书馆、滨海现代城市与工业探索馆、滨海现代美术馆、滨海市民活动中心。

（2）技术应用

1）自成凸槽法兰高密封镀锌钢板风管技术特点

① 将共板法兰平面改为凸槽，即自成凸槽法兰，螺栓连接，加强密封性，减少漏风量，从而可用于高、中、低压系统而达到节能目的。

② 采用纵向拉筋、本体压筋新工艺，增加风管强度，缩小耐压变形量，便于施工安装，保证工程质量，降低成本。

③ 自成凸槽法兰高密封风管的托杠吊架、悬挂吊卡及固定支架等均采用标准化镀锌件，因而整个自成凸槽法兰高密封风管系统自制至安装完毕，所用材料全部为镀锌材料，其防腐性能高于其他形式的风管系统。

2）工艺原理

本技术解决了现有技术中共板法兰风管卡扣连接密闭性能低和角钢法兰风管材料成本高、工艺复杂以及抗腐蚀性能低的缺陷，提供了一种用自身板材自成凸槽法兰螺栓连接风管。钢板自身折边而形成的凸槽法兰口，通过 15mm×3mm 的凸槽结构，加大了 $\phi 8mm$ 螺栓紧固时平均分布的压强面积，使风管法兰垫料达到均衡压缩而实现增强密闭的效果（图 1.16-1、图 1.16-2）。

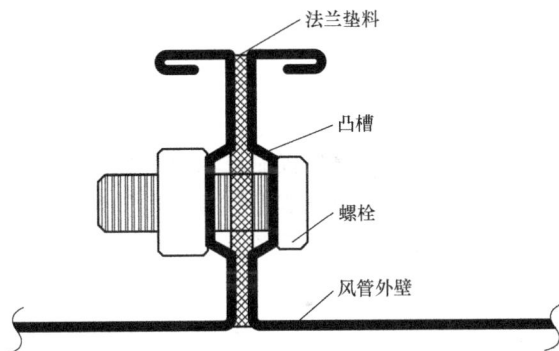

图 1.16-1　自成凸槽法兰高密封镀锌钢板风管法兰接点示意图

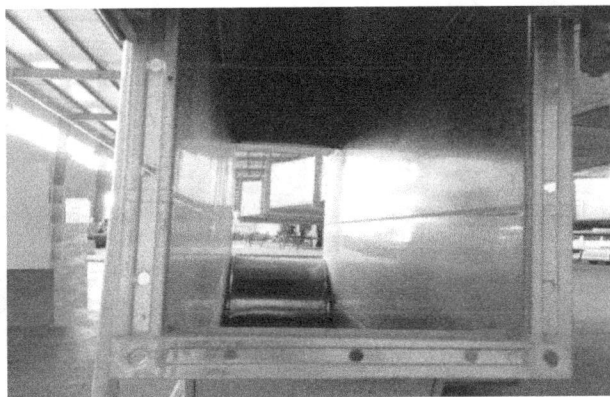

图 1.16-2　自成凸槽法兰高密封镀锌钢板风管内侧照片

3）操作要点

① 风管制作

自成凸槽法兰高密封风管的连接采用镀锌钢板自身板材通过机械压制成型，风管系统的异型管件下料由计算机控制等离子切割数控平台完成，凸槽法兰上的螺孔及铆钉孔加工工序通过冲床及模具标准化完成，管件成型连接咬口工序由钣金专用单机人工压制完成。

a. 板厚规格（表 1.16-1）

钢板风管板材厚度（mm） 表 1.16-1

风管厚度 风管大边尺寸	矩形风管	
	中低压系统	高压系统
80～320	0.5	0.75
340～630	0.6	0.75
670～1000	0.75	1
1120～1250	1.0	1.0
1320～2000	1.0	1.2
2000～2500	1.2	按设计

b. 绘制风管加工草图

根据施工图纸及现场实际情况（风管标高、走向及与其他专业协调情况）按风管所服务的系统绘制出加工草图，并按系统编号。

c. 直管的生产流程（图 1.16-3）

根据草图输入风管尺寸到电脑→计算机控制下料→螺栓孔冲孔→角码固定用的铆钉孔定位冲孔→风管几何尺寸的分配处理→风管成型连接口的处理→双机联动完成自成凸槽法兰口上的 15mm×3mm（H）的成型处理→质检。

图 1.16-3 风管自动运行加工

d. 异形管（弯头、三通等配件）生产制作流程

根据图纸绘制切割图→下料→钢板压筋→压制自成凸槽法兰→制作联合角→制作联合角（公口）（图 1.16-4）→质检。

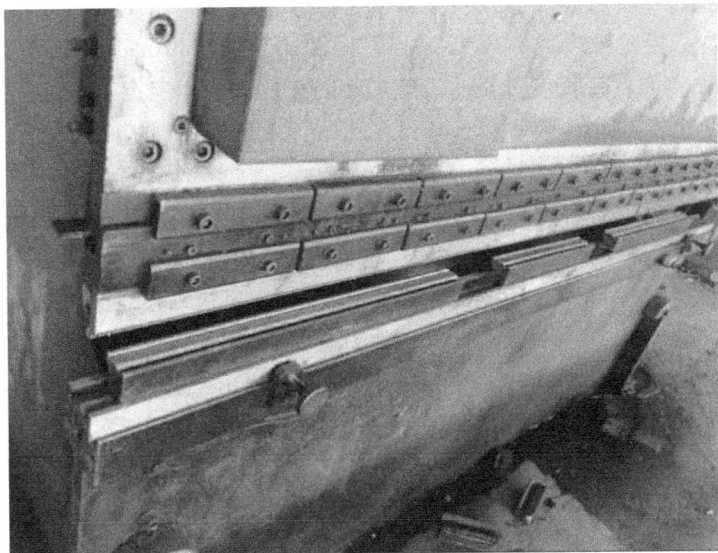

图 1.16-4　制作联合角（公口）

② 风管连接

a. 采用 $\phi8mm$ 螺栓连接，工具为电动扳手，电动扳手扭力矩最大不超过 125N·m，被拧螺栓的初始扭矩不得大于额定扭矩的 70%，螺栓达到额定扭矩后不得重拧。板材厚度为 0.5mm、0.6mm 的风管连接，螺栓连接增加双面 50mm×17mm×3mm（H）的异型垫圈，以增加连接压强强度。通过控制螺栓的紧固力及螺栓间距，提高风管的密封性能。

b. 由于风管生产线与施工场地不可能在一处，应在车间先按绘制的草图加工成半成品，并按系统编号，在工地上按照编号进行风管的组装。

c. 采用联合角咬口连接，以加强风管的密封性。

d. 分支管与主管连接采用联合咬口或反边用拉钉与主管铆接，并在连接处用玻璃胶密封以防漏风。

③ 风管加固

a. 风管大边尺寸在 630～1000mm 时，直接在生产线上压筋加固，排列应规则，间隙应均匀，板面不应有明显的变形。

b. 风管大边尺寸在 1000mm 以上时，可采用角钢、扁钢、钢管、Z 形槽、加固筋、通丝螺杆等进行管内外加固。

c. 角钢或加固筋的加固，其高度应小于或等于风管法兰的高度，排列应整齐，间距应均匀对称，与风管的铆接应牢固。

④ 风管密封

a. 法兰密封条宜安装在凸槽法兰的中间，法兰密封条在法兰端面重合时，重合 30～40mm。

b. 自成凸槽法兰风管 4 个法兰角连接须用耐火垫料密封，耐火垫料应设在风管的正压侧。

⑤ 风管支、吊架的间距

如设计无要求，应符合下列规定：

a. 风管水平安装，长边尺寸≤400mm，间距不应大于 4m；长边尺寸大于 400mm，间距不应大于 3m。如直管长度过长时，应加装防止摆动的固定点。

b. 风管垂直安装，间距不应大于 4m，每根立管的固定件不应少于 2 个。

⑥ 漏风量检测

试验前的准备工作：将待测风管连接风口的支管取下，并将开口处用盲板密封。

试验方法：利用试验风机向风管内鼓风，使风管内静压上升到所需测试压力，并稳压，此时风管内进风量即等于漏风量。该风量用设置在风机与风管之间的孔板来测量。

试验装置：

试验风机为变风量离心风机，风机最大风量为 1600m³/h，最大风压 2400Pa。

连接管：ϕ100mm。

孔板：当漏风量≥130m³/h 时，孔板常数 $C=0.697$，孔径$=0.0707$m；

当漏风量<130m³/h 时，孔板常数 $C=0.603$，孔径$=0.0316$m。

倾斜式微压计：测孔板压差 0～2000Pa，测孔管压差 0～2000Pa。

测试步骤：首先启动风机，然后逐步打开进风挡板，直到风管内静压值上升并保持在试验值时，读取孔板两侧的压差，按下述公式计算被测风管的漏风量。

漏风量按下式进行计算：

$$Q = 3600\varepsilon \cdot \alpha \cdot A_n \sqrt{2/\rho} \Delta P$$

式中　Q——漏风量，m³/h；

　　　ρ——空气密度，kg/m³；

　　　α——孔板流量系数；

　　　ε——空气流速膨胀系数；

　　　A_n——孔板开口面积，m²；

　　　ΔP——孔板差压，Pa。

（3）实施总结

自成凸槽法兰高密封镀锌钢板风管与角钢法兰风管相比，可大幅度节约角钢、托杆等材料成本及其他成本，且其防腐性能高于角钢法兰风管系统。

自成凸槽法兰高密封镀锌钢板风管比角钢法兰风管每平方米风管制作至少节省角钢 3.63kg。由于自成凸槽法兰高密封镀锌钢板风管在制作上为标准化机械生产线完成，比角钢法兰风管减少 6 道生产工序：角钢法兰下料、冲孔、焊接、防腐喷漆、风管铆接、翻边。由此节省了大量的辅材（铆钉、油漆、焊条等）及人工成本、机械模具成本，按市场现状计算，节约造价不少于 10 元/m²。

由于整个自成凸槽法兰高密封镀锌钢板风管系统（包含悬挂吊架）主材及辅材均为镀锌材料，其防腐性能要远高于角钢法兰风管系统。角钢法兰及支吊架工艺上要进行除锈、刷油两道工序，施工现场很难保证除锈工序质量及油漆质量、刷漆遍数，故在风管系统的使用寿命及外观方面，自成凸槽法兰高密封镀锌钢板风管有明显的优势。

（提供单位：中建安装集团有限公司；编写人员：刘杰、秦健、刘长沙）

1.17　插接式法兰风管施工技术

1.17.1　技术发展概述

目前插接式法兰风管与共板法兰风管是国际上通用风管制作法兰连接的两种形式，插接式法兰又称组合式法兰，又叫"TDC法兰条"。它的结构组成是用镀锌带钢通过机械专用设备在流水线上一次成型的产品。插接式风管的法兰强度和气密性要优于共板法兰并且密闭气流。插接式法兰通过法兰条（型材）与角码组装，形成矩形框架式法兰。插接式法兰与通风管道端口插入连接构成整体，具有密封好、坚固耐用、运行噪声低、省工省时省料和安装便捷等特点。

1.17.2　技术内容

插接式法兰是将法兰插接在风管上，法兰之间采用勾码（又称螺杆卡）连接固定，法兰与风管之间采用焊接或铆接，法兰四角用螺栓锁紧的工艺。

1.17.3　技术指标

（1）《通风与空调工程施工质量验收规范》GB 50243—2016；

（2）《通风管道技术规程》JGJ/T 141—2017。

1.17.4　适用范围

适用于工业与民用建筑的通风空调系统。

1.17.5　工程案例

1. 深圳莲塘口岸旅检大楼

（1）工程概况

本项目总用地面积$174532.00m^2$，建筑面积：$123875.48m^2$。

（2）技术应用

1）插接式风管法兰连接施工技术特点难点

① 法兰条切割为统一长度，切割前需要将法兰调直，切割时切口垂直，切割完成后用打磨机将切口磨平。

② 将法兰角码、法兰条放在固定模具上插接固定，测量对角线，合格后对法兰四个角码进行焊接固定。

③ 将制作完成的法兰插入拼接完毕的风管口，检查法兰角码连接是否紧密，风管四角是否有明显漏风孔洞，检查风管口法兰的平整度，并根据管口对角线复核风管是否扭曲变形。

④ 校正完毕后，将风管与法兰在焊接平台进行焊接固定，保证间距一致，排列整齐，

无假焊、漏焊和不合格的焊点。法兰焊接固定完毕后，进行打胶处理。

⑤ 安装连接时使用专用法兰卡具，保证螺栓紧固，法兰卡具螺栓置于同一侧且螺栓露出长度适宜一致。

2）关键技术特点

插接式风管法兰适用于风管大边长度在 1500～2500mm 之间的连接（630～1500mm 之间采用共板法兰连接工艺），在风管制作过程中需注意以下几点：

① 根据风管四条边的长度，分别配制 4 根法兰条；

② 风管的四边分别插入 4 个法兰条和 4 个法兰角；

③ 检查和调校法兰口的平整；

④ 法兰条与风管用空心拉铆钉铆合，两段风管组合时法兰面均匀地填充密封胶，组合两个法兰并插入法兰夹，4 个法兰角上紧螺栓，最后用手虎钳将勾码（螺杆卡）连同两个法兰一起钳紧。

3）施工工艺和过程

① 工艺流程方框图（图 1.17-1）

② 施工机具的准备

主要的施工机具见表 1.17-1。

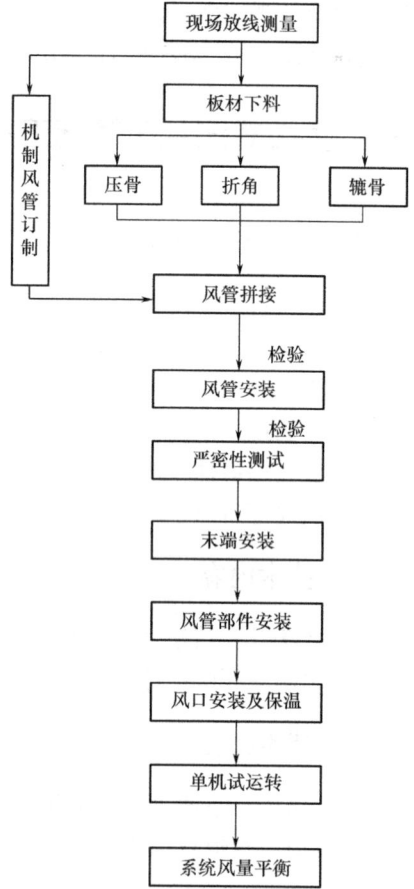

图 1.17-1 工艺流程方框图

主要施工机具表　　　　　表 1.17-1

序号	名　称	型　号　规　格	备　注
1	数控剪板机	QC11Y-25×4000	切割风管
2	法兰成型机	TDC2000	制作法兰条
3	压筋机		
4	切角机		制作角码
5	咬口机	YZI-12-380	压合风管
6	折弯机		
7	冲击电钻		根据需用配备
8	电动合缝机	HF	根据需用配备
9	打钉机	QC11Y-25X4000	根据需用配备
10	电动扳手	TDC2000	根据需用配备
11	打胶器		根据需用配备

③ 支架制作

a. 根据支承的管道大小选择合理、美观、有足够强度和刚度的支吊架形式。

b. 风管管道支吊架制作前，确定管架标高、位置及支吊架形式，同时核对其他专业图纸，在条件允许的情况下，尽可能地采用共用支架，支吊架焊接不得存在漏焊、欠焊、裂纹、咬肉等缺陷，焊接变形应予矫正，支架制作后应进行防锈处理。

④ 支架安装

a. 管道支架间距设置原则：风管支、吊架间距，风管水平安装时，风管直径 D 或大边边长 $b \leqslant 400\mathrm{mm}$，支、吊架间距不大于 4m；风管直径 D 或大边边长 $b > 400\mathrm{mm}$，支、吊架间距不大于 3m；风管垂直安装时，间距不大于 4m。风管支、吊架形式用料规格详见《金属、非金属风管支吊管（含抗震支吊架）》19K112。

b. 风管管道支吊架的固定位置，应尽量选择设置在梁、柱、墙等部位，采用膨胀螺栓法固定。

c. 风管支架横梁必须保持水平，每个支架均与管道接触紧密。

⑤ 风管法兰安装

a. 工厂加工好的风管和插接式法兰配件运到施工现场后，按照风管铁皮上的二维码编号进行排列组队，并对风管和配件进行检查和复检，按照设计要求的板厚验收，在地面上拼装时，地面覆盖地毯或彩条布等。见图 1.17-2。

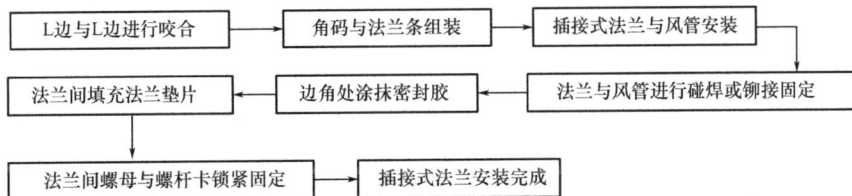

图 1.17-2　现场插接式法兰拼装流程图

b. 根据风管的尺寸，分别配制四根法兰条。

c. 风管的四边分别插接法兰条并拼装四个法兰角。

d. 检查和调校法兰口的平整。

e. 两段风管组合，法兰面均匀地填充法兰垫片，边角处涂抹均匀密封胶。

f. 法兰处用螺杆卡锁紧，相邻的螺杆卡方向需要相反。

g. 每个风管的螺杆卡距法兰角间距 100mm，每个螺杆卡的间距为 120mm。

h. 四边法兰角上紧螺母安装完成。

⑥ 风管拼接

风管拼接时，风管侧面用木槌敲击咬口，避免损伤镀锌层，法兰与配件连接缝需打胶填平，拼接完成后的风管放在仓库一侧码放整齐，连接好的风管以两端的法兰为基准点，以每列法兰为测点，拉线检查风管的连接是否平直，其平直度应 $\leqslant 0.7‰$，两边法兰的差值应小于 4mm，不符合要求时，应将法兰拆掉，修正板边，重新铆接法兰再进行组合。风管的接口应严密、牢固，风管法兰的垫片材质应符合设计要求，厚度不应小于 3mm。

⑦ 风管吊装

风管吊装前，应清除内、外杂物；吊装前，应再检查一次支、吊架等风管固定件的位

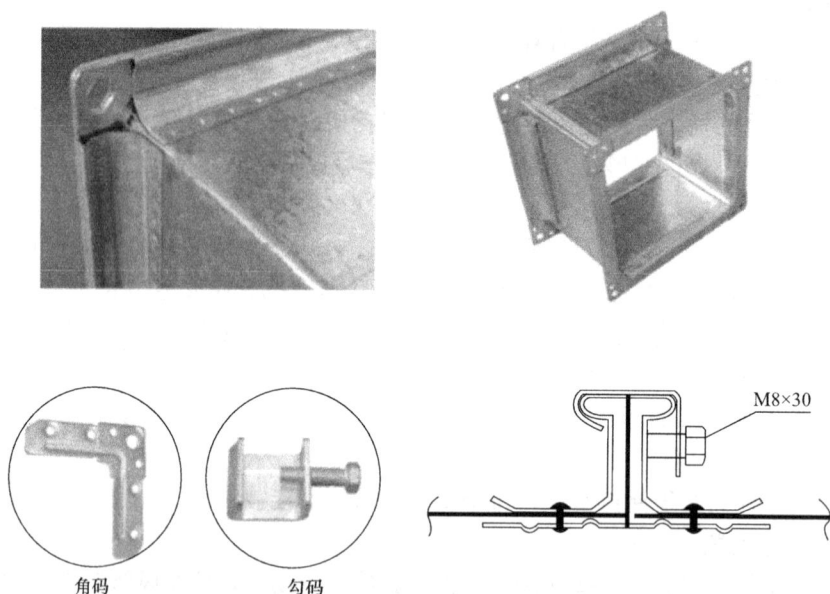

图 1.17-3　插接式法兰安装示意图

置是否正确、牢固；几段风管在地面上组装后，采用电动升降操作平台将风管安装到位，支吊架固定；风管接口处上紧螺母与螺杆卡，螺杆卡的间距与方向应正确；风管穿过需要封闭的防火、防爆墙体或楼板时，应设预埋套管或防护套管，其钢板厚度不小于 1.6mm，风管与防护套管之间，应用不燃且对人体无危害的柔性材料封堵。

⑧ 风管强度及严密性测试

a. 风管应根据设计和规范要求，进行风管强度及严密性的测试。

b. 风管强度应满足微压和低压风管在 1.5 倍的工作压力、中压风管在 1.2 倍的工作压力且不低于 750Pa、高压风管在 1.2 倍的工作压力下保持 5min 及以上，接缝处无开裂，整体结构无永久性的变形及损伤为合格。

c. 风管的严密性测试应分为观感质量检测与漏风量检测。观感质量检测可应用于微压风管，也可作为其他压力风管工艺质量的检测，结构严密与无明显穿透的缝隙和孔洞为合格。漏风量检测应为在规定工作压力下，对风管系统漏风量的测定和验证，漏风量不大于规定值为合格。系统风管漏风量的检测，应以总管和干管为主，宜采用分段检测，汇总综合分析的方法。检测样本风管宜为 3 节及以上组成，且总表面积不应小于 $15m^2$。

d. 漏风量测试应采用经验收合格的专用漏风量测量仪器，或采用符合现行国家标准《用安装在圆形截面管道中的差压装置测量满管流体流量》GB/T 2624 中规定的计量元件搭设的测量装置。

e. 漏风量测试装置可采用风管式或风室式。风管式测试装置应采用孔板做计量元件；风室式测试装置应采用喷嘴做计量元件。漏风量测试装置的风机，风压和风量宜为被测定系统或设备规定试验压力及最大允许漏风量的 1.2 倍及以上。

f. 漏风量测试装置试验压力的调节，可采用调整风机转速的方法，也可采用控制节流装置开度的方法。漏风量值应在系统达到试验压力后，保持稳压的条件下测得。漏风量测试装置的压差测定应采用微压计，分辨率应为 1.0Pa。

g. 选择被测试系统中的一段风管，将风管各开口严密封闭。选择风管的一端作为进风端，做一个盲板，在盲板上开一个 $\phi 75$ 孔，接一段 $\phi 75$、长约为 1000mm 的短管，用 $\phi 75$ 软管将其和漏风仪风机出口"加长管"连接。距短管约 400mm 处打一个 $\phi 8$ 孔，将孔径为 $\phi 5$ 的乳胶管或橡胶软管一端插入 $\phi 8$ 孔中，周围涂上密闭胶，另一端与漏风仪顶面"连风管"接嘴相连接。

注意事项：a. 这段进风连接管不应有漏风现象；b. 软管与风管上短管连接处以及软管与风机出口加长管连接处用胶带密封；c. 测试：当漏风量超过设计和验收规范要求时，仔细检查处理，重新测试，直至合格；d. 风管漏风量测试比例：中压风管漏风量的测试抽检率为 20%，且不小于 1 个系统。

（3）实施总结

采用本技术完成插接式法兰风管加工制作安装，不仅提高工作效率、节约施工成本，还在确保施工质量的前提下尽可能地加快了施工进度，插接式法兰风管以其"低耗能、高环保"的综合特点，必将得到越来越多的应用。

（提供单位：上海宝冶集团有限公司安装工程公司；编写人员：孙杰、张荔、张亮）

1.18　通风空调风系统检测节预制安装技术

1.18.1　技术发展概述

目前通风、空调系统的风量测定大多采用行业内常用的现场选点、现场开设测量孔的方法，无法回避开孔过程中损伤绝热层、开孔碎屑飞入管内、在同一截面多处开孔使风管局部强度降低而补强困难以及开孔效率低、安全风险高、环境污染大等一系列施工难点。

为克服传统检测程序和工艺所产生的缺陷，相关单位成立专项课题研究小组，系统研究了通风空调系统调试及性能检测的相关标准规范，深入分析了传统的测量孔开孔程序和工艺，从工程深化设计入手，采取预制独立的检测节，根据检测截面的特征分别引用"等面积法"和"切贝切夫法"等方法确定检测点位置，研制了测量孔开孔专用设备，开发出通风空调风系统检测节预制安装技术。

1.18.2　技术内容

（1）通过预制安装检测节，可直接进行风系统检测，避免现场选点、开孔、修补保温等工序，减少检测人员，提高施工质量及安全性。

（2）采用 BIM 技术在系统深化阶段预先确定系统检测节安装位置，确保检测精度与运行效果。

（3）根据风管特性，选择检测节的测点布置方式，提高检测结果的准确性。

1.18.3 技术指标

（1）测试断面应位于不小于局部阻力部件前 2 倍管径或长边长且不小于局部阻力部件后的 5 倍管径或长边长的部位。

（2）检测节材质选择镀锌钢板时，考虑到开设测量孔后板材刚度的部分丧失，板厚统一选 1.2mm。

（3）检测节规格应与相邻风管管节规格相同，长度统一取 240mm。

1.18.4　适用范围

适用于工业与民用建筑工程的通风空调工程系统空气参数的调整和测试，主要用于取代传统的现场选点、高处开孔的作业方式。

1.18.5　工程案例

1. 陕西省设备安装工程公司棚户区改造项目

（1）工程概况

陕西省设备安装工程公司棚户区改造项目，位于西安市黄雁村十字东北角。项目规划净用地面积为 29000m²，总面积 245692m²，包含 A、B、C 三个塔楼及地下室。通风空调工程包括多联机空调系统、排风兼防排烟系统、送排风系统、新风系统＋风机盘管。酒店部分多联机空调系统 23 个，新风系统 3 个；B 座集中商业新风＋风机盘管系统系统 22 个；地下室全空气空调系统 3 个，新风＋风机盘管系统 7 个。空调系统采用镀锌钢板加工制作，镀锌钢板厚度为 0.5mm、0.6mm、0.75mm、1.0mm、1.2mm 五种类型，风管面积合计 35160m²。

（2）技术应用

1）施工工艺：见图 1.18-1。

测试准备 → 选择测试断面 → 设计测量节 → 预制测量节 → 测量节检查验收 → 测量节安装 → 测量节测试与调整

图 1.18-1　施工工艺流程

2）测试准备：编写测试方案，明确空气参数测试精度、范围，拟定测点布置方法、检测仪器、记录表卡、数据处理方式、评判标准。

3）选择测量断面。

①在系统深化设计阶段，按照测量断面的选择原则，在空调机组新风段、一次回风段、二次回风段、排风段、送风段以及风管系统主干管、支管上预先确定测量断面位置，并将可能影响系统测试的相关专业管道进行综合排布。

②测试断面应位于不小于局部阻力部件前 2 倍管径或长边长且不小于局部阻力部件后的 5 倍管径或长边长的部位，减少管内介质紊流对检测准确度的影响，尽可能给插进式仪表提供一个均匀稳定的流场。如图 1.18-2 所示，1 和 2 之间任一断面均可作为干管的测量断面，3 和 4 之间任一断面均可作为支管的测量断面，具体确定测量断面的位置，应在空间上考虑测量断面位于各专业管道中相对宽松、便于测量的部位。

测量断面的位置确定后，即可计算检测节前、后管道的总长，并按照管道材料规格确定风管管节长度和管节数量。

4）检测节设计。

检测节设计主要根据所检测系统管道材质、输送介质、断面形状、尺寸和连接方式进行。

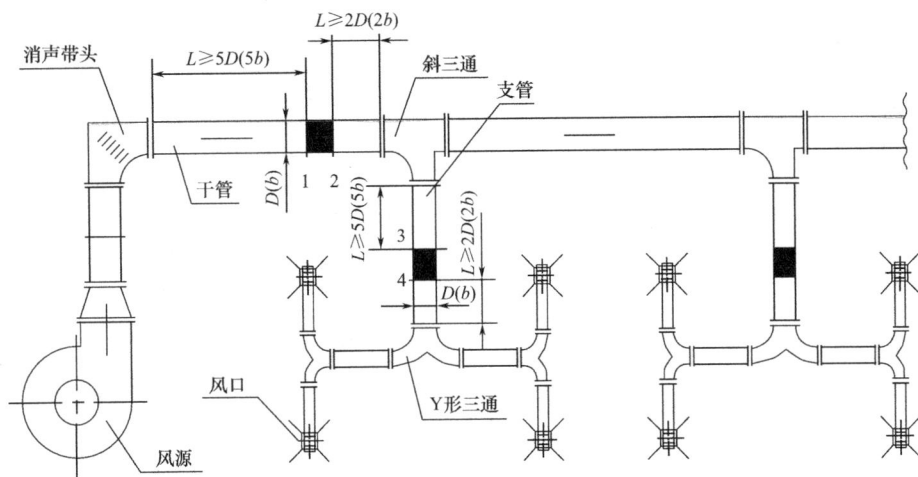

图 1.18-2　通风空调系统测量断面布置示意图

1-2 干管测量断面区域；3-4 支管测量断面区域

① 检测节本体

为了简化设计、便于加工，检测节本体材质选择与系统风管材质相同，检测节规格与相邻风管管节规格相同，长度统一取 240mm。

检测节材质选择镀锌钢板时，考虑到开设测量孔后板材刚度的部分丧失，板厚统一选 1.2mm，并且对于输送含酸、碱、油、腐蚀性介质的系统，应在检测节内表面喷涂复合保护层。

② 法兰连接形式

对于金属风管系统，检测节法兰结构可采用薄钢板法兰或角钢法兰等，法兰规格和风管法兰规格相同并应符合相关标准要求。

③ 检测点布置方式

按照现行国家标准《通风与空调工程施工质量验收规范》GB 50243 和国际标准 ISO3966 的推荐方式，结合多年的测试实践，按矩形管及圆管分述如下：

对于矩形大截面风管，优先采取"切贝切夫法"布置方式。为减少对室内净层高的影响，矩形风管多为高向小、宽向大的扁形风管，采用传统的等面积法将检测截面分割成若干个相等的≤200mm×200mm 小截面，因其高宽比相差较大，会因高度方向的检测点不足降低检测准确度。国际标准 ISO3966 推荐的"切贝切夫法"采取加权方法，使矩形风管的检测点布置更加合理。矩形风管的检测点布置详见图 1.18-3（a）。

对于椭圆形螺旋风管，优先采取"等面积法"布置方式。椭圆形螺旋风管的检测点布置，国内外相关标准和文献均无规范和报道，为了适应工程需要，经理论探讨并结合实际检测数据分析，取得了椭圆形螺旋风管检测点布置的最佳方案，填补了行业空白。

因椭圆形螺旋风管两侧截面近似于半圆形，各向尺寸相同，采用"等面积法"能较好地达到检测点均布的效果。同时椭圆形螺旋风管的中间部分也接近正方形，也适合"等面积法"布置检测点。椭圆形螺旋风管的检测点布置详见图 1.18-3（b）。

采用本技术预制检测节时，可在风管本体，特别是在圆形风管展开材料上精确确定各

105

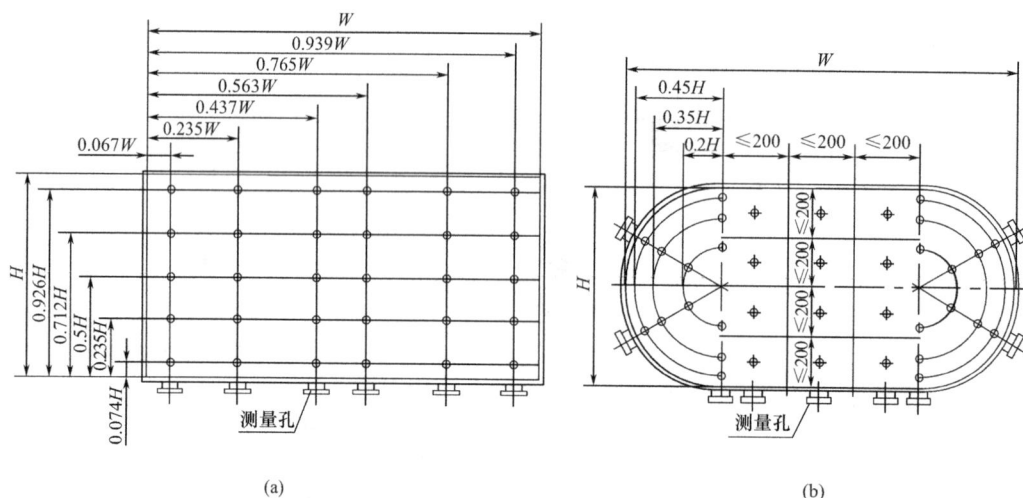

(a)   (b)

图 1.18-3　风管检测节检测点布置图

（a）矩形风管检测节检测点采用"切贝切夫法"布置图；

（b）椭圆形螺旋风管检测节检测点采用"等面积法"布置图

个测量孔的位置，并按线定位加工出测量孔，然后完成风管的折弯或卷圆工序。因测量孔位置准确，使测量结果更接近实际参数。

④ 测量孔座及堵头

金属材质检测节的测量孔座及堵头结构，采用国家建筑标准设计图集《风管测量孔和检查门》06K131 中推荐的结构形式和尺寸。

⑤ 检测节绝热材料及结构

金属检测节绝热材料的选择及施工，应符合现行国家标准《通风与空调工程施工规范》GB 50738 第 13.4 条款规定，特别应注意法兰部位的施工质量。

⑥ 标识

为了保护检测节免受意外损失，在绝热层外挂牌或喷涂"检测节"和"测试用部件，请勿遮挡损坏"等标识。

5）预制检测节

预制检测节时，应按照以上设计要求进行，并注意以下影响检测节制造质量的主要因素：

① 对于金属风管系统检测节，采取薄钢板法兰与相邻管节连接时，应保证薄钢板法兰的成形质量，法兰表面应平整以使贴合紧密；对于输送潮湿和腐蚀性介质的系统，应保证检测节内表面复合保护层的喷涂均匀性和厚度。

② 在检测节板材上钻孔时，为了杜绝产生的铁屑对操作者和作业环境的伤害和污染，应使用检测节开孔专用设备，严禁采用普通工具在未采取防护措施条件下作业；采用开孔机在薄钢板检测节板材上钻孔如图 1.18-4 所示；薄钢板检测节成品外观如图 1.18-5 所示。

6）检测节检查

检测节制作质量应达到《通风与空调工程施工规范》GB 50738—2011 第 4.4 条和本技术的规定和要求。

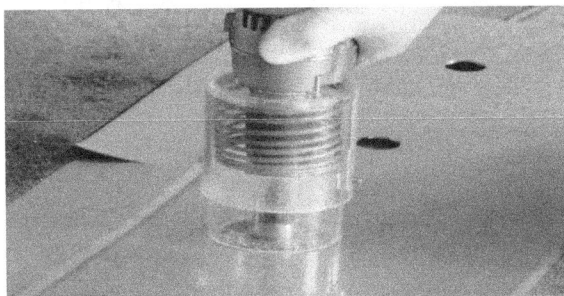

图 1.18-4 开孔机在薄钢板检测节板材上开孔实例

图 1.18-5 薄钢板检测节成品外观

7）检测节安装

检测节安装除应符合《通风与空调工程施工规范》GB 50738—2011 相关规定外，还应达到以下要求：

① 检测节安装位置应符合系统工程深化设计拟定位置，不得随意更改。

② 测量孔堵头应随检测节同步安装，以免杂物进入。

③ 检测节与相邻管节法兰间的密封条材质应与输送介质相匹配。

④ 检测节采用薄钢板法兰时，与相邻管节尽量采用顶丝卡连接。

8）系统测试与调整

检测节安装完成后待系统单机试运行合格即具备测试条件。

针对所要测试的系统性能参数选择规格和精度合适的检测仪器，通过检测节测量孔进行介质样本抽查，检测结果填入记录表卡，并进行数据处理和计算后取得最终结果，再将检测结果与评判标准比对，若检测结果与设计预期相差超过允许偏差，可通过系统调节阀进行调整直至达到设计要求，从而使空调机组在运行中达到经济和实用的要求。

2. 陕安朱雀佳苑 7 号科研综合楼工程

（1）工程概况

本工程位于西安市碑林区红缨路 25 号，主要使用功能为办公，总建筑高度 94.2m，总建筑面积 41300.3m²，建筑地上 26 层，地下 1 层。本工程共计 59 个空调系统，室外机合计 147 台模块机组，其中 8 层室外屋面为 85 台，26 层屋面为 65 台。2～26 层新风室内机配置 $PM_{2.5}$ 过滤器。空调系统总风量为 118400m³/h，风管包含金属风管与非金属风管。

（2）技术应用

1）技术特征

本项目采用了部分非金属风管，应用检测节预制安装技术还具有以下特征：

① 因在非金属材料风管检测节一周开设有多个测量孔使检测节刚度降低，可在结构设计时设置补强圈，避免非金属风管局部损坏，如图 1.18-6 所示。

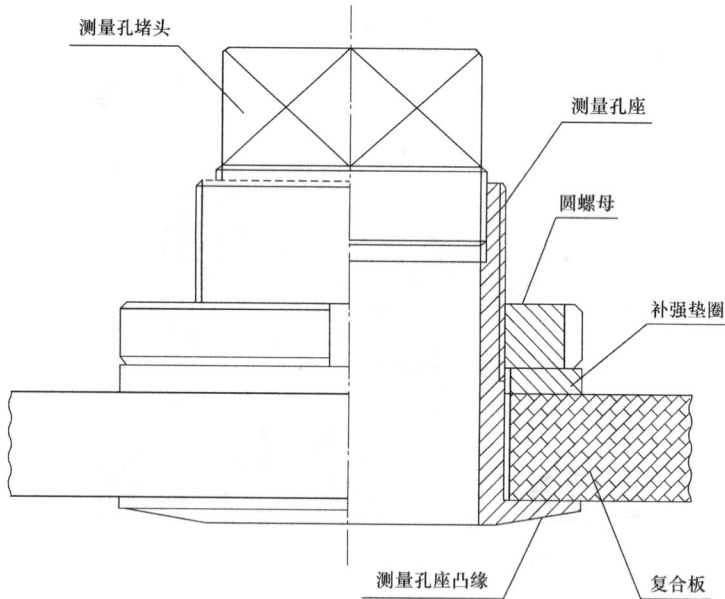

图 1.18-6 复合板风管测量孔补强结构

② 采用玻璃钢和 U-PVC 等非金属风管和玻纤、玻镁、酚醛铝箔等复合材料制作风管时，因强度低不宜采用电动工具现场开孔，即便勉强开孔也会因产生的碎屑、粉尘污染系统，甚至会导致板材破损、过早老化、漏风等缺陷，预制检测节可根据非金属风管板材特性选择相应的开孔工艺。

③ 在非金属板上钻削测量孔时会产生大量的玻璃纤维等碎屑，对操作者的皮肤、呼吸道和肺部都会有一定的刺激和伤害，并且对预制现场环境造成严重污染。本技术配套研制的测量孔开孔专用设备，在钻孔过程中将产生的玻璃纤维等收纳在透明可伸缩的封闭空间内，杜绝玻璃纤维等碎屑对操作者和作业环境的伤害和污染，如图 1.18-7 所示。

2）主要实施过程

非金属风管检测节预制安装主要实施过程，与金属风管的区别如下：

① 对于非金属风管和复合材料风管系统，风管直径或长边尺寸不大于 500mm 时，检测节材质与风管材质相同；风管直径或长边尺寸大于 500mm 时，检测节材质可采用镀锌钢板。

② 对于非金属风管系统，检测节与相邻风管采取角钢法兰连接，法兰规格和风管法

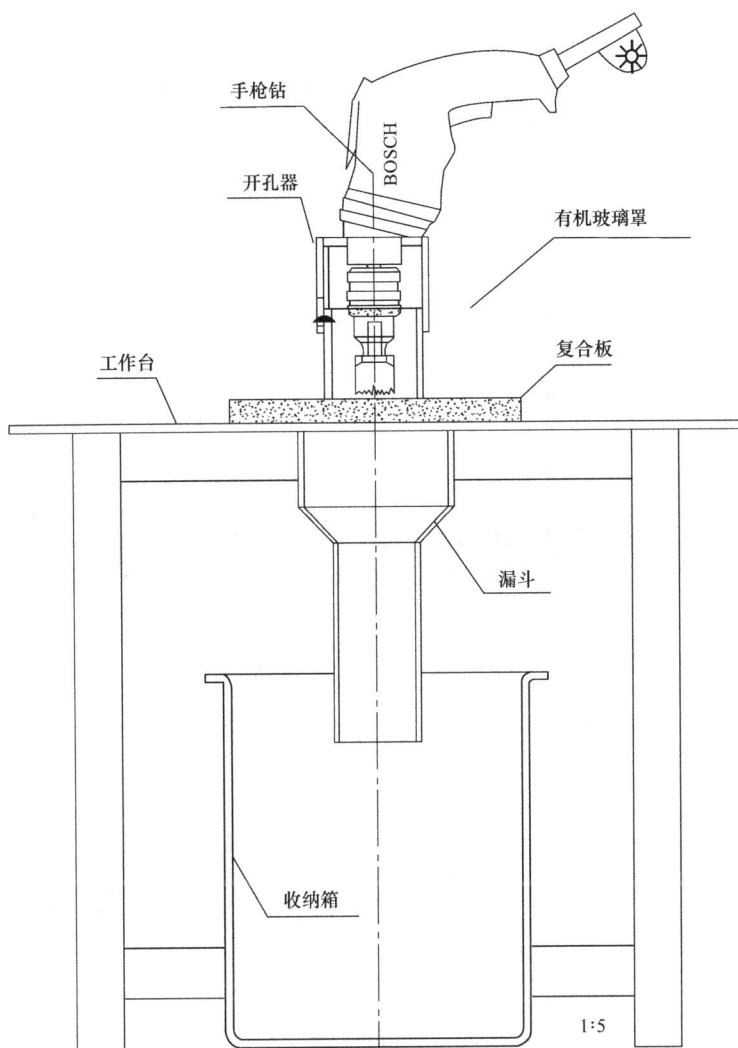

图 1.18-7　开孔机在复合板材上钻测量孔

兰规格相同并应符合相关标准要求。但因非金属风管管壁较厚，加工风管法兰螺栓孔时应与检测节法兰螺栓孔对中。

③ 对于复合材料风管系统，检测节材质与风管相同时，相邻风管采取工形插接连接，见图 1.18-8。

④ 复合板风管检测节采用与风管相同材质时，因在复合材料上钻削测量孔后破坏了原有包封结构，并且使复合板强度削弱，测量孔座设计为下伸到复合板内侧，还带有较大的凸缘，以和外侧的补强圈联合起到包封测量孔及补强作用，同时在测量孔座凸缘一周倒角，减少对管内介质的扰动。见图 1.18-9。

⑤ 因非金属风管刚度较弱，无论检测节与风管材质相同与否，在检测节处需单独布置支吊架，如图 1.18-10 所示。

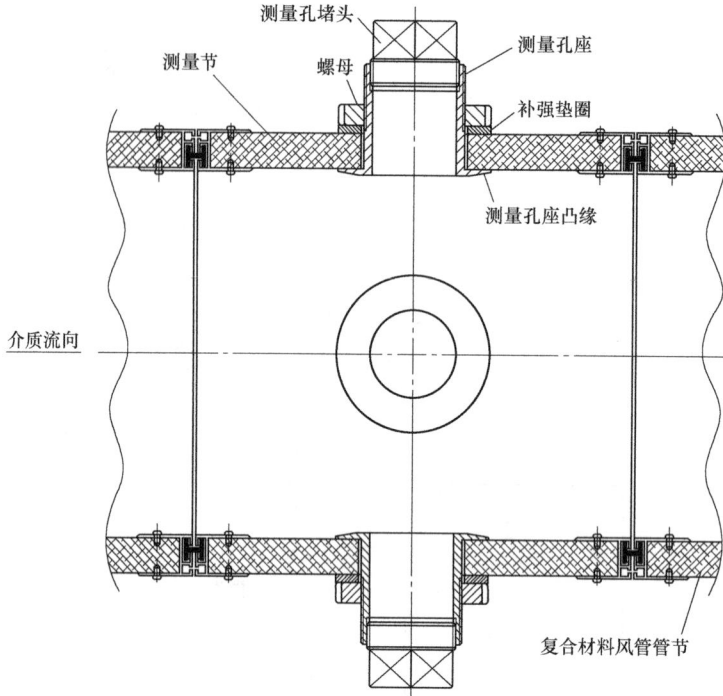

图 1.18-8　复合材料风管检测节结构简图

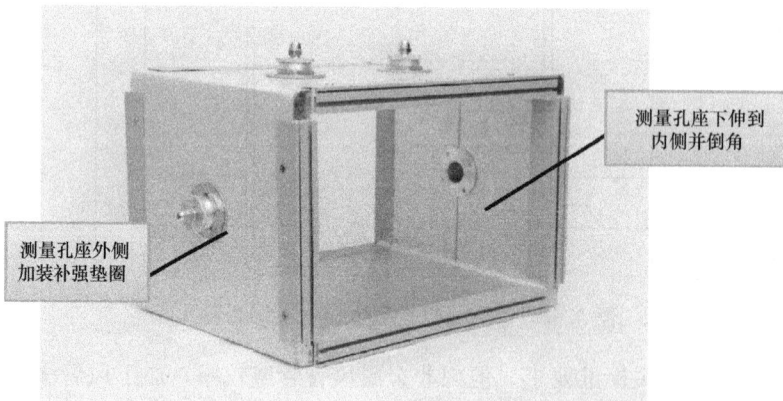

图 1.18-9　复合板检测节结构

图 1.18-10　复合板检测节安装

3）薄钢板检测节主要加工设备与机具

预制薄钢板检测节需要配备的主要加工设备与机具，见表 1.18-1。

主要加工设备与机具表

表 1.18-1

序号	设备名称	型号	单位	数量	用途
1	风管自动生产线	JX5-12 型	套	1	钢板卷材放料、矫正、剪切
2	薄钢板法兰成形机	XFB-12B 型	台	1	检测节薄钢板法兰滚压成型
3	联合角咬口机	YZL-12 型	台	1	检测节闭合缝滚压成形
4	折方机	SAF-12 型	台	1	检测节转角 90°折弯成形
5	角码机	YAJ-5 型	台	1	检测节两端法兰角码安装
6	带有伸缩罩的手枪钻	J1Z-JF-601-10A 型	台	1	检测节测量孔开口
7	全自动角钢冲孔下料机	JCQ-60 型	套	1	角钢法兰加工
8	电焊机	ZX7-400 型	台	1	角钢法兰焊接
9	电动扳手		套	1	检测节安装

4）质量控制

① 测试断面应位于不小于局部阻力部件前 2 倍管径或长边长且不小于局部阻力部件后的 5 倍管径或长边长的部位，否则管内介质紊流对检测准确度的影响较大；

② 对于输送含酸、碱、油、腐蚀性介质的系统，应在金属测量节内表面喷涂复合保护层；

③ 因非金属风管管壁较厚，加工风管法兰螺栓孔时应与检测节法兰螺栓孔对中；

④ 测点的位置及数量应符合相应标准规定；

⑤ 复合板检测节测量孔座应严格按照本技术要求样式加工；

⑥ 检测节预制完成后，内表面应清理干净并用薄膜封口。

5）环境保护措施

① 在检测节预制和调试测试中严格遵守国家和地方政府有关环境保护的法律法规、法规和规章，加强对于加工和测试中的材料、设备、废弃物的控制，遵守有关防火的制度。

② 对测量孔钻孔过程中产生的铁屑和玻璃纤维等碎屑，应分别收集在废料桶中，避免对操作者和作业环境的伤害和污染。

③ 对检测节两端法兰垫料应合理使用、减少浪费，料头应回收，不得与一般废弃物混同。

④ 使用复合板转角缝胶粘剂时，要合理摆放胶粘剂和检测节的相对位置，尽量缩短两者距离，减少胶粘剂的洒落。

⑤ 合理编制方案，最大限度地减少调试中对电能、冷热源配合的需求。

（3）实施总结

通过多个工程的应用，经总结，本技术具有以下特点：

1）系统深化阶段采用 BIM 技术预先确定检测断面位置

从工程深化设计阶段入手，按照通风空调系统性能检测的相关标准规范要求，或者与设计、建设单位约定的特殊工艺位置，采用 BIM 技术确定预制检测节安装位置，避免现场选择的随意性。

2）检测节中测点布置方法和结构设计的科学合理

检测断面测点位置除可采用传统的"等面积布点法"外，对大截面风管还可引入"切贝切夫布点法"。根据分析及工程实践，"切贝切夫布点法"在减少开孔数量的条件下使检测结果更接近介质实际性能；特别是在分析椭圆形螺旋风管结构特点基础上开发的风管检测点布置方案，为检测椭圆形螺旋风管介质性能参数提供了可借鉴的现场测试方法；因在检测节一周布置有多个测量孔，特别是对于大截面、大尺寸风管连续开设测量孔使检测节刚度降低，可在结构设计时增大检测节用料厚度，避免因刚度降低而产生的运转震动及噪声；检测节两端法兰可与相邻风管法兰匹配，安装便捷且密封可靠。

3）避免了对于通风空调系统介质的污染和风管损伤

采用预制检测节可根据板材特性选择相应的开孔工艺，确保不损伤风管板材，并且碎屑在安装前易清理干净，有效避免在洁净厂房中，风管开孔产生的金属飞屑对高效过滤器的损伤。

4）采用本技术测试工期和检测费用明显降低

检测节与风管同步深化设计、制作、安装，可直接进行测试，省略了现场选点、开孔、修补保温等工序；减少检测配合人员，有效降低调试过程中冷热源及配套设备能耗。

5）为推动文明施工、安全生产创造了条件

采用本技术规避了现场开孔过程中高空作业、机械伤害、噪声和粉尘污染以及多专业交叉施工等风险因素，有助于提高成品保护和观感质量，便于拆卸维护。

（提供单位：陕西建工安装集团有限公司；编写人员：刘宾灿、曹钰、冯璐）

1.19 空调水系统管道化学清洗、内镀膜施工技术

1.19.1 技术发展概述

随着空调技术的发展完善，相关研究发现中央空调冷却水中含有大量的军团病菌，且容易以水雾、水珠的方式通过空气传播，危害不可忽视。国内较早有依据的制冷空调循环水水质标准是 1995 年的《工业循环冷却水处理设计规范》GB 50050—95 中的要求；较早的技术仅是对供暖系统、空调系统的水质进行软化处理，以减少腐蚀、延长管道及系统的使用寿命，随着高端工程项目和化学技术的发展，借鉴国外先进技术和化学配方，物业、运营管理技术人员在关注水质处理的同时，开始将目光聚焦于管道本体，研究运营过程中管道的防腐镀膜处理，以延长空调系统管道及设备的使用寿命；同时一些业主在项目建设完成时就进行管道的内部镀膜处理，甚至对重要管道进行外部化学镀膜处理，物业运营也定期维护，实现建筑全生命周期的可持续发展理念。

1.19.2 技术内容

化学清洗是在循环水系统中投加酸、碱或有机螯合剂、分散剂等专用化学药剂，利用循环水系统的动力进行循环，在高效活化剂的作用下，使化学药剂与锈层、油污垢/水垢

或微生物黏泥等杂物发生化学反应，使水垢溶于水中成乳状物排出系统。

内镀膜是在循环水系统中投加专用的高分子镀膜剂及镀膜催化剂，高分子镀膜剂均匀分布于管道内壁活泼的金属表面，发生化学反应并在管道内壁形成一层保护膜，以提高缓蚀剂抑制腐蚀的效果，保证系统及设备的使用寿命和安全。

（1）技术特点

1）空调水系统运行前采用化学清洗、内镀膜工艺，可有效地保证空调和采暖水系统的传热效率，延长设备及管道的使用寿命。

2）利用膨胀水箱或开式冷却塔集水盘作为清洗槽，投加配比好的化学药剂，通过水泵循环运转完成系统的清洗，工艺成本低、操作简单。

（2）施工工艺

1）工艺流程：$\boxed{\text{药量计算}} \rightarrow \boxed{\text{水力冲洗}} \rightarrow \boxed{\text{黏泥剥离}} \rightarrow \boxed{\text{管道化学清洗}} \rightarrow \boxed{\text{管道内镀膜}}$

2）药量计算：计算循环水系统总水量、计算所需药剂量。

3）水力冲洗：对水系统的管道进行常规水冲洗，其目的是要清除施工过程形成的杂物和垃圾。

4）黏泥剥离：黏泥剥离是清除设备及管道内壁上常规水冲洗无法祛除的锈层、油污垢等附着物。

5）管道化学清洗：根据各系统要求的不同清洗药剂浓度将配比好的大分子螯合物清洗剂、高效活化清洗助剂投入系统的膨胀水箱或开式冷却塔的集水盘内，开启泵循环，当浊度、总铁、pH 值、清洗剂浓度稳定后，清洗结束。

6）管道内镀膜：

① 内镀膜处理是在金属管道表面形成牢固致密的保护膜。

② 将配比好的高分子化学镀膜剂和高效镀膜催化剂投入系统的清洗槽内。开启泵循环，取样检测分析，测定 pH、M 碱度、浊度、镀膜剂浓度、钙硬度、总铁、电导率等，需符合要求。

1.19.3 技术指标

（1）《采暖空调系统水质》GB/T 29044—2012；

（2）《工业设备化学清洗质量验收规范》GB/T 25146—2010。

1.19.4 适用范围

适用于工业与民用建筑工程循环水系统施工。

1.19.5 工程案例

1. 北京国家开发银行办公楼工程

（1）工程概况

本项目位于北京市西城区复兴门内 4-2 号地块，东至佟麟阁路，西至规划路，北至长安街，南至文昌胡同。本项目建筑高度 50.8m，总建筑面积约 149570m^2，主要功能为国家开发银行的总部办公大楼。

本工程的空调系统采用冰蓄冷＋低温送风变风量系统，项目要求空调水系统在正式投入运行之前，采用化学药剂清洗、化学药剂内镀膜，以达到灭菌、防腐的目的。

（2）技术应用

1）空调水系统管道化学清洗、内镀膜施工技术特点难点

本技术化学清洗后的碳钢腐蚀速率不仅达到国家标准，且低于欧美标准；内镀膜处理后的碳钢腐蚀速率达到国家标准。

本技术须在开式、闭式空调系统的循环运行过程中定期反复检测水质，调整化学药剂的浓度使水质符合国家相关标准，操作简便。

2）关键技术特点

本技术利用膨胀水箱或开式冷却塔集水盘作为清洗槽，向其投加配比好的化学药剂，通过系统水泵循环运转，使化学药剂与污物、金属表面发生化学反应，完成系统的清洗，形成内膜，隔离管壁与溶解氧，延缓锈蚀。

3）施工工艺和过程

① 施工工艺流程

水力冲洗 → 黏泥剥离 → 化学清洗 → 水置换（漂洗） → 化学镀膜 → 日常水质维护

② 水力冲洗

在空调水系统安装结束后，首先对系统的管道进行常规水清洗，以清除施工过程形成的杂物和垃圾。具体要求如下：

冲洗水应从换热设备（冷凝器、蒸发器、板式换热器、末端设备等）的旁路通过，防止设备堵塞。冲洗泄水几遍后，当泄水口处的水色和透明度与入口处的水色和透明度目测一致，过滤器无截留杂质为合格。

水冲洗结束后应拆洗管道中的相关过滤器。

③ 黏泥剥离及化学清洗

在水冲洗结束后应进行系统化学清洗，以清除设备及管道内壁上常规水冲洗无法祛除的油污、锈蚀等附着物。具体要求如下：

使用系统的膨胀水箱或开式冷却塔的集水盘作为清洗槽。

系统快速补水，参加化学清洗的所有管道及设备通水，系统正常运转，高位及相对高位排气、低位及相对低位控制排污。

化学清洗前，在清洗槽中放置锈挂片及新挂片（碳钢）。

将 ECH-964 生物杀菌剂（闭式系统）或 ECH-98 生物杀菌剂（开式系统）投入清洗槽，如图 1.19-1、图 1.19-2 所示。

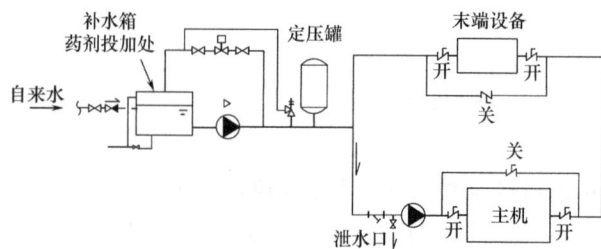

图 1.19-1　闭式空调水系统化学清洗示意图

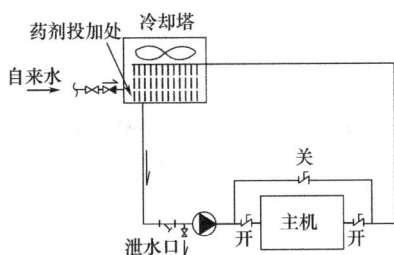

图 1.19-2 开式冷却水系统化学清洗示意图

黏泥剥离清洗时间约 24～48h，每小时由药剂厂商的专业工程师从系统泄水口处取样测定浊度，当浊度不再上升，确认除浊反应终止后开始漂洗，漂洗干净后立即转入化学清洗阶段。

化学清洗阶段，根据各系统要求的不同清洗药剂浓度将配比好的 ECH-100 大分子螯合物清洗剂、ECH-102 高效活化清洗助剂投入系统的专用补液箱或开式冷却塔的集水盘内，开泵循环 48h 以上，化学清洗阶段应重点检查末端，加强末端排污管理，并保证正常使用。

每 2h 由药剂厂商的专业工程师从系统泄水口处取样检测，分析 pH、浊度、总铁、清洗剂浓度。

水位降低时适当补水，并根据清洗剂浓度曲线追加药剂。

绘制浊度、总铁曲线。浊度、总铁由低到高，趋于稳定，清洗剂浓度稳定并不再下降后，认为达清洗终点，如图 1.19-3 所示。

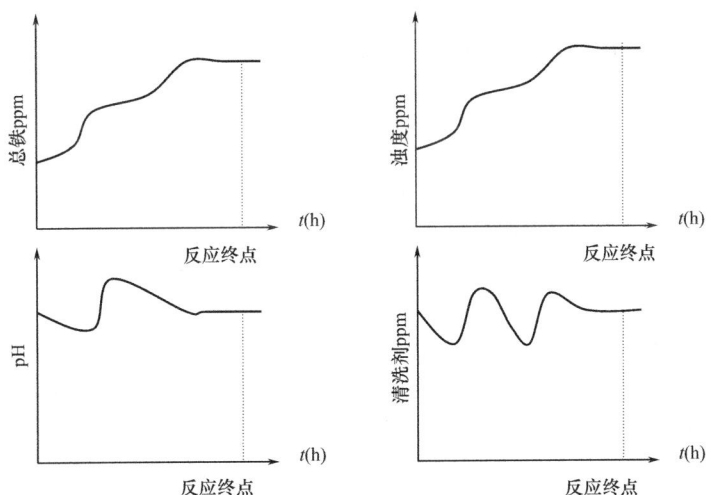

图 1.19-3 化学清洗取样检测曲线图

进行水置换漂洗系统排污水，补水、漂洗、排污、拆洗系统中可拆的各过滤网，取样检测，当水浊度≤20 度，总铁≤1.5mg/L，漂洗结束。

清洗结束取出挂片，观察挂片表面情况，锈挂片表面的附着物应彻底清除干净，显露金属本色，照相并由专业的检测机构测定挂片腐蚀速率，检测结果应符合国家标准要求。

④ 化学镀膜

在化学清洗结束后立即进行化学镀膜处理，在金属表面形成牢固致密的保护膜。具体要求如下：

全部系统管线、设备（含主机和末端设备）必须开通，参与全系统化学镀膜。

化学镀膜前在清洗槽中放置碳钢及铜、铜合金挂片。

根据各系统要求的不同镀膜药剂浓度将配比好的 ECH-200 高分子化学镀膜剂和 ECH-202 高效镀膜催化剂投入系统的清洗槽内，连续运转 48h。

每小时由药剂厂商的专业工程师从系统泄水口处取样测定药剂浓度，不足时追加药量，测定 pH、M 碱度。

调整 pH 后再运转 24h，投加 ECH-808 冷冻水复合水处理剂（缓蚀阻垢剂）或 ECH-328 冷却水复合水处理剂（缓蚀阻垢剂）。

再循环 24h，然后根据情况排水，稀释，转入系统调试阶段。

由专业的检测机构取样分析，测定 pH、M 碱度、浊度、镀膜剂浓度、钙硬度、总铁、电导率，需符合要求，如图 1.19-4 所示。

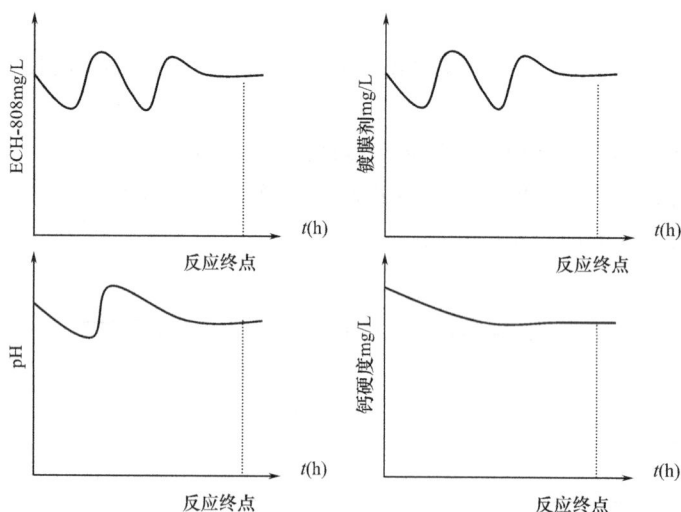

图 1.19-4　化学镀膜取样检测曲线图

⑤ 日常水质维护

系统经化学清洗、化学内镀膜结束后即转入日常运转。需根据各循环水系统的特点，分析水质指标，选用最佳的水处理药剂，将配比好的药剂加入系统中化学水处理设备的加药桶内，根据水处理设备的在线控制系统监测系统水质状况，自动控制开启加药泵和电动排污阀，向系统投加药剂或排污，保证循环水系统正常运行。

化学水处理设备通常安装在循环水系统的总供水管和总回水管之间，如图 1.19-5 所示。

（3）实施总结

本工程采用大分子螯合物 γ-强振动化学清洗技术对空调冷冻水系统及空调冷却水系统进行清洗，并采用高分子镀膜剂及镀膜催化剂，对水处理系统管道及设备化学清洗之后迅

说明

☐ 厂家提供的设备

—— 主管道

—— 设备与系统连接的旁路管道
材质：不锈钢/碳钢衬塑

—— 厂家提供的连接泵、仪
表变送器的安装管道

---- 信号电缆

电源：AC 220V 0.5kW

序号	名称规格	数量
1	加药装置控制箱	1
2	双信号电导率在线监测控制器	1
3	pH值在线监测控制器	1
4	低液位报警装置	3
5	计量自动加药泵(含止回阀)	3
6	加药桶	3
7	排污电动阀	1

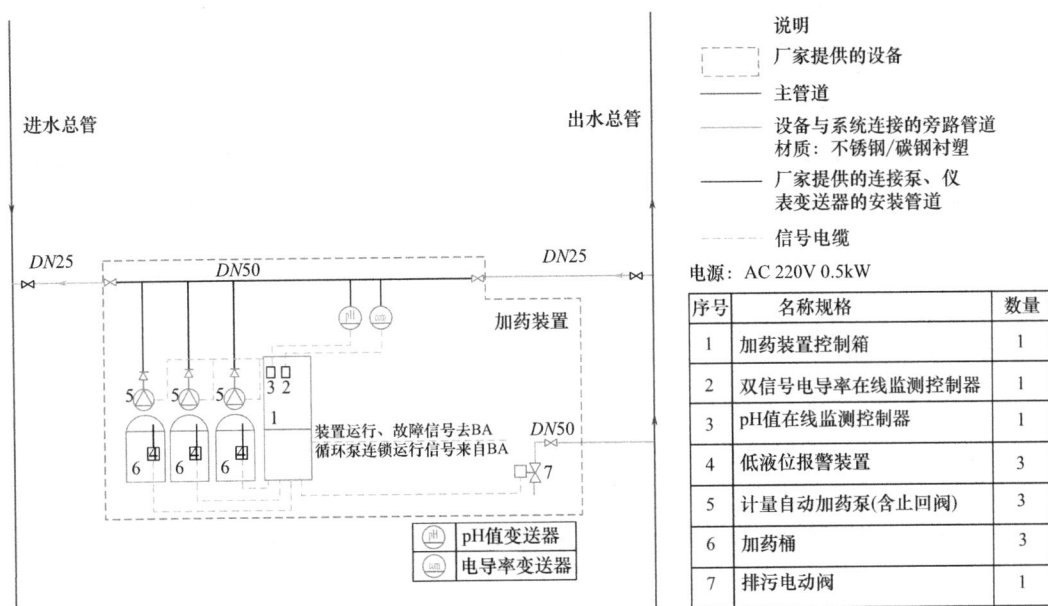

图 1.19-5　化学水处理设备安装示意图

即进行镀膜处理，有效地保证了系统及设备的使用寿命和安全。系统转入正常运行后利用全自动智能控制在线加药保障了系统进行日常水质维护，保障系统安全、平稳运行。

2. 北京央视新台址工程

（1）工程概况

中央电视台主楼的建筑面积为 $472998m^2$，建筑高度为 $234m$，地上 51 层，地下 4 层。主要由地下室、裙房、塔楼一、塔楼二和悬臂组成，是集行政管理、综合业务、新闻制播、员工服务等功能于一身的综合性大楼。

（2）技术应用

1）空调水系统管道化学外镀膜施工技术特点难点

本工程为 $DN2000$ 的大规格圆弧焊管冷却水管道进行化学外镀膜，填补了国内建筑工程中此项施工实例的空白。

2）关键技术特点

外镀膜介质采用 ECH-200 高分子化学镀膜剂。ECH-200 镀膜剂是由多种无机、有机化学药品按一定比例和工序进行复合反应而成；其中酸性氧化剂、缓蚀剂、渗透剂、剥离剂、络合剂、表面活性剂及含 H、C、P 和 N 基的特殊杂环化合物相互作用，渗入金属和氧化铁垢的界面，氢离子、氧化性离子及阴离子等快速进行化学反应，并在裸露的金属表面不断形成致密完整的钝化膜，使除锈钝化一步完成。

3）施工工艺和过程

① 施工工艺流程

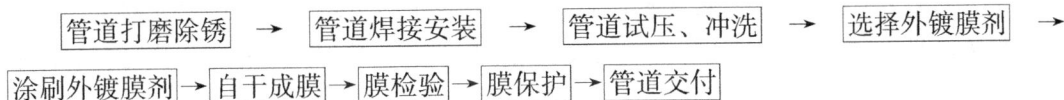

管道打磨除锈 → 管道焊接安装 → 管道试压、冲洗 → 选择外镀膜剂 →

涂刷外镀膜剂 → 自干成膜 → 膜检验 → 膜保护 → 管道交付

②管道打磨除锈

化学外镀膜工艺对管道表面的清洁度要求较高，确保镀膜剂能与管道外表面的钢铁直接接触，才能保证镀膜的质量。

a. 当管道属于轻锈时，采用钢丝刷反复擦刷，将浮锈清除干净。

b. 当管道属于中锈或重锈时，采用打磨机对重锈蚀件外表面进行往返擦刷，使外表面的浮锈脱落。为节省药剂及降低后续施工难度，同时缩短施工时间，应将锈渍清理干净，露出金属本色。

③涂刷镀膜剂

a. 用喷雾器盛 ECH-200 镀膜剂，并将其喷涂在打尽铁锈的管道上，同时用滚筒涂刷均匀。

b. 用滚筒蘸 ECH-200 镀膜剂，在喷涂过药剂的管道自下而上往返擦刷，使锈坑内深锈彻底浸透逆转，直至管道上不再呈现红色铁锈（注意：在操作中，应控制药剂的用量，尽量避免药剂顺管道滴下）。

c. 用滚筒蘸 ECH-200 镀膜剂刷涂管道表面，使药剂均匀涂布在管道壁上，以便下一步自干成膜，膜层均匀致密。

④自干成膜

a. 自干成膜的环境要求：必须具备良好的通风条件，四周空气流动。必要时可采用强制干燥手段（用鼓风吹拂或加温吹拂）。

b. 自干成膜时间 2～24h。遇较潮或寒冷天气可适当延长时间或采取相应措施，以保证后续处理前应彻底干燥。

⑤膜检验

a. 合格膜层。

膜层因钢铁构件本身材质的差异，或成形后应力分布不均，或自干成膜过程中因溶液流布的影响，或因锈的严重程度及其分布不均，致使色调分布呈现出深浅差异或呈灰黑相间状态，为正常合格膜层。

膜层因溶液反应过剩而在工作面上呈滞积状存在，或因锈层过厚反应生成膜层堆积现象，甚至表面有松散脱落层。这种滞积物和松散层凝结在牢固的合格基膜上，可用百洁布擦去或砂纸轻轻打去，为正常合格膜层。

b. 允许缺陷膜层。

因露、雾或材质含锌、铝、硅等因素而产生的发白、发灰带粉膜层，而基底膜层牢固无黄锈，不影响涂装防护质量，为允许缺陷膜层。

⑥膜保护

为保护镀膜效果，延长管道使用寿命，在完成镀膜的基础上再涂刷一层保护层。膜保护作为化学外镀膜的后续处理工艺，有十分重要的意义，镀膜完成后考虑到外观与膜所不能承受的自然物理条件（如酸雨），都要采用膜保护。一般采用的膜保护方法有树脂膜护法、塑法、油封法等。

中央电视台新台址建设工程 A 标段服务楼空调冷却水循环水系统管道膜保护方法为树脂膜护法，即在膜上再涂刷 ECH-200 镀膜助剂（中灰色）的保护膜，使其管道寿命在原有的基础上提高几倍（即大于 50 年）。

（3）实施总结

本工程对冷却水系统管道进行镀膜处理，有效地保证了系统及设备的使用寿命和安全。

（提供单位：中建一局集团建设发展有限公司；编写人员：袁都、李春丽、亓强）

1.20　复合橡塑保温材料水管保温技术

1.20.1　技术发展概述

目前国内空调管道保温大量采用橡塑保温材料加外保护层（铁皮、铝皮、彩钢板）的施工工艺，彩色复合橡塑保温材料是一种采用 A 级不燃，同时具备多种性能优良的外绝热材料层，通过柔性融合技术与橡塑绝热材料复合，实现防火性能高、综合性能全面优异，可应用于全领域工况的高防火橡塑复合绝热材料，一般厚度 1～3cm。

相比玻璃棉、岩棉及各类型橡塑复合材料，彩色复合橡塑保温材料能满足使用单位对管道系统节能性能、安装便捷、外表防撞击、颜色识别、美观性能等提出的更高更全面的要求，是一款防火、保温、安装性能均衡的产品。

1.20.2　技术内容

由于彩色复合橡塑保温材料不具备拉伸性能，制作弯头和阀部件部位时，常规的施工工艺无法满足施工要求，需按照金属板材的下料及安装方式进行安装，且连接部位需要用对应颜色的专用纤维织物胶带对接缝进行处理，要求拼接整齐美观，工艺难度大。

（1）技术特点

1）彩色复合橡塑保温材料具有保温性能好、安装便捷、外表防撞击、颜色识别、美观性好等优点。

2）弯头和阀部件部位采用金属板材的下料及安装方式，解决材料因不具备拉伸性能，无法进行整板安装的问题。

（2）施工工艺

1）工艺流程

预制下料 → 保温层接缝刷胶 → 保温材料包裹 → 保温胶带粘贴 → 外观及平整度检验

2）预制下料

① 直管段下料：当管径小于 150mm 时，各部件保温时材料采用切斜口方式以缓解材料弯折的张力。

② 管材弯头下料：采用管材制作 45°弯头，接缝部位需切斜角；板材弯头下料：先按实际尺寸画出弯头侧面投影，再按线把每一个封闭线框图形分割成独立的图形。弯头下料须知道弯曲半径、厚度、节数。见图 1.20-1。

③ 管材三通安装：小管径的管道三通位置安装保温时，下料方法可分为斜角结合法和圆角结合法，见图 1.20-2、图 1.20-3；板材三通：根据三通主管管径和支管管径，按传统安装方式下料，见图 1.20-4；三通支管部分接口处做斜角处理，在斜角接口处涂上胶水

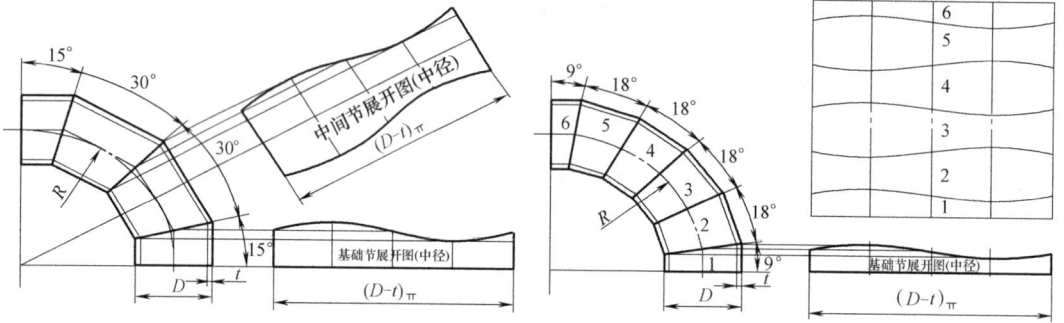

图 1.20-1　弯头下料方法示意图

紧贴在主管侧面，粘接时注意接口对齐，避免管道外漏。

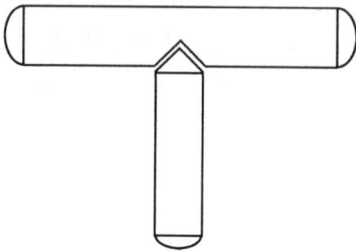

图 1.20-2　斜角结合法

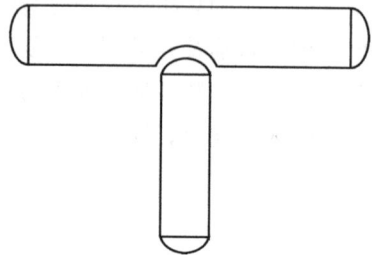

图 1.20-3　圆角结合法

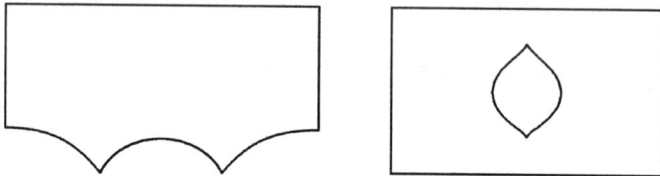

图 1.20-4　三通下料方法

④ 阀门（过滤器）下料：过滤器保温安装方式与三通安装基本相同，下料方式见图 1.20-5。

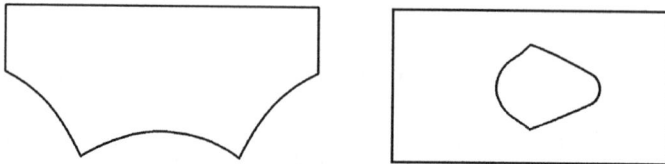

图 1.20-5　过滤器下料方法

⑤ 设备封头下料：选取一张整板，根据封头的外圈半径下料取一张圆板，确定封头收口的内圆直径划线，根据圆板的外直径，将整圆板进行均分划线，根据划好的线进行裁剪和制作，见图 1.20-6。

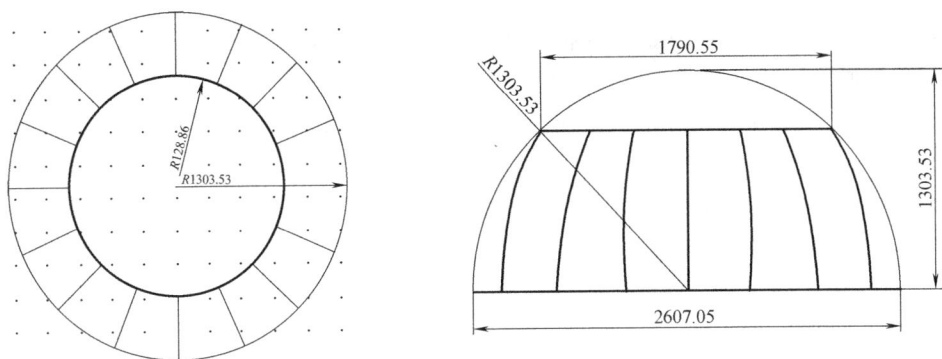

图 1.20-6　封头下料方法

3）保温层接缝刷胶

接缝刷胶要确保材料表面清理干净，环境干燥，充分掌握胶水的性能及使用说明书。

4）保温材料包裹

板材安装时，注意成排管道接缝位置的综合排布，让相邻板材接缝部位在一条线上；板材自身的接缝部位留在管道上方或者不容易发现的部位；板材接缝部位应顺直，胶水晾干后将接缝按压到位，避免接缝凹凸不齐，预防后期开裂，也为接下来胶带的粘贴提供良好条件。

5）保温胶带粘贴

因胶带不具备拉伸性，下料长度要精确，粘贴时要贴近外边面，不得出现褶皱。

6）外观及平整度检验

施工完毕必须保证外观及平整度，对有凹陷及凸起的部位及时处理，确保施工质量。

1.20.3　技术指标

（1）《建筑给水排水及采暖工程施工质量验收规范》GB 50242—2002；

（2）《通风与空调工程施工质量验收规范》GB 50243—2016；

（3）《给水排水管道工程施工及验收规范》GB 50268—2008；

（4）《设备及管道绝热技术通则》GB/T 4272—2008。

1.20.4　适用范围

适用于工业与民用建筑工程管道、设备保温施工。

1.20.5　工程案例

1. 中国移动（山东济南）数据中心一期工程

（1）工程概况

中国移动（山东济南）数据中心（IDC）项目位于高新区孙村片区科远路和春晖路交叉口的东北角，项目总投资 36 亿元，规划建设规模 12.578 万 m^2，是山东省最大的数据业务中心。本项目冷源采用 10kV 高压离心式冷水机组＋板式换热器＋开式冷却塔的冷源系统，空调冷冻水供、回水管道及阀门，冷却水供、回水管道，冷却塔补水管、蓄冷管均做保温，保温材料采用彩色复合橡塑隔热材料，导热系数≤0.033W/m·K（10℃），真空吸水率≤5％，湿阻因子≥30000，保温层厚度：管径＜DN50的为28mm，DN50≤管径＜DN200时厚度为32mm；当管径≥DN200，保温厚度为40mm，空调系统分集水器保温厚度为40mm。室外架空敷设和在管沟内设置的管道保温厚度均为60mm。

（2）技术应用

1）彩色复合橡塑保温材料施工的特点难点

彩色复合橡塑保温材料本身不具备拉伸性能，常规施工方法处理的弯头、三通及设备保温外观差、效率低，无法满足规范及施工要求。

2）施工机具和计量器具的准备

主要的施工机具见表1.20-1。

主要施工机具表 表1.20-1

序号	工具名称	规格型号	单位	数量
1	壁纸刀	9cm	把	10
2	剪刀	HBS-154	个	5
3	钢板尺	1.5m	把	3
4	圆规	腿长15cm	副	5
5	毛刷	1″～2″	把	10

3）运输和储存

彩色复合橡塑隔热材料分为板材和卷材，板材运输过程注意不要折叠，特别是存储时都要平铺存放，否则外表面会有褶皱。如果长时间存放且室内温度较高时，板材之间需用塑料布间隔。卷材需展开存放，否则会发生粘连，造成材料浪费。

4）预制下料

① 直管段下料

根据管道外径和材料厚度，利用钢板尺进行测量，下料裁切（管道外径较小时，采用45°斜角切割）。

② 管材弯头下料

采用管材制作45°弯头，接缝部位也需要切斜角，以保证弯头粘接成90°直角时不会漏出里面的黑橡塑；将制作的弯头粘接成90°直角，安装在弯头部位。

③ 板材弯头下料

a. 先按实际尺寸画出弯头侧面投影，包括接缝线。

b. 按线把每一个封闭线框图形分割成独立的图形。

c. 取一个图样，画在另一张纸上，沿图样高度画两条上下平行的横线，并与中心线垂直，长度正好是图样直径的圆周长。

d. 将图样垂直方向作等分，并做好标记，然后将这些等分线垂直地画到刚才画的展开的长方形内，注意展开图上的点一定要对应投影图样上的点。

e. 将图样上斜线沿水平方向作等分，平行地拉到展开的图样上，并对应相应的点。把展开样上得到的交点圆滑连接，就是展开的曲线。等分作的越密，曲线越准。

f. 弯头下料必须知道弯曲半径、厚度、节数。

④ 管材三通

小管径的管道三通位置安装保温时，下料方法可分为斜角结合法和圆角结合法。

⑤ 板材三通

a. 根据三通主管管径和支管管径，按传统安装方式下料。

b. 三通支管部分接口处都做斜角处理，在斜角接口处涂上胶水紧贴在主管侧面，粘接时注意接口对齐，避免内侧黑橡塑外漏。

⑥ 阀门（过滤器）下料

过滤器保温安装方式与三通基本相同。

⑦ 设备封头下料

a. 选取一张整板，根据封头的外圈半径下料取一张圆板。

b. 确定封头收口的内圆直径划线，根据圆板的外直径，将整圆板进行均分划线，根据划好的线进行裁剪，制作"瓜皮"。下料实施见图 1.20-7。

图 1.20-7　封头下料实施过程

5）保温层接缝刷胶

① 被粘表面要清洁干净无油渍、水渍、污渍、锈渍，并且表面干燥无水分。

② 涂胶要厚薄均匀，使用软质毛刷涂胶。

③ 使用胶水之前摇动容器，使胶水均匀，在实际安装中，用小罐胶水以防止其挥发得太快，如有必要，可将大罐的倒入小罐中使用，不用时将罐口密封。

④ 不用涂胶水时，刷子不要浸泡在胶水中。

⑤ 涂胶时要尽量朝一个方向涂，不要来回涂刷。

⑥ 在需要粘接的材料表面涂刷胶水时应该保证薄而均匀，待胶水干化到以手触摸不粘手为最好粘接效果。胶水自然干化时间按胶水说明书，时间的长短取决于施工环境的温

度和相对湿度。

⑦ 粘接时，要掌握粘接时机，两粘贴面对准一按即可。

⑧ 如胶水已干透，要重新上胶再粘接。如果干胶超过两次，必须把老胶水清除，再可上胶粘接。

6）保温材料包裹

① 直管段保温材料包裹

a. 管材安装：将管材套在管道上，调整管材接缝到适合安装的方向。

b. 板材安装时，注意成排管道接缝位置的综合排布，让相邻板材接缝部位在一条线上。

c. 板材自身的接缝部位留在管道上方或者不容易发现的部位。

d. 板材接缝部位应顺直，胶水晾干后将接缝按压到位，避免接缝凹凸不齐，预防后期开裂，也为接下来胶带的粘贴提供良好条件。

② 弯头保温材料包裹

a. 弯头保温下料完成后，将逐个安装到弯头部位，鱼片首尾涂刷适量的胶水进行单体固定。

b. 待所有的"鱼片"安装完成后，统一调整角度和距离，调整到位后在每个相邻"鱼片"接缝处用胶水粘接完成整体的固定。实施过程见图1.20-8。

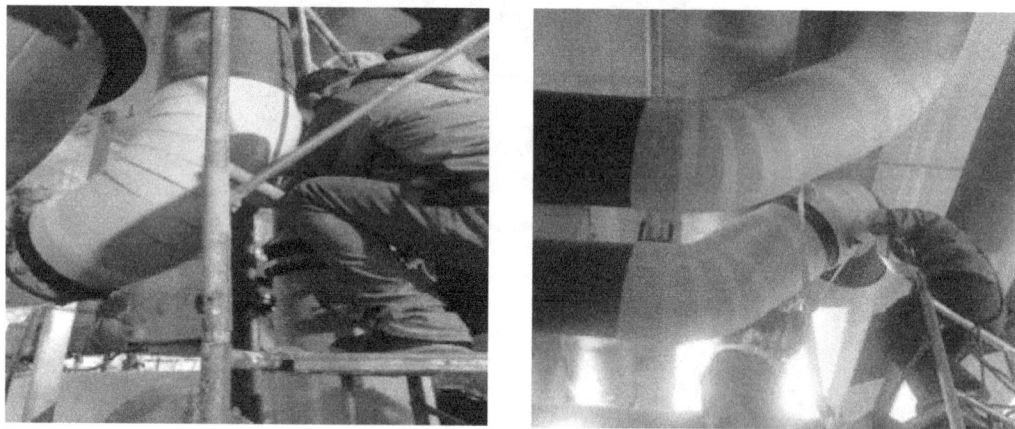

图1.20-8 弯头保温材料包裹实施过程

③ 三通保温材料包裹

三通支管部分接口处都做斜角处理，在斜角接口处涂上胶水紧贴在主管侧面，粘接时注意接口对齐，避免内侧黑橡塑外漏。

④ 阀门（过滤器）保温材料包裹

a. 设备、管道上的阀门、法兰及其他可拆卸部件保温两侧应留出螺栓长度，如25mm的空隙。

b. 阀门（过滤器）、法兰部位则应单独进行保温。

c. 阀门侧面保温施工时，量取水管半径，并以水管半径为半径，装上材料后的法兰半径为外径在合适的板材上切取一圆环；在圆环上切开一条缝，以便安装；在法兰外侧及圆环内侧涂上胶水；将圆环套在法兰外侧；圆环与阀门主体接缝部位用胶带覆盖。

d. 过滤器端盖位置的保温做可拆卸处理，便于过滤器检修及清洗。

⑤ 设备封头保温材料包裹

a. 设备封头的"瓜皮"安装时，避免安装过程中偏差造成间隙过大或过小，先将"瓜皮"对角安装，然后再辐射安装。

b. "瓜皮"安装过程中先固定一端，待所有"瓜皮"拼接到位并将整体间距角度合适后再将另一端固定，两端固定后，将相邻"瓜皮"接缝刷胶固定。

c. 安装过程中，注意"瓜皮"间距控制，做到间隙大小适度，避免出现间隙过大造成后期胶带粘贴后的凹痕，同时也避免间隙过小造成后期胶带粘贴后的凸起。实施过程见图 1.20-9。

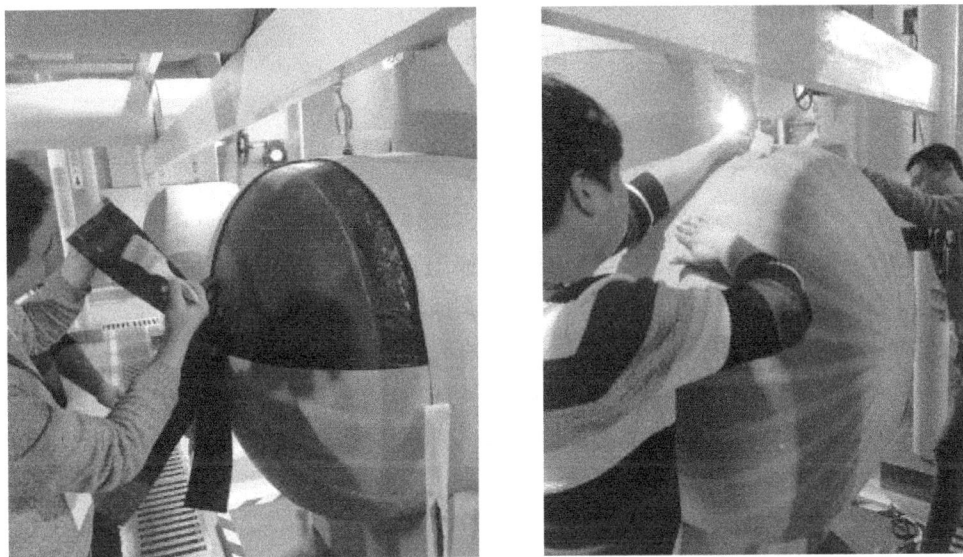

图 1.20-9 设备封头保温材料包裹实施过程

⑥ 保温胶带粘贴操作要点

a. 保证接缝部位的清洁，无油渍、水渍、污渍、锈渍，并且表面干燥无水分。

b. 不同部位适当裁切胶带的宽度，可达到更好的粘接效果。

c. 粘接时，一边撕掉离型纸，一边粘接。

d. 整体粘接完后，应检查一遍，防止有些部位未粘连好。

e. 接缝部分尽量留在隐蔽处，以免影响美观。

f. 由于彩色复合橡塑保温材料配套的专用胶带材质与保温体面材质一样，不具备拉伸性，为避免浪费，要求下料精确。

g. 纤维织物贴面表面比较光滑，与胶带的粘结性不是很好，胶带使用时，会出现用力过小时，胶带容易脱落；胶带粘结用力过大时，会在贴面表面形成明显的褶皱，所以胶带粘贴的力度也是观感控制的关键点。

h. 由于胶带材质偏硬，如果保温接缝部位空隙偏大，就会出现很明显的凹痕，严重影响观感，所以对板材拼接部位的严密程度要求很高。

⑦ 外观及平整度检验操作要点

管道及附属设备的保温应符合下列要求：

a. 保温材料的各层间应粘结紧密，散材无外露，拼缝填嵌饱满。

b. 接缝部位保温胶带粘贴顺直，搭接均匀。

c. 保温材料表面无施工过程中产生的凹痕或凸起，表面平顺。

d. 保温面层无残留胶水或其他污物。

（3）实施总结

彩色复合橡塑保温材料施工方法特别是设备及管件的施工方法较传统方法节约了材料及施工时间，且外观成形良好，便于维护。

（提供单位：中建安装集团有限公司；编写人员：王玉波、刘长沙）

1.21 超高层建筑预制立管装配化施工技术

1.21.1 技术发展概述

提高施工效率、减少垂直运输压力，是超高层建筑施工管理的重点和关键。超高层建筑常位于城市中央各繁华地段，现场材料设备加工制作场地狭窄，故超高层建筑预制装配式技术的应用与开发成为机电行业的关注焦点。

就建筑内水系统管井立管的安装，一直以来，国内通常采用逐根逐段现场加工连接的做法，对超高层建筑管井内少则 6～8 根，多则 20 余根立管的安装，采用传统施工技术，垂直运输压力以及安装效率和质量均严重堪忧。日本等发达国家开发出超高层建筑预制立管装配化施工技术，我国也陆续开始探索并应用。

1.21.2 技术内容

超高层建筑预制立管装配化施工技术突破传统的工程立管逐节逐根逐层安装的施工方法，将一个管井内拟组合安装的管道作为一个单元，以一个或几个楼层分为一个单元模块，模块内所有管道及管道支架预先在工厂制作并装配，运输到施工现场进行整体安装。该技术可提高立管的施工速度，降低施工难度，提高施工质量，缩短垂直运输设备的占用时间。

（1）技术特点

1）立管模块工厂化加工，质量高、精度高、效率高。

2）立管模块现场焊接工作量少、节省人工、机具使用率高、施工安全。

3）立管模块现场安装精度高。

4）立管模块自带框架支架，一体化程度高，施工便捷。

（2）施工工艺

1）工艺流程： 现场测量设计模块 → 工厂加工模块 → 现场安装模块

2）管井立管模块构造设计与构件计算

① 管井立管模块构造应进行管道和管架的模块构造设计以及组合立管的热补偿设计，

其构造设计应满足后续施工作业和检修、防火封堵、结构施工的协调性等施工规范及设计要求。

② 管井立管模块的构件计算主要包括管道支架上所有荷载组合的计算，组合立管的管道支架强度及变形计算和组合立管对结构的受力计算。管井立管模块应进行吊装强度和变形验算。

3）零部件加工图绘制：利用专业制图软件详细绘制各组件的零部件加工制作图。

4）现场测量及下料制作：进行现场测量，并根据加工图纸对管架和管道进行下料及预制加工，将管架和管道装配为预制模块组合立管。

5）转立吊装试验：预制组合立管单元节应进行吊装试验检验，无变形为合格。

6）预制立管吊装：管组单元整体运输到施工现场，通过塔吊及卸料平台吊运至管井位置，再利用行车吊或塔吊等完成模块化管组的垂直吊装。

1.21.3　技术指标

（1）《预制组合立管技术规范》GB 50682—2011；

（2）《建筑给水排水及采暖工程施工质量验收规范》GB 50242—2002；

（3）《通风与空调工程施工质量验收规范》GB 50243—2016；

（4）《工业金属管道工程施工规范》GB 50235—2010；

（5）《现场设备、工业管道焊接工程施工规范》GB 50236—2011；

（6）《钢结构设计标准》GB 50017—2017。

1.21.4　适用范围

适用于工业与民用建筑工程，尤其适用于超高层建筑竖井中的立管施工。

1.21.5　工程案例

1. 中国尊工程

（1）工程概况

中国尊位于北京市朝阳区 CBD 核心区 Z15 地块，建筑高度 528m，总建筑面积 43.7 万 m^2，其中地下 7 层，8.7 万 m^2；地上 108 层，35 万 m^2；是集办公、会议多功能于一体的综合性建筑，是北京市最高的地标性建筑。

中国尊从 6 层至 102 层的空调系统主立管及消火栓系统的主立管都采用预制立管装配化施工。每 9m 长为一组预制立管装配化管组，全楼共计 222 组，总组数为国内之最，并且是国内首例可以配合钢结构整体顶升的预制立管装配化施工体系。

（2）技术应用

1）超高层建筑预制立管装配化施工技术特点难点

配合使用智能顶升钢平台体系下的管道随结构同步安装，使用智能顶升钢平台下的钢结构行车吊进行垂直吊装。

施工人员在已经浇筑完成的结构楼板上集中进行立管模块化管组安装，确保立管安装垂直度和施工人员的安全性；可以在某一指定设备层集中吊装。

多种管道系统、多种管道规格在空间狭窄的管井中快速施工。

管井立管模块化施工技术的主要难点在前期对施工作业面的条件测量准确，以及对管井内立管及其管架的模块化设计计算，形成加工图并进行加工制作。

2）关键技术特点

管井立管模块化的深化设计、工厂集成化加工和集中吊装施工。

制作安装精度高：加工管道长度误差控制在±5mm（9m之内）以内，管道中性线定位尺寸偏差在±3mm内，管道全长平直度（铅垂度）偏差在±5mm内。

3）施工工艺和安装过程

① 施工工艺流程（图1.21-1）

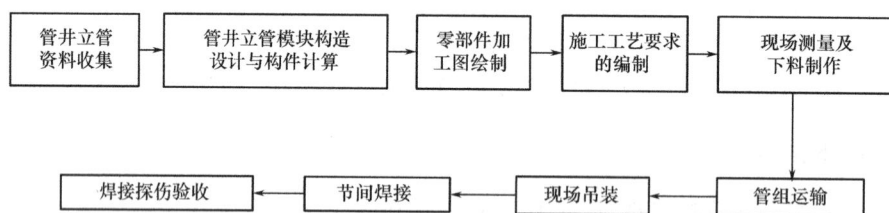

图 1.21-1 施工工艺流程图

② 管井内管道的综合排布

管井综合图的排布应综合考虑管线进出管井情况、管道支架的形式、后期检修空间、管道附件的更换以及整个立管模块框架整体结构的稳定性等情况。

③ 管井立管模块构造设计与计算

结合收集与整理管井立管相关资料，并依据现行国家标准《预制组合立管技术规范》GB 50682的相关设计条款进行管井的初期排布。初步确定管井内管道的位置排布后，需对模块管组在空载及系统运行等多种工况下进行受力复核计算，并结合建筑设计给予的结构楼板受力上下限最终确定管组的最优化排布。

构造设计与构件计算主要是模块管组上所有荷载组合的计算、立管模块的管道支架强度及变形计算、组合立管对结构的受力计算等。

a. 立管模块的荷载组合计算

立管模块各层管架的受力计算要求：各单元节最上层支架承受本单元节立管的全部荷载；其他层支架承受其与下部相连支架间的配管重量。

立管模块固定支架的受力计算：立管模块固定支架计算荷载需根据固定支架及补偿器的设置楼层位置情况进行计算。

b. 立管模块的管道支架强度及变形计算

对管道满水运行时、满水不运行时及空载时立管模块管道支架的强度及变形校核计算。

④ 工厂零部件加工图的绘制

利用AutoCAD、REVIT等建筑制图软件，结合现场结构情况详细绘制各组件的立管模块深化图，并且将管井三维综合图直接导出CAM图纸，将CAM图纸导入数字机床进行零件与构件的加工制作。见图1.21-2。

⑤ 加工厂的加工制作工艺

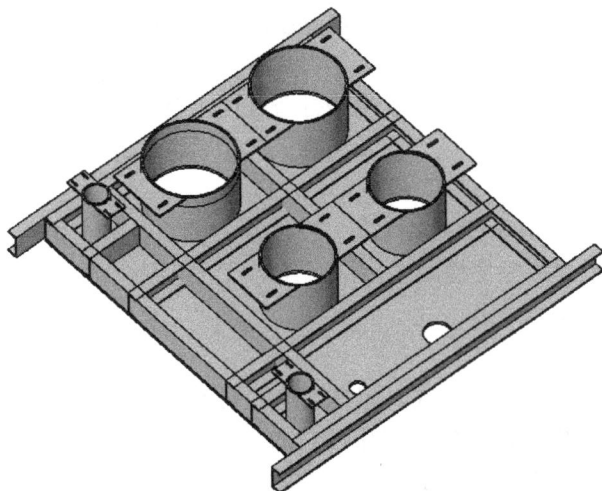

图 1.21-2　立管模块管架加工图

a. 型钢骨架加工

根据管架加工图，对型钢进行切割，焊接组装成型钢骨架。型钢边长允许偏差不得超过±2mm，平面度允许偏差不得超过±2mm，对角线允许偏差不得超过±3mm。

b. 模块管架承重板加工

将管架底板加工图输入数控等离子切割机，自动对钢板进行切割和开孔，底板开孔与套管间隙偏差不得超过 2mm。底板边长、对角线之差允许偏差不得超过 3mm，切割完成后根据钢板的尺寸对型钢管架进行校核。

c. 立管模块管架焊接

对检查合格的管架底板及型钢骨架进行焊接，管架内部为保证材料不变形采用断续焊焊接，管架底面采用满焊焊接，这样既保证了管架的强度同时也可保证后续浇筑混凝土楼板后整体的严密性。对加工完成后的套管与管架底板进行焊接，套管与底板内部焊接采用断续焊接。套管与管架焊接完成后进行加强肋焊接，采用断续焊焊接。加强肋焊接完成后，在套管端面焊接固定管道的抱卡底板。底板背面采用断续焊固定，正面满焊处理。

d. 立管模块管组组装

将管道高度调整至管道与管架套管切面标高，利用天车将已做好除锈、刷漆工序的管道移动至组装工位，放置于管道安装车上。根据立管模块单元节图纸将管道穿入套管，待管道就位后，在管道与套管缝隙处填塞木方，以起到临时固定管道作用。再安装对应管道的抱卡，首先安装管道下方的抱卡，安装紧固后撤出管道安装车及木方，将上方抱卡安装完成。安装完毕后对立管模块管组进行校核。

⑥ 现场吊装

a. 现场吊运

采用土建塔吊直接将立管模块管组运输至楼层的卸料平台上方，通过自制管组转运车及卷扬机等设备将一整段立管模块管组转运至核心筒内的指定吊装点，再通过核心筒内行车吊及手拉葫芦等工具将立管模块管组转立至筒内管井相应楼层后，各楼层施工人员对管组进行固定、垂直拼接，完成整个立管模块管组的吊装过程。

b. 模块节间焊接

两组管井立管模块吊装固定后，管端经打磨处理，对接处采用 V 字形坡口连接，采用氩弧焊打底电弧焊盖面工艺，焊缝表面无夹渣、气孔、裂纹等缺陷为合格。

⑦ 焊接探伤验收

管道焊接完成后，按照现行国家标准《现场设备、工业管道焊接工程施工规范》GB 50236 的相关规定进行焊接探伤检测，待检测合格后，组织业主、监理及总包单位进行管井立管模块安装的质量验收工作。

（3）实施总结

相比于传统机电管井的安装方式，超高层建筑采用预制立管装配化施工技术，减少现场焊接、安装及运输工作量，实施工厂化预制加工，提高了工作效率，减少劳动力消耗，加快工程进度，缩短了建筑对管井支模的施工时间，并且可随结构施工周期同步安装，使机电管井施工时间前移，真正实现施工的安全、经济、省时、省力。中国尊竖井立管模块化完成的空调水系统、消防水系统管道共计 19700m，实际使用 802 工日，如采用传统的管井施工方式需 1146 工日，采用预制立管装配化施工技术节约 30％工日。

2. 上海环球金融中心工程

（1）工程概况

上海环球金融中心占地面积 14400m²，楼高 492m，总建筑面积 381600m²，地上 101 层、地下 3 层，裙房为地上 4 层，高度约为 15.8m。本工程 B3～F78 层核心筒内 4 个管道井内的立管采用预制组合立管技术进行施工。

（2）技术应用

1）超高层建筑预制立管装配化施工技术特点难点

把每个管井视为一个单元，每 2～3 层为一节，绘制详细加工图。每根立管按图纸位置固定在管架上，从而使管道与管架之间、管架与管架之间、管道与管道之间形成一个相对稳定的整体（节）。当钢结构施工到相应楼层时，利用塔吊把每节预制组合立管吊装到管井中，最后准确就位，这样相当于施工了一个管井 2～3 层的所有立管。

超高层预制立管装配化施工技术的难点在于预制组合立管模块的设计、计算，吊装时与结构施工的协调配合，以及立管安装垂直度的精度控制。

2）关键技术特点

① 组合化施工：预制组合立管将管井内立管按每 2～3 层分节，连同管道支架预先在工厂内制作成一个个单元管段，运至施工现场整体安装；

② 现场施工简便：该工艺适用于管道集中布置的管井，现场施工作业时间缩短，并减少现场作业人员数量；

③ 质量可靠：因为管道及配件的焊接、支架的安装等均在工厂内完成，现场接口少，工程质量得到较大保障；

④ 安全：常规管井立管施工采用卷扬机单根安装、焊接，比较危险，本工艺在结构施工的同时进行整体安装，有效地降低了危险性；

⑤ 制作精度高：工厂化的加工要求管道长度误差控制在±5mm（6m 以上）以内，切

断面误差为±（0.8～2.5）mm（DN80～DN600）以内，管道支架误差±3mm以内；

⑥ 管架选型要求高：在安装以及运行中，管架承担了所有管道的荷载，因此管架选型必须确保安全，但是过高的安全系数既增加楼层结构荷载，又给安装带来不便，而且增加了工程造价。

3）施工工艺和过程

① 施工工艺流程

施工准备 → 设计图绘图 → 制作图绘图 → 材料订购 → 进货检查 → 管架加工 → 组装加工 → 预制组合立管组装 → 成品保护 → 装车出货 → 现场搬入 → 现场安装。

② 预制组合立管的预制加工

a. 管道加工

管道切割采用气割（大口径碳钢管）、等离子切割（不锈钢管）以及砂轮切割机（小口径碳钢管）；管道长度误差控制在±5mm（6m以上）以内，切断面误差为±（0.8～2.5）mm（DN80～DN600）；切断后的管道，为防止以后施工误用需标上记号。

焊接管道坡口采用坡口机加工，坡口内外面焊缝左右50mm宽用金属丝刷和砂纸除掉锈、油、水分和涂料，根据标准进行焊接。

沟槽连接管道进行滚槽时进刀不能过快，要根据管道压力选择沟槽配件。

b. 管架加工

管架型钢规格严格按照加工图纸，先制作管架模具，然后加工管架，管道支架尺寸误差±3mm以内，固定部件、吊装配件采用手工焊接，必须充分焊透，可动部件和管架在拼装好的状态下，在两处分别用不同的颜色喷涂对接记号。

c. 组装加工

安装尺寸允许误差为±5mm，每节最上层在临时U形抱箍上＋50mm处装2个防滑块，中间层及最下层在临时U形抱箍往下－50mm处装2个防滑块，防止管架滑动，单元号和节号在最上层楼板的上面及下面楼板的下面以白色油漆大字表示。

d. 单元保护

从各管架下端开始1.8m的部分用塑料袋从下往上呈绑腿状包扎，不保温的管道应全部保护。对每一单元主管上端、下端的开口部分进行保护。套管上面及紧固件用塑料编织袋来保护，编织袋和胶带不能埋在混凝土中。

e. 运输要点

确认保护状况完好，按事前确定的吊装顺序进行装载。

③ 预制组合立管的现场吊装就位

a. 用塔吊和辅助吊车从汽车上同时吊起预制立管组。

b. 在刚开始起吊时，在塔式超重机侧的主吊钢丝绳和立管组之间设置专用的悬臂吊装工具（图1.21-3），预制立管组侧的钢丝绳用吊钩安装在吊具的吊装块上。

先慢慢地水平起吊，利用塔吊副钩或汽车式起重机进行辅助吊装；待立管组上升一定高度后，再慢慢将其起（图1.21-4），等预制立管组垂直并停止摆动时，松下辅助钢丝绳。

c. 预制立管组的管架距离相应结构楼层约1m时，施工人员将管架框架上的可动支架设置水平并紧固连接螺栓（图1.21-5），以便组合立管组能支撑在钢结构上（图1.21-6）。

图 1.21-3　预制组合立管起吊

图 1.21-4　预制组合立管吊运

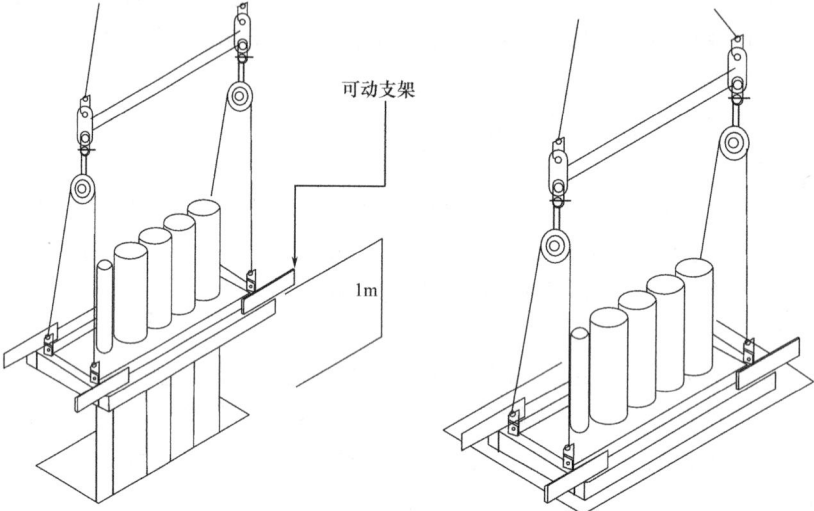

图 1.21-5　可动支架安装示意图

图 1.21-6　预制组合立管组就位在钢结构

d. 将预制立管组下降至钢结构上划好的固定点处，确认最上层管架已经稳定地落到结构平面后，松钩进行下一预制立管单元的吊装。

e. 在立管组的起吊过程中，每节预制立管组非最上层的管架均向上预留 50～100mm 的空间，在当天需要安装的所有立管组起吊完成后再调整立管组管架到准确位置。

④ 预制组合立管单元间的现场连接

预制组合立管组吊装就位后固定，并进行管道的对口、连接。

a. 松开最上层管架以下的各层固定支架及抱箍，利用最上层管架上设置的调整螺栓进行管道垂直方向的调整，利用下层支架固定螺栓孔的间隙（或长孔）进行管道水平方向的微调并固定。

采用焊接方式连接的碳钢管道还可以预先在管道上焊接角钢导向轨，以方便管道对口。

如出现单根管道变形导致接口误差较大时，则应先连接接口误差小的管道，最后利用已固定牢固的管道做支撑点，采用顶撑方法将变形管道矫正。

b. 管道调整就位后进行焊接或卡箍等连接。

（3）实施总结

本工程预制组合立管施工技术在中国首次应用，具有现场施工简单、质量可靠、制作精度高等特点。采用该工艺对于管道集中布置的管井及现场施工作业面狭窄的高层建筑的管井施工，可节省塔吊作业时间并减少现场作业人员数量。

(提供单位：中建一局集团建设发展有限公司；编写人员：高惠润、李楠、王永明)

1.22 超高层建筑管井立管双向滑轨吊装施工技术

1.22.1 技术发展概述

在超高层建筑中，竖向管井传统的施工方法存在以下问题：主干立管集中布局，重量大，操作空间狭窄，如利用人工吊装管道，虽控制灵活，但费工费时费力；如利用卷扬机吊装管道虽省力，但机械操作如监管不善，容易出现操作失误甚至安全事故。考虑到上述两种方法的缺点，采用自制吊装导轨来安装集中布局的主干立管，既能减少人力时间，也能更好地控制管道吊装时的失误。此类吊装导轨适合管道集中布局及管道较重的建筑施工中，有效地提高施工效率及操作安全性。

1.22.2 技术内容

超高层建筑竖向管井立管双向滑轨吊装施工技术采用自制的轨道梁和行车装置，通过滑轮原理吊装整排集中布局的主干立管。其中，轨道梁固定于楼板上，行车装置上的定滑轮与动滑轮串联起来形成整体滑轮组。该施工技术能有效解决超高层建筑竖向管井中管道类型众多、规格尺寸不一、施工操作空间狭窄、吊装机械操作安全隐患大等吊装难题。

1.22.3 技术指标

（1）《钢结构设计标准》GB 50017—2017；

（2）《钢结构焊接规范》GB 50661—2011；

（3）《建筑施工起重吊装工程安全技术规范》JGJ 276—2012。

1.22.4 适用范围

适用于超高层建筑竖井管道安装，也适用于集中布置的整排风管、桥架的安装。

1.22.5 工程案例

1. 广州市环球都会广场（J2-2 项目）项目

（1）工程概况

广州市环球都会广场（J2-2 项目）总建筑面积为 18 万 m^2，建筑总高度 318m，给水排水工程包括生活给水系统、生活排水系统、雨水系统等。项目采用自制双向滑轨来安装集中布局的主干立管，减少人力时间，避免管道吊装时的失误，使竖井内管道安装保质保量完成。

（2）技术应用

1）技术特点难点

高层建筑给水排水立管安装一般采用人工安装或采用卷扬机来吊装，前者人工安装耗时耗力，后者采用卷扬机吊装难以完全控制电动卷扬机的机械惯性。本技术自行制作吊装导轨，通过吊装导轨上的定滑轮和动滑轮作用，来吊装整排集中布局、操作狭窄的建筑给水排水立管，从而降低吊装难度。运用此方法可以有效地解决上述两种安装方法的缺点，既保证了工程质量也加快了工程整体施工进度。

2）施工工艺流程图（图 1.22-1）

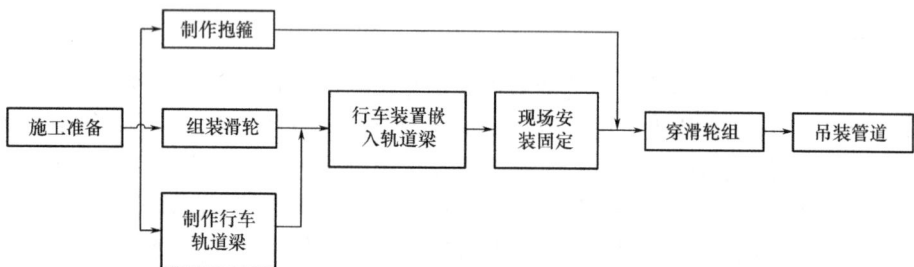

图 1.22-1　施工工艺流程图

3）工艺过程

① 施工材料

根据管井洞口长宽尺寸，制作吊装导轨，材料数量清单及用途如表 1.22-1 所示：

吊装导轨材料需用量　　　　　　　　　　　　　　　　表 1.22-1

序号	管材规格名称	单位	数量	用途
1	20 号工字钢	m	50	吊装导轨轨道
2	10 号槽钢	m	10	定滑轮座

序号	管材规格名称	单位	数量	用途
3	100×10 扁钢	m	30	扁钢抱箍，箍紧立管
4	滑轮	个	4	吊装改变方向，节省力气
5	攀爬绳	m	200	串连定滑轮、动滑轮形成一体
6	钢板	m²	2	滑轮耳朵
7	螺栓螺母	套	若干	串连滑轮与滑轮耳朵形成一体

② 主要施工机械（表 1.22-2）

施工机械需用量一览表　　　　　　　　　　表 1.22-2

序号	机械名称	型号	单位	数量	备注
1	半自动砂轮切割机	CG 系列	台	1	切割及磨光作用
2	气焊工具		套	1	气割滑轮耳朵
3	电焊机	BX6 系列	台	1	把滑轮焊接固定槽钢上
4	钢卷尺	7.5m	把	2	下料测量

③ 自制吊装导轨技术（图 1.22-2、图 1.22-3）

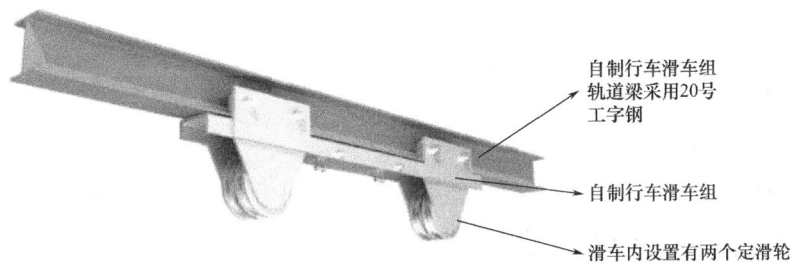

图 1.22-2　吊装导轨滑移轨道

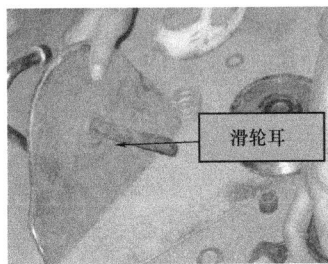

(a)　　　　　　　　　　　　　　　(b)

图 1.22-3　自制吊装导轨流程图（一）

（a）组装滑轮图一；（b）组装滑轮图二；

(c)

(d)

(e)

(f)

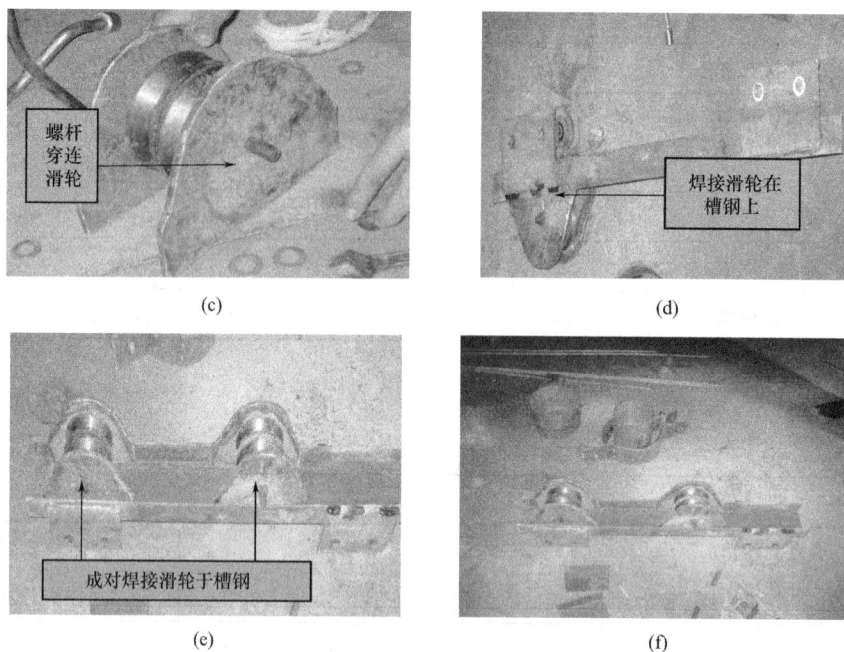

图 1.22-3　自制吊装导轨流程图（二）

（c）组装滑轮图三；（d）组装滑轮图四；（e）组装滑轮图五；（f）自制吊装导轨整体图

　　a. 本技术需要自行制作吊装导轨，根据 $DN100$、$DN125$、$DN150$、$DN200$、$DN250$ 五种立管管径，用千斤顶把两块扁钢顶弯成半圆抱箍，在半圆抱箍两边开孔，利用两个螺栓，组合成一个圆形抱箍。

　　b. 采用 20 号工字钢制作行车滑车组轨道梁，把吊装导轨嵌入 20 号工字钢之间，使吊装导轨可以在轨道梁上滑移。

　　④ 组装滑轮（图 1.22-4）

　　a. 气割钢板成需要的成对滑轮耳朵，利用磨光机对滑轮耳朵进行打磨光滑。

　　b. 采用台钻在滑轮耳朵中心开孔，把两片滑轮耳朵与滑轮通过螺栓串连在一起。重复制作另一个滑轮。

　　c. 利用槽钢把上述两个制作好的滑轮焊接于固定槽钢上。

　　⑤ 吊装导轨嵌入工字钢

　　现场复核管井洞口的长宽尺寸，根据管井洞的长度切割 20 号工字钢，考虑把工字钢的两边落于管井洞最长边的两侧，故工字钢两边长度比管井洞长 200mm 作为支撑点。

　　⑥ 现场安装固定

　　利用现场大型货梯将吊装导轨及材料运至楼上，把给水排水管道运至整排立管管井洞最底层，在管井洞最高层安装吊装导轨，工字钢两边落在洞口边的混凝土板上，长出来的 200mm 作为支撑点，利用膨胀螺栓把工字钢两头固定在楼板上，防止吊装过程中滑移。

　　⑦ 应用吊装导轨安装技术

　　现场安装固定攀爬绳连穿定滑轮、动滑轮。吊装导轨固定于楼板面后，利用攀爬绳把固定于吊装导轨上的定滑轮与动滑轮串连起来，使其形成一个整体的滑轮组。通过滑轮原理可以改变方向、减少拉升管道力度。

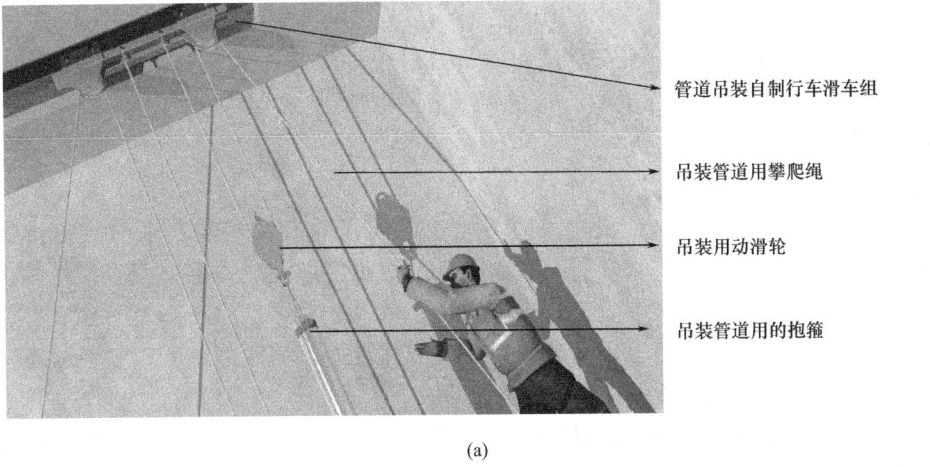

管道吊装自制行车滑车组

吊装管道用攀爬绳

吊装用动滑轮

吊装管道用的抱箍

(a)

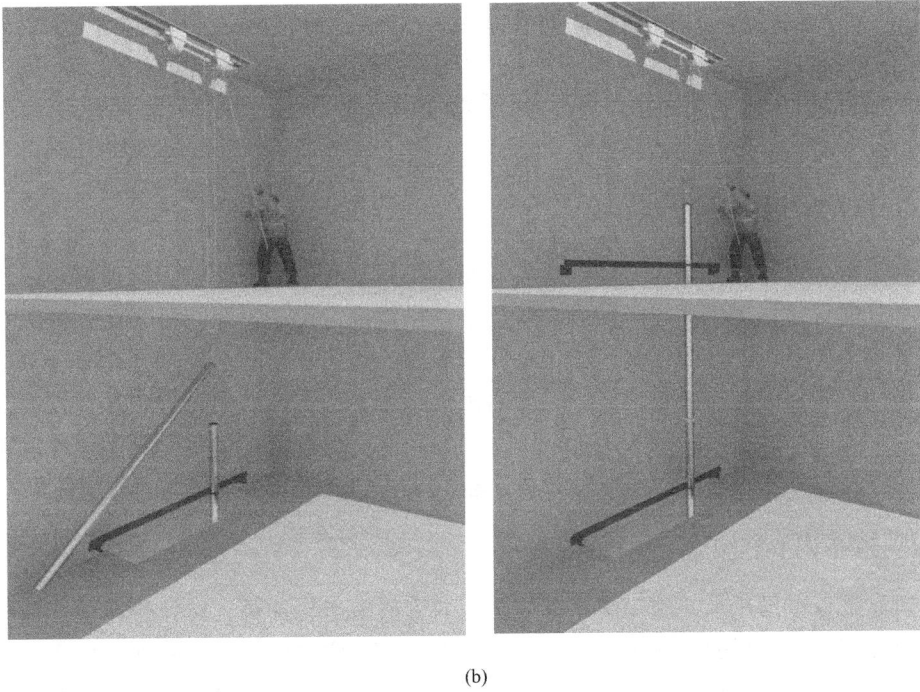

(b)

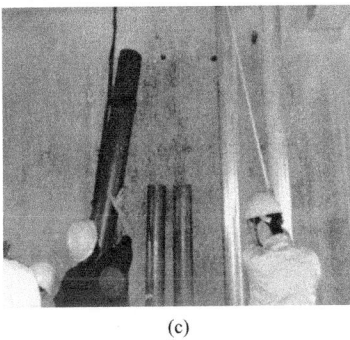

(c)

(d)

图 1.22-4　双向滑轨吊装管道过程图

（a）吊装管道示意图一；（b）吊装管道示意图二；（c）吊装管道现场图；（d）整排管道安装完毕图

⑧ 吊装管道

上述准备工作完毕后，组织安全员、质量员对现场组装好的整套吊装导轨进行验收，验收合格后方可允许班组进行正式管道的吊装工作。吊装过程中采用对讲机保持上下联系，保证吊装过程中的安全。

（3）实施总结

本技术自行制作吊装导轨，通过吊装导轨上的定滑轮和动滑轮，来吊装整排集中布局、操作面狭窄的建筑给水排水立管，从而降低吊装难度。在成本上、安全操作性上，均起到良好的效果。

广州市环球都会广场项目采用吊装导轨安装竖井管道，相比传统人工安装成本减少约46.44万元，创造了良好的经济效益和社会效益。

本技术也可延伸至集中布局、操作面狭窄的整排风管、桥架安装，具有良好的发展前景，值得推广。

（提供单位：中建安装集团有限公司；提供人员：郝冠男、周宝贵）

1.23 建筑立管管道吊运承托施工技术

1.23.1 技术发展概述

在施工过程中，遇到高大空间大型管道及设备吊装时，通常做法为管道吊运前，在管道端口上临时焊接一个钢筋拉环，利用电动葫芦吊钩固定拉环进行起吊。此种做法对每根吊运管道均需要进行焊接拉环处理，吊运完成后需要将拉环切除，施工操作十分不便，而且钢筋拉环和管道的焊接接触面较少，管道吊运受力不均匀，吊运过程中存在较大安全隐患。本技术省去吊运过程中的焊接作业，且装置制作就地取材，可重复利用，通过卡件滑移调节的方式保证管道吊装过程中始终处于垂直平稳状态，安全系数高，发展前景好。

1.23.2 技术内容

建筑立管管道吊运承托施工技术采用自制的管道吊运装置对大口径管道进行吊装，吊运装置由用于管底承托的承托装置和用于管顶钢丝绳限位的限位装置两部分构成，采用槽钢、角钢、钢板、镀锌钢管及螺栓等材料制作，可吊装 $DN100 \sim DN500$ 范围内各种规格的管道，通过卡件滑移调节的方式保证管道吊装过程中始终处于垂直平稳状态。

1.23.3 技术指标

（1）主要性能

立管管道吊运承托装置的构件应进行受力分析与计算，计算主要包括吊运承托装置上所有荷载组合的计算、装置各构件的强度及变形计算、紧固螺栓的强度计算、焊缝计算等。另外吊运承托装置应进行吊装强度和变形验算。

（2）技术规范/标准

1)《现场设备、工业管道焊接工程施工规范》GB 50236—2011；

2)《建筑施工起重吊装工程安全技术规范》JGJ 276—2012；

3)《钢丝绳弯曲疲劳试验方法》GB/T 12347—2008;

4)《钢结构设计标准》GB 50017—2017。

1.23.4 适用范围

适用于建筑工程大口径管道的吊装。

1.23.5 工程案例

1. 中国尊工程

(1) 工程概况

中国尊大厦项目位于北京市朝阳区 CBD 核心区 Z15 地块,总建筑面积 43.7 万 m²。中国尊存在多处大堂、设备层等超高区域,涉及大量大管道水平安装施工,由于管道安装多在室内进行,无法使用吊车、塔吊等大型吊装机械将大管道吊运至安装作业面上,目前通常在管道端口上临时焊接一个钢筋拉环,利用电动葫芦吊钩固定拉环进行起吊。此种做法一是对每根吊运管道均需要进行焊接拉环处理,吊运完成后需要将拉环切除,施工操作不便。二是钢筋拉环和管道的焊接接触面较少,管道吊运受力不均匀,吊运过程中存在安全隐患。

(2) 技术应用

采用了一种管道吊运承托装置,通过卡件滑移调节使其可用于承托 DN100~DN500 范围内各种规格的管道。利用该承托装置及其卡件固定结构,省去吊运过程中的焊接作业,同时保证管道吊运过程中始终处于垂直平稳状态,既提高了施工效率,又提高了管道吊运过程的安全性。该承托装置由两个组合部件构成,分别为用于管底承托的吊运承托装置和用于管顶限位钢丝绳的吊运顶盖装置。每个装置均由工地上常用的槽钢、角钢、钢板、镀锌钢管及螺栓等材料制作而成,取材方便,制作简单。管道吊运承托装置示意如图 1.23-1 所示。

实施步骤:

1)选择 10 号槽钢,截取 630mm 长一段,315mm 长两段。

2)按照国标无缝钢管尺寸及壁厚对主副槽钢限位孔进行开孔,开孔宽度 8mm。

3)主、副槽钢限位孔开好后,按照国标钢管规格尺寸,在主副槽钢上标定不同管径的限位刻度线。

4)将主副槽钢件焊接固定。

5)制作卡件。卡件材料为厚 3mm 尺寸为 100mm×100mm 的钢板 1 块,DN20 镀锌钢管长 50mm 一截,50 角钢长 100mm 一截,8 号螺栓螺母及垫片一套。按照大样尺寸进行开孔,开孔完成后组合完毕。

6)制作钢丝绳套管。钢丝绳套管材料为 50 角钢长 50mm 一截,DN25 镀锌钢管长 50mm 一截,8 号螺栓螺母及垫片一套。按照大样尺寸进行开孔,开孔完成后组合完毕。

7)组装各制作完成的部件。

首先根据吊装管道的规格尺寸和壁厚,将吊装承托装置的卡件限位至槽钢对应位置,并通过滑移卡件上的角钢来调节卡件镀锌钢管和角钢之间的距离,确保卡件可以抱死吊装钢管。吊装承托装置及吊装顶盖装置的卡件限位调整好之后,使用 6×19-17.0-140 的钢丝

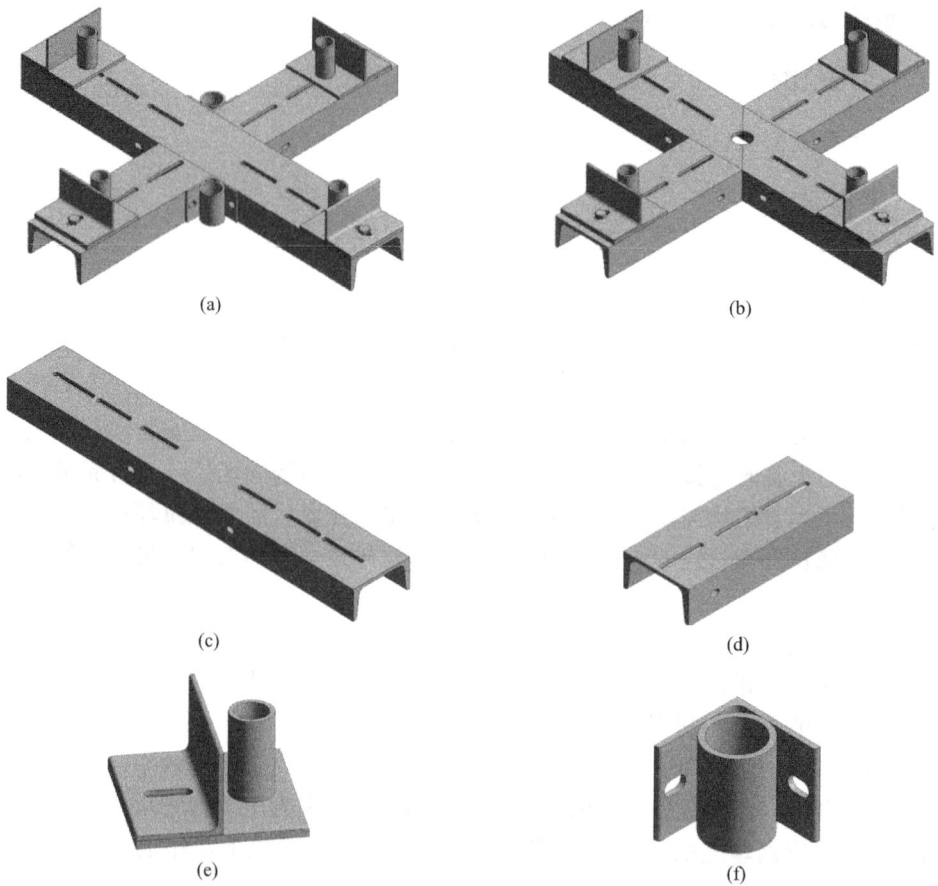

图 1.23-1 装置示意图

（a）吊运承托装置；（b）吊运顶盖装置；（c）主槽钢；（d）副槽钢；（e）卡件；（f）钢丝绳套管

绳穿过吊装承托装置的钢丝绳套管，并用钢丝绳卡件固定。将钢丝绳另一段牵引穿过吊装钢管内部，在吊装钢管另一段利用吊装顶盖装置锁定钢丝绳，使钢丝绳保持在管道正中心。调节吊装顶盖装置卡件，锁死吊装钢管。穿出的钢丝绳端部固定在吊装电动葫芦上。全部准备工作完成后即可开始管道吊装工作，见图 1.23-2 所示。

（3）实施总结

超高区域的水平空调管道规格为 $DN150 \sim DN400$ 不等，总长度约 1800m，管道安装高度约为 12m。

前期试吊运过程中，使用传统焊接拉环的方式吊运 $DN350$ 管道 3 根。吊运人员 5 人，吊运及安装时间为 0.5 个工作日。使用吊运承托装置吊装管道后，同等时间内吊运及安装管道 $DN350$ 管道 4 根，使用该装置有效提高了吊运工作效率。且在前期试吊过程中，用于焊接拉环的钢筋在多次使用后明显变形。焊接处变形尤其严重，存在较大安全隐患。使用吊运承托装置后，既提高了施工效率，又有效消除了吊运过程中的安全隐患。显性施工效益和隐性安全效益均优于传统方式。

（提供单位：中建三局安装工程有限公司；编写人员：吴舜斌、范福广、李直）

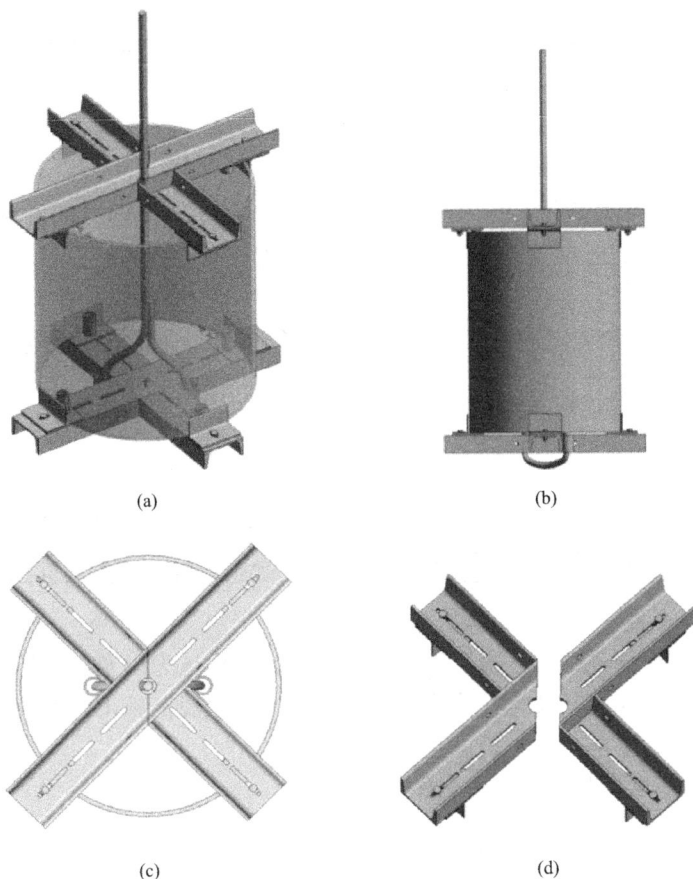

图 1.23-2　吊装示意图

（a）吊运示意图；（b）立面图；（c）平面图；（d）吊运顶盖装置示意

1.24　长距离输水管线试压施工技术

1.24.1　技术发展概述

　　近年来随着城市化进程的快速发展，在解决饮用水不足问题而兴建的大中型饮用水工程中，大口径柔性接口球墨铸铁管因性能优良、施工工艺简单、高效，被广泛应用到输水管线中。给水管道铺设完毕后，通过压力试验，能够准确地反映管道强度和渗漏情况。然而在实际施工过程中，如遇到长距离大口径管道水压试验工作时，会受到水源、地质、工期等各方面因素的影响，目前大中型管径柔性接口输水管线工程水压试验中，存在工作效率低，施工速度慢等问题。为了克服上述存在的问题，开发了长距离柔性接口输水管线试压施工技术。

1.24.2　技术内容

　　长距离输水管线试压施工技术是一种"一次灌水、整体升压、分段试压、互为后背"

的水压试验方法。水压试验时整个试压管段一次性灌水、同步升压至最低试验压力，然后逐段进行试压，试压过程中各相邻段互为后背，取消了传统试压方法中的后背结构。

（1）技术特点

1）解决了传统试压方法中需预留后背土、不能连续开挖管道沟槽的问题，保障了管道施工的连续性，缩短了工期。

2）通过控制试压段安全压差，利用管道的自重、管道与土壤之间的摩擦力抵消压力，利用检修阀门井两侧的拖拉墩提高安全系数，可有效替代传统的双靠背设置方式，省去了大型靠背的制作与安装。

3）有效克服水压试验过程中水源、地质、气象条件等不利影响因素，试压用水可循环利用。

（2）施工工艺

1）工艺流程

$\boxed{\text{输水管道安装}}$ → $\boxed{\text{装配式管道试压装置设计与制作}}$ → $\boxed{\text{装配式管道试压装置安装}}$ →

$\boxed{\text{灌水系统施工}}$ → $\boxed{\text{管道灌水}}$ → $\boxed{\text{管道试压}}$ → $\boxed{\text{排水}}$ → $\boxed{\text{试压装置的处理与利用}}$

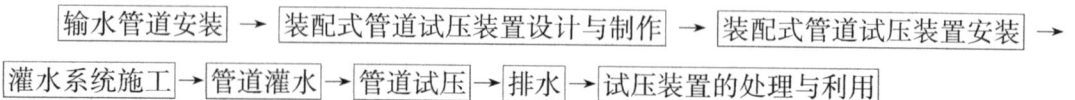

2）输水管道安装

输水管道安装前划分好试压段，确定各试压段的工作压力以及试验压力，各试压段的划分尽量预留在检修阀门井及排气井位置。输水管道按照规范施工，回填土分层夯实，管顶覆土厚度达到设计要求，防止管道起拱。

3）装配式管道试压装置设计与制作

① 试压装置设计。根据施工图及有关规范计算检修阀门、伸缩节、排气三通等管件、附件长度，然后按照管件、附件长度计算装配式管道试压装置长度，根据各试压段工作压力以及试验压力确定各类型号管材、法兰、阀门等附件。

② 试压装置制作。试压装置使用钢管制作，其长度以能在其管段上布置连通管、压力表、支管、隔板及肋板、两端法兰等要求计算，一般以 600～1200mm 为宜。钢管与输水管道公称直径一致，钢管厚度不小于 14mm，钢管两端焊接法兰，与输水管道连接。在钢管长度中点位置的管内焊接隔板，将钢管分隔为不相通的两部分。隔板厚度不小于16mm，加焊 2 道 30B 工字钢肋板进行加强。在隔板两侧焊接 $DN100$ 旁通管，并调止回阀，作为两个试验段间的沟通管道。

③ 试压装置检测。装配式管道试压装置制作完毕后，应检测其规格尺寸和焊接质量，合格后方可进行水压试验。

4）装配式管道试压装置安装

装配式管道试压装置与预留试验段同步安装，为了保证安装质量及提高效率，采用气动扳手安装螺栓，安装时注意螺栓位置，保证螺栓孔与水压试验后安装的阀门等附件的垂直度及平整度。

5）灌水系统施工

根据管道试压灌水量设计灌水系统，包括水池、过滤设施、抽水设备等。

浇筑水泵基础，当混凝土基础达到设计强度后安装灌水泵，然后连接管路、各类阀门、压力表等附件。

6）管道灌水

输水管道灌水前应检查：①输水管线覆土符合要求；②弯头、支墩处混凝土达到设计要求；③排水管路安装完毕。

在靠近水源部位预留的旁通阀处，安装灌水泵进行灌水，将准备试压的 3～5 段管道充满水，最大用水量仅为试压管道内容积。试压管段试压合格后，即可将管内的水排至下一试压管段，试压水重复利用。

7）管道试压

试验段管道内灌满水后，按施工规范要求充分浸泡。用试压泵缓慢分组升压（每级0.1MPa），在整体升压过程中先打开各试压段的试压装置旁通阀，达到各段工作压力时关闭试压装置连通管闸阀。

8）排水

在试压区间放空管三通口用盲板封堵，堵板预留闸阀，试验完成后将旁通阀打开，先均压后降压，压力降至零时打开放空阀进行排水。

9）试压装置的处理与利用

试压水排空后，拆除试压装置中的隔板、肋板、旁通管等附件，对旁通管三通口焊接封堵，防腐处理后可再次安装使用。

1.24.3 技术指标

（1）《给水排水管道工程施工及验收规范》GB 50268—2008；

（2）《室外给水管道附属构筑物》05S502；

（3）《柔性接口给水管道支墩》03SS505；

（4）《水及煤气用球墨铸铁管、管件和附件》GB/T 13295—2019；

（5）《城镇供水长距离输水管（渠）道工程技术规程》CECS193；

（6）《给水排水工程管道结构设计规范》GB 50332—2005；

（7）《室外排水设计规范》GB 50013—2018；

（8）《施工现场临时用电安全技术规范》JGJ 46—2005；

（9）《工业金属管道工程施工质量验收规范》GB 50184—2011；

（10）《钢结构设计标准》GB 50017—2017。

1.24.4 适用范围

适用于输水管线工程水压试验。

1.24.5 工程案例

1. 加纳凯蓬供水扩建工程

（1）工程概况

加纳凯蓬供水扩建工程位于特马北部 45km 处的凯蓬沿海平原地区，是加纳最大的供水工程，施工 2 标工程量主要包括：长度为 2.7km 的原水管线（双管）和长度为 39km 的输水管线组成（均为 DN1200 K9 级球墨铸铁管），各类井室 113 座，其中，39km 的输水管道远离水源地，可供输水管道试压用水的只有一条季节性河流，取水点距离输水管道遥远，水压试验用水十分困难。如果采用常规分段试压方法需预留 40 个试验段，用水车运水或者打深井取水，费用高昂，而且影响施工进度。

（2）技术应用

在输水管线的水压试验划分段位置利用装配式管道试压装置，将输水管线各个打压段通过连通管连为一体，待输水管线安装至合适水源位置时预留灌水接口，水压试验过程中采取"一次灌水、整体升压，分段试压，互为后背"方法，通过多级加压泵将全部试压段压力升至试压段中最低试验段工作压力，之后关闭按设计意图划分的各试压段之间的旁通阀，再通过移送式一体化水压试验设备，逐段加压至各试压段的试验压力，克服了通常长距离大口径输水管线因水压试验需间断施工带来的弊病，使管道间断施工变成了连续施工，减少了预留原土后背给施工造成的麻烦，加快了施工进度。水压试验见图 1.24-1。

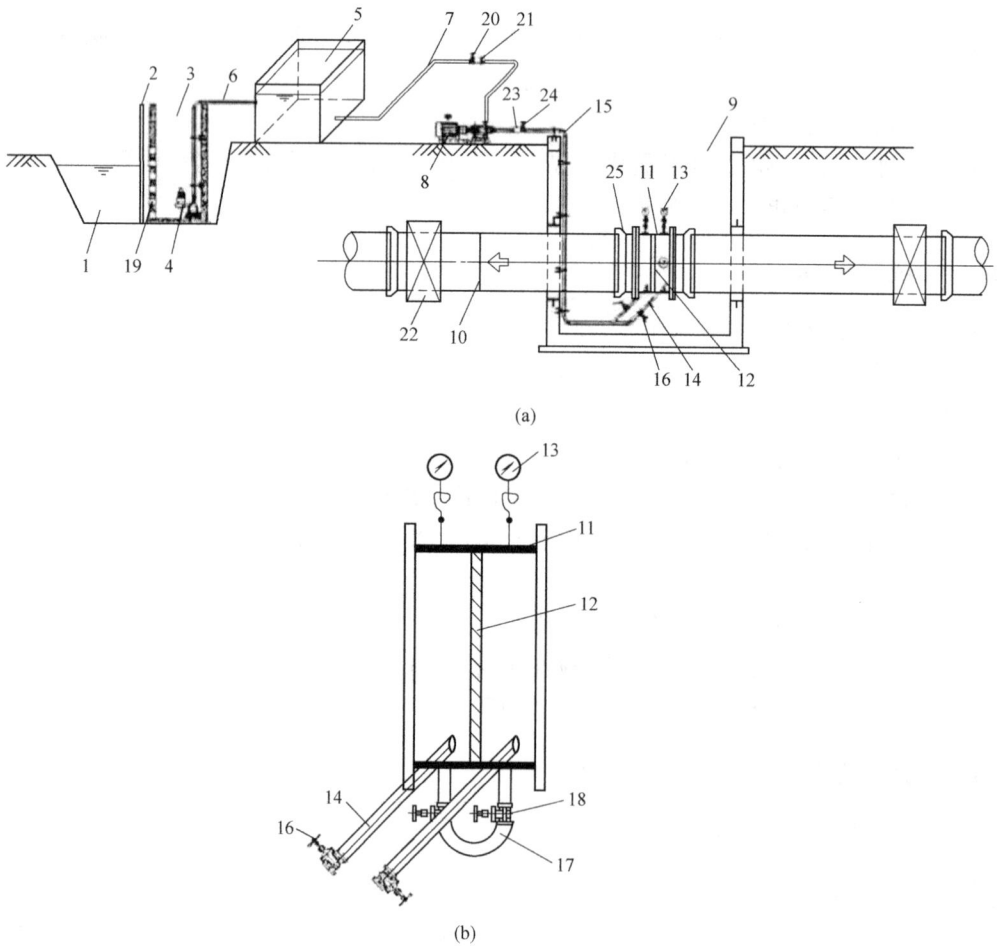

(a)

(b)

图 1.24-1 装配式管道试压装置

（a）试压装置布置；（b）试压装置详图

1—水池；2—钢网；3—渗井；4—潜污泵；5—水箱；6—供水管；7—输水管；8—灌水泵；9—阀门井；
10—柔性接口输水管道；11—装配式装置中的钢管；12—装配式装置中的隔板；13—压力表；
14—支管；15—灌水管；16—第一止回阀；17—连通管；18—第二止回阀；19—进水口；
20—第一闸阀；21—第三止回阀；22—拖拉墩；23—第四止回阀；24—第二闸阀；25—承盘短管

1）装配式管道试压装置制作

根据装配式管道试压装置设计图，切割短管，焊接中间钢板及肋板、两端法兰、连通管及法兰等附件，本工程采用长度 740mm（$DN1200$ 蝶阀＋伸缩节长度），厚度 14mm $DN1200$ 焊接钢管，钢管两端焊接 $DN1200mm\ PN16$ 法兰，在 $DN1200mm$ 焊接钢管中间加焊厚度 16mm 钢板，将 $DN1200mm$ 钢管隔开分成不相通的两部分，在 $DN1200mm$ 管壁及厚度 16mm 钢板上两侧各加焊 2 道 30B 工字钢肋板加强，在 16mm 隔板两边焊接 $DN100$ 旁通管。

2）管道试压

在靠近水源部位预留的旁通阀安装灌水泵进行全管线灌水，试验段管道内灌满水充分浸泡后，用试压泵将管内水压缓慢分级（每级 0.1MPa）升压，在整体升压过程中先打开各试压段的管道试压装置旁通阀，在达到各段工作压力时关闭管道试压装置连通管闸阀。期间应全过程巡查后背、支墩、管身及接口有无漏水、损坏现象；有漏水、损坏等异常现象时应停止升压，查明原因，采取修复或应对措施后再恢复升压。

在整体升压过程中要保持旁通阀、管线高点的排气阀全开启状态，泄水三通堵板全关闭状态。

为了保证管道试压装置不因为两侧压差过大引起轴向移动，应严格控制钢隔板两侧压力，本工程实施时钢隔板两侧压差控制在 0.5MP 范围内。

管线试压前应检查下列内容：①技术交底、安全交底完毕；②安全防护措施完成；③管道浸泡时间符合要求；④管道内空气排放完成；⑤压力表经过实验室校验合格；⑥试压泵，发电机等设备检查合格。

3）质量控制

① 压力表使用前要经具有相关资质的检测机构检测，合格后方能使用。

② 短管盲板和法兰的焊接要满足相关要求，各种阀的安装要符合相关要求。

③ 水泵的安装必须等水泵基础验收合格才能安装，试压泵的安装要符合相关要求。

④ 弯头、三通处混凝土支墩达到设计强度。

⑤ 装配式管道试压装置使用前需经过水压试验。

⑥ 按照试压方案进行试压。

（3）实施总结

与设计及监理单位协商论证后，根据管线的地形、压差及工作压力将 39km 输水管线试压段划分为 8 段，原水管线 1 个试压段。管线灌水工作历时 30d，水压试验工作历时 7d（2013 年 12 月 21 日～27 日），比计划水压试验工期提前 6 个月。采用装配式管道试压装置水压试验施工过程中，先后有加纳自来水公司、加纳 ABP 监理咨询公司、加纳给水排水工程协会、总包方葛洲坝集团公司、设计院等相关人员现场查看，均肯定本技术先进，值得推广，并随后应用到施工 3 标 20km $DN1200$ K9 级球墨铸铁管、9km $DN900$ K9 级球墨铸铁管、10km $DN600$ K9 级球墨铸铁管等其他各标段输水管线试压工程中。

采用了无常规靠背试压方法，将复杂的常规靠背改为内加工场进行，将通常影响水压试验的气象条件、地质情况、水源等各种因素降至最低，保障了施工的连续进行，节约了工期，同时也节约了常规水压靠背的制作与安装成本。同时消除了常规水压试验靠背工作坑处对周围居民的交通影响及安全隐患，节约了宝贵的水资源。

（提供单位：安徽水安建设集团股份有限公司；编写人员：王广林、方稳、王超）

1.25 金属导管抗震离壁敷设技术

1.25.1 技术发展概述

地铁列车在区间隧道行驶过程中对轨道及结构产生非常强烈的振动，普通的线管安装固定方式无法起到抗震作用，如出现管卡脱落，线管掉到区间轨道将是列车行驶的重大安全隐患。由于地下空气潮湿，区间墙壁容易水汽凝结，水滴沿着墙壁渗入线管里容易造成线路故障影响列车行驶。

利用"C型钢＋蝴蝶卡"方式安装线管，经过一段时间的运行使用，区间线管表现出了良好的抗震效果，墙壁水珠也无法渗入管内，满足了地铁运营的要求，减少了维修成本，增加了经济效益。

1.25.2 技术内容

利用热镀锌C型钢特殊的结构形式，与C型钢专用管卡件（蝴蝶卡）相结合固定在墙壁上，不仅能够离壁安装，利用紧固螺栓对线管紧固起到抗震效果。见图1.25-1。

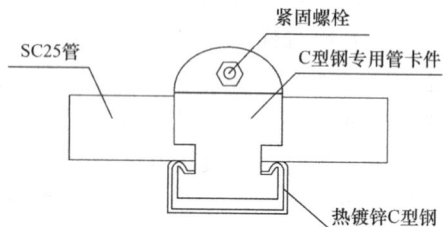

图1.25-1 C型钢固定电线管敷设原理图

1.25.3 技术指标

(1)《建筑电气工程施工质量验收规范》GB 50303—2015；

(2)《建筑电气工程施工工艺标准》J10703；

(3)《智能建筑工程质量验收规范》GB 50339—2013；

(4)《地下铁道工程施工质量验收标准》GB/T 50299—2018。

1.25.4 适用范围

适用于地下轨道交通区间、风亭等震动强烈、环境潮湿场所的电气管线安装工程。

1.25.5 工程案例

1. 广州市轨道交通六号线首期车站设备安装工程Ⅲ标段工程

（1）工程概况

广州市轨道交通六号线首期车站设备安装工程Ⅲ标段工程如意坊站位于黄沙大道与多宝路交叉路口，大致呈南北走向。车站共地下5层，是六号线与环线的换乘车站。施工内容包括：与如意坊站两端相邻各半个区间的动力照明设计，即坦尾站～如意坊站～黄沙站半个区间照明、火灾自动报警系统的管线敷设，共7968m。

（2）技术应用

1）技术特点难点

① 本技术操作性强，不需要太多复杂的操作，C型钢与蝴蝶卡相配套，施工方便。

② 对两排以上并排敷设的电线管，其施工效率的提高非常明显，只需在制作C型钢

支架前根据并排线管的根数计算支架长度，安装完成后线管便可成排敷设，方便快速。

2）施工工艺和过程

① 工艺流程图（图 1.25-2）

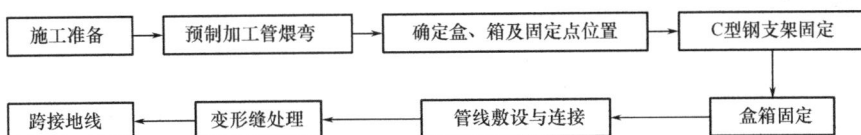

施工准备 → 预制加工管煨弯 → 确定盒、箱及固定点位置 → C 型钢支架固定

跨接地线 ← 变形缝处理 ← 管线敷设与连接 ← 盒箱固定

图 1.25-2　工艺流程图

② 施工准备

配管前根据图纸要求的实际尺寸将管线切断，钢管使用切割机切断，断口处截面与管轴线垂直，管口锉平、刮光，使管口整齐光滑，严禁用电气焊切割钢管。明配管采用镀锌钢管。管路连接紧密，管口光滑无毛刺，护口齐全，明配管及其支架、吊架平直牢固、排列整齐，钢管弯曲处无明显折皱。

③ 预制加工管煨弯

用钢管本身进行煨制，严禁在管路弯曲处采用冲压弯头连接管路，以防穿线时卡阻和损坏导线绝缘层。钢管的弯曲采用手动型弯管器冷煨。暗配时管弯曲半径，不应小于管外径的 6 倍；埋设于混凝土楼板或墙体内钢管弯曲半径，不应小于管外径的 10 倍。

④ 确定盒、箱及固定点位置

根据施工图纸首先测出盒、箱与出线口的准确位置，然后按测出的位置，把管路的垂直、水平走向拉出直线，按照安装标准规定的固定点间距尺寸要求，确定支架、吊架的具体位置。固定点的距离应均匀，管卡与终端、转弯中点、电气器具或接线盒边缘的距离为 150~500mm。

⑤ C 型钢支架固定

成品 C 型钢一般为 4m 一根，制作支架前可根据现场情况及回路数量确定每个支架的长度，由于隧道断面是弧形而非直线段，故一般长度不超过 40cm。截断后 C 型钢两端的断面必须进行防锈处理，步骤是将截面的毛刺打磨后先刷 2 遍防锈漆，待防锈漆干燥后再刷一遍银粉漆。区间 C 型钢支架间距不得大于 1.5m，采用 M6×8 不锈钢膨胀螺栓如图 1.25-3、图 1.25-4 中方式固定。

钢管与灯具连接时，不能直接进入，应在钢管出口处加装防爆三通接线盒（IP54），防爆接线盒接保护软管后引入设备；保护软管长度不宜超过 1m；区间内灯具（包括疏散指示灯）均采用下进线方式，禁止上进线接入，如图 1.25-5 所示。

钢管在风道内及跨越轨行区明配时，为防止风力过大或震动等原因引起脱落，每隔 3~4m 必须采用 U 形卡加固措施，用金属膨胀螺栓牢固固定。明配管在风道及振动较大的场所时必须采取加固措施。

⑥ 盒箱固定

接线盒、配电屏设置正确，固定可靠，钢管进入盒、箱处顺直，在盒、箱内露出的长度小于 5mm；用锁紧螺母固定的管口、钢管露出锁紧螺母的螺纹为 2~4 扣。线路进入配电箱的管口位置正确。

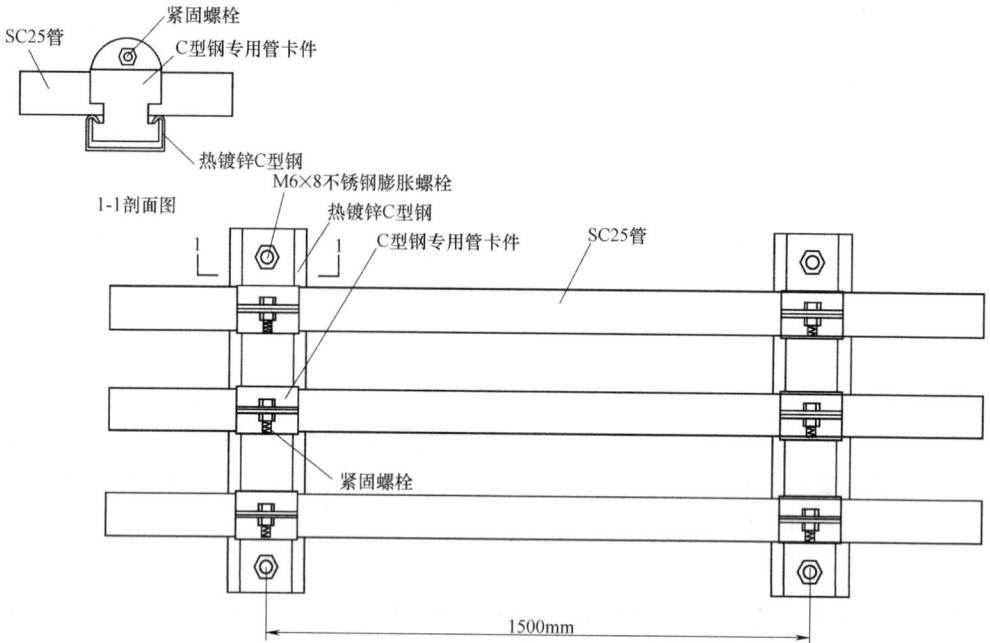

图 1.25-3　C 型钢支架固定线管示意图

图 1.25-4　C 型钢支架固定线管现场施工图

⑦ 管线敷设与连接

a. 放线标识：按施工图进行测放线定位，坐标和标高、走向、确定接线盒的位置，经复核符合设计要求。

b. 管路敷设加固：现浇混凝土楼板在模板支好后，未铺钢筋前进行定位划线，待钢筋底网绑扎垫起后敷设管、盒，并且固定好。配管时可以分别进行连接，先连接与墙（或梁）上预埋管相连接的带弯的钢管，最后连接中间部分由管与管之间进行连接的直管段。在钢管敷设时，原则是先敷设带弯曲的钢管，后敷设直管段的钢管。

c. 管与管、盒、箱连接：镀锌钢管管路连接采用套丝连接的方式。套丝连接施工要点如下：

区间三防灯具(离墙安装,
螺栓均采用不锈钢材质)

套丝螺纹连接

金属软管

防爆接线盒(IP54)

金属软管专用接头

防爆接线盒(IP54)

SC20管

区间疏散指示牌(采用自制支
架离墙安装,螺栓均采用不
锈钢材质)

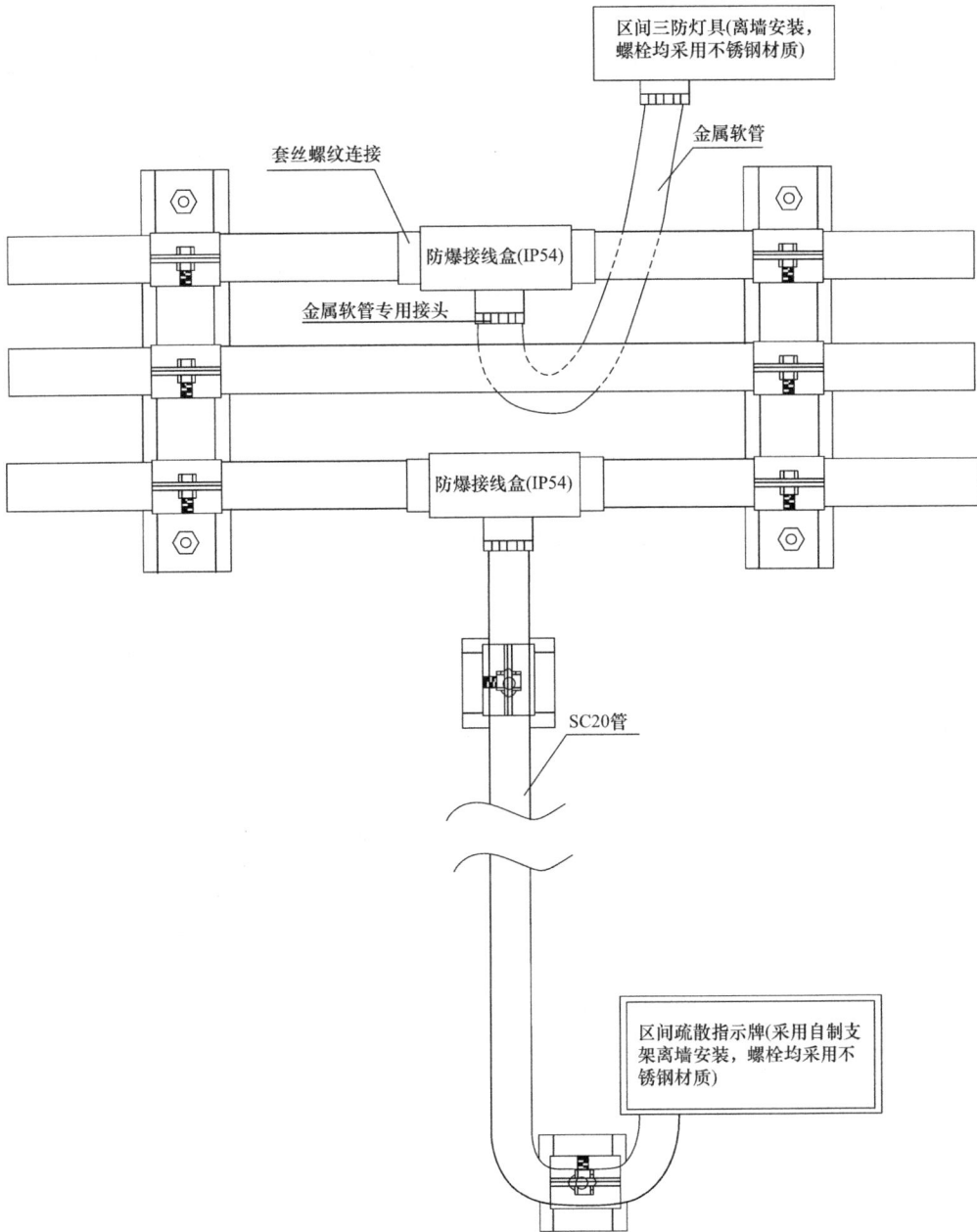

图 1.25-5 疏散指示牌的安装方式

套丝：配管前使用套丝板对线管进行套丝，进入盒、箱的管子其套丝长度不宜小于管外径的 1.5 倍，管路间连接时，套丝长度一般为管箍长度的 1/2 加 2～4 扣，需要退丝连接的丝扣长度为管箍的长度加 2～4 扣；

在配管施工中，管与盒、箱的连接一般情况采用螺母连接；

管与管的采用丝接方式：丝接的两根管应分别拧进管箍长度的 1/2，并在管箍内吻合好，连接好的管子外露丝扣应为 2～3 扣，不应过长，需退丝连接的管线，其外露丝扣可相应增多，但也应在 5～6 扣左右。丝扣连接的管线应顺直，丝扣连接紧密，不能脱扣。

⑧ 变形缝处理

经过建筑物的伸缩缝处，要局部采用金属软管连接，如图 1.25-6 所示，以保护建筑在伸缩缝处发生伸缩变化时电气管线的安全。

图 1.25-6　伸缩缝处金属软管安装示意

⑨ 跨接地线

电线保护管及支架接地（接零）、电气设备器具和非带电金属部件的接地（接零）、支线敷设应符合以下规定：连接紧密牢固，接地（接零）线截面选用正确、需防腐的部分涂漆均匀无遗漏，线路走向合理，色标准确，涂刷后不污染设备和建筑物。钢管接地做法如图 1.25-7 所示。

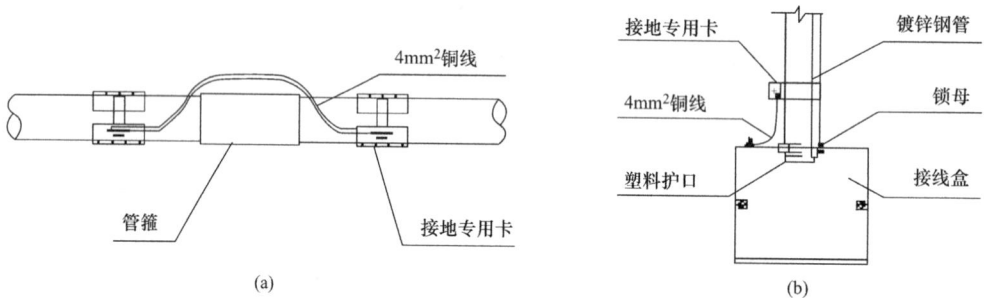

图 1.25-7　钢管接地做法示意

（a）钢管接地线做法；（b）钢管与盒跨接接地做法

（3）实施总结

本技术改进了轨道区间的线管敷设施工工艺，避免因轨道强烈振动或风力过大导致线管脱落影响地铁运营，因 C 型钢结构的特殊性使得线管离壁安装，墙壁水珠无法渗入线管，延长了管线的使用寿命，节约了因线路故障而产生的维修成本。

在广州市轨道交通六号线首期车站设备安装工程Ⅲ标段工程应用后，相比常规的线管安装方式（50m 需 7d），采用 C 型钢与蝴蝶卡敷设线管安装方式效率提高了一倍（50m 需 3d）。同时安装质量得到提高，普通线管敷设一次合格率在 70% 左右，C 型钢与蝴蝶卡固定安装一次合格率达到了 95%，材料浪费量和返工量显著减少，经济效益和社会效益显著。

（提供单位：中建安装集团有限公司；编写人员：郝冠男、周宝贵）

1.26 泄漏式电缆接头施工技术

1.26.1 技术发展概述

在无线通信高度发展的今天，泄漏式同轴电缆取代分立式天线的应用越来越广泛，覆盖场强的区域也越来越大。

泄漏式电缆在铁路、地铁、矿井和专用通信网等场合应用越来越广，其既具有信号传输作用，也具有天线功能，通过对外导体开口的控制，可将受控的电磁波能量沿线路均匀的辐射出去及接收进来，实现对电磁场盲区的覆盖。

我国的蜂窝状移动通信日益发展，在借鉴国外标准的同时，结合在大中城市的应用，将泄漏式电缆工作频率进行拓宽，利用漏缆将地面上的移动通信延伸至地下，并对漏缆接头制作工艺进行改进，以适用于地下轨道交通区间等振动强烈、环境潮湿的场所。泄漏式电缆较之传统的空气绝缘结构在特性阻抗、驻波系数、衰减等传输参数更加均匀稳定，而且可抵御在潮湿环境中潮气对电缆的侵入可能引起的传输性能下降或丧失，免除了充气维护的烦恼，提高了产品的使用寿命和稳定可靠性，发展前景较好。

1.26.2 技术内容

（1）技术特点

1）根据漏缆的型号选定漏缆连接器件，将设备本身耦合损耗降至最低。

2）漏缆内外导体间绝缘电阻符合设计要求，线路传输损耗低，连接状态良好。

3）避免振动、潮湿环境对漏缆的影响，保证传输信号均匀覆盖。

（2）施工工艺

1）工艺流程

漏缆开剥 → 安装连接器组件 → 连接器紧固密封 → 接头测试

2）漏缆开剥

① 沿卡具端面匀速锯断电缆，断面平整、干净，内导体不带毛刺，且与漏缆轴向垂直。

② 削去 150mm 漏缆标志线，环切外护套 25～30mm，并用斜口钳剥去外护套。

3）安装连接器组件

① 把连接器后壳体套入漏缆，将前壳体伞状内芯顺漏缆轴向插入内导体中。

② 使用扩孔工具对内导体进行扩孔，使内导体与连接器充分接触。

③ 套入连接器前外壳，使壳体后端到达安装到位标记处。

④ 连接器装配好后应进行质量检查。检查连接器螺丝紧固情况，用万用表检查内、外导体装接情况，保证连接器相关性能指标符合要求。

4）连接器紧固密封

① 使用热缩管将连接器进行热缩处理，热缩管加热完成后的最终状态应使热缩管贴紧漏缆与连接器，表面有热熔胶溢出。

② 依次沿电缆正方向缠一层防水绝缘胶带、反方向缠一层胶泥、正方向缠第二层防

水绝缘胶带。均匀缠绕胶带、胶泥并压紧，使各层间充分密贴无气隙。

5）接头测试

漏缆接头制作完成后需进行接头信号损耗测试，一般选一个基站及其有效覆盖范围内进行测试，使用场强测试仪对场强进行测试。

1.26.3　技术指标

(1) 漏缆弯曲半径不得小于 2m，防止因为弯曲半径过小致使漏缆内导体受损；

(2) 切割外护套时严禁用力过猛导致内导体损坏，切割深度不超过护套厚度的 2/3；

(3) 在基站侧进行场强测试，电压驻波比不大于 1.5；

(4) 上下行链路的每载频信号场强在要求的覆盖区内不小于 -95dBm；

(5) 在场强覆盖区内，无线接收机音频输出端的信号噪声比不小于 20dB；

(6) 在满足信噪比的要求下，地铁轨行区内场强覆盖的地点、时间的可靠概率需满足 100%。

1.26.4　适用范围

适用于地下轨道交通区间等振动强烈、环境潮湿场所的通信工程。

1.26.5　工程案例

1. 南宁地铁二号线工程

（1）工程概况

南宁市轨道交通 2 号线工程（玉洞～西津）线路全长约 21km，共设置 18 座车站，南宁市轨道交通 2 号线系统机电项目通信工程无线通信系统漏缆总量为 165km，每个区间单线涉及专用通信 1 条、公安通信 1 条、民用通信 2 条三个系统共 4 条漏缆，共需漏缆接续 400 处。

（2）技术应用

1）隧道内漏缆接头特点难点

根据漏缆接头处需的型号选定漏缆连接器件，将设备本身耦合损耗降至最低。漏缆内外导体间绝缘电阻符合设计要求，线路传输损耗低，连接状态良好。

避免振动、潮湿环境对漏缆的影响，保证传输信号均匀覆盖。

2）关键技术特点

漏缆开拨要注意导体保护，不得伤及内外纤芯导体，漏缆切面应垂直并处理干净，内外导体不应出现毛刺，内导体不应遗留碎屑。

3）施工工艺和过程

① 工艺流程方框图（图 1.26-1）

② 施工机具和计量器具的准备

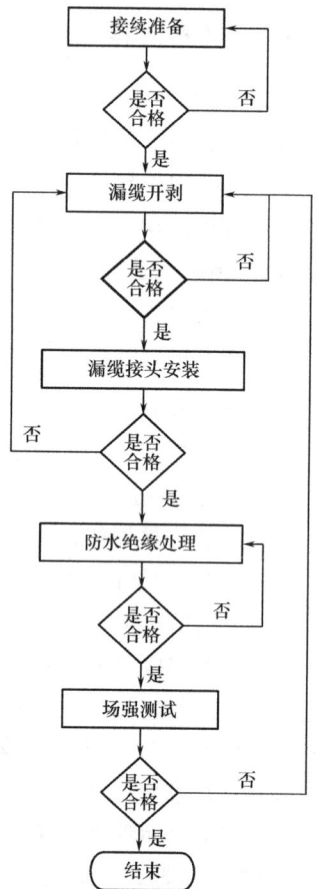

图 1.26-1　工艺流程图

按施工进度计划和施工机具需用计划、计量器具需用计划，分阶段组织施工机具、计量器具进场。主要的施工机具、计量器具见表 1.26-1、表 1.26-2。

主要施工机具表   表 1.26-1

序号	名　　称	型　号　规　格	备　　注
1	金属锯	ZX7-400	切割漏缆
2	美工刀	$\phi100\sim\phi150$	切割外护套
3	斜口钳	$\phi400$	剥除外护套
4	月牙扳手	$\phi400$	紧固连接器
5	热风机	包括皮带、表、轧头、气割枪	烘烤热缩管
6	平锉刀	300mm	处理漏缆切面不平
7	除尘刷	$\phi10$	清理内管壁
8	照明灯	150W	隧道照明

主要计量器具表   表 1.26-2

序	名　　称	型　号　规　格	备　　注
1	钢卷尺	5m	根据需用配备
2	万用表	数字 UT139A	根据需用配备
3	驻波比测试仪	安立 S331A	根据需用配备
4	场强测试仪	KC901S	根据需用配备

③ 材料的准备

a. 根据工程进度要求，制定要料计划，并按要料计划组织好材料的采购工作。

b. 进入现场的材料进行检验，材料检验要求（表 1.26-3）。材料检验合格后，运入仓库指定位置堆放。

材料检验对照表   表 1.26-3

材料名称	内导体	外导体	最小弯曲半径(单次)	外观检查内容
1-5/8 漏缆	17.30 mm	46.50 mm	300 mm	漏缆外皮无磨损、打折现象，跳线完整无损坏，漏缆接头套件胶泥绝缘胶带满足设计要求
1/2 跳线	4.80 mm	13.80 mm	70 mm	
漏缆接头套件				
终端阻抗				

④ 运输和储存

a. 搬运漏缆时，缆盘吊装至运输车辆上后应固定平稳，防止运输过程中缆盘滚动，造成事故。

b. 漏缆盘应按照使用时间按顺序依次排列好。最外侧为先运输使用的漏缆，缆盘下方应有垫物使其稳固，并对缆盘进行标识处理。

⑤ 接续准备

a. 施工前对施工人员进行技术交底，熟悉漏缆特性，掌握具体操作技能。在做漏缆单盘测试前，需要根据漏缆的实际长度计算每百米理论衰耗值与实测值进行对比，计算公式如（1.26-1）所示：

$$\alpha = (N_e - N_s)/L \times 100 \qquad\qquad (1.26\text{-}1)$$

式中

α——衰减常数，dB/100m；

N_e——电缆输入端的功率电平，dBm；

N_s——电缆输出端（终端）的功率电平，dBm；

L——电缆长度，m。

b. 勘察现场施工环境，核对连接器型号与漏缆是否相符。

c. 准备施工相关工器具。

d. 漏缆的单盘测试，检验项目及标准应符合表 1.26-4 的要求。其中，直流电特性应在施工现场进行检测，交流电特性应作为批量出厂前由场内进行抽测，或由工厂提供出厂测试记录，漏缆电气性能符合表 1.26-4 规定。

漏缆电气性能表　　　　　　　　　　　　表 1.26-4

项目		参考值
交流电特性	环路直流电阻	<4Ω/km
	内外导体间耐压	交流 3000V,2min 不击穿
	内外导体间绝缘电阻	≥1000 MΩ
	特性阻抗	50Ω
	电压驻波比	在工作频率内<1.5
	标称耦合损耗(dB)	85、75、65
	传输衰减(dB/km)	25、27、36

e. 用直流电桥测量漏缆的环路直流电阻。由于环路直流电阻较小，因此要选用小量程、误差小的精密电桥来测量，环路直流电阻小于 4Ω/km。为了减小测量误差，在终端处将内、外导体焊接起来，以消除接触电阻的影响。

f. 用兆欧表测量漏缆的绝缘电阻。在漏缆的内、外导体之间加上电压时，在介质中要产生漏电流，电缆的漏电流越小越好。用耐压表对漏缆的绝缘耐压进行测试，内、外导体间达到在交流 3kV,2min 不击穿。常用连接器及工器具详见图 1.26-2。

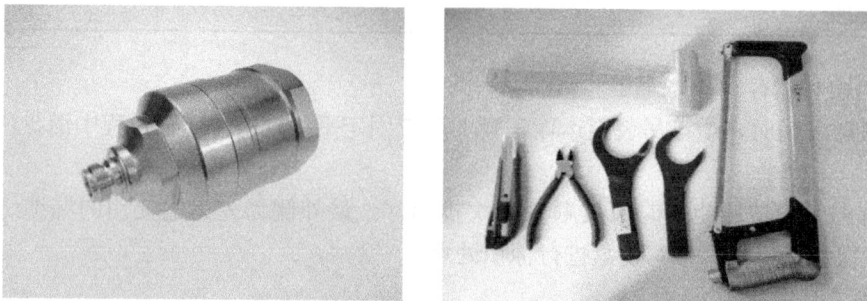

图 1.26-2　连接器及工器具

⑥ 漏缆开剥

a. 使用锯弓沿着卡具端面匀速锯断电缆，界面要求平整、干净，内导体不带毛刺，且与漏缆轴向垂直。

此工序操作要点在于控制切割面的平整。为保证漏缆切割面平整，在切割时需一手紧握漏缆固定在桌面，切割过程不能发生移动；另一只手将锯弓垂直放置在切割位置处，然后保持手臂在一条直线上匀速拉动锯弓，方可避免切割面不平整的问题发生。

b. 削去标志线 150mm，环切外护套 25～30mm，用斜口钳剥去外护套。

此工序关键点在于控制切割深度。在切除标志线时视线需与漏缆上表面平齐，当快切到漏缆圆环护套面时停止切割，然后朝接头方向平稳削去标志线。削去标志线时保证切口同漏缆外表面平齐，确保连接器外壳能紧贴漏缆。环切外护套严禁发生护套切口不平整现象。为保证切割面平整，需分两次进行护套切割，第一次朝顺时针方向，切割长度为断面圆的一半；第二次将美工刀从第一次开始切割处下刀逆时针方向进行，切割长度也为断面周长的一半。每次切割深度为外护套的 2/3 为宜，禁止大力切割导致护套内导体破坏。

c. 用平挫去除内、外导体边缘的毛刺，处理外导体时不能让外导体从绝缘体上胀开。把漏缆端面向下，敲击端头，将掉入内导体中的铜屑倒出；用铜丝刷清洁漏缆端面及周围的铜屑、灰尘等杂质。内导体中的碎屑及尘土必须清理干净，防止造成传输过程中的信号衰减。具体施工流程按照图 1.26-3 执行。

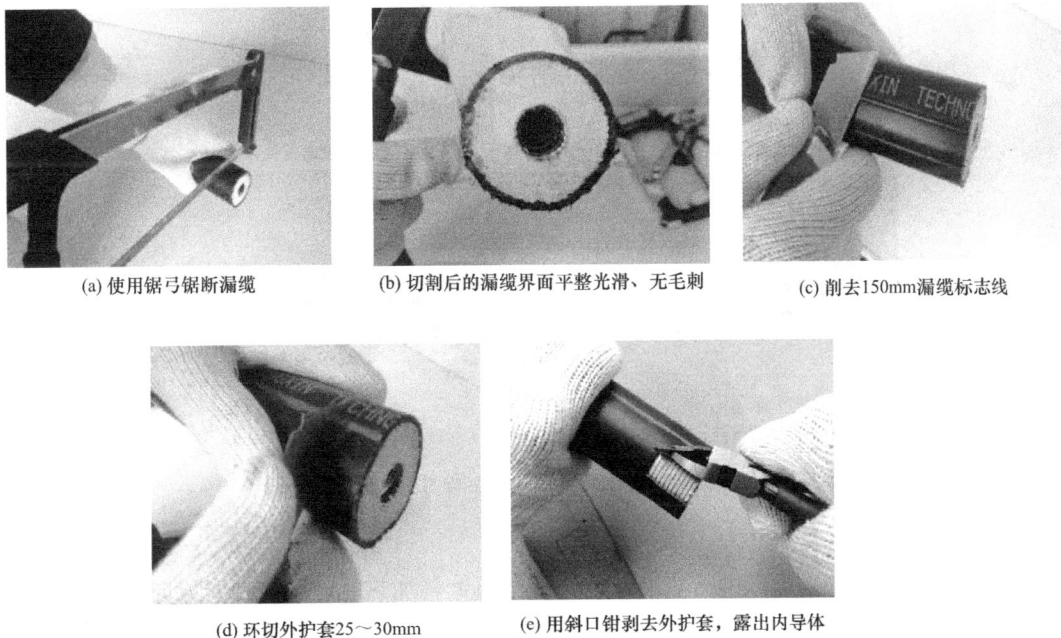

(a) 使用锯弓锯断漏缆　　(b) 切割后的漏缆界面平整光滑、无毛刺　　(c) 削去150mm漏缆标志线

(d) 环切外护套25～30mm　　(e) 用斜口钳剥去外护套，露出内导体

图 1.26-3　漏缆开剥方法

⑦ 安装漏缆接头

a. 把连接器后壳体套入漏缆，将前壳体伞状内芯顺漏缆轴向插入内导体中，操作时严禁旋转前壳体。

b. 使用扩孔工具对内导体进行扩孔，使内导体与连接器充分接触。

c. 套入连接器前外壳，用橡皮锤轻轻敲击前壳体使壳体后端到达安装到位标记处。严禁来回插拔漏缆接头，造成导体卡簧损伤。

d. 用扳手固定前外壳，拧紧后外壳。固定接头的关键点在于需保证前外壳固定不动，然后匀速旋转后外壳进行固定，以防止前外壳在旋转过程中导致内导体卡簧损坏。此工序为接续关键工序，紧固过程中严禁旋转前外壳，紧固后外壳时需匀速平稳进行，严禁晃动漏缆。

e. 连接器装配质量检查。

首先目测连接器的外观，螺丝是否拧到位；然后一只手握紧漏缆，另一只手握紧连接器并稍微用力旋转连接器（切忌用力过大），连接器与漏缆不发生相对位移。

用万用表进行检验，检查内、外导体装接情况。将万用表拨盘拨至导通档，表笔分别接触连接器的内芯和外壳体，此时万用表应为不导通状态，判断内、外导体是否短路；把漏缆另外一端内、外导体用短路器短路，轻轻敲击连接器，此时万用表应为导通状态，判断装配接触质量。

连接器安装应保证电性能指标，对于内、外导体短路或装配接触质量不合格的应重新安装。具体施工流程按照图 1.26-4 执行。

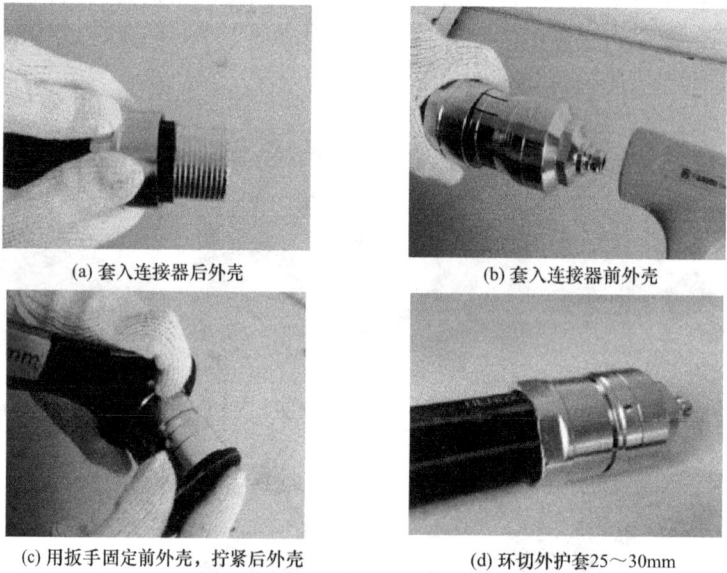

(a) 套入连接器后外壳

(b) 套入连接器前外壳

(c) 用扳手固定前外壳，拧紧后外壳

(d) 环切外护套25～30mm

图 1.26-4 连接器安装方法

⑧ 防水绝缘处理

a. 使用热缩管将连接器进行热缩处理，在给热缩管加热时应朝前外壳方向匀速移动热风机，严禁热风机固定一个点位加热致使热缩管受热不均匀。热缩管加热完成后的最终状态应使热缩管贴紧漏缆与连接器，表面有热熔胶溢出。

b. 正方向缠一层防水绝缘胶带。缠绕时应拉紧胶带，重叠进行绕包，重叠量为胶带宽度的 1/2，每次叠压时需朝缠绕方向均匀拉伸胶带，并使胶带稍微发生形变，使其充分密贴，然后用剪刀剪断并压紧，以免因翘边而影响防潮效果。

c. 反方向缠一层胶泥。缠绕时应均匀拉伸胶泥，拉伸后宽度为原宽度的 3/4；须重叠进行绕包，重叠量为拉伸后胶泥宽度的 1/2，收尾时拉断胶泥，将拉断处平整挤压，使端头自粘到其他胶泥上；绕包完毕，用手在绕包层上挤压胶泥，使层间贴附紧密无气隙以便充分粘结。

d. 正方向缠第二层防水绝缘胶带。为防止最外层绝缘胶带受潮翘边，可在收尾处用扎带扎紧。具体施工流程按照图 1.26-5 执行。

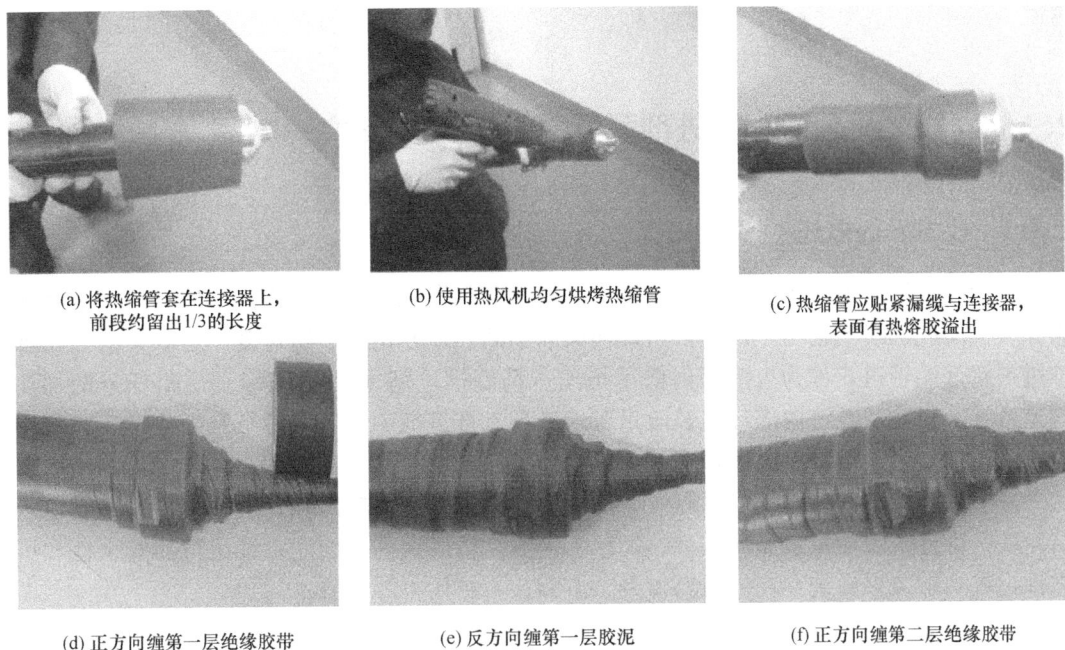

(a) 将热缩管套在连接器上，前段约留出1/3的长度

(b) 使用热风机均匀烘烤热缩管

(c) 热缩管应贴紧漏缆与连接器，表面有热熔胶溢出

(d) 正方向缠第一层绝缘胶带

(e) 反方向缠第一层胶泥

(f) 正方向缠第二层绝缘胶带

图 1.26-5　防水绝缘处理方法

⑨ 场强测试

a. 接头完成后，需对漏缆内外导体间绝缘电阻、线路传输损耗等电气特性及连接状态进行复测，对于阻值过大、绝缘不良、衰减过大的接头要锯断重做。

b. 漏缆接头制作完成后需进行接头信号损耗测试，一般选一个基站及其有效覆盖范围内进行测试。使用场强测试仪对场强进行测试，通信质量应满足如下要求：

信噪比：在场强覆盖区内，无线接收机音频输出端的信号噪声比不小于 20dB。

可靠性：在满足信噪比的要求下，场强覆盖的地点、时间可靠概率在轨行区需满足 100%。

场强覆盖：上下行链路的每载频信号场强在要求的覆盖区内应满足 ≥-95dBm。

c. 在基站侧进行场强测试，电压驻波比不大于 1.5。

（3）实施总结

区间漏缆接头制作，仅需携带扶梯和必要的工器具即可施工，方便快捷。本技术的应用提高了施工效率和接头一次合格率，避免了返工。漏缆内外导体间绝缘电阻符合设计要求，线路传输损耗低，连接状态良好。防水绝缘良好，避免了因区间内潮湿对接头造成的损害。使用此技术指导漏缆接续能提高漏缆接续的一次合格率，提高施工效率，降低因返工造成的材料浪费及成本增加，同时也能提高区间无线场强的信号强度。

（提供单位：中建安装集团有限公司；编写人员：王宏杰、乔文海、张睿航）

2 一般工业工程安装新技术

2.1 运载火箭高精炼推进剂超低温管道安装技术

2.1.1 技术发展概述

在运载火箭发射过程中，高精炼推进剂与氧化剂燃烧产生大量炽热气体，这些气体膨胀并从火箭底部喷嘴喷出，产生推力，使火箭不断加速并达到发射速度。运载火箭高精炼推进剂超低温管道，作为火箭发射前承担输送精炼推进剂（代号 RP-1）燃料任务的加注管道系统，对输送系统内部环境及质量要求极高，推进剂一旦发生污染发生化学反应将影响火箭正常发射，重者造成爆炸事故。

采用低温管道安装技术可以有效保证火箭高精炼推进剂超低温管道系统不锈钢管道的洁净度、管道安装质量及保温质量。确保了火箭高精炼推进剂加注系统运行的安全性和可靠性，成功解决该系统存在的燃料污染、泄漏、人员伤害等现象。

2.1.2 技术内容

在高精炼推进剂长输管线设置洁净加工区域，通过先预制焊接接头/法兰，后进行安装的方式，避免了在线焊接方式带来的质量不稳定情况，满足现场快速组装要求的同时便于保证管段内部的洁净；采用海绵弹逐根检查管材内表面并结合纯净氮气吹扫的方式，有效地保证了管道内的洁净度；DN20 及以下管道弯管采用专用弯管装置现场冷弯制作，减少了焊接、探伤工作量，加快了施工进度，大大降低了施工成本。

输送系统最低输送推进剂温度−196℃，保温性能要求极高，常规保温方法容易造成保温层破损，难以保证超低温管道保温要求。采用管道现场发泡保温技术加快了施工速度，节约了施工成本；专用脱模材料，确保保温层成型后外表面的观感质量；在管道外表面与保温层之间涂抹特殊防冻液，确保不同材质之间收缩膨胀过程的同步性问题得到有效控制。

专用管道支架的应用，有效解决了支吊架的批量预制及成排管道的固定问题，保证了系统运行的稳固性。超低温长输管道在室外明装部位，设置专用滑动支座、限位支座，解决管道系统在运行中的收缩带来的变形及位移问题。

对超低温管道的焊接采用内外充氩保护的全氩焊接工艺，并制定特殊的焊接操作规程，有效地防止了不锈钢焊口的晶间腐蚀，保证了管道的焊接质量。

2.1.3 技术指标

（1）《现场设备、工业管道焊接工程施工规范》GB 50236—2011；

（2）《工业金属管道工程施工规范》GB 50235—2010；

（3）《焊缝无损检测　射线检测》GB 3323—2019；

（4）《金属和合金的腐蚀　奥氏体及铁素体—奥氏体（双相）不锈钢晶间腐蚀试验方法》GB/T 4334—2020；

（5）《工业设备及管道绝热工程施工质量验收标准》GB 50185—2019；

（6）《设备及管道绝热技术通则》GB/T 4272—2008；

（7）《设备及管道绝热效果的测试与评价》GB/T 8174—2008。

2.1.4　适用范围

适用于运载火箭高精炼推进剂超低温管道工程，也可适用于石油化工不锈钢管道系统等类似管道的安装。

2.1.5　工程案例

海南航天发射场078工程长五煤油加注系统、长七煤油加注系统。

（1）工程概况

海南航天发射场078工程长五煤油加注系统、长七煤油加注系统（以下简称煤油加注系统），位于海南文昌卫星发射基地内。系统最高工作压力为35MPa，介质为氮气、液氮和煤油等。具体工程环境如下：

1）距海边约1km，盐雾浓度$2\sim5mg/m^3$；

2）累年平均气温24.1℃；月平均气温最高值28.3℃，最低值18.1℃，历年最高气温39.1℃/最低气温4.2℃；

3）湿度：累年平均相对湿度为86%；月平均最大相对湿度为89%，最大相对湿度98%；

4）雷电：年平均96d；

5）基本风压：1.05kPa；

6）地震设防烈度：7度（0.15g）。

本工程为115建筑物内的加注设备和不锈钢管道安装、115-101与115-201加注外线不锈钢管道安装以及101塔与201塔加注设备和不锈钢管道安装。

煤油加注系统由储罐、放空罐、屏蔽泵、不锈钢管路及相应阀门、阀件及配套传感装置构成，主要的实物工程为：$\phi8\times1$、$\phi14\times2$、$\phi16\times3$、$\phi21\times3.5$、$\phi24\times2$、$\phi28\times4.5$、$\phi32\times3$、$\phi56\times3$、$\phi108\times4$、$\phi133\times4$、$\phi159\times5$、$\phi219\times6$不锈钢管道；各类手动、气动球阀、压力传感器及其配套的法兰、软管；各类接头、三通等。

（2）技术应用

1）工程特点及相应要点

本工程是为特殊重要产品提供服务，因而从材料、设备及元器件的采购到施工管理都必须严把质量关，并根据使用要求制定严密的施工工艺。

由于工程的特殊性，相应的设备、管件、阀门必须在定点厂家进行采购。须对管材进行逐根检查，并进行材质的复验和相应的机械性能及化学晶间腐蚀试验。

由于供油介质的特殊，因而对整个管路系统的洁净度有相当高的要求，必须制定专项清洗工艺措施，保证安装质量。

整个供油系统管路较长，达数万米，系统中有大量的机械结合面。为确保整个系统在施工完成后试压工作及今后系统使用过程的严密、不泄漏，除制定切实可行的接头、阀门安装工艺外，制定专项施工方案保证工艺实施过程中的稳定性。

施工过程中的脱脂清洗、焊接包括探伤以及管道安装和保温是本工程重要的工艺关键点，其操作要点将在后续文中详细阐述。

2）施工工艺流程：材料进场验收 → 脱脂清洗保护 → 管道焊接、安装 → 焊接检验及处理 → 吹洗、试压 → 灌浆保温 → 系统调试 → 投入使用

3）工艺过程及操作要点

① 材料进场

管材和附件到达现场后，首先应检查制造厂家的制造许可证、合格证、材料质量保证书和化学元素分析等资料，与设计标准核对，然后进行材料的外观检查，并核对有关椭圆度、外径、壁厚等物理指标，必要时进行化学元素的分析抽查。

在确定核查无误后，应放在特制的木架上，并与其他材料隔离开，对于整箱阀件，应与甲方一同开箱，清点阀件。

不锈钢管材的化学成分应符合现行国家标准《流体输送用不锈钢无缝钢管》GB/T 14976 的技术条件。

② 脱脂清洗

管道、阀门、管件在安装前，必须严格按要求进行脱脂清洗（不锈钢管材出厂前已进行了酸洗钝化处理），并且符合要求。清洗场地选用已建好的厂房且已做好地坪四周封闭的房间，通风条件良好，现场环境应清洁干燥，所使用的工具应清洁，操作人员必须穿干净的工作服、戴橡胶手套，以保证清洗工作的质量。

a. 管材采用海绵子弹蘸酒精清洗、压缩氮气吹扫

管径大于 DN50 的管材，将 2 倍于管长的不锈钢丝从中间位置固定上浸泡了工业酒精的海绵子弹，并穿入不锈钢管内，采用来回拉动不锈钢丝的方法进行清洗。管内污物清洗后，用清水冲洗，然后用白布条检查。若未合格，重复上述过程，直到合格为止。

管径小于 DN50 的管材，直接用 PSI 管路清洗枪利用压缩空气为动力，将大于清洁管径 $10\%\sim20\%$ 的蘸了脱脂液的海绵子弹高速打入管内直接清洗，清除颗粒污物，并吸收残留油质液体，直至管路清洁为止。

将清洗干净的管道，用氮气吹干再用干净的白布封口，彻底去除海绵丝，缠上不干胶带，并在管道上注明洁净的标记。

b. 清洁度的检测

不锈钢管道需要保证焊缝内表面无深色或黑色区域，且无氧化皮及焊渣焊瘤等多余物。对于气路管道使用内窥镜进行检测，吹除时后端接 $5\mu m$ 的过滤器，检查过滤网无肉眼可见的多余物为合格。对于液路管道可采用白无纺布擦拭的方法进行检查。参照空气分离设备表面清洁度的要求对设备进行检验，使用白色、清洁、干燥的滤纸或无纺布擦抹被测表面，目测滤纸或无纺布上应无油痕。

c. 管件、阀门的清洗

管件如三通、弯头等，包括成品件、不锈钢焊丝和预制加工件均需进行脱脂清洗。管

材、管件、阀门等锈蚀，若经脱脂清洗达不到工艺要求，要进行酸洗除锈，然后钝化还原、清洗。

d. 脱脂清洗完毕以后，应将洁净的管配件和阀门存放在清洁的地方，严防污染。

③ 焊接

a. 工艺性审查及焊接工艺方案制定

在焊接施工前首先进行设计文件工艺性审查，然后根据管道材质、规格制定焊接工艺方案。在工艺性审查和工艺方案制定中特别注意管道输送介质的超低温特点。

b. 焊接工艺评定及焊接工艺规程编制

焊接工艺评定是编制正确焊接工艺规程的前提，该工程必须完成焊接工艺评定。在焊接施工过程中，按评定合格的焊接工艺评定、结合该工程管道施工的实际条件编制适合本工程的可操作的焊接工艺规程。焊接工艺规程是指导焊工进行焊接作业的指导文件，在焊接施工的过程中，焊工应严格按焊接工艺规程进行焊接作业，遵守工艺纪律。

c. 焊接材料

按焊接工艺文件规定采购焊接材料。对焊接材料的采购、验收、入库、保管、烘干、清洗、发放和回收应符合现行国家标准《现场设备、工业管道焊接工程施工规范》GB 50236 的规定。应注意焊接材料的保管要求及焊条烘干温度；经二次烘干发放的焊条再回收后不得用于该管道焊接；焊丝在使用前应使用丙酮去除油污等杂质。

d. 坡口加工

坡口采用坡口机等机械方法加工。加工后的坡口经检查合格后，应将钢管两端口密封，以防止异物进入钢管内。

e. 组对

钢管组对前应按设计文件和相关工艺措施完成对钢管内表面的脱脂清洗。为保证组对质量，组对前应检查坡口加工尺寸是否达到要求。

组对前应将坡口及其内外侧表面不小于 20mm 范围内的油污、毛刺等清除干净，并采用丙酮进行清洗。

影响焊接质量最重要的接头装配尺寸是接头间隙和错边量，因此组对中应严格按要求控制接头间隙和错边量。

组对过程中采用自行研制的外对口器（图 2.1-1、图 2.1-2），管口校正后，将卡管套初步安装在工作管 1 上，调正；然后将工作管 2 的管口放入卡管套的扩口段；调整对管管口的间隙，紧固粗调螺母；检查工作管 1、2 相对标高、坐标，精细调整微调螺母；定位焊接。

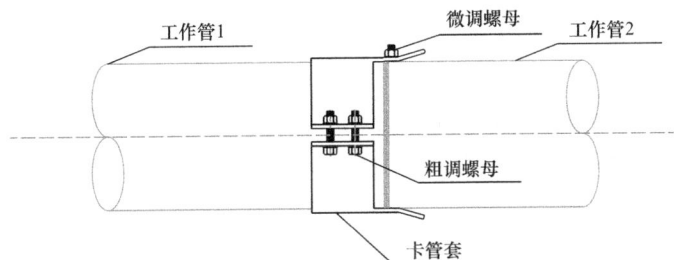

图 2.1-1　对口器正视　　　　　　　　图 2.1-2　对口器侧视图

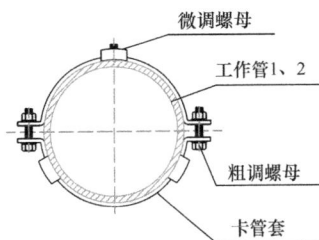

f. 管道焊接

焊接前应严格检查坡口组对质量，确认符合规定时，才能施焊；焊接时，应严格遵守焊接工艺规程和安全操作规程，焊接操作要点如下：

对于管径较大的水平固定焊口，为防止仰焊位置管内焊缝内凹，打底层采用仰焊部位（6点位置两侧各60°）内填丝，其他部位外填丝法进行施焊。

焊接过程中焊丝不能与钨极接触或直接深入电弧的弧柱区，否则易造成夹钨和破坏电弧稳定。钨极在焊接过程中应垂直于钢管的轴心，这样能够更好地控制熔池的大小，而且可以使氩气均匀地保护熔池不被氧化。

充氩保护：为防止根部焊缝金属氧化，整个焊接过程（包括层间和盖面层）都应进行充氩保护，氩气纯度不低于99.99%。对于小直径管（$\phi < 57mm$），先将管子一端用带有小孔的锡油纸封口，然后从另一端通入氩气。对于大直径管（$\phi \geqslant 57mm$），在管道内焊口两侧形成一个400～500mm长的气室，为防止氩气从坡口间隙大量漏掉，打底焊接时应在焊口外表面贴上耐高温锡油纸，随打底焊进度撕开。

④ 管道安装

采用"管段在洁净加工区域内先预制焊接接头或法兰，后进行安装"的方式，实现长输管道在线无焊接快速组装。

a. 弯管装置

DN20及以下管道（气管）弯管采用现场冷弯制作，为保证施工现场弯管的质量，特采用专用弯管装置进行加工，见图2.1-3。

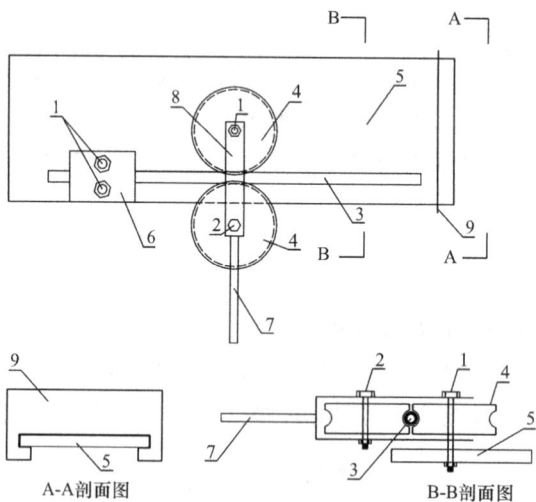

A-A剖面图　　　　　　　　　　B-B剖面图

1—焊栓1；2—焊栓2；3—待弯管道；4—加工轮；5—加工钢平台；6—钢压板；
7—转动手柄；8—扁钢连接件；9—角度校正装置

图2.1-3 弯管示意图和加工轮侧视图

b. 可调 L 形丝卡接的应用

可调L形丝卡接（图2.1-4）结构简单、加工容易、成本低，在安装过程中可以方便地与内丝膨胀螺栓、通丝杆、丝卡接和管卡组成一组简单、易安装的管道吊架。在管状内丝段设有观察孔，可以观察丝杆进位状况，保证丝卡接或丝鼻子与丝杆的连接承力符合安全要求。

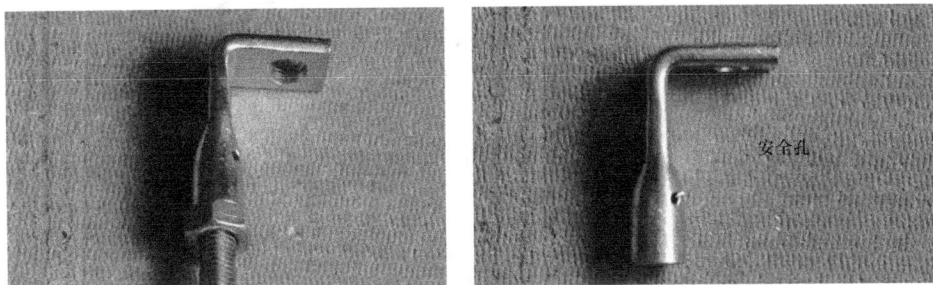

图 2.1-4　可调 L 形丝卡接

c. 成排水平管道固定支架的应用

成排水平管道固定支架（图 2.1-5）结构简单、加工容易、成本低，在安装过程中可以一次性对成排管道进行固定，保证了系统运行中的稳固性。

d. 成排镰刀形管卡支架的应用

本系统供气管线管道密集、空间狭小，根据现场情况进行竖向成排布置，采用了镰刀形管卡支架（见图 2.1-6、图 2.1-7）。当成排镰刀形管卡支架采用碳钢支架时，气管与支架间增设不锈钢套管。

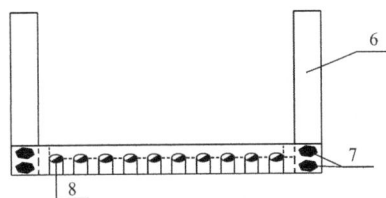

图 2.1-5　专用固定支架使用示意图
6—角钢吊臂；7—螺栓；8—管道

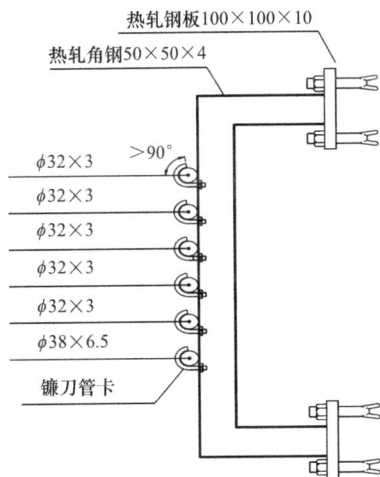

图 2.1-6　镰刀形管卡支架成排布置

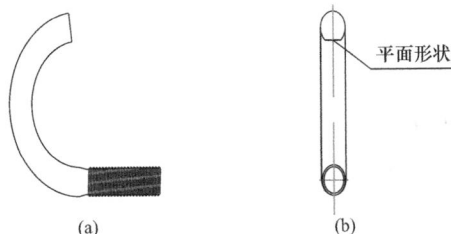

图 2.1-7　镰刀形管卡示意图
（a）镰刀形管卡正面图；（b）镰刀形管卡侧面图

e. 管道滑动支架的应用

外线成排管路支架形式见图 2.1-8。

支架应进行防腐涂料处理，支架的预埋件也应同步进行防腐涂料处理，均涂铁红酚醛防锈漆 2 道，每道干膜厚度不小于 $30\mu m$；酚醛清漆 2 道，每道干膜厚度不小于 $30\mu m$。

不锈钢管道与碳钢支架采用 U 形管卡（管间距紧凑的部位，也可采用单边管卡）固

图 2.1-8　滑动支架示意图

定。U 形管卡采用外购标准件，工作管外套 100mm 宽 0.2mm 厚的不锈钢管套作衬垫。限位管柱采用 D38×3 长 100mm 不锈钢管，牢固焊接在碳钢支架上。

⑤ 管道附件安装

a. 机械端面的密封

通过反复研究，采用了 1Cr18Ni9Ti 金属和航天专用密封脂 7805 相结合的方式，解决了管路系统大量机械结合面的密封质量，保证了管道系统内部的洁净度要求。

b. 法兰密封垫安装

推进剂加注管道法兰密封垫采用聚四氟乙烯垫，是由四氟乙烯经聚合而成的高分子化合物，具有优良的化学稳定性、耐腐蚀性（是当今世界上耐腐蚀性能最佳材料之一，除熔融金属钠和液氟外，能耐其他一切化学药品，在王水中煮沸也不起变化，广泛应用于各种需要抗酸碱和有机溶剂的工况）、密封性、高润滑不黏性、电绝缘性和良好的抗老化性、耐温跨度大（能在 −196～250℃ 的温度下长期工作）。

⑥ 焊接检验及处理

a. 焊接质量探伤检验

焊接检验贯穿管道焊接作业的全过程，并对焊接接头的外观质量和内部质量进行检查，是保证焊接质量的重要环节。最高工作压力不小于 10MPa 的管道要求对焊缝进行 100% 的射线探伤，90% 应达到 Ⅰ 级（其余不低于 Ⅱ 级），其他压力等级管道焊缝进行 20% 的探伤，质量不低于 Ⅱ 级。低温管道对焊缝进行 100% 的射线探伤，90% 应达到 Ⅰ 级（其余不低于 Ⅱ 级）。

b. 焊后处理

不锈钢管道焊接完成后，应及时清除焊缝表面熔渣及飞溅物。待无损检测合格后，对焊缝表面及周围进行酸洗处理。为了在钢管表面形成新的保护膜，提高耐腐蚀性能力，在酸洗之后，还要进行钝化处理。

管道施工过程中，一般只对焊口进行酸洗和钝化处理。如果管材污染严重，也可以对全部管材进行上述处理。具体步骤是：用丙酮除去油渍；用酸洗液浸泡 1～2h；用冷水将酸洗液冲干净；用钝化液浸泡 1h；用冷水将钝化液冲干净，最后晾干。

焊后热处理，不锈钢管道在焊后存在内应力，当输送介质中有氯离子或其他离子时，会引起应力腐蚀。因此需对焊口进行消除应力处理。消除应力一般加热到 850℃ 时进行冷却，对含钛的 0Cr18Ni9 的管件直接可在空气中冷却。管子焊口经消除应力处理以后，其屈服强度与疲劳强度可以得到提高，并可以防止产生裂纹。

c. 管内洁净度控制

接头组对前的钢管内表面的脱脂清洗、压力试验后的吹扫清洗必须按设计文件和相关工艺措施严格执行。

坡口加工完成或焊接完成后采用管帽将管子两端密封。

接头组对前后按要求对坡口两侧进行清洗，组对完成后及时进行焊接。

焊接完成后，应及时除去焊瘤、飞溅等，及时进行酸洗钝化。

⑦ 吹洗、试压

a. 吹洗过程

（a）吹洗前准备

按吹洗前检查所分的系统，将仪表等加以保护，并将滤网、调节阀、节流阀及止回阀阀芯拆除，妥善保管，待吹洗后复位。

将设备与管道系统分离，设备进气端管道吹洗合格后再连入设备进行吹洗。

（b）管线吹洗方法

整个吹洗过程的压力不大于管线设计压力，流速大于 20m/s。

吹洗过程中，当目测排气无烟尘时，在排气口设置贴白布的木制靶板检验，5min 内靶板上无杂物则为合格。

吹洗步骤严格按照之前管线检查步骤分段进行。

（c）加注管线吹洗方法

供气管线库房配气台管线气检管路经过吹洗、露点测试及气检后即可作为加注管线吹洗的气源。加注管线吹洗方法与供气管线相同。

b. 吹洗步骤

先脱开加注管线与储罐、泵、换热器等设备的连接，将气源管路与加注管线接通，进行吹洗，各出气口检查合格后再将设备接入管路进行吹洗。

吹洗完成后，先用打靶法检查管道洁净度，即在放气口正对 30cm 处放一木板，木板上盖一块干净的白布正对放气口，放气完成后检查白布是否洁净。干净后用露点测试仪检查露点是否达到规定要求的 -55℃以下。

c. 气检

（a）各分部管线露点测试合格后进行管线气检（凡含有设备气检的，必须要有设备供应商进行配合）。需设置隔离带予以警示。如气检过程中有气密性问题，不能带压操作，必须泄压后进行。

（b）管线气检利用气瓶的清洁气源进行。

（c）供气管线各部分试验压力与设计压力相同，采用逐级缓升的步骤进行：升压速度不大于 50kPa/min；升压至试验压力的 50% 时，停压 10min 进行检查，如无异常现象，继续按试验压力的 10% 进行逐级升压，每级稳压 3min 进行检查，直至试验压力。最后稳压半小时，用肥皂水涂焊缝及接头，无泄漏，压力无下降为合格。合格后缓慢排压，且必须将排气口对准无人区域。

（d）利用接气源管线进行缓慢升压，至工作压力后停压 30min 进行检查，用中性肥皂水涂焊缝及法兰，无泄漏，压力无下降为合格。合格后在无人区进行缓慢排压。

⑧ 灌浆保温

本工程管道工作温度最低可达－196℃，常规聚氨酯材料最多用于－50℃，本技术对聚氨酯材料性能进行改良，使其能够满足本工程需要。采用 HCFC141B 作为发泡剂代替传统的 CFC11（三氯一氟甲烷），1：20 的水与 HCFC141B 的混合发泡剂制备聚氨酯保温材料。

常规保温方法容易造成保温层破损，难以保证超低温管道保温要求。本工程保温施工采用我公司专利模具，内径为管道保温后管道直径。模具本体壁厚 5mm，可保证发泡时模具承受外力不变形，同时自重相对较轻。

a. 专用模具制作

灌浆模具采用两片组合的方式，在每片的四周用角钢焊接成法兰的样式，并在角钢上按 100mm 的间距钻 10mm 的螺栓孔。模具内径尺寸为保温后管道的外径，模具端头按管道内径采用圆环的形式中空，内圆尺寸为管道外径加 5mm 允许偏差（可以确保模具相对密封但又不完全密闭，便于发泡浆料固化反应及排气），外圆尺寸同管道保温后外径尺寸。分别制作一组端部用模具（两端设置定位环），两组标准段模具（一端设置定位环），循环使用，见图 2.1-9。

模具组合安装后上方留 ϕ100mm 或 100×100 见方的小孔，以便保温浆料的灌入。在预留保温浆料灌入口加工一挡板，用来防止保温浆料外溢，专用模具加工完成后，进行防腐处理，见图 2.1-10。

图 2.1-9　模具预留灌浆口

图 2.1-10　模具防腐

模具制作完成后，运输到保温现场，将模具按原分段图安装在已清理完毕的管道上，模具之间采用专用钳子紧紧夹住牢固，不得有脱落，特殊部位采用螺栓连接的方式紧固。安装时预留灌浆口朝上，以便保温浆料灌入。安装时注意与管道接缝处严密，不得有空洞，防止保温浆料灌入后泄漏。如有模具与管道不相匹配，更换模具直至严密无缝。在管道适当的位置加装鱼尾钳，使其固定住模具位移，防止热胀冷缩模具移位影响保温性能。

b. 脱模材料安装

先在专用模具的内层涂抹 101 甲基硅橡胶作为隔离剂，涂抹需均匀，不得有堆积、气泡、漏涂等现象。然后采用专用内胎布将模具四周包裹，薄膜包裹时要求不得有褶皱、破裂和空洞，以免无法脱模。

c. 超低温胶粘剂、保温浆料的研究与应用

本技术开发了特殊的防冻粘结液，采用 100％涤纶级高纯度乙二醇、有机型复合的优

化配方，解决了温度骤降时，直接粘结在管道上的聚氨酯保温层因收缩膨胀率不同步而造成保温层破碎、开裂、脱落的问题发生。

本系统管道工作温度最低可达－196℃，采用异氰酸聚亚甲基聚亚苯基脂作为发泡黑料、聚醚多元醇作为发泡白料，所形成的泡沫体为乳白色，气泡均匀、密实、表面光滑、孔径约 0.4mm。添加特殊制剂的聚氨酯保温材料，在超低温条件下的保温效果好，热损失小。同时在超低温条件下，聚氨酯具有良好的力学性质，压缩性强，不容易发生脆性断裂。

d. 灌浆及模具拆除

待模具安装完成，保温浆料可以使用后，用聚氨酯专用发泡机以 150g/s 速度打入发泡成型模具中发泡、固化。

从预留灌浆口匀速灌入保温浆料，防止产生气泡、空洞。待保温浆料灌满后用挡板密封，防止浆料泄漏。常规情况下 30～50s 即发泡完成，3～5min 固化完成，半小时后即可脱模。

保温浆料凝固完成后，拆除保温专用模具。每隔 10m 处抽样检测复核保温材料的性能，确保保温参数满足设计要求。

模具拆除后，用美工刀片或锯弓把保温层多余或不规则的地方缓慢削掉，在两次保温的地方用美工刀划成凹式接口，保证每次保温形成凹凸形的楔形接口。

e. 防潮层及保护层安装

在发泡工作完成以后，在保温层的表面缠绕玻纤布，防潮层表面应光滑平整、厚度均匀，表面无气孔、鼓泡或开裂等缺陷，端部应密封。防潮层搭接宽度为 30～50mm，纵向接缝应放在下部并互相错开。每隔 300mm 捆扎镀锌铁丝或箍带一道。缠绕玻纤布前在保温层涂环氧树脂，缠绕后在玻纤布外再涂 3mm 厚的环氧树脂，玻纤布的搭接宽度为 30～50mm。缠绕后检查铁丝网有无松动部位并对有缺陷的部位进行修整，缠绕的起点和终点用镀锌铁丝箍带捆扎结实。

金属薄板保护层用厚度为 1.0mm 的不锈钢板制作，施工时先按管道保护层（或防潮层）外径加工成型，接缝不锈钢板事先应轧边。再套在管道保温层上，搭接采用双凸筋法，搭接宽度均保持 30～40mm，搭接缝应避开雨水冲刷的方向，并不允许有脱壳、翻边、豁口、翘缝等现象，圆度公差 10mm，表面平整度允许偏差 4mm。

⑨ 系统调试

系统调试采用分段调试方法，由推进剂集装箱→推进剂贮罐→屏蔽泵→换热器→贮罐，由液氮槽车→换热器→放空管，由屏蔽泵→外线→塔架，由塔架→积液罐，由配气台→管线→活门箱→管线逐步检查阀门性能，管路连接件密封性、液位计、流量计、管道信号器、传感器、压力表精度，以及各接口的密封性。

系统阀门密封性通过压力表保压的方式检查，检查要求按照相关标准执行。管道密封性可通过压力表保压和接管涂抹肥皂水的方法检查，要求接管处涂抹肥皂水不能有明显气泡。减压器可通过校验合格的压力表检验。流量计、传感器可通过计量仪器测量。

（3）实施总结

在海南航天发射场 078 工程长五煤油加注系统、长七煤油加注系统安装工程中，通过成功应用运载火箭高精炼推进剂超低温管道安装技术，施工成本节约 23%，保证了火箭高精炼推进剂加注过程的安全和高效，为火箭的发射和飞行提供了保障，对我国航天事业的发展做出了良好的技术支撑，社会效益巨大。实现了经济效益和社会效益双丰收，并形成成熟的施工工艺，在超低温管道施工中具有极大的推广应用价值，能够给国内外类似项目提供借鉴经验。

（提供单位：成都建工工业设备安装有限公司；编写人员：胡笳、曾宪友、林吉勇）

2.2 循环流化床锅炉烘炉技术

2.2.1 技术发展概述

烘炉并不是一个新的概念，在锅炉大量采用重型炉墙的年代，锅炉投入运行之前的烘炉是必不可少的。随着锅炉技术的发展，大量的煤粉炉普遍采用了轻型炉膛结构，不再需要烘炉。只是在近几年，随着循环流化床锅炉的迅猛发展，为了克服循环流化床锅炉普遍存在的磨损问题，对炉墙中耐火耐磨材料的要求越来越严格，烘炉技术又得到了广泛应用，并有了新的发展。

大型循环流化床锅炉（CFBB，Circulating Fluidized Bed Boilers）作为新型高效清洁的燃烧技术在国内的应用越来越广泛。循环流化床锅炉中有大量的砌筑材料、浇注材料以及耐磨耐火灰浆和耐火保温灰浆等。新的砌筑或浇注材料中含有一定的水分，虽然经过自然干燥可以去除材料中的部分水分，但水分的完全清除，只能通过烘炉才能实现。因此，循环流化床锅炉的耐火耐磨材料或耐火耐磨浇注料施工完毕后，在第一次使用前必须进行烘炉。

烘炉的重点在于对加热过程的控制，即需要按一定的要求进行升温和保温，使浇注料中的水分缓慢、彻底地析出，因而烘炉过程所遵循的温升曲线的合理性和温度控制的精度就显得尤为重要。烘炉曲线一般由耐火材料厂家或锅炉厂家提供，通常是一种材料或多种材料对应一种曲线，忽略了锅炉结构、热量传递等因素对浇注料实际受热情况的影响，曲线的设置较为保守，使得烘炉耗时较长，干燥效率偏低，对应的烘炉方法也存在温度控制精度较低等问题。因此有必要对烘炉过程的加热控制问题进行研究，一方面通过对烘炉过程传热传质机理问题的分析，探讨烘炉曲线制定的策略，为烘炉曲线的优化提供参考，另一方面则是采取措施，提高烘炉过程中温度控制的精度，在保证烘炉质量的前提下缩短烘炉时间，既有助于新锅炉的尽早投产，也可缩短既有锅炉的大修工期。

2.2.2 技术内容

根据CFB锅炉结构特点及相关设计参数，确定烘炉机数量、位置，编制温升曲线图。安装烘炉机、燃油管道、压缩空气管道等，将电源线就近接入烘炉机电源控制箱。对烘炉控制系统各设备参数进行选型，并设置控制主界面，烘炉前准备工作完成后按顺序启动烘炉机，烘炉过程中自动控制温度、水位和排污等各项指标，最终检验烘炉效果。

2.2.3 技术指标

（1）《电力建设施工技术规范 第2部分：锅炉机组》DL 5190.2—2019；

（2）《锅炉安装工程施工及验收规范》GB 50273—2009；

（3）《石油化工循环流化床锅炉施工及验收规范》SH/T 3559—2017。

2.2.4 适用范围

适用于各种型号的循环流化床锅炉的烘炉。

2.2.5 工程案例

1. 青岛东亿供热116MW锅炉一期安装工程

（1）工程概况

本工程为青岛市重点工程，被列为青岛市"十一五"计划，将建成有3台116MW、4台168MW循环流化床热水锅炉，为山东省最大热水锅炉，建成后将成为亚洲最大的供热中心。

（2）技术应用

1）循环流化床锅炉烘炉特点难点

循环流化床锅炉运行中，炉膛内衬表面长期承受高浓度炉料冲刷，这对内衬材料的性能提出了严格要求，如何保证其质量和性能关键在于内衬材料烘干过程。国内大量采用热烟气烘炉，但存在烘炉曲线的制定过于粗放，烘炉所需时间较长，造成浪费；温度控制策略不严格，烟气温度和浇注料内部温度有差异，影响烘炉质量；加热控制方式落后，过程人工操作控温，反馈缓慢，调节精度低，经常会造成较大的温度偏差。

2）关键技术特点

优化烘炉曲线，缩短烘炉时间；基于PLC和触摸屏开发烘炉过程自动控制系统，实现烘炉参数的自动采集和烘炉过程的集中控制，提高温度控制的精度，减少人力，同时降低由于温度波动引起的燃料浪费。

3）施工工艺过程

① 工艺流程

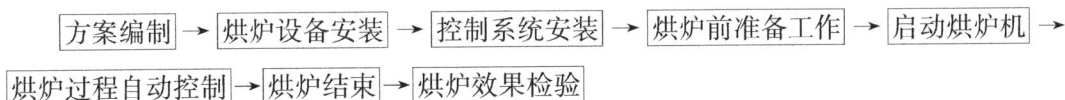

② 工艺过程

a. 方案编制

（a）确定烘炉机数量、位置

根据CFB锅炉结构特点及相关设计参数，以炉墙均匀受热、避免"死角"及形成方向一致的烟气"走廊"为原则确定烘炉机数量、位置，见图2.2-1。

（b）编制温升曲线图

根据耐火材料厂家提供的材料特性温升曲线，确定耐火材料特点并绘制温升曲线图，并经试验检验加以修正；厂家不能提供的，应做实质性的烘炉试验，而后绘制烘炉温升曲线图。优化后的锅炉烘炉为一个阶段，以下为经过试验的未考虑排湿孔的影响烘炉温升曲线，见图2.2-2。若考虑排湿孔的影响，烘炉曲线时间可进一步缩短。

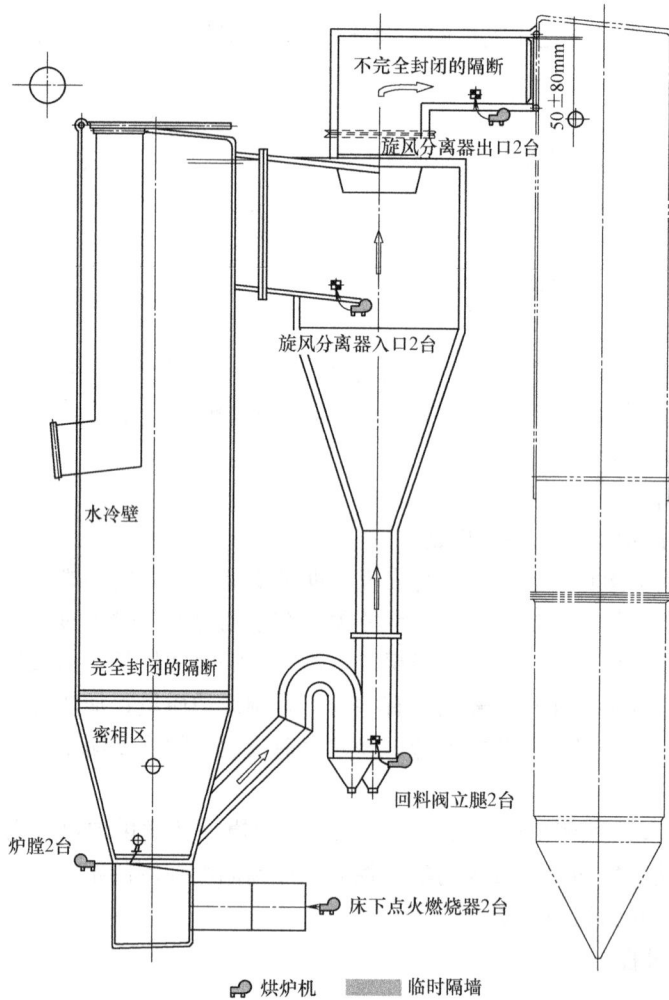

图 2.2-1 CFB 锅炉内烘炉机布置示意

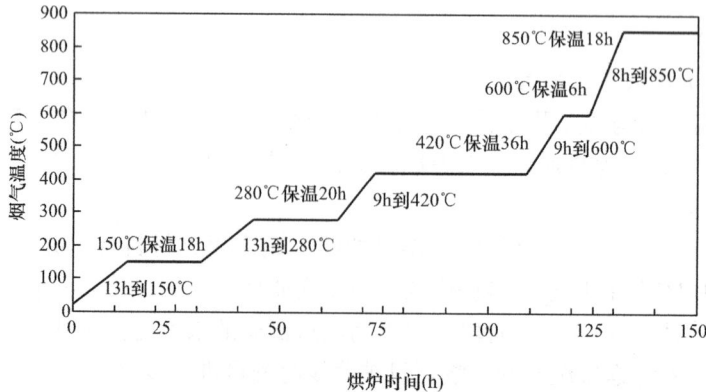

图 2.2-2 循环流化床锅炉烘炉升温曲线

b. 烘炉设备安装

（a）烘炉机安装

利用锅炉钢平台，将烘炉机运至指定位置并安装固定。

（b）燃油管道安装

临时油系统从正式的燃油系统引入，由电动调节阀引出，采用无缝钢管焊接连接。每台烘炉机供油管径一般不小于 $DN20$，供油母管管径一般不小于 $DN40$，保证供油量 $300\sim800$kg/h（根据炉型不同调节，一般为 500kg/h）。

（c）压缩空气管道安装

临时压缩空气通过变频器，从各层的压缩空气阀门处以管道接入各烘炉机。每台烘炉机压缩空气管径一般不小于 $DN15$。

（d）电源线就近接入烘炉机电源控制箱。

c. 控制系统安装

（a）选型

选用可编程控制器主机 CPU 模块。根据设备对输入输出点的需求量和控制过程的难易程度，估算 PLC 需要的各种类型的输入、输出点数，并据此估算出用户的存储容量。

选用模拟量输入/输出单元。模拟量输入模块采用的是可以接入 K 型热电偶温度传感的 XC-E6TCA-P 模拟量输入模块，模拟量输出模块采用的是 XC-E2DA。

选用 7 英寸 TH765-N 可触摸控制显示屏幕作为数字显示仪表。

根据炉膛温度和允许误差值选择传感器型号。由于炉膛温度最高可以达到 850℃，因此温度传感器选用 K 型铠装热电偶。在 $0\sim400$℃的允许误差为 ±1.6℃，$400\sim1000$℃的允许误差为 $\pm0.4\%$℃。在锅炉以外的部分以补偿导线替代传感器导线。

燃油流量调节阀选择电子式电动精小型小流量调节阀。公称通径 20mm，工作压力 $0\sim2.5$MPa，可调范围 30：1，阀座直径：3mm，额定电压 DC24V，连接方式为螺纹连接；流量系数（Kv 值）0.08；控制信号 $4\sim20$mA；行程 5mm。

（b）根据烘炉工作区域设置控制主界面

本工程主要工作区域为炉膛、床下点火燃烧器、旋转分离器进出口和回料阀立腿 5 个区域，每个区域有 4 个（或多个）温度测点监测该区域的温度分布情况，系统运行时保持测点监测到的温度平均值和设定温度保持一致，见图 2.2-3。

d. 烘炉前准备工作

（a）炉膛内临时隔墙的布置要求

炉膛内隔断：密相区出口搭设临时隔墙采用脚手架做支架，上方铺设钢板，四周用纤维毡密封。

炉膛出口处隔断：制作一道隔墙，四周留一定间隙，满足炉膛烟气流动所需。

旋风分离器出口隔墙：在旋风分离器出口利用省煤器引出管做骨架，铺设钢板，四周留一定间隙。

（b）设置排湿孔

在床下点火燃烧器、回料阀等内部有耐磨耐火浇注料部位的外部筒体开排湿孔，烘炉过程中严密监视排汽情况，如果排汽量较大，在相应部位增加一些排湿孔。排湿孔采用每平方米切割出 4 条 5mm×200mm 的长形孔为宜。

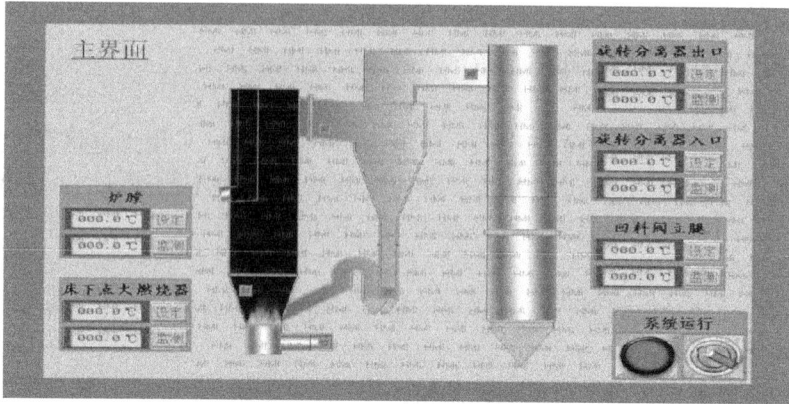

图 2.2-3　触摸屏组态主界面

（c）制作试块

为校验烘炉效果和耐磨耐火浇注料的性能，在炉墙施工的同时制作模拟炉墙的试块，通常尺寸为 200mm×200mm×200mm，四边及底面用钢板密封，耐火耐磨层表面像炉墙一样裸露，底面开一个 ϕ10mm 左右的排湿孔。试块设在有代表性的位置，一般不少于5 块。

e. 启动烘炉机

（a）启动顺序

点火风道烘炉机→炉膛烘炉机→回料阀立腿烘炉机→分离器烘炉机。

（b）启动原则

按烟气流向逐台启动，一般在温度达到 50℃ 之后再启动该区域的烘炉机。以小油量低烟温投运，稳燃后逐步加大油量，按温升曲线进行升温和恒温。

f. 烘炉过程自动控制

（a）温度控制

在主界面上点击相应的 5 个位置，进入升温曲线设置界面。分别设置 5 个位置的升温曲线，升温曲线的段数可根据需要增加或减少，见图 2.2-4。每个设定点可以分多段设定温度。

烘炉过程启动之后，主界面显示各区域的温度，点击各位置显示设置的烘炉曲线和实际测点的温度随时间变化的情况。采用模糊 PID 法控制算法，根据区域的温度分布情况控制烘炉机的输出功率，通过电动调节阀控制油量，通过变频控制空气量。

当系统内部超温或温差超限时自动报警。当温度超标时，系统会自动减小喷油量或增加送风量，具体措施根据所处的烘炉阶段确定。

（b）水位控制

在烘炉全过程中，始终保持锅筒水位在正常水位±50mm 之间，锅炉上水前水位应低于正常水位。

（c）排污控制

烘炉过程中，根据需要对锅炉进行定期排污。烘炉 72h 后，每隔 8h 定期排污一次。

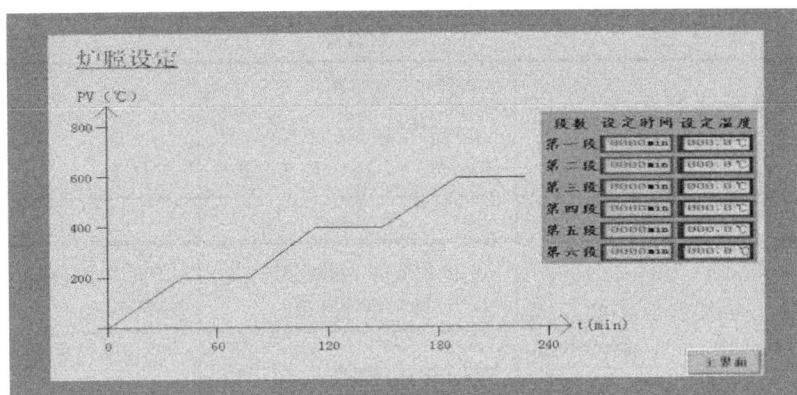

图 2.2-4　温升曲线设定界面

g. 烘炉效果检验

（a）烘炉结束待炉内温度降到室外温度后，进入炉膛、旋风筒分离器出口，检查耐磨材料表面平整性和有无贯通性裂缝。用手锤轻敲炉墙衬里，发出清脆的回声，炉墙衬里无松动、脱落现象。

（b）取出预设试块送有资质的第三方检测机构进行含水率测试，其含水率小于 2.0% 为合格。

4）质量保证措施

① 做好技术交底和安全交底工作，并落实到每个人，保证烘炉工程严格按照交底内容进行。

② 烘炉机电源采用三相四线制，电压、电流需满足烘炉机要求。

③ 烘炉设备安装结束后，应进行试机工作，以保证设备运转正常。

④ 在内衬材料加热过程中，为避免水冷壁过多吸热，同时也为节约燃料，在锅炉内装设临时隔墙。

⑤ 严格控制温升速度，确保烘炉温度在温升曲线±20℃范围内。

⑥ 通过控制器计算出合理的喷油量和与之对应的送风量。

⑦ 烘炉结束后，对炉膛自然降温，禁止强制冷却。

⑧ 锅炉除热烟气通入孔外，堵严其余门孔，以防止烟气及热量散失。

⑨ 烘炉过程中严密监视排汽情况，如果排汽量较大，则增加排湿孔，以便顺利排出水蒸气。

⑩ 安排专人监视温度变化，调整进油阀，严格控制温升曲线，并做好温升记录。

（3）实施总结

1）该锅炉烘炉结束后，检查炉膛、旋风筒分离器出口，耐磨材料表面均平整、无贯通性裂缝，炉墙衬里无松动、脱落现象。将预设试块送相关单位检测含水率，各试块含水率均小于 1.0%。外观及含水率均符合要求，达到预期效果。

2）以本工程的一台 116MW 循环流化床锅炉烘炉为例，对其传统烘炉方法和利用"循环流化床锅炉烘炉安装技术"烘炉方法进行经济比较，见表 2.2-1。

一台 116MW 循环流化床锅炉烘炉经济效益对比　　　　　表 2.2-1

项目名称	人工费	材料费		机械费
传统木材烘炉方法	人工费（木材倒运）15 人×13 天×150 元/工日=29250 元	木材：约 9000 元		0
		0 号轻柴油 300kg/h×13 天×24h×7 元/kg=655200 元		
合计	29250 元	664200 元		0
传统热烟气烘炉方法	人工费（安拆烘炉机）10 人×2 天×150 元/工日=3000 元	0 号轻柴油 300kg/h×204h×7 元/kg=428400 元	烘炉机：3000 元/台×10 台=30000 元	
		烘炉设施材料费：5000 元	配电箱：400 元/台×10 台=4000 元	
合计	3000 元	433400 元	36000 元	
本新技术烘炉方法	人工费（安拆烘炉机）10 人×2 天×150 元/工日=3000 元	0 号轻柴油 300kg/h×160h×7 元/kg=336000 元	烘炉机及配电箱：34000 元	
		烘炉设施材料费：5000 元	自控系统元件：40000 元	
合计	3000 元	341000 元	74000 元	

通过表 2.2-1 分析可知，采用本新技术的烘炉方法与传统木材烘炉法相比，可节省人工成本 26250 元，增加机械设备投入 74000 元（可循环利用），节省材料费、燃料费 323200 元，合计节约成本 275450 元；与传统热烟气烘炉法相比，增加机械设备投入 38000 元（可循环利用），节省材料费、燃料费 92400 元，合计节约成本 54400 元。

3）本新技术的应用，不仅提高工效，缩短工期，还大大降低了工程成本，有效保证了烘炉质量，进一步提高了业主满意度；对同类项目施工具有极高的参考价值，具有广泛推广应用前景；本新技术比传统热烟气法烘炉每台锅炉可节省燃油约 13.2t（300kg×44h/1000）。

2. 青岛东亿供热 116MW 锅炉二期安装工程

（1）工程概况

东亿供热二期工程主要是一台 116MW 锅炉及配套辅机安装，是崂山区重点工程，建成后将满足整个崂山区的冬季供热负荷。

（2）技术应用

本工程开工日期为 2009 年 9 月 22 日，竣工日期为 2010 年 1 月 22 日。因有一期项目的成熟经验，施工中克服了场地狭小、工期紧等多个困难，利用本技术进行烘炉，顺利按期完工，保证了崂山区人民的冬季供暖。

（3）实施总结

运用本技术进行的青岛东亿供热二期锅炉烘炉，烘炉效果好，质量高，其 QC 成果于 2010 年荣获山东省 QC 成果二等奖，获得业主单位一致好评。其主要技术成果经过青岛市经济和信息化委员会组织的青岛市科学技术成果鉴定，被与会专家评定为"国际先进水平"；获得 2012 年山东省建筑业技术创新一等奖；获得山东省省级工法（LEGF-98-2012）；申请了国家发明专利"烟气烘炉自动控制系统（专利号：2012105800216）"。

（提供单位：青岛安装建设股份有限公司；编写人员：张广、孔庆宝）

2.3　超高立体自动仓储货架制作技术

2.3.1　技术发展概述

20世纪50年代初，美国出现了采用桥式堆垛起重机的立体仓库；20世纪50年代末60年代初出现了司机操作的巷道式堆垛起重机立体仓库；1963年美国率先在高架仓库中采用计算机控制技术，建立了第一座计算机控制的立体仓库。此后，自动化立体仓储在全世界范围内迅速发展，我国仓库的储存方式也由平面逐渐向立体化高层储存发展，货架已成为立体仓库的主体，是现代仓储系统以至整个物流系统不可或缺的一部分。

2.3.2　技术内容

对型材测量放样后切割成型，分别制作连接板、连接角钢、拉杆、斜撑、托臂等附件，用固定组装模具点焊组装货架单体后满焊焊缝，除锈喷塑后进行成品检测。

2.3.3　技术指标

(1)《自动化立体仓库　设计规范》JB/T 9018—2011；
(2)《立体仓库组合式钢结构货架　技术条件》JB/T 11270—2011；
(3)《立体仓库焊接式钢结构货架　技术条件》JB/T 5323—2017；
(4)《自动化立体仓库的安装与维护规范》GB/T 30673—2014。

2.3.4　适用范围

适用于大批量同类型的立体货架制作，尤其适用于对高精度要求的货架制作。

2.3.5　工程案例

1. 青岛耐克森轮胎有限公司完制品轮胎自动仓库工程
（1）工程概况
青岛耐克森轮胎有限公司完制品轮胎自动仓库工程制作货架总量达到1720个，货架单体高度超过44m，设计要求误差控制在2mm以内，于2012年10月29日开工，2013年7月15日竣工。
（2）技术应用
1）特点难点
立体货架超高、制作精度高的特点，使得其施工难度大、安全隐患多、质量不易保证。而采用模具化生产，可有效减少同类型货架之间的差异，省略人工测量步骤，施工工艺简单，标准化、程序化，不仅便于施工控制和管理，而且还能提高工效、保证精度。
2）关键技术特点
采用模具批量流水线生产，同批次货架生产差异极小、提高工效、保证精度，施工工艺简单，便于货架质量控制及过程管理。

3）施工工艺过程

① 工艺流程

材料进场验收 → 测量放样、切割成型 → 附件制作 → 货架组装 → 货架焊接 → 喷砂除锈 → 喷塑 → 成品检测

② 工艺过程

a. 材料进场验收

确定货架零件图与装配图一致，对进场货架材料抽检，合格后将材料放置在各自的加工区域。

b. 测量放样、切割成型

按照图纸尺寸制作一个货架单体，见图 2.3-1，焊接完成后测量货架长度，计算货架立柱的焊接变形量，确定立柱的下料尺寸，用圆锯机加工全部立柱。

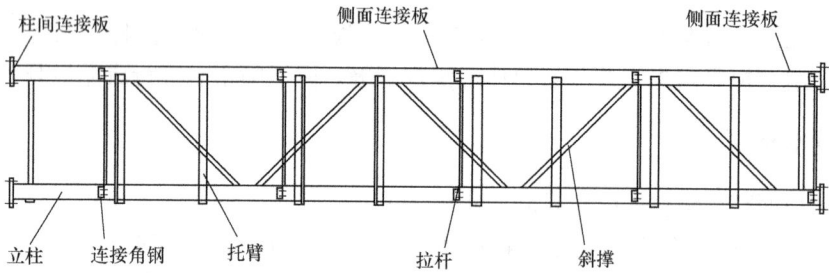

图 2.3-1　货架单体

c. 附件制作

根据图纸制作连接板，板厚 $\delta=10\text{mm}$ 以上用铣床、以下的用冲床加工，并以眼距为基准加工连接孔。用冲床加工连接角钢，长度宜为立柱宽度的 1/2，并在一边中心位置加工连接孔。用拉杆模具制作拉杆，见图 2.3-2。

图 2.3-2　拉杆模具

根据图纸斜撑尺寸，调节圆锯机角度并在机器后方设置挡板，定尺加工斜撑。用圆锯机切割托臂方管，放置在托臂组装模具（图 2.3-3）上，用橡胶锤敲击落实并用夹具固定，

点焊成型，再放置托臂翻转焊接模具（图2.3-4），用夹具夹紧并满焊，放置平地用磨光机打磨平整。将制作好的附件材料放在模具两侧位置备用。

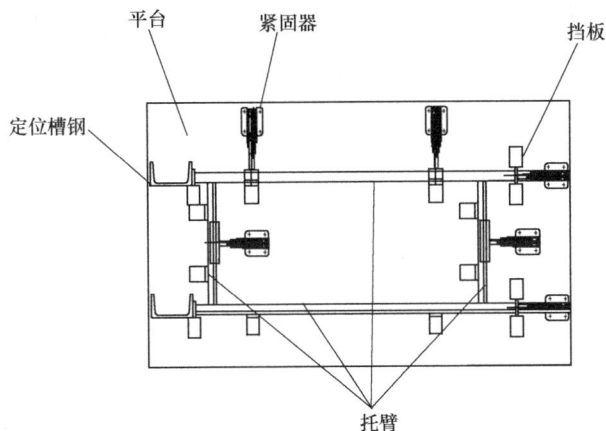

图 2.3-3 托臂组装模具构

图 2.3-4 托臂翻转焊接模具

d. 货架组装

（a）固定组装模具，调整模具平台的下垫片，用水平仪找平。

（b）在平台非托臂及非连接件位置每间隔3m用二氧化碳保护焊点焊固定支撑H钢，将立柱放在H钢上，用螺栓连接组装模具底板与货架底连接板、模具顶板与货架顶连接板，再用紧固器顶紧立柱。

（c）在立柱上标注托臂近货架底板侧位置线，用二氧化碳保护焊点焊托臂支撑，放置托臂并用夹具固定，见图2.3-5。与基准同侧，根据图纸在模具上，与底部挡板同侧点焊侧板挡板、连接角钢挡板、斜撑挡板。点焊立柱与连接板、托臂、侧板、连接角钢、斜撑，开启夹具与紧固器，沿模具顶板方向移动货架并取出。

（d）检验货架单体合格后，加固托臂支撑和连接件挡板。待模具固定完成后，利用模具制作货架。将货架顶板和立柱放置在模具上，用顶紧器固定。依次将托臂、斜撑和固定角钢、侧板等放置在托臂相应位置，用夹具夹紧。用二氧化碳保护焊点焊各个部件，完成

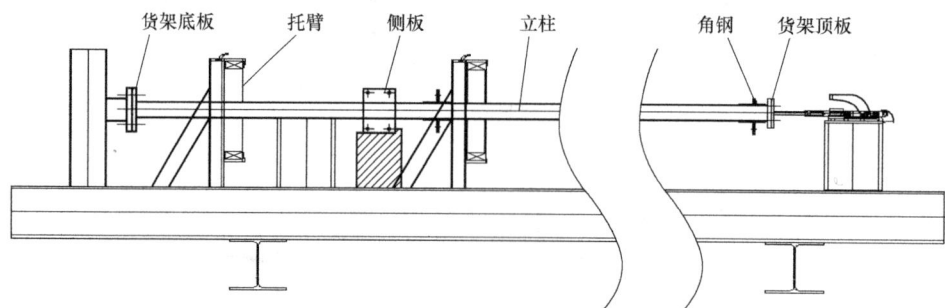

图 2.3-5　货架组装示意

后将货架从模具中取出。

e. 货架焊接

将货架单体放在焊接翻转平台的滚轴上，见图 2.3-6，满焊正面，移动货架至转胎 U 形口，启动翻转按钮，将货架翻转至另侧滚轴，满焊货架。清理焊口焊渣，并打磨平整。

图 2.3-6　货架翻转焊接

f. 喷砂除锈

用行车移动货架单体至喷砂机，启动喷砂机对货架除锈，用压缩空气清除覆砂，检验喷砂效果直至达到 Sa2 级。喷砂机速度和喷头开启数量选择参数见表 2.3-1。

喷砂机运行参数选择　　　　　　　　　　　　　　　　　表 2.3-1

序号	锈蚀程度	运行速度（m/min）	喷头开启数量（个）
1	轻锈	1～1.2	4～6
2	中锈	0.8～1	6～8
3	重锈	0.6～0.8	10～12

g. 喷塑

用行车移动货架单体至喷塑设备，开启燃煤炉，炉温升至 180～200℃时，启动输送电机运送货架。当货架通过喷粉室时采用自动喷粉加人工补粉法对货架全面覆粉，通过烘箱时塑化表面粉末，通过降温区时用风扇清除余热。在喷塑设备出口用测厚仪检验塑粉厚度在 0.08～0.12mm 之间为合格。

h. 成品检测

检查货架总长、对角线、托臂位置、连接板位置、焊接质量、喷塑质量等符合要求，并集中存放合格货架。

4）质量保证措施

① 模具制作时应选取货架底部为基准点。连接板首选眼距定位，尽量避免边距定位，减少因材料本身产生的误差。模具不能满焊，防止变形过大，影响精度。

② 柱间连接板材料必须使用单轧钢板。

③ 立柱长度制作允许偏差≤1mm；柱间连接板眼距制作尺寸允许偏差≤1mm；托臂定位尺寸允许偏差≤1mm；货架对角线允许偏差≤1mm。

④ 货架制作过程中定期检查模具的精确度，同时对货架检测率不低于10%。

⑤ 货架组装时，对口间隙应当严密，用记号笔划出组装临界线，确保组装件完全顶到挡板处，保证精度。

⑥ 货架喷涂时保持喷枪与被涂物面呈直角，并一直保持平行运行。喷枪尽量保持匀速运动，喷塑后塑粉面应均匀，无流坠、凹陷、气泡或其他缺陷。在喷塑出口目测喷塑的外观，保证货架表面颜色相符，喷域完整。

⑦ 加强成品保护，控制搬运存放过程中材料变形。

（3）实施总结

1）本技术实现了货架生产的模具化，保证了货架的制作精度，同时由于模具的运用使货架的生产效率得到巨大的提升。超高立体自动仓储货架制作施工技术在完制品轮胎自动仓库工程中的成功应用，为以后类似工程的施工积累了经验。该工程2014年度被评为"泰山杯"奖。

2）以青岛耐克森轮胎有限公司完制品轮胎自动仓库工程制作1720个货架、货架单体高度超过44m为例，对本技术和普通制作方法造价比较，见表2.3-2～表2.3-4。

普通制作方法货架制作造价分析（单位：元） 表 2.3-2

序号	项目	数量	单价	合计	备注
1	人工费（电焊工日）	2500	180	450000	
2	机械费（焊机台班）	2500	10	25000	
3	造价			475000	

制作模具费用（单位：元） 表 2.3-3

序号	名称	规格	单位	数量	单价	合计	备注
1	钢材		t	4	3700	14800	可以再利用
2	顶紧器		个	8	100	800	可以再利用
3	夹具		个	20	20	400	可以再利用
4	螺栓	M12	个	20	16	320	可以再利用
5	标号笔		支	2	3	6	
6	合计					16326	

模具化方法货架制作造价分析（单位：元） 表2.3-4

序号	项目	数量	单价	合计	备注
1	制作模具费用	1	16326	16326	可重复利用
2	电焊工日	1800	180	324000	
3	焊机台班	1800	10	18000	
4	合计			358326	
差额	475000－358326＝116674				

通过以上分析可知，利用本技术与普通制作对比，制作1720个、单体高度超过44m的货架可节约116674元。

3）本技术还实现了操作方便，模式固定，可避免未知的潜在风险，避免事故的发生；降低操作人员的劳动强度，改善作业环境；降低对生产工序要求，并加快施工速度、缩短工期、提高工程质量；模具可循环利用，减少人工工日，节约了社会资源；流程化生产使施工现场的整体环境规范可控，便于质量监管和进度控制；模具化制作流程实现了生产的连续性和集中性，节约能源，减少了污染物对环境的污染，符合社会对"低碳"经济的要求。

4）本技术申请并被授权了两项实用新型专利"一种焊接翻转平台（专利号：201420830485.2）""一种简易环形构件翻转焊接装置（专利号：201621348881.7）"，还获得2014年度省级工法（编号：LEGF-182-2014）。

（提供单位：青岛安装建设股份有限公司；编写人员：赵韶嘉、蔡军强、张祥翼）

2.4 新型铝合金洁净管道施工技术

2.4.1 技术发展概述

在食品行业和医药行业中，大多数生产工艺对输送工艺介质的管道洁净度要求十分严格，在工程中通常选用内外抛光的不锈钢卫生级管道以满足生产工艺对输送介质洁净度的要求。但由于不锈钢卫生级管道安装周期长、焊接质量要求高，后期管路维修、扩展不方便等原因，出现了一种新型连接形式的铝合金洁净管道系统，这种铝合金洁净管道系统材质轻、安装周期短、密封质量好、后期管路维修及增改方便。

2.4.2 技术内容

自制新型铝合金洁净管道加工的操作平台，用其切割新型铝合金洁净管道并在其上攻丝，用专用刮刀加工管道内壁坡口倒角，对管道进行脱脂、密封，使用轻型丝杆吊架、防晃支架安装固定管道后，进行水压试验，最后用压缩空气将管道吹扫干净。

2.4.3 技术指标

（1）《工业金属管道工程施工规范》GB 50235—2010；

（2）《建筑给水排水及采暖工程施工质量验收规范》GB 50242—2002；

（3）《制药机械（设备）实施药品生产质量管理规范的通则》GB 28670—2012；

（4）《食品工业用不锈钢管道安装及验收规范》QB/T 4848—2015；

（5）《危害分析与关键控制点（HACCP）体系　食品生产企业通用要求》GB/T 27341—2009。

2.4.4　适用范围

适用于食品、医药行业等对介质洁净度要求严格的无腐蚀性气体、液体等介质，介质温度范围为5～65℃，工作压力≤3.0MPa，直径≤150mm的铝合金洁净管道工程。

2.4.5　工程案例

1. 华仁药业（日照）有限公司安装工程

（1）工程概况

华仁药业（日照）有限公司位于山东省日照市，其输液车间压缩空气系统使用了铝合金洁净管道，管径规格为 $DN40～DN100$，设计压力1.6MPa，工作压力为0.8MPa，管道总量约2300m。工程于2013年11月1日开工，2014年1月20日竣工。

（2）技术应用

1）特点难点

铝合金洁净管道系统是在食品行业和医药行业中新出现的一种管道材料，没有成熟工艺指导施工。

2）关键技术特点

① 管道、管件连接端加工40°～50°内坡口，使用两道O形圈密封，管道安装一次合格率高，不易泄漏。

② 管道采用模块化设计，开口和连接简单，方便扩展，使安装和改动更灵活快速。

③ 管件、法兰均采用螺栓连接，简单可靠，无需焊接，大大节约人工成本，减少环境污染。

④大大减少吊拉机具的使用，并且对管道支架固定位置强度要求低，可使用丝杆，减少使用重型支架，节约能源。

3）施工工艺过程

① 工艺流程

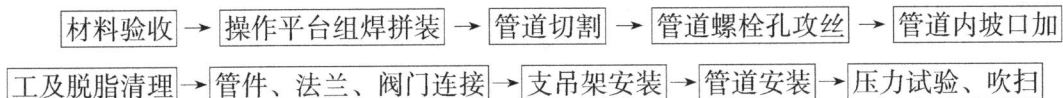

材料验收 → 操作平台组焊拼装 → 管道切割 → 管道螺栓孔攻丝 → 管道内坡口加工及脱脂清理 → 管件、法兰、阀门连接 → 支吊架安装 → 管道安装 → 压力试验、吹扫

② 工艺过程

a. 检查管材包装物破损情况及管材质量无问题后分类存放，施工时轻拿轻放，防止管道撞击变形。

b. 按图2.4-1和图2.4-2制作操作平台，平台上铺厚度10mm的PP板，槽钢挡块和夹具接触面垫厚度3mm的橡胶板防止管道外表面氧化层被划伤。使用螺栓将铝合金型材切割机与平台底部连接，切割机操作台与操作平台平齐，检查切割机锯片与平台面垂直，确保型材切割机固定可靠牢固。在平台右侧支腿间焊接钢板将磁座式气动攻丝机固定，确保丝锥与管道断面垂直并且旋臂能在管道断面平面内自由移动。

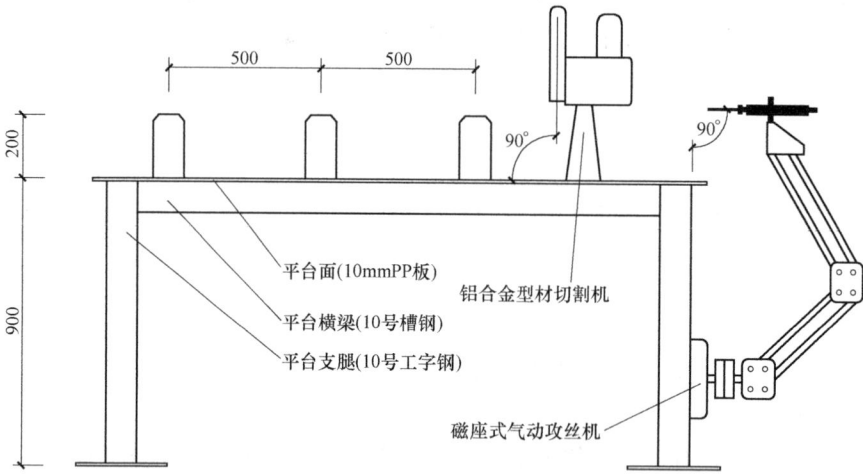

图 2.4-1　操作平台立面示意

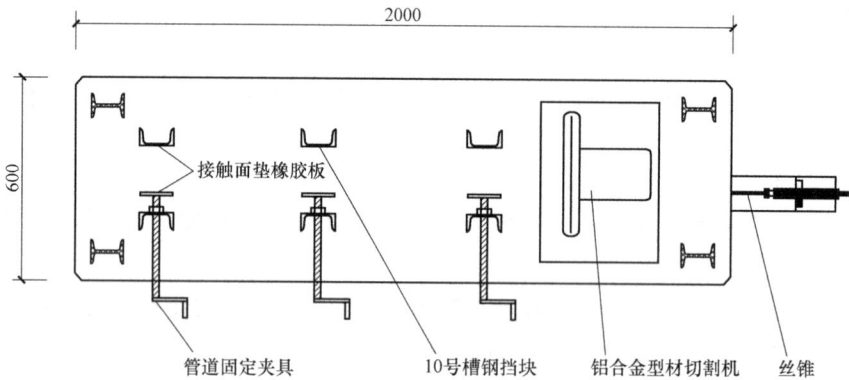

图 2.4-2　操作平台平面示意

c. 将管道放置在操作平台上，用记号笔在管道上做切割标记，使用夹具将管道夹紧固定，沿切割标记均匀用力按下型材切割机切割管道。

d. 将需攻丝的一端移动到平台边缘再次固定，使用平台右侧的气动攻丝机配合专业后柄加长型丝锥，在丝锥上涂抹凡士林作为润滑、冷却剂后，移动气动攻丝机旋臂将管道匀速均匀用力攻丝，至其一端 4 个螺栓孔全部攻丝完毕。

e. 使用专用刮刀加工管道内壁坡口倒角，以免锋利的管道内壁断面划伤管件的 O 形密封圈，倒角角度为 45°，允许偏差 ±5°。使用压缩空气和抹布将切割、攻丝、内坡口加工产生的金属碎屑清理干净。使用三氯乙烯加稳定剂进行管道脱脂，使用无纤维脱落的清洁毛巾擦拭法将管道、管件等进行脱脂。

f. 管件（包含弯头、三通、异径管）与管道连接。在管件连接处套好橡胶圈并涂抹润滑剂，均匀用力且轻微旋转插入管道，对齐管件、管道的螺栓孔。使用拐尺工具检查管件连接面与管道平直度合格后，将螺栓以对角线方式拧紧，见图 2.4-3。法兰、阀门连接方式与管件相同，阀门安装时手柄方位应以操作方便为原则，见图 2.4-4。盖好防尘盖，防止异物进入。

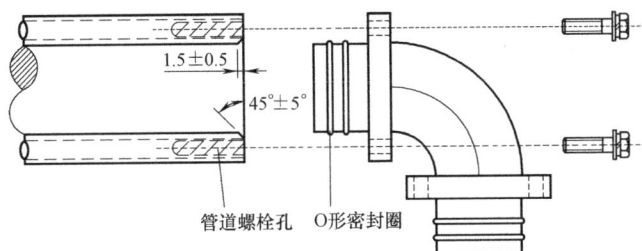

图 2.4-3　管件连接示意

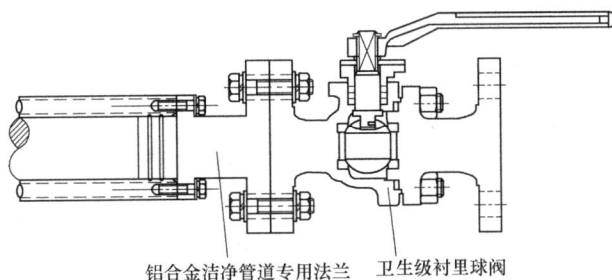

图 2.4-4　阀门连接示意

　　g. 因铝合金洁净管道重量轻，管道支架使用轻型丝杆吊架，吊架间距为 3m，主管道每隔 30m 设置一个防晃支架，分支管道两端分别设置一个防晃支架，见图 2.4-5。

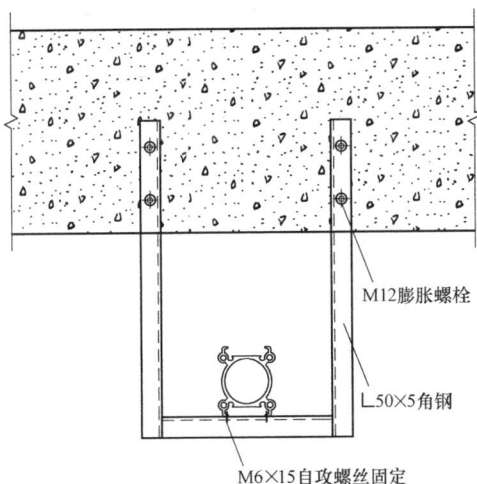

图 2.4-5　防晃支架示意

　　h. 管道分段组装完成后进行安装时应先主管，后支管。预先组对的管件在管道安装时应注意保护，防止损坏。

　　i. 压力试验采用水压试验，强度试验压力为设计压力的 1.5 倍。升压过程应平稳并分段升压，升到设计压力时，检查管件连接部分应无渗漏，继续升压至试验压力，稳压 10min，检查管道所有连接部位无渗漏、压力表压力不降表示强度试验合格，再将压力降至设计压力，稳压 30min，再次检查管道所有连接部位无渗漏、压力表压力不降表示严密性试验合格。

j. 使用压缩空气将管道内的水吹扫干净。

4）质量保证措施

① 新型铝合金洁净管道必须使用型材切割机切割，管子切口表面应平整，无裂纹、毛刺、凹凸、缩口等，切口端面倾斜偏差不应大于管子外径的 1%。

② 管道组成件组对时，管道内外表面应无油污、金属碎屑。

③ 管道预制时，自由管段和封闭管段的选择应合理，封闭管段应按现场实测后的尺寸加工。

④ 管道安装时，应检查法兰密封面及密封垫片，不得有影响密封性能的划痕、斑点等缺陷。

⑤ 管道法兰连接时，不得用强力对口、加偏垫或加多层垫等方法来消除接口端面的空隙、偏斜、错口和不同心等缺陷。

⑥ 穿墙及过楼板的管道应加套管并使用防火材料封堵套管间隙。

（3）实施总结

1）利用该技术施工安全、快速，该工程压缩空气管道系统自 2014 年 1 月使用至今，未发生过泄漏、污染等情况，运行状态良好。

2）以华仁药业（日照）有限公司安装工程安装公称直径 DN100 以内、铝合金洁净管道 2300m 为例，对本工法和普通不锈钢卫生管道焊接安装方法造价比较，见表 2.4-1～表 2.4-3。

普通洁净管道安装方法造价分析（单位：元）　　　表 2.4-1

序号	项目	数量	单价	合计	备注
1	电焊工日人工费	620	200	124000	
2	管道工日人工费	430	180	77400	
3	焊机台班	1200	10	12000	
4	氩弧焊丝、氩气等	1		13000	
5	造价			226400	

操作平台制作费用（单位：元）　　　表 2.4-2

序号	名称	规格	单位	数量	单价	合计	备注
1	钢材		t	0.25	2600	650	可以再利用
2	PP 板	10mm	kg	12	30	360	可以再利用
3	夹具		个	3	20	400	可以再利用
4	螺栓	M12	个	20	4	80	可以再利用
5	记号笔		支	4	3	12	
6	合计					1502	

表 2.4-3

铝合金洁净管道安装造价分析（单位：元）

序号	项目	数量	单价	合计	备注
1	制作操作平台费用	2	1502	3004	可重复利用
2	电焊工日	60	200	12000	
3	管道工日	300	180	54000	
4	焊机台班	120	10	1200	
5	气动攻丝机台班	800	8	6400	
6	型材切割机台班	800	6	4800	
7	空压机台班	400	15	6000	
8	合计			87404	
差额		226400－87404＝138996			

通过以上分析可知，利用本技术安装铝合金洁净管道与普通洁净管道安装对比，安装 2300m、DN100mm 以内的管道可节约 138996 元。

3）应用本技术降低操作人员的劳动强度，改善作业环境；降低对生产工序要求，并加快施工速度、缩短工期、提高工程质量；操作平台可循环利用，减少人工工日，节约了社会资源；流程化加工使施工现场的整体环境规范可控，便于质量监管和进度控制；管道安装过程中大大减少了焊接作业，减少了对环境大气的污染；管道加工预制流程实现了生产的连续性和集中性，节约能源，减少了污染物对环境的影响，符合社会对"低碳"经济的要求。

4）该技术申请发明专利"一种新型铝合金洁净管道的安装方法（专利号：2016111288609）"并获授权，还被评为 2017 年度省级工法（编号：SDSJGF429-2017）。

(提供单位：青岛安装建设股份有限公司；编写人员：吴东申、武广伟、生锡陆)

2.5 锅炉膜式水冷壁施工技术

2.5.1 技术发展概述

锅炉膜式水冷壁是锅炉内部保护炉墙的用扁钢和管子拼排焊接的气密管屏，由于它的存在，炉墙只需用保温材料，而不用耐火材料，使炉墙厚度、重量都大为减小，简化了炉墙结构，减轻了锅炉总重量。使用膜式壁结构的锅炉，维修方便简洁，锅炉的使用寿命可以大大地提高，但其制造工艺比较复杂。

2.5.2 技术内容

制作组装平台、集箱临时支架，将水冷壁管排顺序的在地面进行组合然后吊装至组装平台，检验合格后将集箱与管排焊接成整片水冷壁，根据图纸在整片水冷壁相应位置焊接刚性梁立板及钩板，依次将整片水冷壁用吊杆与锅炉框架大梁连接，找正上部水冷壁集箱并固定，组对固定下部水冷壁与下集箱。清除此面水冷壁的临时吊耳，其他三面水冷壁组对制作方法同上，最后将四面水冷壁间隙用钢板焊接密封。

2.5.3　技术指标

（1）《电力建设施工技术规范　第2部分：锅炉机组》DL 5190.2—2019；

（2）《锅炉安装工程施工及验收规范》GB 50273—2009。

2.5.4　适用范围

适用于35～200t/h锅炉膜式水冷壁的施工。

2.5.5　工程案例

1. 莱西蓝宝石酒业有限公司75t/h锅炉安装工程

（1）工程概况

本工程位于山东省青岛莱西市青岛蓝宝石酒业股份有限公司内，属于二期新建工程，锅炉是新一代高效、无污染75t/h燃煤循环流化床锅炉。

（2）技术应用

1）特点难点

锅炉膜式水冷壁安装时先安装水冷壁集箱，再安装水冷壁管道，而水冷壁管道沿锅炉内部炉墙满铺安装，管道数量多、高空作业量大、管道间焊接质量难以保证。

2）关键技术特点

结合水冷壁设备的结构特点，采取地面组合、预控尺寸，高空分层找正定位；采用型钢支架，在地面将集箱与水冷壁管分段组装，整片吊装对接，减少高空作业，改善水冷壁焊接条件，加快施工速度、保证工程质量及施工安全性，降低成本。

3）施工工艺过程

① 工艺流程

单面水冷壁安装示意图2.5-1：

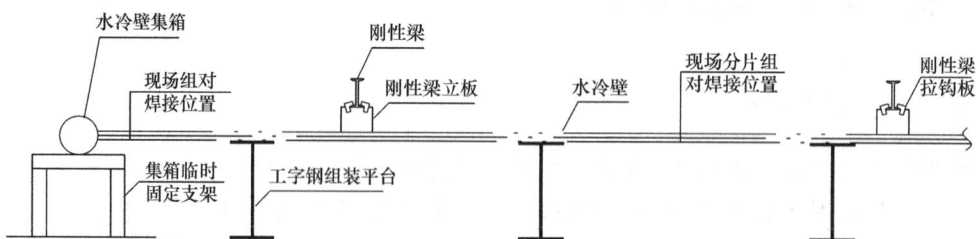

图 2.5-1　水冷壁安装示意

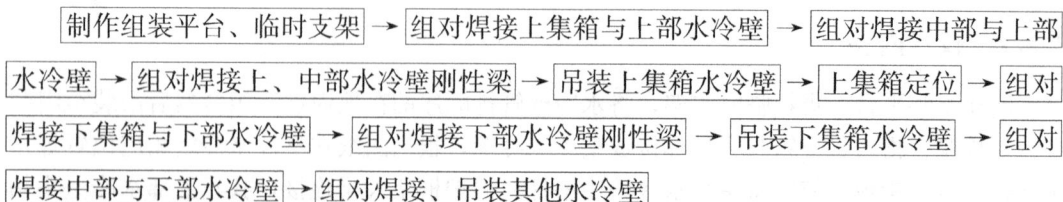

制作组装平台、临时支架 → 组对焊接上集箱与上部水冷壁 → 组对焊接中部与上部水冷壁 → 组对焊接上、中部水冷壁刚性梁 → 吊装上集箱水冷壁 → 上集箱定位 → 组对焊接下集箱与下部水冷壁 → 组对焊接下部水冷壁刚性梁 → 吊装下集箱水冷壁 → 组对焊接中部与下部水冷壁 → 组对焊接、吊装其他水冷壁

② 工艺过程

a. 根据水冷壁组件的尺寸和形状设计组装平台，高度宜为900～1000mm，用工字钢

制作。

　　b. 根据集箱与水冷壁的相对位置做集箱临时支架，临时支架与组装平台间距宜为 1000mm。

　　c. 根据现场组装平台的位置，按如下顺序进行地面组合和吊装：右水冷壁、后水冷壁、前水冷壁、左水冷壁（图 2.5-2）。

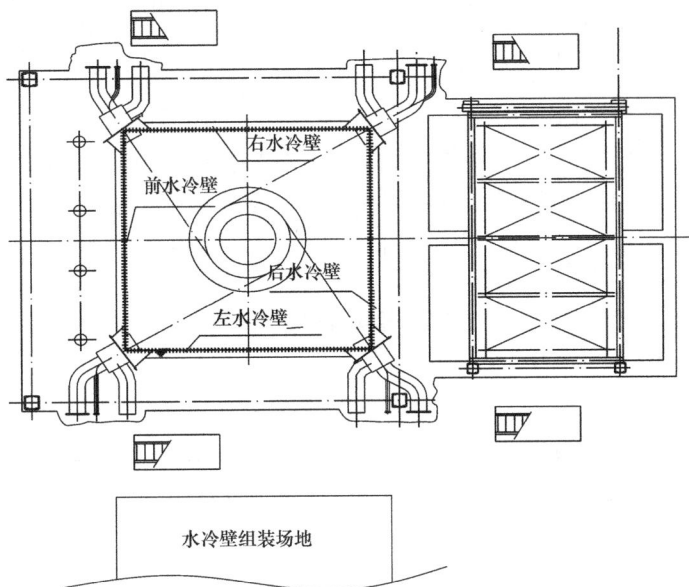

图 2.5-2　水冷壁吊装顺序示意

　　d. 用吊车将水冷壁管排吊至组装平台，炉膛外侧朝上平铺放置，用钢卷尺检查单片水冷壁管排外形尺寸合格，并做通球试验合格。在水冷壁管排近上集箱约 800mm 处焊接两个钢板吊耳，钢板厚度根据受力情况确定。根据水冷壁管排管口错边量大小，将鳍片在焊口处用气割切割长 200～300mm 的焊口调节间隙。

　　e. 用吊车将集箱吊至集箱临时支架，调整集箱与管排管口的标高和水平度一致。

　　f. 根据设计图纸校对管排间横向和对角尺寸，验收合格后将多片水冷壁焊接成整片，将水冷壁鳍片从中间至两侧对称焊接。

　　g. 调整所有管排焊口间隙为 2mm，用氩弧焊点焊固定后满焊连接（图 2.5-3）。

　　h. 对整片水冷壁检验，合格后在水冷壁上根据图纸标高标记刚性梁的标高位置线，在标高位置线上焊接刚性梁立板，用琴线检查并调整所有立板在同一条水平线上。将刚性梁放在立板的中心线上，焊接刚性梁拉钩板。

　　i. 用卷扬机和滑轮组将整片水冷壁按 c. 的顺序吊装，并用吊杆将上部水冷壁集箱和锅炉框架大梁螺母连接（图 2.5-4）。

　　j. 找正上部水冷壁集箱，整体锅炉钢架以左立柱 1m 标高线为准，用卷尺从左立柱 1m 标高线引上至汽包标高作为基准标高线。从基准标高线用 U 形水平仪引出测量每一个集箱的中心标高。用钢卷尺测量集箱间距和对角线，找正后按图纸要求固定。

　　k. 组对下部水冷壁与下集箱，方法同上。

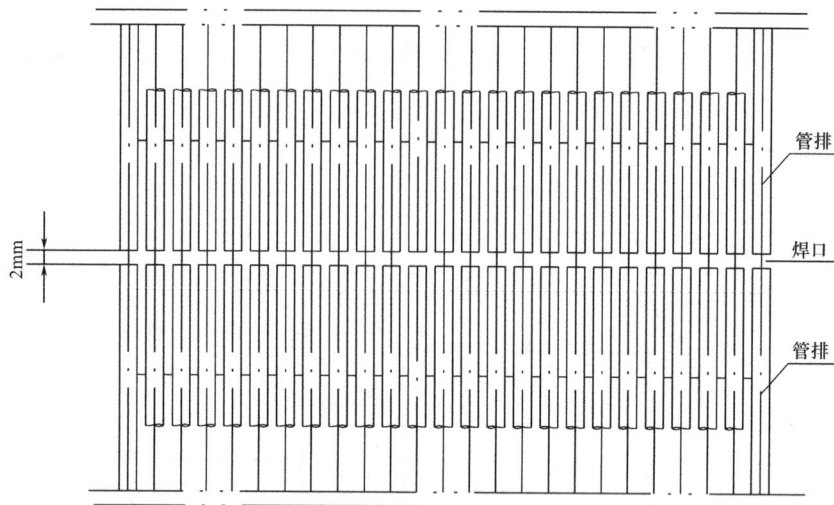

图 2.5-3　管排焊口间隙示意

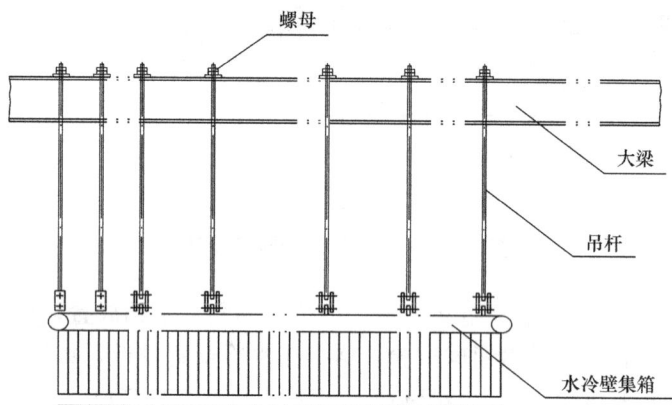

图 2.5-4　上部水冷壁安装示意

l. 吊装下部水冷壁与上部水冷壁对接。用 $\phi16mm$ 圆钢制作挂钩将操作平台挂在上部水冷壁鳍片吊耳上，利用捯链和撬棍调整两水冷壁组件的焊口间隙及对口偏折度达到焊接条件，在平台上进行焊接。

m. 待下部水冷壁对接完毕后，清除水冷壁的临时吊耳，并用角磨机打磨干净。其他三面水冷壁组对制作方法同上。将四面水冷壁间隙用钢板焊接密封。

4）质量保证措施

a. 放置组合平台的场地必须坚实，排水系统良好。组合平台应接地可靠、稳固牢靠，能承受组件重量，其平整度偏差≤5mm。

b. 检查集箱、管子外观无裂纹、撞伤、龟裂、压扁、砂眼、分层，允许麻坑深度：管子≤10％设计壁厚，联箱≤1mm；联箱管孔、管接头位置及外形尺寸符合图纸要求；联箱及管接头内部清洁，无杂物（尘土、锈皮、积水、金属余屑等）；管子（包括联箱管接头）外径、厚度符合图纸要求。

c. 禁止水冷壁集箱与临时支架电焊连接。

d. 为防止热应力造成横向收缩变形，膜式水冷壁对接焊缝间隙必须进行调整。

e. 检查集箱和管子内部无尘土、锈皮积水、金属等杂物。

f. 检查刚性梁无漏焊、错焊，膨胀自如。

g. 检查水冷壁管子通球试验符合现行国家标准《锅炉安装工程施工及验收规范》GB 50273 中表 4.2.1 中要求。

h. 无法在组合架上组合的下部水冷壁，待上部水冷壁组合件吊装完成后，需制作对口焊接平台在上部进行对口和焊接作业。

i. 煤油渗透试验应严密不漏。

（3）实施总结

本技术安装顺序合理，提高工作效率，能缩短工期，该项目施工工期比建设单位要求工期缩短了 15d；在施工安全方面，能减少高空作业，减少安全隐患；在经济方面，使用本技术实现了程序化、连续施工，减少了吊装机械使用次数，降低了成本。以 75t 流化床锅炉为例，应用本技术与按照先安装水冷壁集箱、再逐片安装水冷壁管的传统工艺施工比较：节约 50t 汽车式起重机机械 12 台班，节约金额 48000 元；工期缩短 15d，按项目人员合计 20 人计算，节约人工费约 60000 元；组装平台可拆卸后继续使用，节约材料费约 18000 元；合计节约 126000 元。该工程锅炉运行至今，性能安全可靠、使用效果良好。该技术形成的工法被评为 2014 年省级工法（编号：LEGF-183-2014）。

（提供单位：青岛安装建设股份有限公司；编写人员：吴东申、张广）

2.6 电缆敷设机械化施工技术

2.6.1 技术发展概述

随着对建设项目规划水平、供电质量要求的不断提高，电缆沿电缆桥架敷设已成为工矿企业电缆工程首选的敷设方法。在现代工业发电、配电、输电工程中，需要大功率传输电能，相应电缆的直径也越来越大，传统的人力敷设电缆工作，需要数十人，甚至数百人的共同协作才能完成，劳动效率低下。

电缆输送机是一种敷设电缆的电动机械，在长距离电缆敷设等工程中，大大提高了施工质量和效率，施工方便、快捷，从而有效地降低施工成本。

使用电缆输送机进行电缆敷设，配合科学合理的施工组织和严谨的施工工序，既能安全快捷进行施工，又可确保电缆不受任何损伤，质量完好。

2.6.2 技术内容

电缆敷设机械化施工技术是根据电缆输送机的自身特点，采用一台牵引机牵引、若干台输送机传输的方法，应用速度同步控制技术，实现电缆敷设。

电缆敷设时，电缆盘放置于专用支撑装置上，调节电缆盘高度，使电缆盘始终保持水平，根据电缆敷设长度及施工环境布置若干台敷设机，电缆端部使用专用电缆牵引套防止牵引时损坏电缆，再通过牵引机进行牵引。输送机之间用电缆敷设专用导向尼龙滑轮来减少电缆与桥架间的摩擦，减小输送机的负荷，保证电缆外绝缘完好。

施工工艺流程

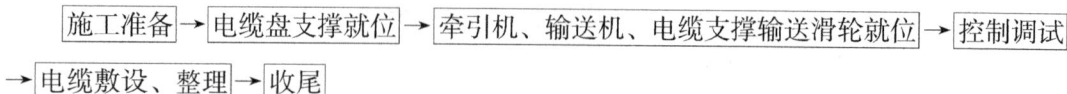

施工准备 → 电缆盘支撑就位 → 牵引机、输送机、电缆支撑输送滑轮就位 → 控制调试
→ 电缆敷设、整理 → 收尾

2.6.3　技术指标

（1）《电气装置安装工程质量检验及评定规程》DL/T 5161.1～17—2018；

（2）《电气装置安装工程　电缆线路施工及验收标准》GB 50168—2018；

（3）《电力建设安全工作规程　第1部分：火力发电》DL 5009.1—2014。

2.6.4　适用范围

适用于工业工程中大、中型电力电缆长距离室外高空桥架内敷设、地下电缆沟敷设、巷道敷设施工。

2.6.5　工程案例

1. 内蒙古庆华集团三期焦化项目

（1）工程概况

内蒙古庆华集团庆华煤化有限责任公司焦化项目三期工程位于内蒙古自治区乌斯太经济开发区庆华工业园，需要承担其中的综合供水、冷鼓电捕、硫铵、洗苯脱苯、脱硫及硫回收、控制室、化产开闭所等土建工程及化产回收区全部安装工程。

电气工程主要包括化产开闭所内电力变压器2台、高低压柜20台、低压配电柜25台、微机自动化综合保护装置1套、动力配电箱6台、直流屏1套、高压母线桥2套、低压母线桥1套、电容补偿装置、保护屏、厂房内操作箱、操作柱、变频柜、电缆线路、接地、照明、相关仪表等电气装置的安装；高压进线电源引自本厂净化及110kV炼焦变电所，开闭所供电共有高压供电回路58个，低压供电回路195个，另有11个低压回路供往脱硫及硫回收、硫铵、冷鼓电捕、化产车间办公楼等工程。其中电力电缆工程214200m，规格最大的电缆是110kV变电站、10kV变电所、三期焦化化产10kV变电所主电源电缆YJV-8.7/10-3×240，长1400m/根×4根。

工期要求：2011年9月20日开工，2012年10月15日联动调试完毕，总工期为390d。

（2）技术应用

1）电缆敷设机械化施工特点难点

使用电缆敷设机械化施工时避免了人工敷设经常发生绝缘损坏，避免了卷扬机强拉硬拽导致电缆拉长或内部绝缘损坏，敷设速度稳定，多台设备同步进行，控制灵敏，施工人员少，安全有了极大的保障。避免了人工敷设施工人员经常挤伤、摔伤、电缆损伤等各种安全事故的发生。

2）关键技术特点

电缆利用电缆输送机橡胶履带传输，前推后拉。输送机根据电缆直径的大小，人工调节输送机履带的夹紧程度。敷设电缆时多台输送机利用总控箱与分控箱连接控制，输送机功率、转速相同，启、停同步，正、反转一致；解除同步时还可以达到随意一台输送机单独运行。

3）施工工艺和过程

① 工艺流程方框图（图 2.6-1）

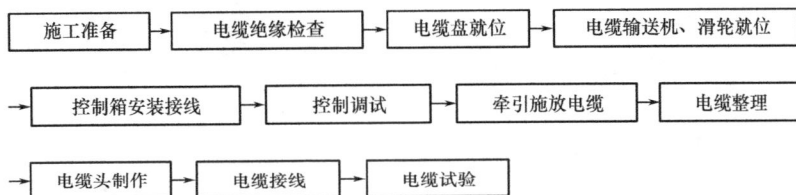

施工准备 → 电缆绝缘检查 → 电缆盘就位 → 电缆输送机、滑轮就位

→ 控制箱安装接线 → 控制调试 → 牵引施放电缆 → 电缆整理

→ 电缆头制作 → 电缆接线 → 电缆试验

图 2.6-1　工艺流程方框图

② 工艺过程

a. 施工准备

（a）熟悉图纸资料，根据现场实际情况自绘"电缆敷设排序图"，避免人为交叉、错位。

（b）现场勘察电缆盘放置部位、输送机摆放位置、滑轮摆放距离、电源接线位置。

（c）检查电缆合格证明、出厂质检报告，复核电缆长度，确认电缆导体截面是否符合要求。

（d）检查电缆盘支架及附件，确保完好；检查各输送机润滑油、传动装置，紧固螺栓等，确保完好；检查滑轮及轴承确认无误；检查同步总控箱和分控箱以及连接电缆绝缘良好，控制元件完好；检查对讲机数量及充电情况等。

（e）确认施工人员数量及身体状况，安排各部位操作人员（指挥人员、总控箱操作人员、输送机及分控箱操作人员、电缆头牵引人员、电缆盘转动人员、记录人员等）的具体工作内容，确保安全绳到位、牢固，安全带数量充足，质量可靠。

b. 电缆绝缘检查

（a）1kV 以下电缆用兆欧表进行绝缘检测，绝缘电阻不低于 10MΩ；1kV 以上使用 2.5kV 摇表，3kV 及以下的电缆绝缘电阻值不小于 200MΩ，确认电缆绝缘是否符合规范要求，并做好绝缘记录。

（b）6kV 以上电缆应作耐压和泄漏试验，做好试验记录。

c. 电缆盘就位

（a）电缆盘放到指定位置，检查电缆盘在运输过程中是否有损坏，电缆有无破损处。

（b）支盘：使用自制的简易、轻型、灵活的电缆盘支架，电缆盘支架地面保持平整及硬度，利用左右两侧千斤顶开始支盘，使电缆盘离地 50mm 即可，再调整电缆盘的水平度，保持水平（图 2.6-2～图 2.6-4）。

图 2.6-2　电缆盘就位

图2.6-3　支起电缆盘

图2.6-4　调整高度

d. 输送机、滑轮就位

（a）根据电缆长度和桥架拐弯数量确定输送机台数，输送机放置距离根据实际情况50m左右不等。根据现场勘察位置，吊装（用小型吊车吊装或小型提升机吊装）输送机到位，用8号铁丝固定牢固，输送机电源与分控箱连接牢固，连接专用接地线。

（b）根据电缆直径确定滑轮的间距，摆放滑轮并用10号铁丝简单固定，平均2～4m一个，保持滑轮与输送机在同一直线上，如图2.6-5所示。

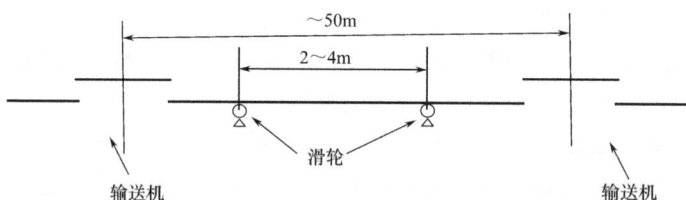

图2.6-5　输送机与滑轮布置示意图

e. 控制箱安装接线

连接总控箱到各分控箱电缆，保持相序一致，连接牢固，接线完毕确认开关处于断开位置，等待调试。

f. 控制调试

总控箱送电，分控箱受电，按输送机编号逐台调整转向一致，确认控制保护灵敏可靠，所有开关处于合闸状态，由总控箱控制达到同步，调试完毕。

g. 牵引施放电缆

（a）人员组织

电缆敷设前，对各操作人员再次进行技术交底和安全交底，明确各自的职责，确保听从指挥，密切配合。

每人1部对讲机，确认对讲机频段一致；总指挥1人、记录人员1名、每台输送机1位操作人员、电缆头牵引1人、牵引大绳1人、总控箱操作1人、电缆盘操作3人、安全质量1人、地面工作人员3人；输送机操作人员及总控箱操作人员统一编号，检查安全带、安全帽、防滑鞋，各就各位。

（b）电缆敷设原则

"先集中，后分散""先长缆，后短缆""先同一侧，后另一侧"。在同一桥架必须敷设两种不同用途电缆，则在桥架中间用专用隔板隔开并固定。

高、低压电缆自上而下敷设时，最上层桥架敷设高压电缆，中间层桥架敷设低压电缆。最下层桥架敷设控制电缆、计算机电缆。

电缆桥架内敷设注意其填充率，即：电力电缆不得超过40%，控制电缆、计算机电缆不得超过50%。

电缆在桥架内敷设完毕，应用夹具、尼龙绳或木板固定，其间距水平方向3m、垂直方向1.5m，每根电缆每隔50m应挂标示牌，标明电缆型号、规格、长度、起点、终点。

电缆弯曲半径：无钢铠电缆是电缆外径的10倍，铠装电缆为电缆外径的15～20倍。

（c）电缆敷设

开始敷设时先由记录人员贴电缆标签，与电缆盘操作人员、地面工作人员共同固定电缆网套和旋转连接器；用直径30mm左右，长度80～100m左右的大绳（棕绳或专用安全绳）牵引电缆头；开始正常输送，以平均8m/min的速度前进。

电缆敷设中用对讲机保持联系，由总指挥1人对整个电缆敷设过程进行统一指挥；电缆盘操作人员要确保放线速度和电缆盘转动的速度保持协调；总控箱操作人员，只能接受总指挥1人的启动指令，在电缆敷设启动后，任何一个操作人员喊"停"的口令时，必须接受并迅速停止总控箱电源；各岗位操作人员根据自己的需要带好工具，在电缆敷设过程中发现任何问题及时叫停，处理完问题后，总指挥在确认各岗位皆无问题后下达启动指令（图2.6-6）。

图2.6-6　电缆敷设

h. 电缆整理

电缆到达预定位置，电缆盘侧确定长度剪断并贴标签，到位后的电缆从输送机中取出、滑轮上卸下，摆放整齐，并用尼龙扎带固定，垂直敷设或超过45°倾斜角敷设的电缆，上端及每隔1.5～2m处进行电缆的固定；水平敷设的电缆，在首末两端、转弯处及每隔5～10m处进行固定；两端按顺序进配电室及设备、待接线（图2.6-7）。

i. 电缆头制作

（a）制作电缆终端头，从剥切电缆开始应连续操作直至完成，尽量缩短绝缘暴露时

图 2.6 -7　电缆整理

间，剥切电缆时不应损伤线芯和保留的绝缘层。

（b）10kV 高压电缆终端头环境湿度应严格控制，温度宜为 10～30℃。制作时应防止尘埃、杂物落入绝缘层内，严禁在雾或雨中施工。

（c）电缆线芯连接时，应除去线芯和连接管内壁油污及氧化层，压接模具与金具应配合恰当，压缩比应符合要求，压接后应将端子或连接上的凸痕修理光滑，不得残留毛刺。

（d）塑料绝缘电缆在制作终端头时，应彻底清除半导电屏蔽层。

（e）电缆终端上应有明显的相色标志，且应与系统相位一致。

j. 电缆接线

把电缆线按秩序一根根扎在柜子下的横担上，挂好标牌，接线时应套号码管、线的头子应选择合适的线鼻子、柜体内走线应尽量避免强电弱电交叉走在一起，尽量避开。电缆的余量尽量埋在电缆沟里/桥架内（不能直接看到）。

k. 电力电缆试验

电缆试验前应检查确认，此步骤必须两人进行对线，而且每根线一定要仔细查对。

（a）采用 2500V 兆欧表测量各电缆线芯对地（金属屏蔽层）间和各线芯间的绝缘电阻。

（b）直流耐压试验及泄漏电流测量试验时，试验电压可分 4 个阶段均匀升压，每阶段停留 1min，读取泄漏电流值；当泄漏电流很不稳定或随试验电压升高急剧上升或随试验时间延长有上升现象时，电缆绝缘可能有缺陷，应找出缺陷部位，并予以处理。

（c）检查电缆线路的相位应一致，电缆与电网相位相符合。

4）质量保证措施

① 电缆输送机使用之前应进行认真检查、试转，有故障的输送机禁止使用。

② 电缆敷设工程中应做好防护工作，不应将电缆在支架或地面上拖拉，防止划伤电缆外绝缘。

③ 电缆在敷设过程中和敷设后均要满足电缆最小弯曲半径的要求，防止对电缆内部结构造成损坏。

④ 电缆敷设过程中必须服从总指挥的统一指挥，任何一个环节有异常要及时汇报停机，防止对电缆造成损坏。

（3）实施总结

电缆敷设机械化施工技术提供了一个安全、高效、节能的新方式，敷设效果理想，同时可以减少高空施工人员数量，极大地提高安全系数，电缆敷设过程中的质量得到保证，速度快，施工工期有保障，降低施工人员的劳动强度，节约成本。

内蒙古庆华集团三期焦化项目以 110kV 变电站、10kV 变电所——三期焦化化产10kV 变电所主电源电缆 YJV－8.7/10－3×240，长 1400m/根×4 根为例费用比较，如表 2.6-1。

费用比较表　　　　　　　　　　　　　　　　表 2.6-1

敷设方式	人工敷设	机械敷设
电缆规格	YJV－8.7/10－3×240	YJV－8.7/10－3×240
电缆数量	800m×4 根	800m×4 根
施工人数	120 人	22 人
准备时间	0.5d×4 人	1d×8 人
敷设时间	2d	1d
拆除工作	0.5d×4 人	1d×8 人
电缆进户	—	1d×15 人
人工单价	150 元/d	150 元/d
机械折旧费	—	400 元
电费	—	400 元
费用合计	36600 元	8750 元
节约	—	27850 元

全厂电力电缆工程 214200m 共节约资金 123000 元，节约工期约 20d；保质保量地提前完成安装任务，安装质量得到业主及监理的好评，保证了电缆耐压试验及系统送电一次成功，满负荷运行正常，自投产至今供电系统运行稳定。

2. 张家港扬子江石化有限公司 40 万 t/年聚丙烯热塑性弹性体（PTPE）项目

（1）工程概况

张家港扬子江石化有限公司 40 万 t/年聚丙烯热塑性弹性体项目，是张家港市重点项目，由张家港扬子江石化有限公司投资建设，项目位于江苏省张家港保税区扬子江国际化学工业园内。

本项目应用国际先进水平的美国陶氏化学聚丙烯专利技术；通过工艺改进进行超冷凝态操作，提高 2 倍以上的生产能力；首次应用颗粒物料空气输送新工艺技术；包装系统实现自动和手动切换功能；由华陆工程科技有限公司设计，设计采用 PDS 大型工厂设计技术，实现可视化的设计交底。

由我公司承担的电气工程，包括变配电、动力电源、电缆线路、厂区照明、厂区接地装置等分项工程。电气安装工程主要实物量包括：主变压器 3 台、高压柜 40 台、低压柜80 台、桥架 6500m、电缆 180000m、厂区接地母线敷设 3600m、厂区灯具 70 套等。

项目 2013 年 10 月 5 日开工建设，2015 年 5 月 20 日联动试车，2015 年 6 月 16 日一次投料试车产出合格聚丙烯粒料产品。

（2）技术应用

1）电缆敷设机械化施工特点难点

本项目电缆敷设有高空电缆桥架、电缆沟，还有穿越公路。电缆直接接触地面，或与其他凸起的石头、尖锐金属、玻璃等物体触及，有可能损伤电缆。穿越公路时，在孔洞两侧各水平布置一台敷设机。在进电缆侧洞口加装喇叭口以保护电缆，敷设前彻底清理孔内杂物，并涂上电缆润滑剂，减少摩擦，保护电缆。

2）关键技术特点

电缆输送机由电机驱动，电缆被两个橡胶滑轮压到橡胶驱动轮中，上下双作用推动电缆，摩擦系数小，输送力大，对电缆无丝毫损伤。锥形驱动轮间隙，可以依据电缆直径进行调节，电缆敷设完毕，由于机器高度只有 340mm，所以从机器内取出电缆也很方便。

3）施工工艺过程

① 工艺流程方框图（图 2.6-8）

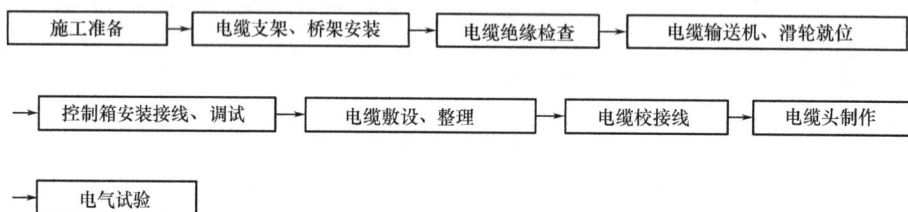

图 2.6-8　工艺流程方框图

② 工艺过程

a. 施工准备

（a）审核图纸，根据电气一次系统图、二次原理图、盘面布置图、设备位置图，校核电缆一览表的每一根电缆的型号、电压等级、芯数、始终端、用途并确认电缆一览表的正确性。

（b）根据电缆桥架的走向及设备位置，核定电缆的合理路径及有效长度。合理安排每盘电缆，减少电缆接头。

（c）将到货电缆型号、规格、线轴号、长度输入微机，根据电缆一览表编制每一根电缆的敷设卷号，按系统将电缆一览表输入微机编制电缆敷设表，利用 EXCEL 软件，按电缆敷设表中电缆路径的特点排序，按相同或相近路径的同类电缆及先远后近、先外后内、先直线后拐弯的原则有序排列，保证全厂电缆统一排序、按计划敷设，并根据现场实际，确认排序的合理性，严防交叉。

（d）检查电缆道路畅通，排水良好。金属部分的防腐层完整。电缆支架应放置稳妥，钢轴的强度和长度应与电缆盘重量和宽度相吻合。

（e）在带电区域内敷设电缆应有可靠的安全措施。

（f）电缆敷设时不应损坏电缆沟、电缆井、电缆桥架、电缆导管等其他建筑设施、设备。

（g）进行现场检查，要求电缆敷设设备齐全完整，现场照明充足，安全设施齐全，并选择便于运输且不影响其他施工作业正常进行的电缆放置场，电缆放置场内的电缆轴按型号归类后整齐排放，放空的电缆轴及时回收。

（h）主要施工机具（表 2.6-2）

主要施工机具
表 2.6-2

序号	名称	数量	序号	名称	数量
1	50t 吊车	2 台班	11	电缆敷设机	10 台
2	电焊机	5 台	12	滑轮	若干
3	电动套丝机	2 台	13	无线对讲机	10 台
4	手动套丝机	1 台	14	继电器校验箱	1 台
5	无齿锯	3 台	15	接地电阻测试仪	1 台
6	台钻	1 台	16	兆欧表	1 套
7	电锤	5 台	17	电桥	1 套
8	压接钳	2 套	18	交直流试验台	1 台
9	液压弯管机	2 套	19	钳形电流表	1 台
10	角向磨光机	5 台	20	万用表	3 台

b. 电缆支架、桥架安装

（a）电缆支架制作好后，应及时除锈及清理污垢，并刷防锈漆和面漆。

（b）电缆沟支架水平安装时随坡度保持一直线，并在一侧支架上端各敷设一根扁钢作为接地母线，电缆支架及接地母线应安装牢固，无显著变形，焊缝均匀平整，焊缝长度应符合要求，不得出现裂纹、咬边、气孔、凹陷、漏焊等缺陷，焊后应做好防腐处理。

（c）电缆桥架安装应牢固，桥架走向符合设计要求，远离热源。同层梯架应在一个水平面上，偏差≤5mm，托臂支吊架沿桥架走向，左右偏差≤10mm。

（d）电缆桥架应接地良好，梯架之间应使用接地连接片连接，确保桥架回路不间断。

c. 电缆绝缘检查

（a）测量各电缆线芯对金属屏蔽层和线芯间的绝缘电阻：电压为 6～10kV 的交联聚乙烯绝缘电缆不小于 1000MΩ；电压为 6kV 的聚氯乙烯绝缘电缆不小于 60 MΩ；电压为 1kV 的聚氯乙烯绝缘电缆不小于 40 MΩ。

（b）直流耐压试验及泄漏电流测量（其试验要求见《电气装置安装工程 电气设备交接试验标准》GB 50150—2016）。

d. 电缆输送机、滑轮就位

根据电缆长度和桥架拐弯数量确定输送机台数，输送机放置距离根据实际情况为 50～70m 不等。根据现场勘察位置，吊装（用小型吊车吊装或小型提升机吊装）输送机到位，输送机电源与分控箱连接牢固，专用接地线接好；根据不同的敷设环境，采用方法如下：

（a）直线牵引方法（图 2.6-9）：对于路径较直、无明显弯角、无孔洞的情况，可以采用直线牵引方法。敷设施工时将电缆盘放置在标高较高的接头井处，在标高较低的接头井处安装牵引卷扬机，这样的布置可减少卷扬机的牵引负荷。在电缆盘和卷扬机之间全线路中每隔 2～4m 布置电缆托辊，敷设机之间的距离不应超过 30～50m，从卷扬机中拉出钢丝绳至电缆盘处，并与电缆厂家提供的专用电缆牵引头连接，但中间应加装防扭装置，敷设时卷扬机上需要安装张力计，对张力进行监控，电缆铜导体所受的张力要控制在合适的范围内，电缆被牵引的速度不宜太快。电缆在敷设过程中应放置在电缆托辊上，以降低摩擦力，减少电缆受力和卷扬机负荷。

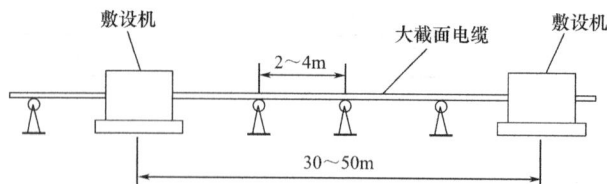

图 2.6-9　直线牵引方法

当电缆顶管穿越公路时，采用如图 2.6-10 所示的敷设方法，在孔洞两侧各水平布置一台敷设机，在进电缆侧洞口加装喇叭口以保护电缆，敷设前彻底清理孔内杂物，并涂上电缆润滑剂，减少摩擦，保护电缆。

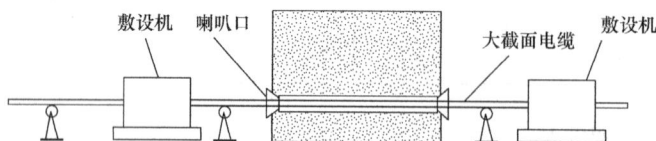

图 2.6-10　电缆穿越公路牵引方法

（b）拐弯牵引方法：通常弯角在 120°以上的电缆路径上，可布置电缆导轮，分别在拐弯的两头设敷设机，敷设机之间放置长型滑车使电缆悬空，减少摩擦，弯头的墙角放置沙包，保护电缆免于划伤，敷设时注意不能超过电缆的允许侧压力，电缆的弯曲半径为电缆直径的 20 倍以上，如图 2.6-11 所示。

（c）严禁电缆直接摩擦地面，或与其他凸起的石头、尖锐金属、玻璃等物体触及，否则有可能损伤电缆，见图 2.6-12。

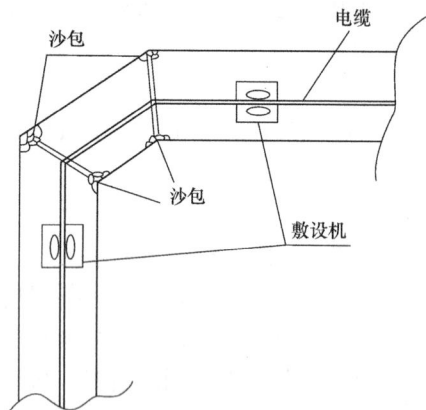

图 2.6-11　拐弯牵引方法

图 2.6-12　电缆敷设地面施放

e. 控制箱安装接线、调试

连接总控箱到各分控箱电缆，保持相序一致，连接牢固，接线完毕确认开关处于断开位置，等待调试。总控箱送电，分控箱受电，按输送机编号逐台调整转向一致，确认控制保护灵敏可靠，所有开关处于合闸状态，由总控箱控制达到同步，调试完毕。

f. 电缆敷设、整理

（a）电缆应以配电室为起点，先远后近，分区分片敷设。敷设时拖拽电缆可用特制的钢丝网套套在电缆端头上。机械化敷设电缆要求见表 2.6-3，速度不宜超过 15m/min，应在牵引头或钢丝网套与牵引绳之间装设防捻器。

电缆最大牵引强度（N/mm²） 表 2.6-3

牵引方法	牵引头		钢丝网套	
受力部位	铜芯	铝芯	铅套	铅套	塑料护套
允许牵引强度	70	40	10	40	7

（b）电缆敷设过程中的裕度应适当，不宜绷紧。终端头应留备用长度 0.5～1m。电缆排列整齐，随敷、随整理、随固定，固定点间≤2m，及时拴好标志牌。

（c）并联使用的电力电缆，其长度、型号、规格应相同。

（d）电缆的最小弯曲半径应符合表 2.6-4 的要求。

电缆最小弯曲半径 表 2.6-4

电缆形式		多芯	单芯
控制电缆		10D	
橡皮绝缘电力电缆	无铅包、钢铠护套	10D	
	裸铅包护套	15D	
	钢铠护套	20D	
聚氯乙烯绝缘电力电缆		10D	
交联聚乙烯绝缘电力电缆		15D	20D

（e）直埋电缆的敷设应符合以下要求：

距地面≥0.7 m，过建筑物等应采取保护措施，电缆与其他管道之间平行和交叉时的最小净距，应符合表 2.6-5 规定。

电缆与管道距离（单位：m） 表 2.6-5

管道类别		平行净距	交叉净距
一般工艺管道		0.4	0.3
易燃易爆气体管道		0.5	0.5
热力管道	有保温层	0.5	0.3
	无保温层	1.0	0.5

电缆的上、下部应铺不小于 50mm 厚的软土或沙层，并加盖保护板，其宽应超过电缆两侧各 50mm。在直线段每隔 50～100m 处、电缆接头处、转弯处、进入建筑物等处应设明显的方位标志或标桩。回填土前，应经隐蔽工程验收合格。回填土应分层夯实。

（f）电缆到达预定位置，电缆盘侧确定长度剪断并贴标签，到位后的电缆从输送机中取出，滑轮上卸下，摆放整齐，并用尼龙扎带固定，垂直敷设或超过 45°倾斜角敷设的电缆，上端及每隔1.5～2m处进行电缆的固定；水平敷设的电缆，在首末两端、转弯处及每隔5～10m处进行固定。

g. 电缆校接线

（a）由专职人员负责对每一根电缆进行联校，确定无误后悬挂电缆标志牌，进行电缆头制作、安装。

（b）归纳出每一块配电盘内应有电缆的电缆编号，并将其与接线图对应，由该盘负责安装电缆的人员实行一包到底的原则，保证该盘电缆数量准确、电缆安装质量达标。

（c）将配电盘下电缆进行整理并固定于桥架与盘间的过渡架上；电缆进入同一盘时弯度一致，并行排列，绑扎牢固且绑扎方向一致。

h. 电缆头制作

电缆头的制作要求：应连续操作直至完成，缩短绝缘暴露时间，过程中保持清洁。三芯电力电缆终端处的金属保护层必须接地良好。电缆终端上应有明显的相色标志，并与系统的相位一致。控制电缆终端可采用一般包扎，接头应有防潮措施。

i. 电气试验

（a）测量线间及芯线与地间的绝缘电阻值，低压电线和电缆、线间和线对地间的绝缘电阻值必须大于 0.5MΩ。

（b）交直流耐压试验，直流加在导体与金属屏蔽层之间，持续 15min，直流试验耐压值按表 2.6-6 执行。

直流试验耐压值 表 2.6-6

电缆额定电压（kV）	直流试验电压（kV）
0.6	2.4
6	24
8.7	35

（c）试验措施

任何试验均必须采取必要的安全措施，防止设备和人身事故。高压试验时，应拦设警戒线。试验完毕，所有设备必须有效放电。

4）质量保证措施

① 电缆在敷设过程中和敷设完毕后均要满足电缆最小弯曲半径的要求（表 2.6-7）。

电缆最小弯曲半径 表 2.6-7

电缆种类		多芯	单芯
控制电缆		10D	—
橡皮绝缘电力电缆	无铅包、钢铠护套	10D	
	裸铅包护套	15D	
	钢铠护套	20D	
聚氯乙烯绝缘电力电缆		10D	
交联聚乙烯绝缘电力电缆		15D	20D

② 机械敷设电缆时的最大牵引强度宜符合表2.6-8的规定。

电缆最大牵引强度（N/mm²）　　　　表2.6-8

牵引方式	牵引头		钢丝网套		
受力部位	铜芯	铝芯	铅套	铝套	塑料护套
允许牵引强度	70	40	10	40	7

机械敷设电缆的速度不宜超过15m/min，110kV及以上电缆或在较复杂的路径上敷设时，其速度应适当放慢，在牵引头和钢丝网套与牵引绳之间安装旋转连接器。

③ 电缆敷设允许最低温度

由于塑料电缆在低温下容易变硬、变脆，所以在低温下敷设电缆时，电缆的绝缘容易受到损伤，建议尽可能避免在低温下施工，如需要施工，电缆存放地点在敷设前24h内的平均温度及敷设现场的温度低于表2.6-9规定数值时，应采取措施将电缆预热才能敷设。

电缆敷设允许最低温度　　　　表2.6-9

电缆类型	电缆结构	允许敷设最低温度（℃）
橡皮绝缘电力电缆	橡皮或聚氯乙烯护套	−15
	裸铅套	−20
	钢护套钢带铠装	−7
塑料绝缘电力电缆	聚氯乙烯、聚乙烯、交联聚乙烯	0
控制电缆	耐寒护套	−20
	橡皮绝缘聚氯乙烯护套	−15
	聚氯乙烯绝缘聚氯乙烯护套	−10

（3）实施总结

电缆敷设机械化施工技术中电缆输送机的减速机构合理，速度稳定，牵引力恒定，并可加装智能控制装置，实现定速度、定扭矩的数字控制。敷设效果理想，加快了施工进度，极大地提高了安全系数，保证了电缆敷设的质量，降低施工人员的劳动强度，节约项目成本。

张家港扬子江石化有限公司40万t/年聚丙烯热塑性弹性体项目电力电缆工程180000m，共节约资金65000元，节约工期约10d；保质保量地提前完成安装任务。项目投产至今，各系统运行正常。该工程荣获2015年度山西省建筑业绿色施工示范工程、2015年度山西省建筑业新技术应用示范工程、2016年度全国化学工业优质工程奖、2016年度化学工程建设科技创新成果二等奖、2017~2018年度中国安装工程优质奖、2018~2019年度国家优质工程奖。

参考文献

［1］无锡市阜大电力设备制造有限公司电缆敷设机说明书。

（提供单位：山西省工业设备安装集团有限公司；编写人员：张文峪、韩巨虎、孟汉现）

2.7 多晶硅生产线冷氢化装置 800H 管道安装焊接技术

2.7.1 技术发展概述

UNS N08810 为美国标准 ASTM B409 相当于 Incoloy 800H，属镍合金 Ni-Fe-Cr 系（本文简称 800H 管道），具有典型的耐腐蚀和抗高温氧化性能，尤其是在 1000℃ 的高温下具有优良的耐腐蚀、耐热疲劳、耐高温冲击性能，在固熔情况下，具有优越的抗压力破裂特性。在工业炉和石化行业中，广泛应用于各类高温高压环境的传输管线等结构中。

目前国内 800H 管道（镍基合金钢管道）主要应用在航空航天、石油化工的设备上，口径主要为 $DN15$。大口径管道（$DN100 \sim DN400$）应用于石油化工工艺管线很少，焊接工艺、焊接定额等处于摸索研究阶段。因此国内所涉及的镍基合金钢管道焊接技术应用很少，未形成相关标准的施工技术，对此材料的焊接没有成熟的经验。

高纯硅烷气生产线中核心部位冷氢化装置的安装是施工重点，其中镍基合金钢管道（800H）焊接是冷氢化装置工艺安装的关键点及难点，其焊接工艺决定着最终产品的质量。

2.7.2 技术内容

多晶硅生产线冷氢化装置工艺安装中的 800H 管道具有耐高温高压、耐腐蚀、耐磨等特点。800H 材质 Ni 的含量高达 32.0%，焊接时熔池金属的流动性差，且表面易形成难熔的氧化膜（NiO），使得熔透性差，焊缝易形成杂物，造成焊接热裂纹及气孔。通过研发控制 800H 管材焊接参数，采用小电流、小摆动、多道焊的焊接方法，消除 800H 管道焊接过程中出现的裂纹、气孔、夹渣等缺陷，提高 800H 管道焊接合格率。

2.7.3 技术指标

（1）《工业金属管道工程施工规范》GB 50235—2010；

（2）《现场设备、工业管道焊接工程施工规范》GB 50236—2011；

（3）《石油化工工程焊接通用规范》SH/T 3558—2016；

（4）《石油化工金属管道工程施工质量验收规范》GB 50517—2010；

（5）《承压设备无损检测》NB/T47013.1～47013.13；

（6）《承压设备焊接工艺评定》NB/T 47014—2011；

（7）《金属管道制造和检验标准》ASME B31.3 -工艺管道（规范）、ASME B16.25 -对焊端；

（8）BPVC Section Ⅱ，Part C Welding Rods，Electrodes and Filler Metals —锅炉和压力容器第Ⅱ节，C 部分 焊条，电极及熔填金属；

（9）BPVC Section V Nondestructive Examination —锅炉和压力容器第 V 节 无损检测 American Welding Society（AWS）—— 美国焊接学会标准。

2.7.4　适用范围

适用于 $DN20\sim DN600$（壁厚 $5.5\sim 26mm$）800H 镍基合金钢管道的焊接。

2.7.5　工程案例

1. 陕西有色天宏瑞科硅材料有限责任公司 Silane 硅烷区域安装工程

（1）工程概况

陕西有色天宏瑞科硅材料有限责任公司 Silane 硅烷区域安装工程，位于陕西省榆林市榆佳工业园区，以"煤-电-硅"产业链为依托，引进美国 RECSilicon 全球领先的电子级多晶硅、电子级硅烷气和粒状多晶硅生产技术，建设年产 500t 高纯硅烷气、1000t 电子级多晶硅、18000t 粒状多晶硅的硅材料生产线，项目总投资 87 亿元人民币，建成后年产值将达到 40 亿元人民币。

硅烷区为多晶硅产品的核心区，分为 10、20 和 25 区，共 27 个单元工程，其中冷氢化装置硅烷区为核心装置，800H 管道 $DN100\sim DN300$ 约 1500m，共计 13000 寸口，壁厚最大达 26mm。

工期要求：工程开工于 2016 年 6 月，2017 年 12 月竣工，总工期 18 个月。

（2）技术应用

1）800H 管道施工特点难点

800H 管道焊接对环境温度、层间温度（环境温度 15℃ 以上）、湿度、风速都有严格的要求，然而榆林当地气候恶劣，现场风沙大，且本工程焊接阶段处于冬季，现场温度低；800H 管道液态金属流动性较差，如果坡口形式等不合适，会发生未熔合现象，并且对层间温度要求较高（150℃ 以下）；管道严禁采用热切割下料；工期紧，质量要求高。

2）关键技术特点

控制焊缝坡口角度，避免材料液态金属流动性差造成未熔合缺陷，接头熔合良好；控制焊接层间温度，分层多道焊接，避免焊接温度不适造成焊缝金属晶粒粗大，降低焊缝的力学性能及耐蚀性，解决了 800H 材质液态金属流动性较差、焊口易裂纹的技术难题。

3）施工工艺过程

① 工艺流程图（图 2.7-1）

② 工艺过程

a. 施工准备

（a）施工技术准备

a）进场材料检验。

b）编制焊接工艺评定及操作规程并交底。

（b）作业人员的准备

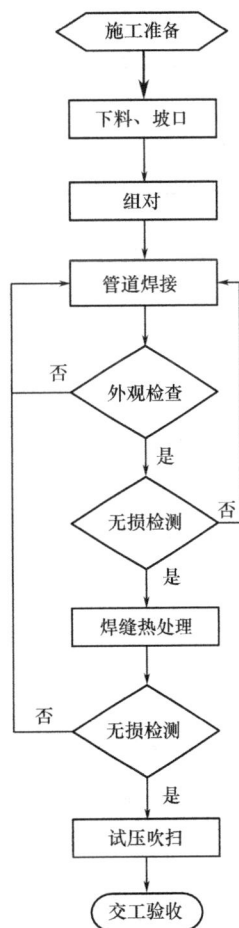

图 2.7-1　工艺流程图

焊工根据焊接工艺评定及操作规程参加 800H 管道焊接培训考试，考试合格后方可上岗操作。

（c）施工机具和计量器具的准备

按照进度计划和施工机具需用计划、计量器具计划，分阶段组织施工机具、计量器具进场。主要施工机具、计量器具见表 2.7-1、表 2.7-2。

主要机具设备表　　　　　　　　　　　　　　　　表 2.7-1

序号	名称	规格	备注
1	氩弧焊机	YD400-AT3HV	根据需用配备
2	焊条保温筒		根据需用配备
3	台钻		根据需用配备
4	焊条烘干箱	HY2-1	根据需用配备
5	角磨机	$\phi100$	根据需用配备
6	直磨机		根据需用配备
7	角磨机	$\phi100$	根据需用配备
8	手动葫芦	5t	根据需用配备

主要计量器具表　　　　　　　　　　　　　　　　表 2.7-2

序号	名称	规格	备注
1	紫光灯		根据需用配备
2	温度计		根据需用配备
3	焊检尺		根据需用配备
4	靠尺		根据需用配备
5	钢卷尺	2～15m	根据需用配备
6	水平尺	8″～12″	根据需用配备
7	压力表	0～2.5MPa	根据需用配备

（d）材料的准备

a）检查管道材料标识，800H 管道材料进场后采用光谱分析仪对其进行复查。

b）检查焊材包装、合格证及使用说明书。焊材包装物没有破损，且不得受潮。焊材进库后应先放在库内待检区，由采购人员会同仓库保管员、材料员一同检查焊材的外观质量是否符合相应的标准要求，并做好验收记录，验收记录由材料责任师认可。

（e）运输和储存

a）搬运管材管件时，应小心轻放，避免重压、敲击、碰撞等易造成管材变形、损伤的行为，严禁剧烈碰撞、抛摔滚地。

b）管道成排堆放，管道下面铺设木方与地面隔离，管道上面覆盖三防布或塑料布保护，标识清晰。

c）清洗后管道采用塑料管帽封堵并用胶带密封，现场安装前严禁打开封堵，如发现破坏及时包封。

d）现场当天未焊接完成焊口采用胶带封堵，防止灰尘进入管道。

b. 管道下料、坡口

800H 镍基合金密度大，熔池流动性差，为保证接头融合性良好，需要增大坡口角度，减小钝边厚度。DN80（壁厚 7.56mm）坡口及焊接层数控制如图 2.7-2 所示。

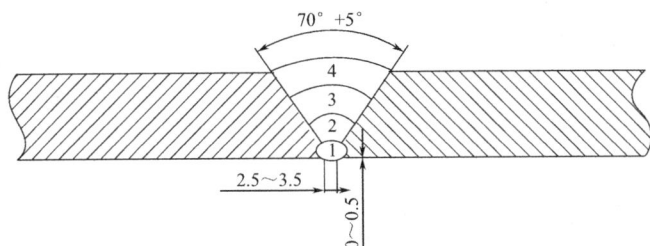

图 2.7-2　坡口示意图

（a）管道根据设计院提供的轴测图进行下料、预制，切割及坡口加工采用机械方法，严禁采用热切割。

（b）下料后的管材要及时做好标识的移植工作，保证材质的可追溯性，管子下料时从无钢号、标准号等标记的一端开始。

（c）切割管道的切割面要用砂轮打磨干净光滑，保证焊接质量。切割时留在管内的异物清除干净。

（d）按规范规定和技术文件（焊接工艺评定）进行管道坡口，为保证接头的熔透，接头形式选用较大的坡口角度和较小的钝边形式，坡口角度为 70°～75°（普通为 60°～70°）。坡口前可计算每种壁厚管道需要坡口深度，在管道表面进行标记，坡口完成后采用焊缝检测尺进行测量。

c. 管道组对

（a）管道组对按管段图规定材质、数量、管件方位和预制焊机的能力安排组对段。预制管段具有足够的刚性，必要时可进行加固，以保证存放及运输过程中不产生变形。

（b）管子对口时应在距接口中心 200mm 处测量平直度，当管子公称尺寸小于100mm 时，允许偏差 1mm；当管子尺寸大于或等于 100mm 时，允许偏差为 2mm，但全场允许偏差均为 10mm。组对时局部偏差需调整时，采用 ϕ50mm 长 20cm 铜棒敲击调整。

（c）管道组对时，对坡口及其外表面进行打磨清理，清理合格后及时点焊。根据管道直径确定点焊数和点焊长度。

（d）管子对接焊缝组对时，内壁错边量不应超过母材厚度的 10%，且不应大于 2mm。

（e）焊接前采用三氯乙烯或丙酮溶液擦洗坡口及坡口两边 20cm。

d. 管道焊接

（a）焊条按说明书进行烘烤。焊条放入焊条保温桶，随用随取，保温桶盖及时关闭。焊条在使用过程中保持干燥，出库超过 4h 未用完的退库重新烘烤，重复烘烤不得超过 2

次。建立焊条及焊丝领用登记册，并且将使用完后的焊材头回收。次日使用前重新烘烤未使用焊条。

焊丝使用前进行清理，用干净白布蘸三氯乙烯或丙酮溶液擦拭去除油脂，且表面不得有水迹、污痕。

（b）充氩保护措施

氩弧焊时采用管内充氩保护，氩气纯度 99.99%，气体流量为 12～18L/min。在开始焊接前提前送气，待管内空气全部排出后开始焊接，管内空间较大时可以借助测氧仪确认管内空气排出情况，背部保护氩气保持到焊接结束后停止送气。

（c）室外及框架高处焊接作业，手工电弧焊（SMAW）焊接时的风速超过 8m/s、氩弧焊（GTAW）焊接时的风速超过 2m/s 时，设置挡风棚，防止风力过大破坏保护气流，造成焊接气孔。

（d）焊接前检测环境温度，温度低于 15℃ 时，需对母材进行加热，控制母材温度15℃ 以上。

（e）焊接工艺参数：经现场实践研发出 800H 管道焊接参数用于施工，焊接质量好，施工方便快捷（表 2.7-3～表 2.7-5）。

UNS N08810 800H 焊接参数一览表 表 2.7-3

焊道/焊层	焊接方法	填充金属		焊接电流		电弧电压（V）	焊接速度（cm/min）	线能量（kJ/cm）
		牌号	直径	极性	电流（A）			
1	GTAW	UTP A2133Mn	ϕ2.4	DC+	80～100	10～14	6～8	
2	SMAW	UTP 2133Mn	ϕ3.2	DC−	95～110	18～24	8～10	
3	SMAW	UTP 2133Mn	ϕ3.2	DC−	95～110	18～24	8～10	
4	SMAW	UTP 2133Mn	ϕ3.2	DC−	100～115	18～24	8～10	
5	SMAW	UTP 2133Mn	ϕ3.2	DC−	100～120	18～26	8～10	

拉伸试验			实验报告编号：　20160901057			
试样编号	试样宽度（mm）	试样厚度（mm）	横截面积（mm²）	最大载荷（kN）	抗拉强度（MPa）	断裂部位和特征
PQR-08-1	38	δ=11			539	母材处断裂
PQR-08-2	38	δ=11			538	母材处断裂

弯曲试验		实验报告编号：　20160901057			
试样编号	试样类型	试样厚度（mm）	弯心直径（mm）	弯曲角度	试验结果
PQR-08-1	侧弯	10	40	180°	合格
PQR-08-2	侧弯	10	40	180°	合格
PQR-08-3	侧弯	10	40	180°	合格
PQR-08-4	侧弯	10	40	180°	合格

DN80（壁厚 7.56mm）800H 管道焊接参数　　　　表 2.7-4

焊接层数	焊接方法	填充金属		焊接电流		电弧电压（V）	焊接速度（cm/min）	备注
		牌号	直径	极性	电流（A）			
1	GTAW	UTPA A2133Mn	φ2.4	DC+	80～100	10～14	6～8	
2	SMAW	UTPA 2133Mn	φ3.2	DC—	95～110	18～24	8～10	
3	SMAW	UTPA 2133Mn	φ3.2	DC—	95～110	18～24	8～10	
4	SMAW	UTPA 2133Mn	φ3.2	DC—	100～120	18～26	8～10	

DN150（壁厚 11mm）800H 管道焊接参数　　　　表 2.7-5

焊接层数	焊接方法	填充金属		焊接电流		电弧电压（V）	焊接速度（cm/min）	备注
		牌号	直径	极性	电流（A）			
1	GTAW	UTPA A2133Mn	φ2.4	DC+	80～100	10～14	6～8	
2	SMAW	UTPA 2133Mn	φ3.2	DC—	95～110	18～24	8～10	
3	SMAW	UTPA 2133Mn	φ3.2	DC—	95～110	18～24	8～10	
4	SMAW	UTPA 2133Mn	φ3.2	DC—	100～115	18～24	8～10	
5	SMAW	UTPA 2133Mn	φ3.2	DC—	100～120	18～26	8～10	

　　手工氩弧焊：焊丝采用 UTP A2133Mn（德国进口）、φ2.4mm，焊接电流 80～100A，焊接电压 10～14V，焊接速度 6～8cm/min，采用小摆动操作，同时避免钨极与焊丝、坡口表面相碰，以防焊缝夹钨。手工氩弧焊完成后采用手电检查焊缝底层，必要时可采用渗透检测。

　　手工电弧焊：焊条采用 UTP 2133Mn（德国进口）、φ3.2mm，焊接电流 95～120V，焊接电压 18～26V，焊接速度 8～10cm/min，焊接过程中要在保证熔透的情况下，尽可能减少焊接热输入，熔敷金属尽量少，熔深尽量小，焊缝的外形稍凸；电弧焊采用短弧连续焊接，小电流、小摆动、窄焊道、多道焊，严格控制电流，避免引起裂纹和气孔。

　　焊接过程中全程充氩保护，避免温度过高造成底部氧化。

　　严禁焊件表面引弧、收弧和试验电流，避免电弧擦伤母材；焊接完成收弧时，弧坑及时填满，收弧处进行打磨。

　　焊接完成后在焊口两侧标注单线图纸号、焊接时间、焊接人员、焊口编号，便于外观检测及无损检测查找。

　　e. 焊接注意事项

　　（a）电流过大，焊条摆动范围过宽，造成局部区域温度过高，可能引起热裂纹及气孔，因此焊接过程中严格执行工艺参数表中焊接电流、速度并且焊条摆动不超过焊芯 3 倍。

　　（b）层间温度过高会增加热裂纹的敏感性，严格执行层间温度不超过 15℃，采用红外线温度计测量。

　　（c）焊接环境温度严格控制在 15℃以上，并且保证管道坡口两侧 20cm 洁净，避免出现气孔。

（d）800H 合金焊缝金属熔池差，焊条药皮难清理，容易出现夹渣，因此层间清理需要认真进行，打磨直至出现金属层。

f. 焊缝外观检查

（a）焊缝 100% 进行外观检验，焊接外观成型良好，宽度以每边盖过坡口边缘 2mm 为宜。

（b）焊接接头表面不得有裂纹、未熔合、气孔、夹渣、飞溅存在。焊缝咬边深度 $\leqslant 0.5mm$，连续咬边长度不大于 100mm，且焊缝两侧咬边总长不大于该焊缝全长的 10%。焊缝表面不得低于管道表面，焊缝余高 Δh 符合下列要求：$\Delta h \leqslant 1 + 0.2 b_1$，且不大于 3mm，采用焊缝检测尺进行检查。（$b_1$ 为焊接接头组对后坡口的最大宽度 mm）。

（c）焊缝表面不得低于管道表面，焊接接头错边不大于厚度的 10%，且不大于 2mm。

（d）对不合格的焊口进行质量分析，确定处理措施，外观检查不合格的焊口进行返修，返修长度大于 50mm，采用电动角向磨光机修磨。

g. 无损检测

对于外观检查合格的焊缝，经监理确认后进行射线（RT）检测。

焊口返修采用手工焊，同一部位返修次数不得大于两次（避免重复焊接造成合金元素烧毁，增加热裂纹），否则割除重焊，返修的焊口进行 100% 的射线探伤检测。

h. 焊后热处理

为消除焊接产生的热应力、均匀焊缝和热影响区的组织、细化焊缝和热影响区的晶粒、排除焊缝在焊接过程中产生的氢脆，通过热处理可以使焊缝金属与母材金属更好的融合，800H 管道要求对每道焊缝进行热处理。采用柔性陶瓷电阻对焊缝进行加热，匀速加热至 885℃（一般普通管道为 600℃左右），恒温 3h。

（a）热处理流程：焊口检查 → 固定热处理热电偶 → 固定加热元件 → 固定硅酸铝纤维毡布 → 接二次电源线和热电偶补偿线（多个加热器采用并联接线法螺栓固定，用绝缘材料包好电源接头）→ 挂警告牌 → 通电升温 → 进行热处理微机操作

（b）热电偶的安装位置，应以保证测温准确可靠、有代表性为原则。对于管径小于或等于 6" 管道，测温点应不少于 2 点；管径大于或等于 8" 管道，测温点应不少于 3 点，热电偶的布置应与加热装置相对应；当用一个热电偶同时控制多个焊件时，该热电偶应布置在有代表性的焊接接头上。

i. 焊缝热处理 24h 后，对每道焊缝进行渗透（PT）及射线（RT）检测，合格后试压吹扫，直至交工验收，不合格的经返修后重新检测及热处理，热处理曲线见图 2.7-3。

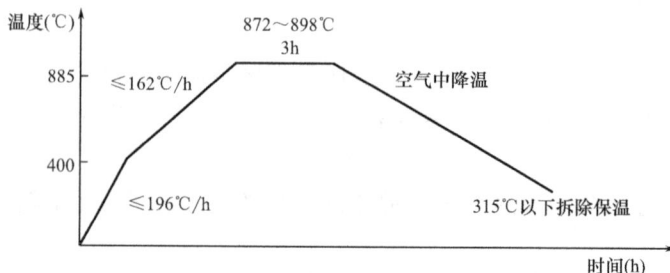

图 2.7-3　热处理曲线图

4）质量保证措施

① 焊接质量控制

a. 制定焊接操作规程，对焊接操作人员进行培训，且在现场进行考试，考试合格后允许上岗操作。

b. 现场搭设彩板房预制场地，并采取大功率电吹风、电暖气、锅炉对加工棚内进行升温，严格控制焊接环境温度在15℃以上，并悬挂温度计进行实时检测。

c. 每天每个区安排1人焊接前对加工棚进行打扫保证施焊环境。

d. 现场焊接时，每个区安排4人对每道焊口搭设防风棚保证焊接质量。

② 焊接缺陷及防止措施

镍基合金焊接常见的缺陷首先是热裂纹，其次是气孔、熔合不良、夹渣以及析出强化合金的应变时效裂纹等。

a. 为保证焊接综合质量，焊接时尽量采用平焊位置，焊接过程中始终保持短弧，以便能较好地控制熔化的焊接金属。

b. 焊接裂纹是焊接产品危害最大的缺陷，主要表现形式有：焊道裂纹、弧坑裂纹、焊缝金属微裂纹、热影响区微裂纹。采用防治的方法是：合理的设计焊接接头和焊接顺序，减小结构的拘束度；减小熔合比即减小稀释率；采用小的焊接电流，减少热输入，填满收弧弧坑。

c. 气孔及夹渣也是镍基合金易产生的焊接缺陷。采用防治的方法是：注意焊前清理（包括母材和焊材），采用化学处理方法（用丙酮进行清洗）；焊接时要保持稳定的电弧电压；氩弧焊的引弧和收弧时易产生气孔和缩孔，注意掌握操作技巧。

（3）实施总结

采用800H焊接工艺技术参数施工，一次焊接合格率达到98%，缩短工期，有效减少返修、无损检测和热处理，施工经济效益和社会效益显著。

陕西有色天宏瑞科硅材料有限责任公司 Silane 硅烷区域安装工程800H管道约1500m，采用本技术施工，减少工期10d，节约成本7.7%。项目从建成至今机电各系统运行正常，工程获评"中国有色金属工业（部级）优质工程奖"。

（编制单位：陕西建工安装集团。编写人员：田阳、寇建国、闫宝强）

2.8 高压自紧法兰（R-CON /E-CON）施工技术

2.8.1 技术发展概述

高压自紧法兰（R-CON/E-CON）是一种新型自紧固式法兰，法兰垫片为金属密封环，无任何柔性垫片，结构形式复杂。国外在20世纪90年代已应用于高温、高压、耐腐蚀、耐磨、有毒有害的高危介质及航空航天、石油化工等行业，但技术处于专利状态，应用费用较高。国内目前涉及的高压自紧法兰安装技术使用很少，未形成相关标准的施工技术。R-CON法兰（图2.8-1）零部件多，安装精度要求高，调整难度大，独特的金属密封环压紧密封原理使得零部件之间的连接直接影响该法兰的密封性能。本法兰属于新产品、新工艺，国内施工技术不成熟，目前无相关标准及安装技术。

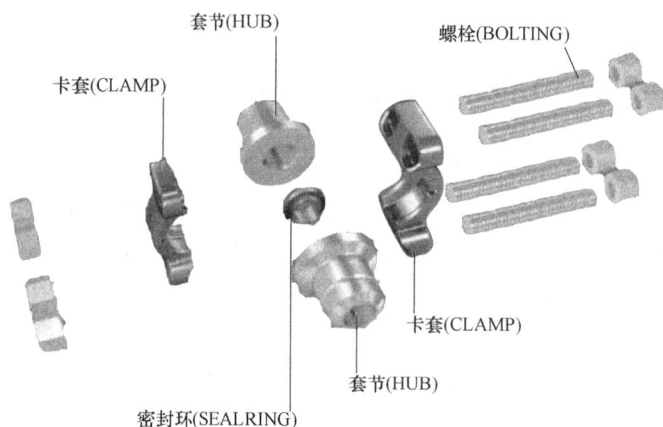

图 2.8-1　R-CON 法兰结构示意图

2.8.2　技术内容

高压自紧式法兰零部件多，每副法兰带 4 个螺栓、1 个垫子、11 个零部件，零部件之间的连接直接影响该法兰的密封性能。法兰结构的特殊性，在施工中对螺栓紧固的扭力值有着苛刻的要求。法兰为金属密封形式，其对施工安装过程中螺栓紧固的顺序、次数和每次的紧固力矩要求较严格。通过对法兰结构、密封原理研究，规范高压自紧法兰（R-CON/E-CON）洁净度及 HUB 面的同心度施工并明确高压自紧法兰（R-CON/E-CON）安装顺序及各工序之间的控制方法。

施工研究总结出高压自紧法兰（R-CON/E-CON）部件安装施工顺序，规范螺栓扭矩值，形成一套系列化数据控制安装高压自紧法兰（R-CON/E-CON）的方法，达到系统压力试验一次成功、快速、高精度施工的效果。

2.8.3　技术指标

（1）《工业金属管道工程施工规范 》GB 50235—2010；

（2）《工业金属管道工程施工质量验收规范》GB 50184—2011；

（3）《法兰螺栓标准》SSTN-PPG-00042-TR R0；

（4）《卡箍式金属密封环组装与拆装》STN-PPG-00040-TR R0。

2.8.4　适用范围

适用于高温、高压、腐蚀性、有毒介质等对密封要求高的系统法兰连接。

2.8.5　工程案例

1. 陕西有色天宏瑞科硅材料有限责任公司电子及光伏新材料产业化项目 Silane 硅烷区安装工程

（1）工程概况

该项目位于陕西省榆林市榆佳工业园区，生产区主要由 4 个区域组成，分别是硅烷 1

区、硅烷2区、FBR硫化床区、西门子区，引进美国RECSilicon全球领先的电子级多晶硅、电子级硅烷气和粒状多晶硅生产技术，建设年产500t高纯硅烷气、1000t电子级多晶硅、18000t粒状多晶硅的硅材料生产线，项目总投资87亿元人民币，建成后年产值将达到40亿元人民币。该项目具有能耗低、工艺线路短、闭路循环、洁净生产等优势，所生产的电子级多晶硅和电子级硅烷气质量达到世界领先水平，填补了国内空白。

硅区分为10区、20区和25区，共27个单元工程，硅烷区域内加氢反应装置，是整个区域温度最高、腐蚀性最强、极易发生爆炸的装置，系统稳定运行温度560℃，运行压力3.6MPa，是本项目的核心反应系统。因此该工艺要求系统严密性100%，即零泄漏。针对工艺的高温高压要求，硅烷区域内管道、设备之间连接采用R-CON/E-CON法兰连接。

工期要求：工程于2015年10月开工，2018年6月竣工，工期32个月。

（2）技术应用

1）E/R-CON法兰施工难点

本项目的R-CON/E-CON法兰主要应用在加氢反应系统内，法兰结构形式复杂，零部件多，零部件之间的连接直接影响该法兰的密封性能。法兰属新产品新工艺，施工技术不成熟，法兰的严密性直接影响系统运行。R-CON法兰为金属密封形式的法兰，其对施工安装过程中螺栓紧固的顺序、次数和每次的紧固力矩要求较严格。

2）关键技术特点

在金属密封面安装过程中，要严格控制套节（HUB）表面洁净度，保证金属密封环与R-CON法兰槽面的接触严密，螺栓扭矩严格按规范扭矩值施工，确保密封环安装契合度，保证法兰密封性。

3）施工工艺和过程

① 工艺流程图（图2.8-2）

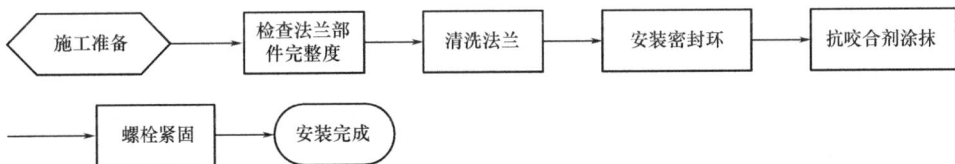

图2.8-2　工艺流程图

② 工艺过程

a. 施工准备

（a）施工技术准备

a）组织学习R-CON法兰结构形式，熟悉法兰零部件及施工要求。

b）对施工人员进行技术交底并签字记录。

（b）作业人员准备

对参与施工人员进行培训，考核合格后方可上岗。

（c）施工机具和计量器具的准备

编制施工机具计划、计量器具和检测需用计划并按施工进度计划分段组织进场。主要施工机具见表2.8-1、表2.8-2。

主要机具设备表 表 2.8-1

序号	名称	规格	备注
1	扭力扳手	50～700N/m	根据需用配备
2	无尘擦机布		根据需用配备
3	捯链	3t	根据需用配备
4	捯链	5t	根据需用配备
5	耐高温润滑剂(高温抗咬合剂)		根据需用配备
6	对讲机		根据需用配备

主要计量器具表 表 2.8-2

序号	名称	规格	备注
1	塞尺	0.001	根据需用配备
2	线坠		根据需用配备
3	水平尺	8″～12″	根据需用配备
4	紫光灯		根据需用配备

（d）材料的准备

a）法兰进场检查标识，进场后必须对表面沙眼、气孔、椭圆度按照规范进行二次复查。

b）法兰应存放在室内干燥处，避免接触油污，标识清晰，分类准确。

b. 检查法兰部件完整度

（a）组织业主、监理、施工方现场对 R-CON 法兰密封面及密封环的沙眼、气孔等进行检查确认，检查椭圆度是否符合要求。

（b）利用游标卡尺、角尺测量法兰轴向同心度、纵向法兰面平行度。

c. 清洗法兰

使用洁净手套和软绸布清洁 HUB 法兰面至无颗粒状异物，并用紫光灯检测密封面清洁状况，每平方厘米内油污应小于 4 处（紫光灯照射油污产生荧光反射）。

d. 安装密封环

将检查完好的垫片置于 R-CON 槽，必要时可使用木质条板或塑料条板的辅助工具辅助密封环的固定（厚度为 5mm 左右），调节手扳葫芦安装法兰或人孔端盖。注意：为了确保密封性能，不要用手支撑密封环防止密封环污染。

e. 抗咬合剂涂抹

现场螺栓、螺母、卡套内侧需使用高温抗咬合剂对其进行润滑，防止二次拆卸检查时不能正常拆卸，螺杆与螺母接触面以及两个方向延伸的 2～3 个螺距必须均匀涂抹高温抗咬合剂，卡套内侧两面满涂高温抗咬合剂。

f. 螺栓紧固

（a）采用数显式双头扭力扳手按照规定扭矩值和紧固顺序紧固螺栓，保证对角螺栓力矩，按照规定次数和扭矩紧固。进行现场班前交底，现场专人指导并记录每一种规格螺栓的扭矩值。明确并严格按照指定螺栓紧固数值紧固螺栓，不得随意变更力矩值紧固。

（b）使用数显式双头扭力扳手，按表 2.8-3、表 2.8-4 规范扭矩值施工，记录扭矩数值，确保资料同步，终拧后使用同扭矩值复检，确保扭矩达到规定标准。

螺栓扭矩参数表

表 2.8-3

螺栓型号	螺栓长度(inch)	R-CON 夹型号	力矩 Torque(N·m)
1/2-13 UNC-2	3-1/2	1	60
5/8-11 UNC-2	5	1-1/2	90
3/4-10 UNC-2	5-1/4,6	2,2-1/2,3	110
7/8-9 UNC-2	7,6-3/4	4	180
1-8 UNC-2	8-1/2	5	280
1-1/8-8 UNC-2	9-3/8	6	405
1-1/4-8 UNC-2	10-1/2	8	580

螺栓紧固顺序表

表 2.8-4

螺栓数	编号(顺时针)
4	1-3-2-4

（c）安装螺杆并对角拧紧，每次紧固后对卡套的距离进行测量，如果卡套间距因为操作不当出现了较大的偏差，则会破坏密封环，造成泄漏。检查连接处，确保连接处有一定的缝隙，只有在螺杆完全上紧的情况下卡套面才能完全接触。

（d）使用螺栓扭矩参数表的 20% 的力矩紧固螺杆，使用塞尺检查 HUB 端面间距，间距差不得大于 0.1mm。依次使用螺栓扭矩参数表的 25%、40%、60% 和 100% 的力矩紧固螺杆，每次结束后都要用塞尺检查间距。按照操作规程对螺杆使用 100% 的力矩进行检查，重复检查三次，每次间隔 4h。

g. 法兰安装完成

（a）安装结束后使用塞尺测量卡套间隙差不得大于 0.1mm。如果根据规范进行安装，但法兰无法密封，通知现场负责人员，进行拆卸检查。

注意：绝对不能在带压或带物料的情况下拧紧螺杆，不要私自改变力矩。

（b）完成安装，签字确认。

（c）对已安装的 R-CON 法兰进行严密性测试，并用肥皂水检漏。

4）质量保证措施

① 安装人员应严格按 R-CON 法兰安装作业指导书的要求和施工工艺的要求作业，如需改变必须取得专业工程师的同意。

② R-CON 法兰的规格、性能等应符合现行国家产品标准和设计要求。

检查数量：全数检查法兰密封面、密封环是否有损坏、沙眼、气孔。

检验方法：使用无尘布清洁法兰面，使法兰面保持光泽，观察是否有损伤、沙眼、气孔。

③ 在拆装过程中，都需要对密封表面进行保护。

检查数量：全数检查密封表面的外观是否有划痕。

检验方法：逐一目视检查，如若发现密封面有损坏，则不可使用。

④ 检查法兰面之间的误差。

检查数量：全数检查法兰面的平行度及法兰轴线平行度。

检验方法：利用水平尺、游标卡尺逐一对法兰进行检查。

⑤ 密封环进行清洁时不能使用砂纸或砂轮。

⑥ 单面法兰安装完成后法兰面与焊接完成后的连接管道轴向成 90°。

⑦ 螺栓的紧固需对角逐步打力矩。

⑧ 不能在带压或带物料情况下拧螺栓。

（3）实施总结

采用 R/E-CON 法兰施工技术，系统压力试验一次成功，有效提高了施工质量，缩减工期，加快进度，降低成本。

陕西有色天宏瑞科硅材料项目的 R/E-CON 法兰 342 套，采用本技术施工，减少工期 15d，节约工日 55.6%。项目从建成至今系统运行安全良好，机电各系统运行正常，工程获评"中国有色金属工业（部级）优质工程奖"。

（编制单位：陕西建工安装集团。编写人员：田阳、寇建国、王小飞）

2.9　水冷壁堆焊现场焊接技术

2.9.1　技术发展概述

堆焊作为材料表面改性的一种经济而快速的工艺方法，越来越多地应用于各个工业部门零件的制造和修复中，为了最有效地发挥堆焊层的作用，希望采用的堆焊焊接技术方法有较小的母材稀释、较高的熔覆速度和优良的堆焊层性能，即优质、高效、低稀释率的堆焊技术。

工程中采用的堆焊方法非常多，耐磨材料等离子弧堆焊是采用等离子弧堆焊方法，利用等离子弧的高温、电流密度大的特点，将高硬度质颗粒均匀的嵌镶于堆焊层金属中，而硬质颗粒不产生熔化或者很少产生熔化，形成复合堆焊层。这种复合堆焊层是由两种以上在宏观上具有不同性质的异种材料组成，一种是在堆焊层中起主要耐磨作用的碳化物硬质颗粒，一般为铸造碳化钨、碳化铬、碳化硼、烧结碳化钨等。从原则上将各种碳化物、硼化物甚至硬度更高的金刚石都可以作为复合堆焊层的组成物。国内外工业上复合材料等离子堆焊应用较多的硬质颗粒是铸造碳化钨，它是有共晶组成，硬度为 250～300，堆焊层的另一种组成金属是起"粘结"作用的基材金属，也称之为胎体金属，它是堆焊中的基体。一般认为，硬质颗粒与胎体金属的结合是钎焊结合，堆焊层与母材的结合为冶金结合。采用等离子弧堆焊技术获得的复合堆焊层质量稳定可靠。复合材料等离子弧堆焊技术的最新进展可使堆焊层达到无气孔、裂纹及碳化物烧损、熔解等缺陷。碳化物颗粒在堆焊层中分布均匀，耐磨材料堆焊层耐磨性高，在磨损严重的工况条件下，复合堆焊层的耐磨性表现尤为突出，可较通常的铁、钴、镍基合金表面保护层提高耐磨使用寿命几倍甚至十几倍，具有较高的结合强度。由于堆焊层与被保护层工件表面是冶金结合，因此可以满足很高的强度要求。同喷涂获得的复合耐磨保护层比较，堆焊层结合强度是热喷涂层结合强度的 3～8 倍。

近几年，为提高水冷壁内壁耐磨强度，尤其是焚烧生活垃圾的余热锅炉，较多的采用堆焊技术进行防耐磨处理。有效地提高了使用寿命，减少了维修周期，而现场堆焊焊接技术的好坏直接影响了堆焊层的完好性。

2.9.2 技术内容

（1）堆焊分析

锅炉水冷壁管高温腐蚀和磨损与炉膛火焰温度、火焰的含硫量、烟气灰分颗粒的冲蚀密切相关。防止水冷壁高温腐蚀和磨损的常用方法有两类，即非表面防护方法和表面防护方法。非表面防护方法有：a. 采用低氧燃烧技术；b. 尽可能使各燃烧阶段燃料均匀；c. 合理的配风及强化炉内的湍流混合；d. 控制适当的燃料细度；e. 避免出现受热面壁温局部过热；f. 在壁面附近喷空气保护膜；g. 加添加剂；h. 控制合适的炉膛出口温度；i. 采用烟气再循环；j. 对受热面的设计布置合理，以避开高烟温区和高壁温区出现。非表面防护法的共同之处在于，一定程度上可以减轻水冷壁的腐蚀，但并不能真正做到防止其腐蚀。而且有些方法在实际运行中会因为各种原因而不能有效地实施，甚至个别方法还存在争议。故有必要采用效果更好的表面防护法，对受腐蚀件表面覆盖耐腐蚀的隔离层，是最直接有效的防腐蚀措施，属于高温腐蚀的表面防护方法主要有：a. 涂刷法：涂刷的涂层塑性、热膨胀性等不能适应锅炉内环境及脱硫装置，使用中易产生脱层，难于实际应用；b. 电镀、热浸镀：镀层的覆盖性及结合度较好，但受工件尺寸限制，镀件在现场拼焊中镀层也会出现薄弱环节，降低使用性能，无法对已有设施进行再次防腐；c. 热喷涂：适合现场操作，涂层材料选择范围宽，组合方式多，但热影响大，造成母材变形大；d. 镍合金堆焊：电流稳定起弧，热影响小，变形量小。由于水冷壁熔深要求特别高，成片堆焊在加工车间完成，技术成熟质量有保证，但堆焊成片的水冷壁现场对接是薄弱环节，现场焊接的质量直接影响整体水冷壁堆焊质量。

本书针对垃圾发电余热锅炉采用以钼、铌为主要强化元素的固溶强化型镍基变形高温合金焊接在水冷壁表面的方法进行分析。

（2）堆焊技术应用。目前，针对垃圾焚烧锅炉、生物质锅炉、冶金行业余热锅炉水冷壁对耐腐蚀功能的要求，在锅炉主要零部件模式水冷壁上堆焊一层甚至多层高温耐腐蚀镍基材料，具有优秀的耐腐蚀性和抗氧化性，从低温到 980℃，均具有良好的拉伸性能和疲劳性能，并且能耐盐雾气氛下的应力腐蚀，起到显著提高模式水冷壁使用寿命的作用。堆焊水冷壁样品见图 2.9-1 。

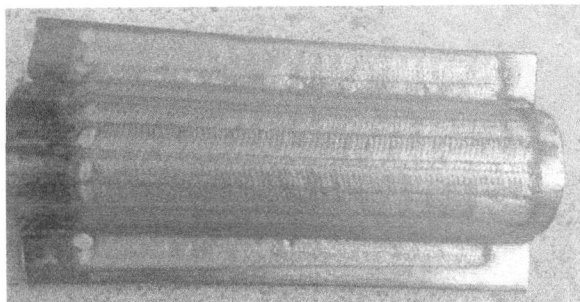

图 2.9-1　堆焊模式壁样品

一般厂家堆焊完成后需要在现场拼接，普通水冷壁和堆焊水冷壁不同，见图 2.9-2 和图 2.9-3。

图 2.9-2 普通水冷壁

图 2.9-3 堆焊水冷壁

（3）现场水冷壁堆焊

1）堆焊水冷壁现场焊接主要内容：

鳍片对接、管口对接、接口处堆焊等工作。堆焊模式壁比普通的模式壁现场焊接工艺复杂、质量控制难，尤其是堆焊模式壁的管口对接。

2）管排对接：

① 管排组对，整体尺寸控制，一般 3～4 片组成一面水冷壁，单片尺寸校核后组对成大片，验收整体尺寸包括对角线后进行点焊。典型的拼接形式如图 2.9-4 所示。

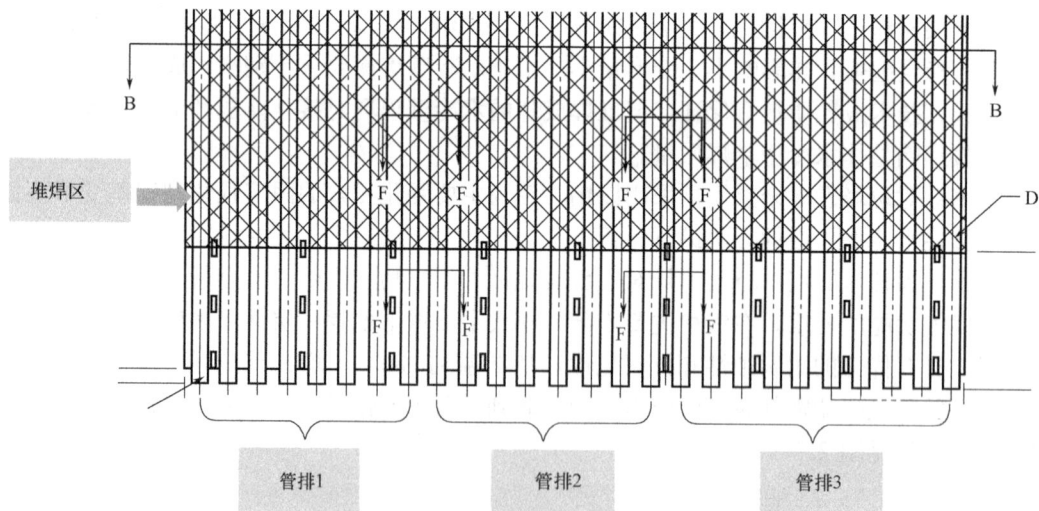

图 2.9-4 现场堆焊水冷壁拼接示意图

② 管排的焊接，单面堆焊焊接如图 2.9-5 所示，只对碳钢面进行焊接，焊接完成后对内部密封进行堆焊，堆焊前要对对接处进行打磨预处理，堆焊满足相应厚度的要求。外观应平滑整齐并与相邻堆焊表面光滑过渡。

③ 管排的对接，如果是双面堆焊，鳍片应预留 2～3mm，对接完成后堆焊，碳钢拼接后注意焊缝不能过高。

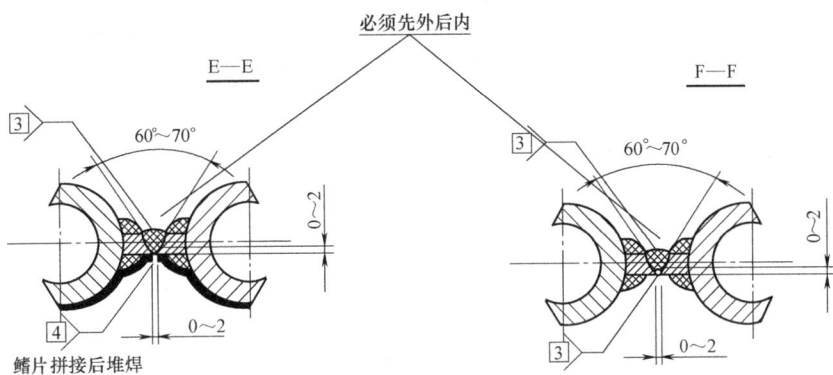

图 2.9-5 堆焊焊接示意图

3）管口对接焊：

① 如图 2.9-6 所示，炉内侧第一层打底焊及第二层填充焊采用母材的焊接工艺进行，如 20G 管对接，采用 ER50-6 焊丝进行（见表 2.9-1 水冷壁管口焊接工艺卡）；12Cr1MoVG 管对接，采用 R31 焊丝；如出现异种钢 20G＋12Cr1MoVG 对接的，则根据相应焊接评定进行焊接。焊后表面应低于堆焊层表面 3～3.5mm，避免上述焊丝与堆焊层金属相融。

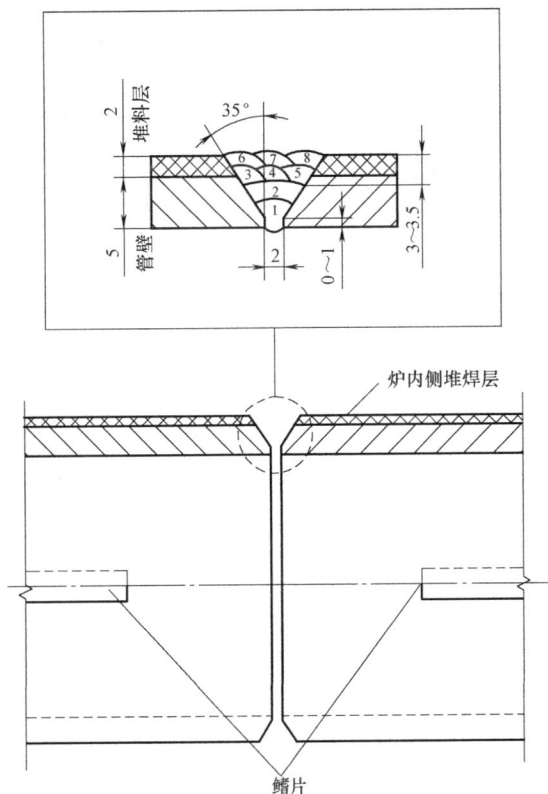

图 2.9-6 堆焊焊接示意图

水冷壁管口焊接工艺卡　　　　　　　　　　表 2.9-1

水冷壁管坡口形式与接头简图：

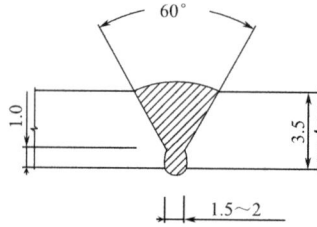

焊接预热	加热方式		预热温度(℃)		层间温度(℃)		加热区域		测温方式
	—		—		≤200		—		红外线测温仪

焊接材料	填充材料		保护气体		钨极		焊剂	
	牌号	规格(mm)	气体成分	纯度(%)	类型	规格(mm)	牌号	烘干温度(℃)
	ER50-6	φ2.5	氩气	>99.99%	铈钨极	φ2.5	—	—

工艺参数	焊缝编号	焊接层次	焊接电流		电弧电压(V)	焊接速度(cm/min)	线能量(kJ/cm)	气体流量(L/min)	
			极性	电流(A)				保护气	背面保护气
	—	1/2	正接	90-100	18~20	8~9	10.8~15.0	8~10	6~8
	—	2/2	正接	90~110	18~20	8~9	10.8~16.5	8~10	—

② 打底焊接完成 24h 后，对焊缝进行磁粉或 RT 射线检测，如果堆焊水冷壁管堆焊层离焊缝距离较近或者堆焊过程控制不当会造成焊口位置材质融合，打底焊容易出现裂纹。

③ 打底焊合格后，用堆焊焊丝（INCO625）进行盖面焊，盖面焊至少 2 层填满，可分多层多道进行焊接。焊接参数见表 2.9-2。

堆焊焊接工艺　　　　　　　　　　表 2.9-2

焊接工艺参数			
焊丝	INCO625	保护气体	Ar,99.995%
焊丝规格(mm)	2.4	层道布置	多层多道
焊接方法	GTAM	层间温度(℃)	≤150
焊接电流(A)	100~120	焊接电压(V)	12~15

④ 焊接注意事项，收弧弧坑要填充饱满并打磨平滑，避免弧坑裂纹；层间温度要控制好；确保多层多道施焊；焊前检查保护气体，确保 Ar 气保护良好；碳钢或合金钢打底/填充层严禁与堆焊层搭接熔焊，否则会出现裂纹；盖面完成后接头要打磨平滑。焊接完成后根据图纸要求进行无损检测。

⑤ 管口对接，如果堆焊层到管口位置预留 5cm 以上，管口对接按正常施工工艺进行，焊口不能高于母材，焊接检测合格后统一进行堆焊。

（4）堆焊水冷壁施工注意事项：

1）管排堆焊表面具有高硬度、不适合切割及焊接的特点。所以任何情况下，禁止在其上焊接任何临时附件，如临时耳板或临时连接板等；禁止在其上切割临时吊装孔等；禁止在其上连接焊接电源地线或地线夹等，特别是裸漏铜线的地线；禁止在其上焊接划弧引弧；禁止在其上用碳钢或低合金钢摩擦接触，避免污染其表面；禁止重物撞击锅炉管排，避免管子被撞变形产生凹坑缺陷。

2）如确有需要焊接，应事先在设计时考虑，并尽量避开堆焊区进行相应吊耳或吊装孔的设计；如不可避开，应在锅炉厂相应工艺支持下进行焊接或处理。

3）如确有需要切割吊装孔，应与锅炉厂相关技术人员进行沟通，且切割必须使用等离子切割机进行，在离开管边 3mm 左右的鳍片上切割，否则极易割伤或割穿管子（图 2.9-7）。

图 2.9-7　堆焊水冷壁鳍片切割

2.9.3　技术指标

（1）《火力发电厂焊接技术规程》DL/T 869—2012；

（2）《火力发电厂异种钢焊接技术规程》DL/T 752—2010；

（3）《电力建设施工质量验收规程　第 5 部分：焊接》DL/T 5210.5—2018；

（4）《现场设备、工业管道焊接工程施工规范》GB 50236—2011。

2.9.4　适用范围

适用于垃圾焚烧发电项目、燃煤热电厂循环流化床锅炉锅炉水冷壁带堆焊区域的现场焊接。

2.9.5　工程案例

1. 西安蓝田生活垃圾无害化处理焚烧热电联产项目安装工程

（1）工程概况

工程位于陕西省西安市蓝田县前卫镇王庄村，项目采用机械炉排炉焚烧技术，3×

750t/d 机械炉排式垃圾焚烧炉＋2×30MW 发电机组。配套余热锅炉和汽轮发电机组，利用垃圾焚烧产生的余热发电上网，烟气处理采用"SNCR＋半干法［Ca（OH）$_2$ 溶液］＋干法［Ca（OH）$_2$ 干粉］＋活性炭喷射＋布袋除尘"组合的烟气净化工艺，建（构）筑物由综合主厂房（含卸料大厅、垃圾贮坑、锅炉间、渣仓、烟气净化、主控楼、汽机间）、上料坡道（引桥）、烟囱、综合水泵房、冷却塔、汽车衡、综合楼等单体组成。

其中余热锅炉第一、二通道 20m 以上全部采用堆焊技术，堆焊受热面面积每台锅炉约 800m^2，涉及堆焊位置每台锅炉焊口数量 600 道，堆焊焊接工程量大。

（2）技术应用

每个工程的堆焊工作开始应根据图纸统计工程量清单、焊口一览表，包括焊口材质、无损检测比例、预制焊口数量、固定焊口数量、临时吊耳的数量。

区域一：水冷壁前墙第一通道堆焊区域，见图 2.9-8。

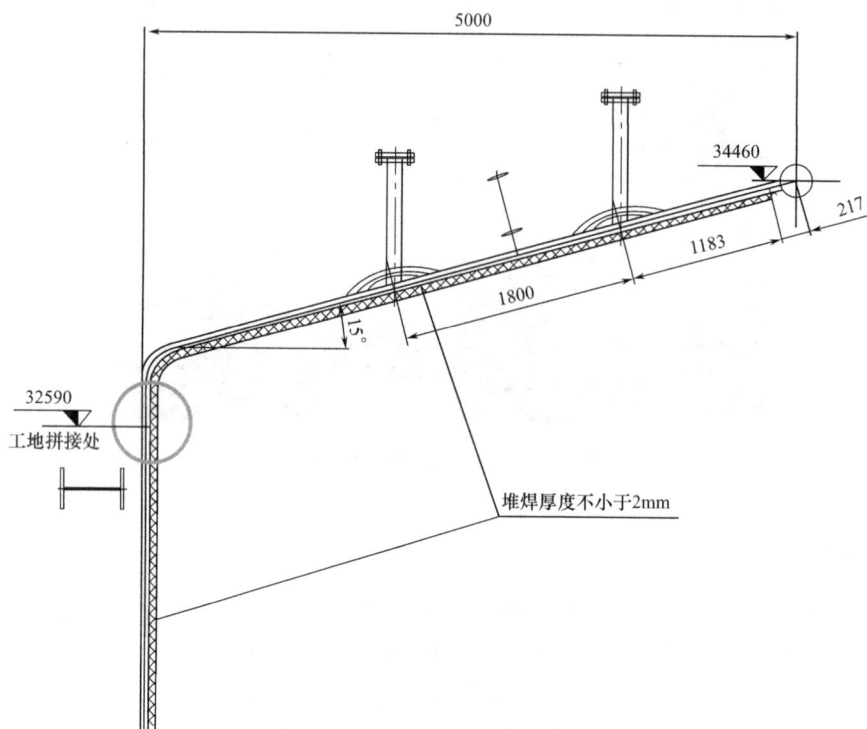

图 2.9-8　前墙水冷壁堆焊区域

区域二：前隔墙、后隔墙第二通道堆焊区域，圆圈处为现场焊口堆焊区域，见图 2.9-10。

前墙、前隔墙、后隔墙全部在地面组对成片后吊装，堆焊区域的焊接，要先保证母材焊接完成，无损检测合格后再施工。图 2.9-10 为堆焊完好的水冷壁吊装。

施工工艺按上述 2.9.2 要求进行。

施工完成后效果见图 2.9-11、图 2.9-12。

（编制单位：盛安建设集团有限公司；编写人员：王耀松、李宝英、岳莹）

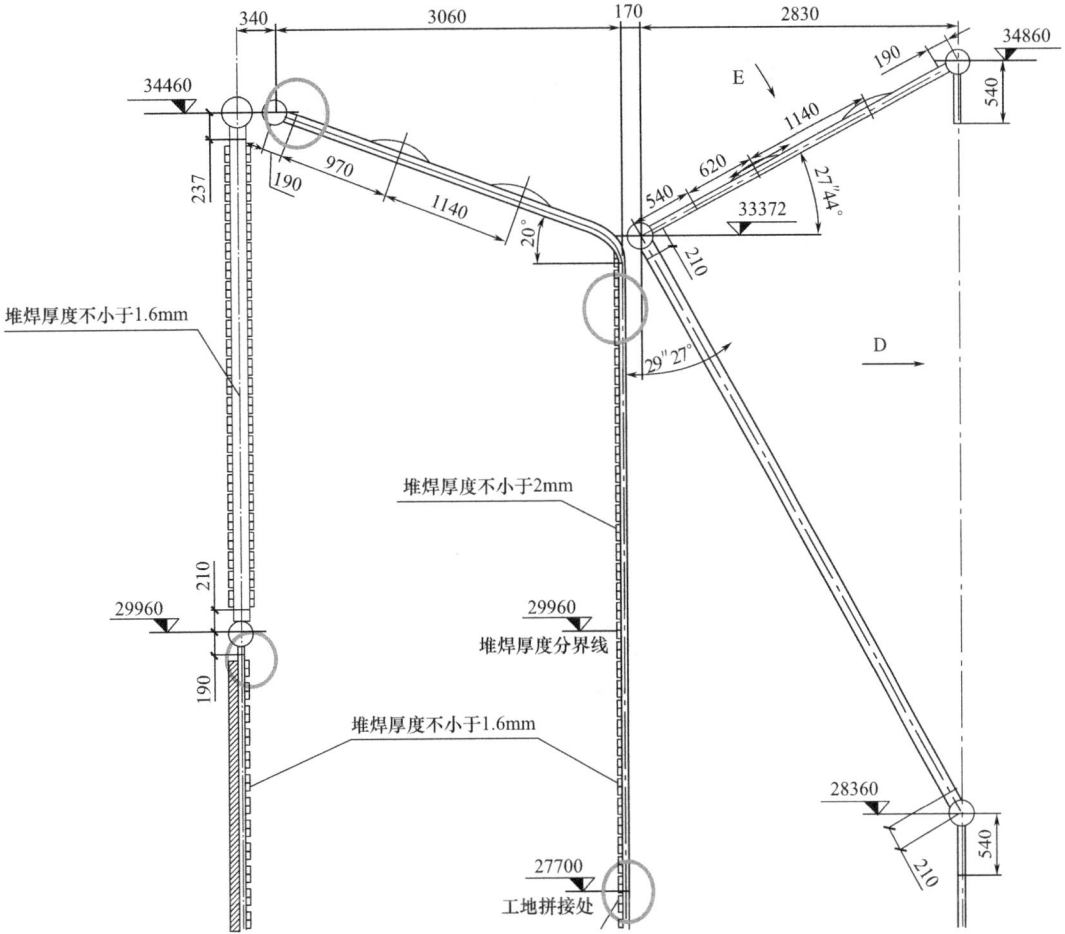

图 2.9-9 前隔墙、后隔墙水冷壁堆焊区域

图 2.9-10 堆焊完成水冷壁吊装

图 2.9-11　对接焊口处焊接后效果

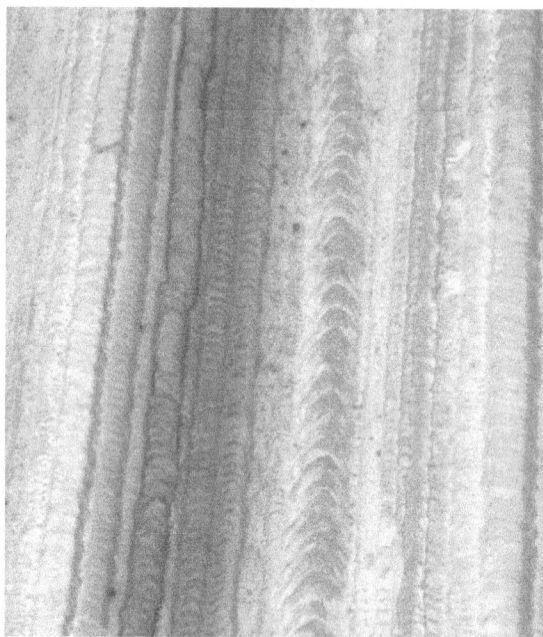

图 2.9-12　鳍片拼接处堆焊后效果

2.10　汽车生产线拆迁技术

2.10.1　二手轿车焊装生产线拆迁技术

2.10.1.1　技术发展概述

由于二手设备拆解设备类型多、零部件种类多、数量大；设备经拆卸、包装、运输造成不同程度的变形、精度降低或部件丢失，给后期设备恢复安装、调试造成不同程度的难题；为保证设备可恢复性拆解、解决安装、检修、改造、调试上的各种难题，在经过多个拆迁工程的实践基础上，本技术运用计算机拆包运信息控制软件，对拆迁设备从拆卸、包装、交付运输、国内掏箱、仓储、安装物流进行施工、搬迁全过程控制，最终形成了二手轿车焊装生产线拆迁技术。

2.10.1.2 技术内容

二手轿车焊装生产线拆迁技术包括：设备测绘、设备编号、资料收集、设备拆解、包装、交付运输等工艺环节；国内的掏箱、仓储、二次搬运、安装调试等全过程；焊装线生产线设备大部分是自动化生产线，设备种类繁多，根据二手轿车焊装生产设备的拆迁特点，采用的新技术：

（1）可恢复性拆卸工艺：在安装过程中对设备进行必要的标记、编号、鉴定、检修和更换部件、重新涂装翻新，经调试后恢复生产能力。

（2）过程控制：应用自行开发的一套计算机设备信息管理软件，对设备搬迁物流进行控制。

2.10.1.3 技术指标

（1）性能指标：运用针对国外二手设备拆迁到国内重新安装调试的拆装工艺—可恢复拆迁工艺和物流控制软件，进行拆迁工程施工，实际达到的性能指标：

1）二手设备经拆卸、安装、检修、调试完好率达 100%；

2）二手设备加工精度恢复达到 100%；

3）二手轿车焊装生产线达到原生产产能；

4）二手轿车焊装生产线的产品合格率 99.5%；

5）二手设备拆迁工程的工期、质量达到合同规定的要求。

（2）汽车线设备拆迁，有设备的说明书、资料，可以按说明书进行拆装。无资料，可以与业主、工艺设计方商定，依据拆解前设备鉴定记录的参数和精度，确定采用的标准或参考国家相关通用施工规范。

2.10.1.4 适用范围

适用于二手轿车焊装生产线的拆迁及类似工程。

2.10.1.5 工程案例

1. 名爵项目二手焊装生产线设备搬迁工程

（1）工程概况

整个项目是引进英国伯明翰市 ROVER 公司的二手汽车生产线设备，在英国进行拆卸、包装，运回国内进行安装、调试、试生产，完成全部的设备搬迁工作，同时要求在计划规定的时间内完成，保证生产车型不断产的拆迁模式。

搬迁内容包括：ABB、KUKA、COMAU 机器人 400 多台，固定焊机 32 台，悬挂焊机 195 台，焊装夹具 178 台，检具 24 台，模具 13 台，输送装置 17 台套，压机 8 台，涂胶设备 41 台，调整线 2 条，三坐标室设备以及 EMS 自行小车的一、二次辅梁和平台护网钢结构等；设备总重近 5000t。

项目于 2005 年 8 月在英国开始设备拆解工作，2006 年 6 月起于国内开始设备掏箱工作，2007 年 3 月设备安装完成，第一辆轿车下线，2007 年 5 月进入批量生产。

（2）技术应用

1）项目特点难点

该项目为国外整厂生产线搬迁项目，规模大，焊装 ZT（MG7）生产线具有生产技术先进、工艺过程复杂、单体设备多且安装精度要求高等特点。

2）关键技术特点

项目根据焊装生产设备的拆迁特点，采用过程控制的手段，应用从编号到装箱、国内库房管理的一套计算机软件，对物流进行控制。

采用可恢复性拆卸工艺，在安装过程中对设备进行必要的检修和更换部件，经调试后恢复生产能力。

3）焊装生产线设备的拆解、包装工艺流程、操作要点

轿车焊装生产线众多，有前、后、中底板线，大底板线，左、右侧围线，顶盖线，引擎盖线，行李箱盖线，前、后、左、右门线，整车总焊线，门、盖包边压机，门铰链焊接，调整、检查线；焊装生产线的拆解，可以分区域、按生产线各自为单元展开，其工艺路线基本相同。

各焊装生产线的设备一般有：地面或空中工件输送装置、气动焊接夹具、焊接机器人、涂胶机器人、悬挂焊机、空中工艺钢构。

① 焊装线拆解、包装工艺流程图（图2.10-1）。

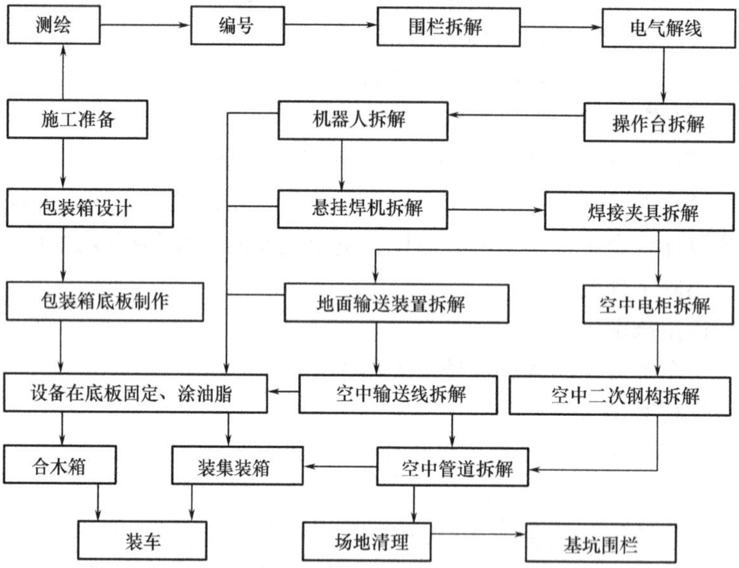

图2.10-1 焊装线拆解、包装工艺流程图

② 拆卸工艺流程要点

a. 准备工作阶段主要工作

（a）人员培训：主要是安全培训，以拆迁项目安全计划为教材，使所有参与拆迁工作的人员明白，所在国家、地区关于拆迁施工方面的法规、外籍劳工、安全工作、环境卫生方面的法律法规；工厂的门禁制度、准入的办公作业区域、通行道路的限制、禁止入内的区域、用电、动火办证、安全操作、机动车辆、起重机械、紧急状态处置等厂规、管理条例等。

（b）设备清点接收：协助甲方按照采购清单，对现场的设备、工装、备件进行清点，标注出缺损件状况，并进行拍照。

（c）图纸资料清点接收：协助甲方清点需拆迁设备的图纸资料、工艺文件，按设备的编号，逐台清理图纸、检修资料、技术改造资料，分类成册，整理出图纸资料的目录清单。

（d）编制拆迁施工方案（主要是关键设备的解体、吊装方法）。根据二手设备施工现场条件编制施工方案。提出实现施工方案必需的工程技术人员、技术工人、检测器具、施工用机具设备、材料、拆迁场地规划。

（e）工机具及材料准备：根据拆迁施工方案和以往的施工、采购经验，进行工机具、材料的采购。

（f）明确工程范围，按照合同规定的工作界限，最大限度地寻找、索取、整理技术资料、图纸等，以便能够全面系统地掌握生产线设备的结构性能。

（g）对于所收集到的设备图纸、资料，各专业技术人员要认真阅读，掌握生产中设备结构、特性和工艺过程。

（h）深入现场，核查设备状况、性能，制定切实可行的解体、拆除、运输、包装方案，以确保设备的结构、性能不被损坏和减弱。

（i）对设备的外观、生产运行状况进行全面检查、鉴定，并做必要的测试和记录。对各生产按工艺流程进行动态跟踪摄像、拍照。

（j）拆迁之前，测量、绘制设备的平面图及电气图。

（k）对设备的各个角度、各侧面进行摄影、拍照。

（l）核对设备重量，制定工机具租赁计划，安排施工进度计划。

（m）整理技术资料，编目造册，备份保留，装集装箱。

b. 确认拆卸范围

根据业主和二手设备出售工厂的购买合约原则，与出售工厂洽商，确定操作、办公、工间休息场地、道路、门禁时间。划分拆解施工区域、包装区域、拆解设备临时堆放区域、装车场地、货运通道，做出边界隔断；

要点：留出消防通道，遮盖敞口的洞口，对危险物设置隔离设施，设置必要的消防设施。

c. 测绘、收集整理设备资料

测绘出车间设备平面布置图（若有车间设备平面布置图，与实物核对，标出不同之处），在图上标出轴线尺寸和边界尺寸、生产线定位基准线点。

要点：生产线设备解体拆卸前，要绘制出全线设备平面图、工艺流向等，测量各设备间的相对尺寸、标高，包括附属设备间的相对尺寸。单台设备标出坐标尺寸或相对其他设备、车间轴线尺寸。电气方面要测绘出各配电柜、分线盒、电缆槽、主要电气元件、传感器、一次仪表分布图及相对尺寸、标高。

（a）焊装设备测量技术要点

悬挂焊机与钢结构测量要求：绘制草图，并在图纸上标出相应的编号，拆卸前应将柱、梁联结点用横线加以字母标示；将悬挂焊机轨道与横梁间距离标出，并将单元内柱距标出，且测量出两个以上单元的主柱之间的距离，测量两个工位间的中心距离。

机器人测量要点：无底座单独组立的机器人测量，以输送机械、固定焊机和工艺夹具为相关尺寸测量，机器人以本线一个相关设备测量尺寸，以底板两个螺栓孔作为定位直线，并标出测量点；有底座多个机器人相关尺寸测量，应以底座和机器人所能服务的区域为相关测量区域为基准，在底座上找到纵横中心线，测量与轨道中心或边，或与夹具中心或边的横向距离，纵向相关距离一个基准点或线逐一测量，或相互测距，最后测总距校对误差，标高测量只找相对差值，但一点为基准。

机械手测量：应先找到机械手的机械零点，并采用吊线的方式测量其与轨道，或夹具之间横向及纵向的距离，并在设备上标识。标高测量应以下横梁轨道底面到轨道滑动面顶间距离，并标识。

a）测量总线的距离及与厂房边柱距离；

b）绘制草图，标识；

c）在电子版图进行标识。

（b）标注基准线和标记

a）确定基准标高点并标记：对于自动线上的各设备及单体设备都要进行各种等高线、联结状态等标记，为以后安装恢复提供方便，省时、快捷。

b）确定基准线并标记：设备，特别是生产线的中心线，以原基础锚板为基准点检测中心线，并记录数据，绘图标注。

d. 设备编号

设备拆卸编号是个很重要的、关键性工作，它是随解体方案制定时进行的规则。

（a）编号要严格按照统一规定的编号规则进行。

（b）编号工作要在设备解体前进行专人统一编号。编号要醒目、字体端正、字迹能长时间保留，且在设备两不同的侧面标记。

（c）按设备接收清单上的设备号进行编号，一台设备的辅机、配电柜、油箱、操作台、本体管路、电机、电线、电气元件等必须是一个设备号，并统一编号。

（d）设备本体、电控柜、齿轮箱、主电机采用标记笔写在显眼的位置，至少两个侧面。

（e）零部件、电气元件、传感器、一次仪表、阀门、管件可采用挂标签的方法，装箱或装盒。

（f）管线宜采用挂标签的方法，成束成卷捆扎。

（g）每条生产线或单台的所有解体部件按照拆解编号在拆解记录中列出。

e. 系统软件程序拷贝

考虑到生产维修变更以及拆卸、海运等方面的因素，必须对 PLC 和微机系统软件进行拷贝（此项工作必须要做，可以按合同规定来做）。

（a）收集完整的程序梯形图和程序清单。

（b）拷贝现存的系统程序，用户程序及生产工艺设定参数。

（c）索取 PLC 及编程器的用户手册。

（d）更换电池。

f. 断电、水、气、油等介质能源

与出售工厂代表约定：将设备原连接的电、水、气、油源切断的方式、操作人；将设备中的液压油、润滑油和冷却液泵出；工作的负责人、联系人、实行的计划、方法。

要点：记录设备使用的液压油、润滑油牌号、油箱容量；电源参数、水管压力、管径；气源介质参数、管径。

g. 设备拆卸

（a）设备拆卸原则：可恢复性拆卸。

（b）单机设备本体连接刚性好、不超运输体积要求、技术含量高、设备精度高、以后恢复困难的设备一般不解体。

（c）解体设备前必须制定解体方案，并经审批、技术交底。设备拆卸要严格遵守操作规程和拆卸方案。填写设备解体记录单。

（d）自动生产线拆卸前应测绘同组设备的标高，并做好记录。

（e）拆卸质量记录填写、移交、保存严格按照 ISO 9000 体系的程序文件进行。

h. 设备吊运要点

设备拆卸过程中和拆卸后需进行吊运，各车间情况不同则采用不同的吊运方式。

设备吊运前必须查清设备重量。如无资料时，可对被吊物按其体积、密度进行估算，一般以偏大估计为好。

i. 资料收集、整理

将各工序中所有资料复查、归类、整理、补充、装订，为设备安装和调试工作打下良好的基础。

（a）要点

所有 CNC 和 PLC 的设备程序拷贝；

同一种型号 CNC 和 PLC 的操作说明书；

电气、液压、气动图纸；

空中和地面钢结构一、二次辅梁的规格；

基础特构图和相关设备尺寸图；

一次电气等管线的接口及容量；

工艺资料的收集、整理：工艺过程卡、最好将工艺卡与设备现状进行核对；

设备明细表：加产品、加工序号、设备装机容量、生产节拍；

每道工序产品样件，以备后期调试使用；

毛坯图、毛坯、材质、热处理、模具及模具图纸是否在第三方，是否可以收购；

量具、检具的收集、量具明细表、工装明细表及测量标准；

油品资料的收集；

备品、备件收集及相关信息收集；

二手设备的维护改造信息、制造厂家的信息收集；

设备装箱运输记录。

（b）注意事项

设备原始资料图纸：按设备分类整理，一台设备的资料尽可能装订一起或装入同一资料袋内，并在资料袋上标明设备编号、名称。

拆卸资料：绘制的拆卸资料、记录，按套整理装订成册，装入一个资料袋内，并在袋上标注设备编号、名称、绘制人名，对于拆卸过程中完成的软件程序部分，必须刻制光盘装入相关资料袋，同时要求双机双备份。必须认真完成的填写公司的"拆、运、装记录"软件，要求数据准确、真实，同时要求双机双备份。

包装及装箱单资料：装箱单一式三份。在设备箱内放一份，交给业主一份，自留一份。汇集成册装订后装袋，并标注。

③ 包装工艺要求

a. 包装原则：所有设备包装要适合海运。

（a）设备、电控箱、部件、阀门、管线分类包装、装箱，一台设备最好装在一起，尽可能避免混箱。

（b）机械、电气设备必须放置在托排上，并固定牢靠，套塑料套或真空包装后，再装入集装箱或钉木箱。

（c）电气柜、量具、精密设备采用铝箔袋或 0.5mm 塑料膜真空密封，内置干燥剂。

（d）一般附件、配件、刀具用塑料膜包封，内置干燥剂装木箱。检具、测量仪器、仪表用气泡塑料包裹，真空包装于木箱。

（e）本项目海运采用体积计费，必须考虑包装方式。

b. 装集装箱：

（a）装集装箱物品尺寸一般不得超过：高 2.58m，宽 2.34m，长 5.8m、11.8m。

（b）装集装箱前，检查确认设备是否经过清理、进行防锈处理，否则不可装箱。

（c）轻重搭配，既不超过集装箱重量限制，又满足装箱要充分利用空间的原则。

（d）仪器、仪表、传感器、阀门、管件、刀具、检具、螺栓、螺母等小件必须先挂标签或涂写标号，再装木箱，并填满防振充填物，放入防潮剂，封箱后，装入集装箱。

（e）设备、电控柜等的钥匙采用贴标签集中装入小箱内，与资料箱共同装入一集装箱内。

（f）装完集装箱后，立即填写装箱清单，注明货物名称、编号、数量，合同号，经业主、出售厂家、运输方确认后再封箱。

（g）经称重后在货单上填出箱重，交付运输方。

c. 木箱的标识：

要按照海关和海运部门的要求注明：货号、名称、箱号、收发人、发运与到货港口、重量、吊点等参数。

④ 物流信息的控制

a. 设备拆卸、包装、装箱、交付运输及国内接货、仓储，国内外两个施工现场之间的协调，依赖自行开发的物流信息传递的计算机应用软件。使用这个软件可以解决在拆卸前、过程中的设备编号、拆解、包装的信息采集，处理归类，反映到装箱单上，以装箱单的形式记录了箱号、船期。国内收到装箱信息邮件，可以准备接货、仓储地方。用此软件还可以把二手设备的仓储地点准确的描述，便于寻找。

b. 在国外设备交付运输方，要求运输方将船运出港及到港的信息通知我方，以便与国内接货人联系，做好接货准备。

c. 国内在货物未到港以前，安排好储放场地、掏箱场地、人员、机具，港口与工厂间的运输车辆和吊车。发现货物与装箱单不符或有出入、散箱、箱子严重破损伤及设备，应立即拍照，与运输方联系，并通知国外，查明原因，寻求索赔。

4）焊装线设备安装工艺流程、操作要点

① 根据工艺平面图确定安装位置

a. 根据我方在国外拆迁时，收集的资料、测绘的设备平面布置尺寸图，由业主组织设计方进行工艺平面布置图设计，形成新的焊装工艺设备布置图。在总图上要有设备区域安装的纵横中心线定位点、自动悬挂轨道装卸的定位点。在施工图上要有所有设备的原始编号，以便安装时查找，提出安装要求及说明，在平面图上标出立体结构的相对标高，并有剖面图。

b. 一、二次钢结构辅梁设计图纸及技术要求为准，以国外拆迁测量图为参考依据，如果在安装中发现问题及时和设计院联系并进行修改。

c. 查对每个自动区域或工件区的安装施工图的设备编号与装箱单是否相符，若有不符应列出清单，以便进一步核对、查找。

d. 非标结构件及组装图的设计转化，其图应体现出具体的安装位置及安装尺寸，还应在安装施工图上列出材料用量计划表及结构件的编号，规格型号应齐全，便于增减构件并相应地提出增减计划。

e. 所有安装施工图中的设备就位尺寸应明确，可以参照国外原设计图纸、照片、测绘记录及拆卸记录。

② 材料准备工作

a. 提前做好材料用量准备工作，分车间、分区域、分项目的提出用料计划，尤其是对国外拆迁未带回的材料，提出补充计划；对于国外拆回的材料进行清点，调整，不能使用的材料、易损件也要做出计划。

b. 如焊装车间的二次工艺钢结构仅带回一小部分，电气系统的桥架、水电管线、塑料软管、阀门等易损件要经核计做出材料计划。由业主审核采购，防止安装过程中缺损件而影响工期进度。

③ 图纸审核

该项工程的公用系统及设备安装有原拆原装的，也有设计新增的，故应对设计图纸进行会审，保证其设计正确性，防止出现返工现象。

④ 施工顺序

a. 做好施工现场准备工作，选择互不影响施工的设备摆放的地点及确认出临时水、电、气源。

b. 在车间内本着先高空后地面的原则，首先安装辅梁及安全网架和平台结构。

c. 焊装车间的安装可以分为三层：空中二次工艺钢结构及悬挂输送、地下坑、沟内的输送设备、地面焊接夹具。

⑤ 焊装设备安装工艺路线图（图 2.10-2）

⑥ 操作要点

a. 由于二手设备安装遵循原拆原装的原则，设备及工件、管线均为国外拆迁运回件，要本着以原来的固定和连接方式执行，若有改变除有设计图的技术要求外，应与业主协商拿出更好的安装工艺，并经业主会审确认。

b. 在安装过程中检查设备及部件的完整性和完好程度，记录缺损的部件，向业主提出恢复建议，经双方确认，进行必要的检修和更换部件。

c. 设备固定方式：对于国外设备用预埋板或预埋螺栓的，其重量和振动较大的，应采用原固定方式施工。原设备或工件以化学锚固定的，根据业主节约与切实可行方案原

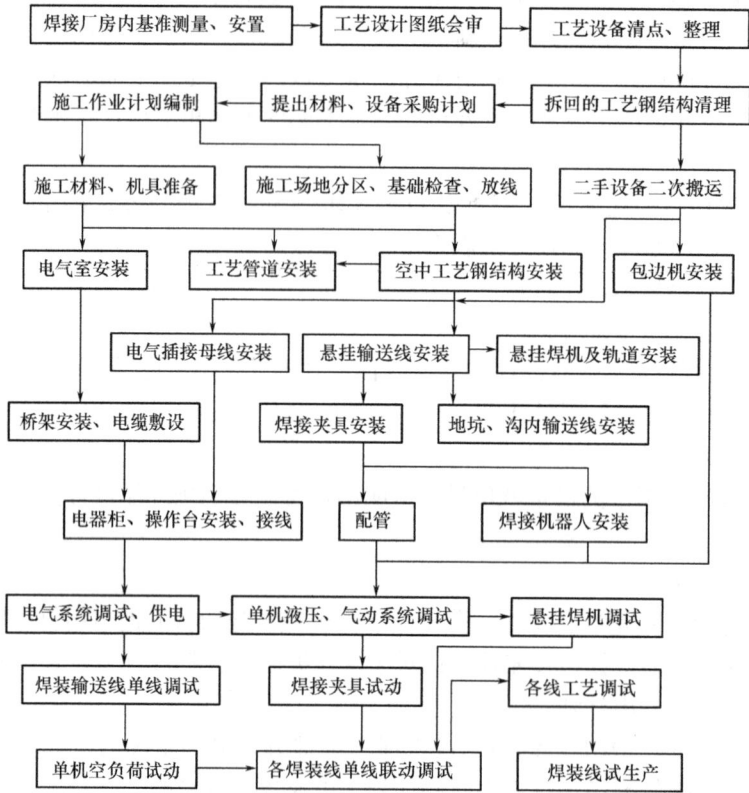

图 2.10-2　焊装设备安装工艺路线图

则，有动载荷出现的设备以及大型的钢平台仍采用化学锚固定，对于无动载荷的设备、构件可通过业主确认采用膨胀螺栓或其他固定方式。

⑦ 管线的连接方式

a. 工艺管线走向，原则上应按国外拆迁时的方式。有些管线的连接方式为螺纹连接、涂密封胶密封，如压缩空气管、输送水管、液压管线，拆解除后要清除原有密封胶，进行清洗，重新使用密封胶进行连接。

b. 有些管道及主干管道可根据设计院的技术要求和管径大小、介质要求采用不同的连接方式，可丝接、焊接。

c. 管线连接形式十分重要，要根据设计院的技术要求、原连接方式提前确定，并写出技术方案，做出材料计划。

d. 检查施工现场基础尺寸、支吊架位置等主要尺寸，并检查设备安装预留通道、孔洞，对安装在地下室的大、中型设备，应更好地做好预留通道的检查工作，合格后才能进行下一步安装工作。

（3）实施总结

从 1984 年开始国外二手设备拆迁工程，经历 20 余年，1996 整厂拆迁轿车生产工厂，总结出轿车二手生产线、设备的拆迁工法，使得轿车生产设备拆迁工艺过程更加规范，提高了拆迁质量和工效，极大地缩短了工期。

以 1996 年西班牙某轿车生产整厂拆迁与 2005 年英国某轿车生产整厂拆迁比较：西班牙某轿车生产整厂拆迁项目从 1996 年 8 月开始拆迁至 1999 年 3 月第一辆轿车下线，历时 31 个月。英国某轿车生产整厂拆迁项目自 2005 年 8 月开始拆迁至 2007 年 3 月第一辆轿车下线，历时 19 个月。英国这个项目的设备拆迁工作量是西班牙拆迁项目的 2 倍，工期缩短 12 个月。可以说，在西班牙拆迁项目的基础上，进行总结完善的工法，使整个工程系统管理、工艺过程更为优化，工效更高，仅工期缩短，节约人工费数万元。

2. 锐展意大利 FIAT 发动机生产线设备搬迁项目

（1）工程概况

该项目是国内车企引进意大利菲亚特公司的 Torque 发动机生产线、焊装生产线在意大利都灵进行拆卸、包装，运回国内；对发动机生产线设备进行恢复安装，完成全部的工艺关键设备搬迁工作。

搬迁内容包括发动机生产线的缸体、缸盖、曲轴、连杆、凸轮轴生产线、热测试及发动机装配线；焊装线设备及焊装模具、检具和附属设备；

项目于 2006 年 12 月开工于 2007 年 6 月完成发动机、焊装生产线设备拆卸、包装、运输工程，于 2007 年 10 月焊装模具、检具的搬迁工作；于 2008 年 5 月开始国内安装，8 月发动机生产线恢复安装完成。

（2）技术应用

1）项目特点难点

该项目属于国外生产线搬迁项目，规模较大，对于工程质量和工期的要求都非常严格，现场交叉作业较多。

2）关键技术特点

项目根据发动机生产设备的拆迁特点，采用可恢复性拆卸工艺，在恢复安装过程中对设备进行必要的检修和更换部件，经调试后恢复生产能力。

可恢复性拆迁关键工序工艺流程图见图 2.10-3。

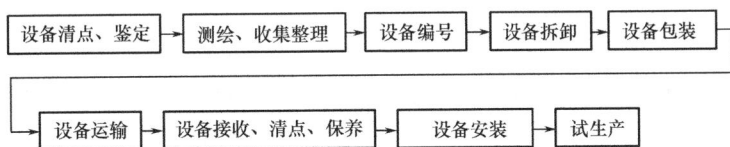

图 2.10-3　关键工序工艺流程图

3）发动机生产线设备的拆解工艺流程、操作要点

① 设备拆卸工艺流程图（图 2.10-4）

② 拆卸工艺流程说明和要点

a. 确认拆卸范围

（a）根据合同范围和业主要求，划分拆卸范围，明确施工任务，明确设备精度检测需准备的工具、检具、量具。

（b）根据业主和设备拆解工厂划分的拆解施工区域、包装区域、拆解设备临时堆放区域，做出边界隔断，留出消防通道，遮盖敞口的洞口，对危险物设置隔离设施，设置必要的消防设施。

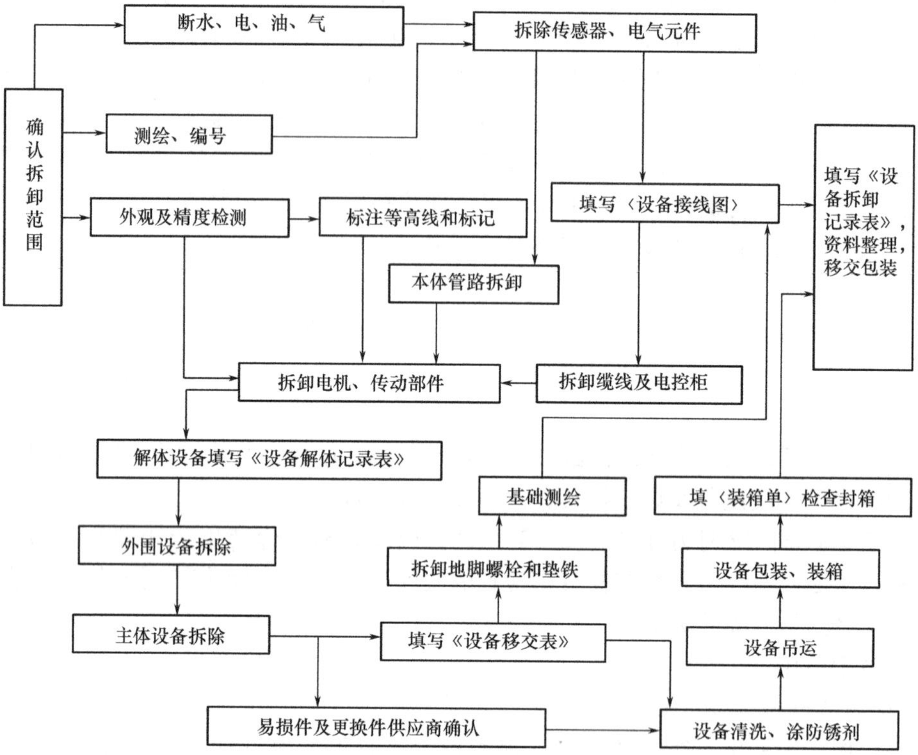

图 2.10-4 发动机设备拆卸工艺流程图

b. 测绘、收集整理设备资料

c. 发动机设备编号要点

设备拆卸编号是个很重要的关键性工作，是随解体方案制定时进行的。发动机生产线设备多数为机加设备和清洗设备，可以按生产线、工位、设备为单位进行编号，编号要严格按照统一规定的编号规则进行。

d. 外观检查及精度检测

（a）外观检查内容：设备外表面及运动件滑动表面磨损、锈蚀情况，各种零部件、管道、阀门、压力表、电气元件、一次仪表是否完整，有否损坏等外观状况检查。

（b）设备及附件数量和完好程度确认。

（c）精度检测内容：对全线设备、辊道进行轴线、标高检测；对单台设备检查水平度、标高、几何精度（垂直度、平行度、同轴度、直线度、间隙等）。

（d）设备性能检查：配合业主对设备及生产线进行拆卸前试运转或产品加工负荷运转的确认，记录试运转情况、检测产品加工精度。

e. 标注等高线和标记

（a）确定基准标高点并标记：对于自动线上的各设备及单体设备都要进行各种等高线、连接状态等标记，为以后安装恢复提供方便，省时、快捷。

（b）确定基准线并标记：设备，特别是生产线的中心线，以原基础锚板为基准点拉钢丝线吊线坠测定中心线或用准直仪、测距电子经纬仪、全站仪检测中心线，并记录数据，绘图标注。

f. 断电、水、气、油等介质能源

将设备原连接的电、水、气、油路开关或阀门关闭；

确认设备使用的液压油、润滑油牌号后，将设备中的液压油、润滑油和冷却液泵出，装入油桶或油槽车，排尽油等介质。

③ 设备吊运要点

a. 设备吊运前必须查清设备重量。如无资料时，可对被吊物按其体积、密度进行估算，一般以偏大估计为好。

b. 操作人员在设备吊装、运输前要仔细熟悉设备的结构特点，对其重心有一个估计，考虑其吊点。

c. 吊运设备时，对设备外凸的小部件（如开关盒、仪表盒、小电机、手柄）要采取保护措施。

④ 基础测绘

设备全部拆卸运走后，则进行基础全面测绘，发动机设备的固定方式大多为地脚螺栓、化学锚、可调垫铁等，根据原设备的中心标记，用钢丝（或线）拉出设备的纵向、横向中心线，然后还要以中心基准线为标准分别测出各地脚螺栓位置及规格、预埋板、地沟、槽等各部位尺寸，以及各部位基础的相对标高，并绘图标注，予以记录。

要求：尺寸精确，方位清楚，各部位名称清晰。

⑤ 拆解要点

a. 生产线的设备分布在空中、地面、地下。在空中为悬挂在屋架下的钢结构，在钢结构上悬挂输送链、零配件输送吊架；在地面为输送辊道、小车、发动机装配工装等。

b. 按照上述拆解流程，首先将装配线全貌进行绘图（有现成图纸更好），分地面设备、地下设备、空中设备，分别测量出各台设备和悬挂结构的相对标高、间距、轴线尺寸，并标注图上。

（a）拆解前，可先清理线上的工装、工具，编号单独装箱。然后再拆解设备之间的输送辊道。

（b）将设备周围的管线编号、分解管道、阀门、将管口封堵；编号、分解缆线接头，将电控柜、操作柜拆移。

4）设备运输、接收、清点

① 拆迁设备经过海上运输、码头卸货、仓储、二次倒运等环节，接收前要对设备进行登记、清点排序，并对由于保管出现锈迹的设备进行除锈涂装。

② 设备存放

根据设备安装顺序，将到货的拆迁设备提前规划好存放位置，并将存放位置区域号录入拆包运程序，与拆包运信息管理系统里已有的设备工位号、设备编号、设备照片等信息添加在一起，以便查找和提取。

5）发动机生产线机械设备安装工艺流程、操作要点

根据发包方提供的设备平面总布置图，结合我方在国外拆迁时测绘尺寸及编号图转化成现场施工的安装图。在安装图上标出设备编号及（发动机加工线成套安装图、加工线成套安装图），并要求标出设备自备液压站、乳化液循环箱及管线、配电、控制柜盘等就位位置及辅件编号，要求标出经复查后的设备间相关的中心线尺寸及输送装置连接尺寸。

① 安装工艺流程（图 2.10-5）

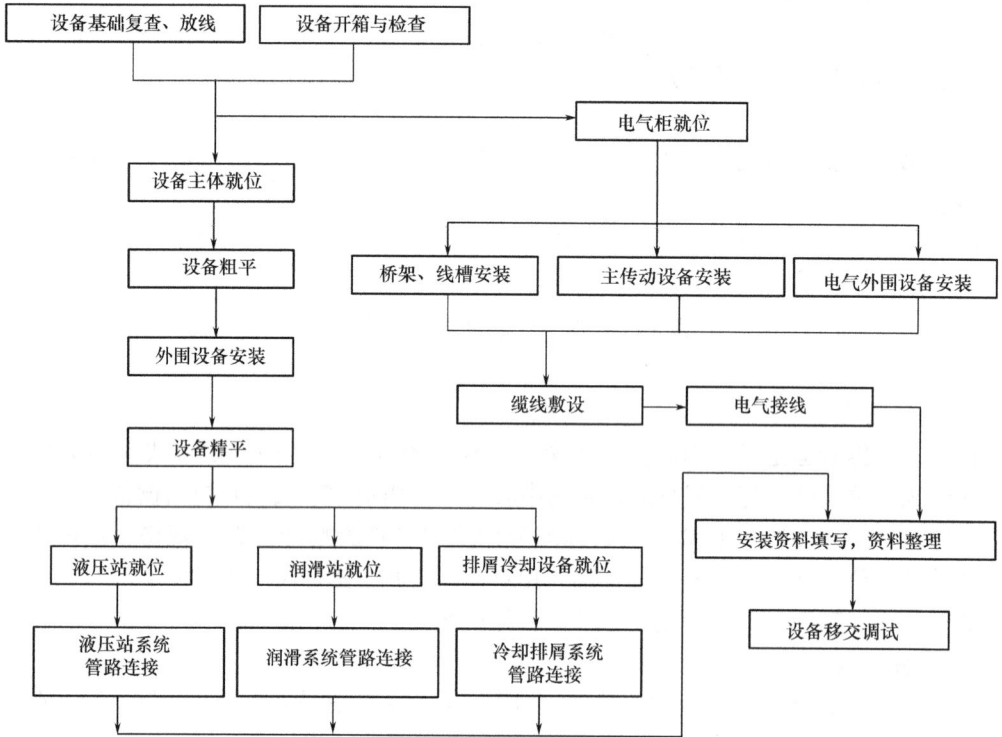

图 2.10-5 发动机设备安装工艺流程

② 设备安装工艺流程要点

a. 设备开箱检查时的注意事项

按照装箱单清点零件、部件、工具、附件、备件、附属材料和其他技术文件是否齐全，并做出记录。设备的转动和滑动部件，在防锈油料未清除前，不得转动或滑动。由于检查而除去的防锈油料，在检查后应重新涂上。

b. 机床设备组装时的注意事项

（a）设备装配时，应先检查零部件与装配有关的外表形状，装配先后次序应符合设备技术文件以及国家现行技术标准的规定。

（b）组装的程序、方法和技术要求应符合设备技术文件的规定，国外未拆除的零件、部件，不宜再拆装。

（c）组装的环境应清洁，精度要求高的部件和组件的组装环境应符合设备技术文件的规定。

（d）零部件应清洗洁净，加工面不得被磕碰，划伤和锈蚀。

（e）轨道的移动部件组装后，其运动应平稳、灵活、轻便，无阻滞现象；变位机构应准确可靠地移到规定位置。

c. 机床设备安装要点

（a）设备基础测量放线

根据车间平面布置图尺寸，采用全站仪或经纬仪、水准仪放出生产线的纵向、横向基准轴线、标高基准线，在基础上做出标记。

（b）发动机生产线主机安装

根据发动机生产线国外拆迁的测绘图纸和记录，结合国内车间平面布置图，核查生产线上各台设备的纵、横向基准线是否与拆解后测绘的尺寸一致，若有出入，应查明是否导致设备间的输送辊道干涉。

若设备间的连接装置是柔性连接，可采用先将设备逐台安装，然后再装设备间的连接件。若设备间是刚性输送辊道，可采用先装输送辊道，然后根据输送辊道的横向基准，定位安装生产线主机。

（c）整体机加设备的安装

根据生产线的纵向、横向基准线和基准标高找正坐标位置，然后在工作台或床身导轨上找纵、横向水平，将水平调整到＜0.04/1000或拆解前相应精度。若工作台、导轨表面已经很粗糙，可将工作台、导轨表面进行处理，然后再测水平。床身上有水平和垂直导轨，调整时要交替测量，使其读数在要求范围内。尽可能将设备的安装精度调整的拆迁前的精度范围内。对设备上的本体管路进行检查，若有碰扁、损伤，进行修复或更换。

（d）机加设备安装前，要检查、确认基础预埋螺栓孔位置是否正确，然后根据纵横基准轴线安装工作台（多工位组合机床）或床身底座。在床身底座的导轨上或工作台面上采用 0.02/1000 框式水平仪或高精度水准仪（分辨率 0.01mm）粗调水平，地脚螺孔灌浆、养护期满，将水平调整到 0.04/1000 以内或拆解前的精度，再紧固地脚螺栓。对于导轨或工作台上表面磨损的进行修磨，然后采取定点测量。调整水平后，确认床身底座和工作台水平、基准轴线无误后，再进行动力头及底座或床身立柱的安装。根据拆解记录或测绘的图纸，将床身立柱或动力头及底座吊立对准定位销孔，然后上连接螺栓，不要拧紧，在导轨上用 0.02/1000 框式水平仪进行水平和铅垂调整，达到要求的粗调精度后，将地脚螺栓灌浆，待养身期满后，再进行精调，紧固地脚螺栓和床身连接螺栓。然后，将床身立柱上的动力头等配件安装。

（e）床身上的各部件全部安装完毕，可以将液压站、润滑站安装，连接管路。在旧管道连接前，将管道封堵拆去，检查管内壁，若发现管内有异物或生锈，就必须将管路进行酸洗或油冲洗。

（f）全线机械设备安装后检查——检查全线的安装尺寸是否满足要求；精度是否达到国外拆解前的水平；设备上的零配件是否齐全；管路是否连接正确；管件是否齐全，液压、润滑油牌号、油量是否满足要求，为调试做准备。

（3）实施总结

本搬迁技术在该项目施工中起到了关键作用，成熟的施工工艺和先进的安装工艺，快速稳步施工，节约了机具和人工成本，同时提高了安装质量和生产线设备的运行质量，并交付生产运行。

（提供单位：中国三安建设集团有限公司；编写人员：王鑫）

2.10.2 汽车生产线可恢复性拆迁及安装、调试技术

2.10.2.1 技术发展概述

汽车生产线可恢复拆迁及安装、调试技术是在原国家级工法"二手轿车焊装生产线拆迁工法"基础上，增加了冲压生产线、发动机生产线、总装生产线设备拆迁的拆迁工艺要

点，结合近年来同类项目施工中的"四新技术"，对施工工法进行修订和补充，扩宽了原工法的适用范围。

2.10.2.2 技术内容

该技术涵盖了汽车生产线的测绘、编号、拆解、包装、交付运输等工艺环节；掏箱、仓储、二次搬运、安装、调试等全过程。以可恢复拆迁工序为主线，拆包运信息管理系统为过程控制的关键技术，总结各生产线的搬迁、安装调试要点，并介绍了大型液压龙门顺序吊装技术、高精度测量技术、设备高精度调整技术、引入设备信息管理系统的电子标签二维码技术等新技术应用内容。

2.10.2.3 技术指标

（1）性能指标：运用针对国内外设备拆迁、重新安装调试的拆装工艺——可恢复拆迁工艺、拆包运信息管理控制软件，进行拆迁工程施工，实际达到的性能指标：

1）设备经拆卸、安装、检修、调试完好率达 100%；

2）设备加工精度恢复达到 100%；

3）汽车生产线达到原生产产能；

4）汽车生产线生产的产品合格率 99.5%；

5）设备拆迁工程的工期、质量达到合同规定的要求。

（2）汽车线设备拆迁，有设备的说明书、资料，可以按说明书进行拆装，无资料，可以与业主、工艺设计方商定，依据拆解前设备鉴定记录的参数和精度，确定采用的标准或参考相关国家通用的施工规范。

2.10.2.4 适用范围

适用于汽车生产线：冲压、焊装、发动机、总装生产线，国外、国内拆迁、安装调试及类似项目的施工。

2.10.2.5 工程案例

1. 2009～2010 年英国 LDV 商用车焊装、冲压、总装生产线、设备整厂拆迁工程

（1）工程概况

LDV 项目资产搬迁 & 安装调试总承包工程是上海某汽车厂收购英国 LDV 公司所有资产的拆卸、包装、装箱、国内掏箱、安装、空负荷调试、配合工艺调试、验收等工作，搬迁地点为英国 LDV 工厂，搬迁内容包含 LDV 项目模具、冲压线、焊装线、车门包边线、卡车底盘生产线、车身整交线、车身油漆线、总装线等，该工程为交钥匙工程。

搬迁工期要求，合同工期为 120 自然日内完成 LDV 资产设备等的搬迁工作。

该项目最终于 2010 年 3 月顺利完成全部搬迁工作，从英国发运 140 多个散货木箱，244 个设备集装箱，共计 5200 余吨，项目于 2010 年 4 月国内开始掏箱、安装、调试，于 2011 年 7 月竣工。见图 2.10-6。

（2）技术应用

1）项目特点、难点

该项目为国外整厂生产线搬迁项目，规模较大，工期紧，作业场地分散，设备复杂、搬迁难度较大；项目管理和协调事务繁多，除工厂内部设备拆卸、包装、运输，装集装箱等流程外，外部交付海运环节需有专人负责，按照发运集装箱的批次数量，动态调整拆卸包装工作和进度。针对以上特点难点，项目应用了可恢复性拆迁工艺的关键技术-拆包运

图 2.10-6　英国 LDV 工厂拆迁施工现场

信息管理系统，一方面根据海运反馈的装箱信息，利用计算机软件统计筛选装箱设备并动态调整装箱计划，一方面通过建立设备信息数据库，对数据自动进行筛选、归类、纠错。

2）关键技术特点

① 拆包运信息管理应用在设备拆除环节，可以将设备及其设备的附件（尤其加工中心、自动生产线、组合机床多）信息的进行记录，确保搬迁过程中各类设备能及时准确归类、包装、运输、仓储、二次搬运、安装。

② 使用拆包运信息管理软件在设备运输开始和运输抵达的过程中，对于相关部门的检查（例如海关等政府部门），能快速查询，精确到车船、箱、托排。

③ 使用拆包运信息管理软件在设备安装过程中，施工人员对照着软件信息，能及时准确地找到设备及其相关附件，极大地提高了安装效率。

3）工艺过程

① 拆迁工艺流程（图 2.10-7）

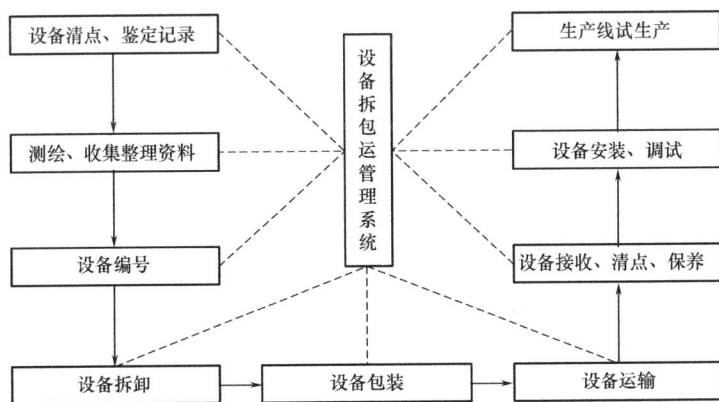

图 2.10-7　设备拆包运管理系统全过程管理工艺流程图

② 设备拆迁信息管理软件管理流程（图 2.10-8）

③ 设备拆迁信息管理软件操作要点

a. 软件管理所需设备信息导入内容和要求

（a）输入设备信息：按照接收设备的实际情况，输入数据（图 2.10-9）。

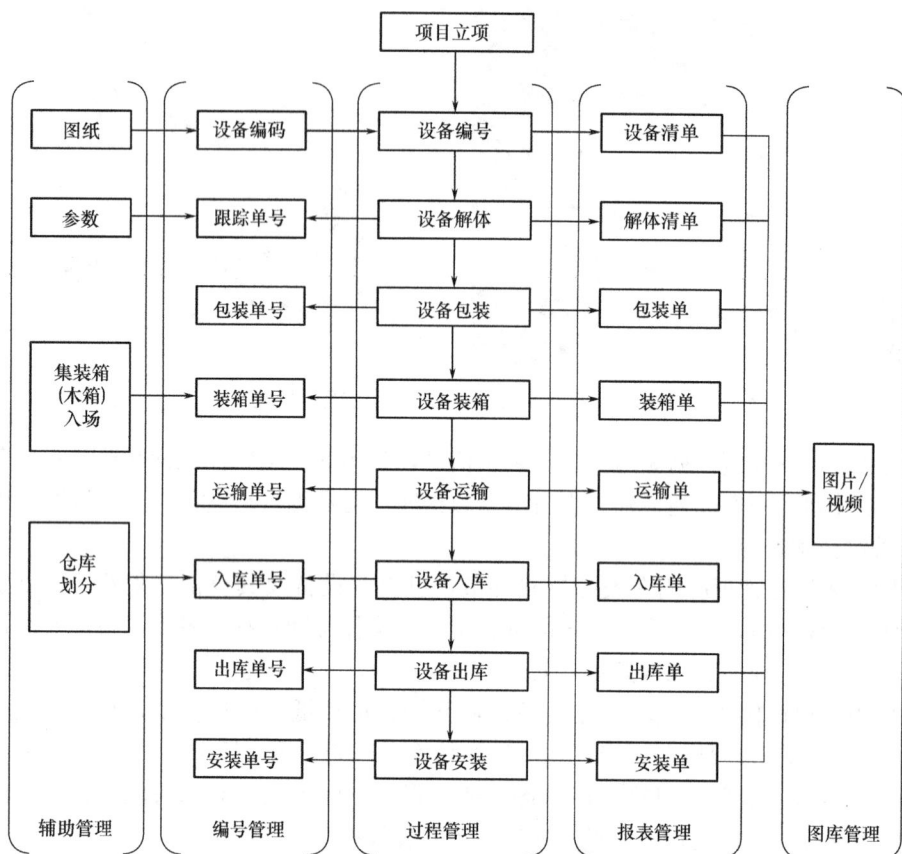

图 2.10-8　设备拆迁信息管理流程图

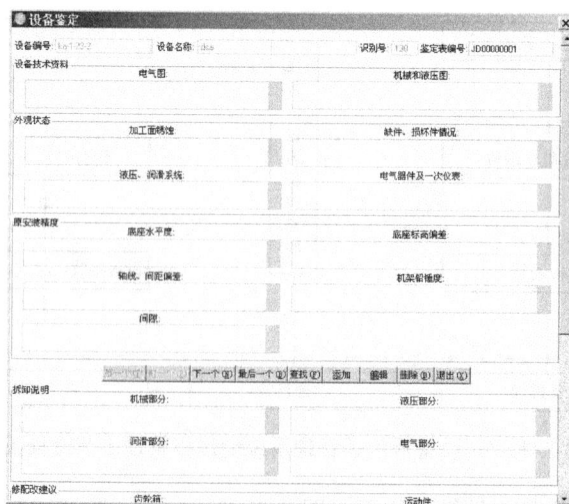

图 2.10-9　设备原始检测信息录入界面

（b）导入设备清单：如果原有 EXCEL 格式电子版设备清单，可直接导入数据库。

（c）接收设备资料：分组设备分别有清单可采用接收方式，接收数据库。

(d) 原始参数资料信息录入（图 2.10-10）。

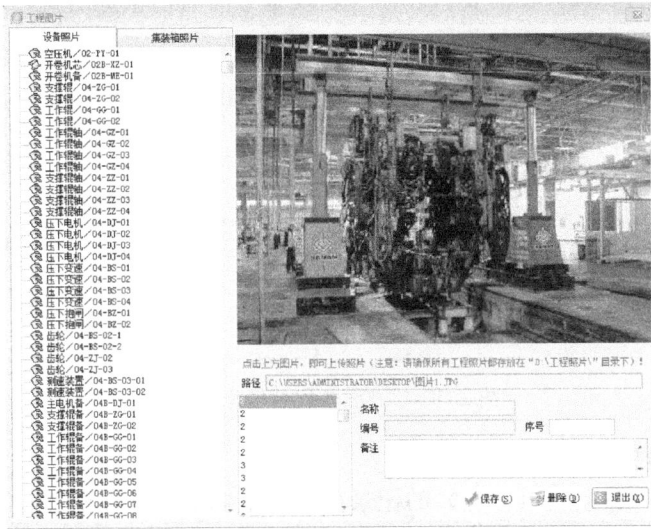

图 2.10-10 设备影像资料的录入和使用

b. 设备解体信息录入

设备按拆卸要求解体后，信息通过《设备解体记录表》记录，形成最基本的包装单元，并录入数据库（图 2.10-11），进入包装流程。

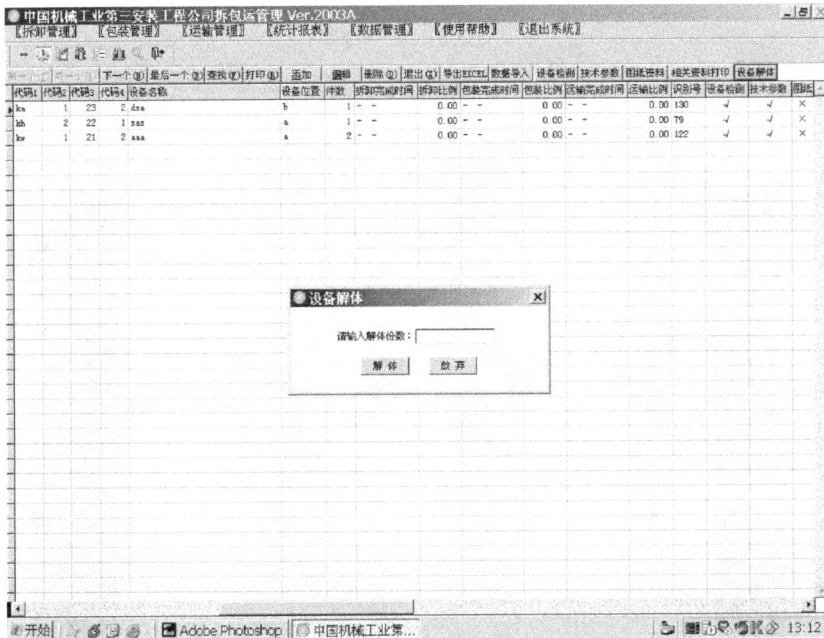

图 2.10-11 设备解体信息输入

c. 设备交付包装和包装过程信息

交付包装信息通过包装任务单收集并录入数据库。装箱结果信息，通过装箱单，收集并录入数据库。

对包装设备进行筛选，在需要包装在一起设备号前点击鼠标右键，标记"√"，之后进行设备包装，系统自动生成包装号（图2.10-12）。

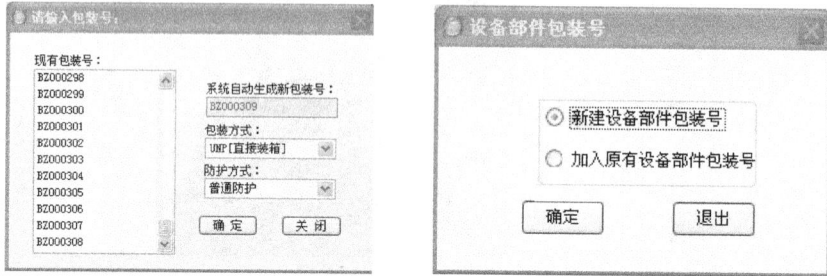

图2.10-12　设备包装信息管理

d. 设备装箱信息管理

在需要装入同一集装箱（木箱）的记录前点击鼠标右键，标记"√"。系统将自动生成集装箱单交付运输（图2.10-13）。

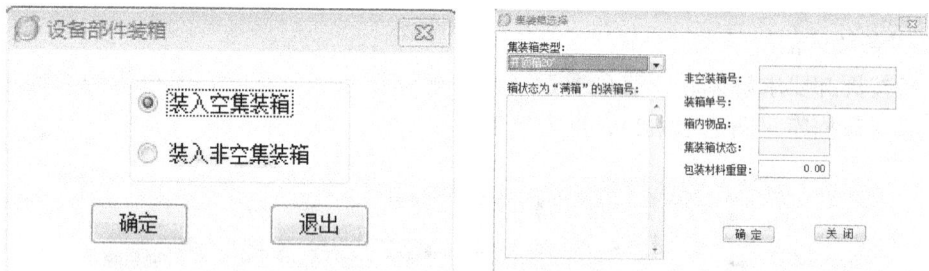

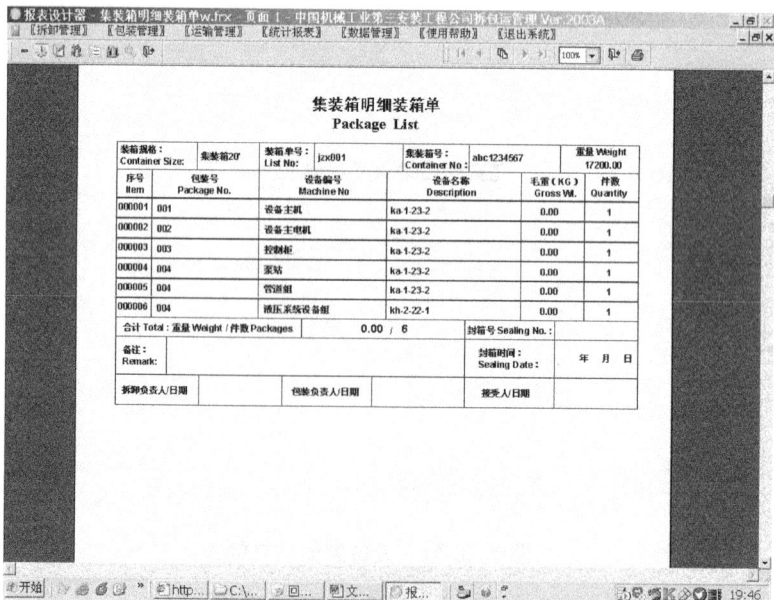

图2.10-13　装箱单信息自动导出

e. 设备运输信息管理

交付运输信息通过交运单，记录和收集信息并录入数据库。

交付运输信息通过交运单，记录和收集信息并录入数据库，使用时，在需要同批次出运的集装箱（木箱）的记录前点击鼠标右键，标记"√"。系统自动生成出运单（图2.10-14）。

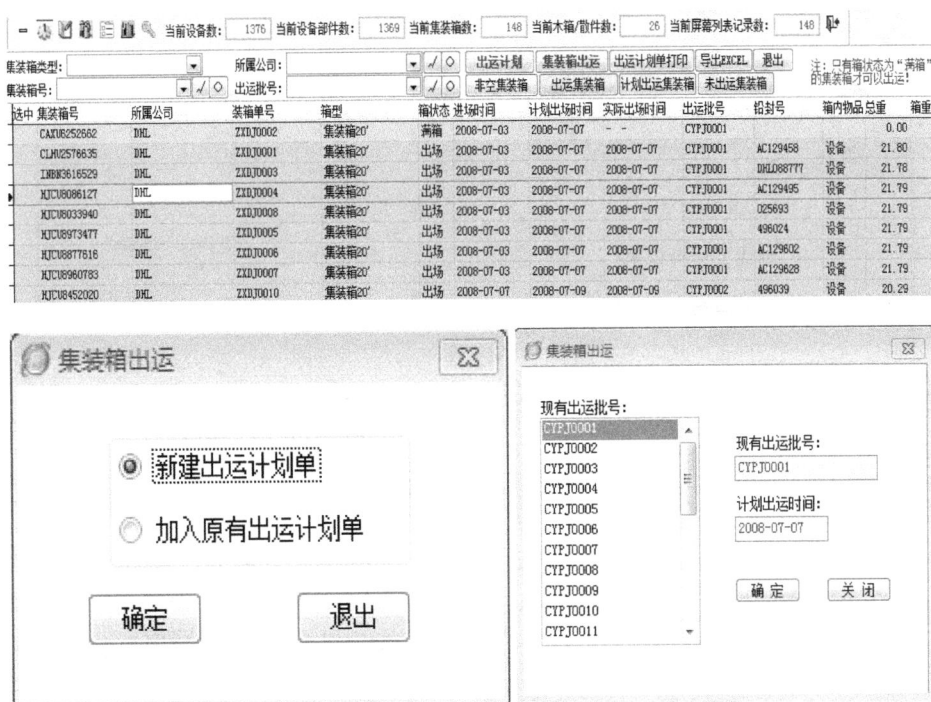

图2.10-14　出运单信息自动导出

交付海运：在需要同批次海运的集装箱（木箱）的记录前点击鼠标右键，标记"√"，系统自动生成海运清单（图2.10-15）。

f. 拆卸包装进度信息

通过拆卸日报和包装日报记录，录入作业情况信息，并记录了包装方式，装箱方式的信息。

g. 掏箱仓储信息

通过掏箱单记录的设备掏箱状况和入库仓储区域信息，并录入数据库（也可辅助以库区平面图的标识），见图2.10-16。

h. 输出信息

通过信息的记录、采集和录入，可输出项目相关的物流和实施状态等信息（见结构图中信息输出端），通过采用一定规则的信息管理方式，使项目过程的物流可信息随时采集并录入相关数据库，为整个项目的组织管理提供有力的信息支持（图2.10-17）。

（3）实施总结

2009～2011年LDV公司的冲压件车间、车身车间、总装车间和涂装车间设备的拆包运以及安装工作，此工程任务重、工期紧、施工环境差、安装调试难度大、要求严格。在这个工程中，我们使用了成套设备拆迁信息管理系统软件进行监控、管理，克服了种种困

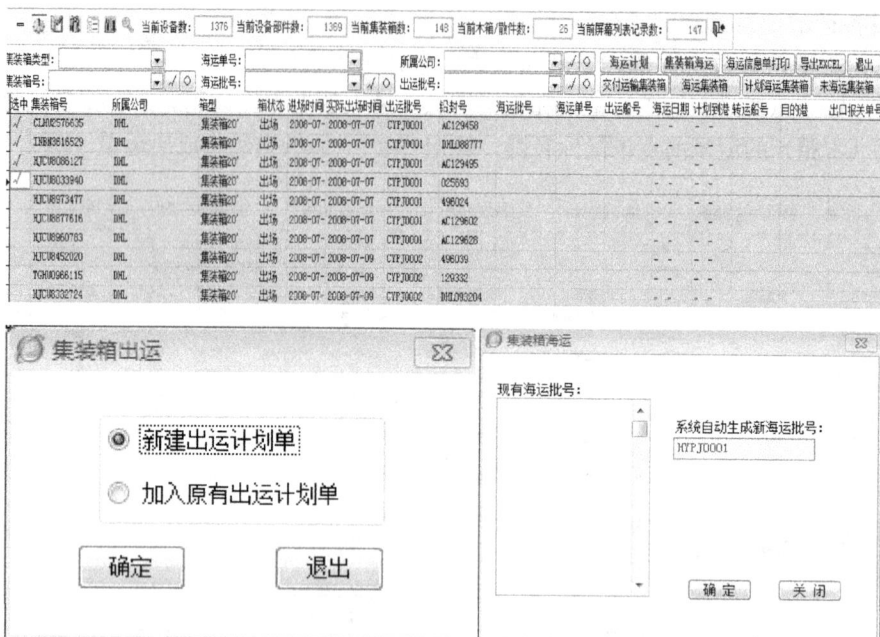

图 2.10-15　海运单自动导出

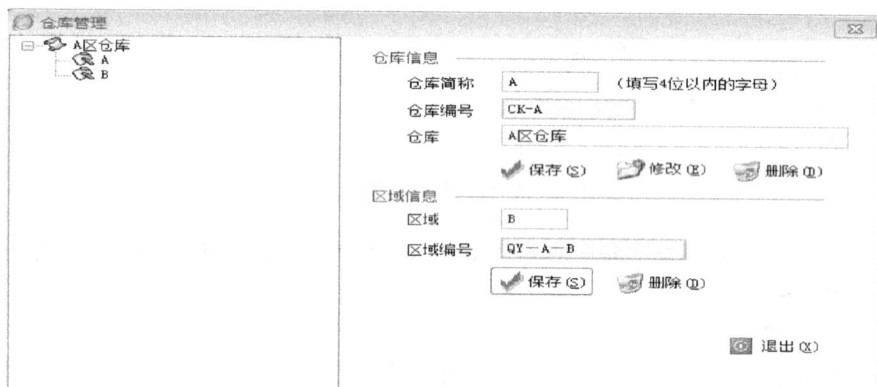

图 2.10-16　仓储信息录入界面

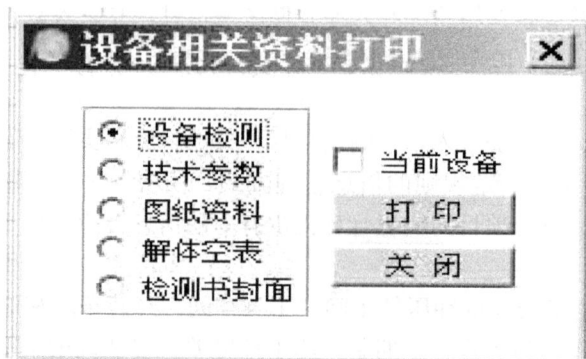

图 2.10-17　设备信息提取界面

难，并且取得了良好的效果，尤其在搬迁设备信息量大的情况下，保证了设备信息快速查询，有序地管理设备拆迁的各个环节，因其准确性高、操作简单、查询方便，从而提高了工效，避免了拆迁过程中人力、机具等资源的浪费，提高了拆迁质量、缩短了工期，恢复了二手设备的安装精度和功能，最终提前完成施工任务，生产出合格的商用车，受到业主和同行的高度评价。

2. 南京某汽车厂冲压生产线搬迁项目

（1）工程概况

南京某汽车厂国内搬迁项目，搬迁内容：压力机生产线设备搬迁包含压机本体及其关联二次管线、移动工作台、压机底座横梁、压机底部气罐、润滑油箱、配电柜、控制柜、压机废料斗、地面钢平台（以及压机盖板横梁）、地面钢平台废料回收机构。附属设备包含模具维修设备及机加工设备的搬迁，包含设备本体、附件、二次管线的拆除、安装；整体搬迁。

本项目为交钥匙工程，按照"原拆原装"的原则对所拆设备进行恢复安装，恢复后的设备运行状态好于搬迁之前状态，已正常生产 3 个月，可以达到连线正常生产节拍，设备无故障，产品质量合格，压机精度、行程数等重要参数达到要求为交验标准。

工期要求：为满足不停产的生产要求，搬迁分阶段进行，于 2016 年 7 月 1 日～8 月 8 日完成 500t-5 设备的拆解、安装；2016 年 7 月 15 日～10 月 30 日完成生产线其他压机 [1000t、500t-(1,2,3,4)] 设备的拆解、安装。见图 2.10-18。

图 2.10-18　冲压生产线安装调试现场

（2）技术应用

1）项目特点、难点

本项目重点难点是压力机安装的精度控制，该冲压线压力机为 20 世纪 90 年代进口的意大利设备，存在老化、生锈现象，搬迁过程包含老化件、磨损件的更换维修工作，拆解前、安装后需要对压力机做精度检测，确保原拆原装，并保证安装后的精度大于或等于拆解前的精度。

2）关键技术特点

应用关键技术：可恢复拆迁工艺，确保设备原拆原装和原始精度的恢复；并采用现代化大型液压龙门吊装技术，对冲压设备进行流水化吊装，确保施工安全、快速；采用高精度的测量仪器对设备放线、定位，采用新的激光几何测量方法对设备精度进行调整，提高了设备安装质量和效率。

3）施工工艺过程

① 拆卸工艺

a. 冲压线拆解工艺流程（图 2.10-19）

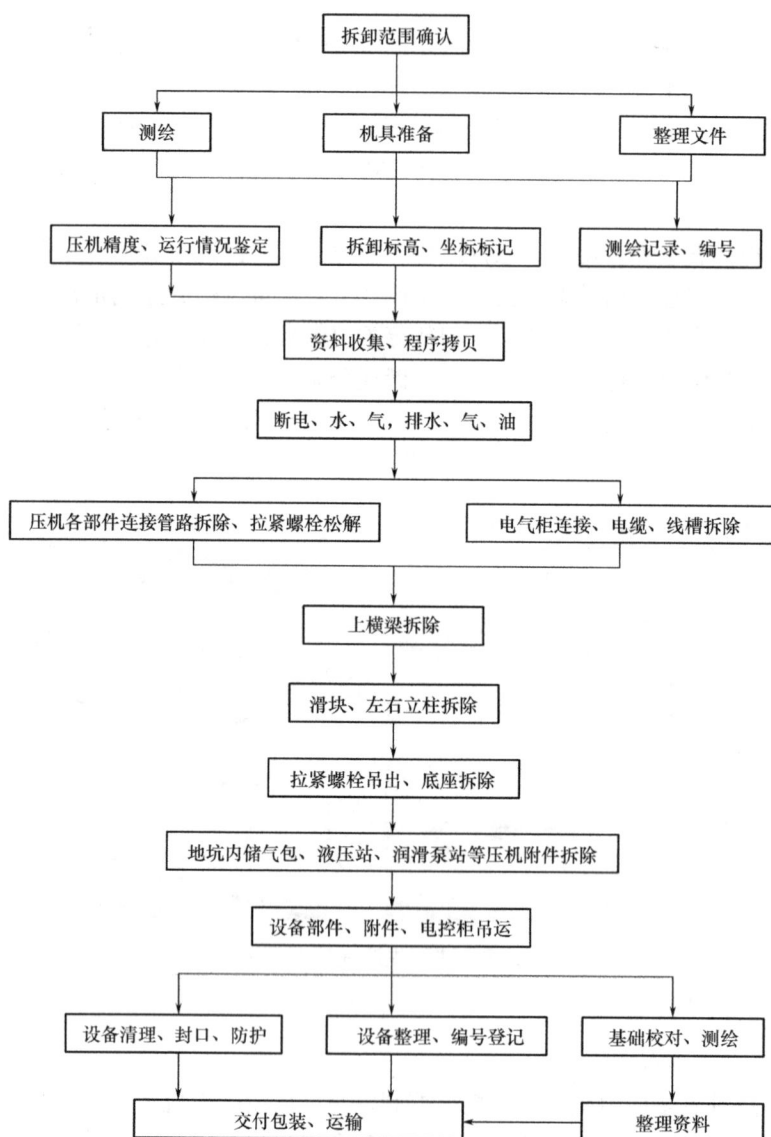

图 2.10-19 冲压压机拆解工艺流程图

b. 拆卸工艺要点

（a）拆迁设备基本为超大、超宽件，需提前规划、申请运输路线，并报甲方留存。

（b）单机设备本体连接刚性好、不超运输体积要求、技术含量高、设备精度高、恢复困难的设备原则上不解体，在保证运输许可的情况下能不拆解的做到不拆解。设备出厂时已装配好的组合件，不得拆解，如果拆解，须经甲方技术人员认可。

（c）设备解体前应编制解体方案，并填写设备解体记录单。

（d）压力机的拆解过程是先辅助设备（电柜、液压站、气缸、连接管线等），然后滑块与横梁分离，接下来用专用液压装置松开拉紧螺母，吊上横梁、立柱、滑块，最后吊底座。

（e）拆卸前必须将滑块放至下死点，用安全栓撑好滑块。

（f）设备解体拆卸前先把连杆连接部位的轴销拔出，打开制动器，空盘飞轮将连杆收回。

（g）整线的压机拆除，应按由两端到中间的次序，吊运出上横梁、立柱、滑块、底座。

（h）上横梁是整个压机设备的核心部分，重量较大，一般采用龙门吊整体拆除。在拆除上横梁之前，先将与上横梁相连的扶梯拆下。当吊起上横梁时，先吊起一段距离，将上座下面的油管做好编号、记录后，从立柱里接口处断开或拆除，然后再起吊，将上横梁慢慢下放，然后移动至装车地点进行装车。

（i）滑块拆解前，需将滑块与立柱之间滑道上的调整螺栓放松，保证滑块与立柱间有足够的间隙，防止在拆除的过程中，产生较大的摩擦而损坏接触面。

（j）底座拆解前，首先将底座与钢梁之间的连接螺栓拆掉，再用两台吊机将底座吊起，最后将底部钢梁拆除。

（k）凡影响设备运输、起吊的保护罩、油管、油缸、电缆和各种电气元件等必须拆卸或移至不影响的部位，油管、油缸接头拆开后必须立即采用胶带封口。

（l）从设备本体上拆下的本体管路、电气元件、一次仪表、电线、电缆除编号外，尽量将其捆绑在设备上。

（m）拆卸过程中对部件内存在磨损、老化的零件，应逐件进行清洗、检查和检测，为更换和修理提供依据。

（n）拆解的零、部件的外表面、组装接合面、滑动面、各种管道、油箱和压力容器应进行清洗，清洗方法及清洁度的要求，应符合现行国家标准《机械设备安装工程施工及验收通用规范》GB 50231 的有关规定。

（o）非经技术人员同意，严禁在设备本体上动电气焊，严禁违反操作规程野蛮拆卸（如用大锤敲击、用铲车顶撞），严禁碰撞、划伤设备导轨及精加工面。

（p）拆迁前，提前两周进行设备的定位、放线，并做好统计、标记，根据运输需要提前制作木排、木箱。

c. 压机设备的拆前外观检查及精度检测

（a）检查外表面及运动件滑动表面磨损、锈蚀情况。

（b）检查各种零部件、管道、阀门、压力表、电气元件、一次仪表是否完整，对损坏、需要更换的零部件与甲方共同确定。

（c）检查滑块导轨间隙。

（d）检查滑块下平面与工作台面的平行度（双动压力机为内、外滑块）。

（e）检查滑块移动对工作台面的垂直度（双动压力机为内、外滑块）。

（f）检查压机空载运行时的噪声。

d. 设备编号

设备拆卸编号是个很重要的、关键性工作，它是随解体方案制定时进行的工作。

（a）编号工作要在设备解体前进行专人统一编号。编号要醒目、字体端正、字迹能长时间保留，且在设备两个不同的侧面标记。

（b）按设备接收清单上的设备号进行编号，一台压机的辅机、配电柜、油箱、操作台、本体管路、电机、电线、电气元件等必须是一个设备号，并统一编号。

（c）零部件、电气元件、传感器、一次仪表、阀门、管件可采用挂标签的方法，装箱或装盒。

（d）每条生产线或单台的所有解体部件按照拆解编号在拆解记录中列出。

（e）拆解编号、设备名称等信息录入拆包运系统后，以设备编号为单位，将设备信息导入二维码（图 2.10-20），和设备编号一起标记于设备上，用手机扫描可以查询设备的具体信息。

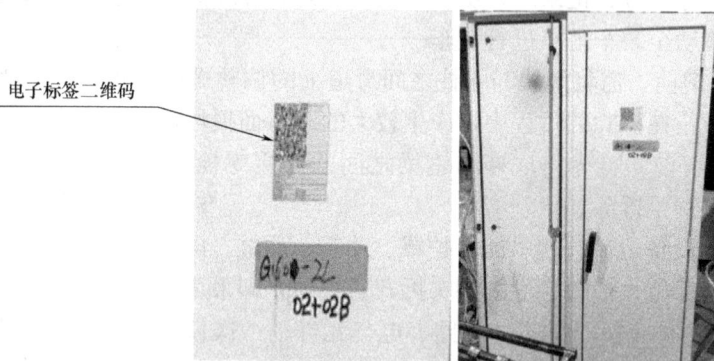

图 2.10-20　电子标签二维码物流信息标签

e. 冲压压机吊装运输要求

（a）因压机部件较大，重量较重，吊运前必须查清设备重量。如无资料时，可对被吊物按其体积、密度进行估算，一般以偏大估计。

（b）操作人员在设备吊装、运输前要仔细熟悉设备的结构特点，对其重心有一个估计，考虑其吊点。

（c）用行车吊运设备时，设备外凸的小部件（如按钮、开关盒、仪表盒、小电机、手柄）要采取保护措施。

f. 压机等设备基础测绘

设备全部拆卸运走后，进行基础测绘。根据原设备的中心标记，用钢丝（或线）拉出设备的纵向、横向中心线，然后以中心基准线为标准分别测出各地脚螺栓、预埋板、地沟、槽等各部位尺寸，以及各部位基础的相对标高，并绘图标注，予以记录。

② 冲压生产线机械设备安装工艺流程、操作要点

a. 冲压设备恢复安装前的准备工作

冲压生产线恢复安装，应按新工厂的工艺布局安装，根据在拆迁时收集的资料、测绘的设备平面布置尺寸图，由业主组织设计方进行压机设备基础图、平面图的细化设计，形

成设备安装布置图（图 2.10-21）。在平面上要有冲压线压机安装的纵横中心线定位点、预埋件、预留坑的详细标注。在施工图上要有所有设备的原始编号，以便安装时查找，提出安装要求及说明，在平面图上标出立体结构的相对标高，并有剖面图。

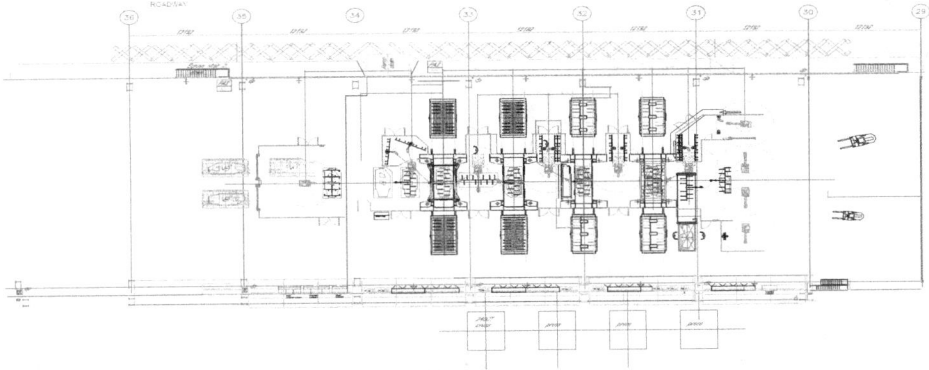

图 2.10-21　冲压线工艺平面布置图

b. 设备安装流程图（图 2.10-22）

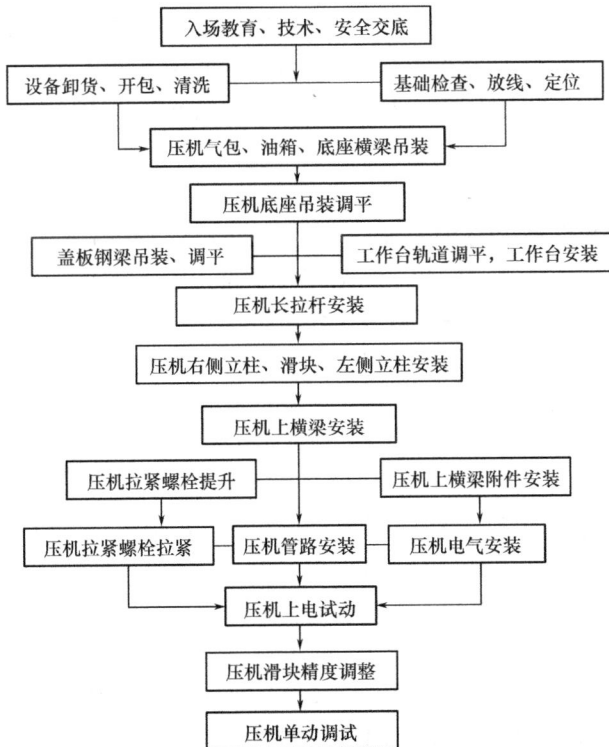

图 2.10-22　压机安装流程图

c. 设备安装流程及要点

（a）基础检查

对设备基础各部尺寸、水平偏差等按甲方提供的基础图进行检查，检查后应填写"设

图 2.10-23　高精度全站仪放线

备基础复查记录"。按照设计图纸的要求，依设备布置基准线和标高基准点，测量弹放出设备安装纵横中心基准线，标识出标高基准点。

（b）设备定位

设备的定位应按设备的平面图布置尺寸放线，设备重要部位的定位及放线基准点须经甲方技术人员确认，根据车间平面布置图进行放线定位。设备的中心轴线利用高精度全站仪（图 2.10-23），高效、准确放线、定位；测距精度控制在 2mm＋2ppm 以内。

（c）设备清洗除锈

设备的加工面及连接面需进行清洗，对传动杆及齿条、齿轮、轨道等部位如发现油层污染，须清洗干净并重新涂抹润滑油（脂）。锈蚀处理：当压机设备及零、部件加工表面有锈蚀时，应进行除锈处理，直至露出金属光泽。

（d）设备就位调整

以安装纵、横向基准线的中心标板为准，用细钢丝拉挂安装中心线，将设备中心线对准安装中心线，使安装的设备正确定位。在设备底座上选定适当的加工部位作为水平测定面进行找平作业。通过平垫铁或紧固地脚螺栓等方法调整设备的水平，可利用平尺、高精度水准仪、框式水平仪，进行水平测量和校验。

（e）底座的安装与调平

用龙门吊将压机机底座部分吊起来，大约 0.5～0.8m 的高度，下面四个角垫上等高块，等高块上放置减震橡胶垫或木块，然后对底座部分进行清洗，把接触面部分的油污、铁锈等清洗干净，用布擦干净。底座清洗工作结束后，将底座吊至基坑的钢梁上就位。

底座工作台上平面的水平度是压力机整机精度的基础，底座就位精度的高低直接影响以后部件的安装精度乃至整机的安装精度，因此，控制底座安装精度是至关重要的。公司采用瑞典莱卡高精度水准仪进行，精度可控制在 0.02mm/m 以内。

（f）拉紧螺杆安装

拉紧螺杆的两头螺纹需进行清洗，并进行保护。保护措施是使用柔性材料按螺纹的顺时针方向缠绕，使其每根齿条被保护材料裹紧为止，不能使齿暴露，以防齿条碰坏受损。

拉紧螺杆、液压螺母是配套的，有各自的编号，吊装前要根据编号的要求，把相应的螺母放在立柱旁，不能随便摆放。

拉紧螺栓顶端要事先拧上吊环，穿好钢丝绳，以便横梁装配好时提起拉紧螺栓。安装液压螺母时应恢复拆卸前的原始位置，将液压螺母用千斤顶打开，塞进原垫片。

（g）立柱安装

立柱安装前，定位键与键槽必须预装，清除毛刺，打磨光滑，立柱需按（加工）编号顺序找出各自位置，同时使用清洗剂对侧壁的滑道和上下两端接触面进行清洗。

（h）滑块安装

先装好一侧的两根拉紧螺杆和立柱后再装滑块，滑块不能直接放在底座的工作平台上，要预先在底座上放 4 个等高铁墩。铁墩是预先制作好的，当滑块下放时，要垫上厚橡胶垫或木块，避免滑块与铁墩面直接接触。滑块安装前要用清洗剂把其滑道、油槽及其附件都清洗一遍，确认干净后再进行吊装。

（i）上横梁的液压龙门顺序吊装要点

吊装有抬吊和架吊的方式，根据液压龙门吊的起升参数和压机顶梁的结构形式，设计采用 1100mm 和 600mm 的大梁"井"字架设后，图 2.10-24 以吊装 200t 压机顶梁为例，直接使用 4 组 110t 的卸扣进行吊装的方式进行 200t 顶梁的吊装。吊装时根据顶梁上的设备吊耳的位置进行 1100mm 大梁的跨距确定。这样吊装可以解决液压龙门吊的起升高度的降低。

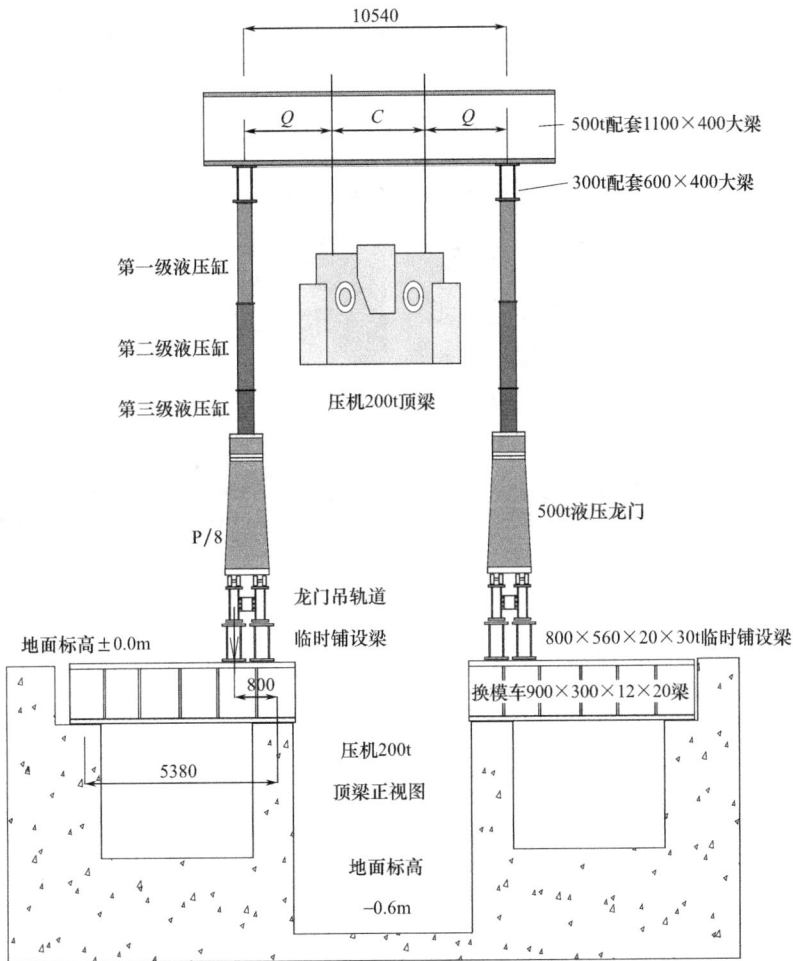

图 2.10-24 压机顶梁吊装正视图

上横梁吊起后要及时对立柱的顶部和上横梁的下部以及相互结合的接触面进行清洗工作。

在横梁下降时速度要慢，上横梁与侧壁间有定位销和槽，一定要键入槽。在两接触面间要抹一层油脂，当横梁落下后，要用塞尺对相互间的缝隙进行检查，不大于 0.3mm。

上横梁吊装完毕立即进行补强螺杆（拉紧螺杆）的紧固工作，手工紧固螺母后，用塞尺在螺母全周长检查，其与底座结合处间隙应符合设备技术文件或规范要求，若间隙超差，应松开螺母，修整好螺母与底座结合的端面，直至紧固后用塞尺检查合格为止。

用专用液压装置打开液压螺母，原垫片放入缝隙之前必须将垫片及其接触面清洗干净。

（j）压力机精度调整要点

滑块与工作台面平行度调整是在压力机空负荷试运转基本合格后进行。试运转之前先粗调滑块平行度，其平行度的调整是通过旋转滑块上蜗轮蜗杆联轴器来达到调平。按照机械压力机安装规范要求，其平行度测量是在滑块4个边点进行。

滑块下平面与工作台上平面平行度的调整：滑块与工作台面平面度测量所需工具有：卷尺、千分尺、等高块、框式水平仪等。滑块平行度调整要反复进行测量——调整——再测量，当其数值达到稳定后才能算合格。按现行国家标准《锻压设备安装工程施工及验收规范》GB 50272规定，其平行度的偏差允许在 $0.02 + 0.1L_1/1000$ mm（闭式四点压力机）范围内（图2.10-25）。

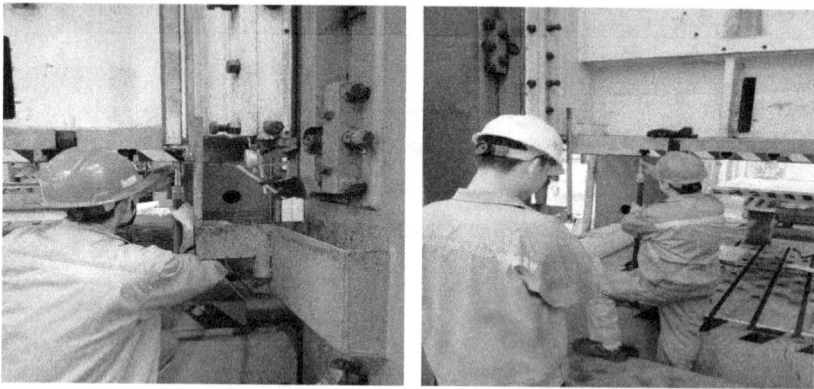

图2.10-25　千分尺测量滑块与工作台平行度

调整滑块平行度时，一般把滑块停在下死点，因为压力机工作时滑块的位置在下死点前后 $1°\sim 2°$。把滑块平衡缸气体压力调到滑块正常工作时的工作压力，滑块液压保护器压力调到其预压力，滑块与立柱导轨间隙放松到不与立柱轨道接触（或受挤压），四个蜗轮蜗杆旋转调节时要同步（即同一方向旋转，不能一个向下，一个向上，这一点特别重要），保持滑块停止时在自由重力状态，即滑块不与周边相挤压或接触，使四个偏心轮轴瓦同一位置间隙相等，这样滑块在运动时就能始终保持与工作台面平行状态，也间接地使得滑块垂直度保持稳定。

底座的水平度调整在空间受限的情况下，也可以采用激光几何测量仪测量（图2.10-26）。

（k）导轨间隙的调整

滑块平行度调整好，经过几次测量，其数值达到稳定后，就可以进行滑块与立柱导轨间隙调整。其调整时要使滑块在上下死点时均处于自由重力状态，即滑块与立柱无挤压或接触紧密现象，用扳手和 $L = 200$ mm 的塞尺作为调整工具，调整螺栓把导轨间隙调至双边间隙总和在 $0.12\sim 0.24$ mm，并把紧定螺栓上紧到位，防止导轨移位松动，影响导轨间隙。滑块试运转一段时间后，检查导轨润滑情况，看看导轨油膜是否形成，导轨是否有发

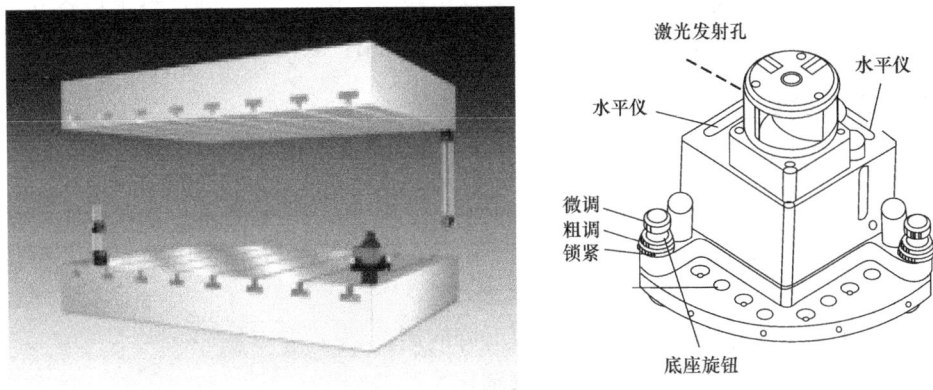

图 2.10-26 激光几何测量仪平行度测量

热现象，如果有应重新进行调整，直到滑块运行平稳，导轨润滑情况良好为止。

滑块运行时工作台上平面垂直度的调整：当滑块平行度和导轨间隙调整好后，就可以进行滑块行程对工作台面的垂直度测量了。滑块行程对工作台面的垂直度在纵横两个互相垂直的方向测量，其偏差$\leqslant 0.05+0.02s/100mm$（$s$ 为滑块行程的长度）。滑块垂直的测量工具有：标准垫块、$500mm \times 1000mm$ 角尺、磁性表座、百分表、表杆等。通常情况下，滑块垂直度测量一般是检验平行度和导轨间隙的尺度，如果滑块垂直度超过允许范围，则需重新检查滑块平行度和导轨间隙，偏差较严重时需重复调整，直至滑块行程与工作台面的垂直度符合要求为止。反过来，如果垂直度在允许偏差范围内，则可证明滑块平行度和导轨间隙在允许偏差范围内。

（3）实施总结

该项目应用本技术在设备拆迁、安装精平、调试等环节，稳步快速施工，提前进入设备调试阶段，提高了施工效率和安装精度，满足了生产要求。

在设备恢复安装过程中，成功使用了二维码查询技术、高精度水准仪、高精度全站仪、激光几何测量仪将设备精确就位调平新技术和液压龙门顺序吊装技术，在同类工程施工中能够起到指导和借鉴作用。

（提供单位：中国三安建设集团有限公司；编写人员：王鑫、杨慧清、姚宏旺）

2.11 大型离合器式螺旋压力机安装技术

2.11.1 技术发展概述

大型压力机是关系国家安全、经济发展的战略性设备，也是电力、航空、军事等制造业的基础性设备。离合器式螺旋压力机为机械驱动的模锻压力机，该类型的设备应用于热工件的模锻、预锻及精锻，设备控制系统采用最新计算机模块化技术及总线技术，通过精密复杂的液压系统，调节进入离合器的油压以精确控制打击力，同时可调节打击行程及打击速度，工艺适用范围广泛。

大型离合器式螺旋压力机设备单件重量大、数量多，安装装配精度高，而往往车间内只有一台常规吨位的桥式起重机（辅助安装及检修生产用），无法满足整个设备安装的需要；大型汽车式起重机又受现场作业面所限而无法使用，致使设备吊装就位难度很大。

2.11.2 技术内容

（1）关键技术

本技术把计算机控制液压提升＋滑移的新技术应用到大型设备部件的吊装上，并设计了配套的"大型设备提升滑移组合龙门架"吊装装置（图 2.11-1），用来完成大型设备部件卸车、翻身、吊装、就位调整工作，即：

1）将液压同步提升技术用来解决垂直升降问题；

2）用液压爬行器滑移解决水平移位问题；

3）用组合式提升滑移龙门架解决结构承载问题。

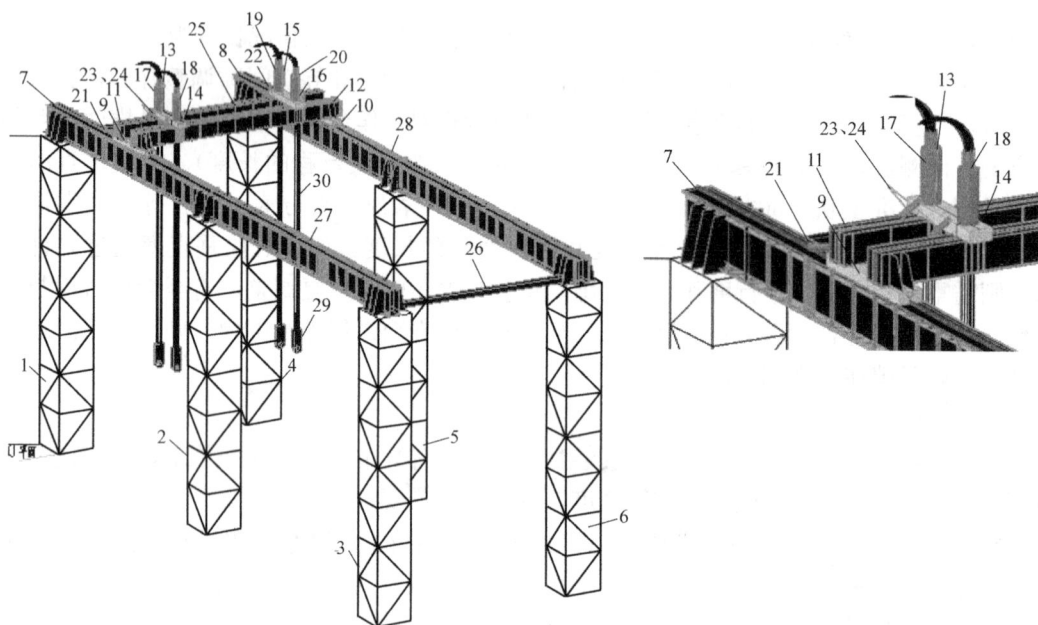

图 2.11-1 大型设备提升滑移组合龙门架示意图

1～6—立柱桅杆；7～8—主梁；9～10—端头梁；11～12—吊装滑移梁；13～16—底座；17～20—提升缸；21～22—液压爬行器；23～24—液压爬行器；25～26—连接小梁；27～28—方钢导轨；29—钢绞线

（2）安装实施流程

1）进行地基处理、放线，安装桅杆底座。

2）根据构件的分解图进行制作，制作内容涵盖桅杆底座、桅杆标节、桅杆顶节、主梁卸车跨、主梁设备就位跨、端头梁、滑移梁、提升缸底座等。

3）将工装的各构件运至现场，按设计要求在地面组装好；然后将组装好的桅杆、主梁、滑移组合梁分模块整体吊装就位，在工装没成整体之前，桅杆竖立过程中要在其顶部拉四根风绳，确保安全。

4）将 4 台油压千斤顶（提升油缸）的钢绞线安装好，用天车将提升油缸安装至滑移梁上部的提升缸底座上，继而安装提升托架的下锚点。

5）安装工作台下部设备（转盘、下螺母、顶出器、底板），同时安装爬行器和液压站及液压管道，进行调试，完毕后将工作台的吊点与提升缸的下锚点用 4 根 100t 柔性吊带连接。

6）设置传感监测系统，在每个提升吊点下面设置激光测距仪，随时测量设备的提升高度及主梁与滑移梁的挠度变化值。

7）提升系统上各主要受力处设置应变片，布线与主控计算机连接。

8）进行试起升，检查整体提升系统的工作情况，起升离地面 100mm 停滞 2～3h，之后对工装及提升设备进行全面检查。

9）进行正式起吊，正式吊装时按照 6）、7）的内容进行，密切监视。

10）进行预滑移，全面检查液压系统的状态，加载按照爬行器最初加压力所需压力的 40%、60%、80%，在一切都稳定的情况下，可加到 100%。

11）在一切正常情况下可正式开始滑移，滑移时按第 10）的方法进行，首先是分级加载，直至系统上显示有位移为宜，停止加载，进行正式滑移。

12）滑移至安装位置，对设备进行回落，因设备本身装配精度较高，设备落至定位环处后，对设备的前后左右进行微调，上下调整其水平度，一切就绪后，同步液压缸按 2～12mm/每次进行设备回落。

13）安装工作台定位环、立臂、滑块、主螺母、导轨板、主螺杆、平衡缸等设备，之后进行上横梁的吊装（图 2.11-2），提升滑移就位方法同工作台。之后进行上部设备及附属部件的安装。

14）设备调试。

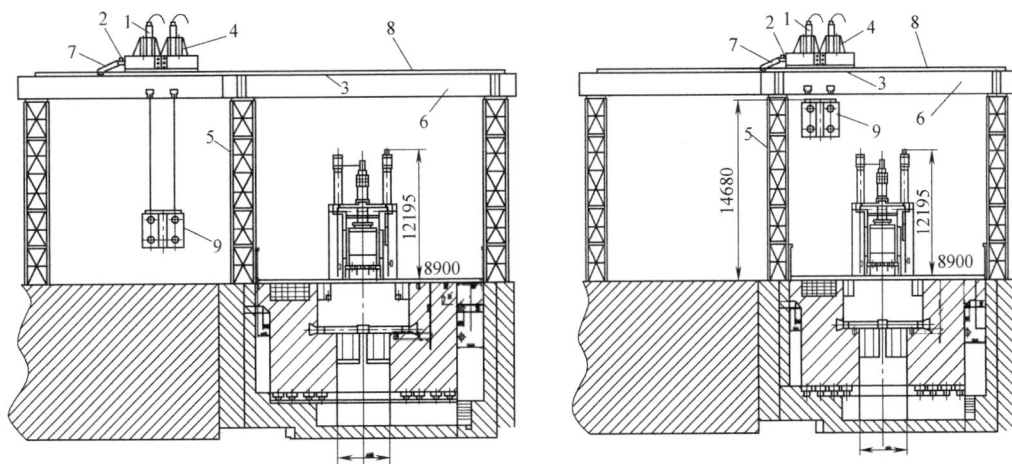

图 2.11-2　上横梁吊装就位示意图

1—提升缸；2—端头梁；3—滑道；4—滑移梁；5—桅杆；6—主梁；7—爬行器；8—方钢；9—上横梁

2.11.3　技术指标

（1）《锻压设备安装工程施工及验收规范》GB 50272—2009；

（2）《工业金属管道工程施工质量验收规范》GB 50184—2011；

（3）《电气装置安装工程低压电器施工及验收规范》GB 50254—2014；

（4）《给水排水管道工程施工及验收规范》GB 50268—2008。

2.11.4 适用范围

适用于大型压力机及类似设备的安装工程。

2.11.5 工程案例

1. 无锡透平叶片有限公司 3.5 万 t 离合器式螺旋压力机安装项目

（1）项目概况

无锡透平叶片有限公司从德国 SMS 公司引进高性能离合器式螺旋压力机，最大打击力达到 3.5 万 t，系国家级重点战略装备。公司 2010 年承接该台设备的安装调试工程，项目经过近一年的安装调试和典型产品试制，已达到设备各项技术性能指标，于 2011 年通过了整体验收。

3.5 万 t 螺杆锤总重量 5800t（包含基座在内），外形尺寸为 16000mm×10000mm×22968mm（长×宽×高，地上部分高 18813mm），其中设备单体部件（上横梁）最大重量达 340t，有近 10 个单体部件重量超过 100t，设备净重量约 3000t，其装配结构见图 2.11-3。设备单件重量大、数量多、安装以及装配精度高，而车间内只有一台 160t 桥式起重机（以下简称天车），无法满足整个设备安装的需要；大型汽车式起重机又受现场作业面所限而无法使用，致使设备吊装就位难度很大。用什么方法和什么装备安全精确地将设备部件吊装就位是一个重要研究课题，其中这些大型部件的吊装技术尤为重要，也是完成整个设备安装的核心技术。同时设备大底板垫铁的研磨调整、基础防振处理、无骨料微膨胀水泥

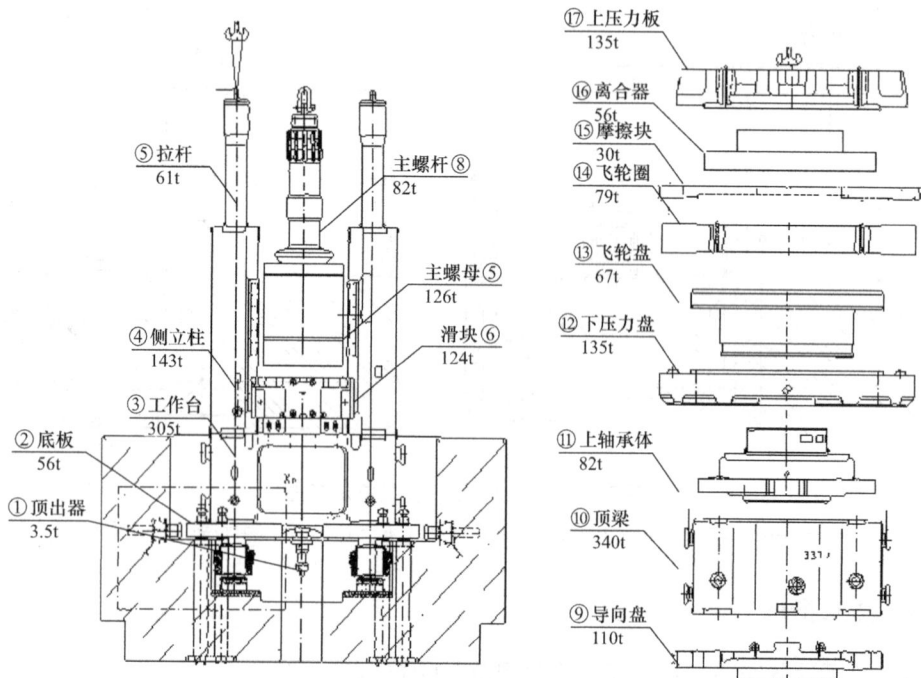

图 2.11-3 3.5 万 t 螺杆锤装配结构图

承载面施工、特大型部件的冷、热装配（调整）工艺以及电气控制系统安装调试技术都需要对传统的施工工艺进行重新研究，并引进一些国际上最先进的施工技术，这些也是完成该项目的关键性技术。

工期要求：3.5 万 t 螺杆锤安装开始于 2010 年 8 月，2010 年 10 月底梁工作台就位，2010 年 11 月顶梁就位，2011 年 6 月竣工投产。

（2）技术应用

1）吊装方案的确定

对于此类大型压力机的安装，底座和上横梁的吊装就位是关键，通常情况下尽可能利用车间内的起重设备，但 3.5 万 t 螺杆锤安装的车间内天车为 160t，不具备吊装就位上横梁和底座的能力，所以必须采取其他办法，经过综合考虑与分析，采用了计算机控制液压提升＋滑移的新技术，自行设计一套"大型设备提升滑移组合龙门架"吊装装置，用来完成大型设备部件卸车、翻身、吊装、就位调整工作，即：

① 将液压同步提升技术用来解决垂直升降问题；

② 用液压爬行器滑移解决水平移位问题；

③ 用组合式提升滑移龙门架解决结构承载问题。

该套装置设计技术参数为：跨度 21m，起吊高度 20m，最大起重能力为 500t。这是国内首次将计算机控制的液压提升和滑移技术组合应用到大型机械设备的安装上。

2）吊装装置的设计

本套吊装装置设计主要包括：提升滑移龙门架结构设计、提升＋滑移装置设计、实时监控系统设计和提升滑移系统安全设计。

① 提升滑移龙门架结构设计

综合考虑到设备的卸车、转向以及翻身等问题，将提升滑移龙门架设计成"三龙门式"桅杆结构，即在三副龙门式桅杆顶部用两根主梁连接在一起。采用"三龙门式"桅杆结构的目的一是缩小两根主梁的跨距，以减小主梁的尺寸；二是在一个相邻的工作区域把卸车、旋转、翻身和正式吊装就位等一连串的工作紧凑地衔接起来，减少设备周转时间以及大型部件的多次搬运，大大提高了工作效率。龙门架结构示意图见图 2.11-4。

a. 立柱桅杆

提升滑移龙门架的立柱桅杆共 6 个，其构造分为底座、标准节和顶节三部分，其中刚性底座直接坐落在水泥基础上。立柱桅杆截面尺寸为：2000mm×2000mm。这些立柱桅杆采用统一胎架模板制作，具有良好的互换性，今后可根据不同的设备及现场情况进行组合，可重复利用，适用性好。

b. 主梁

主梁设计为组合箱形梁结构，每侧主梁分为 2 跨，总跨度 36.5m，其中卸车翻身区主梁跨度为 19.5m。主梁截面为 1400mm×830mm×20mm×25mm，主梁为凸形结构，在主梁上翼板上安装了 70mm×70mm 的方钢起到滑移梁的导向和反力支撑（爬行器夹持）作用。在方钢的两侧铺设 3mm 厚的不锈钢板作为滑移梁的滑移面，在滑移梁滑移时涂抹黄油，以便减少摩擦力。见图 2.11-4。

c. 吊装滑移梁及端头梁

液压提升装置设在吊装滑移梁上，吊装滑移梁设计两组，每组 2 根梁。每组梁为两件

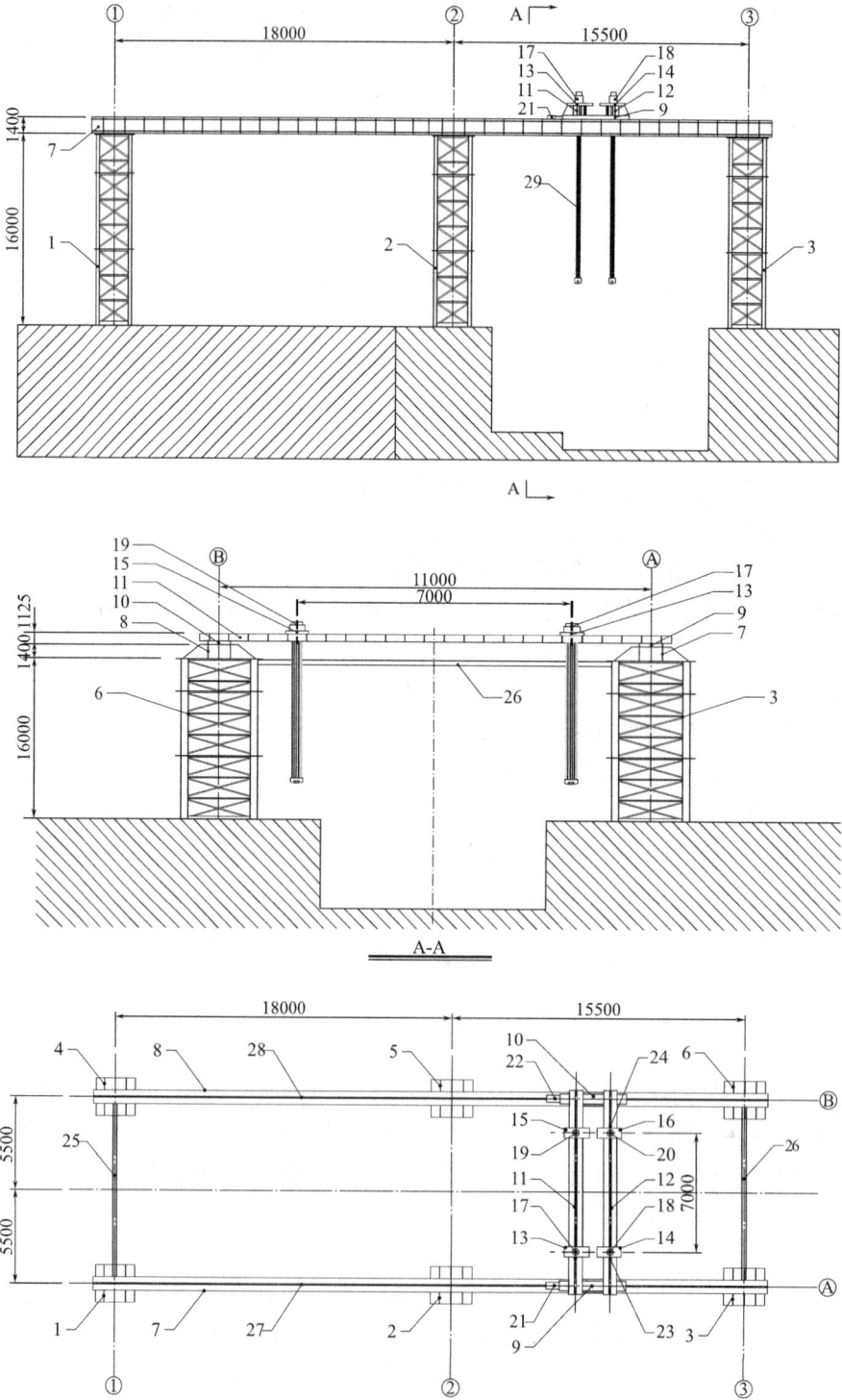

图 2.11-4　提升滑移龙门架结构示意图

1~6—立柱桅杆；7~8—主梁；9~10—端头梁；11~12—吊装滑移梁；13~16—底座；17~20—提升缸；
21~22—液压爬行器；23~24—液压爬行器；25~26—连接小梁；27~28—方钢导轨；29—钢绞线

900mm×400mm×16mm×22mm 的翼缘外伸型箱梁组合而成。考虑到与主梁的凸型结构装配一起，因此在端头梁的底部翼板两侧焊接 2 条 60mm×250mm×3500mm 的钢板，下部的构造方式为凹形结构。

d. 液压提升缸底座

每台液压提升缸下部设计了一个箱形底座，箱形底座 1.5m 长，横跨 2 根滑移箱形梁（一组），这样提高了吊装滑移梁承载能力。另外，为实现设备部件就位过程中的精确调整功能，设置四台 50t 液压爬行器，必要时可以用液压爬行器进行液压提升缸沿吊装滑移梁方向的微调节。见图 2.11-5。

图 2.11-5　提升滑移组合式龙门架上部结构图

提升滑移组合式龙门架在设计过程中，建立吊装过程的有限元分析模型，模拟实际吊装过程用 ANSYS 对吊装装置进行验算，改进吊装装置的整体结构设计。

② 提升+滑移装置设计

提升滑移装置设计分为：计算机控制液压提升装置和液压爬行器滑移装置两部分。

a. 液压提升系统

计算机控制液压同步提升系统由钢绞线、提升油缸（承重部件）、液压泵站（驱动部件）、传感检测及计算机控制（控制部件）和远程监视系统等几个部分组成，主要是解决吊装设备时的垂直升降问题。

本系统选用四台 200t 液压同步提升缸（图 2.11-6），提升油缸为穿芯式结构，单向自锁紧，其主要技术参数为：单台承载力（提升力）2000kN，行程 300mm；钢绞线采用高强度低松弛预应力钢绞线，直径 ϕ15.24mm，单根最大承载力 110kN，数量 19 根。

本系统设计四台提升油缸配备一台液压站（见图 2.11-6），型号 TX-80-P 型，额定压力 31.5MPa，额定流量 80L/min。液压泵站是提升系统的动力驱动部分。

计算机同步控制系统由主控计算机、各种传感器、通信模块和相应的数据通信线组成，形成现场实时网络控制系统。各种传感器获得提升油缸的位置信息、载荷信息和整个被提升设备空中姿态信息，并将这些信息通过现场实时网络传输给主控计算机。这样主控

图 2.11-6　液压爬行器及滑道

计算机可以根据当前网络传来的提升油缸位置信息决定提升油缸的下一步动作。本系统设计采用的传感器信号有测量锚具状态（开、闭位置）的传感器、油缸行程传感器、激光测距仪测量各提升点（吊点）离地距离和压力传感器测量压力。其中油缸行程传感器和激光测距仪的测量精度都为1mm，从而能保证设备部件在提升或下降就位过程中按毫米精度等级来控制，大大提高了设备吊装就位的安全性和精确度。

b. 滑移系统

滑移系统主要解决吊装设备时的水平移位问题，是设备部件精确就位调整的关键。它包含了两台100t行程为300mm的液压爬行器（沿主梁前后滑移）和四台50t行程200mm的液压爬行器（沿吊装滑移梁左右滑移）、液压站（与提升系统共用）以及滑道（由不锈钢板和MGE板组成），由计算机进行同步控制。爬行器本身设计有位移传感器及控制线，根据行走状态需要，可以控制任何一台的同步走和独立走，可达到调节安装设备的前后、左右位置的目的。见图2.11-6。

③ 实时监控系统设计

实时监控系统设计主要分为：位置状态实时监控和结构安全实时监控。

a. 位置状态实时监控

在每个提升点（吊点）下面设置激光测距仪，随时测量设备的提升高度及主梁与滑移梁的挠度变化值；每个爬行器处装有行程传感器，随时测量水平移动的姿态，将监测到的信息及时传送给主控计算机，通过比例阀控制流量，实现同步提升、滑移及就位。

b. 结构安全实时监控

在提升系统上各主要受力处，设置应变片，布线与主控计算机连接，并利用大型有限元结构分析程序 ANSYS 软件对提升过程中的应力应变监测信息进行计算分析，确保整个吊装过程在安全可靠地状态下进行。

④ 提升滑移系统安全设计

提升滑移系统安全设计主要有：

a. 在钢绞线承重系统中增设了多道锚具，如安全锚、天锚等；

　　b. 每台提升油缸上装有液压锁，防止失速下降；即使油管破裂，重物也不会下坠；

　　c. 液压和电控系统采用联锁设计，以保证提升系统不会出现由于误操作带来的不良后果；

　　d. 控制系统具有异常自动停机、断电保护等功能；

　　e. 控制系统采用容错设计，具有较强的抗干扰能力。

　　3）方案实施

　　整个设备的吊装以螺杆锤的工作台（底座）和上横梁最为关键，需要用提升滑移装置进行卸车、翻身和吊装就位。其余设备部件可以利用车间内160t天车进行吊装就位。下面就上横梁的卸车、转向、翻身和提升滑移就位方法进行详细介绍。

　　① 上横梁的卸车、转向及翻身：

　　螺杆锤上横梁外形尺寸为7440mm×4000mm×3250mm，重约340t，这是设备吊装中的最重件。上横梁是顶面朝下运输到现场的，另外由于卸车时上横梁方向与安装就位时方向相差90°。这样就需要先将上横梁从运输车上卸下，然后将其在平面位置转一个90°，最后将其空中翻转180°呈安装就位位置后才可以进行下一步的提升滑移就位。这也是施工过程中的一个难点。

　　a. 卸车

　　卸车采用提升滑移龙门架进行，将组合式提升滑移梁的端头梁断开，形成两根独立的提升滑移梁，然后用提升系统进行提升，脱离运输车后，再落到地面。

　　b. 转向

　　因上横梁卸车后的方位与安装时的方位相差90°，需要平面旋转90°。方法是：将上横梁落入自制转盘中，用卷扬机加滑轮组对角相向水平牵引将其原地旋转90°至安装方位。

　　c. 翻身

　　上横梁在长途运输过程中考虑安全因素，采取上平面向下的运输方式，这样设备到安装现场后需要将其翻身180°，恢复至正常安装位置。第一次翻身90°，采用160t天车和一组提升滑移装置配合进行，如图2.11-7。待上横梁第一次翻身90°完成后，再使用两套提升滑移装置配合进行第二次90°翻身至正常安装位置，如图2.11-8所示。

図2.11-7　第一次90°翻身

図2.11-8　再90°翻身

② 上横梁提升滑移就位：

a. 上横梁正式起吊前，需要用经纬仪对液压提升缸的位置进行调整，确保液压提升系统沿主梁方向的中心线与设备横向中心线一致；

b. 上横梁就位前，需对四根拉杆进行中心定位并固定，以确保上横梁顺利穿入；

c. 起吊前用木楔稳定住提升滑移梁，随后启动液压提升系统，将上横梁吊离地面100mm，检查测量整个吊装系统各梁最大变形量、钢绞线及液压系统的工作情况以及设备的中心线位置，确保各组吊装设备运行稳定可靠，30min 后正式起吊；

d. 在上横梁就位穿拉杆时，应将拉杆螺纹部分用铜皮包好；

e. 在正式提升过程中，计算机控制系统按自动方式运行；

f. 当上横梁整体提升至预定高度时，若某些吊点高度不符，可进行单独的调整；

g. 调整完毕后，锁定提升油缸下锚（机械锁定），完成油缸安全行程；

h. 提升过程中，由于钢绞线从提升油缸上部不断出来，为保证提升顺利进行，每点需要有人疏导钢绞线；

i. 在上横梁提升至就位所需高度后，在一切正常情况下可正式开始滑移，滑移至安装位置；

j. 滑移时要注意观测同步位移传感器，监测滑移同步情况，检查端头梁与轨道是否有卡涩情况以及爬行器夹紧装置与轨道夹紧状况；

k. 滑移时，通过预先在各条轨道两侧所标出一定距离的刻度记号，来随时测量复核每个液压爬行器滑移的同步性；

l. 在上横梁穿入拉杆或接近对口位置时，将提升（或下降）速度调低，快到位后，通过逐点手动控制每点油缸上升或下降；

m. 因设备本身装配精度较高，故上横梁落至侧立柱定位环前，对其前后左右进行微调位置，纵横调整其水平度。一切就绪后，同步液压缸按 1～2mm/每次进行设备回落。上横梁吊装就位示意见图 2.11-2、图 2.11-9。

图 2.11-9　上横梁吊装就位照片

4）主要设备装配工艺

① 弹性基础减振器安装

3.5 万 t 离合器式螺杆锤采用弹性基础，是一个 16800mm×14800mm×7380mm（长×宽×高）的钢筋混凝土基础块，基础块重量约 2800t，基础块坐落在 17000mm×

15000mm×8060mm 的地坑中，地坑与混凝土基础块之间垫有 56 组弹簧减振器上（德国隔而固）。螺杆锤设备总重约 3000t，安装在这弹性基础块上。56 组减振器承载了设备、基础块的重量以及工作时的打击力，同时吸收工作过程中产生的动能，使之不传递到厂房的地基上。减振器安装要求高，全部减振器上平面标高相差不得大于 2mm，且相邻不得大于 1mm；上平面不水平度≤1/1000；减振器底板与基础预埋钢板接触面积不低于 65％。减振器安装完成后进行设备基础块的支模、扎钢筋以及混凝土浇灌等工作。

② 无骨料微膨胀水泥承载面施工

在设备部件安装结束后进行螺杆锤设备底板的二次灌浆层施工。这个二次灌浆层不仅起着固定垫铁将设备与基础形成整体的作用，同时还具有和垫铁共同承受设备重量以及打击力的作用，所以灌浆层采用无骨料微膨胀（补偿收缩）水泥施工。德国产的 TOPLIT 水泥灌浆料属于一种无骨料、高强度、微膨胀水泥，具有强度高、自流性好，灌浆过程中不泌水，凝结后不收缩、微膨胀、不开裂、易施工和环保等特点。具体施工步骤为：

a. 在设备安装前根据底板垫铁离地高度，确定基础四周灌浆内挡板的高度，内挡板高度需比垫铁高度稍高 20mm 左右；

b. 挡板采用橡塑保温板制成，用发泡胶粘结在基础以及螺栓孔洞四周，如图 2.11-10 所示；

c. 设备安装完成，将外挡板设置好后即可灌浆；

d. 用搅拌器将无骨料微膨胀水泥和水充分搅拌均匀，搅拌时间约 3min；

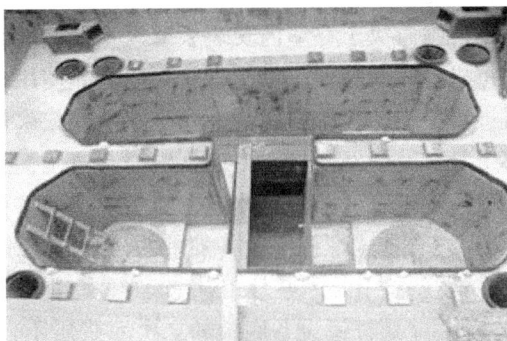

2.11-10　安装前设置的橡塑保温板内挡板照片

e. 灌浆应从一侧灌向另一侧，灌浆过程中勿振捣，可用橡胶管将 0.8MPa 的压缩空气送到水泥浆中，促进它的流动，使工作台底板与基础之间全部灌实。

③ 大型（典型）部件的冷、热装配工艺

a. 主螺母干冰冷冻装配

主螺母重 126t，外形尺寸为 φ2900×3180mm，是由铜制螺母（重 33t）和钢套筒（重 93t）组成，需要在现场将铜螺母装配至钢套筒内，其配合为过盈配合，装配难度大。我们采用了干冰冷装技术，冷装的主要步骤为：准备木制容器，把清洗、检查完毕的铜螺母吊入容器内，在容器内倒入干冰进行冷冻，冷冻约 14h 后，将冷冻完毕的铜螺母吊入钢套筒内进行冷装。见图 2.11-11。

b. 拉杆热油循环加热预紧

起始油温需加热到 25℃再进行油循环，循环加热约需 12h，油温需达到 256℃左右，此时拉杆伸长约 25mm。在油加热循环过程中派专人进行油温及拉杆温度的监控。热油循环装置详见图 2.11-12。

（3）实施总结

1）独特、先进的吊装装置和吊装技术

实践证明，采取液压提升＋滑移的吊装工艺，确保了安装过程中的安全性与可靠性，

图 2.11-11　铜螺母干冰冷装

图 2.11-12　拉杆热油循环加热预紧

有效地保证了工程的质量，保证了施工工期。经过对吊装过程的全程监测，提升滑移龙门架等工装的实际变形量与设计计算基本符合。设备于 2011 年 6 月通过全部技术性能测试，正式投产运行。

本技术解决了在室内安装大型设备及构件时，因车间内天车吊装能力不够、大型汽车式起重机受车间高度、作业半径限制不能使用，以及以前使用桅杆、龙门架、滑轮组、卷扬机进行吊装的传统方式，其安全性差、效率低、费工费力等诸多问题。研发了一套提升滑移组合式龙门架并首次将计算机控制液压提升＋滑移的起重方法应用于大型机械设备的安装项目上，解决了大起重量、同步性、调整精度等多项技术难度，安全、顺利地完成了3.5 万 t 离合器式螺杆锤设备部件的吊装与精确定位，获得了成功。

2）设备找平，灌浆新工艺

3.5 万 t 螺杆锤设备底板的二次灌浆层不仅起着固定垫铁将设备与基础形成整体的作用，同时还具有和垫铁共同承受设备重量以及打击力的作用，所以灌浆层采用了无骨料微膨胀（补偿收缩）水泥施工。在施工中采用橡塑保温板制作挡板，通压缩空气增加流动性等多项新的施工工艺，获得良好的效果。

3）加热及冷冻装配技术

3.5 万 t 螺杆锤设备有许多轴销装配是过盈配合，有许多拉杆、螺栓等紧固件有预紧力要求，除使用液压预紧装置外，还分别采用了加热及冷冻装配和预紧技术。对于轴销过盈装配主要采用了干冰冷冻装配，尤其是在主螺母铜螺母与钢套筒的过盈装配中，首次采用了干冰冷装技术，对于这样的大型部件进行冷装在国内罕见。对于拉杆、螺栓等紧固件的预紧除使用液压预紧装置外，还采用了电加热棒加热和油循环加热的拉杆预紧技术，尤其在四根大拉杆的预紧中，首次采用了油循环加热拉杆技术，经加热后拉杆达到所要求的伸长量，再进行紧固后达到预期的预紧力，效果很好。

（提供单位：中国机械工业第五建设有限公司。编写人员：杨琦、朱友文、贺刚）

2.12　大吨位、大跨度龙门起重机现场建造技术

2.12.1　技术发展概述

大吨位、大跨度龙门起重机具有跨度大、起升高度高、起重能力强的特点，是大型船

舱建造等行业不可缺少的技术装备。大吨位、大跨度龙门起重机由主梁、刚性腿、柔性腿等三大结构组成。由于尺寸庞大，制作精度要求高，总重量达数千吨，无法按照小型龙门起重机的方式，实现在工厂完成部件制造、公路运输到现场、现场安装整机的过程。起重机的机构在工厂制造、结构的加工在安装位置就地完成的建造模式就成了唯一的选择。

"大吨位、大跨度龙门起重机现场建造技术"是针对三大结构在工厂拼装后无法运输而采用的现场建造工艺技术，其原理是先在钢结构生产车间加工成合适尺寸的结构构件及结构单元，待运往施工现场后拼装成三大结构的部件，再通过三大结构部件的提升、空中组对等安装方法，最终完成大型龙门起重机结构的安装建造任务。这种技术既有效避免了大件运输难题和风险，又为龙门吊的整体提升建造创造了条件。

2.12.2　技术内容

大吨位、大跨度龙门起重机现场建造技术由下列施工技术组成：
(1) 结构板片构件专业化预制与分段拼装技术；
(2) 总拼装与主梁起拱技术；
(3) 测量与控制技术；
(4) 吊装与整体提升技术。

2.12.3　技术指标

(1)《起重机设计规范》GB/T 3811—2008；
(2)《造船门式起重机》GB/T 27997—2011；
(3)《起重机械无损检测 钢焊缝超声检测》JB/T 10559—2018；
(4)《电气装置安装工程 起重机电气装置施工及验收规范》GB 50256—2014；
(5)《起重机安全规程 第1部分：总则》GB 6067.1—2010；
(6)《起重设备安装工程施工及验收规范》GB 50278—2010。

2.12.4　适用范围

适用于大吨位、大跨度门式起重机建造及安装工程。

2.12.5　工程案例

海洋石油工程（青岛）有限公司800t×185m龙门起重机建造工程。
(1) 工程概况
海洋石油工程（青岛）有限公司800t×185m龙门起重机建造工程，建设地点为青岛经济技术开发区。此项目是国内少有的几个大型龙门起重机项目之一，起重最高达800t，抬吊最高可达1000t，起升高度达76m，大车行程600m，总投资约1.8亿元人民币。

龙门起重机三大结构件总重3553t。主梁采用梯形双梁结构，梁高12000mm，上翼缘板宽11960mm，上翼缘宽度4660mm，下翼缘板宽3000mm，重2800t；刚性腿为箱形结构，重511t；柔性腿为圆管结构，重242t；门架结构及总体尺寸见图2.12-1。

工期要求：800t龙门起重机于2008年8月18日开工建造，2008年10月10日开始龙门起重机三大结构件分段单元的拼装，2009年3月15日完成三大结构件提升前的地面总

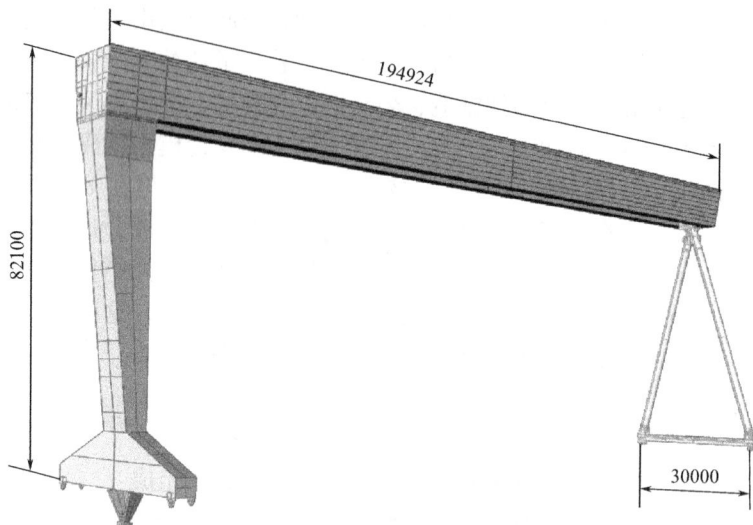

图 2.12-1　800t×185m 龙门起重机结构尺寸

拼装工作，2008 年 10 月 1 日开始提升系统塔架基础和地锚的施工，2009 年 3 月 10 日开始安装 800t 整体提升系统，2009 年 5 月 30 日整体提升开始，2009 年 6 月 12 日提升到位，2009 年 9 月 15 日负荷试运转，2009 年 9 月 19 日竣工，总工期为 396d。

（2）技术应用

1）大吨位、大跨度龙门起重机建造的特点和难点

① 尺寸庞大，结构复杂，异形件多，制作和安装精度要求高。

② 板材厚度大，型材规格大，焊缝充填量大，焊接变形大，现场施工条件差，质量控制困难。

③ 吊装工作量大，三大构件吊装风险高。

④ 机械传动配套部件多、装配精度高。

2）关键技术特点

① 结构板片构件专业化预制与分段拼装技术特点

由于受施工现场、外部环境等条件的限制，为保证质量、加快施工进度，采用大型钢结构加工厂专业装备和设施进行板单元预制加工，各工序如材料预处理、数控切割下料等，均采用专业化生产线进行。考虑结构尺寸大，变形不易控制的情况，在板片加劲肋焊接时采用反变形胎架，以抵消板片焊接角变形。

② 总拼装与主梁起拱技术特点

主箱梁段单元在组装和总体预拼装过程中，考虑到钢梁结构自重及负重时会有一定的下挠，因此在节段预拼装时需要按照一定曲线进行预拱，以确保结构使用时能够达到理想的设计状态。主要采用折线起拱的方法进行拱度预设，主梁按起拱折线进行分段制作，总组胎架墩按折线起拱搭设，考虑结构制作应力的影响，在设计给定的起拱度的基础上另加附加拱度，保证龙门吊主梁的起拱不小于设计拱度。

③ 测量与控制技术特点

测量是尺寸保证的关键，本项目采用徕卡全站仪（1201＋）作为现场拼装时的主要测

量仪器,在拼装和提升过程中,龙门起重机的所有尺寸控制均使用徕卡全站仪无棱镜模式测量,不仅在主梁、刚性腿、柔性腿选取合适的尺寸控制点,而且在地面上根据情况选取若干地样点共同控制起重机的整体尺寸。考虑到天气因素的影响,一些主要尺寸的测量在每天同一时间段进行,每次测量后都要以书面形式记录测量数据。

④ 吊装与整体提升技术特点

大吨位、大跨度龙门起重机组成构件多、重量大,建造施工中起重作业多、危险性大,各个吊装和提升作业方案必须经过精确的科学计算,周密安排和部署,才能安全完成吊装任务。本项目采用 ANSYS Workbench、SAP2000 等软件作为结构建模分析与计算手段,对吊点、吊具、提升门架、待吊构件等进行受力计算与验证,为编制吊装与提升方案提供科学依据,保证了吊装作业的安全可靠。

3)建造工艺和主要过程

① 建造工艺流程(图 2.12-2)

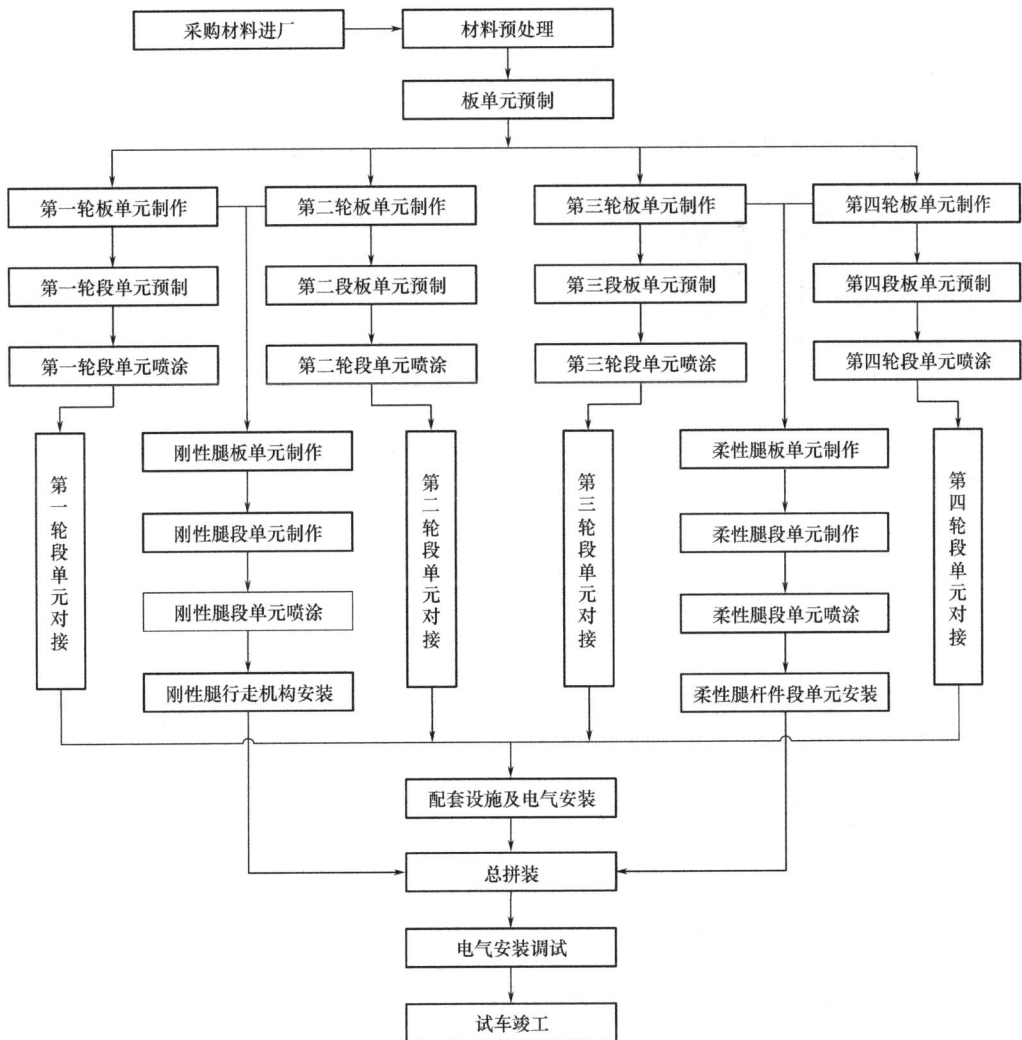

图 2.12-2 建造工艺流程图

② 主要过程

a. 专业化板单元预制生产线

采用大型钢结构加工厂专业装备和设施进行板单元预制加工，制造工艺装备如图 2.12-3～图 2.12-6 所示。

图 2.12-3　钢材预处理自动生产线

图 2.12-4　磁力吊

图 2.12-5　数控火焰切割机

图 2.12-6　板单元反变形船位焊

制作完成的板件陆运至拼装场地进行总拼及预拼装，总拼及预拼装将同时在总拼胎架上完成。为简化工序，面板将进行线下两拼，而后上总拼胎架进行拼装。

b. 线下板片两拼工艺

（a）板片两拼要点

a）板片吊装前，先对对接坡口位置进行打磨除锈，并清除焊缝两侧 50mm 内的水、油污及其他杂物。

b）将面板吊装至两拼胎架，使用千斤顶、捯链等工具调整，使其横向基线对齐，并保证纵向基线间距达到设计值，同时根据板厚和焊接工艺参数，预留 3～5mm 焊接收缩余量，保证焊接后的基线间距（图 2.12-7）。

纵向基线间距：$L = A_1 + A_2 + B + C$

式中　A_1、A_2——为基线到模向板边尺寸；

　　　　B——为焊缝间隙；

　　　　C——为焊接收缩量。

c）为防止焊接角变形，应预设 10～20mm 反变形预拱。

d）拼装检查合格后，将两块面板用码板固定，并用 L 形码板和锲铁将焊缝位置调平，保证其对接口错边量小于 1mm（图 2.12-8）。

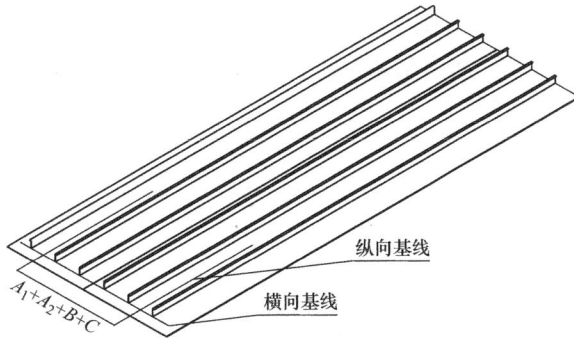

图 2.12-7 面板板片两拼

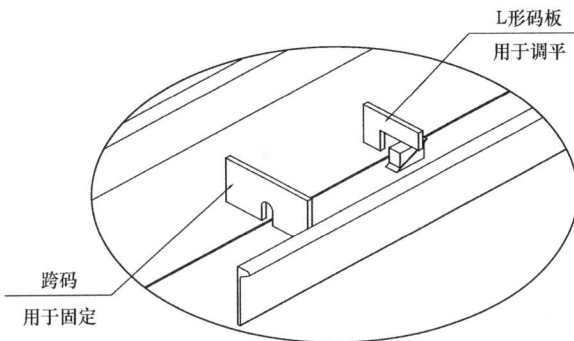

图 2.12-8 面板两拼码板调整

e）板件焊接采用二氧化碳气体保护焊。每一层焊接之前，对前一层焊缝进行检查，清除有可能出现的夹渣、气孔、裂纹等缺陷；同时，对于多层多道焊接，使用红外测温仪将焊道的层间温度控制在 150℃ 以下。

（b）T 型材加筋安装、焊接

a）以板件制作横向基线为基准在板件上放出 T 型材加筋位置线，并由 QC 复查；

b）焊缝位置打磨除锈，安装 T 型材加筋并焊接（图 2.12-9）。

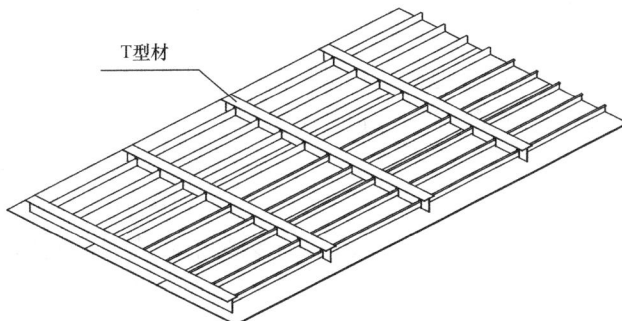

图 2.12-9 T 型材安装

c. 主梁段单元拼装工艺

在拼装场地搭设主梁和刚性腿的胎架，主梁胎架共 36 段，由于主梁截面呈等腰梯形，卧拼时胎架上表面呈倾斜状态（图2.12-10），按照主梁长度方向放置，主梁中部为7号段，因此从7号段搭设胎架，向主梁两侧搭设胎架（图2.12-11），主要保证拼装过程中各种尺寸的控制和梁的拱度控制。

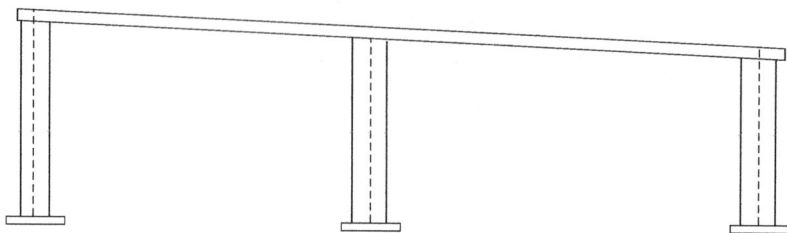

图2.12-10　主梁卧拼胎架剖面图

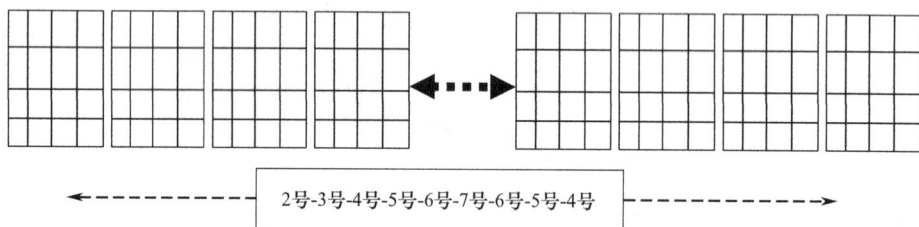

2号-3号-4号-5号-6号-7号-6号-5号-4号

图2.12-11　主梁卧拼胎架布置图

为便于组装板单元和提高工作效率，拼装场地上方设置两台20t龙门吊，其跨度为40m，作为拼装过程中板片和结构件的主要起重设施，地面要求200mm混凝土地面，轨道下方设置混凝土梁，梁底宽1000mm，梁上面宽400mm，梁上侧每隔350mm预埋350mm×250mm×20mm的钢板，便于安装和固定龙门吊运行轨道。

（a）胎架搭设原则和应满足的要求

a）胎架应具有足够的承受荷载的能力且应具有足够的刚度以防止使用过程中发生变形，另应防止在使用过程中发生沉降；

b）在胎架内设置测量基准点，以进行板件拼装定位；

c）胎架设计和布置应方便运输平板车进出；

d）一个轮次拼装完成后，拼装胎架都要进行检查，测量合格后方可进行下一轮拼装；

e）定期对胎架沉降进行观测，并记录测量数据。

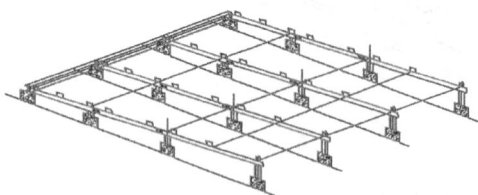

图2.12-12　主梁卧拼胎架搭设

（b）主梁段单元拼装

a）先从主梁中部7号段开始拼装，从主梁跨中心线向两侧延伸，由一个队组从7号段左侧的6号段向刚性腿侧拼装，另一队组从7号段右侧的6号段向柔性腿侧拼装。

b）搭设拼装胎架见图2.12-12。

c）拼装底层侧面板见图2.12-13、图2.12-14。

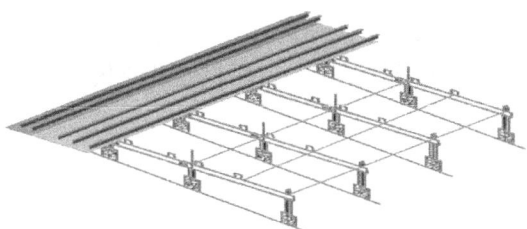

图 2.12-13 底层侧面板拼装开始

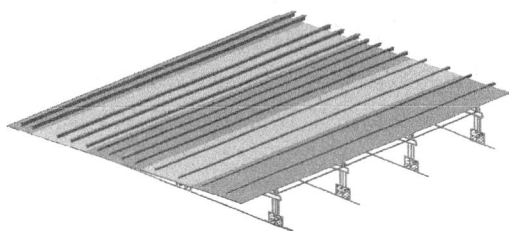

图 2.12-14 底层侧面板拼装完成

d）安装横隔板见图 2.12-15、图 2.12-16。

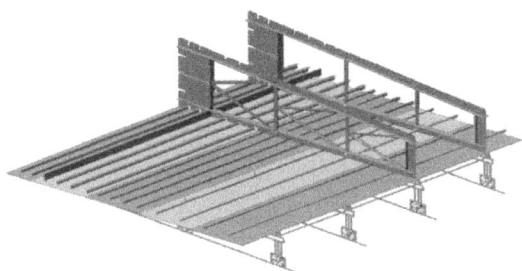

图 2.12-15 横隔板安装开始

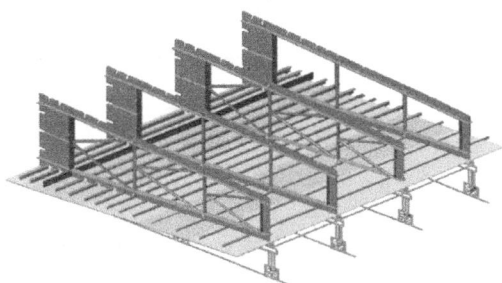

图 2.12-16 横隔板安装完成

e）安装上弦、下弦面板见图 2.12-17、图 2.12-18。

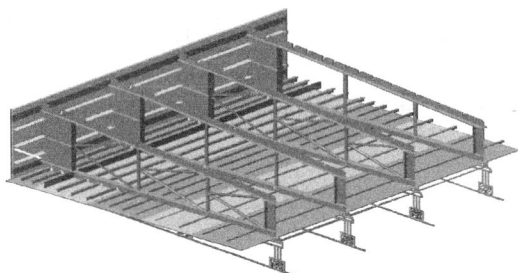

图 2.12-17 上弦面板安装

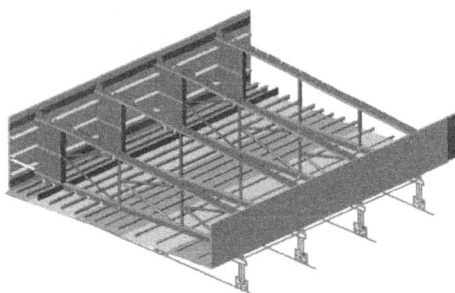

图 2.12-18 下弦面板安装

f）安装顶侧面板见图 2.12-19。

至此，主梁的一个段单元拼装完成。需要说明的是，在段单元拼装过程中，下一段单元的拼装是在上一段拼装完成的基础上进行，即以上一段单元的端口为基准，做好面板对接预配，同时考虑主梁成桥起拱要求，通过高精度全站仪精确测量定位，确定本单元的空间位置。

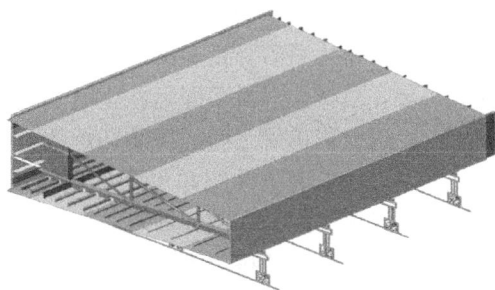

图 2.12-19 顶侧面板安装

（c）主梁起拱工艺

a）主箱梁在制作过程中，考虑到钢梁结构自重及负重时会有一定的下挠，因此在节段预拼装时需要按照一定曲线进行预拱，以确保结构使用时能够达到理想的设计状态，主梁起拱高度按图 2.12-20 所示进行计算。

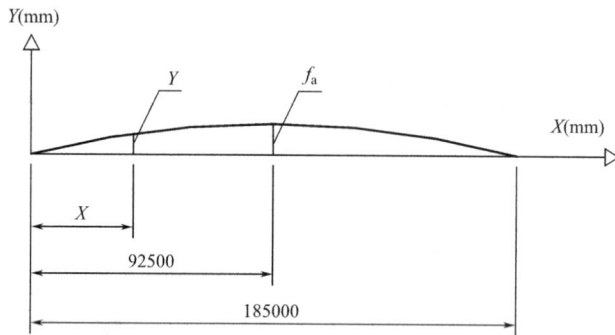

$$Y = \frac{f_a \cdot (185000 - X) \cdot X}{92500^2}$$

式中：$f_a = 260\text{mm}$

注：主梁自重下挠度 300mm。

图 2.12-20　主梁上拱度计算

b）在本工程中对主梁分段近似采用斜直线制作，总拼胎架墩采用折线梁拱。具体做法为，首先以主梁的上弦面理论直线为基准线，绘出基准线及分段线的位置，然后根据高程确定出起拱折线。

（d）段单元之间预拼装工艺

a）主梁总拼装采用无间隙拼装，为控制主梁总长，在最后一个分段上，留有二次切割量。

b）使用水准仪进行段单元标高测量，如有超差，使用液压千斤顶等工具进行调整，直至符合要求。

c）使用经纬仪或全站仪等测量工具，根据板件制作横纵基线调整段单元间距。

d）匹配完成后，在段单元对接口焊缝中心两侧 150mm 放拼装基线，以便现场节段对接。

d. 主梁总体拼装

主梁段单元从中间段 7 号向两侧依次完成各单元拼装后，即可陆续运至大型喷砂和涂装车间进行整体喷砂除锈和涂装工作，合格后即运往整体提升现场，进行最后的主梁总体立式拼装，总体立式拼装即是在主梁安装提升位置，将每个主梁段单元底板置下，立于胎架之上，进行段单元之间的拼装和焊接。由于在各段单元拼装时，已按成桥起拱要求进行了预配，并采取定位标记和可靠的定位措施，在总体立拼时，只需按标记和定位措施对接，并辅以测量验证和微调即可。

同理，刚性腿的拼装工艺类似主梁，只是截面形状与尺寸以及侧面斜度不同，且无起拱要求，其他大同小异。柔性腿结构为圆管形式，为常见结构，其工艺无特殊要求，在此均不再赘述。

（3）实施总结

大型龙门起重机在国内的制造技术已日趋成熟，此次公司完全承担了全部的加工设计工作。800t 龙门起重机在沿用传统分段制作技术的基础上，首先在分段制作上全部采用"承插"方式，使所有板片接头全部错开 200mm 以上，避免了"整齐接头"的方式。

分段制作时，考虑结构尺寸大，变形不易控制的情况，现场在板片制作时采用了反变形胎架，在分段组对时又采用倾斜胎架，并考虑底层侧面板板厚的不同在胎架上进行调整，起到了很好的效果。

用全站仪进行总拼长度及定位精度控制，采用折线拱度的方法进行拱度预设，并考虑结构制作应力的影响，在理论设计拱度的基础上另加附加拱度，最终整体预拼装，这样不仅保证了产品质量。在刚性腿两铰轴孔大尺寸精加工问题上，也首次使用全站仪定位、经纬仪找正的方式，将以往用铅垂线定位找正的精度提高 3 倍以上，且都一次成功，完全避免了返工的问题。

该项目的吊装作业采用 ANSYS Workbench 和 SAP2000 等先进电算软件对整个吊装力系进行建模计算，并组织技术人员进行详尽的计算验证，在此基础上编制周到详尽的提升方案，同时，在吊装上也沿用了"销轴连接、整体吊装"的思路，将高空作业减少了80%，节省了人力，保证了人员的安全。

800t 龙门起重机项目采取了结构部分自制、机械配套部分专业分包的运作方式，在发挥自身擅于结构制作优点的同时，再加上专业设备制作厂家的丰富经验，从而对起重机的质量保证和按期完工起了关键作用。

(提供单位：中国机械工业机械工程有限公司；编写人员：陈二军、杜世民)

2.13　大型桥式起重机直立单桅杆（塔架）整体提升安装技术

2.13.1　技术发展概述

用单桅杆（塔架）整体提升大型桥式起重机通常用于在不能利用厂房结构或者现场空间受限无法使用起重机械安装时，使用单桅杆和卷扬机配合，整体提升就位。这种方法安全、经济、稳定性好、施工工艺成熟，被诸多施工企业在桥式起重机安装工程中使用。

近年来，随着计算机控制液压提升技术的发展和应用，一些专用的大型组合式塔架已完全满足桅杆的承载需要，甚至还能承担更大的起吊负荷；另外，使用液压油缸和钢绞线作为提升工具和张拉缆风绳，比卷扬机滑车组提升能力更大、更有利于控制和调整、更加安全可靠。

2.13.2　技术内容

利用单桅杆（塔架）整体提升桥式起重机时，先将桥式起重机两片大梁在起吊位置进行拼装，桅杆（塔架）直立在大车之间，再将小车、驾驶室安装就位，并把小车固定锁死，利用卷扬机或液压千斤顶提升，一次性整体吊装桥式起重机就位，见图 2.13-1。

使用这种方法吊装的特点是：

（1）不需要考虑厂房建筑结构承载吊装负荷，安全可靠；

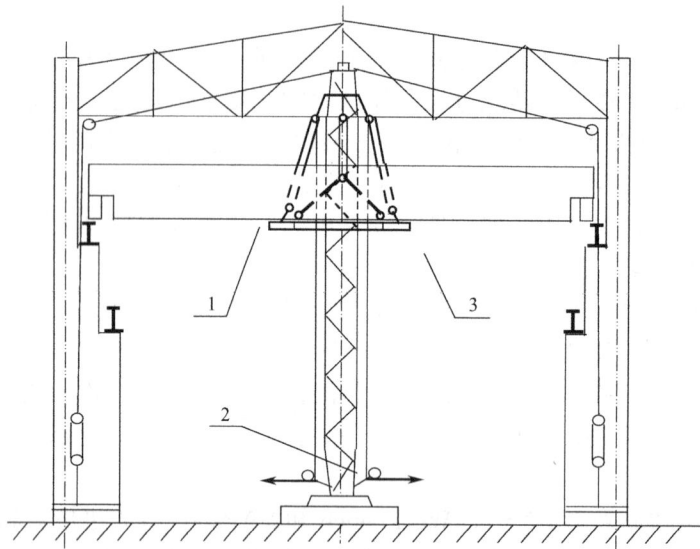

图 2.13-1　桥式起重机整体吊装示意图

1—起重机桥架；2—桅杆；3—自制专用托架

（2）大多数组装工作在地面完成，减少了高空组装作业，更安全、高效，起重机的组对安装质量更好；

（3）桅杆（塔架）可以重复多次使用，吊装工程成本低，经济合理；

（4）操作性好，整个吊装过程易于控制，吊装工作安全可靠。

2.13.3　技术指标

直立单桅杆整体提升桥式起重机技术的设计及选用应遵循国家相关标准、规范的规定。同时，桅杆（塔架）的站立位置、桅杆（塔架）有效高度、桥式起重机回转就位可能性等因素均须在设计方案时预先考虑。

2.13.4　适用范围

适用于在封闭的车间厂房内或露天的大型、重型桥式起重机的提升就位，尤其适用于在车间厂房内和其他难以采用汽车式起重机或履带式起重机的场合。

2.13.5　工程案例

1. 东方电机厂 550/250t×33m 桥式起重机安装工程

（1）工程概况

550/250t×33m 桥式起重机为当时国内机械工厂内最大双梁桥式起重机，安装于东方电机厂水轮机分厂重型装配车间。该车间为钢结构厂房，纵向长度 192m、跨度 36m、柱距 12m、梯形屋架间距 6m、屋顶最高点 35.5m、屋架下弦高度 31m，车间内行车为双层布置（轨道标高分别为 23m、16m），该桥式起重机安装于上层轨道上。

550/250t×33m 桥式起重机由大连起重机厂制造，全部散件到货。起重机外形尺寸为34m×14m×7.04m，总重约 475.2t（其中大车重 250t、小车重 217.5t、电气部分 7.7t）。

（2）550/250t×33m 桥式起重机吊装工艺流程（图 2.13-2）

（3）关键技术

1）采用自制假端梁：目的在于减小桥架外形尺寸，便于空中转位。桥架吊装时两主梁临时用自制假端梁刚性连接（原端梁为柔性连接），见图 2.13-3。

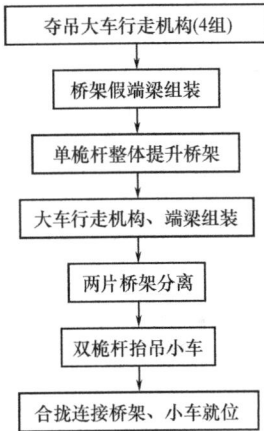

夺吊大车行走机构(4组)
↓
桥架假端梁组装
↓
单桅杆整体提升桥架
↓
大车行走机构、端梁组装
↓
两片桥架分离
↓
双桅杆抬吊小车
↓
合拢连接桥架、小车就位

图 2.13-2　550/250t×33m 桥式
起重机吊装工艺流程

图 2.13-3　550/250t×33m 桥式起重机吊装

2）夺吊大车行走机构：为减轻最重件桥架的起吊重量，将大车行走机构和桥架分别进行吊装。利用厂房钢结构，在两相对钢柱上端焊设吊耳，采用夺吊法预先将 4 组大车行走机构吊装到行车轨道上。

3）采用专用托架：桥架吊装时利用自制专用托架代替传统的钢丝绳捆绑主梁的方法，这种新工艺省略了繁重的捆绑工作，消除了捆绑绳对主梁的水平分力，避免主梁侧弯变形，有效地降低了捆绑点的高度，增大了吊装操作空间。另一方面，采用专用托架后，捆绳夹角减小，钢丝绳的受力亦相应减小。

4）设置小车捆绑支撑：为了有效降低小车捆绑高度，在小车架两侧加设刚性捆绑支撑，同时也避免了滑车组与小车两侧的挤靠，使小车能顺利提升。

2. 新余钢厂 180/50t×27m 四梁双小车铸造桥式起重机吊装工程

（1）工程概况

江西新余钢厂为扩大再生产进行二期转炉建设，增设 1 台 160/40t×22m 桥式起重机和 1 台 180/50t×27m 桥式起重机。其中 160/40t 起重机轨道中心跨距为 22m，安装在原车间的加料区，轨道标高为 22.5m，屋架下弦标高为 31m，在该轨道上已安装有两台 160/40t 起重机，正在生产运行；180/50t 起重机轨道中心跨距为 27m，安装在钢水接受区，轨道标高为 26.5m，屋架下弦标高为 36m，在该轨道上同样已安装有两台 180/50t 起重机，也正在生产运行。

由于 160/40t 起重机和 180/50t 起重机吊装工艺和施工程序相同，以下仅以 180/50t 起重机吊装为例进行说明。

（2）施工步骤

1）在车间中部竖立一根 250t 桅杆（作为主桅杆），采取临时连接装置在地面拼装起

273

重机 2 个主梁桥架，250t 桅杆位于两主梁之间。

2）起吊起重机主梁桥架，超过轨道高度后，转向就位，见图 2.13-4。

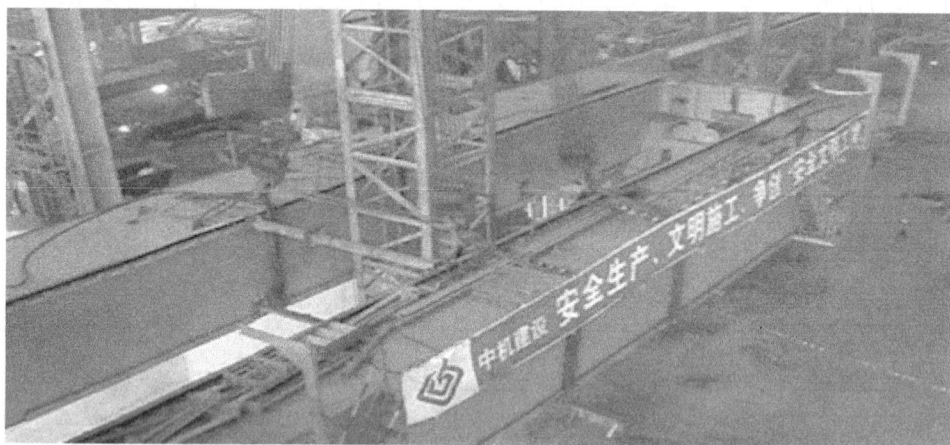

图 2.13-4　180/50t 起重机主梁桥架吊装

3）拆开临时连接装置，分开两主桥架，在车间横向主桅杆侧，再竖立一根 250t 桅杆，作为副桅杆，主、副桅杆用作主、副小车及附梁桥架的吊装。

4）利用专用托架捆绑固定主小车并置于两主、副桅杆之间，用主、副桅杆内侧抬吊主小车到主桥架上，同时保留所有的吊具、吊索不松钩，见图 2.13-5。

图 2.13-5　180/50t 起重机主小车吊装

5）预先在地面拼装好副梁桥架，用主副桅杆的外侧夺吊副梁桥架到预定高度，见图 2.13-6。

6）继续起升主小车后，分开主梁桥架，将副梁桥架与主梁桥架连接固定后，再将主小车落下，就位于主梁上。

7）利用主桅杆倾斜吊装副小车到副桥架上，见图 2.13-7。

（3）实施总结

1）四梁双小车起重机属冶金行业铸造炼钢等专用起重机，较同起重吨位桥式起重机

图 2.13-6　180/50t 起重机副梁桥架吊装

图 2.13-7　80/50t 起重机吊装完成

超宽、超高、超重，其主要特征是有主副四根大梁和主副两台小车。

2）因属于扩建工程，受原车间厂房条件的限制，无法采用大型吊车进行吊装工作。

3）采用桅杆完成吊装作业，其准备周期长，环节多，需要投入的设备、机工具较多，相应的施工作业人员也多。

4）施工的地点是正在进行生产的车间内，安装和生产同时进行，同轨道上还运行着生产用起重机，从而大大地限制了施工区域和吊装空间，生产与施工交叉作业，要求安全技术措施必须可靠、到位。

5）根据上述条件和特点，为确保吊装顺利进行，提高工作效率，事先采用计算机建模，将吊装过程进行动态三维模拟，使起重机各部件在起升过程中不会与其他物体发生干涉，从而起到事半功倍的效果。

（提供单位：中国机械工业第一建设有限公司；编写人员：罗宾、尹波、徐东）

2.14 薄壁不锈钢洁净管道施工技术

2.14.1 技术发展概述

薄壁不锈钢洁净管道一般用作医药、食品、饮料等行业输送洁净级别要求较高的工艺介质，除了满足常规的工业管道安装要求外，由于行业特殊性，医药食品新版GMP认证对工艺生产方面有着极为严格的要求，诸如生产作业流程先进合理、工艺布局紧凑美观、尽量减少污染源引入洁净区等。注射水管道、物料管道以及纯化水管道都要求为其提供无污染、耐腐蚀、内壁洁净光滑的介质输送环境；洁净管道的焊接除了要达到常规工业管道对焊缝的要求外，还要求焊接时管内外表面不受污染，焊缝内、外表面必须特别光亮，与母材基本一致。焊缝与母材平滑过渡，内、外余高不可过大，与母材基本平齐，常规的普通手工氩弧焊难以满足要求。

鉴于此，薄壁洁净管道一般采用全数字化自动焊接，通过数字化自动焊接技术，可以实现管材不开坡口，实行无间隙组对，通过母材自熔，形成焊接接头，采用内外充氩保护自动氩弧焊接。内充氩可保护管道内壁的光洁度，保证管内焊缝无毛刺；外充氩可保护管道焊缝的饱满度与光洁度。不但很好地满足了医药行业GMP对洁净管道的焊接技术要求，而且相比较传统手工氩弧焊接而言，机械化作业程度更高，工效也大幅提升。

2.14.2 技术内容

（1）采用BIM技术相结合的新型管道预制加工方式，大大提高了管道预制加工深度，减少了现场作业，提高了工效，有效地保证了焊接质量。

（2）采用数字化自动焊接技术，可以实现管材不开坡口，实行无间隙组队，通过母材自熔，形成焊接接头，采用内外充氩气保护的自动氩弧焊接，很好地满足了医药行业GMP对洁净管道的焊接技术要求，工效大幅提升。

（3）采用充氩保护节气装置，解决管道内部长距离充氩保护用气量大、浪费严重的问题，保证了充氩气流的纯度和稳定性，起到了很好的保护效果。

2.14.3 技术指标

（1）《化工企业静电接地设计规程》HG/T 20675—1990；

（2）《洁净厂房设计规范》GB 50073—2013；

（3）《工业金属管道工程施工规范》GB 50235—2010；

（4）《现场设备、工业管道焊接工程施工规范》GB 50236—2011；

（5）《工业金属管道设计规范》GB 50316—2000。

2.14.4 适用范围

适用于洁净度级别从100级～100000级的洁净厂房中，壁厚$\delta \leqslant 3mm$、管径$\leqslant 116mm$、设计压力$P \leqslant 1.6MPa$且设计温度$< 400℃$的薄壁不锈钢管道工程，也适用于食品、饮料加工企业中薄壁不锈钢管道工程。

2.14.5 工程案例

1. 神威药业集团有限公司（栾城）注射剂车间建设工程、中药提取车间及其配套工程机电安装项目

（1）工程概况

神威药业（栾城）注射剂车间建设工程、中药提取车间及其配套工程主要包括中药提取车间、注射剂车间、药材前处理车间、红花油车间及室外配套公用动力部分。该项目中的中药提取车间是目前国内最大的、拥有 50 条提取工艺生产线、注射剂车间灌封区域最高洁净等级为百级（最高洁净等级）的车间。

主要建筑参数：中药提取车间为三层混凝土框架结构（局部设备夹层），建筑高度 20m，建筑面积约 5 万 m^2；注射剂车间为三层混凝土框架结构（局部两层），层高 21m，建筑面积 3.4 万 m^2。

机电安装主要工程量为：各类储罐压力容器 800 余台（含不锈钢和普通碳钢），加压釜（带夹套）设备 80 余套，以及蒸馏水机、灌装线、洗药机、切药机、混料机、提升机等制药专业设备 300 余台套，公用动力设备主要为各类风机、水泵、凝结水回收泵、换热机组、压缩机、制冷机组、水处理设备、冷却塔等 200 余台套；工艺管道约 10 万 m（其中薄壁不锈钢管道 7 万 m），配套公用动力管道 3 万余米。

管道工程量大，尤其是其中的自来水、纯化水、注射水、药业物料以及纯蒸汽管道均为食品级卫生薄壁不锈钢管（壁厚均在 1.5～2.0mm 之间），材质均为低碳（SUS304 不锈钢）或超低碳不锈钢（SUS316L），均要求采用全自动氩弧自熔焊接，对我们的焊接技术提出了更为严格的要求。另外医药生产工艺管道流程复杂，图纸设计深度不够，很多地方需要结合现场实际做二次深化设计，这就需要我们的技术人员有很强的图纸深化设计功底和沟通能力。

（2）技术应用

1）工艺操作流程

薄壁不锈钢管道安装施工工艺流程见图 2.14-1。

2）引入 BIM 技术的工厂化预制

利用 BIM 模型参数化的特点，对管道系统进行参数设置、管线综合以及碰撞检测等工作，通过调整模型和现场勘察比对，在准确反映现场真实施工进度的基础上合理布局，达到空间利用率最大化的要求；在满足施工规范的前提下兼顾业主实际需求，实现其使用功能和布局美观的完美结合。BIM 建模工艺流程如图 2.14-2 所示。

① 三维模型建立，利用 Autodesk Revit 软件进行建筑、结构建模，利用 Magicad 和 CADWorx 软件进行暖通、给水排水、电气和工艺等专业建模工作，然后根据统一标准把各个专业的模型链接在一起，获得完整的全专业模型。

② 方案优化，根据建立的三维综合管线模型，对不同的方案进行比较分析，选择最优布置方案。

③ 碰撞检测，将整体模型导入 Navisworks 分析工具中，利用 Navisworks 软件对模型进行碰撞检测，然后再分别回到 Revit、Magicad 和 CADWorx 软件里将模型调整到"零"碰撞。见图 2.14-3。

施工准备 → 焊接设备及水电气检查、参数确定和试焊

管道预制准备

管道切割

管口平口清理

管口组对 → 检查装配误差 （调整）

接头定位焊 → 检查对口间隙和错位误差 （合格）

上机固定

启动程序 ← 通过PC选择焊接程序编码

管件内外焊缝检查 → 清洁打磨返修 （不合格）

焊缝钝化处理

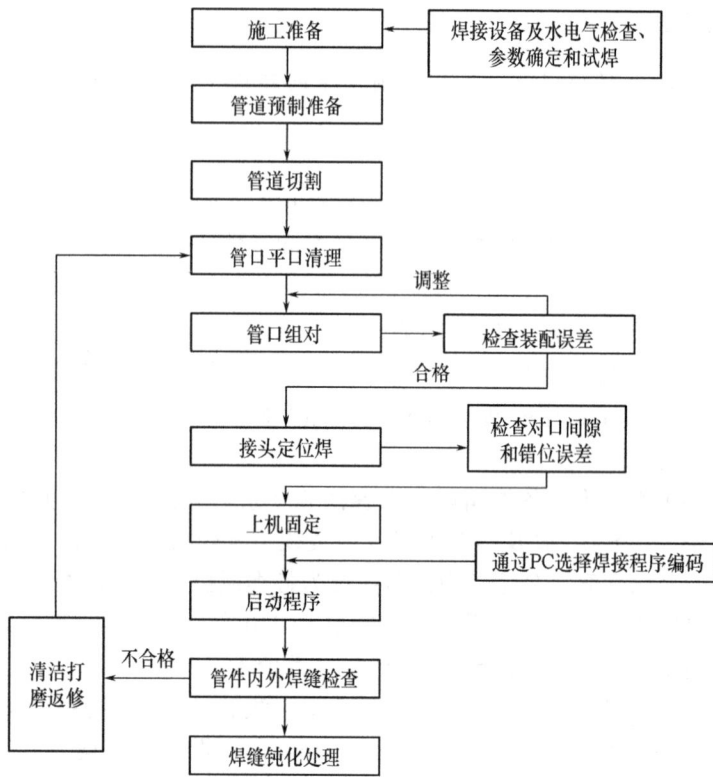

图 2.14-1　管道安装工艺操作流程图

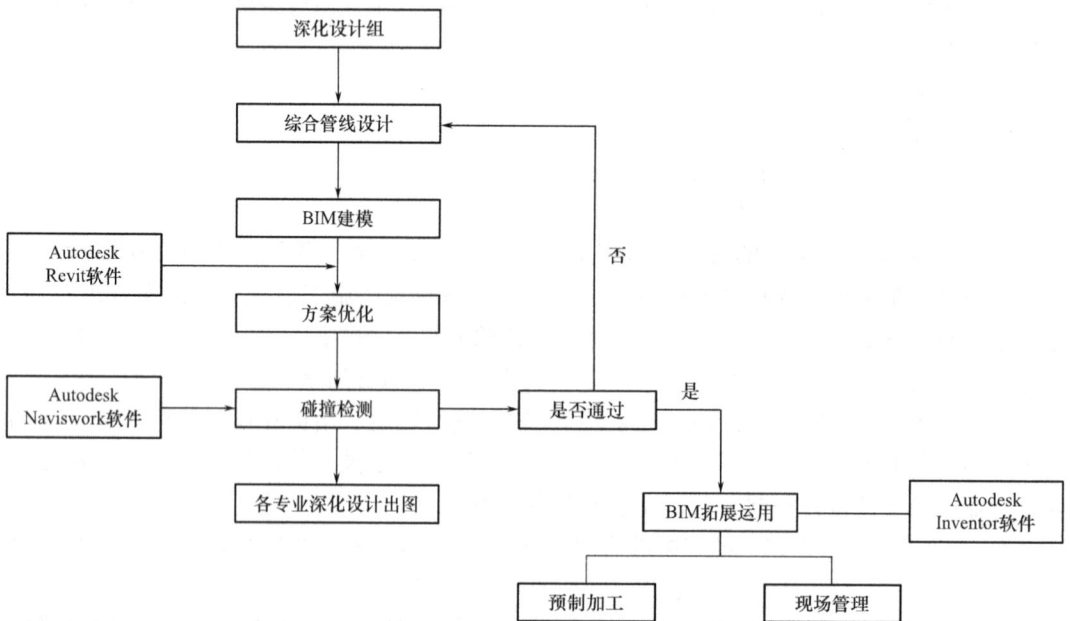

深化设计组

综合管线设计

BIM建模 ← Autodesk Revit软件

方案优化

碰撞检测 ← Autodesk Naviswork软件

各专业深化设计出图

是否通过 （否／是）

BIM拓展运用 ← Autodesk Inventor软件

预制加工　　现场管理

图 2.14-2　BIM 建模工艺流程图

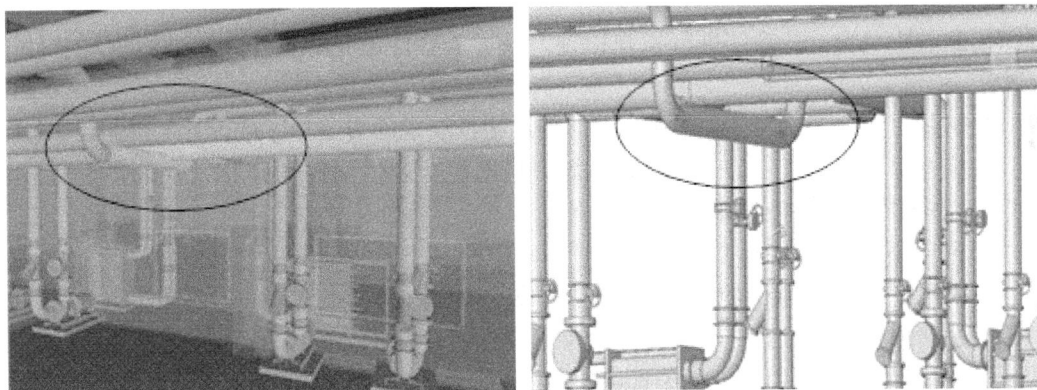

图 2.14-3　管线碰撞检测

④ 制作预制加工图

管道预制过程的输入是管道安装的设计图纸，输出是预制成形的管段，交付给安装现场进行组装。由于设计院提供的图纸不能提供管段图，存在分段不合理、相关标识欠缺等不足，不能满足现代化管道预制的需要。所以在工程项目开工前或进行过程中，根据总包单位提供的相关技术图纸及资料，用绘图软件重新绘制出（或重新加工出）或生成符合管道工厂预制要求的管段图，以及管道现场安装、管理需要的图纸。这样可以减少重复劳动、提高工作效率、确保工作一致性和工作同步性。

本项目是将三维模型导入到 Inventor 软件制作预制加工图。

a. 将模型导入 Inventor 软件中；

b. 与现场施工人员沟通，确定分区和编号顺序；

c. 根据组装顺序在模型中对所有管道进行编号并将编号结果与管道长度编辑成表格形式；

d. 将带有编号的三维轴测图与带有管道长度及管件编号的表格编辑成图纸并打印。见图 2.14-4。

图 2.14-4　CADWorx 软件绘制的医药厂房设备和管道模型

279

3）预制准备工作

① 制前应对管材及管件进行外观检查，管材及管件应完好无损，清理管材与管件上的杂质。

② 薄壁不锈钢管道的各种连接方式，应严格按要求的安装顺序进行管道预制。

③ 接电源稳压器，启动全自动氩弧焊焊接电源，连接保护气源及焊接机头的控制电源线路，按照冷却水的液位确定补加纯净水。

4）薄壁不锈钢管切割

① 采用专用的圆周环绕电动切管机，根据切割管径选择盘式刀片的合适转速。

② 手动圆周环绕切割时，依据管径及壁厚作匀速周向运转，周向速度的控制以无显著温升、保持管端截面匀称、避免管口变形为准。

③ 切割后管端截面应平整，并垂直于管轴线，保证 I 形坡口管材组对无间隙。管端毛刺采用专用修边工具，对变形管端采用专用整形机具修正，禁止以加温方式修正。

④ 管子切割后用专用铣刀处理端口表面，再通入纯氩气吹扫，然后用无尘布蘸医用酒精擦洗切口内、外表面，除去油污。

⑤ 不合格的管口须将管头锯掉，重新检查，检查管子的切口端面倾斜偏差（见图 2.14-5），倾斜偏差应按表 2.14-1 的规定取值，检查不合格的端面，应打磨至合格。

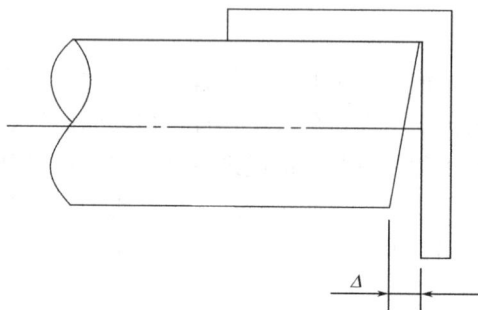

图 2.14-5 管口端面倾斜偏差检测

Δ—切口端面倾斜偏差

管端倾斜偏差 表 2.14-1

管子规格	$DN15\sim DN40$	$DN50\sim DN80$	$DN100\sim DN150$
偏差 Δ 最大值(mm)	0.5	1.0	2.0

⑥ 切割后的管子若暂不焊接时，应用洁净塑料袋封口。

5）管件组对

① 组对管端必须垂直于管中心轴线；端面平整光滑、无毛刺；对口不得有间隙；避免错边，管径≤50mm 错边量不得超过管壁厚度的 10%；管径＞50mm 错边量不得超过管壁厚度的 15%。

② 管道在组对焊接前应对管口圆度进行检查与校正，对于轻微椭圆度的管口用榔头垫木块加以校圆，对于椭圆度偏差较大、不易校圆的管口应锯掉，重新检查，合格后方可进行下道工序。

③ 管道组对定位焊采用不加丝手工钨极氩弧焊（TIG），禁止在母材上引弧。

④ 管径≤38mm 时定位焊为 1～2 点，管径＞38mm 时定位焊为 2～3 点，定位焊点直径≤0.5mm，较大管径可采用交叉定位焊，点焊时不得熔穿管端接口。

⑤ 点固焊的焊迹要尽量小，应选用尽可能小的工艺参数进行点焊。

6）焊接工艺参数程序设定

① 管材焊接区间的设定：按照全自动氩弧焊机的焊接区间功能确定焊接角度区，常用区间分布图见图 2.14-6，区间参数变化可按焊接工艺需求渐变；亦可实现焊接工艺参数 U 盘导入及导出，更换焊接工艺程序。

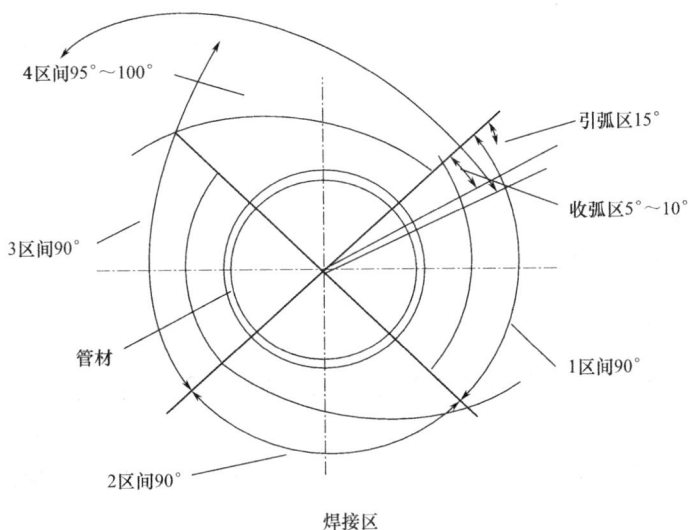

图 2.14-6　焊接区位示意图

② 焊接电流选择——峰值电流 I_p：焊接电流是决定熔深的主要参数，通过调整比值的大小即可改变焊缝形状尺寸及熔深。1 区间的峰值电流按公式（2.14-1）计算，其余区域的峰值电流依次递减。

$$I_p = \delta \times 36 \qquad (2.14-1)$$

式中　I_p——峰值电流；

　　　δ——管材壁厚；

　　　36——系数。

③ 焊接电流选择：基值电流 I_b：脉冲比例 1：1，一般选用 $I_b = (0.20 \sim 0.30) I_p$，在保持电弧稳定的前提下，应合理选择基值电流，便于控制热输入。

④ 电流时间选择：一般峰值电流时间宜是基值电流时间的 1/3。

⑤ 钨极与管材间距选择：在密封焊焊头安装钨棒时，钨棒顶端不应高于传动齿圈根部，钨棒锥端与管材间距宜控制在 1.5～2mm 之间。

⑥ 氩气流量及充气时间选择，应符合下列要求：

a. 使用 99.96% 以上的高纯氩气，供应方要提供检测报告和合格证，并经过实际焊接试验来验证气体的纯度。通过观察焊缝的内表面确认气体纯度是否符合要求，内壁焊缝和热影响区不变色为最佳保护效果，氩气流量选择 15～25L/min，为确保收弧处的焊接质量，在熄弧后需延时送气保护。延时送气保护时间宜控制在 5～7s。

b. 焊前充气和焊后充气时间与选用的焊头型号和焊接的管径有关，一般情况下，TC76 焊头焊前、焊后充气时间各为 6～8s；TC116 焊头焊前、焊后充气时间各为 8～12s。

⑦ 脉冲峰值/基值时间，可按表 2.14-2 的取值。

脉冲峰值/基值时间与管材壁厚对照表　　　表 2.14-2

管材壁厚（mm）	脉冲峰值/基值时间（s）
0.64	0.1/0.3
0.89～2.11	0.15/0.3
2.16～2.41	0.2/0.4

7）编程

将上述各参数选定后，在焊接电源电脑操作台上编制焊接程序，焊接程序编制后要进行焊接试验。

8）焊接工艺试验要求

① 管材试件制作应端口平整、无毛刺及油污等，根据试件的规格选择与其对应的密封焊接机头及预设焊接程序进行试焊。

② 通过 RTC06 的遥控器实时显示功能，观察焊接过程的各种状态。通过对焊接试样的外观检查及内窥镜检测，依据设计要求及规范评定焊接质量。使用参数选择键（Parameter select key）和程序调整键（Program adjust key）调整相应焊接工艺参数，修改后的焊接工艺参数，点击保存键（Save key）保存，通过焊接工艺试验获得最佳焊接工艺参数值及焊接质量。

9）焊接工艺参数储存要求

① 将上述各参数选定后，在焊接电源电脑操作台上编制焊接程序。

② 焊接程序编制后要进行焊接试验，若所得焊缝不能满足要求，则应对焊接程序中的某些参数进行相应的调整，直到获得满意的焊接接头后，将该程序存入存储器中，待随时调用，进行焊接。

③ 宜将经试验符合要求的程序和参数进行备份。

10）工厂化预制、储存及运输和现场安装

① 根据已绘制的施工图，结合现场实际情况，对于能批量加工预制的管件（弯头、U 形三通、快装接头、法兰等）以及同规格型号的设备支管和 U 形三通引下管，可在加工区域采取大批量工厂化流水线预制（下料、平口、组对、焊接），以提高安装工效。

② 管材和预装配件的存放应注意不会被油脂、潮湿或其他物质污染；管材和预装配件应避免变形、刮伤或任何有形损伤，暂时不用预装配件外包洁净塑料膜保护，管口用锡箔纸封堵。存放环境要洁净、通风、防腐蚀等，尤其要注意必须与其他不同材质材料分开堆放。

③ 管道现场装配。所有组装管件应在不受过分弹力和受力下装配；所有管件安装应可以自由膨胀和收缩，而不至于损坏连接和支撑；所有管道必须有适当的坡度（0.5%～1%），以确保完全排水。

a. 管道安装时、应检查法兰密封面及密封垫片，不得有影响密封性能的划痕、斑点等缺陷。

b. 法兰连接应与管道同心，并应保证螺栓自由穿入。法兰螺栓孔应跨中安装。

c. 法兰间应保持平行，其偏差不得大于法兰外径的 1.5%，且不得大于 2mm。

d. 管道上仪表取源部件的开孔和焊接应在管道安装前进行。

e. 穿墙及过楼板的管道应加套管，管道焊缝不宜置于套管内。穿墙套管长度不得小于墙厚，穿楼板套管应高出楼面 50mm。穿过屋面的管道应有防水伞和防雨帽。管道与套管之间的空隙应采用不燃材料填塞，当管道穿过防爆区域的墙壁或楼板时，管道与孔洞之间的缝隙应用水泥砂浆或其他耐火极限能满足要求的密封材料堵塞，穿洁净区墙壁及吊顶的管道应加专用不锈钢洁净护圈并用硅胶密封。

f. 不锈钢管道与支架之间应垫入不锈钢或氯离子含量不超过 50×10^{-6}（50ppm）的非金属垫片。

11）焊接充氩节气装置

自动焊节气装置包括两个节气辅助装置，见图 2.14-7。具体操作如下：需要对焊缝施焊时，取下燕尾夹，将塑料导气管的上端分别插入到 U 形弯中靠近施焊部位、需充氩气那一侧，用卡箍将 U 形弯下部端头、橡胶圈、盲板卡紧，向水槽中注水，根据连通器原理，U 形弯内两侧液面高度一样，高出 U 形弯底端上部 100mm 以上，塑料导气管的上端高出液面 100mm 以上，然后将塑料进水管分别用两个燕尾夹夹紧，保证塑料进水管不漏水，拆除两个水槽，然后将氩气管连接到其中一个导气管的下端，当氩气从另一个导气管下端排气 2min 后进行施焊。

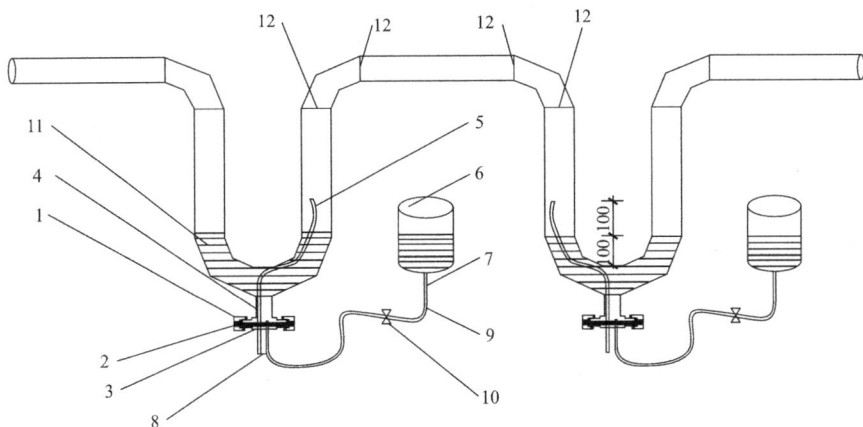

图 2.14-7　焊接充氩节气装置示意图

1—卡箍；2—橡胶圈；3—盲板；4—导气管；5—塑料导气管；6—水槽；7—出水管；
8—进水管；9—塑料进水管；10—燕尾夹；11—水封用水；12—焊缝

管道焊接时，由于采取了上述节气装置，不但解决了管道内部长距离充氩保护用气量大、浪费严重的问题，而且还保证了充氩气流的纯度和稳定性，起到了很好的保护效果，保证了焊接质量。

12）管道支吊架制作安装

洁净管道支架按安装位置分为吊顶夹层内和车间明装两种，对于夹层内的管道支架，可采用镀锌或碳钢材料，不锈钢管道与支架之间应垫入不锈钢或氯离子含量不超过 50×10^{-6}（50ppm）的非金属垫片。对于明装管道支吊架，必须满足车间整体洁净度要求和美观、检修要求。支架材料一般选用 304 不锈钢型材（方钢、槽钢、角钢和钢板），且所用材料均要求抛光处理。固定在墙和地面上钢板还要求倒角处理，防止产尘积灰、形成死角。管子采用洁净管道专用管卡固定在支架上。所有不锈钢支架焊接完成后必须酸洗钝化，焊缝必须打磨光滑。

对于明装成排的物料管道同时敷设时，要充分考虑共用管架，在保证支吊架牢固的前提下，力求美观、整齐。通常车间物料管道繁多、空间布局紧凑，要求我们在满足生产工艺的前提下，结合现场实际情况，对原有管线布局进行二次深化设计，合理布局工艺管线，尽可能地使管线统一成排、整齐、美观。

13）管道压力试验

① 压力试验应以液体为试验介质。当管道的设计压力小于或等于 0.6MPa 时，也可采用气体为试验介质，但应采取有效的安全措施。

② 不需要进行压力测试的设备，在测试过程中应该与系统断开或使用其他合适的方式与测试系统隔离；在进行所有测试之前，需目测管线系统以保障没有可见的缺陷且所有连接紧密。

③ 控制阀门只要不是正在被测试，应该打在全开的位置；只要有可能应将所有在管线上的设备、仪表、流量计、漂浮液位计和所有其他受压部分包含在测试之内。

④ 液压试验应使用洁净水，当对奥氏体不锈钢管道或对连有奥氏体不锈钢管道或设备的管道进行试验时，水中氯离子含量不得超过 25×10^{-6}（25ppm）。

⑤ 液压试验应缓慢升压，待达到试验压力后，稳压 10min，再将试验压力降至设计压力，停压 30min，以压力不降、无渗漏为合格。

⑥ 试验结束后，应及时拆除盲板、膨胀节限位设施，排尽积液。排液时应防止形成负压，并不得随地排放。当试验过程中发现泄漏时，不得带压处理。消除缺陷后，应重新进行试验。

14）管材钝化处理

① 纯化水预冲洗，先循环冲洗 15～30min，然后一边排水一边加入纯化水，直至排出的水清洁，无可见异物。

② 脱脂，往配液槽中加入 NaOH，配成 3％的 NaOH 溶液，循环 2h 后，通过中和罐中和处理后排放。然后立刻进行纯化水冲洗，循环 10min 后，边进水边排水，待出水为中性时停止。

③ 酸洗，往配液槽中加入 48％HNO_3 和 99％HF，配成 20％的 HNO_3 溶液和 3％的 HF 溶液，循环 1.5h 后，通过中和罐中和（pH 值一般为 6～9）后排放。然后立刻进行水冲洗，循环 10min 后，边进水边排水，待出水为中性时停止。

④ 钝化，往配液槽中加入 48％HNO_3，配成 20％的 HNO_3 溶液，循环 2h 后，通过中和罐中和（pH 值一般为 6～9）后排放。然后立刻进行水冲洗，循环 10min 后，边进水边排水，待出水的电阻率与进水一致时，再循环冲洗 15min。最后将管路全部排空，关闭各阀门将系统恢复到正常状态。

⑤ 效果检验，将配制好的赤血盐硝酸溶液涂在内表面上，观察变色情况，5～10s 变色为不合格，10～20s 变色为合格，如 20s 以上才变色表明酸洗钝化效果优良。

⑥ 管路在正式使用前还必须用纯化水冲洗一道，再用蒸汽进行工艺消毒（按工艺要求执行）。

15）材料与机具设备（表 2.14-3）

材料与机具设备 表 2.14-3

序号	名称	型号规格	数量	使用要求	技术参数	备注
1	程控焊接电源	iArc200	1台	电源类型	逆变式	主机与机头电源控制线电缆长度必须在12m以上
				焊接电流范围	5～200A	
				暂载率(200)	200A60%/155A100%	
				空载电压	55V	
				输入电压	380V±10% 50、60Hz	
				焊枪冷却	外置循环水冷	
				显示	工业PC	
				控制功能	气体控制;电流控制;旋转运动	
				可存储程序	100个	
				可分区间	20个	
				重量	36kg	
				外形尺寸(mm)	586×312×370	
				绝缘等级、保护等级	F/IP21	
2	管管焊接机头(1)	TC76	1台	可焊母材材料	碳钢、不锈钢、钛合金	配ϕ19、ϕ25.4、ϕ31.8、ϕ38.1、ϕ50.8、ϕ63.5、ϕ76.1七种模具
				枪头旋转速度(rpm)	0.19～3.87	
				冷却方式	水冷	
				可焊接管径(mm)	ϕ6.3～ϕ38.1	
				重量	5kg	
				外形尺寸(mm)	410×145×42	
3	管管焊接机头(2)	TC116	1台	可焊母材材料	碳钢、不锈钢、钛合金	配ϕ31.8、ϕ38.1、ϕ50.8、ϕ63.5、ϕ76.1、ϕ88.9、ϕ101.6、ϕ108七种模具
				枪头旋转速度(r/min)	0.09～1.92	
				冷却方式	水冷	
				可焊接管径(mm)	ϕ38.1～ϕ114.3	
				重量	8kg	
				外形尺寸(mm)	470×195×50	
4	交流稳压器		1台	输出电压	380V±10% 50、60Hz	
5	切管机		1台	能满足序号2、3备注中管径切管要求		可选用进口机型(德国乔治·费歇尔公司生产的管子切割机),并配20片切管刀片
6	平口机		1台	能满足序号2、3备注中管径平管口要求		选用可固定、手持两用机型
7	内窥镜	工业型	1套			镜头线长12m

（3）实施总结

经过实践证明，薄壁不锈钢洁净管道施工工艺技术成熟、流程合理、操作简单工效高、工程质量和施工安全容易控制、人工成本投入少、实用性强。因其外观整洁漂亮、内部卫生安全，且耐腐蚀，可应用于医药、食品以及其他卫生安全要求较高的行业，具有较高的推广价值。另外，由于结合了BIM技术进行管道工厂化预制，加深了管道部件的预制深度，将管道加工重心由安装现场转移到加工车间，由传统施工的手工操作为主，变为以机械操作为主，使生产过程实现机械化，有利于提高生产效率；有许多在现场高空作业的管道安装任务，采用预制方法后可以在车间平地作业，有利于安全施工和工程造价的降低；管道安装加大预制深度，减少了同土建或其他专业的交叉施工时间，缩短了施工工期，加快了施工进度；预制加工在室内进行，可以不受或少受天气气候的影响，有利于缩短工期；可以减少管材、型钢、能源等原材料消耗，并可以充分利用边角余料，也有利于废料回收；管道预制在车间和平地进行，有利于产品质量的稳定和提高。

（提供单位：中国机械工业第二建设工程有限公司；编写人员：郝荣文）

2.15 大型纸浆项目施工综合技术

2.15.1 技术发展概述

大型纸浆项目施工主要包括非标设备现场制安、设备管道焊接、大型设备吊装、精密机械设备安装调试、电气仪表安装调试、工艺管道安装和防腐保温工作。其中的关键工作是蒸煮塔、预水解塔等双相钢设备的吊装和焊接，高浓浆塔、喷放锅等复合板倒锥形储罐的组对与焊接，浆板机基础板施工，石灰窑、洗浆机等设备吊装等。

储罐现场制作和安装占据了工程施工的主要工程量，是制浆造纸和化工行业建设施工中的重点和难点。如何快速、安全、优质地完成各类容器的制作和安装是项目成败的关键，很多不规则容器和储罐的制作及吊装成了容器制安中的拦路虎。

双相不锈钢是近二十年来开发的新钢种。通过正确控制各合金元素比例和热处理工艺使其固溶组织中铁素体相和奥氏体相各约占50%，从而将奥氏体不锈钢所具有的优良韧性和焊接性与铁素体不锈钢所具有的较高强度和耐氯化物应力腐蚀性能结合在一起，使双相不锈钢兼有铁素体不锈钢和奥氏体不锈钢的优点。目前双相不锈钢大量用于制浆、造纸、石油化工、制盐等工程中。例如纸浆工程中的蒸煮塔、预水解塔等都是大型容器，只能在施工现场进行预制和焊接。

浆板机是纸浆厂核心设备，其中线、标高精度决定了后期纸板质量，并影响设备的单机和联动试车进度。同时，浆板机的安装对安装工人和测量工程师的技术水平要求较高。

石灰窑吊装难度很大，窑头部分有一半要伸入已建成的厂房。

2.15.2 技术内容

（1）倒锥形储罐施工技术

1）大型纸浆项目喷放锅、P塔、高浓浆塔等都属于倒锥形储罐。倒锥形储罐施工技术主要针对场地、空间狭窄，储罐下部是锥体，不适宜采用传统的储罐提升法的情况（如气顶法、正装法、液压提升法、传统群抱杆倒装法等）。

2）技术难点和特点：先经载荷复核计算，然后在锥体上设置群抱杆作为提升装置；其次在锥体上部搭设平台进行操作，施工时进板和提升难度都高于传统的地面操作。

3）倒锥形储罐的施工方法实际上采用了储罐正装和倒装相结合。

（2）双相不锈钢现场焊接技术

1）双相不锈钢特点：兼有铁素体不锈钢和奥氏体不锈钢的优点，从而将奥氏体不锈钢所具有的优良韧性和焊接性与铁素体不锈钢所具有的较高强度和耐氯化物应力腐蚀性能结合在一起。

2）双相不锈钢焊接：纸浆工程中的蒸煮塔、预水解塔、浓黑液槽等都是大型容器，材质均为双相不锈钢，在现场组对焊接条件差，为此制定了焊接工艺评定及质量保证措施。

3）控制焊接线能量对双相组织的平衡起着关键的作用。根据双相钢的金相组织情况，采用多层多道焊，后续焊道对前层焊道有热处理作用，为避免在焊接后再进行热处理工序，最佳的措施是在焊接过程中控制焊接线能量和层间温度。

（3）浆板机安装技术

1）浆板机最重要的是湿部装置安装，湿部装置安装最重要的就是第一步——基础板的安装找正。在基础板施工前，需要埋设用不锈钢制作的控制桩，埋设高度不高于地平面，无沉降、无碰撞位置。

2）在混凝土立柱上部楼板处埋设不锈钢控制桩，采用高精度水准仪（0.01mm）进行测量和控制高程。应用信息化技术、集成高精度数字化测量仪器形成测控网，保证了超长、多点、大面积成套设备的安装精度。

（4）石灰窑吊装技术

纸浆项目石灰窑筒体和轮带重350t，高度8～11m，厂房已完成施工。根据现场条件在狭小空间需要进行分段吊装，吊装难度很大，采取措施如下：

1）计算窑头重心，确定三台吊车的站位，统一指挥。

2）利用窑头基础和在室内增加过渡钢桁架，分两次进行抬吊。

3）采用两台履带吊和一台汽车式起重机进行抬吊，协调进行作业。

2.15.3　技术指标

（1）《纸浆造纸专业设备安装工程施工质量验收规范》QB/T 6019—2004；

（2）《现场设备、工业管道焊接工程施工规范》GB 50236—2011；

（3）《机械设备安装工程施工及验收通用规范》GB 50231—2009；

（4）《建材工业设备安装工程施工及验收标准》GB/T 50561—2019。

2.15.4　适用范围

适用于大型纸浆或类似工艺生产项目的安装工程。

2.15.5　工程案例

1. 白俄40万t/年纸浆项目

（1）工程概况

蒸煮塔、预水解塔、浓黑液槽等材质均为双相不锈钢，板壁厚 20～35mm，重量 1000t，需要全部现场手工电弧焊焊接。浆板机基础板 60 块，布置长度 30m，宽 6m，多点，大面积，需要确保各基础板在一个平面，平面度和标高差小于 0.05mm，测控难度大。石灰窑筒体和轮带重 350t，高度 8～11m，根据现场条件需要进行分段吊装。其中窑头部分长 22.31m，重 103.6t。厂房已完成施工，窑头部分有一半要伸入室内，吊装难度很大。

（2）技术应用

1）倒锥形储罐施工技术

① 施工特点及工序

a. 储罐正装和倒装相结合

金属倒锥形储罐主体由五部分组成：基础环、下部筒体、锥体、上部筒体、锥顶盖。罐体高度主要由各节壁板形成。倒锥形储罐倒装法由两部分组成：下部筒体和锥体正装法＋上部筒体倒装法。正装法的程序是：基础环→下部筒体→锥体→靠近锥体第一段筒体。后面罐体越来越高，必须高处作业，采用倒装法。倒装法的程序是：操作平台搭设→立中心抱杆→立裙抱杆→电动葫芦安装→罐顶（＋上层壁板）→提升→各层壁板→抱杆拆除→底板施工。主体施工全部在操作平台上进行，不仅安全、工效高，而且节省了吊机、脚手架等费用。罐顶和上层壁板的提升必须用胀圈，胀圈按罐内径作为若干段，每两段间用千斤顶胀紧在罐壁上，并焊接筋板来保证胀圈向罐体的传力。提升机构提升胀圈，则将罐顶及上层壁板升起。焊完下层壁板再将胀圈装到下一层壁板上。重复工作，直至完成全部壁板施工。

b. 储罐环链电动葫芦提升技术

在中心抱杆处设置控制箱，每个电动葫芦接一个控制按钮，再设置一个总的启停按钮。可以集中控制，整体同时启动，确保起升过程中的稳定性；也可以单独操作某一个按钮，进行单个葫芦的微调。储罐环链电动葫芦起升速度慢，运行平稳，所有电源线通过上部裙杆与中心抱杆之间连接的支撑管下到中心杆处的控制箱，在起吊、焊接、切割等过程中都不会受到影响，确保了提升系统的安全性。

③ 施工工艺和过程

a. 倒锥型储罐施工工艺流程（图 2.15-1）

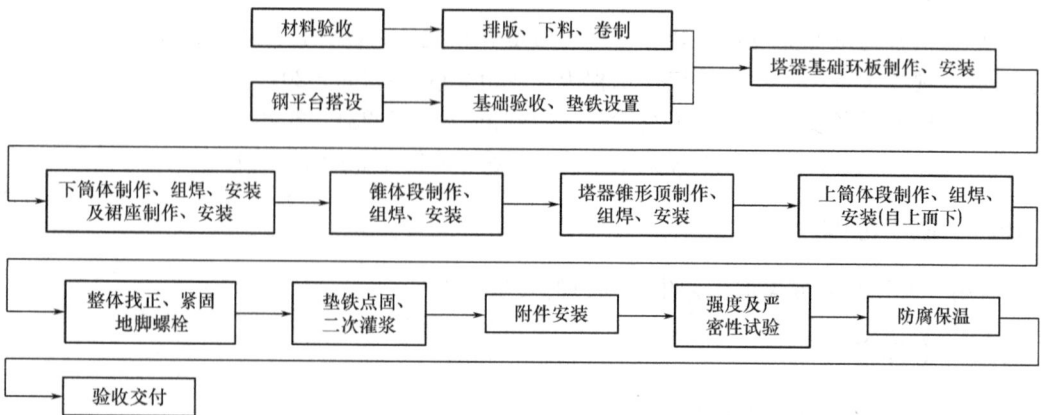

图 2.15-1 工艺流程图

b. 工艺过程

（a）储罐底座和锥体正装法

储罐底座和锥体在地面采用正装法进行施工，如图 2.15-2 所示。

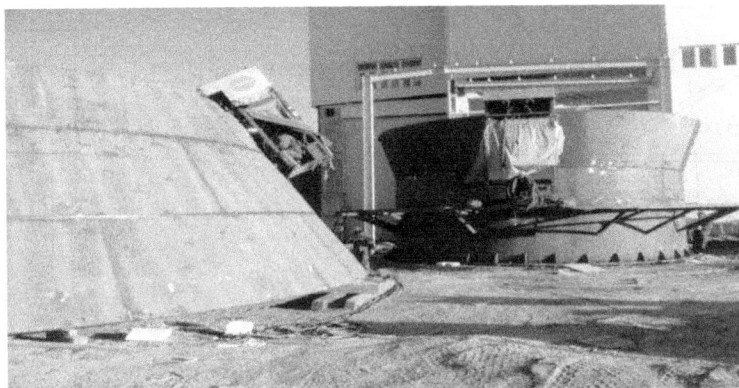

图 2.15-2 储罐底座和锥体施工

（b）上部筒体倒装法

在高浓浆塔下部筒体＋锥体段＋上部 1m 直筒段制作组装、焊接完成后，对于锥体以上直筒段及塔顶即可采用倒装法施工。

在与筒体连接的锥体部位，内外用 12 号槽钢焊接若干等份的支架，用∠75×8 的角钢连成一个整体，上铺跳板，形成内外各自的平台，焊临时栏杆。

在锥体约四分之三处，用厚度为 20mm 的钢板，按照塔体圆周的 12 等份，焊接 12 条牛腿，牛腿用 8 号槽钢或∠75×8 的角钢连接，以加固锥体、减小不圆度。如图 2.15-3 所示。

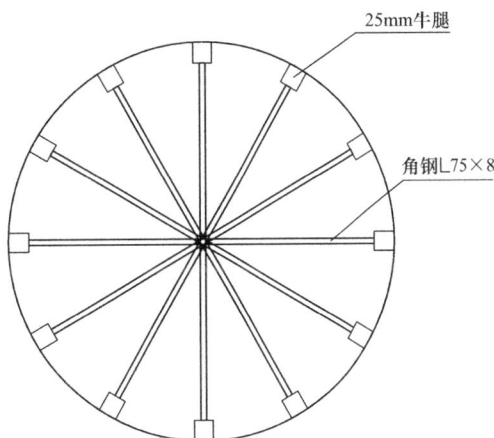

图 2.15-3 塔体圆周 12 等份图

（c）在 12 条牛腿上各竖立一根 φ325×10 的抱杆，每根抱杆长 5.5m，抱杆上端用 10 号槽钢相互连成一个整体，同时上端用∠75×8 的角钢分别连接到中心的钢板上，钢板直径为 800mm，厚度为 14mm。如图 2.15-4 所示。

（d）浆塔抱杆之间距离约为 2.5m，采用 12 只 10t 电动葫芦起吊上筒体。

（e）高浓浆塔倒装法施工见图 2.15-5。

2）双相不锈钢现场焊接技术

① 双相不锈钢现场焊接技术难点

当前国内双相不锈钢的应用还不是很普遍，双相不锈钢主要是在工厂进行加工制作，施工条件优越；焊接多是以自动焊或者半自动焊，在施工机具上占有优势。在施工现场进行大规模的双相钢焊接不是很多，加上本项目非标设备壁厚在 20～32mm，甲方全部按手工电弧焊的方式提供工件和焊材。在室外，受风、温度和焊工本身的影响较大。

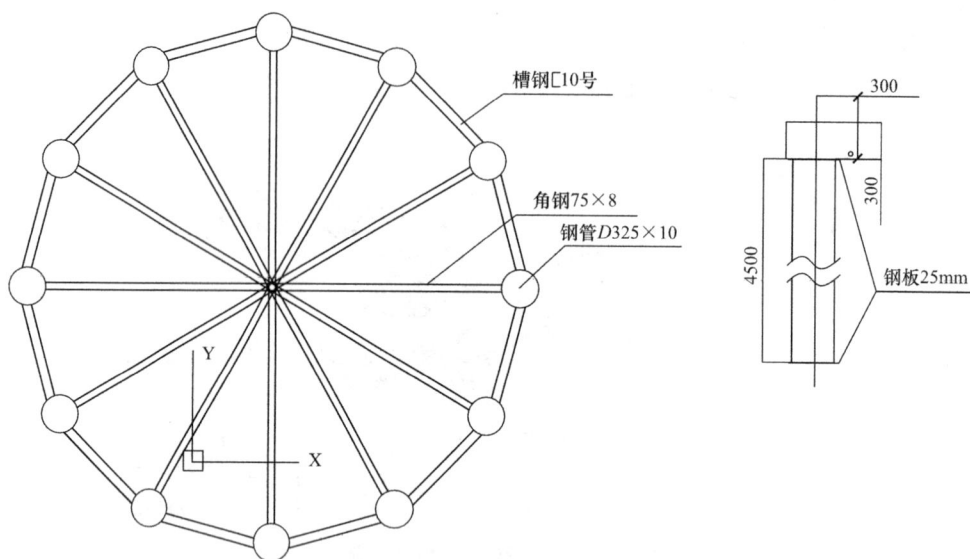

图 2.15-4 抱杆布置示意图

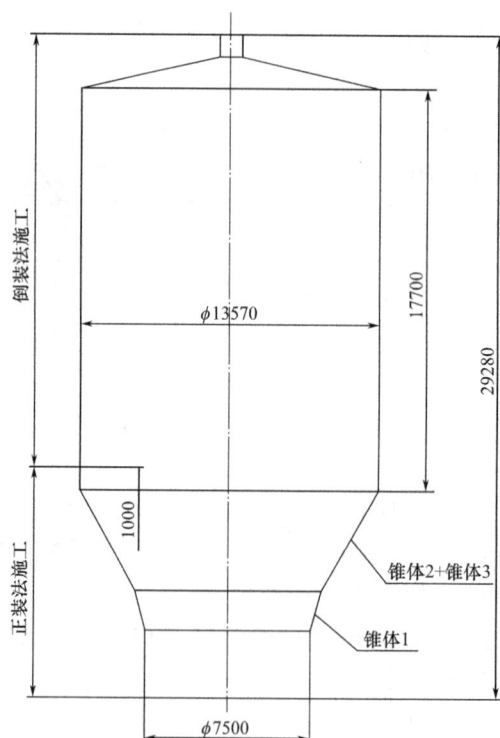

图 2.15-5 高浓浆塔倒装法施工示意图

② 关键技术特点

a. 采用多层多道焊接

根据双相钢的金相组织情况，采用多层多道焊，后续焊道对前层焊道有热处理作用，焊缝金属中的铁素体进一步转变为奥氏体，成为以奥氏体占优势的两相组织。从而提高了焊缝的质量和强度，提高了焊缝一次探伤的合格率。

b. 在保护气氩气中加入氮气

在钨极氩弧焊时，通过在氩气中加入 2% 氮气，防止由于扩散导致焊缝表面失去氮，有助于铁素体与奥氏体的平衡。

③ 施工工艺和过程

a. 施工准备

（a）焊接工艺评定及认可

按照现行《承压设备焊接工艺评定》NB/T 47014 及监理的要求进行相关的焊接工艺评定认可，包含金相分析（铁素体含量为 25%～70%）和腐蚀试验项目，对焊接试验件进行 100% 着色探伤、硬度测试以及 V 型-20℃冲击试验。

（b）焊工资格认可

参加蒸煮器现场组焊的焊工，必须具有"锅炉压力容器焊工合格证"，其合格项目应在有效期内并与所要施焊的母材钢号类别相对应。

焊接质量工程师应对入选焊工的合格证及其合格项目的有效性进行检查确认，并填写"合格焊工登记表"报送外方专家、监理部门、压力容器监检部门确认后，方可进场施焊。

进场焊工在正式施焊前，应根据外方专家的要求进行适应性训练，并按制造厂商"焊工技能考核"标准的要求进行上岗模拟考试。考试合格者方可担任相应范围受压元件的焊接工作。

b. 焊接工艺要求

（a）焊前准备及清理工作

a）焊前必须做好待焊部位及其两侧 30mm 范围内的除尘、除油污、脱脂、去除水迹的清洁工作，并涂上防飞溅涂料。

b）焊接材料放置环境应保持恒温、干燥，存放温度 20℃左右，湿度 50% 左右。焊条使用前应 320～350℃烘焙 2h 后 100～120℃保温待用；双相钢埋弧焊剂 300～320℃烘焙1h 后 100～120℃保温待用。焊条必须置于保温筒内，随用随取，当天未用完的焊接材料必须退库保管。

c）双相钢焊条的烘焙与使用不得和碳素钢接触。

d）定位焊接：装配用点焊方法也可用加"马"方法定位。点焊长度 20～25mm，点焊间距 150～200mm。定位"马"的材质应与分段母材一致，异种钢焊缝定位"马"的材质为不锈钢材料。"马"与"马"的间距 400mm 左右。点焊材料应与焊接材料相一致，点焊和搭焊选用相应的 SMAW 焊条或 FCAW 焊丝。点焊在焊前须清除。

（b）焊接工艺

a）为了保证焊缝焊透和避免产生焊接缺陷，埋弧自动焊接时焊缝两端应安装引熄弧板，引熄弧板尺寸约 150mm×150mm，坡口形式与施焊焊件相同。

b）如果环境温度低于 0℃停止施焊。

c）拼板面积过大且起吊能力所不能及时，应选用陶瓷衬垫单面焊双面成形拼板焊接工艺。双面对接焊缝正面焊好以后反面必须清根。

d）焊接时不允许在焊缝的转角处或交叉处引弧和收弧。引弧应在坡口中进行，禁止在坡口外侧进行。装配定位使用的焊接材料必须与施焊焊接材料相同。施焊过程中如遇因定位焊开裂等原因引起的错边量超标，必须修正后再焊接。

e）焊缝采用边打磨边焊接的方法，将焊缝中的装配定位焊和焊缝接头弧坑表面打磨后焊接。

f）手工焊接对接焊缝坡口间隙 2～2.5mm，陶瓷衬垫单面焊双面成型坡口装配间隙 4～6mm。

g）每一焊道熔敷金属成型应相对平整光滑，中间焊道如出现焊道过高和咬边现象，应用砂轮打磨后才能进行下一焊道的焊接，盖面焊道与母材必须平滑过渡。

h）焊接工艺参数见表 2.15-1。

焊接工艺参数表 表 2.15-1

序号	焊接方法	焊材直径	焊接电流（A）	电弧电压（V）	其他
1	焊条电弧焊（SMAW）	ϕ3.2mm	80～120	22～28	
		ϕ4mm	100～160	22～28	
2	埋弧焊（SAW）	ϕ3.2mm	450～550	29～34	
		ϕ4mm	500～600	30～35	
3	气保护焊（FCAW）	ϕ1.2mm	140～200	22～30	保护气量 20～25L/min

i）焊接线能量、焊缝热输入和焊接层间温度：双相钢的焊接线能量应控制在 0.5～3.0kJ/mm 范围以内；除 SAW 外，一般焊接线能量建议控制在 0.5～2.5kJ/mm 范围以内；焊接线能量过小，会造成焊缝热输入过低，冷却速度过快，高温铁素体转换机会减少，从而破坏焊接区域的相位平衡，降低双相钢接头的耐蚀性能及韧性；焊接线能量过大，则造成焊件变形大，熔池面积增大，烟雾和飞溅增多，冷却速度过慢而产生低熔点共晶相，同样也会降低双相钢接头的耐蚀性及韧性。双相钢焊接应控制层间温度在 100℃ 以下，最高不要超过 150℃。

避免大直径的焊条，避免摇晃，需确保电弧稳定而快速地直线移动。

c. 焊接方法

（a）对于双相钢，焊条电弧焊（SMAW）、埋弧焊（SAW）、药芯焊丝气保护焊（FCAW）等方法均能获得满意的焊接接头。

（b）采用 SAW 焊接时，选用比碳钢焊接小一号的焊丝，适当控制焊缝的熔透深度，以使焊缝金属与母材间的熔合部分处于较少状态。

（c）采用 FCAW 焊接用富 Ar 作保护气体或纯 CO_2 气体作保护气体，焊接时喷嘴与焊缝的夹角尽可能垂直。

（d）陶瓷衬垫单面焊双面成型焊接时，可适当选用较小的焊接工艺参数。

（e）采用 SMAW 焊接时，注意焊接过程应处于低氢状态，严格控制电弧长度和横向摆动操作。

（f）采用 SMAW 和 FCAW 焊接前应在坡口两侧均匀涂上防飞溅涂料，以便焊接飞溅的清除。见图 2.15-6～图 2.15-10。

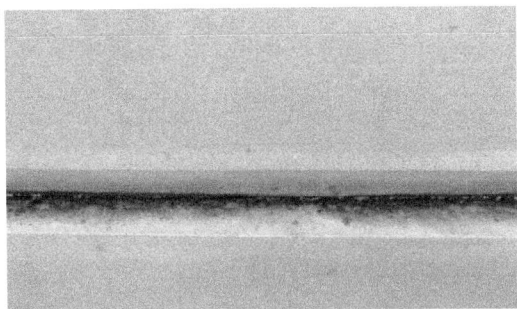

图 2.15-6　第一遍焊接后还未打磨的焊缝

图 2.15-7　在进行清根打磨的焊缝

图 2.15-8　完成后的焊缝

图 2.15-9　制作过程中的蒸煮塔

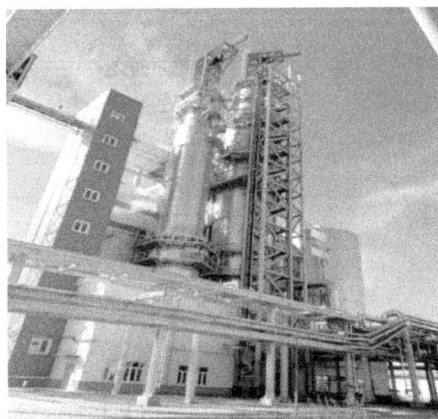

图 2.15-10　完工的蒸煮塔和预水解塔

3）浆板机安装技术

① 技术特点和难点

通过螺栓的调节，在基础板上平面精度满足要求后，在基础板下部四周用钢筋进行固定，务必保证牢固。固定基础板的同时要用高精度水准仪进行监测，发现基础板有位移或倾斜要及时进行纠偏。见图 2.15-11。

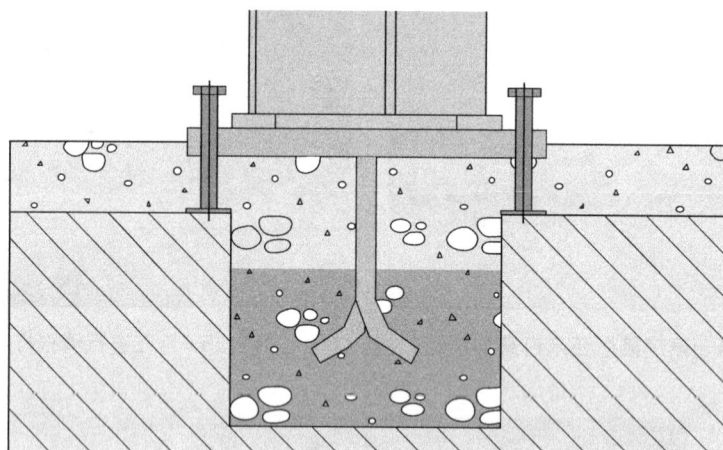

图 2.15-11　基础班埋设示意图

② 施工工艺

a. 基础板施工

（a）预埋标板采用 $100\text{mm} \times 200\text{mm} \times 10\text{mm}$ 不锈钢板制作，用 M12 膨胀螺栓固定在基础上，并在每个基础墩侧面标高 1m 处埋设沉降观测点。预埋标板埋设示意如图 2.5-12。

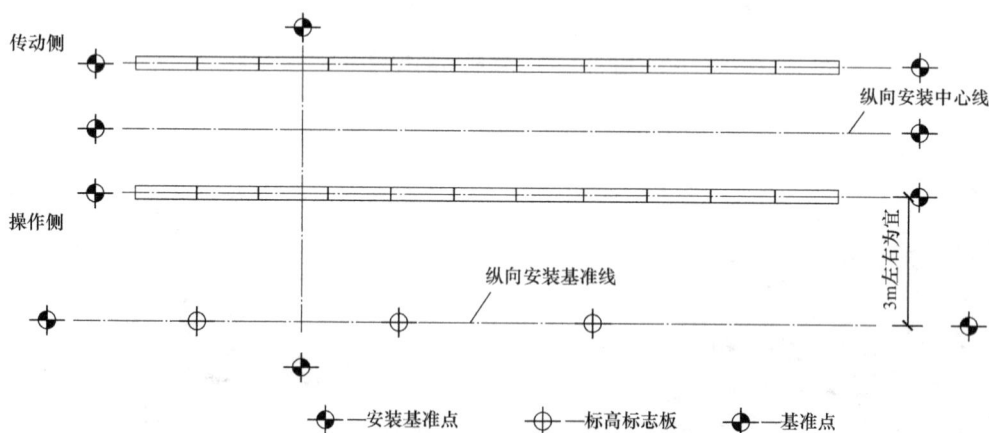

图 2.15-12　预埋板埋设示意图

（b）预埋标板上平面标高必须保证与基准标高误差≪±10mm。

b. 基础板找平找正测量

（a）基础板二次精平：基础板下方承重垫铁设置应合理，在基础板接缝处的两侧应各垫一组垫铁。在精平后每组垫铁受力应基本一致，用 0.25kg 小锤轻击检查合格后将垫铁点焊。如果基础板是采用顶丝螺杆调整的，螺栓下面垫铁应放置平稳。

（b）基础板找正找平测量位置，如图 2.15-13 所示。

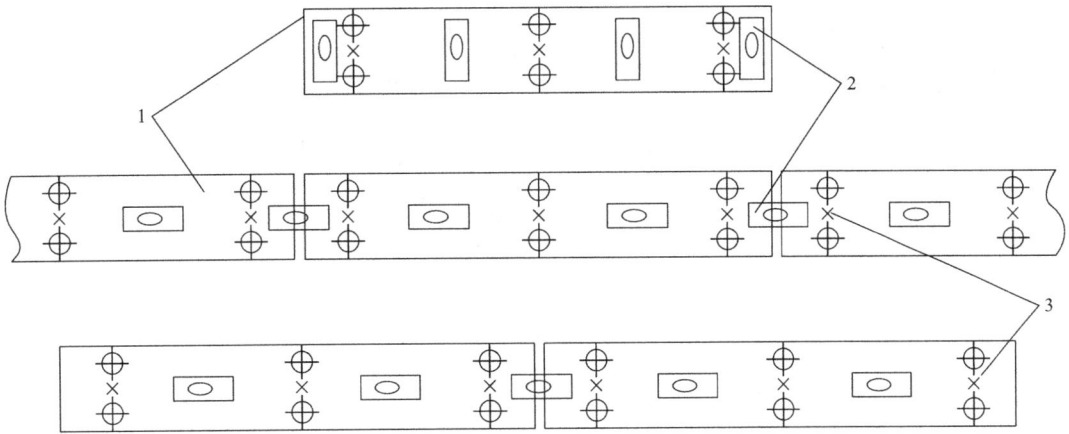

图 2.15-13　基础板找正测量位置

1—基础板；2—标高测量点；3—水平测量点

（c）基础板纵向、横向以及跨度水平允许偏差应符合表 2.15-2 规定：

基础板纵向、横向以及跨度水平允许偏差表　　　　　表 2.15-2

序号	检测项目	允许偏差			单位
		浆板机设计车速 v(m/mim)			
		$v<150$	$150{\leqslant}v<250$	$v{\geqslant}250$	
1	单件基础板横向水平度	±0.08	±0.06	±0.04	mm
2	单件及相邻基础板纵向水平度	±0.08	±0.06	±0.04	mm
3	跨度水平	±0.08	±0.06	±0.04	mm
4	相邻两基础板接缝处纵向水平	±0.05	±0.05	±0.05	mm
5	传动侧基础比操作侧基础高	0，−0.3			mm

基础板纵向、横向水平不累计误差不得向同一方向倾斜，倒挂和竖挂基础板按低速浆板机基础板找平找正规定检测，基础板找平找正偏差示意如图 2.15-14～图 2.15-20。

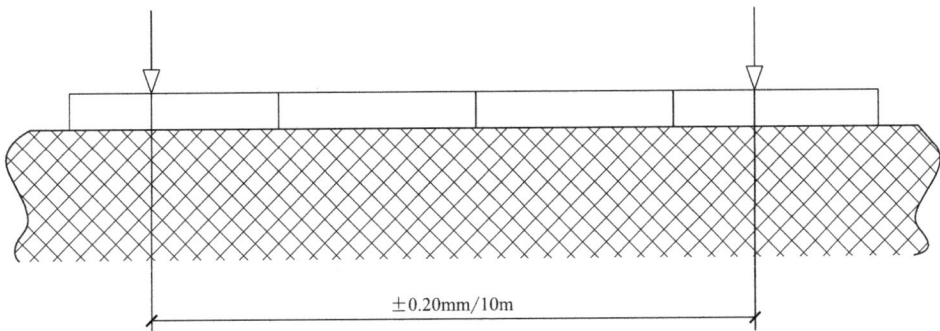

±0.20mm/10m

图 2.15-14　基础板纵向水平度偏差示意图

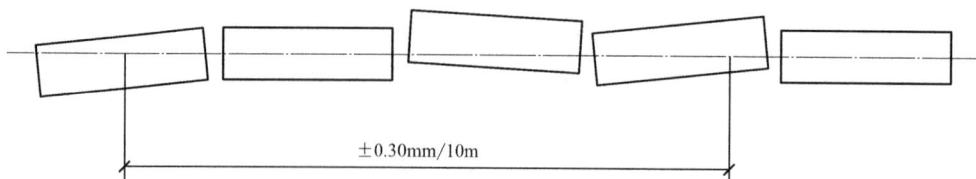

$\pm 0.30mm/10m$

图 2.15-15 基础板纵向直线度偏差示意图

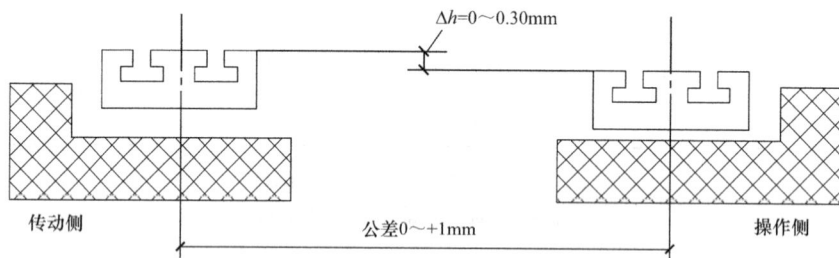

$\Delta h=0\sim 0.30mm$

传动侧　　公差0～+1mm　　操作侧

图 2.15-16 基础板横向水平度偏差示意图

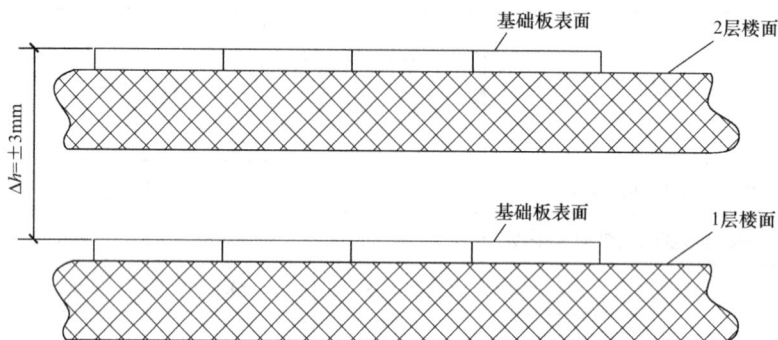

基础板表面　2层楼面

$\Delta h=\pm 3mm$

基础板表面　1层楼面

图 2.15-17 基础板横向水平高度偏差示意图

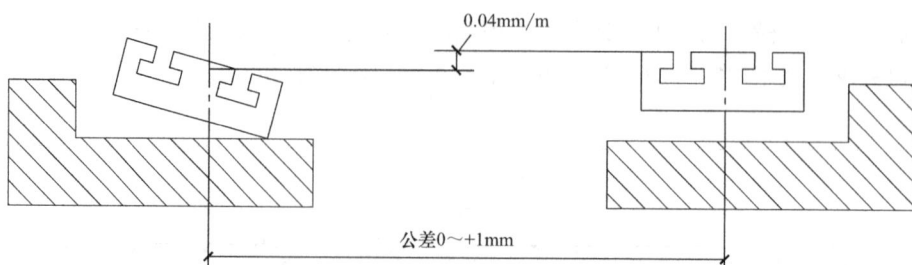

0.04mm/m

公差0～+1mm

图 2.15-18 基础板一楼与二楼布置时偏差示意图

4）石灰窑吊装技术

① 技术难点和特点

a. 技术难点

计算窑头的重心，确定三台吊车的站位，三台吊车同时作业。

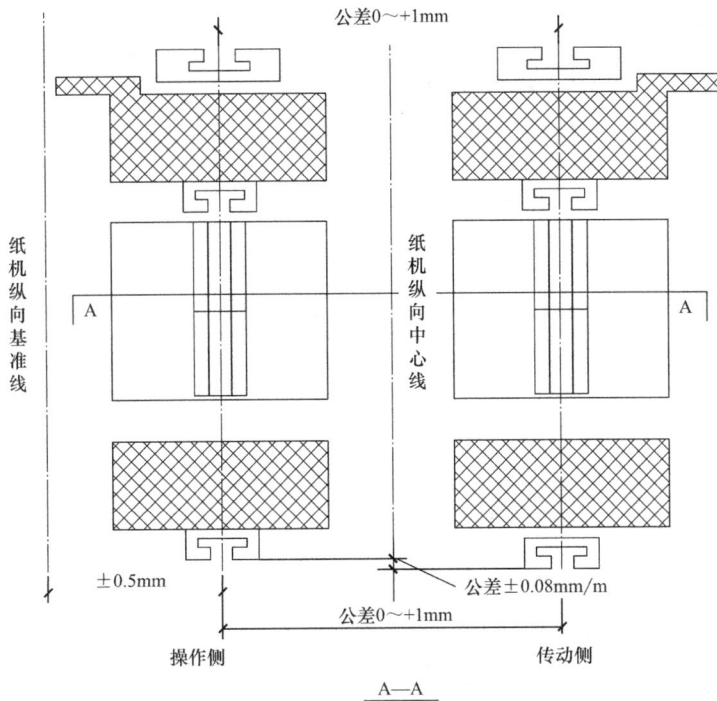

图 2.15-19 基础板垂直方向布置跨度精度和水平偏差示意图

图 2.15-20 施工中的浆板机基础板

b. 技术特点

（a）利用窑头基础和在室内增加过渡钢架，分两次进行抬吊。

（b）根据现场车辆情况，采用两台履带式起重机（125t 和 150t）和一台汽车式起重机（75t）进行抬吊，协调进行作业。

② 吊装方案

a. 吊装方案拟定

筒体各段长度及重量：筒体总重约 243.1t；轮带 1 号重 15.7t，轮带 2 号重 21t，轮带 3 号重 22t；窑头重量 29t。筒体分段情况如图 2.15-21 所示。

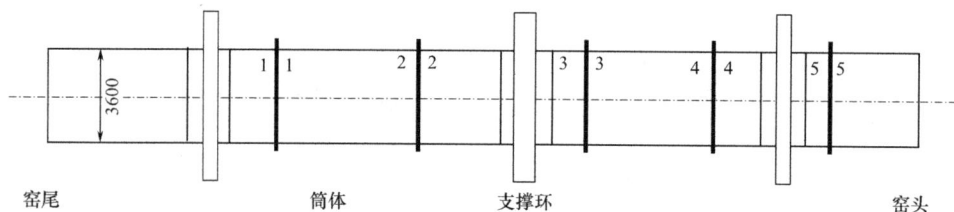

图 2.15-21　灰窑分段组装示意图

吊装机具的选用：根据现场实际情况，结合筒体的重量，采用一台 150t 履带式起重机和一台 125t 履带式起重机进行现场抬吊，期间用 75t 汽车式起重机配合，将 3 个支撑环分别套装在筒体上，和筒体一起整体吊装。将筒体第一段和第二段加 1 号轮带，在地面组装完成后整体吊装；第三段加 2 号轮带、1 个齿圈在地面组装在一起，进行整体吊装；第四段筒体单独吊装；第五段加 3 号轮带和窑头扇形冷却器部分组装在一起进行吊装。石灰窑分段吊装示意图如图 2.15-22 所示。

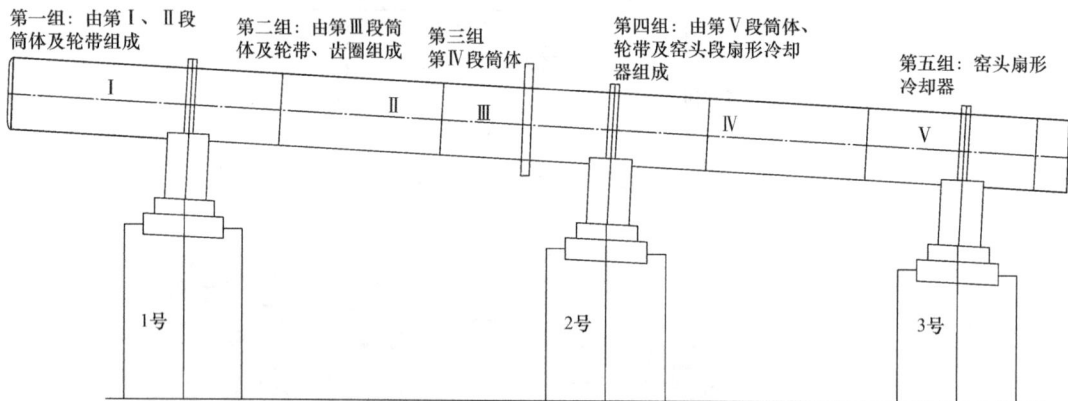

图 2.15-22　石灰窑分段吊装示意图

b. 吊装组合方式及吊装顺序的确定

现场拟定组合成五段进行吊装。第一组：第一段筒体（60t）＋第二段筒体（33.6t）＋1 号轮带（15.7t）＝109.3t，第一段筒体 19.610m＋第二段筒体 16.956m＝36.566m。第二组：第三段筒体（57.7t）＋2 号轮带（20t）＋齿圈（11t）＝88.7t，第三段筒体（18.904m）。第三组：第四段筒体（37.2t），第四段筒体（17.22m）。第四组：第五段筒体（54.6t）＋3 号轮带（20.5t）＋窑头（28.5t）＝103.6t，第五段筒体（16.3m）＋窑头（6.01m）＝22.31m。

筒体是 2.5% 的倾向度，从窑尾到窑头。

吊装顺序：窑尾第一组吊装→窑头第四组吊装→第二组吊装→第三组吊装。

c. 现场吊车能力核算

将石灰窑基础北面全部回填夯实，达到最佳吊装位置，石灰窑直径 3.7m，半径 1.85m，拟定采用吊装幅度为 7m。石灰窑最大吊装高度 9.385（窑尾中心）＋1.85（石灰窑半径）＋2.25（吊车钩头）＋5.5（钢丝绳）＝18.985m。吊装可以选择臂长 24m，幅度 7m，22.9m＞18.985m。选择臂长 24m 满足吊装高度要求。

在臂长 24m，幅度为 7m 时，日本神钢 7150 履带吊最大吊装重量为 111t；中联 130t 履带吊最大吊装重量为 81.5t。

由于是两台吊车抬吊，需要考虑动载系数和不均衡系数。

$Q_计=G\times K_{动载}\times K_{不均衡系数}$

$G_1=111\div K_1\div K_2=111\div1.1\div1.1=91.7t$

$G_2=81.5\div K_1\div K_2=81.5\div1.1\div1.1=67.4t$

$G_1+G_2=91.7+67.4=159t$

最大吊装重量为第一组，总重量为 109.3t＜159t。

$2\times G_2=2\times67.4=134.8＞$第四组重量 103.6t。

钢丝绳验算：采用新的 $D=56$ 的钢丝绳，双股进行抬吊，安全系数选 4，则有：

$G=50\times56\times56\times4/4=156.8t＞109.3t$。

结论：吊装能力充分满足大窑组件吊装的要求。

石灰窑窑头吊装如图 2.15-23，完成吊装施工的石灰窑如图 2.15-24 所示。

图 2.15-23　窑头部分吊装

图 2.15-24　完成吊装施工的石灰窑

（3）实施总结

通过研究与试验，创新了双相不锈钢现场组焊技术，解决了双相不锈钢在现场环境条件下的焊接工艺和批量生产难题；针对场地受限的倒锥形储罐现场制安，研发并自制了专用工装，形成了"倒锥形储罐倒装施工工法"；针对极寒天气下的室外焊接，研发了槽罐内部保温恒温自控装置，解决了恶劣条件下焊接冷脆和裂纹的技术难题；自主研发预紧、定位专用工具，解决了关键部件——中心圆筒地脚螺栓预紧、定位技术难题，达到了欧标安装精度要求；应用信息化技术、集成高精度数字化测量仪器形成测控网，保证了超长、多点、大面积成套设备的安装精度；通过有效利用现场吊装机具组合协调吊装，避免了使用大型吊车和大量临时托架的制作，减少空中组对量，为安全和施工质量提供了保障。

（提供单位：中国机械工业第一建设有限公司；编写人员：李永久）

2.16 大型糖厂项目施工综合技术

2.16.1 技术发展概况

现代化的甘蔗糖厂的制糖工艺流程复杂，工艺先进，其中提汁工艺和澄清工艺普遍采用了国际制糖先进的渗出法和臭氧洁净法，取代了常规的压榨法和碳酸法。同时糖厂设备种类多，特别是非标设备较多，半成品到货，现场组装量大，自动化控制程度高，施工难度大。

2.16.2 技术内容

（1）糖厂按工艺可分为提汁、制炼和包装三大工艺，提汁工艺含甘蔗接收与预处理、渗出、脱水等工段，制炼包含澄清、过滤、蒸发、煮糖、结晶、分蜜、干燥等工段，包装工艺包含装包和仓储等工段。除此之外还包括利用制糖废蜜经发酵和蒸馏生产酒精，酒精废液经过浓缩后与糖厂的滤泥混合发酵生产有机肥料，利用部分剩余的蔗渣经过水解处理后生产饲料，以及污水处理等工艺。

1）提汁：甘蔗渗出提汁工艺主要包括甘蔗接收与预处理、糖分渗出和湿蔗渣脱水等工序内容，其生产主要工艺设备及流程如图2.16-1所示。

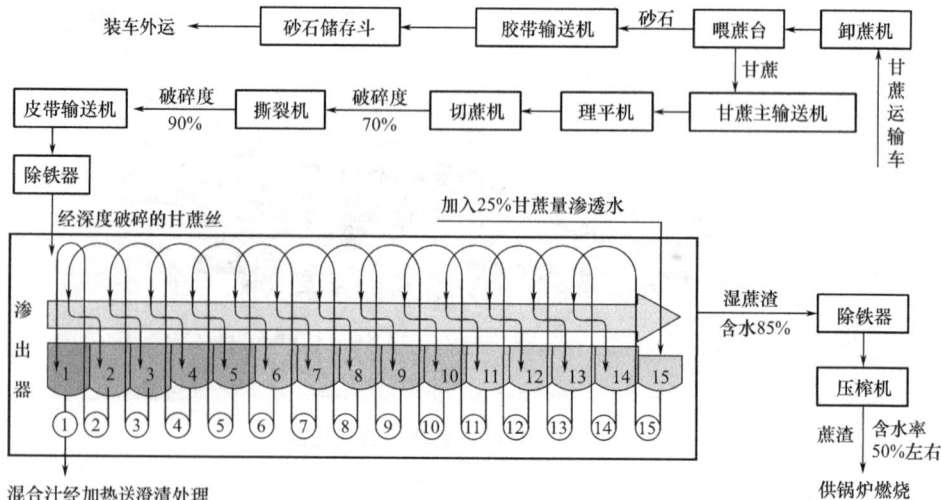

图2.16-1 生产主要工艺设备及流程

2）澄清：是通过除去非糖成分以提高糖汁的纯度，并降低其黏度和色值，为煮糖结晶提供优质的原料糖浆，澄清过程按使用的澄清剂来命名，国内通常采用亚硫酸法、石灰法和碳酸法，三类方法各有利弊，近年来国外又出现一种较环保的技术——臭氧法，但目前技术操作成熟度有待进一步探索。

3）蒸发：是将经澄清处理的清汁通过五效连续蒸发去除水分，得到所需要的浓度糖浆的过程。澄清蒸发主要工艺设备及流程如图 2.16-2 所示。

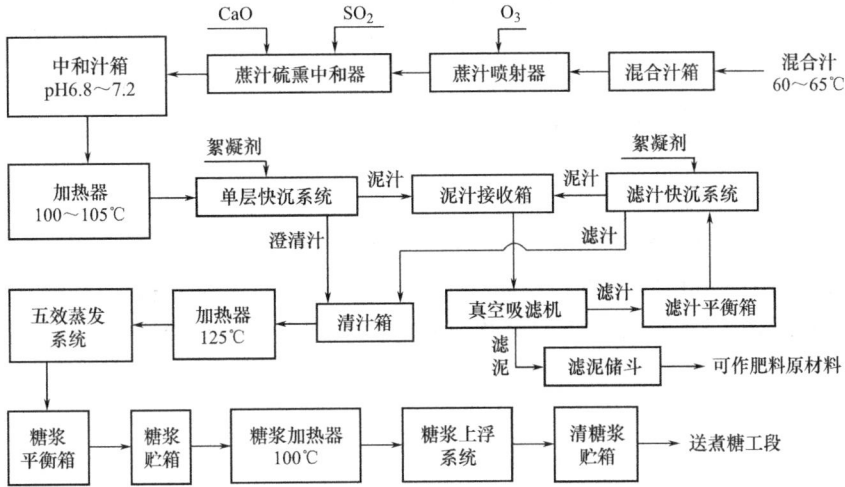

图 2.16-2 澄清、蒸发主要工艺设备及流程

4）煮炼及装包：煮炼及装包主要工艺设备及流程如图 2.16-3 所示。

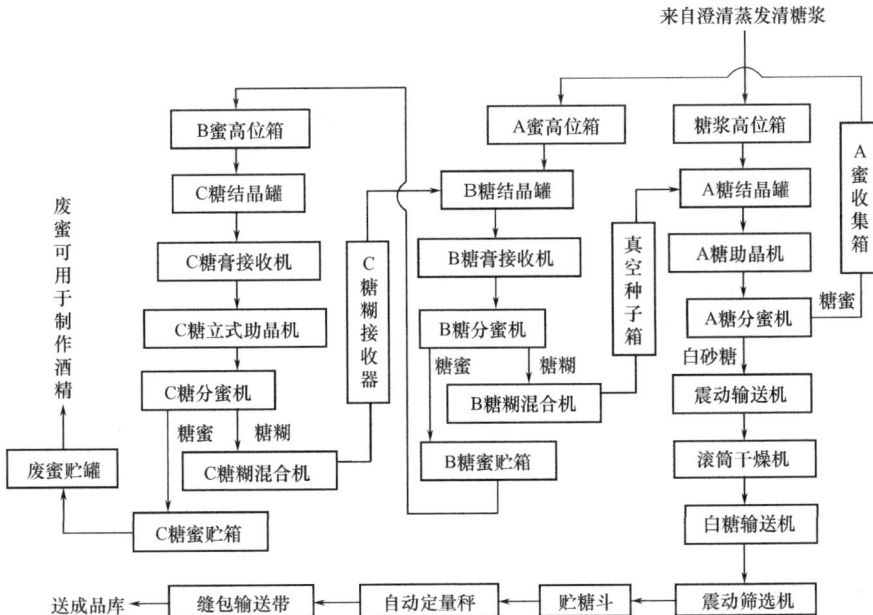

图 2.16-3 煮炼及装包主要工艺设备及流程图

（2）主要技术创新

1）基于 BIM 的 4D 施工管理技术

运用 BIM 技术建立糖厂数字化信息模型，进行可视化管理的综合管控。模拟施工过程，用于管线及吊装的碰撞检测；用于管线、钢结构及设备预制深度的控制；用于指导吊装及安装；用于交叉作业及施工进度的管控。

2）优化了工艺流程

针对糖厂工艺特点，在编制施工计划时充分考虑了工艺、资源、周期、成本等因素，以工艺调试节点确定安装完成节点、安装节点倒排土建完工节点，进行分区域、分层次的立体施工，将制桩打桩、钢结构安装与检测、非标设备制作与安装、钢结构与设备交叉作业以及设备调试与检测等同步依次进行，有效地控制了施工进度和质量，降低了施工成本。

3）研发了渗出器预制装配式安装技术

渗出器是渗出法提汁关键设备，本设备采用德国 BMA 型，长 76m、蔗床宽 9m、总重 890t，散件到货，其中减速机圆盘齿轮直径 8m，齿轮轴重约 32t。现场根据其结构特点、安装精度要求自主制定了一套预制装配式安装方案，安装完成后各项测试、试车一次成功。

4）研制了一套简易微压仪表校验装置

该项目控制仪表较多，若采用常规手段，效率低、校验时间长，项目部自主研制了一套简易微压仪表校验装置，取得了良好的效果。该装置适用于校验所有单座的智能变送器、三阀组智能变送器、所有压力开关、压力显示仪表等。还可校验单法兰液位智能变送器。保证了正压源及负压力源的供给平稳性，校验被测仪表的各种特性试验，用线性曲线整定零点、量程。

2.16.3 技术指标

（1）《机械设备安装工程施工及验收通用规范》GB 50231—2009；

（2）《钢结构工程施工质量验收标准》GB 50205—2020；

（3）《现场设备、工业管道焊接工程施工质量规范》GB 50683—2011；

（4）《电气装置安装工程 电缆线路施工及验收标准》GB 50168—2018；

（5）《建筑机械使用安全技术规程》JGJ 33—2012；

（6）《施工现场临时用电安全技术规范》JGJ 46—2005。

2.16.4 适用范围

适用于新建、改建的甘蔗糖厂或其他类似工业安装工程。

2.16.5 工程案例

玻利维亚圣布埃纳文图拉 7000t/d 糖厂项目

（1）工程概况

玻利维亚圣布埃纳文图拉糖厂项目是一个通过国际招标的 EPC 工程总承包项目，是玻利维亚为了发展国家制糖行业，从根本上解决本国食糖长期依赖国外进口问题，同时创造更多就业机会，促进当地经济发展而成立的，于 2012 年 3 月 5 日在项目现场签订糖厂建设的 EPC 工程总承包合同，建设总工期为 30 个月，我方承担施工总承包任务。

糖厂设计规划面积 30 万 m^2，项目建设内容包括一个日处理甘蔗量为 7000t 的现代化糖厂，并配套建设一个日产 10 万 L 食用酒精厂。该糖厂的主要产品为耕地白砂糖和食用酒精，利用酒精废液经过浓缩后与糖厂的滤泥混合发酵生产有机肥料，出售给当地种植农场和农户，并利用部分剩余的蔗渣经过水解处理后生产饲料，出售给当地农场的养殖户。

项目从 2012 年 9 月开始前期准备，2013 年 7 月 10 日开始制桩，2015 年 10 月 29 日项目建设完成并试生产成功出糖，在经历连续两个榨季生产及技术培训后于 2017 年 12 月 14 日正式移交。

（2）技术应用

1）甘蔗提汁工艺钢结构及设备安装综合技术

① 技术特点

甘蔗提汁工艺主要包括甘蔗预处理、渗出和脱水三个工段，预处理工段主要有卸蔗机、喂蔗台、匀落机、砂石分离滚筒、储沙斗、砂石输送机、甘蔗主输送机、理平机、切蔗机、撕裂机（通常将理平机、切蔗机、撕裂机简称三刀机）、除铁器等设备；渗出工段主要有渗出器本体以及螺旋翻转机、打散机、汤汁加热器、滚筒筛、筛出汁箱、渗透水箱等辅助设备；脱水工段主要有压榨机及其配套辅助设备（减速装置、中间输送机、油压系统及操作钢架平台等）。三个工段之间通过皮带机衔接，以满足甘蔗物料输送的工艺要求。各工段在空间上水平设置成流水线形式，因此各工段安装相互独立，其中渗出器安装、焊接工作量较大，耗用工时较多，处于进度计划的关键线路上，其他预处理及脱水工段设备可依据工期、投入的资源以及季节环境因素选择与渗出工段同步施工或顺序作业的方式。

② 装工艺流程

甘蔗预处理工段安装工艺流程如图 2.16-4 所示。

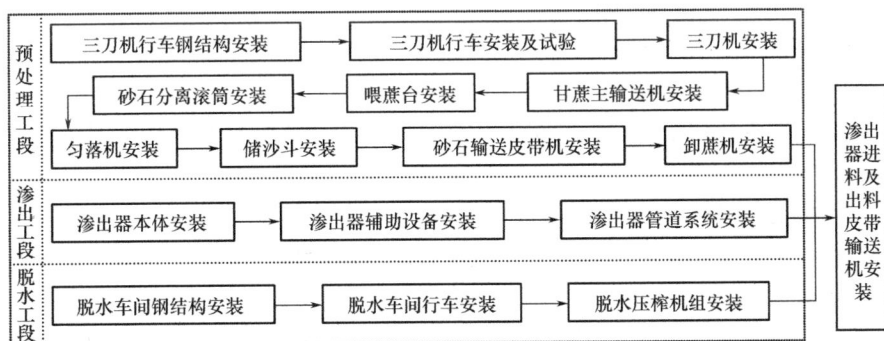

图 2.16-4　甘蔗预处理工段安装工艺流程图

③ 安装操作要点

a. 施工准备

b. 基础验收及材料出库

对照土建和设备图纸，对基础进行检查验收。设备基础各部分的偏差应符合表 2.16-1 的要求。

设备基础位置和尺寸允许偏差表　　　　　　　　　　　　表 2.16-1

项次	项目		允许偏差(mm)
1	坐标位置		20
2	不同平面标高		0，-20
3	平面外形尺寸		±20
4	平面水平度	每米	5
		全长	10
5	垂直度	每米	5
		全长	10
6	预埋地脚螺栓孔	中心线位置	10
		深度	+20,0
		孔壁垂直度	10

c. 基础放线、垫铁放置、调平灌浆

根据设备布置形式，放线时按照基础平面图，先划纵、横向定位中心线，定位轴线经工程师确认后再划出各基础或螺栓孔十字中心线。

基础放线的允许偏差：

纵横轴线坐标位置：20mm；

基础标高：0，-20mm；

基础或螺栓孔距偏差：≤5mm。

放线结束后，进行垫铁组安装，在锚板（地脚螺栓）就位、找正、调平以后，将每组垫铁相互间定位焊并可进行灌浆。

d. 预处理工段钢结构及设备安装

（a）三刀机行车钢结构安装

三刀机是理平机、切蔗机、撕裂机的统称，为便于设备检修，一般三刀机配备有起吊行车。

（b）三刀机安装

三刀机是甘蔗预处理工段关键设备，机具有运转速度高、振动大等特点，因此安装找平以及对中精度要求较高。

理平机主要由机体、电动机、联轴器、轴承座装置等组成。机体装置为刀盘式结构，每件刀盘安装三把蔗刀，多组刀盘采用螺杆连接组成机体。轴承装置为水冷式，安装于底座上，使用前须保证冷却水通畅无阻；电动机安装可通过调整螺钉或螺杆调节，以保证同轴度及调整蔗刀尖至输蔗机链板之间隙。

切蔗机主要由机体、入料挡板、顶盖、联轴器、轴承装置等组成。入料挡板为活动式挡板，可以随物料的多少而自动调节其高低位置，从而改变蔗料入口大小；电动机安装同样可通过调整螺钉或螺杆调节，以保证同轴度及调整蔗刀尖至输蔗机链板之间的间隙。

重锤撕裂机由转子装置、机体装置、砧板装置、轴承装置等组成，转子装置中的转动板通过间隔板分别固定在转动轴上，锤柄按等分原则有规律地穿过转动板，在板与板之间的间隙中套上刀锤。砧板条与锤头的间隙，可以根据需要事先调整，入口一般间隙 15～20mm，出口间隙一般在 5～10mm。铰接并施以负载的砧板能向外打开，可使混入原料中较大硬杂物通过，以避免损坏设备。

三刀机安装前，应按设备布置图校正设备基础主要尺寸，清除设备基础面及二次浇灌的油污、泥土、杂物，浇灌处垫铁位置基础预留孔上下两平面应打磨平整，在 $100cm^2$ 内接触点不少于 3 个，被油污的混凝土应凿除以保证浇灌质量。

（c）甘蔗主输送机安装

主输送机是由链板装置、头部传动装置、尾部传动装置、机体、导轨、传动平台、卸料槽等部件组成。主输送机为链板式输送机，链条为裙板式，链板为加强型。

主输送机在基础放线结束后，头架（尾架）就位前，将头架（尾架）底板预埋螺栓根据放出的设备纵横向中心线和标高尺寸，将预埋螺栓提前就位预埋，保证预埋螺栓的安装位置、垂直度准确，并进行一次灌浆，灌浆以不高于预埋螺栓孔为宜。

安装过程先安装头架及尾架，再以此为基准安装中间机架，其立柱底部连接为预埋板焊接。

头部传动装置为主动轮传递动力带动主输送机正常工作，尾部传动装置为从动，装有从动链轮和拉紧装置，可用拉紧装置调节牵引链条的张紧程度。根据安装图纸的安装尺寸，在头架（尾架）上划出安装位置，将连接垫板按照安装位置就位并点焊在头架（尾架）上，然后配钻螺栓孔。将头（尾）部传动装置就位到头架（尾架）连接垫板上，用水平仪检查头架（尾架）上滚筒的水平度，使其在水平面上水平度不大于 0.5mm。水平调整可在传动装置与连接垫板间加薄铁板调整。

轨道是安装在中部机架立柱内侧导轨支撑上。按图纸设计要求，在安装导轨支撑前，先在中部立柱内侧用水平仪测量划出导轨支撑上平面安装高度水平线，再将上下导轨支撑分别焊接在机架立柱上，完成后将上下导轨分别安装在导轨支撑上。保证导轨的平滑和直线度。

链板安装是在导轨安装完成以后将其铺设到导轨上进行连接，直至首尾连成一个封闭的环形。

驱动装置包含减速机及驱动电机，分别安装在传动平台上，驱动电机、减速机两轴对中严格参照《机械设备安装工程施工及验收通用规范》GB 50231—2009 进行。

（d）喂蔗台安装

喂蔗台旁架立柱安装时需保证两旁板宽度间距安装偏差≤±2.0mm，各立柱位置、标高正确且垂直竖立。可通过立柱底板下加垫铁进行调整，调整到位后紧固地脚螺栓并将垫铁与立柱点焊为一体；台板安装位置准确，组对平整。

头部、尾部链轮装置安装需等高且水平，安装偏差≤±1.0mm，主链轮或从动轮安装应平行，偏差≤±1.0mm；头链轮、从动轮安装各排链条间距应相等。

驱动电机和减速机安装于传递平台上，吊装就位，按设计安装位置调整电机和减速机中心线重合，同时调整轴承同轴度和水平度达到设计及规范要求。

曳引链条安装时其松边应自然下垂于链条托轨上，各条曳引链条耙齿爪直角部分应向链轮运行方向布置安装，各齿爪部分应相互对齐。

e. 渗出工段预制装配式施工技术

（a）安装工艺流程

渗出工段安装工艺流程如图 2.16-5 所示。

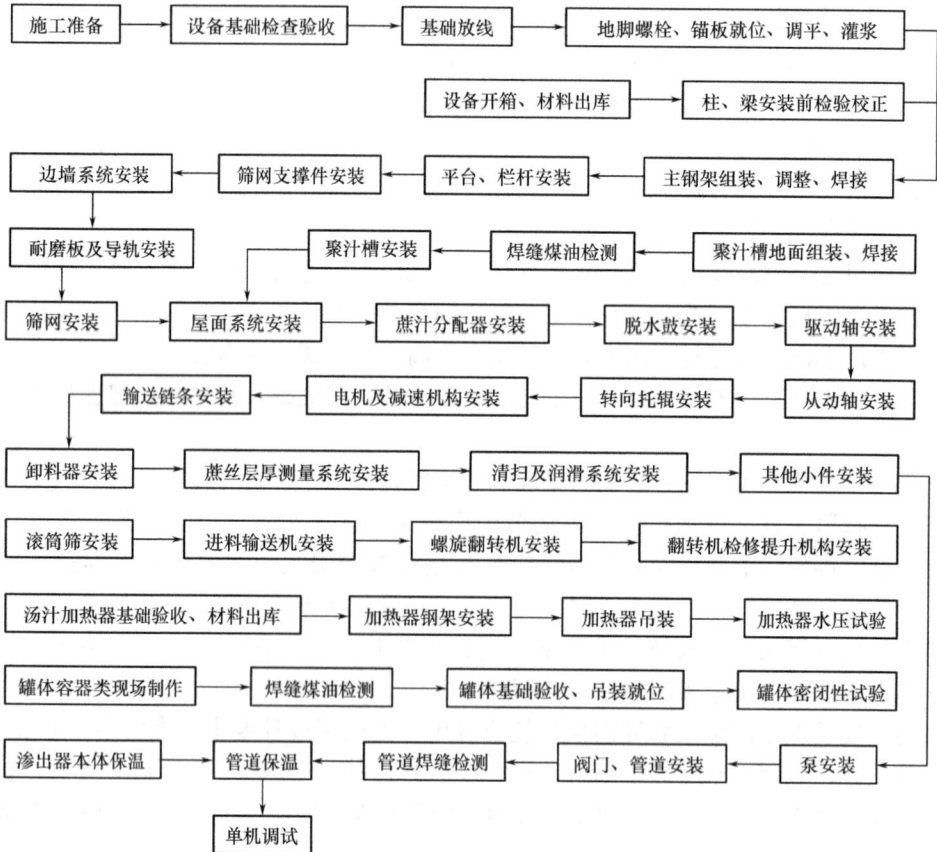

图 2.16-5　渗出工段安装工艺流程图

（b）安装操作要点

a）渗出器主结构钢架安装

对于钢柱、钢梁等构件的长度和直线度，其允许偏差应符合表 2.16-2 的规定。当构件直线度超差时，则需要校正。

钢构件长度及直线度允许偏差　　　　　　　表 2.16-2

项目	允许偏差（mm）
柱长度	$\pm L/1500$
梁长度	± 2
柱、梁直线度	$L/1000$，且不大于 5

注：L 为柱、梁长度。

渗出器主体部分相当于一个大型箱体结构链条输送机，结构如图 2.16-6 所示。

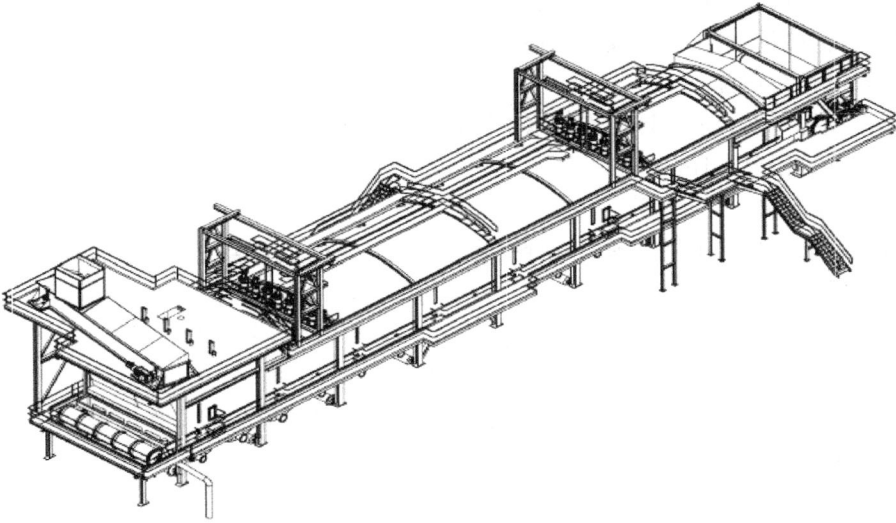

图 2.16-6　渗出器主体结构示意图

在安装主梁之前先在立柱上主梁设计标高下端间隔 20mm 位置焊接一根型钢，便于主梁安装时支撑和斜垫铁找平使用，如图 2.16-7 所示。

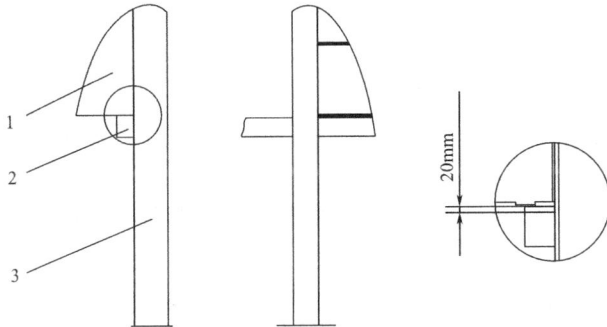

图 2.16-7　立柱、主梁安装示意图
1—主梁；2—型钢；3—立柱

钢架结构是其他部件安装的基座，因此主体钢结构组装必须等同于设备安装，立柱安装垂直度、蔗床主次梁标高及水平度是质量控制重点，其安装偏差应符合表 2.16-3 规定。

主钢构安装的允许偏差　　　　　　　　　　　　　　表 2.16-3

项目	允许偏差（mm）	检验方法
各轴线柱顶高度差	5.0	用水准仪检查
柱垂直度误差	$H/1000$，且≤5.0	用经纬仪检查
同一根梁两端顶面的高差	2.0	用水准仪检查
主梁与次梁表面的高差	±1.0	用直尺和钢尺检查

　　b）渗出器筛网底部支撑结构安装

　　筛网底部支撑结构由次梁及支撑件与主梁组合焊接形成一个网状平面，具体安装位置按照图纸尺寸进行定位。

　　次梁及支撑件安装需保证上平面水平度，次梁与主梁搭接焊缝需打磨光滑，上平面接缝处平面度允许误差±1mm。

　　c）蔗汁槽安装

　　蔗汁槽一般是片状供货，现场进行拼装。根据其结构及安装位置特点，蔗汁槽宜在地面拼装完成后整体就位。由于蔗汁槽不锈钢板材较薄，拼装焊接过程中需制定相应的焊接工艺及防止变形措施。

　　d）平台、楼梯、侧板、顶板及蔗床等结构安装

　　渗出器主钢架安装完成以后，为便于人员上下行走及后续安装操作安全，可以先将中部和顶部四周检测平台及栏杆安装就位。

　　e）墙面系统安装

　　边墙板与板对接位置宜设置在钢柱及边墙立柱龙骨上，安装过程应先预装，点焊固定以后再集中组织焊接。

　　焊接过程需采取防止焊接变形措施，特别是在已开好的人孔、观察口等对接焊易变形的位置。

　　墙板焊接完成以后可以安装穿墙水管接头、蒸汽管接头、检查口、取样口以及窥视镜等附件。

　　f）蔗床耐磨板、链条导轨及筛板安装

　　耐磨板、链条导轨及筛板三者根据其铺设位置及安装工艺要求，其安装顺序为：耐磨板→筛板→链条导轨。

　　筛板预装完成以后，检查与两侧耐磨板的相对位置及间隙无误后组织人员集中焊接。

　　g）顶部安装

　　渗出器顶部一般为圆弧形状，靠近头部和尾部位置设计有螺栓翻转机以及压水器。

　　安装时注意安装顺序：先吊装翻转机及压水器基座梁，再吊装拱顶梁，最后封闭弧形顶板。

　　顶板安装完成后，及时安装屋顶巡检通道及栏杆，屋面检查口、灯光探照口等在屋面板焊接完成以后，按照图纸位置现场开孔、安装。

　　h）蔗汁分配器安装

　　蔗汁分配器需在顶部结构完成以后，脱水鼓就位之前安装。每组分配器主要由喷淋管道、调节组件、支吊架及喷洒头等组成，整个分配器经支吊架悬挂于渗出器顶板下方T形梁上。

　　分配器管道一般为散件供货，现场进行切割、组装、焊接，组装过程中依据厂家提供图纸以及现场安装位置，宜从渗出器头部向尾部顺次进行。

　　i）驱动轴安装

　　驱动轴是渗出器单件起吊重量最大的部件，在进行施工策划时最大起重设备的选择以此部件的重量、安装位置以及场地情况进行考量。

　　驱动轴定位要求：输送链条与驱动轴链轮的接触面在同一个水平面上，即：保证渗出

器卸料口处筛板上平面和驱动轴顶部齿轮与链条的接触面在同一标高。

j）从动轴及转向拖轮安装

从动轴及转向滚筒均为圆筒结构，对输送链条只起到支撑和传导作用，轴承一般采用自动调心圆柱滚子轴承，采用油浴热装法，油温一般控制在80～100℃。

k）电机及减速机构安装

如图2.16-8所示，为德国BMA公司生产的减速机构示意图，其中大链轮尺寸较大，为便于海陆运输一般分解成2至3段，现场进行拼装焊接。

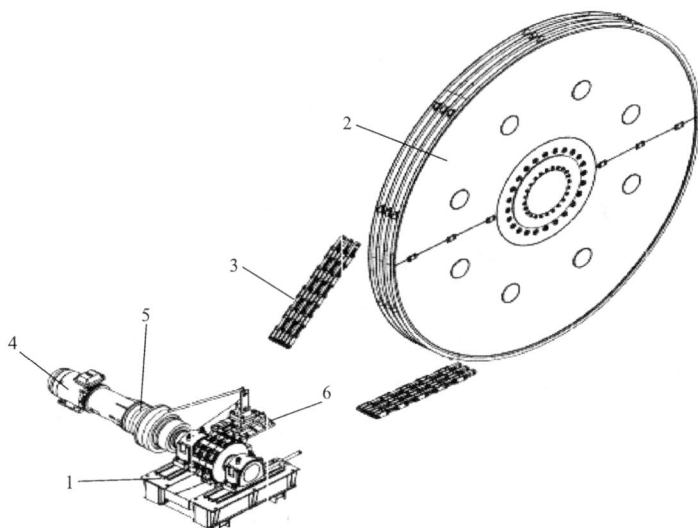

图2.16-8　电机及减速机构示意图

1—小链轮底座；2—大链轮；3—驱动链条；4—电机；5—联轴器；6—扭矩壁基础

大链轮盘现场拼焊宜在钢架平台上进行，钢架基础最好是经硬化的混凝土地面，组装时注意接缝处的平面度，并复核链轮节距，焊接宜采用气体保护焊。

大链轮盘拼装结束经检测合格后准备吊装，吊装前先将驱动轴及链轮盘配合面保护涂层清洗干净，起重、司索、安装工等操作人员由专人统一指挥。

大链轮安装完成后，用手拉葫芦进行初步盘车，检查链轮及驱动轴转动是否灵活，若无卡阻则继续下一步小链轮、电机及驱动链条的安装。

l）输送链安装

链条安装时，宜先在蔗床耐磨板位置将链条板串联并排列整齐放置，每串接一个链条板后将锁扣与链板之间焊接固定，避免链条运行时锁扣脱落造成安全事故。

当每根链条串接达到足够长度后，用电动卷扬牵引连接最终形成闭环。所有链条安装完成并调整好安放位置后，可以安装链条中间刮板。

m）脱水鼓安装

脱水鼓位于渗出器蔗床尾部，是甘蔗丝挤压脱水部件，无动力装置，安装时宜在地面上将旋转臂、滚筒梁以及轴承座组装好后整体式吊装。

安装就位时注意脱水鼓两端面与渗出器边墙板之间的间隙要均匀，另外轴承座连接螺栓一般为高强度螺栓，不可用普通螺栓代替。

n）卸料器安装

卸料器安装在渗出器尾部、驱动轴的斜上方位置，自带电机及减速机，安装时宜先将电机、减速机、轴承及轴承座等在地面组装好后整体吊装。

吊装就位前需认准卸料器刀盘受力面位置，并结合卸料旋转方向来确定轴的安装方向。

o）螺旋翻转机安装

螺旋翻转机是渗出器内为提高甘蔗丝层的疏水性而对其进行翻转的一种机构，设置有多台，安装宜先地面组装，再每台整体吊装就位。安装完成后检查翻转机的旋转方向。

p）进料输送机安装

进料输送机位于渗出器头部，宜在地面将部分构件组装好后分段进行吊装。

q）滚筒筛安装

滚筒筛位于渗出器头部平台上，整体式安装。

r）泵、管道及阀门安装

渗出汁泵及外部连接管道安装宜在渗出器本体安装完成以后进行。每台泵型号规格不一，安装时注意逐一核对清楚，泵组排列要整齐，标高要统一。

泵出口至渗出器之间管道非传统的横平竖直，多为倾斜一定角度，安装时宜按照图纸尺寸并经现场实际测量复核后进行预制，并将阀门组装好以后整体吊装。

s）汤汁加热器、渗透水箱等辅助设备安装

汤汁换热器是利用二效低压蒸汽对渗出汁进行加热的一种列管式换热器，一般设计有多台，整体立式安装。

渗透水箱、筛出汁箱、石灰乳箱等罐体容器为便于海陆运输，一般来料为经卷制的弧形板，在预制场拼装焊接，然后整体吊装就位。

t）试验及检验

渗出器主结构焊接完成以后，焊缝需进行无损检测。

聚汁槽、渗透水箱、筛出汁箱、石灰乳箱等罐体容器现场制作完成后，焊缝位置需进行煤油渗透试验，在配管前需进行水压密闭性试验。

渗出器驱动轴安装完成后，在安装大链轮盘之前宜进行盘车，检查轴承转动有无卡阻、振动、异响等异常现象。

电机及减速装置安装完成后，在驱动轴安装拖动链条之前宜接通临时电进行空转，检查链轮啮合、驱动轴等运转情况。

f. 脱水工段钢结构及设备安装

脱水工段主要由两座三辊式压榨机组成机列，压榨机主要由压榨辊、轴承装置、底梳装置、底梳调校装置、侧盖和机架等组成，两座榨机之间由中间输送机连接，现场安装利用车间内行车吊装。

（a）压榨机组安装

安装前，应清点各零件并清洗干净，设备加工面如有锈蚀应作除锈处理，安装时应按预装的标记复装。

按设备布置图定出设备安装基准线、设备定位基准面。对安装基准的平面位置偏差不大于 2mm，标高偏差不大于 1mm，相邻两座压榨机的中线距离偏差不大于 1mm，各座压榨机顶辊轴向中线应与机列纵向中线垂直，不垂直度不大于 0.1/1000mm。

a) 机架的安装

安装前要清理干净，平稳放置在基础面上并用垫铁调校水平，不平度偏差不大于 0.1/1000mm。

机架校正应符合下列要求：压榨机左、右机架的中心线对机列纵向中心线位置偏差不大于 ±0.5mm，两机架不平度不大于 0.3/1000mm；各座压榨机左、右机架前后偏差不大于 0.5mm，机架垂直度偏差不大于 0.5/1000mm；两机架相对标高之差不大于 0.2mm；机架调校达到图样要求的精度后浇灌固定。

b) 轴承安装

轴承装配时，在机架内侧端用垫片调整，使轴承与机架及侧盖贴合，间隙为 0.2~0.5mm。顶辊轴承安装时，轴承与轴颈的径向间隙为 0.3~0.35mm，可用垫片调整。

前后辊及顶辊轴径与轴瓦的配合面制造厂仅预装粗刮。安装时应按图样和技术要求精刮，以保证产品使用性能。

安装时应注意轴瓦油槽方位与榨辊运转方向相适应。轴承冷却装置的冷水通道必须清理干净，以保证轴承的冷却水通畅。

c) 油压顶盖装置的安装

油压顶盖装置制造厂已装配试压合格，现场安装前检查如无卸压情况不必再打开缸盖，安装时应注意油压中线偏向前辊方向。

验证凸头滑块与活塞间隙为 0.2~0.5mm，以保证压榨机空运转时不受油压力作用。

d) 三梳装置及梳沟器安装

顶梳安装于顶辊后上方用于清除顶辊辊面的蔗渣，后梳安装于后辊后上方用于清除后辊辊面的蔗渣并将蔗渣导至中间输送设备。前辊梳沟器安装于前辊前下方，用于清除前辊排汁沟中的蔗渣。安装时梳刀尖与前辊排汁沟底贴合即可。

（b）中间输送机安装

中间输送机是连接两座压榨机的中间输送设备，与压榨机配套使用，组成压榨机列，由机体装置、耙齿装置、机架、高位槽、传动装置、溜槽、传动平台、检修平台、落料斗等零部件组成。

安装工艺顺序： 机架安装 → 机体及耙齿装置安装 → 检修平台安装 → 传动平台安装 → 落料斗及高位槽安装 → 溜槽安装 → 传动装置安装

各部件现场进行组装，安装时各焊缝均只作适当点焊，待初试车后焊牢。保证电动机和各传动链轮的位置度，安装完毕后应进行空运转，耙齿装置应运转灵活，不得有碰撞、阻卡等现象。

（c）皮带输送机安装

皮带机安装顺序： 划中心线 → 安装机架（头架→中间架→尾架）→ 安装下托辊及改向滚筒 → 将输送带放在下托辊上 → 安装上托辊 → 安装拉紧装置、传动滚筒和驱动装置 → 将输送带绕过头尾筒 → 输送带接头 → 张紧输送带 → 安装清扫装置、带式逆止器、导料槽及罩壳等

全部滚筒、托辊、驱动装置安装后均应转动灵活，安装调心托辊时，应使挡轮位于胶

带运行方向上辊手的后方。安装驱动装置时，应注意电动轴线和减速器高速轴线的同心。

2）制炼工艺钢结构及设备安装

① 技术特点

制炼工艺包含澄清、过滤、蒸发、煮糖、分蜜和干燥等工段，按照其工艺流程特点，厂房一般可视为两大区域：澄清、过滤、蒸发工段与煮糖、分蜜、干燥工段，安装时需规划好安装路线以及设备吊装顺序。

制炼间设备主要以非标罐体为主，安装过程依据现场吊装能力应和厂房钢结构安装同步交叉进行，在局部层（跨）主体钢结构安装、校正、紧固、灌浆完成后，再进行较大设备吊装，然后进行后续钢结构安装及大型设备就位，区域内钢结构及大型设备安装完成以后，进行楼承板混凝土浇筑，然后进行小型设备吊装，直至屋面封顶。

② 澄清、过滤和蒸发工段钢结构及设备安装

a. 施工工艺流程

通过 BIM 建模，结合设备的空间布置以及现有的吊装能力对吊装方案进行模拟（图 2.16-9），最终制定合理的施工工艺流程如图 2.16-10 所示。

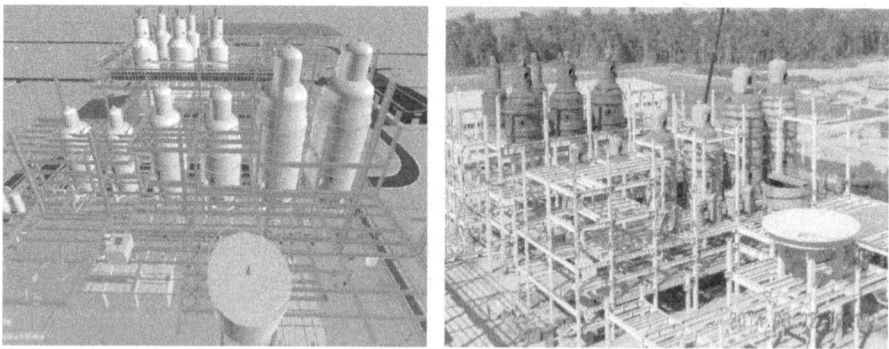

图 2.16-9　BIM 技术对钢结构及设备吊装方案的模拟及应用

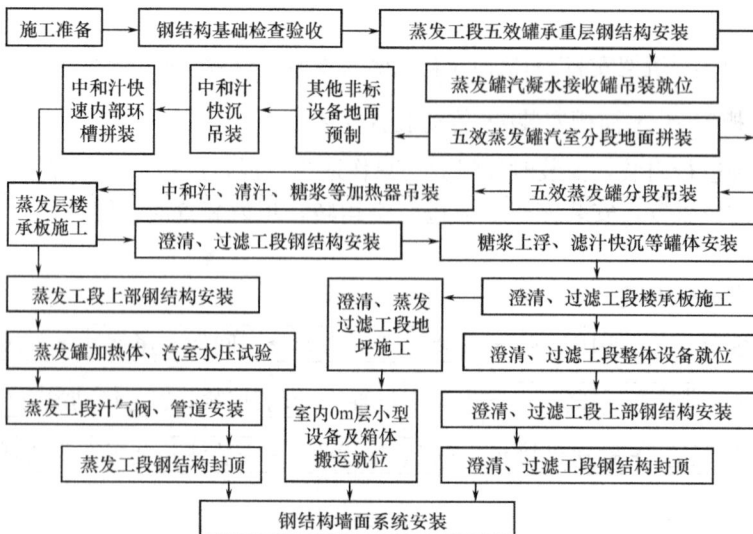

图 2.16-10　澄清、过滤、蒸发工段施工工艺流程图

b. 安装操作要点

澄清、过滤、蒸发工段钢结构因设备工艺要求一般为半封闭结构，有些区域糖厂部分设备甚至为露天设计。钢结构与设备安装交叉进行，根据工作量大小以及安装难易程度，以蒸发工段钢结构与五效蒸发罐安装为主线，其中蒸发罐一般半成品分片供货，现场进行拼装，安装周期较长，在钢结构开始施工的同时同步进行蒸发罐地面预制工作。澄清、过滤工段大型设备如中和汁快速沉降池、滤汁快速沉淀池、糖浆上浮器、中和汁箱、清汁储箱、酸碱液储箱等需在钢结构安装的同时具备条件后及时就位，小型罐体以及泵类设备可在混凝土楼板以及地坪施工完成以后，墙面系统安装之前进行设备的转运及安装。

（a）钢结构安装

首先进行蒸发罐下部钢结构安装，待安装、找正、紧固焊接、柱脚灌浆以后，进行蒸发罐安装，之后钢结构安装向澄清、过滤工段延伸，并交叉进行大件设备的吊装就位，待大件设备就位结束，片区钢结构安装完成，进行混凝土楼板浇筑，然后继续上层钢结构安装，直至封顶。

（b）设备安装

以下以蒸发罐设备为例，详细介绍相关安装技术。

如图 2.16-11 所示，为其中一个蒸发罐的分段组装图，罐体直径 $\phi 7000 \times 20m$，设备总高度 19860mm，设备单套重量 162368kg，主要由捕汁器、蒸发室、加热体及汽环、底盖、循环管路等部分组成。

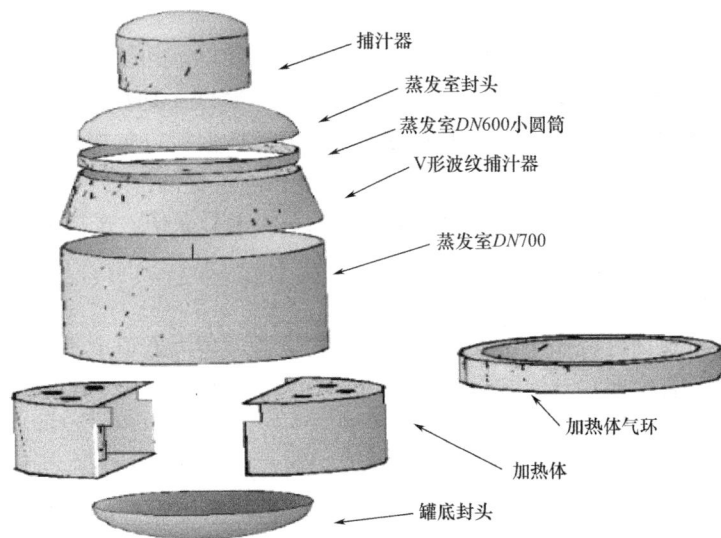

图 2.16-11　蒸发罐分段组装示意图

结合设备的重量、尺寸、现场吊装能力以及现场二次转运条件，运用 BIM 技术模拟吊装，以合理安排设备的现场预制深度，实现设备装配化预制与安装，如图 2.16-12 所示。

a）设备部件现场组对焊接

现场组焊的主要部件有捕汁器顶部人孔、出口管、蒸发室筒体、大小头、小圆筒及封头、加热体管板、筒体以及汽环、罐底封头等，部件的现场组对深度需根据现场起重设备

图 2.16-12　BIM 技术对大型设备分段预制及吊装的模拟及应用

的吊装能力计算，在现有吊装能力下以减少高空作业为原则。

b）筒身壁板组装

组装前，应确认打点钢印的设备编号，熟读设备装配和零件图纸，在拼装过程中，必须认准标记字母，将字母相同端相连进行拼装。

c）加热体的组装

加热体一般分两半到现场，现场的组装应注意和达到以下的要求：对坡口及在内、外焊道两旁各 20mm 范围内的铁锈油污、杂质清除干净；将两半加热体找好水平，先焊接筒体的立缝，再焊接管板，在焊接过程中为防止变形，应在焊缝位置增加临时加强板；每间隔 100～200mm 定位焊，定位点焊长度为 10～25mm，接口间隙为 2～3mm；定位焊后，拆除夹具，凿平焊疤。管板焊后 24h 之后，进行 100％RT 探伤，按国家现行《承压设备无损检测》JB 4730 要求进行。

d）蒸汽室（汽环）的组装

加热体蒸汽室现场组装顺序：划线（入汽长孔位置、蒸汽通道上下盖板位置，气凝水出口位置、支座安装位置）→切割入汽长孔和气凝水出口孔→安装气凝水出口进行内外焊接→下盖板组对焊接纵焊缝进行无损检测→蒸汽室外围板组对焊接纵焊缝进行无损检测→上盖板组对焊接纵焊缝进行无损检测→上下盖板和外围板角焊缝焊接→支座安装和开孔接管→加热体吊装就位后穿加热管。加热体上下盖板和外围板纵焊缝进行 20％RT 探伤检测，按国家现行《承压设备无损检测》JB/T 4730 评定，不低于Ⅲ级合格。

按施工图样划线，接好糖汁入口短管和人孔短管，循环管接管。

e）蒸发罐吊装

核对设备安装基础图，基础测量验收记录，基础上应明显地画出标高基准线、纵横中心线、罐体纵、横向中心线对安装基础位置允许偏差为 ±20mm，标高允许偏差为 ±10mm。

按安装流程和设备专项吊装方案进行，吊装顺序：底盖就位→加热体就位→蒸发室就位→捕汁器就位→加热管穿管。

f）加热管胀接及水压试验

加热体是蒸发罐质量最重的组装部件，且加热管数量多，胀管时间长，为减轻加热体吊装质量，并且缩短蒸发罐安装关键线路上工期，选择在蒸发罐分段吊装就位完成以后，在后一台罐体吊装焊接过程中进行前一台罐体内部加热管胀接工作，依次流水式作业。

加热体胀接完成后，应按设计图纸的要求进行水压试验，在试压时，如发现胀接管端有渗漏，应放水后补胀，补胀次数不宜多于二次，胀管率应在1％～2.1％范围内，重胀后仍有渗漏，应更换新管，并重新做水压试验。

g）蒸发室水压试验

蒸发室水压试验宜在钢结构楼承板混凝土浇筑完成并达到强度要求以后进行。试验升压程序按照规范要求或者设备说明书要求进行。

③ 煮糖、分蜜和干燥工段钢结构及设备安装

a. 施工工艺流程

煮炼大型设备主要有结晶罐、连续煮糖罐、C糖膏立式助晶机、糖膏接收器、分蜜机、滚筒干燥机等，其中结晶罐、连续煮糖罐、C糖膏立式助晶机等设备尺寸大、质量重、半成品到场，现场组装，因此施工周期长，且大型设备须与钢结构安装交叉进行。安装工艺流程如图2.16-13所示。

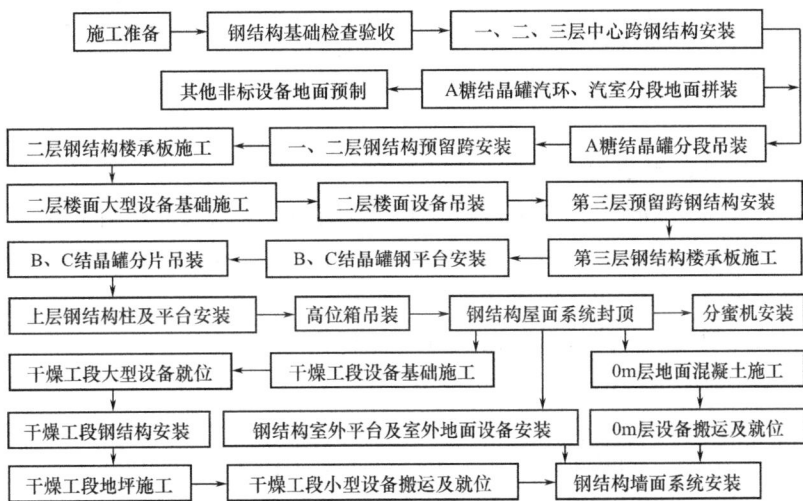

图2.16-13　煮糖、分蜜和干燥工段施工工艺流程图

b. 安装操作要点

制糖设备尺寸较大、质量重，容器类设备散件到货，拼装工作量大。设备吊装需根据现场吊车吊装能力确定拼装程度并充分考虑钢结构安装顺序以及安装的跨度及高度，以确保现有吊装设备能够及时将各层大件吊装就位。

（a）A糖结晶罐以及B糖种结晶罐安装

按照工艺设计，煮糖工段A糖结晶罐以及B糖种结晶罐位于第三层钢构楼面中部，B/C糖卧式连续结晶罐位于侧面第四层钢结构平台上，且这几台设备均为散装到货、现场拼焊，在满足现场吊装能力的条件下，同时为了减少高空作业时间并节省关键线路上工期，我们选择散装设备地面拼装，钢结构安装具备条件后再进行分段吊装。因此钢结构安

装时优先安装结晶罐区域下部钢构，待钢结构的安装找正、紧固焊接、柱脚灌浆完成以后，进行设备分段吊装。钢结构安装的同时需同步进行设备的地面分段预制工作，分段预制程度需结合现有吊装能力而定。设备全部组装完成后，宜先在地面对加热体进行的水压试验，合格后再进行吊装。

（b）二层钢结构以及设备吊装

结晶罐吊装完成以后，可进行外侧预留跨钢结构安装，安装至第二层并进行楼承板混凝土浇筑以及设备基础施工，达到强度后，可进行二层设备吊装就位，其中糖膏接收器设备整体到货，吊装时，楼面可制作临时滑轨，吊车吊装至楼层高度，其中一端落到楼面滑轨上，室内采用卷扬机配合将设备挪移就位。其他小型设备采用同类方法先吊放至楼层上，再进行挪移、调整、固定。

（c）B/C 糖卧式连续结晶罐安装

外侧预留跨钢结构继续安装至第三层，然后进行楼承板混凝土浇筑，之后继续进行B/C 糖卧式连续结晶罐钢结构平台安装，同时地面准备好相应的吊装场地以及设备材料。

B/C 糖卧式连续结晶罐主要由捕汁器、罐体、蒸汽管系、加热体、罐底、搅拌装置等部件组成，地面预制需结合现有吊装能力来进行分段，其中加热体是质量最重的部件，且为超长部件，分段运输抵达现场，安装采用分段吊装，在钢平台上组对焊接。

罐体现场组焊完成后，组对搅拌装置。先将电动机、减速机、机架、顶盖及上轴安装后，将顶盖与罐体顶部的法兰紧固，找正水平位置，然后确定垂直位置，使底部轴承对中，将罐体顶部法兰接管与罐体相焊，然后按搅拌装置图组装相应件，最后确定底部轴承的位置，调整并组焊好。

（d）高位箱安装及钢结构封顶

B/C 糖卧式连续结晶罐安装完成后继续上部钢结构安装以及高位箱平台安装。高位箱分片供货，现场进行组装，在设备平台安装之前，提前进行高位箱地面组装工作，待平台具备安装条件后整体吊装就位。

高位箱安装完成以后，煮炼具备钢结构封顶条件。

（e）分蜜工段设备安装

分蜜工段设备除 A 糖振动输送机以外体积较少，且大部分设备为整体供货。其中分蜜机设备布置于二层楼面，因其工作高速旋转，设计混凝土独立设备基础平台，与钢结构平台柔性衔接，其他设备布置于一层地面，通过皮带机系统与干燥工段连接。

分蜜机是分蜜工段的精密核心设备，需在上层设备安装完成、楼承板施工完成且厂房结构屋面封顶后进行施工。分蜜工段二楼平台上方设计有专用行车，可用于分蜜设备的安装与检修。

B、C 糖连续分蜜机设备整体到货，安装时使用行车将离心机吊起，置于安装底座上，用水平仪校平，以筛篮大端面为基准找平找正，使水平度误差不大于 0.06/1000mm。

A 糖间歇分蜜机分体式到货，由主电机、机架、支承座、转鼓主轴等部件组成，安装以机架上端面的加工平面作基准来校正主机的水平度，通过分别调节机座底部的 4 个调整螺栓，来实现整机的水平调整，控制标准：机架顶面的水平度不大于 0.15/1000。如有必要可使用垫片，垫片只能塞在底座与安装垫板之间，并且只塞于地脚螺栓的两侧。然后完全拧紧机座地脚螺栓，使用定位焊将垫片与安装垫板点牢。

（f）干燥工段钢结构及设备安装

干燥工段设备布置与煮糖和分蜜工段相对独立，处于煮炼楼侧面辅房内，滚筒干燥机是干燥工段重要设备之一，是由电机通过减速机驱动链条传动的慢速回转设备，其重量、体积均比较大。

整个干燥工段在施工顺序上，以滚筒干燥机为重点，在煮炼楼封顶以后开始干燥工段设备基础施工，设备安装以滚筒干燥机为重点，在干燥机安装就位以后，进行干燥喂料器、卸料器安装。地面大型设备安装完成后，需对关键部位进行有效保护，特别是滚筒干燥机械传动部分、进出料口、进出风口等部位防止异物进入，因此采用防火布，将该部位覆盖保护。

防护措施完成再进入厂房结构安装及上层楼面除尘设备、送抽风设备等安装，最后进行屋面及墙面围护结构安装。

3）装包工艺钢结构及设备安装

① 技术特点

装包是制糖工艺最后一道流程，装包间主要有贮糖斗、振动筛选机、装包机、皮带输送机等设备，其中贮糖斗尺寸较大，一般现场制作，振动筛选机、包装机械、皮带输送机等成品供货，现场组装。

② 安装工艺流程

装包工段施工工艺流程如下（图2.16-14）所示。

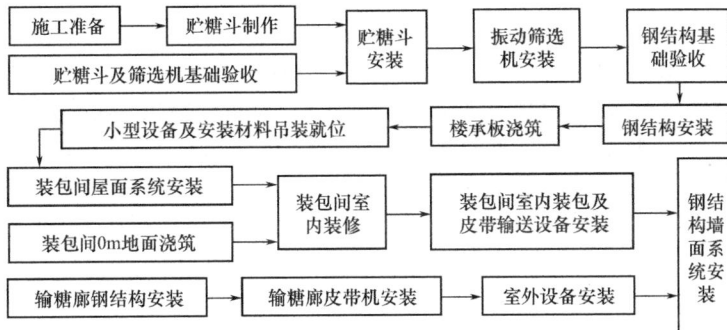

图 2.16-14　包装工段施工工艺流程图

③ 安装操作要点

贮糖斗与振动筛选机单独设计了混凝土基础置于装包间钢结构厂房内部，因糖斗和筛选机尺寸较大，需在钢结构安装前就位。

贮糖斗厂家半成品到货，需现场进行组装焊接，拼焊前安装技术人员须与土建工程师对照设备图纸对设备基础进行验收，确认无误后开始施工。

振动筛选机置于贮糖斗的上方，设备整体到货（长13000mm、宽2200mm、高1150mm）。吊装前需将筛网拆除或用厚的软性包装材料加以保护，避免在钢结构安装时被损坏。吊装前基础需进行找平，并在设计位置安放垫铁，然后整体吊装就位。

包装计量设备相对比较精密，且成品糖包装对环境卫生要求比较严格，所以设备安装前要求室内装饰装修结束，室内环境清洁卫生。

4）自控微压仪表调试技术

① 技术特点

本项目微压自控仪表较多，为提高校验效率，项目部自主研制了一套微压仪表校验装置，其原理如图 2.16-15 所示。

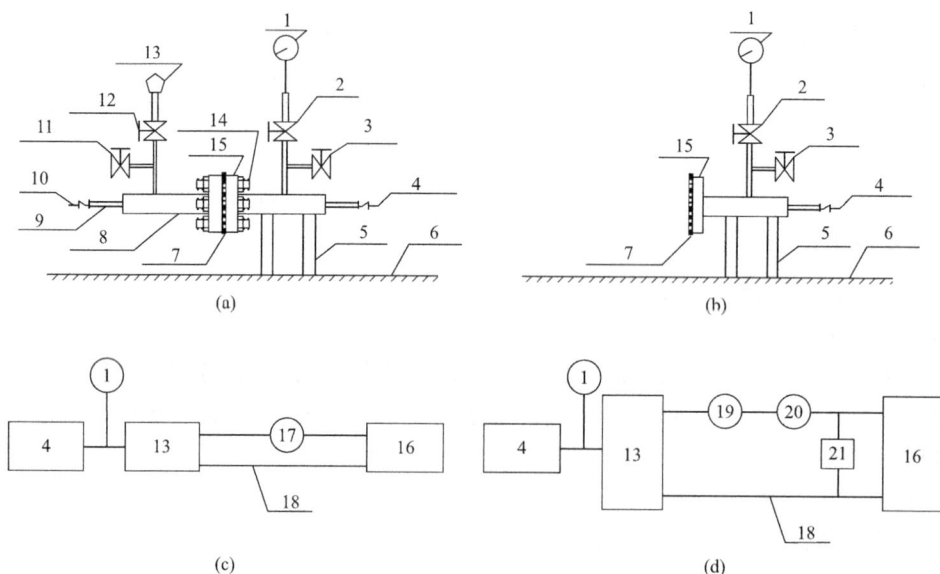

2.16-15　微压仪表效验装置原理图

(a) 单座智能变送器、压力开关、差压控制器、压力表校验装置；(b) 单法兰智能变送器校验装置；
(c) 压力开关、差压控制器校验接线示意图；(d) 智能变送器校验接线示意图

1—精密压力表；2—控制阀；3—排气控制阀；4—进气控制阀；5—支座，6—操作平台；7—密封垫片；
8—主体；9—连接管；10—进气控制阀；11—排气控制阀；12—控制阀；13—被校仪表；14—连接
螺栓；15—法兰；16—DC24V 控制电源；17—信号指示灯；18—连接导线；19—毫安电流表；
20—HART 手操器；21—250Ω 电阻

② 使用方法及工作原理

由进出气源控制阀门 3、4、标准压力表 1（根据变送器量程的 1.5 倍选择为宜）组成，用于校验仪表量程的校准，校验时根据仪表量程与标准压力表指示调整控制阀开启与关闭，保证正压源及负压力源的供给平稳性，该装置均布置在同一个平面上，直观、简单。给一个封闭的容器通入仪表铭牌上所标称的量程压力值，打开进气阀 4，缓慢调节压力阀进行加压，首先在容器上安装标准压力表，使显示值与标准值一致，以标准压力表 1 显示的压力值来校验被测仪表的各种特性试验，线性曲线来整定零点、量程。

③ 操作要点

a. 对压力、差压开关校验

将被校仪表 13 接好信号指示灯 17，DC24V 控制电源 16 连接好外部接线 18，将信号灯串联在回路中，打开进气阀，观察标准表变化，即可对压力开关、差压开关进行调校。

操作步骤：打开进气阀，向装置内加压直至标准表显示值与所工作值相同时关闭进气阀，保持输入压力值不变，此时用一寸的小扳手夹住差压开关控制器内部 M4 的调节小螺

母，旋转调节螺母以改变控制器输出状态，记录下此时的压力值为动作值。然后缓慢泄压直到压力开关再次动作，改变其输出状态，记录下此时的压力值为复位值，最后全开排气阀，将压力降到零值。重新加压至压力控制器输出状态改变，观察是否在需要的压力值上，如不在，需要调整零点，如果在所需压力值范围内，需连续进行三次测量、记录，观察其稳定性，每次动作值的偏差不得超过仪器量程的±1%，并且动作值与复位值之差必须小于控制器规定的死区要求。

b. 智能变送器的校验

将变送器安装在校验装置上，连接好被校仪表的外部接线，将控制电源与毫安电流表、HART 手操器、250Ω 直流电阻串联至回路中，打开进气阀，保证压力稳定，观察其标准仪表的变化。

操作步骤：安装及接线完毕后，确保接入 HART 表及 mA 表串联入回路上，打开 DC24V 电源，确认后，采用五点校验法进行校验，缓慢开启进气阀，给装置加压。分别按变送器满量程的 0、25%、50%、75%、100% 进行线型试验，当标准表显示压力为被校表的压力的 0 时，毫安表所显示的电流为 4mA 作为零点校准，若不为 4mA，可在 0 压力值时用 HART 表作零点校准。再分别加压至满量程的 25%、50%、75%、100%，毫安表读数应分别为 8mA、12mA、16mA、20mA，智能变送器在校验过程中能正常显示，显示值稳定不闪跳，其模拟量输出范围在 4~20mA 表示该智能变送器为合格，此项操作为上行校验，下行操作为减压过程（同上行校验方法相同）。各量程百分比所对应的毫安数，进行计算，上行下行误差在 ±0.05% 即为合格。

c. 控制系统校验

分别由进气源控制阀门 4、10 排气控制阀门 3、11 标准压力表 1 组成，用于仪表零点、量程、零点迁移的校验，校验时根据仪表量程与标准压力表指示调整控制阀开启与关闭，保证正压力源及负压力源的平稳加压，缓慢进行、操作每个步骤并做好详细记录。该装置放置在同一个平面上，直观、易操作。

（3）实施总结

玻利维亚 7000t/d 糖厂项目综合施工技术，是公司在圭亚那、玻利维亚等境外实施了大型糖厂的建造施工任务施工中的经验积累与不断改进提高的成果。我们从中不断总结、提炼和创新，整理出了糖厂施工，特别是制糖生产线施工所应遵循的操作重点和操作要领，形成了这项基本的施工技术。

糖厂建设过程中综合应用了 BIM 技术，实现了对施工进度有效控制、实现了施工方案的适时优化、实现了国外现场非标设备工厂化预制、实现了项目的精细化管理；针对糖厂工艺特点，在施工进度计划编排时充分考虑了工艺、资源、周期、成本等因素，以工艺调试节点确定安装完成节点、安装节点倒排土建完工节点，进行分区域、分层次的立体施工，将钢结构安装与检测、非标设备制作与安装、钢结构与设备交叉作业以及设备调试与检测等同步依次进行，确保了施工进度及质量，有效地降低了施工成本；针对渗出法糖厂核心设备——渗出器，自主研发的模块化装配施工工艺，保证了现场设备组装的精度，满足了德国 BMA 厂家验收要求；自主研制的"简易微压仪表校验装置"以及自主创新技术"自控微压仪表调试技术"的应用，大大提高了仪表调校效率，为项目按期保质保量完成提供了保障，工程质量和建设速度得到了在建国媒体和中国驻玻利维亚大使馆及参赞处的广泛关注及高度评价，取得了良好的经济和社会效益，具有较高的应用推广价值。

玻利维亚圣布埃纳文图拉 7000t/d 糖厂项目建成至今运行平稳，项目先后获得"中国施工企业管理协会科技进步奖二等奖""中国安装协会科技进步奖二等奖""中国焊接协会优质焊接工程一等奖""中国建设工程鲁班奖（境外工程）"等各类奖项。

（提供单位：中国机械工业第二建设工程有限公司；编写人员：张意成、薛万伟）

2.17 医疗洁净厂房机电施工技术

2.17.1 技术发展概述

20 世纪 60 年代中，美国的电子、精密机械等工厂的洁净室如雨后春笋，对当时科学技术和工业发展起了很大的促进作用，同时开始了将工业洁净室技术移植到生物洁净室的历程。20 世纪 70 年代初洁净室的建设热潮转向医疗、制药、食品及生化等行业。

现代洁净厂房主要是指制药、医疗、化工、精密机械制造、光学、微电子等产品的生产制造厂房。由于前述几类产品的品质要求相对比较高，所以对厂房的依赖程度非常高，建厂过程中的质量直接导致产品质量的高低。同时洁净厂房对洁净程度要求比较高，给施工带来一定的难度。因此，洁净厂房施工时专业技术问题是一个非常全面，多专业、多行业的问题。

改革开放以来，我国现代工业快速发展，如今更是被称为"世界工厂"，洁净厂房的应用非常广泛。伴随着我国洁净厂房的应用发展，施工技术经验的不断积累，洁净厂房的施工技术相对比较成熟。

2.17.2 技术内容

（1）洁净厂房机电施工技术综合了如下关键技术：
1）管线综合平衡技术；
2）自熔焊接技术；
3）管道焊缝内窥检测技术；
4）气体保护焊节气技术；
5）施工过程洁净控制技术；
6）工厂化预制技术；
7）不锈钢管道系统酸洗和钝化技术。

洁净室关键在于控制尘埃和微生物，作为污染物质，微生物是医药厂房洁净室环境控制的重中之重。医药厂房洁净区的设备、管道内积聚的污染物质，可以直接污染药品，却毫不影响洁净度检测。

（2）关键技术实施过程中的质量控制
1）建筑围护结构（彩钢板隔断）安装质量控制
① 组合方式及特性：净化车间的洁净度，取决于围护结构的密闭性能，取决于墙体组合形式、工艺及选用的结构连接体（铝合金结构体）的形式。
② 关于二次设计：采用计算机排版技术。结构的二次设计根据设计院提供的各专业

图纸，结合建设方的工艺要求，综合考虑暖通、管道、电气的专业配合，对顶板和壁板按照厂家生产的标准模数进行排版，从美观角度考虑到顶板、壁板的对缝，门窗、高效送风口和回风口的布置方式，从而确定顶板、壁板和铝型材的规格数量。

③ 彩钢板安装要求：洁净室（区）的隔断装修，从材料的采购到施工安装，必须符合规范标准要求。

④ 根据 GMP 认证检查标准，室内装修要符合要求。

2）净化空调安装质量控制

① 风管和部件应采用优质镀锌钢板，风管内表面必须平整光滑，不得在管内加固风管，咬接应采用联合角咬口，接缝必须涂密封胶。

② 高效过滤器安装前必须对洁净房间和净化空调系统全面清扫、擦洗，达到清洁要求后，开启净化空调系统连续试运行 12h 以上，再次清扫，擦洗洁净室，立即安装高效过滤器。

③ 高效过滤器安装前，应在安装现场拆开包装进行外观检查，内容包括滤芯密封胶、框架、几何尺寸及光洁度等是否符合设计要求，然后进行检漏，检查和检漏合格后应立即安装。

④ 风管试压、保温在吊顶前做完，静压箱、风口散流器、百叶配合吊顶施工中、高效过滤器在系统吹扫、检查合格后再装。

⑤ 净化空调综合调试，着重洁净室洁净等级测试和室内温湿度、风量、风压检测。

3）工艺洁净管道施工质量控制

洁净管道是构成医药生产工艺的重要组成部分，是医药生产过程中各种流体介质进行传输的重要媒介。洁净管道的焊接除了要达到常规工业管道对焊缝的要求外，还要求焊接时管内外表面不受污染，焊缝内、外表面必须特别光亮，与母材基本一致。焊缝与母材平滑过渡，内、外余高不可过大，与母材基本平齐，为此采用数字化自熔焊接技术。施工中注意以下几点：

① 洁净管道一般为生产用物料管道、纯化水管道、注射水和纯蒸汽管道等，对输送环境有着极为严格的要求，除了要保证焊口内外光滑，耐腐蚀和洁净度外，还要保证整个输送管路的坡度和流畅性，这就要求管路要尽可能短，且尽量减少弯头。

② 设置符合要求的专用洁净房间作为材料存放和管路预制加工用。（不锈钢超纯气体管道焊接时，洁净房间内要配装 FFU 空气过滤装置）。为保证工程进度，采用工厂化预制技术，洁净管线中的纯化水和注射水引下 U 形三通支管和成批罐体设备物料支管（法兰、快装端头）等在加工区进行批量化管道预制。

③ 洁净管道下料切割采用专用的圆周环绕电动切管机，管端毛刺采用专用修边工具，对变形管端采用专用整形机具修正，管子切割后用专用平口机或铣刀处理端口表面，再通入纯氩气吹扫，然后用无尘布蘸医用酒精擦洗切口内、外表面，除去油污。

④ 全自动氩弧焊机的焊接样件确认，每种规格的管子都要在正式焊缝焊接前预先做出合格的焊接样件，确定焊接参数。

⑤ 因制药项目 GMP 验证的需要，焊接施工过程的记录资料要及时建立。

2.17.3 技术指标

（1）国家药品监督管理局《药品生产质量管理规范》及附录（1998 年修订）；

（2）《建筑设计防火规范》GB 50016—2014；

（3）《化工企业静电接地设计规程》HG/T 20675—1990；

（4）《压缩空气站设计规范》GB 50029—2014；

（5）《给水排水管道工程施工及验收规范》GB 50268—2008；

（6）《工业金属管道设计规范》GB 50316—2000；

（7）《工业金属管道工程施工规范》GB 50235—2010；

（8）《洁净厂房设计规范》GB 50073—2013；

（9）《生产设备安全卫生设计总则》GB 5083—1999；

（10）《生产过程安全卫生要求总则》GB/T 12801—2008；

（11）《医药工业洁净厂房设计标准》GB 50457—2019；

（12）《工业建筑供暖通风与空气调节设计规范》GB 50019—2015。

2.17.4 适用范围

适用于制药、医疗、化工、精密机械制造、光学、微电子等有洁净度要求的厂房工程。

2.17.5 工程案例

神威药业注射剂车间建设工程以及中药提取车间及配套工程的机电安装项目

（1）工程概况

神威药业新建注射剂车间投资 5 亿元，按照最新 GMP 和欧盟标准、美国 FDA 标准设计，采用国内最先进的全伺服灌封技术，实现从药品配制到灭菌的全封闭灌装，确保药品质量，年产输液 2 亿袋，新增产值 12 亿元，建成后该注射剂车间是全国第一家通过新版 GMP 认证车间，其中生产区域的灌封间、除菌过滤间及灭菌后暂存间等均要求达到动态百级洁净级别，为洁净室最高洁净等级；现代中药提取车间投资 8 亿元，采用先进的膜分离提取浓缩技术，实现中药材自动配伍、自动投料，可节能 30% 以上，年处理中药材 2 万 t，为国内最大，现代化程度最高。

其中注射剂车间建筑面积 34000m²，地上 5 层（主体三层，局部技术夹层 2 层），高 21m，其中一层主要为灯检、外包、更衣室、公用设备房、纯化水制备等用房，层高 6m，二三层功能布局基本一样，为主要生产区域，包括灭菌、灌封、上瓶、混配、稀配、浓配、冷藏罐间、器具清洗、注射水制备等功能用房，均为洁净区域，工艺管线复杂，风管数量多。洁净区域吊顶高度不一致，错综复杂，且风管末端、工艺物料管线、动力照明线缆和各种自控线缆保护管穿插进入洁净区域，彩钢板顶板开洞数量多，密封要求严格，交叉施工作业多，施工要求高等。另外注射剂车间安装还有一个特点就是通风空调安装量巨大，工艺性洁净空调系统繁多，高达 34 个，安装工作量大（仅一个车间，风管面积达 6 万 m²），每个系统负责一个生产区域的净化要求，均由不同的送、回和排风管道组成，通过初效、中高效、和高效过滤单元，送达工作部位，相对普通舒适性空调而言，洁净空调风管加工、组装、末端和密闭性都更为严格，必须有专门的具有净化资质的专业承包商来实施。

中药提取车间由于考虑到防爆要求，采用回形建筑结构，中间为室外空白区域，两侧对称布置，总建筑面积为 48000m²，地上四层，总高度 23.4m。其中一层层高 6.2m，主要功能布置为单效浓缩、酒精过滤、浓酒精贮存、醇沉和其他辅助用房，二层层高 8m，主要功能区域为酒精回收、稀酒精贮罐、单效浓缩等，三层为生产核心区域，层高 5m，东西两侧对称布置 50 条提取罐生产线。中药提取车间除了有洁净区域外，最重要的就是整个车间防爆要求高，电机、灯具、开关等材料均采用防爆型材料，所有带电机设备均必须采取可靠接地保护，输送易燃易爆流体的管道在法兰两端做铜线跨接。

该工程机电安装内容主要包括：工艺设备及管道安装、公用动力（制冷机房、空压站、换热间、变配电间等）、室内给水排水及空调水系统管道安装、室外管网、动力配电、照明和通风系统（包括镀锌风管、风管附件、末端风口等）安装。

（2）技术应用

1）洁净厂房机电安装技术重点

① 在洁净厂房机电安装过程中，除常规安装工艺外，必须着重考虑施工对象和施工环境的洁净、卫生、无毒、美观，施工工艺必须符合 GMP 认证的要求。

② 项目在施工安装过程中，各专业交叉配合作业量大，工序之间相互衔接要求高，因此，在施工时，必须制定出详尽的施工协作计划，严格按照施工程序施工，保证环境洁净、卫生。

③ 对安装施工机械设备的选样、材料的采用、安装技术操作要求较高；工艺设备制造精良，并且呈体积小、重量轻的趋势，且较多设备采用不锈钢制造；采用的材料品种规格数量繁多，工艺管道材质采用不锈钢较多，其焊接工作有很强的技术性。

④ 管道安装时要考虑其美观，尽量靠墙布置。施工中要注意协调好各工种相互间的关系，确定施工顺序，做到互不干扰，确保管道安装的标高、坡度，便于今后维修。

2）洁净厂房机电安装组织协调重点

① 门窗位置留洞口及彩钢板与门窗交界处的细部处理工作。

② 空调主风管穿越土建墙，协调处理预留洞的位置。

③ 洁净区施工与动力、非洁净壁板隔断区照明及通风、消防报警、仪表自动化安装之间，相互协调施工进度，做好彩钢板内穿管，保证开孔位置准确；在设备安装后要保证接口密封，以符合 GMP 验收规范，避免产尘为标准。

④ 洁净区施工与工艺设备安装班组配合，首先大型设备提前进场就位后进行彩钢板安装，其余设备在彩钢板施工完成后，由预留通道进场就位。在设备就位时，注意成品保护工作，包括彩钢板及门窗保护、地面保护、设备就位后的保护三个方面。

⑤ 洁净区施工与工艺配管施工的配合，首先相互协调确定管道的走向及位置，做好管道穿越彩钢板位置的开口及密封工作以及管道稳固措施。

⑥ 工艺设备二次配管施工要服从洁净区内施工的管理，做好成品保护并实施净化保证措施。

3）洁净厂房机电安装现场管理措施

为使该工程能够按质按期的完成，现场施工管理工作分为三个阶段，确保有效地控制现场环境卫生，以项目完工时达到洁净要求。

① 第一阶段：要求一般的污染控制，这一阶段开始前，净化区除设备搬入预留洞口外，建筑的门窗、内粉刷应施工完成。这一阶段可界定为吊顶板安装之前的作业过程工作内容，如防尘涂装、空调机组安装、动力设备、一次配管和配线（电缆桥架及电气配管配

线）、壁板及吊顶的龙骨安装等。

施工规定：进入洁净厂房应穿干净鞋具，不得带油渍、污泥入内；室内不得吸烟、饮食和饮水；焊接、切割、凿洞等有尘作业必须加以控制，防止碎屑大范围扩散，每天工作结束时应将垃圾搬出室外倒入规定处；施工材料堆放整齐。

② 第二阶段：要求较高的污染控制，这一阶段可界定为第一阶段之后、吹扫之前的作业过程，工作内容如壁板及吊顶板安装、各专业管线穿壁板安装、灯具安装等，以及采用局部擦洗、真空吸尘等方法进行全面彻底的清扫工作。

施工规定：进入该区域的人员，应穿着干净的工作服、鞋具，后期应穿着洁净服、洁净鞋（或普通干净的鞋并穿洁净鞋套）；带入的材料应是洁净的，工具、机具要清洗干净后才能带入室内；所有产尘作业须严加控制，发生碎屑、尘埃，应立即用吸尘器清除；洁净室内不得吸烟、饮食和饮水；洁净室内每天由专职人员至少清扫一次；室内防止堆积过多材料；

除必需的人流、物流门洞外，其他门洞应予以封堵。

③ 第三阶段：要求极高的污染控制，这一阶段可界定为吹扫之后直至调试交付的作业过程，工作内容如安装高效过滤器、全面测试前的最后吸尘清扫工作、净化空调运行测试考核及二次配管配线等。

施工规定：只有必要的人员和用户代表，才能进入洁净室，将人流控制在最低限度；人流、物流入口应分开：一般只设一个人流入口，对物流入口要严加控制，要有专人值班，且入口不得常开；进入洁净室要先登记，然后按洁净室的净化级别在更衣室更换干净的洁净服、鞋、帽，洗手烘干后，通过气闸室进入洁净区；进入洁净区的人员，不得携带铅笔、石笔、普通纸张、本子或其他能产生尘埃的物件；不得在洁净区进行焊接和锯、割、凿墙洞、打孔等能产生颗粒、尘埃和烟雾的作业；不得已要进行产生尘埃作业时，应事先经有关部门批准，并用真空吸尘器随时吸除尘埃；在洁净区内使用的工具、设备，应做到每天清洗一次。

4）洁净厂房机电安装施工方法及技术措施

① 空调安装工程技术措施

a. 净化风管的制作清洗

（a）为配合彩钢板围护工程施工，主风管制作分段先后加工。

（b）风管的下料、咬口、折弯、铆接全部采用机械化作业。

（c）对成型的风管的咬口缝、铆钉缝，翻边法兰四角处都要用硅胶进行密封，在密封前要清洗，密封后要经检验员检查。

（d）制粒间若为防爆车间，排风管制作咬口缝要用焊锡密封，防止气体泄漏。

（e）风管的清洗是一项非常重要的工序，清洗质量的优劣直接影响洁净效果，影响高效过滤器的使用寿命。风管的清洗、漏光检验按《洁净空调风管清洗与漏光光检验工艺标准》执行。

清洗步骤：咬口前除去钢板表面的浮尘→咬口组合成形后用专用清洗剂进行处理→中性剂清洗→清水擦净→白布擦净→白绸布检验→硅胶密封→透明塑料薄膜封口处理。

b. 风管的安装及中间检验

（a）为配合彩钢板围护工程施工，主风管安装分段先后进行。

（b）风管的支吊架安装前必须经防腐处理。

（c）安装过程中不能把已清洗好的风管弄脏，塑料薄膜封口一旦被损坏，就必须重新清洗，重新检验。

（d）安装完毕的风管要进行漏光检验。

（e）只有确认风管不漏的情况下，才可进行保温。

（f）施工过程中有专职的检查员进行检验，严格按照施工规范要求和设计要求施工。

c. 质量要求

（a）使用的主要材料、成品或半成品，应有出厂合格证书或质量保证文件。镀锌钢板的表面要求光滑洁净，并具有热镀锌特有的镀锌层结日花纹，钢板镀锌层厚度不大于 0.02mm。

（b）风管的内表面要做到表面光滑平整，严禁有横向拼缝和在管内设加固筋，或采用凸棱加固方法。尽量减少底部的纵向拼缝。

（c）洁净风管的咬口缝必须连接紧密，宽度均匀，无孔洞、半咬口及胀裂现象。

（d）风管的咬口缝，铆钉孔及翻边的四个角，必须用对金属不腐蚀，流动性好，固化快，富于弹性及遇到潮湿不易脱落的密封胶进行密封。

（e）风管制作好后，再次擦拭干净；用白绸布检查风管内表面，必须无油污和浮尘；而后用塑料薄膜将开口密封。

（f）风管制作好后，不得露天堆放或长期不进行安装。成品风管的堆码场地要平整，堆码层数要按风管的壁厚和风管的口径尺寸而定，不能堆码过高造成受压变形；同时要注意不要被其他坚硬物体冲撞，造成凹凸及变形。

（g）法兰螺栓间距不应大于 120mm；法兰铆钉间距不应大于 100mm。

（h）洁净系统使用的部件，装配好后要及时进行洁净处理，而后用塑料薄膜分个进行包装。加工好的成品部件，不能堆码过高，避免将下面的部件压变形。

（i）组装风管时只打开需要连接一端的塑料薄膜封口，另一端的塑料薄膜封口不要急于打开。

（j）风管连接法兰的垫料应用闭孔海绵橡胶，其厚度不能小于 5mm，尽量减少接头；接头必须采用榫形或楔形连接，并涂胶粘牢；法兰均匀压紧后的垫料宽度，应与风管内壁齐平。注意垫料不能挤入风管内，以免增大空气流动的阻力，减少风管的有效面积，并形成涡流，增加风管内灰尘的集聚；连接法兰螺栓的螺母应在同一侧。防火阀必须设单独支架。

（k）高效过滤器是在联动试运转正常后，对空间再进行彻底、细致的清扫，空吹送风不少于 24h 的条件下方可安装；对安装完的过滤器进行检漏，检漏时采样口放在距离被检漏过滤器表面 2～3cm 处，以 5～20mm/s 的速度移动，对被检漏过滤器整个断面、封头和安装框架进行扫描。发现问题做上记号，以备处理。

② 洁净照明安装工程技术措施

a. 材料要求

（a）PVC 管壁厚均匀，无劈裂和凹瘪现象，并有产品合格证。

（b）各种导线及电气器具的型号、规格必须符合要求和国家标准的规定，必须有产品合格证。

（c）洁净灯具要满足 GMP 要求，有良好的密封性。

b. 工艺流程

测定箱盒位置及固定 → 配电箱外壳固定 → 地线焊接 → 穿线管安装 → 电缆敷设、接线 → 线路检查及绝缘测试 → 检查灯具开关 → 箱盒防腐处理 → 接线安装

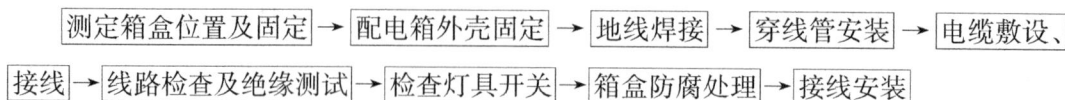

c. 质量要求及施工要点

（a）线管敷设应在彩钢板吊顶施工完毕之后进行。

（b）灯具的安装要注意密封，如采用嵌入式建议在上部采取措施，避免积尘和漏光。

（c）PVC 线管采用粘结，箱盘接地线跨接牢固。

（d）选择导线要求标准，相线、零线及保护地线的颜色应加以区分，黑色线做零线，黄绿双色线做保护地线。

（e）照明电路的绝缘电阻值不小于 0.5MΩ。

（f）成排荧光灯，在确定位置时必须拉线，以减少误差。

（g）配电箱（盘）位置正确，部件齐全，箱体开孔合适，切口整齐。暗式配电箱盖紧贴墙面，零线经汇流排（零线端子）连接，无铰接现象，PE 线安装明显牢固。

（h）净化区安装的开关、灯具接线完毕，用吸尘器吸净盒内现象，面板紧贴墙面并打密封胶处理。

③ 管道安装工程技术措施

a. 施工准备

a）管道安装使用的材料和部件必须经检验合格后方可使用。

b）管子、管件、法兰、垫片、阀门等管道组成件的材质、规格、型号、质量应符合设计文件的规定，并应按照国家现行标准进行外观检验，不合格者不得使用。

c）为了满足制药工艺用水的特殊要求，对不锈钢管材和管件内表面的粗糙度和光洁度有进一步的要求。不锈钢管材一般要求，外表面为镜面抛光，内表面达到卫生级标准，表面粗糙度为 0.8μm 以下。

d）不锈钢管道进场前必须报建设单位进行确认，材料到场后应进行抽验，按照要求进行检验，确保材质符合设计要求。

e）管道上的阀门应抽查试验，进行壳体压力试验和密封试验。当不合格时，应加倍抽查，仍不合格时，该批阀门不得使用。阀门的壳体试验压力不得小于公称压力的 1.5倍，试验时间不得少于 5min，以壳体填料无渗漏为合格。密封试验以公称压力进行，以阀瓣密封面不漏为合格。试验合格的阀门，应及时排尽内部积水，并吹干。

f）管子应按材质、规格的不同分类堆放；所用辅材料设专架挂牌放置并挂牌；对不锈钢管、管件、阀门、配件、垫料、焊接材料等应放于库房内保管，对碳钢管、铸铁管、塑料管、型钢等应放于有棚堆场内。

b. 管道加工

（a）碳素钢管应采用机械方法切割，当采用氧乙炔火焰切割时，必须保证尺寸正确和表面平整。

（b）不锈钢管应采用机械或等离子方法切割，应采用合金钢切割机或车床。

（c）PPR 等热熔接塑料管选用 9423001 和 9423012 型专用剪刀进行切割。

（d）管子的切口表面应平整，无裂纹、重皮、毛刺、凸凹、缩口、熔渣、氧化物等。

切口端面倾斜偏差不应大于管子外径的 1%，且不得超过 3mm。

c. 管道的脱脂处理

（a）纯水管、净化后的压缩空气管、药液输送管在焊接前需进行脱脂处理，去除管道内壁由于加工工艺过程残留在管内的油脂。脱脂处理采用浸泡法，将管子放入盛有脱脂液的槽内，浸泡 10～15min，浸泡过程中翻动管子 3～4 次，然后取出，用不含油的干燥压缩空气或氮气吹扫。

（b）不锈钢管道进行脱脂处理时采用工业酒精或二氯化碳作为脱脂剂。

（c）脱脂处理后，用干净的白色滤纸擦抹脱脂件表面，无油荧光为合格。

d. 管道连接

（a）洁净物料管道必须采用全自动氩弧焊接，材质均为 304/316L 薄壁不锈钢（管道壁厚为 1～2mm），所用管件为自动焊专用加长管件，且焊接全过程必须进行内外充氩保护。

（b）不锈钢管道的卫生连接采用快装的卡箍连接，其主要优点是安装方便、接口处可拆卸下来进行卫生处理，卫生状况较好。卫生卡箍连接采用的密封垫片必须具有良好的化学惰性，材质一般为食品硅橡胶或聚四氟乙烯材料，满足耐高温、不脱落、无析出等要求。

（c）对各种规格的 PPR 等热熔接塑料管选用 9423002 和 9423004 型热熔焊接机各 1 台，分别在加工点和现场进行焊接。

（d）管子组对时不得错边，内壁应齐平，内壁错边量不宜超过壁厚的 10%，且不大于 2mm。

e. 管道安装

（a）施工顺序一般按先室外后室内、先地下后地上，竖井内配管先里层后外层、先大后小的原则施工，一般管道交叉或相碰时，设计无规定时按低压让高压、小管让大管、支管让主管、无坡让有坡的原则要求。

（b）预留预埋工作要及时配合，尤其是穿越建筑基础的给排水管道需认真封堵和埋设牢固。

（c）对施工现场条件允许的所有管道集中下料、预制、焊接（套丝）成分段形的整体或半整体后再运至安装位置进行拼装连接。

（d）管道在安装过程中，严格按照设计坡度要求起坡，坡度方向应与介质流方向一致。管道安装时的坡度按设计要求控制，垂直度控制在 0.002 以内。

（e）阀门安装前均应进行清洗、检查，确定合格且操作灵活可靠方可安装。

（f）管道安装时的定位测量统一为土建的坐标。配管时必须复校设备接口、方位、规格、尺寸与设计是否相符，确认后方可配管。

（g）管道安装时应尽量少转弯，少分枝，根据介质浓度，采用弯曲半径 $R=5～6$ 倍的揻制弯头，以便介质流动顺畅，避免积存于死角和滞留。

（h）管道支架的制作、安装应按设计说明和有关规范的规程要求进行，对不锈钢管道不得直接与碳钢支架接触，应加不含氯离子的石棉橡胶板、塑料垫片、橡胶或不锈钢片隔离。

f. 管道的清洗

（a）用干净的布团在管道内部沿着一个方向拖擦，或用压缩空气对管道内表面进行吹扫，直至管道内无污垢为止。

（b）对输送纯水、药液、净化空气的不锈钢管线宜采用化学清洗。清洗前应安装一个临时的过滤器，在循环清洗泵的进水端，截留管道冲刷出来的污物、渣子、杂质等。

（c）用于清洗不锈钢管道的水中的含氯量不得大于 25×10^{-6}。

（d）将清洁用水加温到 800℃ 以上，泵入管道系统内部，循环 30min。工艺系统中的所有阀门及排放口都应至少开启 3 次，每次 $>10s$。

（e）然后将配好的化学清洗液体加温到 500～600℃，循环 60min。阀门及排放口都应至少开启 3 次，每次 $>10s$。

（f）用 1% 浓度的碱溶液在 800C 条件下循环 60min。阀门及排放口都应至少开启 3 次，每次 $>10s$。

（g）用清洁水排放和冲洗所有的阀门和排放口。将系统内部残留的清洁水排放干净。

g. 不锈钢管道的钝化处理

（a）用 10% 的硝酸和 0.5% 的铬酸溶液在 600℃ 下循环 60min。所有阀门及排放口都应至少开启 3 次，每次 $>10s$。然后将系统完全排干，用清洁的水彻底清洗并检查每个阀门和排放口的残余量。

（b）取出所有的垫圈并用清洁剂和所需的酸溶液清洗其表面，在清洁的条件下重新安装垫圈。

（c）将所有在循环时没有清洁到的部位用清洁剂和所需的酸溶液进行人工拆洗并在清洁的条件下重新安装。

h. 洁净厂房管道安装质量措施

（a）管道的水平安装应在技术夹层内完成，竖向安装应在管道竖井和墙内完成，尽可能减少和避免管道进入洁净区内的长度，在洁净区内最好是只见控制阀门，而不见管道。

（b）管道安装时需注意由于车间内没有设管道竖井及技术夹道，主干管均为明管，配管时一定要考虑其美观，尽量靠墙布置。支管在技术夹层内，而通风管、电缆桥架、给水排水管、工艺管道共用技术夹层。在施工中一定要注意协调好各工种相互间的关系，确定施工顺序，做到互不干扰，确保管道安装的标高、坡度，便于今后维修的原则。

（c）管道先按施工图配到各工段房间使用点的技术夹层上，待设备全部进场到位，确认安装无误后，方可进行二次配管，配管前必须认真复核设备接口方位、规格、尺寸，采取先预制后安装方法进行，尽量减少洁净室内的管道、管件、阀门和支架的数量。管道穿过洁净室顶棚，楼板处应设套管，管道与套管之间必须有可靠的密封措施，并且要牢靠的固定管道措施。进入洁净室内的明管材料均宜采用不锈钢管，安装时应避免死角和盲管。

（d）管道安装应力求布局合理、排列整齐、便于检修，控制阀安装便于操作洁净区内的明装管道，其表面要进行抛光处理，并用专用不锈钢管支座支撑，使其美观。阀门不能用法兰阀门，应采用丝扣阀门，以便不积尘、易清洗。

（3）实施总结

经过不断的探索和改进，神威药业注射剂车间建设工程以及中药提取车间及配套工程的机电安装项目取得了巨大的成功，首次在进行工艺洁净管道施工时采用了全数字化氩弧自溶焊接技术，保证了洁净管道焊缝内外成形、光滑、耐腐蚀的高要求，从而满足 GMP 对于物料管道洁净要求。另外还协助洁净室专业分包单位圆满完成了洁净室施工，配合业主顺利通过医药 GMP 认证，受到了建设单位和当地政府的高度赞扬，赢得了信誉，社会效益显著，同时也为公司在开拓医药厂房建设版块业务的道路上迈出了一大步。

节能与环保：由于洁净管道采用全数字化自动焊接施工，机械化程度高，流水作业，效率高，缩短了工期，相对其他施工方案减少机械投入总功率约 14.6%，节能环保效果明显。

凭借出色的施工质量，该项目先后荣获"全国优秀焊接工程"和代表着中国安装行业最高技术水平"安装之星"等奖项。

(提供单位：中国机械工业第二建设工程有限公司；编写人员：郝荣文)

2.18　二手纸机拆迁技术

2.18.1　技术发展概况

在制浆造纸工业新建或扩建工程中，为节约项目建设资金，实现低成本扩张，从制浆造纸工业发达的欧美等国家引进二手机生产线不失为一个好的途径。二手纸机生产线的设备种类多、管道材质多、电气、仪表种类复杂，因此二手纸机拆卸质量的好坏、拆卸标记的科学性、完整性将直接影响回国后纸机的检修、安装质量、工程进度、纸机的正常运转。传统的国外二手纸机拆迁，破坏性拆迁较多，拆卸标记不够科学、不够完整，造成回国后制造、检修量增加，制约了工程施工进度和施工质量。采用此二手纸机项目拆迁工法，就能保证二手纸机拆卸质量和拆卸标记的正确完整性，大大缩短回国后检修、改造、重新安装的施工工期，保证了二手设备质量，大大提高了劳动生产率和工程质量。

2.18.2　技术内容

二手纸机拆迁工艺过程主要包括以下步骤：①拆卸前准备，包括图纸资料收集、现场资料准备以及物资准备。②设备标记，对纸机的各个组成，要标记其名称、部位、类别以及顺序号。③设备拆卸，根据设备的实际位置进行拆卸，拆卸过程中要注意保护，特殊及关键设备要制定拆卸方案，及时装入包装箱。④设备包装，根据节约包装及运输工作量、符合纸机的安装工艺要求以及安全环保等要求对纸机的零部件进行包装。

2.18.3　技术指标

(1)《制浆造纸专业设备安装工程施工质量验收规范》QB/T 6019—2004；
(2)《机械设备安装施工及验收通用规范》GB 50231—2009。

2.18.4　项目适用范围

适用于国内外各种类型二手纸机异地拆迁项目。

2.18.5　工程案例

山东太阳纸业有限公司苏州斯道拉恩索 20 万 t 铜版纸机拆迁工程
(1) 工程概况
本工程为一台年产 20 万 t 铜版纸机，由苏州斯道拉恩索纸业有限公司拆迁至山东兖州太阳纸业有限公司。该纸机由德国福伊特生产，纸机幅宽 7650mm，车速 2000m/min，年产 20 万 t 铜版纸。纸机于 1996 年安装完成进行生产，至今已有 20 余年的历史，因位于苏州开发区核心商圈内，根据苏州市的开发规划，苏州斯道拉恩索纸业有限公司需整体搬迁，因此将本台纸机售予山东太阳纸业有限公司。

（2）技术应用

1）施工难点

现代化高速纸机幅宽大、车速高、零部件复杂。一般而言，一台现代化纸机由约 2 万个零部件组成。在纸机的拆迁过程中，如何保证各零部件的编号统一、有序、便于识别和查找在后续的安装工程中非常关键。同时，纸机中有很多精密部件，如靴式压榨辊、石辊、流浆箱等，价格昂贵，保护要求高，在纸机的拆卸和包装过程中要严格遵守相关规定，确保设备的安全。

2）关键技术点

① 纸机零部件编码技术。

② 纸机拆卸技术。

③ 纸机零部件包装及保护技术。

④ 装箱组合优化技术。

⑤ 纸机清洗检修技术。

3）工艺过程

二手机拆迁工艺流程：图纸及资料收集 → 与实际核实、完善 → 编号、标记 → 照相、摄像 → 拆解包装

① 技术资料、图纸收集

a. 工艺图纸：包括设计公司所绘蓝图、底图。主要包括：土建结构、钢结构图，设备布置图、工艺管道布置图及管道单线图，电气施工图纸、接线图、柜子接线图，自动化仪表施工图纸、自动化仪表接线图、逻辑图、控制系统图册等。

b. 设备资料：几乎每台设备均有一册资料，含图纸、说明书、改造升级情况等。

c. 成套设备手册资料：一般均为数套。

d. 工厂工艺操作手册：为今后生产编写生产工艺操作规程提供第一手资料。

e. 设备升级改造资料：二手设备经过多年运行，其间进行过多次设备优化及升级改造活动，其中最后一次升级改造资料是非常重要的。

f. 其他资料：主要为设备检修及升级资料、生产录像及音像资料等。

g. 资料收集后要与现场设备实际情况进行核对，在收集图纸上或单独作出说明，以明确现有设备情况与哪套图纸及资料相符。

② 编号、标记、照相、摄像

纸机本体设备按流程先后分网部、压榨部、干部、按辊类、机架、走台、分侧标记编号；工艺管道按车间号、管线号、分段编号标记，阀门按车间号、口径及阀门编号标记编号；操作平台按图纸号、分立柱、横梁、小次梁、斜拉筋、走梯、护栏、平台踏板、其他等部件按组成部件的构件编号标记；电气盘、柜按车间号、设备位号编号标记，电力电缆按电缆编号标记；仪表盘、柜、控制仪表按车间号、设备位号编号标记，控制电缆按电缆

编号标记。

a. 纸机标记方案

（a）应以原始标记为标准进行标识并有拆迁字样。

（b）纸机以原始标记字头为准分设备的网部、压榨、干燥、冷却、切纸、包装、传动、热回收、气罩和其他附属设备及管道等各系统进行分段明确标识。

（c）标识方法：传动侧以 T 字头为准、操作侧以 F 字头为准。

标识要求传动侧构件与操作侧的同一种构件编号对应，在标识时要保证标识清晰；在标识过程中，传动侧标识用红色油漆，操作侧标识用黄色油漆；在各构件的结合处用油漆画一道连接标识。

在拆卸过程中，设备连接所用的螺栓等小件物品按分部操作侧、分部传动侧单独装入小包装箱内，并点清数量。

网部为 1 字头，网部辊类为 11、网部机架为 12、网部走台为 13；

压榨部为 2 字头，压榨部辊类 21、压榨部机架为 22、压榨部走台为 23；

干燥部为 3 字头，干燥部辊类 31、干燥部机架 32 等，依此类推。

具体标记方法见表 2.18-1。

纸机标记方法

表 2.18-1

序号	名称	标记	标记说明					备注
			部名	类别	分侧	序号	备用	
1	网部	11F-1＊＊＊	1 网部	1 辊类	F 操作	第 1 辊	＊＊＊	F 表示为操作侧，编号在操作侧编制
2	＊＊	12T-1＊＊＊	1 网部	2 机架	T 传动	第 1 件	＊＊＊	T 表示为传动侧，编号是传动侧机架
3	＊＊	13F-2＊＊＊	1 网部	3 走台	F 操作	第 2 件	＊＊＊	编号是操作侧走台
4	＊＊	13FT-2＊＊＊	1 网部	3 走台	横走台	第 2 件	＊＊＊	编号表示横向走台、此编号在走台中间
5	压榨部	21F-3＊＊＊	2 压榨	1 辊类	F 操作	第 3 辊	＊＊＊	编号表示为压榨部第 3 辊、在传动侧标注
6	干燥部	31F-1＊＊＊	3 干燥	1 辊类	F 操作	第 1 辊	＊＊＊	编号表示为干燥部第 1 辊、操作侧标注
7	干燥部	35F-1＊＊＊	3 干燥	5 烘缸	F 操作	第 1 缸	＊＊＊	编号表示为干燥部第 1 缸、操作侧瓦座标注

补充说明：以上表格内所示：

1）第 1 位表示设备序列（从网部至完成的打包线）。

2）第 2 位表示设备类别（辊、机架、走台＊＊＊）。

3）第 3 位表示设备位置（传动侧 T、操作侧 F＊＊＊）。

4）第 4 位表示单位设备的序列号依次类推。

5）第 5 位为备用序列号。

（d）对包装时不能平稳放在托排上的设备，在拆卸解体时必须使用备用标记给予标识（备用标识采用与主体设备标识相对统一的分解编号）。

例如：32F—1—1、（最后一位为备用号，表示干燥部操作侧第一号位机架、第一分解件），32F—1—2（所示为第二分解件）。

按照预先设备序列拟定标识顺序和标识位置，要考虑设备的包装、装箱和二次安装（要求拆卸班组尽量把设备整块拆卸）。

（e）在拟定标识位置上去污除垢、使用干燥干净的棉制包皮布擦拭干净，在清洁区域喷涂底漆，传动侧使用黄色底漆，操作侧使用红色底漆，等待底漆干燥后准备标识。设备和管道等接口和解体处也需喷涂底漆，便于安装时对位。

（f）标识采用标记笔书写方式，以设备一体多位、简单明了、清晰工整为原则。所谓一体多位是指在一个整体设备上应有多个位置的统一的标识，在设备拆卸后仍可以根据标识很容易知道该部件所归属的主体设备和主体设备上的位置。

（g）附属设备和管道可沿用原始编号，但要有拆迁的明确标注（也可参考甲方要求）。

（h）备用编号的使用：设备在包装过程中不能平稳摆放在拖排上时，需要解体摆放。这时解体后的单件设备，需要标识补充备用标记。具体表示如下：

12F—3—1：1网部、2机架、3第三件、1第一分件；

32T—6—2：3干燥部、2机架、6第六件、2第二分件。

（i）补充标记：如图 2.18-1 所示，拆卸班组为部件编号为 50-008-F001-FS，但拆卸或装箱过程中，又将部件拆成两块，故此监拆班组人员将此两件再分别编号：50-008-F001-FS-001、50-008-F001-FS-002。并绘制如图 2.18-1 所示。

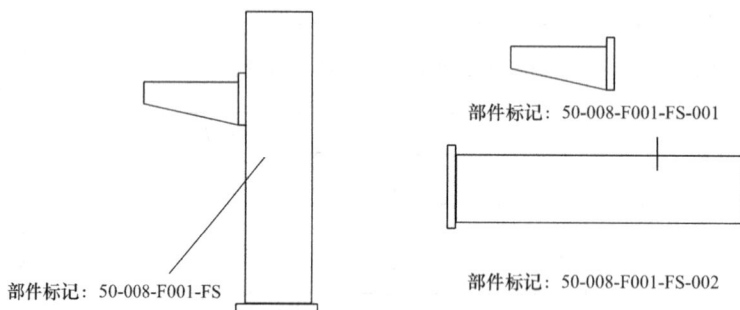

部件标记：50-008-F001-FS-001

部件标记：50-008-F001-FS-002

部件标记：50-008-F001-FS

图 2.18-1　拆卸部件重新编号方法

b. 标记编号管理办法

标记编号实行计算机统一管理，便于标记检索。

将按以上标记方案编制的设备的标记编号在设备拆解打标前输入计算机，形成各分部标记编号明细初稿，打印出一份指导现场标记，再根据现场标记及设备拆解情况作必要的增减补充，全部拆解工作完成后，电脑中形成最终版的标记记录资料，刻成光盘保存。具体输入格式见表 2.18-2。

标记记录　　　　　　　　　　　　　　　　　　　　表 2.18-2

序号	标记编号	车间号	设备位号	设备名称

c. 照相和摄像工作

（a）标记录像及照片，即在标记工作完成后，对所标记的设备、管路、阀门、自动化仪表设备等进行现场录像和照相而形成的影像及照片资料。

（b）监拆照片及录像资料，是指监拆班组人员在设备拆卸过程中，拍摄的照片及录像资料。要点：应对大型解体设备，如纸机本体，每一个细节的拆卸进行照相，为日后重新安装提供第一手资料；对大型重型设备吊装过程进行详细记录，重点记录吊装过程，吊装方法、吊装部位等，为以后设备吊装提供参考；对在拆卸过程易损易碰部件进行详细拍照，如发生损坏事件，则立即利用照片向拆卸方提出，为索赔提供证据。

（c）设备包装及装箱照片，主要是设备及部件包装的照片，集装箱装好后集装箱本身照片及集装箱内部货物照片。为以后货物查找及日后保险、海运等提供一手资料。按集装箱号、包装号、车间号统一分类，便于查找。

（d）标记、拆卸、装箱的照片、录像资料及装箱资料输入电脑中制成光盘以便查找和保存。输入时要求按车间或工段及分部建立相应文件夹，对照片要输入相对应的中文名称，以便查找。

③ 拆卸工作

a. 拆卸有关事宜

（a）拆卸原则

为方便今后安装，在装箱条件允许情况下尽量减少解体部件数量，减少各种装箱管材切割量。

（b）纸机等需解体设备拆卸

对于拆卸过程中损坏的螺栓、轴承、销钉等小部件也应装箱运回，并做记录，以便回国测量重新制造。特别是螺栓大部分为英制螺栓，其规格、强度等级、长度等均不同，应分门别类标清楚。

对拆卸下的小部件、螺栓等随时做补充标记、收集，及时放入小木箱中，防止遗失、散落。在不影响包装、装箱的情况下，部件连接螺栓可拧在部件原螺栓位置处。

对设备部件装配部位，用红色油漆作装配标记，并在红色油漆上用英文字母简单标明，例如，1号机架与2号机架相连接，在连接处喷红色油漆，在两个机架的红色油漆上均标明字母"A"，即A对A。

每组螺栓、轴承座等需解体小部件，待拆除后应立即做好统一标记、装配标记，并用胶带纸包裹到一起装入小木箱内，以免同其他相同部件混淆。

b. 纸机本体拆卸

（a）网部压榨部拆卸，将设备按安装顺序的倒序，本着从上面下，先附件后主要原部件的原则进行拆卸作业。先拆卸顶层导辊刮刀、喷淋管等部件，然后拆除真空吸水箱及导辊，再拆除机架及悬壁梁和平台爬梯等部件，依次拆卸下一个层面的部件。在拆卸导辊时要用双钩同时起吊，特别需要注意的是拆卸吸水箱时要注意做好陶瓷面板的防护工作，避免陶瓷面板被碰碎。拆卸流浆箱时要注意对唇板的保护，防止唇板磕碰变形。对压榨部靴辊的吊运不得将吊带放到靴套上，应将吊装位置设在轴头上，对于需做运输辅助支架的设备部件，按照外方指导专家的意见提前做好准备工作，把支架做好。导辊吊装方法如图2.18-2所示。

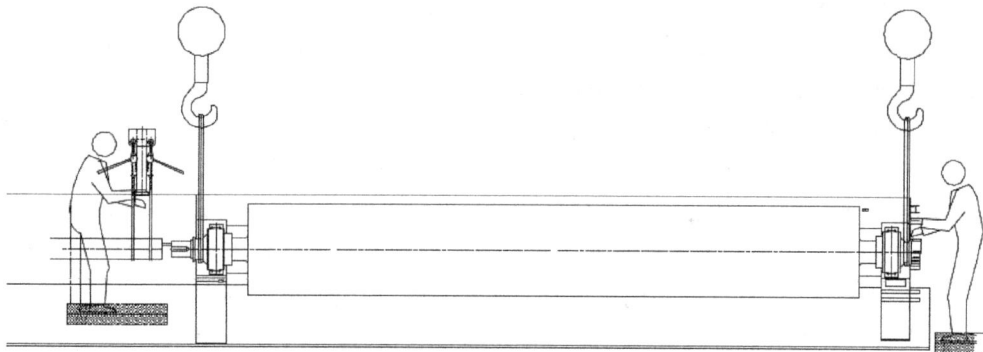

图 2.18-2　导辊吊装示意图

（b）干燥部拆卸，先将气罩及其附件拆掉，拆卸步骤为：气罩顶部通风管道拆除→提升门拆除→侧板拆除→端板拆除→顶板拆除→支架拆除。在拆卸气罩侧板之前需将部分传动轴先行拆除。气罩及热回收装置拆卸不允许切割以保证拆卸后能够恢复安装使用。干燥部拆卸顺序为：传动拆卸、顶部张紧装置拆卸→上层导辊及其他附件拆卸→上层支架拆卸→对烘缸机架进行支撑、拆卸烘缸汽头→拆除横梁→拆卸烘缸→拆卸稳纸器、刮刀等→拆卸烘缸机架→拆卸真空缸→拆卸一楼导辊及张紧装置等→拆卸损纸输送带→拆卸损纸碎浆机。由于烘缸重量较大，在横梁拆卸之前一定要对烘缸支架加好辅助支撑。对烘缸及导辊、稳纸器等部件进行拆卸时采用双钩作业，尤其是在吊运烘缸时，一定要检查好吊具的安全情况。

（c）压光机拆卸传动轴、上层和干部相连处机架、二压软辊刮刀、上层压辊、下层压辊、下层压辊刮刀、蒸汽喷箱、横向走台、机架内导辊和弧形辊、定距梁、机架。在吊运软辊要注意辊面保护。

（d）卷纸机拆卸顶部搁纸架及摇臂和油缸、传动侧及操作侧盘柜、传动轴、卷纸缸两端活动机架、卷纸缸、刮刀及活动横走台、导辊及弧形辊和扫描架、顶部搁纸架立柱、机架。机架整体吊运重量约为 26t，吊运时要注意安全。

（e）复卷机拆卸：将提升门放下、压纸辊放下、踢纸辊复位并固定好连同机架整体拆卸包装，切纸部为整体一件拆运，底部展纸辊一件，底部引纸部一件整体吊运。第一部分用专用吊具进行吊运，如图 2.18-3 所示。

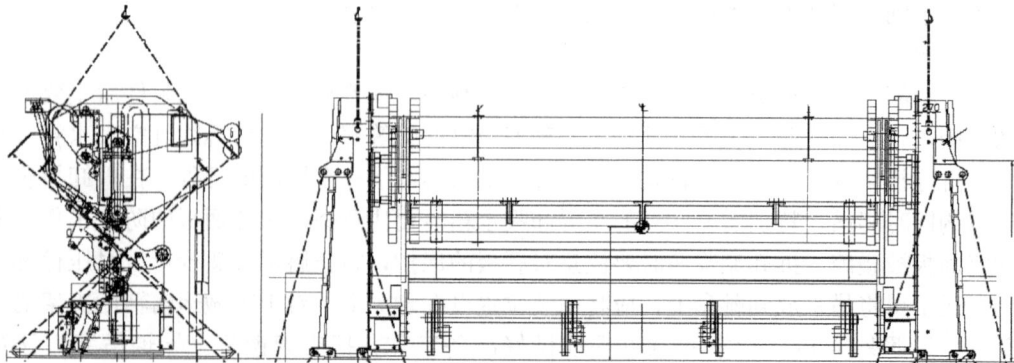

图 2.18-3　专用吊具吊装示意图

④ 包装

a. 包装原则

为方便二手设备点件、清洗、检修，管线采用区域装箱方式，即一定区域内管线在同一集装箱内。设备、配电箱、仪表等精密仪器装箱后集中在一个集装箱内。

（a）包装的原则：防雨、防潮、防腐、防冻、牢固可靠。

（b）为便于现场贮存减少费用，设备等材料装箱采用二手集装箱，集装箱运回后可作为临时仓库，这样可以比租用集装箱节省费用。为便于装箱和以后掏箱，大型设备装箱尽量采用开顶箱，小型设备或部件可采用侧开箱。

（c）拆卸的设备或部件需要有良好的包装，要求能满足长途陆运和海运需要。木箱或板条箱包装要求底拍牢固，大型箱底拍需用钢材进行加固处理。

（d）采取防潮防腐措施，对运输的潮湿、腐蚀条件要考虑全面，特别是散装暴露的要进行防潮防腐处理，容器、管道内的残液要放净且不得存在腐蚀性液体。尤其是进入集装箱内的设备、容器、管道，不得有腐蚀性液体以免腐蚀集装箱及其他设备。

（e）设备在集装箱底托排上固定、进入集装箱时，要有效地固定，防止运输过程倾斜造成设备的散箱和在集装箱内或托排上移动。所有设备的包装箱或木箱上要标明设备重心或吊装点位置，木箱内的设备材料要固定牢固，防止木箱在集装箱内的移动；大型设备在托排上的固定更要牢固可靠。

（f）包装、设备、包装箱号及集装箱的标记，要有统一的清单和清楚的记录，每个集装箱及大型木箱在封箱前要由监拆方人员认可，并做交接验收手续。

b. 包装方式

（a）纸机所有胶辊辊面先毛毡包覆，再用纤维板包覆，包扎带捆扎；轴承室用塑料布裹严并捆扎好，做到防水防潮。

（b）在纸机烘缸、钢面导辊的表面涂抹一层防锈油，用牛皮纸包覆辊面，再用纤维板或胶合板包裹，轴承室用塑料布裹严并捆扎好，做到防水防潮。将烘缸的两端轴颈用木制的托架固定在木质底盘上。

（c）机架：用收缩塑料膜包覆，大架底部用特制的钢支架固定。同时标明吊装的方式和位置，并进行防潮和防锈蚀处理。

（d）设备零散部件一律分门别类装入木箱（如轴承、联轴器、大型螺栓、小支座、小机架、皮带轮、传动轴、小托辊等），并固定牢固。对特殊、特种螺栓、高强度螺栓、销钉要集中在木箱内进行包装，不得有泄漏、散箱等现象。

⑤ 装箱单编制

a. 装箱单样式及内容：表头要包括集装箱号、密封条号、序号、日期、集装箱重量及装箱内容描述等内容。当然也可以采用其他样式。

b. 箱内的装箱单必须与箱内设备一致。

c. 装箱单还可附带集装箱及集装箱内部装箱情况照片，让人一目了然。

⑥ 装箱单管理

设备的装箱单实行计算机统一管理，以便检索设备存放的集装箱号，从而保证集装箱到达安装地后先检修的设备先掏箱。

⑦ 机具设备

纸机标记所用机具见表 2.18-3。

纸机标记用工具表

表 2.18-3

序号	名称	规格型号	单位	数量	备注
1	自喷去污剂		支	40	
2	自喷漆（红色和黄色）		罐	100	
3	油铲		把	10	
4	油漆笔（黑、红、黄）		盒	30	
5	包皮布（棉制）		kg	60	
6	橡胶手套		副	20	
7	口罩		面	10	
8	宽胶带		盘	10	
9	高能手灯		个	4	带充电器
10	手电筒		把	6	带充电器

拆迁需要配置机具设备见表 2.18-4。

纸机拆卸用工具表

表 2.18-4

序号	设备名称	规格型号	数量	备注
1	笔记本电脑		1台	
2	数码照相机	500万以上像素	1台	
3	数码摄像机	300万以上像素	1台	
4	打印机		1台	
5	扫描仪		1台	
6	汽车式起重机	25t	1台	
7	汽车式起重机	16t	2台	
8	叉车	5t	2台	
9	叉车	8t	2台	
10	平板运输车	20t	2台	
11	液压升降小车	2t	3辆	
12	液压千斤顶	10t	6台	
13	齿条千斤顶	10t	6台	
14	齿条千斤顶	5t	6台	
15	捯链	5t	10个	
16	捯链	2t	12个	
17	等离子切割机		6台	
18	气割工具		6台	
19	木工电锯		2把	
20	手工木锯		10把	

⑧ 劳动组织

二手机拆迁工作，主要分成技术资料、图纸收集、与实际核实、完善，编号、标记、照相、摄像，拆解、包装等工序。按工序配备人员，按工序组织流水作业。可根据人员的职责范围分成监拆班组、拆卸班组、包装班组。

监拆班组主要由各专业技术人员、技师及高级技工组成，约需 4～8 人，应于正式拆卸前一个月左右进驻现场，在正式拆卸前主要负责搜集技术资料、图纸、与实际核实、完善；提出拆卸及包装、装箱要求；检查设备或管道的冲洗工作；制定标识方案；对拆回设备、管道、仪表等做出标记，对设备标记处进行照相、录像并做好记录。在拆卸期间主要负责对设备、电器仪表拆卸、装箱质量进行监督；及时发现拆卸过程中的损坏部件并列出清单，做照相记录、测量绘制必要的简图，记录损坏部件在设备上的具体位置；在拆卸过程中，对原标记方案及标记不符或标记不清的拆卸部件进行补充标记；及时制止拆卸班组对关键部件的破坏性拆卸；对大型设备的拆卸过程，特别是吊装运输进行记录，确认其吊装位置和重心，并照相记录；对用电设备、仪器仪表等精密仪器的防水、防潮等措施进行监督；在拆卸前和监拆过程中要拍摄各专业录像、照片、绘制便于安装的草图和记录；在拆卸及装箱工作完成后，及时整理出正确的标记图、装箱单及缺损记录表并存档保存。

拆卸班组主要由木工、起重工、综合工、叉车司机、汽车式起重机司机组成，负责准备拆卸的设备、管道、电气、仪表部件编号、标记、照相、摄像，拆解工作，对拆解质量负责。

包装班组按照监拆班组制定的装箱原则，主要负责小件、小型设备或部件装木箱，大型设备装集装箱，协助监拆班组编制集装箱装箱单。对设备、电器仪表装箱的防雨防潮、木箱或板条箱的防腐牢固性及包装、装箱质量负责。

4）质量要求

① 要求保证拆机质量，按标记方案进行拆卸

纸机部件拆卸后，立即装在事先准备好的木质托架上并进行固定；防止在吊装运输过程中损坏；主要工作面加以保护，特别是辊面、装配表面等，防止划伤和碰撞，并涂防锈油；在拆卸过程中发现部件已损坏的，要及时通知有关人员，及时进行测绘和记录。

② 部件吊装

吊运各零部件时，吊点一定要选在部件的指定部位。吊运时注意勿将钢丝绳直接接触到部件加工表面，应在钢丝绳与部件接触处垫以衬物（如木块、麻袋布等）。

③ 运输要求

运输前检查设备各外露面是否包好；检查各种绑扎是否完好。发车前要检查封车情况，高度较高者是否紧固；车厢内易滑动者是否垫牢；易损件是否包装好，是否有磨损；检查各种标识是否齐全。运输过程中，为了防止锈蚀，在部件的工作表面和磨光部分都涂有防腐蚀剂。

④ 包装要求

a. 包装材料必须符合中国的要求。包装用木材必须是烘干过的，其他材料符合海关、环保等部门的规定。

b. 按系统进行包装、装箱并合理搭配，保证集装箱合理使用。

c. 包装质量要达到防腐、防水、防湿（真空）、防碰、防碎、防变形等要求，同时必须符合海运的要求。

（3）实施总结

传统的二手纸机拆迁，破坏性拆迁较多，拆卸标记不够科学、不够完整，造成回国后制造、检修量增加，制约了工程施工进度和施工质量。采用此二手纸机项目拆迁技术，由于拆卸方法科学、拆卸标记科学、完整，大大缩短了回国后检修、改造、重新安装的施工工期，保证了二手设备质量，大大提高了劳动生产率和工程质量。同型号同厂家的二手纸机，采用新的拆迁工法与传统的方法比较，人工费可节省 30%，机械使用费可节省 20%，在人力、施工机械投入一样的情况下，进度可提前 20%～25%。

（提供单位：中国轻工建设工程有限公司；编写人员：温玉宏、李德辉、刘仕海）

2.19 物流分拣输送系统施工技术

2.19.1 技术发展概况

随着我国电子商务以及航空产业的飞速发展，物流分拣输送产业呈现几何式的发展。物流分拣输送系统设备具有准确识别、高速处理并分拣货物的特点，随着物联网时代的到来，该系统被广泛应用到了物流快递、机场仓储等行业。物流分拣输送系统主要由输送设备和分拣设备两大类组成，其设备组成部件多，空间布置高度集中复杂。

输送设备主要由性能可靠、高速运转的输送功能模块组成，其主要包括支腿、滑床板、驱动站、侧护板、中间连接板、连接单元（侧护板连接板）、皮带、电机、光眼等部件，组成一个用于输送物料的自动化分拣线。其设备布置灵活多样，平面与空间位置均能充分利用，并与分拣系统高效连接，减少人工操作，提高分拣作业的效率和质量。

分拣设备是在高速输送的过程中，利用扫码器对物品编码进行读取、分类，在输送到指定位置时利用道岔或溜槽实现物品的分拣，分拣输送系统主要由直段分拣输送设备、转弯输送机、分流机、合流机、摆臂机等组成。

系统安装依据工艺设备的技术参数及要求，通过综合采用全站仪设备、精密测量方案立体综合放线、采用 BIM 技术制定安装方案，实现快速、高效施工的效率。

2.19.2 技术内容

物流分拣输送系统是一种高效快速的系统设备，是将多种非标设备通过先进的动作控制系统高度集成、协调运行。针对物流分拣输送系统安装中同时存在的常规非标设备的施工工艺以及为实现高效性能而需具备的规模化、集成化的工艺标准要求的特殊施工技术，通过运用 BIM 技术，在安装的每个工序协调运用，高效经济地解决了施工难题，保证了施工质量和效率。

物流分拣输送系统安装的全过程按照施工重难点分为：设备布置定位阶段、设备组装阶段、设备吊装阶段、设备连接机械调整阶段、电气调试阶段。依据物流分拣系统的工作原理及特点、空间布置、分布情况及各区域功能要求，将其按照输送设备和分拣设备进行归类，综合其平面分布、空间布置高度予以划分，并根据不同区域钢结构形式的差异选用不同安装设备及工装的措施。

（1）设备布置定位阶段：测量定位采用多种方法及手段，保证输送系统整体放线的效率和精度。

（2）设备组装阶段：采用"标准设备流水施工法"进行设备（主要是滑床板和支腿）组装，解决部件种类繁多、人为操作差异大的问题，提高设备组装效率和准确率。

（3）设备吊装阶段：利用 BIM 技术合理规划区域各设备的吊装需求，细化安排各设备的吊装顺序，进而确定各设备的吊装步骤，同时设计专用吊具，有效提高了设备吊装阶段的安全性和吊装进度。

（4）设备安装阶段：采用"专机标准化安装、调整法"，先按区域对设备部件进行分类，再依照标高位置，按规格型号、性能要求对设备进行再分类。便于质检人员检查消除同类设备由于安装和调整方法不同带来的差异，降低后期调试阶段的调整量。

（5）设备调试阶段：采用先进的"PROFIBUS 总线调试技术"提高设备电气调试效率，缩短调试周期。物流分拣输送系统的仪控系统包括安全监督控制系统、电气系统、控制系统、操作界面共 4 部分。全线以 SIEMENS S7300/400 系列 PLC 为 DP 控制主站，下设多个 DP 控制从站，各 DP 控制从站下挂 AS-I 总线系统连接设备层。各系统通过 Profibus 现场总线和 ProfiSafe 安全协议互连、互通并实时交换数据，在软件配合下形成功能统一的控制整体。

2.19.3 技术指标

（1）《输送设备安装工程施工及验收规范》GB 50270—2010；

（2）《机械设备安装工程施工及验收通用规范》GB 50231—2009；

（3）《自动化仪表工程施工及验收规范》GB 50093—2013；

（4）《电气装置安装工程 低压电器施工及验收规范》GB 50254—2014；

（5）《工业安装工程质量验收统一标准》GB/T 50252—2018。

2.19.4 适用范围

适用于机场航站楼行李输送系统、物流枢纽中心、货运站、仓储中心以及类似工业安装工程。

2.19.5 工程案例

1. 杭州 SF 速运全国航空快件运输枢纽工程

（1）工程概况

整个项目占地面积约 200 亩，集快件中转分拨中心、顺丰航空萧山基地、生产辅助生活基地为一体，并购置引进了包裹分拣机、小件分拣机、物料处理系统、IT 系统等设备，形成了年货物吞吐量 28.5 万 t 的生产能力。顺丰速运全国航空快件枢纽基地项目购进的全套西门子设备，是目前国内最先进物流快件分拣设备，价值 8 亿元。通过智能传感、电子标签，自动分拣等技术，做到了全程无人化和自动化，实现了日均 44 万票，峰值 220 万票的运作规模。货邮综合处理能力达 7.8 万件/h。

本项目安装皮带输送机共 11000m，共分为 9 个安装区域。整个车间内所有的输送机从地面开始共有 5 个安装层面，除一层在地面安装外，其余的各个层面都在钢结构平台及支撑上安装。整个系统设计速度为 5～8m/s。其中转弯输送机 211 台，斜辊输送机 21 台，摆臂输送机 30 台，各种规格滑床板（包括侧护板）7100 套，中间连接板 7100 套，各种支腿共计 14000 套，安装螺栓 51t。安装驱动电机 7100 台、粘结皮带 6400 条。

（2）技术应用

1）工艺特点

该项目输送系统设备集中度高，平面布置密集，设备层高度 37m，并且使用了多种具有专利技术的部件，从可靠性到灵敏度均有大幅提高。

工艺运行速度可实现大范围的调整，以满足处理量需求量的暴增和暴减。但与此同时，部件的类型数量也随之增加，安装难度加大。因此需要采用更为有效的施工技术手段、可靠检测工具，以保证较高的施工质量。

① 关键技术

a. 现场测量放线阶段采用立体投射放线技术，标高复核宜采用"闭合水准法"进行。用于控制整个输送线路的重点设备的相对位置测量采用"角度前方交会法"。

b. 设备查找对部件进行分类，再根据其特性和属性进行编码，另外根据各部件的特性将其安装要求信息给予标识。信息化、程序化管理所有部件的数据信息库。

c. "标准设备样板流水施工法"的实施保证了种类繁多的部件设备的组装质量和进度。根据不同部件的组装精度及误差的要求，制作简单实用的简易工装，既保证了装配要求，又提高了组装的效率。

d. 利用 BIM 技术合理规划区域各设备的吊装需求，细化安排各设备的吊装顺序，进而确定各设备的吊装步骤，同时设计专用吊具，有效提高了设备吊装阶段的安全性和吊装进度。

e. 设备安装和机械调整阶段采用"专机标准化安装、调整法"，保证同类设备安装连接的一致性，大大降低后期设备调试阶段的机械调整工作量。

f. 先进的"PROFIBUS 总线调试技术"提高设备电气调试效率，缩短调试周期。虚拟环境仿真调试技术，模拟物流分拣输送系统的运行情况，通过离线编程仿真，对系统的运动轨迹和线路进行实时模拟动作控制调试。

② 施工工艺流程（图 2.19-1）。

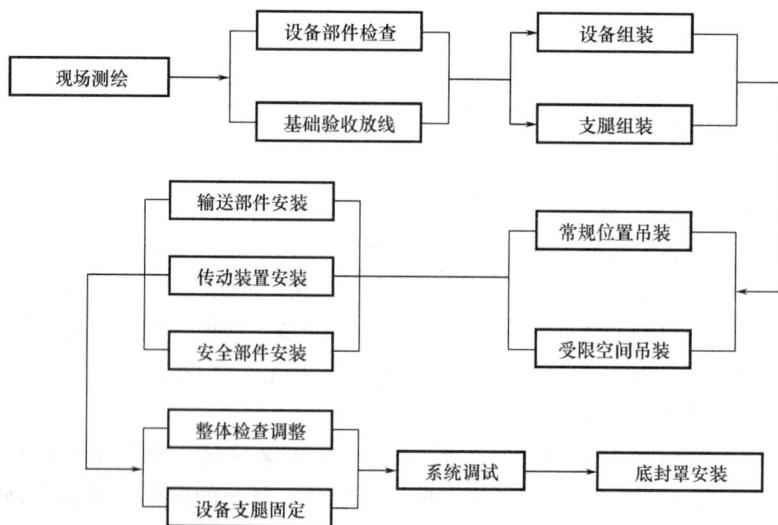

图 2.19-1　工艺流程图

2）施工方法

① 基础检查验收及放线

根据物流分拣输送系统的布置特点，需要进行基础验收的部分为一层厂房地面设备布置区域以及其他各标高层的钢结构平台区域。验收依据为业主方提供的设备布置图以及各段的标高要求。根据土建单位提供的车间纵横基准线及标高基准点确定输送线起始设备的水平位置并确定其起点安装高度。依次确定其他设备安装的标高基准点及对应输送机安装钢结构轨梁和吊杆的标高及中心线直线度，对超差的轨梁及吊杆调整修改。

检查验收内容为：

a. 检查各层混凝土地面的外观质量情况，有无出现长条裂纹、脱皮、麻面、超砂，区域坡度设置是否满足设备安装的工艺要求。

b. 建筑附件及构造有无与设备安装出现干涉的情况。主要表现为影响设备安装及后续工作要求，以及与建筑物构件的间距不满足相关要求。

c. 基础的承载能力是否满足设备安装要求，需要施工方施工前进行单独的验收确认工作。

d. 钢结构平台主要验收其平面尺寸、位置布置是否与安装图纸相吻合，平台的高度是否在要求的范围内，安装区域的平台水平度是否满足要求。其结构部分能否满足设备安装的需要。

输送线设备放线根据厂房布置情况和设备的工艺要求，采用输送机中心线与关键设备位置点为基准进行放线。关键设备一般指分合流机、转弯输送机等。分拣输送线单条直线最长达到 60m，为了保证输送机中心线的直线度，采取两点之间插入多点验证的办法确定中心线，同时采用垂直基准线验证矫正的办法减小放线的误差。对于上下两层输送线有相对位置要求的区域放线，需要拉结辅助测量铅垂线进行测量放线。对于相邻两条或多条输送线，其中心线应采用同一基准线进行放线，同时参考转弯输送机的形状尺寸以便对加工误差给予安装调整。

标高控制是输送机定位放线的关键，由于爬升、下降段输送机都需要有坡度设置，同时输送线的空间立体布置也决定了在不同标高层的钢结构平台上，如果标高偏差较大，将导致设备无法连接或者坡度误差超差的现象。

因此对于同一区域的输送线，应采用一次测量所有输送线的标高。对于相对高度差比较大的，可采用标高高程传递的方式进行间接测量，测量点应选取在输送机的端头连接板上（高程测量须在输送机水平调整好之后进行核实测量）。标高复核宜采用"闭合水准法"进行。

用于控制整个输送线路的重点设备的相对位置测量采用"角度前方交会法"，以避免平面距离不便于测量。

② 设备及部件的检查

分拣线主要检查的设备和部件有：滑床板、转弯输送机、合流输送机、驱动站、连接单元。

a. 安装位置的确认

（a）由于每个设备部件都有相应的编号以确定其安装位置，因此对设备及部件检查的第一步就是确认其位置编号是否完整，并与图纸进行核对是否准确。

（b）安装位置的情况是否满足各设备的要求，有无影响及干涉的因素。评估对上层设备部件的安装有无影响。

b. 设备部件检查

（a）检查滑床板设备的长度是否与设计的尺寸一致，其长度误差不得超过±20mm。

（b）滑床板的平面度误差是否超标，边角有无因碰撞而引起地翘起或下垂等情况；直线度无明显变化。

（c）设备所带的部件是否齐全，安装所用的连接件型号、规格、数量是否与要求相一致。

（d）设备部件本身有无损坏、变形等影响其正常运行的情况。

（e）设备的表面油漆是否完整无损，有无影响其材料防腐性能的碰伤及脱落现象。

（f）相邻部件的连接螺栓孔的位置是否吻合一致，有无偏差超差导致连接螺栓无法穿过。

（g）减振材料的配备是否满足设备各部位减振降噪的要求。

（h）确定并检查设备用于吊装的位置的结构形式，是否存在因受力而改变形状、位置的情况。

（i）转角输送机转角角度有无明显不足或超过现象。

（j）主要部件检查表（表2.19-1）。

分拣输送设备主要部件检查表

表2.19-1

序号	部件名称	测量检查内容	检查项	备注
1	滑床板	数量、非标段尺寸及设备编号、安装方向	直线度、平面度、弯曲情况	
2	转弯输送机	转弯半径、设备编号、安装方向	转角角度误差、平面度误差	
3	合流输送机	数量、编号、规格型号	连接接口位置、安装方向	
4	驱动站	数量、设备编号、规格型号、区分左、右驱	连接位置、外形有无变形	
5	侧护板	规格尺寸是否与图纸相符、编号位置	平面度、连接孔形状位置、边角翘脚、下垂情况	
6	支腿	数量、高度尺寸，可调高度限位情况，设备编号与安装清单及图纸相符	调节位置螺纹变形、整体直线度	
7	连接单元	连接单元编号符合安装清单，单元内的连接片、手指防护及侧护板连接板型号规格符合图纸	外形形状、连接位置、外表防腐	
8	安全防护板	安全防护板的数量、规格型号及编号符合安装清单	连接尺寸及位置、整体变形情况	
9	底封罩	数量、编号、规格与设备编号相对应	形状变形、连接尺寸	

③ 设备分类与查找

根据输送系统设备的类型，其组成设备可分为直辊缓冲机、直段输送板、转弯输送机、分流输送机、合流输送机、摆臂输送机、斜辊输送机。

　　参照设备安装清单信息（设备编号及尺寸）及图纸对设备到货情况进行核对，对部件的数量规格进行清点检查，并在部件外包装上做好清晰明显的标记。在设备安装过程中严格对照图纸及设备清单，保证设备编号与图纸及安装清单相对应。

　　由于设备的组件数量多，特别是小型部件非常多，应根据图纸严格对照设备安装清单中的部件编号和规格尺寸查找每件输送机的部件。特别是设备支腿的查找，要做到设备标号、尺寸和图纸一一对应。

　　设备查找首先要将需要查找的部件进行分类，再根据其特性和属性进行编码，编码中包含的主要信息有：名称代码、区域代码、功能代码，最大程度反映出各部件的特征，便于查找工作的顺利进行，与此同时充分利用部件已有的编码。另外根据各部件的特性也将其安装要求信息给予标识：水平运输方式、垂直运输方式、连接方式等。

　　④ 支腿组对安装

　　本系统支腿主要有两种形式，一种用于水平滑床板支撑用的支腿，一种用于坡度滑床板支撑用的支腿。二者的差异主要在于顶部连接装置有所不同，如图 2.19-2 所示。

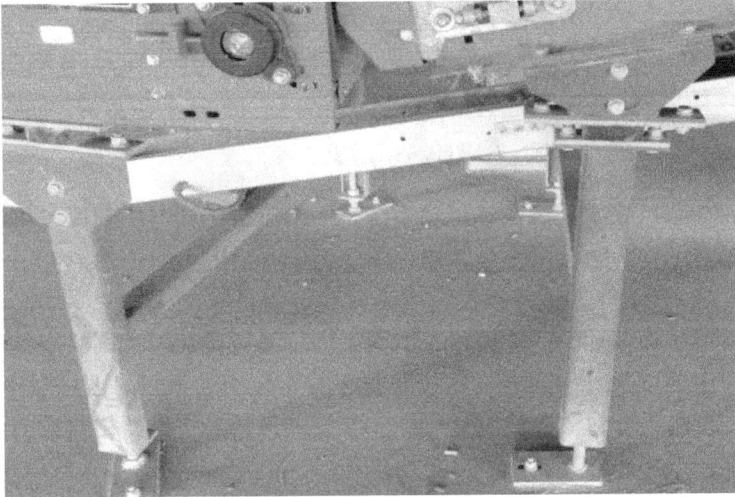

图 2.19-2　支腿形式（左侧为水平支腿，右侧为坡度支腿）

　　支腿按照其本体构造分为：底座可调装置、本体结构件、顶部连接件可调装置三大部分。组装时首先将底座通过高度可调装置固定于结构立柱底部，由下一个流水作业将立柱横梁和拉杆连接成结构件，再由下一个流水作业最后进行连接件的固定，并对整体的平直度及长度要求进行质量检验。

　　根据工序过程工作量的差异，确定采用等步距异节奏流水施工：底部装置安装及可调装置安装安排一组人员作业，本体结构件安装安排两组人员作业，顶部连接件及可调装置安装安排两组作业人员。

　　⑤ 滑床板组装

　　根据输送线设备的安装位置和外形特点，将需要组装的滑床板分为两类：a. 一般情况下应尽量在地面进行组装；b. 在安装位置组装滑床板，当区域位置受钢结构情况限制时，无法整体达到安装位置。

皮带机由首（尾）段（图2.19-3）、中间段（图2.19.4）、驱动站（图2.19.5）组成。根据编码，各分段滑床最大的区别就是每种构件的长度尺寸有所区别，需要根据图纸的具体尺寸进行组对拼装。

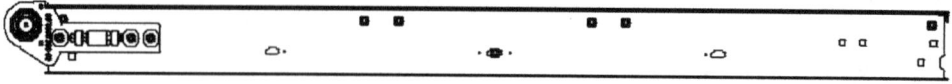

图2.19-3　首（尾）段滑床板

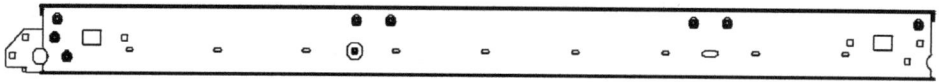

图2.19-4　中间段滑床板

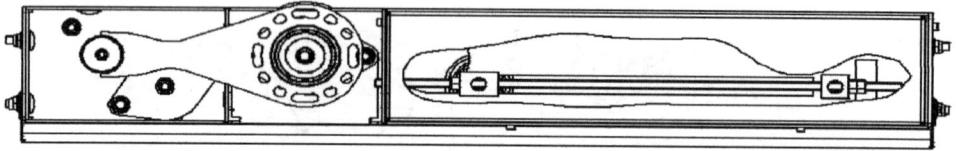

图2.19-5　驱动站

首尾段安装一套可张紧的机构和驱动系统，而滑床板结构与中间段是相同的。

滑床板的基本结构为组合型平面结构（图2.19-6），中间段两侧面为5mm钢板折的C型钢，通过螺栓将3mm厚的镀锌钢板折成平面输送板拼接而成，中间的滑床板需要使用加固梁加固。各滑床板单元通过连接片和加固梁进行组对拼装，加固梁安装在滑床板的内侧，连接片在滑床板槽钢骨架内通过定位螺栓进行定位组装（图2.19-7）。在滑床板组装完成后要根据图纸的尺寸对支腿位置进行标注安装，每个支腿要严格对照图纸和安装清单进行安装，以保证设备的标高正确。

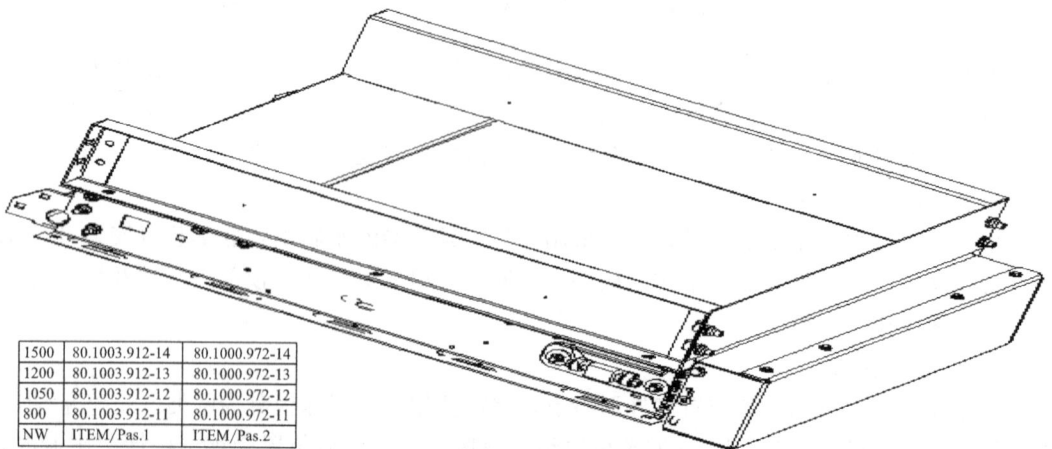

1500	80.1003.912-14	80.1000.972-14
1200	80.1003.912-13	80.1000.972-13
1050	80.1003.912-12	80.1000.972-12
800	80.1003.912-11	80.1000.972-11
NW	ITEM/Pas.1	ITEM/Pas.2

图2.19-6　滑床板外形图

图 2.19-7　滑床板连接节点

滑床板属于薄板加工非标件，各分段、各部件之间的连接一般均采用螺栓连接。连接螺栓紧固扭矩太小，运行时间长了螺栓会松动从而导致连接副失效；紧固扭矩大了会导致连接件变形甚至破坏，因此为了规范施工操作作业，需要给出具体的紧固扭矩值作为施工标准。经过多次试验以及结合不同结合面的摩擦力系数情况，本系统螺栓连接的紧固力应符合表 2.19-2 要求。

螺栓连接的紧固力 表 2.19-2

序号	螺栓规格 （mm）	连接面摩擦力 系数	紧固力 （N·M）	备注
1	M6×1	0.2～0.22	4～5	传感器等附件连接
2	M8×1.25	0.2～0.22	10～12	防护板连接
3	M10×1.5	0.2～0.22	22～25	部件连接
4	M12×1.75	0.2～0.22	38～42	部件连接
5	M14×2	0.2～0.22	58～65	结构件连接
6	M16×2	0.2～0.22	95～105	结构件连接

滑床板组对要点：根据图纸和安装清单找出相应位置的滑床板，依照图纸顺序进行组装。每段直段组对时，要根据直段起头线和设备中心线就位安装（表 2.19-3），按照输送方向依次组对。

以安装纵、横向基准线的中心标板为准，拉挂安装中心线，将设备中心线对准安装中心线，使安装的设备正确定位。

通过设备的调整螺栓调平，如果调整螺栓无法满足调平要求，则要通过平垫铁调整设备的水平，根据精度要求利用平尺进行水平测量和校验。

⑥ 设备吊装

本系统需要进行吊装的设备有以下几种：直辊缓冲机、直段滑床板、转弯输送机、分流输送机、合流输送机、摆臂输送机以及斜辊输送机。

滑床组对精度要求 表 2.19-3

序号	检验部位	允许偏差	检验方法
1	滑床板接头处间隙	≤1mm	自制塞架进行间距及平行度的测量
2	滑床板标高误差	±5mm	水准仪进行测量控制
3	滑床板工作面高度差	≤0.5mm	高精度水平尺进行测量
4	输送机中心偏差	±2.5mm	两侧悬挂吊线坠进行测量
5	皮带辊外圆间距（要求 21mm）	±1mm	外径千分尺两端进行测量
6	两滑床骨架槽钢端面距离（要求 250mm）	±1mm	外径千分尺两端进行测量

输送机为多层交叉空间布置，钢结构基础面分布不规则，垂直空间狭小；同时还受周围其他钢结构的影响，空间非常有限，无法采用吊车吊装，在这种情况下选用单轨电动葫芦进行吊装。输送机滑床板结构形式固定，每个分段的重量都小于 1t，选用环链轨道电动葫芦（表 2.19-4）进行吊装。小车轨道选用 I10 工字钢，轨道长度根据实际情况确定（顺丰项目轨道长度为 7m），工字钢轨道用螺丝夹板的形式固定在上层钢结构 H 型钢上，见图 2.19-8。具体是在工字钢上表面每隔 1.1m 焊接 300mm×300mm 的 10mm 厚钢板 6 块，钢板四个边角开 ϕ18mm 长为 50mm 的条形孔，再根据不同的钢结构 H 型钢的规格制作相应的夹紧板，每次吊装前将轨道提前安装在钢结构钢梁上，并将轨道小车和电动葫芦装于轨道上，在轨道两端面安装限位器，以免轨道小车滑出轨道。具体见图 2.19-9。

链轨道电动葫芦选型参数参考 表 2.19-4

起重量 （t）	标准起升 高度（m）	起升速度 （m/min）	运行速度 （m/min）	钢丝绳 型号	字钢轨道 型号
1	9	8(8/0.8)	20(30)	6×37—7.4	16-28b

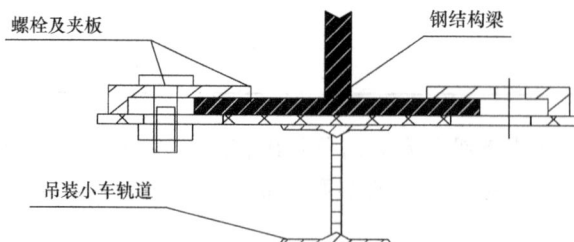

图 2.19-8　轨道固定示意图

设备吊装时由于设备上没有吊点，而且每件设备都很长，所以就必须考虑设备吊点及吊装时的平衡问题，根据设备的特点及实际情况，制作吊装平衡梁，平衡梁用 2.5m 长的 HW100 型钢制作，在梁上固定 600mm 长的吊带 4 组，吊带与设备利用滑床板与侧护板的连接螺栓孔加 M16 吊环螺栓进行连接。

设备吊装至安装高度后，滑动轨道小车将设备移动到安装位置，在部分轨道小车不能到达的区域，用液压车配合，将设备拖运到就位位置。

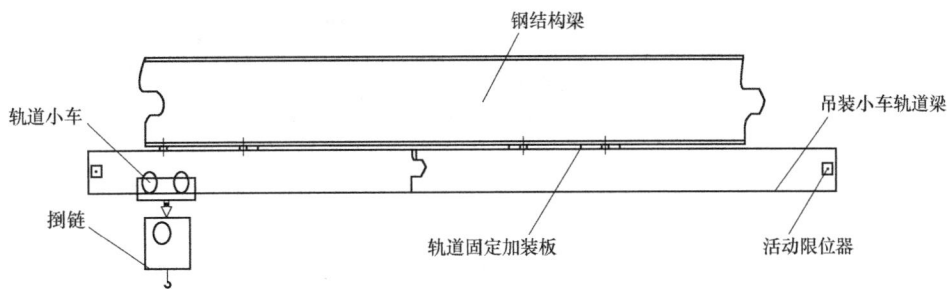

图 2.19-9　单梁葫芦安装示意图

⑦ 设备安装

采用"专机标准化安装调整法"，安装前明确系统各专业设备的安装要点和精度要求。

a. 转弯输送机（图 2.19-10）安装

图 2.19-10　转弯输送机

安装要点：要注意转弯输送机支腿编号与设备编号一致，保证转弯输送机的皮带上表面标高尺寸与输送机标高一致，同时保证滑床板皮带辊外圆端面距离转弯输送机外端面间距（要求 15mm）。转弯输送机安装精度应符合表 2.19-5 的要求。

转弯输送机安装精度　　　　　　　　　　　　　　　　表 2.19-5

序号	检验部位	允许偏差	检验方法
1	滑床板皮带辊外圆端面距离转弯输送机外端面间距(要求 15mm)	≤1mm	两端吊线加水平尺测量
2	工作面高度差	≤0.5mm	高精度水平尺测量
3	输送机中心偏差	±2.5mm	两侧悬挂线坠测量

b. 合流输送机（图 2.19-11）安装

安装要点：合流输送机斜口沿主输送线运行方向布置，从设计角度保证了货物的平滑过渡，合流机斜口与主输送线端板间距、皮带顶面高差是保证货物平滑过渡的关键。合流输送机安装精度应符合表 2.19-6 的要求。

图 2.19-11　合流输送机

合流输送机安装精度　　　　　　　　　　　　　　　表 2.19-6

序号	检验部位	允许偏差	检验方法
1	合流输送机斜口与滑床板端面之间的间距 （要求 10mm）	±1mm	塞尺测量
2	工作面高度差	≤0.5mm	高精度水平尺测量
3	输送机中心偏差	±2.5mm	两侧悬挂吊线坠测量

c. 摆臂输送机（图 2.19-12）安装

安装要点：摆臂输送机摆臂驱动部分必须灵活无卡顿，保证能够迅速执行分拣命令；同时要保证摆臂输送机下壁板与输送带的安全距离。摆臂输送机安装精度应符合表 2.19-7 的要求。

图 2.19-12　摆臂输送机

		摆臂输送机安装精度		表 2.19-7

序号	检验部位	允许偏差	检验方法
1	摆臂输送机的下端与滑床板皮带间距(要求 10mm)	±1mm	塞尺测量
2	摆臂输送机的摆臂行程	5mm	卷尺加平尺
3	摆臂运转无卡位、停顿		目测观察
4	摆臂的水平度	5/1000mm	水平尺、塞尺

d. 侧护板（图 2.19-13）安装

输送机滑床板安装、连接、检验完毕后开始侧护板的安装。侧护板分类及安装位置应符合表 2.19-8 的要求。

	侧护板分类及安装位置		表 2.19-8

序号	侧护板分类	安装位置
1	侧护板 $H=500mm$	标高≥2.5m 的输送机上
2	侧护板 $H=250mm$	标高<2.5m 的输送机上

图 2.19-13　侧护板典型安装图

安装要点：在安装侧护板时每个分段的输送机侧护板必须留一段滑床板不予安装，待皮带粘结工作完成后将每段预留侧护板安装完成。侧护板安装精度应符合表 2.19-9 的要求。

	侧护板安装精度		表 2.19-9

序号	检验部位	允许偏差	检验方法
1	侧板对接头应当平整	±0.5mm	平尺＋塞尺测量
2	相邻侧护板错边量	±1.5mm	水平尺
3	平面度	1.5/1000mm	直尺、塞尺

e. 驱动段及皮带安装

驱动段由驱动电机和张紧机构组成。驱动站的左右驱的判断方法：沿着物流方向观察，电机轴在输送机右边的为右驱动，在左边的为左驱动。

（a）驱动电机安装要点：

a）驱动电机安装前，应再次核对电机位号和电机方向。

b）对需要装配的驱动轴、电机相关配合面、滑动面进行复查并清洗洁净，均匀涂敷设备厂家指定的防胶粘剂。

c）安装收缩盘后按顺时针敷设线缆，依次拧紧螺栓，每次最大拧紧角度60°，参考螺栓力矩表2.19-2，终拧结束后，在螺栓上做画标记线。

d）安装端部保护盖。

（b）皮带安装要点：

a）皮带安装严格按指定位置长度，指定方向穿皮带（图2.19-14），确保每个张紧辊、驱动辊、托辊皮带穿越形式及方向。

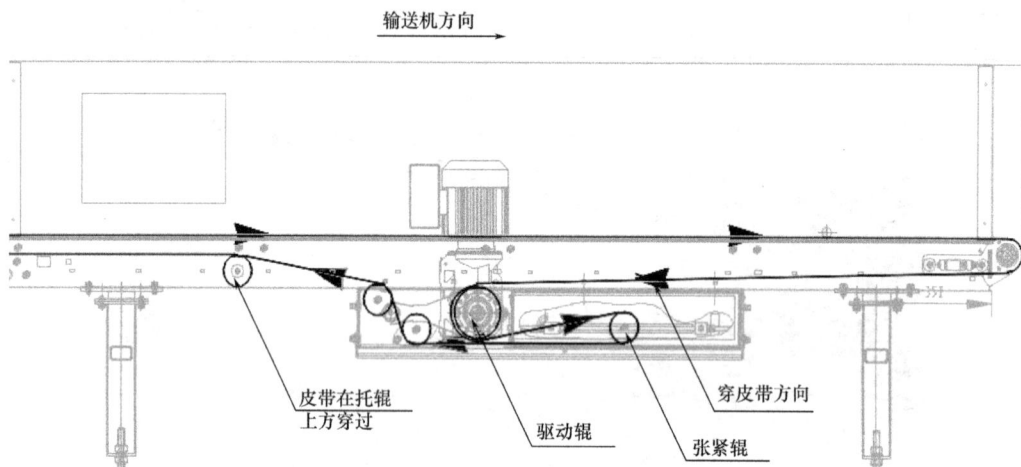

图2.19-14　穿皮带示意图

b）穿皮带前，检查所有机身和滑床板，确保螺丝连接并紧固完全。

c）彻底清理机身一切螺钉、金属杂物、灰尘等（一小片金属就可以毁掉整个皮带）。

d）拆掉驱动站张紧盒，松开张紧辊靠近驱动轴方向。

（c）皮带连接要点：

a）在输送带接头热熔粘结前，调整张紧器螺栓靠近驱动的位置，利用皮带张紧夹具将需要热熔的皮带头夹紧（图2.19-15），防止在热熔过程中皮带松脱。调整接头平行度，皮带接头错边小于0.5mm，齿形对接口平整无翘曲。

b）用干净的百洁布将皮带上的灰尘、污物清理干净。

c）热熔连接：将4与夹紧底架均匀地放到输送机的主机架上；加压板平放在热熔机夹紧底架上；加热板放到加压板上面（注意工作面要朝上），把清洁的接头放在加热板中间，接头应搭接整齐；打开电源加热，待加热3min时同时进行加压（4～5kg），加热至145℃左右停机，保压20min后卸压，打开锁紧装置起板，静置3h后方可进行张紧工作。

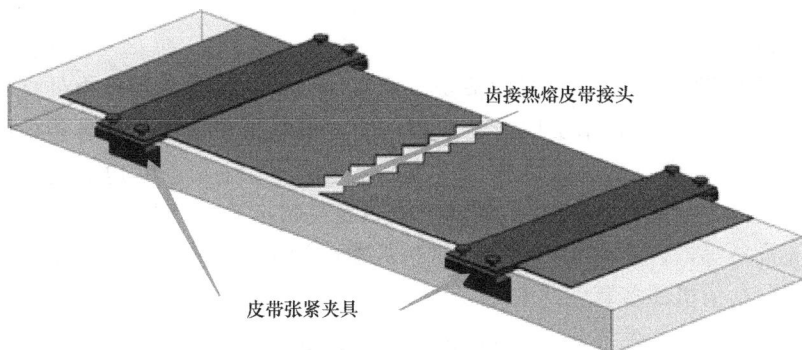

图2.19-15 皮带张紧夹具示意

d）皮带连接后完成后应平直，直线度偏差不应大于2mm/m。

⑧ 系统检查与调整

a. 检查电机编号是否与设备号一一对应。

b. 检查手指防护与两个辊面皮带之间间隙是否在1～1.5mm范围内，保证不会被磨损。

c. 检查每个支腿的垂直度是否在要求范围内，防止由于支腿安装倾斜而引起皮带机工作时的振动及摆动；同时要检查每个支腿是否固定牢固。

d. 空负荷试运转应在皮带接头强度达到要求后进行，并应符合以下规定：

（a）拉近装置调整灵活，当输送机启动和运行时，辊轮均不应打滑；

（b）输送机运行时，皮带边缘与托辊辊子外侧端面距离不应大于5mm。

（3）实施总结

顺丰项目从2014年2月施工开始，经过10个月的奋战，整个输送线正式进入了生产考核期。该项目在实施阶段采用的多个施工技术，对项目整体质量、施工进度、项目成本提供了有力的保障。

1）生产线整体放线方案

该技术不仅满足了设备安装的要求，还为减少返工提供了依据，尤其是对输送线总长度，关键设备的位置复核，以及为部分设备的组合调配提供了数据支持。使得设备部件的加工误差以及整体装配误差对施工的影响降低到最小限度。

标高控制复核技术不仅保证了各设备的必要调整余量，还及时排查出基础、钢结构平台的高度尺寸问题，在安装前及时解决。

2）设备部件的检查与拼装

由于设备到货的部件频繁出现与图纸无法对应的问题，导致拼装工作时常中断。为此采用BIM技术对设备进行分区域分类并生成解析码，再以此为基础数据与加工基地进行沟通，确定各方都确认的供货计划，从而使得现场安排与部件生产对应吻合。

3）设备部件吊装

设备部件种类繁多，安装条件复杂，分层多跨度布置，常规吊装方案受空间限制无法实施。采用BIM技术，筛选分类不同区域的吊装难度，制定经济合理的吊装方案，保证施工顺利进行。

2. 广州白云机场 T2 航站楼扩建行李系统设备安装

（1）工程概况

广州白云机场 T2 扩建行李系统设备安装项目，设计、安装多种行李处理系统，是国内首个完全凭借托盘 DCV 技术实现主要分拣功能的机场行李项目。计有装载区（即行李准备装机区域）的 42 套行李装运转盘，离港大厅超过 340 个集成本地交运行李安检机的值机柜台，到港区 21 台旅客行李提取转盘。设备安装包括 P571 型带式输送机、转弯机以及分流、合流设备等，合计约 8900m、皮带机的宽度为 1200mm、输送机速度为 2m/s。

项目主要包括值机岛多套：共安装 308 个值机柜台，其中包含 52 个自助值机柜台及 8 个无障碍值机柜台。分拣系统共安装 11 条值机直通线和 42 个行李分拣转盘系统。到港系统：共安装 23 条行李到达系统，其中行李提取转盘 21 个，超规格行李提取输送线两条。中转、海关、超规格：共安装 29 个值机柜台，5 台提升机，4 条值机输送线电气安装。国内国际 VIP：共安装 10 个值机柜台，3 条值机输送线。EBS 区域：国内首例完全吊挂在空中的货架式早到行李存储系统。其中 28 台提升机，56 台穿梭小车。

（2）技术应用

1）技术特点

在行李系统皮带输送机设备安装过程中，建筑、给水排水、消防、强弱电、行李系统钢结构等专业在建筑某些平面、立面位置上产生交叉、重叠，无法按施工图作业或施工顺序倒置，造成返工。通过 BIM 技术的可视化、参数化、智能化特性，进行多专业碰撞检查、净高控制检查和精确预留预埋，调整设备安装顺序，减少因不同专业沟通不畅而产生技术错误，大大减少返工，节约施工成本。

在设备预拼装中，采用"标准设备流水施工法"对设备部件、支腿进行组装，加快了设备的组装效率和准确率。在设备吊装阶段，利用 BIM 技术合理规划区域各设备的吊装需求，合理安排设备的吊装顺序，同时设计专用吊具，降低材料损耗率和安全隐患，有效提高了设备吊装阶段的安全性，保证了安装进度。

2）施工方法

① 基础检查验收及放线

采用输送机中心线与关键设备位置点为基准进行放线。关键设备一般指分合流机、转弯输送机等。为了保证输送机中心线的直线度，采取两点之间插入多点验证的办法确定中心线，同时采用垂直基准线验证矫正的办法减小放线的误差。对于上下两层输送线有相对位置要求的区域放线，需要拉设辅助测量铅垂线进行测量放线。对于相邻两条或多条输送线，其中心线应采用同一基准线进行放线，同时参考转弯输送机的形状尺寸以便对加工误差给予安装调整。

标高控制是输送机定位放线的关键，由于爬升、下降段输送机都需要有坡度设置，同时输送线的空间立体布置也决定了在不同标高层的钢结构平台上，如果标高偏差较大，将导致设备无法连接或者坡度误差超差的现象。

因此对于同一区域的输送线，应采用一次测量所有输送线的标高。对于相对高度差比较大的，可采用标高高程传递的方式进行间接测量，测量点应选取在输送机的端头连接板上（高程测量须在输送机水平调整好之后进行核实测量）。标高复核宜采用"闭合水准法"进行。用于控制整个输送线路的重点设备的相对位置测量采用"角度前方交会法"，以避免平面距离不便于测量。

② 设备分类、查找与预装

根据输送系统设备的类型，其组成设备可分为直辊缓冲机、直段输送板、转弯输送机、分流输送机、合流输送机、摆臂输送机、斜辊输送机。

结合图纸熟悉输送机安装位置、线路走向及各部件在车间安装的空间相对位置，参照设备安装清单信息（设备编号及尺寸）及图纸对现场设备到货情况进行核对，对每个部件的数量规格进行清点检查，并在每个部件外包装做清晰明显的标记，暂未到场的设备部件结合施工工艺流程确定详细到货计划，并由专人负责跟踪保证安装工作的顺利进行。在设备安装过程中严格对照图纸及设备清单，保证设备编号与图纸及安装清单相对应，保证所有设备部件安装的正确。

由于设备的组件数量多，特别是小型部件非常多，应该根据图纸严格对照设备安装清单中的部件编号和规格尺寸查找每件输送机的部件。特别是设备支腿的查找，要做到设备标号、尺寸和图纸一一对应。查找设备的工作是非常关键的，要严格设备查找程序，保证后续输送机安装的正确性。

设备查找首先要将需要查的部件进行分类，再根据其特性和属性进行编码，编码中包含的主要信息有：名称代码、区域代码、功能代码，最大程度反映出各部件的特征，便于查找工作的顺利进行，与此同时充分利用部件已有的编码。另外根据各部件的特性也将其安装要求信息给予标识：水平运输方式、垂直运输方式、连接方式等。这样就能保证部件从一开始就处于施工受控状态。

支腿按照其本体构造分为：底座可调装置、本体结构件、顶部连接件可调装置三大部分。组装时首先将底座通过高度可调装置固定于结构立柱底部，由下一个流水作业将立柱横梁和拉杆连接成结构件，再由下一流水作业最后进行连接件的固定，并对整体的平直度及长度要求进行质量检验。

③ 设备部件吊装

输送机的布置方式为多层交叉空间布置，钢结构基础面分布不规则，垂直空间狭小；同时还受周围其他钢结构的影响，空间非常有限，无法满足吊车等常规吊装方式的条件，在此种情况下根据空间情况选用了单轨电动葫芦进行吊装，以及曲臂升降车等其他非常规的作业方案。

设备吊装时由于设备上没有吊点，而且每件设备都很长，所以就必须考虑设备吊点及吊装时的平衡问题，根据设备的特点及实际情况，需要制作吊装平衡梁，平衡梁用长2.5m 的 HW100 型钢制作，在梁上固定 600mm 长的吊带 4 组，这样就能在不损伤设备的情况下实现安全吊装作业。吊带与设备连接利用滑床板与侧护板的连接螺栓孔加 M16 吊环螺栓进行连接。

设备吊装至安装高度后，滑动轨道小车将设备移动到安装位置，在部分轨道小车不能到达的区域，用液压车配合，将设备拖运到就位位置。

④ 设备调试工艺

安全是物流分拣输送设备控制系统的最大特点，本系统采用 SIEMENS 安全 PLC 的PROF Safe 协议特性将 PROFIBUS 扩展，允许在同一根总线上进行安全和标准的相关通信。其保护系统配置了完善的安全装置，实时控制显示安全区域状况，及时发出声光报警或停机信号。声光报警单元作为物流分拣输送安全系统的辅助工具，能够在设备启停、设备故障、上下料故障以及安全系统中各安全监控点报警等异常状况发生时及时通知操作人员处理。整个控制系统的所有紧急停止信号以及各线设备之间的安全连锁信号都连入安全PLC系统，通过安全逻辑程序进行互锁控制。

　　a. 调试程序步骤

　　由于物流分拣输送系统采用了数字通信方式，与传统的常规集散控制系统有明显的区别，增加了总线网络检查的内容，同时检查、调试内容有了很大区别，调试程序步骤见图2.19-16。

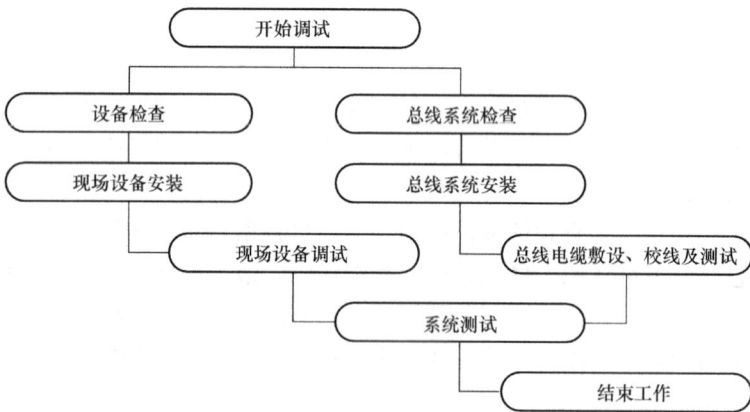

图2.19-16　调试程序步骤

　　b. 调试实施

　　调试工作进行前必须对控制系统进行全面的检查工作。系统检查包括现场设备检查、总线网段物理介质检查、绝缘检查、网段检查以及接地状况检查。

　　完成网络检查确认无误后，进入系统调试程序。首先进行网络设备调试，通过编程器或软件查看连接到网段上的设备，对已完成组态的显示设备名称；对未完成部分，在未调试现场总线设备目录下方显示设备参数。将显示的未调试设备设置为备用状态。确认未调试设备的属性、设备类型、生产商和设备版本是否与操作站中组态的该设备的属性参数一致，如果不同，可以通过上装或下载方式完成正确参数的统一。通过对话操作，完成设备调试参数覆盖，建立正常通信。

　　完成网络设备调试，确认无误后，进行回路调试。一是按照常规方式对现场设备施加模拟信号，检查操作站对应设备指示是否与施加的信号一致，出现不同时主要检查组态。这种方法用于回路准确度检查。二是将现场设备设置在仿真状态，通过手持终端器发送不同的信号，查看操作站指示，这种方法主要用于回路确认。

　　最后进行设备层的调试。设备层在整个控制系统中处于最底层，是整个控制系统的关键环节，其调试主要包括人机界面HMI、现场操作站、现场设备检测单元（如接近开关、光电开关）、现场其他输入设备、现场执行机构（如电动机、电磁阀）等的验证和调试。它们直接或通过现场总线与控制层中的PLC相联系，将输入信号发送给PLC，并将PLC输出指令发送到现场设备。

（3）实施总结

在航站楼行李系统皮带输送机设备安装全过程中采用精细化管理、流水作业，提高了工作效率。采用自制的吊具、工装，确保了设备及人员的安全性，结合 BIM 模型对设备的倒运、就位、安装提供了指导性的意义。在设备调整阶段制定相应的标准化安装方法，减少了调试阶段的调整量，为调试阶段争取了充足的时间。进行动态管理，实时地对人力、物力、安装方法、进度进行调整，保证安装质量并如期按进度完成安装工作。

（提供单位：中国三安建设集团有限公司；编写人员：潘兆祥、闫长波、付文辉）

2.20 传动长轴找正调节技术

2.20.1 技术发展概述

2000 年以来国家已强制要求发展火力发电厂增设烟气脱硫装置的建设项目，以提高尾气排放标准。而电厂脱硫装置大型增压轴流风机是烟气脱硫系统中关键的动设备之一，因湿法脱硫系统阻力大，而增压风机的作用是增加烟气在脱硫湿式吸收塔内流通与被吸收。通常在容量 330MW 以上中、大型火力发电厂脱硫装置及钢铁厂大型烧结机尾气脱硫装置中采用该设备。

大型增压轴流风机的产品设计需要传动长轴连接转动设备的风机端和电机端，其特点是传动长轴一般都比较长（9500mm，直径 550mm，重量约 4000kg）；而且是浮动的轴系结构，施工安装中技术要求高、找正难度大的就是传动长轴。对于传动长轴的精确找正及其方法是该设备的关键技术。

2.20.2 技术内容

（1）借助专用的找正调节装置，调节找正传动长轴与叶轮、电机端的同心度。传统的找正方法是把叶轮端、电机端的联轴器连接在一起找正同心度，两个联轴器同时调整（两个变量），长距离、大重量电机（30t）调整难度高、劳动强度大，调整数据极不容易控制。利用专用工装找正解决了上述问题。

（2）先调整叶轮端联轴器与长轴联轴器一端的安装精度，专用工装上下左右都能调节，简单方便。以找正并且定位的长轴为基准，反过来再找正电机联轴器的精度，只有在长轴转动时的找正调整，才能客观地反映施工精度的真实数据。

2.20.3 技术指标

（1）技术规范、标准

1）《机械设备安装工程施工及验收通用规范》GB 50231—2009；

2）《风机、压缩机、泵安装工程施工及验收规范》GB 50275—2010；

3）《石油化工机器设备安装工程施工及验收通用规范》SH/T 3538—2017。

（2）质量指标

符合制造厂家规定的技术要求及精度控制数值。两端联轴器端面要求：叶轮端是下开口，规定值 $0.20\sim0.25$mm、径向跳动$\leqslant0.10$mm；电机端是上开口，规定值 $0.20\sim0.25$mm、径向跳动$\leqslant0.10$mm（图 2.20-1）。

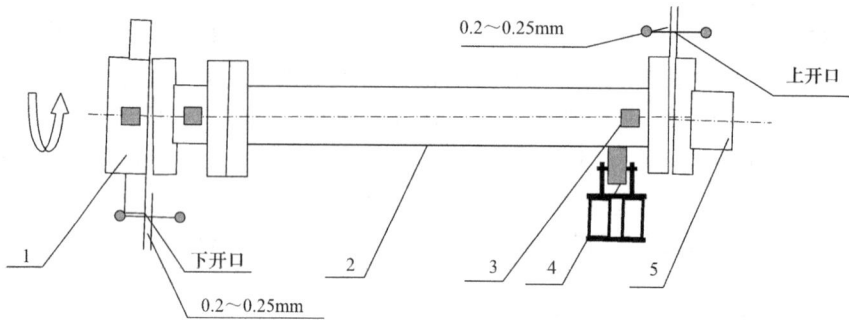

图 2.20-1　主电机与长轴找正

1—叶轮转毂；2—传动长轴；3—重力标记；4—专用找正调节装置；5—电机端联轴器

2.20.4　适用范围

适用于转动设备安装和检修过程中联轴器的找正。

2.20.5　工程案例

湖南益阳电厂 2×330MW 脱硫装置工程

（1）工程概况

2006 年湖南益阳电厂 2×330MW 脱硫装置工程，烟气湿法吸收塔系统采用两套 AN 系列增压轴流风机，轴功率 3200kW，采用静叶刚性风叶直径约 4m，流量 1288111Nm³/h，负荷重，整机体积大，重量 90t（不计电机重量）；其中电机采用 6000V 高压，转速 590r/min，重量约 28t，安装布置位置大多在比较狭小的厂房中（图 2.20-2）。

增压轴流风机的作用是将来自锅炉燃烧后的烟气（主要是硫化物 SO_2、二氧化碳 CO_2 等，温度高达 190℃以上）加压输送至吸收塔进行脱硫净化。

图 2.20-2　330MW 机组 AN 系列增压风机实物图

（2）技术应用

1）特点难点

① 机械设备传动装置精确找正工序是一门操作难度相当高、实际操作与理论数据相结合的技术，而传动长轴联轴器比一般普通联轴器的找正更复杂、要求更高，操作人员在

找正过程必须通过分析调整计算、再分析再调整再计算才能得到合格数据。

②增压风机由于设计结构采用长轴传动，而且是浮动的轴系结构，比通常单个联轴器的调整复杂，传动长轴二端联轴器同时要保证合格的数据，应借助专用调节工具实现。

③本找正技术是借助专用调节工具装置，装置安装基础应坚固，中心高度符合轴心高度，确保调整的数据稳定。

④长轴找正专用工装调装置包括传动长轴3、固定底座5、滑动底座4、调节螺栓1a/1b/1c/1d、滚动轴承架2和轴承。固定底座5两侧设有左螺纹孔1a和右螺纹孔1b，滑动底座4上部设有左右两个调节螺栓1c/1d，分别穿过左、右螺纹孔装配在底座5、4上。滑动底座4自身带有调节螺栓1c/1d，并在固定底座5的左右调节螺栓1a/1b的作用下，可以左右、上下移动。传动长轴3在轴承架上支撑，两轴承2之间的距离大于传动长轴3的半径，小于传动长轴3的直径，调节找正时轴承与长轴一起转动（图2.20-3）。

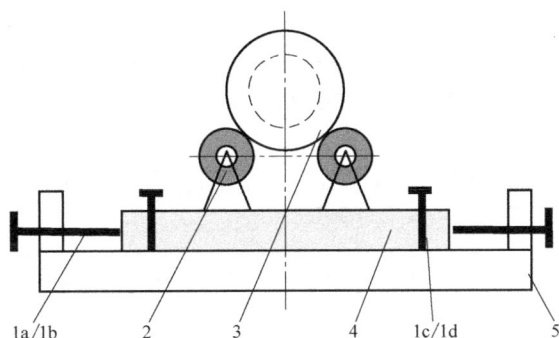

图2.20-3　长轴找正专用工装调装置结构

1a/1b，1c/1d—调节螺栓；2—滚动轴承架；3—传动长轴；4—滑支底座；5—固定底座

2）关键技术特点

先调整叶轮端联轴器与长轴联轴器一端的安装精度，采用专用工装上下左右进行调节。以找正并且定位的长轴为基准，反过来再找正电机联轴器的精度，使原先的二端调整改变为逐一单个调整，变复杂找正为简单调整。

电动机由于重量大（约28t）、体积大，使用了可调整垫铁组及电机平面移动找正调节顶丝调整方法，使整个长轴找正轻松自如，操作简单方便。

3）施工工艺和过程

传动长轴找正技术在整个大型增压轴流风机安装工序中是一个重要工序，本文作重点阐述。

①压风机施工工艺流程（图2.20-4）。

②传动长轴施工工艺流程（图2.20-5）。

③首先将叶轮部件吊装就位，叶轮部件精找正，精找正后作为整个传动轴系的基准定位（图2.20-6）。

④叶轮部件找正以整体垂直度为准，使用成对斜垫铁调整垂直度（＜0.04/1000）。在叶轮精加工面上用读数0.02/1000框式水平仪测量（图2.20-7）。如为动叶转子，水平度可以在主轴加工面上测量，水平度＜0.04/1000。

⑤完成前风筒下部安装，吊装就位传动长轴并找正（图2.20-8，图2.20-9）。

```
┌──────────────┐   ┌──────────────┐   ┌──────────────┐   ┌──────────────┐
│ 基础验收与放线 │──▶│ 设备清点与搬运 │──▶│ 支座及底板安装 │──▶│ 支座地脚孔灌浆 │──┐
└──────────────┘   └──────────────┘   └──────────────┘   └──────────────┘  │
                                                                            │
┌──────────────┐   ┌──────────────┐   ┌──────────────┐   ┌──────────────┐  │
│ 叶轮部件精找正 │◀──│ 叶轮部件吊装就位│◀──│ 支座底板精找平 │◀─────────────────┘
└──────────────┘   └──────────────┘   └──────────────┘
```

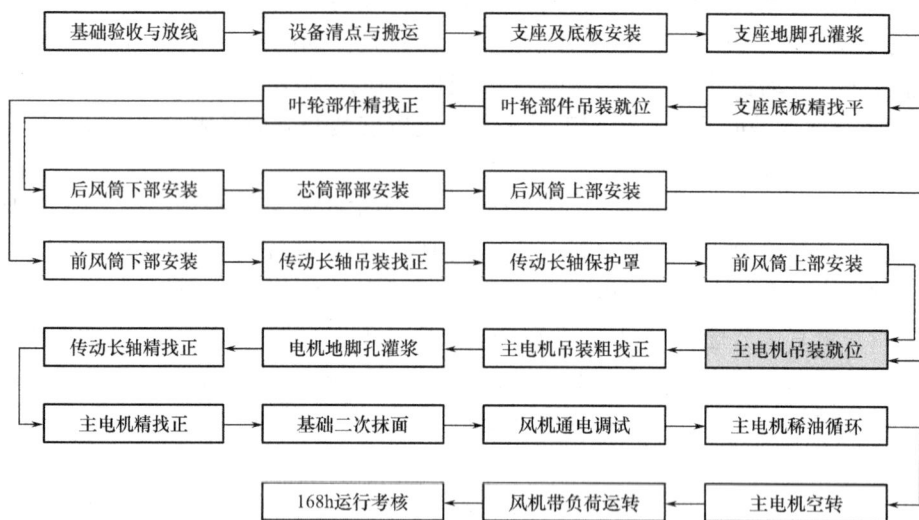

图 2.20-4　增压风机施工工艺流程

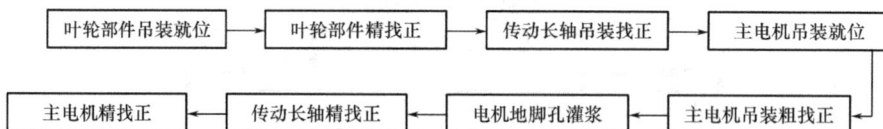

```
┌──────────────┐   ┌──────────────┐   ┌──────────────┐   ┌──────────────┐
│ 叶轮部件吊装就位│──▶│ 叶轮部件精找正 │──▶│ 传动长轴吊装找正│──▶│ 主电机吊装就位 │
└──────────────┘   └──────────────┘   └──────────────┘   └──────────────┘

┌──────────────┐   ┌──────────────┐   ┌──────────────┐   ┌──────────────┐
│ 主电机精找正  │◀──│ 传动长轴精找正 │◀──│ 电机地脚孔灌浆 │◀──│ 主电机吊装粗找正│
└──────────────┘   └──────────────┘   └──────────────┘   └──────────────┘
```

图 2.20-5　传动长轴找正有关的工序

图 2.20-6　叶轮部件安装实物图例

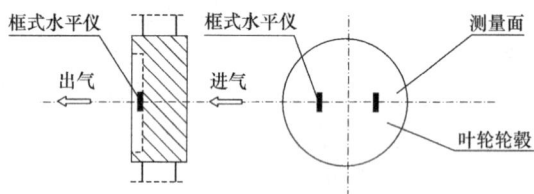

图 2.20-7　叶轮找正示图

图 2.20-8　前风筒下部安装实物

图 2.20-9　传动长轴安装实物

⑥ 吊装传动长轴，一端与叶轮用连接螺栓固定，靠电动机端先用找正工具装置固定。应注意传动长轴吊装时有重力标记位置，传动长轴两标记点必须与叶轮上的一标记点在同一直线上（图 2.20-10）。

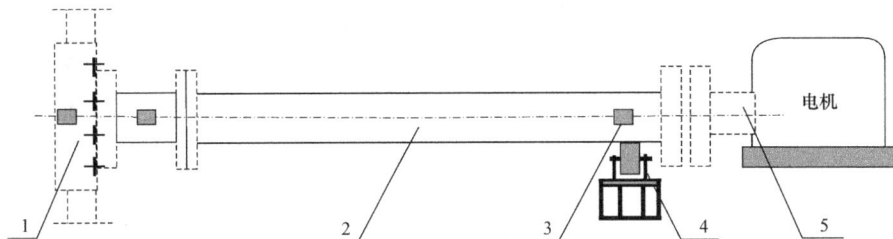

图 2.20-10 传动长轴装配

1—叶轮转毂；2—传动长轴；3—重力标记；4—找正调节装置；5—电机端联轴器

⑦ 用长轴调节装置工具初步找正传动长轴的同心度、与叶轮端的下开口间隙，误差控制在径向跳动≤0.5mm、端面跳动≤0.3mm、开口间隙在 0.2～0.30mm 之间（图 2.20-11a、图 2.20-11b）。

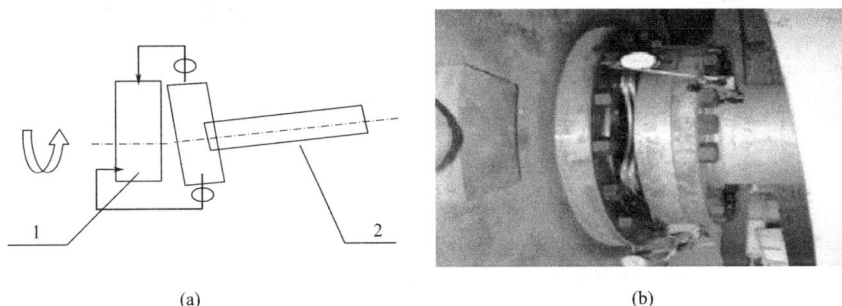

(a)   (b)

图 2.20-11 传动长轴初步找正图

（a）示意图；（b）实物图

1—叶轮端；2—传动长轴联轴器

⑧ 待传动长轴初步找正完成，下一工序是主电机安装、初步找正及主电机的地脚螺栓一次灌浆工序。主电机重量重、体积大，与传动长轴对中同心度有一定难度，借助可调垫铁四副，规格 200mm×300mm 厚度 50mm，可调高度 5mm。如图 2.20-12（a）与图 2.20-12（b）。在电机的前后各 2 个、左右各 2 个设置 M24 顶丝调节螺栓。

⑨ 初步找正主电机与传动长轴的同心度、上开口间隙及余留电机磁力线窜动量。如图 2.20-13（a）与图 2.20-13（b），初步调整电机端径向跳动≤0.5mm、端面≤0.3mm、上开口间隙 0.2～0.3mm，余留电机磁力线窜动量 8～10mm（按制造厂家设计要求 6～10mm）。

⑩ 主电机初步找正、数据符合要求后，主电机地脚螺栓进行灌浆，待混凝土强度达到 75% 设计强度以上时，可以进行长轴传动轴系整体精确找正，即叶轮与长轴、长轴与主电机精确找正。顺序是先找叶轮端与传动长轴、后传动长轴与电机端。重复⑧、⑨步骤操作，控制调正叶轮端下开口，规定值 0.20～0.25mm、径向跳动≤0.10mm；电机端是上开口，规定值 0.20～0.25mm、径向跳动≤0.10mm。电机端余留窜动间隙 7mm。

施工工序实施中主要材料、机具、计量检测工具见表 2.20-1。

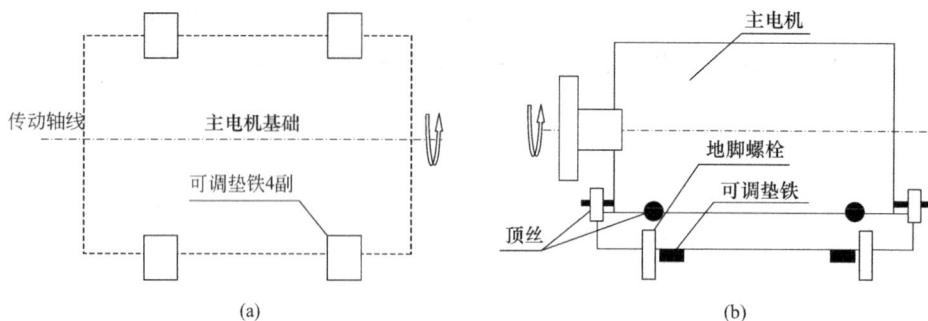

图 2.20-12　垫铁位置图

（a）主电机垫铁布置图；（b）可调垫铁位置

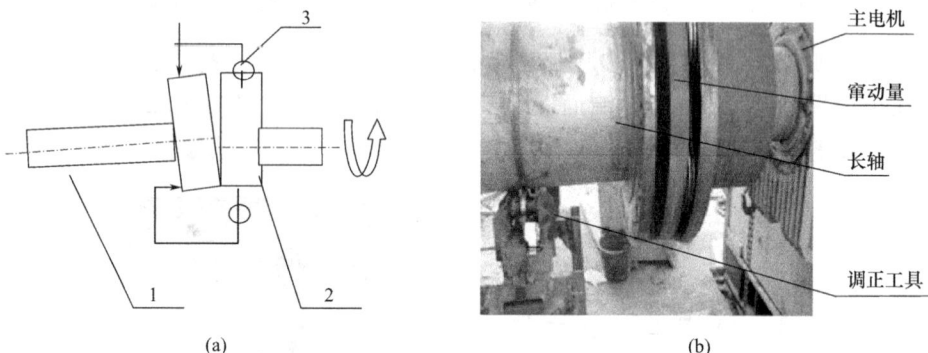

图 2.20-13　主电机与传动长轴初步找正图

（a）示意图；（b）实物图

1—传动长轴联轴器；2—电机端联轴器；3—百分表及表座

主要施工材料、机具及计量检测工具表　　　　　表 2.20-1

序号	设备机具名称	型号规格	单位	数量
1	汽车式起重机	75t、25t	台	各1
2	汽车	10t、20t	辆	各1
3	交流电焊机	BX300、BX450	台	各1
4	手动葫芦	3t、2t	台	各1
5	液压千斤顶	30t	台	2
6	螺旋千斤顶	16t	台	2
7	长轴找正专用工装	310 轴承、销轴 Φ50	套	1
8	可调垫铁组	200mm×300mm×50mm	组	4
9	双面斜垫铁	100mm×150mm×20mm　Q235	块	按实际量
10	平垫铁	100mm×150mm×14mm(16)　Q235	块	50
11	钢板、型钢	厚度20mm、槽钢12 号	kg	若干
12	吊装钢丝绳	12mm、15mm、19mm、30mm	m	若干
13	调节螺栓	M24×2mm 100mm	8套	
14	灌浆料或混凝土	C30	kg	按实际量

序号	设备机具名称	型号规格	单位	数量
15	水准仪	SZ-3　读数 1mm	台	1
16	框式水平仪	200mm 0.02/1000	台	2
17	百分表及表座	读数 0.01mm	台	2
18	游标卡尺	300mm　0.02mm	台	1
19	红外线测温仪	读数 0.1℃	个	1
20	袖珍式测振仪	读数 0.001mm	个	1

（3）实施总结

1）采用"长轴找正调节工装"，解决了大尺寸长距离传动联轴器找正调整难度高、劳动强度大、调整数据不容易控制的施工技术难题，完成 2 套增压轴流风机安装，提高工效 20%以上，降低成本 30%以上，施工质量和工效明显提高。

2）在电厂 168h 联动运行考核时，整机联运调试一次成功，设备运转的主要参数性能得到有效控制：在叶轮处检测设备主要部位振动位移：径向≤0.08mm、轴向≤0.05mm，叶轮部滚动轴承温度<80℃，电机轴承温度<65℃。设备处于最佳状态运行，运行参数优于规范及制造厂规定技术。

3）《电厂 330MW 脱硫装置 AN 系列增压轴流风机安装施工工法》获得 2007 年省级工法，获得国家实用新型专利 2 项目（专利号 ZL2009.2.0119532.4、ZL.2009 10098448.0）。

4）2011 年 4 月在地方市区级工业品技术评比中，《电厂 350MW 机组脱硫装置增压轴流风机安装工法》荣获杭州市拱墅区《以职工名字命名的先进操作法》的荣誉。

（提供单位：浙江中天智汇安装工程有限公司；编写人员：李良军、丁晓、许侠）

2.21　（略）

2.22　超限设备与结构整体提升施工技术

超限设备与结构整体提升新技术应用指南将《机电工程新技术》中的"超限设备与结构整体提升施工技术"（序号 2.22）及"大型（22000t）双拱桁架式门式起重机整体吊装技术"（序号 2.21）合并编写。

2.22.1　技术发展概述

超限设备与结构整体提升施工技术是经历十余年的不断创新、革新而逐步完善的"三同步"整体提升新技术，它是由"跟携法"整体提升、缆风绳弛度调整及设备尾部兜底采用自动推进装置移动等技术的综合集成。

2.22.2　技术内容

超限设备与机构整体提升施工技术的核心技术是"三同步"，即是整体跟携提升同步、缆风绳驰度调整及设备尾部兜底采用自动移动同步进行，实现超限设备整体提升计算机控制的自动化安装施工。

2.22.3 技术指标

（1）《重要结构与设备整体提升技术规范》GB 51162—2016；

（2）《起重机械安全规程》GB 6067；

（3）《石油化工大型设备吊装工程施工技术规程》SH/T 3515—2017；

（4）《起重机 试验规范和程序》GB/T 5905—2011；

（5）《起重机设计规范》GB/T 3811—2008；

（6）《塔式起重机设计规范》GB/T 13752—2017。

2.22.4 适用范围

适用于超重、超高、超宽的门式起重机、塔器（罐）的整体提升安装，及特大型桥梁整体移动吊装和特殊超限结构的整体吊装，还适用于超限设备和结构的整体移动或迁移。

2.22.5 工程案例

江苏宏华 MDG22000t 双拱桁架式门式起重机整体提升

（1）工程概况

MDG22000t 属于通用门式起重机，是我国首台该等级采用桁架式拱形结构的门机，其结构复杂、高度高、跨度大、重量重、施工技术复杂。

工程由 2 台机组组成，每台机组的吊装能力为 11000t，合起来为 22000t，是用来将陆上制造的海上石油平台模块整体吊装到水面上。该机由桁架式拱形龙门架起重机运行机构、电气设备和维修用悬挂葫芦组成，其中刚性腿、柔性腿由格构式桁架结构组成，桁架式拱形主梁结构通过焊接与刚性腿上端连接，通过铰接与柔性腿上部连接。刚、柔性腿下端与行走结构和支撑系统法兰连接；维修葫芦悬挂在桁架式拱形龙门大梁的上弦梁上。本工程不设置上下小车，主梁上布置了 6 组起升装置。1 号机主梁中部设置 2 台 600t 悬臂吊，2 号机主梁上没有设置悬臂吊。整机跨距 124.3m，1 号机自重 7400t，2 号机自重 6720t，起重高度为71.3m。起重机主梁高度 11.64m，外形尺寸（长×宽×高）127.8m×48.7m×108.2m。

该工程位于江苏省南通市寅阳镇，江苏宏华启东海洋装备基地，设计及总包为武汉重工集团股份有限公司。

该工程的开工日期是 2013 年 8 月，结束时间为 2014 年 1 月，总工期 170 天。

（2）技术应用

1）超限设备与结构整体提升安装新工艺的技术难点

由于设备和结构超长、超高、超宽、超重，因此整体提升难度相当大，技术非常复杂，施工安全风险大，主要表现为：

① 提升设备又高又重，因此保证它的结构的承载及稳定和安全等难度大；

② 提升设备的底部基础缆风的位置确定和基础技术要求高，设计和施工难度大；

③ 跟携法铰接设计制造难度大，与施工临时刚性铰接装置梁腿焊接难度大；

④ 整体提升时的跟携法提升、缆风绳驰度调整和设备底部兜尾移动同步难度大；

⑤ 将整体提升各环节及系统运作等综合集成，统一由计算机实现不仅难度大，而且技术相当复杂。

2）关键技术特点

超限设备与结构整体提升的关键技术是"三同步"，就是两支腿随大梁提升而跟携"同步"自动提升，与此同时，保证双塔桅垂直和稳定的缆风绳的驰度调整随整体提升而自动同步调整，而此时双支腿底部兜尾的移动采用全自动推进机将双支腿承载后随整体提升而自动"同步"移动就位。

关键技术的特点就是将"三同步"及系统进行综合集成，由计算机实现超限设备与结构自动化吊装提升。

3）施工工艺过程

① 施工工艺

超限设备与结构整体提升施工工艺，如图 2.22-1 所示。

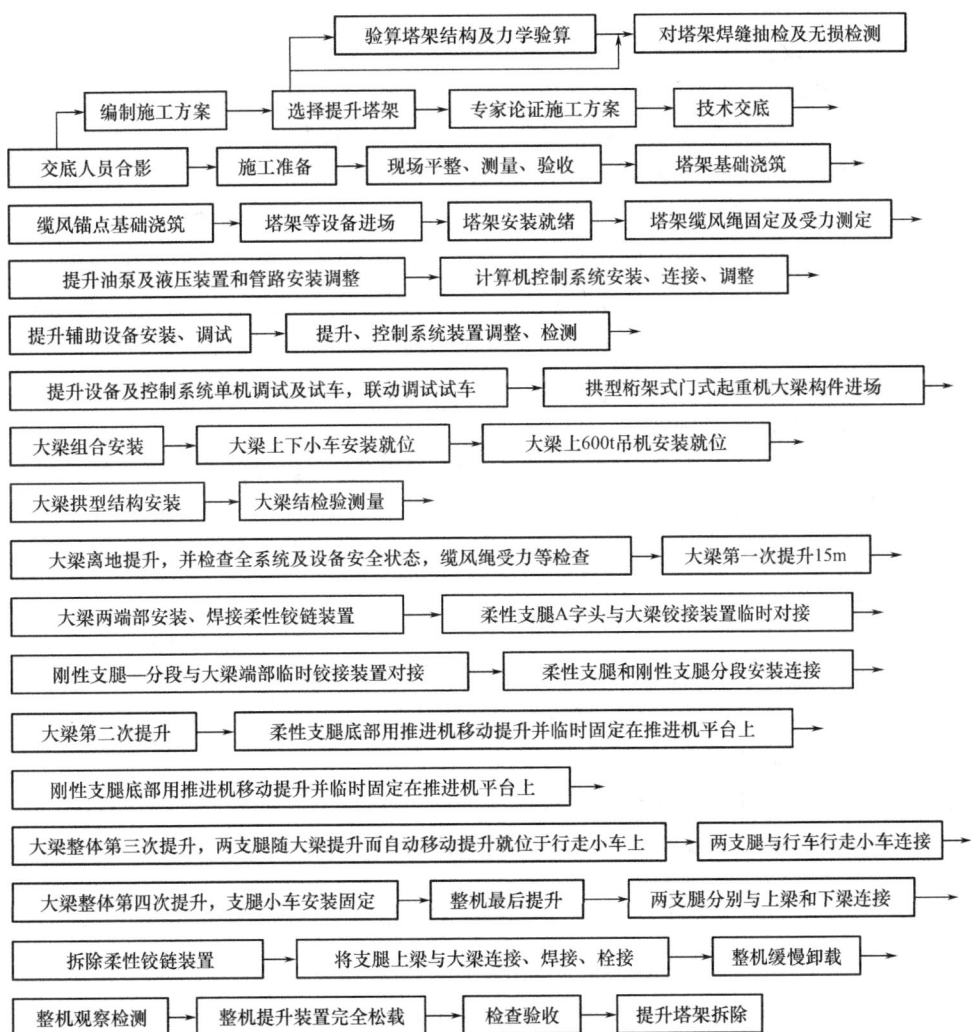

图 2.22-1 超限设备与结构"三同步"整体提升工艺流程

② 工艺过程

a. 施工准备

（a）双塔桅选择确定

超限设备与结构整体提升起重设备选择的原则是：依据所需要吊装设备的总重量、几何尺寸（长、宽、高）、现场条件（地面耐压力和障碍情况等因素）等选择。

双塔桅结构验算，结构强度、刚度、结构截面应力等验算，确定结构的安全系数，从而保证起吊时安全施工。

进行偏心状态下的设备稳定性计算，保证重心的稳定力矩远大于偏心载荷的倾覆力矩，确保吊装时起吊设备的稳定性，保证提升安全。

对塔桅及杆件的焊缝进行全面无损检测，检测数量大于等于规范规定要求。

双塔桅底节、中间标准节、上节及横梁应配套，中间节依吊装高度而定。

选择索具、吊具及相应配套件。

双塔桅基础设计。

（b）液压系统设备选择确定

按工艺要求和规定，选择和设计液压泵站，包括油泵、配套阀件、传感器、提升油缸等；选择电子计算机操作平台，实现由计算机控制的整体提升工艺。

（c）双塔桅缆风系统选择确定

根据双塔桅的高度及吊装设备重量、几何尺寸等综合因素选择；根据施工现场当地气象、气候条件，比如雨季、冬季的风向、风力等综合条件进行选择；根据施工现场地理、地质状况，特别是土壤承压、耐压条件进行综合考虑选择；上述条件确定后，再确定拉缆风绳装置，即穿心式液压千斤顶等；确定拉缆风绳地锚锚点，并做锚基础的设计（包括布置、数量、基深、基础几何对及受力计算等）。

（d）兜尾设备的选择及确定

依据提升设备的重量及移动兜底受力等选择自行开发的全自动推进机，同时确定槽型滑道、万向旋转多节梁等。

b. 工艺过程

（a）施工准备

编制施工组织设计及施工方案，确定设备整体提升方法，选择所需的设备、机具、工具。

对塔桅焊接部分进行全面检查，并按规定比例对焊缝进行无损检测。对缆风绳、钢丝绳、提升油缸、油泵及吊具进行严格检查。

设计并加工制作跟携提升的刚性铰接装置。

塔桅基础设计和施工，缆风绳锚点选择及基础的设计和施工。

组织专家对整体提升方案作全面认真审核、评估。

（b）人员准备

对施工人员进行安全技术交底、技术培训、安全培训并考核，交底参加人员签字拍照存档。

按施工进度计划组织人员进场，特别是技术人员和施工技师有序进场。

（c）危险源识别和风险评估

工程必须在施工之前做好危险源识别和风险的评估，见表 2.22-1。

危险源识别、风险评价

表 2.22-1

序号	活动	危险源	可能发生的事故	作业条件危险性评价				备注
				可能性（L）	暴露时间（E）	后果（C）	风险级别 L×E×C	
1	施工准备阶段	非施工人员进入现场	其他伤害	3	3	7	63（D级）	
2	施工准备阶段	施工现场未设置警戒区域，无人看守	其他伤害	3	3	7	63（D级）	
3	施工准备阶段	现场材料堆放不稳定	坍塌	3	3	7	63（D级）	
4	施工准备阶段	采购的安全防护用品不合格	高处坠落	3	3	7	63（D级）	
5	施工准备阶段	钢绞线无合格证或质保书	坍塌	3	3	7	63（D级）	
6	施工准备阶段	高强度螺栓不合格	坍塌	3	3	7	63（D级）	
7	主梁提升阶段	提升作业前未进行技术交底工作	其他伤害	3	3	7	63（D级）	
8	主梁提升阶段	提升作业前未全面检查	其他伤害	3	3	7	63（D级）	
9	主梁提升阶段	钢绞线保护不当，造成提升时拉断	坍塌	3	6	15	270（B级）	
10	主梁提升阶段	液压提升系统出现故障	其他伤害	3	3	7	63（D级）	
11	主梁提升阶段	主梁防雷接地设施不完善	触电	3	3	7	63（D级）	
12	主梁提升阶段	通信不畅	其他伤害	3	3	7	63（D级）	
13	主梁提升阶段	主梁提升时左右高低差	坍塌	3	3	7	63（D级）	
14	主梁提升阶段	提升过程中刚性腿拖带不平稳	坍塌	1	6	15	80（C级）	
15	主梁提升阶段	主梁提升过程中刚、柔性腿两侧端头没有保持同步	坍塌	6	6	3	108（C级）	
16	主梁提升阶段	钢绞线除锈未做	坍塌	1	6	15	80（C级）	
17	主梁提升阶段	钢绞线垂直度超过允许范围	坍塌	6	6	3	108（C级）	
18	主梁提升阶段	提升中未对塔架垂直度进行监测	坍塌	6	6	3	108（C级）	
19	主梁提升阶段	提升中未对缆风绳受力进行监测	坍塌	3	6	15	270（B级）	
20	主梁提升阶段	缆风绳锚点被车辆碾压或人为破坏	坍塌	3	6	15	270（B级）	

续表

序号	活动	危险源	可能发生的事故	作业条件危险性评价				备注
				可能性(L)	暴露时间(E)	后果(C)	风险级别 L×E×C	
21	主梁提升阶段	卷扬机拖拉钢，柔性腿过程中发生故障	其他伤害	3	3	7	63(D级)	
22	主梁提升阶段	刚、柔性腿脚手架平台施工不符合安全	高处坠落	6	6	3	108(C级)	
23	主梁提升阶段	焊接采用防风措施时未使用阻燃型油布	火灾	3	3	7	63(D级)	
24	主梁提升阶段	提升过程中主梁点焊缝裂开	坍塌	3	6	15	270(B级)	
25	吊装1200t悬臂吊	履带吊选择工况不当	起重伤害	6	6	3	108(C级)	
26	吊装1200t悬臂吊	滑车组卷扬机安装有误	起重伤害	3	3	7	63(D级)	
27	吊装1200t悬臂吊	吊耳安装，焊接后未探伤	起重伤害	3	3	7	63(D级)	
28	吊装1200t悬臂吊	脚手架平台施工不符合安全	起重伤害	3	3	7	63(D级)	
29	吊装1200t悬臂吊	1200t悬臂吊装好后未固定牢靠	坍塌	3	3	7	63(D级)	
30	吊装1200t悬臂吊	1200t悬臂吊起升机构安装不当	起重伤害	3	3	7	63(D级)	
31	起升机构安装	钢丝绳穿绕不当	起重伤害	3	3	7	63(D级)	
32	起升机构安装	钢丝绳绳头固定不牢靠	起重伤害	1	6	7	42(D级)	
33	起升机构安装	吊装卷扬机时履带吊工况不当	起重伤害	1	6	7	42(D级)	
34	起升机构安装	起升机构主起升钢丝绳更换不当	起重伤害	6	6	3	108(C级)	
35	刚、柔性腿滑移	牵引系统配置有误	其他伤害	3	3	7	63(D级)	
36	刚、柔性腿滑移	滑移路线没有划线	其他伤害	3	3	7	63(D级)	
37	刚、柔性腿滑移	滑移梁铰接不当	起重伤害	3	3	7	63(D级)	
38	行走机构安装	行走机构和支撑系统安装序号有误	啃轨	3	3	7	63(D级)	
39	行走机构安装	行走机构安装精度不符合要求	啃轨	3	3	7	63(D级)	
40	刚、柔性腿铰链接	拖带铰链装配位置出错	其他伤害	3	3	7	63(D级)	

续表

序号	活动	危险源	可能发生的事故	作业条件危险性评价				备注
				可能性(L)	暴露时间(E)	后果(C)	风险级别 L×E×C	
41	刚、柔性腿铰链接	吊车工况选择不当	起重伤害	3	3	7	63(D级)	
42	刚、柔性腿铰链接	刚、柔性腿下部与滑移梁安装不当	起重伤害	3	3	7	63(D级)	
43	刚、柔性腿铰链接	刚、柔性腿滑移前进路线没有划线	其他伤害	3	3	7	63(D级)	
44	刚、柔性腿铰链接	刚柔性腿铰点吊耳烧焊后未按要求探伤	坍塌	1	6	15	90(C级)	
45	刚、柔性腿对位连接	高处作业人员违规操作	高处坠落	3	3	7	63(D级)	
46	刚、柔性腿对位连接	刚、柔性腿对位处脚手架平台布置不当	起重伤害	3	3	7	63(D级)	
47	主梁提升到标高	主梁提升到位时,缆风与悬臂吊相干涉	坍塌	3	3	7	63(D级)	
48	刚性腿焊接	刚性腿焊接时,调位缆风不当	坍塌	3	3	7	63(D级)	
49	刚性腿焊接	切割时的工作,边角余料未按规定放置	物体打击	3	3	7	63(D级)	
50	柔腿连接固定	柔性腿铰轴安装不当	坍塌	3	3	7	63(D级)	
51	施工用电	电工无证上岗	触电	3	3	7	63(D级)	
52	施工用电	缆风绳、吊车臂架等与空的高压线边缘的距离小于规定要求	触电	3	6	15	270(B级)	
53	施工用电	用电设备保护不符合要求	触电	3	3	7	63(D级)	
54	施工用电	电箱无明显警示标志	触电	6	6	3	108(C级)	
55	施工用电	保护零线和工作零线混接	触电	3	3	7	63(D级)	
56	施工用电	开关箱漏电保护失灵	触电	3	3	7	63(D级)	
57	施工用电	漏电保护装置参数不匹配	触电	3	3	7	63(D级)	
58	施工用电	违反"一机,一闸,一保护"的要求	触电	3	3	7	63(D级)	
59	施工用电	电线老化,破皮未包扎	触电	3	3	7	63(D级)	
60	施工用电	电线箱无锁无防雨	触电	3	3	7	63(D级)	

续表

序号	活动	危险源	可能发生的事故	作业条件危险性评价				备注
				可能性(L)	暴露时间(E)	后果(C)	风险级别 L×E×C	
61	施工用电	线路过道未保护	触电	3	3	7	63(D级)	
62	施工用电	用其他金属丝代替熔丝	触电	3	3	7	63(D级)	
63	施工用电	手持电动工具电器绝缘不良	触电	3	3	7	63(D级)	
64	施工用电	电工未穿戴防护工具	触电	3	3	7	63(D级)	
65	电焊气割作业	电焊机未采用三级配电两级保护措施	触电	3	3	7	63(D级)	
66	电焊气割作业	气瓶无标准色标	爆炸	3	3	7	63(D级)	
67	电焊气割作业	乙炔瓶平放	火灾	3	6	15	270(B级)	
68	电焊气割作业	氧气,乙炔无防回火装置	火灾	3	6	15	270(B级)	
69	电焊气割作业	电焊作业无动火审批手续	火灾	3	6	15	270(B级)	
70	电焊气割作业	电焊气割作业无监护人员	火灾	3	6	15	270(B级)	
71	电焊气割作业	电焊作业未配备消防器材	火灾	3	6	15	270(B级)	
72	电焊气割作业	焊机二次会路接线至焊机工件,引起电流通过钢绞线导电	火灾	3	6	15	270(B级)	
73	吊装期间天气等因素	未得到天气信息资料,吊装作业时大风,大雨	坍塌	3	3	7	63(D级)	
74	吊装期间天气等因素	晚上作业未布置照明灯	起重伤害	3	3	7	63(D级)	
75	吊装期间天气等因素	吊装期间未设警戒线,非施工人员进出	其他伤害	3	3	7	63(D级)	
76	地锚安全控制	地锚受到破坏	坍塌	3	3	7	63(D级)	
77	地锚安全控制	吊装期间,地锚无看护	起重伤害	3	3	7	63(D级)	
78	履带吊吊装场地	履带吊行走对场地无保护措施	场地破坏	3	3	7	63(D级)	
79	履带吊吊装场地	履带吊吊装时,场地承载力不够	下陷	3	3	7	63(D级)	

（d）施工机具、工具准备

按施工方案组织施工设备、机具、工具进场，检查双塔桅及其配套提升油缸、钢丝绳、油泵、索具、扣件等，符合要求才能使用。

主要施工用机具、设备、工具、设备见表 2.22-2。

MDG22000t 双拱桁架式门式起重机整体提升主要机具汇总表　　表 2.22-2

序号	名称	型号	单位	数量	备注
1	提升塔架	5m×5m×102m	副	2	单副提升能力 5000t
1.1	塔架底节		节	4	
1.2	塔架标准节		节	60	一支塔架 15 节
1.3	塔架 1 号梁		支	4	按 2 副塔架配置
1.4	塔架 2 号梁		支	4	按 2 副塔架配置
1.5	提升大梁	长度 21.85m	根	2	
1.6	提升大梁桁架		组	2	按 2 副塔架配置
1.7	导线架		个	24	
1.8	500t 油缸支撑梁		支	24	
2	400t 履带式起重机		辆	1	
3	50t 履带式起重机		辆	1	
4	25t 汽车式起重机		辆	1	
5	5t 叉车		台	1	
6	提升千斤顶	450t	台	24	（外协）
7	油缸泵站	80 型	台	6	调节油缸油压
8	缆风油缸	100t	台	12	
9	缆风油缸泵站		台	4	按 2 副塔架 12 根缆风配置
10	计算机控制系统		套	1	
11	350t 滑车组	H350×12D/13D	只	4	
12	140t 滑车组	H140×8D	只	8	
13	80t 滑车组	H80×6D	只	4	
14	50t 滑车组	H50×6D	只	8	
15	32t 滑车组	H32×4D	只	4	
16	20t 滑车组	H20×2D	只	16	
17	10t 卷扬机	JJM	台	6	带钢丝绳
18	5t 卷扬机	JJM	台	6	带钢丝绳
19	20t 卷扬机	JJM	台	2	带 32.5mm 钢丝绳
20	卸扣	150t	只	10	
21	卸扣	100t	只	20	
22	卸扣	80t	只	12	
23	卸扣	50t	只	20	
24	卸扣	32t	只	20	
25	卸扣	10t	只	若干	

续表

序号	名称	型号	单位	数量	备注
26	卸扣	5t 和 2.5t	只	若干	
27	开口滑车	H20×1D	只	6	
28	开口滑车	H16×1D	只	8	
29	开口滑车	H10×1D	只	8	
30	开口滑车	H5×1D	只	10	
31	钢丝绳	ϕ65mm，单根 150m 长	根	4	
32	钢丝绳	ϕ78mm，单根 8m 长	根	2	
33	钢丝绳	ϕ65mm，单根 12m 长	根	4	
34	钢丝绳	ϕ52mm，单根 12m 长	根	4	
35	钢丝绳	ϕ52mm，单根 16m 长	根	4	
36	钢丝绳	ϕ43mm		若干	临时缆风
37	钢丝绳	ϕ17.5mm～ϕ28mm	m	4000m	牵引绳
38	白棕绳 ϕ18.5	旗鱼牌	筒	2	
39	捯链 10t	HS-10	只	6	
40	捯链 5t	HS-5	只	10	
41	捯链 3t	HS-3	只	4	
42	捯链 2t	HS-2	只	4	
43	千斤顶 320t		只	4	
44	千斤顶 50t	QY32	只	6	
45	测量经纬仪		台	1	
46	测量水平仪	瑞士 NA$_2$	台	1	
47	焊机		台	6	
48	扎头	ϕ12mm～ϕ65mm	只	80	
49	钢绞线	ϕ17.8	t	150	主梁提升
50	钢绞线	ϕ15.24，单根 165m	根	76	塔架缆风（12组）
51	滑移梁	6m×0.6m×0.8m	根	8	
52	四氟板		块	64	
53	钢板滑道	8m×1m	块	12	
54	路基箱	6m×2.4m×0.3m	块	14	可用 9m 的替换
55	10t 压载块		块	150	
56	100t 吊耳		只	4	
57	50t 吊耳		只	8	
58	集装箱		只	1	
59	钢丝绳	ϕ30～ϕ40，短千斤	副	12	

c. 现场平面布置

（a）按施工组织设计布置双拱桁架门式起重机。

（b）确定双塔桅的塔基基础和施工。

（c）双塔桅缆风绳锚点位置确定，锚基混凝土基础施工。

d. 提升设备安装

（a）双塔桅安装

双塔桅由自身起重逐节安装塔柱，然后安装提升大横梁，如图 2.22-2 所示。

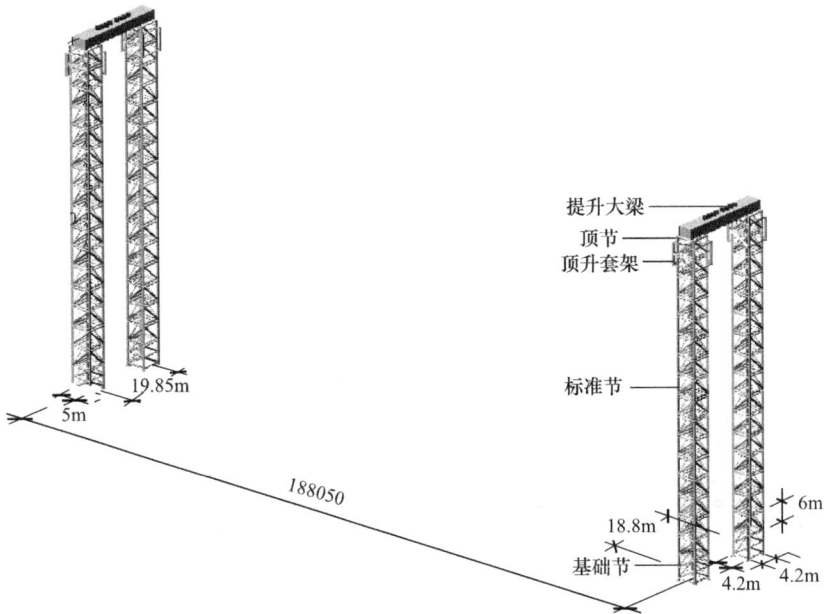

图 2.22-2　双塔桅安装示意图

（b）提升油缸安装

首先做好油缸泵站传感器的布置。油缸均匀对称安装在提升大梁上，垂直大梁，保证标高一致。油缸安装完后，安装钢绞线。

泵站安装在提升大梁上，靠近提升油缸，对称布置，保持相同的流量使所有油缸同步提升。

（c）传感器安装

用激光传感器实施激光测距，保证精确测距。用压力传感器监视油缸载荷变化，发现问题可及时处理。锚具及油缸位置传感器实时监测油缸工作状态，及时决定下步动作。

e. 缆风系统安装

（a）穿心式千斤顶安装在地锚上，并穿上缆风钢绞线。

（b）按设计（施工）确定的分布位置，将缆风另一端分别安装在塔桅和横梁上。

安装后的示意如图 2.22-3 所示。

（c）缆风钢绞线安装后，适当调整其弛度，使其受力合理，保证塔桅安全。

f. 计算机操作控制系统安装

（a）计算机操作控制系统安装如图 2.22-4 所示。

（b）从计算机控制柜引出泵站通信线、油压通信线、油缸信号通信线、激光信号通信线、工作电源线等。

（c）通过油泵通信线将所有泵站联网。

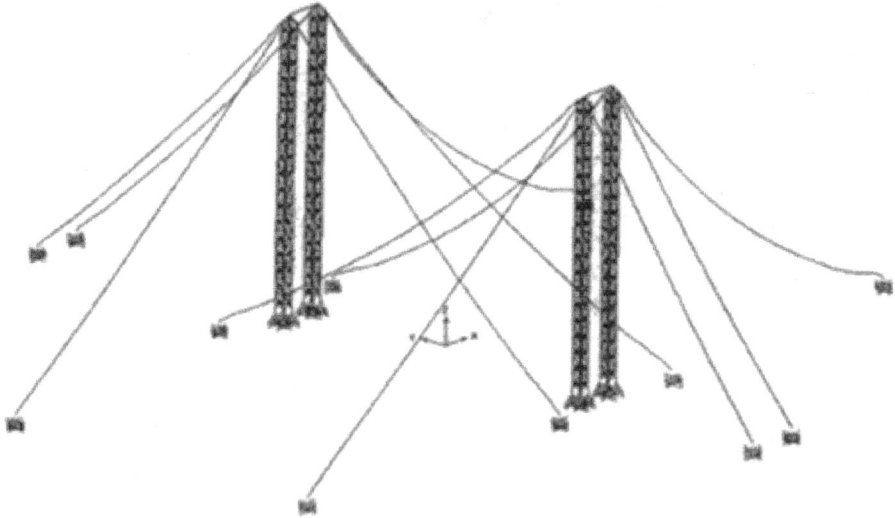

图 2.22-3　缆风绳安装示意图

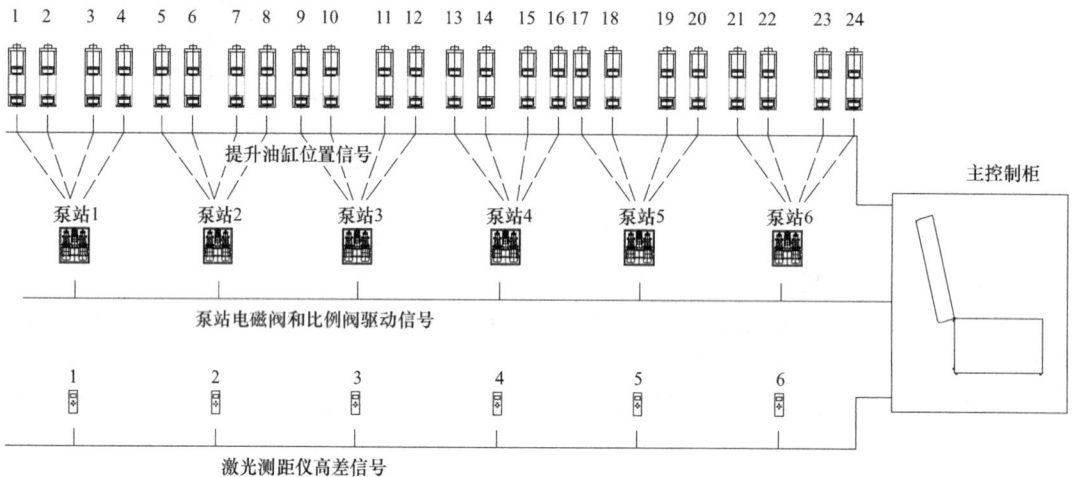

图 2.22-4　计算机控制系统

（d）通过油缸信号通信线将所有油缸信号盒通信模块联网。

（e）通过激光信号通信线将所有激光信号通信模板联网。

（f）通过油压通信线将所有油压传感器联网。

（g）通过电源线给所有网络供电。

g. 全自动推进机安装及调整

（a）将分散的部件按设计组装完成，并做系统调试和承载试验。

（b）按设计规定的超重设备整体提升的方向及提升轨道，安装槽型滑道和万向旋转梁，以保证整体提升时兜尾移动、提升顺利。推进机组装如图 2.22-5 所示。

（c）将控制系统和油路系统与计算机操作台连接。

h. 钢质铰链的设计、制作、安装

（a）根据设备或结构的重量、安装方法、几何尺寸设计铰链装置。

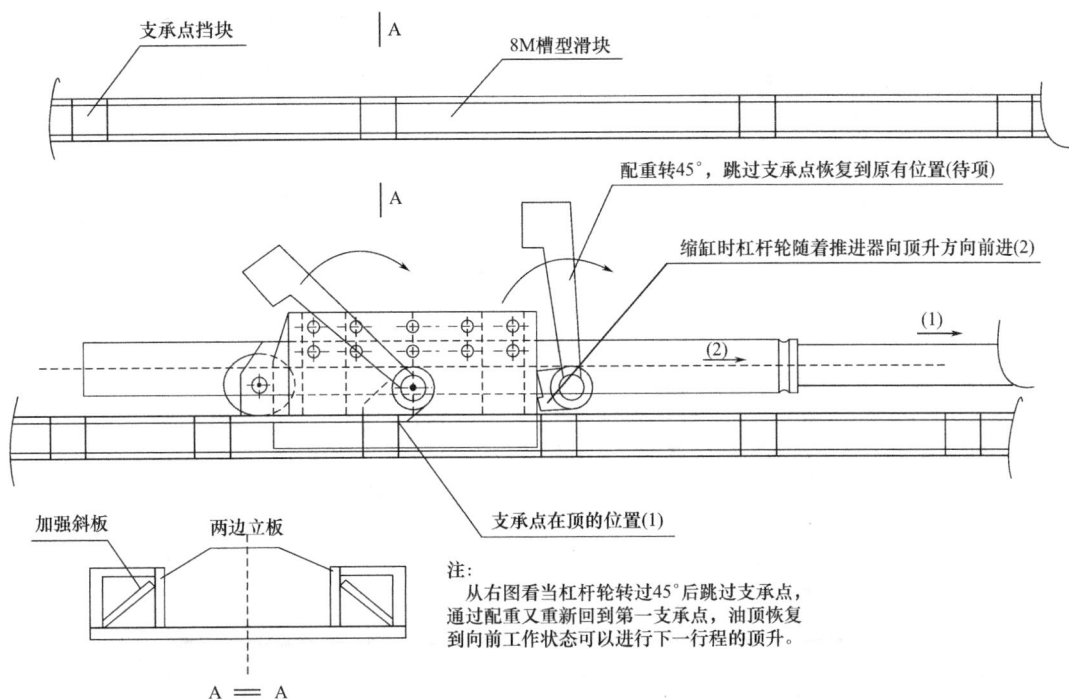

图 2.22-5 推进机示意图

（b）吊装前将加工制作好的铰链装置分别安装在支腿上部和大梁的下部。

（c）铰链装置安装后，必须转轴活动自如，这样才能实现跟携提升。

i. 提升设备系统调试

上述系统安装完毕后，依据综合集成的程序对系统进行调试，如数据测定、动作检验，并做适当的模拟动作，确保提升安全顺利。

j. 设备或结构整体提升安装

（a）在全面检查、测试、调式系统合格和安全后，先缓慢提升大梁使其离地约200mm，并检查其吊装机具、索具、提升梁等提升部位和被提升部位结构等的安全性和稳定性，并保持24h。

（b）整体提升步骤和过程，如图 2.22-6 和图 2.22-7 所示。

（c）跟携法整体提升

由于门式起重机两侧支腿安装高度将近100m，实现"跟携法"整体同步提升需要将支腿分段在地面组装后，通过柔性铰链实现自动到位，柔性铰链的工艺原理就是通过钢制销轴将两段支腿进行柔性连接，支腿随大梁同步提升时，支腿通过销轴旋转自然垂直到位，如图 2.22-8 所示。

（d）兜尾移动提升

门式起重机支腿跟随主梁提升而慢慢同步垂直时，两支腿尾部分别用2套移动提升推进器进行溜尾。自动移动提升推进器和支腿尾部吊耳之间穿轴固定，移动提升推进器前进的动力利用布置在其后面的顶推油缸，如图 2.22-9、图 2.22-10 所示。

步骤	工作过程	塔架功能	部件安装步骤展示			说明
			左部展示	正面展示	右部展示	
步骤1	提升大梁	提升		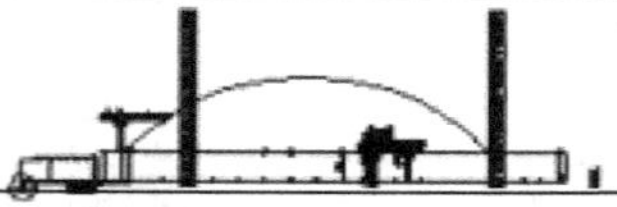	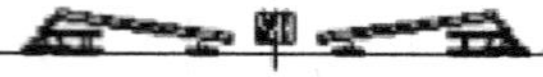	安装维修吊，机杆吊装上下小车，呈可提升状态
步骤2	机杆把刚构腿上分段翻身，在轨道一侧就位	提升	 滑移水平	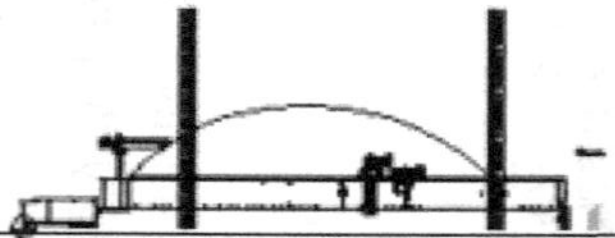 滑移水平	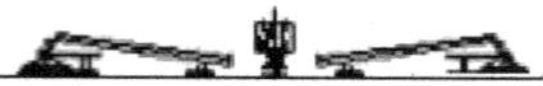	第一次提升，柔腿A字头滑移与大梁铰接，连接固定腿的各个部件及支撑的架设，行走机构等
步骤3	安装下划移小车、行走机构腿的铰接	提升	 滑移水平	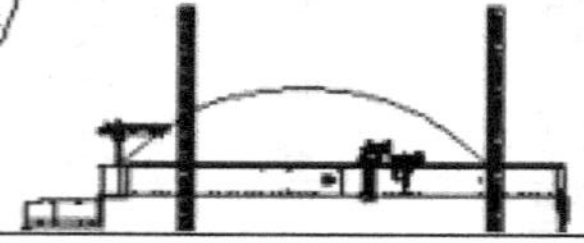 滑移水平		固定腿，焊接支架
步骤4A	提升大梁	提升	 滑移水平	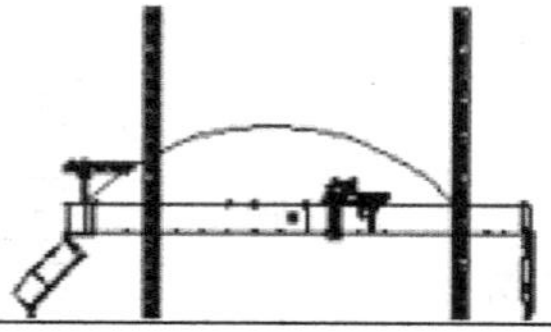	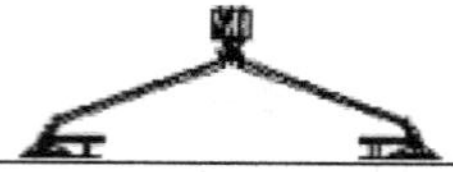	固定腿及行走机构随提升合拢
步骤4B	提升大梁	提升	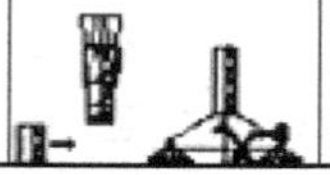 滑移水平	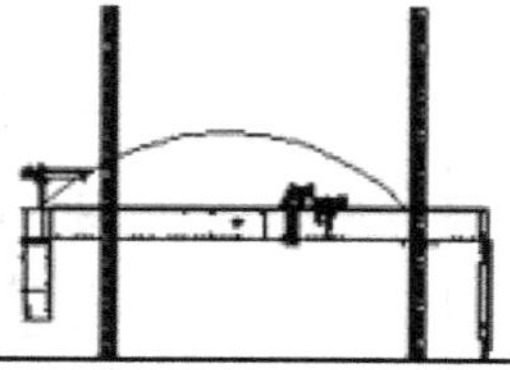	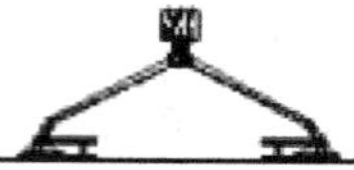	柔腿随提升缓慢合拢将刚腿三分段滑移至刚腿四分段下面

图2.22-6 22000t 双拱桁架式门式起重机整体提升步骤

步骤		工作过程	塔架功能	部件安装步骤展示			说明
				左部展示	正面展示	右部展示	
步骤5		下腿的焊接和螺栓连接堆行走机构到位	提升 下降		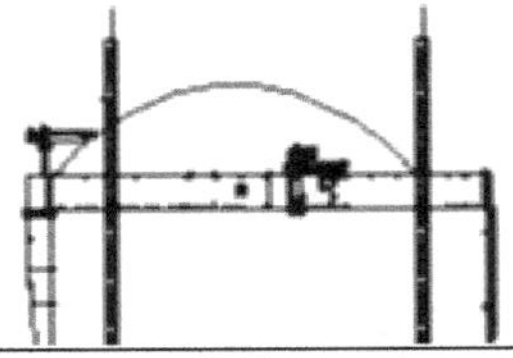	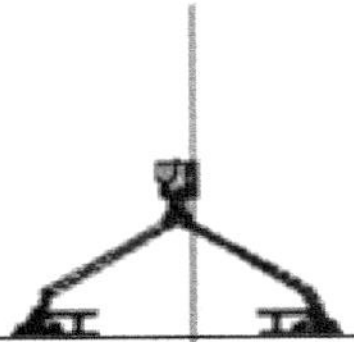	柔腿随提升合拢，刚腿三分段与四分段焊接
步骤5A		固定腿，提升大梁	提升	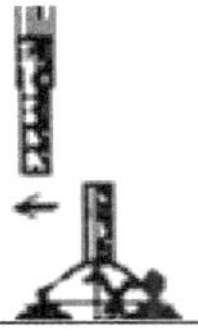	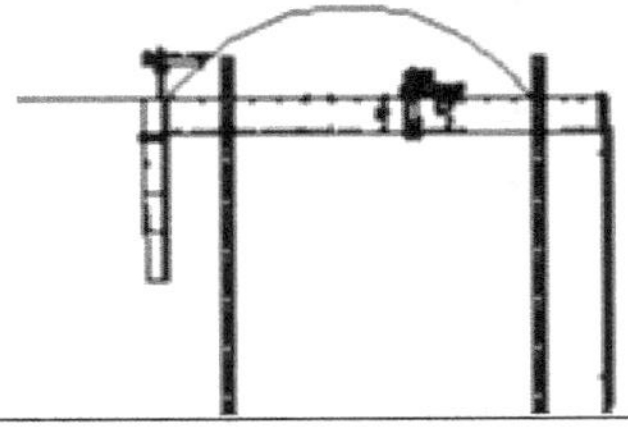	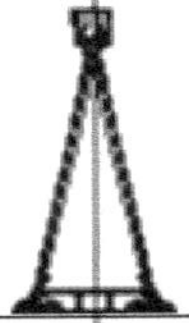	随提升合拢
步骤6		行走机构到位	—	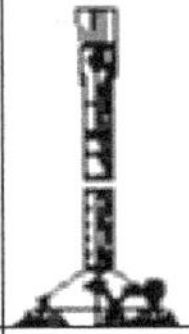	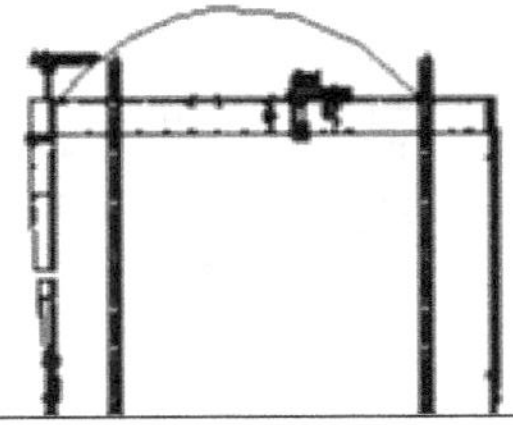	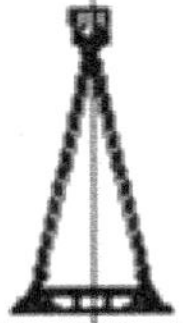	随提升合拢
步骤7		下放大梁，与腿连接	下降	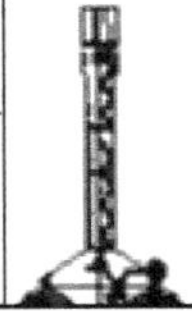	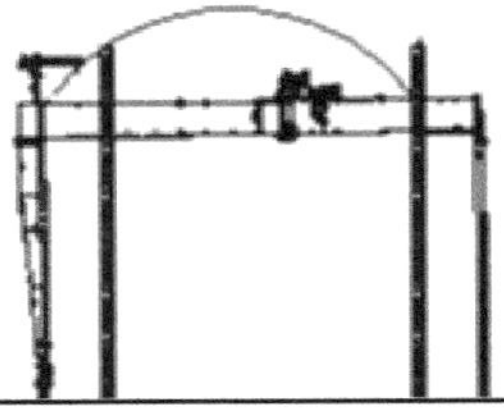	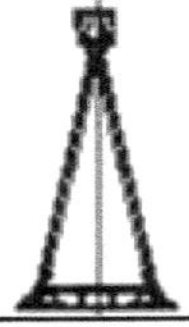	最终合拢对位
步骤7A		腿与行走机构的焊接	下降				

图 2.22-7　22000t 双拱桁架门式起重机机整体提升步骤

375

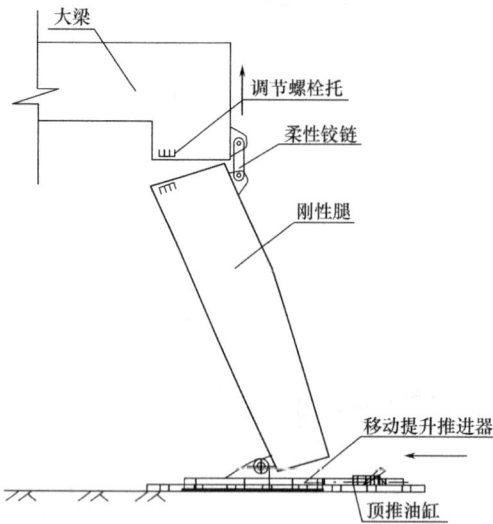

图 2.22-8　柔性铰链和推进器移动推进示意图

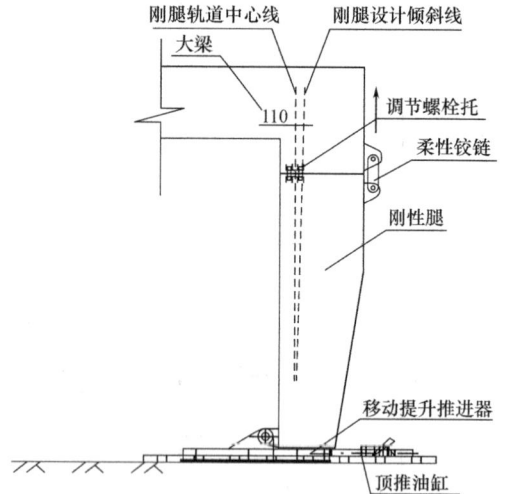

图 2.22-9　跟携和兜尾就位示意图

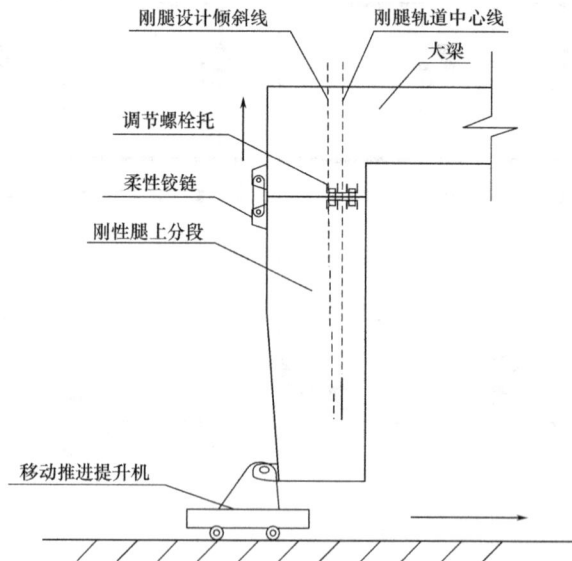

图 2.22-10　移动推进器兜尾

整体提升全貌，如图 2.22-11 所示。

k. 提升设备卸载

（a）MDGH22000t 提升到位，所有辅机辅件安装完毕，所有焊接部位全部焊固并无损检测合格，相关单位签字验收，提升系统方能开始卸载。

（b）整体结构下降，采取分级卸载方式。

（c）在单点下降过程中，严格控制下降操作程序，防止油缸偏载。

（d）在单点卸载过程中，严格控制和检测各点的负载增减情况，防止某点过载。

（e）下载过程中应严格检查各结构受力安全等。

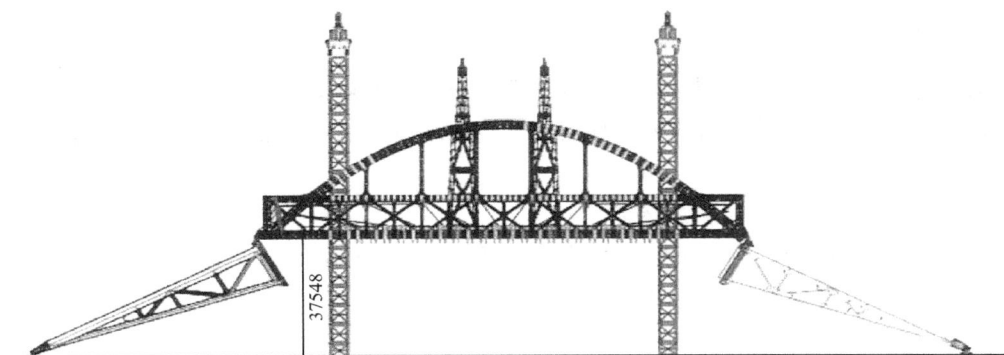

图 2.22-11 整体提升就位

l. 塔架拆除

（a）塔架拆除前，锁紧行车行走机构，确保拆除塔架时行车不会出现滑动。

（b）恢复塔架 50m 处缆风绳后再拆除塔架顶部缆风绳，再借助吊车分段拆除塔架提升大梁。

（c）借助吊塔桅自升降装置，逐节拆除标准节。

（d）最后拆除底座及其全部索具、吊具、机件等。

（e）清理现场，做行车调试，试运。

（3）实施总结

1）双塔桅巨型自升降设备研制，开创了超限设备与结构整体提升的跟携法吊装，填补了我国超限设备与结构整体吊装的空白。用双塔桅巨型自升降设备配置柔性铰链装置实现了超限设备与结构跟携整体提升，完全摒弃以往积木式吊装。

2）发明了穿心式千斤顶拉缆风绳，用液压自动调整缆风绳的弛度，改变了以往用手拉葫芦松紧缆风绳的方法，使缆风绳受力得到量化。

3）实现了用计算机控制超限设备与结构的整体提升，自动化程度大大提高。

4）发明了全自动推进机，解决了兜尾推进问题。

5）该工艺获得 4 项发明专利和 7 项实用新型专利，并被列入国家标准《重要结构和设备整体提升技术规范》GB 51162—2016。

（提供单位：苏华建设集团有限公司。编写人员：夏斌、陆娇、史俊杰、黄晓舒、王磊、吴菊萍）

2.23 核电站环形起重机安装技术

2.23.1 技术发展概述

反应堆厂房环行起重机是压水堆核电站最重要的重型起重设备之一，安装于反应堆厂房内顶部，由环梁环轨（9 段拼接而成）、两根主梁、主小车、副小车、辅助小车、液压安装小车和中央拱架、自备检修拱架等主要部件组成，其中主小车额定起吊重量 200t，液压安装小车起吊重量 550t，以满足反应堆厂房压力容器、蒸汽发生器等主设备的吊装要求。

2.23.2 技术内容

环行起重机安装包括环梁环轨安装及桥架、小车、拱架安装，主要技术包括环行起重机环轨地面组装测量技术、环梁及环轨吊装就位与调整技术、桥架地面预组装技术、环行起重机在核岛内的安装技术。

（1）环吊环轨地面组装测量技术

根据环梁环轨的半径和重量（防城港二期环梁环轨半径21.5m，单根环梁及环轨重量为14.82t），设计支座地面组装调整工装。

（2）环梁及环轨吊装就位与调整技术

1）环梁及环轨吊装就位。

按连接部位标号图规定的标号依次吊装就位，就位前根据已测量牛腿标高，预先将环梁上的顶丝进行调整，确保调整后环梁标高满足设计值要求；或在牛腿上表面放置垫铁，将其调整至环梁下翼缘板的设计值标高。

2）环梁及环轨调整

利用已安装好的双向调整装置调整环梁下盖板内沿的半径和圆度（$R=20900\pm4$mm，圆度 $\Delta R\leqslant5$mm）。环梁调整完成后连接两环梁端面的螺栓，并紧固。将环梁与牛腿间的垫铁更换为加工好的垫板，并连接牛腿与环梁的5个连接螺栓。所有垫板安装完成后，对环梁圆度和半径进行检查，紧固环梁与牛腿连接的螺栓。

（3）桥架地面预组装技术

1）桥架在组装场地的检查存放

两根主梁和两根端梁等部件到货，运输至指定位置→开箱检查→主端梁连接面使用临时螺栓连接→调整返平桥架→测量组对后的桥架数据→桥架临时存放在大件堆场，做好设备保护工作。

2）大车运行机构落轨后进行螺栓力矩检测

将大车运行机构分别安装在主梁两端，大车运行机构地面安装后，需按要求对连接螺栓打力矩。测量车轮的垂直偏斜和水平偏斜满足要求。

（4）环行起重机在核岛内的安装技术

1）环行起重机就位

大件吊机先后将两根主梁落位至环轨上表面正上方约100mm时，吊钩缓慢下降，使主梁大车运行机构车轮底面与环轨上表面接触。主梁就位到环轨上之后需采取防倾覆加固措施，钢丝绳与主梁及牛腿连接的地方需要做好棱角保护。

2）主、副小车安装

主、副小车就位后，安装运行编码器，主起升卷筒编码器、旋转开关加编码器，防振反钩。小车就位后开始敷设、电缆端接。

3）中央拱架安装

中央拱架就位后，安装铰轴，检查中央拱架的垂直度及跨度：垂直度要求 $\leqslant H/1000$（H 为中央拱架高度，13782mm）。

4）自备检修拱架安装

将自备检修拱架就位在主梁上（需注意10t葫芦必须先安装到拱架横梁上并用封车带

固定在横梁中间位置），检查自备检修拱架的垂直度≤$H/1000$（H 为自备检修拱架高度，10265mm）；按要求紧固连接的螺栓，完成安装。

2.23.3　技术指标

（1）《起重设备安装工程施工及验收规范》GB 50278—2010；

（2）《压水堆核电厂反应堆厂房环吊安装及试验技术规程》NB/T 20173—2012。

2.23.4　适用范围

适用于环行起重机安装工程。

2.23.5　工程案例

1. 防城港核电厂二期

（1）工程概况

环吊是核电站最重要的起重设备之一。环吊安装于反应堆厂房＋38.84m 标高处，所占空间从＋38.84m（牛腿支承面）到中央拱架顶面标高＋57.5m，环梁直径达 43m，下方布置牛腿数量 45 个，均布于安全壳钢衬里。环轨安装在环梁上表面，标高＋39.725m。环吊大部分部件都属于重型设备，吊装和安装精度要求高。

环吊部件的运输、环吊的地面组装、土建基础的接收与测量、轨道梁安装、主梁、小车吊装落位、环吊安装后调试，初始、轻载、静载、额载、动载试验诸多工序都伴随着与外部单位交叉配合和协调施工作业，这是环吊安装过程的一个特殊点。

环吊轨道梁安装、环吊桥架施工、测量、调试等工序均涉及高空作业，故环吊的安装作业属于安全高风险作业，作业时需根据安全高风险作业进行控制。参与 EM1 包施工作业人员必须通过专门培训、体检，具备相应的高空作业素质和资质，并严格遵照 HSE 的高空施工安全规定条例，防止高空坠落事件发生，这是环吊施工的另一个特殊点。

（2）技术应用

1）环吊概述

环吊主要部件如下：（图 2.23-1、表 2.23-1）。

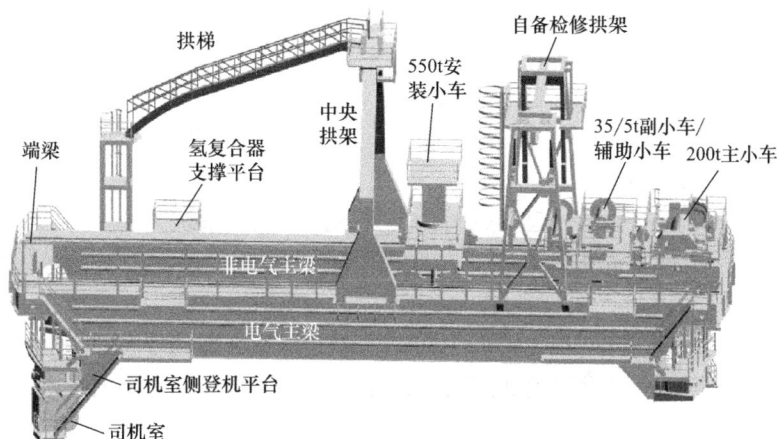

图 2.23-1　环吊三维示意图

环吊主要组装部件表（单台机组） 表 2.23-1

名称	数量	单位	备注
电气主梁	1	根	
对应主梁	1	根	
端梁	2	根	
200t 主小车	1	台	
35t/5t 副小车	1	台	
5t 辅助小车	1	台	
550t 安装小车	1	台	
中央拱架	1	个	
自备检修拱架	1	个	
检修葫芦	1	台	载荷量 10t
卷扬装置	1	个	载荷量 100t
环吊环形轨道梁及环轨	9	段	

① 环形轨道梁

环吊的轨道梁是由 9 段呈 40°环形的轨道梁连接在一起组成的一个环形支撑梁，用螺栓固定在反应堆钢衬里的 45 个牛腿上，每段轨道梁长约 15.5m。在环形轨道梁后均匀地分布有 18 个水平方向的千斤顶以对轨道梁进行径向调整，尽可能使环形轨道梁形成一个圆形。安装调整后的环形轨道中心直径为 43m，顶部标高为＋39.79m。

② 吊车主体结构

a. 环吊主体结构主要由两根端梁与两根主梁（电气梁和对应梁）拼装构成。主梁与端梁之间由高强度螺栓连接，组合成一个刚性的矩形。每根主梁两端正下方均布置有一个大车运行机构，共四个大车运行机构。大车运行机构的转动轮支撑在环形轨道上，每套转动轮各有一个驱动单元，环吊被大车运行机构驱动并沿着环形轨道梁运转。

b. 在圆周方向上，吊车由位于两根主梁两端下方布置的四组水平轮装置沿着轨道水平转动的导向轮引导。当吊车在轨道上转动发生偏差时，水平导向轮能够限制大车运行机构的转动轮的运动并使其沿着圆周方向行走。

c. 环吊的中心是一个横跨在两个主梁中间位置上的中央拱架，通过拱架上的滑环由敷设于穹顶上的电缆输送电力，同时拱架也用于 550t 液压小车的拆卸与安装。

d. 电气梁一端的下方有一个控制室，它包括吊车各种运动所需的监测和控制元件，并与环吊的载荷及其他指示器一起形成一个完整的操纵控制系统。

e. 环吊带有一个操纵遥控器，在＋17.5m 标高处能通过遥控器直接控制环吊的各种运动。

f. 中央拱架横跨于环吊两根主梁的中间，用于环形集电器的安装，以及安装小车的安装和拆卸，设置有通往中央拱架顶部的通道，便于检修人员的安全通行，并设置有卷扬装置的定滑轮及导向滑轮。

g. 自备检修拱架也横跨于环吊两根主梁之间，配备有带电动行走装置的电葫芦，用于小车上各零部件的检修吊装。其起重量能满足起吊运行小车上的最重件，并设置运行制动器和紧急制动器。

h. 卷扬装置全厂共用，其钢丝绳通过中央拱架的滑轮组，用于安装小车的安装和拆卸。

③ 200t 主小车

主小车主要用于停堆换料和维修期间反应堆厂房的重型设备吊运，其中最重的设备为堆顶。200t 主小车主要由一个 200t 的卷扬机组成，运行小车横跨在两个主梁上并沿着主梁上的轨道行走，小车由两个驱动单元驱动并带有防振装置，以防止行走轮脱离轨道。

④ 35t 副小车、5t 辅助小车

副小车主要用于停堆换料和维修期间反应堆厂房内的轻载设备吊运。起重量为 5t 辅助小车布置在 35t 车架上，可沿垂直于主梁方向运动。副小车横跨在两个主梁上并沿着主梁上的轨道行走，小车由两个驱动单元驱动并带有防振装置，以防止行走轮脱离轨道。

⑤ 550t 安装小车

环吊安装小车额定起重量 550t，主要由上部车架、下部车架、钢丝绳及 550t 吊环滑轮组等组成。安装小车主要用于安装阶段重型设备（蒸汽发生器、压力容器、稳压器等大件）的吊装，在核电厂投入运行之前拆除，安装小车在环吊桥架上的拆卸和安装可通过环吊的中央拱架和专用卷扬机实现。

2）环吊安装流程（图 2.23-2）

3）施工准备

① 场地准备

环吊部件可以在专用贮存场地或紧靠反应堆厂房实现贮存与地面组装。部件应放置在重型吊车和塔吊的工作半径范围内。

a. 重型吊车场地

吊装环吊部件的重型吊车位置，应尽可能保持与吊装穹顶时的重型吊车位置相一致。在重型吊车的拼装场地，清除起重机附加配重回转半径范围内的障碍物，起重机占位场地的承载能力应符合现场需要并达到其说明书规定要求。

b. 地面组装场地

根据现场场地以及重型吊车和塔吊的位置，确定一处长约 40m 宽约 30m 的场地，作为地面组装区。

由于设备较重，必须对地面的承压能力做出要求。在运输区域内地面的承压力为 $2kg/cm^2$，在贮存区域以及组装区域内为 $1.5kg/cm^2$。地面组装区应保持足够的清洁度，以保证环吊各部件的清洁度：有防止任何可能的泥浆飞溅的保护措施，例如：用砾石铺地；有防止电气部件（电气盒，电气梁等）渗水的保护措施。

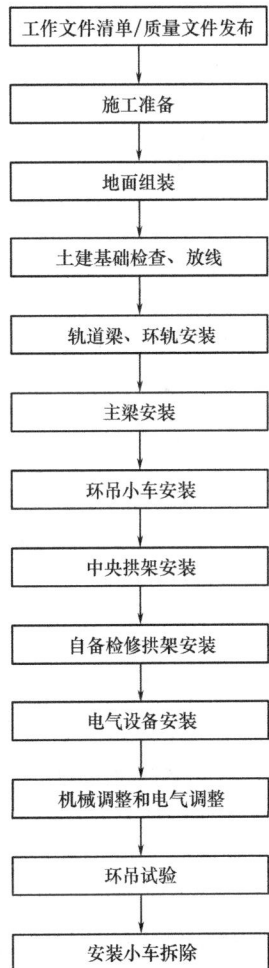

```
工作文件清单/质量文件发布
        ↓
      施工准备
        ↓
      地面组装
        ↓
  土建基础检查、放线
        ↓
  轨道梁、环轨安装
        ↓
      主梁安装
        ↓
    环吊小车安装
        ↓
    中央拱架安装
        ↓
   自备检修拱架安装
        ↓
    电气设备安装
        ↓
  机械调整和电气调整
        ↓
      环吊试验
        ↓
    安装小车拆除
```

图 2.23-2 环吊安装流程图

② 吊装与运输的设备

a. 塔吊；

b. 重型吊车（大件运输与吊装分包商提供）；

c. 约 200t 的拖车（大件运输与吊装分包商提供）；

d. 其他吊车和运输车辆。

4）地面组装

环吊部件是以散件的形式供货，为了便于安装和提高工作效率，在进行吊装之前，对某些部件必须进行地面组装，而另外一部分在现场安装时组对。

重要部件之间的连接均为高强度螺栓连接，如拱架连接表面，端梁与主梁的连接表面等，应按照高强度螺栓连接的要求进行。

根据实际情况，地面组装主要分为轨道梁的组装、主梁的组装和拱架的组装。

① 轨道梁地面组装及测量

a. 安装环梁地面组装工装及调整其水平度。

b. 按照图 2.23-3 中要求的规格和尺寸预埋 27 个混凝土墩及中心测量基准平台。

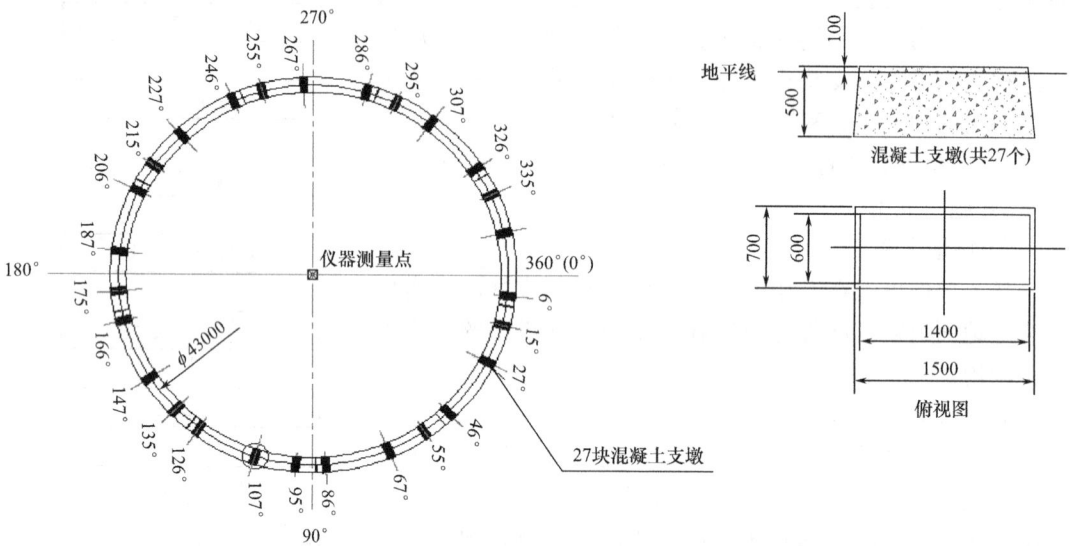

图 2.23-3　地面组装前基础布置图

c. 按照图 2.23-4 中的要求预制钢支架。

d. 用垫铁调整支架水平度和水平标高差。

e. 用膨胀螺栓将支架固定混凝土墩上，见图 2.23-5。

f. 轨道梁及轨道的拼装

在储存场地对轨道梁及轨道进行拼装，用 9 组 M32 的圆锥头定位销调整相连接的轨道梁对接面，并用 9 组 M30×160 的临时螺栓对结合面进行紧固，使其结合面之间的间隙最小。

g. 轨道梁牛腿和螺栓孔标识

对组装好的环形轨道梁进行标识，具体根据轨道梁上出厂时的拆车编号确定标识号。

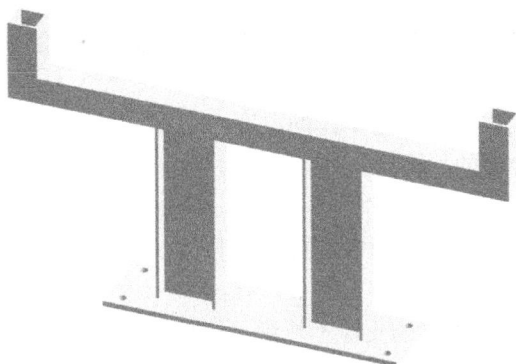

图 2.23-4　钢支架三维示意图

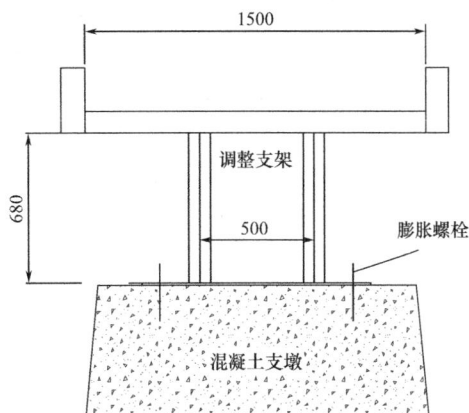

图 2.23-5　钢支架与混凝土支墩装配图

h. 采用极坐标法对轨道上表面径向中心点标高测量、半径和圆度测量

（a）由班组划出 1 号牛腿标识处螺栓群孔的实际中心线，将实际中心线反射到轨道，并将 1 号标识螺栓群孔的实际中心线定义为 0°测量基准，由测量人员在轨道梁牛腿连接面每隔 8°放出其余牛腿标识处的理论中心线和 $R=21500\mathrm{mm}$ 的圆周线。

（b）按制造图在环吊环轨 45 组开孔中心线上（半径方向上），取轨道中心并进行标识，编号为 1～45 号点。

（c）将仪器架设于环梁近似中心上，测量 1、12、23、35 牛腿标识上轨道中心点，以此四点的数据检验轨道梁及环轨圆心点的准确度，并对圆心点位置进行相应调整。待轨道梁圆心点位置调整好后，即可开始采集 1～45 号螺孔中心线上的角度和距离，记录数据检测环轨的半径、圆度。

（d）取每组牛腿标识角度中心线在轨道径向中点作为测量点，在轨道梁测量圆心上架设水准仪测量其 45 个测量点标高，记录数据。

（e）轨道标高控制在±5mm，环轨中心半径控制在±4mm，圆度控制在 5mm 内方可进行下一步施工。若轨道上表面标高、中心半径及圆度不能满足上述要求时，根据测量数据对轨道的各项几何参数进行分析，在测量数据的支持下对轨道梁进行调整，调整完一次就要对轨道的测量数据重新测量分析，直到轨道标高、中心半径及圆度符合设计要求，方可进行下一步测量。

i. 采用极坐标法对轨道梁牛腿连接螺栓孔的坐标采集，详见轨道梁螺栓孔位置测量示意图。操作过程如下：

（a）仪器在此次测量过程中，不需搬动测站，一直架设于调整好后的中心点位置即可测量。

（b）把测量块/定位块（图 2.23-6）依次安放在轨道梁 4 个螺栓孔内。

（c）将对中棱镜杆插入定位块中，此时采集的数据即为核岛内牛腿钻孔的实际中心点；由钳工通过检测轨道梁外缘侧 2 个螺栓孔的位置，若没有偏差将不用测量轨道梁

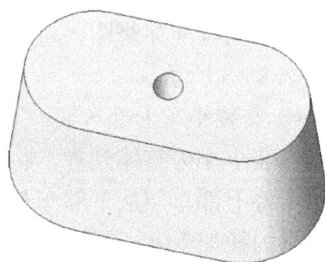

图 2.23-6　轨道梁螺栓孔
测量块三维示意图

外缘侧螺栓孔位置，若出现偏差则记录偏差值（说明：由于轨道梁底板螺栓孔测量模板配钻式加工，不会产生单个螺栓孔位的偏差）。

（d）对所需采集的数据进行两次测量，以便检查单次测量中存在的粗差，并对粗差做出相应改正。

（e）在测量过程中需定时记录周围环境温度以及环轨梁单体的温度。

（f）通过水平尺测量轨道梁下盖板牛腿结合面的平面度。

② 桥架地面的组装

主梁分电气主梁和对应梁，为防止部件在长途运输过程中焊接应力释放及环境变化对尺寸的影响，要求现场对主梁和端梁进行地面预装。主要涉及的工作有：

a. 两根主梁的钢支撑预制：由于厂家运输两个主梁的支撑不能满足桥架地面组装后的承重要求，同时为方便主梁运输，需要预制 4 个支撑并安装在主梁底部。

b. 两根主梁地面存放期间要做好防台风措施。

c. 使用同步液压千斤顶先调平对应主梁的水平度。

d. 将端梁与对应梁组对。因组对后由于端梁一端为悬空状态，需要提前预制端梁的支撑钢支架进行支撑。

e. 使用双机抬吊将电气梁与对应梁组对。由于单根主梁重量达到 160t，经过计算必须采用两台不小于 300t 的大型汽车式起重机进行双机抬吊才能吊起电气主梁，移动位置与对应梁组对。

f. 桥架组装后测量调整。桥架组装成整体后，通过测量方法检查和验证长途运输及长期存放环境变化是否造成尺寸变化，如果造成变化，进行适当的调整以满足设计要求。

g. 安装 4 个水平轮装置。

h. 安装 4 个大车运行机构。由于大车运行机构分体到货的部件，厂家供货也没有提供专门的吊装工具，因而需要预制大车运行机构的吊运钢排支架和吊装平衡梁，配合双机抬吊安装就位。

i. 使用汽车式起重机分别安装电气主梁、对应梁上的平台、立柱、栏杆等部件。后续在核岛具备桥架吊装条件后，需要提前将地面组装的端梁拆除并运输到起吊点。

③ 环吊 3 台小车地面穿绳

a. 在地面准备好支撑（如试重块、枕木），将小车垫高，离地面 1.6～2m；

b. 使用汽车式起重机将小车吊装就位到支撑上，再将吊钩及钢丝绳盘摆放至小车正下方，举例 200t 主小车的穿绳，如图 2.23-7 所示。

按照钢丝绳穿绕图，将左旋钢丝绳穿入右旋卷筒上，将右旋钢丝绳穿入左旋卷筒上，如图 2.23-8 所示。

④ 安装小车上部车架、下部车架地面拆分

安装小车为整体到货，将小车整体运输至吊装点（由大件运输承包商负责），利用重型吊车将上部车架从下部车架吊离（使用厂家专用的平衡梁、吊索具），并落位至使用厂家提供的托架上（托架需放置在平整的地面上）。

⑤ 中央拱架/自备检修拱架地面组装

中央拱架和自备检修拱架结构类似，均是由三个部件组成（一根横梁、两条支腿），考虑到组装后运输困难，通常将拱架部件运到反应堆厂房附近，在重型吊车吊装范围内组

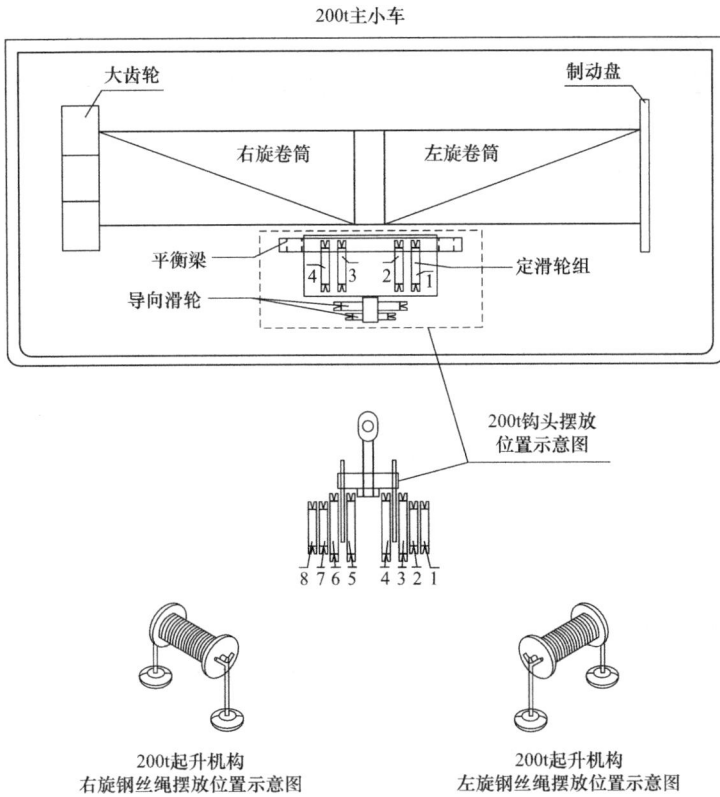

图 2.23-7　200t 主小车的穿绳准备示意图

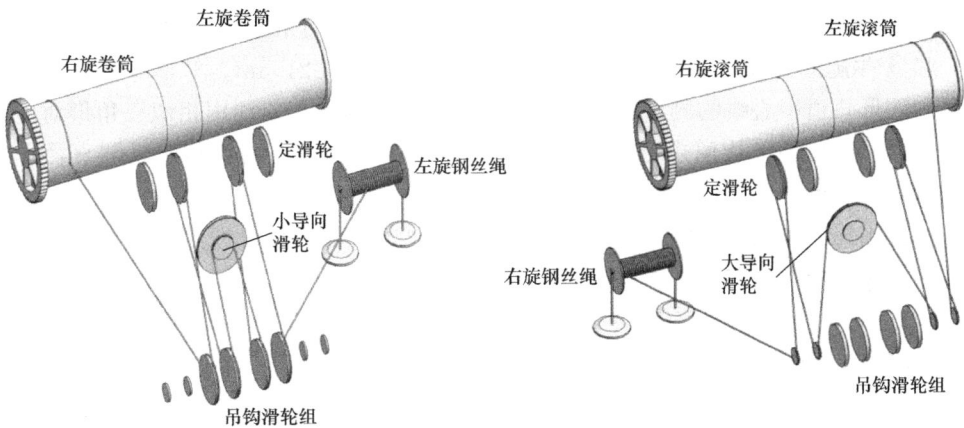

图 2.23-8　200t 主小车的左旋、右旋钢丝绳穿绕示意图

装。地面组装时要测量跨距及对角线，并与主梁上中央拱架安装位置的跨距和对角线进行比较，并准备好工具以便就位时调整偏差。还应对固定中央拱架的销轴孔径和销轴外径进行精确测量，确保有足够的安装间隙，以方便现场组对和安装。

5）土建基础的检查、放线

环吊的安装要求精度很高，这就要求在安装之前必须仔细对反应堆厂房的土建基础结构进行检查和测量。

① 所用测量仪器

TC 2003 全站仪 1 台；NA2＋GPM3 精密水准仪 1 台；N2 水准仪 2 台；NL 天底仪 1 台；ZL 天顶仪 1 台；必要的仪器附件。

② 环吊测量定位的必要条件

a. 反应堆厂房钢衬里安装到＋44.8m，混凝土浇灌到＋41.4m；

b. 牛腿安装完毕，牛腿面标高＋38.84m；

c. 安全壳穹顶还未吊装就位。

③ 测量基准点位置

a. 标高基准点 2 个，位置在 1 号（0°）、23 号（176°）牛腿上面，离钢衬里 100mm，标志用 20mm 高的圆头标高头，应进行焊接固定。

b. 坐标基准点 4 个，位置在 1 号（0°）、12 号（88°）、23 号（176°）、35 号（272°）牛腿上，半径 21.5m。在其上方标高 40m 钢衬里上，焊 4 个长 100mm 的槽钢，作为辅助坐标基准点。

④ 测量定位程序

a. 测量标高基准点；

b. 用吊钢尺法传递标高，测量二点标高互差不超过±1mm；

c. 测量坐标基准点；

d. 点位标准偏差应小于计算坐标±1mm；

e. 测量牛腿角度线和轨道中心点；

f. 测量牛腿的标高；

g. 轨道中心点位精度小于±2mm；

h. 牛腿在环吊轨道梁安装之前必须经过检查与测量，定出其基准点。主要的测量尺寸有：45 个牛腿的顶面标高 38.84m，环吊轨道半径理论值 21.5m。

其中环形轨道中心线的测量较困难。通过各仪器的测量，并利用相似三角形对应边成比例的原理确定出环形轨道中心线的位置。确定出四个基准点后，利用以圆直径作为斜边，其直角三角形的直角定点必在此圆周上的原理，确定出每个牛腿上的轨道中心位置。

在检查牛腿的画线后，应结合轨道梁上的钻孔实际位置和偏差来判定牛腿上画线的位置偏差，必要时作好偏差优化，可以避免偏差累计。

6）轨道梁、环轨的安装

① 脚手架的搭设

从 17.5m 平台通向环形走道的通道已安装；在反应堆厂房内搭设一个距安全壳内衬里 2m 宽，距牛腿上支承面 1m 向下的环形走道脚手架平台，脚手架上应有足够的行走空间，以便后续环梁的调整安装以及环梁与牛腿连接螺栓的紧固。也可与土建焊接牛腿的施工平台共用。

② 牛腿放线及钻孔

根据地面采集的环梁牛腿螺栓孔坐标数据，使用全站仪在牛腿上放出钻孔坐标中心点，并画出钻孔位置轮廓线，使用磁力电钻进行 45 个牛腿上 225 个 ϕ55mm 圆孔的钻孔，偏差±1mm，检查相邻和对角螺栓孔中心点之间的距离，偏差控制在±1mm 内。

③ 环吊轨道梁的吊装

a. 环吊轨道梁共分 9 段，安装顺序应根据厂家的出厂编号顺序进行。根据以往项目经验，环吊轨道梁的吊装应由大件吊装承包商完成。

b. 环吊轨道梁在吊装和组装之前应将高强度连接面可剥离油漆清除，然后用胶布保护好。

c. 在检查完牛腿标高、平面度之后，在牛腿上划线并钻孔。然后利用重型吊车直接将轨道梁——吊装就位于相应位置。

④ 标高预调整

根据工程测量测得的数据，用 M20 的调整顶丝调整每一段轨道梁的标高，并检查连接表面以满足高强度螺栓连接的条件，然后将九段轨道梁用螺栓、夹板等连接好。

⑤ 环吊轨道的标高调整

轨道梁连接好后，按验收标准进行检查，并用 M20 的顶丝精确调整标高。

⑥ 半径调整

先在牛腿后部安装（花篮调节螺杆）调节千斤顶（每段轨道梁两个）共 18 个。这些调节螺杆可根据测量的数据和验收标准，将轨道梁推向中心以紧固，或拉向反应堆壳体以放松，调节半径和圆度，详见图 2.23-9。

在轨道梁 9 个接头紧固完成后，对轨道梁进行测量并调整。验收标准：标高：38.790m±5mm；半径：21500±4mm；圆度：≤5mm。

⑦ 调整垫板一次加工成型

a. 环梁地面组装完成牛腿螺栓孔坐标测量后，作业人员在环梁下表面标出调整垫板加工所需数据的测量点，测量人员进行编号。

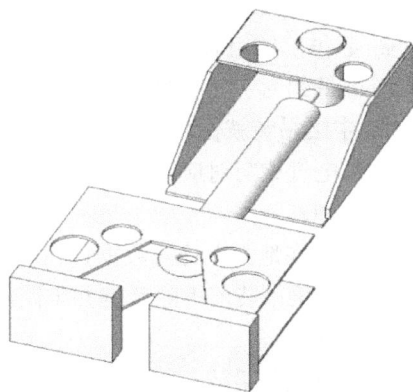

图 2.23-9　环吊轨道梁的半径调整

b. 测量人员在现场采用激光跟踪仪，采用靶球配合平面座或者直接采用靶球进行测量，测量顺序按照环梁下表面标识点编号一次进行，采集的每个牛腿对应的所有测量点数据应保存字一个点组中。

c. 进行数据处理、测量报告编制。

d. 在牛腿移交后，进行安装平面控制测量。

e. 牛腿上表面理论中心线和轨道半径参考点测设。

f. 标识牛腿上表面标高测量点（及后续调整垫板布置的位置点），并编号。

g. 测量牛腿上表面标高值；审核测量数据，编制测量报告。

h. 将地面组装数据和牛腿上测量数据进行分析处理，计算得出调整垫板一次加工成型厚度的数据，进而实现一次加工成型。

⑧ 轨道梁连接面螺栓紧固

a. 轨道梁调整垫板加工完后，在轨道梁上移开顶丝，在相对的两个牛腿上作业，将轨道梁调整垫板放置在轨道梁与牛腿之间，穿上螺栓并紧固螺栓。

b. 螺栓由上向下穿，在螺栓头侧有两个平垫片，平垫片之间有两个弹簧垫片，用液压扳手紧固螺母。

c. 在轨道梁接头处焊接轨道定位板：仔细去除油漆后在九个接头处焊接轨道定位板；每一段轨道的接地连接。

d. 轨道的最终几何检查：在轨道梁紧固后，重新测量轨道，若有不符合，则须对轨道梁重新进行调整，包括对轨道梁调整垫板的重新加工或更换新的轨道梁调整垫板。

e. 反应堆厂房预应力后轨道的检查：在反应堆厂房预应力后，反应堆在标高和半径方向都会有一个变化值，环吊轨道也会有相应地变化，轨道的标高也会相应地变化。所以在反应堆厂房预应力后应对环吊轨道进行全面的测量。

验收标准为：标高 39875 ± 5mm；环轨中心半径：21500 ± 4mm；圆度允差：$\leqslant5$mm。

f. 如果测量结果与验收标准相差太多则需要拆除轨道梁紧固螺栓，对轨道梁进行调整（在反应堆安全壳作完预应力拉伸后，再次检查轨道尺寸，合格后按照图纸要求在每个牛腿上焊接两个轨道止挡块）。

⑨ 主梁的安装

a. 起吊前的组装：为减少核岛内高空作业风险，需要在起吊点将主梁与司机室、登机平台等部件组对，然后再使用重型吊机将主梁吊装到核岛内部就位。

b. 主梁吊装就位：

（a）电气梁与对应梁分别重约 210t 和 190t，主梁在吊装之前先对高强度螺栓连接表面进行处理；

（b）据在地面上检测数据，在环轨上划出车轮落轨点；

（c）主梁吊装前拆除反钩并牢固固定在附近，防止反钩影响大件吊装就位同时方便后续反钩的安装；

（d）将电气梁按工程公司指定轴线就位到环吊的环梁上；

（e）将非电气梁沿工程公司指定轴线就位到环吊的环梁上；

（f）注意事项：主梁吊装就位要采用防倾覆钢支架及防倾覆加固措施就位。

c. 塔吊吊装就位端梁，吊装时端梁两端吊点绑扎吊装带，中间吊点采用手拉葫芦调平端梁，再组对主梁，使用定位销连接主端梁，每个面使用 4 个定位销。每个面安装至少 4 个螺栓并手动把紧。

d. 测量主梁桥架对角线满足要求。

e. 检查连接表面符合高强度螺栓安装条件。

f. 桥架主、端梁连接要求：主端梁共有四个角对接相连，安装时每个角的四周都先按 70% 拧紧力矩，然后检测桥架相关数据（示例）：

（a）平行四边形对角线之间的差值为：±2mm；

（b）小车轨距：8000 ± 3mm；

（c）同一截面小车轨道高低差：$\Delta h\leqslant5$mm；

（d）小车轨道侧向直线度 b：小车轨道中心线同小车轨道理论中心线之差在每 2m 长度内不得超过 ±1mm，总长方向 $\leqslant6$mm；

（e）主梁跨中上拱度 ΔF（空载时测量）：主梁跨中上拱度为：$(0.9/1000\sim1.4/1000)S$，且最大拱度控制在跨中 $S/10$ 范围内；

（f）上述参数均符合要求后，再进行主端梁连接螺栓的最终拧紧。

⑩ 环吊小车的安装

a. 根据厂家提供的位置图，确认四台小车在主梁上的相对位置。

b. 主、副、辅助、安装小车需依次吊装就位，吊装用重型吊车进行吊装，分别放置于主梁轨道中心两侧的适当位置。

c. 四台小车架边缘间距应保持2m以上，以保证在安装拱架时不发生干涉。小车安装在运行轨道上后，安装地震缓冲器。

d. 对2号岛环吊来说，安装小车在以后从1号环吊拆除后运输过来通过中央拱架与卷扬机构构成的吊装系统吊装就位。

⑪ 中央拱架的吊装就位和安装

a. 中央拱架吊装由大件吊装承包商负责实施，安装铰轴；

b. 检查中央拱架的垂直度≤$H/1000$（H为中央拱架高度）；

c. 使用塔吊将拱形梯子底部就位于拱梯平台安装位置，将拱形梯子顶部就位于中央拱架支架平台上，按要求进行螺栓坚固。

⑫ 自备检修拱架的吊装就位和安装

a. 自备检修拱架吊装由大件吊装承包商负责实施；

b. 将自备检修拱架就位在主梁上（需注意10t葫芦必须先安装到拱架横梁上并用封车带固定在横梁中间位置）；

c. 检查自备检修拱架的垂直度≤$H/1000$（H为自备检修拱架高度）；

d. 按要求紧固连接的螺栓，完成安装。

⑬ 电气设备安装

按照电气图纸及接线图进行安装，电缆线槽的安装根据厂家现场代表指导进行。主要包含以下工作内容：

a. 环吊电缆线槽及支架安装；

b. 配电盘、控制柜、小三箱、编码器、限位开关等设备；

c. 环吊电气设备间连接电缆的敷设、端接；

d. 电缆端接前的导通、绝缘试验；

e. 电缆端接完成后的对线检查；

f. 接地连接及连续性检查。

⑭ 环吊的机械调整和电气调整

a. 机械检查

检查所有螺栓和螺母的锁紧，检查各锁紧装置，各处通道、护栏，各转动部件的润滑情况，各齿轮箱、液压箱的油位检查等等。

b. 电气检查

（a）环吊正式启动前应将所有电气部件安装就位，包括各处的限位器、电缆、电线的敷设，电子称重器的安装，环吊电力输入汇流排的连接，各处电机的绝缘测试，接地电导性测试等。

（b）小车的操作检查

在对机械、电气各项检查完毕后，检查小车的各项运动是否可执行。包括：200t主小车的行走，卷筒的旋转；35t副小车的行走，卷筒的旋转；5t辅助小车的行走，卷筒的旋转；550t 安装小车的行走，卷筒的旋转。

⑮ 环吊试验

a. 试验目的：环吊试验的目的就是在现场检查并测试环吊的启动和试运转。

b. 初始状况：整个环吊的机械、电气设备已经按照图纸和供应商的特殊安装要求中的规定完成安装、位置调整和初步检查。

c. 试验台架和吊架及配重块准备：在整个环吊试验之前，需将试验用台架和吊架及配置块运输至指定位置，其总的载荷吨位为825t。详见表 2.23-2。

各类试验载荷表 表 2.23-2

试验项目	额定载荷(t)	静载试验载荷(t)	动载试验载荷(t)
200t 主小车	200	300	240
35t 副小车	35	52.5	42
5t 副小车	5	7.5	6
550t 安装小车	550	825	660

d. 特殊预防措施

（a）试验区域周围的工作状态应使设备能在额定载荷下运行；

（b）试验区应尽可能保持清洁，以保证试验及吊车正常运行和任何相关试验人员及其他附近工作人员的安全；

（c）工作区应根据相关规则进行保护（配备有护栏、警示信号、标牌和充足照明）。

e. 环吊试验操作步骤

试验流程：初始试验→空载试验→轻载试验→静载试验→额定载荷试验→动载试验。

（a）初始试验

初始试验主要是对设备进行目视检查，除了正常维护和检查需要打开的盖子（如限位开关盖）外，不应拆开其他部件。该项目查看设备机构和结构零部件的完整性、安装的完全性，并检查有无明显的缺陷。主要有机械、电气两部分的初始试验检查。

（b）空载试验

空载试验主要检查 200t、35t、5t、10t 葫芦、100t 卷扬机和 550t 起升机构上升、下降、平移动作，各级限位开关功能是否正常，安全装置检查，上下极限尺寸检查等内容。

备注：测量值与理论值间的允许偏差：±10%。

（c）轻载试验

主小车试验载荷为 0.6 倍额定载荷；副小车、辅助小车轻载的试验载荷为 0.5 倍额定载荷，发现异常情况必须找出原因并排除故障后才允许进行下一项试验。试验的目的是对各机构调速装置及制动器等进行预调，检查所有零部件有无异响。

（d）静载试验

静载试验在 1.5 倍额定载荷下进行，目的是检验起重机及各结构件的承载能力，对 200t、35t、5t、100t 卷扬机和 550t 安装小车这 5 种静载试验。上游文件要求为："小车置于桥架最不利位置，先按 $1.0G_n$ 加载，起升离地 100～200mm 处悬空，再无冲击地加载

至 $1.5G_n$ 后，悬空时间不小于 10min"。现场环吊安装于核岛内部，无其他起吊设备，难以实现先按 $1.0G_n$ 加载，起升离地 100～200mm 处悬空，再无冲击地加载至 $1.5G_n$ 后，悬空时间不小于 10min。目测检查是否出现裂纹、永久变形、油漆剥落或对起重机的性能与安全有影响的损坏，连接处是否出现松动或损坏。

为满足上述的上游要求，我司通过在试验吊架下部安装 4 个液压千斤顶，$1.5G_n$ 试验载荷一次加载到位，连接试验吊架与环吊吊钩/吊具，缓缓起吊直至吊钩/吊具受力并通过环吊的称重装置读数，当称重装置显示接近 $1.0G_n$ 时停止起升，通过缓缓降低千斤顶的方式实现无冲击地加载至 $1.5G_n$ 后，悬空时间不小于 10min。试验完成后再顶升液压千斤顶至吊钩受力稍小于 $1.0G_n$ 时，吊钩与液压千斤顶一起缓缓降落直至落位于试验台架上方，实现"无冲击加载和无冲击卸载"要求。

（e）额定载荷试验

额定载荷试验在 1.0 倍额定载荷下进行，进一步测试起重机的相关功能指标。本设备对 200t、35t、5t、10t 葫芦、100t 卷扬机和 550t 安装小车这 6 种额定载荷试验。起重机各机构的额定载荷试验应先分别进行，而后作联合动作的试验。作联合动作的试验时，同时开动的机构不应超过两个（除有联合动作要求外，起升机构不得同时开动）。此间分别检测各机构的速度（含调速）、制动距离和起重机的工作噪声。

（f）动载试验

动载试验在 1.2 倍额定载荷下进行，主要是验证起重机各机构和制动器的功能。本设备对 200t、35t、5t、10t 葫芦、100t 卷扬机和 550t 安装小车这 6 种动载试验。200t 和 550t 载荷下做大车运行机构动载试验，其余无需再做大车运行动载试验。每个起升机构的动载试验应分别进行，动载试验的载荷为 $1.2G_n$，试验前应调整好制动器。做主起升机构和副起升机构时需先检验过载保护功能，然后屏蔽此保护后再进行动载试验。对于电机及减速机的测温试验，在试验前测量并记录要试验机构的温度，进行 10min 试验后再次测量温度，检验两次温度的温升是否在正常范围内。起升机构按 $1.2G_n$ 加载，试验中对每种动作应在其行程范围内作反复运动的起动和制动，对悬挂着的试验载荷作空中启动时，试验载荷不应出现反向动作。试验时应按该机的电动机接电持续率留有操作的间歇时间，按操作规程进行控制，且应注意把加速度、减速度和速度限制在起重机正常工作的范围内。每个机构的试验按正常工作状态操作，每种运行均进行 5～10min 试验且不包括测量时间。每项试验完成后，应恢复过载限制器和电动机保护装置。

（g）重点难点与改进措施

对于 200t 主小车和 550t 安装小车静载试验，由于吊钩处于最大载荷状态，为了绝对的安全，故在载荷提升及降落时采用了四个承载能力为 300t 的液压千斤顶。

⑯ 环吊 550t 安装小车的安装与拆除

a. 安装小车的安装

现场若有吊装条件，可在穹顶扣盖前可采用大件吊装方式由大件吊装承包商负责直接将安装小车吊至桥架上。若穹顶就位后，无法大件吊装，则按照以下方法进行：

（a）安装前准备

a）安装前，中央拱架及中央拱架上 100t 卷扬机已安装完成载荷试验可用。

b）将环吊定位，中央拱架中心线位于安装小车的中心线正上方。

c）将 SG 重载小车及其附件运输至现场，使用 1 号塔吊将重载小车部件吊装就位至 BRP/BSA 厂房＋17.5m 平台，安装重载小车及其附件。

d）提前移开桥架上影响安装小车旋转就位区域内的两主梁上的内侧护栏，并对拆除位置设置临边防护，布置生命线，布置临边警戒。

（b）下部车架的安装

a）利用重型吊车（由大件吊装承包商负责）或 90/20t 龙门吊将安装小车下部车架（以下简称下部车架）吊至＋17.5m 平台的重载小车上。

b）利用重载小车将下部车架运到反应堆厂房内，使用环吊主小车或副小车吊钩将下部车架吊装至试验托盘上。

c）用≥3t 的捯链将 120t 动滑轮组临时固定于拱架上，紧固拱架上导向轮附近的钢丝绳。

d）放松 100t 卷扬的钢丝绳，转动大车，使环吊桥架的长度方向与＋17.5m 平台重轨方向平行。

e）运行副小车（35t），下降其吊钩至下部车架上方，连接好专用吊索具（厂家提供）、吊装平衡梁。

f）将副小车（35t）运行至远离桥架中心靠近自备检修拱架一侧，旋转大车使桥架返回到卷扬机穿绳的位置。

g）松开临时固定 120t 动滑轮组的捯链。

h）将 120t 动滑轮组落下，使用专用吊索具连接 120t 动滑轮组、吊装平衡梁内侧吊耳和下部车架吊耳，吊索具布置详见图 2.23-10。

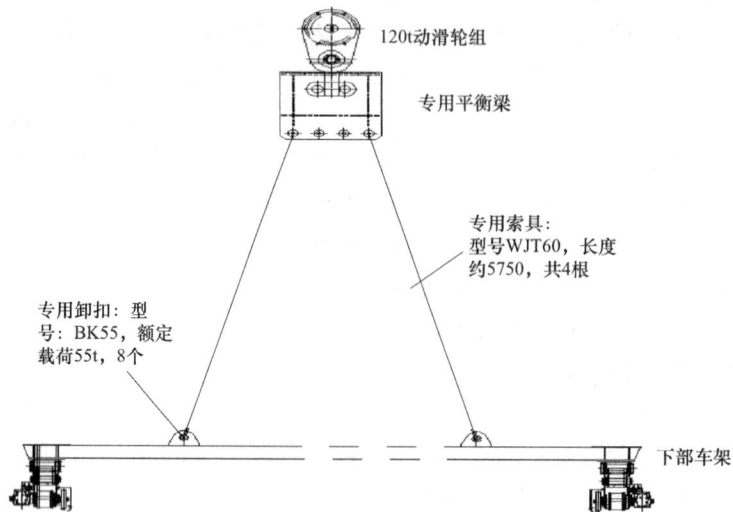

图 2.23-10　下部车架吊索具布置示意图

i）起升 120t 动滑轮组，从台架上起吊下部车架离开台架表面约 200mm，使用 2 根溜绳旋转下部车架方向，使其长度方向与桥架小车轨道长度方向平行，继续起吊。

j）当下部车架接近桥架主梁下表面时，作业人员需严格控制好溜绳，确保车架长度方向与桥架小车轨道长度方向平行，避免车架与主梁发生干涉。

k）当下部车架运行车轮底面高于环吊主梁上的轨道上表面约 200mm 时，停止起升。

l）使用溜绳将安装小车下部车架按正确方位（有标记的运行机构架连接板在司机室主梁侧）旋转约 90°，并落位于环吊主梁轨道上。

m）将下部车架手动运行至靠近司机室一侧，为后续上部车架吊装就位预留空间。

（c）上部车架的安装

a）将上部车架运输至起吊点位置（由大件运输承包商负责）。

b）利用重型吊车（由大件吊装承包商负责）或 90/20t 龙门吊将安装小车上部车架（以下简称上部车架）吊至 +17.5m 平台位置，落位于重载小车上，连接重载小车与上部车架，检查车架就位平稳牢固。

c）利用重载小车将上部车架缓慢移动至反应堆厂房内。

d）用 ≥3t 的捯链将 120t 动滑轮组固定于拱架上，紧固拱架上导向轮附近的钢丝绳。

e）放松 100t 卷扬的钢丝绳，转动大车，使环吊桥架的长度方向与 +17.5m 平台重轨方向平行。

f）将主小车的吊钩连接好吊索具、吊装平衡梁，见图 2.23-11。

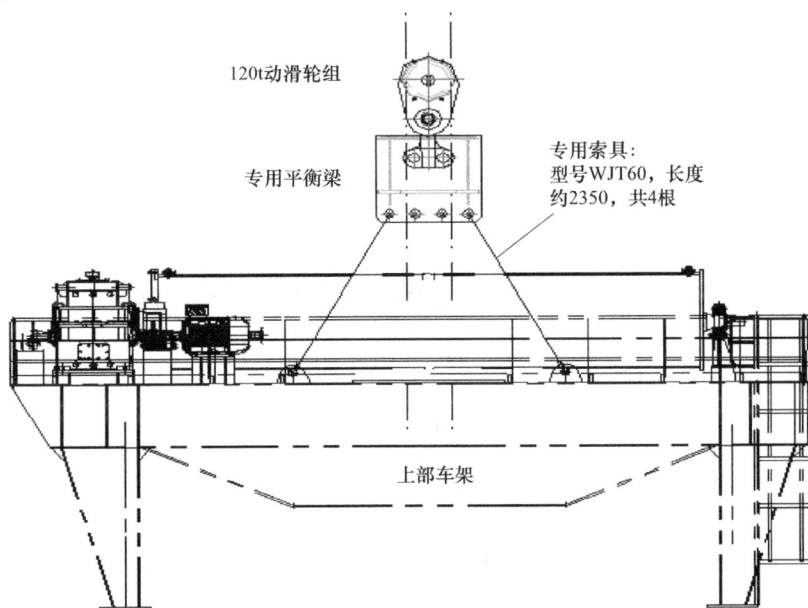

图 2.23-11　上部车架吊索具布置示意图

g）利用主小车（200t）的吊钩将上部车架吊起并将其就位于试验台架中间位置，车架长度方向与试验台架长度方向平行布置。

h）将主小车（200t）移向远离桥架中心。

i）旋转大车方向，使桥架返回至卷扬机穿绳的定位位置。

j）松开临时固定 120t 动滑轮组的捯链。

k）将 120t 动滑轮组落下，使用吊索具连接 120t 动滑轮组、吊装平衡梁外侧吊耳和上部车架吊耳。

l）起升 120t 动滑轮组，从台架上起吊上部车架离开台架表面约 200mm，检查吊索具受力情况，检查车架四条支腿的水平；使用 2 根溜绳旋转下部车架方向，使其长度方向与桥架小车轨道长度方向平行，继续缓慢起吊。

m）当上部车架接近桥架主梁下表面时，作业人员需严格控制好溜绳，确保车架长度方向与桥架小车轨道长度方向平行，避免车架与主梁发生干涉。

n）继续缓慢起吊上部车架，距离小车轨道上方约 200mm 时，停止起升，停稳车架，再次检查车架四条支腿的水平。

o）使用溜绳将安装小车上部车架按正确方位旋转约 90°，并停稳。旋转过程中作业人员需监测中央拱架两条支腿与车架的水平间距，若发现极有可能碰撞，应立即停止转动，重新调整车架角度和位置，确保水平间距足够后再转动车架。

p）继续缓慢起吊上部车架，使其 4 支腿底面距离主梁小车轨道上表面约 1540mm（此时与下部车架理论安全间距约为 200mm，此 1540mm 数据可根据现场情况调整，只要保证上、下部车架顺利组对即可）。

q）将下部车架手动运行至上部车架的正下方（此时上部车架与下部车架的理论安全距离约 100mm）。

r）缓慢下降 120t 动滑轮组，作业人员检查上部车架 4 个支腿连接面的螺栓孔与下部车架连接面的螺栓孔对中，确认无误后安装连接高强度螺栓。

b. 安装小车的拆除

（a）安装 100t 卷扬机，穿绳。

（b）利用卷扬机吊钩先拆除起升机构的钢丝绳，再拆除起升机构的定滑轮。

（c）上部车架的拆除：

a）先将安装小车运行至中央拱架中间 120t 滑轮组的正下方。

b）将 120t 动滑轮组落下，使用吊索具连接 120t 动滑轮组、吊装平衡梁外侧吊耳和上部车架吊耳。

c）布置好上部车架的吊装溜绳。

d）拆除上部车架与下部车架的连接螺栓。

e）缓慢起升 120t 动滑轮组，使上部车架慢慢吊离下部车架约 100mm 时，停止起升。

f）将下部车架运行至司机室一侧，预留有足够的上部车架下落空间。

g）缓慢下落 120t 动滑轮组，当上部车架的支腿底面距离轨道上表面约 200mm 时，停止下落。

h）作业人员使用溜绳将上部车架旋转约 90°，使上部车架长度方向与桥架长度方向平行，稳定好车架位置。

i）缓慢下降 120t 动滑轮组使上部车架慢慢通过桥架中心位置，过程中作业人员注意观察，随时使用溜绳控制好车架的方向，防止车架与桥架碰撞。

j）将上部车架下降至提前布置好的试验台架上，使上部车架的四个支腿与试验台架封固好。

k）松开专用吊索具，提升 120t 动滑轮组至拱架上方位置。

l）用≥3t 的倒链将 120t 动滑轮组固定于拱架上，紧固拱架上导向轮附近的钢丝绳。

m）放松 100t 卷扬的钢丝绳，转动大车，使环吊桥架的长度方向与+17.5m 平台重轨方向基本平行。

n）将主小车（200t）运行至桥架中间，下降其吊钩至上部车架车上方，连接好专用吊索具、吊装平衡梁。

o）利用主小车（200t）的吊钩将上部车架吊起并将其就位于重载小车上的垫架上。

p）利用重载小车将上部车架缓慢移动至反应堆厂房外。

q）使用重型吊车（由大件吊装承包商负责）将上部车架吊至 0m 的运输车上（由大件运输承包商负责），运输至指定仓库存储。

c. 下部车架的拆除

（a）先将下部车架运行至中央拱架正下方。

（b）将 120t 动滑轮组落下，使用吊索具连接 120t 动滑轮组、吊装平衡梁内侧吊耳和下部车架吊耳。

（c）布置好下部车架的吊装溜绳。

（d）缓慢起升 120t 动滑轮组，距离小车轨道上方约 200mm 时，停止起升。

（e）作业人员使用溜绳将上部车架旋转约 90°，使下部车架长度方向与桥架长度方向平行，稳定好车架位置。

（f）缓慢下降 120t 动滑轮组使下部车架慢慢通过桥架中心位置，过程中作业人员注意观察，随时使用溜绳控制好车架的方向，防止车架与桥架碰撞。

（g）将下部车架下降至提前布置好的试验台架上。

（h）松开专用吊索具，提升 120t 动滑轮组至拱架上方位置。

（i）用≥3t 的捯链将 120t 动滑轮组固定于拱架上，紧固拱架上导向轮附近的钢丝绳。

（j）放松 100t 卷扬的钢丝绳，转动大车，使环吊桥架的长度方向与+17.5m 平台重轨方向基本平行。

（k）将主或副小车（35t）运行至桥架中间，下降其吊钩至下部车架车上方，连接好专用吊索具、吊装平衡梁。

（l）利用主或副小车（35t）的吊钩将上部车架吊起并将其就位于平板小车上的垫架上。

（m）利用平板小车将下部车架缓慢移动至反应堆厂房外。

（n）使用重型吊车（由大件吊装承包商负责）将下部车架吊至 0m 的运输车上（由大件运输承包商负责），运输至指定仓库存储。

d. 施工过程中的保护

（a）在拱架的试验以及现场小车的拆除和安装过程中，应注意对施工设备及现场其他设备进行保护。在吊装期间应注意避免碰撞和构件的损坏，在现场存放期间应在周围围上警戒线，并应采取防尘和防雨措施。尤其是对压力容器上方需加安全网等防护装置。同时在试验平台上应加跳板以防止落物。

（b）在 550t 液压安装拆除及运输过程中，应对其进行必要的保护，如防尘、防雨及通电保护等。

（c）在 550t 液压安装的拆除、运输及安装过程中，必须确保钢丝绳不受损伤。

（3）实施总结

环行起重机的安装处于核岛安装的关键路径上，需要在核岛穹顶吊装前安装就位，其安装进度及质量状况，直接影响反应堆厂房内主设备的安装进展和质量。环行起重机安装技术对核电站建造具有重要意义，该技术可适用于国内大部分核电建造工程。

2. 福清核电站工程

鉴于核电站环吊安装技术在各堆型核岛安装工程类似，不再进行详细描述，此新技术及技术参数要求、方法和相关执行标准技术应用，可复制在国内同类核电工程应用。唯一变化的是根据各核电工程核岛直径不同，其轨道参数和起重机跨度参数有所改变。其环吊的安装特点、技术要求、技术指标参数、实施方法和细节要求及遵循的执行标准不变。

（提供单位：中国核工业二三建设有限公司。编写人员：李雪健）

2.24 核电站波动管施工技术

2.24.1 技术发展概述

核电站波动管作用为调整一回路水压的输送通道。其结构主要由五段弧度及长度不等的奥氏体不锈钢管段组成：分别标记为 RCP010/01 段、RCP010/02 段、RCP010/03 段、RCP010/04 段、RCP010/05 段（以下简称 01 段、02 段、03 段、04 段、05 段）。波动管外径为 355.6mm，壁厚 35.7mm，材质 Z2CND18.12，总长 19100mm。波动管将一环路主管道热段与稳压器下封头接管嘴连接起来，波动管管线呈空间曲线结构。

波动管安装技术可提高设备安装质量，通过波动管整体打压，使波动管内部所有焊缝均进行了水压试验，降低了波动管安装质量风险；采用专用工装辅助施工，降低了波动管坡口加工、组对、水压试验及焊接工作强度及安全风险，缩短了施工工期。

2.24.2 技术内容

波动管安装前先放两条轴线（理论轴线、参考轴线），安装时通过起重就位调整，通过波动管错位组对，切除每段管段的余量并加工出坡口，现场焊接 5 根管段使波动管连接成一个整体，最终将反应堆冷却剂系统主管道的一环热段与稳压器连接起来。主要技术包括：波动管标记放线技术、余量切割与坡口加工技术、坡口组对技术、水压试验技术。

（1）波动管标记放线技术

根据波动管基准位置，结合主管道热段上波动管接管嘴和稳压器接管嘴的实际中心位置，在地面和水泥墙面上标记出冷态时波动管的理论中心线，再根据波动管的理论中心线放出偏移适当长度即波动管参考中心线。

（2）余量切割与坡口加工技术

通过调节使各管段的组合部分中心线与放出的参考中心线重合，考虑组对间隙和错边量以及焊缝收缩量（焊缝收缩量由焊接工艺评定给出）确定每端切割线，使用波动管坡口机进行管道余量切割，并根据图纸加工坡口。

（3）波动管组对技术

包括坡口组对前检查、坡口组对、波动管 A 口和 F 口的最终组对，组对过程重点关注检查坡口尺寸及表面粗糙度、坡口组对间隙及错边量等参数，同时应对坡口表面进行液体渗透检验。

（4）波动管水压试验技术

按规定的速率升压、降压，保压时间内检查波动管本体和焊缝，水压试验完成后进行冲洗，并在空气中自然干燥。

2.24.3　技术指标

（1）《工业金属管道工程施工质量验收规范》GB 50184—2011；

（2）《压水堆核电厂主管道、波动管及其支撑的安装及验收规范》NB/T 20047—2011；

（3）《压水堆核电厂核岛超级管道安装及验收技术规程》NB/T 20376。

2.24.4　适用范围

适用于压水堆核电厂主系统波动管的安装及水压试验，亦可适用于类似工程。

2.24.5　工程案例

昌江核电站一期工程1号机组核岛安装工程

（1）工程概况

昌江核电站稳压器波动管是压水堆核电的重要管道设备，其结构完整性对核电站安全运行有重要作用。波动管连接一回路主管道和稳压器，是稳压器控制主系统压力的主要传输通道。昌江核电波动管主要有5段（01、02、03、04、05段）弧度及长度不等的奥氏体不锈钢管段组成。管段之间的焊口共5个（A、B、C、D、E口），波动管安装焊接完成后呈空间曲线结构，波动管外径为355.6mm，壁厚35.7mm，材质 Z2CND18.12，总长19100mm。见图2.24-1。

（2）技术应用

1）波动管安装特点难点

波动管连接着主管道和稳压器。波动管安装时通过起重就位调整，通过波动管错位组对，切除每段管段的余量并加工出坡口，现场焊接5根管段使波动管连接成一个整体，波动管错位组对是保证将后续主管道的一环热段与稳压器正确连接的重要工序，错误的组对方式会使波动管最终无法同时将主管道的一环热段与稳压器相连。

2）关键技术特点

通过波动管整体打压，使波动管内部所有焊缝均进行水压试验，降低波动管安装质量风险，采用专用工装辅助施工，降低波动管坡口加工、组对、水压试验及焊接工作强度及安全风险，缩短施工工期。

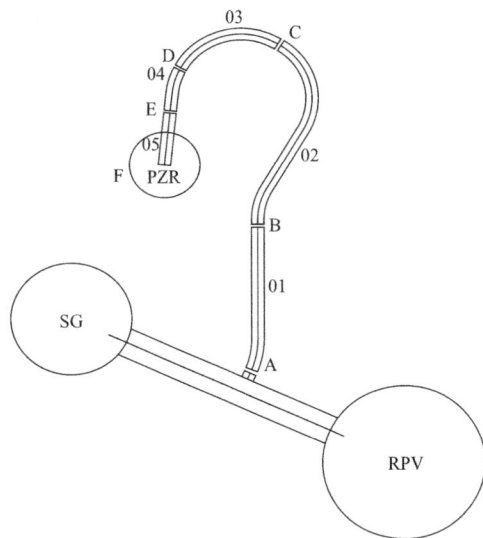

图2.24-1　波动管总图
PZR—稳压器；SG—蒸汽发生器；
RPV—反应堆压力容器

3）施工工艺和过程

① 工艺流程（图 2.24-2）

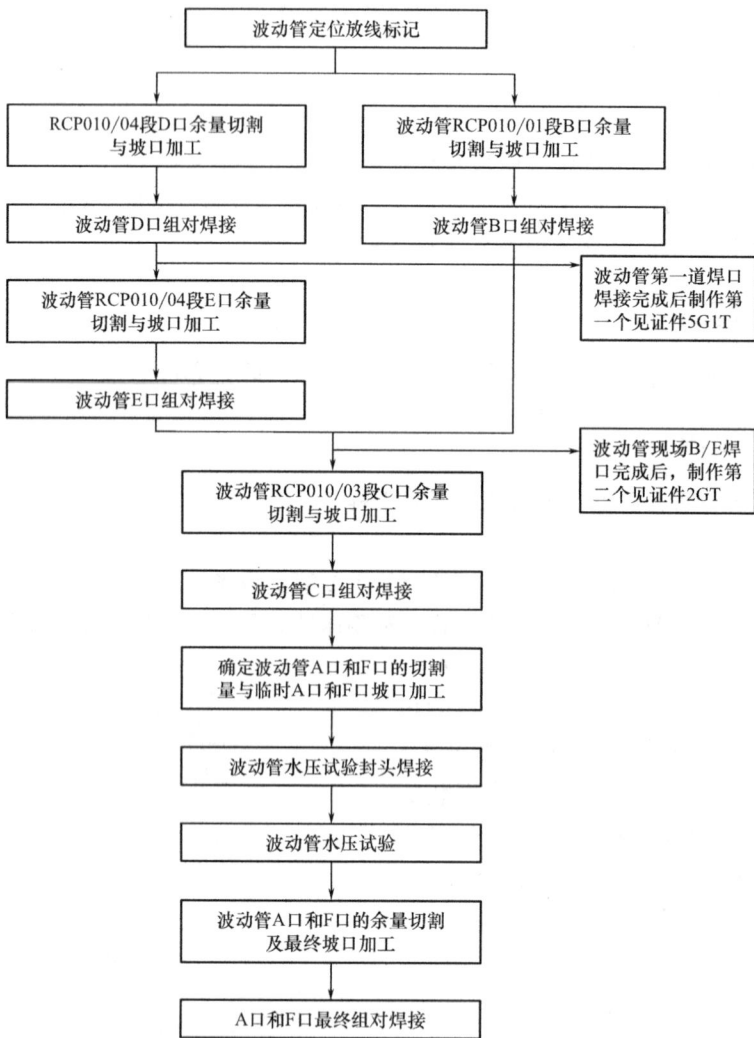

```
                    波动管定位放线标记
                    ┌──────────┴──────────┐
        RCP010/04段D口余量切割          波动管RCP010/01段B口余量
        与坡口加工                      切割与坡口加工
              │                               │
        波动管D口组对焊接                波动管B口组对焊接
              │                               │
                                        波动管第一道焊口
        波动管RCP010/04段E口余量          焊接完成后制作第
        切割与坡口加工                    一个见证件5G1T
              │
        波动管E口组对焊接
              │
                                        波动管现场B/E焊
        波动管RCP010/03段C口余量          口完成后，制作第
        切割与坡口加工                    二个见证件2GT
              │
        波动管C口组对焊接
              │
        确定波动管A口和F口的切割
        量与临时A口和F口坡口加工
              │
        波动管水压试验封头焊接
              │
        波动管水压试验
              │
        波动管A口和F口的余量切割
        及最终坡口加工
              │
        A口和F口最终组对焊接
```

图 2.24-2　工艺流程图

② 工艺过程

a. 施工准备

（a）施工技术准备

a）安装设备所需图纸、资料完善；

b）波动管焊接工艺评定已完成并合格；

c）波动管焊接所用焊材具有相应的质量证明文件，并按要求验收合格，且焊条评定合格。

（b）作业人员的准备

a）参加施工人员应进行波动管安装安全技术交底和培训；

b）波动管焊工按照 HAF603 的要求进行考试，并持有相应的资格证书；

c）波动管焊缝的无损检查人员应按 HAF602 的要求取得相应资格证书。

（c）施工机具和计量器具的准备

施工机具不应对波动管产生污染，计量器具标定合格并在有效期内。主要施工机具、计量器具见表 2.24-1、表 2.24-2。

主要施工机具表　　　　　　　　　　　　　　　　表 2.24-1

序号	工机具名称	规格型号	备注
1	坡口机	N/A	适配波动管的直径
2	吊带	2t	波动管组对用
3	捯链	2t	波动管组对用
4	磁力线坠	6m	波动管放线用
5	角向磨光机	150～180mm	焊口打磨用
6	螺旋千斤顶	5t	波动管组对用

主要计量器具表　　　　　　　　　　　　　　　　表 2.24-2

序号	工机具名称	规格型号	备注
1	高精密水准测量仪	NA2	波动管标高检查用
2	高精密经纬测量仪	TC2003	波动管放线用
3	塞尺	150mm/20 片	波动管间隙检查用
4	直角尺	300mm	波动管组对用
5	百分表	0～10mm	波动管组对用
6	游标卡尺	0～500mm	波动管组对用
7	焊机	伊萨	波动管焊接用
8	粗糙度对比块	0.8～6.3μm	波动管焊接用
9	万能角度尺	N/A	波动管焊接用

（d）材料的准备

波动管附有制造厂所提供的技术资料及出厂合格证书，管段不允许有氧化皮、锈迹、油污以及擦布的纤维绒毛及其他异物存在，检验合格后运入现场指定位置存储；波动管开箱应在规定的 Ⅱ 级工作区进行。

（e）运输和存储

搬运管材和管件时应小心轻放，避免重压、敲击、碰撞等易造成管材变形、划伤等行为，严禁剧烈碰撞；波动管安装期间用防护布包裹保护，防止不锈钢受污染。

b. 波动管定位放线标记

（a）利用空间三轴坐标原理，在地面和水泥墙面上标记出冷态时波动管的理论中心线，再根据波动管的理论中心线放出偏移适当长度即波动管参考中心线；

（b）在放线前首先要计算正确的基准坐标点和标高点，正确的坐标点和标高点是进行测量工作的基础；

（c）标高测定采用水准仪，通过预埋标高基准点在墙面放出标高线，便于后续测量管道的高度；

（d）坐标点测定采用经纬仪，用于管道组对时的位置控制。见图2.24-3。

c. 波动管01段B口余量切割与坡口加工

（a）预组对时，先将01段放到临时脚手架上位置固定，通过临时脚手架调节使其中心与放出的参考中心线重合，标高的控制根据竣工图纸中01段A口的预留值计算出；

（b）将02段放到临时脚手架上，高于（或低于）01段约360mm（相当于波动管的直径），调整管段使02段中心轴线水平投影与参考中心线在水平面内的投影重合；

（c）根据02段B口的端面重叠的位置关系，保证两段管的坡度符合设计要求，考虑组对间隙和错边量以及焊缝收缩量（焊缝收缩量由焊接工艺评定给出）确定01段B口的切割线；

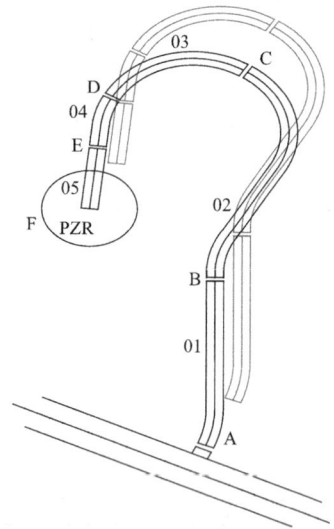

图2.24-3 波动管定位放线标记
PZR—稳压器

（d）使用波动管坡口机进行01段B口余量切割，并根据图纸加工坡口（图2.24-4）；

图2.24-4 波动管01段B口的切割线确定

（e）坡口加工：

使用坡口机切割管道，对管道外端面坡口进行加工；坡口完成后，表面粗糙度满足$6.3\mu m$要求，必要时进行适当打磨。检查坡口尺寸满足波动管设计图纸的要求。

d. 波动管B口组对焊接

（a）坡口B组对检查

a）按照波动管坡口设计图对波动管坡口尺寸进行测量并记录；

b）按照RCC-M MC7100和MC7200的规定对待焊表面及邻近母材区进行目视和表面粗糙度检查，表面粗糙度$R_a \leqslant 6.3\mu m$，待焊表面和邻近母材区不得存在水、油脂、油迹、氧化皮和其他可能影响焊缝质量的物质；

c）按照RCC-M MC4000的规定对待焊坡口表面及邻近15mm区域进行液体渗透检验，验收按照RCC-M S7363.1中轧制母材待焊坡口1级质量规定执行，并出具液体渗透报告。

（b）坡口B表面修补

坡口组对前的检查可能发现一个或几个不可接受的缺陷，可通过焊接或非焊接方法修补。非焊接方法修补：可以通过打磨或其他机械方法清除缺陷，但不得出现影响焊接操作正常进行的坡口外形变化；焊接方法修补：补焊工艺应满足与产品焊接相同的要求。

修补前和修补后采用液体渗透检验对修补区进行检查。对于补焊区熔敷金属厚度大于

5mm 时还应进行超声波检验，检验结果应满足设计文件对母材的规定。

（c）坡口 B 组对

将管段调整到其参考中心线及标高位置后，固定临时支架的调整部分，使得波动管调整后固定不动，并使两管段端部的组对间隙在 1～4mm 之间，检查坡口内错边量≤0.5mm；组对调整合格后，使用不锈钢点固棒进行点焊固定；现场波动管组对后、焊接前，对焊缝进行标识。

（d）坡口 B 焊接

a）焊接时应有两名焊工对称焊接；

b）焊接前，在管段两端安装背保堵头，以便进行焊缝背面充氩；

c）根部焊道焊接时，焊接至点固棒前应熄弧，采用不锈钢切割片打磨去除点固棒后再继续进行焊接；

d）当氩弧填充厚度≥5mm 时，背面不再充保护气体；对氩弧层进行液体渗透检验；焊缝厚度达到 50％左右，进行液体渗透和射线检验；

e）焊接完成后，焊缝表面应打磨，焊缝外表面余高应磨平，使焊缝表面能光滑过渡到邻近母材区；焊口焊接完成后，需对焊口进行目视检查、尺寸检查、液体渗透检验及射线检查。

e. 波动管 04 段 D 口余量切割与坡口加工

（a）根据放出的理论中心线，将 03 段放到临时脚手架上，通过临时脚手架调节使其中心与放出的理论中心线重合。使整个管段中心的水平投影与放出的理论中心线重合。

（b）将 05 段通过捯链以及临时脚手架调整到理论中心线位置，使 05 段 F 口与稳压器管嘴重合，可适当保留间隙。

（c）调整 05 段的 E 口中心与理论中心线重合。

（d）将 04 段放到临时脚手架上，位置调整到 03 段与 05 段下方，使 3 条管段中心水平投影与理论中心线重合；沿理论中心线移动 04 段，使 04 段的 D 口与 03 段 D 口重叠适当长度。

（e）以上组对过程中需要保证管段整体坡度趋势满足设计要求，考虑组对间隙和错边量以及焊缝收缩量（焊缝收缩量由焊接工艺评定给出）确定 04 段 D 口的切割线。

（f）使用波动管坡口机进行 04 段 D 口余量切割，并根据图纸加工坡口。

f. 波动管 D 口组对焊接

波动管 D 口组对焊接与波动管 B 口描述相同。

g. 波动管 04 段 E 口余量切割与坡口加工

（a）波动管 D 口焊接完成后，将焊接成整体的 03 段与 04 段组合体放到临时脚手架上，通过临时脚手架的调节，使整个中心线与理论中心线重合，使 03 段与 04 段的组合段的高度低于 05 段（图 2.24-5）；

（b）使 05 段 E 口与 04 段 E 口重叠适当长度，此时 F 口与稳压器管嘴重合；

（c）保证两段管的坡度符合设计要求，考虑组对间隙和错边量以及焊缝收缩量（焊缝收缩量由焊接工艺评定给出）确定 04 段 E 口的切割线；

（d）进行 04 段 E 口的余量切割，并根据图纸加工坡口；

（e）坡口加工方法同 D 口。

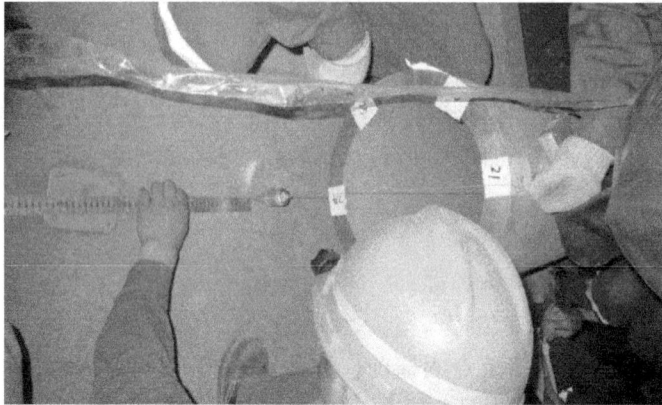

图 2.24-5　波动管位置调整

h. 波动管 04 段 E 口组对焊接

波动管 D 口组对焊接与波动管 B 口描述相同。

i. 确定 A 口、F 口、C 口切割线

（a）波动管 B 口、D 口、E 口全部焊接完成后，将焊接完成的 2 部分组合管段重新就位在临时脚手架上；

（b）通过临时脚手架的调节使 01、02 段的组合部分中心线与放出参考中心线重合，并使其满足 A 口与主管道热段上的波动管接管嘴相贴合（保证两段管的坡度符合设计要求）；

（c）通过临时脚手架的调节使 03、04、05 段的组合部分中心线与放出理论中心线重合，使其低于 01、02 段组合部分 360mm（相当于波动管的直径），并满足 F 口与稳压器波动管接管嘴平行（保证两段管的坡度符合设计要求）；

（d）根据实际 03 段 C 口距理论中心线的距离，并考虑组对间隙和错边量以及考虑焊缝收缩量（焊缝收缩量由焊接工艺评定给出）计算出 A 口的切割量；

（e）实测 03、04、05 段标高，计算出理论标高与实际标高的差值，并考虑组对间隙和错边量以及考虑焊缝收缩量（焊缝收缩量由焊接工艺评定给出）计算出 F 口的切割量；

根据此时 02 段 C 口与 03 段 C 口的重叠量，并考虑组对间隙和错边量以及考虑焊缝收缩量（焊缝收缩量由焊接工艺评定给出）计算出 C 口的切割量；

（f）此处只确定波动管 A 口的最终切割量，确定切割线，但是不进行管段切割，待波动管水压试验之后，根据此处切割线进行最终尺寸切割。

j. 焊接 A 口、E 口波动管堵头

波动管 A 口、E 口波动管堵头组对焊接与波动管 B 口描述相同。

k. 波动管水压试验

（a）在温度稳定以后，压力管线连接波动管堵头，安装压力表，应以不大于 1MPa/min 的速率升压，在压力升至运行压力、设计压力和水压试验压力时应进行保压，保压时间应能完成在波动管线上进行的各项检验。

（b）最大升压速度：0～17.2MPa，1MPa/min；17.2～22.9MPa，0.7MPa/min；22.9～25.8MPa，0.5MPa/min，最大减压速度 1MPa/min。

（c）每2min检查一次压力数值，画出压力/时间图，见图2.24-6；

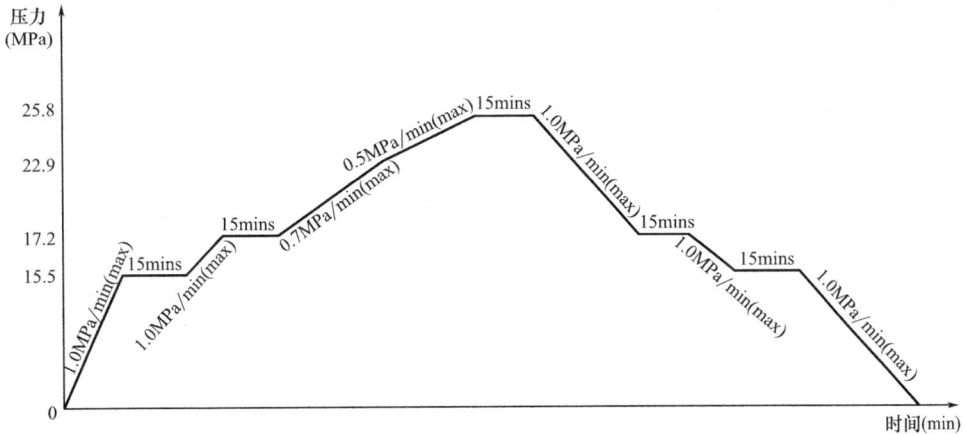

图2.24-6 波动管压力/时间图

（d）在压力升至运行压力（15.5MPa）、设计压力（17.2MPa）和水压试验压力（25.8MPa）时应进行保压，保压时间应能满足完成在波动管上进行的各项检验：

各个区域的目检，尤其是焊缝区；检查压力表上的压力；在每个保压阶段，检查压力随时间的变化。

隔离升压泵，稳压时间约15min；

在以不超过1MPa/min的速度将试验压力降到设计压力（17.2MPa）与运行压力（15.5MPa）时，稳压约15min，并对波动管进行检查。

（e）排空、冲洗和干燥：

试验后，拆除试验装置，将波动管线两端的封堵切除；波动管内部采用B级水进行冲洗，并在空气中自然干燥；出具水压试验报告。

l. 波动管A口和F口的最终组对

（a）将波动管整体调整到理论中线及标高位置后，固定临时脚手架的调整部分，使得波动管调整后固定不动；

（b）使管段端部的组对间隙在1～4mm之间，检查坡口内错边量≤0.5mm，使A口和F口均满足组对条件。

m. 波动管A口和F口焊接

波动管A口和F口组对焊接与波动管B口描述相同。

（3）实施总结

通过波动管理论和参考两条轴线的应用以及错位组对的安装，切除每段管段的余量并加工出坡口，现场焊接5根管段使波动管连接成一个整体的技术。相比传统分段水压试验多检测一道焊口，同时减少了水压试验次数、坡口加工数量、波动管坡口焊接，减少了劳动力消耗，加快工程进度，提高了波动管的安装质量，真正做到施工的经济、省时、省力。

昌江核电站从安装完成至今，波动管各项运行参数正常，工程也获评"北京市工程建设工法证书"等奖项。

（提供单位：中国核工业二三建设有限公司。编写人员：王瑞）

2.25　核电站 CV 倒装施工技术

2.25.1　技术发展概述

钢制安全壳（以下简称"CV"）是 AP/CAP 系列核电站的非能动安全系统中的重要设备之一，也是反应堆厂房内防止放射性物质向外扩散的内层屏蔽结构。CAP1400 示范工程相比以往 AP 系列核电工程的钢制安全壳，其外形结构、重量和板厚都更大，组装精度要求更高。CV 底封头作为钢制安全壳容器的最下部壳体，其组装质量直接影响到钢制安全壳的整体外形尺寸，为确保 CV 底封头的组装精度要求，压水堆核电站 CAP1400 示范工程 CV 底封头在国内首创倒装法施工，与以往 AP 系列核电工程的 CV 底封头正装施工方法相比，组装顺序相反，组装平台由大量型钢搭设的胎架改为支撑柱与钢支撑环相结合方式，施工空间更大，施工工艺更先进、实用，组装过程中整体外形尺寸精度更易控制。

2.25.2　技术内容

依据 CV 底封头的结构特点和倒装法组装顺序，从上至下依次组装底封头各圈弧板。在 18 根支撑柱上先组焊底封头第一圈的 BH1 板，整圈 BH1 板上口标高和半径确定符合要求后，再以 BH1 板为基准在钢支撑环和中心支撑柱上依次组焊 BH2 板、BH3 板和 BH4 板，并通过组对、焊接、测量、过程变形控制等工艺措施，最终使底封头组装质量符合设计要求。CV 底封头倒装施工技术主要包括：测量放线技术、临时支撑短柱安装技术、CV 底封头纵缝组焊技术、CV 底封头环缝组焊技术。

2.25.3　技术指标

（1）《压水堆核电厂钢制安全壳组装、安装及验收技术规程》NB/T 20391—2016；

（2）《压水堆核电厂结构模块组装及验收技术规程》NB/T 20412—2017；

（3）《压水堆核电厂结构模块安装及验收技术规程》NB/T 20413—2017；

（4）《ASME 锅炉及压力容器规范第Ⅲ卷第 1 册 NE 分卷 MC 级部件》2007 版含 2008 增补；

（5）《钢结构工程施工规范》GB 50755—2012。

2.25.4　适用范围

适用于 AP/CAP 系列核电工程的钢制安全壳底封头组装和类似设计的大型容器的封头组装工程。

2.25.5　工程案例

（1）工程概况

国家重大专项 CAP1400 示范工程 1、2 号机组 CV 底封头组装工程是在消化、吸收、引进，全面掌握 AP1000 非能动技术的基础上，通过再创新开发出具有我国自主知识产权、功率更大的先进压水堆核电站。

压水堆核电站 CAP1400 示范工程的钢制安全壳是核反应堆厂房的内层屏蔽结构，是非能动安全系统中的重要设备之一。钢制安全壳容器主要由顶封头、筒体和底封头组成，其中 CV 底封头为钢制安全壳下部封头，整体结构呈半椭圆形，如图 2.25-1 所示，其上口内径为 43m，整体高度为 13.46m，总重量约 774t，由 4 圈弧板组焊而成，从上至下各圈钢板编号及数量分别为 BH1 板 36 块，BH2 板 30 块，BH3 板 15 块和 BH4 板 1 块，钢板厚度均为 43mm，材质均为 SA738 Gr. B。CV 底封头上主要分布有 3 个机械贯穿件，内侧底部有 4 块附件板，外表面分布有 14 圈剪力钉，共 7434 颗。

图 2.25-1　CV 底封头结构图

CAP1400 示范工程的 CV 底封头是在厂房内进行组装，组装所使用的 18 根支撑柱、1 个钢支撑环和 15 根中心支撑柱的结构简单，易拆装，可多次循环利用，且钢支撑环可用作 CV 底封头整体的运输托架，临时支撑短柱可用作底封头在核岛安装的临时支撑，组装平台结构和布设情况如图 2.25-2 所示。

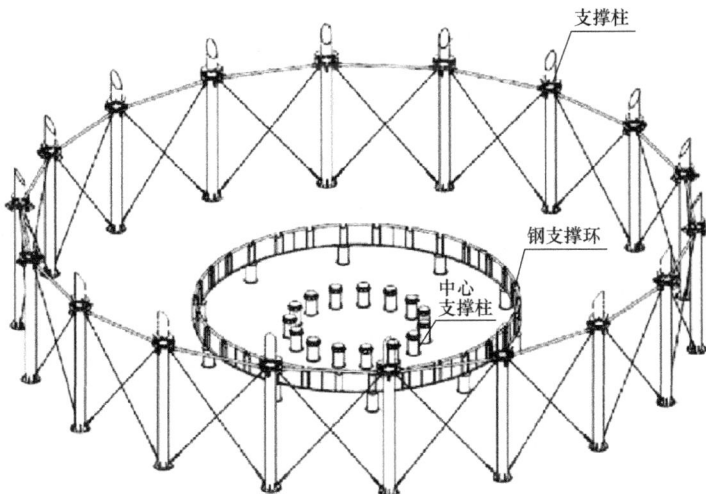

图 2.25-2　CV 底封头组装平台示意图

（2）技术应用

1）施工技术特点和难点

① BH1 板是 CV 底封头的顶层结构，且为最大部件，也是 CV 底封头采用倒装施工工艺的基准构件，其他 BH 弧板将以其为基准进行组装。BH1 板组装质量直接影响到 CV 底封头的整体外形尺寸，以及与 CV 筒体接口的匹配性，确保 BH1 板的组装精度和临时支撑短柱的安装精度是施工技术关键环节。

② CV 底封头的弧形单板重量和厚度都较大，各圈钢板的弧形和焊缝数量、长度都不相同，BH 板的焊接变形无规律，控制焊接变形，保障组装精度是整个施工技术的难点。

③ 施工现场用于组装 BH 板的钢支撑环和支撑柱之间跨度较大，BH2 板拼装受重力影响易发生偏移或变形，导致 BH2 板组对难度大，组装质量不易控制。

2）CV 底封头倒装施工工艺

① 施工工艺整体规划

CV 底封头总体施工原则为从上至下逐圈拼装，先组焊纵缝，再组焊环缝；先组焊每圈标准弧板，再择机组焊调整板。见图 2.25-3。

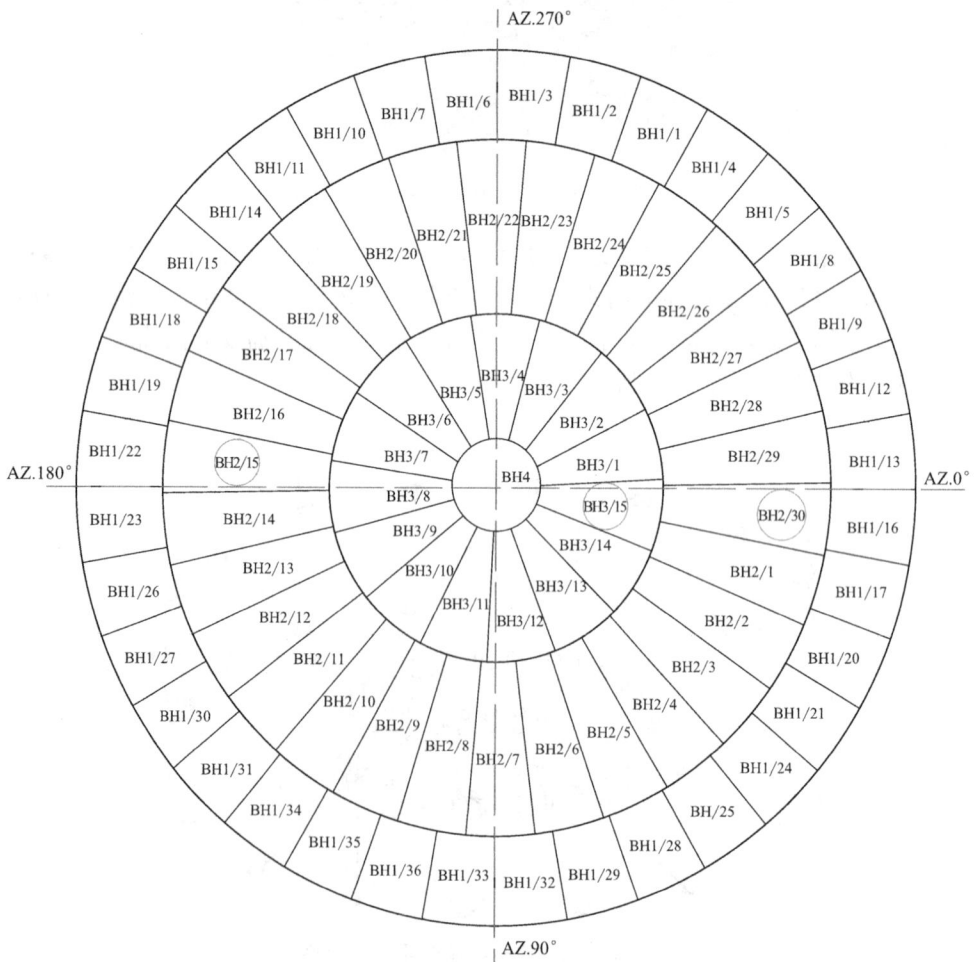

图 2.25-3　CV 底封头组装平面展开图

② 施工工艺流程（图 2.25-4）

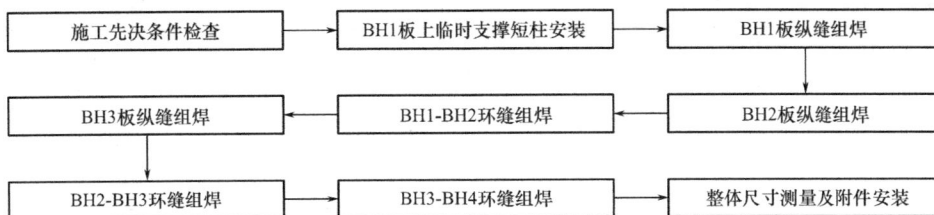

| 施工先决条件检查 | → | BH1板上临时支撑短柱安装 | → | BH1板纵缝组焊 |

| BH3板纵缝组焊 | ← | BH1-BH2环缝组焊 | ← | BH2板纵缝组焊 |

| BH2-BH3环缝组焊 | → | BH3-BH4环缝组焊 | → | 整体尺寸测量及附件安装 |

图 2.25-4　施工流程图

③ 施工先决条件检查

a. 人员条件

（a）所有参与该项工作的施工人员都必须参加安全技术交底，并清楚该项工作的工艺流程、技术要求、质量控制措施及安全注意事项。

（b）特殊工种需取得相应特种作业操作证，且证件须在有效期内才能持证上岗。

（c）焊工应按规范（HAF603）要求考核取得资格证并经岗前评定合格后，才能上岗作业，焊工施焊的钢材种类、焊接方法、焊接位置等均应与焊工本人考试合格项目相符。

（d）从事安全管理、无损检测、起重吊装等作业的人员应按国家标准规定取得相应操作资格，才能上岗作业。

b. 设备及工机具准备

（a）底封头焊接、吊装、加热、测量、无损检测等施工所涉及设备、机具的使用和运行状态良好。

（b）计量器具、检测仪器等应标定合格，且在标定有效期内。见表 2.25-1。

主要设备及工机具清单表　　　　　　　　表 2.25-1

序号	名称	规格	备注
1	起重机	Q25/5t	车间内行车
2	移动曲臂升降机	起升高度20m	根据工程需用配备
3	剪叉式升降平台	起升高度14m	根据工程需用配备
4	拖车	20t	根据工程需用配备
5	螺柱焊机	KOCO	剪力钉焊接需用
6	电焊机	ZX7-400CEL	含电缆线、焊钳
7	碳弧气刨电焊机	ZX7-630	含配套空压机
8	智能温控仪	120kV	焊接加热需用
9	焊条烘干箱	YCH-150	烘焊条需用
10	红外测温仪	−10～500℃	焊接时测量温度
11	砂轮机	$\phi100/\phi150/\phi180$	根据工程需用配备
12	手拉葫芦	5t	根据工程需用配备
13	卸扣	5t	根据工程需用配备

序号	名称	规格	备注
14	钢丝绳	18mm	根据工程需用配备
15	全站仪	TCR1201＋	工程测量配备
16	精密水准仪	NA2＋GPM3	0.3mm/km
17	天底仪	WILD NL	1/200000
18	组对卡具	—	自制专用工机具

c. 材料准备

（a）组装底封头的钢板、部件及附件的材质、规格、型号、数量、坡口等均应符合设计文件要求，材料质量证明文件齐全，并经入场检查验收合格。

（b）施工用的脚手架材料准备齐全，施工挂架制作完成具备使用条件。

（c）工程主材及焊材经验收合格并可用。

（d）焊条使用前，应按有关规定进行烘干，烘干后的焊条应按相关技术要求保存在恒温箱中，药皮应无脱落和明显裂纹。

d. 文件资料准备

（a）施工图纸及技术文件齐全，且均为最新版本。

（b）施工方案和相关程序、焊接工艺规程、质量计划等文件已发布生效。

e. 施工场地及环境

（a）施工所用的测量微网（参照核岛坐标系）已布设完成，已对支撑柱方位、顶面标高进行复测、验收合格，找出 18 根支撑柱的中心点，在地面上放出底封头的纵/横中心轴线（即：0°～180°和 90°～270°轴线）。

（b）组装底封头所用的支撑柱、钢支撑环和中心支撑柱已布设完成，并经验收合格满足使用要求。

（c）底封头组装施工区域内场地应平整、无积水、无污泥，满足物品堆放和文明施工要求。

（d）焊件表面潮湿或暴露于雨、雪中，不允许施焊。

（e）采用手工焊时，风速不得超过 8m/s；采用气体保护焊时，风速不得超过 2m/s。

（f）焊接区域 1m 范围内的环境相对湿度不得超过 90%，焊接环境温度应不低于 16℃。

④临时支撑短柱安装

临时支撑短柱为管状结构，与 BH1 板外侧相贯组焊，其功能是辅助 BH1 板组装，使 BH1 板能准确定位于支撑柱上，确保 BH1 板的组装精度符合要求。

a. 辅助工装安装

临时支撑短柱安装的辅助工装由支架、止挡装置、运输小车以及轨道组成，如图 2.25-5 所示。

（a）辅助工装的支架模拟 BH1 板竖立就位状态下设计，支架两侧结构对称，可同时用于两张 BH1 板的临时支撑短柱安装；支撑件设有调节螺栓，可用于调整 BH1 板的位置和标高。

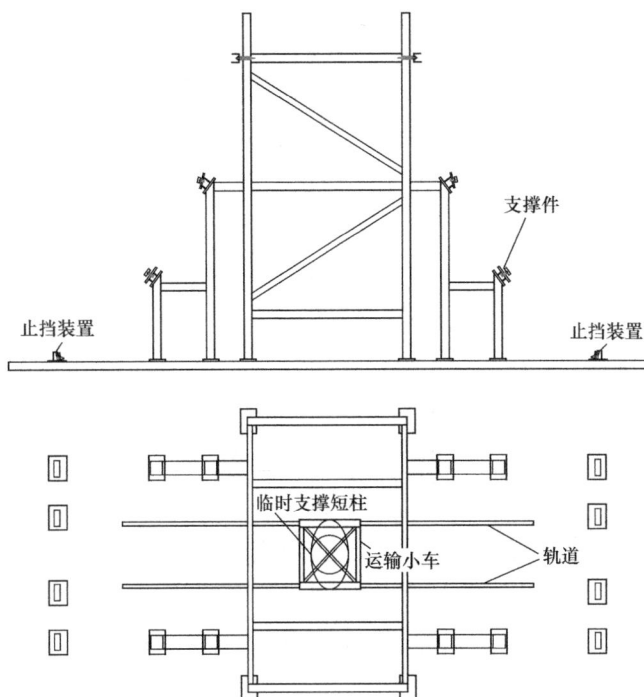

图 2.25-5　辅助工装示意图

（b）运输小车由小型工字钢组成，用于支撑临时支撑短柱的上部结构且可以升降调节，运输轨道采用槽钢铺设并用膨胀螺栓固定。

b. 临时支撑短柱组焊

将需要安装临时支撑短柱的 BH1 板吊装至辅助工装的支架上，在 BH1 板内侧四个角的上下弧的 30mm 处分别设立 A、B、C、D 四点，调整 BH1 板，使 A 与 B，C 与 D 点相对标高差不超过 ±6mm，并使 A 与 C，B 与 D 的垂直距离 H_1 和 H_2 为 8090mm±6mm，如图 2.25-6 所示。

在地面上放出 BH1 板上、下缘中心投影点 E、F，通过 E、F 两点作轴线 X，按照图纸尺寸 1543mm 在 E、F 两点连线上找出 O 点，并通过 O 点做垂直轴线 X 的 Y 轴线。放出 O 点在 BH1 板外侧面上的垂直投影点 O′，即为安装临时支撑短柱的中心点，以此为中心点在 BH1 板外侧画出临时支撑短柱与 BH1 板的相贯线。

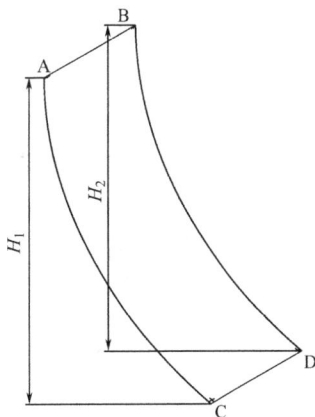

图 2.25-6　BH1 单板弧度调整示意图

用螺栓将临时支撑短柱与运输小车连接紧固，并在临时支撑短柱的法兰上放出如图 2.25-7 所示中心线 X′、Y′，沿 X 轴将临时支撑短柱推向 O 点，同时调整临时支撑短柱的高度使其上口与 BH1 板外侧上相贯线吻合，法兰中心线 X′、Y′ 的投影分别与轴线 X、Y 重合，测出临时支撑短柱法兰下表面与 BH1 板上缘之间的垂直距离，其值与设计值

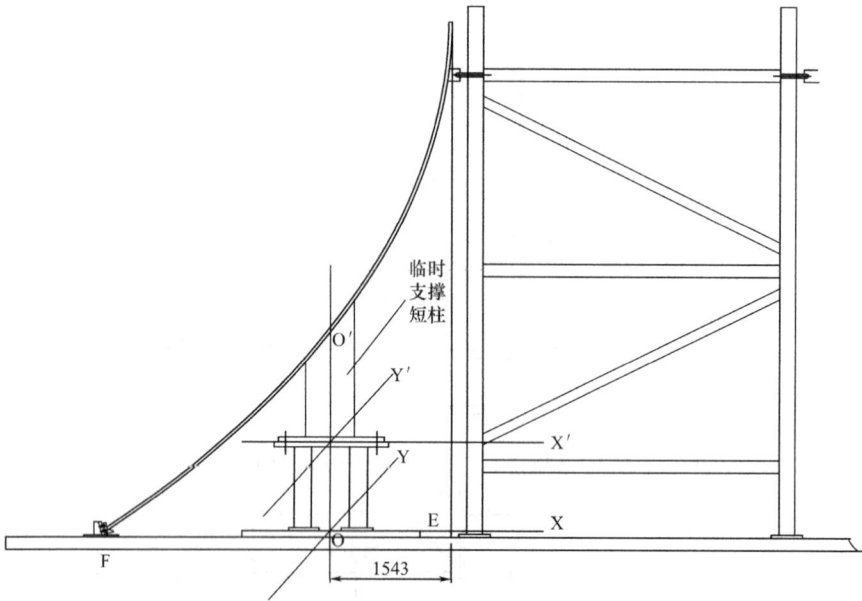

图 2.25-7　临时支撑短柱放线示意图

6627mm 之间的差值即为临时支撑短柱的切割量。

将最终加工好的临时支撑短柱推运到安装位置进行组对，复测合格后进行点焊固定。焊接时，应按照相应焊接工艺规程要求进行预热，并将整条焊缝分为 4 段，安排 2 名焊工从对称的 1 和 2 段位置同时开始焊接，第 1、2 段焊缝打底焊道完成后，再同时进行第 3 和 4 段的打底焊道，直至完成整圈焊缝，如图 2.25-8 所示。在整个焊接过程中都应进行监测，在某个方向存在偏差时，可根据实际情况调整施焊顺序。

c. 组装卡具选用

CV 底封头拼装焊缝的组对工装设计，除了要满足工件的定位、夹紧，组对间隙、错边量、焊接变形的调整和控制等功能外，还须承受弧板的部分重力和组焊过程中产生的应力，保证其空间拼装位置并能牢固连接。BH 板组装仅采用常规的码板、直板等刚性固定工装已不能完全满足功能需求，因此设计制作如图 2.25-9 所示的强力组对卡具来确保倒装施工工艺能顺利实施。

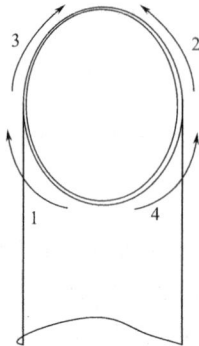

图 2.25-8　临时支撑短柱与 BH1 板焊接顺序

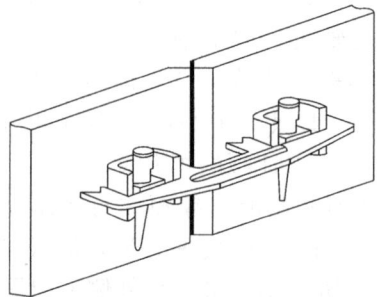

图 2.25-9　组对卡具图

⑤ BH1 板纵缝组焊

a. BH1 板防变形工装制作、安装

BH1 板防变形工装主要由钢管、双头高强度螺栓、拉耳、钢板等组成，如图 2.25-10 所示。

（a）防变形工装设计成四端可调节的刚性固定支撑，能有效地使弧板保持合适的形状，在 BH1 板组装、吊装、焊接过程中有效地控制弧板因重力集中而造成过大的变形。

（b）BH1 板组焊过程中，根据观测的变形数据，实时调整此工装上的双向调节螺栓，通过控制钢管的伸长度来校正弧板的形状，有针对性地处理、缓解或引导弧板的局部变形，且此工装能在四个方向上独立控制，也可联合调控，灵活性较强。

图 2.25-10　BH1 板防变形工装图

b. BH1 板纵缝组对

（a）利用吊车将带有临时支撑短柱的 BH1-1 板吊装至指定的支撑柱上，通过螺栓将临时支撑短柱与支撑柱连接。

（b）通过布设在 BH1 板上、下口的缆风绳和支撑柱顶部的调整装置，测量并调整 BH1-1 板上口的位置、标高、水平度和半径，使其符合技术要求，再将临时支撑短柱与支撑柱进行点焊牢固并拧紧连接螺栓。

（c）采用上述同样方法吊装和调整带有临时支撑短柱的 BH1-3 板。

（d）将 BH1-2 板吊装插入到 BH1-1 板和 BH1-3 板之间，并调整板的位置使其上缘标高、水平度和半径符合要求。

（e）采用组对卡具进行 BH1-2 板与 BH1-1、BH1-3 板相互之间连接，结合间隙片进行组对间隙和错边调整。必要时，可通过支撑柱上调整装置对 BH1-3 板进行微调来满足组对要求。打紧组对卡具的销子，再将 BH1-3 板的临时支撑短柱与支撑柱点焊牢固并拧紧连接螺栓。

（f）以 BH1-1 板为基准板，采用上述同样的方法组装剩余 BH1 板，且顺时针和逆时针方向可同时进行组对。

（g）在组对过程中应连续观测已组装完成的 BH1 板的位置，并根据实际位置与相对理论位置偏差值和方向，有针对性地规划 BH1 板的组对间隙值，最终确保整圈 BH1 板的标高、半径、圆度等参数在设计公差范围内。

（h）组对 BH1 板时应考虑后续焊接变形对形位尺寸的影响，必要时应适当放大整圈组对半径。

（i）BH1 板组对完成后，测量整圈板的标高、半径、圆度、组对间隙、错边量等参数，并确认符合要求。

c. BH1 板纵缝焊接

（a）BH1 板组对参数测量检查合格后，方可对纵缝进行预热和定位焊。预热可采用火焰或电加热的方法，预热温度和道间温度应严格遵守焊接工艺规程的要求，预热的范围不得小于焊缝中心线两侧各三倍板厚，且不小于100mm。

（b）定位焊采用手工电弧焊在焊缝清根一侧进行焊接。底封头的纵缝都选择在封头外侧进行定位焊，纵缝定位焊缝长度宜为80～100mm，间隔200～300mm，为避免定位焊开裂，也可根据实际施工条件调整定位焊缝长度及间隔距离。

（c）BH1板纵缝定位焊后，对整圈BH1板的标高、半径、圆度、组对间隙及错边量进行测量检查，各参数检查合格，方可正式焊接。

（d）纵缝焊接时，预热温度和层间温度应严格按照焊接工艺规程执行。采用多层多道，正、反面交替，接头错开焊接，焊接过程中应采用弧形样板或全站仪对焊接变形进行监测，如发现焊接变形超差，应采取相应校正措施，如改变焊接顺序、设置防变形工装、调节防变形工装等。

（e）纵缝内侧打底和填充层焊接完成后，背面采用碳弧气刨和打磨进行清根，打磨焊缝应圆滑以便下一层焊道焊接，清根目视检查合格后，再进行液体渗透或磁粉检测。无损检测合格后，完成剩余焊缝的焊接。

（f）纵缝焊接变形控制：

BH1板每条纵缝下端预留约500mm暂不焊接，以便BH1-BH2环缝组对调整。其他部位按每段长度约1m从上至下进行分段退焊，错层收弧不少于30mm（图2.25-11）。

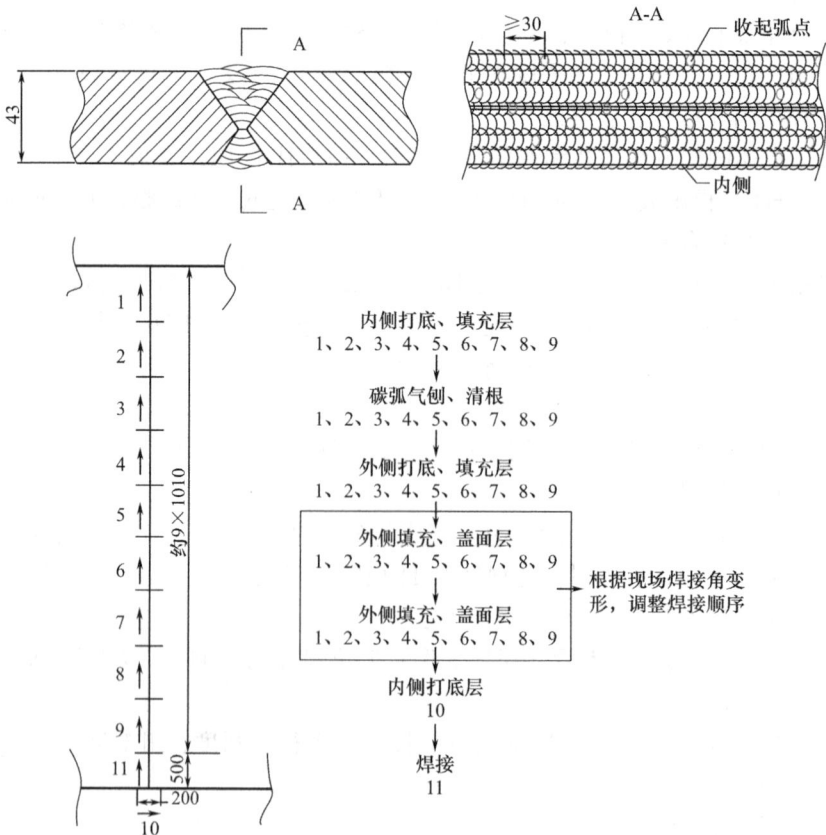

图2.25-11　焊道接头及焊缝工位分布示意图

安排多名焊工对称分布施焊；焊工同时施焊时，应尽量使用相同的焊接电流，且尽量保持焊接速度相当。

当整条焊缝的外侧打底层和部分填充层焊接完成后，检查焊缝的角变形，如角变形向外凸，则继续从外侧焊接；如向内凹则调整至内侧焊接，以此类推完成剩余层的焊接。

纵缝焊接完成后，对焊缝进行外观检查和无损检测，可采用弧形样板测量焊缝角变形或局部变形，采用全站仪测量整圈 BH1 板的标高、半径、圆度等参数，并确认符合设计要求。

⑥ BH2 板纵缝组焊

a. BH2 板纵缝组对

（a）在 BH1 板下边缘对称标记出 BH2 板两处安装起始线，以此基准线将 BH2-1、BH2-16 板吊装就位，调整 BH2-1、BH2-16 板的位置、标高、半径以及与 BH1 板的组对间隙、错边量，各参数都符合要求后，采用组对卡具与 BH1 板连接，同时用捯链和地面上设置的锚固点进行调整固定。

（b）除调整板 BH2-15、BH2-30 外，以 BH2-1、BH2-16 板为基准板同时按顺时针方向对称逐块吊装、组对。

（c）在弧板外侧表面安装组对卡具对 BH2 板之间，以及与 BH1 板进行连接，结合间隙片调整组对间隙和错边量，必要时在钢支撑环上增加临时调整装置。

（d）钢支撑环与 BH1 板下端连接处跨度较大，BH2 板重量大，拼装过程易受重力影响产生变形，通过在钢支撑环与 BH2 板之间增设一圈用角钢连接的临时支撑柱来起到承重和反变形作用，如图 2.25-12 所示。结合捯链和锚固点，调节 BH2 板的位置、标高和半径，使其组对参数满足要求。调整 BH2 板时应考虑焊接变形对半径的影响，必要时适当放大组对半径。

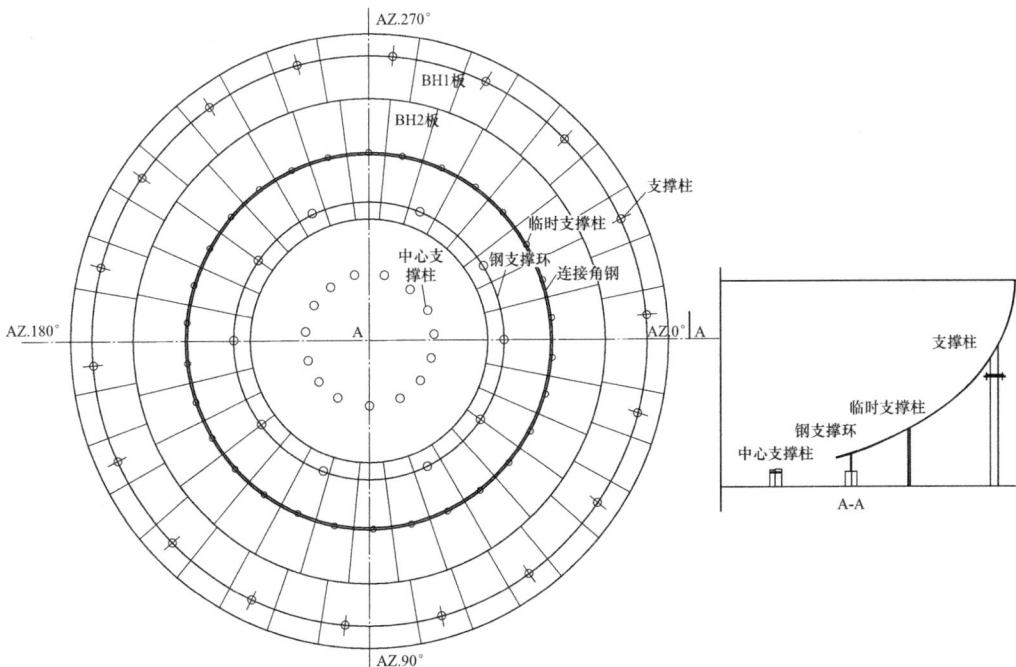

图 2.25-12　BH2 板临时支撑柱布置图

（e）在组对过程中连续观测已安装的BH2板位置，并根据其实际位置相对理论位置偏差的方向和数值，规划后续BH2板的组对间隙，最终确保除调整板外BH2板的上口标高、局部变形在设计公差范围内。

（f）BH2板（除调整板）组对完成后，测量整圈板的标高、半径、组对间隙、错边量等参数，确认符合技术要求。

b. BH2板纵缝焊接

（a）BH2板（除调整板）组对尺寸测量检查合格后，参照BH1板焊接方法和要求，对BH2板的纵缝进行预热、定位焊和焊接，每条纵缝上下端各预留约500mm暂不焊接。

（b）调整板BH2-15、BH2-30下料尺寸在同圈其他BH2板纵缝焊接完成至少8层后测量确定并下料，按设计图要求加工坡口和无损检测，然后进行吊装、组对、定位焊、焊接等工序。

⑦ BH1-BH2环缝组焊

a. BH1-BH2环缝组对

除与调整板相关纵缝外，BH2板其他纵缝焊接完成8层以上，便可再次调整BH1-BH2环缝的组对间隙及错边量，且可边调整边定位焊。

b. BH1-BH2环缝焊接

（a）BH1-BH2环缝定位焊时应预热，预热操作应严格遵守焊接工艺规程的要求。

（b）环缝都选择在封头外侧进行定位焊，考虑到BH板均为低合金高强度调质钢板，为避免定位焊接完毕后及焊缝打底层焊后开裂，环缝定位焊缝长度宜为70～80mm，间隔300～400mm，熔敷厚度至母材齐平，也可根据实际施工条件调整定位焊缝长度及间隔距离。

（c）在焊接BH1板下端和BH2板上端纵缝500mm预留段前，应将丁字缝左右各约100mm内的环缝焊接2～3层以上，再将纵缝预留段焊缝焊接完成，然后进行环缝整体的焊接。

（d）BH1-BH2环缝组对调整符合要求后，安排多名焊工采用分段、均布、同向的方法施焊；焊接时采用多层多道，正、反面交替，接头错开焊接。

（e）环缝焊接时，预热温度和层间温度应严格按照相应焊接工艺规程执行。焊接过程中应对焊接变形进行监测，如发现焊接变形超差，应采取相应工艺控制措施，如改变焊接顺序、设置防变形工装、调节临时调整装置等。

（f）环缝焊接时，内侧打底和填充层焊接完成后，背面采用碳弧气刨和打磨进行清根，打磨焊缝应圆滑以便下一层焊道焊接，清根目视检查合格后，再进行液体渗透或磁粉检测。无损检测合格后，完成剩余焊缝的焊接。

（g）与调整板有关纵缝焊接完成8层以上，才能对调整板对应的环缝部位进行组对调整和定位焊。对丁字缝左右各约100mm内的环缝焊接2～3层以上，再焊接BH1板下端和BH2板上端纵缝的预留段，以及剩余的环缝段。见图2.25-13。

⑧ BH3板纵缝组焊

a. BH3纵缝组对

（a）在BH2板下边缘标记出BH3板安装起始线，以此基准线将BH3-1板吊装就位，调整BH3-1板的位置、标高、半径以及与BH2板的组对间隙、错边量都符合要求后，采

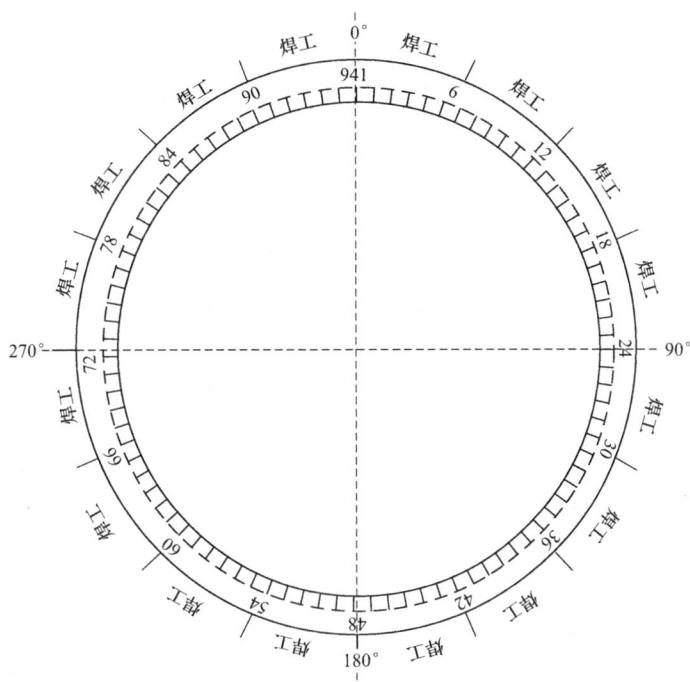

图 2.25-13 焊缝工位分布示意图

用组对卡具将 BH3 板与 BH2 板连接，并使用捯链和地面上设置的锚固点进行固定。

（b）除调整板 BH3-15 外，以 BH3-1 板为基准按逆时针方向逐块组对其他 BH3 板。

（c）在板外侧表面安装组对卡具对 BH3 板以及 BH3 与 BH2 板进行连接，并结合间隙片进行组对间隙和错边调整。

（d）调整 BH3 板时，应考虑焊接变形对半径的影响，必要时适当放大组对半径。

（e）在组对过程中连续观测已安装的 BH3 板位置，并根据其实际位置相对理论位置偏差的方向和大小数据，规划后续 BH3 板的组对间隙，最终确保除调整板外 BH3 板的上口标高、局部变形在设计公差范围内。

（f）BH3 板（除调整板）组对完成后，测量整圈板的标高、半径、圆度、组对间隙、错边量等参数。

b. BH3 纵缝焊接

（a）BH3 板（除调整板）组对尺寸测量检查合格后，参照 BH1 板焊接方法和要求，对 BH3 板的纵缝进行预热、定位焊和焊接，每条纵缝上下端各预留约 500mm 暂不焊接。

（b）调整板 BH3-15 下料尺寸在同圈其他弧板纵缝焊接完成至少 8 层后测量确定并且下料，按设计图要求加工坡口和无损检测，然后进行吊装、组对、定位焊和焊接。

⑨ BH2-BH3 环缝组焊

BH2-BH3 环缝组对、定位焊及焊接参照 BH1-BH2 环缝组焊方法和要求执行。

⑩ BH3-BH4 环缝组焊

BH2-BH3 环缝焊接到 8 层以上，测量 BH3 板下边缘的半径、标高、圆度等参数。

a. 依据 BH3 板下边缘的尺寸数据确定 BH4 板下料尺寸，并加工坡口和进行无损检测。

b. 将 BH4 板吊装到如图 2.25-3 所示位置，通过中心支撑柱调整其位置，以及与 BH3 板之间环缝的组对间隙及错边量，使用间隙片来保证环缝组对间隙，安装组对卡具并将环缝点焊固定。

c. 测量 BH4 板的中心标高和位置、BH3-BH4 环缝的组对间隙和错边量等参数，确认符合要求。

d. 对 BH3-BH4 环缝定位焊，组对间隙和错边量达到要求后，将丁字缝左右约 100mm 内的环缝焊接 2 层以上，再焊接 BH3 板纵缝下端 500mm 预留段，然后进行环缝整体的焊接。

e. H3-BH4 环缝预热和焊接参照 BH1-BH2 环缝组焊方法和要求执行。

f. BH3-BH4 环缝焊接完成后，目视检查和无损检测合格，对 BH4 板中心点标高进行复测，并检测局部变形情况。

⑪ 整体尺寸测量及附件安装

CV 底封头焊接完成和无损检测合格后，将全站仪架设在底封头内表面中心上，测量底封头上口的半径、周长、水平度、整体高度、内表面偏离规定形状的偏差，以此确定整体形位公差是否符合设计要求。

CV 底封头上剪力钉、贯穿件在 BH1-BH2 环缝焊接完成及拼装尺寸检测合格后即可安装，附板在 BH3 与 BH4 之间的环缝焊接完成及拼装尺寸检测合格后安装。

（3）实施总结

CAP1400 核电工程的 CV 底封头是钢制安全壳的重要组成模块之一，其现场组装处于钢制安全壳整体组装施工的关键路径上，是核岛现场其他专业施工的首要条件。

CAP1400 示范工程的 CV 底封头采用倒装法施工技术组装完成后，最终整体形位尺寸符合设计要求，且与以往 AP 系列核电工程的 CV 底封头正装施工方法相比，节省大量搭拆组装胎架的材料和人力投入，组装过程中整体外形尺寸易控制，且部分附件安装可与主体结构拼装并行施工；同时给焊接作业创造了更有利操作空间，更有利于焊接工艺的升级改进，即采用倒装施工方法时，可采用全手工焊接，也可采用半自动或全自动焊接工艺进行施工。

（提供单位：中国核工业二三建设有限公司；编写人员：欧国明）

2.26 核电控制网测量技术

2.26.1 技术发展概述

目前，我国核电安装不论是二代改进型，还是三代核电机组大多数都是由三个环路组成，在核岛反应堆厂房±4.65m 层（M310 型）或±0m 层（华龙一号），基本上囊括了所有核反应堆主设备，如蒸汽发生器、主泵、压力容器、主回路管道等。为了保证每台设备的精度要求及系统整体精度要求，必须建立统一的高精度测量基准网，为核岛反应堆主设备的精确安装提供定位依据。目前国外核电，如法国、巴基斯坦等核电工程核岛安装测量控制网，也是采用类似的方法建立安装高精度控制网。

2.26.2 技术内容

在核岛反应堆厂房±4.65m层或±0m主设备间，根据设计提供的测量基准点坐标值，采用增加测量转点、压力容器中心点、主泵中心点、蒸汽发生器的热段中心线点联立建网、网点软件优化设计、模拟计算、点位精度评估、多联脚架观测等方法布设测量控制网。

2.26.3 技术指标

（1）采用边角网精密测角法四个测回，角度观测二次照准读数差小于1.5s，半测回归零差小于4s，一测回内2C互差小于8s，同一方向值各测回较差小于4s；

（2）测距一测回读数较差小于1.5mm，边长测距往返三测回；

（3）已知点、起算点一律采用天底仪对中，对中误差小于0.3mm；

（4）三角形闭合差应小于±15s，环闭合差应小于±24s；

（5）平差后最终点位误差相对于起算点应不大于±1mm。相关指标见表2.26-1。

测量控制网技术指标要求　　　　　　　　　　　表2.26-1

三角形闭合差	一测回内2C互差	半测回归零差	同一方向值各测回较差	测距一测回读数较差
≤15″	≤8″	≤4″	≤4″	<1.5mm

2.26.4 适用范围

适用于核电二代半堆型及三代堆型的核岛±4.65m层或±0m层及类似堆型的主设备间安装专用测量控制网的布设。

2.26.5 工程案例

华龙一号示范工程福清核电5、6号机组工程

（1）工程概况

华龙一号示范工程业主为福建福清核电有限公司，由中国核电工程有限公司进行工程总承包，负责工程设计、设备采购、调试和试运行；核动力研究设计院负责一回路系统设计；华东电力研究设计院负责常规岛及常规岛BOP设计；中国核工业二四建设有限公司负责土建施工；中国核工业二三建设有限公司负责核岛及核岛BOP安装工作；中国核工业第五建设有限公司负责常规岛及常规岛BOP安装工作。

工期要求：福清5、6号机组工期为62个月，其中土建施工阶段（FCD～内穹顶吊装）25个月、安装施工阶段（内穹顶吊装～冷试开始）24个月、调试阶段（冷试开始～商业运行）13个月。

（2）技术应用

1）核电安装控制网测量技术难点、特点

核电站核岛反应堆主设备间，百万级通常为三个环路，根据不同的堆型，主设备间空间结构有所差异，有的三个环路互不通视，不能直接按设计点位布设成测量控制网。

2）关键技术特点

① 在各环路中间冷段贯穿件处分别增加一个转点，并在转点处采用搭设测量观测架的办法，有效地解决通视条件受阻的问题。

② 将压力容器、主泵中心点、蒸汽发生器的热段中心线点连成一个整体控制网布局，以提高反应堆各主设备安装时的测量定位精度。

③ 采用专用三脚架，使冷段贯穿件处的转点与堆芯通视，采用每个控制点上都架设测量脚架（多联脚架法），利用高精度 NL 天底仪（20 万分之一）对每个点精确对中，测角采用精密测角法和增加测量多余观测方法，来提高测量控制网布设整体精度。

④ 采用计算机测量专用软件优化设计、模拟计算及点位精度评估，获取控制网最佳布设方案。

3）施工工艺和过程

① 控制网工艺流程（图 2.26-1）

图 2.26-1　控制网工艺流程图

② 工艺过程

根据核岛反应堆空间结构，优化设计、模拟计算、点位精度评估，搭设测量观测架，测量基准板定位，按优化和设计坐标值定位锚固基准板及精确放样出基准点，按所形成的控制网型进行控制网施测，对基准点观测，按边角网测量技术多测回观测，测量成果数据整理平差。

a. 施工准备

（a）施工技术准备

a）应执行的标准：《核电厂质量保证记录制度》HAD 003/04、《核电厂建造期间的质量保证》HAD 003/07、《补遗压水堆核岛机械设备设计和建造规则》RCCM2000＋2002、《核电厂工程测量技术规范》GB 50633—2010、《中、短边光电测距规范》ZBA76002-87、《工程测量规范》GB 50026—2007；

b）根据核岛反应堆安装测量基准点图册，勘察现场各环路的通视条件；

c）利用测量软件与核岛反应堆设计的测量基准点及转站点进行优化设计、模拟计算、点位精度评估；

d）编制《核岛反应堆安装测量控制网方案》并根据核岛反应堆安装测量基准点图册设计的基准点进行统计，委托加工测量基准板（不锈钢板 304）；

e）所有测量设备在检定有效期内；测量前，全站仪进行三轴补偿、大仰角校验，天底仪进行高空对点调校，所有测量附件进行检查；

f）照准目标，使用精密觇牌、精密棱镜和精密支架，仪器对中使用精密基座和天底仪（天底仪对点精度 20 万分之一）；

g）测站观测过程中，避免二次调焦（即每站正倒镜法观测，又称精密测角法）；

h）全站仪输入与环境相同的温度、湿度；

i）选择良好的观测时段，每测回观测时间宜缩短；

j）根据获批的《核岛反应堆安装测量控制网方案》进行施工技术交底。

（b）作业人员的准备

对参与施工测量的人员进行核岛反应堆安装测量控制网技术要求和流程培训，并实地模拟进行观测演练。

（c）施工工具和计量器具的准备

按施工进度计划和施工机具需用计划，组织准备并确保测量设备完好，满足施工现场测量需求。主要测量设备见表 2.26-2。

专用测量设备　　　　　　　　　　　表 2.26-2

序号	名称	规格型号	数量	单位
1	全站仪	徕卡 0.5″级	1	套
2	测量脚架	GST20	实际确定	个
3	精密支架	GZR3	实际确定	个
4	基座	GDF21	实际确定	个
5	单棱镜	GPH1＋GPR1	实际确定	套
6	天底仪	NL(20 万分之一)	1	套

（d）辅助材料准备

按施工进度计划和施工辅助材料需用计划，进行相关采购和委托加工，满足施工现场测量需求。主要测量辅助材料见表 2.26-3。

主要辅助材料　　　　　　　　　　　表 2.26-3

序号	名 称	规格型号	数 量	单位
1	测量基准板	304	实际确定	块
2	射钉枪		1	把
3	科傻平差软件	Version6.0	1	套

b. 安装控制网测量基准板定位

图 2.26-2 为经典华龙一号核电堆型核岛反应堆的安装控制网基准板定位示意图，其技术设计要求特点与其他堆型基本一致，只是空间结构有所不同，其控制网图形有所差异。依据测量控制网方案及设计图纸，定位出测量控制网点的平面位置，并采用射钉枪地面锚固 130mm×100mm×3mm 的不锈钢板，将控制网点精确定位在不锈钢基准板上。

c. 测量定位顺序

（a）在转点处设置专用高度的测量三脚

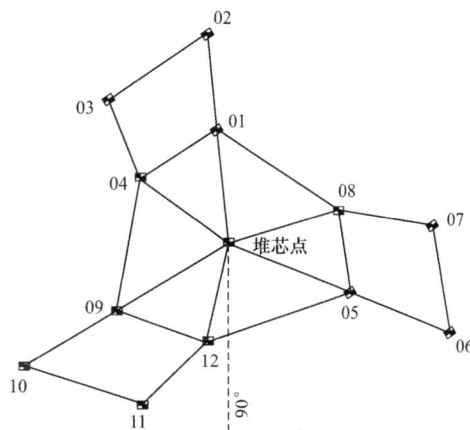

图 2.26-2　华龙一号堆型三个环路基准板布置

架，使得与堆芯点能够通视；

（b）在堆芯基准点上安置全站仪，按控制网基准点的设计坐标在地面放样出每个基准点的大致位置，在此位置上用射钉枪铆固不锈钢基准板，见图 2.26-2；

（c）将基准点的点位精确测量到基准板上，并划出十字线作标记，十字交点处用样冲冲一小孔代表点位中心，孔心直径不得超过 1mm。

d. 控制网施测

在所有基准点上架设测量三脚架，安装基座、支架、棱镜，使用天底仪进行精确对点。在堆芯观测架上安装全站仪，使用天底仪对中堆芯基准点，以堆芯点和反应堆筒体 90°方向线作为已知数据。使用全圆观测法进行边角观测，每个控制点观测 4 个测回，施测过程如下：

（a）全站仪架设在堆芯点，瞄准反应堆筒体 90°方向线，盘左、盘右分别观测 12、09、04、01、08、05 号点，记录每个角度与距离。

（b）全站仪搬至 01 号点瞄准堆芯基准点定向，盘左、盘右分别顺时针观测 04、02、08 号点。

（c）全站仪搬至 02 号点瞄准 01 号点定向，盘左、盘右观测 03 号点。

（d）全站仪搬至 03 号点瞄准 02 号点定向，盘左、盘右观测 04 号点。

（e）全站仪搬至 04 号点瞄准 03 号点定向，盘左、盘右分别观测 01、堆芯点、09 号点。

（f）全站仪搬至 09 号点瞄准 04 号点定向，盘左、盘右分别观测堆芯点、12、10 号点。

（g）全站仪搬至 10 号点瞄准 09 号点定向，盘左、盘右观测 11 号点。

（h）全站仪搬至 11 号点瞄准 10 号点定向，盘左、盘右观测 12 号点。

（i）全站仪搬至 12 号点瞄准 11 号点定向，盘左、盘右分别观测 09、堆芯点、05 号点。

（j）全站仪搬至 05 号点瞄准 12 号点定向，盘左、盘右分别观测堆芯点、08、06 号点。

（k）全站仪搬至 06 号点瞄准 05 号点定向，盘左、盘右观测 07 号点。

（l）全站仪搬至 07 号点瞄准 06 号点定向，盘左、盘右观测 08 号点。

（m）全站仪搬至 08 号点瞄准 07 号点定向，盘左、盘右分别观测 05、堆芯点、01 号点。

控制网观测完毕，对观测数据进行核查，需满足技术指标要求。整理观测数据后，点号按核岛设计的一环、二环、三环位置的点号对应编号，进行计算机平差处理。观测过程及点号见图 2.26-3、图 2.26-4。

e. 成果数据平差

整理原始记录计算各控制网点的平均角值和平均边长，使用科傻测量平差软件对观测值进行平差，得出各控制网点的最终成果值以及点位精度、网图、闭合差等详细成果资料。见表 2.26-4、图 2.26-5。

（a）后验单位权中误差 $3.64'' \leqslant 5''$，合格；

（b）最大点位误差 $0.72mm \leqslant \pm 1mm$，合格；

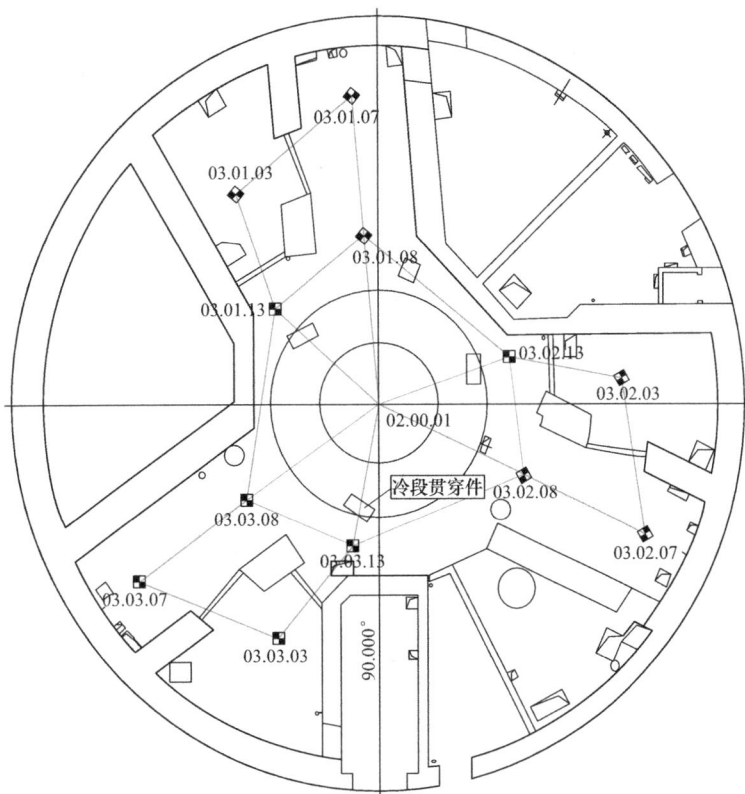

图 2.26-3 核岛反应堆安装测量控制网布设图及点号位置

图 2.26-4 测量观测架

平差坐标及其精度　　　　　　　　　　　　表 2.26-4

名称	X(m)	Y(m)	M_x(cm)	M_y(cm)	M_p(cm)	E(cm)	F(cm)	T(dms)
02.00.01	0.0000	0.0000						
N	0.0000	25.0000						
03.01.08	−0.6623	−7.5818	0.024	0.025	0.034	0.025	0.024	0.0000

续表

名称	X(m)	Y(m)	M_x(cm)	M_y(cm)	M_p(cm)	E(cm)	F(cm)	T(dms)
03.01.071	−1.1847	−13.5630	0.043	0.057	0.071	0.057	0.043	81.1727
03.01.03	−6.7362	−9.4130	0.036	0.053	0.064	0.053	0.035	80.4335
03.01.13	−4.9054	−4.2643	0.021	0.022	0.030	0.022	0.020	0.0000
03.03.08	−6.2351	4.3648	0.024	0.024	0.034	0.025	0.024	0.0000
03.03.07	−11.3996	7.9799	0.052	0.049	0.072	0.057	0.044	141.0911
03.03.03	−4.7837	10.541	0.047	0.043	0.064	0.053	0.035	141.082
03.03.13	−1.2403	6.3806	0.021	0.022	0.030	0.022	0.020	0.0000
03.02.08	6.8972	3.2175	0.025	0.024	0.034	0.025	0.024	0.0000
03.02.07	12.6102	5.8827	0.056	0.046	0.072	0.057	0.044	21.0943
03.02.03	11.5202	−1.1274	0.051	0.038	0.064	0.053	0.035	21.0950
03.02.13	6.1456	−2.1161	0.022	0.020	0.030	0.022	0.020	0.0000

M_x 均值：0.04　　M_y 均值：0.04　　M_p 均值：0.05

最弱点及其精度

名称	X(m)	Y(m)	M_x(cm)	M_y(cm)	M_p(cm)	E(cm)	F(cm)	T(dms)
03.02.07	12.6102	5.8827	0.056	0.046	0.072	0.057	0.044	21.0943

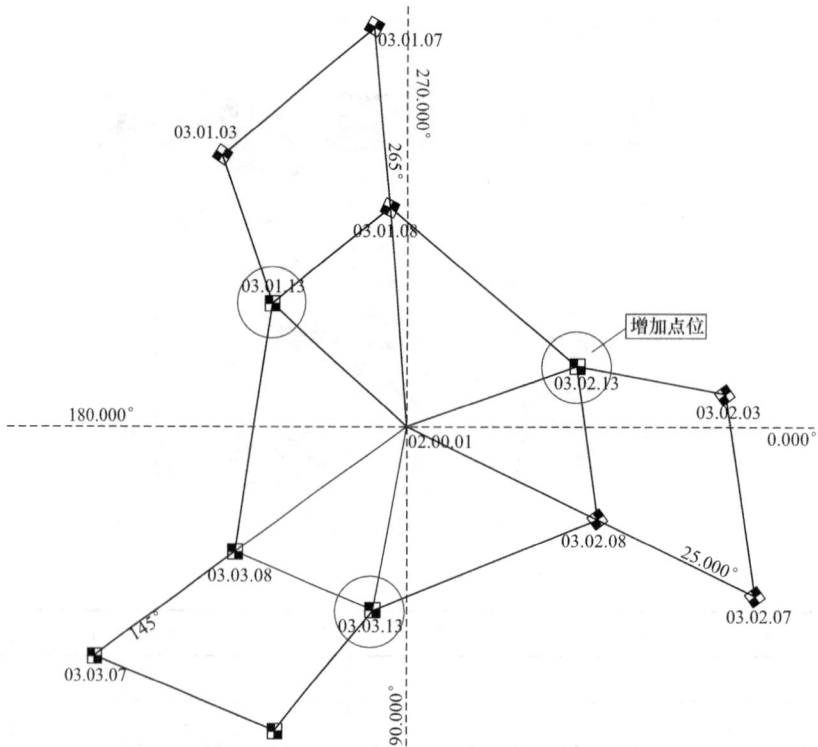

图 2.26-5　观测后数据平差所形成的控制网图形

（c）最大三角形闭合差不大于 $-5.9''\leqslant\pm15''$，合格。

根据以上三项精度评定指标判断出测量成果完全合格，精度可靠。成果数据已经正式用于核岛反应堆主设备的安装定位，现所有主设备均已经顺利精确就位，满足核岛反应堆主设备的安装定位精度要求。

（3）实施总结

核岛反应堆主设备是核电站的核心，定位精度非常高，施工测量难度大，因此主设备安装测量控制网的有效建立，是关系到主设备精确定位和安装成败的关键环节之一。针对各种核电堆型，因其特殊的房间结构及现场观测环境，主设备控制网的复杂程度，在以往核电安装测量中一直是备受关注的，为了保证控制网的测量精度，从控制网的布设设计、观测方法以及实施测量条件等，采取了一系列相应而有效的控制措施，最终达到满足高精度技术要求、质量可靠、实用的核电核岛反应堆主设备安装控制网，是其他方法不可代替的。优点：控制网采用计算机测量专用软件优化设计、模拟计算及点位精度评估，获取控制网最佳布设方案，在控制网的观测过程中，考虑到边长长短不均，俯仰倾斜偏大等因素，通过高精度对中、多联架法、精密测角法及增加测回数和在转点（最弱点）搭设观测架使之与堆芯基准点联测的方法，来提高整体观测精度。

（提供单位：中国核工业二三建设有限公司；编写人员：徐军）

2.27 热室安装技术

2.27.1 技术发展概述

热室是进行高放射性实验和操作的屏蔽小室，是装配有设备、电气、管道、通风等在内的完整的独立系统。热室在我国的核技术领域、高能物理研究领域均有广泛应用，常用于燃料元件的检验、处理，材料的物性、机械性能和金相测试实验，同位素分装，放射化学实验等。如某核反应堆工程建有乏燃料及同位素解体检测热室，某放射性化学研究所建有包括分析、检测、分装等功能在内的热室线，用于满足放射性化学的整套实验。

热室的大小根据其使用功能来定，由于热室对清洁度及密闭性要求极高，故内部通常满贴不锈钢内衬。对于不锈钢内衬通常的做法是在建筑混凝土施工前，安装龙骨架，混凝土浇筑后在房间内拼装不锈钢板，工艺简单，易于实现。另一种做法是采用整体建造模式，将热室不锈钢内衬及龙骨架提前在工厂加工成一体，吊装就位后将其作为墙体内模板直接浇筑混凝土，这样就能够保证热室的严密性和辐射防护要求。在这种建造模式下，土建开始施工前，热室壳体可以并行加工成型，缩短了工程的关键路径，加快了工程进度。但同时，也给热室的设计建造提出了新的问题，如组装成整体后的壳体结构由于重量和体积大，增加了吊装运输的难度；大型壳体结构在吊装运输以及浇筑混凝土过程中的强度与变形问题；提前加工的孔洞或预装的部件的精度控制问题；壳体吊装就位后混凝土的浇筑、电缆管敷设等后续工序的可行性问题。

2.27.2 技术内容

1）热室一般由热室壳体、铸铁防护屏、窥视窗、铸铁防护门、密封门及通道、底部转运孔、机械手、穿墙直孔道、预埋水电气管道、水平转运通道、操作台等组成。

2）热室内部设备根据其功能布置，包含的部件众多、结构复杂、与外部的接口甚多，设计时需要考虑每个细节，以保证后续施工的可行性以及与外部接口的准确性，主要施工技术内容包括：支撑预埋件安装技术、热室壳体安装技术、铸铁屏安装技术、窥视窗外框安装技术、底部地漏及各类管线安装技术、热室人员通道安装技术、负压计/剂量探测器等套管安装技术、机械手水平套管安装技术、热室底部钢覆面安装技术。

2.27.3 技术指标

（1）《钢结构工程施工质量验收标准》GB 50205—2020；

（2）《机械设备安装工程施工及验收通用规范》GB 50231—2009；

（3）《压水堆核电厂核安全有关的钢结构施工规范》NB/T 20396—2017；

（4）《密封箱室设计原则》EJ/T 1108—2001；

（5）《屏蔽铸铁件技术条件》EJ 78—1975；

（6）《窥视窗防、耐辐射玻璃板》EJ/T 36—1975。

2.27.4 适用范围

适用于核工程放射性物质处理各类密封箱式的安装，可用于指导大型物理实验装置热室、研究堆反应堆工程热室、后处理厂热室等工程。

2.27.5 工程案例

（1）工程概况

中国散裂中子源工程热室位于靶站东北侧，与靶站拖车通道相连。主要用于对含有放射性的设备部件进行简单的维护和转运等操作。热室属于放射性工作间，涉及的系统部件众多，设计阶段应考虑各系统部件的合理布置、内外部的接口、辐射防护、制作工艺的安排、安装工序的设计、大型部件的吊装运输、安装与土建的交叉作业、各部件精度的保证、检验试验方法等内容。

（2）技术应用

1）热室装置建造特点难点

热室主要由热室壳体、铸铁防护屏、窥视窗、铸铁防护门、密封门及通道、底部转运孔、机械手、穿墙直孔道、预埋水电气管道、水平转运通道、操作台等组成，热室内部设备根据其功能布置。热室系统包含的部件众多、结构复杂、与外部的接口甚多，设计和建造时需要考虑每个细节，以保证施工的可行性以及与外部接口的准确性。

2）热室装置建造技术特点

① 组装成整体后的壳体结构由于重量和体积大，增加了吊装运输的难度；

② 大型壳体结构在吊装运输以及浇筑混凝土过程中的强度与变形问题；

③ 提前加工的孔洞或预装的部件的精度控制问题；

④ 壳体安装就位后混凝土的浇筑、电缆管敷设等后续工序的可行性问题。

3）施工工艺过程

热室建造分两部分：一是热室加工制作，二是热室现场安装。

① 热室加工制作工艺流程

a. 热室制作总体流程（图 2.27-1）

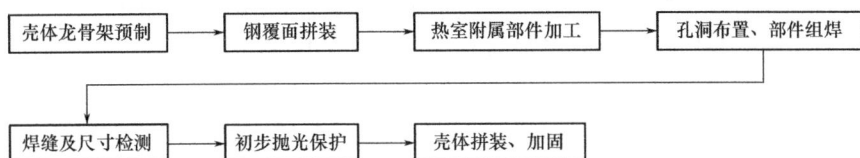

```
┌──────────────┐    ┌──────────┐    ┌──────────────┐    ┌──────────────┐
│ 壳体龙骨架预制 │──→│ 钢覆面拼装 │──→│ 热室附属部件加工 │──→│ 孔洞布置、部件组焊 │
└──────────────┘    └──────────┘    └──────────────┘    └──────────────┘
       │                                                         │
       └─────────────────────────────────────────────────────────┘
       ↓
┌──────────────┐    ┌──────────────┐    ┌──────────────┐
│ 焊缝及尺寸检测 │──→│ 初步抛光保护 │──→│ 壳体拼装、加固 │
└──────────────┘    └──────────────┘    └──────────────┘
```

图 2.27-1 热室制作工艺流程图

b. 热室壳体龙骨架预制

（a）热室壳体制作在平整的钢平台上进行，将热室每面龙骨架分别预制，按图纸要求拼装点焊完成，再借助水平仪调整平整，调整完成后将框架和钢平台固定，防止焊接变形，焊接完成后对焊缝区飞溅、药皮、过渡板贴合面打磨平整处理。

（b）热室底部框架按图纸要求拼装点焊完成，拼装时应考虑向地漏倾斜 5/1000 的坡度，对于窥视窗预埋框等贯穿件开孔处的龙骨架按图纸要求做局部加强处理。

（c）型钢与不锈钢过渡板焊接，将过渡板点焊到型钢上，采用间断焊分别从两侧焊接，焊接 100mm，间断 150m。焊接完成后，用 1m 靠尺检查过渡板上平面的平面度和直线度，要求平面度不大于 3mm/1000mm，全长不得超过 5mm；直线度不大于 3mm/1000mm。若焊接后型钢龙骨架变形过大，应进行校正，使其符合图纸技术要求。

c. 钢覆面拼接

（a）根据龙骨架绘制钢覆面排版图，为防止钢覆面错位和变形，按照预拼装的位置确定相邻两块覆面板的位置后，点焊覆面板正面。点焊时用不锈钢锤轻轻敲打覆面板使其与过渡板紧贴，定位焊点 10～20mm，间距 150～160mm，沿对接间隙两侧角接处对称的点焊定位后，复查位置无误，再对背面点焊，从中间开始向四周呈放射状焊接塞焊焊点，施焊时严禁在母材表面引弧。焊缝长度超过 500mm 要分段施焊，每焊接一段需用木槌、不锈钢锤等轻轻敲打焊缝边沿的覆面板使其与过渡板紧贴并能适当减小应力。

（b）在覆面板拼接焊缝处测量其平面度，允差为 2mm/1000mm，整块板的平面度不得超过 5mm。校正小块覆面板时，为避免损伤覆面板，不得直接使用铁锤击打覆面板，应在覆面板上加一块不锈钢过渡板，所有预制焊缝均需按图纸要求进行无损检测。

（c）转角处覆面板需采用圆滑过渡方式，可采用机械折弯或模具压制使其达到要求的形状。三面相贯的球面采用模具成型，成型后应检查球面厚度，不应小于钢板的允许减薄量。覆面板折弯后弯曲处不得有裂纹、毛刺等缺陷。

d. 热室附属部件加工

（a）按图纸尺寸及技术要求进行热室部件的加工，主要涉及防护屏、窥视窗外框、法兰部件、人员通道、转运孔、备用管、斜通道、γ剂量探头套管、各类预埋管等，各部件尺寸严格保证尺寸，满足公差要求。

（b）机械手水平管因后续机械手安装配合精度要求非常高，一般由机械手厂家进行配套加工。

e. 壳体孔洞布置、部件组焊

（a）根据图纸对各个孔洞的位置进行定位，采用等离子切割机、开孔器等方式开孔。

需开的孔洞有：窥视窗孔、地漏孔、密封门孔、通风管孔、备用管孔、给水管道孔、压缩空气管孔、电缆管孔、倾斜转运通道孔、γ剂量探头套管孔、机械手水平管孔等。

（b）窥视窗孔等定位精度高的孔洞在热室拼装完成后再进行开孔工作。

（c）孔洞布置完成后，将相应连接部件与壳体进行组对焊接。

f. 焊缝及尺寸检测

拼接焊缝按要求进行 100％液体渗透检测，覆面板对接焊缝按要求进行 100％射线检测。

g. 热室覆面板初步抛光、保护

（a）抛光可采用气动抛光机、电动抛光机、角向磨光机等工具。

（b）抛光材料采用植绒砂纸片，颗粒度分别为 150 号、240 号、320 号、400 号、600 号；角向磨光机使用 ϕ125 百叶轮；ϕ100 羊毛轮和固体蜡膏；不锈钢贴膜保护膜。

（c）焊缝部位先使用 ϕ125 百叶轮对焊缝进行初次打磨，再用抛光机使用植绒砂纸片抛光，按照颗粒粗糙度由粗到细依次进行，最后用羊毛轮加抛光蜡膏进行抛光。

（d）对于没有产生焊接痕迹的不锈钢表面直接用 600 号植绒砂纸片进行抛光处理，再用羊毛轮加抛光蜡膏进行抛光。

（e）整体钢覆面表面光洁度需达到 3.2 以上，抛光后及时用保护膜进行保护。

h. 热室壳体拼装、加固

（a）热室壳体拼装应在车间平整的场地上进行，将预制完成的底部用水平仪精确调整，按要求找出斜坡（5/1000），再支撑稳固，然后在底部画出安装四周墙面位置线，然后进行四周墙体安装。

（b）依次将墙面整体吊装至底部位置，精确对位，龙骨间点焊后再复测无误后整体焊接，保证墙面垂直度允差为 5mm/1000mm。

（c）两个热室壳体间须进行预拼装，并在拼装位置坐定位标记，以便后续现场安装工作。

（d）由于热室壳体跨度大，内部空洞，应设置支撑确保壳体尺寸精度并防止吊装运输过程中的变形。

② 热室现场安装工艺流程

a. 热室安装总体流程（图 2.27-2）

b. 热室、防护屏等预埋件安装

热室壳体、防护屏、人员通道等大型部件设计有专门的支撑，需在安装前联合土建单位共同对相关部件定位并完成预埋施工。

混凝土浇筑预留出必要的底部操作空间，以便底部工艺、电气、排风等各类管线的安装。

c. 热室壳体、防护屏安装

（a）热室壳体安装

对热室支撑预埋件位置放线定位，精确测量出热室定位位置。

对热室壳体进行吊装就位，就位后每段各采用两根钢丝绳进行临时稳固。

热室底部采用垫铁调整高度，前后左右方向使用限位件进行调整定位，精确定位后将调整垫铁和限位件焊接完成。

```
┌─────────────────────────┐        ┌─────────────────────────┐
                          ╎ ─ ─ ─ ─│ 热室、防护屏等预埋件安装  │
┌─────────────────────────┐╎        └────────────┬────────────┘
│土建第一阶段混凝土浇筑，高 │╎        ┌────────────▼────────────┐
│度同热室预埋件顶部        ├─        │  热室壳体、防护屏安装     │
└─────────────────────────┘         └────────────┬────────────┘
                                     ┌────────────▼────────────┐
                                     │    窥视窗外框安装        │
                                     └────────────┬────────────┘
                                     ┌────────────▼────────────┐
                                     │  底部地漏及各类管线安装  │
                                     └────────────┬────────────┘
                                     ┌────────────▼────────────┐
                                     │    底部运转孔道安装      │
                                     └────────────┬────────────┘
                          ┌ ─ ─ ─ ─ ┤    排风管道安装          │
┌─────────────────────────┐╎        └────────────┬────────────┘
│土建第二阶段混凝土浇筑，高 │╎        ┌────────────▼────────────┐
│度同热室底部平齐          ├─        │    热室人员通道安装      │
└─────────────────────────┘         └────────────┬────────────┘
                                     ┌────────────▼────────────┐
                                     │ 负压计/剂量探测器等套管安装│
                                     └────────────┬────────────┘
                                     ┌────────────▼────────────┐
                                     │    进风管及防护屏安装    │
                                     └────────────┬────────────┘
                                     ┌────────────▼────────────┐
                                     │    拖车通道安装          │
                                     └────────────┬────────────┘
                          ┌ ─ ─ ─ ─ ┤  机械手水平套管安装      │
┌─────────────────────────┐╎        └────────────┬────────────┘
│土建第三阶段混凝土浇筑，高 │╎        ┌────────────▼────────────┐
│度不超过热室顶部          ├─        │    热室底部钢覆面安装    │
└─────────────────────────┘         └────────────┬────────────┘
                                     ┌────────────▼────────────┐
                                     │ 热室抛光及铅玻璃、机械手等│
                                     │  部件安装                │
                                     └─────────────────────────┘
```

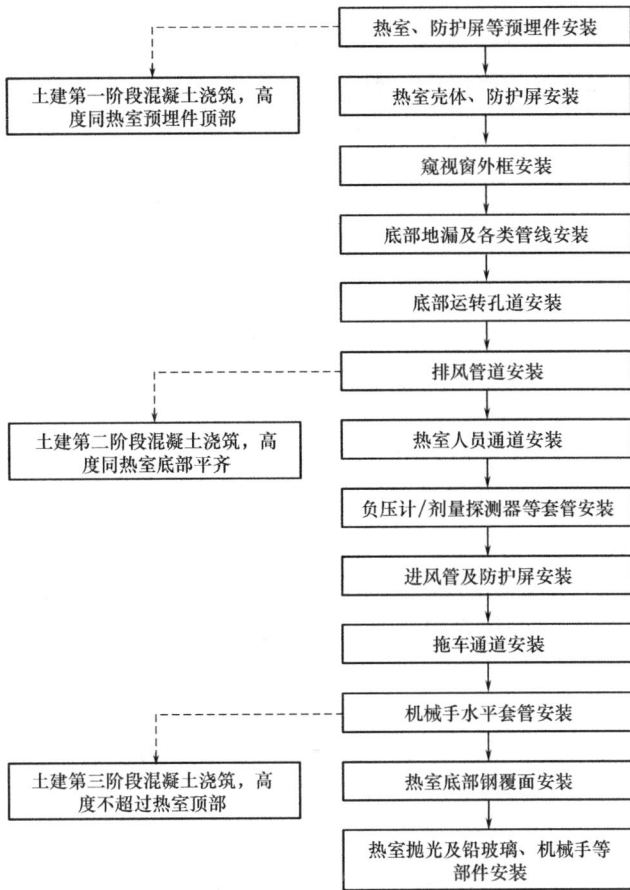

图 2.27-2　热室安装工艺流程图

热室壳体整体就位后，利用测量获得的坐标轴线和热室壳体上的基准线或基准面进行调整，依靠垫铁及安装辅助工具（如千斤顶等）进行，测量基准线为拖车轨道中心线及窥视窗孔中心线，位置运行偏差为±2mm，标高允许偏差为±2mm，热室侧壁垂直度允差为 5mm/1000mm。

（b）防护屏安装

防护屏分片吊装就位，每块防护屏底部设置两组专门的调节螺栓用于防护屏的精确调整。

防护屏垂直调整采用其顶部与热室壳体连接调节装置的方式进行。

安装位置及标高以防护屏前侧面和窥视窗孔中心为基准测量，允许偏差为±2mm，防护屏垂直度和水平度分别以其前侧面和底面为基准测量，允差为 0.5mm/1000mm。满足要求后将调节螺栓及调整块可移动处点焊固定，并测量窥视窗中心与防护屏中心对齐，允差为±3mm。

整体精度满足要求后，将所有调节螺栓焊接牢固。

d. 窥视窗外框安装

（a）窥视窗框在热室壳体和防护屏之后安装，就位时从防护屏上孔洞正面进入。窥视窗框在工厂车间整体拼装，外框尺寸与防护屏安装孔洞间隙 10mm。

（b）窥视窗框下部设置支撑平台，以便窥视窗框就位。

（c）调整窥视窗框位置及水平度，要求水平度小于 1.5mm/1000mm，位置保证与前侧覆面板上的孔中心及防护屏上的孔中心对齐，满足要求后，壳体侧焊接连接，防护屏侧使用螺栓连接。

（d）窥视窗框安装完成后，在混凝土浇筑前须在每个阶梯段增加临时支撑，防止混凝土浇筑产生的外力变形。

e. 底部地漏及各类管线安装

按图纸要求安装地漏及废液地漏预埋管、给水排水预埋管、压缩空气预埋管、电气预埋管等各类管线，与覆面连接形式依照热室设计要求。

f. 底部运转孔道安装

采用双层盖板结构，每层盖板设置一道密封，盖板采用钢框架、内浇筑混凝土结构。密封面部位应采用平整的不锈钢贴覆。

g. 排风管道安装

安装时排风管水平引出，用水平仪测量其水平度，允差为 2mm/1000mm，外端用角钢与热室壳体固定，内端与壳体焊接并打磨，安装完后出口处用不锈钢板封堵，内侧安装不锈钢过滤网。

h. 第二阶段重混凝土浇筑

土建第二阶段混凝土浇筑，高度同热室底部平齐，浇筑前热室底部框架与钢筋连接固定。

i. 热室人员通道安装

人员通道主要有密封门、不锈钢通道、铸铁防护门三大部分组成。

（a）密封门安装时将门框与热室壳体覆面焊接固定，焊接应采用对称均匀焊接，以防止门框变形过大，焊接时应将密封材料先取出。

（b）不锈钢通道安装时将不锈钢通道整体吊装就位，底部支撑座上加垫铁。按图纸要求找平找正后将密封门框与通道点焊，复测其位置，满足要求后四周用型钢与壳体槽钢焊接加固，底部与支座焊接，然后焊接密封门框与通道。另一端待铸铁防护门就位后从外侧与其焊接。安装后在浇筑混凝土前在通道内加支撑以防受压变形。

（c）安装防护门时以不锈钢通道底面为基准，保证防护门内框下表面与通道下平面平齐。位置以防护门内门口中心为基准，测量与热室后墙的距离，允许偏差为 ±5mm，标高以其下门框为基准面测量，允许偏差为 ±5mm，防护门水平度要求小于 0.5mm/1000mm，测量基准为防护门上加工形成的基准面。满足要求后用支撑固定，混凝土强度达到 75% 以后方可拆除支撑。并在基准面处测量门的垂直度，垂直度不得超过 1.5mm/1000mm。

j. 负压计/剂量探测器等套管安装

按照图纸要求安装负压计及剂量探测器等套管，标高及位置允许偏差为 ±5mm，埋管水平度允许偏差为 1mm/1000mm。安装调整完成后，与热室壳体框架做刚性固定。

k. 进风管及防护屏安装

进风管的安装形式同排风管。由于进风管道直径较大，减弱了墙体的辐射屏蔽能力，按要求安装防护屏补偿其屏蔽能力。

l. 拖车通道安装

拖车通道结构分为两段，第一段连接密封筒与热室壳体，第二段在密封筒内部。采用焊接方式连接固定。

第一段与热室壳体同时吊装就位，待热室壳体调整完成后进行安装调整，通道中心线与轨道中心线平齐，允许偏差为±2mm，底板与热室壳体底面平齐，水平度小于2mm/1000mm，调整合格后壳体侧与通道加强框焊接，密封筒侧与孔洞覆面焊接。

第二段筒体安装前先将底板就位，底板中心线与轨道中心线平齐，允差为±2mm，底板平面与第一段筒体底板平齐，水平度小于2mm/1000mm，满足要求后与密封筒内屏蔽体焊接，并与第一段筒体底板对接焊。

最后就位筒体，中心位置与轨道中心线平齐，允许偏差为±2mm，侧壁垂直度小于2mm/1000mm，满足要求后与筒体底部以及第一段侧壁密封焊接。

m. 机械手水平套管安装

机械手水平套管安装采用支架支撑，与碳钢接触点以不锈钢垫板过渡。尺寸要求：以水平管中心为基准测量，标高允许偏差为±5mm；每对机械手左右机械手水平管与相配的窥视窗中心线水平距离允许偏差为±2mm；每个机械手水平管中心线与理论中心线同轴度为ϕ2mm。每支机械手水平管倾斜度在全长范围内不超过1mm。出口端与支架焊接固定并用型钢将中间法兰和壳体槽钢焊接加固。内端与热室壳体焊接并打磨平整。

n. 热室底部钢覆面安装

（a）混凝土浇筑完成，拆除内部支撑后进行底部钢覆面的安装。

（b）钢覆面与龙骨架连接设置ϕ18mm塞焊孔，孔距控制在500mm左右，组装时先点焊钢覆面，再点焊塞焊孔，焊接时先焊接塞焊孔，再焊接钢覆面连接焊道，并采用分段间隔焊接方式，最大程度减小不锈钢覆面焊接变形。

（c）底部钢覆面平面度要求不大于3mm/1000mm，整体不大于10mm。

o. 第三阶段混凝土浇筑

土建第三阶段混凝土浇筑，高度不超过热室顶部。在此阶段混凝土浇筑前，须在热室内部进行全面支撑加固，防止混凝土浇筑时对热室压迫，造成热室变形。

p. 热室抛光及铅玻璃、机械手等部件安装

（a）最终抛光，检查热室钢覆面光洁度，如不满足要求，需对热室的最终抛光。

（b）铅玻璃安装

铅玻璃为易碎部件，而且重量较大，如果具备厂房封顶后安装则可安排在后期安装。如果厂房封顶后不具备吊装运输条件，则在预埋框安装就位后就应安装铅玻璃。铅玻璃安装采用专用工装，将工装正对要安装的窥视窗孔并紧靠热室前墙。工装拖板水平面标高与窥视窗预埋框底标高一致（通过调节支撑装置来控制），通过千斤顶来推动铅玻璃进入窥视窗预埋框。铅玻璃完全进入外框后调整好间隙，间隙处填充铅皮并压实。

（c）机械手等部件，由相应专业的厂商进行安装。

4）材料与设备

① 设备、机具

a. 根据热室施工特点配备必要的施工设备和机具，如氩弧焊机、焊条烘干箱、等离子切割机、开孔器、角磨机、手拉葫芦、吊具等。

b. 工厂制作配备相应的施工设备，如剪板机、折弯机、钻床、锯床、车床、刨床等，与不锈钢接触部位应彻底清洁，去除各种污染物，必要时进行隔离。

c. 制作、安装用于不锈钢接触的工具，应使用不锈钢材料或不产生污染的合适材料制成的专用工具，并禁止与碳钢加工共用。

d. 施工脚手架与不锈钢接触部位应铺垫木板和包扎管头，防止污染或破坏不锈钢材料。

② 材料

a. 按照设计准备热室制作主体材料，不锈钢板、框架用型钢以及其他部件用管材材料等，材料符合相应国家标准要求，并需提供对应的质量证明书，必要时对主材进行材料复验。

b. 其他构件材料准备，如防护屏、铸铁防护门、机械手水平管（根据装配需要一般在机械手配套厂家定做）、窥视窗、铅玻璃等。

c. 用于钢覆面焊接的不锈钢钢焊材必须有出厂质量证明书和复验证明书，异种钢焊材、碳钢焊材应具有出厂质量证明书，所有焊材在使用前均应报验且经批准后方可使用。

d. 焊接用氩气纯度不低于99.9%。

5）质量控制

① 总体控制要求

工序交接有检查、施工有方案、技术措施有交底、隐蔽工程有验收、工程变更有手续、质量处理有复查、文明施工有制度、施工记录有档案。

② 材料控制要求

a. 材料进场要做好检查记录，确保材料符合采用要求，质量证明文件符合要求。

b. 材料到货后及时报业主审验，必要时对材料进行复验。

c. 在材料领用、发放、使用过程中进行标识管理。

d. 材料的存储满足管理要求。

③ 设备、工机具控制

a. 建立设备、工机具台账，严格设备、工机具管理，控制使用设备、工机具质量。

b. 对计量器具有效状态进行检查确认，做到不经检定合格的计量器具不投入使用。

c. 时刻关注设备、器具使用状态，及时对设备进行维护、保养，即将过期的计量器具要及时回收、复检。

④ 施工过程控制

a. 焊接质量控制

（a）按要求建立焊材库，规范焊材管理。设置焊材烘干室，按规定对焊材进行烘干。对所有焊材发放、回收进行管理，并做好记录。

（b）焊接人员需按要求取得国家特种设备或按HAF603要求取得相应的焊接资格证。

（c）焊接前核查施焊环境，须满足焊接环境要求，在不满足时采用有效的施工措施。

（d）焊接施工严格按照焊接工艺卡的要求施焊。

b. 无损检测质量控制

（a）无损检验人员应取得相应项目资格证。

（b）外观检查：焊缝焊后目视或借助5倍放大镜对焊缝及热影响区进行检查，不得有裂纹、夹渣、气孔、未熔合、未焊透、咬边、未填满的弧坑、焊缝余高及宽度显著不均匀等缺陷。外观检查合格后将焊缝打磨平整。

（c）液体渗透检测：所有底板及壁板上的拼接焊缝应进行液体渗透检测，按现行标准《承压设备无损检测 第3部分：超声检测》JB/T 4730.3三级焊缝验收标准。

（d）射线检测：对所有预制对接焊缝做100%射线探伤，按现行标准《承压设备无损检测 第2部分：射线检测》JB/T 4730.2三级焊缝验收标准。

（e）尺寸检查：按照图纸及技术要求在制作安装的各个阶段中进行。

c. 清洁度要求

（a）拼装覆面板前应将型钢框架上的铁锈除去，将过渡板上氧化膜打磨至露出金属光泽。

（b）材料在运输、储存、制作等过程中应确保碳钢材料和不锈钢材料分开堆放，以避免不锈钢材料被铁素体污染。对于不锈钢抛光板应采取特殊的保护措施以防止被划伤。

（c）材料在成形或切割后可用有机溶剂将油污清理掉，清理时不得用硬质材料擦拭或打磨，然后用清洁的水（其氯离子不超过25ppm）冲洗。

（d）酸洗钝化：在酸洗钝化前，将钢覆面上的杂物清理干净，将酸洗膏涂在焊缝上停滞1～2h，用不锈钢钢丝刷沿一个方向反复擦洗焊缝，然后用清洁的水（其氯离子不超过25ppm）冲洗。酸洗钝化结束后，用pH试纸测试冲洗后的水，其酸碱度在6～8之间才算合格。

（3）实施总结

该项目靶站热室的建造，在以往小型热室建造的基础上，对超大型热室从设计、制作、安装全方位进行实践，并在实践过程中解决多项关键、疑难问题，形成比较完善的建造工艺，带来显著的经济效益和社会效益。

CSNS靶站热室从2013年初设计开始到2016年5月安装工作基本完成，经历了三年多的时间，经历十余次设计修改，制作安装方案在实际制作安装施工中不断优化调整，最终形成比较完善的热室建造工艺。

（提供单位：中国核工业二三建设有限公司；编写人员：魏清海、扈晓刚）

2.28　纸机液压和润滑管道施工技术

2.28.1　技术发展概述

纸机润滑、液压管道都是用于传输介质的载体，集中润滑供油系统是润滑油站通过管道输送至中端润滑油分配器，润滑油分配器再通过管道至烘缸、导辊轴承、传动减速箱等末端设备，润滑油集中供油起到润滑、冷却轴承、齿轮等作用，从而保证纸机的轴承、减速箱等正常运转。液压系统是通过集中的液压输送单元通过液压管道输送至中端液压分配器，液压分配器再通过液压管线输送至末端油缸，从而达到推动、回缩推杆等工作状态。这几年随着科学技术的发展及生活水平的提高，用纸需求量的增大，越来越多的新建项目均以高车速、超长纸幅纸机为主，从而配套的集中供油、液压单元代替了传统的小型纸机的分散一次供油和靠气动作为推动载体。随着造纸机工作车速的提高，润滑方式逐步发展到集中循环润滑方式，机械动作采用液压单元、液压缸作为推动机构。

2.28.2 技术内容

（1）根据图纸数据和现场设备排布情况绘制出管道的单线图供施工使用。

（2）根据图纸数据进行测绘和放线，并将支撑管道的导轨和管夹安装到指定位置。

（3）根据单线图中的尺寸进行管道的切割、打磨和揻弯等工作。

（4）将预制好的管道按照预定位置装入管卡中，锁好螺母，进行冲洗。

2.28.3 技术指标

（1）《工业金属管道工程施工质量验收规范》GB 50184—2011；

（2）《工业金属管道工程施工规范》GB 50235—2010。

2.28.4 适用范围

适用于管道管径 $\phi6 \sim \phi42$，设计压力小于 25MPa，工作温度 $-40 \sim 370℃$，且设计温度不超过允许使用温度的无缝碳钢、不锈钢管道工程。

2.28.5 工程案例

上海中隆纸业有限公司年产 35 万 t 牛皮箱板纸工程

（1）工程概况

项目位于上海市康桥工业园区秀浦路，造纸机液压、润滑、气路管线总计约 30000m。

（2）技术应用

1）工程施工难点

纸机润滑、气路、液压管道施工通常以初步的管道示意图为基础，示意图一般由纸机供应商提供（如 VOITH、MESTO 等），但是部分供应商只提供初步示意图纸，不能作为管线揻弯预制施工使用，仍需要深化设计，依据现场情况绘制管道单线图，通过现场实际测量管道直管线距离、标记出弯曲位置及弯曲角度，由施工人员使用液压弯管机依据管道单线图进行揻弯预制。

2）关键技术点

成排的管线的安装，要注意先后顺序，安装后保证其密封性、美观性和实用性。

3）工艺过程

① 施工工艺流程（图 2.28-1）

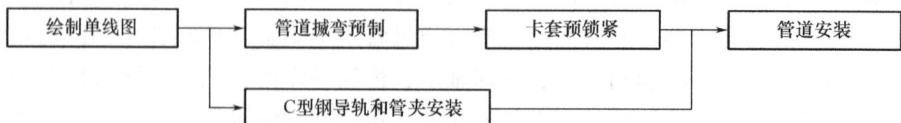

图 2.28-1 液压润滑管道施工工艺流程图

② 绘制单线图

管道揻弯的第一步是技术人员根据示意图，根据现场实际情况实地测量，深化设计绘制出单线图。绘制单线图时要考虑到管接头错开排列，里外层接头错开安装，同时要考虑到成排管线间距均匀，测量尺寸应准确到 1mm 之内。对于同一规格和型号的润滑油分配器出口、轴承供油入口管线的撤弯，可采用样板的方式，实地测量后做出样板，批量撤弯预制。对于空间范围较大或过长，无规律管线采用现场测量绘制单线图，实际测量出每一处折弯点、弯曲半径、直管段距离等数据。

③ 管道撤弯预制

a. 预制区域设置

管道的撤弯预制和加工应在预制区域内进行。预制区域应设置在施工现场位置开阔、距离安装地点比较近的区域。预制区域应设置有电动液压弯管机、切割设备等工具及管件、管材货架等。

b. 管道撤弯

施工人员根据绘制的单线图，进行管道预制撤弯。管道采用机械切割，必须保证切割面的平整及切割的垂直度，管径小于 $\phi42$ 的管道采用内外圆磨口机磨口，或采用手工锉刀修磨，保证管口端面和管子中心线垂直、无毛刺。在管道折弯点处用记号笔做出标记，将管子折弯标记点对准液压弯管机折弯处进行折弯，折弯角度可根据液压弯管机后侧标尺进行调整。

④ C 型钢导轨和管夹的安装

根据设计图纸或者实际情况选择管道固定的方式。机上部分原则上采用 C 型钢导轨和管夹固定，如图 2.28-2 所示。依据管线的起点和终点及管线的走向确定 C 型钢导轨的位置，机上 C 型钢导轨的固定可采用 M5×10 的镀锌或者不锈钢平头十字沉头螺栓，采用 $\phi4.2$ 钻头打孔，钻孔深度达到 15mm 即可，然后用 M5 丝锥攻丝，一般长度为 300mm 左右的 C 型钢导轨采用两处 M5×10 的螺栓固定即可。根据不同管径确定 C 型钢导轨的距离，具体

图 2.28-2　C 型钢导轨和管夹示意图

可参考表 2.28-1 参数。C 型导轨的切割可用型钢切割机，切割后必须对两端导轨毛刺进行修磨，保证两端平整、无毛刺。完成 C 型钢导轨的安装后，可进行管夹的安装，根据管道布置排列，安装不同管径的管夹。

不同管径 C 型导轨距离　　　　　　　　　　　　　　表 2.28-1

管径规格	L_1（直管线距离）	L_2（撤弯半径）	备注
$\phi10$	2m 以下	300mm 以下	
$\phi12$	2m 以下	300mm 以下	
$\phi16$	2m 以下	300mm 以下	
$\phi25$	2m 以下	300mm 以下	
$\phi35$	3m 以下	500mm 以下	

图 2.28-3　封面 C 型导轨安装示意图

对于非机上部分管道固定也可采用 C 型导轨固定于墙面。在有预埋铁的情况下，可将 C 型导轨焊接于预埋板上，无预埋板的情况下可用 L50×4 的扁铁和导轨焊接后用膨胀螺栓固定于立柱或者墙面，如图 2.28-3 所示。

⑤ 卡套预锁紧

管道揻弯完成后，卡套连接，预锁紧是第一步，预锁紧原则上采用卡套锁紧机机械锁紧，不同口径的管道预锁紧都有配套的卡套模具，预锁紧压力参数参考不同型号的卡套锁紧机。表 2.28-2 为卡套锁紧机不同管径预锁紧压力参数（仅供参考，液压管线分为轻型接头 L 和重型接头 S，一般液压供油管线压力 10.0～12.5MPa 为重型接头，回油管线为轻型接头）。

不同管径预锁紧压力参数表　　　　　　　　　　　　　　　表 2.28-2

序号	管径规格	单点式（轻型）	双点式（重型）	备注
1	$\phi 8$	40	40	kg/m²
2	$\phi 10$	50	50	kg/m²
3	$\phi 12$	50	55	kg/m²
4	$\phi 14$	60	80	kg/m²
5	$\phi 16$	85	95	kg/m²
6	$\phi 18$	90	100	kg/m²
7	$\phi 20$	120	140	kg/m²
8	$\phi 25$	130	145	kg/m²
9	$\phi 30$	180	190	kg/m²
10	$\phi 35$	170	180	kg/m²
11	$\phi 42$	210	230	kg/m²

管道预锁紧步骤如下：选择管径，安装同口径卡套锁紧模具，将管件螺母拧下，套入管子，按方向将卡套套入管子，参考卡套锁紧机给定参数选择压力设定点，必须保持管子处于水平状态，启动卡套锁紧机按钮，压力达到设定压力后自动停止，如图 2.28-4 所示。

管道卡套锁紧完成后，卡套应紧紧锁扣在管子外壁，卡套前后应无明显松动，卡套安装位置如图 2.28-5 所示。揻弯预制好的管道应用压缩空气对管线内部进行吹扫，保证管线内部洁净，然后用胶带对管口进行封堵，同时对揻弯管线进行编号标识，放置成品货架，待整排管线预制完成后再进入现场安装。

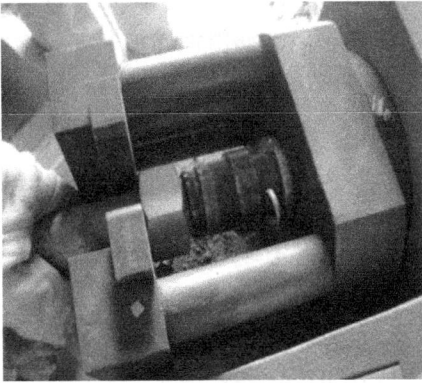

图 2.28-4 卡套锁紧示意图

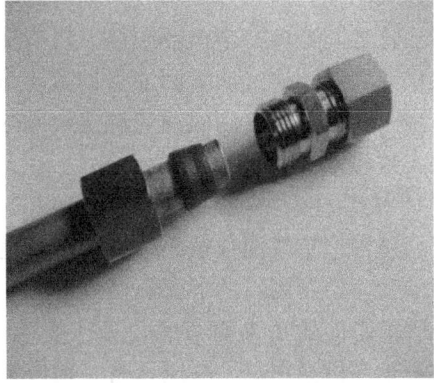

图 2.28-5 卡套安装位置示意图

⑥ 管道安装

完成管道卡套预锁紧后，可进行管道的安装。在安装管道时，管件本体外螺纹处应涂上少许的硅脂和二硫油脂（防止不锈钢螺纹连接的卡死），管道的终端接头外螺纹处涂管螺纹密封剂（可采用乐泰 567 或者 577）。安装时把管子插入配件本体，确保管子末端紧贴管件接头本体的凸肩，同时先用手指稍微扭紧管件接头的螺母。以扳钳扣住配件管件本体，再以另一把扳钳扣住螺母。注视参考点记号，仅转动螺母 1 1/4 圈，终点在九点钟位置，就完成管道的接头的锁紧工作，如图 2.28-6 所示。对于需要重复使用的接头，在松开螺母前，用记号笔记下螺母位置 Y。重新安装时，旋转螺母，使其新的位置要轻微超过原位置 X，如图 2.28-7 所示。管道的安装从里到外，从高到低，先大后小，紧固起端的中间（终端）接头，将管子按顺序位置，调整管子之间位置，紧固管夹。机上部分润滑油路、气路都可以大批量进行撇弯预制，几组施工人员交叉作业，大大提高施工效率。

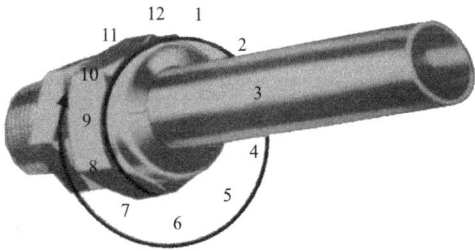

图 2.28-6 卡套锁紧示意图

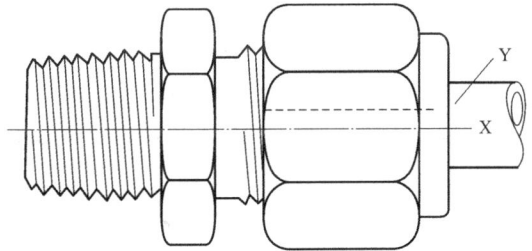

图 2.28-7 卡套重新锁紧示意图

⑦ 系统的吹扫

润滑、液压管道完成安装后，必须对系统进行压缩空气吹扫。润滑管线吹扫步骤如下：卸开油路分配器起点供油点和末端接头，连接吹扫用压缩空气软管，从润滑终端接头接入临时压缩空气管，从终端接头往油路分配器供油点吹扫（从上往下吹扫），同时对润滑供油管线进行点对点供油分配点的标识。润滑油管线必须逐点吹扫，保证吹扫末端无杂质为止。完成了润滑管线吹扫后，方可进行下一步的管线清洗。清洗步骤如下：用普通透明软管将所有轴承（或者齿轮箱）供油入口前的供油管和轴承（或者齿轮箱）回油口前的回油管相连接，供油管插入软管内，外侧用喉箍紧固，考虑清洗压力不高，软管另一侧可直接插入回油管内，外侧用胶布临时封堵，这样润滑油站→油路分配器→轴承供油管→轴承回油管之间形成一个循环回路。将清洗油注入润滑油站，启动润滑油站油泵，将清洗油打入供油管线，通过润滑回油管回流至润滑油站（润滑油站前有高精度过滤器），如此循环清洗管线，直至检测回油清洗油杂质浓度符合标准为止。液压管线的吹扫、清洗和润滑管线大致相同。

4）安装注意事项

绘制管道单线图数值必须准确，管道一旦预锁紧完成后，若要修改管道位置，只有切除原卡套，重新用新的卡套。

管道走向的布置要考虑合理、实用、美观，机上润滑、气路部分管线原则上贴近机架，对于有机架螺母、吹风风管、抽取刮刀位置处，应预留出维修、操作、安装位置，如图 2.28-8 所示。

图 2.28-8　管道位置示意图

成排管道的安装，卡套接头应错开排列，里外层接头应错开安装。对于两侧靠液压或者气源作用推力动作的管线，考虑两侧管线局部阻力和沿程阻力平衡，必须采用同程式接法（即液压油站分配器或气源分配箱到传动侧液压缸或汽缸和到操作侧液压缸和汽缸的管线距离接近相等，弯头形式、数量、角度接近一致），如图 2.28-9 所示。

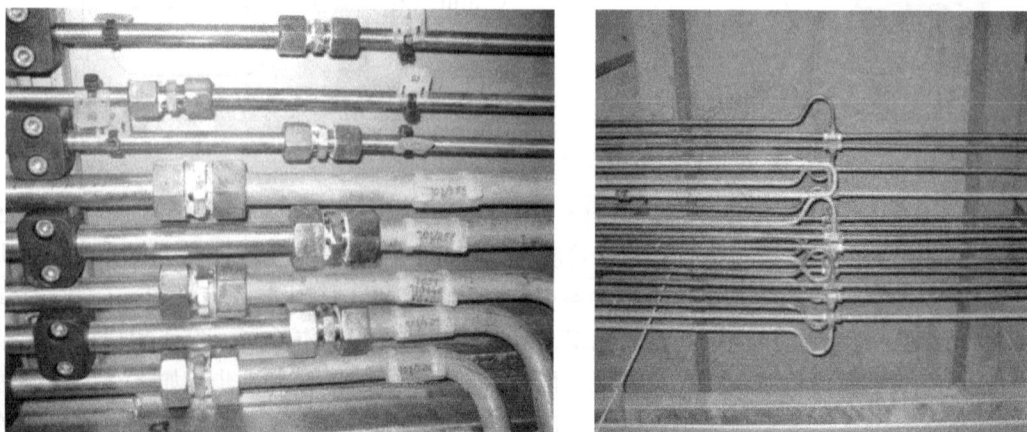

图 2.28-9　管道接头位置示意图

纸机操作侧和传动侧两侧管线原则上采用垂直布置，避免纸屑堆积于水平布置的管廊中，如图 2.28-10 所示。

图 2.28-10   垂直管道示意图

5）材料与设备

管道预制常用施工工具，见表 2.28-3。

管道预制常用施工工具   表 2.28-3

序号	设备机具名称	规格型号	备注
1	多功能液压弯管机	$\phi 6 \sim \phi 42$	
2	卡套锁紧机	$\phi 6 \sim \phi 42$	
3	型钢切割机	$\phi 400$	
4	砂轮切割机	$\phi 100$	
5	内外磨口机	$\phi 6 \sim \phi 42$	
6	钢直尺、盒尺	1000mm/5000mm	
7	移动式空气压缩机	$0 \sim 0.6$MPa	
8	手锯、锉刀	各个规格	
9	空气压缩机	W-0.6/10-S	

6）质量保证措施

① 纸机润滑、液压、气路管道安装一般遵循专家指导，管道预制施工参考设计单位提供的管道原理、示意图。

② 技术员、施工人员应该具备一定的润滑、液压、气路施工经验。

③ 班组施工前必须进行技术交底。

（3）实施总结

使用电动液压弯管机和卡套锁紧机，可大大提高施工效率，质量也得到保证。传统的手工揻弯质量难以控制，大于$\phi 20$管径揻弯的劳动强度大，小管径揻弯的角度不好控制，搣弯成型外观差，容易产生搣弯处凹扁现象。而大于 $\phi 20$ 卡套的手工预锁紧困难，会经常出现接头渗漏现象。弯管机和卡套锁紧机可交叉作业，大大提高机械使用率，以上海中隆纸业有限公司年产 35 万 t 牛皮箱板纸工程液压润滑管道的安装为例，比预计工期提前了 21d。

（提供单位：中国轻工建设工程有限公司；编写人员：吕耀文、刘耀武、温玉宏）

3 石油化工工程安装新技术

3.1 6400t液压复式起重机吊装费托合成反应器施工技术

3.1.1 技术发展概述

中科合成油技术有限公司在自主研发的原单系列年产16万t煤基合成油技术成功经验基础上，设计了我国"十二五"大型煤炭深加工主要方向之一的单系列年产180万t煤基合成油项目。针对费托合成单元两台相邻核心设备——费托合成反应器（以下简称：反应器；直径10.5m、高度61.2m、单台重约3000t）的运输、吊装，由中化二建集团有限公司与太原重工股份有限公司、中科合成油技术有限公司共同研制了6400t液压复式起重机（以下简称：MYFQ6400），解决了该设备运输、吊装方面存在的世界性技术难题。

3.1.2 技术内容

（1）MYFQ6400安装拆卸技术

该技术包括MYFQ6400低空正装及自顶升倒装和自降落地面拆卸两项技术。

1）低空正装及自顶升倒装技术

用300t履带式起重机低空吊装四根主梁及提升装置，四套自顶升装置同步顶升3m，转换一次顶升受力位置，间歇式实现6m标准节持续安装，如图3.1-1所示。

图 3.1-1 低空正装主梁和提升机构、倒装标准节

2）自降落地面拆卸技术

四套自顶升装置同步顶升一定高度，在地面上第一组四个 6m 标准节，然后脱离拆卸平移至套架以外后；四套自顶升装置再同步回落，直至第二组四个 6m 标准节着地。重复上述动作，拆卸第二组四个 6m 标准节，依次重复完成拆卸。

（2）MYFQ6400 主吊、溜尾一体化吊装反应器技术

1）反应器下段卸车起吊连续完成技术

MYFQ6400 复式门架与溜尾门架共同提起主吊耳和溜尾吊耳，提升至适当高度，使反应器下段脱离鞍座 500mm 以上；运输平板车载着鞍座沿下段纵轴线向后退，从溜尾门架中间驶离吊装作业现场。

2）四个方位统一技术

依据 MYFQ6400 基础和费托合成反应器基础相互关系。确定吊装四个方位，基础地脚螺栓布置方位和反应器裙座地脚螺栓孔方位吻合。

3）主吊提升与溜尾提升门架平移非线性同步技术

主吊每个提升器上具有压力和位移传感器，在整个吊装过程中能够自动调节每个提升器的提升速度，保证每个提升器的位移同步性。

主吊-溜尾同步控制程序默认主吊提升器速度优先，溜尾提升门架爬行器速度次之控制方式，保证主吊钢绞线垂直度在设定安全范围内。当溜尾提升门架的推进爬行器速度已经达到最大值仍无法适应主吊提升速度时，控制程序发出报警并在 1min 后自动切换到爬行器速度优先控制方式。当溜尾提升门架滑移底座运行到指定位置后停止吊装，反应器倾角约为 74°，开始进入拽溜脱排阶段，如图 3.1-2 所示。

4）主吊耳与专用吊具自动连接、脱离技术

反应器下段运输到起吊位置停止，主吊具下降使其上方大半圆穿过吊耳；就位后，回落专用吊具，主吊耳进入专用吊具大半圆区域后，两组主梁沿滑移梁向外侧平移，专用吊耳自动脱离主吊耳，如图 3.1-3 所示。

图 3.1-2　主吊和溜尾一体化吊装工艺技术

图 3.1-3　专用吊具自动脱离吊耳

3.1.3 技术指标

（1）主要技术参数

整机工作级别：A2；

提升高度：120m；

提升速度：6～10m/h；

门架中心跨度：20.1/22.2/26.2/31.2m；

整机内跨度：13.9/16/20/25m；

液压提升器：2×8×600t；

吊梁滑移速度：3～5m/h（6400t复式工况）；

底部滑移速度：3～5m/h（3200t单门架工况）。

（2）MYFQ6400扩展功能

1）3200t单门架工况主吊和溜尾一体化吊装工艺技术

3200t单门架工况提升设备主吊耳、1600t溜尾门架提升溜尾吊耳，随主吊耳提升通过液压爬行器驱动平移，保持主吊耳和溜尾吊耳吊索垂直，如图3.1-4所示。

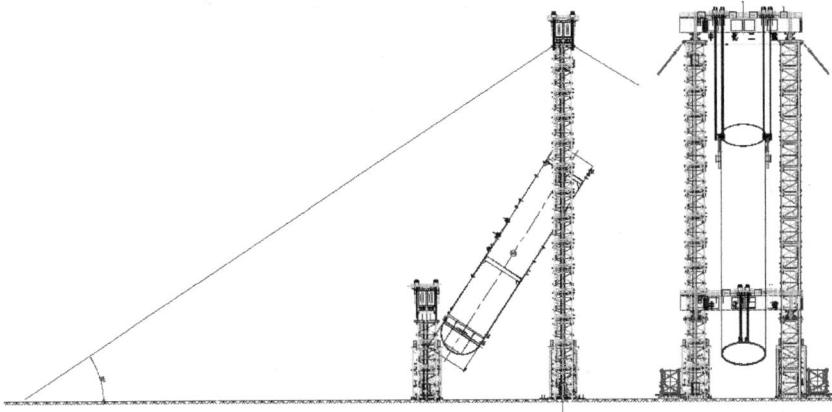

图3.1-4 3200t单门架工况：主吊、溜尾一体化吊装立面示意图

2）复式工况下，可实现带1000t载荷框架内平移

MYFQ6400单侧（滑移梁以下）自顶升一定高度后，两塔架顶部分别安装滑移梁与框架顶延伸塔架顶部连接，滑移梁上安装滑移轨道、柔性滑移底座、主吊梁（额定吊载1600t）、2×600t提升器、液压泵站、中控室等。

实现框架外地面起吊设备变化姿态，空中带载1000t设备平移就位于框架内，如图3.1-5所示。

3.1.4 适用范围

（1）MYFQ6400结构特点

1）整机重量优化、紧凑、安全，各部件转场不超限；

2）门架为桁架结构，有很好的抗失稳性能，弦杆、腹杆均使用销轴连接，可拆卸、

图 3.1-5　MYFQ6400 复试工况带 1000t 载荷框架内空中平移

可互换；

3）门架顶升液压系统、液压提升器和缆风系统的液压系统由计算机程序自动同步控制；

4）门架自拆装采用下顶升方式，减少高空作业；

5）复式工况不设缆风绳装置，不影响周边其他装置安装与运输，拆装快速，保证施工周期；

6）一机多用，复式工况可拆分为两套 3200t 单门架工况，增加底部滑移装置、底部球铰装置、缆风绳装置独立使用。

（2）应用领域

单系列年产 180 万 t 煤基合成油项目，其超大型设备费托合成反应器重 3000t，是目前世界上最重的立式静设备。MYFQ6400 研制成功，诞生了世界陆地起重能力最大的起重机，解决了世界性吊装课题，并能根据吊装对象自身扩展、分解变化工况，满足石油化工、煤化工等领域可能出现的超重超大超高设备或构件吊装任务。

3.1.5　工程案例

1. 山西潞安油化电热一体化示范项目油品合成及油品加工装置项目

（1）工程概况

该项目建设地点在山西省襄垣县王桥镇郭庄，是由山西潞安矿业（集团）有限责任公司自筹资金兴建的化工项目，油品合成和油品加工规模为 100 万 t/年。其中费托合成反应器设置在油品合成装置内。中化二建集团公司于 2013 年 9 月成功吊装潞安集团油化电热一体化示范项目油品合成装置两台费托合成反应器，完成了 6400t 液压复式起重机的首次吊装。

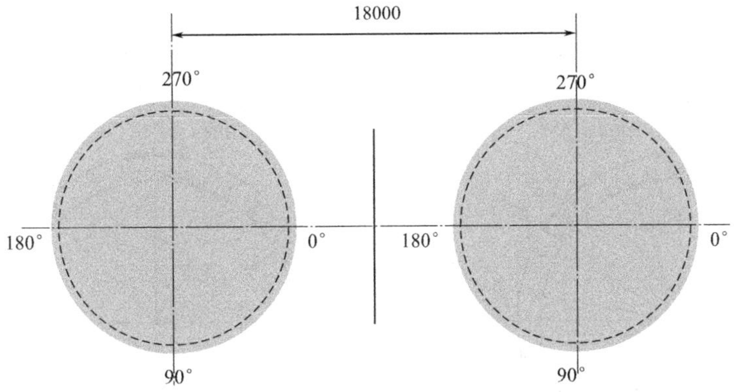

图 3.1-6 反应器基础地脚螺栓布置方位平面图

两台反应器设备基础的中心间距为18000mm；筒体直径大，如图3.1-6所示。是国内单件最重的反应器，该设备属超限设备，在专用制造车间内制造，然后通过专用运输拖车从制造车间经过场区道路运输到反应器基础的吊装位置上。

根据拟定的吊装工艺设计专用吊耳和吊具；内件安装需要在下段筒体吊装完成后，在矗立状态下进行54.7m空中组对、焊接环缝。

（2）技术应用

1）费托合成反应器吊装技术特点与难点

在潞安油化电热一体化示范项目油品合成及油品加工装置项目费托合成反应器吊装工程中，运用6400t液压复式起重机，采取主吊、溜尾一体化吊装技术，将自重2260t直径9860mm的费托合成反应器下筒体吊装就位；采用复式工况单侧提升空中平移技术，实现自重260t费托合成反应器上段与下段空中对接。整个吊装过程中，从门架组装到设备运输，再到吊具连接，最后主吊门架与溜尾门架协同作业将费托合成反应器吊装至74°时，将溜尾力转换为拖曳力，实现设备的就位与安装。

2）关键技术特点

费托合成反应器属于超高、超重、超大设备，需在现场附近建设制造车间，分上、下两段生产，再用专用运输拖车将其由制造车间运输至设备吊装现场；在下段筒体吊装成矗立状态下，进行内件安装。上段与下段筒体需在54.7m空中进行立式对口，对吊装精度要求高。

3）施工工艺和过程

① 工艺流程图

工艺流程图如图3.1-7所示。

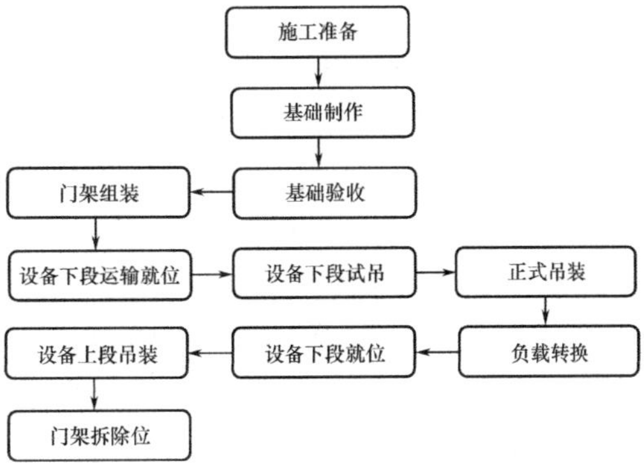

② 工艺过程

（a）施工技术准备

a）确定反应器就位方位和起吊方向

设备方位图如图3.1-8所示。

图 3.1-7 施工顺序工艺图

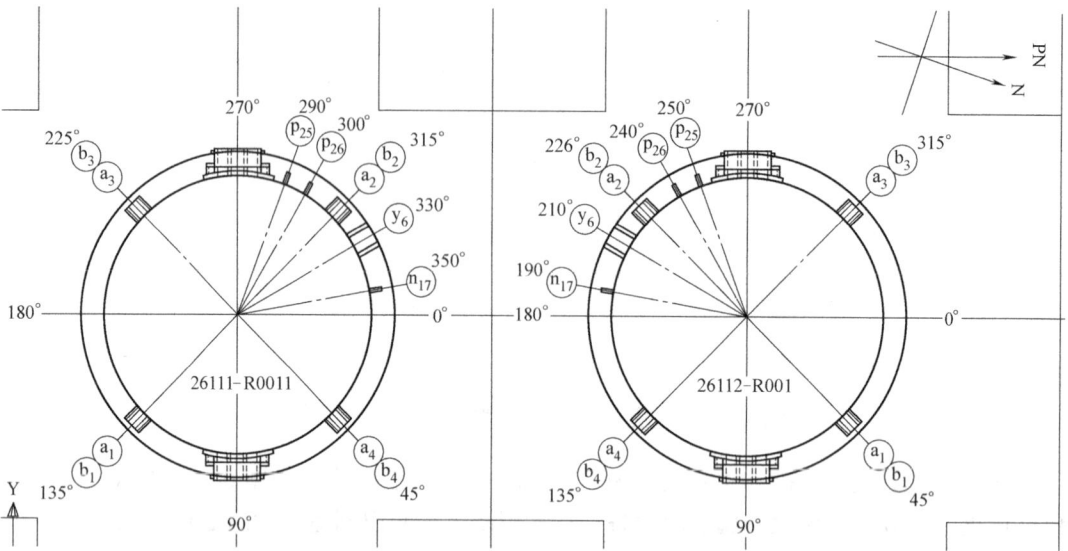

图 3.1-8　设备方位图

b）两台费托反应器下段吊装顺序

两台费托反应器下段吊装顺序示意图如图 3.1-9 所示。

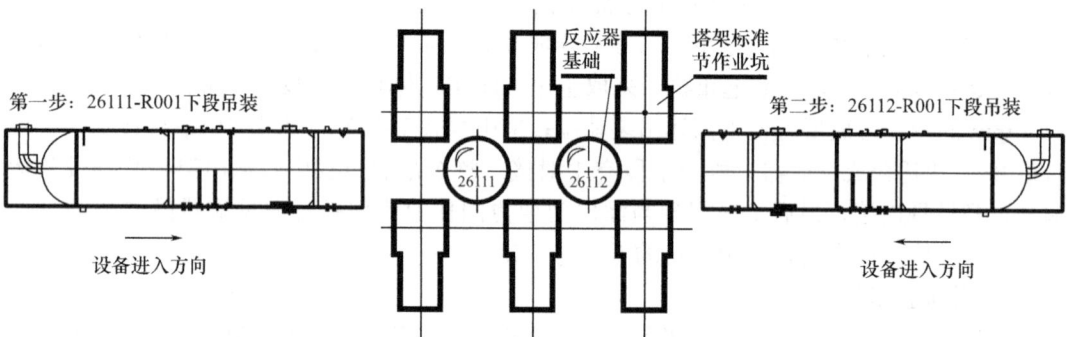

图 3.1-9　两台费托反应器下段吊装顺序示意图

c）吊耳设计及反应器防变形加固校核

吊耳设计及反应器防变形加固校核如图 3.1-10～图 3.1-12 所示。

d）MQYF6400 溜尾门架行走区地基处理

溜尾门架滑移底座全程在钢轨平移，钢轨由滑移底排支撑。根据其接地面积和承载计算，耐力应大于 100kPa。根据现场地质报告，均需要重新进行地基处理。

e）确定运输反应器前装车方向位置

运输反应器入场示意图如图 3.1-13 所示。

f）方案论证、报批

按照住房城乡建设部有关危险性较大的分部分项工程必须进行专家论证的要求，本项目吊装专项施工方案属于 A 级，实施前均组织专家论证会，对吊装方案的安全可靠性和技术可行性进行专项论证。论证修改后的专项方案按照项目管理程序的要求进行报批。

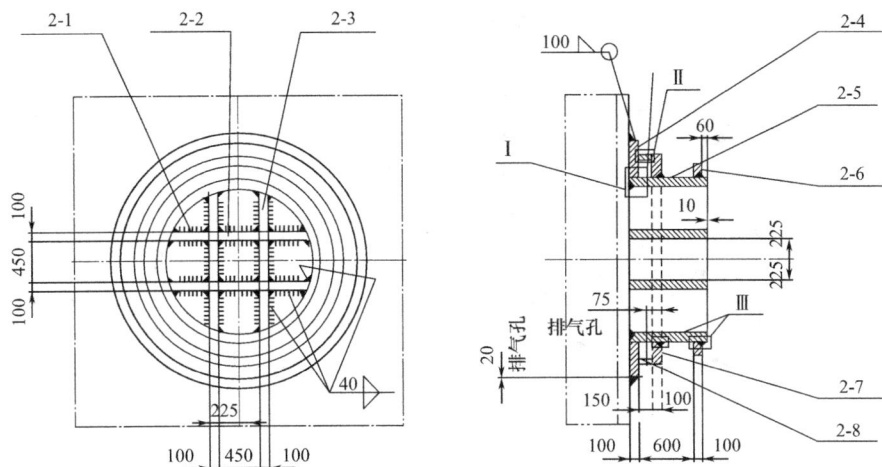

图 3.1-10　主吊耳设计图

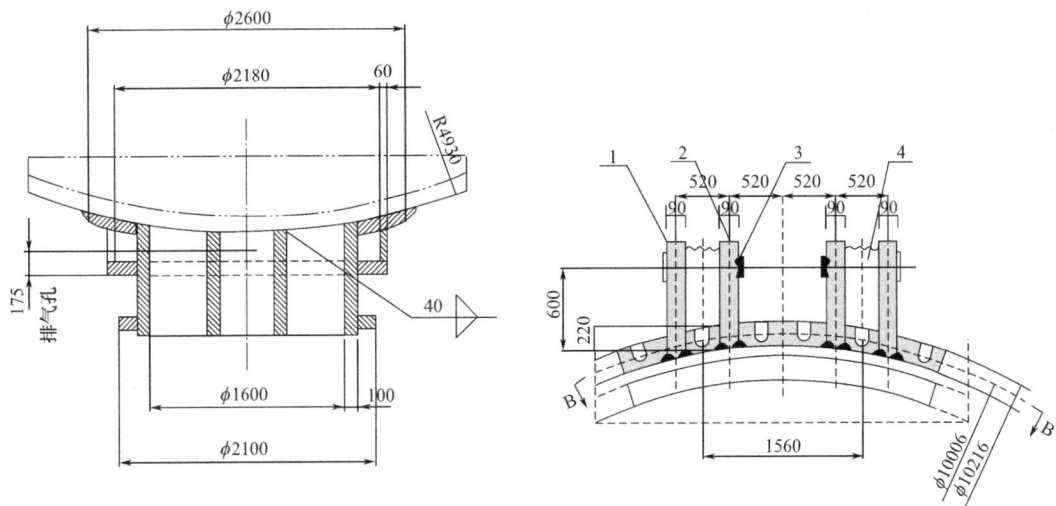

图 3.1-11　溜尾吊耳设计图

主吊耳处筒体加强支撑　　　　　尾部吊耳处筒体加强支撑

图 3.1-12　反应器主吊耳和溜尾吊耳处加固

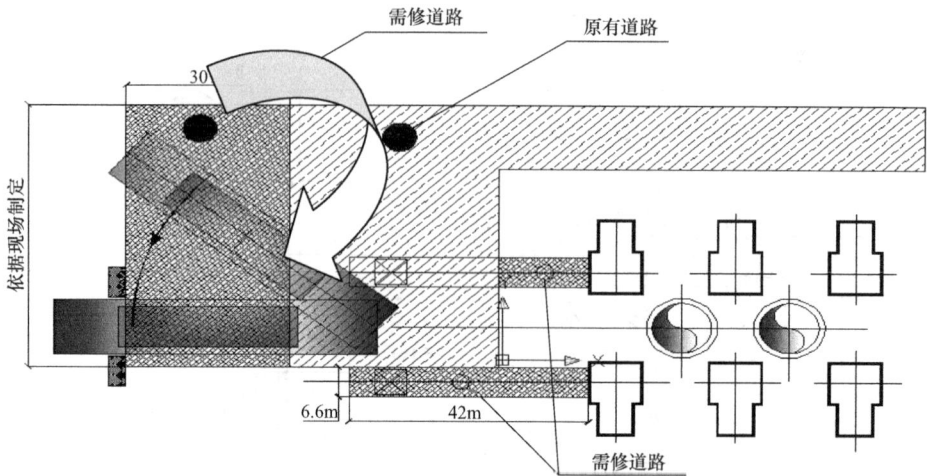

图 3.1-13 运输反应器入场

g）起吊状态受力分析

起吊状态受力分析如图 3.1-14、图 3.1-15 所示，分析结果见表 3.1-1。

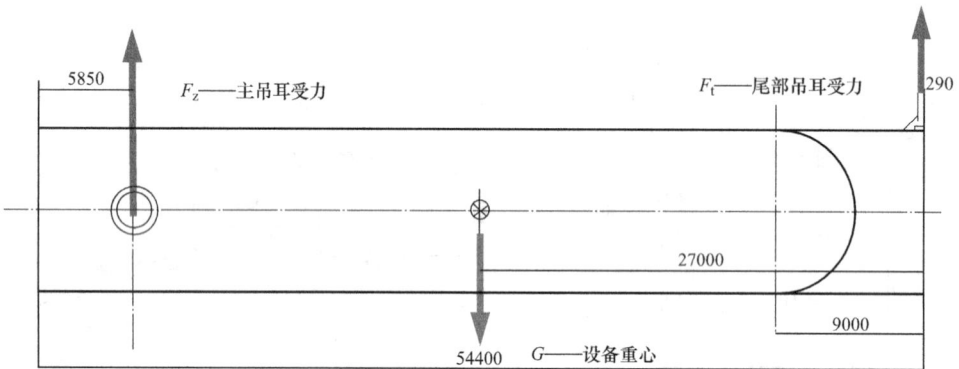

图 3.1-14 反应器下段起吊状态受力分析图

（b）施工场地准备

施工场地要求具备三通一平，同时在 6400t 液压复式起重机安装位置 100m 范围内提供 380V、1000kVA 变电站。在门架基础旁边提供 150m×100m 门架散件组装场地，满足大型履带吊行走需求。

（c）施工材料机具准备

制定材料机具需求计划，并且根据进度需要随时准备相关机具材料，见表 3.1-2。

（d）门架基础设计与施工

6400t 液压复式起重机自身重量大，吊装时加上费托合成反应器自身重量，总重达到 5000t 以上，因此对于基础设计要综合考虑门架受力情况。根据 6400t 液压复式起重机实际使用工况确定反应器基础与 MQYF6400 安装位置关系。

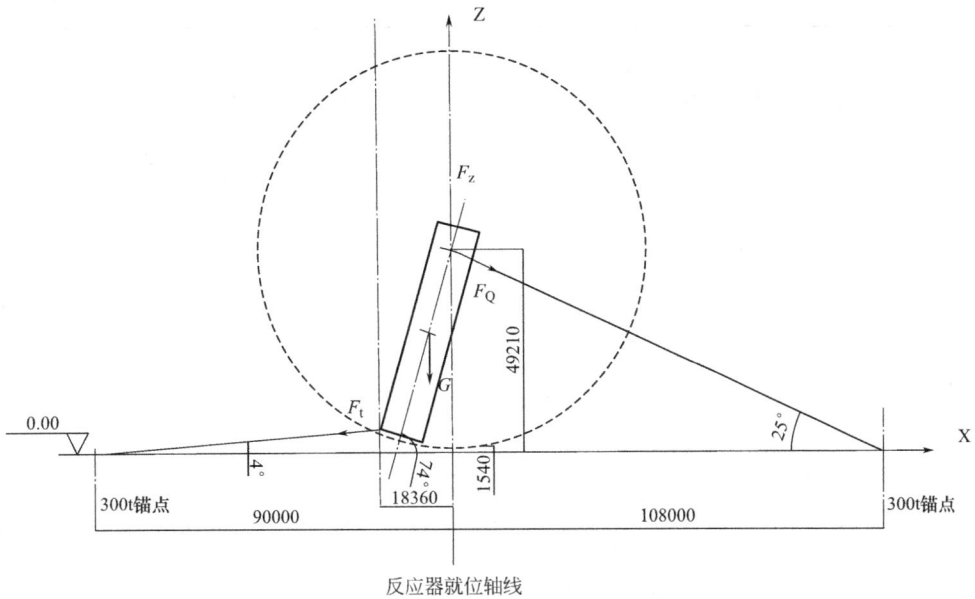

图 3.1-15 脱排角度受力分析

吊装过程受力情况分析表　　　　　　　　　　表 3.1-1

设备筒体仰角 θ	主吊耳载荷值 $F_z(t)$	尾部吊耳载荷值 $F_{tz}(t)$	拖曳绳拉力 $F_t(t)$	主吊耳偏移纠正牵引力 $F_Q(t)$	备注
0°	1169.56	940.44	0	0	
10°	1188.02	921.98	0	0	
20°	1206.88	903.12	0	0	
30°	1227.42	882.58	0	0	
40°	1251.37	858.63	0	0	
50°	1281.65	828.35	0	0	
60°	1324.12	785.88	0	0	
70°	1393.18	716.82	0	0	
74.0°	1436.32	673.68	286.11	298.16	设备脱排临界角 F_{tz}↘0 转换为 F_t↗286.11t
80°	1537.94	—	179.49	188.47	
85°	1700.73	—	90.09	94.60	
90°	2110	—	0	0	反应器筒体处于垂直悬停状态

施工材料机具表

表 3.1-2

序号	名称	规格	数量	单位	备注
1	起重机械	6400t 液压复式起重机	1	台	反应器下段（及上段）吊装
2		1600t 移动式门架起重机	1	台	吊装下段时溜尾
3		徐工 QUY300 履带式起重机	1	台	拆装门架及反应器内件吊装
4		徐工 QUY150 履带式起重机	1	台	反应器内件吊装
5		国产 QUY50 履带式起重机	1	台	配合液压复式起重机进行组装、拆卸、位移计变更工况等
6		50t 汽车式起重机	2	台	
7		25t 汽车式起重机	1	台	
8		液压千斤顶及配套油站	4	台	费托反应器装车
9	运输车辆	电子转向自行式液压平板车	1	套	费托反应器运输
10		40t 半挂式平板拖车	1	台	现场转运起重机构件与部件、路基板、枕木等
11		60t 半挂式平板拖车	1	台	
12		18～25t 箱式平板载重汽车	1	台	
13	发电机组	380V 1000kW	1	台	备用电源，现场停电时应急使用
14	工程机械与场内机械	ZL50 装载机	1	台	反应器运输道路及起重机作业场地基地加固与平整等使用
15		T140 履带式推土机	1	台	
16		18～20t 振动式压路机	1	台	
17		1.2m³ 履带式挖掘机	1	台	
18		5～10t 叉车	2	台	组装液压复式起重机标准节使用
19		轮式高空作业平台车	2	台	
20	钢绞线	Φ17.8——1×7	48	t	钢绞线的连续使用寿命为3次
		Φ15.2——1×7	18	t	钢绞线的连续使用寿命为3次
21	道木	落叶松 2500×200×180mm	100	根	吊装作业工具
22		落叶松 1200×200×180mm	100	根	
23	麻绳	ϕ12～15mm	800	米	
24	钢丝绳扣	ϕ234——钢丝绳无绳头索具——下段吊装抬尾用	8/2	m/根	定制巨力专用绳扣
25		ϕ87——钢丝绳无绳头索具——上封头扣盖用	32/2	m/根	
26		ϕ65-6×61+1	40/2	m/根	吊装起重机大梁等
27		ϕ47.5-6×37+1	32/4	m/根	
28		ϕ32.5-6×37+1	22/8	m/根	
29		ϕ17.5-6×37+1	12/6	m/根	
30		ϕ66-6×37+1	85/4	m/根	溜尾拖曳与纠偏绳

序号	名称	规格	数量	单位	备注
31	卸扣	BX 型 80t/55t/35t	各 10	只	
32		BX(弓)型 20t/32 t	各 20	只	
33		DW 型 10t/5t/2 t	各 20	只	
34	捯链	10t/5t/3t	各 4	只	
35	路基板	6000×2200×200(mm³)	46	块	履带式起重机使用
36		5000×2800×200(mm³)	32	块	溜尾提升门架使用
37	跳板	红松木 50×250×3000(mm³)	100	块	
38	吊带	10t 级,长度 10m 左右	4	对	吊装表面易损的物件
39		5t 级,长度 10m 左右	10	对	
40	撬棍	六棱钢制成,长度约为 1.6m	6	根	

在 6 级风环境下,起重机吊载 3000t 底座反力分析。基础支反力计算结果如图 3.1-16 所示。

根据反应布置情况,两台反应器周边布置 6 个基础,每台反应器吊装时使用 4 个基础,两台反应器中间的 2 个基础重复用于吊装作业,如图 3.1-17、图 3.1-18 所示。

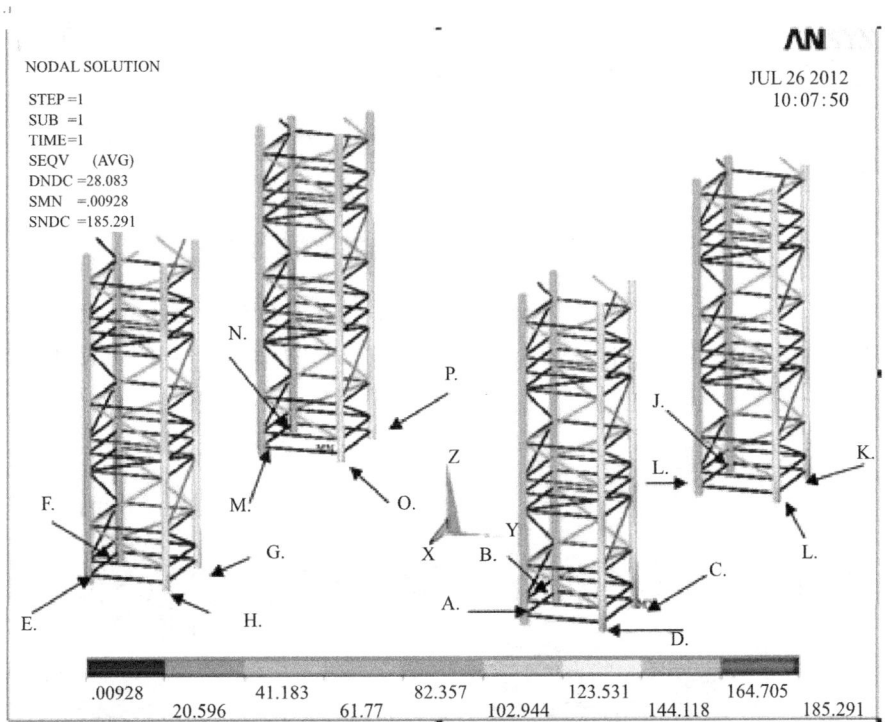

图 3.1-16 起重机吊装反应器底座支反力计算模型

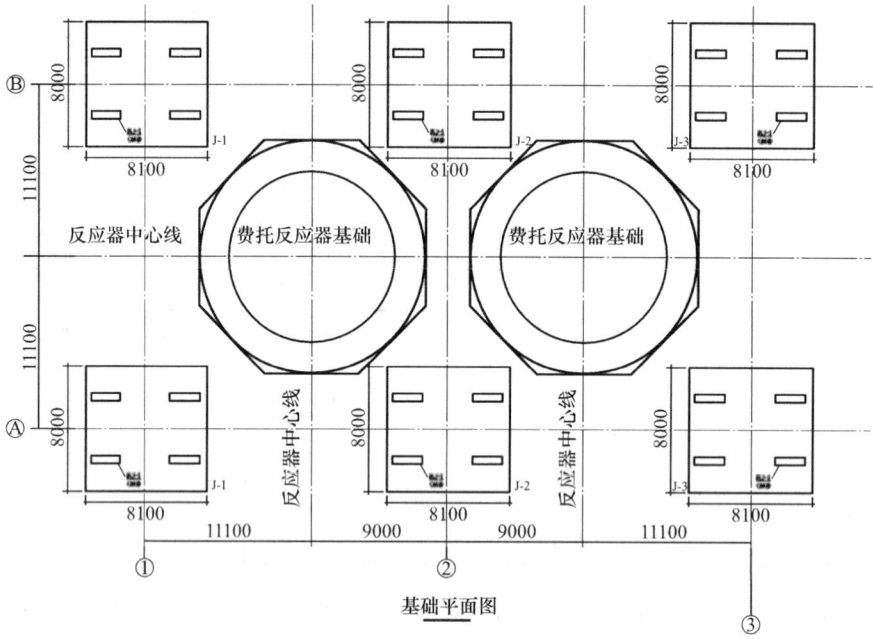

图 3.1-17　反应器吊装起重机基础布置示意图

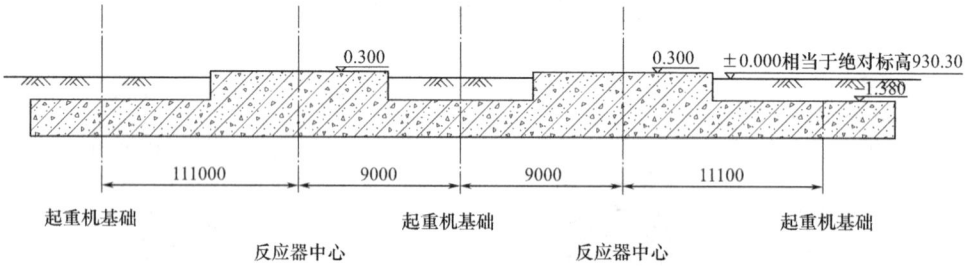

图 3.1-18　反应器与起重机基础布置方位立面图

6400t 复式门架基础采用与设备基础相同的桩基形式，共有 6 个 8m×8m 的方形混凝土基础制作而成，每个基础上布置 4 个预埋板方便对门架基础找平，并且便于二次灌浆，如图 3.1-19 所示。

图 3.1-19　门架基础制作

（e）6400 液压复式起重机组装

a）标准节组装

标准节由杆件轴销式连接，在现场组装如图 3.1-20、图 3.1-21 所示。

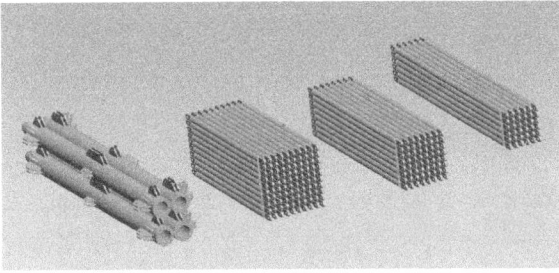

图 3.1-20　4 个标准弦杆

图 3.1-21　标准节组装后状态

b）自顶升前安装

自顶升前，50t 吊车吊装完成四节标准节的组装高度、顶升架、上部联系梁，300t 履带式起重机吊装顶部滑移梁、吊装主梁、提升器底座、液压提升器、液压站等，如图 3.1-22、图 3.1-23 所示。

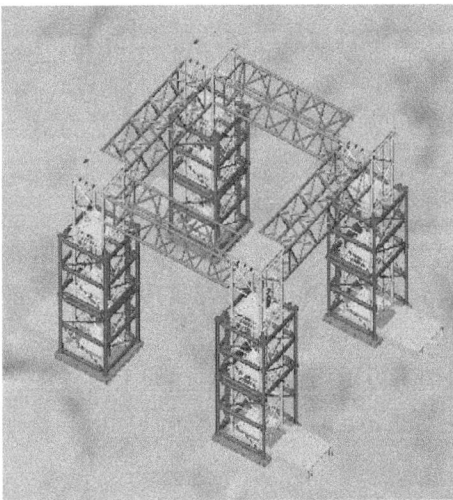

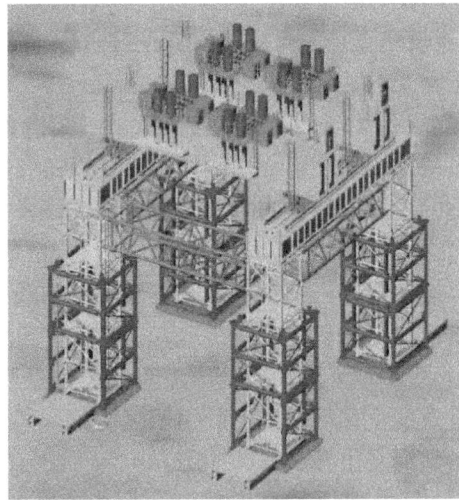

图 3.1-22　6400t 液压提升器自顶升前安装过程示意图

c）起重机附着电梯安装调试。

d）提升系统安装调试。

e）钢绞线安全检查。

f）穿装提升钢绞线。检查钢绞线的断丝、磨损、锈蚀情况，同时检查钢绞线是否有

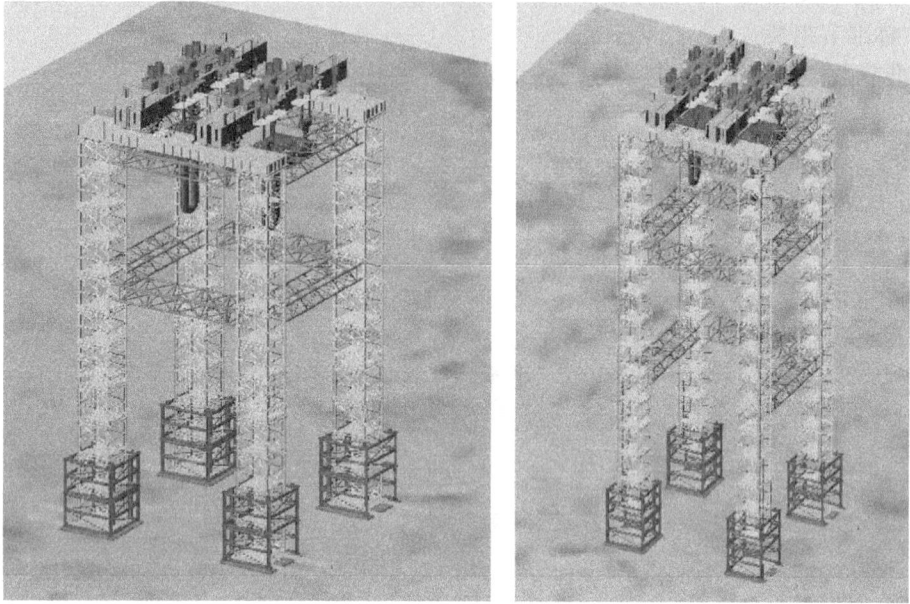

图 3.1-23　6400t 液压复式起重机自顶升安装过程示意图

扭结痕迹、压扁、损伤、松股或松捻现象发生，以确保其变形和其他异常现象不影响其正常工作。

g）1600t 移动式溜尾提升门架进场组装调试。

（f）设备运输就位

a）设备直径大长度超限，且自重较大，因此采用新型液压轴线板车作为费托合成反应器运输工具。

b）设备装车采用支座与液压油缸配合液压板自顶升功能自主装车。具体方式为：在计算设备重心后在重心两侧均匀布置设备支撑鞍座，鞍座下放置支座，支座与鞍座之间塞入合适的液压油缸。同时顶升液压油缸使设备升起超过液压轴线板车最低高度。

c）将液压轴线板车行驶至设备下方，确定鞍座位置后，提升液压板车高度，将顶升油缸缓慢下降并将设备重量卸载至液压轴线板车上，撤掉顶升油缸与支座后，调节液压板车高度至合适参数。

d）由专业人员操作液压板车运输设备至门架下方，将主吊耳与门架上已安装吊具在同一垂直度，移动溜尾提升门架至设备尾部，实现主吊、溜尾双门架吊具同时具备挂设备主吊、溜尾吊耳状态，如图 3.1-24 所示。

（g）反应器下段试吊

a）反应器下段运输就位后进行微调，连接主吊吊具、溜尾吊具，主吊吊具为钢结构形式专用吊具，溜尾吊具为钢丝绳与销轴连接方式。为了便于设备最后就位，除了主吊与溜尾吊具外，还应该提前安装拖曳与纠偏吊具。

b）主吊具为一对 1600t 级钢结构形式专用吊具，先将主吊具下降，进入主吊轴式吊耳后缓慢提升，直至设备吊耳与专用吊具内部圆孔紧密接触。在安装专用吊具前，先在吊耳内侧套入纠偏钢丝绳，方便负载转换后对设备角度的纠正。

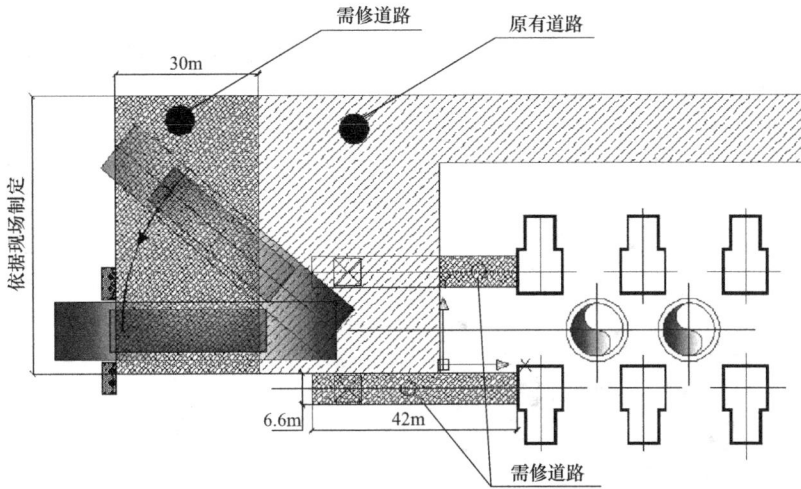

图 3.1-24　设备运输与卸车过程

c）溜尾吊具包含一个 1600t 级通用溜尾吊具，一对专用溜尾钢丝绳和一个带负载转换功能的吊装用拉板。三者之间通过专用的销轴连接，销轴在安装之前使用固体润滑脂充分润滑，以便吊装过程中顺利滑动，如图 3.1-25 所示。

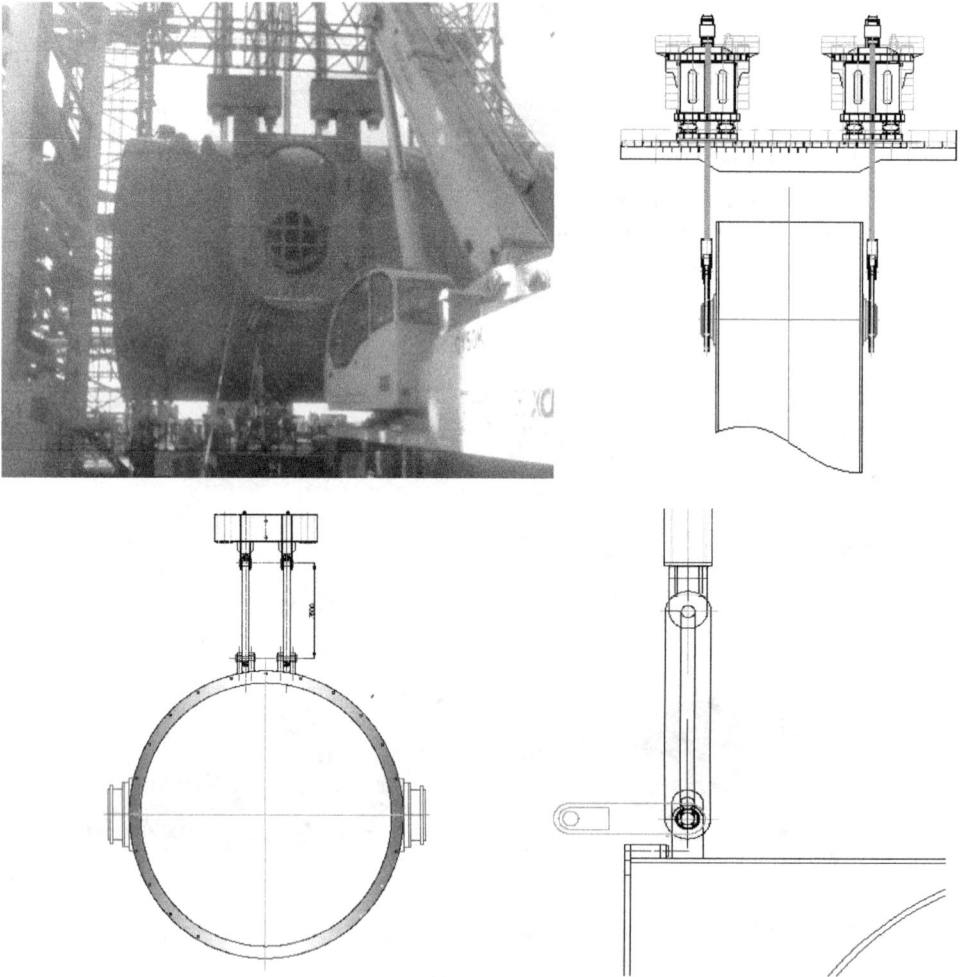

图 3.1-25　溜尾吊具挂设

d）连接完成后，保证主吊耳与主吊钢绞线、溜尾吊耳与溜尾钢绞线的轴向及径向偏差不超过 100mm，以免在设备试吊过程中设备离开鞍座后出现大幅度摆动。

e）待整个系统的受力情况和液压提升系统检查无误后，总指挥下达正式提升指令开始正式提升。

f）根据预先通过计算得到的提升工况提升点反力值，在计算机同步控制系统中，对每台液压提升器的最大提升力进行设定。当遇到提升力超出设定值时，提升器自动采取溢流卸载，以防止出现提升点荷载分布严重不均，造成对吊装大梁结构件和提升塔架设施的破坏。

g）开始提升时，提升器的伸缸压力逐渐上调，首次可施加到所需压力的 40%，在液压系统一切正常的情况下，可继续分级加载到 60%、80%、90%，直到 100%。

h）待反应器下段腾空 200mm 后停止提升，反应器下段静止悬空时间应持续 1h。对液压提升系统、主溜尾吊具系统、6400t 液压复式起重机结构进行全面检查，在确认整体结构的稳定性及安全性无问题的情况下，方能判断反应器上段试吊成功。

通过液压回路中设置的自锁装置以及机械自锁系统，在提升器停止工作或遇到停电等情况时，提升器能够长时间自动锁紧钢绞线，以确保提升过程中吊装系统的安全性。

（h）反应器下段吊装（图 3.1-26）

图 3.1-26　设备吊装过程图

a）反应器下段在正式吊装前，仍须进行上述各项检查，确认正常后才能正式起吊。

b）操作主门架液压提升装置，垂直提升设备主吊耳，将设备的头部逐渐抬起，同时溜尾门架的液压提升器将设备的尾部抬离运输板车的鞍座。

c）反应器下段整体脱离鞍座达到足够的安全距离，且运输板车撤离之后，主门架液压提升器将设备头部逐步上提，溜尾门架配合主提升动作协同跟进，将设备尾部随之向前抬送。

d）在反应器下段滑移过程中，应控制主吊点的两组提升器上升速度保持一致，当两只主吊耳的高度相差过大（超过 200mm）时，应当用人工手动的方式随时进行调整，停止上升较快的一组提升器，继续提升较慢的一组提升器，直至两只主吊耳达到水平状态。

e）随着主吊提升器的持续提升动作，溜尾提升门架随之向前抬送，并与主吊起重机提升器的提升动作保持协调，以保持主吊提升器钢绞线处于垂直状态。随着反应器抬升仰角的逐渐增大，溜尾提升门架的行走速度也将会随之逐渐加快。

f）当反应器下段筒体的仰角接近 60° 时，将事先拴挂在反应器尾部吊耳销轴上的 2 根 ϕ90-8×61 拖曳钢丝绳的另一端，分别与拴挂在拖曳锚点上的 2 个 200t 拉锚器的锚具可靠连接。在之后的反应器下段筒体滑移过程中，随着溜尾单门架起重机的持续前移，拖曳拉锚器适时释放钢绞线，使拖曳钢丝绳在保持适度松弛的状态下随动前移，以保护溜尾门架不致失控。

g）当溜尾提升门架向前行走至滑移轨道的末端时，此时反应器筒体的仰角约为 74°，溜尾提升门架停止前移（溜尾提升门架的行走距离约有 30m）。此时反应器下段尾部吊耳与反应器基础的中心距约为 18.36m，而且尾部吊耳销轴中心与设备基础地脚螺栓顶端的相对标高应不小于 3.80m，吊装作业即将进入脱排阶段。

h）在反应器下段滑移过程中，应随时保持主提升器钢绞线的垂直度，其角度偏差应控制在前后 3°之内。

i）主吊耳起升高度与允许水平位移偏差值见表 3.1-3。

吊装过程中不同起升高度主吊耳允许偏差值　　　　表 3.1-3

序号	主吊耳的高度位置	主吊耳允许偏差值	备注
01	达到第 5 根标准节的上接口（地面以上～26.1m）	±1800mm	已超过底层连系梁的上部弦杆处
02	达到第 6 根标准节的上接口（地面以上～31.7m）	±1600mm	
03	达到第 7 根标准节的上接口（地面以上～37.4m）	±1400mm	
04	达到第 8 根标准节的上接口（地面以上～43.0m）	±1200mm	
05	达到第 9 根标准节的上接口（地面以上～48.3m）	向北 500～1000mm	脱排时,牵引纠偏绳与后溜拖曳绳开始受力
06	进入第 10 根标准节的下部（地面以上～49.5m）	向北 500～900mm	送尾过程,牵引纠偏绳基本保持现有的长度不动,后溜拖曳绳逐步减力、松绳

（i）溜尾门架负载转换（图 3.1-27）

a）首先必须将尾部吊点的高度调整到距离地面约 6.00mm 的位置上，且主吊点应保持在主提升钢绞线的垂线上～1.5°的范围内。

b）将 2 根后溜钢丝绳（φ90mm）的绳扣，套挂在溜尾拉板内，并穿上销轴进行固定。然后用拉锚油缸调节后溜钢绞线的长度。

c）在安装溜拽系统的同时，随即安装纠偏牵引系统，当溜拽系统处于临界受力状态时，牵引系统亦随之收紧拉锚油缸，并使其接近临界受力状态。

d）逐渐增加溜拽系统的拉力，当溜拽力达到最大设计值（或尾部吊点开始出现向溜拽方向偏移）时，停止溜拽动作。开启抬尾提升油缸，逐渐将抬尾力减小至零，调整牵引系统拉力，使主吊点始终在偏斜允许范围内保持平衡。

e）确认全部受力系统安全后，将抬尾吊具落下，并拆除抬尾吊具上与抬尾直拉板相连接的 2 根销轴，此时已完成抬尾力与溜拽力的转换程序。

f）开启 2 只拖曳拉锚器千斤顶，同时收紧 2 根拖曳钢丝绳，拖曳钢丝绳拉力值以主吊钢绞线开始出现向拖曳绳方向移动时为止。

g）溜尾提升门架的 2 台提升器同时缓慢卸载，直至载荷值为零，并密切观测拖曳钢丝绳的拉力值。经检查确认安全后，拆除抬尾吊具耳板上的销轴，将抬尾吊具及直拉板完全与抬尾弯拉板分离，至此溜尾负载转换作业完成。

图 3.1-27 设备负载转换及纠偏

费托反应器下段筒体吊装脱排及送尾过程受力分析表　　　表 3.1-4

序号	尾部吊耳到设备 基础中心的距离	设备轴线 的仰角	拖曳绳拉力 $F_t(t)$	纠偏牵引力 $F_Q(t)$	备注
01	18.36	74.00°	286.11	275.06	抬尾力与拖曳绳拉力转换 时设备的状态
02	17.36	77.07°	222.13	202.85	费托反应器筒体主吊耳向 北偏移 1°时
03	16.36	78.10°	203.45	182.39	
04	15.36	79.20°	183.73	160.80	
05	14.36	80.23°	165.49	140.84	
06	13.36	81.31°	146.56	120.15	
07	12.36	82.40°	127.66	99.43	
08	11.36	83.50°	108.76	78.74	
09	10.36	84.31°	94.96	63.63	
10	9.36	85.73°	70.95	57.35	
11	8.36	86.85°	52.18	39.10	
12	7.36	87.99°	33.17	21.40	
13	6.36	89.13°	14.35	5.60	
14	5.60	90°	0	0	反应器筒体处于垂直悬停 状态

（j）反应器下段就位（图 3.1-28）

a）逐步放松溜拽系统的拉力，同时牵引系统受到的拉力亦随之减弱，此时下段筒体裙座逐渐向基础上方做摆幅动作，反应器筒体裙座在向基础中心做摆幅动作时，应停止主

图 3.1-28　费托合成反应器就位

吊点的提升动作。使反应器的尾部逐渐向基础中心靠近，当反应器筒体完全处于自然悬停状态后，拖曳拉锚器卸载至零，将拖曳钢丝绳落在地面上，解除反应器尾部吊耳上的送尾吊具（弯拉板）和钢丝绳。

b）待筒体完全处于自然悬停状态时，全面检查裙座上的地脚螺栓孔与基础预埋地脚螺栓安装位置的偏差值，当偏差值均在允许偏差范围之内时，开启主提升油缸，缓慢地将筒体裙座放置在基础上。

c）如果实测偏差值超过了允许偏差值，则应立即采取纠偏措施，可采用 4 只 5t 手拉葫芦进行裙座的定位纠偏。当纠正后的实测偏差值进入允许偏差范围内之后，再开启主提升油缸，缓慢地将筒体裙座放置在基础上。

d）配合设备安装人员进行反应器下段筒体的找正与找平操作。当设备裙座下落到基础的垫铁表面后，检查设备裙座与垫铁的接触情况，并测量设备筒体的垂直度进行找正调整，确认合适后，通过分级卸载程序，卸去主吊提升器载荷，使设备筒体的全部重量完全落在基础上，拧好地脚螺栓螺母，解除主吊耳上的吊具，完成吊装工作。费托反应器下段筒体吊装脱排及送尾过程受力分析见表 3.1-4。

（k）反应器上段吊装（图 3.1-29）

a）设备下段筒体吊装完成后，将 6400t 液压复式起重机两组大梁向两侧滑移至最外侧，安装单位开始对筒体内内件进行安装，内件安装完成后方可对上段进行吊装作业。

b）将设备上段竖直状态运输至门架下方，下降一组大梁单侧吊具，拆除专用吊具，仅保留两个通用吊具。运输车辆微调上封头位置保证运输位置与起吊位置之间偏差不超过 100mm。

图 3.1-29　设备上段吊装

c）上段设备上的 4 个吊耳，每两个一组，用卡环和专用钢丝绳与通用吊具上销轴进行连接，保证专用钢丝绳圈有 8 股受力。

d）吊具挂设完成后，对设备上段进行试吊，试吊过程包括设备提升起与大梁带载滑移两部分。首先在检查系统无误的情况下，手动分级加载提升，直至设备离开地面 100mm，静置 1h，观察液压系统、吊具系统、门架结构是否有异常。若无异常，启动滑移承载梁上爬行器，缓慢推动带载的一组大梁向内滑行 100mm，以检验大梁带载滑移功能是否正常，过程中观察各项系统是否正常工作。

e）试吊完成后，开始启动自动程序连续提升设备上段直至上段设备最下端超过下段筒体顶部 200mm 以后，停止提升作业。启动大梁滑移油缸，推送大梁向内侧滑移，上段筒体跟随大梁滑移，直至到达下段筒体正上方。

f）启动提升器，同步缓慢下降设备上端，在专业人员指挥下对设备进行对口作业，在对口过程中，可以根据需要将 4 台提升器单独手动控制，以调整设备上端下端口的水平度，便于对口与焊接工作。

（1）门架拆除（图 3.1-30）

a）反应器吊装完成后，解除主吊耳上的吊具，将溜尾提升门架向后滑移一段距离后拆除。将 6400t 液压复式提升门架的主门架两组大梁向两侧滑移，保证两组大梁之间净空间能够满足设备下段筒体穿过不发生干涉。

b）利用门架下降系统（顶升系统的反过程）将门架下降至四节标准节高度，下降过程中注意观察门架偏斜情况，门架整体偏斜度超过 1‰时通过手动调节顶升油缸对门架偏斜度进行调整。

c）门架下降至 4 节标准节高度，拆除大梁及其附属机构。对于第一台费托合成反应器吊装完成后，两台设备之间两个支腿不拆除，将外侧支腿拆除后移到另一侧，重新组装门架即可。两台费托合成反应器吊装完成后，中间两根支腿之间滑移承载梁被夹在中间，因此需要两台吊车配合将其抬吊放至地面。

图 3.1-30 门架拆除

d）门架拆除完成后，对组件模块进行解体作业，拆成散件后装箱打包，6400t 复式液压起重机完成吊装任务。

（3）实施总结

费托合成反应器是国内单体最重设备，其具有重量大、直径大等特点，给吊装作业带来了巨大挑战。而 6400t 液压复式起重机是针对此类设备专门设计的针对性的吊装机具，其三个跨度能够满足多直径设备的吊装，最大起重量 6400t，最高起重高度 120m。

6400t 液压复式起重机具备自顶升功能，在组装过程中，只需在最高 30m 高空作业，即避免了组装时大型辅助吊车的使用，又减少了人员高空作业，具有安全高效、经济节约的特点。

配套 1600t 溜尾提升门架具有自重轻，结构简单，起重能力大，且与主门架配合吊装，过程平稳，自动化程度高的特点。

费托合成反应器吊装过程中所采用的工艺技术先进，大大节约了工程整体成本。6400t 液压复式起重机主吊溜尾系统自重 3600t，相对于起重系统重量较轻。由于其具有自平衡装置，无需拉设缆风系统，施工时占用场地较小，对装置内其他单元施工作业基本无影响。

2. 内蒙古伊泰 120 万 t/年精细化学品项目油品合成装置

（1）工程概况

内蒙古伊泰吊装施工地点在内蒙古自治区鄂尔多斯市杭锦旗独贵塔拉工业园区锦泰精细化工园。根据相关气象资料记载，本地区常年风速较大，年平均风速 3.0m/s，一般春季多见，最大风速达 28.7m/s（相当于风力十一级），平均无霜期 155d，多年土壤冻结深度 1.5m。

（2）技术应用

技术应用与案例 1 相同。

（3）实施总结

2014 年 8 月在对 MYFQ6400 功能拓展和吊装技术改进的基础上，成功将内蒙古伊泰杭锦旗 120 万 t/年精细化学品示范项目油品合成装置核心设备——煤制油两台费托合成反应器吊装就位。两次吊装任务完成积累了宝贵经验。

3. 哈萨克斯坦石油工业公司石油一体化（IPCI）项目 PDH 装置工程

（1）工程概况

哈萨克斯坦 IPCI 项目 PDH 装置工程由哈萨克斯坦石油化工工业公司投资，项目总规模为年产 50 万 t 聚丙烯，50 万 t/年丙烷脱氢（PDH）制丙烯装置和聚丙烯装置（PP）及公用工程等。项目位于哈萨克斯坦阿特劳州卡拉巴丹地区。

哈萨克斯坦 IPCI 项目是哈萨克斯坦首个聚烯烃项目，是哈萨克斯坦最大的化工项目，是中国化学工程有限公司贯彻落实习近平总书记"一带一路"倡议、不断深化中哈产能合作的重要成果。该项目 PDH 装置核心设备——丙烷丙烯分离塔，设备吊装重量达 1150t，设备内径 8.4m，长度 105m，壁厚 36～43mm，属于超大型化工塔器设备，该设备也是目前哈萨克斯坦国内化工建设单体最重设备。

吊装采用 3200t 单门架提升门架主吊，750t 履带式起重机溜尾的吊装工艺，于 2020 年 1 月 27 日完成丙烷丙烯分离塔吊装就位。

（2）技术应用

1）3200t 单门架主吊、750t 履带吊溜尾吊装特点难点

吊装过程中主吊系统、缆风系统、溜尾系统的整体配合工艺；3200t 单门架安拆过程中单门架的垂直度监控；设备吊装过程中的吊具水平度及主吊钢绞线偏斜度监测。

2）关键技术

3200t 单门架基础强度设计及布局研究；3200t 单门架倒装过程中顶升系统与缆风系统协调配合技术；3200t 单门架主吊、750t 履带吊溜尾过程中的同步性保障技术；3200t 单门架正拆整体稳定性技术。

3）施工工艺和过程

① 工艺流程方框图（图 3.1-31）

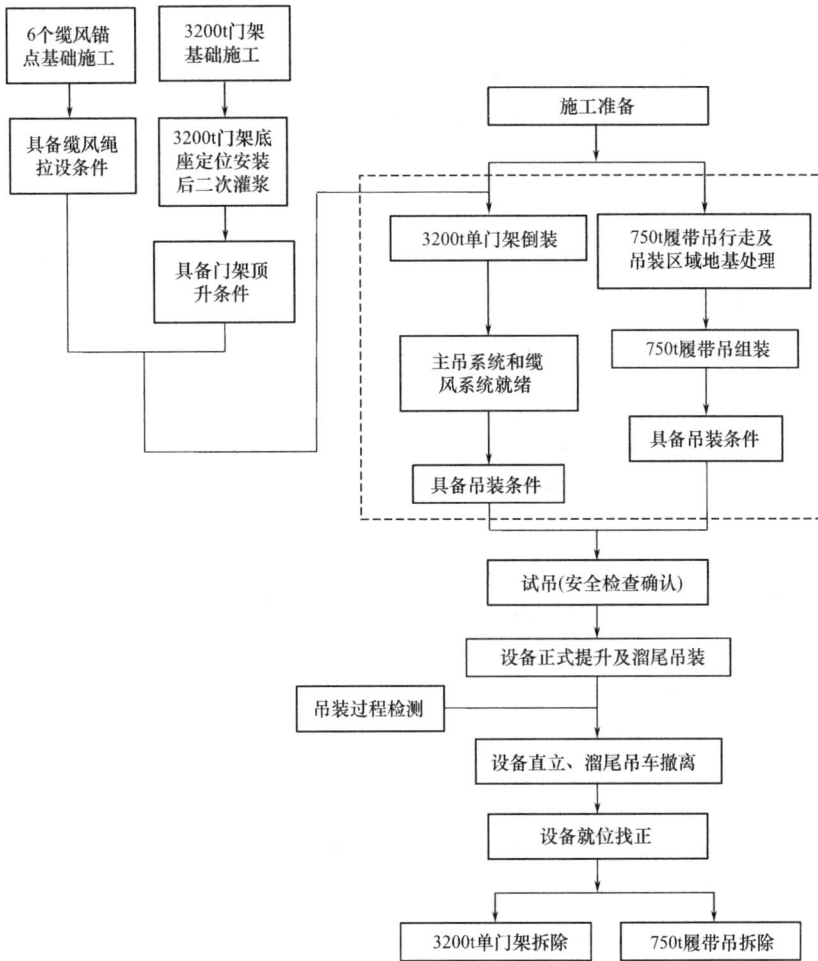

图 3.1-31 吊装工艺流程图

② 工艺过程

（a）施工技术准备

a）施工前设计文件、设备图纸、装置布置图、管口方位图等技术文件已齐全，并经图纸会审。

b）施工方案已批准，并进行了技术交底。

c）安装各类专业人员已全部到位并进行必要的培训，图纸已经熟悉。

d）操作人员熟悉掌握起重机额定起重能力性能表、使用说明书。

e）施工现场资料：地基设计图、平面图、地下工程资料、地质资料、现场气象资料齐全。

（b）施工现场准备

a）施工现场具备三通一平（路通、水通、电通、场地平整）条件。

b）吊装过程中使用的材料、起重设备和作业机具齐全。

c）吊装用吊车的年检合格证及操作人员的操作证件报验合格。

461

d）妨碍设备摆放的构筑物提前预留。

e）溜尾行走区域地基已进行了处理。

f）吊装门架及设备仪器已准备齐全。

g）划定了施工区域，并用小彩旗作了界限标志，张贴了"施工重地、闲人免进"的警示标语。

（c）施工材料及机具进场的准备

根据施工进度计划，合理安排3200t单门架从内蒙古杭锦旗到哈萨克斯坦阿特劳的运输计划，主要的施工设备见表3.1-5。

主要施工设备及材料表　　　　　　　　　　　　　　　　　　　表3.1-5

序号	名称	规格	数量	单位	备注
1	起重机械	3200t单门架起重机	1	套	设备主吊
		750t履带式起重机	1	台	设备溜尾
		500t履带式起重机	1	台	配合单门架起重机进行组装、拆卸
		QY50汽车式起重机	2	台	
		QY60汽车式起重机	1	台	
2	运输车辆	13.5m后双轴半挂式平板拖车	1	台	现场转运起重机构件与部件、路基板、枕木等
3	钢绞线	$\phi17.8$——1×7	52	t	提升及缆风绳使用
		$\phi15.2$——1×7	13	t	
4	道木	1200mm×200mm×180mm	200	根	吊装作业工具
	路基板	2000mm×6000mm×278mm	20	块	
	麻绳	$\phi20mm$	1000	m	
5	钢丝绳扣	通用吊具	2	套	主吊使用1200t级/套
		主吊绳圈	35/2	m/根	巨力高性能无接头绳圈GJT234长度为周长35m/根
		主吊转换拉板	1	对	1200t级/个
		溜尾绳圈	10/2	m/根	普通无接头绳圈WJT234溜尾使用，周长10m/根
		专用溜尾拉板	1	对	600t级/个
		$\phi66$-$6\times61+1$	120/4	m/根	缆风用
		$\phi66$-$6\times61+1$	86/2	m/根	缆风用
		$\phi60$-$6\times37+1$	46/2	m/根	主梁、套架吊装使用
		$\phi46$-$6\times37+1$	32/4	m/根	
		$\phi32$-$6\times37+1$	22/4	m/根	
		$\phi18$-$6\times37+1$	12/4	m/根	

序号	名称	规格	数量	单位	备注
6	卸扣	35t	8	只	吊装大梁
		25t	4	只	
		9.5t/6.5t/3.5t	各8	只	
7	捯链	20t	6	只	临时缆风使用
		5t/2t	各4	只	
8	吊带	10t级,长度10m左右	2	对	吊装表面易损的物件
		5t级,长度10m左右	4	对	
		3t级,长度10m左右	4	对	
9	工程机械	挖掘机(临时租用)	1	台	锚点施工
		装载机(临时租用)	1	台	场地平整
10	交通车辆	现场用皮卡车	1	辆	职工通勤、后勤保障、施工应急等使用

（d）缆风锚点基础施工

a）缆风锚点基础主要满足 3200t 单门架在吊装状态下抵抗风载荷吊装偏斜的影响；满足 3200t 单门架在非吊装状态下抵抗暴风的影响（按哈萨克斯坦当地最大风速 20m/s 核算）。

b）缆风锚点采取对称布置的方式，有利于 3200t 单门架在倒装、吊装的过程中主吊系统和缆风系统及溜尾系统的协调配合，保障吊装安全平稳进行（图 3.1-32）。

c）锚点采用埋置式结构，将钢管（管内加设钢筋后浇筑混凝土）作为锚点结构放置在地面以下 4m 位置，采用 2m×6m 的路基板为挡体，采用毛石回填并压实，如图 3.1-33 所示。

（e）3200t 单门架基础施工

a）根据设备基础布置图，塔架承台位于设备基础两侧，中心间距为 22.2m，塔架承台的尺寸为 8.0m×8.0m，塔架基础承台

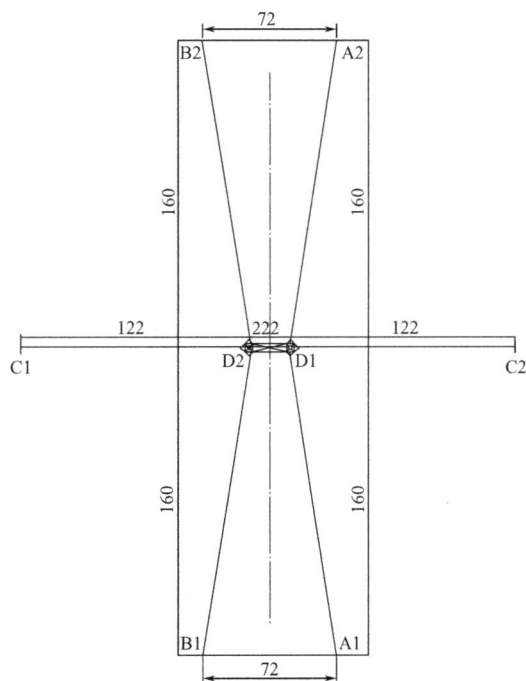

图 3.1-32　缆风布置图

与设备基础承台有部分重合，形成一个联合整体，进行整体浇筑，如图 3.1-34 所示。

b）3200t 单门架基础预埋 8 块厚度 30mm 的钢板，与基础配筋焊接为一个整体，保证塔架整体强度，如图 3.1-35 所示。

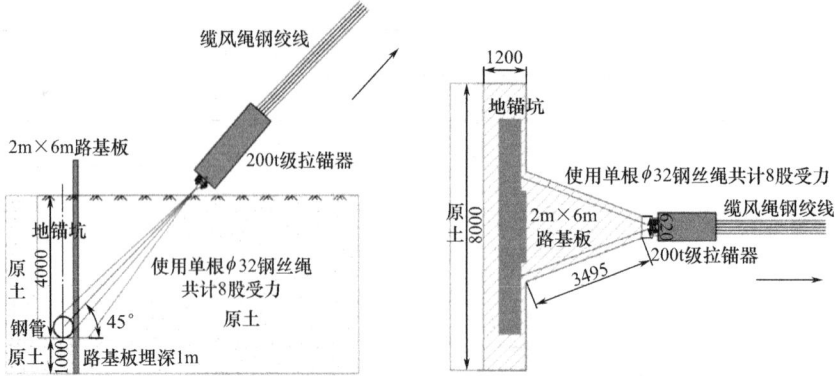

图 3.1-33　缆风锚点埋置图

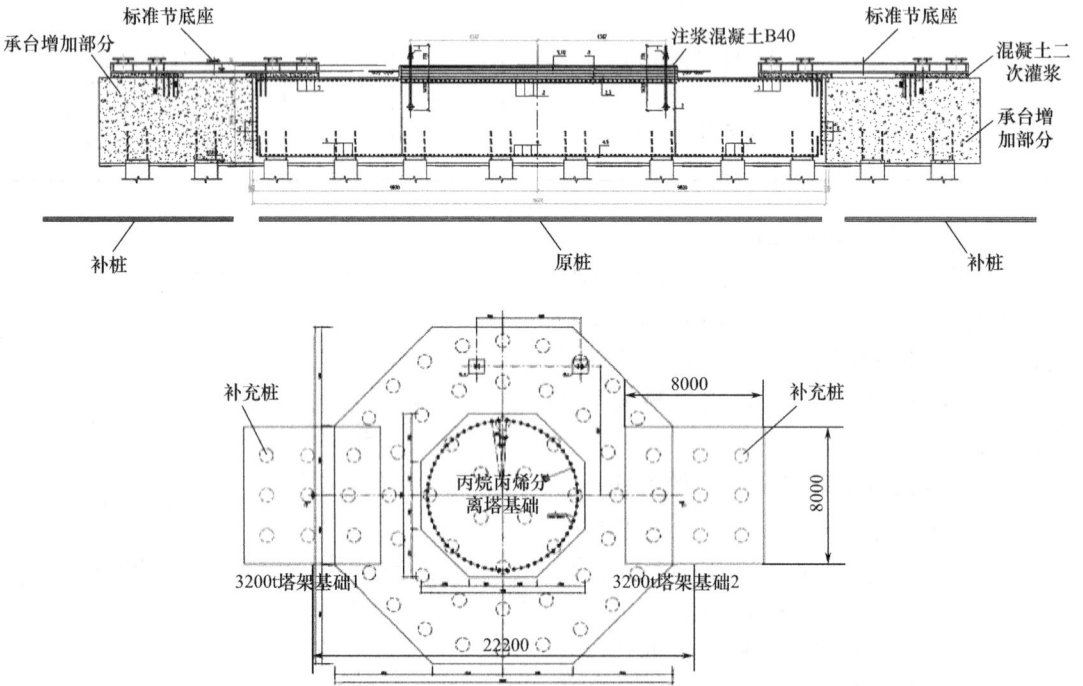

图 3.1-34　缆风锚点埋置图

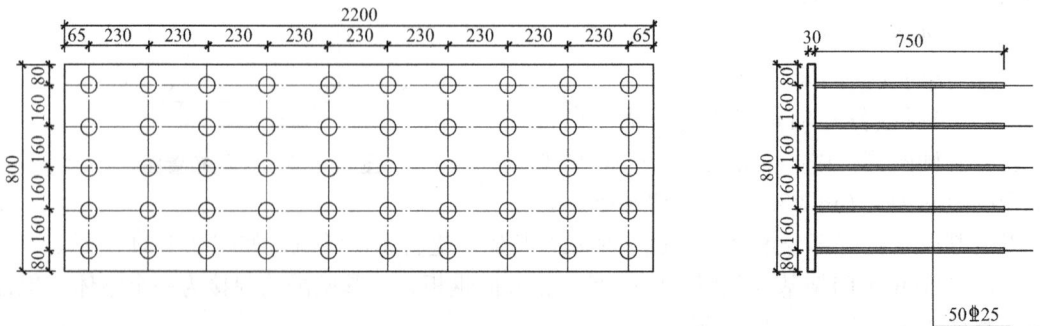

图 3.1-35　预埋板图

c）3200t 单门架底座定位，与预埋板通过卡板固定，支模后进行二次灌浆处理，待混凝土养护合格后，具备 3200t 单门架安装条件。3200t 单门架基础尺寸允许偏差见表3.1-6。

3200t 单门架基础尺寸允许偏差表　　　　　表 3.1-6

序号	项　目		允许偏差（mm）	检验方法
1	平面外形尺寸		±20	钢尺检查
2	坐标位置		10	经纬仪检查
3	标高		0，−10	水准仪检查
4	平面水平度	每米	5	水平尺、塞尺检查
		全长	10	水准仪或拉线、钢尺检查
5	地脚螺栓	标高（顶部）	+20，0	水准仪或拉线、钢尺检查
		中心距	±3	钢尺检查
		螺栓露出长度	+30，0	钢尺检查
		螺纹长度	+20，0	钢尺检查
6	埋件中心位置		±5	钢尺检查

d）3200t 单门架底座安装要求见表3.1-7。

门架起重机底座安装要求表　　　　　表 3.1-7

序号	检查项目		允许偏差与质量标准	检验方法
1	坐标位置		10mm	经纬仪、钢尺检查
2	就位标高		−5～0mm	水准仪检查
3	就位方向		不允许	目测检查
4	垫板安装	1号	填充密实	目测检查
		2号	填充密实	目测检查
5	二次灌浆		填充密实	目测检查
6	卡板安装		双向设置	目测检查

（f）3200t 单门架倒装施工（图 3.1-36）

a）3200t 单门架采用门架自顶升的安装工艺方法，即在地面将门架顶升套架、部分标准节、主梁及提升系统安装完毕，采用 8 根 200t 千斤顶将标准节顶升至一定高度，送填下一节标准节，以此类推，直至安装至方案要求的标准节数量。

b）3200t 单门架在自顶升安装过程中，随着高度的提升，6 个缆风系统需要同步做松缆动作，在保证塔架垂直度的前提下，控制缆风力值在 18～20t。

（g）750t 履带吊行走及吊装区域地基处理

a）根据地质勘探结果和起重机对地压强要求，装置原始地基情况较差，不能满足吊车站位需求时，必须进行专门的地基处理。本项目 750t 履带吊行走及吊装区域地基处理

图 3.1-36　3200t 单门架倒装施工

采取更换垫层法，换填毛石（毛石规格为 300～400mm 粒径）并压实。

　　b）处理后地面铺设路基板，需达到履带吊行走及吊装地耐力要求。

　　c）750t 履带吊在组对区域组装就绪，具备吊装条件。

　　（h）3200t 主吊系统和缆风系统

　　a）3200t 主吊系统和缆风系统采用"液压同步提升技术"，采用行程及位移传感监测和计算机控制，通过数据反馈和控制指令传递，可全自动实现同步动作、负载均衡、姿态矫正、应力控制、操作闭锁、过程显示和故障报警等多种功能。

　　b）主吊系统和缆风系统全部采用液压千斤顶作为提升及缆风机具，柔性钢绞线作为承重索具，液压千斤顶为穿芯式结构，以钢绞线作为提升索具。

　　（i）试吊

　　第一步：分级加载预提升

　　a）根据预先通过计算得到的提升工况提升点反力值，在计算机同步控制系统中，对每台液压提升器的最大提升力进行设定。当遇到提升力超出设定值时，提升器自动采取溢流卸载，以防止出现提升点荷载分布严重不均，造成对吊装大梁结构件和提升塔架设施的破坏。

　　b）开始提升时，提升器的伸缸压力逐渐上调，首次可施加到所需压力的 40%，在液压系统一切正常的情况下，可继续分级加载到 60%、80%、90%，直到 100%。

　　c）待设备腾空 200mm 后停止提升，停止提升延续时间应在 1h 以上；对液压提升系统、结构系统进行全面检查，在确认整体结构的稳定性及安全性绝无问题的情况下，才能继续提升。

　　d）通过液压回路中设置的自锁装置以及机械自锁系统，在提升器停止工作或遇到停电等情况时，提升器能够长时间自动锁紧钢绞线，确保提升构件的安全。

　　第二步：试提升

　　e）设备起吊时，液压提升器和设备溜尾之间同时按比例受力，以满足液压提升器分级加载的要求，防止设备尾部鞍座过载并压坏设备。

　　f）设备即将抬起时，应实行点动操作，以利于设备自动缓慢找正，待设备头部离开

50mm 后，才将设备尾部提起。

g）液压提升装置在起吊时，按 20%、40%、60%、80%、90%、100%重量加载，检查塔架各部分变形及位移、立柱弯曲度变化、柱顶位移及基础下沉各项数据，并做好记录。

h）检查并紧固液压提升器和吊具的下锚爪。

i）设备提起后经 1h 观察，未发现问题可认为试吊合格，可进行正式吊装。

正式吊装时间从起吊到设备就位大约需要 15h。

（j）设备正式提升及溜尾吊装（图 3.1-37）

图 3.1-37 3200t 单门架主吊、750t 履带吊溜尾吊装过程照片

a）设备在正式吊装前，仍需进行上述各项检查，确认正常后才能进行起吊。

b）设备整个提起后，主吊液压提升器将设备头部上提，溜尾吊车将设备尾部向前抬送。在设备提升抬送过程中，应控制主吊点的两组提升器上升速度保持一致，当两只主吊耳的高度相差过大时，采用人工手动的方式随时进行调整。

c）随着主吊提升器的持续提升动作，溜尾吊车持续向前抬送，并与主吊起重机提升器的提升动作保持协调，以保持主吊提升器钢绞线处于垂直工作状态，随着设备仰角的逐渐增大，溜尾吊车的行走速度也会随之逐渐加快。

d）吊装过程中，要求钢绞线的偏角控制在 0.5°内。

e）设备成 90°时，经检查确认安全后，拆除尾部吊耳上的吊具，溜尾吊车撤离。

f）完成设备的脱排工序并脱钩后，调整好设备裙座的方位角，主吊液压提升器开始缓慢下降，将设备在基础上就位。当设备裙座下落到基础的垫铁表面后，检查设备裙座与垫铁的接触情况，并测量设备筒体的垂直度并找正调整，确认合适后，分级卸载主吊提升器载荷，使设备筒体的全部重量完全落在基础上，拧好地脚螺栓螺母，解除主吊耳上的吊具，完成吊装工作。

（k）吊装过程检测（图 3.1-38）

a）提升过程中重点检查：主吊耳及吊具的变形情况、提升大梁的下挠情况、提升大梁的垂直度变化和提升器各部位的压力值等。并在提升过程中，随时注意观测液压系统的

图 3.1-38　3200t 单门架倒装、正拆吊装过程照片

荷载变化情况等，认真做好作业记录工作。

b）提升过程中，每个提升设备都要派专人监视，发现异常情况及时停止提升作业。

c）提升过程中应密切注意缆风系统各锚点、钢绞线、提升器、安全锚、液压泵站、计算机控制系统、传感检测系统等的工作状态。

（1）3200t 单门架拆除

a）采用 750t 履带吊，塔臂工况、正拆工艺。

b）拆除两根大梁时，将 6 根缆风绳的力值控制在 10t 左右。

c）拆除大梁前，将 6 根临时缆风拉设就绪，并保持力值为 10t 左右。

d）拆除标准节顶节前将主缆风力值完全卸载。

e）拆除连系梁后依次拆除两个塔架柱的标准节，一次性可拆除 3 节标准节，直至完全拆除。

（3）实施总结

采用 3200t 单门架主吊、750t 履带吊溜尾方式，相较于以往采用 6400t 复式工况主吊、单门架溜尾的方式，缩短施工工期 40%、减少人工 60%，降低了运输成本，体现了 6400t 复式工况功能扩展的优越性。

开展 6400t 液压复式起重机（3200t 单门架起重机）的吊装优化及拓展技术，起重机可拆分为复式工况和单门架工况，满足不同的起升能力和应用场合，满足国内外各种超限反应器吊装，在高度百米、重量 2000t 以上的设备吊装施工中液压提升系统比大型机械优势大。

（提供单位：中化二建集团有限公司。编写人员：周武强、乔晓军、贾文龙）

3.2　双塔式低塔架自平衡液压提升超高设备施工技术

3.2.1　技术发展概述

近年来，随着石油化工行业的发展，装置区内出现了越来越多的大型、超大型设备或构件，部分重量已超出了现有移动式起重机的吊装能力。出于成本和工期考虑，设备整体吊装已成为主流趋势，对吊装技术和吊装设备的要求越来越高。此类超限设备的吊装已成为石油化工项目建设中各方重点关注的核心难题之一。

"双塔式低塔架自平衡液压提升大型设备吊装施工技术"是针对石油化工及煤化工行业中各种超长、超重设备吊装而专门设计的，其利用"以低吊高"设计理念，提出了"用较低的液压提升塔架吊装较高设备"的工艺原理和方法，通过降低塔架高度来提高系统的稳定性和安全性，打破了传统塔架吊装时塔架高度必须高于设备长度的局限，适用范围得到拓宽，有效降低安全风险，节约成本。

3.2.2 技术内容

"双塔式低塔架自平衡液压提升大型设备吊装施工技术"是利用双塔架、双支点、双悬臂梁承重结构和杠杆平衡原理，实现"用较低塔架吊装超高设备"。吊装前，两塔架分立在设备基础两边，其头部侧面通过"U形连接桁架"相连，顶部布置有双悬臂结构形式的吊装梁，梁一端安放主液压提升器，另一端设置载荷平衡系统。吊装过程中，载荷平衡系统液压千斤顶的拉力随着主液压提升器荷载的变化而不断调整，同步计量控制，保证吊装主梁处于平衡稳定状态。塔架顶部设置缆风绳，增强系统稳定性。整个吊装过程主要利用液压提升系统完成，全程采用计算机控制，全自动地完成同步升降、负载均衡、姿态校正、参数显示及故障报警等多种功能。此外，也可采用手动、自动及单动、联动等多种操作方式。

吊装时，主液压提升器提升被吊设备的主吊耳，尾部采用履带吊溜尾（或采用轨道式输送装置），实时跟进，使设备直立，完成吊装。

塔架结构系统示意图如图 3.2-1 所示。

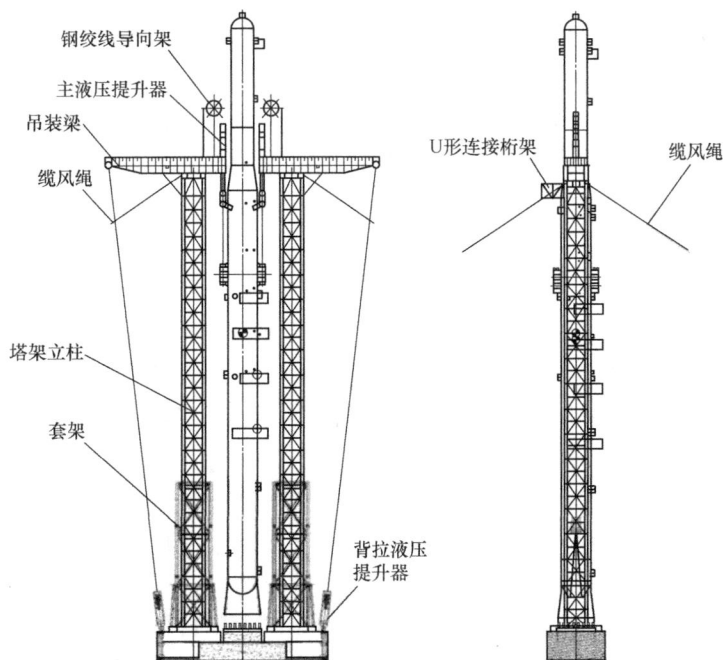

图 3.2-1 塔架结构系统示意图

（1）塔架系统参数确定

根据待吊设备的重量、外形尺寸、重心位置、结构形式等相关参数，确定系统中塔架的高度、方位、两塔架中心间距、主液压提升器的吨位、数量及布置形式等参数，进行初步吊装规划。在保证设备强度、挠度及整体稳定性的前提下，主吊耳尽量靠近重心，减轻溜尾重量。

（2）塔架基础及锚点设置

根据确定的塔架系统参数，结合设备基础形式及地质情况，确定塔架基础结构形式、方位、承载能力、标高、尺寸等，为立塔架做准备。同时确定锚点数量、方位、位置、结构形式等参数。

（3）塔架系统安装

详见案例一。

（4）液压提升系统安装

详见案例一。

（5）稳定系统安装

详见案例一。

（6）相关试验、检测及调试

详见案例一。

（7）吊装

详见案例一。

3.2.3 技术指标

（1）塔架基础水平误差小于 1/1000，且不大于 5mm。

（2）正式吊装时，塔架垂直度误差小于 4/1000，且不大于 20cm。

（3）主吊液压提升器的安全系数不得小于 1.5，钢绞线安全系数不小于 3。

（4）吊装时，提升速度控制在 8～10m/h，允许吊装最大风力 5 级，塔架及液压提升系统在环境温度−30℃以上正常工作，远程控制系统在环境温度−10℃以上正常工作。

（5）吊装时，主吊钢绞线应处于垂直状态，最大偏角不超过 3°。

3.2.4 适用范围

适用于煤化工、石油化工及其他工业装置中具有独立基础的超长、超重、超大单台设备或相距不远设备集群的吊装，也适用于场地条件限制、吊车无法作业的区域内设备吊装，以及吊车能力不足或采用吊车吊装成本较高的情况下设备的吊装。

3.2.5 工程实例

1. 呼伦贝尔金新化工年产 50 万 t 合成氨、80 万 t 尿素项目

（1）工程概况

呼伦贝尔金新化工年产 50 万 t 合成氨、80 万 t 尿素项目位于呼伦贝尔市陈巴尔虎旗工业园区内。项目总投资 451500 万元，达产可年转化褐煤约 200 万 t。其中低温甲醇洗装置中的甲醇洗涤塔（T04111）的吊装是整个项目的核心工作，也是关键节点和施工难点，

安全吊装意义重大。设备重（净重 743t）、高度高（高达 93m）。该设备在现场进行组对，"穿衣戴帽"后整体吊装，施工难度大。经核算，单机吊装需要 2000t 以上的吊车，双机抬吊至少需要两台 1250t 以上的吊车，由于项目地处偏远，吊车成本高昂，因此采用吊车吊装成了不可能的选项。中国化学工程第三建设有限公司创造性地提出了"用较低塔架吊装超高设备"的思路，通过校企合作，开发了"双塔式低塔架自平衡液压提升大型设备吊装施工技术"。利用双塔架、双支点、双悬臂梁承重结构和杠杆平衡原理，融合液压提升技术、模块化集成技术、计算机集群控制技术、远程监控技术、塔架自安装技术等先进技术，实现用较低塔架吊装较高设备的目的。

从 2010 年 5 月开始施工方案编制及现场准备工作，到 7 月 8 日设备吊装完毕，先后历时 2 个月时间，顺利完成吊装任务。

（2）技术应用

1）特点难点

甲醇洗涤塔（T04111）设备净重 743t，长 93m，要求整体吊装，施工难度大。采用传统的门式液压起重机则要树立 100m 以上的门架，高空作业量大，存在很大的安全风险。同时该设备周边的装置框架正在施工，作业空间有限。该设备属于整个项目的核心设备，是项目实施的关键节点，对业主意义非凡，必须确保万无一失。

2）关键技术特点

① 利用"以低吊高"理念，实现"较低塔架吊装超高设备"

利用双塔架、双悬臂梁承重结构和杠杆平衡原理，实现"用较低提升塔架吊装超高设备"的功能，打破了传统门式液压系统塔架必须高于设备长度的局限。本次塔架立柱高度为 69.2m，其中单个立柱由 20 节标准节和 1 节头部节构成，每个标准节高 3m，头部节高度为 9.2m，远低于设备高度。溜尾采用 CKE2500 型 250t 履带吊。

② 系统模块化集成技术

系统由钢结构模块、自动化集成控制模块、提升动力集成模块及液压平移集成模块等多个模块组成，提高了安装、拆卸的效率，便于集装箱式长途运输。

③ 变距自平衡控制技术

吊装时，两主液压提升器承受的拉力随设备提升高度而变化。吊装梁另一端设置的载荷平衡系统的液压千斤顶拉力随着主液压提升器载荷的变化而不断调整，保证吊装梁平衡。

④ 计算机集群控制技术

实现三个"同步"控制，达到整体吊装的协调性（以两个主提升器为例）：

a. 两个主液压提升器的同步提升控制；

b. 吊装梁一端的主液压提升器与另一端载荷平衡系统同步控制；

c. 两个主提升器的提升速度与溜尾履带吊车（或导轨行走装置）的跟进行走速度的同步性控制。

逻辑关系如图 3.2-2 所示。

⑤ 远程监控及操作技术

利用计算机远程监控技术对现场设备吊装的全过程、双塔架装置、被吊设备的各个重要部位进行全程观测、监控，及时发现吊装过程中出现的偏差，实现了现场吊装区域内无

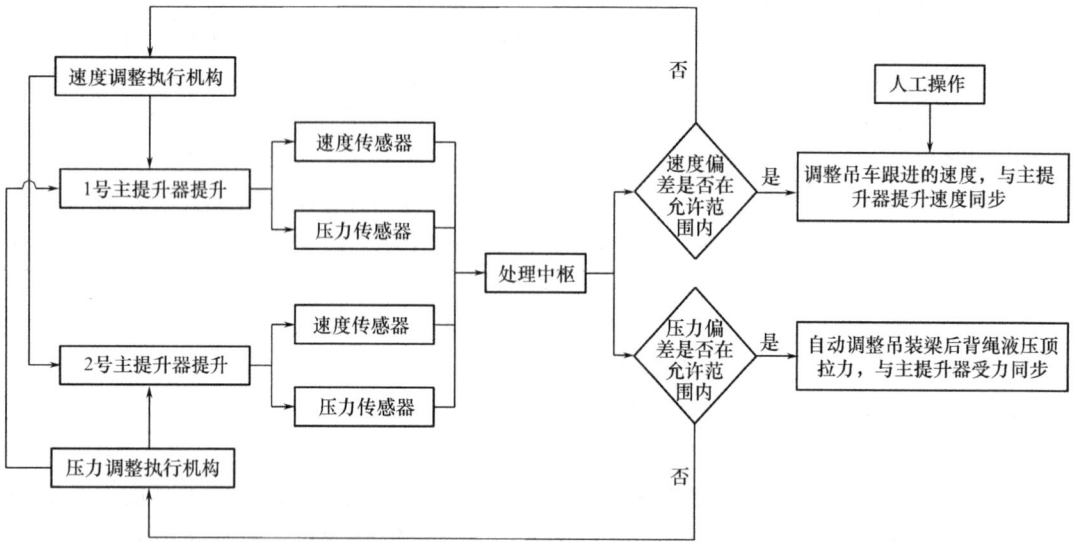

图 3.2-2　逻辑关系示意图

人化作业，有效保证了吊装过程的安全、稳定。

⑥ 塔架自安装技术

塔架立柱可采用"倒装法"进行自安装，通过顶升套架，利用顶升油缸、油站、控制器、顶升梁等来实现门柱的自顶升。套架上的滚轮机构在自顶升过程中实现对门柱的定位，实现顶升过程中门柱的稳定、抗风载荷、抗倾覆。计算机控制系统及传感器能实现良好的同步性。

3）施工工艺和过程

① 工艺流程方框图（图 3.2-3）

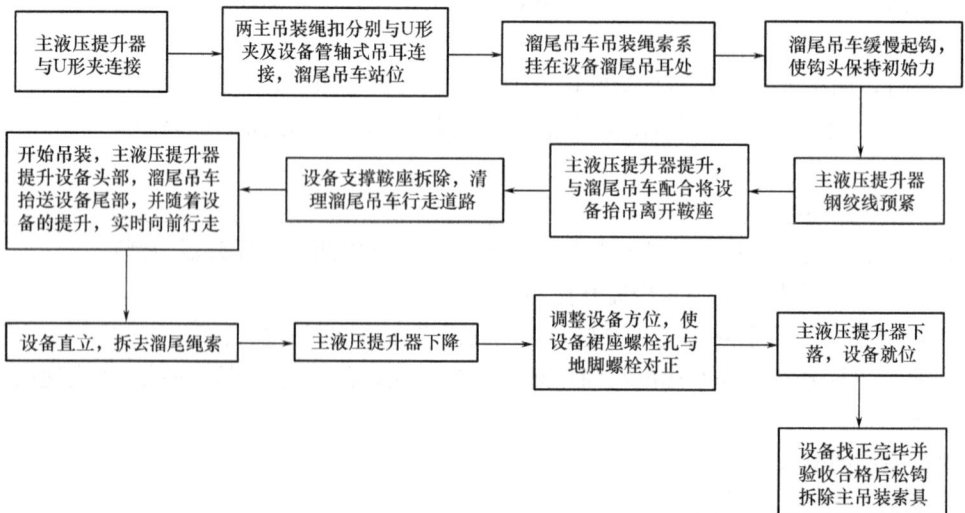

图 3.2-3　工艺流程方框图

② 工艺过程

a. 施工准备

（a）施工技术准备

a）吊装方案编制完毕，进行专家论证，并经批准。

b）吊装方案已向施工人员进行详细的施工、安全技术交底。

c）设备基础已施工完毕且检查验收合格，表面已处理，强度符合设备安装条件，所需设备垫铁已准备。

d）双塔架液压提升装备安装完毕，并经调试合格具备使用条件。其状态由非工作状态调整为工作状态。

e）吊装场地符合吊车和设备进入要求，场地耐压能力及平整度符合要求。

f）被吊设备上所有施工杂物已清除，需要带上的附件已经固定可靠。

g）安全预案已准备，安全措施已到位。

（b）作业人员准备

按要求配备作业人员，进入现场作业的员工都要进行上岗前的 HSE 教育，并签订 HSE 承诺书，办理进场许可证。

（c）施工机具和计量器具准备

编制施工机具、计量器具需求计划，分阶段组织进场，并确保其完好能满足施工能力。主要施工机具、计量器具见表 3.2-1、表 3.2-2。

主要施工机具表　　　　　　　　　表 3.2-1

序号	名称	规格型号	材质	单位	数量	备注
1	吊车	LR1400/2 型 400t 履带式起重机		台	1	
		CKE2500 型履带式起重机		台	1	
		QUY50 履带式起重机		台	1	
		50t 汽车式起重机		台	1	
		25t 汽车式起重机		台	1	
2	液压提升系统一套	门式钢构件		套	1	
		主液压提升器		台	2	
		平衡系统		套	1	
		U 形吊钩		个	2	
		吊装梁		根	2	
		导向架		个	2	
		钢绞线 ϕ17.8——1×7		t	16	
3	运输车	12t 长平板车		台	1	
4	发电机组	200kW		台	1	

序号	名称	规格型号	材质	单位	数量	备注
5	钢丝绳	ϕ120-6×61+1		根	40m/2	
		ϕ90-6×61+1		根	40m/2	
		ϕ65-6×61+1		根	40m/2	
		ϕ47.5-6×37+1		根	32m/4	
		ϕ32.5-6×37+1		根	22m/8	
		ϕ17.5-6×37+1		根	12m/2	
		ϕ12-6×37+1		根	12m/4	
6	卡环	300t/150t		只	4/4	
7	卡环	20t/32t		只	16/8	
8	卡环	10t/5t/2t		只	4/4/4	
9	捯链	10t/5t/3t		只	2/4/4	

主要计量器具表　　　　　　　　　　　表 3.2-2

序号	名称	规格	单位	数量	备注
1	经纬仪		台	6	已检
2	水准仪	J2	台	2	已检
3	水平仪		台	2	已检验合格
4	盘尺	30m	卷	1	
5	钢板尺	1m	把	2	
6	钢卷尺	5m	把	10	
7	测力计	5t	只	8	
8	测力计	8t	只	5t	

（d）材料准备

a）根据工程进度要求，制定要料计划，并按要料计划组织好材料的采购工作。

b）进入现场的材料进行检验，合格后方可运入仓库指定位置堆放。

b. 吊装方法概述

以双塔架液压提升装备为主吊设备，溜尾吊车选用 CKE2500 型履带吊。提升系统选用两套 LSD6000-400 型 600t 液压提升器。主吊点提升，溜尾吊车抬送，直至设备直立，然后溜尾吊车脱钩，提升器下降，当设备底部距离螺栓 50～100mm 时提升器停止动作，调整好设备方位，提升器继续下降，设备就位。

c. 液压提升系统参数设置

（a）本次塔架立柱高度为 69.2m，其中单个立柱由 20 节标准节和 1 节头部节。

（b）两塔架中心间距 13.5m。

（c）主吊采用 2 台 LSD6000 型 600t 液压提升器吊装。

（d）吊装梁平衡系统采用 2 台 350t 平衡液压千斤顶。

（e）塔架共设置 6 个锚点

d. 塔架安装

（a）塔架安装方法概述

塔架结构除了底座、顶升套架、头节、每侧四节标准节、U 形桁架、大梁外，其余部分可采用自安装系统进行安装，塔架也可采用正装法安装。

（b）塔架自安装程序（图 3.2-4）

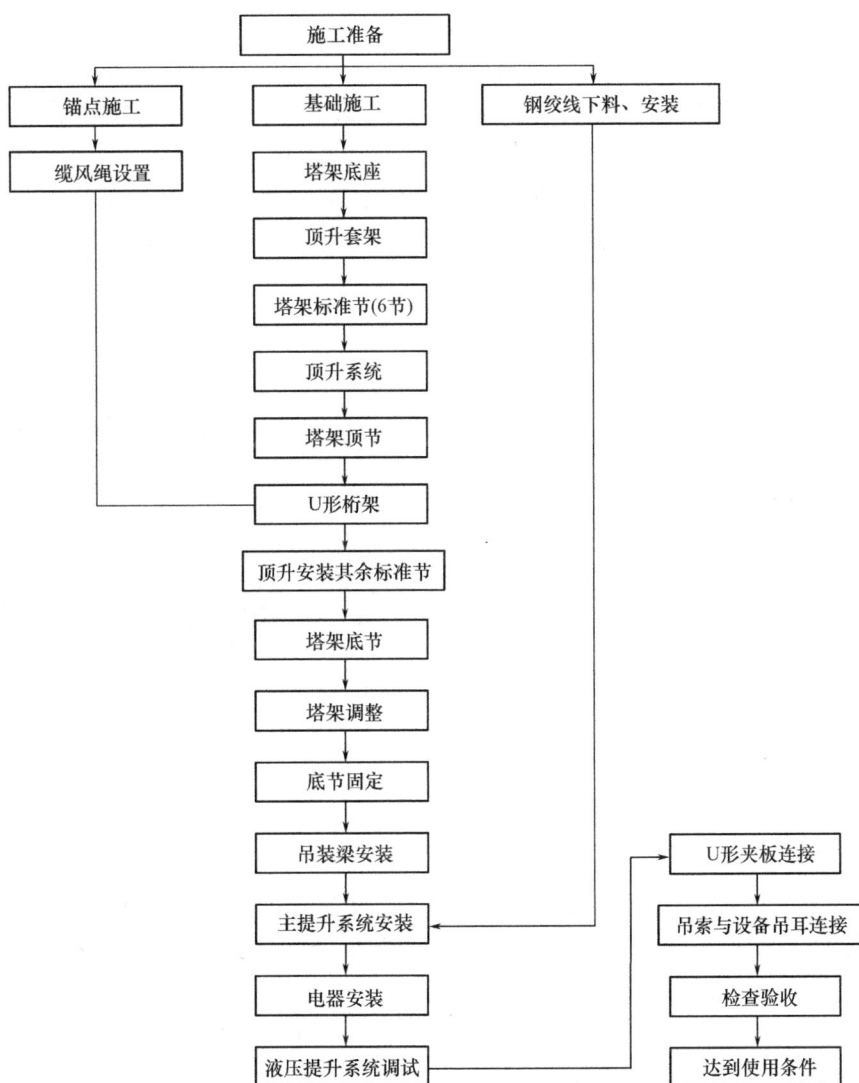

图 3.2-4 塔架安装流程图

（c）塔架安装

a）底座安装

底座安装在混凝土基础上，塔架立柱固定在底座上。底座共有两个，尺寸6800mm×6800mm，每个底座采用地脚螺栓固定在基础上，每个塔架底座由6部分组合而成，见图3.2-5。底座安装后，需找平，水平误差小于1/1000，且不大于5mm。

b）顶升套架安装

系统共有两个顶升套架，固定塔架底座上，通过滚轮机构在塔架自顶升过程中实现对塔架的定位，增加塔架的稳定、抗风载、抗倾覆性能。每个顶升套架有两套液压顶升装置，每套液压顶升装置包括：顶升液压缸、油站、控制器、顶升梁及液压缸上下底座。其中单个顶升液压缸的工作能力为200t，行程3.4m。液压缸通过顶升梁将上方立柱顶起，待安装标准节从侧面进入，依次循环，实现立柱的自安装。

c）塔架立柱自安装

塔架系统共有两根立柱，分别立于塔架底座上，两柱中心间距根据吊装需要而定。每个柱子由若干3000mm高的标准节和1节9200mm高的头节组成，节与节之间用高强度螺栓连接，高度根据吊装需要而定，柱子中心尺寸为2800mm×2800mm。塔架立柱以散件形式运输到现场后，首先在地面拼装成一个个标准节，然后通过液压顶升套架进行自安装。

现场设置2条轨道通往套架内，将标准节吊至轨道上的承重小车，然后将标准节送至指定位置，详见图3.2-6。

图3.2-5 塔架底座安装

图3.2-6 塔架安装

d）吊装梁安装

吊装梁设置在塔架顶部，每根柱子上两根，共四根。吊装梁为变截面箱形梁结构，两箱形梁间用槽钢可靠连接，使其成为一个整体。塔架顶部设置有挡板对吊装梁进行限位，防止吊装梁水平方向移动，吊装梁在此处为悬臂结构，在门架内外侧设有支撑架，防止大梁无吊重时和吊重去除后的倾覆。

塔架顶升结束后，安装吊装梁。为减少高空作业，吊装梁在地面组对，平台栏杆全部安装完毕后整体吊装，详见图3.2-7。

e）导向架安装

导向架坐落在吊装梁上，是一个可自由转动的钢结构圆盘，保证钢绞线顺利抽拔。详见图 3.2-8。

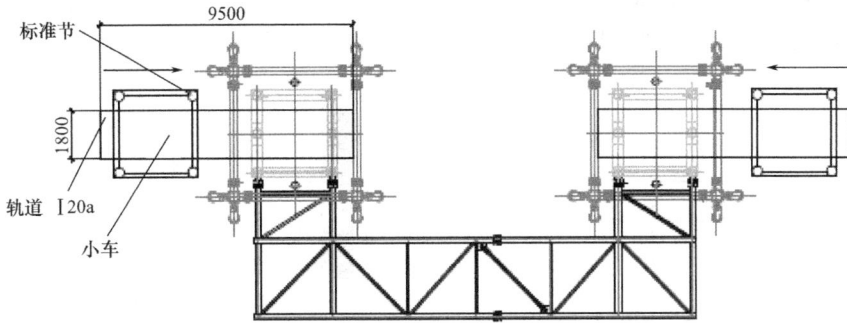

图 3.2-7　标准节移动轨道设置图

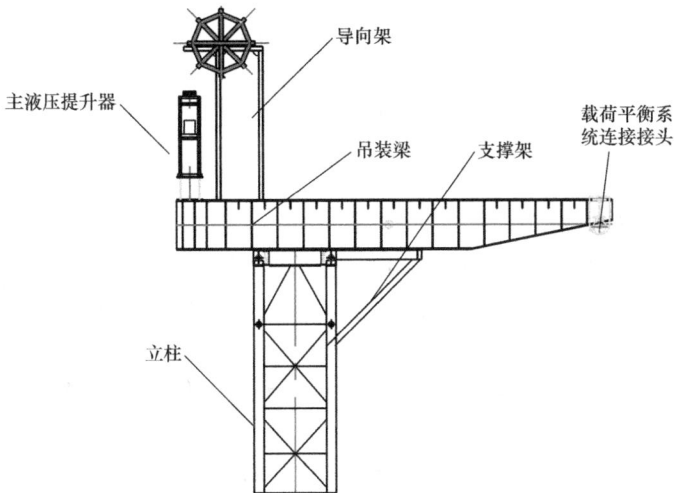

图 3.2-8　吊装梁

f）塔架头部 U 形连接桁架

采用 U 形连接桁架将两立柱连接，增强系统稳定性。结构采用格构式桁架，截面尺寸为 2800mm×2510mm，主要由两部分组成，通过法兰螺栓连接，安装在两塔架同侧主肢及塔架顶节大梁一侧。见图 3.2-9。

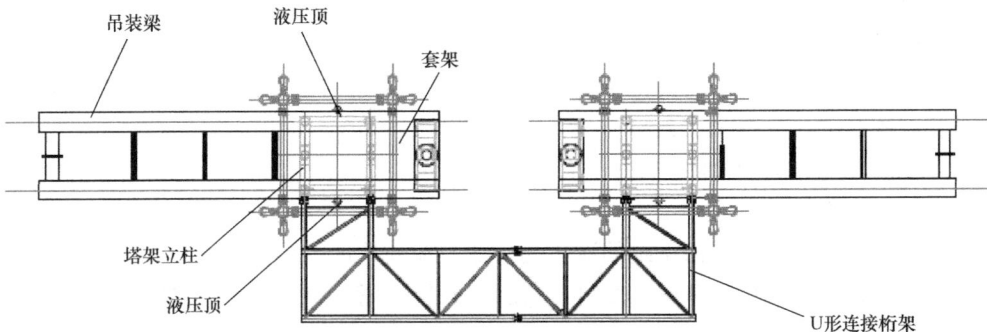

图 3.2-9　U 形连接桁架

g）液压提升器钢绞线与设备吊装绳扣连接

利用 U 形夹板将主液压提升器钢绞线与设备吊装绳扣连接，U 形夹板一端与主液压提升器构件夹持器连接，销轴与吊装绳扣连接，如图 3.2-10 所示。

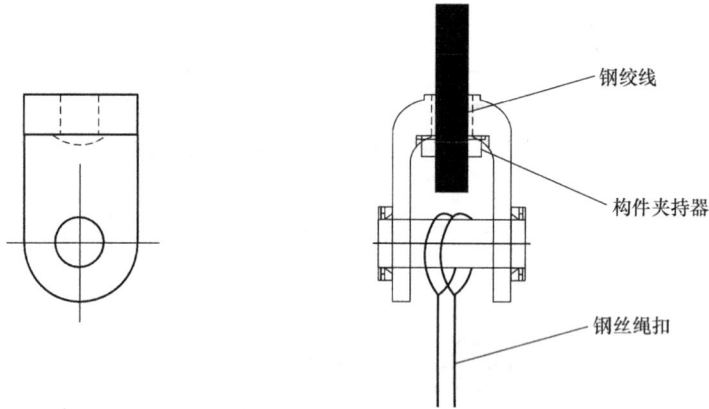

图 3.2-10　U 形夹板图

e. 液压提升系统安装

（a）主液压提升器安装

主液压提升系统坐落在吊车梁的一端，主要包括液压提升器、提升器底座、油站、控制柜及钢绞线等。提升器通过螺栓固定在底座上，底座用 90°卡板固定在吊装梁上。控制柜放于地面操作室内，进行远程控制。液压提升系统既可人工手动操作也可自动操作，正常运行时采用自动模式，当两提升高度累计误差达到一定值需要调整时，改用手动操作进行调整。

为减少高空作业，提升器底座、钢绞线及其导向架均在地面设置好后采用吊车整体吊装。

（b）平衡系统安装

为平衡因主液压提升器位置不在塔架中心而施加给吊装梁的偏心力矩，在吊装另一端设置有载荷平衡系统。该系统由液压提升系统、构件夹持器及其支架组成。在整个吊装过程中该液压顶的力须随着主提升器荷载的变化而不断调整，主要通过油压进行计量控制，达到吊装梁两端的力矩平衡。见图 3.2-1。

f. 稳定系统安装

为保证塔架的稳定性能，需设置缆风绳，与地面水平夹角原则上为 30°，根据现场情况少量调整。每个锚点采用卷扬机牵引滑车组拉紧，通过松紧度调节，调整塔架垂直度，保证吊装过程稳定。见图 3.2-1。

g. 相关试验、检测及调试

（a）背拉试验

主液压提升器及载荷平衡系统的液压提升器，在使用前需要做背拉试验，背拉试验的拉力为本次工作最大工作载荷的 1.25 倍。无漏油且压降符合要求的，方能投入使用。

（b）液压系统调试

液压提升系统安装完成后，需要对液压操作系统、远程控制系统、监控系统、供电系统等各个部分进行调试，发现问题及时处理，不带病作业。

h. 吊装

（a）试吊

a）设备起吊时，主液压提升器和设备溜尾之间同时按比例受力，分级加载，防止设备尾部鞍座过载并压坏设备，见表 3.2-3。

分级加载时液压提升器油压变化表　　　　　　　　表 3.2-3

起吊时	主吊耳受力 624.9t,辅助吊耳受力 118.7t				
	20%	40%	60%	80%	100%
液压提升器油压(MPa)	2.91	5.33	7.74	10.15	12.57
250t 吊车受力(t)	23.74	47.48	71.22	94.96	118.7

b）设备即将抬起时，实行点动操作，待设备头部离开 50mm 后，才将设备尾部提起。

c）液压提升装置起吊时，分级加载，检查塔架各部分变形及位移、立柱弯曲变化、柱顶位移、缆风绳拉力变化及基础沉降等各项数据，并做好记录。

d）紧固液压提升器下锚。

e）设备提起后经 1h 观察，未发现问题，可认为试吊合格，进入正式吊装。

f）试吊合格后主液压提升器将设备抬高 1m，拆除鞍座，进行设备剩余的保冷层及附塔管道施工。

（b）正式吊装

主液压提升器将设备上提，溜尾吊车抬吊设备尾部向前抬送。两主液压提升器提升速度应控制一致，当吊耳高度相差过大时，应进行手动调整，保持水平。

吊装过程中，主吊钢绞线始终处于垂直状态，最大偏角不超过 3°。随着设备仰角加大，溜尾吊车的行走速度会不断加快。当仰角达到 80°，溜尾受力会迅速变小，此时应调整提升速度，保持钢绞线垂直。设备完全直立后，溜尾吊车脱钩。然后采用手工点动操作，液压提升器下降，调整设备方位，将设备安装就位。

（c）吊装时控制要求

a）设备仰角<70°时，两主吊耳水平偏差≤300mm（倾角 2°）

b）设备仰角≥70°时，两主吊耳水平偏差≤300mm（倾角 1°），设备尾部偏离中分面 <400mm。

c）设备仰角<70°时，主吊点偏移塔架垂直面≤400mm，设备仰角≥70°时，主吊点偏移塔架垂直面≤250mm。

d）设备裙座底部离地面高度（不含地脚螺栓）≤300mm。

e）设备就位后，将两塔架间 20t 滑车组预紧，才能完全松主吊装绳索及背绳。

i. 塔架拆除

（a）塔架拆除准备

a）设备就位后，将两塔架间 20t 滑车组预紧，才能完全放松主吊绳索。

b）设备找正安装合格后，可拆除主吊装索具。

c）首先利用大吊车分别将主提升器、吊装梁拆除。

479

d）在塔架 40m 处设以临时缆风绳。

e）拆除时，风力应在 5 级以下。

（b）塔机拆除

a）洗涤塔吊装就位并找正报验合格后方可拆除液压提升装置。塔架拆除采用自上而下的方式。

b）提升器及吊装梁的拆除所采取的方法及选用的机索具与安装时相同。

c）具体的拆除顺序为：提升系统→吊装梁→U 形架→头节→洗涤塔主吊耳→标准节→套架→底排拆除。

d）在拆除前设立中间缆风绳并拉起，南北侧各一根，东西侧各两根。

e）液压提升器、吊装梁拆除后，对称放松南、北侧正式缆风绳，再拆除 U 形桁架，再对称放松、拆除正式缆风绳。

f）拆下的标准节可在地面进行分解。

（3）实施总结

"双塔式低塔架自平衡液压提升大型设备吊装施工技术"首次在呼伦贝尔金新化工 5080 项目合成装置甲醇洗涤塔吊装应用成功，填补国内同类设备吊装技术的一项空白，社会效果显著，对推动煤化工和石化行业的发展具有重大意义，受到业主的高度评价。

该项技术先后获得了国家级工法 1 项、中国化学工程集团科技成果三等奖、中国施工企业管理协会特等奖、安徽省科技进步三等奖、安徽省专利金奖等诸多奖项。

2. 宁夏捷美丰友化工有限公司合成氨、尿素搬迁和技术优化项目

（1）工程概况

宁夏捷美丰友化工有限公司合成氨、尿素搬迁和技术优化项目位于宁夏回族自治区灵武市宁东镇宁东能源重化工基地工业园区，主要是以煤为原料建设年产 40 万 t 合成氨、70 万 t 尿素、20 万 t 甲醇等化工产品。两台甲醇洗涤塔是该项目的核心设备，也是整个项目的关键节点。洗涤塔重量重、长度大，属于超大型设备，且相距不远。根据分析，采用"双塔式低塔架自平衡液压提升大型吊装施工技术"先吊装甲醇洗涤塔Ⅰ（净重 800t、长 72m），然后塔架系统整体平移，吊装洗涤塔Ⅱ（净重 500t、长 66.7m），不仅节约工期，而且节省了拆组的台班费用，经济效益良好。

（2）技术应用

1）特点难点

本项目除了案例一（金新化工 5080 项目甲醇洗涤塔）所具有的特点难点外，还要连续吊装两台设备。同时也要考虑塔架整体移动的问题，因此吊装更加复杂，风险更大。

2）关键技术特点

本项目除了案例一具有的关键技术特点外，还是国内首次采用液压平移技术，实现大型液压提升装置的整体平移。

在每根塔架主肢下方均匀布置液压平移千斤顶，并铺有平移轨道，平移千斤顶在轨道上移动，以实现同一吊装区域内多台设备的连续吊装，避免多次拆卸组装，减少高空作业及大吊车的使用，提高作业效率。

3）施工工艺和过程

① 工艺流程方框图（图 3.2-11）

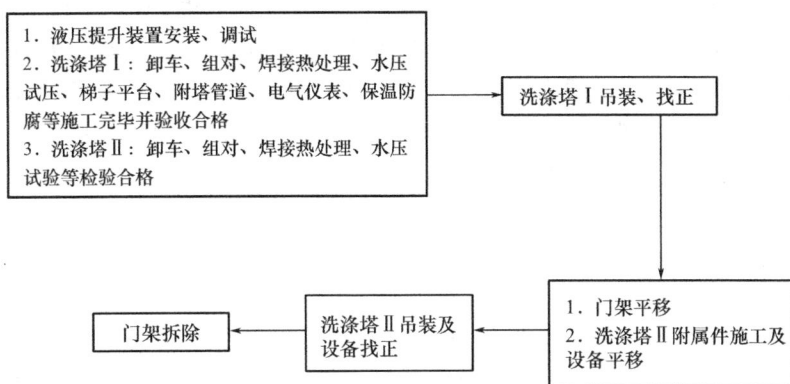

图 3.2-11　工艺流程图

② 工艺过程

a. 施工准备

与案例一基本一致，不再叙述。

b. 吊装方法概述

此两台设备采用高 52.7m 双塔架液压提升装备（有关液压提升装置详见附件）主吊，尾部选用 CKE 2500 型 250t 履带吊溜尾。主升系统选用两套 LSD6000-400 型 600t 液压提升器。主吊点提升，溜尾吊车抬送，直至设备直立，然后溜尾吊车脱钩，提升器下降，当设备底部距离地脚螺栓 50～100mm 时提升器停止动作，调整好设备方位，提升器继续下降，设备就位。

c. 液压提升系统参数设置

（a）本次塔架立柱高度为 54.2m，其中单个立柱由 15 节标准节和 1 节头节构成，每个标准节高 3m，头节高度为 9.2m。

（b）两塔架中心间距 14m。

（c）主吊采用 2 台 LSD6000 型 600t 液压提升器吊装。

（d）吊装梁平衡系统采用 2 台 350t 平衡液压千斤顶。

（e）塔架每次吊装采用 12 个锚点，两次吊装共有 6 个共用锚点，故设置 18 个锚点。

d. 塔架安装

施工方法和案例一相同，不再叙述。

e. 相关试验、检测及调试

施工方法和案例一相同，不再叙述。

f. 吊装

施工方法和案例一基本相同，在完成洗涤塔Ⅰ吊装任务后，需要将塔架整体液压平移到洗涤塔Ⅱ吊装位置，完成第二台设备的吊装任务。塔架整体液压平移具体措施如下：

洗涤塔Ⅰ吊装完成、设备安装找正后，需要借助塔架拆除洗涤塔Ⅰ主吊耳，主吊耳拆除后方可将塔架平移至洗涤塔Ⅱ吊装位置。塔架平移前将套架及其底座拆除。塔架采用卷扬机牵引拖排在轨道上移动，拖排后方设置保护牵拉绳，平移时缆风绳系统应根据塔架的移动适时进行调整，保证塔架倾斜度不大于 0.2°，即塔架顶部偏斜距离不大于 200mm。

塔架移动应缓慢，移动时东、南、西、北需派专人对塔架倾斜度进行观测。塔架移动过程中还需要适时对各缆风绳系挂锚点进行逐个依次更换，不得同时对两根（及以上）缆风绳进行更换。塔架移动至洗涤塔Ⅱ吊装位置后，将底部固定在底排上，并调整塔架垂直度，垂直度找正后将每根吊装梁向内侧移动，然后重新进行塔架的垂直度调整，合格后再进行液压提升装置的调试，调试合格后方可进行洗涤塔Ⅱ的吊装。

g. 塔架拆除

施工方法和案例一相同，不再叙述。

（3）实施总结

"双塔式低塔架自平衡液压提升大型设备吊装施工技术"在宁夏捷美丰友化肥、甲醇项目中的再次成功应用，进一步证实了该技术的先进性和安全性。同时首次采用液压门架整体平移技术，实现了一次树立塔架连续吊装多台设备的目的，节省了工期，保证了安全性。社会和经济效益良好，为我公司在西北地区打响了品牌，对于化工行业大型设备吊装工作开辟了一条新的解决路径。

（提供单位：中国化学工程第三建设有限公司。编写人员：程志、冯兆辉）

3.3　超大直径无加劲肋薄壁半球型顶施工技术

3.3.1　发展概况

异氰酸酯部分生产装置的反应器、贮槽等在高温、高压下工作，存在着因设备腐蚀或密封件泄漏等原因诱发中毒性事故和火灾爆炸事故等危险。为避免有毒、有害物质泄漏，装置外设置钢制密封罩与外界隔绝，形成保护。为实现密封罩内空间利用最大化以及保证顶盖的结构强度及稳定性，设计采用半球型顶结构。因钢制密封罩的薄壁半球型顶应用场合的特殊性，目前国内尚无先例，本技术为国内首创，且技术较为先进，有较好的社会效益和经济效益。

3.3.2　技术内容

（1）技术难点

因半球顶的构造特点，施工中会遇到以下突出问题：

1）半球顶在未组装成整体之前呈柔性状态，自稳性差。如何进行球顶板之间的组对并保证最终成形尺寸？

2）顶板数量多，焊缝集中且量大，如何消除焊接收缩对尺寸的影响以及使焊接应力最小化？

3）设计要求100％无损检测，检测量巨大，如何提高无损检测进度并保证不对施工进度产生影响？

4）半球顶组焊成形，整体安装于筒体之上，如何保证对口精度以及采取何种组对方法保证组装质量和进度？

（2）解决思路

1）球形顶地面组装时，首先在地面安装钢圈梁，再在其内部满搭脚手架，在脚手架指定位置上焊接若干道环形支撑板，通过钢圈梁和环形支撑板对球顶板进行定位和尺寸控制，同时内外脚手架也作为安装和焊接平台。

2）球顶焊接工艺采用 CO_2 气体保护分道焊，通过预留收缩缝使得球顶在焊接过程中各球顶板处于自由收缩状态，焊接应力得到了很好的释放，有效地减少了焊缝收缩对半球顶的尺寸影响及很好地控制了焊接变形。

3）无损检测工艺采用相控阵超声波无损检测技术，不产生辐射，可以全天候进行检测。

4）半球型顶地面组装完成之后，其赤道带焊缝底部预留 500mm 暂时不焊，整体安装过程中以筒体上口尺寸为控制目标，通过调整球顶赤道带下口尺寸与之匹配，保证最终与筒体的组装。

3.3.3 技术指标

利用底部圈梁支撑与内部脚手架环板支撑相结合的方法解决了大直径半球形顶在组装成整体之前呈柔性状态、自稳性差的问题。

采用 CO_2 气体保护焊分道焊接方法和预留 4 块补偿焊缝解决了顶板数量多，焊缝集中且量大的焊接变形问题，且化解如何消除焊接收缩对尺寸的影响以及使焊接应力最小化的问题。

本项目引进了一种新的无损检测技术，即相控阵超声波无损检测技术，简称 PAUT，是以超声波扫描受检焊缝，通过对获得的声波数据进行处理，然后成像的技术。主要具有成像直观、检测效率高、无辐射、可以储存检测记录的优点。实施 PAUT 无损检测方法解决了 100% 检测量巨大的难题，提高了无损检测进度且保证不对施工进度产生影响，并符合绿色施工标准。

3.3.4 适用范围

适应于石油化工、化工类易燃易爆大型装置外密封储罐工程。

3.3.5 工程案例

（1）工程概况

沙特九期萨达拉异氰酸酯项目的 TDI 和 PMDI 区域共 4 台钢制密封罩主要由筒体和半球形顶两部分组成，其中最大筒体内径 35m，总高度 52.5m。其中筒体高度 35m，半球顶高度 17.5m。半球形顶的主要技术参数见表 3.3-1。

半球形顶的主要技术参数表　　　　　　表 3.3-1

序号	装置名称	设备编号	材质	直径（m）	壁厚（mm）	重量（t）	顶板数量（块）	焊缝长度（m）
1	TDI	CON4901	A36	24.8	10	76.7	59	527
2	TDI	CON4902	A36	24.8	10	76.7	59	527
3	TDI	CON4903	A36	31.5	12	147.9	73	854
4	PMDI	CON7901	A36	35	14	212.7	102	1101

（2）技术应用

1）密封罩施工的特点、难点

密封罩内为异氰酸酯生产装置，包含土建、设备、钢结构、工艺、电器仪表等各个专业工程于罩内，布置紧凑。本工程设计为一种新型的固定顶形式，它采用半球形，对接焊缝连接，具有大直径、薄壁、无加劲肋的特点。正因其"大直径、薄壁、无加劲肋"的特点给施工带来了难度，难点主要是对此柔性结构的尺寸控制、定位控制和变形控制。

2）关键技术特点

超大直径无加劲肋薄壁半球形顶的施工主要分为两个阶段，即球顶地面组装和半球顶与筒体组对。其关键技术为：

① 超大直径无加劲肋薄壁半球形顶的地面组装技术；

② 钢制密封罩半球形顶与筒体的组对技术。

3）施工工艺和过程

① 施工工艺流程：如图 3.3-1 所示。

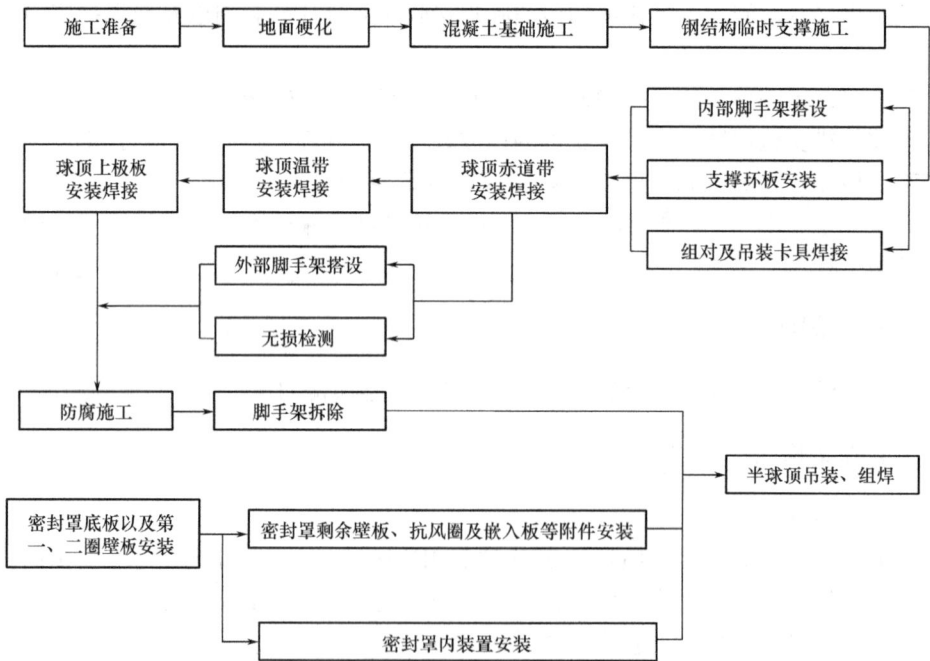

图 3.3-1 施工工艺流程图

② 施工工艺

a. 球顶的地面组装技术

（a）环形基础及钢结构圈梁支撑安装

对环形基础及脚手架搭设范围内的地面进行适当的硬化处理，保证地面有足够的承载能力，满足支撑球顶及脚手架的重量要求。结合施工现场平面布置和吊车性能情况，确定半球顶的地面组装位置，施工环形基础及钢结构圈梁支撑。为了均衡环形基础的受力，应适当多的布置钢结构立柱，避免因基础发生不均匀沉降带来质量和安全方面的问题。环形基础采用强度等级为28MPa混凝土，基础厚300mm，底部铺有钢筋网片；钢结构支撑立柱采用规格为$\phi219\times6$mm的钢管，布置间距约为3m，支撑环梁采用II形梁，支撑的净空为1.5m。如图3.3-2、图3.3-3所示。

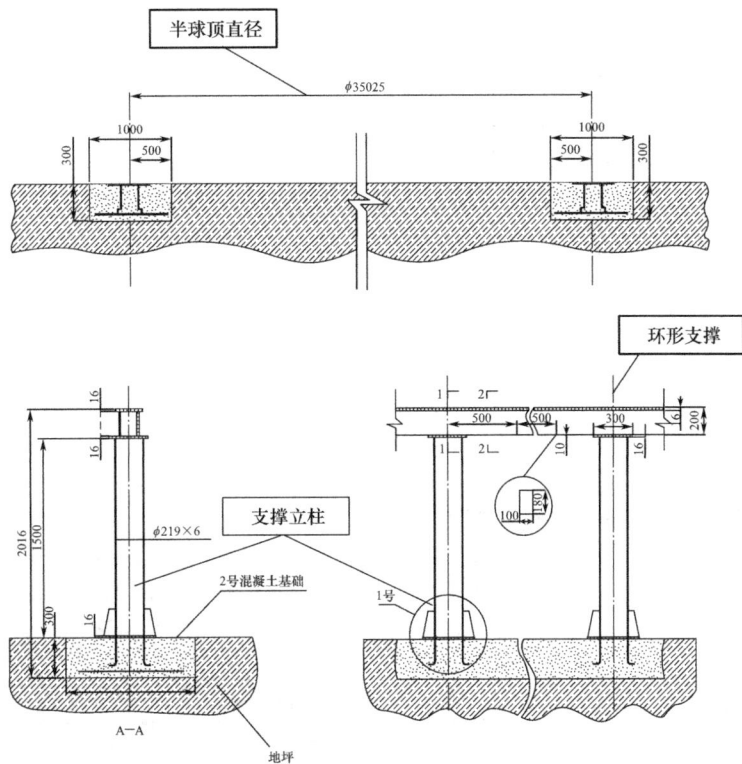

图3.3-2 钢结构圈梁

环形基础和支撑的受力计算分析：

半球顶重量：212.72t；作用于半球顶上的脚手架、人员及机具重量：200t；安全系数：1.2；整体载荷：$W＝$（212.72＋200）$\times1.2＝495.26$t

地面压实系数：$k＝200$kN/m²；

混凝土环梁面积：$A_1＝1$m（宽度）$\times110$m（周长）$＝110$m²

支撑立柱：规格为$\phi219\times6$mm，高度$l＝1200$mm，截面积为$A_2＝4015$mm²，惯性矩为$i_x＝75.33$mm，数量n为60根，材质为A36，许用应力$[\sigma]＝205$MPa。

图3.3-3 环形基础

地面承载力验算：

$F＝A_1\cdot k＝110$m²$\times200$kN/m²$＝2200$t$＞W＝495.26$t，地面承载力符合要求。

支撑立柱受力验算：

单根立柱压应力：

$$\lambda = \frac{l_0}{i_x} = \frac{1200mm}{75.33mm} = 16，查表得稳定系数 \varphi = 0.988$$

$$N = \frac{W}{n \cdot \varphi \cdot A_2} = \frac{4952600N}{60 \times 0.988 \times 4015mm^2} = 20.8MPa < [\sigma] = 205MPa，立柱承载力符$$

合要求。

经验算，环形基础及上方支撑结构满足使用要求。

（b）内部脚手架及支撑环板安装

根据需要布置支撑环板，利用环板支撑球顶重量和对球顶定位、定形。根据球壳板的空间位置以及支撑环的分布，搭设内部脚手架。脚手架将起到作业平台和承受由支撑环板传来的球顶重量载荷的双重作用。

支撑环板的布置如图 3.3-4 所示，赤道带和温带上分别设置了 3 圈和 2 圈环板。支撑环板是通过点焊的方式固定在脚手架的水平杆上。其规格型号尺寸如表 3.3-2 所示。

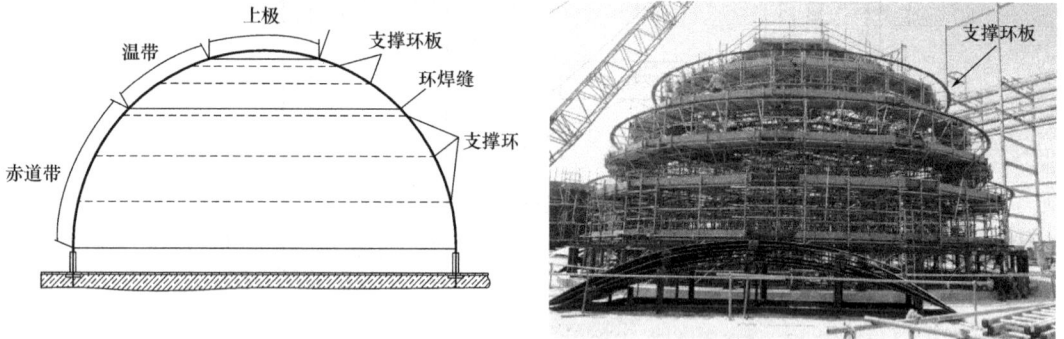

图 3.3-4　支撑环板布置图

大型薄壁半球形顶支撑体系参数表（单位：mm）　　　　表 3.3-2

位置	环形支撑	CON4901			CON4902			CON4903			CON7901		
		外径	宽度	厚度	外径	宽度	厚度	外径	宽度	厚度	外径	宽度	厚度
赤道带	环板 1	24159	200	10	24159	200	10	30805	200	10	34499	200	10
	环板 2	22122	200	10	22122	200	10	28787	200	10	32952	200	10
	环板 3	18229	200	10	18229	200	10	25536	200	10	30805	200	10
温道带	环板 4	14145	200	10	14145	200	10	19137	200	10	25536	200	10
	环板 5	8752	200	10	8752	200	10	9140	200	10	19137	200	10
上级板	采用竖向支撑												

以 CON4901 球顶赤道带为代表，对脚手架单元的受力情况分析：

球形顶的简介：赤道带由 32 张尺寸相同的赤道板组成，总重 52808kg，赤道板厚 10mm，外弧长 9743mm，矢高 8768mm。

赤道带组装用临时支撑体系：赤道带由三圈环板支撑，环板通过三脚架（脚手架）与顶内脚手架相连。具体见图 3.3-5。

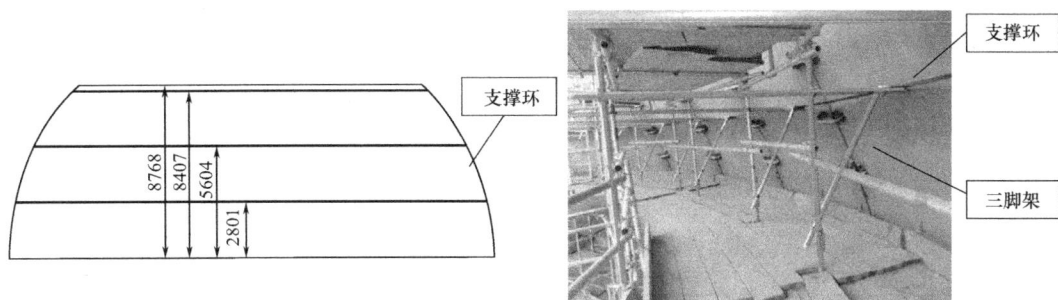

图 3.3-5　赤道带临时支撑

环形板的直径与该环形板所在标高位置的球顶截面圆直径一致。其中由下至上按标高均匀分布。每圈环形板由 39 根三脚架支撑，环形板在球顶板的安装过程中起到定位和临时支撑作用，待 32 张赤道带组装完成后，球顶赤道带本身即为自支撑体系。

（c）三脚架单元格的受力计算

因赤道带尺寸大，重量大。在安装过程中，三脚架承受最大的施工载荷，即为最危险状态。

赤道带的三圈环板在顶板安装过程中起到临时支撑作用，环板通过三脚架（脚手架）与顶内脚手架相连。因此每个三脚架即为一个支撑单元。现对三脚架单元支撑进行受力分析，如图 3.3-6 所示。

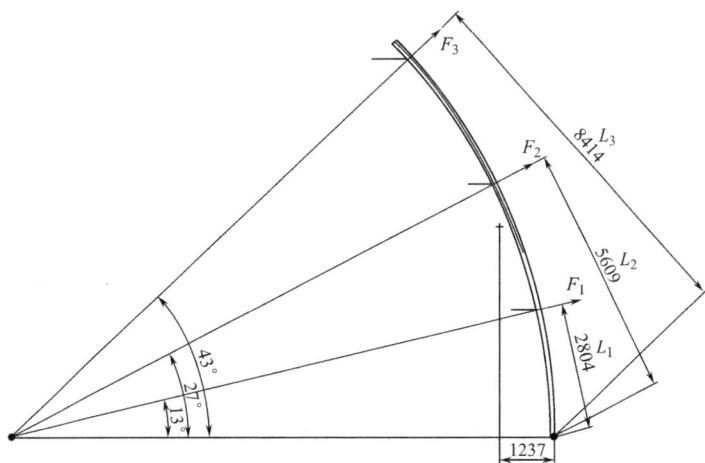

图 3.3-6　赤道板受力分析图

球顶自重 $W=52808\text{kg}=528.08\text{kN}$，作图得支撑力 F_1 的力臂 $L_1=2804\text{mm}$，F_2 的力臂 $L_2=5609\text{mm}$，F_3 的力臂 $L_3=8414\text{mm}$；赤道带自重力臂 $L=1237\text{mm}$。

安装时赤道板自由地附着在三圈环形支撑上，此时形成以赤道板底端为支点的力矩平衡结构，依照杠杆原理计算每个三脚架单元处的向心力：

$$F_1 \cdot L_1 + F_2 \cdot L_2 + F_3 \cdot L_3 = \frac{n \cdot W \cdot L}{N}$$

$$F_1 = F_2 = F_3$$

三脚架单元数量 $N = 39$ 根

不均匀系数 $n = 2$

由以上计算可知，每个三脚架单元受到的球心方向的作用力为 2kN，对三脚架单元进行受力分析，如图 3.3-7 所示。

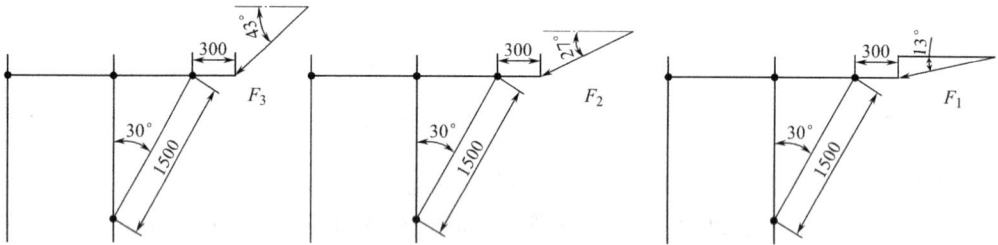

图 3.3-7　三脚架受力分析图

三脚架参数：规格 $\phi 48.3 \times 4mm$（采用沙特当地脚手架材料，热镀锌，厚度 4mm）；

单位重量 $g = 4.37kg/m$；截面面积 $A = 5.567cm^2$；

轴惯性矩 $I_x = 13.768cm^4$；回转半径 $i_x = 1.572cm$；许用应力值 $[\sigma] = 205MPa$。

截面系数：$W_x = \dfrac{I_x}{R} = \dfrac{13.768cm^4}{2.415cm} = 5.7cm^3$；

三脚架单元的单元件验算：

横杆的最大弯曲应力计算：横杆受到的最大弯矩 $M_{max} = F_3 \cdot \sin 43° \cdot l_3 = 0.409kN \cdot m$；

横杆受到的最大弯曲应力 $\sigma_M = \dfrac{M_{max}}{W_x} = 72MPa < [\sigma] = 205MPa$，横杆受力满足要求。

斜撑的压应力计算：斜撑受到的最大轴向压力 $N_{max} = \dfrac{F_3 \cdot \sin 43°}{\sin 60°} = 1.575kN$；

斜撑的长细比 $\lambda = \dfrac{l_o}{i_x} = \dfrac{1500}{15.72} = 96$，查得稳定系数为 0.668；

斜撑受到的最大轴向压应力

$$\sigma_N = \frac{N_{max}}{\varphi \cdot A} = \frac{1575}{0.668 \times 55.67} = 42.35MPa < [\sigma] = 205MPa，斜撑受力满足要求。$$

横杆的端部的压应力计算：端部横杆受到的最大轴向压力

$$F_{max} = F_1 \cdot \cos 13° = 1.95kN；$$

斜撑的长细比 $\lambda = \dfrac{l_o}{i_x} = \dfrac{300}{15.72} = 19$，查得稳定系数为 0.983；

端部横杆受到的最大轴向压应力

$$\sigma_F = \frac{F_{max}}{\varphi \cdot A} = \frac{1950}{0.983 \times 55.67} = 35.6MPa < [\sigma] = 205MPa，端部横杆受力满足要求。$$

三脚架单元卡扣核验：查规范得，单个脚手架卡扣的抗滑移力为 8kN，经上述计算可得三脚架单元杆件最大承受轴向力为 1.95kN，因此卡扣受力满足要求。

结论：经对三脚架单元的横杆、斜撑及卡扣进行计算后得，三脚架单元符合受力要求，安全稳定。

（d）点焊临时卡具

在支撑环梁上，沿着圆周方向每隔约 500mm 点焊一组限位板，用作半球顶底口的尺寸控制和固定，如图 3.3-8 所示。

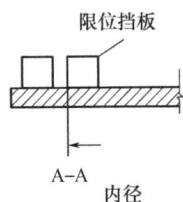

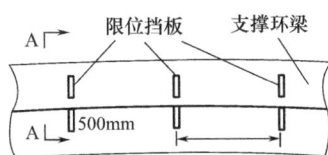

图 3.3-8　限位板布置图

在顶板内侧沿四周每隔约 600mm 焊接眼睛板，用于后续的组装工作，焊缝两侧相邻两块壳板的眼睛板应一一对应。同时在外侧的适当位置焊接吊耳，如图 3.3-9 所示。

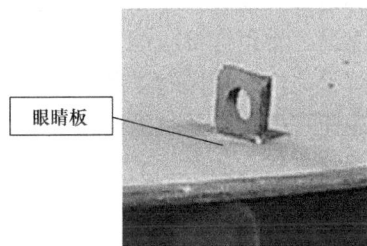

图 3.3-9　眼睛板布置图

（e）安装赤道带

首先在支撑环梁和对应的支撑环板上标记出每块赤道板的安装位置，为避免不均匀受力对基础和脚手架的影响，安装应对称进行。安装时，用龙门卡调整球壳板的安装间隙及错边量，用环梁上的内侧限位挡板来保证安装内径。球壳板应尽量多的贴上环形支撑板，必要时可利用捯链进行调整。出于安全考虑，应尽早使赤道带封闭成稳定整体，若因条件限制不能及时成环的，需采取适当的加固措施（如采用固定点焊、捯链或吊索固定），避免引起事故，如图 3.3-10 所示。

（f）焊接赤道带

搭设外部脚手架，焊接赤道带。以 CON-7901 为例，赤道带共计 48 道焊缝，每道焊缝长 9778mm，共计约 469m，焊缝数量多且集中，焊接产生的收缩变形大。球头焊接采用 CO_2 气体保护焊的焊接工艺，焊接时首先完成焊缝外侧，然后去除背面卡具并清根，最后完成焊缝内侧焊接。在焊接过程中，应严格遵守对称、分层施焊的原则，最大限度地减少焊接变形和应力集中。赤道带底口往上 500mm 预留不焊，用作后续安装调整。

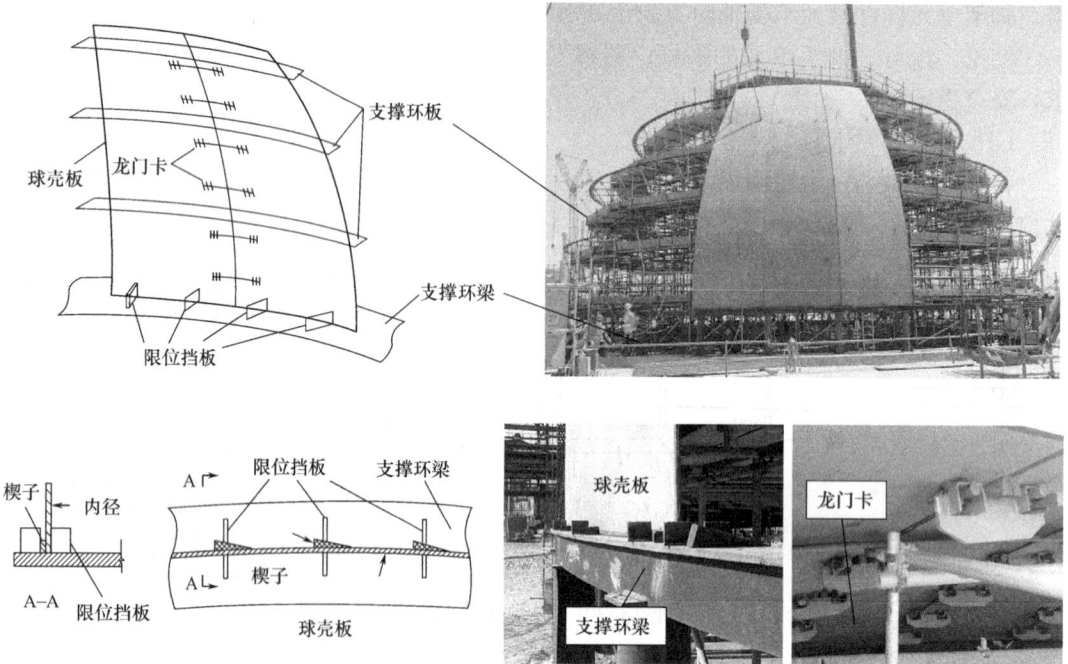

图 3.3-10　赤道板安装示意图

　　赤道带上设置了 4 张在宽度方向上留有余量的球壳板，对称布置在球顶的 4 个方位作为收缩缝，补偿焊接收缩。收缩缝将赤道带分割成了 4 个相对独立的部分，每个部分首先独立焊接完成，焊接时 4 条收缩缝不得点焊，仅用龙门卡临时锁紧即可，让其能够自由收缩，避免应力集中及收缩焊接变形。各部分焊接完成后，进行最后 4 条收缩缝的切割、组装和焊接工作，如图 3.3-11 所示。

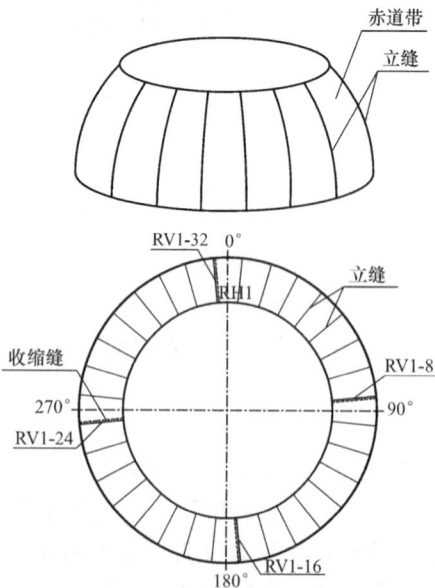

图 3.3-11　赤道带焊缝布置

（g）安装温带板

赤道带安装焊接完后，修整上口的错台和凸起等，保证上口水平度。温带板安装于赤道带之上，通过赤道带上口和上部的 2 圈环形支撑进行支撑和定位。安装方法同赤道带相近，如图 3.3-12 所示。

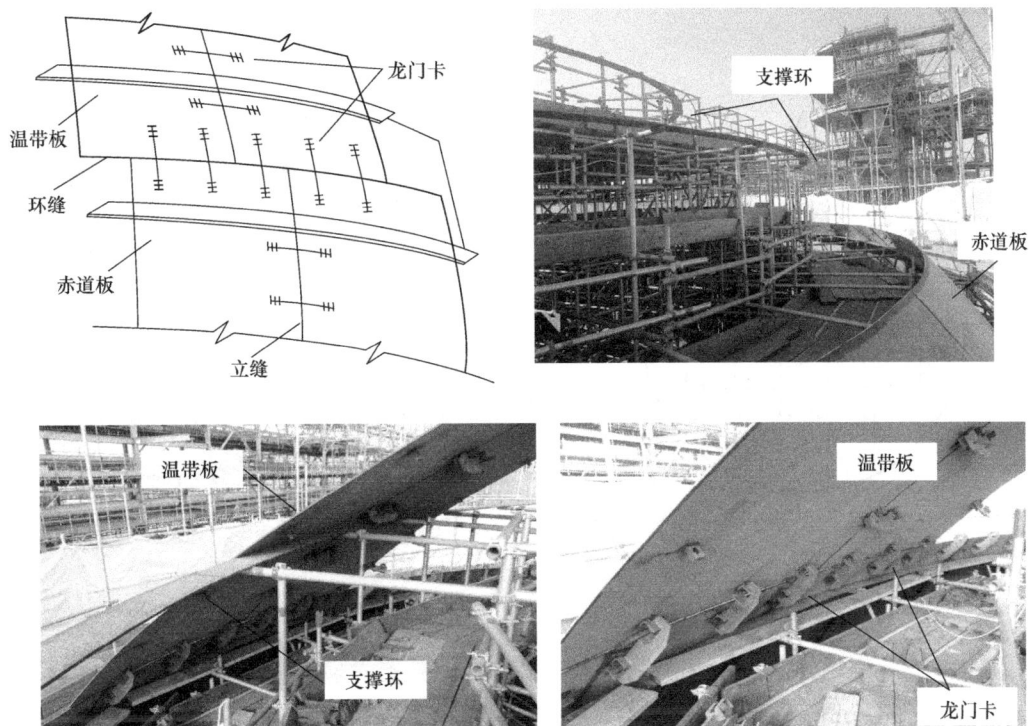

图 3.3-12　温带板安装示意图

（h）焊接温带板

搭设外部脚手架，焊接温带。温带上同样设有 4 张在宽度方向上留有余量的球壳板，补偿焊接收缩，焊接工艺方法与赤道带基本相同。不同点是最后的 4 道收缩缝应与环缝一起点焊完成。考虑环缝上下口周长的差别，点焊应从环缝开始，相继完成相应立缝的点焊。焊接时首先完成立缝的焊接，最后施焊环焊缝，如图 3.3-13 所示。

（i）安装上极板

球顶上极板由多张板组成，有别于赤道带和温带的放射状排列方式，它是采用错缝拼装的方式排列。球顶上极板所占高度空间小且在未成整体前每块板的安装挠度大，环形支撑的方式已经无法满足要求，因此采用支架法，如图 3.3-14 所示。安装顺序如下：

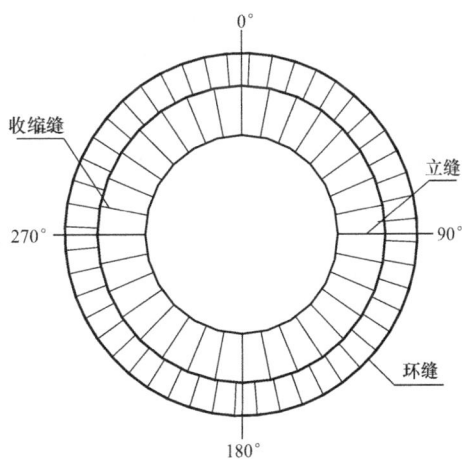

图 3.3-13　温带焊缝布置图

在球顶内部脚手架上满铺跳板平台，平台应设置在温带板上口附近；在每块球壳板的下方平台上布置数量合理的支撑点，空间位置要精确，满足支撑和定位的双重要求。

安装位于中间的 2 块顶板，调整位置符合图纸要求。以中间板为基准往两侧对称进行其余顶板安装，直至安装完成。

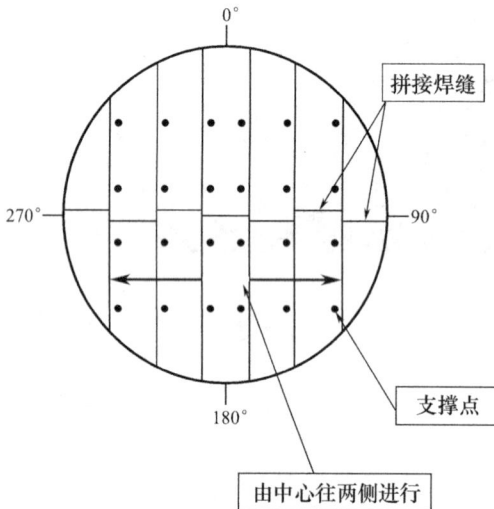

图 3.3-14　上极板安装示意图

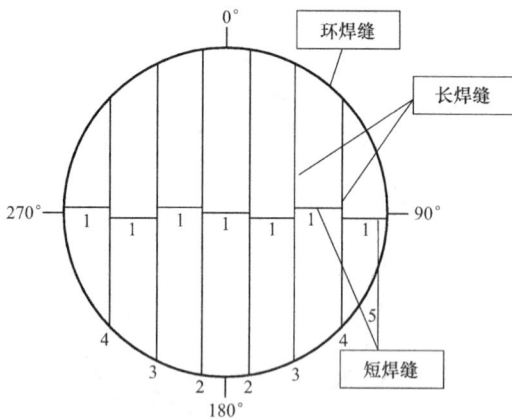

图 3.3-15　上极板焊缝布置图

（j）焊接上极板

搭设外部脚手架，焊接上极板。上极板分两部分焊接完成，一部分为上极板自身的拼接焊缝，另一部分为上极与温带板的组装焊缝，如图 3.3-15 所示。焊接施工顺序如下：

第一部分上极板自身拼接焊缝一次点焊成型；焊接板宽方向的短焊缝，先焊接中间板的短焊缝，然后往两侧依次进行，即图 3.3-15 中 1 号焊缝；焊接长焊缝，先焊接中间板两边的长焊缝，然后往两侧依次进行，由于每道焊缝长度较长，需安排两名焊工由焊缝中心向两侧对称分段跳焊，即先焊图 3.3-15 中 2 号缝，再 3 号缝，最后 4 号缝。

第一部分上极板自身拼接焊缝焊接完成后，点焊第二部分上级与温带板的组装焊缝，即图 3.3-15 中 5 号环焊缝。

环焊缝焊接，焊工需对称均匀分布且按照同一方向施焊，即图 3.3-15 中 5 号缝。

b. 球顶焊缝的无损检测技术

按照设计要求需要对壳体的所有对接焊缝进行 100％的无损检测，共计有对接焊缝 8539m。另外，钢制密封壳体内部存在大量的工艺管道，经统计，需要进行现场无损检测的管道焊口 29092 寸（1 寸≈3.33cm）。由上可知，无损检测工程量巨大。由于 3 台球顶位置紧凑，因射线检测安全距离的限制，只允许安排一台机器进行无损检测。按照射线探伤的实际平均速率为 10m/d，不考虑返修及重新探伤，仅一次探伤就得花费 191d，进度缓慢，不利于焊接质量的控制。

本项目引进了一种新的无损检测技术，即相控阵超声波无损检测技术，简称 PAUT（图 3.3-16）。它是以超声波扫描受检焊缝，通过对获得的声波数据进行处理，然后成像。具有成像直观、检测效率高、无辐射、可以储存检测记录的优点，可以全天候进行检测。PAUT 的平均检测速率为 10mm/s，即 36m/h，消除了无损检测滞后所带来的制约，提高了质量管控水平，满足了现场施工进度要求，间接地给项目带来了巨大的经济效益。

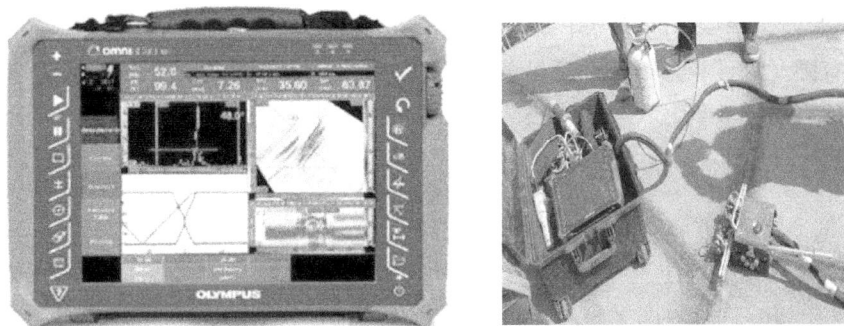

图 3.3-16　PAUT 无损检测

c. 球顶与筒体组装技术

（a）组装前的准备

a）组装方位控制：

根据施工计划安排，球顶的地面组焊工作先于筒体组焊完成。半球顶组焊完成后，测量其最终的下口周长并分出 4 个轴心点作为与筒体的对口基准线，即为 0°、90°、180°和 270°。球顶上的特殊部件方位应再次复核确认，如图 3.3-17 所示。

以半球顶底口尺寸为基准，控制和调整筒体的安装尺寸与之匹配，重点是筒体的周长控制。筒体组焊完成后，测量其最终的上口周长并分出 4 个轴心点作为与半球顶的对口基准线，即为 0°、90°、180°和 270°。如图 3.3-18 所示。

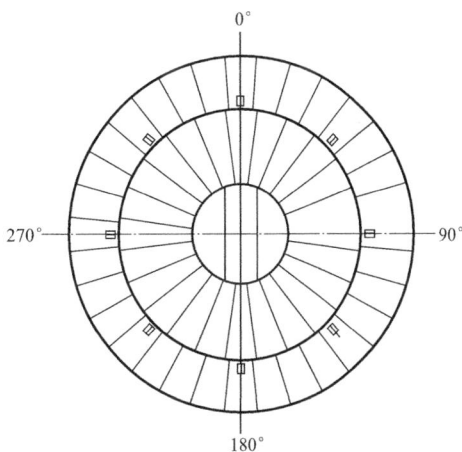

图 3.3-17　半球顶方位图

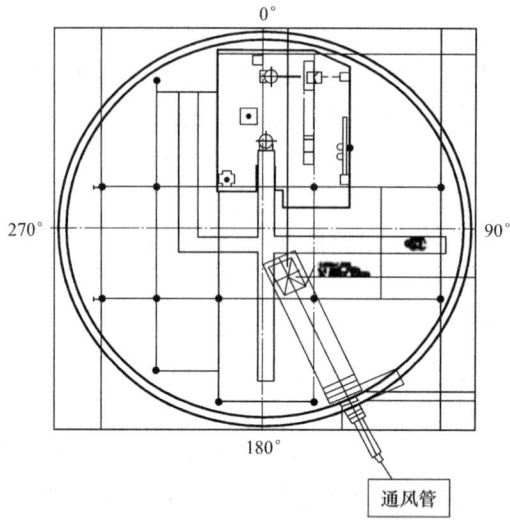

图 3.3-18　筒体方位图

b）吊装时，半球顶的受力计算，如图 3.3-19 所示。

通过有限元法计算，可知球顶吊装阶段产生的变形属于塑性变形，吊装安全且质量能够得到保证（图 3.3-20）。

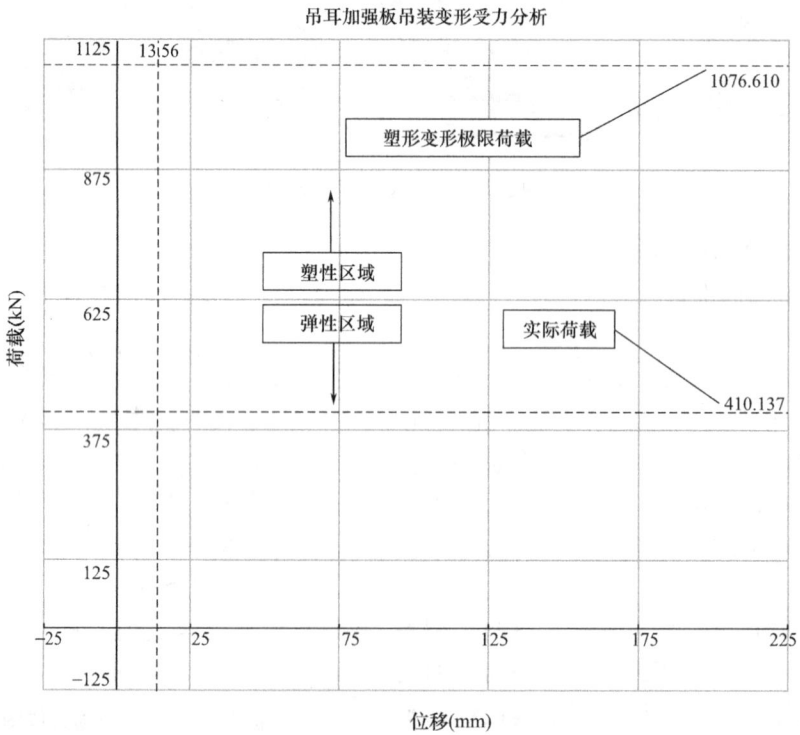

图 3.3-19　半球顶吊装变形受力分析

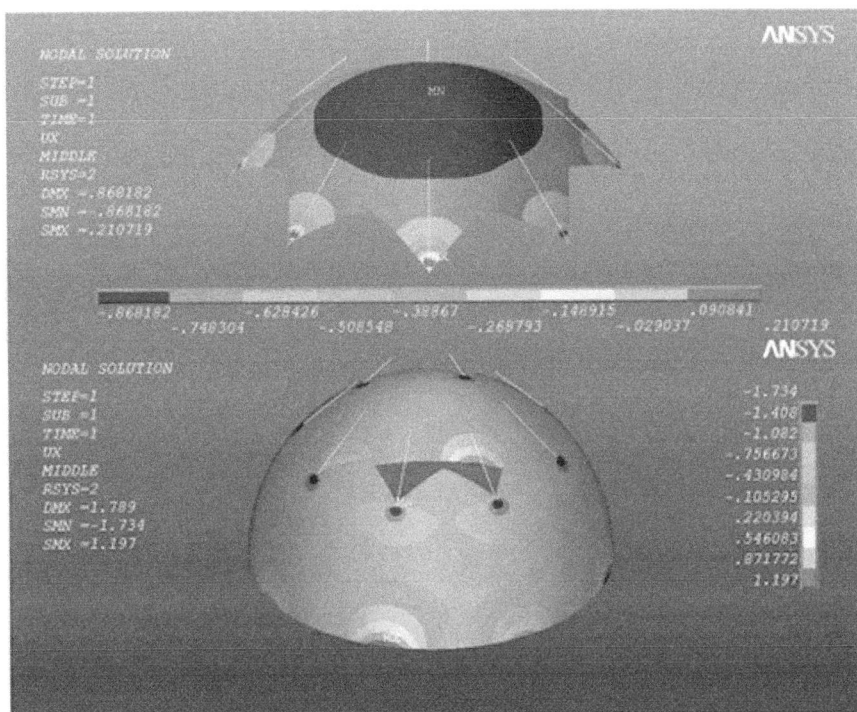

图 3.3-20　吊装有限元受力分析

c）工卡具的准备：

半球顶为大型薄壁结构，布置有自下而上的通风管，通风管安装完成后随半球顶整体安装。半球顶部均匀分布 8 个吊耳用于吊装，吊装过程中半球顶的形状会呈现不规则的变化，影响最终组装。产生形状变化的原因主要有：

半球顶的组焊应力。半球顶组焊在钢圈梁之上，球顶底口被圈梁约束。吊离圈梁后，球顶底口约束消失形成柔性活口，导致吊装变形。

吊耳受力不均匀。实际吊装时，无法保证吊车钩头至每个吊耳之间的距离绝对相等，造成吊耳受力不均匀，况且半球顶自身刚度差，导致吊装变形。

球顶内侧安装有通风管，通风管尺寸大、重量大，造成重心偏移，导致吊装变形。

由于吊装时，半球顶会产生变形，需准备以下工卡具：锁板，规格为 10mm×60mm×200mm，数量按照环缝上每隔 800mm 布置一对，起到锁口固定，调整对口错边量的作用；龙门卡，数量若干，当出现局部焊缝较大时，起到收口的作用；捯链、吊带及卡环，数量若干，起到椭圆度调整的作用；气割矩，焊缝不均匀时，对焊缝进行修削，使焊缝均匀。

（b）半球顶组装

将半球顶吊至距离筒体上口 100mm 处后，进行组装施工，如图 3.3-21 所示。

找出半球顶的最低点，调整半球顶方位与筒体方位相吻合并固定。方位确定需要参照最近的基准点并在半球顶最低点附近完成，如图 3.3-22 所示。

方位固定之后，以固定点为起点往两侧进行组对。组对时，一般情况下每隔 600～

图 3.3-21　吊装示意图（底口不水平，变形大）

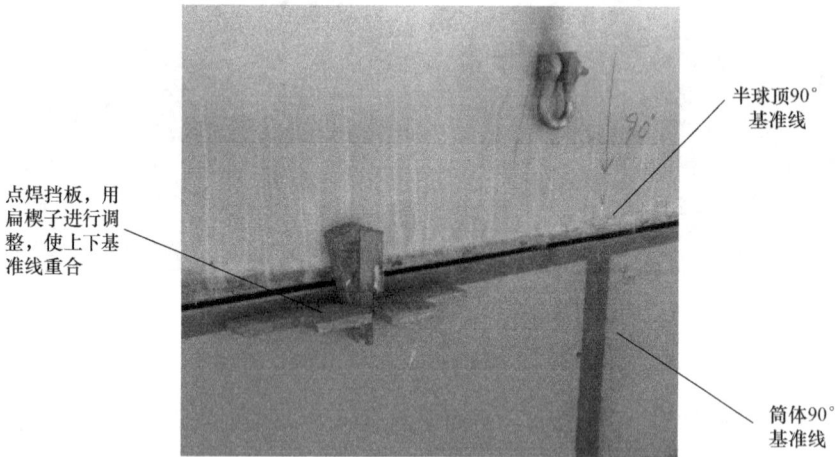

图 3.3-22　方位固定示意图

800mm 布置一组锁板，其中上锁板点焊于球顶上，下锁板点焊在筒体上，通过上、下锁板共同作用使组对口上下板材齐平，不产生错口，如图 3.3-23 所示。

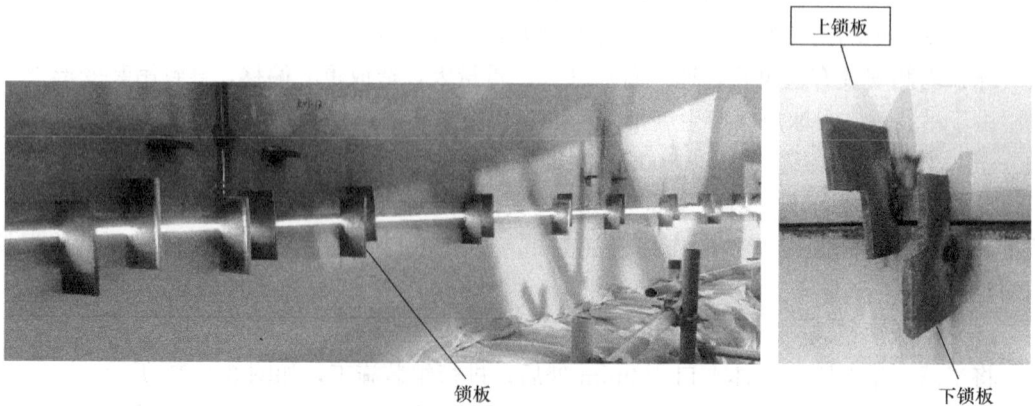

图 3.3-23　锁口施工示意图

锁口的最佳间隙范围为 20～100mm。吊装时，由于半球顶底口不水平，使得组装间隙不均匀，当两侧组口处间隙均大于 100mm 时，需要吊车落钩，使球顶下降至一侧间隙为 20mm 处停止，然后继续进行锁扣工作，如图 3.3-24 所示。

组装间隙不均匀

图 3.3-24　对口处间隙不均

吊装时，半球顶发生了不规则变化，加大了锁口难度，以致锁口工作无法进行。此时应当利用捯链及时调整椭圆度，使得半球顶底口椭圆度与筒体的大致相符。椭圆度调整完成后继续进行锁口工作，随着锁口的进行，椭圆度也随之自动调整，如图 3.3-25 所示。

椭圆度偏差大

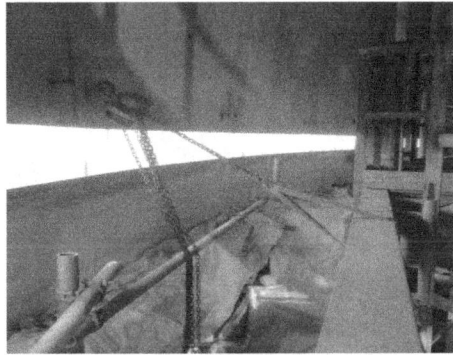

用捯链向内侧调整

用捯链向内侧调整

用捯链向外侧调整

图 3.3-25　椭圆度调整

497

随着锁口工作的不断进行，组装应力和尺寸偏差逐渐向尚未锁口的区段集中，此时可能会产生较大的鼓包，当前采用的由两侧逐步向终点合拢的锁口方法会使应力更加集中，造成鼓包加大。此时应当停止由两侧逐步向终点合拢的锁口方法，改由从鼓包处开始，均匀、逐步地将鼓包分解至整个区域，避免集中。

锁口完成后，吊车落钩，将半球顶重量全部转移至筒体上。检查焊缝间隙情况，若局部间隙过大，需要使用龙门卡收口，在间隙较大区段按 1m 为步距布置龙门卡，逐步、均匀的收缩间隙使满足焊接要求，如图 3.3-26 所示。

当采用龙门卡后，依然无法保证间隙符合要求时，采用气割或砂轮机进行修口。修口前检查整条焊缝的情况，标出修口区段及大小，保证最小的修口量。修口和龙门卡应配合进行，保证对口间隙均匀，如图 3.3-27 所示。

图 3.3-26　龙门卡收口示意图

图 3.3-27　气割修口示意图

当间隙均匀符合要求后，点焊、焊接并进行 PAUT 无损检测。

（3）施工总结

此施工技术的成功推广应用，将有助于提高公司类似项目施工的整体技术水平，保证施工的安全和质量，加快工程进度，降低施工成本，焊接合格率99%以上，报验一次通过率100%，受到总包和业主的一致好评。

独到的半球顶支撑体系的设计和使用，省去了大量的钢结构材料，缩短了工期，取得了显著的经济效益，见表 3.3-3。

经济效益成果表（万元）　　　　　　　　　　　　　表 3.3-3

项目	工艺方法	传统的钢结构支撑＋脚手架	脚手架支撑	节约（%）
人工费		198.40	160.77	18.97%
材料费		243.20	50.69	79.16%
机　械		73.50	34.32	53.30%
直接费合计		515.10	245.78	52.29%
施工工期		413d	273d	33.90%

（提供单位：中国化学工程第三建设有限公司。编写人员：韩承康、顾书兵、罗明明）

3.4 带内支撑柱锥型顶大型储水罐施工技术

3.4.1 技术发展概述

地处沙漠的中东国家采用先进的海水淡化技术生产饮用水，存储于大型饮用水储罐内，以满足日益增长的水量需求。依托中国化学工程第十一建设有限公司承建的沙特SWCC三期输水项目8台14万m^3饮用水储罐工程开发的大型储罐组装技术及自动焊接施工工艺，通过施工环节优化及科学管控，合理安排施工进度计划，储罐本体施工周期缩短，实现了焊接效率及焊接质量提高，相对纯手工焊接节省人工从而降低了项目成本。

3.4.2 技术内容

（1）技术特点

本储罐内径96.8m，顶板为带内部支撑柱锥顶结构，共有84片分片结构，采取地面集中预制、分片吊装工艺，尽可能减少高空作业的风险。

本储罐壁板施工采用内挂三脚架悬挂平台正装法施工，焊缝组对、焊接及检测全部借助悬挂平台完成，实现了一架多用目的。

壁板立缝焊接采用气电立焊（EGW），焊机型号为YS-EGW-V，焊丝选用KOBELCO公司的药芯焊丝DW-S60G，保护气体为CO_2；壁板横缝焊接方法采用埋弧自动焊（SAW），焊机型号为YS-AGW-ICE，焊丝选用KOBELCO公司的实芯焊丝US-49，配套用焊剂为KOBELCO公司MF-33H。经实践证明，该自动焊工艺焊接功效高、焊接质量好、省工省时，有较大推广价值。

（2）施工工艺

1）合理规划施工工艺流程

储罐安装分为下料预制和现场安装两个部分。

2）储罐基础验收

基础中心标高、罐底边缘板处等。

3）罐体各部位预制

底板/顶板下料、顶板分片预制和壁板卷制。

4）储罐安装

储罐底板安装、顶板分片安装、壁板安装及焊接、储罐第一带壁板与边缘板T型角焊缝焊接、储罐顶板第五圈分片结构安装、底板真空箱试验。

3.4.3 技术指标

《焊接石油储罐》（Welded Tank for Oil Storage）（API-650 11版本）。

3.4.4 适用范围

适用于大直径储罐本体组装及焊接工程。

3.4.5 工程案例

1. 沙特 SWCC 三期输水项目 14 万 m³ 储罐安装工程

（1）工程概况：

沙特 SWCC 三期输水项目是沙特政府为了缓解圣城麦迪娜及周边城市不断增加的供水需求而投资的民生项目，项目设计最大供水量 55 万 m³/d，共有长输管线 600 余 km 和 18 个传输站及配套设施，其中 14 万 m³ 储水罐共有 8 台，储罐直径为 96.8m，高度为 20m，为内部带支撑柱锥顶结构储罐，共有支撑柱 61 根。壁板共有 7 带，自下而上厚度为 41.5mm、38mm、28mm、22.5mm、17mm、17mm、17mm，材质为 A537 CL2。

（2）技术应用

1）施工工艺和过程

① 工艺流程

储罐安装分为下料预制和现场安装两个部分，储罐施工工艺流程如图 3.4-1 所示。

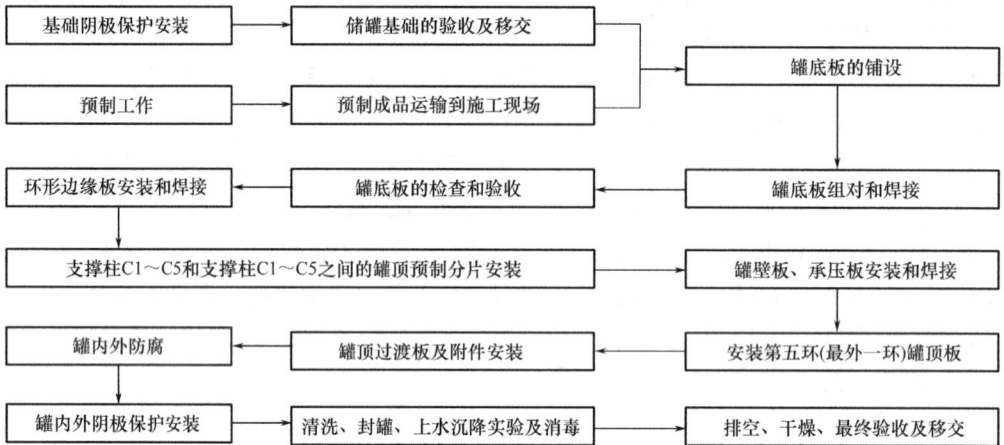

图 3.4-1 施工工艺流程图

② 工艺过程

a. 施工准备

（a）施工技术准备

a）本储罐安装按 API-650-2011 规范执行。

b）将储罐设计图纸转化为施工图纸（现场图），如底板、顶板、壁板排版图和焊缝编号图等，并通过正式文档报送监理及业主审批。

（b）施工机具和计量器具准备

根据施工进度计划和施工机具需用计划，分阶段组织施工机具进场，并保证使用过程中工况良好、性能达标。储罐施工主要工机具见表 3.4-1。

b. 储罐基础验收

储罐基础验收要求如下：基础中心标高允许偏差为 ±10mm；罐底边缘板处每 3m 弧长内任意两点高差不大于 3mm，并且任意圆周长度内任意两点的高差不大于 13mm；所有验收数据填写专用记录表格作为工序交接资料。

施工机具表　　　　　　表 3.4-1

序号	名称	数量	单位	用途
1	50t 汽车式起重机	2	台	下料预制及材料倒运
2	50t 履带式起重机	1	台	壁板安装
3	100t 汽车式起重机	1	台	顶板分片结构安装
4	经纬仪	1	台	测量垂直度
5	水准仪	1	台	测量标高
6	自动焊机 YS-EGW-V	6	台	壁板立缝焊接
7	自动焊机 YS-AGW-ICE	12	套	壁板横缝焊接
8	逆变手工焊机	20	台	底板及顶板等焊接
9	升降车（26m 臂长）	2	台	顶板安装及设备口焊接
10	全自动数控切割机	2	台	钢板下料
11	液压卷板机 50mm×3200mm	1	台	壁板卷制
12	空压机 1.5m³	2	台	现场气密
13	烘烤箱及保温箱	2	套	焊材烘烤
14	25t 平板车	2	辆	储罐材料倒运
15	打磨机	20	个	现场打磨清理
16	安全带	50	套	高空作业

　　罐底板下部为 300mm 回填砂，砂层标高及回填平整度直接影响底板铺设外观质量。在底板铺设前，根据 1:100 的坡度开展砂层平整及浇水压实工作。

　　c. 储罐构件预制

　　分为底板/顶板下料、顶板分片预制和壁板卷制。

　　(a) 确定储罐钢板排版原则（表 3.4-2）。

钢板排版原则表　　　　　　表 3.4-2

序号	部位		绘制原则
1	罐底	排版直径	按设计放大 0.1%
		边缘板沿罐底半径方向最小尺寸	不小于 700mm
		中幅板尺寸	按原图放大 80mm
		任意相邻焊缝间距	不小于 300mm
2	罐顶	罐顶板	按照设计坡度及半径放大 0.05%
		顶梁大梁与小梁	大梁安装图纸尺寸，小梁按照设计坡度及半径放大 0.05%

续表

序号	部位	绘制原则	
3	罐壁	壁板纵向焊缝间距	不小于5倍板厚
		底圈壁板纵缝与边缘板对接焊缝间距	不小于300mm
		壁板开孔接管或开孔接管补强板外缘与罐壁纵缝间距	不小于150mm
		壁板开孔接管或开孔接管补强板外缘与罐壁环缝间距	不小于75mm和4倍板厚的较大值
		抗压板对接接头与壁板纵缝间距	不小于200mm
		壁板尺寸	满足开孔需要

（b）底板下料预制：底板的下料包括中幅板、边缘板和异形板，钢板下料关键控制点为钢板标识移植并且记录齐全，以便实现材料使用的可追溯性。边缘板下料及坡口间隙控制如图3.4-2所示。

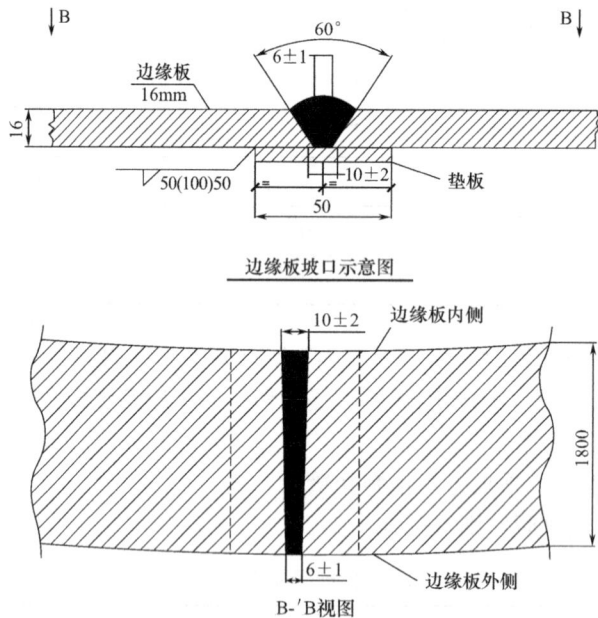

图3.4-2 边缘板坡口间隙控制图

（c）壁板下料预制：

由于纵缝焊接收缩，在壁板下料时应提前预留收缩余量；壁板开孔、预制、焊接及检测在预制厂进行，壁板卷板时应先送进2m进行试卷并用曲率样板检查卷制后板的曲率，25mm厚度以下经过2～3次成型，25mm厚度以上经过4次以上成型。壁板卷制完成后，水平方向上用弧形样板检查曲率，其间隙小于4mm为合格。卷制后的壁板应置于与其等曲率的胎具上进行储存及长途运输。

（d）壁板安装用临时工卡具见图3.4-3～图3.4-6。

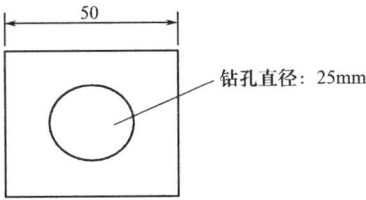

图 3.4-3　空心方板示意图

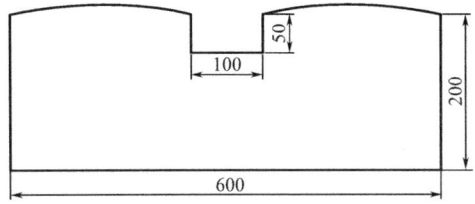

图 3.4-4　内壁用龙门卡示意图

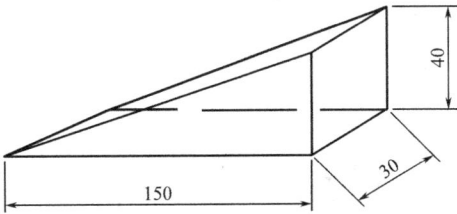

图 3.4-5　楔铁示意图

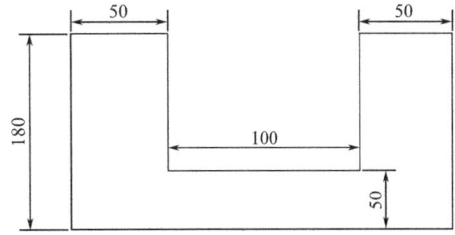

图 3.4-6　龙门卡示意图

（e）顶板结构地面分片预制：

根据排版图完成所有部件下料，包括顶板、支撑柱（含盲板、盖板、衬板）、结构梁等；支撑柱所有焊接结束后整体进行气密试压（气压试验压力为 5Pa），气密以无压降及所有焊缝无泄漏为合格；顶板及结构分片预制：顶部分为五环，共有 84 块分片预制结构，每两环之间的过渡板暂不拼接，待顶板分片吊装完成以后再进行安装。为了保证分片预制的顶板结构吊装过程中不出现变形，采取临时焊接纵向加固梁及环向角钢，并根据重心合理设置临时板状吊耳（吊耳选型及焊接要求严格按《化工设备吊耳设计选用规范》HG/T 21574—2018 相关规定执行）。

d. 储罐安装

（a）储罐底板安装：

底板铺设前标记上环梁十字中心位置，作为中幅板铺板的参照标记；底板中心板铺设后，按照排版顺序从内至外采用外侧板压内测板的方式铺设其他中幅板。底板铺设过程中及时找平并点焊。

中幅板铺设后，从中心向四周按照先短后长的原则施焊，焊接采用分层、分段退焊和跳焊的方式；边缘板及异形板焊接顺序为：先焊接边缘板对接焊缝外侧 300mm，随机抽取总数量的 50% 进行 RT 检测；再焊接异形板与中幅板短缝，异形板之间的长缝离边缘板约 1m 时预留不焊，备八卦缝调整用；随后焊接边缘板内侧剩余焊缝及异形板预留长缝，后进行八卦缝的组对及焊接。

（b）顶板分片安装：

底板焊接完成后，据图在底板上标出每根支撑柱的位置，并安装 10mm 垫板及定位板。铺设吊车通道，先将中心柱安装到位，借助调整螺丝和锚固块调整垂直度，然后安装第一圈 6 根支撑柱，每安装两根后随即吊装顶板分片结构，并通过紧固螺栓做好大梁与支撑柱连接，再安装第三根支撑柱接着上第二片顶板分片结构，以此类推安装好第一圈的支撑柱及顶板分片结构。第一圈顶板结构的整体垂直度用经纬仪检查合格后，进行支撑柱上部盖板与大梁接触部分角焊缝的焊接。后续支撑柱和顶板分片安装与第一圈类似。

顶板分片安装高空作业多，临时加固尤为重要，本项目储罐顶板安装共使用 36 个 2t 锚固块及每根支撑柱三根缆风绳相结合的方法，如图 3.4-7 所示。

| 立柱气密试验 | 立柱揽风绳固定 | 中心立柱安装 | 第一环顶板安装 |
| 第二圈立柱安装 | 第二圈顶板安装 | 第三圈顶板安装 | 前四环顶板安装 |

图 3.4-7　顶板安装

（c）壁板安装：

在壁板位置线内外交错点焊定位板（6mm 钢板，长宽均为 100mm），间距为 1.5～2.0m，并焊接临时工卡具，壁板安装从清扫孔位置向两侧展开，焊接龙门弧板配合圆销完成立缝粗组对，通过调整楔铁及花兰螺栓满足壁板的垂直度、上部水平度、圆度、立缝坡口间隙、错边量等。壁板焊缝组对工卡具及操作平台如图 3.4-8 所示。

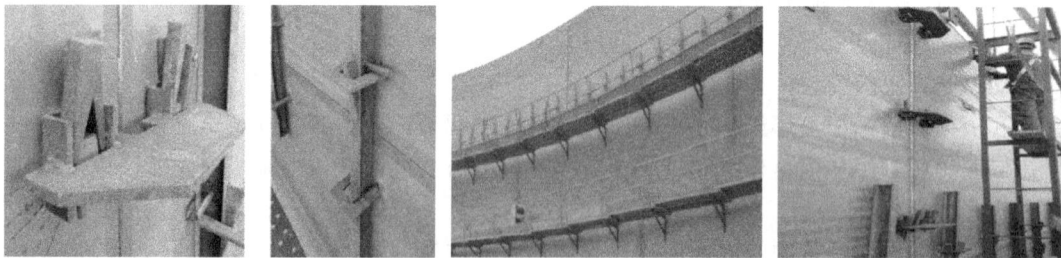

图 3.4-8　壁板安装

（d）壁板焊接：

储罐第一、二、三带壁板立缝为 X 形坡口，坡口间隙为 7mm，其余各带壁板立缝为 V 形坡口，坡口间隙为 5mm；前两圈横缝为带钝边的 K 形坡口，后四圈横缝为不带钝边 K 形坡口，坡口间隙均为 0～2mm。壁板焊接顺序为先立缝，再环缝。

壁板立缝焊接：前三带壁板立缝为双面焊接，采用 3 台气电焊机对称分布、同向施焊（图 3.4-9），焊接顺序为先外侧，焊接完毕拆除内部立缝组对卡具，进行焊道清根、打磨、着色探伤检测合格后进行内侧焊道施焊。后四带壁板立缝为单面焊接双面成型。第一带壁板立缝下端300mm采用手工电弧焊，焊接顺序及方法与上部自动焊接类似。

（e）壁板横缝焊接：

壁板横缝采用埋弧横缝自动焊接工艺。壁板横缝在罐内侧坡口点焊，点焊长度50mm左右，间隔约500mm。各带壁板横缝均需要双面焊接成型。第一遍焊完后，对未焊透或者成型不良部位进行打磨清理并重焊，并且每遍焊接的起弧和收弧部位应错开至少100mm。横缝焊接顺序为：外侧焊道焊接→内侧焊道清根（与立缝T形焊缝需要全部PT/MT合格）→内侧焊接。内侧清根采用磨光机进行，焊道清理后进行PT检测，合格后方可进行内侧焊道施焊工作。根据施工计划，本储罐横缝焊接采用6套横焊机均匀分布并同向施焊。壁板焊接如图3.4-9、图3.4-10所示。

图3.4-9　壁板立缝气电立焊（EGW）

图3.4-10　壁板环缝埋弧自动焊（SAW）

（f）储罐第一带壁板与边缘板T形角焊缝焊接　T形角焊缝在第三带壁板安装完成后组对，安装防变形卡具，以确保壁板和底板边缘板垂直固定；T形角焊缝均采用手工电弧焊接，其施焊顺序为：焊接先内后外，内侧焊缝打底结束后进行MT/PT检测，随后进行填充及盖面，内侧结束后开始外侧焊缝的焊接工作。

（g）储罐顶板第五圈分片结构安装。

（h）底板真空箱试验：制作760mm×150mm真空测试盒，试验焊缝表面清理干净并涂抹肥皂液，真空压力达到21kPa并且焊缝部位无气泡为合格。

③ 质量保证措施

a. 工程开工前，按质保体系要求编制质量计划，其中包括检验试验计划（本储罐项目简称ITP文件），项目技术负责人向承担施工的负责人及班组长进行书面技术质量交底，交底资料办理签字手续并归档。

b. 在施工过程中，项目技术负责人对EPC项目部或监理工程师提出的有关施工方案、技术措施及设计变更的要求，在执行前向执行人员进行书面技术交底。

c. 质量控制内容：

（a）工序交接检验，如储罐基础环梁和砂层标高控制，在监理工程师见证下签署相关交接记录并归档。

（b）储罐构件预制、安装过程中几何尺寸精度控制、定位精度控制、焊接坡口及对口间隙控制、焊缝外观成型及RT检测、储罐开孔尺寸及焊接控制、储罐最终几何尺寸控制等。

（c）焊接防变形控制措施：

底板焊接：采取先短后长、分段跳焊、对称施焊等措施控制焊接变形，并通过真空箱检验严密性。

壁板焊接：壁板焊道焊接前必须当采用防变形板固定，点固防变形板的焊条要与罐壁材质相匹配。纵缝焊接后应用弧形样板检查焊缝处的间隙，如大于规范要求，应进行找圆处理。组对壁板环缝应使内壁平齐，并均匀分段点焊组对。环缝组对经检查合格后，方可施焊。焊缝返修要制定返修工艺卡，规定返修的长度不低于50mm，在焊缝缺陷清除前，要根据不同情况加入防变形板，控制变形。当焊缝采用多遍焊接时，采用对称分段退焊的焊工，停工前焊接层数应保持相同。

（3）实施总结

1）关键技术

① 储罐底板、顶板、壁板及支撑结构根据批准的排版图在预制厂集中下料、卷制、预制焊接，各工序配合紧密，做到无缝对接，确保质量。

② 根据顶板坡度及结构形式进行二次排版，并实施顶板分片结构地面预制工艺，大大减少高空组对焊接工程量，保证了工程质量和安全，提高了功效。

③ 壁板安装采用内部悬挂三脚架施工，减少了大量脚手架搭设，实现安装、焊接及检测一架多用，达到了降本增效的效果。

④ 顶板分片安装根据当地气候条件制定专门吊装方案和顺序，提高安装质量和效率。

⑤ 根据成熟的自动焊工艺成立专门焊接团队，施焊前对焊工进行交底并根据过程中出现的问题进行总结，保证焊接质量。

2）技术的创新性

① 储罐直径达到96.8m，整个罐顶重量接近500t，传统罐顶施工工艺难以实现，采用地面分片预制及分片安装工艺最大可能减少高空作业。

② 壁板焊缝采用自动焊工艺，焊缝探伤合格率达到99.8%，效率是普通手工电弧焊的2～2.5倍，单台储罐壁板安装施工周期节约近30d。

③ 本技术经8台14万m^3储罐的连续施工，工艺成熟、可靠，是目前国际上大直径水罐施工的常规做法，对国内同类型储罐施工有借鉴意义。

2. 沙特SWCC三期输水项目1万m^3储罐安装工程

（1）工程概况

沙特SWCC三期输水项目MPS场站2台1万m^3储水罐及配套场站输送设施，满足项目东南支线送水功能。1万m^3储罐参数如下：直径为30m，高度为15.5m，为内部带支撑柱锥顶结构储罐，共有支撑柱16根，顶板分片结构有25块；壁板共有8带，自下而上厚度为16mm、14mm、12mm、10mm、8mm、7mm、7mm、7mm，材质为A516 Gr70。

（2）技术应用

1）施工工艺和过程：底板、顶板工艺流程与14万m^3储罐基本相同，壁板施工改为电动葫芦倒装提升系统完成安装。

① 工艺流程

1万m^3储罐安装分为下料预制和现场安装两个部分，根据1万m^3储罐安装特点，制定详细的施工工艺流程，如图3.4-11所示。

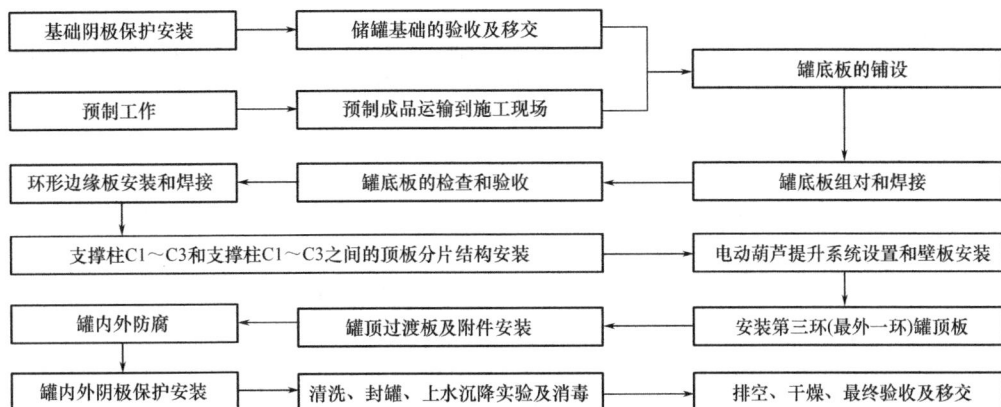

图 3.4-11 1万 m^3 罐施工工艺流程图

② 工艺过程

a. 施工准备

（a）施工机具和计量器具准备

根据1万 m^3 罐施工进度计划和施工机具需用计划，分阶段组织施工机具进场，并保证使用过程中工况良好、性能达标。1万 m^3 储罐施工主要工机具见表3.4-3。

1万 m^3 储罐施工主要工机具表

表 3.4-3

序号	名称	数量	单位	用途
1	25t 汽车式起重机	1	台	下料预制及材料倒运
2	50t 汽车式起重机	1	台	现场卸货和配件安装
3	80t 汽车式起重机	1	台	顶板分片结构安装
4	经纬仪	1	台	测量垂直度
5	水准仪	1	台	测量标高
6	逆变手工焊机	6	台	底板,顶板及壁板焊接
7	升降车(15m 臂长)	2	台	顶板安装及焊接
8	全自动数控切割机	1	台	钢板下料
9	液压卷板机	1	台	壁板卷制
10	空压机 1.5 m^3	1	台	现场气密
11	烘烤箱及保温箱	1	套	焊材烘烤
12	25t 平板车	1	辆	储罐材料倒运
13	打磨机	6	个	现场打磨清理
14	氧气、乙炔	5	套	工地备用
15	安全带	15	套	高空作业
16	尼龙绳	100	m	起吊时作为溜绳

（b）储罐基础验收

储罐基础验收要求如下：基础中心标高允许偏差为±10mm；罐底边缘板处每3m弧长内任意两点高差不大于3mm，并且任意圆周长度内任意两点的高产不大于13mm；所有验收数据填写专用记录表格作为工序交接资料。

罐底板下部为300mm回填砂，砂层标高及回填平整度直接影响底板铺设外观质量。在底板铺设前，根据1：100的坡度要求开展砂层平整及浇水压实工作，如图3.4-12所示。

(a)　　　　　　　　　　　　　　　　　　(b)

图3.4-12　基础的回填与铺砂

（a）基础环梁内部回填；（b）砂层铺设

b. 储罐构件预制

分为底板/顶板下料、顶板分片预制和壁板卷制、倒装提升系统准备

（a）根据以往施工经验确定1万 m³ 储罐钢板排版原则（表3.4-4）。

1万 m³ 储罐钢板排版原则表　　　　　　　　　表3.4-4

序号	部位		绘制原则
1	罐底	排版直径	按设计放大0.1%
		边缘板沿罐底半径方向最小尺寸	不小于700mm
		中幅板尺寸	按原图放大80mm
		任意相邻焊缝间距	不小于300mm
2	罐顶	罐顶板	按照设计坡度及半径放大0.05%
		顶板大梁与小梁	大梁安装图纸尺寸,小梁按照设计坡度及半径放大0.05%
3	罐壁	壁板纵向焊缝间距	不小于5倍板厚
		底圈壁板纵缝与边缘板对接焊缝间距	不小于300mm
		壁板开孔接管或开孔接管补强板外缘与罐壁纵缝间距	不小于150mm
		壁板开孔接管或开孔接管补强板外缘与罐壁环缝间距	不小于75mm和4倍板厚的较大值
		抗压板对接接头与壁板纵缝间距	不小于200mm
		壁板尺寸	满足开孔需要

（b）底板下料预制：底板的下料包括中幅板、边缘板和异形板，钢板下料关键控制点为钢板标识移植并且记录齐全，以便实现材料使用的可追溯性。边缘板下料及坡口间隙控制，如图 3.4-13 所示。

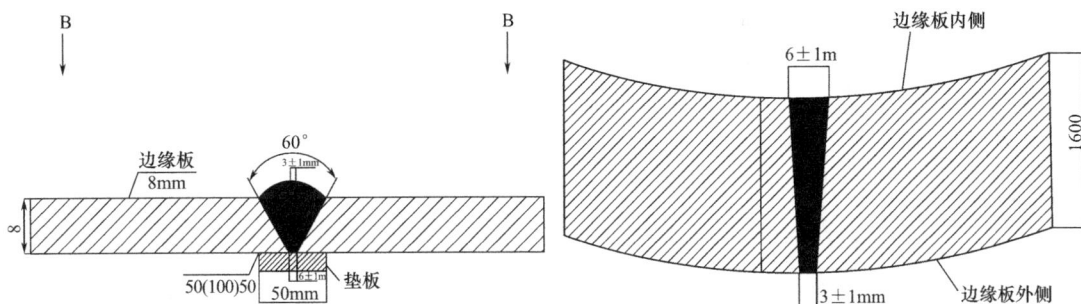

图 3.4-13　边缘板下料及坡口间隙控制图

（c）壁板下料预制：

在壁板下料时应提前预留收缩余量；壁板开孔、预制、焊接及检测在预制厂进行，壁板卷板时应先送进 2m 进行试卷并用曲率样板检查卷制后板的曲率，25mm 厚度以下经过 2～3 次成型，严禁一次施加压力过大造成壁板曲率半径过小。壁板卷制完成后，水平方向上用弧形样板检查曲率，其间隙小于 2mm 为合格。

（d）壁板倒装用电动葫芦提升系统及主要配件详如图 3.4-14、图 3.4-15 所示。

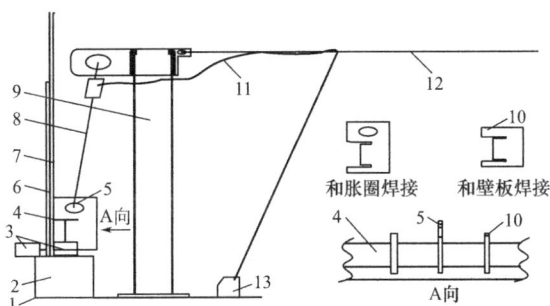

图 3.4-14　壁板倒装用电动葫芦提升系统图

1—底板；2—支墩；3—限位板；4—胀圈；5—吊耳；6—待装壁板；7—已装壁板；
8—电动葫芦；9—提升柱；10—限位板；11—电缆；12—平衡拉索；13—控制台

（e）顶板结构地面分片预制：

根据排版图完成所有部件下料，包括顶板、支撑柱（含盲板、盖板、衬板）、结构梁等；支撑柱所有焊接结束后整体进行气密试压（气压试验压力为 5Pa），气密以无压降及所有焊缝无泄漏为合格；顶板及结构分片预制（图 3.4-16）：顶部分为三环，共有 25 块分片预制结构（图 3.4-16），每两环之间的过渡板暂不拼接，待顶板分片吊装完成以后再进行安装。

c. 储罐安装

（a）储罐底板安装

底板铺设前标记上环梁十字中心位置，作为中幅板参照；底板中心板铺设后，按照排

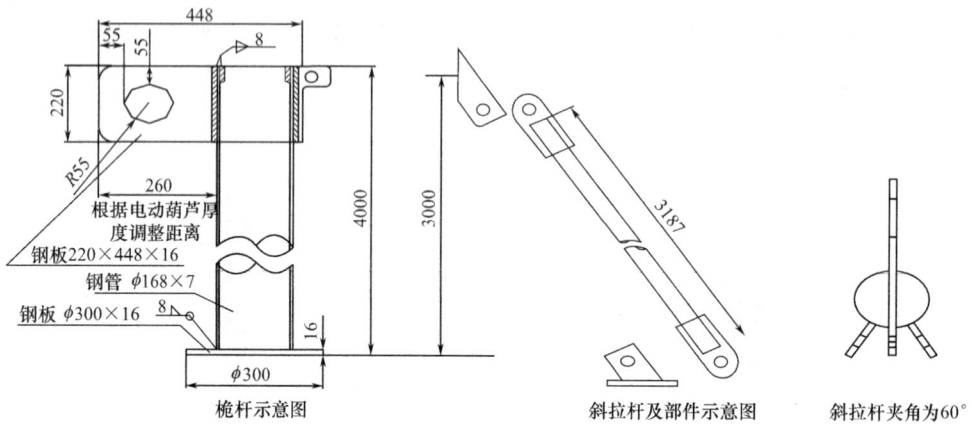

图 3.4-15　电动葫芦提升系统示意及主要部件样图

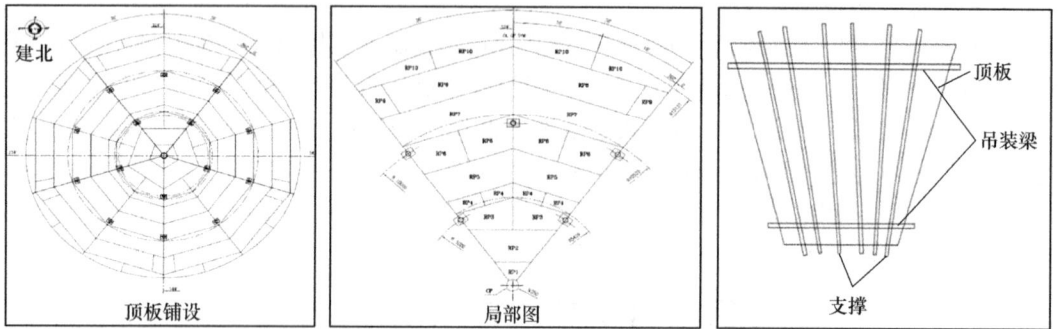

图 3.4-16　顶板预制分片图

版顺序从内至外采用外侧板压内测板的方式铺设其他中幅板。底板铺设过程中及时找平并点焊。

中幅板铺设完成后，从中心向四周按照先短后长的焊接原则施焊，焊接采用分层、分段退焊和跳焊的方式；边缘板及异形板焊接顺序为：先焊接边缘板对接焊缝外侧 300mm，随机抽取总数量的 50% 进行 RT 检测；再焊接异形板与中幅板短缝，异形板之间的长缝离边缘板约 1m 时预留不焊，以备八卦缝组对调整用；随后焊接边缘板内侧剩余焊缝及异形板预留长缝，最后进行八卦缝的组对及焊接。底板铺设及焊接施工。

（b）顶板分片安装

底板焊接完成后，据图在底板上标出每根支撑柱的位置，并安装 10mm 垫板及定位板。根据顶板分片重量及现场作业半径，选用 80t 汽车式起重机安装支撑柱和顶板，先将中心柱（C1）安装到位借助调整螺丝和锚固块调整垂直度，然后安装第一圈 5 根支撑柱（C2），每安装两根后随即吊装顶板分片结构，并通过紧固螺栓做好大梁与支撑柱连接，再安装第三根支撑柱接着上第二片顶板分片结构，以此类推安装好第一圈的支撑柱及顶板分片结构。第一圈顶板结构的整体垂直度用经纬仪检查合格后，进行支撑柱上部盖板与大梁接触部分角焊缝的焊接。第二圈支撑柱（C3）和顶板分片安装与第一圈类似。

顶板分片安装高空作业多，考虑到储罐所在山区侧风较大，1 万 m³ 储罐顶板采用 16

个 2t 锚固块及每根支撑柱三根缆风绳相结合临时固定的方法，安全高效完成支撑柱及顶板分片结构安装工作。顶板分片结构安装如图 3.4-17 所示。

图 3.4-17 顶板分片安装图

（a）支撑柱现场预制；（b）顶板分片结构地面预制；（c）前两圈顶板安装完成；（d）第三圈顶板安装

（c）壁板安装

a）壁板信息及重量见表 3.4-5。壁板安装如图 3.4-18 所示。

壁板信息一览表 　　　　　　　　　　　　　　表 3.4-5

序号	带板名称	编号	数量	尺寸(mm)	长度(m)	重量(t)	备注
1	第一带板	S-1	7	钢板 2000×16	12.0	24.12	
		S-1A	1	钢板 2000×16	7.868	1.67	
2	第二带板	S-2	7	钢板 2000×14	12.0	18.46	
		S-2A	1	钢板 2000×14	10.292	2.26	
3	第三带板	S-3	7	钢板 2000×12	12.0	15.85	
		S-3A	1	钢板 2000×12	10.286	1.93	
4	第四带板	S-4	7	钢板 2000×10	12.0	13.19	
		S-4A	1	钢板 2000×10	10.279	1.61	
5	第五带板	S-5	7	钢板 2000×8	12.0	10.55	
		S-5A	1	钢板 2000×8	10.273	1.29	
6	第六带板	S-6	7	钢板 2000×7	12.0	9.23	
		S-6A	1	钢板 2000×7	10.270	1.13	
7	第七带板	S-7	7	钢板 2000×7	12.0	9.23	
		S-7A	1	钢板 2000×7	10.270	1.13	

续表

序号	带板名称	编号	数量	尺寸(mm)	长度(m)	重量(t)	备注
8	第八带板	S-8	7	钢板 2000×7	12.0	6.92	
		S-8A	1	钢板 2000×7	10.270	0.84	
					总重	119.4	

b）电动葫芦提升系统设置和壁板倒装。

壁板倒装提升系统主要组成部分为提升柱和电动葫芦，根据壁板提升总重量，通过计算选择 22 根提升柱［$L=4m$ 外径为 168mm×7mm 无缝钢管（A53Gr.B）］和 10 个 10t 的电动葫芦作为提升系统主体完成壁板倒装工作。

c）第八带板组装：在壁板位置线边缘板上面安装临时支撑马凳（高 350mm），间距为 700mm，并在马凳顶部标记罐本体内、外侧圆周线并焊接临时挡块，围板完成后里面用临时

(a)

(b)

(c)

(d)

(e)

(f)

图 3.4-18　壁板安装图

（a）第八带板围板及组对检查；（b）马凳安装；（c）电动葫芦提升系统设置；
（d）壁板安装完成；（e）壁板围板作业；（f）第八带板顶部抗压板焊

点焊及龙门板和背杠进行固定，确保壁板圆度和垂直度符合规范要求，待监理检查合格后进行壁板立缝焊接，并根据检测计划完成焊缝 RT 工作，减少相应的高空作业和脚手架。

d) 倒装提升系统设置：在第八带板立缝焊接的同时按照布局图布置提升柱及斜撑，待立缝焊接完成后在壁板的下侧安装具有同样曲率的型钢胀圈和千斤顶（提升吊耳按照提升柱位置沿胀圈均匀焊接布置），通过调整千斤顶，使壁板垂直度和上口圆度满足验收标准。安装电动葫芦和接线工作，所有操作集中到一个开关柜，反复调试确保所有电动葫芦同步作业。

e) 壁板提升安装：第八带壁板焊缝检查及 RT 合格后，同步启动电动葫芦，将壁板提升至下带壁板宽度＋30～50mm 高度，开始围第七带板并组对立缝，检查壁板上口圆度和垂直度后在第八带板下侧和第七带板上侧交叉安装定位板，启动电动葫芦，将第八带板下降，直到满足横缝组对要求为止，锁好提升系统，完成横缝点焊和组对，待立缝焊接完成后展开横缝焊接工作。RT 探伤工作同步展开，避免影响下步作业。其他带板作业同上，罐体附件安装与壁板提升同步开展，降低施工难度并减少高空作业风险。

f) 储罐第一带壁板与边缘板 T 形角焊缝焊接

T 形角焊缝在第三带壁板安装完成后组对，安装防变形卡具，以确保壁板和底板边缘板垂直固定；T 形角焊缝均采用手工电弧焊接，其施焊顺序为：焊接先内后外，内侧焊缝打底结束后进行 MT/PT 检测，焊道外层无裂纹为合格，随后进行填充及盖面，内侧结束后开始外侧焊缝的焊接工作。

j) 储罐顶板第三圈分片结构安装：顶板第三圈分片结构安装：待所有壁板安装完成并被监理释放后，按照顺序开展第三圈底板分片结构安装工作，考虑到内部附件及后续喷砂防腐工作，预留两块顶板暂不安装作为升降车和其他材料进出口，当罐内工作全部结束后，封闭顶板，借助局部脚手架完成后续剩余工作，如图 3.4-19 及图 3.4-20 所示。

图 3.4-19　顶板预留通道图　　　　　图 3.4-20　升降车内部作业图

h) 底板真空箱试验：制作长 760mm×宽 150mm 真空测试盒，试验焊缝表面清理干净并涂抹肥皂液，真空压力达到负 21kPa 并且焊缝部位无气泡即为合格。

③ 质量保证措施

a. 工程开工前，按质保体系要求编制质量计划，其中包括检验试验计划，项目技术负责人向承担施工的负责人及班组长进行书面技术质量交底，交底资料办理签字手续并归档。

b. 在施工过程中，项目技术负责人对 EPC 项目部或监理工程师提出有关施工方案、技术措施及设计变更的要求，在执行前向执行人员进行书面技术交底。

c. 质量控制内容：

（a）工序交接检验，如储罐基础环梁和砂层标高控制，在监理工程师见证下签署相关交接记录并归档。

（b）储罐构件预制、安装过程中几何尺寸精度控制、定位精度控制、焊接坡口及对口间隙控制、焊缝外观成型及 RT 检测、储罐开孔尺寸及焊接控制、储罐最终几何尺寸控制等。

（c）焊接防变形控制措施：

底板焊接：采取先短后长、分段跳焊、对称施焊等措施控制焊接变形，并通过真空箱检验严密性；

壁板焊接：壁板焊道焊接前必须当采用防变形板固定，点固防变形板的焊条要与罐壁材质相匹配。纵缝焊接后应用弧形样板检查焊缝处的间隙，如大于规范要求，应进行找圆处理。组对壁板环缝应使内壁平齐，并均匀分段点焊组对。环缝组对经检查员检查合格后，方可施焊。焊缝返修要制定返修工艺卡，规定返修的长度不低于 50mm，在焊缝缺陷清除前，要根据不同情况加入防变形板，控制变形。当焊缝采用多遍焊接时，采用对称分段退焊的焊工，停工前焊接层数应保持相同。

（3）实施总结

1）关键技术

① 储罐底板、顶板、壁板及支撑结构根据批准的排版图在预制厂集中下料、卷制、预制焊接，各工序配合紧密，做到无缝对接，确保质量。

② 根据顶板坡度及结构形式进行二次排版，实施顶板分片结构地面预制工艺，大大减少高空组对焊接工程量，有效保证了工程质量和安全，提高了功效。

③ 壁板安装采用倒装法，为沙特市场第一次尝试的施工工艺，监理和业主在方案审批阶段颇为质疑，项目部通过反复计算及开专题会介绍国内成熟施工案例，业主、监理最终充满疑惑地签字批准了施工方案。现场施工过程中，此工艺体现了优越性和高效率，特别是很多作业都在地面 2m 左右的高度开展，比正装法满堂脚手架既减少高空风险又节约了成本，得到业主方的高度认可。

④ 顶板分片安装根据当地气候条件制定专门吊装方案和顺序，提高安装质量和效率。

2）技术的创新性

① 底板结构采用地面分片预制及分片安装工艺，最大可能减少高空作业时间和风险。

② 倒装提升系统在沙特市场的一次新的尝试。

3）技术成熟程度

国内储罐倒装提升法施工工艺已经非常成熟，再加上顶板模块化预制工艺，为以后国外类似储罐施工方面提供了良好的业绩和经验。

（提供单位：中国化学工程第十一建设有限公司。编写人员：付磊、刘体义、张先夺）

3.5 大中型球罐无中心柱现场组装技术

3.5.1 技术发展概况

随着施工技术装备的发展，球罐现场组装由早期分带组装或分块组装向整体现场组装发展。整体现场组装优点是组装速度快、几何精度高、便于对称施焊、焊接变形小，广泛应用于大中型球罐的现场组装。

无中心柱现场组装技术，针对整体现场组装大中型球罐直径大、球壳板幅宽、刚性差，运输、安装过程中弹性变形，常规球壳板测量方法检测偏差大；球壳板数量多，组装过程中累积偏差大，最后组装的球壳板组装间隙控制难度大等问题，通过合理安排组装顺序，完成球罐现场组装，不采用专用工装，施工工效高，质量好，应用前景广泛。

3.5.2　技术内容

（1）技术特点

大中型球罐无中心柱现场组装技术是指采用外组对方式的一种施工方法。技术核心是，球罐在基础上直接安装，先安装带支柱的赤道带，充分利用卡具、拖拉绳来固定球壳板。通过球罐赤道带组装，形成安装基准，然后安装其他赤道带板，其次安装下极板（依次为极边板、极侧板、极中板），最后组装上极板（依次为极边板、极侧板、极中板）。采用这种球罐组装方法施工准备工作量小，占地少，组装难度小，降低了劳动强度，缩短了工期，降低了施工成本。

（2）施工工艺

1）精确定位球罐柱腿位置如图 3.5-1 所示。

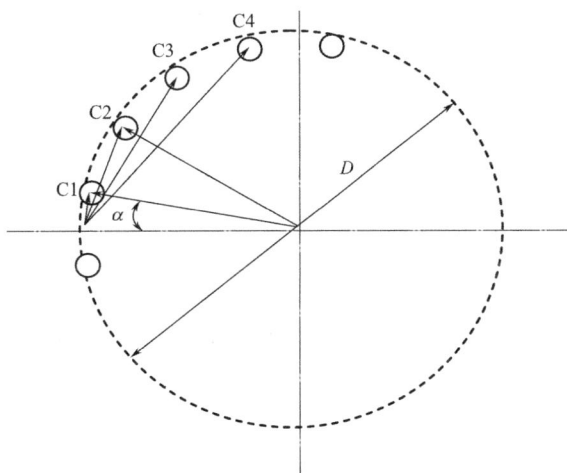

图 3.5-1　柱腿中心定位图

2）采用弧长结合弦长综合检测球壳板方法，提高球壳板检测的精度。

3）球罐基础验收→安装球罐下支柱→搭设外脚手架→赤道带球壳板与下支柱组装→赤道带组装→安装支柱拉杆固定。

4）确定球壳板经度方向中点，通过中点定位组对赤道带，较大程度保证了组对质量，提高了组装效率。

5）采用四等分法定位球罐各带组装位置（除赤道带外），保证椭圆度、上下弦口水平度、对口间隙、错边量、角变形等技术参数达到规范要求。

6）球罐内部作业平台采用脚手架、活动挂架等方式搭设。

3.5.3 技术指标

（1）《球形储罐施工规范》GB 50094—2010；

（2）《钢制球形储罐》GB 12337—2014。

3.5.4 适用范围

适用于 2000m³ 以上大中型混合式球罐的现场组装，2000m³ 以下中小型球罐组装可以参考实施。

3.5.5 工程案例

1. 重庆燃气集团头塘储备站 4 台 10000m³ 天然气球罐及 1 台 5000m³ 天然气球罐工程

（1）工程概况

头塘储配站球罐工程是重庆市主城区天然气系统改扩建工程的重要组成部分，是重庆市中、日两国环保城市示范项目。头塘天然气球罐是国内首次从材料、压制、设计、安装实现全面国产化制造的大型天然气球罐，在中国球罐制造史上具有里程碑意义。

工程自 2007 年 7 月开工，2008 年 7 月竣工，共包括 4 台 10000m³ 天然气球罐，直径 ϕ26800mm，1 台 5000m³ 天然气球罐，直径 ϕ21200mm，设计单位为合肥通用机械研究所，球壳板厚 38mm，材料 15MnNbR/07MnCrMoVR。

（2）施工工艺

1）施工工艺流程（图 3.5-2）

2）施工工艺

① 通过球罐基础中心圆测量方法结合柱腿中心距测量方法，精确控制相邻柱腿之间中心距和柱腿与基础圆半径距离，精确定位球罐柱腿位置。

② 采用弧长结合弦长综合检测球壳板方法，克服了由于球壳板在现场摆放产生的弹性变形引起测量误差，提高了球壳板检测的精度。

③ 在检查验收处理合格的球罐基础上直接安装球罐下支柱，搭设外脚手架，再将相邻两块带上支柱赤道带球壳板与下支柱组装，通过索具调整固定后，安装两块板之间的球壳板，随后依次组装完成赤道带组装，安装支柱拉杆固定，如图 3.5-3 所示。

④ 大中型球罐由于球壳板尺寸较大，以赤道带上口位置作为定位找齐基准，易将球壳板安装和制造中的误差累积到下口，影响了下温带或下极板同赤道带环缝组装间隙，通过预先在赤道带球壳板测量中确定球壳板经度方向中点，通过中点定位组对赤道带，将赤道带球壳板制造偏差均匀分配到上下口，较大程度

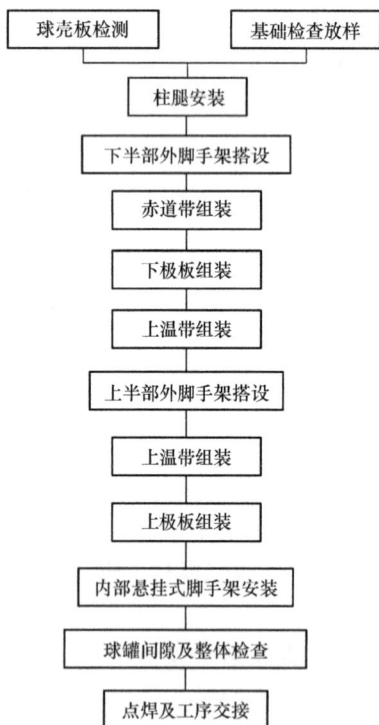

图 3.5-2 施工流程图

保证了组对质量，提高了组装效率如图 3.5-4 所示。

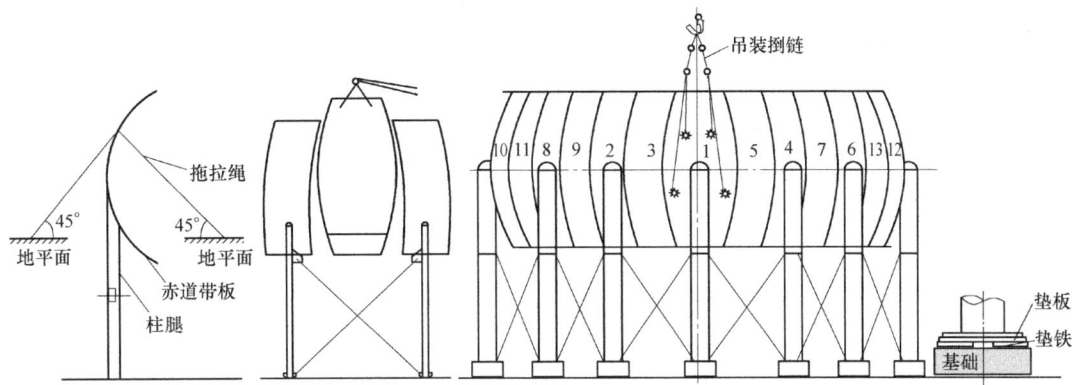

图 3.5-3　赤道带组装示意图

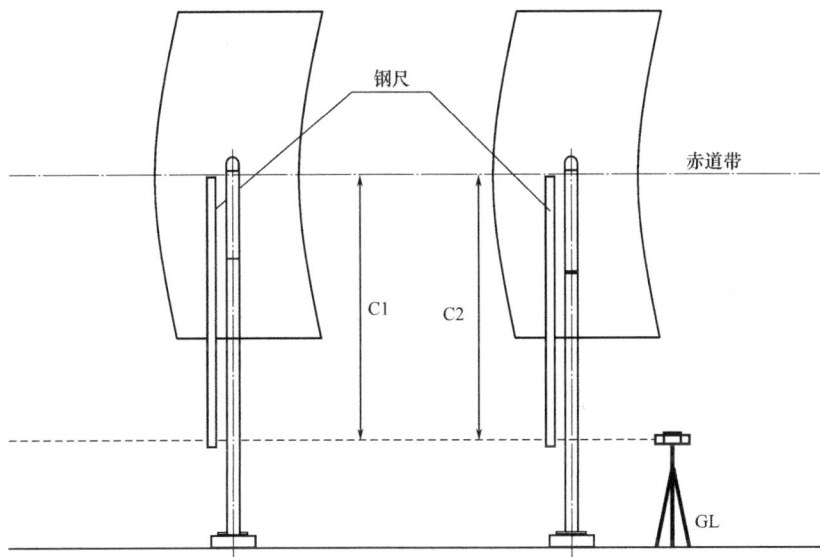

图 3.5-4　赤道带测量图

⑤ 赤道带是整个球罐安装的基准带，对于其他各带及整个球罐的组装质量影响很大，因此采用四等分法定位球罐各带组装位置（除赤道带外），将组装累积偏差分配到每块球壳板，保证椭圆度、上下弦口水平度、对口间隙、错边量、角变形等技术参数达到规范要求后再进行下一步组装工序。

⑥ 上温带板、下极板组装用卡具、索具与赤道带固定，依次组装，上极板下口与组装完成的上温带用卡具固定组装。

⑦ 球罐内部作业平台采用活动挂架搭设，节约了近 7t 脚手架材料。

（3）施工总结

施工中采用大中型球罐无中心柱现场组装技术，同时采用球罐内挂架，使球罐组装间隙调整科学便捷，减小了劳动强度、危险程度，提高了球罐组装的安全和施工效率，未发生任何安全、质量事故，经济效益和社会效益显著，推动了大型球罐全面国产化的进程。

2. 唐山燃气集团有限公司 4 台 5000m³ 球罐工程

（1）工程概况

该工程分为二期，一期为 2 台 5000m³ 天然气球球罐，开工日期 2008 年 9 月，于 2009 年 6 月完工，二期为 2 台 5000m³ 天然气球球罐，开工日期 2009 年 3 月，于 2009 年 8 月完工。总包及设计单位为合肥通用机械研究所，球壳板厚度 45mm，材料 15MnNbR，球罐直径 ϕ212000mm。

（2）施工工艺

1）施工工艺流程（图 3.5-5）

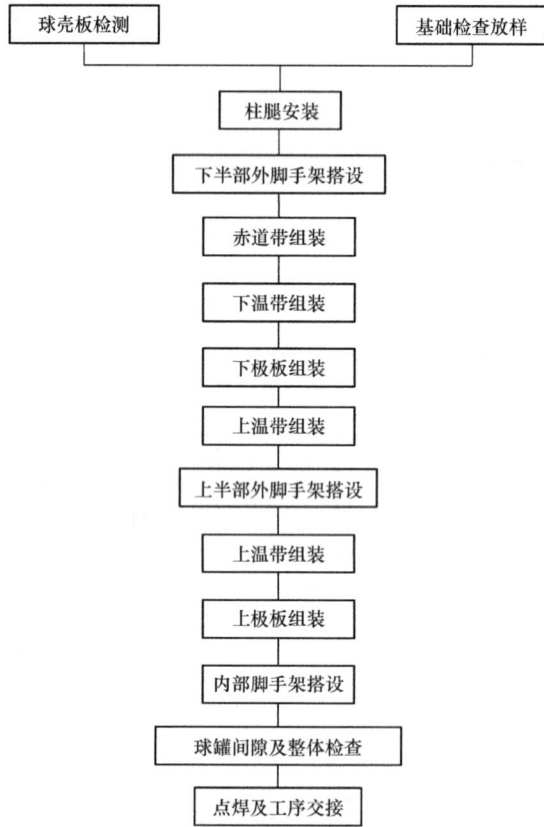

图 3.5-5　施工流程图

2）施工工艺

施工工艺方法与重庆燃气集团头塘储备站 4 台 10000m³ 天然气球罐及 1 台 5000m³ 天然气球罐工程工艺主体相同，不同之处在于采用内部满堂脚手架方式搭设。

（3）施工总结

施工中，采用了大中型球罐无中心柱现场组装技术，球罐组装方便，容易调整，能有效控制球皮的组对间隙和调整椭圆度，使组对允许偏差控制在规范要求值之内，同时减小了劳动强度，特别是施工危险程度，提高施工效率，使球罐安装安全可靠。

（提供单位：中国化学工程第十三建设有限公司。编写人员：李强、李小朋、曹顺跃）

3.6 大型原油储罐海水充水试验及防护技术

3.6.1 技术发展概况

按照《立式圆筒形钢制焊接储罐施工规范》GB 50128—2014 要求，储罐施工完成后须进行充水试验，用以主体及附属结构的强度、稳定性和严密性的检查，同时进行储罐基础沉降观测。但是原油储罐容量较大，整个罐区充水试验耗用淡水量大，费用昂贵，且充水试验后淡水回收困难。综合考虑各种因素，可在采取有效防腐蚀保护措施基础上，使用海水进行储罐充水试验。

使用海水进行原油储罐充水试验可以就地取材，大大节约成本，也减少了淡水资源的浪费。但是海水的电化学腐蚀作用较强，其具有如下腐蚀特征：

（1）海水中存在大量的 Cl^- 等离子，平均盐度为 3.5% 左右，对金属阳极阻滞作用小，会破坏金属表面的钝化层，促进海水中金属的腐蚀，尤其对中央排水系统保护铠和刮蜡板等不锈钢材质构件，腐蚀作用尤为明显。

（2）海水中的盐分基本都处于电离状态，是一种导电性较强的电解质溶液，腐蚀原电池效应十分明显，腐蚀微电池、宏电池的活性都很大。

（3）海水中含有一定量的氧，会促进氧的阴极去极化反应，促进腐蚀。

（4）海水中不同金属间很容易发生电偶腐蚀，即使两金属相距数十米，只要存在电位差并实现电联结，就可能发生电偶腐蚀。

（5）海水中含有多种微生物，微生物附着在钢板表层有可能造成钢板内外形成氧浓差电池腐蚀，某些微生物的生命活动会破坏金属表面的涂层，甚至引起涂层产生气泡或剥落。

为了防止储罐罐体及罐附件在海水充水试验时发生腐蚀，根据工程实际情况和以往施工经验，综合考虑多项因素，充水试验采用牺牲阳极保护法。牺牲阳极选用"铝-锌-铟-镉"铝合金块，尺寸为 $500×（115+135）×130mm^3$，单块重量不低于 23kg，符合国家现行《铝-锌-铟系合金牺牲阳极》GB/T 4948 要求。铝合金牺牲阳极块具有电容量大、驱动电位小、不易过保护、寿命长、效率高、价格适中等特点，在储罐临时、正式防护中得到广泛应用。

3.6.2 技术内容

（1）技术特点

原油罐区一般距离海边较近，采用海水进行充水试验，可以就地取材，大大减少淡水资源的浪费，海水的无限量供给也是保证工期的重要因素。综合考虑各种因素，在对储罐采取充分防腐蚀措施的条件下，使用海水进行充水试验，能源和环境保护措施投入少、成本大大降低、可有效保证施工工期，对储罐寿命、质量和使用性能以及周边环境亦无影响。

（2）技术应用

主要工艺流程：施工准备 → 充水试验 → 储罐放水 → 罐内清理 → 储罐检查。

3.6.3 技术指标

（1）《立式圆筒形钢制焊接储罐施工规范》GB 50128—2014；

（2）《立式圆筒形钢制焊接油罐设计规范》GB 50341—2014；

（3）《石油化工立式圆筒形钢制储罐施工技术规程》SH/T 3530—2011；

（4）《石油天然气建设工程施工质量验收规范 储罐工程》SY 4202—2019。

3.6.4 适用范围

适用于近海所有储罐工程，尤其适用于近海大型罐区。

3.6.5 工程案例

1. 中海港务（莱州）有限公司油品储罐建设项目

（1）工程概况

由中建安装集团有限公司总承包承建，本项目建设库容为 260000m³，共设 4 座 50000m³ 外浮顶原油储罐、2 座 30000m³ 外浮顶原油储罐及配套综合办公楼、原油泵房、消防泵房、汽车装车设施、污水提升泵站及事故水池、库外管廊、泊位改造等，属一级石油库。该项目紧邻海边，采用海水进行储罐试压如图 3.6-1 所示。

图 3.6-1 项目总体鸟瞰图

（2）技术应用

1）施工准备

在原有牺牲阳极基础上新增不少于 25 块牺牲阳极块，其中 4 块焊接于浮船下表面，新增牺牲阳极块焊接位置均匀分布；新增牺牲阳极块在试水时和投产后均能对储罐起到保护作用，试水完毕后不拆除；将储罐除进出水口外所有罐壁开孔用盲板进行临时封堵；中央排水系统保护铠和刮蜡板等不锈钢材质构件表层均匀涂抹一层黄油，进行密封保护；安装临时试水管线和管道泵，要求管道泵能在海水环境稳定工作；试水管线端部安装不同目数的多级滤网，对进入试水管线的海水进行过滤；修建一座容量 300m³ 的沉淀池，用于海水沉淀后排出。

2）充水试验

按照《立式圆筒形钢制焊接储罐施工规范》GB 50128—2014 和设计要求进行充水试

验，充水过程中，进行罐基础沉降观测，同时检查罐体强度及严密性、浮船升降试验及严密性、中央排水系统严密性等。

3）储罐放水

充水试验完毕后，需对储罐进行放水，对于1/2h液位以上海水，向另一台需要试水的储罐利用自然压力倒罐；1/2h液位以下海水，由管道泵泵送至另一台需要试水的储罐；最后一台储罐中的海水，需用管道泵泵送至沉淀池内，经有效沉淀之后排入大海，避免造成环境污染。储罐放水时应在达到浮船支柱调整水位时暂停放水，待所有浮船立柱调整完毕后再行放水。

4）罐内清理

放水完毕后，使用清洁淡水对罐内所有与海水接触部位进行反复清洗，如有必要可使用高压水枪，冲洗完毕后对罐内进行彻底清扫。待所有储罐试水全部完成后，将临时试水管线和管道泵拆除。

5）储罐检查

浮船下表面存在大量焊缝间隙，须用清洁淡水对焊缝间隙内进行反复冲洗，避免焊缝间隙内残存腐蚀介质；已涂刷防腐漆部位有可能出现油漆鼓泡现象，须对鼓泡处进行打磨，重新防腐；部分区域可能出现盐垢，须用清洁淡水进行反复冲洗和擦拭，避免影响后续防腐施工；所有牺牲阳极块表面均出现腐蚀情况，须清除表面的腐蚀层并用清洁淡水冲洗。

（3）施工总结

1）使用海水进行大型原油储罐充水试验方案可行，除后期冲洗、清罐外不再使用淡水，大大节约了淡水资源，降低了施工成本；

2）海水排出前在沉淀池内充分沉淀，排入大海后对环境无影响；

3）储罐充水试验过程中，通过增加有效防腐蚀措施起到了防护作用，对储罐寿命、质量和使用性能无影响。

（提供单位：中建安装集团有限公司。编写人员：马东良、刘长沙）

3.7 双排大口径（$\phi1370$）高水位流沙层热力管道沉管施工技术

3.7.1 技术发展概述

热电联产集中供热是国内外公认的节约能源、改善环境质量的有效措施，从热电厂到城市之间一般都有10~50km距离，热力管道一次网敷设就成了集中供暖中的重要环节，其中水稻田段，地下水十分丰富，水位较高，地表即可见明水，针对这一特定地质情况和施工难题，通过技术革新，突破传统下沟方式，开创了沉管法下沟的全新敷设管道方式，优化大口径热力管道施工工艺技术，提高安装效率，节约施工成本。

3.7.2 技术内容

（1）关键技术

1）采用长输管线下向焊焊接工艺控制焊接质量；

2）采用多台挖掘机同时开挖保证沉管能达到设计图纸埋深、间距要求；

3）用水平仪随时测量管道管顶标高，控制管道埋深；

4）稻田高水位流沙层段开挖方法研讨及实施；

5）工程顶管施工拟采用泥水平衡顶管施工。

（2）创新点

1）采用不降水多台挖机同时直接开挖双管整体沉管施工技术，减少降水难度及开沟塌方难题，保证沉管达到设计埋深、间距要求；

2）采用长输管线下向焊焊接工艺，沟上组对焊接，提高焊接效率，生产效率高，焊接质量好，焊接一次合格率高。

3.7.3 技术指标

（1）《城镇供热管网工程施工及验收规范》CJJ 28—2014；

（2）《油气长输管道工程施工及验收规范》GB 50369—2014。

3.7.4 适用范围

适用于大口径热力管线在水稻田、沼泽地、高水位流沙层等特殊地形地貌中的施工。

3.7.5 工程案例

1. 开封市城市集中供热管网二期工程

（1）工程概况

2017 年中国化学工程第十一建设有限公司承建了开封市城市集中供热管网二期工程。该工程双线敷设，管径 ϕ1220mm 主线全长 8600m，自国电投开封发电分公司为起始点，沿规划道路东京大道敷设至东环路交叉口为终点，共穿越 3 乡 9 个自然村。管道为 ϕ1220mm×14mm 双线敷设，采用高密度聚乙烯外护管聚氨酯泡沫塑料预制直埋保温管，外径为 ϕ1370mm×ϕ16mm，沉管段管沟全长 1200m，双管之间间距为 500mm，管线设计埋深为管顶 1.5m，作业带宽度 40m。

管网敷设处于顺河回族区土柏岗乡土柏岗村，全长 1500m，该段地势坦缓，地处黄河滩冲积流域，水资源丰富，地下水位高，全是流砂和砂质土，管沟无法成形，随挖随塌。如采用常规封闭式降水，大开挖沟下焊接的施工方法，降水周期长，且降水不能达到明显效果。

（2）技术应用

1）管道敷设原方案如图 3.7-1 所示：原方案为临时方案，为保证开封市本年度供暖，管道直接在地面敷设，考虑到热力管道自由热膨胀量约 1.38m，无法自然补偿，增加每组 8 个，共 2 组弯头做胀力补偿，另需在两端和中间部位堆积 200m² 的土堆压稳管道。此方法增加工程成本，供暖结束后还需拆除重新开沟敷设，如图 3.7-1 所示。

2）关键技术特点。

采用不降水整体双管直接开挖沉管施工方法，无降水难度，开沟塌方问题较少。该方法施工技术先进、可操作性强、操作简便、经济效益显著，降低工人的劳动强度。

3）施工工艺和过程。

① 施工作业带清理及围堰修筑

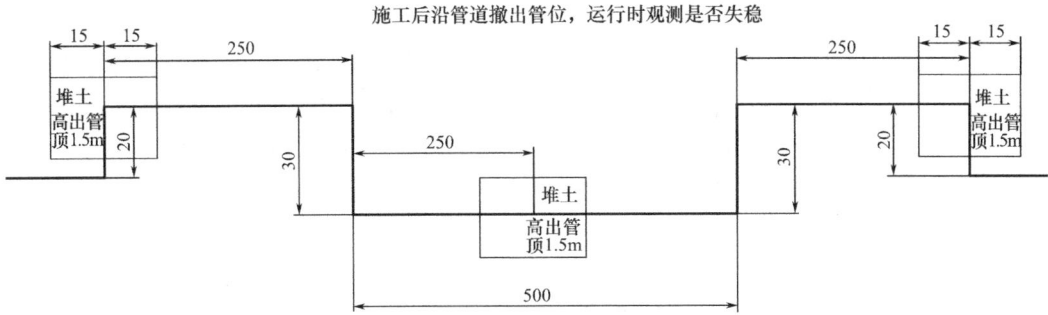

施工后沿管道撤出管位，运行时观测是否失稳

图 3.7-1　原标高设计方案示意图

临占地 40m 范围内，使用挖掘机进行扫线作业，清除作业带内的沟坎土堤和种植物等，保证车辆机械安全通行。在临占地 40m 范围内的边沿，使用挖掘机在作业带南北两侧修筑高 300～500mm 围堰，以防作业时所挖泥土超出作业带范围。

② 运管、布管

管道运输、布置使用自制炮车及挖掘机配合完成，因部分地区自制炮车无法行走，需铺设自制钢排。管道的布置要提前做好支撑墩和管道组对焊接时所用机械的行走道路，以便后期焊接如图 3.7-2 所示。

③ 组对、焊接

管道的组对严格按照焊接工艺进行，如图 3.7-3 所示。

图 3.7-2　运管布管图

图 3.7-3　管道向下焊施工图

④ 管道下沉（图 3.7-4、图 3.7-5）

图 3.7-4　管道开挖下沉

图 3.7-5　管道开挖下沉

523

采用多台挖掘机按前后布置从单侧开挖，开挖时分两层施工，第一层挖至见地下水处；第二层开挖深度至 3～3.5m。管沟开挖过程中，管道由于重力作用下沉；当挖掘机出现沉降时，应敷设管排；当管道因中间部位土不能下沉时，应采用 1～2 台高压水枪，将两管间下层泥土冲刷液化，使其流入两侧管沟中。管沟开挖后，管道下方会有 40～50m 的悬空段，此时应安排专人进行沟底平整，如有悬空，应加垫细土垫实。

⑤ 局部压载：

当局部管道由于下部泥水造成浮管不能沉入就位时，用配重块进行局部压载；配重块紧固要牢，防止配重块窜动，损伤保温层。

⑥ 埋深检查：

用水准仪对管道埋深进行检查，当埋深不符合要求时及时处理，达到要求后及时进行土方回填，如图 3.7-6、图 3.7-7 所示。

图 3.7-6　自制钢排防止挖机下陷　　　　　图 3.7-7　管道标高测量

⑦ 管间距调整：

当两管间距出现不允许偏差时，应采用固定管卡或加减丝杠进行调整。

（3）实施总结

1）提高焊接效率和质量：采用长输管线下向焊焊接工艺，沟上组对焊接，提高焊接效率，生产效率高，焊接质量好，焊接一次合格率高。

2）高效：采用不降水整体双管直接开挖沉管施工法，无降水难度，开沟塌方问题较少，比采用降水大开挖施工方法节约 20d。

3）技术成熟度：该技术通过总结多年热力管道施工经验，结合新型沟上焊接整体双管直接开挖沉管施工方法，形成双排大口径高水位流沙层热力管道沉管施工技术。该技术先进、操作简便、经济效益显著，是解决高水位流沙层热力管道沉管施工难题的有效施工方法。

2. 开封市西区供热长输主干网工程

（1）工程概况

工程起点从开封热电厂北侧围墙开始，由开封市东部向西部敷设，最终到达位于规划复兴大道北侧的隔压换热站南围墙，与隔压站厂区内管道相连接，管道采用高密度聚乙烯外护管聚氨酯泡沫塑料预制直埋保温管，双线敷设，管径为 $\phi 1420mm \times 18mm$，保温后外径为 $\phi 1666mm$，管槽总长约为 26.3km，双管之间间距为 500mm，作业带宽度 40m。

管网敷设处于顺河回族区土柏岗乡土柏岗村全长 3000m，该段地势坦缓，地处黄河滩冲积流域，水资源丰富，地下水位高，全是流砂和砂质土，管沟无法成形，随挖随塌。如采用常规封闭式降水，大开挖沟下焊接的施工方法，降水周期长，且降水不能达到明显效果。

（2）技术应用

关键技术、施工工艺和过程与开封市城市集中供热管网二期工程相同。

（3）实施总结

与开封市城市集中供热管网二期工程相同。

(提供单位：中国化学工程第十一建设有限公司。编写人：叶晓辉、张永昌、娄战士)

3.8 大型乙烯裂解炉整体模块化建造施工技术

3.8.1 技术发展概述

20 世纪 90 年代乙烯裂解炉对流段模块组开始以"管束加墙板"方式在工厂或现场箱式化制作，进入 21 世纪，随着乙烯装置生产规模达到百万吨级，对流模块组箱式化已成常规施工技术，并逐步发展了辐射段分段或成框、对流段钢结构成片或成框、烟道与钢结构成框等乙烯裂解炉主体分体模块化施工技术。本技术成功将单台产能 20 万 t/年乙烯裂解炉的辐射段（含衬里）、对流段（模块组及钢结构）、急冷换热器、烟道、汽包、上升下降管、转油线组成一个整体模块，首次成功实现了大型乙烯裂解炉整体模块化建造。

大型乙烯裂解炉整体模块化建造与以往传统的现场施工模式比较，大部分预制、组装施工在模块化基地完成，节省人力和机具等资源投入、减少高空作业、降低作业风险、保证施工质量、减少施工现场场地占用，在提高质量和工效、降低施工成本、缩短工期及绿色节能、环保、安全等方面具有显著优势。

3.8.2 技术内容

模块分段、分片以最大化在地面施工为原则，结合模块化基地到安装现场的水陆运输条件，确定大型乙烯裂解炉整体建造的范围和规模。可将每台裂解炉从柱脚过渡底板、辐射段、对流段、转油线、急冷换热器、汽包、上升下降管、炉本体仪表、顶层平台作为一个整体模块建造，单台炉子模块以竖向分为辐射段、对流段、集烟罩三大模块进行制作、总装。见裂解炉模块化建造分解示意图 3.8-1。

模块间垂直方向及片体与片体间连接采用焊接结构，水平方向连接采用高强度螺栓连接，将在地面上组装的模块以搭叠积木的方式进行总装，正式梯子、平台、栏杆同步安装并投用以及模块加固、海运陆运、顶升安装就位。

3.8.3 技术指标

（1）临时基础的安装精度，水平度控制在 ±0.5mm，轴线间距 ±3mm。

（2）炉膛模块吊装到临时基础上，要保证各立柱的中心须与临时基础顶板中心线对齐。

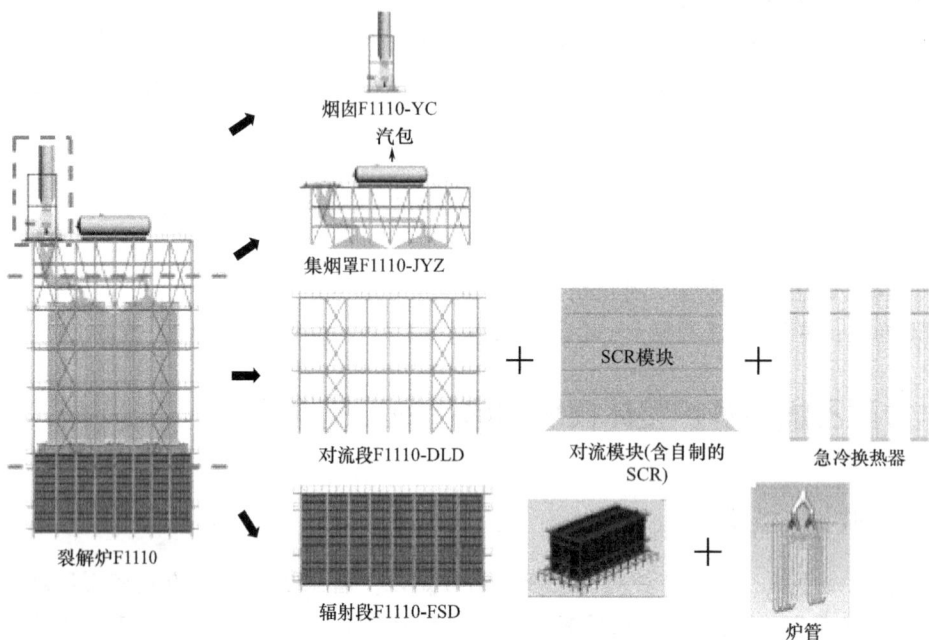

图 3.8-1 裂解炉模块化建造分解示意图

（3）下部对流段"回"字形框架与箱式对流模块端柱的最大间距在30mm内。

（4）辐射段、下部对流段、上部对流段模块分别就位后采用激光经纬仪检查其标高、垂直度及总体尺寸，三段总装成整体后需对整体方位及垂直度进行检查和校正。

（5）防止焊接收缩，以中心柱为定位基准，向两端依次放大5mm。

（6）采取对称焊、分段焊、加设防变形板等方法防止壁板、柱、梁焊接变形。保证炉膛、密封焊部位的焊接质量，必要时进行渗透、试水检验。

（7）长41m、高53m、宽21m、重达3689.6t的裂解炉整体模块现场安装位，须控制其轴线间尺寸偏差在±5mm以内。

（8）模块化设计、临时基础、加固、装配、总装、称重、陆运、上下船、海运、顶升安装应保证整体模块的强度和稳定性。注重成品保护，尤其是辐射炉管、衬里、电仪设备。

3.8.4 适用范围

适用于模块化建造基地至装置现场具备整体水、陆运输条件，现场施工条件受限，工期要求紧的国内外大型裂解炉模块化建造与交付，也适用于其他类似工业炉或装置的模块化建造与交付。

3.8.5 工程案例

1. 浙江石油化工有限公司 F-1110 重油 20 万 t/年乙烯裂解炉工程

（1）工程概况

浙江石油化工有限公司 4000 万 t/年炼化一体化项目一期工程 140 万 t/年乙烯装置的 9

台 20 万 t/年乙烯裂解炉，采用 S&W 专利技术，共分三种炉型：USC 224 重油炉 2 台、USC 224 轻油炉 5 台、USC 64W 气体炉 2 台。惠生工程（中国）有限公司负责模块化设计、施工、安装、检验、验收、运输、现场就位等工作，实施 PC 总承包，以整体模块化的方式建造施工。

首台 F-1110 重油 20 万 t/年裂解炉整体模块长 41m、高 53m、宽约 21m、重达 3689.6t，于 2017 年 9 月 28 日开始预制，2018 年 2 月 6 日具备发运条件，并在 2018 年 3 月 16 日成功装船，3 月 22 日发运，3 月 25 日在浙江省舟山市岱山县鱼山岛项目现场 SPMT 挂车顶升法成功安装就位。

（2）技术应用

1）大型乙烯裂解炉整体模块化建造特点难点

裂解炉模块整体组装、称重、陆运、上下船、海运、顶升安装全程保证整体模块的强度和稳定性。

临时基础的设计与制作与现场正式基础参数一致，充分考虑运输工具 SPMT 全回转全挂车的性能参数；钢结构模块在制作完成后保证安装精度（平整度、垂直度）变形的控制。

模块分段预制完成后进行整体总装，分段以最大程度在地面完成为原则。

2）关键技术特点

临时基础、海运工况下的结构建模计算和加固、运输托架计算和设计、衬里和炉管保护、SPMT 运输和顶升安装等技术。

利用 StaadPro、Tekla、SP3D 等三维数字化建模分析，采用惠生自主研发的裂解炉模块整体加固、运输加固等建造新技术。

临时基础和桁架之间采用多种连接方式，能够在短时间内完成结构临时基础的布置。解决大型结构异地建造过程中对临时基础快速布置和满足运输车辆对运输净空的要求以及节约了施工过程中辅助材料利旧的技术问题，对于大型结构异地建造的进度、质量和费用控制有非常积极的意义。

模块建造、运输使用的辅助支架钢结构，在 SPMT 运输、海运运输及建造过程中，起到了分摊荷载、防止倾覆的作用，使大型整体模块的建造和运输得以实现。

加热炉砖墙衬里的运输保护系统从砖墙外表面由内而外包括：防护层、支撑层、垫板，保护砖墙在长途运输过程中不会受到破坏。

海运过程中绑扎的模块柱脚固定非常关键，选用柱脚海上系固止动板，将惯性力、风作用力和波溅力三力的总和传到船体上，以保证船、模块的刚性系固。

裂解炉整体模块安装就位时，采用 SPMT 挂车车组液压系统，逐次平稳升降，可最大程度消除安装误差和安全隐患，使得安装后的立柱柱脚精准就位。

3）施工工艺和过程

① 裂解炉整体模块建造工艺流程（图 3.8-2）

② 建造工艺过程概述

a. 钢制临时基础。主要包括基础和基础间加固桁架，结合基础现场施工参数和 SPMT 挂车的升降范围，设计制作基础，将其放置在承重混凝土地面上。

b. 辐射段包括两个炉膛、横跨段、辐射炉管。炉膛侧墙、端墙、炉顶、炉底，均分

```
┌─────────────────────┐
│    整体模块化设计     │
└─────────────────────┘
   │       │        │
┌──────────┐ ┌──────────┐ ┌──────────┐
│ 临时基础制作 │ │ 炉体模块建造 │ │ 运输托架制作 │
└──────────┘ └──────────┘ └──────────┘
              │
       ┌─────────────┐
       │  辐射炉膛就位  │
       └─────────────┘
              │
       ┌─────────────┐
       │  横跨段安装   │
       └─────────────┘
   │          │            │
┌──────────┐ ┌──────────────┐ ┌───────────────────────┐
│辐射段炉管吊装│ │对流段模一、模二安装│ │辐射段A′/K′、运输托架安装│
└──────────┘ └──────────────┘ └───────────────────────┘
              │
       ┌──────────────┐
       │ 对流段框架安装就位 │
       └──────────────┘
   │          │              │
┌──────────┐ ┌──────────────┐ ┌──────────┐
│ 辐射炉管焊接 │ │SCR、模四、模五安装│ │ 辐射炉膛衬里 │
└──────────┘ └──────────────┘ └──────────┘
              │
       ┌─────────────┐
       │  集烟罩安装   │
       └─────────────┘
   │              │
┌──────────────────┐ ┌──────────────────┐
│上升/下降、横跨管安装 │ │A′/K′安装及结构完善│
└──────────────────┘ └──────────────────┘
              │
       ┌──────────────┐
       │ 裂解炉模块运输加固 │
       └──────────────┘
              │
       ┌──────────────┐
       │ 裂解炉模块称重装船 │
       └──────────────┘
              │
       ┌─────────────┐
       │ 裂解炉模块运输  │
       └─────────────┘
              │
       ┌──────────────┐
       │裂解炉模块卸船、陆运│
       └──────────────┘
              │
       ┌──────────────┐
       │ 裂解炉模块就位安装 │
       └──────────────┘
              │
       ┌──────────────┐
       │风机、烟囱安装及完善│
       └──────────────┘
```

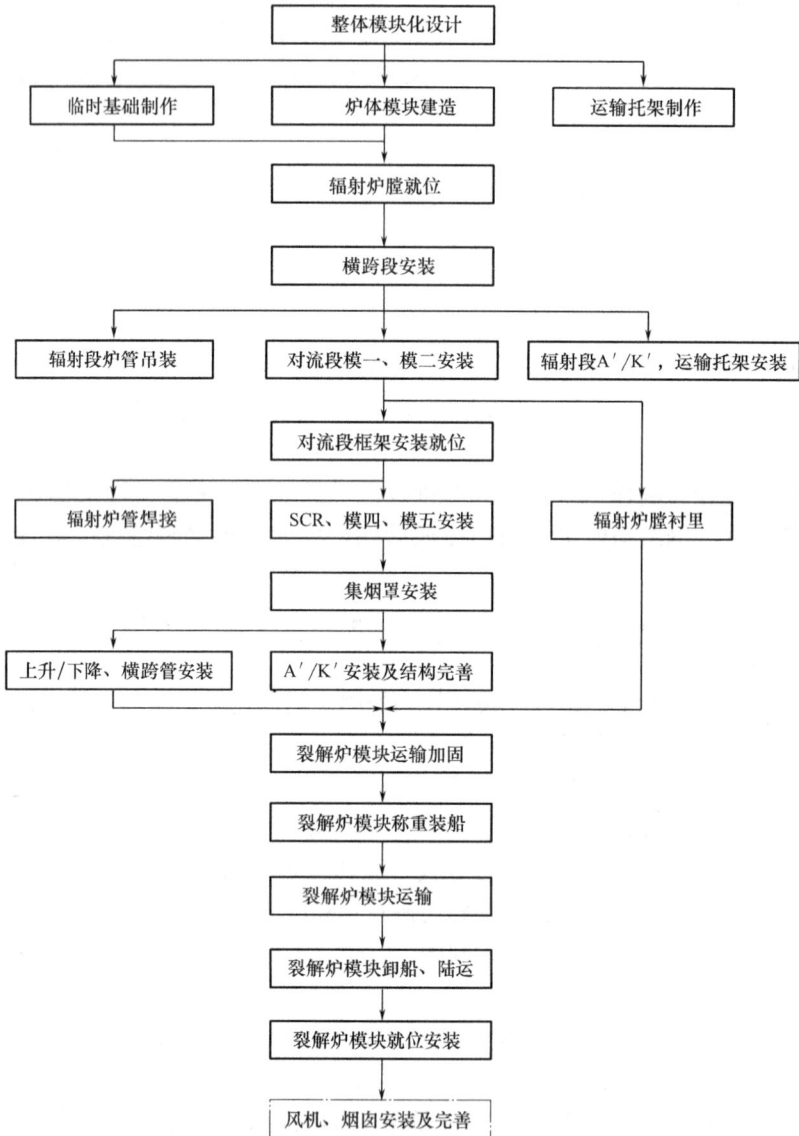

图 3.8-2　裂解炉整体模块建造流程图

片在地面胎具上制作及焊接衬里锚固件，片体卧式合拢组装成一个箱体，整体吊装到临时基础上。横跨段分片预制，待两炉膛在临时基础就位后安装。

c. 下部对流段模块主要包括对流模块组、对流段钢结构框架和急冷换热器。对流模块组工厂制作成品到货，对流段钢结构框架制作在地面胎具上完成，急冷换热器水平安装固定在结构框架上并做好临时支撑，正式通道、梯子、平台、栏杆等同步安装。

d. 上部对流段内框架采用地面卧式建造工艺，各部分的片体在地面制作，集烟罩、烟道安装于内侧片体上后衬里，衬里自然干燥后将内框架段立起来，用激光经纬仪复测框架尺寸，总装外框架，铺设 50m 顶层平台钢格板，汽包吊装就位。

e. 炉管安装，炉管就位于辐射室炉膛中心处，并将其临时固定，防止炉管倾斜和变形。上部对流段模块安装后，以炉膛中心线为基准，对急冷换热器精确找正固定后，完成辐射炉管每根出口管与急冷换热器每根进口管的对口、焊接。

f. 裂解炉模块加固，是大型模块化建造的主要技术措施之一。模块在建造、运输过程中，需采取专门的加固措施以保证模块建造全过程的稳定性。模块本体的加固结构全部采用高强度螺栓连接，便于安装、拆卸和重复利用，并能根据模块加固需要进行组合。需对辐射段炉膛衬里、辐射炉管、安装的电仪设备等进行专门加固保护。

g. 利用 SPMT 挂车和梅特勒·托利多称重传感器称重分析系统确定模块的重量、重心位置和运输横梁处的实际受力情况，验证模块受力计算的准确性和加固措施的适用性。

h. 模块运输，陆上采用 SPMT 自行装卸式运输车，海上采用 18000t 级自航驳船，一船一件的运输方案。

i. 海运柱脚海上系固止动压板技术。模块柱脚采用安装在船上的止动压板进行固定，运输桁架外侧四周用斜杆铰接支撑。裂解炉模块与船体绑扎固定为一个整体，使模块海上运输安全可靠。

j. 用 SPMT 挂车装卸船，驳船为 T 靠，SPMT 挂车从船尾上下。

k. 运输道路承载能力应达到 $12t/m^2$ 以上，路面应板结或硬化，道路横坡应不大于 2%，纵坡应小于 3%，道路宽度应不低于 24m。

l. 整体模块安装就位。确定进车路线，模块就位重点考虑水平位置控制、标高控制，SPMT 调节控制精度满足 5mm 内轴线偏差要求。

③ 辐射段模块化建造

a. 在临时型钢胎具上进行片体制作，胎具整体平面度控制在 ±3mm。片体尺寸 32.4m（长）×15.6m（宽），边柱为大规格 $H700×500×80×50$ 焊接 H 型钢。墙板整片制作过程中需通过考虑焊接收缩、留足焊接余量和采取对称焊、分段焊、加设防变形板等措施防止产生焊接变形，以保证墙板的几何尺寸与平整度。

b. 辐射段包括两个炉膛、横跨段、辐射炉管，见辐射段示意图 3.8-3 所示。炉膛侧墙、端墙、炉顶、炉底在地面分片整体制作，片体制作完成后，焊接衬里锚固件，片体合拢卧式组装成箱体，整体吊装到临时基础上。炉膛箱体在地面整体制作，如图 3.8-4 所示。横跨段分片预制，待两炉膛就位后安装。

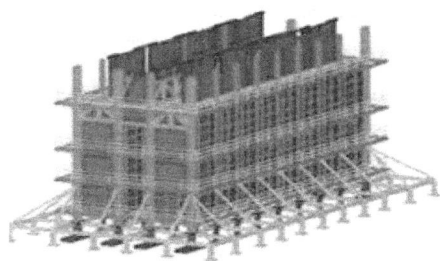

图 3.8-3 辐射段示意图

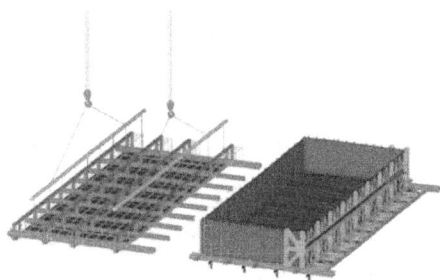

图 3.8-4 炉膛箱体地面制作示意

c. 辐射段箱体模块吊装到临时基础上时，要保证各立柱的中心与临时基础顶板中心线对齐，并用激光经纬仪测量立柱的垂直度与标高，检验合格后，用卡板把立柱过渡底板与临时基础顶板之间进行固定。

d. 辐射炉管工厂制造、成组交付。炉膛在临时基础安装就位后，把辐射炉管吊装进炉膛，并将其临时固定在辐射段炉顶结构上，急冷换热器就位后，以炉膛中心线为基准调整炉管与急冷换热器进口管的水平、垂直定位尺寸，完成炉管组对与焊接。

e. 辐射室衬里在辐射炉管临时就位、横跨段完善后施工。衬里施工前及施工过程中，辐射段炉顶及对流模块组安装位置应采取防雨措施，为便于对衬里的防护，可就位 1～2 组箱式对流模块后开始衬里。

④ 下部对流段模块建造

a. 下部对流段模块主要包括箱式对流模块组、对流段钢结构框架和急冷换热器。箱式对流模块组由工厂制作、成品到货。对流段钢结构框架制作在地面胎具上进行，急冷换热器水平安装在框架片体上（图 3.8-5），并做好临时支撑，正式通道、梯子、平台、栏杆等同步安装。

b. 附带急冷换热器的下部对流段两侧框架吊装在临时支墩上合拢（图 3.8-6），在临时支墩上对框架进行找正，每根立柱外侧拉设钢丝缆风绳，钢丝绳中间通过花篮螺栓进行连接和锁紧调整，以保证组装的垂直度。临时基础也要设置底板的调整螺母，以保证组装水平精度。

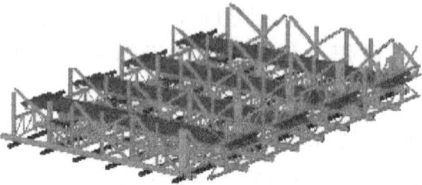

图 3.8-5　急冷换热器在地面水平安装

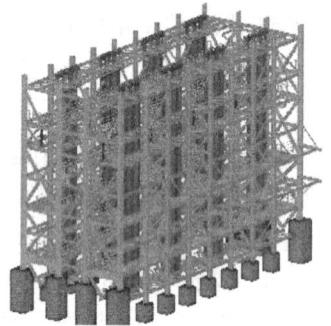

图 3.8-6　对流段框架地面合拢

c. 对流段框架组装完成，形成一个"回"字形框架模块，利用 800t 龙门吊就位到辐射段框架立柱上，进行两外侧轴线 22 根柱子精准对口，对流段结构框架立柱与辐射段所有立柱的接口应对齐。中间轴线与下部箱式对流模块短柱连接，"回"字形框架与箱式对流模块端柱的最大间距为 30mm，安装精度要求高，整体用激光经纬仪检查控制立柱垂直度与标高，待检查合格后，用卡板焊接固定上下节柱子，方可焊接。

⑤ 上部对流段模块建造

a. 上部对流段模块主要包括对流段钢结构框架、集烟罩、烟道、汽包平台和汽包。集烟罩和烟道内框架采用地面卧式施工工艺，集烟罩、烟道卧式安装于内侧片体（图 3.8-7）。集烟罩、烟道直接与内框架做成一体，合拢完成内框架（图 3.8-8），进行集烟罩、烟道衬里，待衬里自然干燥后，再将内框架段立起来，复测尺寸，总装外框架。

b. 集烟罩与对流段模块采用螺栓连接，应保证集烟罩的组对精度。建造方法为先内后外，优先保证内框架尺寸，再以内框架尺寸为基准定位外框架尺寸。

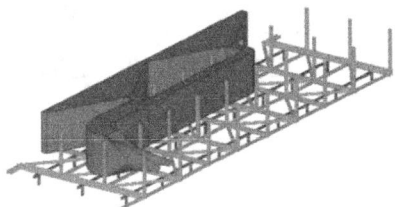

图 3.8-7　集烟罩、烟道卧式安装于内侧片体

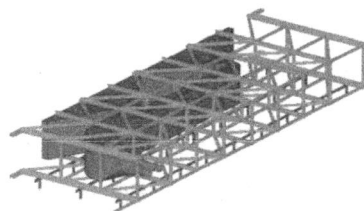

图 3.8-8　合拢完成内框架

c. 利用 200t 龙门吊吊装集烟罩内框架、外框架进行合拢（图 3.8-9），并用激光经纬仪检查立柱垂直度与标高，待检查及调整合格后，铺设 50m 层平台钢格板，吊装汽包就位（图 3.8-10）。

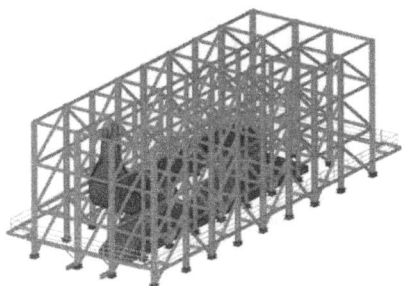

图 3.8-9　集烟罩内框架与外框架合拢

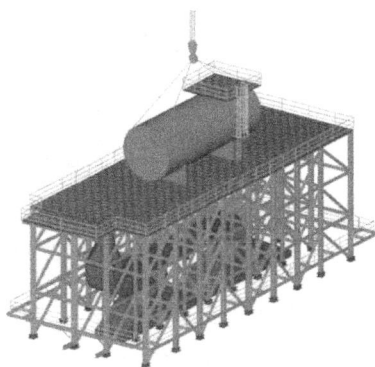

图 3.8-10　汽包吊装就位

⑥ 裂解炉整体模块化总装

a. 裂解炉整体模块总装示意图，如图 3.8-11 所示。

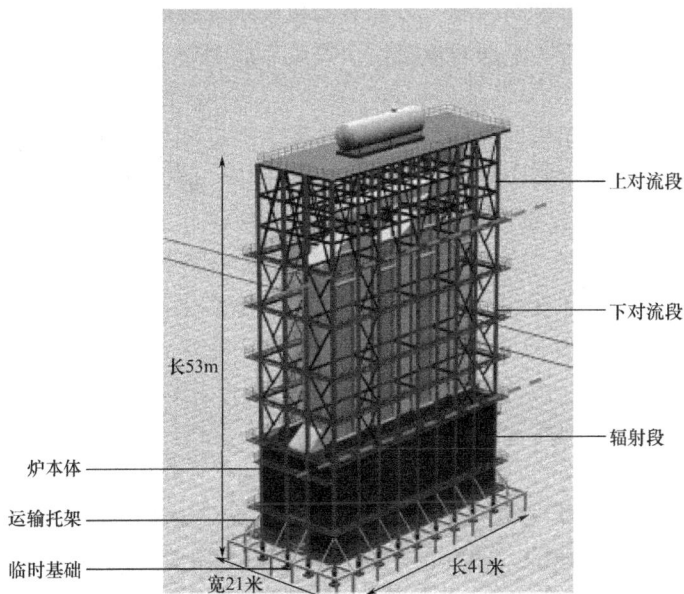

图 3.8-11　裂解炉整体模块示意图

531

b. 在临时基础上进行裂解炉模块化总装，从下至上安装辐射段、加固运输支架、下部 2 个箱式对流模块、下部"回"字形对流模块、上部 3 个箱式对流模块、上部对流段模块。

c. 利用 200t 龙门吊进行辐射段炉膛模块的就位，裂解炉模块加固及运输托架在下部对流段模块安装前安装到辐射段模块上，以增加稳定性。

d. 在安装下部箱式对流模块前应先复测过渡段桁架顶部与对流段模块连接平面的标高、水平度及平面尺寸符合设计和施工规范要求时，方可进行吊装。安装下部两个箱式对流模块（图 3.8-12），模块间及模块与过渡段顶面连接板的螺栓孔采用配钻，匹配安装，螺栓连接。下部对流段"回"字形框架模块吊装，找正焊接后，再进行上部的三个箱式对流模块安装就位（图 3.8-13）。

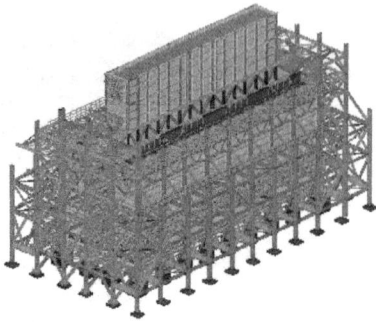

图 3.8-12　下部箱式对流模块安装

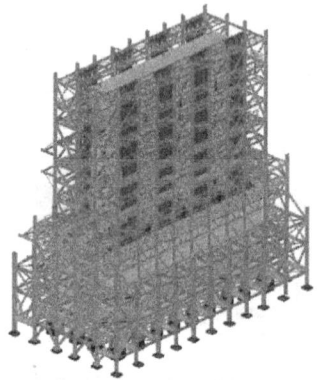

图 3.8-13　上部箱式对流模块就位

e. 上部对流段模块利用 800t 龙门吊整体就位，上部与下部对流段模块的 44 根立柱接口必须对齐，保证立柱垂直度与标高。上部对流段模块安装前应在下部对流段模块安装全部完成并且验收合格后进行，上部对流段模块安装后应对整个对流段进行整体方位及垂直度的检查和校正。

f. 辐射炉管挠性大，吊装时应使用抬尾吊车配合，防止炉管在吊装过程中产生拉伸及塑性变形。炉管吊装及临时固定时避免炉管直接和碳钢、镀锌材料接触。

g. 辐射炉管在上部对流段模块就位前吊装进辐射室内，并放置在辐射室中心，应采取临时固定炉管防止其倾斜。以炉膛中心线为基准，对急冷换热器精找固定后，将对应的每组辐射炉管临时加固全部拆除，每组辐射炉管与急冷换热器对口焊接。

h. 上、下对流段模块在地面组装时，将上升管/下降管放置于框架平台上，并临时固定，以减少高空穿管作业。应先安装管道的弹簧吊架，并将其固定块调整锁紧在冷态位置，从汽包和急冷换热器两侧开始向中间进行配管。

⑦ 整体加固与称重

a. 因制作条件、受力状况和正常使用工况不同，需对裂解炉整体模块采取相应的加固措施以保证稳定性，加固辅助支架全部采用高强度螺栓连接，方便安装、拆卸和重复利用，并能根据模块需要任意组合。

b. 在运输过程中，需对辐射段炉膛衬里、汽包、急冷换热器、辐射炉管以及电仪设备等进行加固保护，加固钢材、尼龙绑扎带、木板和聚氨酯泡沫板等保护措施材料可以循环重复利用。

c. 采用 4 列 SPMT 挂车顶升模块，对裂解炉模块的柱脚处和运输横梁处进行称重，在支墩上安装称重传感器，采集各称重传感器的读数，通过 SPMT 挂车和 Loadcell 称重分析系统来确定模块的重量、重心位置和运输时运输横梁处的实际受力。

d. 清理模块制造场地，待 SPMT 挂车进入到模块底部预留配车顶升位置，工装就位后用 SPMT 挂车顶升模块，清理模块原建造位置的支腿，把传感器和底部支墩按照图纸摆放在相应的位置，需要重新整理一下模块底部的垫铁，待 Loadcell 放置在相应的位置后，车板下降，待模块与车板分离，完全落在 Loadcell 上面后，读出相应的数值，记录好数据之后，把 Loadcell 旋转 120°，称重连续进行 3 次，完成称重后，将三次得出的模块称重数据，取平均值得出测试报告。

e. 通过 SPMT 挂车将整体模块装船后，整体模块就位于船上的止动压板上，柱脚采用止动压板固定，运输桁架外侧四周用斜杆铰接支撑，SPMT 挂车开出工装通道后，对四趟滑道基础进行肘板焊接，海固（绑扎）完成。船体自重 6000t，压舱水 4000t，裂解炉整体与船体绑扎固定后形成一个整体，整体重心降至 11.6m，确保模块安全运输。

⑧ 模块陆运与海运

a. 根据惠生舟山预制基地和浙江石化现场码头的实际情况，确定了陆上采用自行装卸式模块运输车、海上采用 18000t 级自航驳船、一船一件的运输方案。运输车配车方案采用 4 纵列共 136 轴 544 只轮胎 360°全回转 SPMT 挂车装载，依据设备左右对称布置。

b. 模块重量大，惯性力大，货物重心高，陆运需要低速起升，减小动载荷，需要精细操作减小冲击载荷，达到 7 级风时停止一切作业。运输道路承载能力应达到 $12t/m^2$ 以上，路面板结或硬化；道路横坡应不大于 2%，纵坡应小于 3%；道路宽度应不低于 24m。

c. SPMT 挂车自身液压调整，保证车板的平面度。在挂车上安装数字式水平尺，实时监测运输车辆的水平状态并及时调整。

d. 装卸船时，驳船为 T 靠，SPMT 挂车从船尾上下，根据潮汐以及船舶调载情况，适时铺设跳板，通常选择涨潮时车组上船，落潮时车组下船。上下船过程中，实时监测岸跳板与前沿及船艉形成的高度差，高度差应控制在 ±200mm 以内，并且通过压舱水调节，保持船首高于船尾的姿态。

⑨ 整体模块安装就位

a. SPMT 挂车进入装置区转角、装置区内车组回转及就位场地平整至同一标高（炉子基础顶面至地面距离 1.9m），进车就位前，结合 SPMT 挂车的自身调整范围，前后、左右及上下的调整量都是精准就位的指标，4 纵列小车必须行动一致，顶升和下降时保证车板的水平度。

b. 选取两端三个基础为基准，在事先装好的柱底板上画出过渡底板的位置框线，确定进车路线，模块就位重点考虑水平位置控制、标高控制，SPMT 调节控制精度满足 5mm 内轴线偏差要求，实现了整体精准就位，提高了安装质量。

c. 通过 SPMT 挂车就位后，焊接两端八个大柱脚，见图 3.8-14，整体模块上的过渡底板图 3.8-14 件④与正式底板件⑤焊接，SPMT 挂车开出，焊接肋板，其他中间柱脚焊接，焊接采用二氧化碳气体保护焊。柱脚焊接一定数量，整体稳定安全后，拆除运输支架和托架。现场完成燃烧器、空气预热器、烟筒安装。

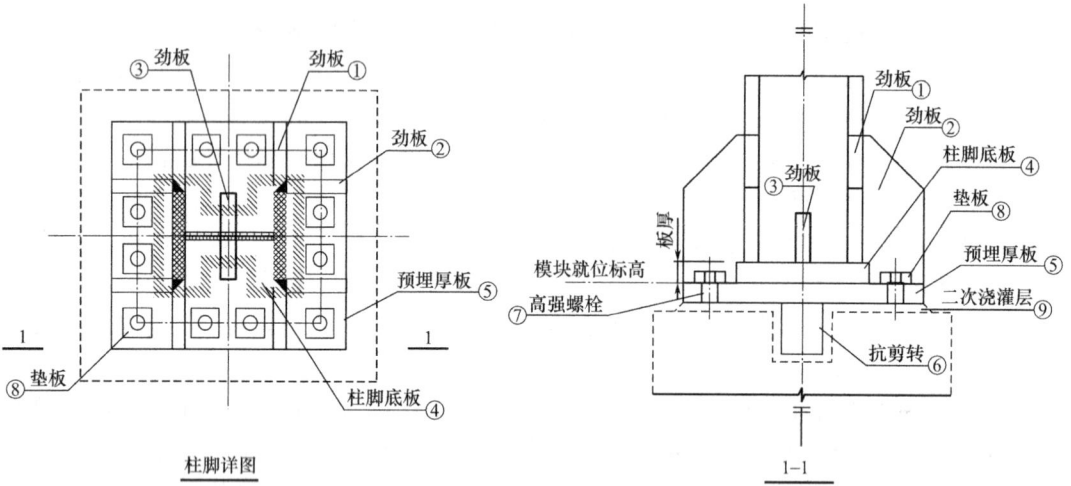

图 3.8-14　现场基础就位端柱柱脚图

（3）实施总结

通过大型乙烯裂解炉整体模块化建造实践，研发了多项新技术，主要有临时基础、海运工况下的结构建模计算和加固、运输托架计算和设计、衬里和炉管保护、SPMT 运输和顶升安装等技术，保证了裂解炉整体模块制作、总装、运输、就位全过程中钢结构、炉壁板、衬里、管道、炉管等的安装质量。

模块分段、分片以最大化在地面施工为原则。辐射段、下部对流段、上部对流段模块在地面组装，附属设备同步安装，三段分别整体吊装就位，减少了高空及立体交叉作业，降低了结构、设备安装难度及安全风险，施工工效显著提高。

梯子、平台、栏杆在地面预制后与模块同步安装并投用，结合采用工装脚手架，减少了脚手架满堂与高空搭设。

运用 SPMT 全回转挂车实现整体称重、上下船、运输与现场安装就位，减少了大型吊车使用，提升了裂解炉整体建造的质量并解决了项目工期紧、现场场地不足等问题。

2. F-1120/F1130 重油、F-1140/F1150/F1160/F1170 轻油、F-1180/F1190 气体 20 万 t/年裂解炉工程

F-1120/F1130 重油、F-1140/F1150/F1160/F1170 轻油 20 万 t/年裂解炉整体模块均约长 41m、高 53m、宽 21m、重达 3689.6t，F-1180/F1190 气体 20 万 t/年整体模块长 34m、高 54m、宽 21m、重达 3352.4t。这 8 台裂解炉均采用本技术于 2017 年 9 月开始预制、组装，分 8 船运输，在 2018 年 7 月～11 月在鱼山岛项目现场成功安装就位。

总之，惠生工程（有限）有限公司缜密策划、精心组织，高质量完成 9 台 20 万 t/年乙烯裂解炉整体模块建造、发运和就位。与以往现场施工或分体模块预制现场安装模式相比，该技术具有施工技术先进、降低施工难度、减少施工人力机具投入、作业安全风险低、工程质量好、工期短的特点，节能、节地、绿色施工、减轻现场环境压力，其经济、安全、环保、社会效益突出。

（提供单位：惠生（中国）工程有限公司。编写人员：刘英华、王明春、王志成）

3.9 悬浮床（MCT）油品加氢装置施工技术

3.9.1 技术发展概述

悬浮床（MCT）技术处理渣油，生产清洁汽、柴油，可以简化工艺流程、节省投资，提高收益率。各种油品转化率均达到96％～99％（其中，轻油收率达92％～95％），远远高于传统技术70％以下收率。悬浮床（MCT）油品加氢装置关键施工技术的研发应用，攻克了悬浮床（MCT）主要核心设备冷壁反应器及内部结构的安装难题、高温高压不锈钢管道的焊接及稳定化热处理施工困难和高压系统氢气气密的施工难题，确保了施工质量，缩短了施工工期，节约了成本，为承接类似工程积累了经验，为悬浮床（MCT）油品加氢技术在我国的推广应用提供了技术保障。

3.9.2 技术内容

悬浮床（MCT）装置成套安装包括设备安装、管道安装、钢结构安装等，管道安装重点为：TP347高温（操作温度4700℃）、高压（操作压力22.5MPa）厚壁管道的安装、高压阀门（公称压力CL2500）的安装、高压法兰的安装、高压氢气气密；设备安装重点为冷壁反应器内衬筒的安装及注氢装置的安装。TP347管道焊接在此高温、高压、临氢的复合工况下，需进行焊后稳定化热处理，控制再热裂纹的产生；该高压系统依据工艺要求采用氢气气密，压力为20MPa，温度1500℃（投料后温度升至4120℃），施工中采用液压扳手、液压拉伸器进行螺栓紧固，金属环垫采用石墨带覆盖技术，降低了气密泄漏率；冷壁反应器内衬筒采用中空式安装，在高温状态下膨胀间隙的控制是保证施工质量的关键；冷壁反应器注氢点管口法兰安装时，采用石墨盘根及隔热纤维毡进行隔热、密封的新型施工方法，解决了冷壁反应器注氢点管口局部区域因温度差导致的晶间腐蚀现象。

3.9.3 技术指标

（1）内衬筒安装时，保证与隔热耐磨衬里间有20～30mm的间隙。

（2）内衬筒支耳安装时，保证其与设备内部配套支耳及浇筑料的间隙15mm。

（3）腰带板的安装，待设备隔热耐磨衬里施工完毕后，待浇筑料固化达到设计强度的70％以上后开始安装内衬筒连接板。

（4）在每层内衬筒（相邻90°各一个）上开一小孔，并在其上焊接略比其大的不锈钢短管作为套管，短管内插入直径更小的不锈钢管短管，插入管一端抵住设备衬里层，另一端与套管另一端平齐，此表示0位移量，在热态考核时反应器内部温度达400℃以上，内衬筒连同套管热膨胀，插入管探出部分即为热膨胀量，待温度完全降下来，进入设备内部测量、记录短管的位移量，即为热膨胀量，应不超过20mm。

（5）高压不锈钢管道设计温度大于350℃，其焊缝需进行焊后稳定化热处理，热处理温度为900℃，恒温至少3h；400℃后，升温速度定为应不大于200℃/h，不低于50℃/h，通过缓慢升温使各点的温差控制在80℃以内。在断电后保温条件下使温度降到700℃时（900～700℃范围内缓冷），再进行快速空冷，重复热处理次数不得超过2次。

（6）焊接采用分多层多道焊，层间温度控制在 100℃以下。

（7）氢气气密时，测氢气浓度低于 $30\sim60$PPm 为合格。

（8）手工钨极氩弧焊封底焊保证背面焊缝表面凸起不得超过 1mm。

3.9.4　适用范围

适用于加氢反应器及内部结构的安装及质量检测；不锈钢高压厚壁管道的焊接；规定需要稳定化热处理的不锈钢高温、高压管道；高压系统各种介质的气密施工及处理漏点的工程。

3.9.5　工程案例

（1）工程概况

鹤壁华石 15.8 万 t/年焦油综合利用示范项目，由北京三聚环保新材料股份公司和北京华石联合能源科技发展公司联合开发，是我国首套自主研发的采用悬浮床技术（MC-Tech）的煤焦油加氢装置，该装置以煤焦油和氢气为原料，生产国 V 柴油、汽油和轻质燃料油等清洁能源产品（图 3.9-1）。

图 3.9-1　鹤壁华石 15.8 万 t/年焦油综合利用示范项目主装置

悬浮床加氢成套施工技术包括：反应器安装与冷壁内筒体安装、高压加氢注入点处理、特殊短颈焊接阀门与管道焊接施工、高温高压加氢 TP347 管道焊接要点与焊后热处理措施、高温高压下以氢气为介质的系统压力试验技术。

（2）技术应用

1）悬浮床成套技术特点

悬浮床加氢成套施工技术包括：反应器安装与冷壁内筒体安装、高压加氢注入点处理、特殊短颈焊接阀门与管道焊接施工、高温高压加氢 TP347 管道焊接要点与焊后热处理措施、高温高压下以氢气为介质的系统压力试验技术。

2）关键技术

① 内衬筒安装前，衬里施工、烘炉施工均已结束且经验收合格；内衬筒施工中每个焊接均为隐蔽检查点。

② 内衬筒连接板在烘炉前已焊接完成，与衬里间隙已检查合格。

③ 在设备底部管线法兰处安装大功率鼓风机，保证内部空气流通。

④ 注氢装置管口探入管上石墨盘根要固定牢靠。

⑤ 手工钨极氩弧焊封底焊是保证焊接质量的关键，施焊时应严格按焊接工艺规定操作，保证背面成型良好，背面焊缝表面凸起不得超过 1mm。

⑥ 由于该不锈钢导热率小，为了获得一定尺寸的焊缝，同时防止产生过热现象，焊接时应选择比焊低合金钢小 10%～20% 的焊接电流，立焊、仰焊时应比平焊再减小焊接电流 15%～30%。

⑦ 奥氏体不锈钢焊接时不用预热，并将层间温度控制在 100℃ 以下，专人用测温仪进行监控，尽可能加快焊接接头的冷却速度。

⑧ 填充盖面采用多层多道焊，焊接过程中灭弧动作要快，不得随意拉长电弧；为获得高低均匀的底层焊缝，焊接过程中焊条端部距坡口根部以 1.5～2mm 为宜；多层焊的层间接头应错开。

⑨ 稳定化热处理前的焊接工序应严格控制，避免出现热裂纹的产生。热处理前将焊缝两侧不少于 150mm 范围内的油、漆等清理干净，将管道两端封死，防止管内空气流动。

⑩ 热处理温度为 900℃。400℃ 后，升温速度应不大于 200℃/h，不低于 50℃/h，恒温至少 3h。冷却时要快速空冷至环境温度。可采用管内通压缩空气，外面用压缩空气持续、均匀风冷，直至环境温度。空冷开始时温度应在 700℃。

⑪ 渗透检测缺陷显示累积Ⅰ级为合格。热处理曲线异常时，应重新进行热处理（同一焊缝稳定化热处理次数不得超过 2 次）。渗透检测发现缺陷要及时清除，如需要动火，则返修后要重新进行热处理。高压氢气气密螺栓紧固时，应用游标卡尺测量法兰间隙，防止螺栓受力不均，漏点无法紧固。

⑫ 高压氢气气密时，垫片、法兰密封面如有损伤不得使用，可联系厂家或研磨处理，直到清除缺陷。

⑬ 高压氢气气密过程中，采用复合气体检测仪检测漏点时，两法兰间隙要做好密封措施。

⑭ 螺栓紧固采用铜敲击扳手和铜锤或液压扳手、液压拉伸器等不会产生摩擦火花的工具，金属环垫在缠绕石墨带时要贴合平整、牢固。

3）施工工艺和过程

① 冷壁反应器内衬筒的安装

a. 悬浮床加氢装置核心设备冷壁反应器（图 3.9-2、图 3.9-3）为氢气、加氢油品、催化剂提供了反应场所，其内部反应温度为 450～470℃，工作压力 21.3～22.4MPa，其设备内部浇筑隔热耐磨衬里层和内衬套筒，内衬筒的安装避免了高温、高压介质进入设备后对其隔热耐磨衬里层的冲刷，有效地延长了隔热耐磨衬里层及设备整体的使用寿命；同时还能防止隔热耐磨衬里层因长时间冲刷作用，使其局部脱落后进入工艺管道，影响正常工艺生产。

b. 冷壁反应器内衬筒采用中空式安装（即：内衬筒与隔热耐磨衬里间有 20～30mm 的间隙），在高温状态下膨胀间隙的控制是保证施工质量的关键。其材质为 S31608，设备内部直径为 1180mm、人孔直径 504mm、设备高度为 18532mm，空间狭小，只能容纳 1 人进入设备内施工，其成套安装工艺流程如下：

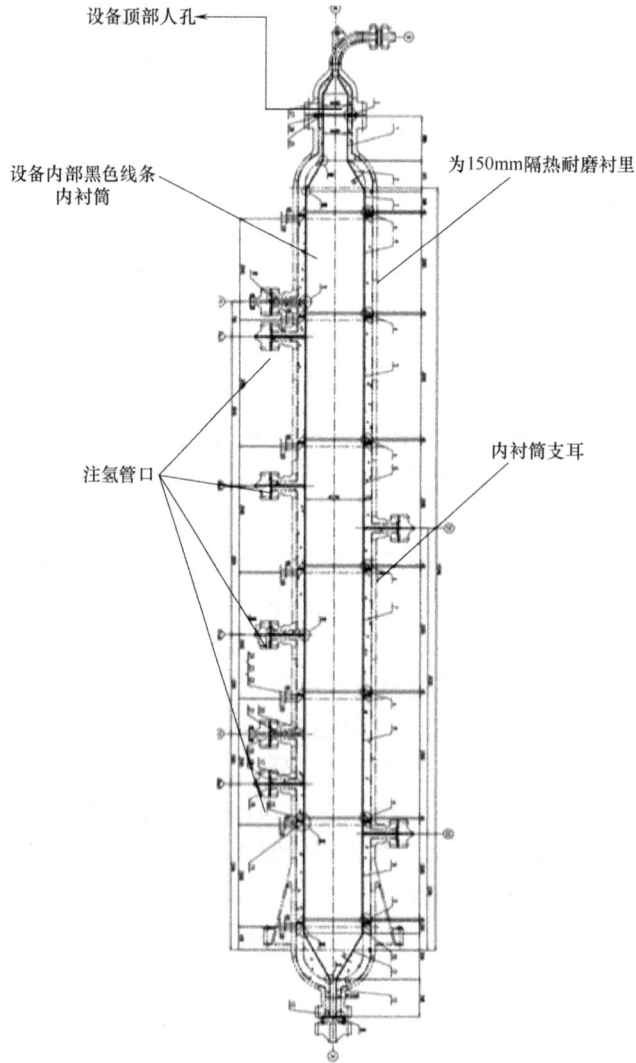

图 3.9-2　冷壁反应器外形及内部解构图

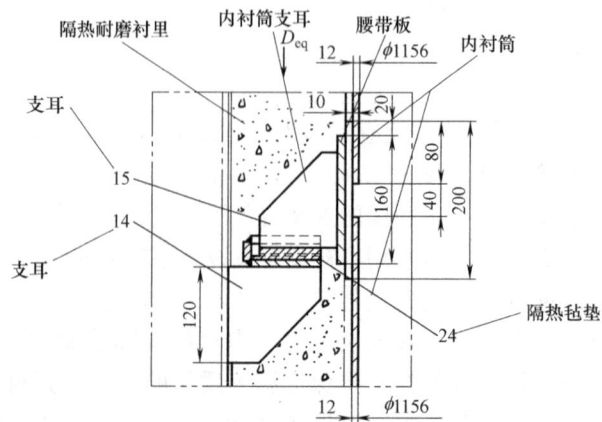

图 3.9-3　设备内部构造局部图解

内衬筒支耳制作安装 → 设备隔热耐磨衬里施工 → 内衬筒腰带板安装 → 烘炉（温度 600℃） → 内衬筒预拼装（间隙测量）→ 对应设备口开孔 → 内衬筒组装、焊接 → 安装位移测量装置 → 验收、封闭人孔法兰。

c. 内衬筒安装技术措施：

（a）材料验收

内衬筒材料到场后，依据图纸和清单清点数量，采用光谱检测每片内衬筒的材质（S31608）。

（b）内衬筒支耳制作安装

依据设备部件图制作内衬筒支耳（图 3.9-3、图 3.9-4），尺寸正确，制作完成后将其表面打磨光滑，便于该支耳在设备内支座上自由滑动；安装时，为保证其与设备内部配套支耳及浇筑料的间隙 15mm，在其各接触面覆盖 15mm 的纸壳，并粘贴牢固；在高达 600℃ 的烘炉过程中，这些纸壳将变成纸灰，对生产工艺无影响；另外，两支耳间应用隔热毡垫隔离，防止热量传递损失。该支耳在浇筑料施工时一并完成。

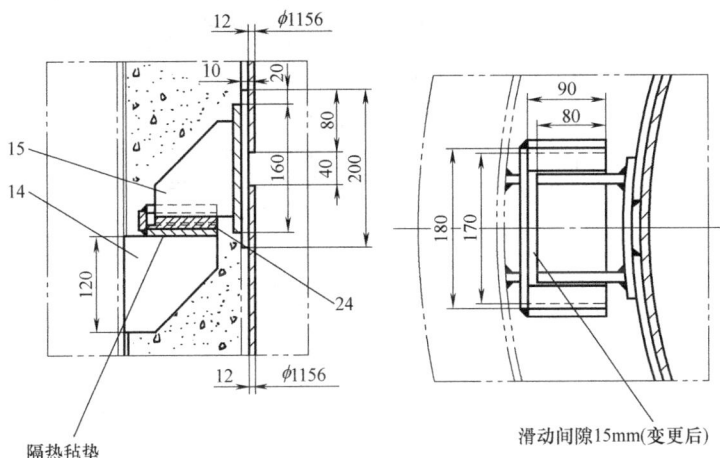

图 3.9-4　内衬筒支耳安装方式

（c）设备隔热耐磨衬里施工

设备的隔热耐磨衬里施工由专业公司负责。腰带板部分隔热耐磨衬里厚度 134mm。内衬浇注料施工完成后检查其内壁椭圆度与直线度，防止超差后影响内衬筒体与内壁的间隙。

（d）腰带板的安装

a）设备隔热耐磨衬里施工完毕后，待浇筑料固化达到设计强度的 70% 以上后开始安装内衬筒连接板（腰带板），如图 3.9-5、图 3.9-6 所示。

b）腰带板（共计 7 层）自下向上安装，先预安装，然后测量腰带板与衬里层间隙与腰带板直径，间隙尺寸 20～30mm，合格后编号并组焊，然后逐层搭设脚手架（采用三角式搭设），逐层施工。

（e）衬里烘炉

腰带安装完毕后，拆除脚手架，由专业公司对其施工的隔热耐磨衬里层进行烘炉，温

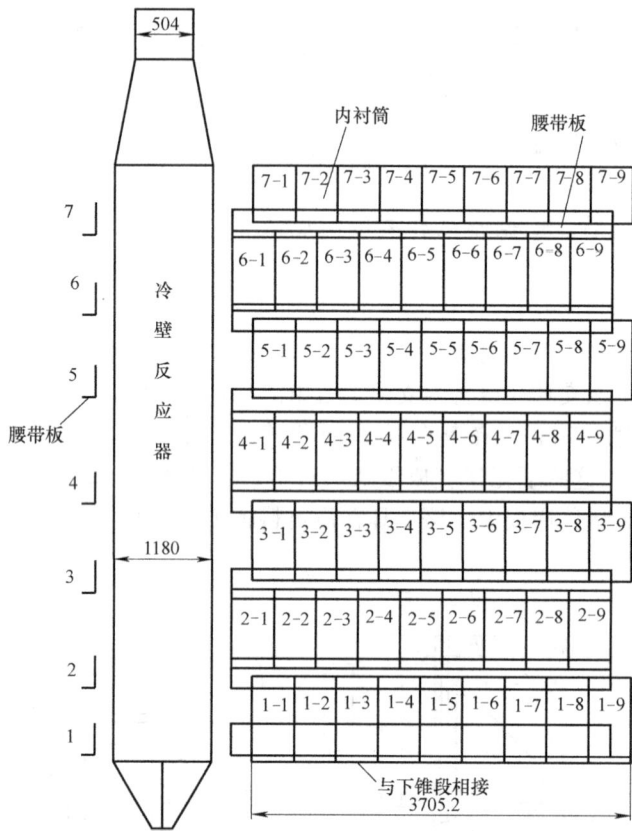

图 3.9-5　内衬筒、腰带板展开图

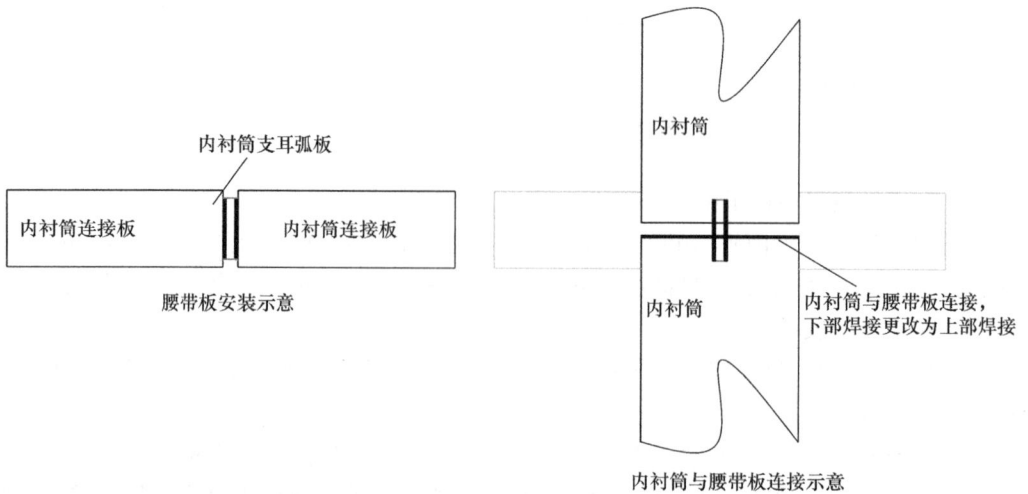

图 3.9-6　腰带板与内衬筒安装连接示意图

度 600℃。烘炉结束后，对炉内放置的同条件试块，送实验室检测并与烘炉前的试块数据对比，要求隔热耐磨衬里层在高温烘炉后的强度也要符合设计要求。

（f）内衬筒组装

a）烘炉完毕后，安装设备内衬筒。内衬筒通过腰带板连接，其与耐磨衬里层的间隙应保证在 20～30mm，使其在高温状态下膨胀量符合工艺要求。

b）采用在内衬筒上下各开一个 $\phi18mm$ 的孔加设螺栓顶丝，以达到其与隔热耐磨衬里层的间隙量，待组对、焊接完毕后拆除顶丝并将上下孔补焊，逐层安装。

c）内衬筒材质为 S31608，焊接采用电弧焊接，焊条牌号为 A202，型号为 E316-16；因内部空间小，采用小电流焊接，焊接完成后打磨光滑。

d）具体安装工艺如下：

首先安装反应器底部锥筒，因反应器内径较小，需现场对锥底切割分片，分两段进行安装，下部内锥筒安装完毕后，底部搭设三脚架以便内衬筒的组装、焊接；内衬筒安装，将内衬筒分片放入设备内部进行组装并点焊，当内衬筒体为不规则圆时，通过两片内衬筒的尺寸修磨进行调节，采用顶丝调整法保证内衬筒与衬里间隙 20～30mm 后，进行纵缝满焊施工，焊接完成后，再次测量内衬筒与衬里间隙，且应符合 20～30mm 要求；在该层搭设三脚架，以此类推逐层安装。

（g）位移测量装置

内衬筒安装完成后，为观测其在热态考核后的位移量是否符合要求，经过咨询各方面专家并经业主、监理等研究通过，在每层内衬筒（相邻 90°各一个）上开一小孔，并在其上焊接略比其大的不锈钢短管作为套管，短管内插入直径更小的不锈钢管短管，插入管一端抵住设备衬里层，一端与套管另一端平齐，此表示 0 位移量，在热态考核时反应器内部温度达 400℃以上，内衬筒连同套管热膨胀，插入管探出部分即为热膨胀量，待温度完全降下来，进入设备内测量记录位移量（图 3.9-7）。

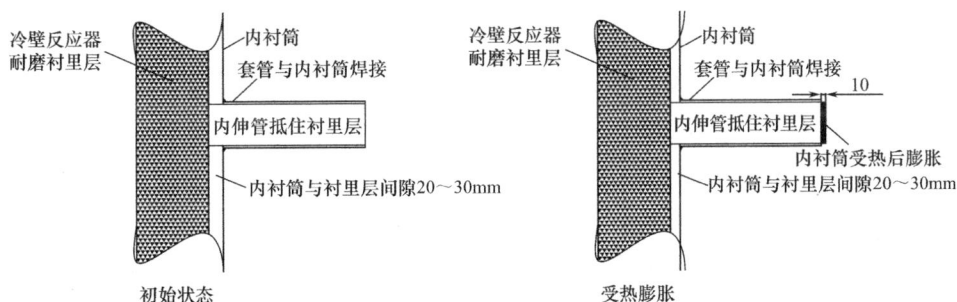

图 3.9-7　位移测量装置结构及动态示意图

（h）人孔封闭

内衬筒安装完毕后，经业主、监理验收合格，拆除内部三脚架，封闭人孔。

② 注氢管口的安装

冷壁反应器注氢装置（图 3.9-8）安装，采用在探入管表面缠绕石墨盘根，缠绕直径与设备口注氢管口内径一致或稍大，保证其能将设备注氢口间隙全部密封，探入管前后设置不锈钢钉，用以将石墨盘根固定在探入管上，钢钉长度比石墨盘根直径稍大即可；缠绕完毕后，设备侧法兰面同样缠绕石墨盘根，以纸胶带固定，并且两法兰间还要加设隔热毡垫，然后安装；确保了其隔热、密封效果，防止冷氢介质在进入管道后反串入注氢口间隙，造成注氢点管口局部区域因温度差导致的晶间腐蚀现象的出现。

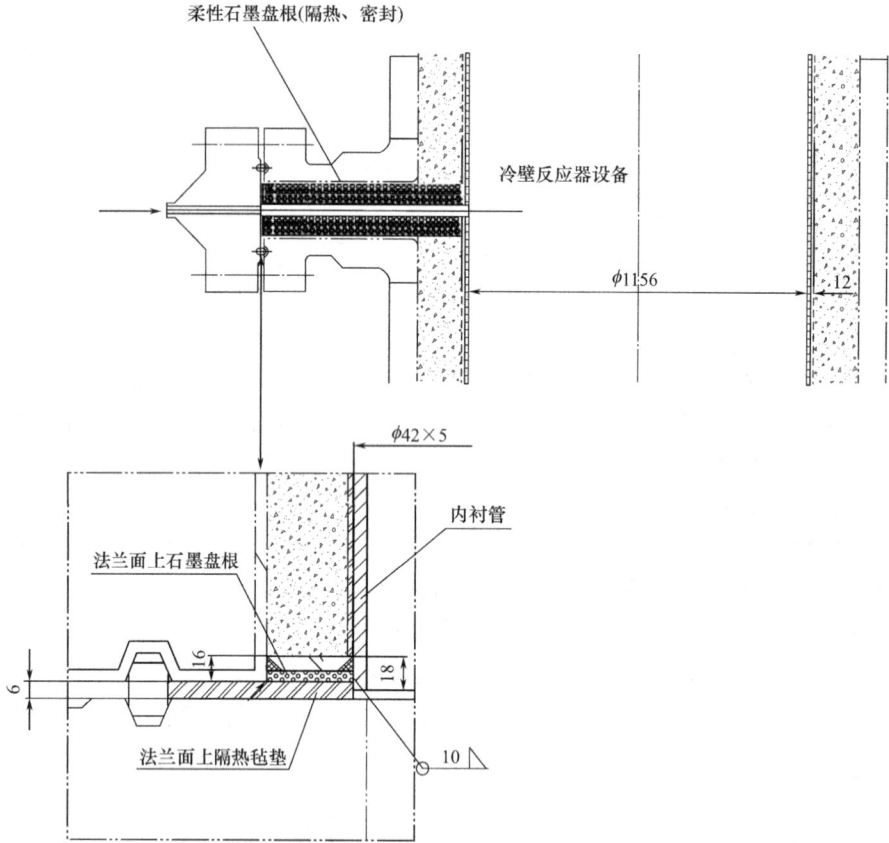

图 3.9-8　冷壁反应器注氢管口结构图

③ 耐热加氢管道的施工

a. 本装置高压系统管道操作压力 22.5MPa、操作温度 470℃，管道材质选用 TP347 高压厚壁管道。依据设计文件说明，TP347 材质管道设计温度大于 350℃，其焊缝需进行焊后稳定化热处理，防止焊缝晶界贫铬现象的发生。TP347 材质管道主要应用于悬浮床加氢装置的反应区和炉区等工况较为复杂的区域，主要承载介质为高压氢气、高温加氢油品，其焊接及稳定化热处理质量的控制是施工的关键。

b. 为了保证施工质量及施工进度，对以下几个关键点进行了开发控制：

（a）坡口的处理

TP347 管道壁厚较厚，采用传统人工打磨加工坡口，打磨时如温度过高，坡口处易产生热裂纹，为保证坡口的加工精度及质量，在现场到货材料上标记下料尺寸，采用车床、钻床等机加工方式下料并加工坡口。

（b）精细组对及焊接

为了防止高压氢气（20MPa）及高温高压油品在管路中产生额外的冲刷及摩擦，不允许焊道有内凸现象，使用内窥镜检查控制组对间隙及错边量，保证其符合焊接工艺；在焊接过程中使用了红外测温仪把控层间温度，并对焊工进行了严格交底。

（c）焊接工艺评定

对 TP347 管道进行焊接工艺评定，最终确认焊接工艺（图 3.9-9）。

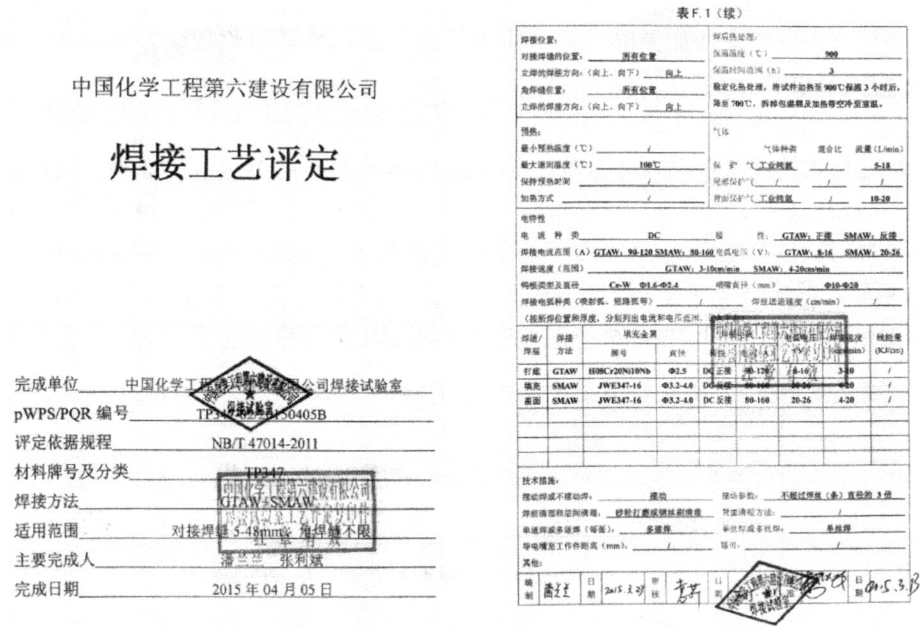

图 3.9-9　焊接工艺评定

（d）工艺要点：

a）为防止热裂纹，严格控制好层间温度，氩弧焊打底待焊道冷却后进行电弧焊接。焊接采用分多层多道焊，焊完一层后间歇几分钟，待焊道冷却后进行下一层焊接，严格的把层间温度控制在 100℃ 以下，确保铁素体含量控制在 4％～8％ 范围内。焊接过程中焊条采用微摆动，焊接时采用直流反接，同时要避免焊接缺陷（气孔、夹渣、未焊透等）的形成。焊接参数见图 3.9-9。

b）为防止焊接缺陷的产生，每道焊缝的组对、打底、填充、盖面及最后的外观成型，均需专业人员确认并签字才能进行下道工序。

（e）焊缝稳定化热处理工艺

采用电加热带对焊缝区进行加热，硅酸铝保温棉对其包扎保温，具体按以下要求执行：

a）加热宽度：以焊口中心为基准，加热范围每侧不小于 3 倍管壁厚且大于 100mm。

b）保温宽度：以焊口中心为基准，保温范围每侧不小于 5 倍管壁厚且大于 250mm；保温采用厚度为大于 80mm 的硅酸铝耐火纤维毡。

c）控温/测温热电偶：对每组加热器单独控温热电偶控制；$DN100～200$ 设置 2 个测温点，以保证温度的加热均匀，保证整个焊口之间的温差在规定的范围之内。

d）热处理特殊要求：热处理时为减少氧化影响，减少氧化物的生成，整个热处理过程中将管两端堵死，防止空气流动。

e）在稳定化热处理后，先将焊缝进行酸洗，然后通过 PT 检测焊缝是否出现裂纹，如出现裂纹，分析其出现原因，并及时修复，重新进行热处理（重复热处理次数不得超过2次）。

（f）为防止稳定化热处理后出现再热裂纹现象，对以上施工工艺进行进一步优化。

a）稳定化热处理前增加消除（减）应力措施，在热处理前将焊缝打磨平整，使得在打磨的过程中释放部分残余应力。

b）控制层间温度，采用滑动装置以利于焊缝的自由收缩。

c）稳定化热处理参数设置的过程中，考虑到热处理过程中的温差应力、组织应力及壁厚因素，将升温速度放缓至 50～200℃/h 之间、通过延后升温使温差减少在 80℃ 以内。

d）升温时的控温温度从 0℃ 开始；降温时，根据实验数据中空冷时温差大小，设置降温到 700℃ 后，再进行快速空冷。900～700℃ 范围内缓冷（图 3.9-10、图 3.9-11），利于在这个区间的降温速度，尽可能减小温差应力、组织应力、残余应力。

焊后热处理：	
保温温度(℃)	900
保温时间范围(h)	3
稳定化热处理，将试件加热至900℃保温3h后，降至700℃，拆掉包温棉及加热带空冷至室温。	

图 3.9-10　TP347 稳定化热处理工艺评定参数

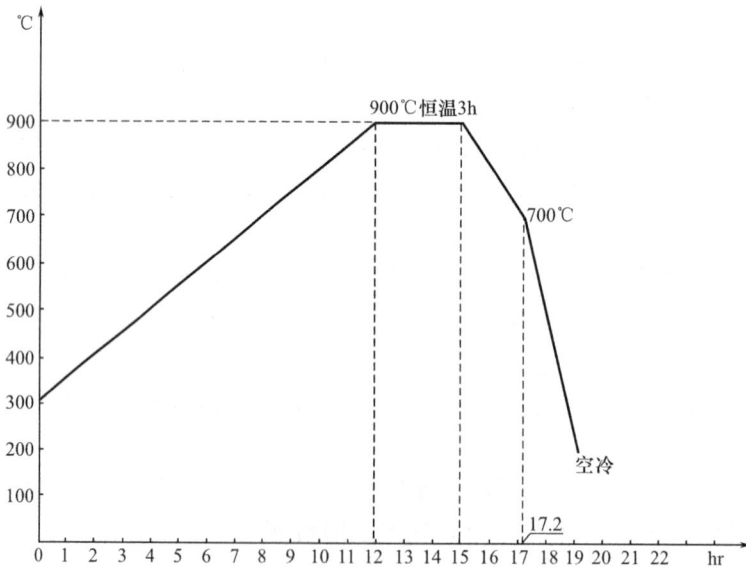

图 3.9-11　TP347 稳定化热处理工艺曲线

若环境温度较高时（如夏季），应采取相应措施快速降温以保证其快速通过其敏化区间，防止焊缝晶界贫铬现象的产生，提高其抗晶间腐蚀能力：

ⓐ 采用仪表空气、压缩空气等风冷降温；

ⓑ 采用液氮快速降温。

e）热电偶用不锈钢丝捆扎在待测温处（捆扎牢固），管道地面预制期间，管道内焊缝两侧尽量靠近焊缝进行保温封堵，有条件时每侧距焊缝中心距离应控制在 300～500mm 之间。

f）TP347 材质管道焊缝热处理完成后不需要检测其硬度值，依据热处理工艺及具体步骤完成后，在 24h 后进行 PT 检测合格，此焊口热处理合格。

④ 系统高压氢气气密

a. 高压系统的气密介质采用氢气，因其易燃、易爆的特点，首先采用氮气为介质进行气密。新氢压缩机、循环氢压缩机以及原料气压缩机气阀均更换为氮气气阀，氮气气密合格后，再采用氢气为介质进行气密，此时新氢压缩机、循环氢压缩机以及原料气压缩机气阀均更换为氢气气阀。

b. 装置高压系统首先用 0.8MPa 的氮气气密，从原料气压缩机 C1303A/B 出入口给气，系统充压至 0.8MPa 对系统进行气密，气密合格后启动原料气压缩机（一开一备），升压至 3.5MPa，系统泄漏检查，直至无漏点后启动新氢压缩机开始系统升压，升压至 4.0MPa 时加热炉点火升温，保证系统温度大于 50℃，尤其保证悬浮床反应器系统温度，然后按照每升压 2.0MPa 为停检点，合格后继续进行升压。但系统升压至 19.0MPa 后，新氢压缩机氮气负荷达到最大，无法继续升压，现场经过生产部、技术部决定，在此压力下进行升温，对其高压系统的设备、设备内构件、管道支架、弹簧支架的变形量进行热态考核（考核温度 380℃），在此升温过程中，每个阶段需进行螺栓的热态紧固工作。

c. 高压系统热态考核合格，系统泄压、反应器装填催化剂完成后，为控制新漏点与反复漏点的泄漏量，系统仍首先使用氮气为介质进行 4.0MPa 以下气密，合格后引入氢气置换系统中的氮气，升压过程与氮气升压过程相同，达到 20MPa 时新氢压缩机达到最大氢气负荷，开始升温至 150℃时，压力达到设计压力值，经过检查及热态紧固，无漏点后，系统泄压至 17MPa，系统引入原料油。逐步升温期间需时时进行热态紧固，直至升至操作温度 380℃，无泄漏为合格。

d. 高压气密（氢气）的最终目的是检测管道、设备、阀门的法兰密封性能、管道焊缝的强度及严密性；而本项目高压系统多为法兰连接，密封面为 RJ，垫片采用八角金属环垫，现场安装时的过程控制最为重要，控制不好就会为后期的高压气密工作带来困难（如：漏点多、漏点无法消除、升压升温中不得不降压处理等）。

e. 本高压系统管道气密采用氢气为介质，具有易燃易爆性，所以需将铁制工具更换为铜制工具，但铜制敲击扳手虽可用于普通紧固，对于需较大预紧力的螺栓紧固无法使用，必须使用液压扳手或液压拉伸器进行紧固。

f. 气密中的检漏

氮气、氢气气密温度 100℃ 以下采用肥皂水检查泄漏，氢气气密温度 100℃ 以上采用复合气体检测仪检测漏点（图 3.9-12），用牛皮纸包住法兰口 2h 内检测氢气浓度低于 30PPm（建设单位给出合格标准为不超过 60ppm）合格。

g. 气密中泄漏后的处理

装置高压氢气气密时，泄漏点出现的原因有很多，部分可采用传统施工方法解决，但仍会有一些顽固性漏点，尤其是在密度最低的氢气条件下，紧固处理难度更大。对于此种情况，统计并记录所有顽固性或处理较困难漏点，然后果断采取泄压换垫处理，在更换新

图 3.9-12　气密温度达到 100℃ 以上时，检测漏氢量

垫片时，采用柔性石墨带将垫片密封面缠绕覆盖（图 3.9-13），然后安装、紧固，因此种柔性石墨带具有很好的耐高温性和弹性，且不易氧化，因此经该方法处理过的漏点，密封性有很大的提高。

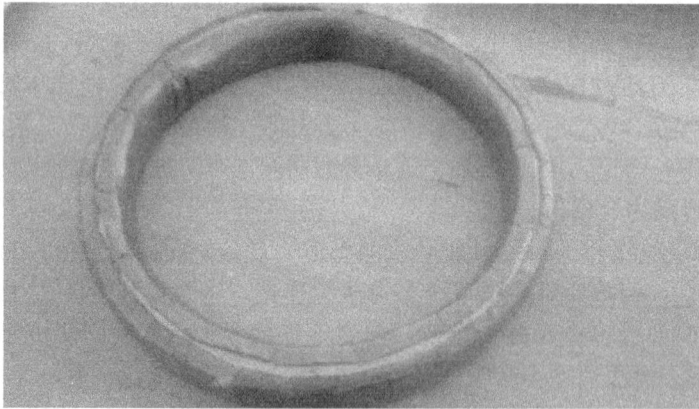

图 3.9-13　覆盖柔性石墨带的金属环垫

（3）实施总结

1）注氢管口法兰安装采用石墨盘根及隔热纤维毡进行隔热、密封的新型施工方法，解决了悬浮床核心设备冷壁反应器注氢点管口局部区域因温度差导致的晶间腐蚀现象，确保设备的正常运转及使用寿命。

2）冷壁反应器内衬筒采用中空式安装方法，在每片筒片上下各开一个小孔加设顶丝，整圈组对完毕后焊接，然后拆除顶丝并将开孔补焊，保证了内衬筒与衬里壁间的间隙不少于 20～30mm，确保内衬筒在高温状态下的径向膨胀与收缩满足内衬筒的工艺要求，保证了施工质量。

3）TP347 焊后稳定化热处理设置恒温温度 900℃，降温到 700℃ 以下后，再进行空冷，控制贫铬现象的产生，最大限度地控制了再热裂纹的产生，提高施工质量。

4）高压氢气气密时，采用复合气体检测仪检测漏点，解决了在 100℃ 以上传统肥皂水检测方法无法检测的问题和在存在多种危险气体条件下采用单一气体检测无法检测的问题，该技术有效地保证了施工安全和施工质量。

5）高压氢气气密时，金属环垫采用柔性石墨带将垫片密封面覆盖安装技术，在高温、高压条件下，能更好地起到密封作用。

6）高压氢气气密过程中，采用液压扳手和液压拉伸器进行螺栓的紧固，保证了施工安全，降低人工劳动强度，提高了施工效率。

鹤壁华石 15.8 万 t/年焦油综合利用示范项目悬浮床装置采用该安装技术完成了TP347 管道 9300 寸径，合格率 99%、稳定化热处理 1716 道焊口，悬浮床核心设备冷壁反应器内衬筒及注氢装置的安装，提高了施工效率，缩短了施工工期，节约了人工成本，保证了施工质量。

随着全国首套悬浮床（MCT）加氢项目鹤壁华石 15.8 万 t/年焦油综合利用示范项目的一次开车成功，至今平稳运行生产。该技术的研发获中国化学工程集团公司科技进步一等奖，获中国建筑业协会建设工程施工技术创新成果三等奖，《TP347 材质管道焊后稳定化热处理方法获国家发明专利》。

（提供单位：中国化学工程第六建设有限公司。编写人员：赵青、姚永泽、曹建军）

3.10　LPG 地下液化气库竖井施工技术

3.10.1　技术发展概述

液化石油气（LPG）被广泛应用于工业、汽车及化工行业，其存储的设施也越来越大，国内外研发了各种各样的储存技术。目前常用的储存方法是常温压力储存和低温常压储存两类。一般小规模的储存，采用地上常温压力储存的方式，这也是目前普遍采用的储存方式；对于大规模的 LPG 储存基地，国外较为广泛的方式是低温常压和地下岩洞储存两种方式，其中地下岩洞储存的方式近年来应用较多，带动了竖井安装施工技术的发展。

3.10.2　技术内容

操作竖井是地面与洞库连接的通道，操作竖井从地面竖向连接至地下洞库顶部。操作竖井由钢结构、管道（套筒、套管、内管）和设备（产品泵、裂隙水泵、SSV、液位测量装置）等组成，其井底结构、支架、锚栓、套管、U 形卡等的施工均须在井内进行，施工难度大、质量要求高，如果施工方法选择不当，施工的安全、质量、进度、利润等将难以控制。主要技术特点有：

（1）利用 BIM 技术的可视化模拟施工、碰撞检查和技术交底。

（2）采用双吊盘系统作为井内升降施工平台和运输设备，分离井内安装作业面和运输作业面。

（3）采用组件重心下移的正装法。

（4）采用双重裂隙水防护方法，有效阻断裂隙涌水对安装作业的影响。

（5）泵坑内钢结构及套筒采用洞库内吊装与地面吊装相结合法吊装。

3.10.3　技术指标

（1）《钢结构工程施工规范》GB 50755—2012；

（2）《矿用辅助绞车　安全要求》GB 20180—2006；

（3）《地下水封石洞油库施工及验收规范》GB 50996—2014；

（4）《石油化工有毒、可燃介质管道工程施工及验收规范》SH 3501—2011。

3.10.4　适用范围

适用于地下水封石洞油库操作竖井中以机电设备为安装或维修的工程。

3.10.5　工程案例

烟台万华 PO/AE 一体化项目 LPG 地下洞库操作竖井工程

（1）工程概况

烟台万华 PO/AE 一体化项目 LPG 地下洞库项目是烟台开发区烟台万华聚氨酯股份有限公司的新建项目，为烟台万华聚氨酯股份有限公司环氧丙烷及丙烯酸酯一体化项目的原料储存设施。该工程位于山东烟台经济开发区西港区临港工业园区，采用地下水封石洞库储存液化石油气，每年向加工装置提供丙烷原料 81 万 t，LPG 原料 81 万 t，少量丙烷、丁烷船运外输。

地下水封石洞库设计总库容 100 万 m³，用于存储丙烷、丁烷和 LPG，其中丙烷洞库设计容积 50 万 m³，丁烷洞库设计容积 25 万 m³，LPG 洞库设计容积 25 万 m³。地面设施有 LPG 原料罐区、卸船和装船设施、LPG 增压设施、裂隙水处理设施，以及配套公用工程和辅助设施。

工期要求：工程于 2013 年 10 月 16 日开工临时塔架、套管、工装预制，2013 年 12 月 10 日临时塔架开始安装，2014 年 1 月 20 日开始井底、井内结构安装，2014 年 2 月 21 日套管开始安装，2014 年 6 月 27 日完成套管安装，2014 年 8 月日 10 土建完成混凝土封塞浇筑及养护，2014 年 9 月 12 日完成内管、设备、电仪安装，2014 年 9 月 15 日竣工，总工期 334d。

（2）技术应用

1）竖井安装施工的特点和难点

① 由于安全因素，井内只能设置一个工作面。竖井内的结构、支架、锚栓、管线、U 形螺栓等的安装，只能逐层向下进行。

② 由于是水封的石洞库，井壁渗水严重，犹如下雨，造成水雾中作业较多，防护难度大。

③ 由于井深大，井内作业空间有限，必须借助工作吊盘、吊篮进行作业，造成井内作业危险性大。

④ 由于井内昏暗，电焊作业等对于用电的需求，使得井内电气线路较多，在水雾环境中，用电安全要求高。

⑤ 由于井内焊接作业较多，对工作吊盘和吊篮提升用钢丝绳的安全防护就显得极为重要。

⑥ 由于管线输送的是低温易燃易爆介质，对管线的焊接及连接要求高，焊缝检验为

100％射线探伤并加磁粉探伤检测。

2）关键技术特点

① 采用双吊盘系统，分离了井内安装作业面和运输作业面，解决了单吊盘系统的井内安装和运输相互影响的问题。

② 利用井深，进行井内管线的竖向总装，采用在井口定位组对连接管段的方法，实现了管段由下向上的逐段组装、最后整体安装的过程。

③ 采用双重裂隙水防护棚，在泵坑上部设置刚性防护棚，在作业位置设置柔性防护棚，有效地阻断了裂隙涌水对安装作业的影响，保证了竖井内安装焊接的质量。

3）施工工艺和过程

① 工艺流程方框图（图 3.10-1）

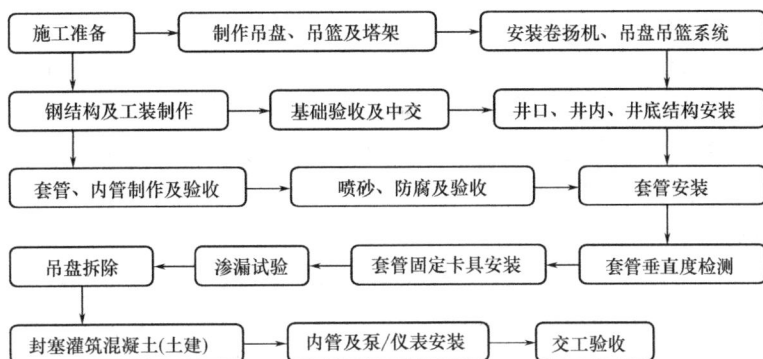

图 3.10-1　主要工艺流程图

② 工艺过程

a. 技术准备

（a）熟悉施工图纸、设计说明等技术文件，并掌握施工图纸的全部内容和设计意图。

（b）组织施工人员参加由建设单位、设计单位、监理单位组织的设计交底和图纸会审。

（c）编制好施工方案，进行技术交底（包括质量和安全的），组织技术人员及生产骨干人员熟悉施工中的各项技术要求。

b. 物资准备

（a）组织人员针对工程所需用的各类物资，核对市场供货渠道，并同有关各方沟通联系，同时按设计要求尽快订立供货关系（或合同）。

（b）做好施工用工艺装置的加工委托或生产安排。

（c）做好施工机械和机具的准备、对已有的机械机具做好维修试车工作；对尚缺的机械机具要立即订购、租赁或制作。

c. 现场准备

（a）项目经理部及时同建设单位联系，领取各类急需的技术文件和资料，并接收水准点、坐标点。

（b）完成现场测量放线工作，积极配合建设单位尽快完成单位工程的验线工作，积极为开工创造条件。

d. 基础验收

（a）基础验收必须认真进行，安排专人负责，会同业主、监理、土建施工方等有关单位，根据相关资料（工艺图、基础图、安装图、验收标准等）认真测量、记录，验收合格后，方可进行安装施工。

（b）基础验收的原则：对设备基础进行外观及各项工艺尺寸的检测，以不影响井口、井内、井底钢结构安装为原则。

（c）检测依据：

a）业主方提供的施工工艺图纸；

b）土建工程施工及验收规范，其前提条件是：基础验收前，土建单位应将基础面清理干净，弹出基础的纵横中心线，标出基础参照点。

（d）检查及交接程序。

a）基础验收由业主方组织土建单位、监理单位、安装单位等共同进行；

b）土建单位提供相关的技术资料及基础交接验收单；

c）土建单位提供的设备基础满足安装要求后，则与土建单位办理正式的交接手续，并做好开展下道工序的准备工作。

（e）验收内容：

a）以竖井中线为基准给出井口钢结构基础的实际高程、水平中心线；

b）竖井内、泵坑竣工的环形断面测绘，至少每 5m 一个；

c）根据设计图纸要求，检查所有预埋件的数量和位置的正确性，以竖井中线为基准在确切的锚固钢结构位置，对基础的外观检查，基础的位置、几何尺寸的测量检查；

d）根据设计图纸要求，检查所有预埋件的数量和位置的正确性，以竖井中线为基准在确切的锚固钢结构位置，对基础的外观检查，基础的位置、几何尺寸的测量检查。

e. 井内施工内容

主要包括套管支撑的锚栓测量、标记、压浆、锚板灌浆、拔出试验、支撑施工、井底支撑施工、缓冲罐施工及阳极、U 形螺栓的施工等。

f. 井外施工内容

主要包括套管坡口预制、套管吊装组对、套管调直、套管焊接、焊缝 RT 检验、套管下放以及内管施工、泵体组施工、压力试验、电气仪表检验等。其中，井内钢结构安装与套管焊接、套管吊装为关键工序。

g. 卷扬机提升系统安装

临时塔架既是套管安装时的操作平台，又是固定吊盘、吊篮滑轮组的钢结构框架。卷扬机提升系统由临时井架、卷扬机、钢丝绳、导向滑轮、吊篮和吊盘组成。临时井架顶部设置导向定滑轮，通过钢丝绳牵引，实现吊篮、吊盘垂直运动，并承担吊篮、吊盘的工作载荷。

卷扬机驱动吊篮、吊盘运动。一台 5t 卷扬机用于吊篮的提升，两台对称布置的 3t 卷扬机用于吊盘的提升。三台卷扬机连成整体，并埋设地锚固定。吊盘作为施工作业平台使用，且一旦投入使用只降不升，吊篮作为井内运输工具和辅助操作平台，如图 3.10-2 所示。

卷扬机提升系统安装完成后，需对吊盘、吊篮进行载荷试验。

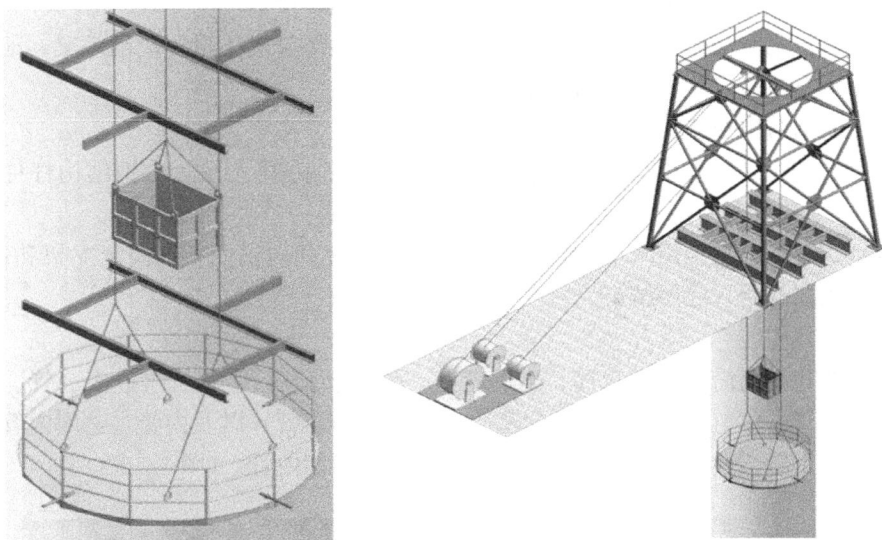

图 3.10-2　井内运输工具和辅助操作平台

h. 竖井钢结构安装

竖井钢结构包括井口钢结构、井内钢结构、洞库内钢结构以及泵坑内钢结构。

（a）泵坑钢结构安装

由于泵坑内降水、积水严重的限制，不利于泵坑内钢结构的分体安装，采用整体预制吊装的方法。根据洞库内能否进入吊车，吊装方法分为洞库内吊装与井口吊装（图 3.10-3）。

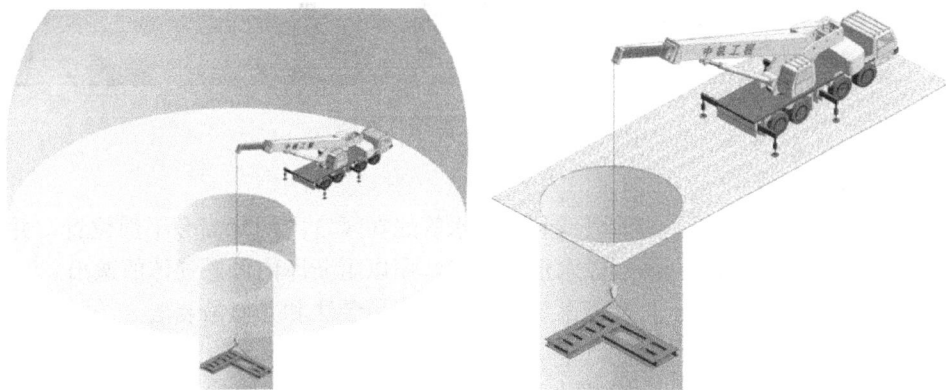

图 3.10-3　钢结构吊装法示意图

泵坑内的钢结构不适合采用吊盘法施工，需采用临时搭设脚手架作为操作平台和吊篮作为载人及运输钢结构杆件的安装方法。

（b）井口钢结构安装

套管施工时，井口钢结构支撑所有套管重量；井口钢结构安装前，将吊盘提前放置于竖井内，由于此时卷扬机临时塔架尚未安装，吊盘固定于井口；井口钢结构大梁吊装至井口锚固板上，大梁用于承受套管安装过程中所有套管的重量，对接大梁避免用于井口中心

551

位置。大梁标高、方位调整完成后，与井口锚固板牢固焊接。

在井口搭设临时操作平台，安装井口钢结构次梁，部分次梁设置成活动梁，便于套管下井时调整，避免与套管上的锚固圈碰撞。

（c）井内钢结构安装

井内钢结构安装，采用吊盘作为操作平台和吊篮作为载人及运输钢结构杆件的安装方法。

吊盘到达工作位置并用水平顶杆固定后，开始安装井内锚固板、固定支架和钢结构，安装从竖井顶层开始，底层结束。

i. 竖井管线安装

竖井管线包括套筒（进库套筒、出库套筒、裂隙水套筒）、套管（进库套管、出库套管、裂隙水套管、放空套管、液位测量套管、液位报警套管）以及内管（进库内管、出库内管、裂隙水内管、放空内管、压力测量内管、液位报警内管）（图 3.10-4）。

图 3.10-4　井内管线布置图

（a）套筒安装

套筒用于限制出库管线、进库管线和裂隙水管线在泵坑内的标高和平面位置，并在地面发生火灾，在泵坑中利用回灌裂隙水形成水封，用以阻断库内可燃气体的逸出。

根据洞库内能否进入吊车，套筒吊装分为洞库内吊装法和井口吊装法。

（b）套管安装

套管吊装使用专用吊具，与套管上四个垂直方向的焊接挡块配合使用（图 3.10-5）。吊具内侧需设置一层 3mm 聚四氟乙烯垫层，避免对套管外壁的油漆涂层造成破坏。

套管吊装、组对、焊接、无损检测和焊口防腐均在井口钢结构平台上定位进行，焊接工作完成后提升已连接套管，整体吊装下放入井内，然后逐段向上安装。根据逐段对接后不断增加的套管重量，及时换用相应起重能力的吊车（图 3.10-6）。根据套管设计总长和已安装套管累计长度，计算出最后一节套管调整节的长度。

j. 竖井内管及设备安装

内管及设备安装使用专用提升吊具，与安装在套管顶部法兰上的内管托具配合使用。提升吊具用于套管内的设备和内管的吊装，在盲法兰上焊接一个 U 形吊耳，盲法兰规格

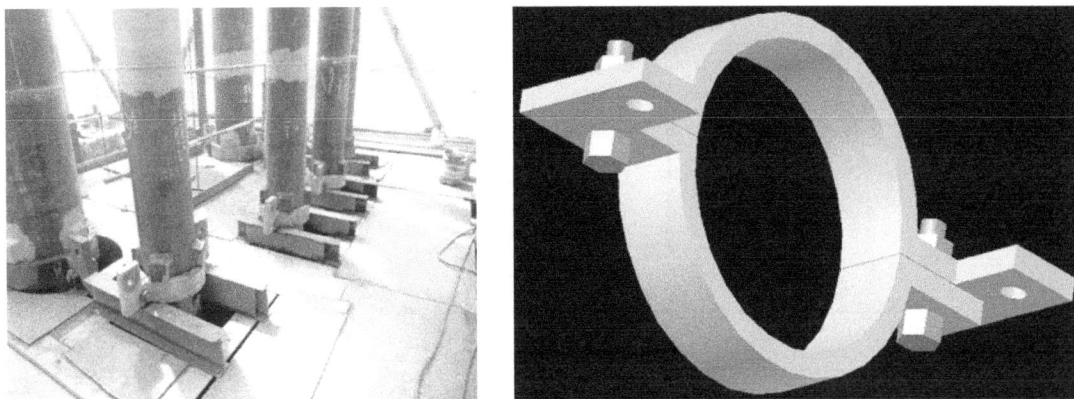

图 3.10-5 套管专用吊具与挡块

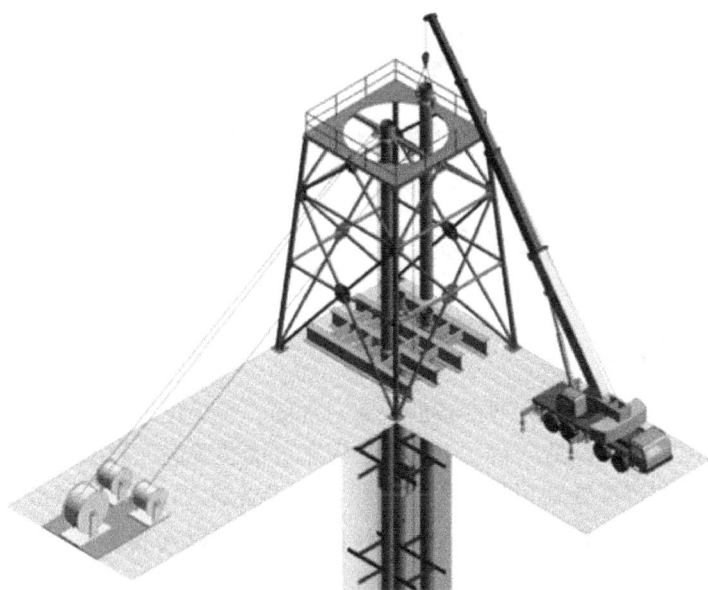

图 3.10-6 套管施工示意图

与所吊装设备、内管法兰相匹配（图 3.10-7）。

（3）实施总结

LPG 地下洞库操作竖井施工技术探索性地将 BIM 技术引入到 LPG 地下洞库操作竖井工程建设领域，同时，应用双吊盘系统及井口固定位置组装焊接工艺管线等方法，顺利完成了项目建设。

烟台万华 LPG 地下洞库操作竖井安装工程，2015 年荣获中国工程建设焊接协会"全国优秀焊接工程奖"一等奖，2016 年荣获中国施工企业管理协会"全国工程建设优秀质量管理小组奖"三等奖，2017 年荣获中国机械工业集团"科学技术奖"三等奖，2017 年总结出的"可组合使用的管道组对装置"获得国家专利。

（提供单位：中国机械工业机械工程有限公司。编写人员：孟庆坤、韩立春、杜世民）

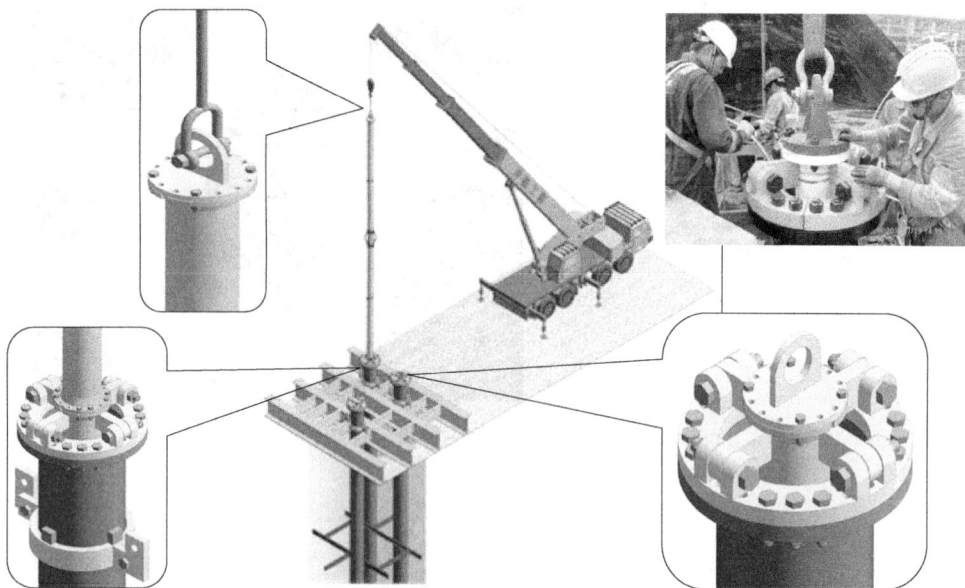

图 3.10-7　法兰连接内管吊装的吊具与托具

3.11　大型空冷设备整体位移技术

3.11.1　技术发展概述

本技术为石油化工工程中大型设备的脱离、加固、搬运技术，产生于青岛丽东化工有限公司吸附分离工程技术改造项目，解决了二甲苯分馏装置区 5 台大型空冷设备平移的难题。在二甲苯分馏装置区管廊顶部结构上沿纵向原设置有 16 台大型空冷设备，按照技改的要求需要沿管廊纵向平移 5 台空冷设备，让出位置，用以安装新增设的空冷设备。5 台空冷的参数见表 3.11-1，空冷设备底部见图 3.11-1。

5 台大型空冷设备参数　　　　　　　　　　　　　　　表 3.11-1

空冷编号	长(m)	宽(m)	高(m)	重量(t)	数量(台)	安装标高(m)	热负荷(百万卡/h)
110E-114	10100	4255	5600	约 39	2	16.5	13.49×1.2
105E-112	10070	3300	5600	约 31	1	16.5	6.33×1.2
110E-108	10100	6660	6800	约 48	2	16.5	30.72×1.16

3.11.2　技术内容

大型空冷设备整体位移技术是指将妨碍空冷设备移动的外接管道、电缆、电线、梯子、栏杆等拆除（指已装设备）或先将空冷设备组装成整体后（对新装设备），完成对空冷支腿的结构加固，再实施空冷设备整体平移的技术。

大型空冷设备整体位移技术包括：外围连接的脱离技术、结构的加固技术、设备的起

图 3.11-1　空冷设备底部照片

重技术、设备的平移技术。

（1）外围连接的脱离技术

根据空冷设备平移通道的空间尺寸，首先确定外接管道、电缆、电线、梯子、栏杆等的分解界面；其次确定脱离的方法、技术要求和工艺措施；接着就是确定标识方法、规定编号规则；最后确定恢复的方法、技术要求和工艺措施。另外，脱离还包括空冷设备支腿与基础的脱离。

（2）结构的加固技术

结构的加固是指对设备和结构进行加固。需要加固的结构包括设备自身的结构、支承设备的基础结构和用作移动通道的支承结构。

（3）设备的起重技术

起重技术是指使空冷设备上、下垂直运动的技术，运动的距离由选定的搬运工具的高度确定。本技术实施时选用的是市场上最常见的成品"滚轮承载小车"，一般高度不大于200mm，如图 3.11-2 所示。

图 3.11-2　滚轮承载小车

当设备的支承点较多时，应采用多点集群控制的电动千斤顶，以确保各千斤顶的动作的同步性。

（4）设备的平移技术

平移技术是指使空冷设备在平面上的运动，运动的距离由空冷设备最终的位置确定。本技术实施时，移动的距离就是为让出新空冷设备的安装位置，不超过5000mm。

由于移动的距不是很大，只采用了4只捯链，用前拉后溜的方法。

3.11.3 技术指标

（1）《钢结构设计标准》GB 50017—2017；

（2）《钢结构工程施工质量验收标准》GB 50205—2020；

（3）《电气装置安装工程 电缆线路施工及验收标准》GB 50168—2018；

（4）《现场设备、工业管道焊接工程施工规范》GB 50236—2011；

（5）《建筑机械使用安全技术规程》JGJ 33—2012；

（6）《施工现场临时用电安全技术规范》JGJ 46—2005。

3.11.4 适用范围

适用于在平整、硬化的平面上或敷设的轨道上应用"滚轮承载小车"短距离搬运设备及构件。

3.11.5 工程案例

（1）工程概况

青岛丽东化工吸附分离工程技术改造项目是对青岛丽东化工有限公司芳烃工程进行技术改造。青岛丽东化工有限公司芳烃工程2006年建成投产，主要包括工艺装置区、储运罐区设施和全厂公用工程设施。

目前青岛丽东化工有限公司重整催化剂、异构化催化剂、吸附分离吸附剂已接近使用寿命，且上述催化剂均为上一代技术，存在单程转化率低、寿命短、吸附效率低等问题，导致丽东化工操作费用高、能耗高。

二甲苯分馏装置区顶部5台大型空冷设备的高空整体位移是青岛丽东化工技改项目的主要分项之一，按技改的设计要求，在原东西走向的114管廊顶部标高为16.5m的钢结构平面处，将原有的5台空冷设备进行纵向移位后增装3台新的空冷设备。其中，位号110E-114的2台空冷分别向⑥轴线移位2430mm、位号105E-112的1台空冷向⑩轴线移位1530mm、位号110E-108的2台空冷分别向⑩轴线移位4380mm（图3.11-3）。

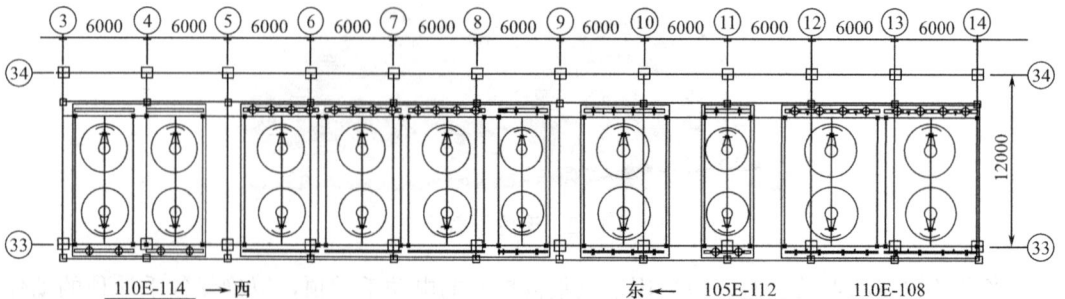

图3.11-3 空冷设备位移方向图

原有 5 台空冷设备位于整个装置区中间区域的管廊顶部（图 3.11-4），周围工艺设备多、环境复杂。

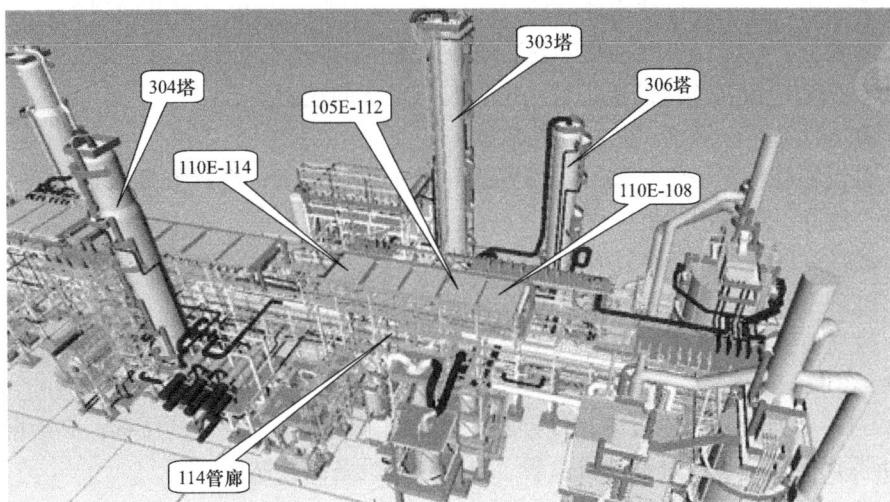

图 3.11-4 空冷设备安装位置图

工期要求：2013 年 5 月 1 日开工，2013 年 12 月 31 日正式竣工，总工期为 244d。

（2）技术应用

1）大型空冷设备整体位移的特点难点

原有 5 台空冷设备位于整个装置区中间区域的管廊顶部（图 3.11-4），周围工艺设备多、环境复杂，如果借助起重机械来实现 5 台空冷设备的移位，对于起重量近 50t、起升高度约 30m、起吊幅度在 35m 开外的数据来讲只有大型的起重机械才能胜任。采用大型起重机械移位，实际上存在着吊车的选位难度大、吊车站位的基础处理工作量大、吊车的站位影响周围项目的施工及人、财、物等工艺成本的投入大的难题。

难点是管廊钢结构移位承重部分的受力分析、计算加固，承载滚轮小坦克的选型改造，设备的整体同步提升移动。

2）关键技术特点

在大型设备整体位移前，应对位移路径基础进行受力分析，模拟核算承载力能否满足，对位移路径进行加固修整，确保平稳移动。在位移过程中，各支腿应平稳缓慢的同步升降和移动，保持被移动结构和设备稳固方位正确，防止倾斜和脱离滑道。

3）施工工艺和主要工艺控制要点

① 工艺流程（图 3.11-5）

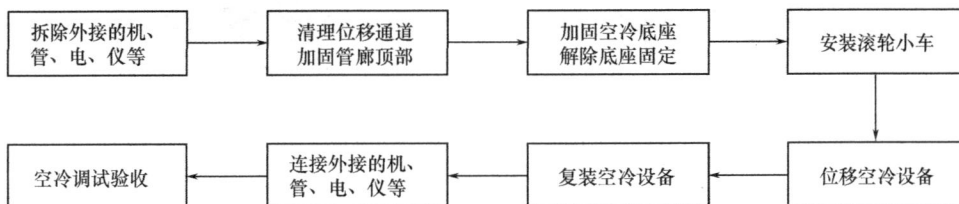

图 3.11-5 空冷设备位移流程图

557

② 主要工艺控制要点

控制要点包括：相关联设施的分离，影响移位通过的设施拆除，管廊钢结构移位承重部分的计算加固，影响移位结构件的拆除，空冷设备柱脚的稳固，滑移轨道的设置，承载滚轮小车的安装，空冷设备的平移，安装空冷设备，连接外接的机、管、电、仪等。

a. 拆除与空冷设备连接的机、管、电、仪等设备的控制要点：

（a）确定拆除的分界点，做好分界标识；

（b）分清哪些拆除是要复装的，哪些拆除是不再使用的；选择好复装件的存放位置，有序存放；清除不再使用的拆除件；

（c）做好接口防护，整修复装件；

（d）整理拆除记录，做好复装准备。

对于改变位置的和不再使用的机、管、电、仪等设备，最好将改变位置的部分一次性全部拆除。

图 3.11-6 所示为与空冷设备相连接的管道，因限制了空冷设备的位移，必须拆除。

b. 拆除影响空冷设备位移的机、管、电、仪等设备的控制要点：

（a）确定拆除的分界点，做好分界标识；

（b）分清哪些拆除是要复装的，哪些拆除是移位复装的，哪些拆除是不再使用的；

（c）选择好拆除件的存放位置，不能将拆除件与复装件混放；

（d）清除不再使用的拆除件；

（e）做好接口防护，整修拆除件；

（f）整理拆除记录，做好复装准备。

对于改变位置的和不再使用的机、管、电、仪等设备，最好将改变位置的部分一次性全部拆除。

图 3.11-7 所示为在空冷设备位移通道上的阀门，因阻挡了空冷设备的位移，必须拆除。

图 3.11-6 应拆除的管道　　图 3.11-7 应拆除的阀门

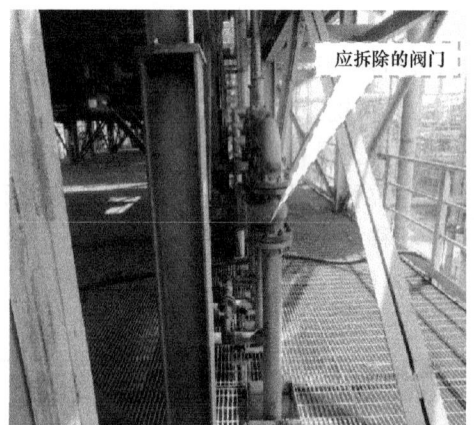

c. 管廊结构加固的控制要点：

（a）管廊的部分结构拆除前，必须进行局部的受力分析，判断是否对结构的剩余部分产生影响，是否需要加固；

（b）对承受空冷设备位移工艺载荷的管廊结构必须进行局部的受力分析，判断是否对结构进行加固；

（c）加固设计的结构应美观、不妨碍通行，应设计成不再拆除的加固结构；加固设计必须取得建设单位的书面认可；

（d）切割前必须认真检查加固结构，确认加固合格。

经受力分析，本工程管廊结构的设计足够强大，无需加固。

d. 拆除影响空冷设备位移结构件的控制要点：

（a）结构的拆除采用先加固、后拆除的原则；

（b）应在指定的位置划线切割；

（c）切割拆除构件时，不得伤及保留的构件；

（d）切割完成后进行防护处理。

（e）清除不再使用的结构件，修整需复装的构件。

图 3.11-8 所示，左图为连接空冷设备的平台与栏杆，因限制了空冷设备的位移，必须拆除；右图为空冷设备外侧的梯子，妨碍了空冷设备的位移，必须拆除。

图 3.11-8 应拆除的结构

e. 空冷设备柱脚加固的控制要点：

（a）用 H 型钢沿位移方向将空冷设备的 2 个柱脚刚性连接起来，确保柱脚移动的一致性；

（b）连接位置应适当、美观，且不妨碍通行；

（c）加固连接 H 型钢的另一个作用是作为顶起空冷设备的上支点，下支点设置在滑移轨道上。因为是短距离高空移位，根据滚轮小车高度和超薄千斤顶高度最终确定加固及支点位置。

图 3.11-9 所示为空冷设备柱脚连接 H 型钢加固的位置。

f. 滑移轨道设置的控制要点：

（a）滑移轨道应充分利用原有结构，当原有结构不能满足时，应设计专用的滑移轨道；

（b）应对作为滑移轨道的结构进行受力分析，确认结构是否需要加固；

图 3.11-9 空冷柱脚连接

（c）拆除用作滑移轨道的 H 型钢上方的钢格板，露出 H 型钢；

（d）在 H 型钢上设置横向加筋板，缩短上翼缘的纵向长度，提高上翼缘的刚度；

（e）在 H 型钢上翼缘上铺设钢板垫层，用以分担上翼缘板所承受的载荷，同时改善滑移轨道面的平整度；

（f）滚轮小车宽度小于 H 型钢上翼缘板的宽度，移动距离较小，速度较慢，故可不设偏移约束挡板。

本项目的滑移轨道是利用了管廊上方纵向设置的 H 型钢，其整体抗弯能力足够，只需对其翼缘进行局部加固即可。

图 3.11-10 为承载滚轮小车安装示意，同时也示意了 H 型钢上翼缘的局部加固。

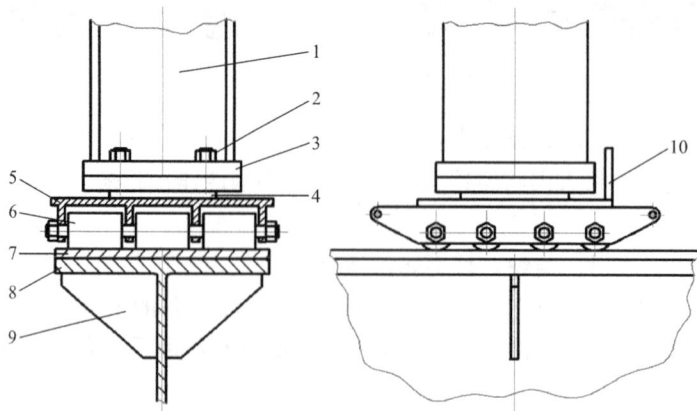

图 3.11-10 承载滚轮小车安装示意

1—空冷设备柱脚；2—连接螺栓；3—连接钢板；4—摩擦圆盘；5—滚轮小车壳体；
6—滚轮；7—钢板垫层；8—H 型钢；9—加筋板；10—挡板

图 3.11-11 为拆除钢格板及解除空冷设备立柱固定的现场照片。

g. 拆除滑移轨道 H 型钢上覆盖钢格板的控制要点（图 3.11-11）：

图 3.11-11　钢格板拆除及立柱固定解除

（a）必须对钢格板的拆除进行规划；

（b）留出 H 型钢的加固及位移操作的空间；

（c）拆除的钢格板应完整，以便复装。

h. 在 H 型钢上安装横向加筋板的控制要点（图 3.11-10）：

（a）加筋板必须设置在 H 型钢的上半部分，以减小焊接对 H 型钢的影响；

（b）加筋板应仿形加工，确保与 H 型钢的接触良好，以减小焊接变形；

（c）加筋板应遵守对称的原则安装，防止 H 型钢的焊接变形。

i. 解除空冷设备四个柱脚固定的控制要点（图 3.11-9）：

（a）切割柱脚底板固定焊缝前应用捯链和安全吊带对空冷设备进行加固，防止应力释放而造成柱脚的位移；

（b）适时修整柱脚处的 H 型钢上翼缘顶面。

j. 在 H 型钢上安装钢板垫层的控制要点（图 3.11-10）：

（a）适时修整滑移轨道 H 型钢上翼缘顶面的高点，柱脚处的固定割缝必须修平；

（b）钢板垫层的长度应略大于柱脚位移的行程，且必须按柱脚的行程配置；

（c）钢板垫层应在长度方向的两端点固，以方便拆除，必要时可在侧面点固。

k. 安装承载滚轮小车的控制要点：

（a）应在 4 个柱脚附近的加固连接 H 型钢下放置千斤顶（图 3.11-11）；

（b）应保持 4 个千斤顶同步顶升 150mm，防止空冷设备发生倾斜；

（c）应保证连接钢板与柱脚底板紧密贴合；

（d）放入承载滚轮小车时应注意挡板的方向，否则挡板将失去作用；

（e）应保证承载滚轮小车的滚轮轴线与滑移轨道轴线垂直，防止滚轮小车跑偏；

（f）应保证空冷设备的四个立柱中心处于承载圆盘的正上方，防止小车因偏载造成跑偏及拉脱；

（g）应保持 4 个千斤顶同步下降，防止空冷设备发生倾斜。

图 3.11-12 所示为承载滚轮小车的安装过程。

图 3.11-12 承载滚轮小车安装

l. 空冷设备位移的控制要点：

（a）沿着滑移轨道，在空冷设备移动前方的两个柱脚上各挂一个捯链，提供前移拉力；在后方的两个柱脚上各挂一个捯链，提供限速、防偏、制动保护。

（b）在滑移轨道上表面涂抹适量油脂，使承载滚轮小车在歪斜时能够用滑移方式纠偏。

（c）移动时，后方两个捯链先同时、同步放松；前方两个捯链再同时、同步收紧。如此循环进行。

（d）空冷设备到位后，利用捯链、千斤顶进行调整定位。

（e）利用千斤顶撤出承载滚轮小车时应同步下降，防止空冷设备发生倾斜。

m. 安装空冷设备的控制要点：

（a）先完成空冷设备的固定；

（b）次之复装拆除的空冷支撑结构件；

（c）再次之拆除空冷结构的临时支撑；

（d）最后清理滑移轨道，完成钢格板的复装，完成空冷设备上梯子、栏杆的复装。

n. 连接外接的机、管、电、仪等的控制要点：

（a）按照规划进行；

（b）按照标识复装；

（c）先大后小，先难后易。

（3）实施总结

通过二甲苯分馏装置区 110E-114 位号的 2 台空冷设备移位实践验证了本技术的可行性，并在此实践验证的基础上对本技术进行了完善，使得本技术更加好用、实用。在二甲苯分馏装置区后续的位号 105E-112 空冷设备往西移位 1530mm，位号 110E-108 的 2 台空冷设备分别往西移动 4380mm 的过程中，利用验证后完善的位号 110E-114 空冷设备移位技术，顺利完成了位号 105E-112，位号 110E-108 空冷设备的移位安装工作，使得本技术的应用更成熟。紧接着在异构化装置区顶部空冷设备的技术改造中，继续采用了本技术，又成功的移位了 2 台大型空冷设备。

本技术充分利用了现场的条件，借助目前市场上常见的通用产品"承载滚轮小车"，经稍加改造，创新的应用于 H 型钢梁上，实现了大型空冷设备的高空位移，化简了施工难度，减少了施工人员，不占用地面场地，不妨碍相邻区域的施工，不再依赖大型起重机械，提高了施工的安全性，缩短了施工周期，降低了施工成本。

本技术虽然是针对安装在管廊上的大型空冷设备的整体位移所研发的，但这仅是这项技术的应用特例，更普遍的、有价值的情况是在大型起重机械难以利用或使用成本过很高的条件下，应用本技术来实现大型工业设备的短距离搬运。如在青岛丽东化工有限公司施工期间，还将验证后完善的本技术应用于青岛红星物流码头泊位结构上部的输油泵和电动阀的搬运，解决了短距离运输的难题。

（提供单位：中国机械工业机械工程有限公司。编写人员：马克升、杜世民）

机电工程新技术（2022）应用指南

（下册）

中国安装协会　组织编写

中国建筑工业出版社

图书在版编目（CIP）数据

机电工程新技术（2022）应用指南. 下册 / 中国安装协会组织编写. — 北京：中国建筑工业出版社，2021.9

ISBN 978-7-112-26485-8

Ⅰ. ①机… Ⅱ. ①中… Ⅲ. ①机电工程-高技术 Ⅳ. ①TH

中国版本图书馆 CIP 数据核字（2021）第 166503 号

目　录

（上册）

3

4 电力工程安装新技术

Ⅰ 火力发电工程

4.1 火电厂大型锅炉重型顶板梁翻转施工技术

4.1.1 技术发展概述

顶板梁的翻转作业在锅炉钢结构施工中是经常遇见的一项工作，也是顶板梁在吊装过程中非常关键的一步。以往施工中遇到的顶板梁结构相对简单，重量轻，体积小。随着技术的进步，吊装能力的提高，顶板梁的重量及体积也在不断地增加，其结构变得复杂，应用范围也在不断地扩大。特别是超临界锅炉钢架中的重型顶板梁，有重量重、体积大、超长超宽、重心不在中间等特点。常规翻转方法是用起重机械通过垫枕木配合的方式进行翻转，该方法存在较大的安全风险。新型顶板梁翻转技术安全可靠、简单方便、工期短、经济效益显著。

4.1.2 技术内容

重型顶板梁重量重、体积大、重心低、倾覆角大，本技术是在顶板梁下方安装一对专用顶板梁翻转架，利用顶板梁重心与翻转架受力支撑点不在同一条垂直线上的特点，让顶板梁重力与翻转架支撑力形成一个翻转力矩，再通过起重机械的配合，使顶板梁和翻转架往指定的一侧翻转。如图 4.1-1 所示。

顶板梁在翻转过程中，受到顶板梁自身重力（G）、起重机械的垂直拉力（F_2）和地面支撑力（F_3）的共同作用。其中，顶板梁重力（G）不变，起重机械的垂直拉力（F_2）和地面支撑力（F_3）随翻转角度（α）的变化而产生互补的变化。因此，在整个翻转过程中，只要控制起重机械垂直拉力（F_2）的变化，即可控制顶板梁的翻转速度，避免产生巨大的瞬间冲击力，从而确保翻转过程平稳，安全可靠。见图 4.1-2。

本技术替代了在顶板梁的一侧垫枕木为起重机械提供翻转力矩的常规翻转方法，提高锅炉重型顶板梁翻转施工作业的安全性。

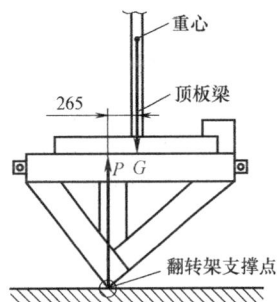

图 4.1-1 翻转力矩示意图

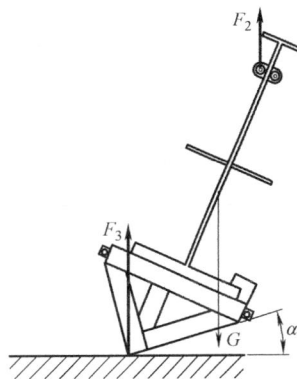

图 4.1-2 新型翻转技术受力分析图

4.1.3　技术指标

本技术与同类型电厂锅炉顶板梁采用常规作业方法对比，主要技术指标如表 4.1-1 所示。

技术指标对比表（以广东宝丽华甲湖湾电厂工程为例）　　　表 4.1-1

项目	本技术作业方法	常规作业方法
顶板梁尺寸	45.66m×1.5m×4m	45.66m×1.5m×4m
顶板梁最大重量	180t	180t
施工机械	600t 履带式起重机＋140t 塔式起重机	600t 履带式起重机＋140t 塔式起重机
翻转辅助机械	25t 汽车式起重机	150t 履带式起重机＋200t 汽车式起重机
顶板梁吊装工期	15d	22d
特点	安全可靠，操作简单，缩短工期，节省作业场地	安全风险较大，操作复杂，工期较长，需要作业场地大

4.1.4　适用范围

适用于火电厂锅炉重型顶板梁翻转施工，以及其他重型结构件、设备等翻转作业。

4.1.5　工程案例

1. 广东宝丽华甲湖湾电厂 1 号、2 号机组（1000MW）

（1）工程概况

广东陆丰甲湖湾电厂新建工程（2×1000MW）为新建燃煤机组，厂址位于汕尾市陆丰湖东镇海岬山西约 2km。厂址距陆丰市约 40km，西距湖东镇约 5.5km，东北距甲子镇约 8km，南临南海。

本期 1、2 号机组建设 2×1000MW 高效超超临界燃煤清洁发电机组及配套系统、设施。公用设施建筑按 4×1000MW 机组规模一次建成，设备分期安装，电厂同步建设烟气脱硫、脱硝设施、海水淡化装置及同步配套建设 1 个 10 万 t 级煤码头和 1 个 3000t 重件码头。

本机组锅炉共有 10 根主要顶板梁，分别布置在锅炉钢结构 K2、K3、K4、K5、K6 轴。其中 K2 顶板梁、K3 顶板梁、K4 顶板梁和 K5 顶板梁为叠梁，由上下两根板梁组合而成，K6 顶板梁由左右两段组合而成。顶板梁最重单件为 K4 顶板梁，重量 180t。参数见表 4.1-2。

宝丽华甲湖湾电厂顶板梁尺寸重量　　　表 4.1-2

	长（mm）	宽（mm）	高（mm）	总重（t）	单重（t）	安装标高（mm）
K2	45660	1300	7500	270	133	82300
K3	45660	1350	8000	340	170	82300
K4	45660	1500	8000	360	180	82300
K5	45660	1450	8000	350	175	82300
K6	22330	650	3350	70	35	85100

本次吊装采用 MK1200/140t 塔吊与 CC2800-1/600t 履带吊抬吊的方法完成顶板梁的卸车、翻转（顶板梁上梁）、起吊和吊装就位。根据起重机械的机械性能及厂区结构布置，顶板梁吊装时 MK1200/140t 塔吊布置在炉左侧，CC2800-1/600t 履带吊布置在炉后，顶板梁起吊位置位于炉后区域。

（2）技术应用

1）常规方法

顶板梁重达 180t，是个典型的"不倒翁"结构，如果直接翻转需横向推力 F 为 1350kN，倾覆角达到 33°。常规方法是在顶板梁底部的一侧垫枕木，同时增加两台辅助翻转机械，通过吊装机械和辅助翻转机械的配合，完成顶板梁的翻转作业。

常规方法作业时，顶板梁未越过临界点前，主要受力点为辅助翻转机械 F_1；当越过临界点后，主要受力点为吊装机械 F_2。在重心越过临界点时，机械受力存在一个瞬间变换过程，产生瞬间冲击力，该冲击力容易造成机械及人员安全事故，存在巨大的安全隐患。如图 4.1-3 所示。

2）新型翻转技术

新型翻转技术利用锐角三角形重心偏心的特点，发明一种顶板梁翻转架，翻转架安装在顶板梁下方，当翻转架受力后，翻转架在顶板梁的重力 G 作用下往一侧翻转。顶板梁在翻转过程中，受到顶板梁自身重力 G 及吊装机械的垂直拉力 F_2 和地面支撑力 F_3 的作用力，其中顶板梁重力 G 不变，地面支撑力 F_3 随翻转角度的变化而变化，整个翻转过程只有吊装机械的垂直拉力 F_2 由操作人员控制。通过吊装机械的摆臂松钩等动作，顶板梁可实现平缓的翻转，无瞬间冲击力，因此其翻转过程平稳，安全可靠。如图 4.1-4 所示。

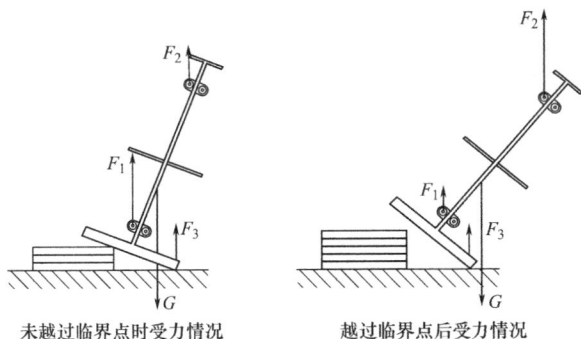

图 4.1-3 常规方法翻转时受力分析图

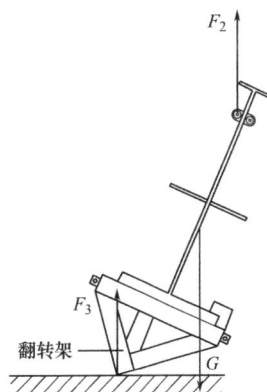

图 4.1-4 新型翻转技术受力分析图

3）关键技术及创新点

① 新型翻转技术是通过安装一对翻转架在顶板梁下方，在顶板梁自身重力作用下，通过吊装机械的配合完成翻转。翻转时无倾覆角、倾覆力矩及冲击力，提高安全保障，降低施工风险。

顶板梁翻转是电厂施工中危险性较大的一项工作，常规方法翻转顶板梁，除吊装机械外，还需辅助翻转机械配合，翻转的倾覆角达到 33°，存在较大安全风险。使用新型翻转技术进行重型顶板梁翻转，翻转过程中不需辅助翻转机械配合，也无倾覆角及倾覆力矩，翻转过程中无瞬间冲击力产生，施工安全风险大大降低，翻转过程平稳可靠，有利于保障施工安全。

② 利用锐角三角形重心偏心的特点设计发明一种顶板梁翻转架，结构简单，翻转方法简便，降低施工成本，简化施工工艺。

顶板梁翻转架是一种锐角三角形结构，采用工字钢焊接拼装而成，加工制作简易；该翻转方法利用顶板梁自重，通过翻转架与吊装机械相互配合，实现顶板梁的翻转，操作过程简单易行；降低顶板梁翻转的难度，同时也提高顶板梁翻转的效率；减少施工人员，缩短施工周期。

4）施工工艺和过程

① 作业准备和条件要求

a. 作业前的施工机械准备

（a）CC2800-1/600t 履带式起重机 HJDB 工况 1 台，主臂 114m。

（b）MK1200/140t 塔式起重机 1 台。

（c）25t 汽车式起重机 1 台

（d）常用配合工具棘轮扳手、撬杠、铳头、大锤等钳工常用工具一批。

（e）钢丝绳 ϕ43，6×37+1 一对，ϕ65，6×37+1 一对。

（f）85t 卡环 2 个，55t 卡环 2 个。

（g）对讲机 8 台。

b. 所需计量器具（表 4.1-3）。

宝丽华甲湖湾电厂计量器具需求表

表 4.1-3

序号	测量活动	所需计量器具				备注
		名称	量程	数量	使用有效日期	
1	炉顶钢结构检查、顶板梁找正	电子经纬仪	1000m	1 台	2017 年 10 月	
2	炉顶钢结构检查、顶板梁找正	自动安平水准仪	75m	1 台	2017 年 9 月	
3	测量长度	钢卷尺	50m	2 把	2017 年 8 月	
4	测量长度	钢卷尺	5m	4 把	2017 年 8 月	
5	安装、检验高强度螺栓	扭力扳手	300~1000N·m	1 把	2017 年 8 月	
6	安装、检验高强度螺栓	扭力扳手	800~2000N·m	1 把	2017 年 8 月	
7	安装、检验高强度螺栓	电动扳手	2000N·m	2 把	2017 年 11 月	

② 施工前必备的条件

a. 锅炉各主柱与外侧副柱安装到顶，各层平台楼梯与柱一起安装，形成安全通道，锅炉钢结构中心线和标高基准验收合格。

b. 锅炉 4~6 列，K2 轴钢结构安装至 82.3m，K3 轴钢结构缓装至 53m，K4 轴钢结构缓装至 28m，K5 轴钢结构缓装至 17m，K6 轴钢结构缓装至 7m，K6 轴 4~7 列 40.5m 以上钢结构缓装。

c. 顶板梁底板连接螺栓已试穿无误。

d. 吊装前对顶板梁上拱度、挠度、旁弯检查完毕，如有焊接缺陷按审批的方案妥善处理完毕。

e. 对顶板梁吊耳进行验收，核实吊耳位置、尺寸大小，以及吊耳焊缝高度检查，进行着色检测或磁粉检测。

f. 顶板梁吊装前对厂家焊接进行抽检，合格后方可起吊。

g. 吊装前检查核实施工现场风速是否符合要求，若风力超过5级及以上，不可进行吊装。

h. 所有工器具准备齐全并经检验合格且运到指定位置。

i. MK1200/140t塔吊已检查维护保养，符合吊装要求。

j. CC2800-1/600t履带吊已经按HJDB工况，主臂114m试验完毕。

k. 锅炉K6～K8区域和炉后前烟道支架区域回填至0m，且0m以上构筑物已全部缓装，用作CC2800-1/600t履带吊行走通道和吊装起吊位置。

l. 空压机房区域需回填至0m，缓装0m以上构筑物，用作顶板梁运输行走通道和临时存放顶板梁区域。

m. CC2800-1/600t履带式起重机站位区域回填压实，耐压力要求25t/m²，必须铺设路基箱。

n. 炉后通道为顶板梁的运输通道，必须压实，铺垫20mm厚的钢板。

o. 制作四副在顶板梁安装时用于上操作平台的钢爬梯。

p. 安排专人监控吊装过程中CC2800-1/600t履带吊主臂与钢结构之间间隙。

q. 施工组织健全，人员配备合理，施工人员熟悉施工工艺程序，质量标准和安全作业措施，对施工人员经过全面施工、质量及安全技术交底。

③ 作业程序内容

a. 吊装步骤

设备运输及清点 → 现场设备检查及画线、标识方向 → 顶板梁上临时栏杆安装 → 顶板梁吊装 → 顶板梁安装找正 → 安装验收

b. 吊装顺序

（a）吊装顺序将从炉前往炉后方向进行。

（b）吊装顺序为K2顶板梁下梁—K2顶板梁上梁—K3顶板梁下梁—K3顶板梁上梁—K2、K3间次梁—K4顶板梁下梁—K4顶板梁上梁—K3、K4间次梁—K5顶板梁下梁—K5顶板梁上梁—K4、K5间次梁—K6顶板梁—K5、K6间次梁。所有顶板梁均在炉后起吊（包括上梁翻身）。

c. 顶板梁上梁翻身步骤

（a）使用MK1200/140t塔式起重机和CC2800-1/600t履带式起重机将顶板梁吊离地面约1m，顶板梁两端下方各安装一个专用翻转架。

（b）翻转架安装完成后，MK1200/140t塔式起重机和CC2800-1/600t履带式起重机同时松钩，顶板梁带着翻转架缓慢下降，当翻转架支点着地受力后，停止下降。检查翻转架及周围环境，确认无异常后两吊机缓慢松钩，顶板梁自然往一侧翻转。

（c）待顶板梁平卧后，拆除翻转架。MK1200/140t塔式起重机和CC2800-1/600t履带式起重机重新绑扎钢丝绳，检查并确认无异常后缓慢起钩，直至顶板梁翻转180°达到就位

状态。

d. 以下步骤以 K4 梁上叠梁的吊装为例进行说明，其他类同。

（a）K4 梁上叠梁采用倒置竖立方式，运至炉后指定起吊区域。

（b）MK1200/140t 塔吊和 CC2800-1/600t 履带吊利用顶板梁上的运输吊耳，将顶板梁抬吊提升至离平板车面约 200mm 时停止，撤出平板车。

（c）在地面放置枕木支垫，利用翻转架完成顶板梁上梁翻身。

（d）顶板梁被扳起立放时，必须有临时支撑，防止顶板梁倾覆。

（e）考虑到上下梁叠组合时，螺栓安装及紧固作业有人员来回行走，须在下梁两侧搭设脚手架操作平台。操作平台的托臂搭设固定在下梁腹板的筋板螺栓孔上，并在操作平台下边及两侧铺设安全网。上梁搭设栏杆，利用上梁筋板的螺栓孔搭设固定好脚手架，再拉设防护绳。制作四个爬梯吊篮，用于安装次梁及顶板梁的附件。

（f）连接好吊钩与顶板梁吊装吊耳后，经仔细检查无误后，进行刹车性能试验。

（g）两吊机缓慢提升，提升至离地面约 500mm 时，停 3min。

（h）检查吊机的刹车性能。

（i）再次反复两次提升和下降顶板梁 500mm 的动作，对两吊机的性能进行全面检查。

（j）确保无误后，CC2800-1/600t 履带吊和 MK1200/140t 塔吊同时起钩。

（k）CC2800-1/600t 履带吊和 MK1200/140t 塔吊配合将顶板梁吊装上升至距离地面 45000mm，两塔机往锅炉方向回转，顶板梁靠 8 列侧转进锅炉内至 K4 轴，顶板梁再上升炉顶，两塔机配合回转、摆臂将顶板梁送至就位位置上方。

（l）调整顶板梁位置，将顶板梁放下找正、找平、螺栓固定。

（m）穿上塔吊侧的部分连接螺栓后，MK1200/140t 塔吊松钩。

（n）接着塔吊吊装一根端部次梁，安装后 CC2800-1/600t 履带吊松钩。

（o）检查顶板梁腹板的垂直度，无误后接着进行顶板梁间的其他次梁及附件安装。

（p）按照同样的吊装方法，将其他顶板梁依次吊装就位。

（3）实施总结

1）提高施工安全性

翻转过程平稳，无冲击载荷，机械配合简单，翻转过程安全可控。

2）提高顶板梁吊装效率

采用新型翻转技术翻转，所需时间少，吊装效率高，同时减少机械、人工的投入，节省工程成本，减少吊装场地需求。

3）实用效果好

本技术在公司多个项目进行推广应用，应用效果良好，并产生较大的经济效益。

2. 广东大唐雷州电厂 1 号机组（1000MW）

（1）工程概况

雷州电厂一期锅炉为哈尔滨锅炉厂设计生产的超超临界参数、变压直流锅炉，锅炉型号为 HG-2764/33.5/605/623/623-YM2，锅炉构架为全钢结构，钢结构立柱共分 9 段，每段顶标高为 10500mm、20500mm、34200mm、42600mm、55200mm、64900mm、74500mm、86400mm、93600mm（C、D、E 顶板梁上平面 95000mm，F 顶板梁上平面 95100mm）。钢架纵向为 8 排主钢架：分别为 E、F、G、H、J、K、L、M，总深度为

81000mm；横向为 B0、B14.3、B23.1、B34.8、B46.5、B55.3、B69.6 共 7 列，总宽度为 69.6mm。锅炉采用露天布置，顶板梁从前向后依次为 A、B、C、D、E、F、G，其中有 4 根主顶板梁（C、D、E、F），均为叠梁；炉顶设轻型钢屋盖，顶板梁与柱顶板为螺栓连接，顶板梁底最低标高为 87100mm。顶板梁最重单件 F 上梁吊装重量约 220.6t，参考尺寸见表 4.1-4。

大唐雷州电厂顶板梁尺寸重量表　　　　　　　　表 4.1-4

序号	顶板梁编号	外形尺寸	叠梁重量	总重量(kg)
1	顶板梁 C （BF 轴）	$H3900 \times 1350L = 42040$ 上	112862.1	238020.4
		$H3900 \times 1350L = 42040$ 下	111832	
2	顶板梁 D （BG 轴）	$H3900 \times 1350L = 42040$ 上	125442.2	265621.6
		$H3900 \times 1350L = 42040$ 下	124394.6	
3	顶板梁 E （BH 轴）	$H3900 \times 1700L = 42240$ 上	169943.5	355336.6
		$H3900 \times 1700L = 42240$ 下	171276	
4	顶板梁 F （BJ 轴）	$H4000 \times 1950L = 42240$ 上	220607.4	448210
		$H4000 \times 1950L = 42240$ 下	216276.3	

注：叠梁重量为吊装重量，现场安装件重量未计算在内。

根据现场的特点和本工程实际情况，考虑用 QTZ2500 塔机和 SCC9000 履带吊进行双机吊装。利用平板车运输，吊装顺序将从炉前往炉后方向进行，同时 SCC9000 履带吊将逐渐往炉后退出。吊装顺序为 C 顶板梁下梁—C 顶板梁上梁—D 顶板梁下梁—D 顶板梁上梁—C、D 间次梁—E 大梁下梁—E 顶板梁上梁—D、E 间次梁—F 顶板梁下梁—F 顶板梁上梁—E、F 间次梁。考虑受热面吊装，其中部分次梁需要缓装。

为了使 SCC9000 履带吊能进入锅炉钢架内配合 QTZ2500 塔机进行吊装作业，需要将锅炉钢架 BK 后全部结构缓装，并且 B34.8 与 B55.3 之间的 BG 轴线后的钢架缓装。待 E 梁吊装完成后吊装 BG 排缓装结构，在吊装完 E 梁之后再完善炉后，吊装 BJ 排的缓装结构，当吊装完 F 梁后，完善所有缓装钢结构。所有顶板梁均在炉后起吊（包括上梁翻身）。

板梁 A、B、G 梁为分段安装，由塔机单机吊装左右各段。

（2）技术应用

1）主要施工机械、工机具

① 钢丝绳 $\phi76mm$，$L = 8m$，两条；$\phi76mm$，$L = 26m$，两条；$\phi47mm$，$L = 16m$，两条。

② 卡环：100t 卡环 2 个；85t 卡环 2 个；55t 卡环 4 个（翻身用），30t 卡环 4 个。

③ 检验合格的经纬仪、水平仪各一台（炉顶钢架检查、顶板梁找正）。

④ 电动初紧扳手 4 把、电动终紧扳手 2 把、力矩扳手 1 把。

⑤ 棘轮扳手、撬杠、铣头、100m 卷尺、大锤等钳工常用工具一批。

⑥ 缆风绳（$\phi17 \sim \phi21$，$L > 30m$），差速器、安全网等安全设施一批。

⑦ 通信工具 8 台。

2）施工机械（表 4.1-5）

<table>
<tr><td colspan="4" align="center">大唐雷州电厂施工机械需求表</td><td>表 4.1-5</td></tr>
</table>

序号	施工机械名称	数量	备注
1	SCC9000 履带吊-HJDB_24m_114m 主臂	1台	主吊机
2	QTZ2500 塔机	1台	主吊机
3	QGZH480 型/400t 液压平板车	1辆	根据实际情况修改
4	DJ250/25t 低驾平板车	1辆	设备运输

3）计量器具（表 4.1-6）

<table>
<tr><td colspan="6" align="center">大唐雷州电厂计量器具需求表</td><td>表 4.1-6</td></tr>
</table>

序号	测量活动	所需计量器具				
		名称	量程	精度	数量	计划使用期限
1	找正及测量	钢卷尺	0～100m	±1mm	1	2017.9.17
2	找正及测量	水平尺	0～500mm	0.05mm	1	2017.9.17
3	控制拉力	管型测力计	0～200N	$0.5\%Q_{max}$	1	2017.9.17
4	检验高强度螺栓	扭矩扳子	750～2000N	±50N	1	2017.9.17
5	找正及测量	直角尺	0～250mm	±1mm	1	2017.9.17
6	找正及测量	钢卷尺	0～5m	±1mm	1	2017.9.17
7	测量垂直度	激光经纬仪	0～360°	2″	1	2017.10.7
8	测量标高	水准仪	0～180°	DS3	1	2017.10.12

4）必备条件

① 锅炉钢架 BK 后全部结构缓装，并且 B34.8 与 B55.3 之间的 BG 后的立柱缓装。

② 除因需要缓装的钢结构外，其余钢结构及边柱安装至 93600mm，顶板梁支撑主柱安装至 87200mm 标高并经过验收。

③ 顶板梁底板连接螺栓已试穿无误，顶板梁侧面吊装吊耳已焊接完毕并经检验合格。

④ 顶板梁有监造报告，并经相关单位现场检验，炉顶钢架验收合格。

⑤ SCC9000 履带吊按主臂 114m 主臂、80t 超起配重的工况进行组合，并经过试吊合格能投入正常使用。

⑥ SCC9000 履带吊和 QTZ2500 塔机以及吊具经过检查并有检查记录。

⑦ 根据顶板梁的运输到货时间，SCC9000 履带吊站位区域以及板梁存放位置需回填压实，用于履带吊的跑车及卸车工作。回填压实面区域为 BK 立柱往炉后方向 30m 位置，面积大概 900m²，密实度检测合格，耐压力要求 25t/m²，同时加垫走板。

⑧ 炉后通道为顶板梁的运输通道，须压实，必要时铺垫 30mm 厚的钢板。

⑨ 制作四副在顶板梁安装时上下操作平台用的钢爬梯。

⑩ 顶板梁运输通道要平整、压实，耐压力要求 25t/m²。

5）施工方法、作业程序

① 作业程序（以最重的 F 顶板梁上梁为例）：

設備清点 → 設備运输 → 現場設備检查及划线、标识方向 → 顶板梁上临时栏杆安装 →
顶板梁吊装 → 顶板梁安装找正 → 安装验收

② 施工方法

a. 复核顶板梁的编号和方向后，由平板车将顶板梁运进炉后，由 QTZ2500 塔机和 SCC9000 履带吊卸车，考虑现场情况，顶板梁 C、D 图纸上 B55.3 侧装载在运输车尾，B14.3 侧装载在运输车头；顶板梁 E、F 板梁图纸上 B55.3 侧装载在运输车头，B14.3 侧装载在运输车尾。

b. 顶板梁翻转方法同案例 1。

c. 通过 QTZ2500 塔机及 SCC9000 履带吊的调整回转，将顶板梁送至就位位置上方调整顶板梁位置。将顶板梁放下叠合在下梁上面，找正、找平。

d. 穿上左端的部分螺栓（使用安装螺栓）后，QTZ2500 塔机松钩。由于下梁自身的重量而引起下梁有挠度，因此，用 QTZ2500 塔机利用下梁的运输吊耳，缓慢地提升下梁，以消除上、下梁间的间隙，同时用夹具"匚"形架用油顶消除间隙。穿上上、下梁的连接螺栓，并逐渐按顺序紧固螺栓，首先由中间往两端初紧，再由两端往中间复紧，最后又由中间往两端终紧螺栓，然后塔机松钩。

e. 接着塔机吊装一根端部次梁，安装后 SCC9000 履带吊松钩。

f. 检查顶板梁腹板的垂直度，无误后接着进行其他次梁及附件安装，若顶板梁的有些筋板影响次梁安装时，可就地切割，但不能伤及腹板。

g. 拆除吊装工具，顶板梁吊装作业结束。

h. 进行上、下梁对接板的烧焊，为防止焊接引起变形，由中间向两端焊接，焊接采用分段对焊。焊接作业时下方须挂防火盘，做好接火花措施。

i. 其他顶板梁吊装参考 F 顶板梁吊装方法进行。

（3）实施总结

新技术提高了大唐雷州项目顶板梁吊装施工的安全性及吊装效率，减少吊装时间，实际应用效果良好，产生了较大的经济效益。

(提供单位：中国能源建设集团广东火电工程有限公司。编写人员：谢誉军、杨荣东、郭水祥)

4.2　百万千瓦级分体式汽轮发电机内、外定子穿装技术

4.2.1　技术发展概述

百万千瓦级汽轮发电机定子体积和重量均远大于常规，在陆路运输中对路况、机具要求较高，运输极困难。为解决运输难题，制造厂家采取了内、外定子分体式结构设计，分件单独供货，以减轻单体部件重量，满足了运输要求。内、外定子分别运输至现场后，在现场进行穿装组合。

4.2.2　技术内容

（1）提前将外定子吊装至发电机机坑左侧 H 型钢专用滑道上，以避免影响内定子吊

装行进路线。在运转层平台设置两组专用滑道，在滑道端部布置两台 20t 捯链用于外定子牵引。

（2）在外定子汽端安装滑轮固定座，并在固定座上设置导向滑轮，实现行车对内定子的水平牵引。分别在内定子左前方、右后方支座上安装两套滑轮组对内定子进行转向。在内定子汽端前侧安装牵引拖架。

（3）利用自制支座作为内定子临时支撑，自制支墩支撑固定外定子，保证内、外定子穿装平稳可靠。

（4）利用液压小车安装牵引拖架，实现牵引拖架与内定子的快速对中安装。

（5）通过限位板和滑轮固定座的双重限位，确保内定子准确穿装到位。

（6）采用从中间向两端，左、右两侧对称紧固的方式，安装立式切向弹簧板螺栓，保证各切向弹簧板连接受力均匀。

4.2.3 技术指标

（1）《电力建设施工质量验收规程 第 3 部分：汽轮发电机组》DL/T 5210.3—2018；

（2）《电力建设施工技术规范 第 3 部分：汽轮发电机组》DL 5190.3—2019；

（3）定子下降过程中，定子水平四角高差不得超出 5mm。

4.2.4 适用范围

适用于百万千瓦级及其他同类型分体式汽轮发电机内、外定子的穿装组合。

4.2.5 工程案例

华润贺州一期 2×1000MW 工程

（1）工程概况

华润电力（贺州）有限公司一期 2×1000MW 超超临界工程，汽轮发电机型号为 QF-SN-1000-2-27，由东方电机股份有限公司制造供货，定子为内、外分体式结构。本工程 1 号机组定子穿装组合自 2011 年 12 月 08 日开始，至 2011 年 12 月 15 日顺利完成，用时 7d。

（2）技术应用

1）结构特点和难点

分体式定子结构复杂，内定子由笼形框架结构的内机座、定子铁芯和线圈构成，通过具有良好隔振性能的立式切向弹簧板固定于外定子内。由于现场条件有限，穿装组合难度大。

2）关键技术特点

首先将外定子吊装至发电机基础左侧 H 型钢滑道上，然后利用行车吊装内定子至发电机励端后方，再通过滑道牵引外定子至就位位置正上方，顶起外定子至适当标高并支撑牢固，进行出线罩的焊接。待出线罩焊接完成后，抽出 H 型钢滑道，降低外定子至适当标高进行内定子的穿装。

内、外定子初找中心后，利用装有液压提升装置的两台行车抬吊内定子并穿装至吊攀位置；采用自制支座和专用垫板支撑内定子，将两台行车由并车状态解除至单车工作状态，变换吊点至末端吊攀，然后由一台行车吊装内定子励端，另一台行车通过滑轮固定座牵引内定子至末端吊攀；拆除末端吊攀后，继续牵引内定子，最终通过限位板和滑轮固定座的双重限位，保证内定子准确穿装到位。

内定子穿装到位后，利用千斤顶逐步降低支墩下落定子，将发电机定子整体就位于台板上。

3）施工工艺和过程

① 工艺流程方框图（图 4.2-1）

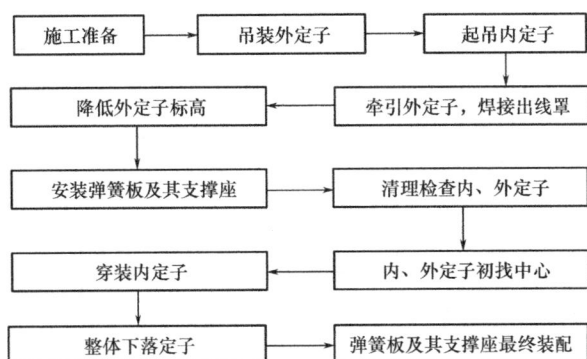

图 4.2-1　工艺流程

② 工艺过程

a. 施工准备

（a）技术准备：对施工人员进行交底，掌握内、外定子穿装工艺方案及安装要点。

（b）工器具准备：所需捯链、钢丝绳、卡环准备到位，并检验合格。核对牵引拖架、滑轮固定座、滑块、吊攀等专用工具并试装完毕。见表 4.2-1。

工器具需用表　　　　　　　　　　　表 4.2-1

序号	名称	规格	单位	数量	备注
1	滑轮固定座		件	1	安装到汽端外定子上，用钢丝绳牵引内定子
2	牵引拖架		件	1	安装到内定子汽端作为牵引点
3	滑块		件	2	内定子穿装时支撑内定子
4	限位板		件	8	内定子穿装到位时起到限位作用
5	板		件	14	用于拉紧弹簧板
6	螺杆	M20×580	件	14	用于拉紧弹簧板
7	吊攀		套	4	安装到内定子3号、5号、7号位置
8	捯链	1t	个	14	悬挂弹簧板支撑座用
9	捯链	2t	个	1	吊攀安装调整用
10	捯链	20t	个	2	牵引完定子用
11	吊环	M20	件	14	悬挂弹簧板支撑座用
12	吊环	M16	件	4	起吊吊攀用
13	卡环	2t	件	2	起吊吊攀用

续表

序号	名称	规格	单位	数量	备注
14	大锤		把	1	定子吊攀紧固及拆除用
15	呆扳手	75″	把	2	定子吊攀紧固及拆除用
16	磨光机		台	2	清理导轨杂物
17	线盘		台	1	清理导轨杂物
18	钢卷尺		把	4	测量距离
19	框式水平		台	1	调整水平用
20	钢丝轮		件	8	清理导轨杂物
21	手动液压搬运车	2.5t	台	1	牵引拖架调整高度安装用
22	液压千斤顶	200t	台	4	顶起内、外定子
23	液压千斤顶	300t	台	4	顶起外定子及其下落用
24	液压千斤顶	100t	台	2	内、外定子对中用
25	液压提升装置	800t	套	1	抬吊内定子
26	行车	130/32t	台	2	抬吊内、外定子
27	汽车式起重机	50t	辆	1	安装吊攀
28	电动卷扬机		套	2	内定子转向用
29	滑轮组	50t	套	2	内定子转向用

（c）材料准备：准备齐全措施性材料及消耗性材料。见表4.2-2。

汽轮发电机内、外定子穿装材料表　　　　　　　　表4.2-2

序号	名称	单位	数量	备注
1	连体服	套	10	内、外定子穿装内部监护
2	专用布鞋	双	10	内、外定子穿装内部监护
3	石蜡	kg	2	外定子导轨及滑块结合面涂抹
4	尼龙绳 $\phi 6$	m	120	牵引滑块用
5	白布	kg	20	清理用
6	脱漆剂	瓶	15	清理吊攀位置防护漆
7	锉刀	把	2	清理吊攀位置
8	塑料布	m²	20	保护外定子导轨
9	橡胶板 $\delta=10mm$	m²	8	保护内定子用
10	钢板 $\delta=20mm$	m²	142	0m吊装口铺设用
11	钢板 300mm×300mm×10mm	张	100	下落定子用
12	H型钢	根	4	牵引外定子用
13	专用支座	台	3	支撑内定子用
14	支墩方箱	件	14	支撑外定子

a）制作专用方箱。制作六组上下表面光滑、坚固牢靠的方箱。

b）制作专用支座：根据图纸，制作专用支座3个，用于运输、穿装内定子临时支撑。

c）场地准备：吊装口0m地面回填夯实，铺设钢板，用于内定子卸车及转向。

d）在行车主梁上附加液压提升装置，核算行车轮压及行车大梁强度，确保满足吊装要求，检查确认行车各项性能指标符合规范要求。

b. 外定子吊装

选用4根H型钢，在运转层平台分别由两根拼做成两组专用滑道，滑道之间采用槽钢、角钢连接加固并与基础连接在一起，防止外定子牵引过程中滑道发生移动，在滑道端部布置两台20t捯链用于外定子牵引。外定子到场后，使用两台行车抬吊卸车，吊装外定子至发电机机坑侧滑道上，拆除外定子两端堵板。

c. 内定子起吊

利用汽车式起重机将吊攀安装在3号和5号吊攀位置（图4.2-2），使用两台行车主梁上布置的液压提升装置抬吊内定子卸车，并将其放置于专用支座上，分别在内定子左前方、右后方支座上安装两套滑轮组对内定子进行转向。转向后安装牵引拖架，用液压小车拖运牵引拖架至内定子汽端前侧，通过调整液压小车高度使专用螺栓穿入拖架螺栓孔中并紧固。

利用液压提升装置将内定子起吊至运转层平台励磁机后方，以不影响外定子牵引为准。

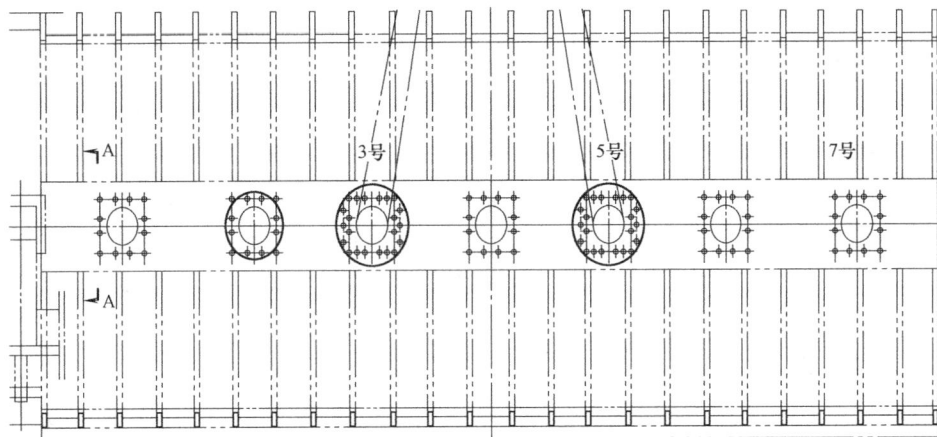

图 4.2-2 吊攀位置示意图

d. 出线罩、外定子限位板安装

牵引外定子，焊接出线罩，降低外定子标高，安装外定子内部汽端限位板，将滑轮固定座用螺栓紧固至外定子汽端端面，保证滑轮下边缘与机组中心线距离符合要求。

e. 内定子穿装

（a）调整内定子水平，拉钢丝初步对中内、外定子，穿装过程中内、外定子总间隙为26mm，设专人监测内、外定子之间四周间隙，保证内外定子四周间隙均匀，避免碰撞。

（b）吊装内定子自外定子励端开始缓慢穿入，外定子内部监护人员拉紧第一块滑块尼龙绳，使滑块位于内定子正下方随内定子滑动，同时保证内定子四周间隙均匀，确保与外定子无碰撞。

（c）待内定子 3 号吊攀距离外定子励端端面 350mm 时，暂时停止穿装。降落内定子，将其汽端放置在外定子导轨的第一块滑块上，励端放置在专用支座上（图 4.2-3）。

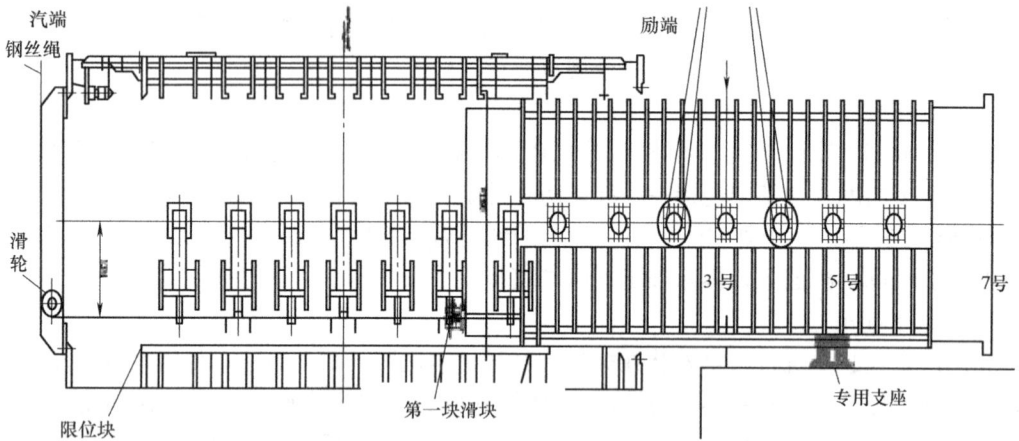

图 4.2-3　滑块与支座

（d）液压提升装置继续降落，松开起吊钢丝绳。将两台行车由并车状态解除至单车工作状态。拆除 3 号、5 号吊攀，并用行车将其中一对吊攀安装在内定子励端 7 号吊攀位置。

（e）将预先准备好的钢丝绳一端通过滑轮固定座连接至内定子汽端的牵引拖架上，另一端拴挂在一台行车吊钩上，另一台行车以 7 号吊攀为吊点，吊起内定子励端，并调整至内、外定子四周间隙均匀。两台行车配合，继续穿装内定子。

（f）内定子牵引至 7 号吊攀距离外定子励端端面 350mm 时，将内定子励端缓缓抬高，在外定子励端导轨与内定子之间放入预先准备好的第二块滑块，并在汽、励两端拉紧滑块牵引绳使其处于内定子正下方。将内定子缓慢降落在滑块上，内定子重量完全由两块滑块支撑，拆除 7 号吊攀。

f. 内定子调整

（a）继续牵引内定子，当内定子汽端端面至限位板距离 500mm 时，测量牵引拖架前端面至滑轮固定座的距离，通过调整牵引拖架前后背紧螺母，保证 $M = 500mm$，以起到双重限位作用。牵引内定子至限位板位置，同时牵引拖架前端面与滑轮固定座靠紧，内定子准确穿装至安装位置（图 4.2-4）。

（b）内定子穿装到位后，拆除牵引拖架、滑轮固定座及限位板。在外定子四角小手孔门内放入专用滑板，将 200t 千斤顶放置在专用滑板上，然后移动千斤顶至内定子支撑梁下方，顶起内定子，抽出内、外定子之间的两块滑块。

g. 弹簧板及其支撑座装配

定子整体下落就位后，松开弹簧板与支撑座之间螺栓，利用捯链调整支撑座，使其凸台与内定子吊耳位置止口配合良好，紧固支撑座螺栓。安装弹簧板与支撑座之间的垫片，由中间向两端，左、右两侧同时对称紧固弹簧板螺栓，确保弹簧板受力均匀。复核内、外定子中心线符合要求，定子穿装完毕。

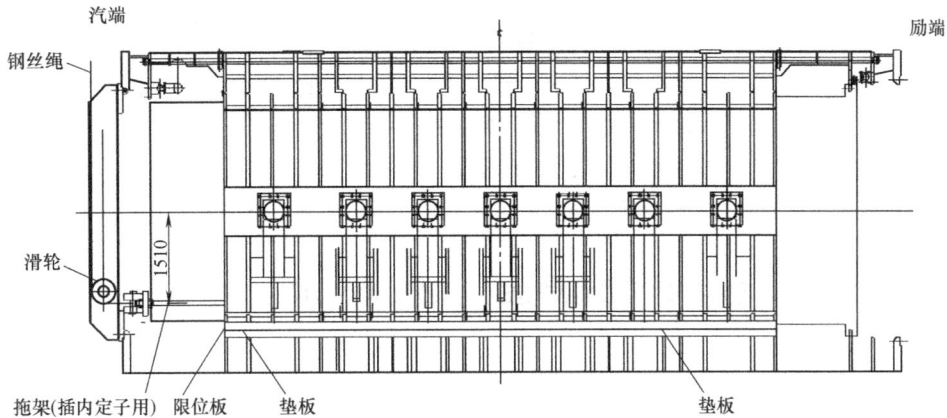

图 4.2-4 内定子穿装到位

4）质量保证措施

① 施工前进行严格的技术交底，施工人员熟练掌握施工工艺流程、作业要点、技术关键点等。

② 穿装前外观检查、电气试验结束。

③ 进入定子内的检查人员，应穿专用工作服和软底布鞋，身上应无异物。

④ 汽机房行车各项试验结果满足要求，并经技术监督部门验收合格。

⑤ 核算汽机房框架牛腿、行车梁及行车主梁、大车轮压均满足吊装要求，不得超载。吊装过程中对行车桥架挠度进行检测，吊装前后对汽轮发电机基础进行沉降观测。

⑥ 专用支座上表面铺设橡胶板，避免内定子与专用支座刚性接触。

⑦ 沿发电机纵向中心拉钢丝，复测每组立式切向弹簧板支撑座凸台面至钢丝距离，以保证内定子左右间隙均匀，防止支撑座与内定子相碰。

⑧ 在定子穿装过程中，安排专人在外定子内监护，保证内、外定子之间的间隙均匀。

⑨ 内定子穿装过程中，在 3 号、7 号吊攀分别距离外定子励端端面 350mm 时拆除吊攀，防止吊攀螺栓与外定子间距较小而无法拆卸螺栓。

⑩ 当内定子即将穿装到位时，通过测量内定子汽端端面至限位板、牵引拖架前端面至滑轮固定座之间的距离，确保内定子准确穿装到位。

（3）实施总结

本技术提前将外定子吊装至发电机机坑左侧 H 型钢专用滑道上，避免了影响内定子吊装行进路线，确保了施工安全。在外定子汽端安装滑轮固定座，并在固定座上设置导向滑轮，降低了拖运难度，节省了拖运时间。利用自制支座作为内定子临时支撑，自制支墩支撑固定外定子，提高了施工安全系数。利用液压小车安装牵引拖架，实现牵引拖架与内定子的快速对中安装。通过限位板和滑轮固定座的双重限位，确保了内定子准确穿装到位。采用从中间向两端，左、右两侧对称紧固的方式，安装立式切向弹簧板螺栓，保证了各切向弹簧板连接受力均匀。

使用本技术有效提高了内、外定子穿装的施工效率和安全系数，节省了施工成本，施工工期由原计划的 10d，缩短至 8d。除节省运输成本和行车改造成本外，另从人工费和机械台班等方面共节省：

  人工成本：20 人×2d×200 元/人工日＝8000 元

  机械台班：50t 汽车式起重机：2 个台班×3000 元/台班＝6000 元

  液压提升装置：2 个台班×30000 元/台班＝60000 元

  合计节省费用：8000＋6000＋60000＝74000 元

  （提供单位：中国电建集团核电工程有限公司。编写人员：孙勇、赵秋田）

4.3　新型铁素体耐热钢 CB2 焊接及热处理技术

4.3.1　技术发展概述

  新型铁素体耐热钢 ZG12Cr9Mo1Co1NiVNbNB（以下简称 CB2）具有良好的强度、韧性、抗蠕变性、优异的高温抗氧化性和耐腐蚀性能，可满足火电机组的相关设备特别是高温承压部件对高温力学性能的高要求，可有效提高火电机组效率，符合我国经济快速发展、提高火电机组热效率的需求，已逐渐应用于火力发电厂热力系统高温高压设备。但是对新型耐热钢 CB2 的应用在国内外尚处于初步阶段，其焊接、热处理技术是目前火电建设施工技术领域亟待解决的问题。

4.3.2　技术内容

  （1）技术特点

  高温高压的工作环境对锅炉管的抗疲劳、高温氧化与腐蚀等性能有着严格的要求，耐热材料的开发及其应用对发展超超临界发电技术显得极其重要。铁素体耐热钢以其良好的热性能被视为电站锅炉管用钢的最佳选择。9%Cr～12%Cr 铁素体钢是电站机组中最重要应用最多的一类材料，本技术为新型铁素体耐热钢 CB2（ZG12Cr9Mo1Co1NiVNbNB）焊接及热处理研究成果，可用于 600℃/620℃、30MPa 的第二代超超临界机组汽轮机高温部件及管道。

  （2）主要技术创新点

  1）目前国内外对于新型铁素体耐热钢 CB2 钢焊接及热处理工艺方面的研究极少，故该技术应用填补了国内外 CB2 钢焊接及热处理工艺的空白。

  2）采用 GTAW 打底焊与 SMAW 分层分道填充相结合，在保证焊接质量的基础上优化焊接效率。通过多种焊材的比较分析，优中选优，最终确定与 CB2 钢母材匹配较好的焊丝 MTS 616 与焊条 MTS 5Co1。

  3）采用自主研发的"TIG 焊氩气自动送停控制装置"与"管道焊接内壁自动充氩装置"对焊口进行充氩保护，大幅度提高焊口的充氩保护效果，同时结合两层根部打底焊接防止氧化和烧穿，显著提高焊接质量。

  4）采用自主研制的管道层间温度自动控制装置，实现层间温度超出有效范围后自动报警功能，解决大口径厚壁合金钢管道焊口的层间温度难以控制的难题，有效保证了焊口的焊接质量。

  5）采用自主研制的管道内部热处理专用装置，减少了热能流失，使得内外壁的温度均衡，降低内外壁温差，避免了温差大对焊接接头内外壁组织性能造成影响。

4.3.3 技术指标

符合《电力建设施工质量验收规程 第 5 部分：焊接》DL/T 5210.5—2018 的相关规定，此类焊接接头属于Ⅰ类接头，焊接质量评定标准如表 4.3-1 所示。

焊接质量评定标准　　　　　　　　　　　　　　　　　　　表 4.3-1

序号	验收项目	检验指标	质量标准	项目	指标	检查方法及器具
1	焊接接头表面质量	焊缝成型	焊缝过渡圆滑，接头良好	—	—	目测，焊缝检测尺
		焊缝余高($\delta \leqslant 10$)	0～2mm	—	—	
		焊缝余高($\delta > 10$)	0～3mm	—	—	
		焊缝宽窄差($\delta \leqslant 10$)	≤3mm	—	—	
		焊缝宽窄差($\delta > 10$)	≤4mm	—	—	
		咬边	$h \leqslant 0.5, \Sigma I \leqslant 0.1L$，且≤40mm	—	—	
		错口(mm)	外壁≤0.1δ，且≤4mm	—	—	目测，直尺
		角变形($D < 100$)	≤1/100	—	—	
		角变形($D \geqslant 100$)	≤3/200	—	—	
		裂纹	无	—	主要	3～5 倍放大镜目测
		弧坑	无	—	—	
		气孔	无	—	主要	
		夹渣	无	—	主要	
2	无损探伤	射线	达到 DL/T 821 规定的Ⅱ级	主要	主要	探伤仪器
		超声波	达到 DL/T 820 规定的Ⅰ级	主要	主要	超声波仪器
3	金相	焊缝微观	没有裂纹和过烧组织，在非马氏体钢中，无马氏体组织	—	—	200～400 倍金相显微镜
4	光谱	焊缝	焊口经返修，符合要求	—	—	看谱仪
5	热处理	焊缝硬度	合金总含量小于 3%，HBW≤270；合金总含量：3%～10%，HBW≤300；9%～12%马氏体耐热钢，180 HBW-270 HBW	—	—	硬度计

注：1. δ—管子壁厚；D—管子外径；h—缺陷深度；L—焊缝长度；I—缺陷长度；ΣI—缺陷总长；
　　2. 按照 DL/T 869—2012 中 7.4 规定执行。

4.3.4 适用范围

适用于新型铁素体耐热钢 CB2 钢的焊接及热处理施工。

4.3.5 工程案例

（1）工程概况

邹平一电 6×660MW 机组 1 号、2 号机组汽轮机为东方电气集团东方汽轮机有限公司生产的超超临界、一次中间再热、单轴、四缸四排汽、凝汽式、湿冷型机组，中压联合气阀、中压进汽弯管的材质均为 CB2 钢，焊口规格为 $\phi560\times60$，每台机组有 6 只现场安装焊口。

2 号机组中压导汽管道计划于 2016 年 8 月 1 日开始安装，8 月 25 日安装完成具备保温条件；1 号机组中压导汽管道计划于 2016 年 11 月 5 日开始安装，11 月 30 日安装完成具备保温条件。

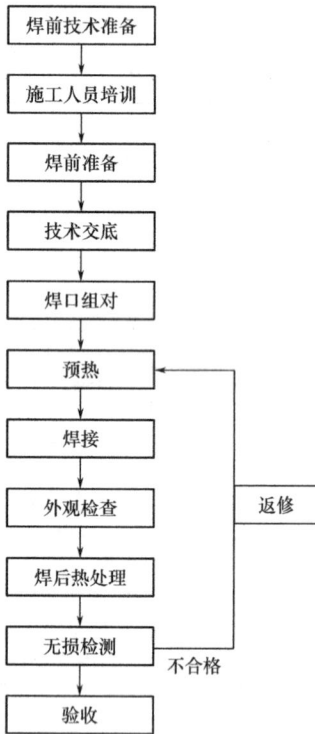

图 4.3-1　CB2 钢焊接及热处理工艺流程

（2）技术应用

1）新型铁素体耐热钢 CB2 焊接施工难点

ZG12Cr9Mo1Co1NiVNbNB 钢（以下简称 CB2）是欧洲 COST536 项目研发的新型铁素体耐热钢，可用于 600℃/620℃ 30MPa 的第二代超超临界机组汽轮机高温部件及管道，目前已实现国产化，但尚处于初步应用阶段。据查，国内焊接及热处理工艺方面的研究文献极少，为突破国外厂商的技术壁垒，充分发挥其性能并推广应用，迫切需要掌握该钢种现场焊接和热处理施工工艺。

2）关键技术特点

优化选择 CB2 钢母材匹配较好的焊材，采用两层根部打底和焊后两次热处理工艺，保证焊接接头质量；采用自主研发的管道焊接内壁自动充氩装置，通过采用小气室自动跟踪保护，降低氩气消耗量，显著提高保护效果；采用自主研发的管道层间温度自动控制装置，解决大口径厚壁合金钢管道焊口的层间温度控制难题，有效保证了焊接质量；采用自主研发的管道内部热处理专用装置，使得内外壁的温度均衡，减少了热能的流失。

3）施工工艺流程和过程

① 施工工艺流程（图 4.3-1）

② 工艺过程及操作要点

a. 施工前准备

（a）项目开工前，技术人员应熟悉图纸，清楚部件的材质与规格，掌握图纸对焊接的特殊要求和质量标准，并熟悉现场环境。现场根据《焊接工艺评定》编制焊接施工方案并经审批，具体焊接工艺参数见表 4.3-2。

CB2 钢焊接工艺参数　　　　　表 4.3-2

钢材牌号	CB2	规格 mm		$\phi273\times40$	焊接方法	GTAW+SMAW	坡口形式	U 形
保护气体种类	Ar	流量(L/min)		8～12	背面保护	Ar	流量(L/min)	8～12

焊接								

焊层、焊道	单层、单道尺寸(mm)	焊接方法	焊条（丝）		电流范围		电压范围(V)	
			型(牌)号	规格(mm)	极性	电流(A)		
1～2	≤3	GTAW	MTS 616	$\phi2.4$	直流正接	80～100	8～12	
其他	≤5	SMAW	MTS 5Co1	$\phi3.2$	直流反接	110～120	20～26	

钢材牌号	CB2	规格 mm		$\phi273\times40$	焊接方法	GTAW+SMAW	坡口形式	U形
保护气体种类	Ar	流量(L/min)	8～12	背面保护		Ar	流量(L/min)	8～12

预热						
预热温度(℃)	GTAW:150～200 SMAW:200～250	宽度 (mm)	单侧≥160	层间温度(℃)		200～300

后热、焊后热处理						
恒温温度(℃)	730～750	保温时间(h)	5	加热宽度(mm)		≥320
保温宽度(mm)	≥620	升温速度(℃/h)	≤80	降温速度(℃/h)		≤60
其他	焊接完毕后进行80～100℃,保温时间为1～2h的低温保护,完成一次热处理后,再按以上焊后热处理工艺进行二次焊后热处理					

(b) 施工前做好参与施工的人员安全技术交底工作,清楚所施焊项目的安全、质量、环保要求及注意事项等。

(c) 做好焊前工器具准备,焊接选用性能良好的逆变式焊机,布置好焊接机具、集中布线和集中供氩装置,测量器具经校验合格并在有效期内。

(d) 焊条 MTS 5Co1 使用前必须经过烘焙,烘焙温度为300～350℃,烘焙 2h,烘焙好的电焊条必须放在100～150℃的恒温箱内。领用的焊条应装入保温温度为80～110℃的专用保温筒内,焊工到达施焊地点后将保温桶接线、通电扣盖,施焊时随用随取。

b. 焊口组对

组对前将焊口表面及附近母材内、外壁的油、漆、垢、锈等清理干净,直至露出金属光泽。对坡口两侧的母材进行硬度测试和表面探伤处理,确保无表面裂纹等缺陷,见图 4.3-2 和图 4.3-3。

图 4.3-2 母材硬度测试

图 4.3-3 坡口表面探伤

管子组对时要做到内壁齐平,如有错口,其对接单面焊的局部错口值不应超过壁厚的10%,且不大于 1mm,对接管口的端面应与管子中心线垂直。

c. 焊前预热及管道内部充氩

氩弧焊的预热温度为150～200℃,手工电弧焊预热温度为200～250℃。预热温度达

图 4.3-4　焊前预热

到规定值后适当保温，测量坡口温度（图 4.3-4），确保管道的内壁及坡口处达到预热温度再施焊。

对于组合的短管道建议采用"管道焊接内壁自动充氩装置"进行充氩保护。现场安装的长管道建议采用水溶纸、锡箔纸、保温棉等在坡口附近制作密闭氩气室，从坡口间隙或管道一端进行充氩。

d. 焊接

（a）根部打底采用 GTAW 焊接两层，打底厚度≥5mm，始终保持充氩状态，使用强光手电筒观察内部打底情况，检查根部有无氧化和过烧组织，焊缝是否光洁。

（b）填充焊采用 SMAW 分层分道焊接，焊接过程中注意层间清理，严格控制焊接热输入，保持层间温度在 200～300℃之间；填充焊时严格控制焊接电流在 110～120A 之间，使用钳形电流表随时校对焊接电流。如图 4.3-5 与图 4.3-6 所示。

图 4.3-5　层间温度控制

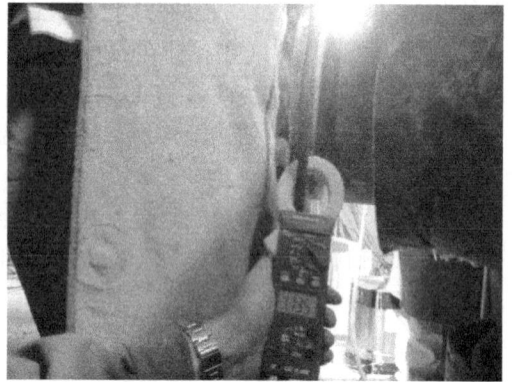

图 4.3-6　焊接电流控制

（c）焊接采取多层多道焊，控制每层厚度不超过焊条的直径，宽度不超过焊条直径的 4 倍。典型焊道分布如图 4.3-7 所示，采用薄焊道多层焊接可减小焊缝的热输入量，抑制焊缝金属晶粒过大，提高焊缝的力学性能，同时在焊接过程中，每一道焊缝的焊接都是对上一道焊缝的"回火"，这样可以提高焊缝金属的冲击韧性。

（d）焊接完成后，清理焊缝表面并进行自检，发现焊缝表面缺陷及时打磨和修补。

e. 焊后热处理

（a）焊接完成后将焊接接头缓慢冷却到 80～100℃，恒温 2h 后拆除预热加热器，进行焊后热处理。焊后若不能立即热处理，则进行 300～350℃保温 3h 的后热处理。

（b）焊后热处理采用柔性陶瓷电阻加热设备、测控温采取"多区控温，多点测温"方式，在焊缝位置布置控温热电偶，焊缝两侧热影响区各设置一只测温热电偶用于监控热影响区的温度，热电偶布置示意图见图 4.3-8。

（c）热电偶端子采用焊丝点焊方式固定，防止松动。点焊固定后仔细检查点焊强度，

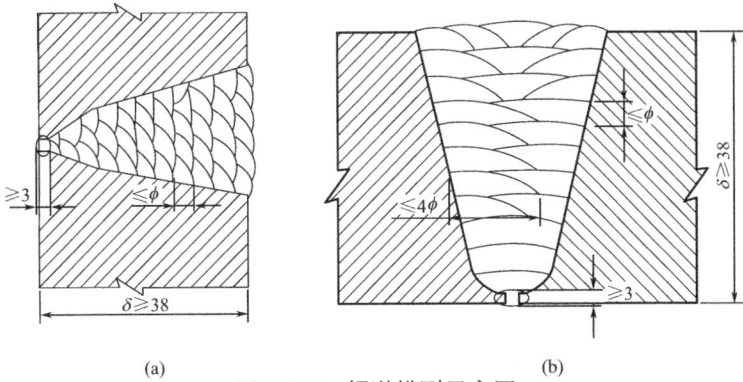

(a)   (b)

图 4.3-7   焊道排列示意图

（a）2G 位置；（b）5G 位置

注：图中 δ 表示管道的壁厚，ϕ 表示焊条的直径。

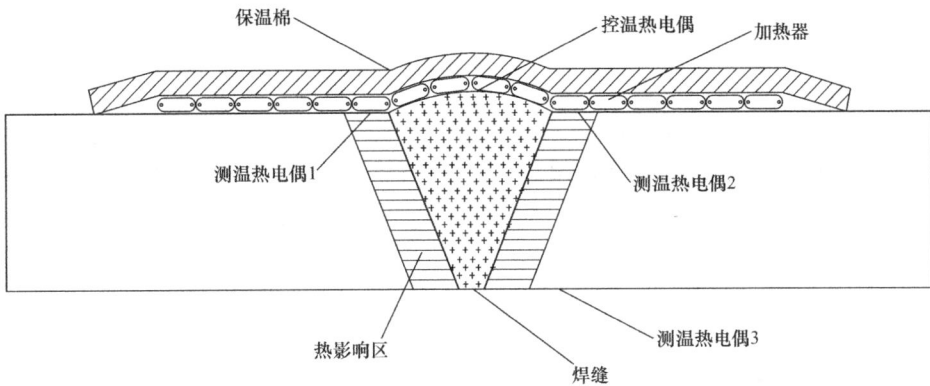

图 4.3-8   热电偶布置示意图

同时使用钢丝再进行固定，如图 4.3-9 所示。

    （d）对于组合的短管道，可采用管道内部热处理夹具，将保温棉紧贴管道内壁，保证管道内壁焊后热处理温度到达工艺要求，内部热处理夹具实物如图 4.3-10。对于无法采用内部热处理夹具的焊口可通过增加加热器和保温棉宽度以及适当降低升温速度等方式以达到焊缝内外壁温度均衡的目的。

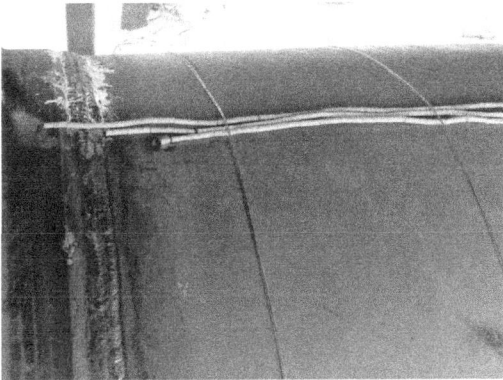

图 4.3-9   热电偶的固定

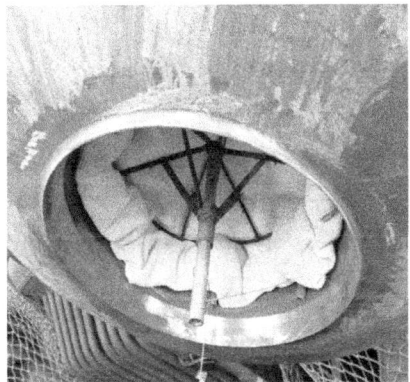

图 4.3-10   管道内部热处理专用工装

（e）固定加热器，每组加热器与其分区控温热电偶相对应，加热器布置完后使用钢丝对加热器进行固定，使其与管壁紧贴。然后将保温棉包裹在加热器上，保温厚度在 40～60mm 为宜（图 4.3-11、图 4.3-12）。

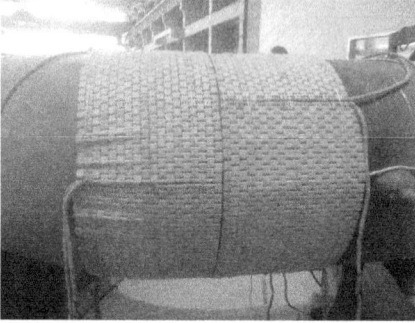

图 4.3-11　加热器的分布与固定

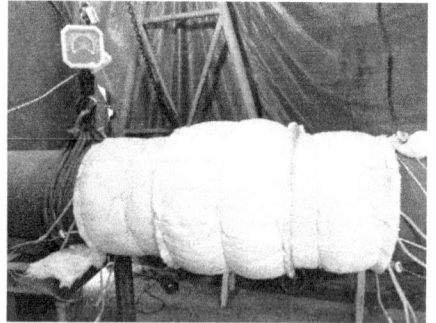

图 4.3-12　保温棉的固定

（f）焊后热处理工艺曲线示意图如图 4.3-13 所示，保温温度按 740±10℃，焊后进行两次热处理，保证焊缝及热影响区冲击韧性满足要求。热处理过程中注意观察控温热电偶与测温热电偶的温度变化。特别是恒温后，注意任何一点不得有超温现象，并做好热处理过程记录，待第二次热处理温度降至 80℃后，拆除保温棉和加热器，在空气中自然冷却。

工艺曲线示意图：（以管道规格 ϕ273mm×40mm 为例）

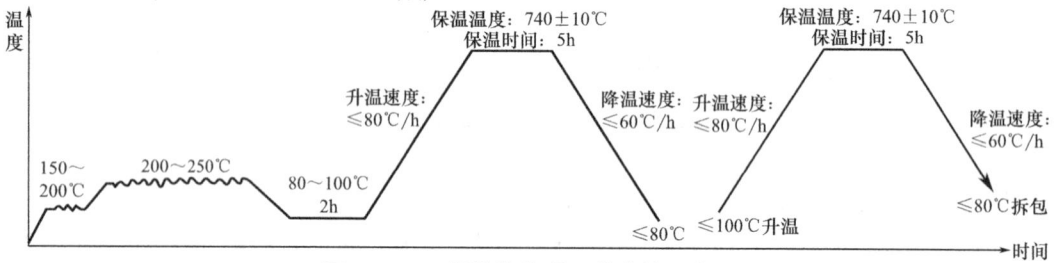

图 4.3-13　焊接热处理工艺曲线示意图

f. 检测及验收

焊后热处理完成后，现场及时对焊缝进行无损检测及表面硬度检测，如图 4.3-14、图 4.3-15。

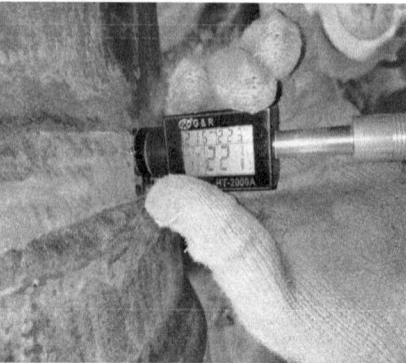

图 4.3-14　硬度检测

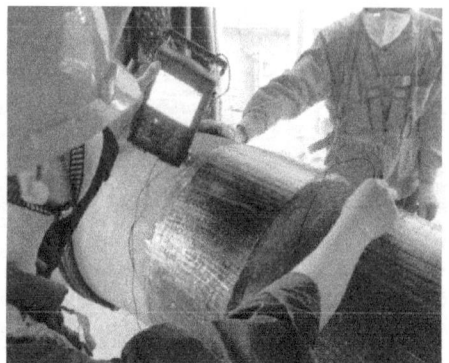

图 4.3-15　超声检测

（3）实施总结

该工程 2 号机组中压导汽管道于 2016 年 8 月 25 日安装完成，1 号机组中压导汽管道于 2016 年 12 月 10 日安装完成，两台机组共 12 只焊口全部采用此工艺进行焊接及热处理施工，热处理完成后现场检测结果合格。2 号、1 号机组分别于 2017 年 1 月 20 日、2017年 5 月 7 日投产发电，截至目前机组运行状态良好，机组投产以来各阶段金属检测表明中压导汽管道焊缝焊接质量均合格。

该项技术推广应用于华电国际十里泉发电厂"上大压小"2×600MW 超超临界机组 8号机组，也取得了良好的效果。

随着新型耐热钢 CB2 研究的深入，将推动此钢种在电力行业里的广泛应用，其焊接及热处理技术的研究势必成为行业内研究的重点，同时带动相关产业的发展，其研究成果具有很强的推广价值。

（提供单位：中国电建集团山东电力建设第一工程有限公司。编写人员：苗慧霞）

4.4 电站锅炉双切圆燃烧器找正、定位技术

4.4.1 技术发展概述

在电站锅炉建设中，锅炉受热面尤其是水冷壁的安装一直是电力施工中难度和风险比较大的一项工作，超超临界电站锅炉炉膛尺寸一般都在 21m×15m 以上，设备重量达上百吨，安装定位难度大。在以往机组中，超临界、亚临界电站锅炉一般采用地面局部预组合或散件吊装，人力机械成本费用投入较高，高空作业量大，安装精度难以控制，存在极高安全风险。新技术采用地面整体组合，分段吊装，解决了高空作业量大的弊端，实现了燃烧器水冷壁安装的精准控制，施工效率高，安全可靠。

4.4.2 技术内容

锅炉双切圆燃烧器的精确找正、定位，是炉内烟气动力场能否满足设计双切圆动力场的重要条件。定位偏差将直接影响燃料燃烧效率，可能引起过热器、再热器局部超温爆管。提高燃烧器安装精度，保证锅炉的燃烧效率，是保证机组燃煤经济性的关键因素。

（1）技术要点

1）采用炉膛中心线基准定位、大面积预拼装水冷壁尺寸控制技术，提高百万级超超临界机组大尺寸螺旋段水冷壁安装精度。

2）采用拉钢丝法和水平管法相结合的测量技术，降低燃烧器组合的三维空间尺寸偏差，提高组合精度。

3）制作专用组合工装，实现燃烧器水冷套与水冷壁地面整体组合，保证燃烧器区域水冷壁的安装精度，实现燃烧器精准定位。

4）采用以侧墙为基准的水冷壁安装定位技术，实现前、后超宽螺旋水冷壁的精准定位。

5）设计制作专用高位立式组合工装，解决过渡段水冷壁卧式组装焊口无法焊接的难题，提高过渡水冷壁的组装质量。

6）利用 CAD 建模，通过对模型的分析，精确定位炉外找正参照点坐标，依据相似三

角形判定原理完成燃烧器精准找正。

4.4.3　技术指标

（1）《电力建设施工技术规范 第 2 部分：锅炉机组》DL 5190.2—2019；

（2）《电力建设施工质量验收规程 第 2 部分：锅炉机组》DL/T 5210.2—2018。

（3）见表 4.4-1 要求。

直流式燃烧器设备安装

表 4.4-1

工序	检验项目		性质	单位	质量标准
安装前检查	设备外观				无裂纹、变形、严重锈蚀、损伤
	喷口中心节距（t）偏差	$t\leqslant300\text{mm}$		mm	±3
		$300\text{mm}<t\leqslant500\text{mm}$			±4
		$500\text{mm}<t\leqslant800\text{mm}$			±5
		$t>800\text{mm}$			±6
	上、下两端喷口总距离（H）偏差	$H\leqslant2.5\text{m}$		mm	±4
		$2.5\text{m}<H\leqslant5\text{m}$			±8
		$H>5\text{m}$			±10
	喷口中心线偏差值	$H\leqslant5\text{m}$		mm	≤5
		$H>5\text{m}$			≤6
燃烧器安装	喷嘴标高偏差		主控	mm	±5
	燃烧切圆画线				在切圆平台上，有正确的假想切圆线，且标记明显
	喷口中心轴线与燃烧切圆的切线偏差		主控	（°）	≤0.5
	燃烧器外壳垂直度偏差			mm	≤5
	喷嘴伸入炉膛深度偏差		主控	mm	±5
	上、下喷嘴偏差角度				符合设备技术文件要求，刻度指示正确
	传动部分（挡板、操作调节机构等）		主控		轴封严密，转动灵活，无卡涩，刻度指示正确，与实际位置相符
	密封接合面		主控		加垫正确，严密不漏
	焊接				焊接符合厂家的设计要求，焊缝成型良好，无缺陷，尺寸符合设计
	吊挂装置安装				符合现行标准 DL/T 5210.2 表 6.3.15 规定

4.4.4　适用范围

适用于电站机组中双火球双切圆及单火球四角切圆燃烧器的安装。

4.4.5 工程案例

神华国能宁夏鸳鸯湖电厂二期 2×1000MW 级机组扩建工程

（1）工程概况

神华国能宁夏鸳鸯湖电厂二期 2×1000MW 级机组扩建工程，锅炉为上海锅炉厂有限公司设计生产的 1000MW 超临界压力直流锅炉，采用超临界参数、直流炉、单炉膛、一次再热、平衡通风、紧身封闭布置、固态排渣、双切圆燃烧方式的Ⅱ形锅炉。锅炉钢架为紧身封闭布置、独立式全钢结构构架。

锅炉炉膛断面尺寸为 35190mm×15667.6mm，炉膛标高 56.716m 以下采用螺旋水冷壁、以上为垂直膜式水冷壁。炉膛上部水冷壁采用一次上升垂直管屏，炉膛中、下部水冷壁采用螺旋管圈水冷壁，螺旋水冷壁通过中间混合集箱连接转换成垂直水冷壁。水冷壁安装采用地面组合和高空安装两种方式联合进行。先安装上部垂直管屏，待垂直管屏安装、找正结束后安装中、下部螺旋水冷壁。螺旋水冷壁是超超临界直流锅炉的重要受压部件，其结构相对比较复杂。本工程锅炉炉膛中部水冷壁和冷灰斗全部采用螺旋管圈，炉膛中部水冷壁全部为成片管屏，角部为成排弯管，冷灰斗由成片管屏和角部散管组成。

锅炉煤粉燃烧器为八角双切圆布置，共 8 台，前后墙各四台。八台燃烧器均为摆动式燃烧器，从炉左前角顺时针方向分别为♯1 角、♯2 角，后水中心线偏左为♯3 角、炉前中心线偏左为♯4 角、前水中心偏右为♯5 角、后水中心偏右为♯6 角、后水与右水转角位为♯7 角、前水与右水转角位为♯8 角。

主燃烧器的布置标高为 38548～21812mm。上部燃烧器通过吊挂装置吊挂在标高为 41200mm 处的刚性梁上。每台燃烧器共布置 6 层煤粉喷嘴，最底两层为等离子煤粉燃烧器。主燃烧器上方，布置两层 AGP 燃烧器，共 16 台，AGP 燃烧器布置标高为 51546～47566mm。

（2）技术应用

1）大容量双火球燃烧器机组定位难点

大容量的锅炉炉膛宽度及深度尺寸较大，过渡段、燃烧器区域水冷套、冷灰斗等区域水冷壁结构复杂。在施工过程中，由于水冷壁组件大，刚性较差，因而造成高空加固以及就位找正难度大。如何提高超超临界锅炉水冷壁的安装质量是整个锅炉安装中的难点，而水冷壁的安装精度也将影响燃烧器的安装质量。

2）关键技术特点

双火球燃烧器定位安装及精准找正技术是提高双火球燃烧器安装精度的有效措施，减少双火球气流的偏转对水冷壁及其他受热面的冲刷及腐蚀，提高煤粉燃烧热效率，减少机组非停次数。

3）施工工艺和过程

① 工艺流程图（图 4.4-1）

② 工艺过程

a. 施工技术准备

a）厂家图纸及相关资料供应齐全，施工方案有安全措施和安全控制点，并获审查批准。

设备检查 → 设备清理通球 → 地面整体组合 → 水冷壁吊装

燃烧器找正定位 ← 燃烧器安装 ← 水冷壁高空安装

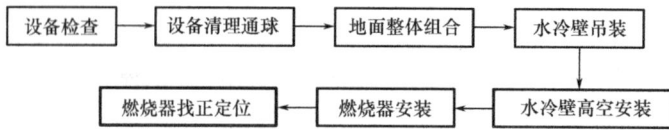

图 4.4-1　工艺流程图

b）所需工器具准备完，满足安装需要。

c）钢架安装验收完毕达到燃烧器吊装条件。

d）现场道路畅通，施工作业区域已布置好施工用电、水、气等力能设施且有充足的照明。

e）设备摆放、组合、起吊区域场地平整。

f）所有施工人员经安全、技术交底，"一对一"监护明确并签字。

b. 所需的施工机械、工器具及要求

a）施工机械及要求（表 4.4-2）

施工机械表　　　　　　　　　　　　　　　表 4.4-2

序号	名称	单位	数量	要求
1	FHFZQ1700/150t 塔吊	台	1	安全性能试验合格后使用
2	40t 炉顶吊	台	1	安全性能试验合格后使用
3	QUY/70t 履带吊	台	1	安全性能试验合格
4	QUY/50t 履带吊	台	1	安全性能试验合格
5	M2250/250t 履带吊	台	1	安全性能试验合格
6	40t 龙门吊	台	1	安全性能试验合格
7	运输车(30t)	辆	1	车况良好
8	100t 卷扬机	台	1	安全性能试验合格
9	35t 卷扬机	台	1	安全性能试验合格

b）主要工具和计量器具配备（表 4.4-3）

主要工具和计量器具表　　　　　　　　　　表 4.4-3

序号	名称	规格	数量	备注
1	钢卷尺	50m/3m	3/10	经检验合格
2	卷尺	100m	1	检验合格
3	钢板尺	1m	4 条	经检验合格
4	水平管	$\phi12mm \times 50m$	2	经检验合格
5	线坠		4 个	
6	钢丝		2kg	
7	大、小榔头	4kg/1kg	2/4 把	
8	撬棒	0.6m/1m	5/10 根	

序号	名称	规格	数量	备注
9	水平尺	300mm/400mm	各2把	经检验合格
10	样冲		2个	
11	记号笔		15支	
12	氧气、乙炔皮线		各100m	
13	氧气、乙炔表		4套	经检验合格
14	手拉葫芦	1t、2t、3t、5t	若干	经拉力试验检验合格
15	手拉葫芦	10t	5个	经拉力试验检验合格
16	手拉葫芦	20t	5个	经拉力试验检验合格
17	卡环	1t、3t、5t	若干	合格
18	卡环	12.5t	8	合格
19	卡环	25t	8	合格
20	钢丝绳	$\phi40mm\times30m$	1对	经检验合格
21	钢丝绳	$\phi40mm\times14m$	4对	经检验合格
22	钢丝绳	$\phi32mm\times18m$	1对	经检验合格
23	钢丝绳	$\phi28mm\times5m$	4对	经检验合格
24	钢丝绳	$\phi28mm\times15m$	2对	经检验合格

c. 组合架搭设

组合架采用18号槽钢和型钢搭设，搭设场地应平整夯实，支腿底部用钢板增加与地表接触面积，组合架用水准仪或水平管找平，确保组合架平整度偏差在5mm以内。

d. 设备检查

水冷壁组合前检查、清点和复检材质。管屏向火面朝下分片摆放，核对管屏所有门孔的位置和方向，尺寸是否正确，检查有无管屏左、右件摆错或管屏倒置现象。

e. 水冷壁通球清理

联箱与水冷壁管组合前应先清理、通球，通球之前应先用压缩空气吹扫1～2min，检查有无钻孔时脱落的"眼镜片"，保证系统内部的清洁度。

f. 水冷壁组合要求

水冷壁管径较小、刚性较差、零部件较多，高空作业量大，应最大限度地把零部件与管屏在地面组合。组合时根据主吊机械的工况和锅炉钢架的结构特点，划分水冷壁的组件大小，并在每相邻两个组件上做出标记，以便高空按标记安装。

为高空对口焊接方便，组合预拼装时将管子两边鳍片割开300mm，对个别短管、加配短管，不准热胀对口，偏折口使用木楔和撬棒调整。

g. 施工技术要点

a）螺旋段水冷壁利用专用工装以炉膛中心线基准定位，进行大面积预拼装。结合现场机械工况和作业环境，将整面水冷壁划分成小模块组合，各相邻模块间做好标记，高空安装时依据标记定位，防止螺旋段水冷壁安装发生整体偏转。见图4.4-2、图4.4-3。

图 4.4-2 燃烧器区域水冷壁整体组合

图 4.4-3 螺旋段水冷壁整体组合

b）燃烧器区域水冷壁管排结构复杂、柔性大、刚性差，吊装时易发生永久变形。利用专用组合工装，采用燃烧器水冷套与水冷壁地面整体组合技术，解决组件刚性差及精度难以控制的难题。见图 4.4-4。

c）锅炉前、后墙水冷壁跨距达 35m，定位困难。在侧墙水冷壁标高、定位加固后，采用以侧墙为基准的水冷壁安装定位技术，定位炉膛开档，标定炉膛中心，实现前、后超宽螺旋水冷壁的精准定位，前后侧水冷壁以侧墙为基准，可有效防止炉膛发生偏转。见图 4.4-5。

图 4.4-4 燃烧器区域水冷壁与螺旋水冷壁组合

图 4.4-5 侧墙螺旋段水冷吊装

d）过渡段水冷壁集箱空间狭窄、管接口密集、尺寸短，采用专用高位立式组合工装，将管排垂直放置组合，解决管排水平放置与集箱焊口无法焊接的难题。见图 4.4-6。

e）根据相似三角形判定原理，利用 CAD 建模，精确定位炉外找正参照坐标，提高安

图 4.4-6　过渡段水冷壁中间集箱组合焊口

装精度。如图 4.4-7 所示，根据相似三角形原理在燃烧器下层煤粉喷嘴中心确定点 C 及延伸至炉膛外侧确定一点 A，并在前水或后水上确定一点 B，组成三角形 ABC，根据 AC 和 BC 的距离，算出 AB 的距离。通过调整燃烧器的角度使 BC 的距离等于计算值（挂线坠检查垂直度），经验收合格后，对燃烧器进行加固。

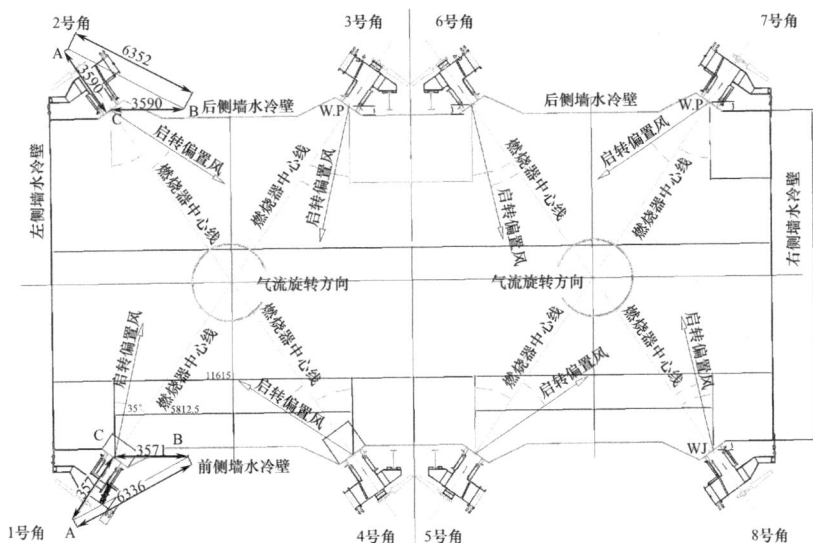

图 4.4-7　燃烧器安装炉外三角找正法

f）采用拉钢丝法和水平管法相结合的测量技术，可精确测量燃烧器组合过程中组件的三维空间尺寸偏差，提高组合精度。

（3）实施总结

通过技术创新和工艺优化，采用双火球燃烧器定位安装水冷壁精准找正施工技术，保证了水冷壁的安装质量，提高了燃烧器的安装精度，节省了大量的人工、机械和材料费，降低了施工的安全风险，同时大大提高了施工效率，为后续机组安装赢得了时间，实现了绿色、节能、环保施工。

本技术已在中国电建集团山东电力建设第一工程有限公司承建的广东陆丰甲湖湾电厂新建工程（2×1000MW）、大唐雷州1000MW项目、内蒙古盛鲁1000MW项目中推广应用。通过实践证明，本技术可操作性强，机组在安装过程中，各项性能指标均达到优良，经济效益、社会效益显著，具有很强的推广价值。

（提供单位：中国电建集团山东电力建设第一工程有限公司。编写人员：梁宇航）

4.5 超大型加热法海水淡化蒸发器安装技术

4.5.1 技术发展概述

电厂余热蒸馏海水、制取淡水的低温多效蒸馏型海水淡化设备，在国际上得到了广泛的运用。

作为低温多效蒸馏型海水淡化主设备的蒸发器，由于其内部构造复杂、体积重量大、安装位置高、施工环境复杂等诸多因素，其组合、安装方法日趋多样化。通过对蒸发器组合及现场安装施工工艺进行技术攻关和总结，形成了本安装技术。

4.5.2 技术内容

（1）蒸发器喷淋装置安装技术

试装喷淋装置及其支架，标记螺栓孔位置，拆除支架后钻孔，复装支架并找平、紧固；连接同一排的喷淋装置，并调整喷嘴确保水帽无歪斜，依次完成每效蒸发器喷淋装置的安装。

（2）蒸发器管板及隔板安装技术

将管板及隔板安装在蒸发器相应位置，对一块管板进行找正并以此为基准，依次对其他管板、隔板找中心，确保管板孔处于同一中心线，用F形夹固定管板、隔板，准确标记螺栓孔，将管板及隔板使用红外线定位冲孔机精确冲孔，冲孔后粘接垫片并复装管板，完成管板及隔板的安装。

（3）蒸发器吊装技术

以蒸发器中间部位的一效作为固定点蒸发器，依次向两侧使用履带式起重机通过顶部四个吊耳分别水平、稳定的吊装，缓慢放置于基础垫板上。起吊过程确保蒸发器水平、稳定且不受撞击；放置时避免损伤主法兰垫片，支腿孔与垫板螺栓孔对齐，防止滑动装置偏移。

（4）蒸发器水平及线性调整技术

使用液压千斤顶及水平管通过增减垫板上的薄垫片进行蒸发器的水平调整，根据基础纵轴向标记，进行容器的纵轴向线性校正，通过蒸发器两端主法兰顶部与底部标记的中心点垂吊线坠，进行蒸发器的线性测量；蒸发器紧固完成后安装下一效蒸发器，待全套海水淡化主设备安装完成后，对整套设备垫板的制动器进行全面调整，并进行主法兰紧固。

（5）蒸发器对口焊接技术

设备对口前标记各方位中心线，校测设备支座与支架标高及中心，测量已固定设备与要衔接部分为同一中心；对口时架设水准仪跟踪测量并记录，制作支撑杠专用工具，配合千斤顶调平,调整蒸发器两段焊口间隙,使用氩弧点焊,整道焊口点焊完成后,采用氩弧保护焊进行第一层施焊,并逐步完成所有焊接工作。

4.5.3　技术指标

(1)《电力建设施工质量验收规程 第3部分:汽轮发电机组》DL/T 5210.3—2018;
(2)《电力建设施工技术规范 第6部分:水处理和制(供)氢设备及系统》DL 5190.6—2019。

4.5.4　适用范围

适用于超大型低温多效蒸馏型海水淡化装置蒸发器的组合、安装。

4.5.5　工程案例

天津北疆发电厂一期2×1000MW超超临界燃煤机组工程、天津北疆发电厂二期2×1000MW超超临界燃煤机组工程
(1)工程概况
天津北疆发电厂规划装机容量为4×1000MW超超临界燃煤机组和40万t/d海水淡化装置,位于天健市滨海新区东北部的汉沽区双桥子。该项目按照"发电-海水淡化-浓盐水制盐-土地节约整理-废物资源化再利用"循环经济模式建设,采用基于蒸汽压缩循环的多效蒸馏工艺(MED),每套装置本体由14效蒸发器和1台降膜式冷凝器(FFC)、1台强制循环冷凝器(FCC)组成。汽轮机5抽蒸汽作为动力蒸汽,经热压缩机后进入第一效蒸发器,释放潜热,动力蒸汽凝结水经凝结水泵输送到补给水处理系统,入料海水蒸发产生几乎等量的饱和蒸汽经除雾器后进入第二效,继续释放潜热,冷凝水作为产品水进入淡水闪蒸箱,进入第二效海水蒸发产生的再生蒸汽进入第三效蒸发器,冷凝蒸发过程不断重复直至最后一级。经14效蒸发器后产生的蒸汽,一路进入降膜式冷凝器,在此冷凝,冷凝水进入产品水缓冲罐,经产品泵泵入产品水箱,同时入料海水在降膜式冷凝器被脱气并加热到控制的固定温度,未冷凝的多余蒸汽进入强制循环冷凝器,通过循环冷却水冷却成产品水。1效剩余浓盐水与2效水箱联通,并与12台浓盐水闪蒸罐串接,浓盐水闪蒸罐闪蒸蒸汽分别进入各效组较冷效段后凝结成产品水,剩余浓盐水受到冷却。到最后浓盐水闪蒸罐剩余的浓盐水进入浓盐水缓冲罐,经浓盐水泵排到盐场。
(2)技术应用
1)超大型加热法海水淡化蒸发器安装技术难点
超大低温多效蒸馏型海水淡化蒸发器由于其内部结构复杂,需要保证蒸发器内部喷淋装置、管板及隔板安装位置的准确,否则将严重影响蒸发器每效连接难度及运行效果,增大后期维护成本;蒸发器共由14效组成,吊装位置高且吊装位置偏差将加大后续连接难度;蒸发器体积重量大,连接前的水平及线性调整至关重要,将影响蒸发器内各部件连接及每效蒸发器间连接质量;焊接型蒸发器由于其口径大,调整对口、焊接难度随之增大。
2)关键技术特点
通过蒸发器的喷淋装置安装、管板及隔板安装、水平及线性调整、对口焊接、吊装等

技术，有效保证蒸发器的组合、安装质量，克服超大型加热法海水淡化蒸发器安装技术难题。

　　3）施工工艺及过程

　　① 工艺流程图（图 4.5-1）

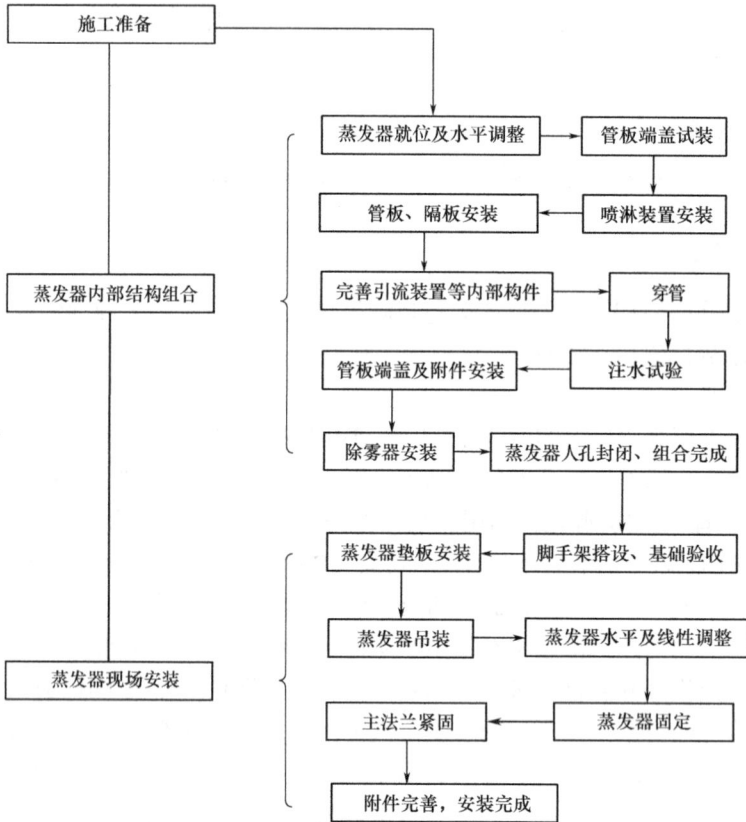

图 4.5-1　工艺流程图

　　② 工艺过程

　　a. 施工准备

　　（a）技术准备：审查、熟悉图纸，掌握蒸发器组合、安装要点，并根据施工工艺流程对施工人员进行安全、技术交底。

　　（b）工器具准备：齐全并经检验合格。

　　（c）现场准备：选取 30m×200m 平整硬实的场地，根据蒸发器支腿尺寸制作混凝土基础。

　　（d）材料准备：制作蒸发器临时存放支墩，制作见图 4.5-2，效果见图 4.5-3。

　　海水淡化蒸发器施工分为组合和安装两个阶段：第一阶段为蒸发器内部结构组合。

　　b. 蒸发器就位及水平调整

　　（a）利用可升降液压轴线车将蒸发器运至设备组装存放区域，安放在支墩上（图 4.5-4、图 4.5-5）。

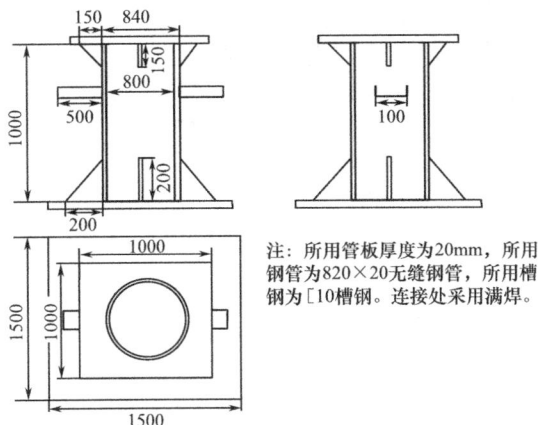

注：所用管板厚度为20mm，所用钢管为820×20无缝钢管，所用槽钢为□10槽钢。连接处采用满焊。

图 4.5-2 支墩制作

图 4.5-3 蒸发器支墩效果图

图 4.5-4 蒸发器就位

图 4.5-5 蒸发器就位效果

（b）脚手架制作、搭设

a）蒸发器底部孔洞进行临时封堵，在蒸发器内部底层铺设毛毡，防止物体掉落损坏蒸发器内部防腐层，铺设情况见图 4.5-6。

图 4.5-6 毛毡隔离层铺设

b）根据蒸发器内部结构制作脚手架（图 4.5-7），并用螺栓与罐体内部连接，连接时用毛毡等物隔离（图 4.5-8）；内部组合平台搭设见图 4.5-9。

图 4.5-7　蒸发器内部脚手架管制作图

图 4.5-8　自制脚手架管与蒸发器连接方式

c）在蒸发器外部穿管侧搭设大型穿管平台，脚手架应分层搭设，每层载荷在 $270kg/m^3$ 以上，确保安全实用（图 4.5-10）。

图 4.5-9　内部组合平台搭设

图 4.5-10　外部穿管平台搭设

（c）蒸发器水平调整：使用千斤顶调整蒸发器标高，用水平管（也可使用经纬仪）进行测量（图 4.5-11）找正。水平测量借助于蒸发器上四个主凸缘中心凹槽，其参考点可被指定为点"A"：从点"A"到点"B"、从点"A"到点"C"、从点"A"到点"D"的误差均控制在 0～2mm（图 4.5-12）。水平标高的调整通过 4 个基础的薄垫片来实现。

图 4.5-11　蒸发器找正

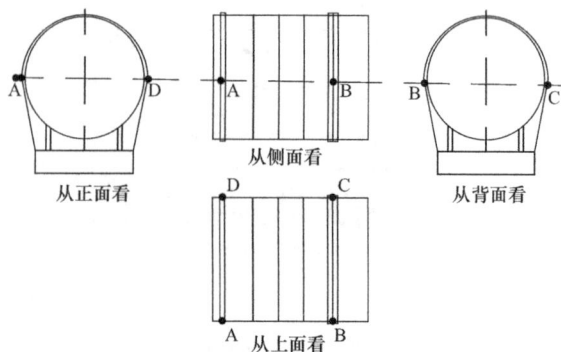

图 4.5-12　水平管测量方法

c. 管板端盖试装

（a）将管板安装在罐体相应位置，现场调整后用F形夹夹牢，管板应与罐体紧密接触，变形处间隙不得大于2mm（图4.5-13）。

（b）用记号笔标记定位管板螺栓孔位置（图4.5-14）。

图4.5-13　管板定位

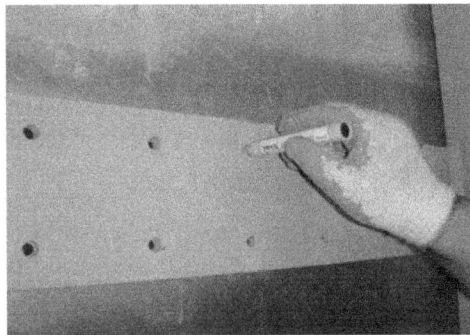

图4.5-14　管板标记

（c）拆除管板。

d. 喷淋装置安装

（a）根据施工图纸将喷淋装置支架安装在蒸发器相应位置，并用F形夹固定。

（b）用水平尺找平支架，试装喷淋装置无误后，准确标记螺栓孔位置。

（c）拆除喷淋装置支架，用电钻对标记的螺栓孔进行钻孔，钻孔位置误差不大于1mm。

（d）复装喷淋装置支架，找平后均匀紧固螺栓，螺栓安装方向一致（图4.5-15）。

（e）安装喷淋装置水帽喷嘴（图4.5-16、图4.5-17），左右旋喷嘴不得混淆安装，紧固时应用力均匀，盲孔直接封堵。

（f）连接同一排的喷淋装置，确保法兰紧固良好。

图4.5-15　支架安装图

（g）将安装完毕的喷淋装置喷嘴调整齐，确保水帽无歪斜，喷淋装置安装完成（图4.5-18）。

e. 管板、隔板安装

（a）根据施工图纸安装最上层缓冲棒及钛管用小管板，用米尺及水平尺准确定位，使小管板安装水平误差控制在±1mm，然后用F形夹固定。

（b）将管板及隔板安装在蒸发器相应位置，使之与蒸发器接触良好，变形处间隙不大于2mm，并用F形夹固定。

（c）管板、隔板找中心：用线坠及水平管对一块管板进行找正，其安装误差控制在±1mm。然后以此管板为基准，依次对其他管板、隔板找中心，确保管板孔处于同一中心线，安装误差均控制在±1mm。

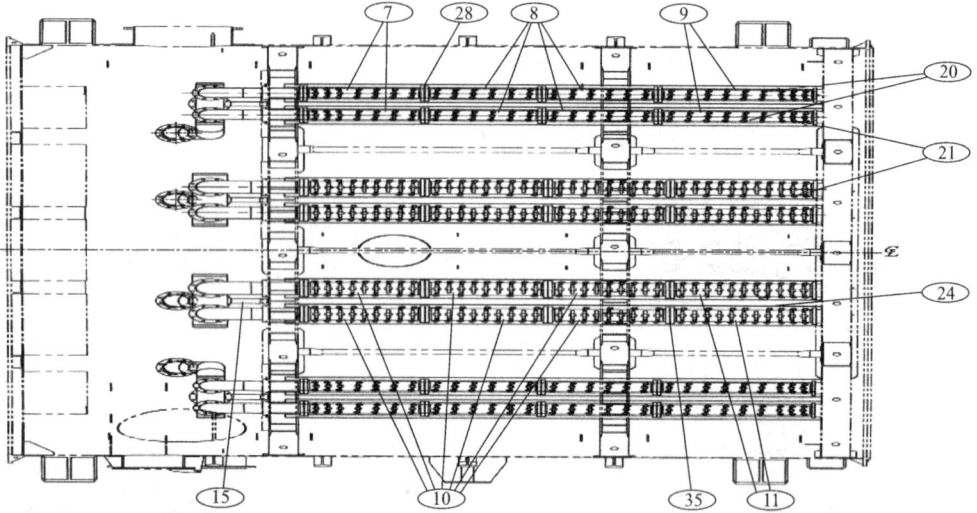

图 4.5-16　水帽安装图

注：图中标号代表喷嘴。

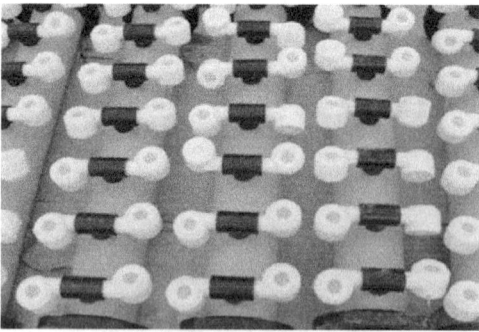

图 4.5-17　水帽安装图

图 4.5-18　喷淋装置安装图

（d）用 F 形夹固定管板、隔板，并准确标记螺栓孔。

（e）拆除管板、隔板。

（f）用钢钎定位螺栓孔处所标记的冲孔中心（图 4.5-19）然后用红外线定位冲孔机精确冲孔（图 4.5-20）。冲孔后去除毛刺，以免划伤垫片。

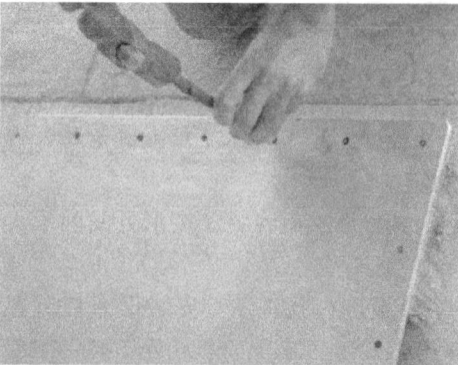

图 4.5-19　冲孔中心定位

图 4.5-20　红外线定位冲孔

（g）根据管板孔标记待粘接的垫片，用皮带冲完成垫片的冲孔工作，其冲孔孔径应比管板孔小一个规格。

（h）粘接垫片：用丙酮或酒精擦拭干净垫片及管板，在垫片上均匀涂粘接胶，进行管板垫片的粘接。垫片连接处应位于管板角位置，且连接垫片长度应长出 5mm，进行挤压粘接，整体粘接工作应在管板及垫片涂胶后 8min 内完成。

（i）垫片粘接后复装管板，紧固螺栓。首先按图纸要求放好螺栓绝缘皮套，然后均匀紧固螺栓，紧固标准为使粘接的橡胶垫片厚度压至原来的 70%。紧固完毕的螺栓用万用电流表检查其是否与管板接触，如接触应重新安装。

（j）安装完毕后，对两侧管板及中间隔板放置不同样式的索环，管板索环为黑色皮套，隔板索环为黄色塑料套，不可混淆。同时，管板穿管侧放置索环应预先预留，以方便穿管。

f. 完善引流装置、除雾器，牺牲阳极等内部构件的安装。

g. 穿管

（a）在非穿管侧管板孔放置一组导向销，导向销放置前用润滑油润滑，以减少对索环的磨损。

（b）穿管采取自上而下的方式。换热管自穿管侧未放置索环处穿入，经过隔板后引至导向销，通过导向销将换热管引出。待换热管全部引入穿管侧管板内部后，在穿管侧管板内部穿管处放置另一组导向销，将换热管回撤至此组导向销上，回穿换热管。

（c）用塑料棒在非穿管端将换热管找平，穿管结束（图 4.5-21）。

图 4.5-21　穿管流程图

h. 注水试验

（a）临时管道的安装：引外部水源管接至喷淋管道上，从底部排水口接管道引出，引至回水管建立循环，中间设循环水泵（图 4.5-22），泵出口压力控制在 0.2～0.6MPa。

（b）对罐体注水，水位距离溢出面 200mm 时停止注水，开循环水泵建立循环，喷淋效果应成雾化（图 4.5-23），换热管流水应均匀（图 4.5-24）。

图 4.5-22　临时管安装　　　图 4.5-23　喷淋效果　　　图 4.5-24　流水效果

（c）喷淋过程中对换热管进行整体系统检漏，通过观察管口是否有水流出，判断换热管有无泄漏（图 4.5-25），泄漏处应更换换热管。检漏完毕后加除污剂，对罐体进行清洗（图 4.5-26），冲洗罐体至水澄清。

图 4.5-25　换热管检漏

图 4.5-26　罐体清洗

（d）检验完毕后，拆除临时管道。

i. 管板端盖及附件安装

（a）对管板端盖进行冲孔，再进行垫片粘接，方法同管板冲孔、垫片粘接。

（b）将管板端盖安装于正确位置，紧固螺栓，紧固方法及标准同管板紧固。

（c）安装喷淋及产品水集水管、牺牲阳极等附件。

图 4.5-27　热熔焊机

a）喷淋及产品水集水管 PE 管道焊接：用 PE 热熔焊机（图 4.5-27）焊接管道，按照厂家说明书控制焊接参数。

b）喷淋及产品水集水管 PE 管道的安装：将组合完毕的 PE 管道按图纸进行安装，管道安装垂直度控制在 ±5mm 之内，支吊架整齐美观，螺栓长短、方向一致（图 4.5-28）。

（d）按图纸将牺牲阳极安装于蒸发器底部，使阳极与蒸发器有效接触（图 4.5-29）。

图 4.5-28　管道安装

图 4.5-29　牺牲阳极安装

j. 除雾器安装

（a）全面检查除雾器，确保无破损，并在除雾器连接处粘接垫片。

（b）将除雾器支撑安装在罐体上，用连接螺栓紧固。

（c）自下而上安装除雾器，将其固定。

（d）全面清理、检查蒸发器内部，确保内部安装无遗漏，清洁、无杂物。

k. 蒸发器人孔封闭，组合完成。

第二阶段：蒸发器现场安装（法兰连接式、焊接式）。

蒸发器法兰连接式安装操作要点：

l. 脚手架搭设、基础验收

（a）在基础两侧用脚手架搭设悬挂式操作平台，保证基础两侧海水淡化辅助泵房的同步施工。

（b）预埋件检查：预埋钢板表面清洁，预埋钢板不得低于或深陷于混凝土中。

（c）尺寸检查：测量各基础上预埋件标高及平整度，其标高误差控制在 0～5mm 之内，平整度控制在 ±1.0mm 之内。

（d）螺纹检查：将预埋件上所有螺栓上的脏物清理干净，确保螺栓能拧进套筒底部。

（e）标记检查：检查蒸发器纵轴向的标记，标记应准确，轴向偏差为 ±2.0mm。

m. 蒸发器垫板安装

（a）用磨光机对预埋件表面除锈清理，并用丝锥清理预埋件螺栓孔。

（b）对清理完毕的预埋件分层刷漆，油漆采用 BANNOH500 万能型底漆，共三层。第一层用红棕色防锈底漆（图 4.5-30），第二层与第三层用灰色防锈漆，刷漆应均匀，无漏刷。各层刷漆间隔时间为 24h。第二层喷涂后干膜厚度控制在 170～190μm，最后一层喷涂后干膜厚度控制在 200～230μm。

（c）调整垫板安装：根据图纸将蒸发器滑动装置放置在支座的顶部，用螺栓进行初步固定，然后通过制动器固定滑动装置。制动器附着在橡胶垫表面，中间无间隙，防止在起重机吊装蒸发器时橡胶垫的扭曲和移动。同时还应在每个滑动装置上放置薄垫片（图 4.5-31），薄垫片的数量以最高的支柱所需的薄垫片的数量确定。

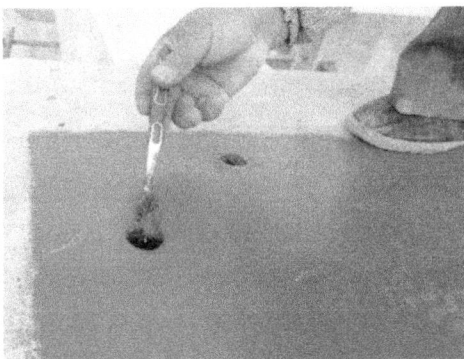

图 4.5-30　预埋件刷漆

图 4.5-31　蒸发器垫板安装

（d）整个调整垫板系统安装后，对其进行初步的整体线性校正。主法兰紧固前对滑动装置及制动器作最终调整，使其恢复滑动状态，防止蒸发器吊装就位过程中滑动装置的扭曲和移动。

n. 蒸发器吊装

（a）使用液压提升轴线车将组合完毕的蒸发器运输至吊装现场。

（b）大法兰粘结垫片

a）清理垫片及蒸发器大法兰垫片胶合区的污物，用酒精或丙酮清洗干净。

b）在法兰结合面及垫片上均匀涂抹胶粘剂，然后用木工F形夹使垫片粘接于法兰上面，使垫片与蒸发器紧密接触。

粘接过程中应避免胶粘剂挤出；粘结时间不大于1～2h；在胶粘过程中，垫片应完全、连续不断地粘贴在蒸发器法兰上，且密封的连接端点应在法兰的最高处；粘结完毕的垫片表面应光滑平整，接触密实，无扭曲，内部无气穴。

（c）固定点蒸发器的选择：一套低温多效海水淡化主设备由14效蒸发器和1效冷凝器组成，全长131m。为减小安装线性误差，一般将蒸发器中间部位靠近中间段的一效作为固定点蒸发器（第七效），依次向两侧进行吊装（图4.5-32）。

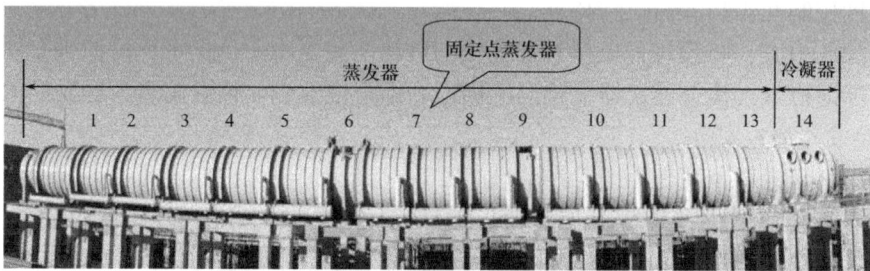

图4.5-32　固定点蒸发器的确定

（d）固定点蒸发器的吊装：使用CC1000履带式起重机起吊蒸发器，缓慢放置于基础垫板上。起重机通过蒸发器顶部的四个吊耳起吊蒸发器，悬挂起重绳索不得碰坏蒸发器外面的保温层；支腿孔与垫板螺栓孔应对齐，防止滑动装置发生偏移。

o. 蒸发器水平及线性调整

（a）使用液压千斤顶及水平管（图4.5-33）调整蒸发器的水平。蒸发器的高度调整通过增减垫板上的薄垫片来实现。当罐体上的四个参考点从点"A"到点"B"、从点"A"到点"C"、从点"A"到点"D"的误差均控制在0～2mm时（图4.5-12），蒸发器的水平调整结束。

图4.5-33　水平管测量蒸发器水平

（b）根据基础纵轴向的标记，在蒸发器的水平测量后进行容器的纵轴向线性校正。在蒸发器基础中心上以细钢丝拉设装置的纵轴，通过蒸发器两端主法兰顶部与底部标记的中心点垂吊线坠，进行蒸发器的线性测量，通过液压千斤顶（图 4.5-34）对蒸发器的四个支点进行左右调整，从而达到蒸发器中心与基础中心一致（图 4.5-35），蒸发器的线性值控制在±3mm 之内。

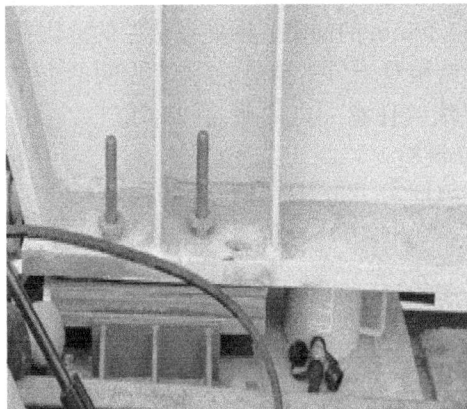

图 4.5-34　蒸发器找正

图 4.5-35　蒸发器找正标准

p. 蒸发器固定

蒸发器紧固完成后（图 4.5-36），安装下一效蒸发器，待全套海水淡化主设备安装完成后，对整套设备垫板的制动器进行全面调整。

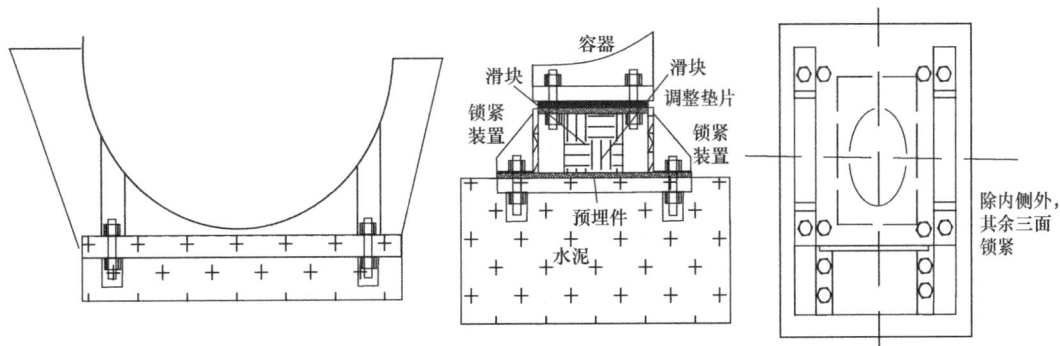

图 4.5-36　蒸发器锁紧

q. 主法兰紧固

（a）将与固定点蒸发器相连的蒸发器用相同方法吊装（图 4.5-37）、就位、找正，使其与固定点蒸发器接触的法兰吻合良好，蒸发器主法兰沿整个圆周平行对齐，法兰垫片无收缩、挤压或扭曲。然后用沿蒸发器等分的 12 个螺栓将蒸发器与固定点蒸发器相连。此时暂不进行大法兰螺栓紧固。

（b）检查大法兰垫片，确保无破损、扭曲或撕裂。

（c）在所有螺栓孔内放置螺栓，螺栓长度一致，安装方向一致。

（d）松开垫板锁紧装置，由四组人按下列步骤紧固螺栓，紧固时应确保法兰垫片均匀接触，无扭曲。

a）当每个连接件彼此呈 90°时，每次同时紧固一组 4 个连接件。

b）沿整个法兰圆周每次不同组的 4 个连接件逐步进行紧固。

c）对所有法兰均匀紧固，紧固时在两法兰间用量规检查"接触"状态，每紧固一次进行一次检查。当紧固至两者间隙在 25mm（图 4.5-38）时，紧固结束。考虑到蒸发器制造的原因，沿法兰的整个圆周不可能完全达到均匀的 25mm 的间隙。因此，法兰的紧固应满足：在圆周上至少存在 4 点间隙 $t=25$mm，且每点相对于另一点呈 90°，4 点间的扇形区域之间的间隙为 25～30mm 时，紧固结束。如果法兰任意一点或截面间隙大于 25mm 时，应及时与厂家沟通，然后用厚的密封垫代替重新调整安装。

图 4.5-37　相邻蒸发器连接图

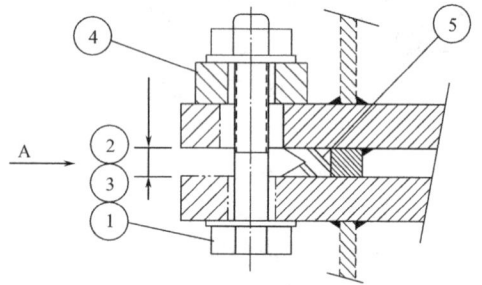

图 4.5-38　螺栓紧固图

d）法兰紧固将导致蒸发器移动，使橡胶垫扭曲，允许的扭曲范围为 5mm（图 4.5-39）。如扭曲值大于 5mm，应用液压千斤顶抬高蒸发器以释放其扭曲，四个基础一个接一个逐步进行释放。此时需要重新排列基础上的垫块系统部件，重新紧固上部和下部螺栓，确保"锁住"蒸发器，然后在制动器仍放置在位的情况下紧固橡胶垫，直至完成所有蒸发器的紧固。完成后必须再次检查蒸发器的水平和线性误差，如有偏离，须重新校正。

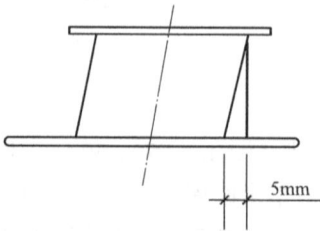

图 4.5-39　滑动装置允许范围图

r. 完善蒸发器本体平台、堵板等附件，蒸发器安装工作结束。

蒸发器焊接式安装操作要点（以河北国华黄骅发电厂一期工程为例）：

s. 蒸发器就位

支架安装、焊接、验收完毕后用 CKE2500 履带式起重机和 CC1400 履带式起重机抬吊将蒸发器吊装就位。

蒸发器模块一和模块二吊装时的吊车工况及钢丝绳选用：

CKE2500 履带式起重机工况：主臂 27.43m，工作半径 7m，额定负荷 173t，负荷率 73.7%；

CC1400 履带式起重机工况：主臂 30m，工作半径 8m，额定负荷 183t，负荷率 69.7%；

钢丝绳采用 $\phi 60 - 6 \times 37 + 1 - 18m$ 两对 8 段负荷，安全系数 $K = 177 \times 8/127.5 = 11.1$ 倍，负荷钢丝绳用作吊索无弯曲时 6~7 倍的要求。

t. 蒸发器对口焊接

（a）设备测量定中心

设备对口前应测量要对口的设备端口上、下、左、右中心并划线标记。

校测设备支座与支架标高及中心。

测量已固定设备中心线与要衔接部分是否为同一中心，支吊架等平面位置和高程。对口时架设水准仪进行跟踪测量并记录。

（b）设备筒体吊装找正

a）核准设备管道重量，安排相应吨位起吊装置。

b）将需吊装设备筒体吊装就位（对于低温多效蒸发器一般考虑受热膨胀位移，因此在支撑件之间设计聚四氟乙烯垫板，以减少热位移阻力），使用手拉葫芦分别绑扎在设备支座上调整上下中心与固定设备筒体对齐并找正支架位置。

c）用千斤顶在设备支撑点顶起进行调整，将设备与支架中心及标高调整到设计位置，点焊固定端支撑点。

（c）制作专用工具

a）支撑杠选用

对口前根据设备直径和壁厚选用相应支撑杠。蒸发器直径 6.7m，壁厚 11mm，选用 $L = 6.2m$、$\phi 159 \times 5$ 无缝钢管作为支撑杠，中心受力无偏心载荷，通过计算其可承受的最大荷载为：19.4t。

b）千斤顶选用

蒸发器筒壁变形受力为 15t 左右，因此选用 16t 螺旋千斤顶。

c）将所选好的螺旋千斤顶与支撑杠点焊到一起，支撑杠中心位置焊一个吊耳，两端头用厚胶皮包好。

（d）设备焊口间隙调整

a）点焊前先测量蒸发器筒体周长，如果要对的两个蒸发器筒体周长有差距，应在对口时不超允许范围内进行计算，然后均匀错口点焊。

b）将控制点焊的设备两端底部用千斤支撑杠调平，调整蒸发器两段焊口间隙，底部保证 2.5~3.5mm，上部间隙保证 10~12mm。两侧间隙应是上下间隙平均值。

（e）焊口对接点焊

a）两段蒸发器吊装基本到位后，在筒体内部搭设脚手架，脚手架与筒体接触的地方加厚胶皮进行隔离，脚手架离开焊口 200～300mm。

b）当上下左右焊口间隙达到要求值时，且正下方平齐时把正下方在外面用氩弧点焊，点焊厚度 3mm 左右，长度 80mm。

c）调整与点焊顺序从正下方开始，当正下方点焊完毕后，用千斤支撑杠从下部向两侧均匀调整进行点焊，点焊间距为 150mm，点焊长度不低于 80mm，依次左右对称向上调整两筒体筒壁平齐并全部点焊。点焊过程中注意观察由于电焊变形影响造成上部间隙收缩，确保最后点焊时筒体上部焊口的间隙不小于 2.5mm。

（f）设备焊接

整道焊口点焊完成后，第一层焊接采用氩弧保护焊。完成第一层焊接后，用毛刷将调好的生石灰浆液涂刷在焊口两侧，宽度 300mm，然后使用 316L 焊条进行填充焊，焊条规格为 ϕ3.2mm，每层焊接厚度 3.2mm，焊缝焊满后进行表面焊接，焊纹均匀平齐，不出现漏焊及咬边现象。

（g）对焊口进行 10% 以上射线检验和 100% 着色检验，检验合格后进行酸洗钝化处理。

4）质量保证措施

① 蒸发器内部铺设毛毡，防止在蒸发器内部施工时损坏防腐层。

② 使用红外线定位进行冲孔，提高冲孔精度，确保冲孔质量。

③ 使用导向销引导换热管穿管，避免换热管及管板索环的损坏。

④ 管板、隔板及管板端盖与罐体连接螺栓均使用电流表测量，确保绝缘良好。

⑤ 蒸发器吊装应平稳，用缆绳牵引，不得碰坏蒸发器表面防腐层及大法兰垫片。

⑥ 大法兰紧固时四组人员同时紧固，用力均匀。

（3）实施总结

蒸发器喷淋装置安装技术、管板及隔板安装技术解决了蒸发器喷淋装置、管板隔板等内部部件安装难题，保证了安装位置的准确性；蒸发器吊装技术解决了蒸发器高空吊装难题，保证了吊装位置的准确性；水平及线性调整技术，解决了大体积蒸发器位置调整、对口难题，为后续法兰或焊接连接创造了有利条件；蒸发器对口焊接技术，解决了蒸发器对口焊接难题，保证了蒸发器安装、焊接质量。

海水淡化蒸发器安装通过以上各项技术，有效保证了蒸发器的组合、安装质量，提高了施工工艺水平，解决了超大型加热法海水淡化蒸发器安装技术难题。

（提供单位：中国电建集团核电工程有限公司。编写人员：张耸、颜飞）

4.6 百万核电机组主蒸汽系统平衡负荷法施工技术

4.6.1 技术发展概述

随着核电站机组容量的扩容，主蒸汽等热力系统管道的设计参数进一步提高，管道应力对设备的影响不断攀升。由于核电机组汽轮机基础、凝汽器、主汽门多设计为支撑于各自基础弹簧之上，这对主蒸汽管道安装过程中控制应力、焊接变形有更高的要求，控制主蒸汽系统管道安装应力对主汽门及对汽轮机本体的影响，对整个机组的安全运行有重要的意义。因此，如何有效控制管道施工过程中的安装应力，如何有效避免主汽门对汽轮机缸部的应力连接，通过平衡负荷法这一新的安装工艺应用，对机组安全运行有着深远的意义。

4.6.2 技术内容

（1）主汽门就位及安装

用行车配合手拉葫芦吊装主汽门，使用、调整阻尼器完成主汽门就位及安装。

（2）高压导汽管安装

主汽门出口法兰采用预紧、热紧技术，完成高压导汽管安装。

（3）主蒸汽管道安装

平衡负荷法安装直管和弯管，使用手拉葫芦与弹簧秤控制、调整主蒸汽管安装应力。

（4）阻尼器安装

按图纸放线安装阻尼器，采用加热法固化阻尼剂，确保阻尼器安装高度。

4.6.3 技术指标

（1）《电力建设施工质量验收规程 第3部分：汽轮发电机组》DL/T 5210.3—2018；

（2）《电力建设施工技术规范 第5部分：管道及系统》DL 5190.5—2019。

4.6.4 适用范围

适用于核电站百万机组主蒸汽系统工程。

4.6.5 工程案例

（1）工程概况

阳江核电1号、2号机常规岛工程，主蒸汽系统在常规岛中是一个非常重要的系统，其安装的工艺复杂、难度大、过程控制严格、质量要求高。

常规岛主蒸汽系统主要功能是从核岛接口输送蒸汽到汽轮机主汽阀、汽水分离再热器的新蒸汽段、辅助蒸汽转换器、除氧器。从三台蒸汽发生器来的三根主蒸汽管线在常规岛内导入主蒸汽联箱。从主蒸汽联箱引出四根管道与汽轮机四个主汽阀相连接。另外还有两根母管分别引到凝汽器的两侧，与这两根旁路母管连接的还有通向除氧器的供汽管线、通向蒸汽转换器的加热蒸汽管线、通向汽水分离再热器的蒸汽管线和通向凝汽器的14条蒸汽旁路排放管线。这两根母管由一根平衡管连接在一起。

（2）技术应用

1）主蒸汽系统安装技术难点

主蒸汽水平段管线在安装过程中由于焊接变形而产生的应力，将迫使管道的重量直接传递到汽轮机上，对机组运行安全影响较大。主汽门阀体通过弹簧支撑，若在安装过程中不能平均分配支撑弹簧受力荷载，将迫使管道应力连缸。

2）关键技术特点

采用弹簧秤定量测量的方法，运用管道平衡负荷安装技术，分别在安装管段上悬挂手拉葫芦和弹簧秤，通过观察管道安装过程中弹簧秤的数值，借助手拉葫芦调整在安装过程中和焊接完成后应力值的变化，有效降低管道的安装应力，使主蒸汽管道无应力连接。

3）施工工艺及过程

① 工艺流程图（图 4.6-1）

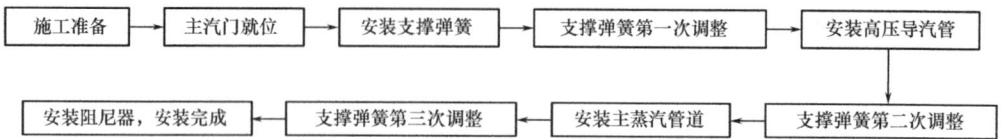

```
施工准备 → 主汽门就位 → 安装支撑弹簧 → 支撑弹簧第一次调整 → 安装高压导汽管
                                                                    ↓
安装阻尼器，安装完成 ← 支撑弹簧第三次调整 ← 安装主蒸汽管道 ← 支撑弹簧第二次调整
```

图 4.6-1　工艺流程图

图 4.6-2　手拉葫芦拉力试验

② 工艺过程

a. 施工准备

（a）对施工人员进行安全、技术交底，使施工人员详细掌握主蒸汽系统的施工工艺、技术要求和注意事项。

（b）使用的手拉葫芦经过拉力试验合格后方可使用，见图 4.6-2。

（c）管道、管件光谱、测厚、硬度检验合格。

（d）施工区域土建已移交安装单位，穿墙孔洞及预埋件等符合要求。

b. 主汽门就位

主汽门钢平台预组合安装完成后，用行车配合手拉葫芦将主汽门吊装放置到位，进行找平找正，并在阻尼器位置加装临时垫铁，调整主汽门至要求标高。

c. 安装主汽门支撑弹簧

（a）复测主汽门位置并找平找正。

（b）使用槽钢在阻尼器位置焊接临时框架，避免主汽门发生移动。

（c）使用行车配合手拉葫芦，将支撑弹簧吊装至主汽门下方。

（d）使用线坠，测量弹簧垂直度，调整弹簧支撑腿长度，使弹簧承受主汽门重量，见图 4.6-3～图 4.6-5。

图 4.6-3　主汽门支撑弹簧

图 4.6-4　安装支撑弹簧

图 4.6-5　支撑弹簧安装完成

d. 支撑弹簧第一次调整

（a）使用弹簧秤配合手拉葫芦模拟主汽门重量和保温重量，见图 4.6-6。

（b）将液压千斤顶放置于阻尼器位置，顶起主汽门，拆下垫铁，释放千斤顶，使该部位重量施加于弹簧上，见图4.6-7。

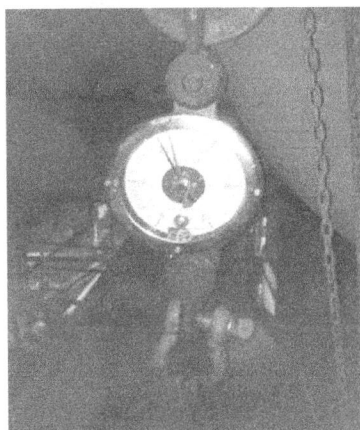

图4.6-6 弹簧秤模拟主汽门重量

图4.6-7 液压千斤顶放置阻尼器位置

（c）调整弹簧底部的顶丝螺栓，弹簧刻度发生相应变化。

（d）释放弹簧上的限位螺母，观察弹簧刻度变化及主汽门标高、水平度变化，见图4.6-8。

（e）继续调整底部的顶丝螺栓，将弹簧刻度调整至弹簧计算受力载荷，见图4.6-9。

图4.6-8 释放限位螺母

图4.6-9 使用弹簧顶丝调整弹簧

（f）锁紧限位螺母，加装阻尼器位置临时垫铁，见图4.6-10。

e. 安装高压导汽管

（a）将主汽门出口法兰吊装到位，在法兰结合面涂抹红丹粉并初紧，然后拆下法兰，检查结合面接触情况，使用刀口尺复查，确保接触点最大缝隙小于0.03mm，见图4.6-11。

图 4.6-10 限位螺母锁紧

图 4.6-11 试装法兰

（b）将法兰螺栓内部清理干净后测量法兰螺栓原始长度，并记录，见图 4.6-12。

（c）安装法兰，将螺母预紧，使螺栓伸长 0.05mm，见图 4.6-13。

图 4.6-12 法兰螺栓内部清理

图 4.6-13 安装法兰

（d）用电加热棒加热螺栓，按照图纸要求进行热紧。

（e）待螺栓冷却后测量螺栓长度，并记录。螺栓伸长量在 0.4～0.45mm 范围内。

（f）主汽门出口法兰验收合格后进行高压导汽管道安装。安装前测量法兰口与高压缸接口之间的尺寸，切除管道余量，打磨坡口，并对管道内部进行清理，见图 4.6-14。

（g）首先安装下部主汽门出口的高压导汽管，再安装上部的高压导汽管。

安装时将管道调整到位后进行焊接，见图 4.6-15。

f. 支撑弹簧第二次调整

（a）复测主汽门标高，调整水平度。

（b）使用弹簧秤配合手拉葫芦模拟主汽门和高压导汽管重量和保温后重量，见图 4.6-16、图 4.6-17。

图 4.6-14 管道尺寸确定及管道内部清理

图 4.6-15 管道点焊

图 4.6-16 模拟主汽门重量

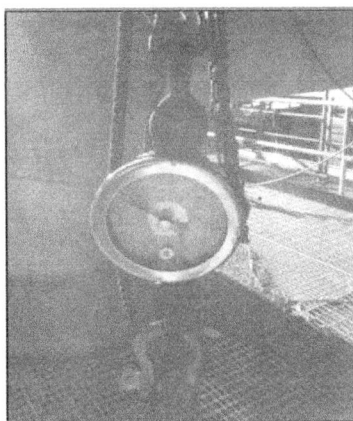

图 4.6-17 弹簧秤模拟导汽管重量

（c）将液压千斤顶放置于阻尼器位置，拆下垫铁，释放千斤顶，使该部位重量施加于弹簧上。

（d）调整弹簧底部的顶丝螺栓，弹簧刻度发生相应变化。

（e）释放弹簧上的限位螺母，观察弹簧刻度变化。继续调整底部的顶丝螺栓，将弹簧刻度调整至弹簧计算受力载荷。

（f）锁紧限位螺母，加装阻尼器位置临时垫铁。

g. 安装主蒸汽管道

（a）平衡负荷法安装直管段，使用 2 个手拉葫芦，在安装管段的自由端和焊接端（0.5m 处）各悬挂一个手拉葫芦；平衡负荷法安装弯管时，使用 3 个手拉葫芦，分别悬挂于安装管段的自由端和弯头中心处，手拉葫芦悬挂完成之后通过手动操作将管段调整到安装位置，打磨管口，见图 4.6-18、图 4.6-19。

（b）手拉葫芦悬挂完成之后，在安装管段自由端手拉葫芦处放置弹簧秤，弹簧秤量程应略大于安装管段重量。调整管段位置后对口、点焊固定，记录弹簧秤的初始数值，见图 4.6-20～图 4.6-22。

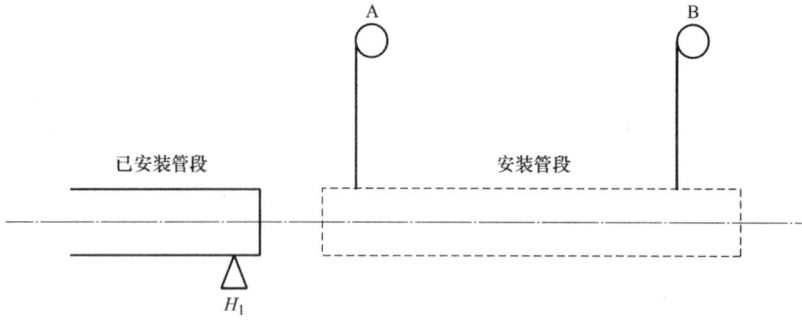

图 4.6-18　手拉葫芦固定安装管段

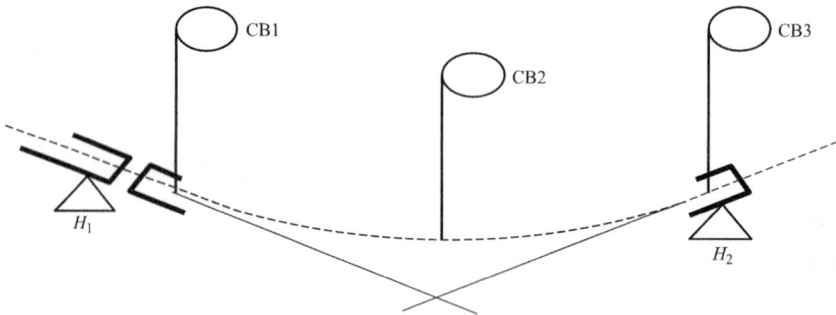

图 4.6-19　水平弯管自由端和弯头中心处挂设手拉葫芦

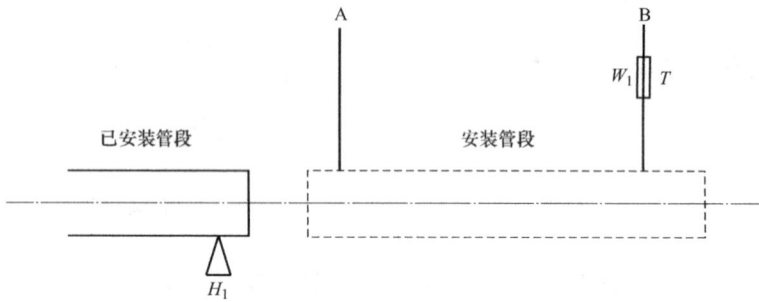

图 4.6-20　自由端手拉葫芦上放置弹簧秤并记录

图 4.6-21　自由端手拉葫芦上放置弹簧秤并记录

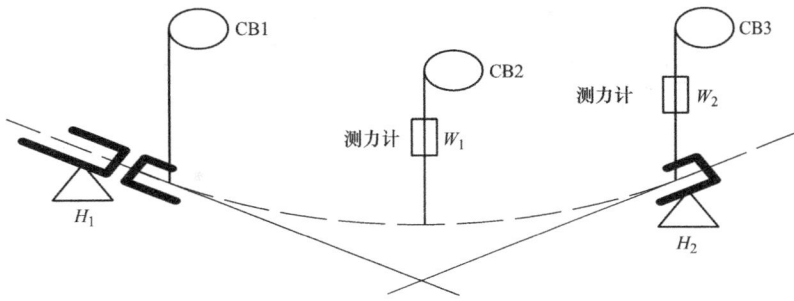

图 4.6-22　在自由端和弯头中心手拉葫芦处放置弹簧秤

（c）弹簧秤初始数值记录后，对焊口进行焊接、热处理和无损检测。焊接过程中，焊口对称施焊，观察安装管段由于焊接变形引起的弹簧秤指示值的变化量，适时调整管段自由端处的手拉葫芦，使弹簧秤的数值变化量控制在±0.2kN 范围内。焊口焊接、热处理及无损检测完成后，观察弹簧秤数值的变化，借助手拉葫芦，再次调整弹簧秤数值，将弹簧秤数值恢复到管段对口完成后记录的初始数值，并分别记录管段焊口处和自由端标高，见图 4.6-23。

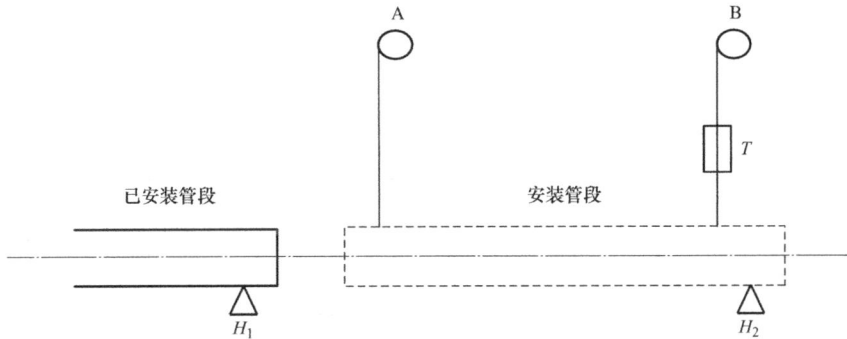

图 4.6-23　调整弹簧秤数值并记录焊口处标高和自由端标高

（d）每段管道安装完成后，安装正式支吊架，逐步卸载手拉葫芦，调整支吊架使管段恢复到设计标高，并使支吊架处于锁定状态。每段管道上的支吊架安装完成后拆除弹簧秤和不必要的临时固定装置，见图 4.6-24～图 4.6-27。

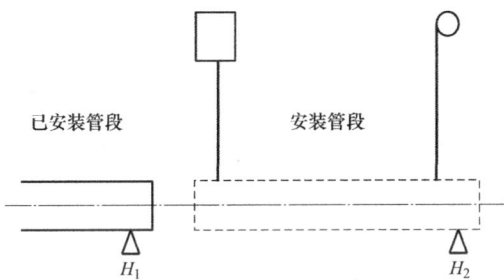

图 4.6-24　管道安装支吊架

图 4.6-25　管道安装正式支吊架

图4.6-26　管道标高验收

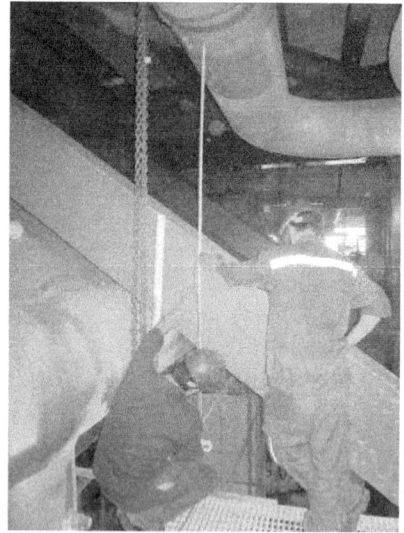

图4.6-27　管道坡度验收

（e）安装管段应力记录。

安装管段应力记录见表4.6-1。

安装管段应力记录

表 4.6-1

管段号	焊接前			焊接过程	拉力计调整后		标高调整后	
	焊口处标高 H_1（m）	自由端标高 H_0（m）	拉力计值 W_1/W_2	拉力计值 W_1/W_2	拉力计值 W_1/W_2	自由端标高 H_2（m）	焊口处标高 H_1（m）	自由端标高 H_2（m）
J4205A-508-01-03	9.334	9.295	$W_1=0.45kN$ $W_2=0.8kN$	$W_1=0.55kN$ $W_2=0.92kN$	$W_1=0.45kN$ $W_2=0.8kN$	9.287	9.334	9.295
J4205A-508-01-04	9.925	9.108	$W_1=0.66kN$ $W_2=1.35kN$	$W_1=0.5kN$ $W_2=1.13kN$	$W_1=0.66kN$ $W_2=1.35kN$	9.113	9.925	9.108
J4205A-511-01-03	9.360	9.285	$W_1=0.3kN$ $W_2=0.95kN$	$W_1=0.25kN$ $W_2=0.9kN$	$W_1=0.3kN$ $W_2=0.95kN$	9.290	9.360	9.285
J4205A-510-01-04	9.260	9.176	$W_1=0.6kN$ $W_2=1.3kN$	$W_1=0.68kN$ $W_2=1.33kN$	$W_1=0.6kN$ $W_2=1.3kN$	9.165	9.260	9.176

通过观察管道在安装焊接过程中弹簧秤数值的变化，借助手拉葫芦的调整，有效消除了管道安装应力。

h. 支撑弹簧第三次调整

（a）复测主汽门标高，调整水平度。

（b）使用弹簧秤配合手拉葫芦模拟主汽门、高压导汽管、主蒸汽管道安装完成后重量和保温后重量。

（c）将液压千斤顶放置于阻尼器位置，拆下垫铁，释放千斤顶，使该部位重量施加于弹簧上。

（d）释放弹簧底部的顶丝螺栓，弹簧刻度发生相应变化。

（e）释放弹簧上的限位螺母，观察弹簧刻度变化。继续调整底部的顶丝螺栓，将弹簧刻度调整至弹簧计算受力载荷。

i. 安装阻尼器

（a）阻尼器位置临时垫铁拆下后，根据主汽门上阻尼器安装孔的位置，按照厂家要求的预偏移量（X/Z方向）在支撑钢梁上进行放线，放线精度要求控制在±2.5mm，确定下部钢板的安装位置，见图4.6-28。

（b）测量阻尼器安装空间的高度并做好记录。安装空间的高度要求在455～465mm之间（阻尼器的安装高度在395～405mm之间）。如果安装空间的高度超过要求的范围，需要调整垫板来调整。

（c）根据放线位置，将调整垫板和下部钢板与钢梁进行点焊固定。

（d）将阻尼器放到下部钢板上，对好安装孔，用螺栓将阻尼器壳体与下部钢板固定，见图4.6-29。

图4.6-28 支撑钢梁放线

图4.6-29 阻尼器壳体固定

（e）用电加热带包裹阻尼器筒体加热，设定加热温度（最高不超过150°），当阻尼器筒体四周的阻尼剂开始软化，松开阻尼器运输支架。

（f）移动阻尼器上部柱塞并加入隔热板，螺栓固定阻尼器上部的安装孔与主汽门的安装孔，最后关掉加热带，阻尼剂慢慢固化。

（g）拧紧阻尼器螺栓。

阻尼器安装完成后，所有工序施工完成。核对合金钢管道光谱复查标识，无标识时应重新进行光谱检验，并出具检验报告。光谱复查完成后配合高压缸负荷分配。

4）质量保证措施

① 根据图纸材料明细表核对材料，确定所用材料的规格、壁厚、材质是否与图纸相符，避免用错材料。

② 管道安装前，应将管道内部清理干净，管内不得遗留任何杂物。

③ 平衡负荷法安装主蒸汽管道弯管时，必须保证在弯管的自由端和弯头中心处分别放置弹簧秤，安装弯管时严禁使用一个弹簧秤进行管道对口。

④ 严格按照施工方案施工，在主蒸汽管道安装过程中严禁弹簧秤斜拉、斜吊。

⑤ 主蒸汽系统各个施工工序需经 QC1、QC2、QC3 三级质检验收签字，未通过验收的施工环节严禁进行下道工序施工。

（3）实施总结

通过在阳江核电 1 号、2 号机常规岛安装工程中运用主汽门支撑弹簧三次调整技术、主蒸汽管道平衡负荷安装方法，累计安装主蒸汽系统管道 400 余吨，主汽门安装就位 8 台，实践证明了使用本技术能有效消除安装过程中由于焊接变形产生的应力，实现了管道无应力连缸，并相应缩短了施工工期，提高了施工工艺水平。经相关专家评价，本技术原理科学、流程合理，成熟可靠，有广泛的应用推广价值。

（提供单位：中国电建集团核电工程有限公司。编写人员：赵乐超、赵常东）

4.7 核电机组海水鼓形旋转滤网安装技术

4.7.1 技术发展概述

鼓形滤网是核电站核安全级设备之一，为二回路冷源提供过滤海水。核电站鼓形滤网因其整体直径大，安装要求精度高，安装部件多、部件纯散件供货，且设备安装空间狭小，上下落差大，安全风险高，给施工现场带来了巨大的考验。

鼓形滤网因其安装环境的特殊性及结构特点，对组装精度和对海水的防腐蚀要求严苛。根据核电站鼓形滤网的结构特点，对重点安装工序进行技术革新，通过分析鼓形滤网鼓骨架结构，论证防海水腐蚀方案，形成了鼓骨架主结构预组合、整体电连续性试验、辅助角钢预先调整密封装置等关键技术。

4.7.2 技术内容

（1）使用鼓骨架部分主结构预组合，现场整体吊装主结构的方法，减少现场安装工作量。

（2）使用双臂直流电桥对鼓网进行整体电连续性试验，确保外加电流阴极保护的可靠性。

（3）在安装密封板装置时制作辅助角钢并对其进行预先调整，验收合格后再固定安装基础密封板，减小了调整难度，提高安装速度。

4.7.3 技术指标

（1）主轴全长水平度≤0.5mm；

（2）鼓骨架中心同基础中心对中度偏差±3mm；

（3）鼓骨架两侧同基础墙最近点距离≥75mm；

（4）大齿圈径向跳动值公差≤5mm，轴向跳动值公差≤9.5mm；

（5）小齿轮同大齿圈接触面积不小于 25%，同大齿圈齿间隙（4.6±0.5）mm；

（6）各部件螺栓连接处电流连续性最大电阻≤0.01Ω；

（7）基础密封板灌浆每次浇灌高度不得超过 1m；

（8）密封橡胶板受压变形与密封接触板相接触 0～5mm；

（9）各连接螺栓位置扭矩紧力检查，应符合设计扭矩。

4.7.4 适用范围

适用于核电机组及火电机组的鼓形旋转滤网安装。

4.7.5 工程案例

阳江核电站1号、2号机组常规岛及BOP安装工程

（1）工程概况

阳江核电站是中国广核集团在广东地区的第二核电基地。项目采用中国广核集团具有自主品牌的CPR1000及其改进型技术，建设六台百万千瓦级压水堆核电机组，由中国广核集团阳江核电有限公司负责建设和运行。

每两台机组设置一座PX泵房，PX泵房内有8个进水流道，共安装4台鼓形旋转滤网。鼓型滤网设备为沈阳电力机械总厂自行研发制作。设备安装于PX泵房B-C列，4台鼓网横向并列布置，其进水道底部标高为－13.7m，鼓网主轴中心高度为0m，鼓网腔室跨度为6.3m，圆周直径约21m。每台鼓网由1400余件部件组成，依靠2万余套螺栓连接紧固成整体。

（2）技术应用

1）鼓型旋转滤网的结构特点和难点

鼓形旋转滤网具有体积大、安装空间狭小、安装面落差高、作业危险性较大的施工难点；所有部件均为散件供货，需现场拼装，具有装配过程繁琐、吊装工作量大的特点；另外，密封装置基础密封板分数十块供应，为保证其过滤效果，安装时需拼接并固定在鼓网腔室两侧的密封墙面上，与鼓骨架配合平行度找正难度大。

2）关键技术特点

鼓骨架装配质量将影响密封装置和驱动装置的安装质量，预先将鼓骨架主结构进行组合可直观检查出各部件的加工精度及配合完好程度。

基础密封板同鼓骨架间的配合相对平整度对密封装置整体安装质量将产生重要的影响，将轻便的辅助角钢预先调整至基础密封板正确的安装定位距离，再依照辅助角钢定位安装基础密封板。

鼓骨架长期浸泡在海水中，极易遭受腐蚀。使用直流双臂电桥检查鼓骨架部件间的电连续性，能有效保证外加电流阴极保护的效果。

3）施工工艺和过程

① 工艺流程方框图（图4.7-1）

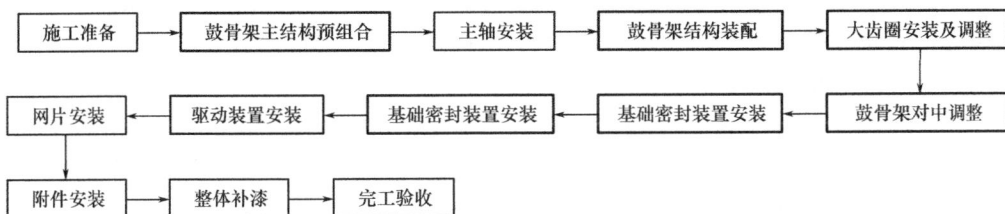

施工准备 → 鼓骨架主结构预组合 → 主轴安装 → 鼓骨架结构装配 → 大齿圈安装及调整

网片安装 ← 驱动装置安装 ← 基础密封装置安装 ← 基础密封装置安装 ← 鼓骨架对中调整

附件安装 → 整体补漆 → 完工验收

图4.7-1 鼓形滤网施工工艺流程图

② 工艺过程

a. 施工准备

（a）技术准备：对施工人员进行交底、幻灯片动态培训，掌握鼓形滤网施工工艺方案及安装要点。

（b）工器具准备：捯链、钢丝绳、卡环、卷扬机、双臂电桥准备到位，并检验合格。核对液压千斤顶、顶升工具等专用工具并试验合格。见表 4.7-1。

鼓形旋转滤网安装用材料　　　　　　　　　　　表 4.7-1

序号	名称	规格	单位	数量	用途
1	拖车	8t/25t	台	1	部件运输
2	汽车式起重机	25t/50t	台	1	部件运输吊装
3	龙门式起重机	50t/10t	台	1	后场进行"A"字形结构组装
4	半门式起重机	25.5t	台	1	现场部件组合安装
5	电焊机		台	1	点焊主轴承座底部垫铁
6	力矩扳手	200N·m	把	1	主轴承座地脚螺栓力矩紧固
7	力矩扳手	100N·m	把	1	鼓骨架部件连接螺栓力矩紧固
8	力矩扳手	8～25N·m	把	1	网片螺栓力矩紧固
9	方木		块	24	大"A"字形结构组合垫放
10	扳手		把	4	紧固螺栓
11	手拉捯链葫芦	1t/2t	个	4	起重工具
12	水准仪		台	1	测量工具
13	钢卷尺	50m	把	1	测量工具
14	钢卷尺	5m	把	3	测量工具
15	塞尺		把	2	测量工具
16	游标卡尺	0～25cm	把	1	测量工具
17	直流双臂电桥		台	1	部件间电连续性试验测量
18	低速手提电钻		台	2	大齿圈定位销钻铰
19	电动空心钻		台	4	化学锚固螺栓安装混凝土墙面钻孔

（c）材料准备：准备齐全措施性材料及消耗性材料。

b. 鼓骨架主结构预组合

选择合适场地，预先装配鼓骨架主结构。部件组合时，各连接螺栓稍做紧固，不锈钢螺栓穿装时在螺柱螺纹处和螺母垫片两侧均匀涂抹防咬脱防护剂。

（a）大"A"形主结构预组合

a）使用螺栓连接主辐条、支撑梁、加紧块等部件，组装成"A"组合体，然后将主横梁同"A"形结构一并组合成整体，形成一套既像汉字"大"又像字母"A"的大"A"形结构，每台鼓网共组合 24 组，如图 4.7-2 所示。

b）组合时使用钢卷尺检查主辐条放射端组合后跨距是否同鼓网主轴轮毂宽度相适应。

c）"A"形结构组合完验收合格后临时存放待用。堆码不宜高于6层。

（b）"丰"字形结构预装配

使用螺栓将2件齿圈固定槽部件同2件副横梁部件连接组合为一个整体，组装成形似汉字"丰"的组合体，每台鼓网共24组，如图4.7-3所示。

图4.7-2　大"A"形结构组成　　　图4.7-3　"丰"字形结构组合

c. 鼓网主轴安装

鼓网主轴横跨整个鼓网腔室，主轴中心同鼓网腔室中心一致，就位前使用经纬仪将中心控制线标记在鼓网主轴两侧轴承座基础上。使用泵房检修半门吊就位主轴。

d. 鼓骨架装配

（a）装配前的准备

a）待主轴就位调整后，在主轴两端搭设悬挑式脚手架，准确测量已组装完毕的"A"形结构的上中下段的宽度。

b）在驱动小齿轮上方的检修平台基础上安置一台辅助卷扬机，使用膨胀螺栓固定在检修平台基础上。

（b）"A"形梁结构装配

a）"A"形结构预组装完成后，使用半门吊进行吊装，用螺栓固定在主轴两侧的轮毂上。

b）装配完第一套仿"A"形梁结构后，吊车松钩前使用钢丝绳牵引将第一套仿"A"形梁结构固定在卷扬机上。

c）装配第二套仿"A"形梁结构，通过连接管同第一套"A"形梁结构组合为整体，用螺栓紧固。

d）缓缓放松卷扬机牵引绳索，将第一套"A"形梁结构放落至最底部垂直向下位置。

e）装配第三套仿"A"形梁结构，同第一套"A"形梁结构对向装配，牵引固定在卷扬机上。

f）装配第四套"A"形梁结构，通过连接管同第三套仿"A"形梁结构组合为整体，用螺栓紧固。

g）缓缓转动卷扬机，将第一套"A"形梁结构转动拉升至最卷扬机下方位置。装配第五套"A"形梁字结构，安装方式同第一套。

h）依上程序，按奇数次结构同偶数次结构吊装后用连接管相连接，转至底部后再吊装奇数次结构，然后同之前奇数次结构对向安装的步骤，逐件对向装配完所有的 24 套"A"形梁结构，如图 4.7-4 所示。

每相邻两套"A"形结构间装配连接管，最终装配为一个轮状整体结构。

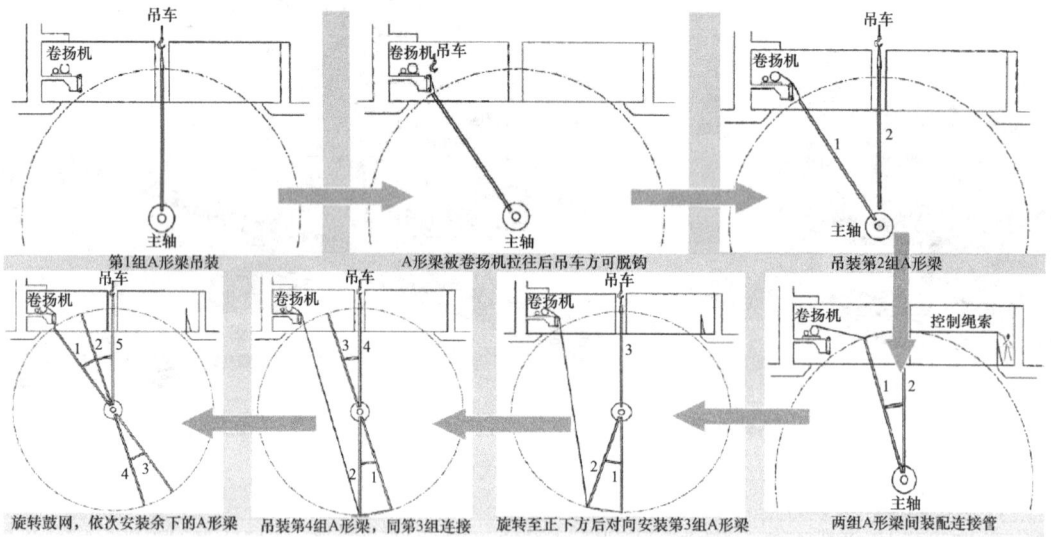

图 4.7-4 "A"形结构装配次序示意图

图 4.7-5 "A"形结构装配次序示意图

（c）仿"丰"字形结构装配

"丰"字形结构预组合后，使用螺栓将齿圈固定槽固定装配在"A"形结构的主横梁上，副横梁部件悬在齿圈固定槽下方、两件主横梁之间。装配流程同装配"A"形结构，如图 4.7-5 所示。

（d）边框架及连接角钢装配

a）边框架是装配于主、副横梁两端的槽钢结构。边框架连接接头位置与齿圈固定槽连接接头位置错开。

b）连接角钢装配在相邻两件主横梁和副横梁间，同边框架一起将整个主副横梁及"A"形结构贯穿连接成一个整体。

（e）连接件紧固、电连续性检查

a）所有鼓骨架部件装配完毕后，使用力矩扳手自主轴轮毂向外辐射状紧固各部件连接螺栓至设计要求力矩。

b）鼓骨架螺栓紧固后，拆下每相邻两部件间一套连接螺栓，打磨螺孔周边区域，使其露出金属表色。

c）复装螺栓并紧固后，使用直流双臂电桥测量相邻两部件间的电阻值，应不大于 0.01Ω。若不符合要求，重新拆下该处螺栓并清理螺栓接触面后紧固螺栓，再次测量，直至合格为止。

e. 鼓骨架对中调整

（a）主轴调整

鼓骨架装配完成后自身重约 100t，使用千斤顶调整其水平位置。

（b）鼓骨架对中调整

a）在鼓网腔室两侧基础墙面上分别选定一个基准点，分别测量该点至主横梁、副横梁对应的边框架位置的数值"D"（每侧各测量 48 个点），将数值记录在对应的边框架上。

b）根据每侧所测数值的最大值和最小值计算出每侧的平均值，依据平均值调整两侧轴承座，使鼓骨架在水室中基本处于垂直水平位置。

c）旋转鼓骨架，检查鼓骨架两侧边框架距离水室基础墙密封凿毛面上最近点的距离应不小于 75mm。

d）鼓骨架调整后，用塞尺检查主轴与紧定套的上下及两侧的间隙，间隙应均匀。

f. 基础密封装置安装

（a）密封装置由基础密封板、密封接触板、密封支撑板、密封胶条等组成，如图 4.7-6 所示。

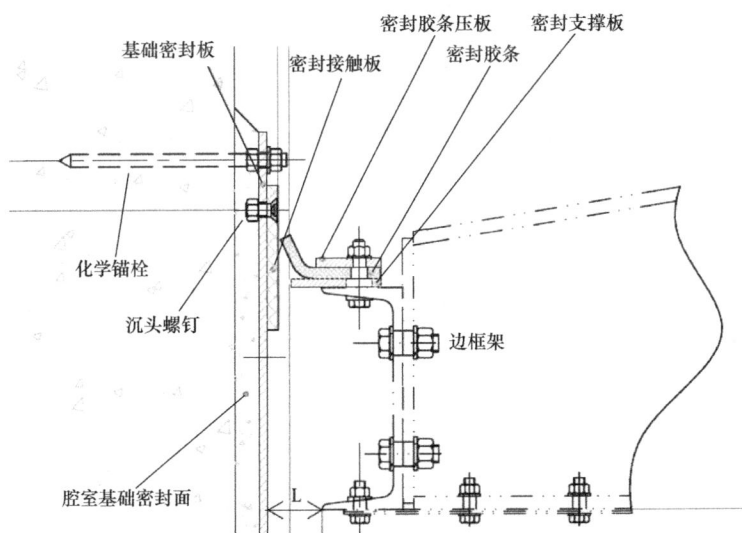

图 4.7-6 密封装置组成示意图

a）安装密封装置前于鼓网腔室两侧密封面处搭设脚手架，并框定鼓网不转动。

b）制作 48 块辅助角钢，用于调整基础密封板同边框架的间距。

c）根据鼓网对中时标记在边框架上的数值"D"，选择每侧边框架标记数值中的最小值 D_{min} 的对应位置，在该位置边框架上安装一件辅助角钢，调整辅助角钢，使边框架的边缘距辅助角钢的外侧面的距离在 50 ± 1mm。按公式计算各处边框架边缘到安装辅助角钢面的距离 L，安装其余的辅助角钢，并用螺栓紧固。

$$L = D - D_{min} + 50$$

式中　L——边框架边缘到安装辅助角钢面的距离，mm；

　　　D——鼓网对中时对应主、副横梁位置标记在边框架上的数值，mm；

　　　D_{min}——每侧边框架标记数值中最小值，mm。

（b）将所有基础密封板使用螺栓固定在辅助角钢上。

（c）用空心钻穿过基础密封板上的螺孔在基础墙面上钻孔，清理检查合格后注入化学锚固胶，植入锚栓，将基础密封板用螺栓固定在基础墙面上，拆除辅助角钢。

（d）使用沉头螺钉将密封接触板固定在基础密封板上，相邻两块密封接触板间拼接密实，表面不应出现肉眼可见的明显起伏。

（e）密封接触板安装完毕后进行分段灌浆，每次浇灌高度不超过 1m。

（f）灌浆完毕安装密封支撑板及密封胶条，密封胶条与密封接触板接触变形量在 0～5mm 之间。

g. 驱动装置安装

驱动装置整体由驱动电机支座、驱动电机、驱动轴及小齿轮组件、小齿轮支座等组成。

（a）驱动电机支座用手拉葫芦拖运至驱动电机基础上，调整至设计高度，稍紧固地脚螺栓。

（b）驱动轴及小齿轮组件为整体供货，由鼓网腔室内向驱动电机间方向穿装，直至小齿轮同大齿圈基本啮合。

a）用"J"形地脚螺栓将小齿轮支座固定在小齿轮支座基础上，并同小齿轮组件装配成整体。

b）调整小齿轮水平窜动，使小齿轮径向中心同大齿圈的中点标记对正。

c）小齿轮同大齿圈啮合调整完毕后钻大齿圈定位销孔，并穿装定位销。

（c）将驱动电机装配在驱动轴电机侧端部，通过支架同驱动电机支座连接并支撑固定。

h. 网片安装

网片安装于鼓网整体圆周径向外侧，使用网片垫板夹紧安装在主副横梁及连接角钢的外表面上，穿装螺栓固定后用电动扭力扳手紧固螺栓至额定力矩。

i. 附件安装

鼓形滤网附件包括排水槽、冲洗水管、检修平台、润滑油管路、清污过滤装置等。

4）质量保证措施

① 所有施工人员施工前必须经过交底后方可施工。

② 施工材料的运输必须安全可靠，保护设备部件不被破坏。

③ 各部件装配时，所有不锈钢螺栓螺纹和垫片两端涂抹螺纹胶，以防止不锈钢螺栓紧固时出现螺栓咬死现象。

④ 必须使用经校验合格贴有检验标签的量具。

⑤ 不锈钢部件在现场应单独隔离保存，避免与卤、硫化物、铁素体相接触。

⑥ 设备部件于现场存放时，应使用篷布进行遮盖防护。

（3）实施总结

本技术在中广核广东阳江核电站 1、2 号机组常规岛安装工程、中广核辽宁红沿河核电站 4×1000MW 机组工程、中广核福建宁德核电站 4×1000MW 机组工程中成功运用。

使用鼓骨架主结构预组合技术，降低了现场安装的工作难度，提高了施工效率，减小了作业安全风险。

使用双臂直流电桥对鼓网进行整体电连续性试验，保证了部件间的通电接触可靠度，确保了阴极保护效果，提升了设备运行寿命。

在安装密封板装置时制作辅助角钢并对其进行预先调整，提升了密封装置的安装精度，降低了安装难度，提高了安装速度。

在中广核阳江核电站 1、2 号机组常规岛安装工程中，使用本技术，缩短工作时间累计 41d，所有验收项目均一次合格通过，节省人工费用 4 万余元。

在中广核辽宁红沿河核电站安装工程中，使用本技术缩短工作时间 29d，所有验收项目均一次合格通过，各项质量指标优良，施工过程未出现任何安全质量问题。

在中广核福建宁德核电站安装工程中，使用本技术缩短工作时间 37d，所有验收项目均一次合格通过，各项质量指标优良。

（提供单位：中国电建集团核电工程有限公司。编写人员：孙超、杨继维）

4.8 核电站 GB 电气廊道 6.6kV 全绝缘浇注母线施工技术

4.8.1 技术发展概述

为保障核电 6.6kV 中压线路的稳定性，适合核电站廊道内狭小区域施工，核电站 GB 电气廊道 6.6kV 采用全绝缘浇注母线新技术，浇注母线常规长度为 6m/根，重量 660kg/根，主要布置在核电站 GB 电气廊道内。该全绝缘浇注母线是国际上新兴的先进设备，其设计采用绝缘材料对铜导体直接进行浇注密封，绝缘材料为注塑混合剂及火山岩无机矿物质，具有机械强度高和良好的绝缘特性，并具备防潮、防爆、不易燃烧与自熄性等特点，其带电运行寿命可达 50 年。为提高施工质量和效率，采用新技术，并在阳江核电项目 1 号、2 号、5 号机组中成功应用。

4.8.2 技术内容

采用自制的上下两层可分解组合运输装置，解决 GB 电气廊道内施工空间狭小、母线重量重、运输困难、两层支架不易就位的难题，提高母线安装速度、节约人工成本。

对支架初固定后，用水准仪、水平尺和线绳对每段支架的水平、标高进行精确定位，每段母线支架总体水平误差不大于 0.3%，确保母线连接铜排搭接无应力。

为保证母线浇注口的外观质量并易于模具拆除，模具组合时在钢制模具及橡皮封口套表面均匀涂抹离型剂，并采取措施防止浇注料渗漏。

浇注材料搅拌均匀后抽真空处理，保证母线浇注口良好的绝缘性能。

4.8.3 技术指标

（1）《电气装置安装工程 高压电器施工及验收规范》GB 50147—2010；

（2）《电气装置安装工程　母线装置施工及验收规范》GB 50149—2010；

（3）《电气装置安装工程质量检验及评定规程》DL/T 5161；

（4）《高压开关设备和控制设备标准的共用技术要求》DL/T 593—2016；

（5）《电气装置安装工程　电气设备交接试验标准》GB 50150—2016；

（6）《核电厂安全级电气设备鉴定》GB/T 12727—2017；

（7）《核电厂质量保证安全规定》HAF003。

4.8.4　适用范围

适用于核电站核岛和常规岛廊道内的 6.6kV 中压配电系统及造船、发电、石油化工、钢铁冶金、机械电子和大型建筑等各种狭小空间中压配电系统全绝缘浇注母线的施工。

4.8.5　工程案例

阳江核电站工程

（1）工程概况

阳江核电站位于粤西沿海的阳江市，总投资近 700 亿元人民币。作为我国一次核准开工建设容量最大的核电项目，阳江核电站工程建设 6 台百万千瓦级核电机组，1、2 号机组有效建造工期为 56 个月，3～6 号机组有效建造工期为 54 个月。阳江核电站首台机组于 2014 年建成投入商业运行，6 台机组将在 2019 年全部完成建设，预计每年上网电量为 480 亿千瓦时。

6.6kV 全绝缘浇注母线绝缘性能特别好且具备抗腐蚀特色，成品的最大防护等级可以达到 IP67～IP68，可以达到零维护功效。而应用于国内核电机组可用性和核安全的要求，构建可靠的 6.6kV 供电网，工程尚属首次，因此对浇注母线的性能、安全性等诸多方面进行改进，提高供电可靠性、可用率，对核电的安全、有效运行具有重要意义。

（2）技术应用

1）全绝缘浇注母线特点难点

浇注母线常规长度为 6m/根，重量 660kg/根，主要布置在核电站 GB 电气廊道内。廊道内施工空间狭小、路径复杂，且母线重量重、运输困难、浇注程序繁琐，存在较多难点。

2）关键技术特点

研制的上下两层可分解组合运输装置，解决浇注母线运输就位难题；浇注材料搅拌均匀后进行抽真空处理，有效去除浇注料中产生的气泡，保证母线浇注口良好的绝缘性能。

3）施工工艺和过程

① 工艺流程方框图（图 4.8-1）

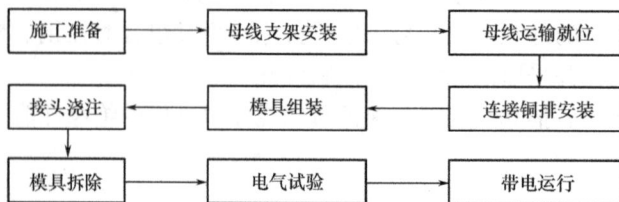

图 4.8-1　施工工艺流程

② 工艺过程

a. 施工准备

（a）施工技术准备

a）施工前收集施工图纸、施工规范和标准等技术资料。

b）熟悉图纸和有关技术规范，参加施工图设计交底，并做好记录。如图纸有局部变化或局部修改，应及时办理施工技术核定。

（b）作业人员的准备

对参与施工的人员进行 6.6kV 全绝缘浇注母线安装工艺的技术培训。

（c）施工机具和计量器具的准备

按施工进度计划和施工机具、计量器具需用计划，分阶段组织进场，并确保其完好，能满足过程施工能力。主要的施工机具、主要计量器具见表 4.8-1、表 4.8-2。

主要的施工机具 表 4.8-1

序号	名称	数量	要求
1	汽车式起重机	1 台	25t,母线吊运
2	拖车	1 台	25t,母线运输
3	母线运输小车	2 辆	母线运输
4	尼龙吊带	4 条	2t/5m,母线吊装
5	冲击钻	2 把	GSB20-2RE,钻孔
6	真空桶	2 台	浇注材料搅拌
7	搅拌器	2 把	浇注材料搅拌
8	真空泵	2 台	浇注材料搅拌
9	橡皮槌	2 个	拆除模具
10	清洁布	足量	清洁铜排
11	兆欧表	1 块	ZP5053/2500V
12	交流试验变压器	1 台	100kVA/100kV
13	伏安表	1 台	T32-VA
14	数字万用表	1 台	
15	双臂电桥	1 个	QJ-44 直流电阻测量
16	线绳	1 米	支架安装测量
17	风机	4 台	380V,通风
18	手套	若干	纯棉/橡胶,防腐蚀
19	防护眼镜	10 副	防护眼睛
20	防尘口罩	100 只	防气体灰尘

主要计量器具表 表 4.8-2

序号	名称	型号规格	备注
1	钢筋探测仪	DJGW-2A	
2	水准仪	J2	

序号	名称	型号规格	备注
3	力矩扳手	20-100N·m	
4	水平尺	750×40,支架测试水平度	
5	钢卷尺	5m测量尺寸	
6	拐尺	直角,测量画线	

（d）材料的准备

a）根据工程进度要求，制定要料计划，并按要料计划组织好材料的采购工作。

b）进入现场的材料进行检验，检验合格后，运入仓库指定位置堆放。

b. 母线支架安装

（a）安装前仔细核对到货支架与设计图纸型号一致。

（b）廊道内测量划线，确定支架的安装位置，水平段每2m定位一个支架，拐弯处根据需要增加2个支架。定位后测量地面标高，并确定基准点的标高，对高出基准点的部位进行支架打磨。

（c）调整相邻水平支架的绝缘底座高度，控制高差不超过2mm，安装绝缘底座并固定绝缘底座螺栓（图4.8-2）。

图4.8-2 支架安装

c. 母线运输就位

（a）浇注母线外观良好、无破损。

（b）浇注母线安装前，对每段母线及伸缩节进行绝缘电阻测试，用2500V兆欧表测量每相对地绝缘电阻值应大于50MΩ。

（c）浇注母线依安装顺序领取、装车，装车后采用柔性绳索进行捆绑运输。

（d）浇注母线运输到GB电气廊道吊装口（廊道通风口处），按安装顺序从吊装口吊入，吊入时用尼龙吊带拴在浇注母线的中心。在母线吊装时，使用溜绳控制平衡。

（e）在廊道内采用运输小车运输（图4.8-3），用柔性绳索将浇注母线与小车绑扎牢固。

（f）先安装下层母线，再就位第二层母线（图 4.8-4）。浇注母线就位时，每两节浇注母线间留有 10mm 的调节距离，便于铜搭接片连接（图 4.8-5）。

图 4.8-3　运输小车

图 4.8-4　母线就位

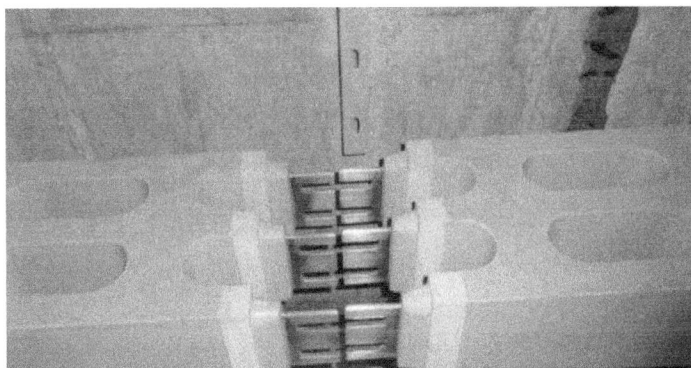

图 4.8-5　调整母线间距

（g）根据浇注母线伸缩节的设计位置安装伸缩节，母线直段每隔 36m 安装一个伸缩节。

d. 铜排连接

（a）浇注母线铜排与铜搭接片连接前，首先找正调整浇注母线接口间隙、对口。

（b）成品伸缩节安装时底部用垫木垫平，高度与浇注母线铜排一致。

（c）铜搭接片与浇注母线/成品伸缩节连接前，对铜排接触面进行清洁处理。

（d）需连接的浇注母线铜排保证水平、垂直，浇注母线铜排与铜搭接片的各个螺栓孔可以顺利穿装螺栓。

（e）将铜搭接片及浇注母线铜排用清洁布进行打磨，保证铜搭接片与浇注母线连接后接触良好。

（f）确认浇注母线铜排接触面洁净后，在接口处安装双面铜搭接片，穿装 M12 螺栓，垫片安装齐全，使用专用扳手采用对角方式对螺栓进行初紧固。

（g）由专人负责使用力矩扳手进行终紧固并标识（力矩扳手扭矩值为 74N·m），见图 4.8-6。然后，使用双臂电桥对其接口进行直流电阻测试，测试值不大于 $3\mu\Omega$。

图4.8-6 螺栓紧固后做标识

（h）母线铜排接口连接完成后，及时组装模具进行浇注，不能及时浇注的接口采用保鲜膜将铜排密封包装，防止受潮和灰尘污染。

e. 模具组装

（a）模具组装前，首先确认模具规格、型号正确，附件齐全（包括：钢制模具、橡皮封口套、螺栓）。

（b）在钢制模具及橡皮封口套内表面均匀涂抹离型剂。

（c）橡皮封口套与钢制模具应保持紧密结合，防止浇注料从缝隙中渗漏。

（d）将模具从浇注母线连接端口处的下部套入浇注口，上部用连接螺栓紧固。

（e）模具长度应大于浇注口60mm，组装后保证新浇注绝缘层与出厂浇注绝缘层重叠30mm。

（f）测量模具侧壁至铜排两侧的间距均匀一致。

f. 接头浇注

（a）检查专用搅拌器及真空搅拌桶清洁，其电气部分正常；开启通风机，可排出廊道内浇注料搅拌时释放微量的不良气体。

（b）将厂家配比好的浇注料倒入专用的真空搅拌桶中，用搅拌器搅拌均匀后，再将真空搅拌桶盖盖好，旋紧。

（c）将真空搅拌桶的真空泵及搅拌器同时启动，观察真空搅拌桶内压力达到－0.08MPa时停止真空泵及搅拌器。

（d）将搅拌均匀的浇注材料先从真空搅拌桶中倒入干燥清洁的手提桶，然后把浇注料倒入模具中，同时用橡皮槌振动钢制模具侧面及底部，排出模具内的空气。

（e）浇注完毕后，用刮刀将浇注料表面修平。

g. 模具拆除

（a）浇注完成后需凝固3h以上方可拆除模具。环境温度25℃时，浇注料的凝固时间不少于3h；环境温度为15℃时，浇注料的凝固时间不少于4h；环境温度5℃时，浇注料的凝固时间不少于6h。

（b）用橡皮槌将浇注母线边角上的残物轻轻敲下，使其外观美观。

h. 电气试验

（a）干绝缘检查

a）解开6.6kV全绝缘浇注母线盘头与其他设备连接处的过渡连接，用干布将6.6kV全绝缘浇注母线表面擦拭干净，确保浇注母线表面干燥清洁；

b）使用2500V以上兆欧表分别测量浇注母线U、V、W各相之间及对地的绝缘水平，并记录数据（测单相时，其他两相短接并接地）。

（b）湿绝缘检查

a）选择100m内的母线段，具体长度可根据现场实际情况增减，先目视检查其表面无明显缺陷；

b）用喷雾装置对表面进行均匀喷水，喷水量约为 1.5L/min，伸缩元件及预留未浇注接头不做喷淋；

c）喷雾后隔 15min 再喷雾一次，以确保该处有湿气充分浸入；

d）用 2500V 以上兆欧表分别测量浇注母线 U/V/W 各相对地绝缘水平，方法同干绝缘测量，并记录数据；

e）干、湿绝缘试验结果数据进行趋势对比，若绝缘电阻值低于 10MΩ 时，即表示可能存在故障点。

（c）耐压试验

浇注母线出厂耐压试验值为 28kV，时间 1min。根据厂家《中压浇注母线安装指导程序》中耐压试验标准要求，现场试验电压值按照出厂耐压试验值的 75％进行（即 21kV）。耐压试验结束后，被试母线均应对地放电处理。

（3）实施总结

浇注母线安装中，使用自行研制的水平运输小车，减轻了安装人员的劳动强度，节省了大量的人力机械成本，并利用真空搅拌绝缘浇注材料，保证了母线浇注口的绝缘强度，体现了节能增效的特点。

本工程每台机组采用的 6.6kV 浇注母线施工长度 2900m。浇注母线的安装符合相关标准要求，电气交接试验正常，符合设计及厂家技术要求。现 6 台机组浇注母线已带电运行，全程浇注母线无噪声，浇注接口无温升，运行正常，施工中通过研制多种专用工具，提高了施工效率。通过对应用该技术施工的浇注母线进行复查，各项指标均符合设计要求。

（提供单位：中国电建集团核电工程有限公司。编写人员：辛波、朱振平）

4.9 核电站深、浅层接地网施工技术

4.9.1 技术发展概况

为了解决特殊地质结构中小接地电阻值的要求，保证电气电子设备、人身以及建筑物的安全，核电站常规岛、PX 泵房等重要区域增加深层接地网，与浅层接地网共同组成深、浅层接地系统。深、浅层接地网的施工不仅要保证各分支接地裸铜绞线的连续性和导通性，还要考虑其施工简便易行以及施工降阻。

核电站深、浅层接地网主接地体采用 185mm² 裸铜绞线，布置纵横交错，且地下设施错综复杂，为了保证深、浅层接地网的可靠性，提高施工质量和施工效率，通过在施工过程中对新工艺、新技术的使用及总结，最终形成本技术，并在阳江核电项目 1 号、2 号机组中成功应用。

4.9.2 技术内容

为了满足特殊地质结构中接地电阻值小的要求，核电站核岛、常规岛等重要区域采用深层接地网与浅层接地网共同构成深、浅层接地网系统。

（1）技术特点

1）采用深层降阻技术，代替了传统开挖直埋，改善接地体的周边环境。

2）采用纵横交叉立体式接地网，增加接地网的有效面积，降低全厂接地电阻。

3）采用放热焊接技术，将裸铜绞线进行分子连接，提高焊接质量。

（2）施工工艺流程（图4.9-1）。

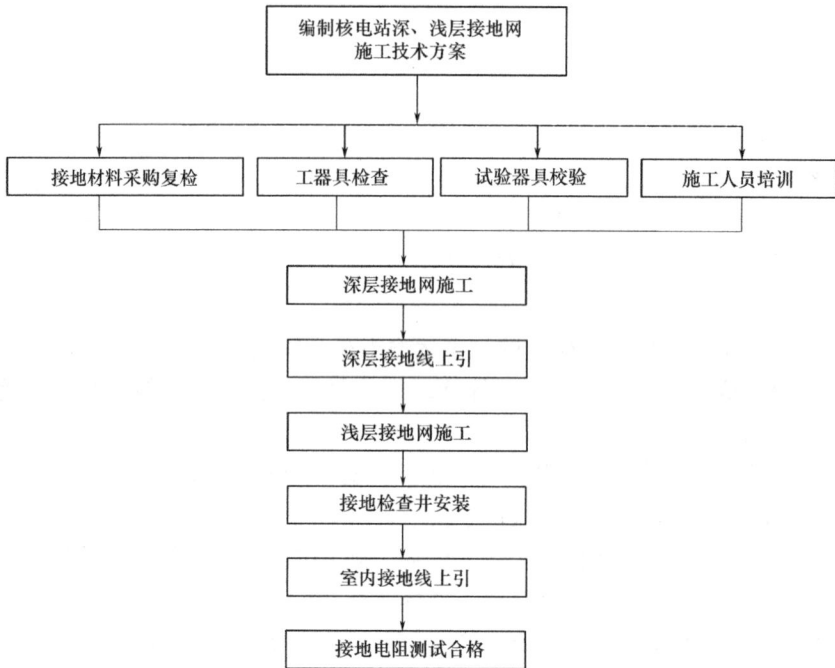

图4.9-1 施工工艺流程

4.9.3 技术指标

（1）主要性能

1）放热焊接接头表面光滑、母线包裹完整、熔接牢固，无夹渣、气孔、凹坑、漏熔等缺陷，接头处直流电阻测试不大于 $0.95 \times 10^{-4} \Omega$。

2）区域接地电阻测试值达到 0.1Ω，超出国家标准 0.5Ω 的要求。

3）接头施工前，接地回路导通性测试合格率 100%。

4）环氧树脂固化时间为 $15 \sim 30$min，其固化后，表面厚度均匀、无气孔、无裂纹、凝固紧密。

5）深层接地埋设深度 $-17 \sim -11$m，浅层接地埋设深度 -1m，均超出 -0.6m 的国家标准。

（2）技术规范/标准

1）《电气装置安装工程质量检验及评定规程》DL/T 5161；

2）《电气装置安装工程 电气设备交接试验标准》GB 50150—2016；

3）《电气装置安装工程 接地装置施工及验收规范》GB 50169—2016；

4）《建筑物防雷设计规范》GB 50057—2010。

4.9.4 适用范围

适用于工业与民用建筑及发电厂、变电站、石油化工、钢铁冶金、轻轨地铁工程中要求较高的接地网系统。

4.9.5 工程案例

阳江核电站工程

（1）工程概况

阳江核电站位于粤西沿海的阳江市，总投资近 700 亿元人民币，作为我国一次核准开工建设容量最大的核电项目，阳江核电站工程建设 6 台百万千瓦级核电机组。本技术现已应用于阳江核电站 6×1000MW 1 号、2 号机组常规岛及 BOP 厂房接地系统施工中。

在阳江核电 1 号、2 号机组工程施工中，常规岛共敷设 185mm² 裸铜绞线 5200m，浇注降阻剂 80t，深层接地最深处达 −17.9m；PX 泵房共敷设 185mm² 裸铜绞线 1000m，浇注降阻剂 20t，最深处达 −15.5m；其他 BOP 厂房敷设浅层接地裸铜绞线 4000m。在各厂房四角及各周边的中间位置共安装 24 个接地检查井，设置 84 个点引入室内接地配线构架（铜排），作为设备接地的汇流点，敷设 91 个上引点与框架基础上预留的镀锌钢板相连。共制作水平"T"字接头 225 个，水平"十"字接头 155 个，导线与接地棒"T"形焊接接头 66 个，导线与水平钢板"HS 型"焊接接头 91 个。

截至目前，阳江核电 1 号、2 号机组常规岛及 BOP 厂房接地网施工已完成，工艺美观、质量可靠，有效地保证了电气电子设备、人身以及建筑物的安全，为后续机组的施工总结了经验，提供了保障。

（2）技术应用

1）核电站深、浅层接地网施工技术特点难点

① 制作深层接地混凝土沟槽，在建筑物混凝土垫层浇筑之前，预制沟槽模板，既不影响建筑施工进度，同时也保证了沟槽质量。

② 现场制作搅拌器对降阻剂均匀搅拌，避免了颗粒及块状物的形成，提高了降阻剂的降阻效果。

③ 制作接地保护箱，将暂时无法施工的裸铜绞线预留并放置其中，不但控制了接头数量，而且对裸铜绞线起到了良好的防护作用。

④ 在浅层接地网回填土中铺设 PVC 网格警示板，防止再次开挖时对裸铜绞线造成伤害。

⑤ 裸铜绞线接点连接处采用放热焊接技术，操作简便快捷，焊接牢固可靠，提高了接地网的可靠性和安全性。

2）关键技术特点

① 深层接地回路通过裸铜绞线上引连接至浅层接地回路，各厂房之间浅层接地回路通过接地检查井连接，从而形成一个立体式接地网，如图 4.9-2 所示。

② 深层接地回路位于建筑物开挖最低标高的垫层内，与建筑物垫层施工紧密结合，在混凝土垫层浇筑之前预制沟槽模板，沟槽规格为 300mm×300mm，待混凝土垫层浇筑并凝固后，拆除模板，形成接地沟槽。

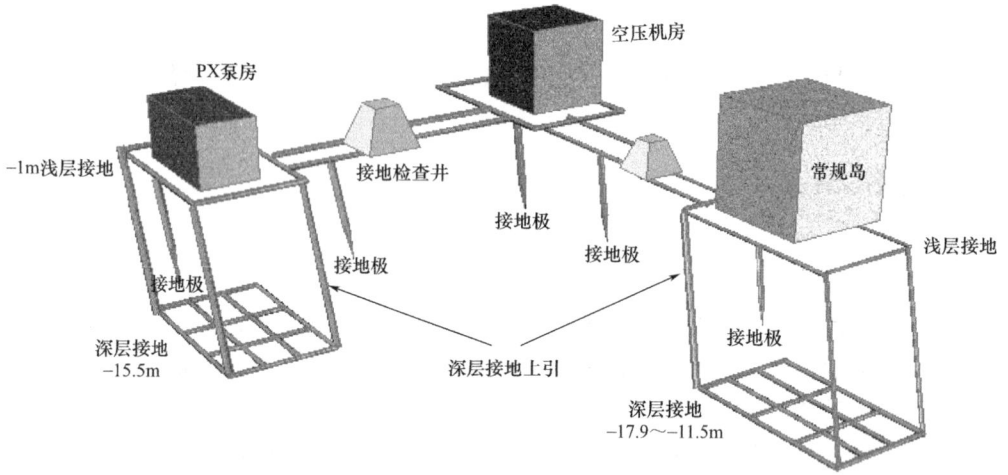

图 4.9-2　深、浅层接地网示意图

③ 根据配比将水和降阻剂混合，使用自制搅拌器均匀搅拌，直至降阻剂充分溶解并呈凝胶状，浇注于深层接地沟槽中 100mm 厚，将裸铜绞线敷设于降阻剂上方中间位置，之后再次浇注降阻剂 100mm 厚，降阻剂凝固后，浇灌水泥砂浆至与沟槽平齐并抹平。

④ 浅层接地回路回填土壤至 -0.4m 时，铺设一层接地标示用的 PVC 网格板，再分层回填土壤，为以后开挖标明了接地裸铜绞线的位置。

⑤ 地网间纵横交叉接点采用放热焊接技术，根据制作接头的形状，选取相应焊接模具，加入铜基粉，通过放热反应产生高温液态铜液，在石墨焊腔中形成相应形状、尺寸、符合工程需求的熔焊接头。

3）施工工艺和过程

① 工艺流程方框图（图 4.9-3）

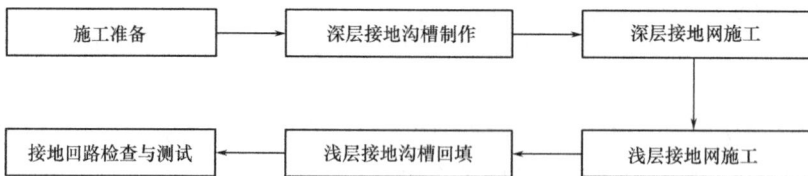

图 4.9-3　工艺流程图

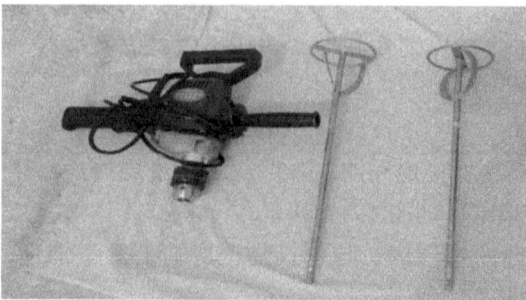

图 4.9-4　自制搅拌器

② 工艺过程

a. 施工准备

（a）施工图纸进行会审。对施工人员进行专业培训及安全技术交底。

（b）防护眼镜、口罩和手套等防护用品合格齐全。

（c）自制搅拌器适用合格（图 4.9-4）。

（d）裸铜绞线等检验合格，规格型号符合要求，无损伤。降阻剂在有效期内且无受潮现象。

b. 深层接地沟槽制作

在建筑专业浇筑混凝土垫层之前，预制沟槽模板，沟槽尺寸为 300mm×300mm，建筑物混凝土垫层浇筑后，拆除模板形成接地沟槽，沟底应平整，内部无积水、杂物（图 4.9-5、图 4.9-6）。

图 4.9-5　沟槽模板制作

图 4.9-6　混凝土浇筑后沟槽验收

c. 深层接地网施工

（a）深层接地沟槽内浇注降阻剂，厚度 100mm。

a）根据沟槽长度，计算出降阻剂使用量并领取。

b）根据产品使用说明配比，将清水倒入搅拌桶内，循序加入降阻剂，并用自制搅拌器搅拌（图 4.9-7）。

c）待降阻剂搅拌至凝胶状，浇筑于接地沟槽中，浇筑厚度为 100mm（图 4.9-8），浇筑完抹平。

图 4.9-7　降阻剂搅拌

图 4.9-8　降阻剂浇筑 100mm 厚

（b）敷设深层接地裸铜绞线

a）测量沟槽的实际长度，计算上引线的理论长度，按总计算长度加 5% 的余量预留裸铜绞线，以保证接地裸铜绞线在自然状态下敷设在沟槽内。裸铜绞线截取时，在其两端用细钢丝绑扎，以防裸铜绞线端头散开（图 4.9-9）。

b）将裸铜绞线自然敷设在降阻剂上方中间位置，弯曲半径不小于外径的 16 倍，严禁折伤、断股及扭曲变形（图 4.9-10）。

图 4.9-9　放线架架设及裸铜绞线截取

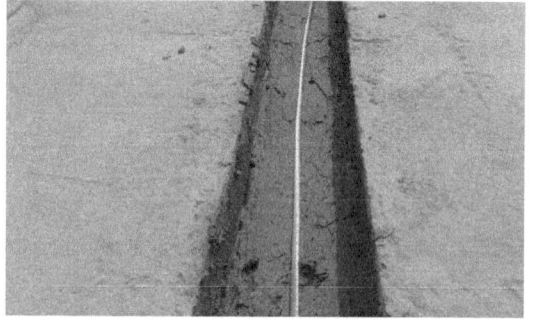

图 4.9-10　接地裸铜绞线敷设

（c）放热焊接点制作

a）根据被焊金属的尺寸和形状选择合适的模具。

b）焊接前清扫模具内腔，用便携液化气瓶加热使其干燥（图 4.9-11）。

c）将被焊接的裸铜绞线加热烘干，去除其油渍和污渍（图 4.9-12）。

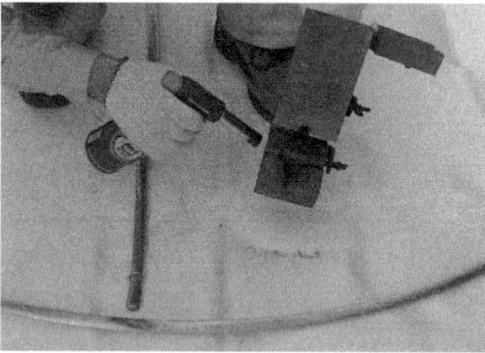

图 4.9-11　对模具加热干燥

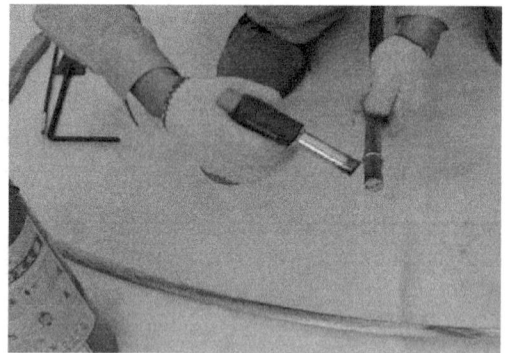

图 4.9-12　铜线端部缠绕及烘干

d）将裸铜绞线放入模具熔接室内，用夹具固定，在熔化锅底孔处放入隔离片，将熔化锅和熔接室分隔开（图 4.9-13、图 4.9-14）。

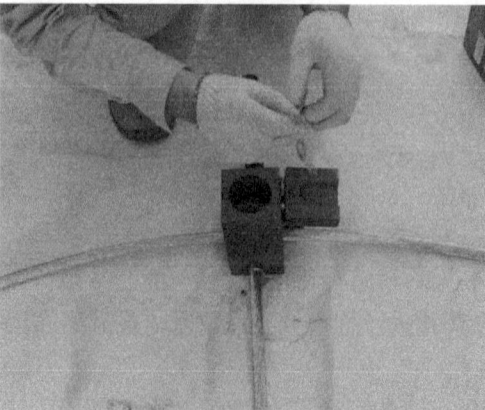

图 4.9-13　用夹具对铜线固定

图 4.9-14　熔化锅底孔处放入隔离片

e）将铜基粉（火泥熔接药粉）倒入熔化锅内，把起火粉撒在铜基粉上并引到端口上，合上模具盖（图 4.9-15、图 4.9-16）。

图 4.9-15 将铜基粉倒入融化锅内

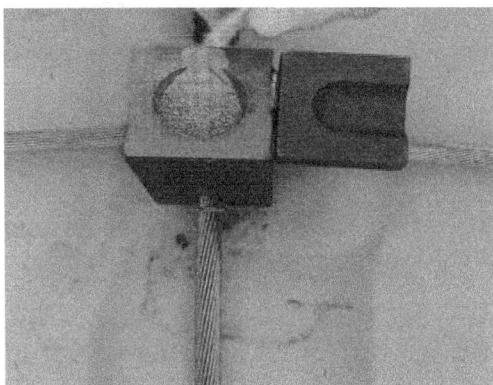

图 4.9-16 撒入起火粉并引到端口

f）用点火枪在模具盖的端口处点燃起火粉，在高温下铜基粉被熔化，隔离金属片也被熔化，铜液从熔化锅流向熔接室，在熔接室内冷却成型（图 4.9-17、图 4.9-18）。

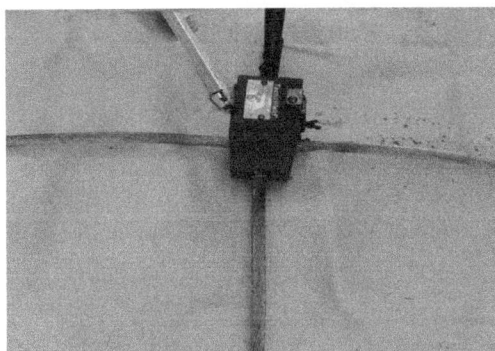

图 4.9-17 点火枪点燃起火粉

图 4.9-18 铜基粉被融化

g）模具内物质冷却 20～30s 后，开模取出熔接接头，对熔接接头外观进行检查，其表面应光滑、裸铜绞线包裹完整、熔接牢固，无夹渣、气孔、凹坑、漏熔等缺陷。接头冷却后，将接头处用铜丝刷清洁干净。

h）接头外观检查合格后，每个接口处进行直流电阻测试，测试长度选择在接头两端 500mm 的间距内，所测值不大于 $0.9 \times 10^{-4} \Omega$（图 4.9-19）。

i）将环氧树脂与固化剂按 1：1 的配比调匀，均匀涂抹在接头及接头外 200mm 处（图 4.9-20）。环氧树脂干燥后，将接头放置于沟槽中，不能使其承受任何剧烈拉力且要保证环氧树脂保护层不被破坏。

（d）将搅拌好的降阻剂再次浇注于深层接地裸铜绞线上方，厚度为 100mm，浇注后将降阻剂抹平（图 4.9-21、图 4.9-22）。

（e）深层接地裸铜绞线上引施工时穿入镀锌钢保护管保护（图 4.9-23），对于裸露在保护管外的裸铜绞线进行包裹保护。

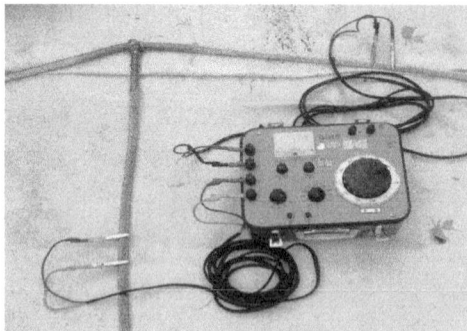

图 4.9-19　放热接头直流电阻测试

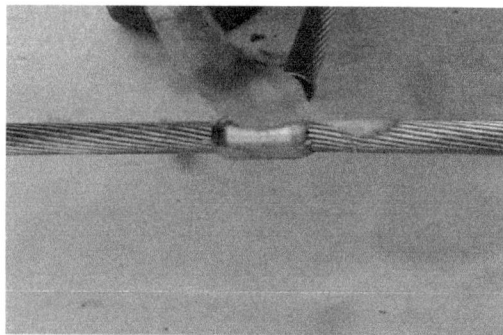

图 4.9-20　放热接头涂抹环氧树脂

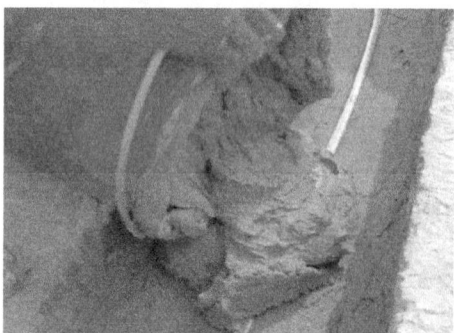

图 4.9-21　裸铜绞线上层浇注降阻剂

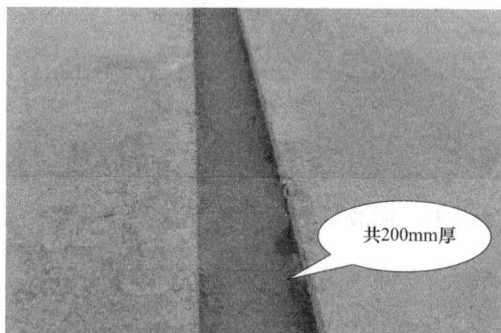

共200mm厚

图 4.9-22　降阻剂抹平

（f）水泥砂浆覆盖

a）待降阻剂凝固后，上方浇灌水泥砂浆至与沟槽平齐并抹平（图 4.9-24）。

镀锌钢管

图 4.9-23　深层接地上引

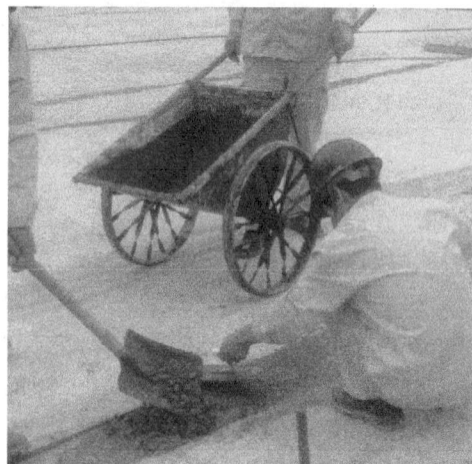

图 4.9-24　水泥砂浆覆盖及抹平

b）把万用表调到通断挡，将接地回路的两端与万用表连接起来进行导通性测试，连接导线不小于 $6mm^2$BV 线。

c）每段接地裸铜绞线施工完毕后，进行隐蔽验收。

（g）接地裸铜绞线暂时无法施工的，将其放入预制接地保护箱内防护，保护箱规格为 $800mm \times 800mm \times 400mm$，并对裸露在保护箱外的裸铜绞线进行包裹防护（图 4.9-25）。

图 4.9-25 使用铁箱对预留裸铜绞线防护

d. 浅层接地网施工

（a）确定接地裸铜绞线位置，进行沟槽开挖，沟槽深度为 1.0m，宽度应不小于 0.3m。若开挖沟槽的底部为岩石层，沟槽挖至 1.2m 深，然后回填 0.2m 厚筛选的土壤，并将土壤夯实。对于沟槽底部标高的改变，应改成斜坡，且坡度不得超过 25%。对于过路段区域，沟槽开挖至道路标高以下 1.1m 深，将沟底夯实。清除沟槽底部有可能损坏裸铜绞线的所有石块和杂物。

（b）垂直接地极安装：根据垂直接地极的数量和位置，采用长度为 2.44m 的 $\phi14.2$ 纯铜棒打入地下，相邻垂直接地极间距大于 5m（图 4.9-26）。

图 4.9-26 垂直接地极安装

（c）浅层接地裸铜绞线的敷设

a）计算上引线的理论长度，加5%的余量预留裸铜绞线。

b）裸铜绞线呈自然状态敷设在沟槽底部（图4.9-27）。裸铜绞线平行于管道或与管道交叉时，与管道之间距离不小于0.2m。对于沿建筑物周圈敷设的接地回路，若建筑物有周圈式的排水管，敷设的接地线应在碎石界限1m以外。

c）接地裸铜绞线在道路或构筑物地下通过时，加保护管防护，保护管敷设在沟槽底部0.1m厚的混凝土垫层上，然后浇灌0.2m厚的第二层混凝土，确保保护管全部埋入垫层。对保护管两端封堵，防止泥浆等堵塞管道。

d）制作放热焊接头，进行接头阻值测试。如图4.9-28为浅层接地裸铜绞线与垂直接地极之间放热焊接。

e）接地裸铜绞线暂时无法施工的，放入预制的接地保护箱内防护。

图4.9-27　浅层接地线敷设

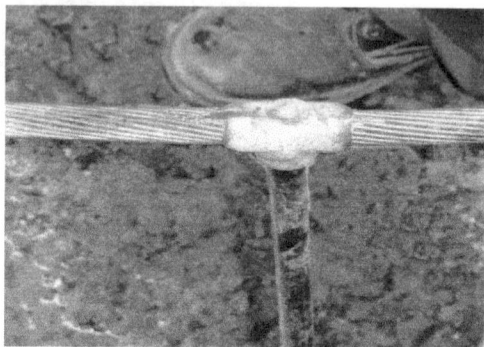

图4.9-28　裸铜绞线与垂直接地极焊接

（d）接地裸铜绞线敷设完成后进行导通性测试，并进行隐蔽前检查签证。

（e）接地检查井安装及连接

a）接地检查井内接地铜排采用二次灌浆的方式固定，即接地检查井预制时，在铜排安装位置预留100mm×100mm的孔洞，井内设置50mm×5mm的铜母排，采用M16的青铜螺栓连接（图4.9-29、图4.9-30）。

接地铜排

底部孔洞

图4.9-29　接地检查井铜排

图4.9-30　接地检查井铜排连接

b）接地检查井水平安装在规定位置，检查井顶面高出地坪 0.1m 的高度，使用水准仪对检查井顶面水平度进行检查并调平。

c）将浅层接地裸铜绞线穿过底部孔洞，使用青铜螺栓与接地检查井内部铜排压接。

d）选取规定颜色的热缩绝缘护套管，套在引出接地检查井的裸铜绞线 1.5m 长度上。

（f）浅层接地裸铜绞线与室内接地铜排以及构筑物梁外预留钢板的连接

a）接地裸铜绞线进户段穿镀锌钢管保护，并套黑色热缩绝缘护套管，其长度为 1.5m。接地裸铜绞线末端套 100mm 长黑色热缩绝缘护套管，与室内接地配线架连接采用专用青铜或铜夹具固定，排列整齐、固定牢固（图 4.9-31）。

b）接地裸铜绞线与构筑物柱梁外预留的镀锌钢板采用放热焊接方式相连（图 4.9-32）。

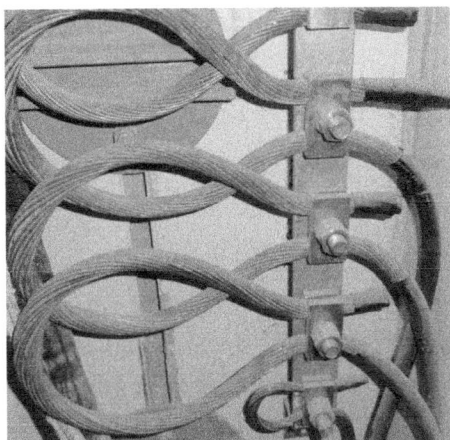

图 4.9-31　接地网进户段连接

图 4.9-32　接地网与钢板连接

e. 浅层接地沟槽回填

（a）将原地开挖的土中石块和杂物清理干净，以每层 0.2m 分层回填，逐层压实。回填至所敷设裸铜绞线标高的上方 0.6m 处时，铺设接地标识用的 PVC 网格板（图 4.9-33）。

（b）铺设完 PVC 网格板后继续分层回填土壤。

f. 模具拆除

当一个接地网完成后，在接地检查井处用接地电阻测量表进行接地电阻测量，方法为三点法或电势下降法。对大面积测量采用三点法比较困难时，采用电势下降法。每个地网测试两次取平均值，填写测试记录并整理存档。

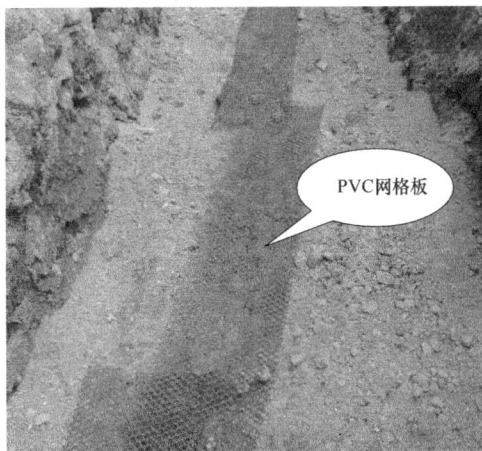

PVC网格板

图 4.9-33　浅层接地 PVC 网格板铺设

（3）实施总结

以阳江核电 2 号机组工程为例，本技术的成功应用有效地提高了接地网的施工效率和安全系数，带来了良好的经济效益。效益分析见表 4.9-1。

效益分析表

表 4.9-1

名称	原计划施工				实际施工				节省	
	价格				价格				人工	资金（元）
	单价（元）	人数	工期（日）	总额（元）	单价（元）	人数	工期（日）	总额（元）		
人工	200	6	360	432000	200	6	293	351600	402	80400

使用搅拌器对降阻剂进行搅拌，使降阻剂溶解充分且混合均匀，提高了施工质量。在土壤电阻率高、多为岩石层的地区，此新颖的接地网施工方法提高了接地系统的安全性能和使用寿命，减小了地质结构、施工环境等对接地网泄流效果的影响，为接地系统的施工积累了宝贵的经验。

（提供单位：中国电建集团核电工程有限公司。编写人员：薛皓元、张宏图）

4.10　基于 PLC 辅助控制高压电缆智能敷设技术

4.10.1　技术发展概述

在高压变电站建设中，高压电缆尤其是超高压电缆敷设一直是电力施工中施工难度和风险较大的一项工作，超高压电缆线径一般都在 150mm 以上，电缆盘直径达 3m 以上，重量达到十几吨，敷设难度很大。在以往机组中，超高压电缆敷设一般采用大型电缆盘支架加吊车辅助，采用人工进行盘转，耗用台班费用较高，敷设速度不均匀，电缆承受较大张力，耗用大量的人力，存在电缆盘坠落的风险。新技术采用电缆盘自动盘转控制，解决了采用吊车和人工配合盘转的弊端，实现了电缆盘的匀速旋转控制，避免了因电缆盘转速不均，施工效率高，安全可靠。

4.10.2　技术特点

（1）自驱动装置。全自动电缆盘自驱动滚轮架采用 PLC 变频系统，控制滚轮架滚轮同步带动电缆盘低速转动，摒弃了传统人力盘转电缆盘的方式。

（2）智能同步牵引平衡敷设。由若干个电缆敷设机配合电动滚轮架牵引敷设，电缆敷设机由 PLC 控制系统实现转速、启、停同步控制；在末端的敷设机上配有张紧传感器检测电缆拉伸张力，自动实时调节电动滚轮架的滚轮速度，避免电缆拉伤或扭折伤害。

（3）轮距可调式滚轮架。电动滚轮架中滚轮之间实现间距可调，适应超高压电缆敷设的需要。

（4）电缆盘防跑偏。在电动滚轮架两侧设置有防跑偏开关和防跑偏滚轮，能够对电缆盘跑偏实施监控，维持电缆盘的正常转动。

（5）模块化设计。所有装置均采用模块化设计，便于拆解、组装和运输。

4.10.3　技术指标

（1）《电气装置安装工程　电缆线路施工及验收标准》GB 50168—2018。

（2）电缆各支持点间的距离应符合设计规定，当设计无规定时，不应大于表 4.10-1 中所列数值电缆各支持点间的距离（mm）。

各支持点间的距离（mm）   表 4.10-1

电缆种类	敷设方式	
	水平	垂直
35kV 及以上高压电缆	1500	2000

注：全塑型电力电缆水平敷设沿支架能把电缆固定时，支持点间的距离允许为 800mm。

（3）用机械敷设电缆时的最大牵引强度宜符合表 4.10-2 中的规定。

电缆最大牵引强度（N/mm）   表 4.10-2

牵引方式	牵引头	钢丝网套
受力部位	铜芯	塑料护套
允许牵引强度	70	7

（4）机械敷设电缆的速度不宜超过 10m/min，110kV 及以上电缆或在较复杂路径上敷设时，其速度应适当放慢。

（5）电缆在两端头的备用预留长度一定要满足要求（至少预留 1～2 个电缆头长度），电缆引至高处时要直线引上，固定牢固、可靠。

（6）直埋电缆在直线段每隔 50～100m 处、电缆接头处、转弯处、进入建筑物等处，应设置明显的方位标志或标桩。

（7）电缆敷设验收的具体要求如表 4.10-3 所示。

电缆敷设的具体要求   表 4.10-3

工序	检验项目		性质	单位	质量标准	备注
电缆敷设	与热力设备、管道之间净距	平行敷设	主要	m	大于等于 1，不宜敷设于热力管道上部	
		交叉敷设		m	≥0.5	
	与保温层之间净距	平行敷设	主要	m	≥0.5	
		交叉敷设		m	≥0.3	
	电缆排列	外观检查			排列整齐，弯度一致，少交叉	
		交流单芯电缆排列方式			按设计规定	

4.10.4 适用范围

适用于高压动力电缆的敷设，也适用于大截面积低压动力电缆的敷设施工。

4.10.5 工程案例

（1）工程概况

华电国际十里泉发电厂扩建改造工程、河北华电石家庄天然气热电联产工程等。十里泉发电厂位于山东省枣庄市，老厂升压站改造项目。220kV 电缆回路从兴城 I 线和青檀 I 线由升压乙站出线间隔开关经高压电缆送出至厂外第一个铁塔处，采用"基于 PLC 辅助控制超高压电缆智能敷设技术"进行电缆的敷设，2016 年 7 月 26 日开始安装，8 月 12 日安装完成，当年 11 月 19 日顺利投产发电。

河北华电石家庄热电有限公司 2×400MW 级天然气热电联产工程位于石家庄市区东北部工业中心，燃机变压器出线与原 8 期升压站连接，采用"基于 PLC 辅助控制超高压电缆智能敷设技术"进行电缆的敷设，2016 年 8 月 22 日开始安装，8 月 30 日安装完成。

（2）技术应用

1）基于 PLC 辅助控制高压电缆智能敷设技术特点难点

此技术实现了电缆盘自动盘转控制，提高了电缆整体敷设速度，实现了电缆盘的匀速旋转控制，避免了因电缆盘转速不均，造成牵引拉伤。

2）关键技术特点

① 采用专用电动滚轮架，通过四个滚轮的同步低速转动带动电缆盘。采用 PLC 变频控制，通过牵引机及电缆敷设机进行电缆敷设，实现全程自动化控制，解决了转动和牵引不同步问题。在电动滚轮架两侧设置跑偏开关，防止电缆盘跑偏。

② 电动滚轮架采用四个电动滚轮，组成两组，每一组有两个电动滚轮加基础型钢和电缆盘防护槽钢组成。每一组电动滚轮之间的间距可以通过布置于基础槽钢上的螺栓孔调整。

③ 电缆敷设装置极大地减少了吊车的使用，电缆盘的转动控制基本实现了无人化，需用电缆敷设人员大量减少，节省了大量的机械台班和人力，提高了劳动生产率。

④ 电缆敷设装置结构简单，固定、连接方便，能够长期多次使用，维护成本低。

⑤ 电缆敷设周期大大缩短，电缆敷设速度提高了两倍以上。

3）施工工艺和过程

① 工艺流程方框图（图 4.10-1）

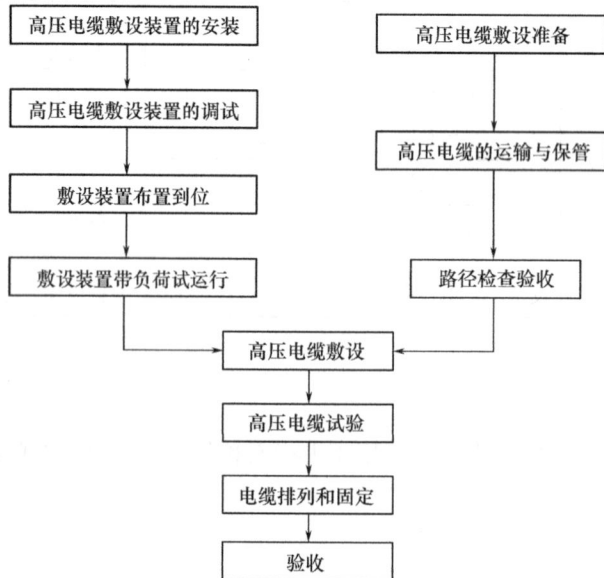

图 4.10-1　工艺流程图

② 工艺过程

a. 施工准备

（a）施工技术准备

主要是熟悉图纸、编写施工方案和提报材料计划，编制劳动力计划。

（b）作业人员的准备

组织人员进场，对施工人员进行相关的技术培训和交底。

（c）施工机具和计量器具的准备

按施工进度计划和施工机具及材料需用计划，分阶段组织进场，并确保其完好，能满足过程施工能力。主要的施工机具及材料见表 4.10-4。

主要施工机具材料表　　　　　　表 4.10-4

序号	名称	型号/规格	单位	数量	备注
1	汽车式起重机	25t	台	1	主吊机械
2	平板车	30t	台	1	辅助机械
3	电动滚轮架	20t	组	1	
4	电缆敷设机	—	台	6	
5	滑轮托架	平滑轮及转角滑轮	台	40	
6	电动绞磨		台	1	
7	叉车	5t	台	1	
8	兆欧表	2500V	台	1	
9	兆欧表	500V	台	5	
10	万用表	FLUKE17	只	2	
11	交直流电焊机		台	6	
12	水平尺	400mm	把	2	
13	电气组合工具		套	2	
14	对讲机		部	10	
15	工具包		个	4	
16	5t吊带		套	2	
17	钢丝绳	$\phi25$	捆	1	
18	切割机		台	1	
19	手提电钻		台	2	
20	各种扳手		套	2	
21	各种螺钉旋具		套	2	
22	卷尺	5m	把	2	
23	磨光机		台	1	
24	棘轮电缆断线钳		把	1	
25	水平仪		台	1	

序号	名称	型号/规格	单位	数量	备注
26	尼龙扎带	400mm×5mm,白色	批	1	
27	棕绳		困	1	
28	电缆标示牌		批	1	
29	透明封箱带		批	1	
30	枕木		根	8	
31	电工刀		把	2	
32	斜口钳		把	2	
33	钢丝钳		把	2	
34	手锯		把	2	
35	锉刀	平头扁锉,8″	把	2	

b. 操作要点

（a）高压电缆敷设装置的制作及安装

a）超高压电缆敷设装置由电动滚轮、滚轮架基础、变频柜、PLC 控制器、防跑偏装置等组成。

b）超高压电缆盘直径达 3m 以上，重量达十几吨，所用电动滚轮进行了重点设计。电动滚轮架由四个滚轮组成，每个滚轮均衡承受 1/4 以上的重量，按照设计冗余度，应按照满负荷 125% 的承重力进行设计。对于 10t 的电缆盘，每个滚轮应有 3t 以上的承重力，考虑到超高压电缆敷设装置的通用性，选用单个承重 5～10t 的滚轮。

c）滚轮的样式有中间凹槽型和平面型两种，经过综合比较，中间凹槽型滚轮在使用质量较好的电缆盘时效果较好，但是现场的电缆盘在运输和吊装过程中很容易发生变形，变形后将无法使用凹槽型滚轮进行敷设。平面型滚轮能够适应大多数类型的电缆盘，对电缆盘的要求相对较低。

d）滚轮的材质应采用耐磨性，有较大承受力的合成橡胶产品。

e）设计电动滚轮架时应考虑能够适应大多数超高压电缆盘，采用轮间距调整的方式解决。一个方案是采用机械调节方式，两个滚轮之间有一个设计有滑槽，通过丝杆能够使滚轮在滑槽上移动轮调整间距。另一个方案是采用螺栓固定单个滚轮，基础槽钢上设置有间距调整螺栓孔，需要时要将滚轮拆下，根据盘的大小进行调整。考虑到每个项目电缆盘大小基本相同，不需要频繁调整轮间距，确定采用第二种方式。

f）本设计中四个电动滚轮，每两个组成一组，固定在基础槽钢上，形成两个电动滚轮支架。基础槽钢采用 20mm 上的厚钢板焊接而成，自重较大，能够承受电缆盘的转动影响，因此在两个支架中间不再进行连接，滚轮支架在安装时应根据电缆盘的大小调整好后进行固定。如图 4.10-2、图 4.10-3 所示。

g）电缆平稳敷设设计。超高压电缆施工中最大允许拉力 $70N/mm^2$，最大允许侧压力 $3000N/m$，牵引速度不大于 8m/min。电缆盘转动过慢会对电缆形成较大的拉力，转动过快则会使电缆承受较大的弯曲力，对电缆造成损伤。因此，电缆盘要根据电缆敷设速度匀

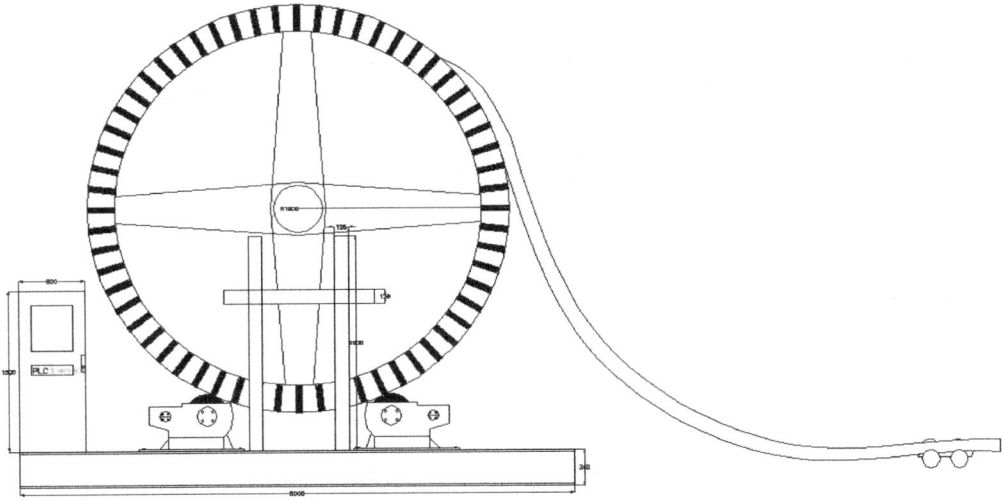

图 4.10-2　电动滚轮组架支撑电缆盘侧视图

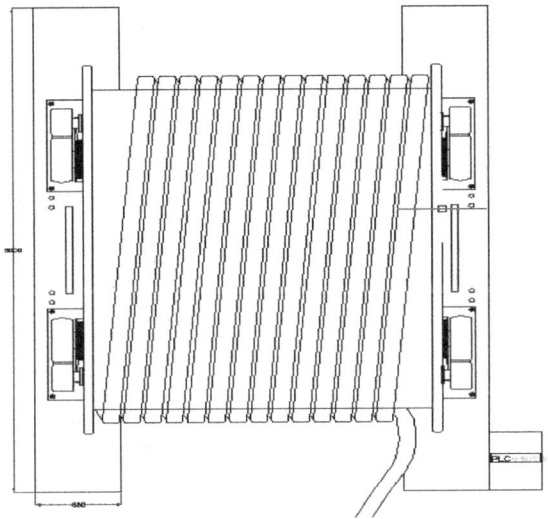

图 4.10-3　电动滚轮组支撑电缆盘俯视图

速转动。本设计中引入了变频控制装置，在敷设机内配备张力显示仪，操作人员根据牵引力的大小，实时调节电缆盘的转动速度，控制牵引力在允许范围内。

h）电缆盘防跑偏设计。在电动滚轮组外侧设置防跑偏防护支架，支架的侧面设置跑偏开关，通过 PLC 编程对跑偏发出报警或停止运行。

（b）高压电缆敷设装置的调试

调试分为静态调试和动态调试。在电动滑轮组安装完成后，进行接线校验和静态调试，变频器和 PLC 上电，进行程序设定和编制，在满足要求后再进行动态调试，进行变频控制和联动实验。调试全部合格后，可进行带负荷试运行。

（c）高压电缆敷设前的施工准备

a）检查所领用的工器具、材料，是否符合要求。

b）检查验收电缆支架，确保电缆支架安装合格。

c）根据已到货电缆卡的型号在电缆支架上预先钻孔。

d）清理电缆敷设路径周围的杂物，检查敷设路线是否正确，有无堵塞或不能通行的地方。

e）检查照明是否良好，在光线不足之处应增加照明。

f）根据电缆敷设要求将敷设机及滑轮组布置到位。

g）确定敷设起点，将电动滚轮架布置到位。

（d）电缆的运输与保管

a）对照图纸和清册，领取所需的电缆，并检验电缆的型号与规格是否符合设计要求。

b）外观查看电缆盘有无机械损伤，包装是否完好。

c）运输时将电缆盘固定牢固，电缆盘不得平放于车上，严禁人货同车。

d）使用汽车式起重机进行装、卸车，装卸车时要有合格的起重工进行指挥。

e）电缆的头部封好，避免受潮，影响电缆的绝缘电阻。

（e）路径检查

a）核对电缆路径是否完全贯通，电缆路径应完全清理干净并进行验收移交。

b）确定敷设路径上的重点控制点，派专人进行重点控制。

c）现场实际测量电缆的路径，确定电缆长度，每根电缆敷设完毕后，记录其实际敷设长度。

（f）高压电缆敷设

a）电缆敷设前，先检查电缆终端相间及整盘电缆的绝缘，使用 2500V 摇表检查绝缘。每根电缆敷设完后再测一下绝缘，检查施放过程中有无损伤，做好记录。

b）在电缆盘、始端终端、转弯点等关键部位设监护人，配备无线通信，保证牵引过程通信畅通。

c）电缆敷设时，电缆应从电缆盘的上端引出，不得使电缆在支架上及地面摩擦拖拉。

d）电缆敷设人员在指挥人员的指挥下，统一、协调、匀速地敷设电缆。电缆施工中最大允许拉力 $70N/mm^2$，最大允许侧压力 $3000N/m$。牵引速度不大于 $8m/min$。

e）将电动滚轮架放置于便于施工的一端，电缆盘运输到位后，使用吊车吊放到滚轮架上。敷设前需带负荷运行电动滚轮架，确定电缆盘放置牢固可靠。

f）电缆开始敷设时，先由人工配合滚轮架将电缆慢慢引出，牵引到一定长度后，穿过敷设机并放于滑轮上，前部固定牵引绳进行电缆牵引。敷设机配备张力显示仪，由 PLC 进行控制，保证牵引力始终在允许范围内。滑轮布置直线部分每隔 $2\sim5m$ 布设一个，电缆进小室处以及转弯处固定使用导向滑轮，所有滑轮上平面在一条直线上。

g）在电缆每个转角处及辅助牵引车处指派专人监护，派专人沿途对电缆和滑轮进行跟踪，防止沿途因障碍而造成牵引力超标。

h）电缆到达直线平地时，电缆开始由电缆敷设机上引出，再放置电缆敷设轮上。这样可减少电缆敷设强度。

i）电缆弯曲半径不小于 25D，电缆敷设结束后，电缆的弯曲半径不小于 20D（D 为电缆外径）。

j）架设在电缆沟内两槽钢支架之间的电缆不宜拉直，可保留（2.0～3.0）D（电缆直径）的弧垂，为避免电缆回路载流量变化和环境温差变化引起电缆热胀冷缩产生的应力损坏高压电缆，电缆水平和垂直段均采用蛇型敷设。敷设完毕应立即回填且电缆两端头用封口胶封口。

k）电缆到位后，计算好应预留电缆长度。电缆敷设至终点后，应自终点至起点逐段整理。前一根电缆整理好后，方可进行第二根电缆的敷设。

l）由于电缆盘过大，应派专人观察控制敷设速度，监控电缆盘滚动情况，发现异常及时处理。每台电缆敷设机处有专人看守，以免停机或卡机损坏电缆。电缆沟转弯处及电缆穿沟道处应垫好橡皮，以防损坏电缆外表层。转弯处及管口处应设专人负责。

m）电缆敷设应排列整齐，每根电缆按厂家及设计要求保证电缆间距，且严禁交叉。

n）220kV 电缆每隔 1.2～1.5m 用特制铝合金固定夹固定。

（3）实施总结

"基于 PLC 辅助控制超高压电缆智能敷设技术"工艺先进，施工效率高，敷设人员少，节省了大量的机械台班和人力，提高了劳动生产率。施工中有效解决了电缆盘转速不均，在牵引机牵引时，电缆承受较大的张力，大大减少了电缆敷设过程中电缆损伤的概率。电缆敷设周期大大缩短，将电缆敷设的速度提高了两倍以上。安全和质量都得到了很好的保证。

在石家庄燃机 2×450MW 机组安装工程中，超高压电缆敷设共 2400m，使用传统方案每天使用人工约 50 人、25t 吊车一台，需 30d 完成施工，使用本技术后，施工人员 25人/日，施工时间约 20d，本项目预计节约施工费用 25 万。

（提供单位：中国电建集团山东电力建设第一工程有限公司。编写人员：逯军）

4.11 CPR1000 核电半速汽轮机安装技术

4.11.1 技术发展概述

核电站半速汽轮机蒸汽参数低、汽缸体积大，其额定转速时的运行频率与常规刚性基础的固有基频很接近。为避免汽轮发电机在共振频域产生过高的振幅而受到破坏，核电站半速汽轮机多采用弹簧式基础。与常规刚性基础全速汽轮机相比，弹簧式基础半速汽轮机安装时采用了新的工艺和方法，从台板找正、猫爪负荷分配、基础弹簧释放、碰缸试验等多个环节开发了新技术并进行了有效应用。

4.11.2 技术内容

（1）在台板找正时，使用专利工具精确定位台板，减小低压缸找中心难度。

（2）由于低压缸猫爪面积较大，在负荷分配时先对单个猫爪进行负荷分配，然后进行整缸负荷分配，使猫爪支承受力更加均匀，提高了机组的安装质量。

（3）在基础弹簧释放过程中采用循环渐进、进五退四的方法进行调整，减小了弹簧变化对轴系中心的影响。

（4）因汽缸体积大，为减小碰缸时的变形应力，移动汽缸时在缸底两侧增加千斤顶，并在千斤顶与汽缸间加装聚四氟乙烯板减小移动阻力。

4.11.3 技术指标

（1）《电力建设施工技术规范 第 3 部分：汽轮发电机组》DL 5190.3—2019；

（2）《电力建设施工质量验收规程 第 3 部分：汽轮发电机组》DL/T 5210.3—2018；

（3）汽轮发电机轴系中心变化不大于 0.10mm；

（4）端板中分面高低差不大于 0.05mm。

4.11.4 适用范围

适用于核电站弹簧式基础上的半速汽轮机安装。

4.11.5 工程案例

中广核阳江核电站 1 号、2 号和 5 号机组工程

（1）工程概况

阳江核电站是国内现今装机容量最大的核电机组，由中广核集团有限公司建设，为典型的二代加压水堆 CPR1000 堆型设计。

阳江核电汽轮机为 HN1000-6.43 型 1000MW 核电凝汽式汽轮机，由西门子提供技术，上海汽轮机厂制造，四缸三排汽，高中压合缸。安装在汽机房 16.2m 运转层弹性隔振基础上，其纵向中心线距 A 列 20.5m、B 列 28m。

机组共有两台低压缸，每台低压缸均设置了死点，保证了汽缸的独立性。低压缸为单独侧向进汽，进汽管道与低压外缸连接，外缸与内缸通过进汽补偿器连通。重约 360t 的低压外缸由基础上的四块小台板支撑，低压内缸重约 210t，通过内缸猫爪支撑臂支撑在宽度为 13m 的低压外缸上，低压缸与凝汽器采用刚性连接。由于机组结构及基础的改变，汽轮机安装方法也不尽相同，如图 4.11-1 所示。

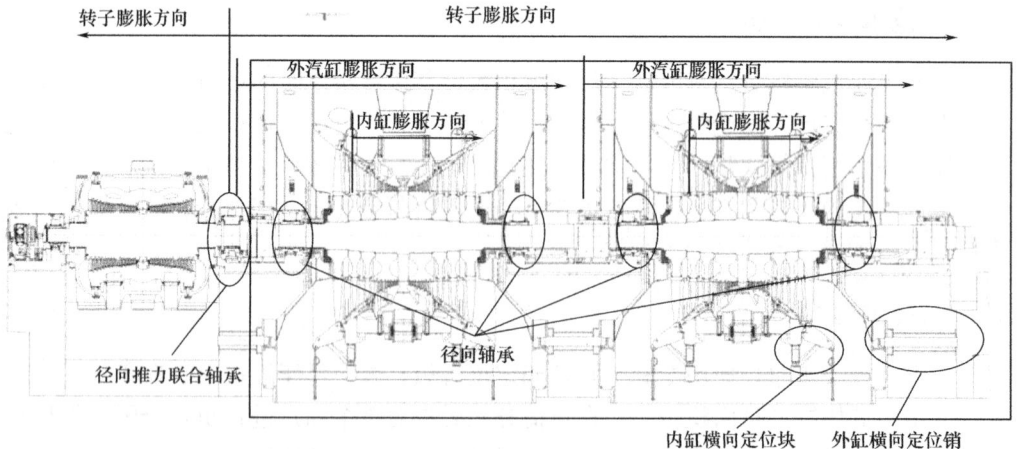

图 4.11-1 汽轮机轴承定位及膨胀方向示意图

（2）技术应用

1）半速汽轮机的结构特点和难点

核电半速汽轮机由一台高压缸、两台低压缸和四个轴承座组成，其中高压缸由四块台

板支撑，低压缸由六块台板支撑。

低压外缸主要重量作用于两块侧板端部的台板上，低压内缸重量作用在侧板中部的猫爪支撑面上，根据台板的结构形式，低压缸台板能否精准找平找正将直接影响低压外缸的侧板找正，进而影响低压内缸的找正及膨胀。

2）关键技术特点

由于低压缸单个猫爪面积较大，为避免单个猫爪支承受力不均，先对低压缸单个猫爪进行负荷分配，再进行整缸负荷分配。

按弹簧释放顺序，释放至第5组弹簧起，每释放一组弹簧，复测、调整其前四组弹簧高度，进行往复调整，降低弹簧释放过程中弹性基础高度变化误差的累计。使得机组重量分布荷载满足：凝汽器基础和汽轮机基础分别占本台机组荷载30%和70%的要求，汽轮发电机轴系中心变化不大于0.10mm。

碰缸试验过程中，结合汽缸自重的分布情况，在汽缸底部选取合理的支撑点，使用千斤顶抑制汽缸变形，避免汽缸应力累计，达到汽缸缓慢移动的目的。

3）施工工艺和过程

① 工艺流程方框图（图4.11-2）

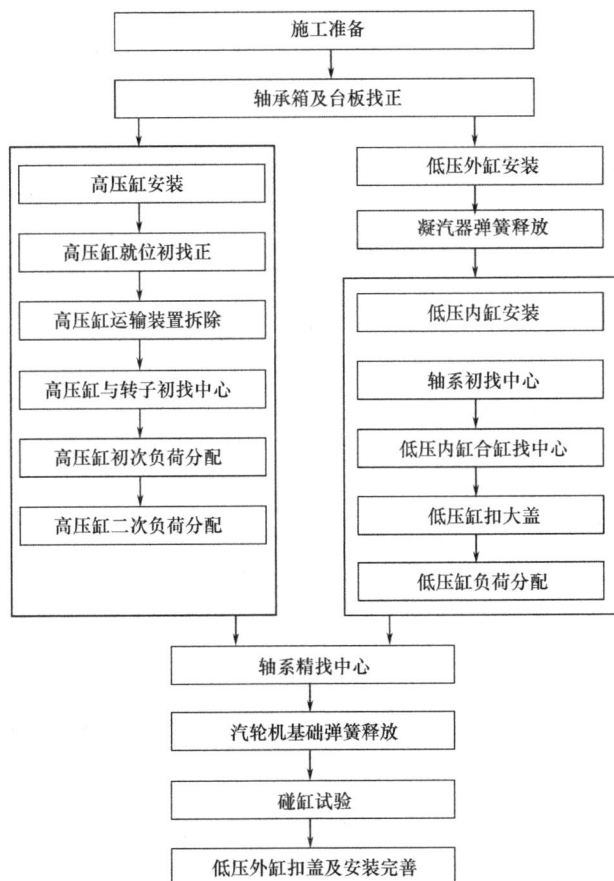

图4.11-2　工艺流程方框图

② 工艺过程

a. 施工准备

（a）技术准备：根据厂家图纸、说明书及相关资料，编制汽轮机安装的工作程序，明确安装控制点；对相应设备零部件不同功能，编制功能位置码并分类存放。

（b）劳动力组织：编制劳动力组织表，明确各个工种所需数量。

（c）机具工具准备：明确安装用专用工具到货时间（表 4.11-1）。

材料及工器具表　　　　　　　　　　　　　表 4.11-1

序号	名称	规格	单位	数量	用途
1	液压千斤顶	配 200t 薄型油缸	套	2	弹簧释放用
2	液压千斤顶	配 160t 薄型油缸	套	8	移动汽缸用
3	镀锌钢垫片	$\delta=0.5mm$	kg	20	调整弹簧高度使用
4	镀锌钢垫片	$\delta=1mm$	kg	30	调整弹簧高度使用
5	镀锌钢垫片	$\delta=2mm$	kg	40	调整弹簧高度使用
6	内径千分尺	$50\sim600mm$	套	1	测量基础框架用
7	百分表	$0\sim10mm$	块	12	监测汽缸及转子的移动量
8	深度千分尺	$0\sim150mm$	套	1	测量轴承箱及台板标高
9	水准仪		套	1	测量轴承箱及台板标高
10	合像水平	0.01mm/m	件	1	测量轴承箱及台板水平
11	内径千分尺	$150\sim2000mm$	套	1	找轴承及低压缸中心
12	钢卷尺	50m	件	1	测量轴瓦距离及台板距离
13	二硫化钼		kg	2	用于涂抹在猫爪垫片上

b. 轴承箱及台板找正

汽轮机轴承箱为落地式轴承箱，轴承箱底部由调整螺栓支撑，轴承箱分别承载高压缸和两个低压缸支撑轴承。高压缸基坑四角分布了四块高压缸台板，低压缸两个基坑四角分布了六块低压缸台板，其中 2 号低压缸汽机侧猫爪和 1 号低压缸电机侧猫爪共用一块台板。

（a）轴承箱就位找正

将轴承箱就位于基础上的预埋件，先将 4 号轴承箱调整至设计值标高后，以此为基准。将专利工具的两个测量装置的一端定位至基准轴承箱上，另一个移动至被测轴承箱上静置 15min，待内部测量液体平稳后，测量轴承箱的高度差，通过调整轴承箱底部调整螺栓达到设计标高。运用拉钢丝的方法定位轴承箱的横向和纵向位置。

（b）台板就位找正

将高压缸及低压缸台板就位于基础上的预埋件，以 4 号轴承箱右侧的低压缸台板为基准，使用自行设计制作的专用工具（已获专利）精确定位其他台板的标高（图 4.11-3），运用拉钢丝的方法定位台板的横向和纵向位置（图 4.11-4）。

（c）二次灌浆

轴承箱及台板找平、找正工作结束后，对台板及轴承箱进行二次灌浆，二次灌浆前需对轴承箱及台板的地脚螺栓进行紧固，防止灌浆过程中轴承箱或台板发生移动。

图 4.11-3 台板标高找正

图 4.11-4 台板纵、横向找正

c. 高压缸安装

高压缸整体吊装就位后，将运输装置拆除，使转子就位于轴瓦上。调整高压缸使得汽缸与转子中心恢复至设计值，进行第一次负荷分配。在与高压缸连接的管道采用平衡负荷法安装完成后，进行第二次负荷分配。

d. 低压外缸安装

（a）低压外缸拼装

a）每台低压外缸分为八件散装供货，上、下缸各四件。

b）首先将低压缸侧板吊装至台板上，利用拉钢丝铅坠法将低压外缸侧板准确定位。然后将已安装好工艺搭子的低压外缸两块端板放置在两块侧板上，利用工艺搭子上的调整螺钉，调整端板中分面与侧板中分面平齐，中分面高低差不大于 0.05mm。在中分面调整完成后，紧固垂直中分面连接螺栓，铰孔打入定位销。

c）放入内部钢架，利用低压缸排汽中心线和机组纵向中心线定位内部钢架。将内部钢架支撑管点焊。

d）低压外缸上半两侧端罩就位于外缸下半，根据两侧端罩的开档尺寸，安装低压缸腹板及中分面法兰。

（b）低压外缸定位

利用低压外缸排汽中心线和机组纵向中心线定位低压外缸，并将侧板台板处的纵向定位键和导向销处的横向定位键配制完成。

（c）低压缸焊接

低压缸组合完成后，将上半汽缸扣合，紧固中分面螺栓，进行分段焊接。焊接期间在低压缸台板处加设百分表，监测汽缸的变形。

e. 凝汽器弹簧释放

（a）释放前先决条件检查

a）低压缸组缸焊接工作完成，低压外缸上半已经扣合至下半。

b）凝汽器壳体及内部支撑组合安装工作已经结束，凝汽器内置式双联低压加热器安装工作完成。

c）弹簧支撑的上半壳体与凝汽器底板断续焊接完成。

d）凝汽器壳体上注水高度标记完成，每个弹簧高度一致。

e) 在凝汽器的蒸汽侧注入清洁的水以模拟其运行时的重量，水量应与运行时弹簧支撑的重量相当。

（b）凝汽器弹簧组件释放

a) 使用内径千分尺测量弹簧高度并与设定值进行比较，得出增减垫片数量。

b) 使用液压千斤顶压缩弹簧组件，彻底松开四个边角的锁紧螺栓。

c) 将垫片加入或抽出，并保证垫片之间无折叠、无杂物等影响高度的影响因素。

d) 缓慢松开千斤顶，重新测量弹簧高度是否满足设定值。

e) 依次释放凝汽器底部所有弹簧，直至达到厂家给出的设定值。

f) 待所有弹簧均达到设定值后，将所有弹簧组件的锁紧螺栓锁固，确保弹簧组件不发生变化。

（c）凝汽器与低压缸连接

a) 在凝汽器底部所有弹簧和低压缸四周的汽轮机基础弹簧架设百分表。

b) 将凝汽器弹簧锁固，临时点焊凝汽器与支撑弹簧。

c) 在低压缸接颈四周分别安排四名焊工，进行对角焊接。焊接过程中严格监测低压缸及凝汽器弹簧荷载的变化情况。变化较大时，应立即停止焊接并消除应力，待表针稳定后方可进行后续施工。

d) 低压缸与凝汽器焊接工作完成后，重新复测凝汽器底部弹簧高度。如按照设定值的方向发生改变则继续进行下步施工。

f. 低压内缸安装

（a）轴系初找中心

按照 2 号低压转子找中心、低-低联轴器找中心、高-低联轴器找中心的顺序依次进行轴系初找工作（图 4.11-5）。

图 4.11-5　轴系找中图

（b）低压内缸合缸找中心

将低压内缸上半空扣至低压内缸下半，紧固中分面二分之一的螺栓。采用拉钢丝的方法进行低压内缸找中心的工作。

（c）通流间隙测量

使用厂供特制长塞尺和数显楔形塞尺分别测量低压缸径向间隙和轴向间隙，为后期碰缸试验提供校验数据。

（d）低压缸扣大盖

低压缸扣大盖前将汽缸及相应设备清理干净，按照扣缸流程将低压内缸扣合、热紧螺栓，并测量螺栓伸长量。

（e）低压内缸负荷分配

a) 单个猫爪负荷分配：

ⓐ 在单个猫爪两侧（调阀端、电机端）布置百分表并置零，猫爪底部中间布置液压千斤顶；

ⓑ 顶起猫爪 0.30mm，比较两百分表读数，判断猫爪倾斜趋势；

ⓒ 将中间的液压千斤顶泄压，百分表重新置零；

ⓓ 将液压千斤顶移动至猫爪底部一侧（尽量靠近边缘），顶起猫爪 0.30mm，读出油压并记录；

ⓔ 将该侧的液压千斤顶移动至猫爪底部另一侧（相对第一次的对称处），顶起猫爪 0.30mm，读出油压并记录；

ⓕ 液压千斤顶泄压，百分表重新置零；

ⓖ 比较两次的油压读数，根据油压差值判断需要移动垫片的厚度；

ⓗ 将液压千斤顶移至猫爪底部中间，顶起猫爪至百分表均有读数后放缓顶起量，同时尝试抽动垫片组，垫片组能抽动时，停止顶动；

ⓘ 完全抽出垫片组，根据计算数据调整垫片后，复位垫片组；

ⓙ 按照上述方法进行剩余 3 个猫爪的负荷分配，直至两侧油压相等或转移 0.05mm 垫片后油压大小情况对调，则单独猫爪负荷分配完成。

b）整缸负荷分配：

ⓐ 猫爪两侧（调阀端、电机端）布置百分表并置零，猫爪底部中间布置千斤顶。

ⓑ 顶起汽缸任一猫爪 0.30mm，读出油压并记录。

ⓒ 液压千斤顶泄压，百分表重新置零。

ⓓ 按上述步骤分别测量出剩余猫爪顶起 0.30mm 后的油压值。

ⓔ 以调阀端两侧油压读数为一组，电机端两侧油压读数为另一组，分别比较同一组内两个油压读数。

ⓕ 根据差值判断同一组内需要转移垫片的厚度，直至同一组两侧油压相等或转移 0.05mm 垫片后两侧油压大小情况对调，则负荷分配完成。

g. 轴系精找中心

待顶轴油达到投用条件后，按低-低联轴器找中心和高-低联轴器找中心的顺序进行轴系精找中心工作。

h. 汽轮机基础弹簧释放

（a）汽轮机弹簧释放的先决条件检查

a）平台所有设备及管道均已安装到位。

b）高压缸二次负荷分配已经完成。

c）汽轮机轴系精找中心已经完成；凝汽器注水模拟运行重量已经完成。

d）检查汽轮机基础四周是否存影响基础移动的外力。

e）凝汽器弹簧已经完全释放，并且凝汽器弹簧在设定值范围内，没有发生变化。若弹簧高度发生变化，必须重新调整至设定值内方可进行汽轮机弹簧释放。

（b）汽轮机弹簧释放

a）弹簧释放的顺序为由机头向机尾逐列释放（图 4.11-6）。每组弹簧由于弹簧数量不同，考虑到垫片调整的问题，尽量先释放每个弹簧组的中间弹簧，后释放两侧弹簧。

b）汽轮机弹簧释放的具体方法与凝汽器弹簧释放工序一致。但是，大机弹簧释放的

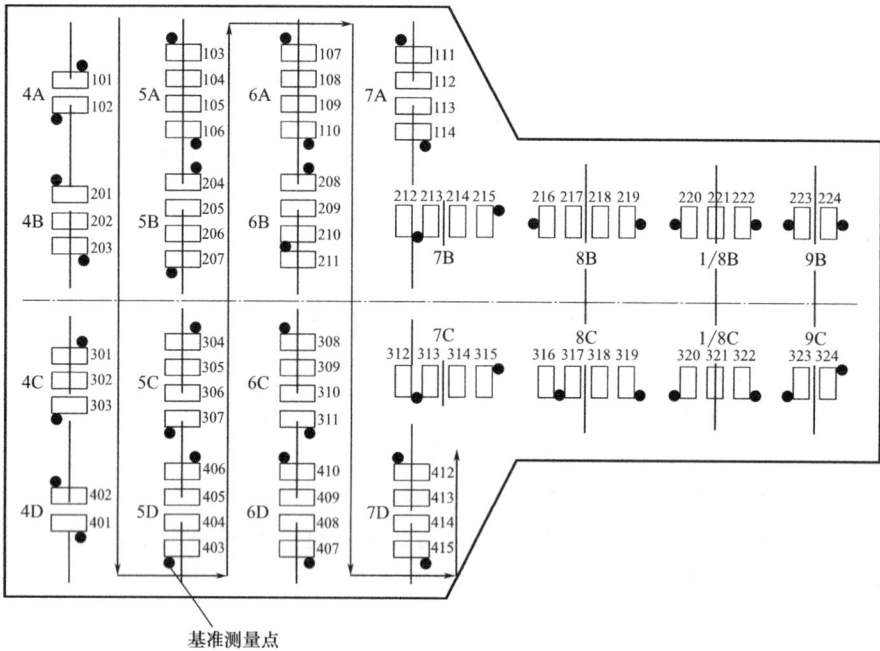

图 4.11-6　汽轮机弹簧分布

不同之处在释放第五组弹簧后，重新检查前四组弹簧的高度值，若高度值没发生变化则继续释放；若发生变化，需将变化的弹簧重新调至设定值。

　　c）弹簧释放的最佳效果反映在联轴器中心上，即联轴器中心没有发生变化。

　　i. 碰缸试验

碰缸试验为通过移动汽缸，使得汽缸与转子刚刚接触，测量汽缸与转子内部最小间隙，但该类型机组低压缸挠度较大，刚性较弱，在移动汽缸时防止汽缸因移动应力积累，出现移动量剧增而引起的设备事故。因而，在汽缸汽机侧和电机侧底部各增加一只千斤顶，将低压内缸顶起 0.02～0.05mm 后，再整体移动汽缸，此时低压缸两侧猫爪的移动量应基本一致。为了降低汽缸与千斤顶的摩擦系数，也可同时在千斤顶与汽缸间加装一层聚四氟乙烯板。

　　j. 低压外缸扣盖及安装完善

　　（a）低压外缸扣盖

将低压外缸扣合于上半，紧固连接螺栓后现场配制定位销即可。

　　（b）安装完善

　　a）轴系中心复查；

　　b）低压缸端部汽封安装；

　　c）联轴器螺栓铰孔、连接；

　　d）轴瓦间隙调整；

　　e）轴承箱扣盖；

　　f）排大气隔膜阀安装。

　　4）质量保证措施

① 台板及轴承箱就位前，需在台板及轴承箱底部涂抹一层二硫化钼粉，防止在设备安装期间底部出现锈蚀。

② 轴承箱现场进行解体时，必须对各个零部件打钢印标记。

③ 弹簧组更换垫片前，必须检查边角是否光滑、平整；碰缸试验每次汽缸的移动量记录在案，为后续施工提供技术支持。

④ 使用经校验合格贴有检验标签的量具。

⑤ 在轴承箱中分面处做标记，标定基准点。使用台板专用测量装置进行标高定位期间，施工工作区域严禁无关人员进入，防止出现挤压连通软管，延长水罐静置时间。

⑥ 在低压外缸打磨后的坡口表面涂抹一层漆片，防止焊接前焊口生锈。

⑦ 低压缸螺栓热紧时，应每隔10min进行一次螺栓紧固，防止螺栓加热时间超时。

⑧ 进行碰缸试验前，检查千斤顶油泵及油缸完好情况。防止因使用漏油的液压千斤顶而出现人身或设备事故。

⑨ 进行负荷分配时，检查猫爪横销的承力面、滑动面、台板的滑动面等接触良好。

（3）实施总结

使用自行设计制作的专利工具精确定位台板，减小了低压缸找中心难度。在负荷分配时先对单个猫爪进行负荷分配，然后进行整缸负荷分配，使猫爪支承受力更加均匀，提高了机组的安装质量。在基础弹簧释放过程中采用循环渐进、进五退四的方法进行调整，减小了弹簧变化对轴系中心的影响。在移动汽缸时在缸底两侧增加千斤顶，并在千斤顶与汽缸间加装聚四氟乙烯板，减小移动阻力，降低了施工难度。

汽轮机实际安装工期比计划安装工期节省10d，在安装工期内平均每天施工人员30位，行车使用2个台板；每个工日约为200元，每个行车台板约为1800元。

节省的人工费用为：30×10×200＝60000（元）

节省机械费用为：2×10×1800＝36000（元）

每台机组总计节约 60000＋36000＝96000（元）

(提供单位：中国电建集团核电工程有限公司。编写人员：关东、党超)

4.12 汽轮发电机组高压加热器汽侧系统冲洗技术

4.12.1 技术发展概述

对于新建的汽轮发电机组，由于高压加热器汽侧、高压加热器进汽管道及疏水管道在化学清洗中未被冲洗。高压加热器在制造、储藏及安装等过程中，在其金属表面会产生氧化皮、焊渣、油污及腐蚀结垢等产物。首次投运高压加热器时必然对机组整个汽水系统造成污染，引起凝结水泵和给水泵入口滤网堵塞，最终阻碍机组带高负荷。

解决上述问题，传统的做法是：（1）在高压加热器完成系统安装后，对高压加热器的汽侧及疏水管道采用水冲洗或者碱洗方法。但是，此类方法不但要解决排水问题，而且要安装进水管道。加之每台高压加热器都要形成临时的独立回路，采用碱洗则要提供清洗箱和清洗泵。这样的系统复杂、工作量大，之后还会产生有毒有害排放物。（2）在机组整套启动过程初期，机组带10%初负荷，通过临时排水管道，对高压加热器的汽侧及疏水管道进行热态冲洗至疏水水质合格，再通过机组正常系统进行工质回收。但是，此类方法要安装临时排水管道和临时排放口，而且机组启动阶段过程中还得安排机组停机一次，用于恢复高加汽侧及疏水管道冲洗用的临时排水管道，同时给周围环境带来污染，且效率不高和存在临时排放系统的安全隐患。

高压加热器蒸汽法汽侧冲洗技术，使用低参数的辅助蒸汽，控制参数为温度 $280\sim300℃$，压力 $0.8\sim1.0MPa$；不使用传统方法中的水冲洗或者碱洗工艺。在机组整套调试前完成冲洗过程，不需要机组在整套启动期间带 10% 低负荷长时间运行，在工程实际应用上获得良好的效果。

4.12.2 技术内容

（1）技术特点

在机组整套调试前，利用具有一定压力和温度的辅助蒸汽，通过临时连接的管道，逐个对高压加热器汽侧系统的抽汽管道、高压加热器本体设备、疏水管道等进行吹扫，去除其内部残留的杂质。

与传统的机组整套启动后，利用新蒸汽进行冲洗比较，避免了启动初期需要较长时间低负荷运行，冲洗结束后还需停机恢复临时系统所需消耗的时间；机组首次启动阶段等待蒸汽品质合格时间显著缩短，凝结水和给水系统滤网堵塞的可能性大大降低；减少了机组整套启动阶段燃料、水的消耗，降低试运行成本，缩短调试工作周期，具有较好的经济效益。

（2）工艺流程

冲洗流程为：辅汽联箱来汽 → 临时管道 → 高加抽汽管道 → 高加汽侧 → 高压加热器 → 高加危急疏水管道 → 临时管道 → 排地沟

（3）工艺要求

1）冲洗前，高压加热器汽侧系统的抽汽管道、高压加热器本体设备、疏水管道等保温作业应完成，临时管道采取确保作业安全的保温措施。

2）冲洗时，采用间隔冲洗和冷却的方法，有利于管壁上的金属氧化物和杂质脱落，随冲洗蒸汽排出。对高压加热器逐个进行吹扫，以保证每次吹扫都有足够的蒸汽压力、温度和流量，确保吹扫效果。

3）高压加热器首次冲洗时，应进行暖管。按照高压加热器运行说明书要求的速率升温至冲洗蒸汽温度值，应缓慢提高冲洗蒸汽压力，检查整个冲洗系统，确保系统无泄漏和系统间窜汽。

4.12.3 技术指标

（1）冲洗蒸汽的温度一般控制在 $280\sim300℃$，压力控制在 $0.8\sim1.0MPa$；可根据机组容量、系统管道走向等现场条件确定；

（2）由管道疏水口是否连续冒干蒸汽来判断暖管疏水是否充分；

（3）每次冲洗时间约 15min；

（4）一次冲洗后间隔 $3\sim5min$ 再进行下一次冲洗，冲洗次数 3 次以上；

（5）由临时管道排向地沟的汽水目测清澈时，冲洗结束；

（6）全部高压加热器冲洗结束，拆除临时管道，将热力系统恢复。

4.12.4 适用范围

适用于配置有启动锅炉或有邻炉（老厂）来汽的汽轮发电机组高压加热器汽侧系统的清洗。

4.12.5 工程案例

1. 江苏南通 1000MW 超超临界发电机组工程

（1）工程概况

江苏南通发电有限公司位于江苏省南通市天生港东侧的长江北岸，本期工程在华能南通电厂东侧（二期工程扩建端）预留的扩建场地上建设 2×1000MW 级燃煤发电机组。华能南通电厂一、二期 4×350MW 燃煤发电机组，已于 1999 年 7 月建成投产。本期工程 2 台机组同步建设脱硫、脱硝装置，计划于 2013 年年底以前双投产。除必要的辅助生产设施需增加建设外，其他化水等辅助生产、生活设施将充分利用电厂已建设施扩建增容。

机组采用八级非调整抽汽（包括高压缸排汽）。一、二、三级抽汽分别向 8 号、7 号、6 号高压加热器供汽；四级抽汽供汽至除氧器、给水泵汽轮机和辅助蒸汽系统等；五、六、七、八级抽汽分别向 4 号、3 号、2 号、1 号低加供汽。

（2）技术应用

1）工艺流程

主要工艺流程：辅汽联箱来汽 → 临时管道 → 高加抽汽管道 → 高加汽侧 → 高加危急疏水管道 → 临时管道 → 排地沟（图 4.12-1）

机组的辅汽联箱 1 供应蒸汽，蒸汽通过第一临时管道 2、高压加热器抽汽管道 3，进入高压加热器 4 汽侧对整个系统进行冲洗，冲洗后的蒸汽通过高压加热器的危急疏水管道 5、第二临时管道 6，最后排放入地沟 7（图 4.12-2）。

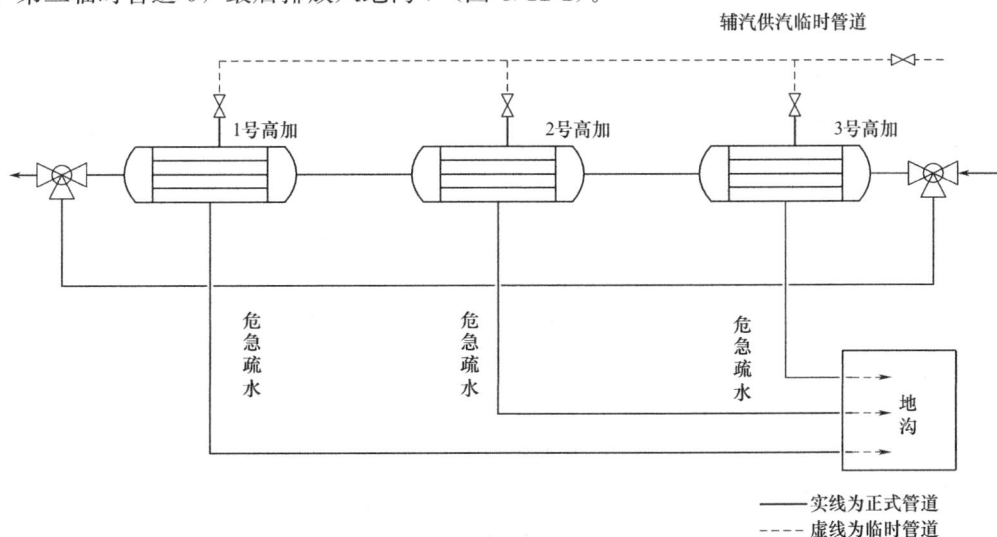

图 4.12-1 高压加热器汽侧系统示意图

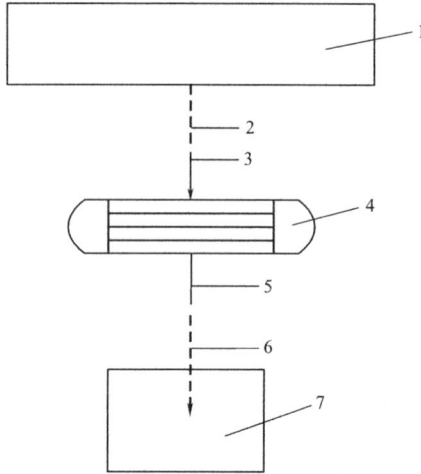

图 4.12-2　高压加热器冲洗实施流程简易图

2）操作要点

1000MW 机组的双列 6 个高加，逐个进行吹扫，保证每次吹扫都有足够的压力、温度和蒸汽流量，确保吹扫效果。现就一个高压加热器详细说明其主要操作步骤（图 4.12-3）：

步骤 1，检查冲洗系统，使其处于备用状态。

通过人工检查确认整个系统中所有正式和临时设备及管道安装完整，安全措施完成，系统无可能造成蒸汽泄漏的开口，高压加热器水侧已经注水。

步骤 2，将辅汽联箱内的辅助蒸汽的温度控制在 280～300℃，压力控制在 0.8～1.0MPa。

步骤 3，将辅汽联箱的供汽阀门打开。

可以先将辅汽联箱供汽阀门打开约 30％的开度，保证暖管时蒸汽流量不至于对设备和管道造成冲击。

步骤 4，对高压加热器汽侧系统暖管疏水。

在系统蒸汽冲洗前，充分疏水暖管，可以有效避免管道发生剧烈振动。

步骤 5，由管道疏水口是否连续冒干蒸汽来判断暖管疏水是否充分；若是，则进入步骤 6；若否，则返回步骤 4。

步骤 6，检查冲洗系统中的各疏水点是否全部冒干蒸汽；若是，则进入步骤 7；若否，则返回步骤 5。

步骤 7，逐渐开大辅汽联箱的供汽阀门，直至阀门全开。

在进行第一次冲洗时，应缓慢提高冲洗压力至设定值，同时检查整个冲洗系统有无泄漏和系统间窜汽。冲洗过程的蒸汽温度为 280～320℃，压力为 0.8～1.0MPa，流量为 25～30t/h。

步骤 8，调整高压加热器抽汽管道上的压力调节阀，控制冲洗过程中蒸汽压力稳定。

步骤 9，由厂房外地沟中排出汽水夹带水分的多少判断蒸汽流量是否足够，若汽水中含少量水分或完全为干蒸汽，则进入步骤 10；若否，则返回步骤 8。

步骤 10，检查地沟排出的汽水是否干净，即不含或少量含有杂质；若是，则进入步骤 11；若否，则进入步骤 9。

```
┌─────────────────────────────┐
│ 操作人员检查所述冲洗系统,      │—— 1
│ 使其处于备用状态              │
└─────────────────────────────┘
              │
┌─────────────────────────────┐
│ 将所述辅汽联箱内的辅助蒸汽的温度控制在 │—— 2
│ 280～300℃,压力控制在0.8～1.0MPa │
└─────────────────────────────┘
              │
┌─────────────────────────────┐
│ 将所述辅汽联箱的供汽阀门打开    │—— 3
└─────────────────────────────┘
              │
┌─────────────────────────────┐
4 ——│ 对所述汽轮发电机组高压      │
│ 加热器汽侧进行暖管疏水        │
└─────────────────────────────┘
              │
         ╱判断所述╲       否
5 ——  ＜ 暖管疏水是否充分 ＞ ——→
         ╲      ╱
              │是
         ╱检查所述冲洗╲
6 ——  ＜ 系统中的各疏水点 ＞  否
         ＜是否全部冒蒸汽＞ ——→
              │是
┌─────────────────────────────┐
7 ——│ 逐渐开大所述辅汽联箱的供汽阀门,直至所述供汽阀门全开, │
│ 对所述汽轮发电机组高压加热器汽侧进行冲洗          │
└─────────────────────────────┘
              │
┌─────────────────────────────┐
8 ——│ 调整所述高压加热器抽汽管道上的压力调节阀, │
│ 控制所述辅助蒸汽压力稳定            │
└─────────────────────────────┘
              │
         ╱判断所述╲        否
9 ——  ＜ 地沟中排出汽水 ＞ ——→
         ＜是否正常＞
              │是
         ╱判断所述╲         否
10 —— ＜ 地沟排出的汽水 ＞ ——→
         ＜是否干净＞
              │是
┌─────────────────┐
│ 冲洗过程结束       │—— 12
└─────────────────┘

┌─────────────────────┐
│ 关闭所述供汽阀门,      │
│ 停止冲洗3～5min       │
└─────────────────────┘
         11
```

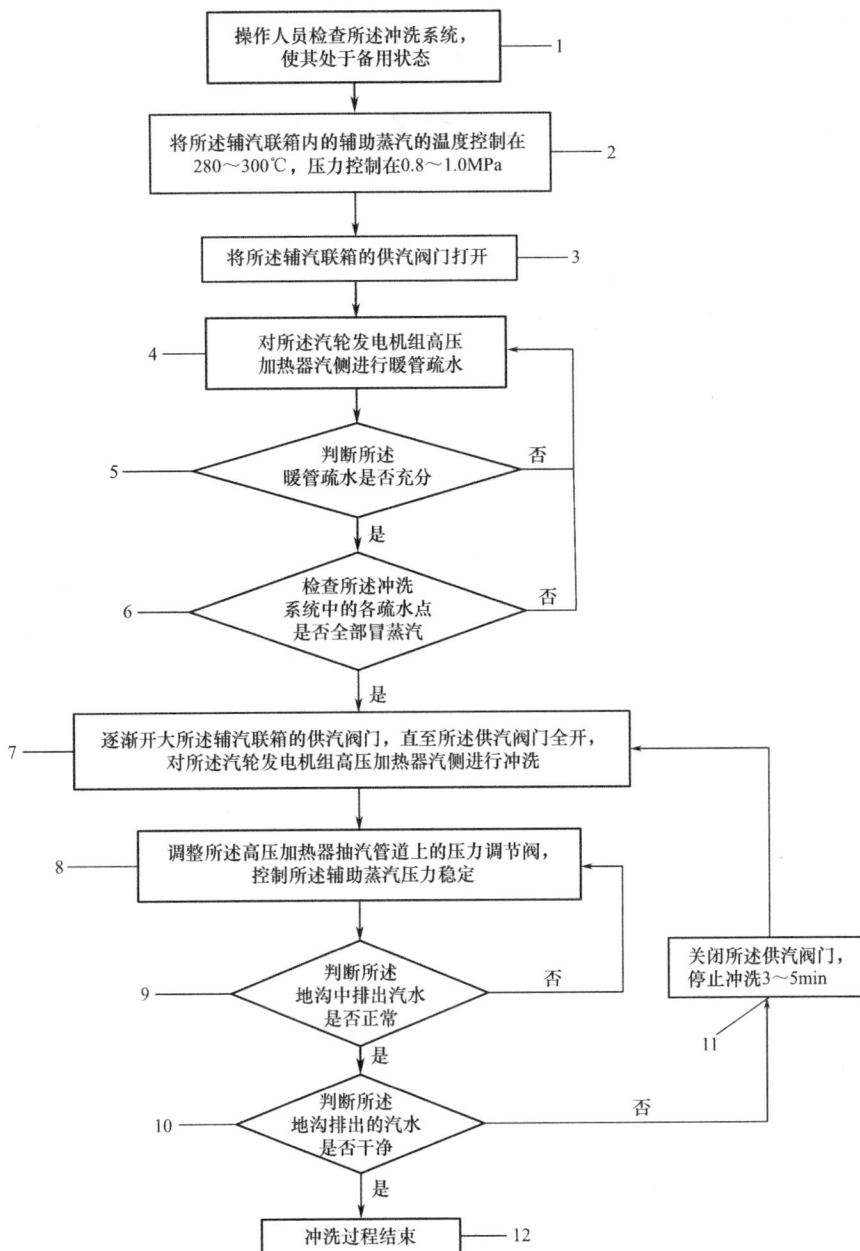

图 4.12-3 高压加热器冲洗详细操作流程图

步骤 11,关闭供汽阀门,停止冲洗 3～5min,然后返回步骤 7,进入下一个循环。

步骤 12,冲洗过程结束,恢复系统。

每次蒸汽冲洗时间为 10～15min,同时观察地沟排出的汽水是否干净,若是则表明冲洗结束;若不是则停止冲洗,3～5min 后再进入下一次冲洗;一般情况下,每个高压加热器需要 3～5 次冲洗,每次冲洗间隔 5～10min,直到排放口汽水目测干净为止。在此过程中,在辅汽联箱 1 和抽汽管道 3 上安装控制阀门。其中,辅汽联箱 1 上的阀门是为了冲洗临时安装,抽汽管道 3 上的阀门是正式的,在暖管阶段一般操作辅汽联箱 1 上的临时阀门，正式冲洗的开启和停止过程依靠抽汽管道 3 上的正式阀门操作。

3）材料设备（表 4.12-1、表 4.12-2）

主要器具 表 4.12-1

序号	机具名称	规格	数量	用途
1	捯链	2t	5 只	吊装
2	捯链	1t	10 只	吊装
3	角向砂轮机	$\phi100$	5 台	打磨
4	逆变焊机		5 台	焊接
5	梅花扳手	各种型号	5 套	紧固
6	活络扳手	14″	2 把	紧固
7	火焊工具		4 套	焊接

主要材料 表 4.12-2

序号	名称	型号	数量	备注
1	焊接钢管	视现场情况而定	若干	
2	手动阀门	视现场情况而定	若干	
3	焊接大小头	视现场情况而定	若干	
4	堵头	视现场情况而定	若干	

（3）实施总结

汽轮发电机组高压汽侧系统在采用辅助蒸汽为汽源，机组整套启动前进行蒸汽吹扫的冲洗工艺后，机组首次启动阶段等待蒸汽品质合格以及热态冲洗时间显著缩短；凝结水和给水系统滤网堵塞可能性大大降低；同时，减少了机组整套启动阶段的用油量、用水量，为电厂节约资金成本，缩短了调试工作周期，提高了整体经济效益。

通过对江苏南通 1000MW 机组在调试期间的该项技术使用，平均缩短机组热态冲洗时间 8h，按照 1000MW 机组一般启动费用计算，每缩短 1h 启动时间，约能减少启动费用 15 万元。

2. 安徽淮北平山 660MW 超超临界发电机组工程等

（1）工程概况

安徽淮北平山电厂一期工程是沪皖合作的重要内容，是上海市在安徽淮北异地建设的煤电一体化机组，也是淮北市能源基地建设的主要依托工程。本工程新建 2×660MW 超超临界燃煤发电机组，同步建设脱硫、脱硝装置，两台机组计划于 2015 年年底以前双投产。本工程主机选用超超临界燃煤发电机组，锅炉、汽轮机、发电机组分别由上海锅炉厂有限公司、上海汽轮机有限公司和上海汽轮发电机有限公司制造。

1 号机组计划于 2015 年 10 月 01 日机组并网，2015 年 10 月 31 日完成机组满负荷试运移交商业运行。

机组汽轮机有九段非调节抽汽，A9、A8、A7、A6 段抽汽分别向三级高压加热器供汽，A7 段抽汽作为辅助蒸汽系统的备用汽源和邻炉加热汽源。A5 段抽汽供给水泵汽轮机、除氧器和辅助蒸汽联箱。A4、A3、A2、A1抽汽供四台低压加热器。

（2）技术应用

同案例1。

（3）实施总结

通过对安徽淮北平山660MW机组在调试期间的该项技术使用，平均缩短机组热态冲洗时间8h，按照660MW机组一般启动费用计算，每缩短1h启动时间，约能够减少启动费用10万元。

（提供单位：上海电力建设启动调整试验所有限公司。编写人员：龚凯峰）

4.13 电站锅炉用邻机蒸汽加热启动技术

4.13.1 技术发展概述

大型电站直流锅炉的启动方式一般有两种：疏水扩容式和带炉水循环泵式。疏水扩容式启动方式存在大量的工质和热量浪费，而带炉水循环泵的启动方式虽能节约部分工质和热量，但却存在系统复杂和初投资较高的缺点。从点火方式上来看，等离子点火技术和微油点火都属于冷炉冷风点火，在点火阶段有50%左右的煤因为不能燃尽而浪费，且未燃尽的煤粉对锅炉来说是一种巨大隐患。

邻机蒸汽加热启动技术采用蒸汽替代燃油和燃煤，对锅炉进行整体预加热，使锅炉在点火时已处于一个"热炉、热风"的热环境。该方法系统简单，实施容易，所增加的费用远低于等离子点火等其他省油方法。采用这种启动方式后，锅炉在启动过程所需的燃油用量大为降低，燃油过程大大缩短，可大大减少厂用电及燃煤量，显著降低整个启动过程所消耗的能源总量和启动总成本。

4.13.2 技术内容

利用邻机的蒸汽，通过冷再（或辅汽联箱）至小汽轮机、除氧器、高压加热器的管道，对新建机组进行启动节能优化，有效提升给水温度，缩短机组启动时间，降低机组启动油耗。

（1）技术特点

与传统工艺流程相比，本技术具有以下特点：

1）可节约启动锅炉油耗。

2）进行小汽轮机冲转，可缩短机组启动时间、按照机组启动参数要求合理控制。

3）锅炉冷态冲洗阶段，通过邻机蒸汽对除氧器和高压加热给水，提升给水温度，保证给水温度满足锅炉进水温度要求，有效改善冷态冲洗效果。

4）锅炉热态冲洗初期，能加大高压加热器的蒸汽量，有效改善启动初期锅炉燃烧条件，提高锅炉燃烧稳定性。

（2）工艺流程

邻机蒸汽通过冷再（或辅汽联箱）至本机辅助蒸汽联箱：

1）冲转给水泵汽轮机，不使用电动给水泵、直接使用汽动给水泵为锅炉供水。

2）对除氧器加热，对大型机组也可提前投用二号高压加热器，对给水进行加热，提升锅炉进水温度。当汽轮机冲转、并网、带负荷后，再将汽源切换为本机组供汽，退出邻机蒸汽模式。

4.13.3 技术指标

（1）锅炉给水温度可提升至 130～150℃；

（2）锅炉升温升压到汽轮机冲转参数汽水品质合格时间缩短至 3～5h。

4.13.4 适用范围

适用于配置邻机来汽的各种容量汽轮发电机组的启动。

4.13.5 工程案例

1. 神华安庆 1000MW 超超临界发电机组工程

（1）工程概况

安庆电厂位于安庆市以东约 12.5km 处，南靠长江大堤，北邻皖江大道。本工程主机选用超超临界燃煤发电机组，锅炉、汽轮机、发电机组分别由东方锅炉厂、上海汽轮机厂和上海发电机厂制造。

3 号机组计划于 2014 年 12 月 31 日开始整套启动，2015 年 2 月 28 日完成机组满负荷试运移交商业运行。4 号机组计划于 2015 年 2 月 28 日开始整套启动，2015 年 4 月 30 日完成机组满负荷试运移交商业运行。

（2）技术应用

邻炉蒸汽加热启动系统的示意图如图 4.13-1 所示。

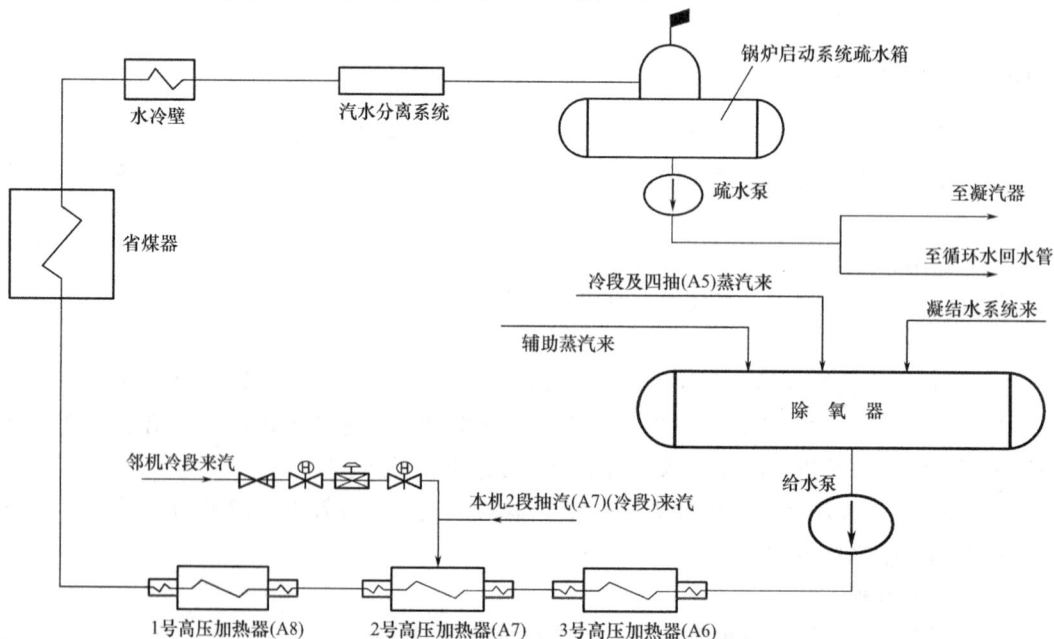

图 4.13-1 邻炉蒸汽加热启动系统示意图

由老厂辅助蒸汽母管或邻机辅助蒸汽系统提供汽源至本机除氧器，加热除氧器给水到150℃，然后开启由邻机冷再热管道来蒸汽或老厂来蒸汽至本机 2 号高加，继续加热给水，直到给水温度达到 190℃以上。

锅炉上水完成后，启动锅炉给水泵，开始小流量向锅炉提供给水（给水流量维持在500～600t/h 左右），同时打开加热蒸汽管道的电动阀门，利用邻机冷再热蒸汽加热高压加热器给水（蒸汽参数 300℃，6MPa），此时的给水可根据品质和清洗效果选择排入凝汽器，小流量给水在锅炉内不断循环的过程中逐渐升温，直至达到给水加热极限，启动风烟系统，锅炉开始点火。

（3）实施总结

采用邻机加热系统，具有以下好处：采用蒸汽加热启动技术，不仅将锅炉由原来的冷态启动转为热态启动，改善了锅炉的点火和稳燃条件，提高了锅炉的启动安全性。由于提高了启动阶段的排烟温度，降低了空预器结露和堵灰的概率，提高了锅炉运行经济性和安全性。

两台 1000MW 机组商业运营阶段，每台机组每年冷态、热态启动各 1 次的情况下，设置邻炉加热系统后，每年两台机组综合节省费用约 40 万元。

2. 安徽淮北平山 600MW 超超临界发电机组工程

（1）工程概况

安徽淮北平山电厂一期工程是沪皖合作的重要内容，是上海市在安徽淮北异地建设的煤电一体化机组，也是淮北市能源基地建设的主要依托工程。本工程新建 2×660MW 超超临界燃煤发电机组，同步建设脱硫、脱硝装置，预留将来进一步扩建的条件，两台机组计划于2015 年年底以前双投产。本工程主机选用超超临界燃煤发电机组，锅炉、汽轮机、发电机组分别由上海锅炉厂有限公司、上海汽轮机有限公司和上海汽轮发电机有限公司制造。

1 号机组计划于 2015 年 10 月 01 日机组并网，2015 年 10 月 31 日完成机组满负荷试运移交商业运行。

（2）技术应用

同案例 1。

（3）实施总结

两台 660MW 机组商业运营阶段，每台机组每年冷态、热态启动各 1 次的情况下，设置邻炉加热系统后，每年两台机组综合节省费用约 25 万元。

（提供单位：上海电力建设启动调整试验所有限公司。编写人员：龚凯峰）

4.14 基于温度标准差评价的发电机定子绕组绝缘引水管热水流试验技术

4.14.1 技术发展概述

电机定子线棒通流特性良好是确保线棒不超温的重要措施，但在机组运行中，因定子线棒腐蚀和异物堵塞等原因，使得定子线棒温度偏高，造成机组停机等故障，屡有发生。《防止电力生产事故的二十五项重点要求》规定，在发电机 A 修时，应进行发电机定子各绝缘引水管流量测试，必要时进行热水流试验。为此，《汽轮发电机绕组内部水系统检验方法及评定》《发电机定子绕组内冷水系统水流量超声波测量方法及评定导则》均对各绝缘引水管进行流量测试作了规定，确保各绝缘引水管的畅通。但在基建调试中，因发电机穿转子较早，而定冷水系统的调试持续时间较长，使得流量测试无法如期进行。而热水流试验不受调试工期的限制，是一种较好检测定冷水绝缘系统通流特性的办法。

发电机定子绕组各绝缘引水管出水温度的变化是反映各绝缘引水管通流特性的另一指标，通过测量各温度测点的变化趋势的一致性，可判断发电机定冷水各绝缘引水管的通流特性。但《汽轮发电机绕组内部水系统检验方法及评定》标准中规定的评定方法只是定性，操作性较差。因此，基于温度变化的发电机定子绝缘引水管通流特性的评价方法，采用统计分析的方法，引入温度标准差，可定量的评价各绝缘引水管的通流特性。

4.14.2 技术内容

（1）技术特点

基于温度标准差的发电机定子绕组绝缘引水管热水流试验是在采集不同定冷水温度下的发电机定子绕组出水温度，并计算其标准差，得到最大标准差。各定子绕组线棒出水温度的标准差最大值小于 0.5℃，通流特性为优良；若其标准差在 0.5～1℃，通流特性为合格；若其标准差大于 1℃，则通流特性异常。

对于流量特性为合格或异常的，均应进行定子冷却水正反冲洗，并借助超声波流量法，判断其为绕组冷却水堵塞或定子绕组存在质量问题等，根据具体情况制定相应的检修措施。

（2）技术要求

1）热水流试验中，各定子绕组线棒出水温度的标准差最大值应小于 0.5℃，各绝缘引水管的通流特性合格。

2）各定子绕组线棒出水温度的标准差最大值大于 0.5℃，应在机组调停、检修中对定冷水系统进行正反冲洗，冲洗结束后，进行热水流试验，若标准差仍大于 0.5℃，应进行各绝缘引水管流量测试。

3）通过正反冲洗，若绝缘引水管流量偏差小于各绝缘引水管流量平均值的 10%，试验结束；反之，应再次进行正反冲洗，必要时进行化学清洗。

4.14.3 技术指标

（1）发电机定子冷却水进水温度变化大于 10℃；

（2）各定子绕组线棒出水温度的标准差最大值小于 0.5℃，通流特性为合格；若其标准差大于 0.5℃，则通流特性异常，应通过流量试验进一步判断通流特性。

4.14.4 适用范围

适用于 300MW 以上火力发电工程。

4.14.5 工程案例

1. 浙能嘉兴电厂三期 2×1000MW 机组基建调试

（1）工程概况

浙能嘉兴发电有限公司（以下简称"嘉兴电厂"）三期 8 号机组于 2011 年投产，其汽轮发电机组选用由上海汽轮机厂和德国 SIEMENS 公司联合设计制造的 N1000-26.25/600/600（TC4F）型 1000MW 超超临界、一次中间再热式、单轴、四缸四排汽、双背压、八级回热抽汽、反动凝汽式汽轮机，发电机选用上海汽轮发电机有限公司生产的 THDF 125/67 型水氢氢冷发电机，其发电机定子线棒水管分别由上、下层两层线棒组成，共 84 根定子线棒。

（2）技术应用

1）测量内容

根据嘉兴电厂 8 号机组发电机定冷水系统的特点、电厂集控画面的发电机定子线棒出水温度测点布置以及发电机的实际结构，在发电机汽端进行温度测量，测量范围为编号 1～42 线棒的绝缘引水管的冷却水温度，绝缘引水管的编号和发电机定子槽楔编号一致。

2）测量步骤

① 发电机定子冷却水系统已冲洗完毕。

② 向发电机定冷水水箱注满符合要求的定冷水，待定冷水水位正常后，开启定冷水泵，并检查定冷水系统各运行参数，确认定冷水系统工作正常，各阀门处于正确的开关位置。

③ 检查发电机各定子线圈出水温度测点，确认其能正确无误的测量该定子线圈出水温度。

④ 待发电机定冷水系统稳定运行后，将发电机定冷水系统调整至额定工况下运行，定冷水泵出口压力为 1.0MPa，定冷水进口水温为 30.2℃，并记录此时各定子线棒出水温度。

⑤ 降温阶段的温度记录：

a. 通过发电机定冷水系统的自身循环和辅汽加热的方式，使定子冷却水进口水温升高至 48.3℃，记录此时各定子线圈出水温度，并准备进行试验。

b. 调整发电机定子冷却水系统的冷却水量，使定冷水进水温度缓慢下降，每降 4℃，记录一次各定子各绝缘引水管出水温度，待发电机定子冷却水进口温度降低至 31.70℃后，停止定冷水水泵运行，结束试验。

c. 整理记录定冷水温度进水温度，见表 4.14-1。

试验过程中定子冷却水进口水温随时间的变化数据列表（单位：℃）　表 4.14-1

时间	12:58	14:06	14:45	16:17	17:56	18:52
定子冷却水进口水温	48.3	44.2	42.2	37.6	33.4	31.7

d. 整理记录各定子线圈出水温度数值。

⑥ 利用试验数据，绘出定子线棒上、下层出水温度随（T_X）时间变化的曲线图，如图 4.14-1、图 4.14-2 所示。

⑦ 定子线棒上、下层出水温度平均值的计算。

根据所整理的定子线棒上、下层出水温度，利用公式：$\overline{T_{ki}} = \frac{1}{n} \sum_{i=1}^{n} T_{ki}$（式中：$T_{ki}$：每个定子线棒的温度，$\overline{T_{ki}}$：定子线棒温度平均值；$n$：定子线棒根数）。

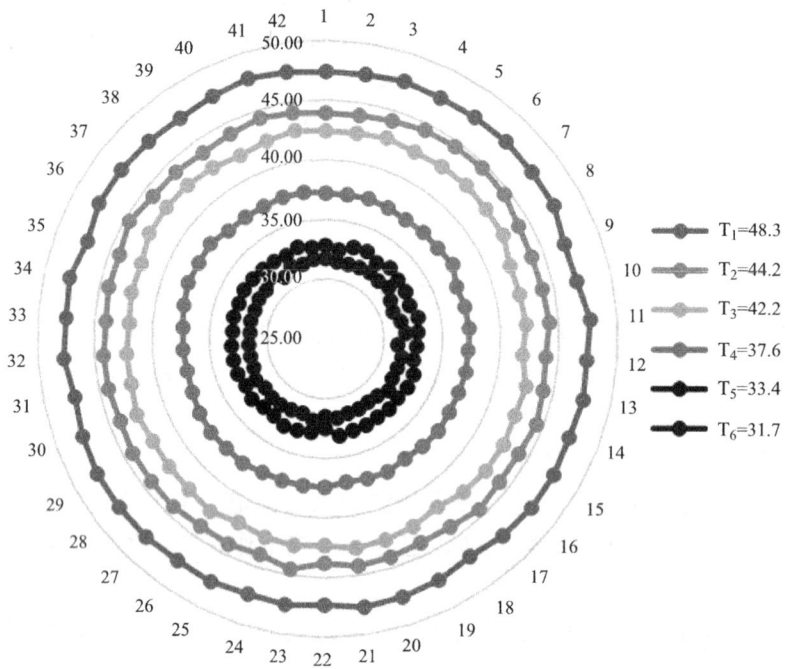

图 4.14-1　不同进水温度下各定子线棒上层出水温度测点温度分布图

（T_X 表示定冷水进水温度，℃）

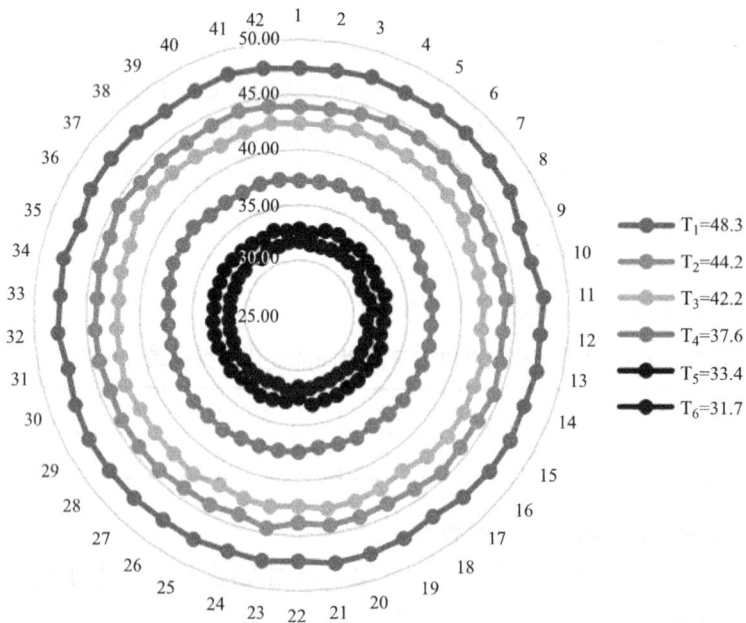

图 4.14-2　不同进水温度下各定子线棒下层出水温度测点温度分布图

（T_X 表示定冷水进水温度，℃）

　　计算得出各定子线棒上、下层出水温度在每个定冷水进水温度下的平均值，见表 4.14-2。

定子线棒上、下层出水温度的平均值列表（单位：℃） 表 4.14-2

时间	12:58	14:06	14:45	16:17	17:56	18:52
定子进口水温	48.3	44.2	42.2	37.6	33.4	31.7
定子线棒上层出水温度（平均）	47.5	44.1	42.4	37.3	32.9	31.6
定子线棒下层出水温度（平均）	47.4	44.3	42.4	37.3	33.1	31.8

⑧ 定子线棒上、下层出水温度标准差的计算。

根据表 4.14-2 的定子线棒上、下层出水温度平均值与定子线棒上、下层出水温度，

利用公式：$\delta_k = \sqrt{\dfrac{\sum\limits_{i=1}^{n}(T_{ki} - \overline{T_{ki}})^2}{n}}$，式中：$\delta_k$：定子线棒上、下层温度标准差；$T_{ki}$：每根定子线棒出水温度；$\overline{T_{ki}}$：定子线棒出水温度平均值；$n$：定子线棒根数。

计算得出各个定子进水温度下的定子线棒上、下层出水温度的标准差 δ_k，见表 4.14-3。

定子线棒上、下层出水温度的标准差列表（单位：℃） 表 4.14-3

时间	12:58	14:06	14:45	16:17	17:56	18:52
定子进口水温	48.3	44.2	42.2	37.6	33.4	31.7
定子线棒上层出水温度标准差	0.20	0.21	0.22	0.16	0.17	0.18
定子线棒下层出水温度标准差	0.24	0.20	0.18	0.14	0.21	0.21

3）试验评价

根据表 4.14-1～表 4.14-3 的各定子线棒上层、下层出水温度标准差可知，定子线棒上、下层出水温度的标准差最大值小于 0.5℃，该发电机定子冷却水通流特性为合格。机组于 2012 年 12 月商用投产，运行过程中未发生定子绝缘引水管堵塞现象。

（3）实施总结

嘉兴电厂 8 号机组发电机热水流试验运用了定子绕组出水温度标准差的评价方法，节约了 3d 的调试工期，取得了和测量各绝缘引水管流量一样的效果，机组投运后的发电机运行中定子线棒出水温度正常。

2. 宁夏枣泉电厂一期 2×660MW 机组基建调试

（1）工程概况

宁夏枣泉电厂（以下简称"枣泉电厂"）一期 2 号机组于 2018 年投产，1 号机组为 660MW 超超临界、中间再热、单轴、三缸两排汽、七级回热抽汽（七级、八级的比较提供热平衡）、凝汽式间接空冷汽轮发电机组，型号为 NJK660-27/600/610，发电机为上海电气生产的 QFSN-660-2 型水氢氢冷发电机，其发电机定子线棒水管分别由上、下层两层线棒组成，共 84 根定子线棒。

（2）技术应用

1）测量内容

根据枣泉电厂 2 号机组发电机定冷水系统的特点、电厂集控画面的发电机定子线棒出

水温度测点布置以及发电机的实际结构，决定在发电机汽端进行温度测量，测量范围为编号1～42线棒的绝缘引水管的冷却水温度，绝缘引水管的编号和发电机定子槽楔编号一致。

2）测量步骤

① 同上例，只是根据2号发电机的特点，发电机定子冷却水系统额定工况下的定冷水泵出口压力为0.258MPa，定冷水进口水温为35.5℃，并记录此时各定子线棒出水温度。整理记录定冷水温度进水温度，见表4.14-4。

定子冷却水进口水温随时间的变化数据列表（单位：℃） 表4.14-4

时间	14:30	14:36	14:40	14:47	14:56
定子冷却水进口水温	50.1	46.0	41.0	34.9	31.0

② 整理记录各定子线圈出水温度数值，整理记录各定子出线套管出水温度。

③ 定子线棒上、下层出水温度平均值的计算。

根据所整理的定子线棒上、下层出水温度，利用公式：$\overline{T_{ki}}=\frac{1}{n}\sum_{i=1}^{n}T_{ki}$（式中：$T_{ki}$：每个定子线棒的温度，$\overline{T_{ki}}$：定子线棒温度平均值；$n$：定子线棒根数）。

计算得出各定子线棒上、下层出水温度在每个定冷水进水温度下的平均值，见表4.14-5。

定子线棒上、下层出水温度的平均值列表（单位：℃） 表4.14-5

时间	14:30	14:36	14:40	14:47	14:56
定子进口水温（℃）	50.1	46.0	41.0	34.9	31.0
定子线棒上层出水温度（平均）	50.3	46.3	41.3	35.1	31.2
定子线棒下层出水温度（平均）	50.5	46.4	41.1	35.0	31.2

④ 定子线棒上、下层出水温度标准差的计算。

根据表4.14-5的定子线棒上、下层出水温度平均值与定子线棒上、下层出水温度，利用公式：$\delta_k=\sqrt{\dfrac{\sum_{i=1}^{n}(T_{ki}-\overline{T_{ki}})^2}{n}}$，式中：$\delta_k$：定子线棒上、下层温度标准差；$T_{ki}$：每根定子线棒出水温度；$\overline{T_{ki}}$：定子线棒出水温度平均值；$n$：定子线棒根数。

计算得出各个定子进水温度下的定子线棒上、下层出水温度的标准差δ_k，见表4.14-6。

定子线棒上、下层出水温度的标准差列表（单位：℃） 表4.14-6

时间	14:30	14:36	14:38	14:42	14:56
定子进口水温	50.1	46.0	43.0	39.0	31.0
定子线棒上层出水温度（标准差）	0.17	0.16	0.14	0.13	0.09
定子线棒下层出水温度（标准差）	0.28	0.20	0.13	0.21	0.11

3）试验评价

根据表 4.14-5、表 4.14-6 的各定子线棒上层、下层出水温度标准差可知，定子线棒上、下层出水温度的标准差最大值小于 0.5℃，该发电机定子冷却水通流特性为合格。

（3）实施总结

枣泉电厂 2 号机组发电机热水流试验运用了定子绕组出水温度标准差的评价方法，节约了 3d 的调试工期，取得了和测量各绝缘引水管流量一样的效果，发电机运行中定子线棒出水温度正常。机组于 2017 年 12 月商用投产，运行过程中，未发生定子绝缘引水管堵塞现象。

（提供单位：国网浙江省电力有限责任公司电力科学研究院。编写人员：李卫军）

Ⅱ　水力发电工程

4.15　冲击式水轮机配水环管施工技术

4.15.1　技术发展概述

配水环管的安装精度偏差直接影响到冲击式水轮机的转动效率和机组振动，如喷嘴射流中心线是否在同一个节圆的切点上，其高程是否能够保证射流中心正对水斗分水刃高程中心，如果射流中心不在同一个节圆的切点上，那么转轮运行过程中，势必会产生不均衡力，影响水轮机的运行效率，同时会使水轮机导轴承的轴瓦受力不均，产生振动，影响水轮机的安全寿命；如果射流中心不能正对水斗分水刃高程中心，水流在水斗上下工作面会造成较大的扭矩，使机组产生振动，严重时会由于扭转疲劳造成水斗裂纹和破坏。

本技术利用全站仪、精密水准仪、钢卷尺和钢琴线等常规机电设备测量工具，通过简单工装配合和测量计算，使配水环管各项尺寸的调整和安装更加精确，施工更简单快捷，无需设备厂家提供专用工具转轮和工具喷嘴配合。

4.15.2　技术内容

（1）测量基准设置

1）采用全站仪、精密水准仪测量机组 X、Y 轴线到切线的角度，定位每个切点。

2）测量人员测放出机组 X、Y 基准轴线，测放出机组中心点坐标，调整至设计高程。

3）计算出切点相对坐标，调整至设计高程。

（2）配水环管安装调整

1）测放出法兰理论内圆中心偏移点，必须在同一射流切线上。

2）法兰盘外圆、盘面均为机械加工，实测外圆尺寸与设计值偏差、与内圆同心度偏差，计算出法兰内外圆尺寸（包括倒角尺寸）数据，用于控制法兰实际垂直度和平行度。

3）测量切线长度、切点中心及法兰面中心线长度符合设计图纸。

4）管口法兰垂直度调整。

4.15.3 技术指标

（1）《水轮发电机组安装技术规范》GB/T 8564—2003；

（2）引水管路的进口中心线与机组坐标线的距离偏差不大于进口直径的±2‰；

（3）分流管焊接后，检查每一个法兰机喷嘴支撑面高程、相对于机组坐标线的水平距离；法兰相互之间的距离、垂直度、孔的角度位置，确保其偏差符合设计要求；

（4）喷嘴中心线与转轮节圆相切，径向偏差不大于$±0.2\%d_1$（d_1为转轮节圆直径），与水斗分水刃的轴向偏差不大于$±0.5\%W$（W为水斗内侧的最大宽度）；

（5）折向器中心与喷嘴中心偏差一般不大于4mm；

（6）反向制动喷嘴中心线的轴向和径向偏差不大于±5mm；

（7）转轮水斗分水刃旋转平面通过机壳上装喷嘴的法兰中心，其偏差不大于$±0.5\%W$。

4.15.4 适用范围

适用于水电站立轴水斗冲击式水轮机配水环管施工。

4.15.5 工程案例

1. 新疆克州公格尔水电站工程。

（1）工程概况

公格尔水电站位于新疆维吾尔自治区克州阿克陶县境内。该电站是盖孜河中游河段梯级电站中的第一级水电站，电站总装机容量200MW，引水式开发，装设3台单机容量为67MW、额定水头607m的水斗式立轴6喷嘴水轮发电机组，水轮机型号为CJ（PV6）-L-205/6×16.6，额定流量12.66m³/s，额定转速500r/min，水斗数量22个，转轮节圆直径2.05m，额定工况射流直径166mm。

公格尔水电站机电设备安装工程开工日期为2010年10月1日，三台机组全部并网发电日期为2014年7月1日，总工期为1369d。

（2）技术应用

1）冲击式水轮机配水环管安装特点难点

配水环管安装尺寸精确度直接影响到水轮机的转动效率和机组振动，影响机组运行安全。常规安装方式需要水轮机制造厂家提供一套工具转轮和工具喷嘴进行调整，成本高、使用复杂、安装工期长。

2）关键技术特点

利用全站仪、精密水准仪和钢卷尺、钢琴线等常规仪器、工具，通过简单工装配合和测量计算，精确安装和调整配水环管各项尺寸。

3）施工工艺和过程

① 工艺流程

② 工艺过程

a. 施工准备

（a）施工技术准备

现场施工人员和技术人员应熟悉配水环管安装施工图纸各项尺寸要求和技术规范要求，并经过技术交底。

（b）作业人员准备

作业人员和测量人员、技术人员必须经过相应的技术培训，合格后方可上岗，测量人员应持证上岗。

（c）施工机具准备

本施工采用的材料与机具见表4.15-1。

主要施工机具表

表 4.15-1

序号	名称	型号规格	备注
1	Topcon 全站仪	GTS330N	根据需要配备
2	精密水准仪	莱卡	根据需要配备
3	钢卷尺	一级精度 5m	根据需要配备
4	钢琴线	28 号	根据需要配备
5	磁性线坠	3m	根据需要配备
6	钢板	10mm	根据需要配备
7	钢制立柱	DN1000	根据需要配备
8	角钢	<25	根据需要配备
9	螺母	M20	根据需要配备

b. 测量基准设置

（a）测量放样采用全站仪［标称测角精度为 $\pm 2''$，测距精度为 $\pm$（2mm＋2mm/km D）］按照设计蓝图上机组 X、Y 轴线到切线的角度进行角度测量，外加经过校准的卷尺（线纹宽度 0.15mm、最小刻度为 mm、可估读至 0.5mm）进行量距来准确定位每个切点。调整每个切点的高程时采用精密水准仪（标称 ± 0.7mm/km）测量，再采用全站仪对每个切点的绝对坐标和高程进行校核。如若和前次所测数据不同，应找出原因，重新测量直至数据误差在允许范围内。

（b）将自制立柱吊放到机壳内平水栅上点焊加固。

（c）将钢板吊放到立柱上，粗调钢板高程后与立柱点焊加固。

（d）测量人员测放出机组 X、Y 基准轴线，测放出机组中心点坐标，将中心点坐标测放至螺杆尾部，螺母点焊固定到钢板上的螺杆尾部（可拧动螺杆微调高程），然后通过顺时针逆时针拧动螺杆调整高程至设计高程（图 4.15-1）。

（e）在机组中心点测放完成后，根据蓝图所示尺寸，计算出切点相对坐标，并测放到基准钢板上的各切点螺母上，拧动螺杆可调整高程至设计高程。

c. 配水环管安装调整

中心和各切点坐标测放完成后，即可开始进行配水环管的安装调整。

（a）以已浇筑完成的机壳为基础，焊接一个角钢支架平行于法兰理论管口位置，在角钢支架调整螺栓上测放出法兰理论内圆中心偏移点，必须在同一射流切线上（图 4.15-2）。

673

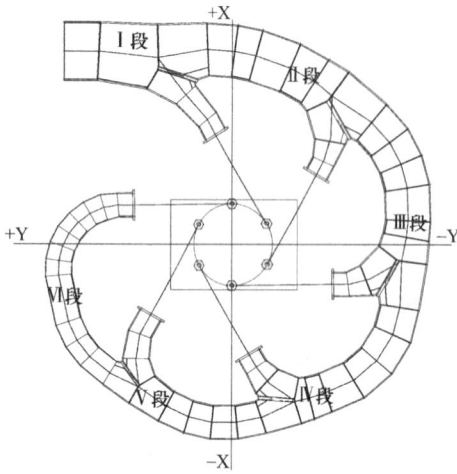

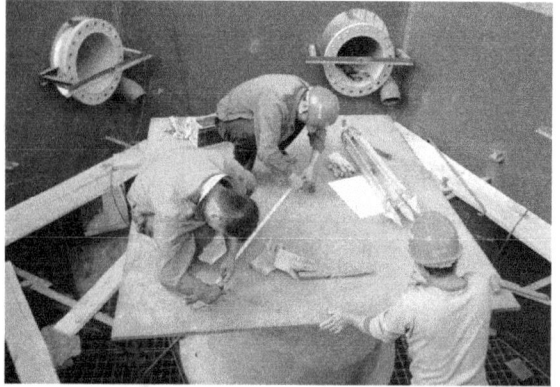

图 4.15-1　配水环管测量基准布置

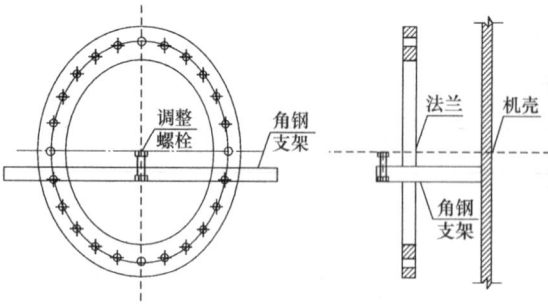

图 4.15-2　管口法兰测量调整

（b）到货的配水环管法兰面与部分管体连为一体并已焊接，法兰盘外圆、盘面均为机械加工，外圆尺寸实测值与设计值偏差为±0.5mm，可不做测量误差考虑，与内圆同心度偏差 2mm，此值误差较大，但仅牵涉法兰铅垂面垂直度和水平面平行度调整控制，可利用 CAD 结合蓝图所示法兰内外圆尺寸（包括倒角尺寸）利用计算机计算出各项尺寸数据，用于控制法兰实际垂直度和平行度。

（c）利用 28 号钢琴线使切点、管口角钢支架中心、法兰管口内圆中心点在同一条直线上，测量切线长度、切点中心及法兰面中心线长度符合设计图纸即说明法兰管口中心位置正确（图 4.15-3）。

（d）管口法兰垂直度调整，可采用吊钢琴线或者从射流切点位置量取至法兰上下左右中心点线段长度。安装完毕后按图复核各控制尺寸数据，误差均在规范及设计允许误差范围内，判定满足设计要求（图 4.15-4）。

4）质量保证措施

① 安装施工前编制详细具体的安装施工工艺，并对所有参加施工人员进行详细技术交底，明确施工中的各项要求和重点难点。

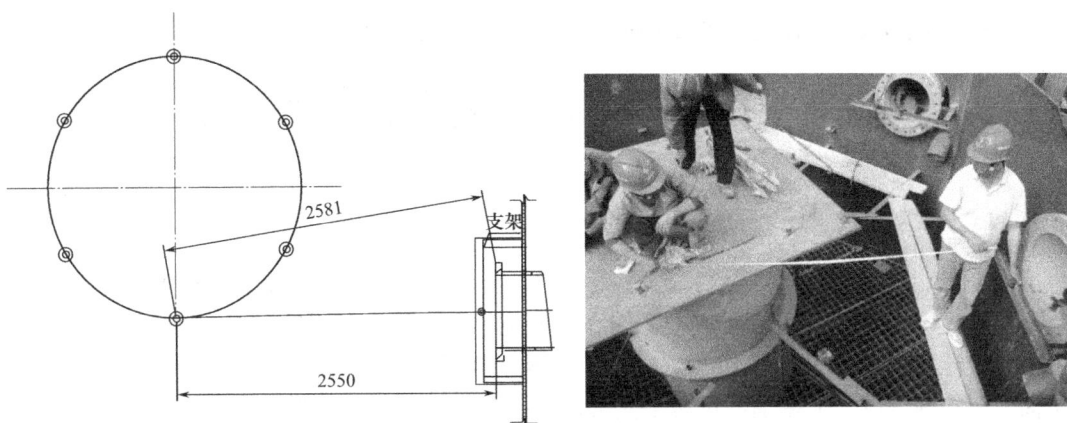

图 4.15-3　管口法兰位置调整

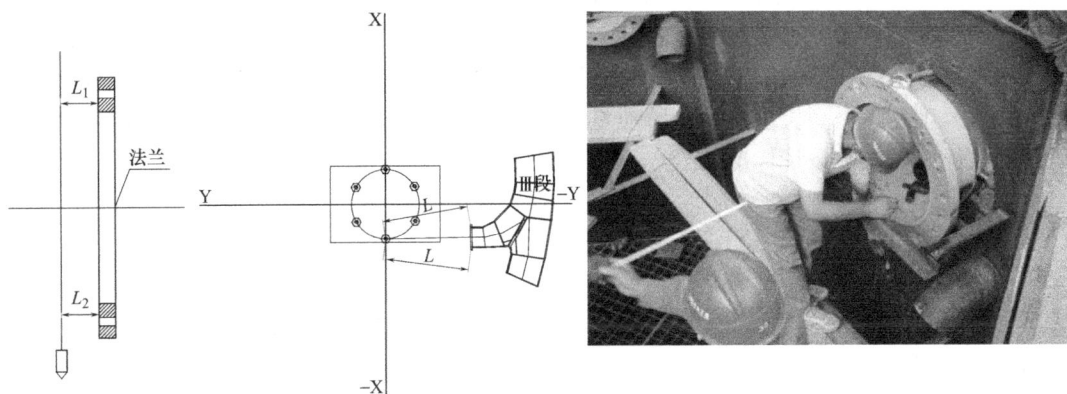

图 4.15-4　管口法兰垂直度调整

② 全站仪、精密水准仪及钢卷尺等必须经过检定校准方可使用。

③ 保证法兰管口中心距切点中心距离和法兰面垂直度、平面度符合设计及规范要求。

（3）实施总结

采用此技术在新疆克州公格尔水电站完成了三台机组配水环管安装，工艺简单高效，无需设备厂家提供相应复杂工器具配合，提高了配水环管安装施工效率，减少了人员投入和设备厂家复杂工器具采购费用，安装质量完全符合设计及规范要求。三台机组全部并网发电后，机组各项运行指标稳定、优异，达到了设计及规范要求。

2. 四川雅安金窝水电站工程

金窝水电站位于四川省雅安市石棉县境内，为引水式开发，是田湾河梯级开发的第二级电站。单机容量 140MW，总装机容量 280MW，为 6 喷嘴立轴冲击式水轮发电机组，设计最大水头 619.8m，额定转速 375r/min，转轮最大直径 2.63m，是亚洲目前容量最大、喷嘴数最多的高水头大容量冲击式水轮发电机组。

工程开工日期为 2005 年 8 月 5 日，三台机组全部并网发电日期为 2009 年 1 月 9 日，总工期为 1253d。

实施过程同案例 1。

（提供单位：中国水利水电第五工程局有限公司。编写人员：王东、梁涛）

4.16 大型抽水蓄能电站水轮发电机组轴线调整施工技术

4.16.1 技术发展概述

抽水蓄能机组轴线的吻合度直接影响机组运行的稳定性，需在安装阶段调整至允许误差范围内，以保证机组运行质量。某抽水蓄能电站单机容量为 250MW 的水轮发电机组，机组额定转速 300r/min，机组为立式半伞结构，轴系为三段轴，由水轮机轴、发电机下端轴、上端轴组成，上端轴通过转子支架连接成一体，发电机上端轴与转子支架采用螺栓连接，下端轴与转子连接在现场镗孔销套定位、螺栓连接，水轮机轴与发电机下端轴采用销钉螺栓连接；推力轴承布置有 12 块推力瓦，支撑包括单波纹弹性油箱和支座；发电机下端轴与推力头为分离结构，推力头与镜板为一体结构。

采用机架与推力轴承一次安装技术、"可拆卸垫板增高推力头"轴系连接技术及"移动法和螺栓拉伸法"轴线调整技术，有效地解决了镜板安装水平、轴系连接安全及轴线处理方法三大难题，提高机组轴线调整质量，并达到了预定指标，机组运行平稳可靠，各项运行指数优于国家及设计标准。

4.16.2 技术内容

（1）采用承重机架与推力轴承一次安装法，在安装工位完成推力轴承与承重机架的组装，整体吊装就位，在机坑内整体安装调整，保证推力轴承镜板水平和单波纹弹性油箱受力均匀；

（2）采用"可拆卸垫板增高推力头"轴系连接技术，由于转轮与下止漏环的间隙小于转子支架止口间隙，在推力头上安装可拆卸垫板，有效地消除了转子支架与推力头连接时转子支架止口与下端轴因间隙不足造成的止口损伤，保证了设备及人员安全；

（3）现场镗孔结构机组轴线调整时采用"移动法和螺栓拉伸法"，不仅能提高轴线调整质量，还能提高调整效率，减轻劳动强度。

（4）通过盘车检测各部位的摆度值。

4.16.3 技术指标

（1）安装图纸、厂家技术标准及合同要求（表 4.16-1）；

（2）《水轮发电机组安装技术规范》GB/T 8564—2003。

下机架及推力轴承安装技术标准 表 4.16-1

序号	项目	允许偏差
1	水平	0.02mm/m
2	高程	±0.5mm
3	同心度	0.5mm

厂家技术要求：水轮机导轴承处相对摆度≤0.01m/mm，高于国家标准≤0.04m/mm（表4.16-2）。

机组轴线的允许摆度值（双振幅）（GB/T 8564）　　　　表 4.16-2

轴名	测量部位	摆度类别	轴转速(nr/min)				
			$n<150$	$150\leq n<300$	$300\leq n<500$	$500\leq n<750$	$n\geq750$
发电机轴	上、下轴承处轴颈及法兰	相对摆度（mm/m）	0.03	0.03	0.02	0.02	0.02
水轮机轴	导轴承处轴颈	相对摆度（mm/m）	0.05	0.05	0.04	0.03	0.02
发电机轴	集电环	相对摆度（mm/m）	0.50	0.40	0.30	0.20	0.10

4.16.4　适用范围

适用于发电机轴与推力头分离结构的伞式蓄能机组和常规机组的转子支架与发电机轴和推力头的轴系连接，单波纹弹性油箱推力轴承且进行现场镗孔的伞式蓄能机组和常规机组的轴线调整。

4.16.5　工程案例

溧阳抽水蓄能电站工程

（1）工程概况

溧阳抽水蓄能电站地处江苏省溧阳市境内，工程枢纽建筑物主要由上水库、输水系统、地下发电厂房、下水库、地面开关站等部分组成。电站上水库正常蓄水位291.00m，死水位254.00m，总库容1423万 m^3；下水库正常蓄水位19.00m，死水位0.00m，总库容1344万 m^3。厂房安装6台单机容量为25万kW可逆式水泵水轮电动发电机组，发电额定水头259.00m。

溧阳抽水蓄能电站单波纹弹性油箱推力轴承结构是首次在国内蓄能机组运用，发电机轴与推力头分离结构，在转轮安装阶段放置高程与设计高程的高差小于转子与发电机轴连接止口的长度。

（2）技术应用

1）技术难点

① 下机架及推力轴承一次安装法，需在安装时考虑设备加工偏差的累积、设备测量误差及混凝土浇筑的影响。

② 采用虚拟增高技术需考虑增高板的材料选择及材料的强度。

③ 在中心及方位对正时需解决在狭窄空间设备旋转及移动问题。

④ 采用位移及螺栓伸长值调整法时需解决伸长值变动、摆度摆动规律及转轴以下部分在位移时的外力提供方法及方式。

2）关键技术特点

① 单波纹弹性油箱推力轴承安装采用承重机架与推力轴承一次安装法，该方法在安装工位完成推力轴承与承重机架的组装与安装，整体吊装就位，在机坑内整体安装调整，并采用水泵水轮机轴法兰为高程调整基准和法兰止口为中心调整基准，保证安装精度及质量。

② 发电机轴与推力头分离结构中转轮下沉高度小于止口长度时，采用在推力头上安装可拆卸垫板的轴系连接技术，解决了轴系连接时止口损伤的风险，保证设备及人员安全。

③ 现场镗孔结构机组轴线调整时采用"移动法和螺栓拉伸法"，不仅能提高轴线调整质量，还能提高调整效率，减轻劳动强度。

3）施工工艺及过程

① 工艺流程框图（图 4.16-1）。

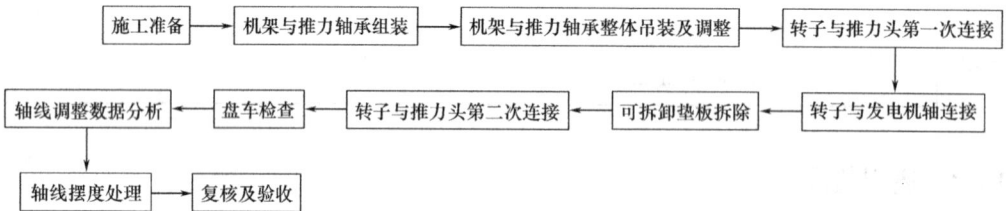

施工准备 → 机架与推力轴承组装 → 机架与推力轴承整体吊装及调整 → 转子与推力头第一次连接

轴线调整数据分析 ← 盘车检查 ← 转子与推力头第二次连接 ← 可拆卸垫板拆除 ← 转子与发电机轴连接

轴线摆度处理 → 复核及验收

图 4.16-1　工艺流程图

② 工艺过程

a. 施工准备

（a）施工技术准备

现场施工人员应熟悉发电电动机及水泵水轮机施工图纸及技术规范要求，并进行技术交底。

（b）作业人员的准备

作业人员、测量人员、技术人员必须经过相应的技术培训合格后方可上岗，特种作业人员应持证上岗。

（c）施工设备

测量设备如精密水准仪、内径千分尺及合相水准仪等应检定合格，并在有效期内。主要的施工机具见表 4.16-3。

主要施工机具表　　　　　　　　　　　表 4.16-3

序号	设备名称	型号规格	单位	数量
1	桥式起重机	250/50/10t	台	1
2	钢琴线	0.3mm	m	40
3	千斤顶	32t	件	10
4	空压机	W-0.9/8	台	1
5	内径千分尺	25～600mm	套	1
6	内径千分尺	5m	套	1
7	电焊机	ZX7-400S	台	4

序号	设备名称	型号规格	单位	数量
8	百分表及表座	10mm 0.01mm	套	40
9	砂轮机	$\phi150$	套	4
10	精密水准仪	NA2-GPM3	台	1
11	游标卡尺	300mm 0.02	件	1
12	深度尺	300mm 0.02	件	1
13	框式水平仪	250mm/250mm 0.02 级	台	1
14	合相水准仪	0.01 级	台	1
15	链式葫芦	2t	件	4
16	铜锤	5磅	把	4
17	液压拉伸器	M100×4	件	2
18	液压拉升器	M90×6	件	2
19	测长工具	—	件	10
20	环氧树脂板	8m	m²	1
21	力矩放大器	25 倍	件	1
22	力矩扳手	125N	件	1

（d）其他准备

a）可拆卸垫板制作

可拆卸垫板采用 8mm 厚环氧树脂板，这样转子受力转移后除去下机架挠度，转子止口表面与转轴法兰面的高差约 8mm。

环氧树脂板具有良好的机械性能及力学性能，其重量轻、强度高、承载力强，加工方便且能够承受转子重量而不变形。

可拆卸垫板内径大于转子与推力头镜板连接螺栓孔，不能影响转子与推力头镜板连接螺栓安装，外径只需保证方便拆除即可，其制作及安装如图 4.16-2 所示。

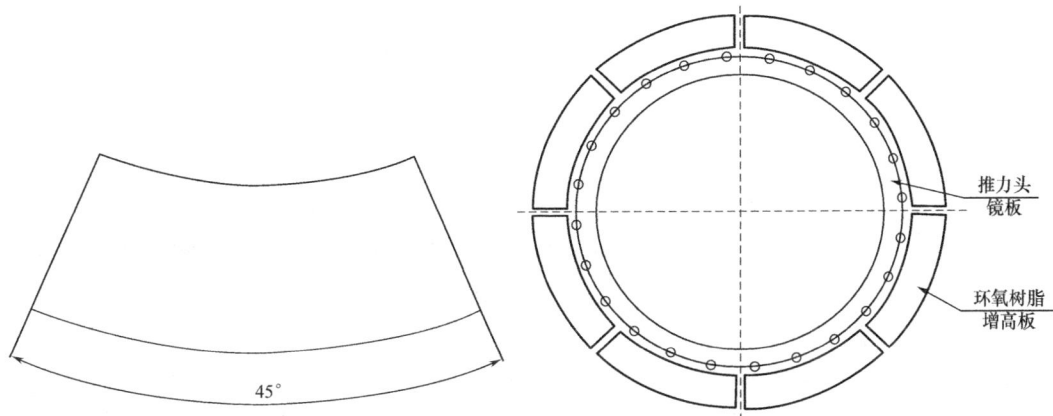

图 4.16-2 可拆卸垫板制作及安装图

b）求心器及平衡梁制作

承重机架及推力轴承安装中心调整时使用求心器及平衡梁，平衡梁由两根钢管及支架组成，用于支撑求心器，求心器用 0.4mm 钢琴线悬挂油锤。

c）测量基准准备

承重机架及推力轴承一次安装法高程基准点以水轮机轴上法兰为基准，通过精密水准仪将基准点返点至风洞内可观测点处并作永久测点标志。其施工方法是在水轮机转轮吊装就位后测量转轮法兰面距底环面的高程差，计算出转轮法兰面的高程；水轮机轴清理完成后用内径千分尺测量水轮机轴的长度，计算水轮机轴上法兰面的高程。

d）盘车工具准备

盘车方式可采用机械、人工及自动盘车，均需专用的盘车工具。机械盘车一般采用桥机，但施工高峰期桥机使用量大，不利于其他施工组织。人工盘车即用人力进行盘车，在具有高压油顶起装置机组，人力盘车需求人力较少，例如溧阳电站采用人工盘车，只需 6 人即可满足，灵活性大。

b. 机架与推力轴承组装

（a）组装前对机架接触面、推力瓦、推力瓦支架、镜板等零部件设备进行清理，并对照安装图纸检查各项尺寸。

（b）在安装工位调整承重机架水平小于 0.02mm/m。

（c）将组装好的弹性油箱及弹性油箱座吊装就位，用力矩扳手按规范要求拧紧所有螺栓，并用 0.02mm 塞尺检查组合面间隙符合规范要求。

（d）用精密水准仪测量每个弹性油箱面的高程值，应符合设计要求。

（e）弹性油箱安装合格后进行推力头瓦安装，推力瓦安装前检查推力瓦与瓦托的接触面积应符合规范要求，安装后相邻两块瓦厚度偏差应符合设计要求。

（f）将清洗好的推力头吊装就位。

（g）安装推力瓦附件、油槽附件、油管路及制动器等零部件，制动器安装高程基准以推力头镜板面为基准。

c. 机架与推力轴承整体吊装及调整

（a）承重机架及推力轴承整体吊装前测量基础垫板高程，通过以下公式计算调整顶丝下露长度：

$$X = (A_a - C)/1000 - \delta \quad (mm)$$

式中　A_a——机架基础预埋各基础板高程（m）；

　　　C——机架基础下板面设计高程（m）；

　　　δ——调整顶丝基础板厚度（mm）。

（b）吊装就位后安装基础螺栓，初调推力瓦面的高程及机架中心。

（c）将推力头镜板吊装就位，用合相水准仪测量推力头面的水平、精密水准仪测量推力头面高程，用调整顶丝调整；用电测法测量机架中心，径向千斤顶调整。

（d）高程调整方法

以施工准备时测量的基准点，用精密水准仪测量推力头上表面，根据所测数据在下机架支臂下方用千斤顶顶起，并用百分表监测，水平合格后拧紧基础板上的调整顶丝，并松开千斤顶。

（e）中心调整方法

中心调整前确认水轮机轴上法兰面水平小于 0.02mm/m，转轮中心偏差小于 0.03mm。

在水轮机轴内平稳放置油桶，在下机架上方架设平衡梁，在中部放置求心器，悬挂钢琴线，将油锤放入油桶内，如图 4.16-3 所示。

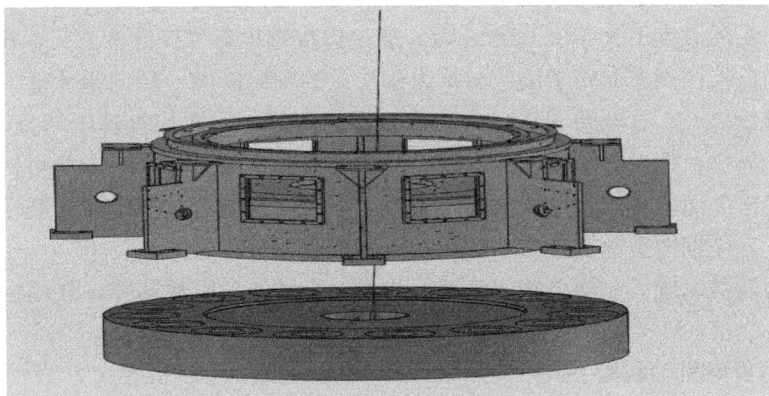

图 4.16-3　下机架中心测量意图

用电测法测量水轮机轴法兰止口，调整钢琴线中心偏差小于 0.05mm；用电测法测量机架内径（以推力轴承组合面内径为基准），在支臂径向用千斤顶调整，用百分表监测使其与水机同心度符合标准要求。

中心、高程及水平调整应同时进行，每次调整后及测量时基础螺栓应有一半以上预紧力，调整合格后按设计值拧紧并复查质量检测值。

（f）调整合格后浇筑混凝土。为防止混凝土浇筑及凝固过程中对推力头镜板的水平影响，采用无收缩混凝土，浇筑时采用对称同时施工，减少施工影响。

（g）混凝土凝固及养护期满后应按其质量检查标准进行复查。

d. 转子与推力头第一次连接

（a）施工准备

a）转子吊装工作已经准备完毕。

b）制动器高压油顶起满足使用要求，推力轴承高压油顶起系统满足使用要求。

c）将每个制动器制动闸板抬高 25mm，并将 8 个制动器调平，旋紧制动器锁定。

d）转子法兰面、推力头法兰面、发电机轴上法兰面已清扫干净、无毛刺、无异物。

（b）转子吊装

转子吊装准备工作、检查工作完成后，将转子吊入机坑，转子下降至距离推力头法兰 20mm，通过桥机微调转子中心，尽量找正转子与推力头的同心度。将推力头连接螺栓从转子中心体穿入推力头法兰的螺孔内，将螺栓带进螺纹内即可。若转子与推力头同心度偏差太大，螺栓无法进入螺孔，可将高压油顶起系统投入，通过千斤顶移动推力头使螺栓进入螺孔，然后将转子平稳落在已调平的制动器上。

（c）转子与推力头连接

转子平稳吊落在制动器上后，用深度尺检查转子下法兰与推力头法兰外侧的错牙值，对称测量 4 点。转子与推力头的偏心值按下式来计算：

$$\Delta a = \frac{A_1 - A_2}{2}$$

式中　Δa——偏心值；

A_1、A_2——对称 2 点的错牙值。

转子与推力头的中心偏差利用千斤顶顶推推力头使其径向移动来达到调整的目的。确认转子与推力头同心度不大于 0.03mm 后，通过连接螺栓对称提升推力头，在推力头提升过程中，密切监控四周方向转子法兰与推力头法兰的轴向间隙、径向错牙值。若偏差过大须调整好后继续提升。直至转子止口台阶进入推力头后，再次检查转子与推力头法兰面，确认无毛刺、异物。把可拆卸垫板塞入转子与推力头法兰面之间，将 8 块可拆卸垫板均匀分布在推力头法兰面，操作制动器顶起转子，旋下制动器锁定，缓慢卸掉制动器油压，使转子缓慢落下，使推力头落在推力轴承瓦上，完成受力转移。

（d）受力转移完成后，检查转子法兰面与发电机轴法兰面的间隙，并用白布和酒精清理法兰面。

e. 转子与发电机轴联接

（a）连轴时开启高压油顶起装置，通过千斤顶调整两法兰面径向偏差，通过手拉葫芦旋转转子调整两法兰面轴向偏差（由于旋转时惯性力大不易控制，通过两手拉葫芦能有效控制旋转弧度），调整时用刀口尺和塞尺检查两法兰面的径向及轴向偏差值，当径向偏差小于 0.20mm 及轴向偏差小于 1mm 时可进行转轴提升。

（b）转轴提升采用永久螺栓配合液压拉升器进行，采用对称提升方式，并在水轮机轴领处架设百分表监视其摆度应小于止漏环间隙（有条件可抱水导瓦），当两法兰间隙接近约 20mm 时停止提升，需确认径向及轴向偏差是否满足要求。在整个提升过程中需密切监视油压值变化，在止口未进入前或两法兰未贴合时出现油压值上升应立即停止提升，并将主轴降落一定高度检查各部偏差和法兰面，确认无异物后方可继续提升。当转轴提升就位后，对称拧紧四颗螺栓，并用塞尺检查组合面间隙应符合《水轮发电机组安装技术规范》GB/T 8564 要求。

f. 可拆卸垫板拆除

转子与主轴的螺栓按照设计拉伸值对称拉伸 4 颗后，松动转子与推力头联接的所有螺栓，并将螺栓都拧出至少 2mm。操作制动器，通过制动器高压油将转子顶起 1mm，取出 8 块可拆卸垫板，确认两法兰面无异物。

g. 转子与推力头第二次连接

通过制动器降低转子支架与法兰面间隙，当其间隙在 0.50mm 左右时停止，用第一次连接时的方法调整转子支架与推力头的间隙，当其同心度小于 0.04mm 时（轴线调整时转子支架摆度标准小于 0.04mm），用力矩扳手和力矩放大器对称拧紧螺栓，螺栓拧紧后校核两者之间的间隙，并用塞尺检查组合面间隙应符合《水轮发电机组安装技术规范》GB/T 8564 要求。

h. 盘车检查

（a）轴系调整具备的条件

a）轴系连接完成。

b) 上机架安装就位。

c) 高压油顶起系统已完成严密性耐压试验。

d) 水轮机轴法兰盘车时监测平台已搭设。

e) 各联轴螺栓已按伸长值全部拉伸完成。

f) 上盖板安装完成，具备人工盘车平台条件。

g) 各部位百分表架设支架制作安装完成，百分表架设完成。

（b）盘车检查施工步骤

a) 刚性盘车采取抱下导瓦，通过盘车检查水导及上导摆度值。

b) 弹性盘车采取抱水导及上导瓦，通过盘车检查下导摆度值。

c) 盘车时抱瓦间隙一般调整至瓦间隙 0.02～0.04mm 左右，盘车检查步骤如下：

在集电环、上导、转子支架、推力头镜板轴向及径向、转轴法兰、主轴法兰、水导、转动环的 X 及 Y 方向各架设一块百分表，指针对准 5.0mm。

在各测量部位逆时针编 1～8 号，各部位相同编号应在同一轴线上。

用人力旋转转动部分，在每一测量点停止旋转读取百分表读数并记录。

每次盘车进行两次，检查盘车数据的准确性。

i. 轴线调整数据分析

（a）同心度法。根据计算公式计算同心度偏移的角度及距离，计算公式如下：

$$\begin{cases} x = \dfrac{2}{8}\displaystyle\sum_{i=1}^{8} P_i \cos a_i \\ y = \dfrac{2}{8}\displaystyle\sum_{i=1}^{8} P_i \sin a_i \end{cases}$$

式中　x——x 向偏心分量；

　　　y——y 向偏心分量；

　　　P_i——i 点的摆度测量值；

　　　a_i——i 点角度测量值。

计算摆度单幅值 R（全摆度为 $2R$）和分布角 θ：

$$R = \sqrt{x^2 + y^2}$$
$$\theta = \mathrm{tg}^{-1}\ (y/x)$$

（b）全摆度法。根据最大点的全摆度值除以二即为移动距离，根据最大点全摆度的正负确定其移动方向，如 1～5 点的全摆度值最大，若全摆度为正则向 1 点方向移动，为负则向 5 点移动。

将测量数据录入 EXCEL 表（表 4.16-4），根据分析一的方法编制公式，形成轴线需调整的角度、移动值及曲线图（图 4.16-4）。

轴线调整记录表及处理推荐例表　单位（mm）　　　　　　　表 4.16-4

读数	上导	转子支架	下导	转轴	水轴	水导
1/＋Y(90°)	0	0	0	−0.01	0	0
2	−0.07	0	0	−0.01	0.02	0.02

续表

读数	上导	转子支架	下导	转轴	水轴	水导
3	−0.19	0.01	0.01	0.07	0.11	0.13
4	−0.21	0.02	0	0.18	0.22	0.25
5	−0.12	0.03	0	0.25	0.25	0.34
6	−0.04	0.02	0.01	0.22	0.22	0.33
7(0°)	−0.01	0.01	0.01	0.14	0.13	0.23
8(45°)	−0.01	0.01	0	0.05	0.04	0.10
中心偏移量	0.118	—	—	—	—	0.162
角度(°)	225	—	—	—	—	109.21

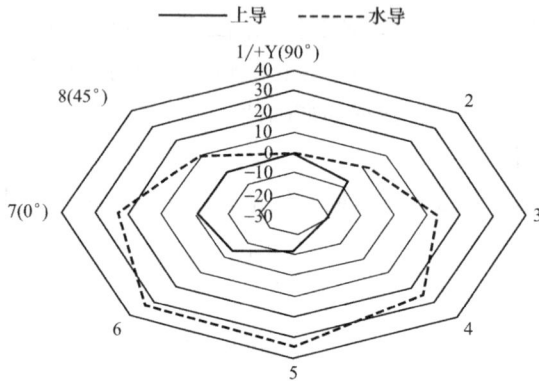

图 4.16-4　轴线调整雷达图

从 EXCEL 表中可以看出本次盘车检查结果水导需要向 109°方向移动 0.16mm，上导需向 225°方向移动 0.12mm。

j. 轴线摆度调整

（a）移动法轴线调整适用于止口间隙大且其同心度偏幅较大的情况，其主要方法如下：

a）以转轴及水轮机转动部分提升时压力值对称拧紧两颗螺栓，松开剩余螺栓，使法兰间隙之小于 0.20mm。

b）投入制动器，用专用千斤顶移动转轴，根据分析计算数据在法兰处架设百分表监测。

c）移动数值和方位与分析一致将拧紧的两颗螺栓对称同步拧紧，拧紧后若百分表显示数据与分析数据相同，则按对称同步的原则拧紧所有螺栓。

（b）螺栓拉伸法调整适用于水导摆度值在规范边缘附近时采用，属于精细调整，其方法如下：

a）根据轴线调整分析数据，且在盘车时将紧固螺栓伸长值调整至偏差小于±0.02mm。

b）轴线调整前试验螺栓伸长值增大 0.01mm，水导移动数值并记录。

c）经过数据分析，确定水导摆度的调整值，根据试验数据确定对称方向的螺栓拉伸值，并在螺栓伸长值允许的范围内调整，确定后用液压拉伸器和百分表调整螺栓拉伸值。

k. 复核及验收

转子与发电机轴镗孔完成后，按轴线摆度处理时最终的螺栓伸长值对称拧紧螺栓，再次进行盘车检查各部位摆度值是否满足标准要求，若有偏差可采用螺栓拉伸值法进行处理，合格后申请验收。

4）质量保证措施

① 安装施工前编制详细具体的安装施工工艺，并对所有参加施工人员进行详细技术交底，明确施工中的各项要求和重点难点。

② 精密水准仪及内径千分尺等必须经过有资质的计量检验部门检验、校正合格。

③ 中心测量所使用的钢丝线直径一般为 0.3～0.4mm，其拉应力应不小于 1200MPa。

④ 应注意温度变化对测量精度的影响，测量时应根据温度的变化对测量数值进行修正。

（3）实施总结

该技术保证了单波纹弹性油箱的安装、轴系连接及盘车检查的安装质量，提高了设备安装安全系数，加快机组安装施工进度，具有可观的经济效益及社会效益。

承重机架与推力轴承安装采用承重机架及推力轴承一次安装技术，单台机组安装工期只需 10d，比计划工期节约 20d。转子支架与转轴及推力头连接采用"可拆卸垫板"轴系连接技术单台机组只需 3d，比计划工期节约 9d。轴线调整采用"移动法和螺栓拉伸法"技术，3d 验收进行镗孔，除去镗孔工期可比计划工期提前 10d。

该技术质量验证可靠，6 台机组盘车验收数据见表 4.16-5，从机组运行情况看，各项运行稳定性指标优于相关技术标准。溧阳工程获评"优秀工程勘测设计奖""四川省优秀安装质量奖（蜀安杯）""中国安装工程优质奖"等各类奖项。

溧阳抽水蓄能电站盘车检查验收数据   表 4.16-5

项次	检查项目	设计值	实际值					
			1 号机	2 号机	3 号机	4 号机	5 号机	6 号机
1	集电环(绝对摆度)(mm)	0.30	0.07	0.18	0.19	0.15	0.15	0.13
2	上导(相对摆度)(mm/m)	0.01	0.0019	0.0080	0.0080	0.0040	0.0050	0.0076
3	转子下法兰(绝对摆度)(mm)	0.04	0.04	0.03	0.04	0.04	0.03	0.04
4	水导(相对摆度)(mm/m)	0.01	0.0088	0.0088	0.0075	0.0060	0.0030	0.0025

续表

项次	检查项目	设计值	实际值					
			1号机	2号机	3号机	4号机	5号机	6号机
5	水导（绝对摆度）(mm/m)	0.25	0.07	0.07	0.06	0.05	0.03	0.04
6	主轴密封滑环轴向跳动值(绝对摆度)(mm)	0.05	0.03	0.04	0.05	0.05	0.05	0.05
7	轴系垂直度(mm/m)	0.02	0.02	0.02	0.02	0.02	0.02	0.02
8	弹性盘车镜板轴向跳动值	0.15	0.02	0.04	0.05	0.03	0.02	0.02

（提供单位：中国水利水电第五工程局有限公司。编写人员：韩战乐、吕建国）

4.17　可逆式抽水蓄能机组底环施工技术

4.17.1　技术发展概述

目前在国内水电站机电安装工程中，机组埋入部件安装方案是比较成熟的工艺。但在具体施工过程中，基本上没有根据机组部件的结构特点深入分析安装方案是否合理，而是直接按照方案中的工艺流程进行施工，但经常会出现工期严重滞后的现象，造成施工成本的浪费；由此可见，机组底环机坑安装工艺是极其重要的，是实现机组座环机加工工作与土建混凝土浇筑施工同步进行的关键工序，也是机组设备安装的核心施工工艺流程。

根据某抽水蓄能电站中机组埋入部件的结构特点，改进底环吊装、座环机加工、机坑里衬渐变段之间的安装技术；在已安装合格的机坑里衬内部，设计制作安装底环临时支撑平台，待机坑里衬下节外部浇筑混凝土及混凝土强度满足要求后，吊入底环，从而实现底环提前吊入机坑固定；底环固定后将机坑里衬上段吊装焊接，最后进行上部混凝土浇筑施工，实现了土建混凝土浇筑施工与机组座环机加工同步进行。

4.17.2　技术内容

根据地下厂房机组底环及机坑里衬的结构设计特点并结合施工现场的实际情况，在机坑里衬圆周方向上设计一个由8个单元斜支撑组成的底环临时支撑平台；同时对斜支撑进行详细的受力分析。

4.17.3　技术指标

（1）《水轮发电机组安装技术规范》GB/T 8564—2003；

（2）底环安装允许偏差（表4.17-1）：

底环安装允许偏差 　（单位：mm） 表 4.17-1

项目			转轮直径(mm)					说明
			$D<3000$	$3000\leqslant$ $D<6000$	$6000\leqslant$ $D<8000$	$8000\leqslant$ $D<10000$	$10000\leqslant$ D	
安装顶盖和底环的法兰平面度	径向测量	现场不机加工	0.05mm/m,最大不超过 0.60					最高点与最低点高程差
		现场机加工	0.25					
	周向测量	现场不机加工	0.30		0.40		0.60	
		现场机加工	0.35					

（3）底环安装合缝间隙用 0.05mm 塞尺检查，不能通过；允许有局部间隙，用 0.1mm 塞尺检查，深度不应超过组合面宽度的 1/3，总长不应超过周长的 20%；组合螺栓及销钉周围不应有间隙。组合缝处安装面错牙一般不超过 0.10mm。

4.17.4 适用范围

适用于抽水蓄能水电站混流可逆式水轮机机组底环施工。

4.17.5 工程案例

浙江仙居抽水蓄能电站工程

（1）工程概况

浙江仙居抽水蓄能电站是目前国内已投产发电单机容量最大的抽水蓄能机组，也是首次全部采用国产化设备的机组，被国家发改委列为抽水蓄能电站机组设备国产化后续工作的依托工程。

工程位于浙江省仙居县淤山乡境内，主要由上水库、输水系统、地下厂房、地面开关站及下水库等建筑物组成。该电站安装 4 台 375MW 混流可逆式水轮发电机组，总装机容量为 1500MW，为日调节纯抽水蓄能电站。本工程以 500kV 一级电压等级接入浙江电网，承担调峰、填谷、调频、调相和事故备用等任务，年平均发电量为 25.125 亿 kW·h，年平均抽水电量 32.63 亿 kW·h，如图 4.17-1 所示。

工期要求：该电站于 2013 年 04 月 15 日开工，2016 年 12 月 17 日完成 4 台机组机电设备安装并顺利投产发电。

（2）技术应用

1）可逆式抽水蓄能机组底环安装特点难点

该电站机组底环由哈尔滨电机厂有限责任公司制造，底环整体到货安装，外形直径 $\phi6524$mm；由于设计的机坑里衬上管口尺寸（$\phi5100$mm）比底环外径尺寸小，导致土建混凝土浇筑至海拔 112.85m 高程时，必须等座环机加工合格后，才能将机组底环吊入基坑就位，严重影响机电设备、海拔 112.85m 以上高程混凝土浇筑及水机预埋件的安装施

图 4.17-1　地下厂房全景图

工进度。

2）关键技术特点

在机组底环安装之前，设计一个底环临时支撑平台，将底环提前吊入机坑固定，实现土建浇筑施工与座环机加工并行作业。

3）施工工艺和过程

① 施工工艺流程

施工准备 → 现场制作安装支撑平台 → 机组底环吊入机坑固定 → 机组座环机加工及土建混凝土浇筑

② 工艺过程

a. 施工准备

（a）按施工进度计划和施工机具施工计划，组织施工机具进场，并确保其完好能满足施工过程的需要。主要的施工机具见表 4.17-2。

主要施工机具表　　　　　　　　　　　　　表 4.17-2

序号	名称	型号规格	备注
1	直流电焊机	ZX7-400	包括焊把线、焊钳（平台焊接）
2	角向砂轮机	$\phi100\sim\phi150$	根据现场施工选用（平台打磨）
3	氧乙炔割具	包括气带、表、扎头、气割枪	平台下料
4	桥式起重机	300/50/10-23.5m	底环吊装

（b）按施工进度计划和计量器具施工计划，组织计量器具进场，并确保其在规定的周检期内。主要的计量器具见表 4.17-3。

主要计量器具表　　　　　　　　　　　　　表 4.17-3

序号	名称	型号规格	备注
1	Topcon 全站仪	GTS330N	平台安装测量

序号	名称	型号规格	备注
2	精密水准仪	莱卡	平台安装测量
3	钢卷尺	一级精度 10m	平台安装测量

（c）材料的准备。根据施工进度要求，编制材料计划，并按材料计划进行材料的采购；材料需求见表 4.17-4。

主要使用材料表　　　　　　　　　　　表 4.17-4

序号	名称	型号规格	备注
1	工字钢	I25b	制作平台
2	工字钢	I16b	制作平台
3	钢筋	$\phi 25$	平台加固

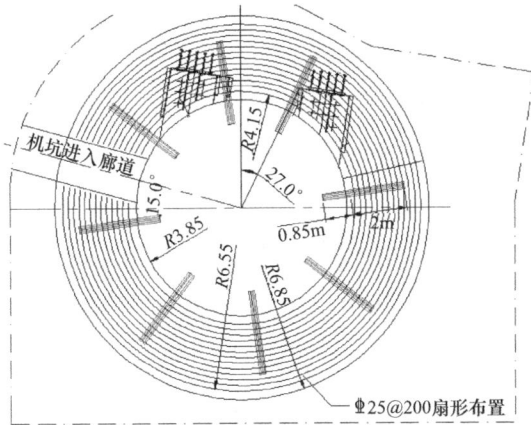

图 4.17-2　支撑布置图

b. 现场制作安装支撑平台

（a）测量人员测放出机组 X、Y 基准轴线，测放出机组机坑里衬中心点坐标，根据中心点坐标测放出图纸设计安装在机坑里衬圆周方向上的 8 个支撑平台位置尺寸，如图 4.17-2 所示。

（b）根据测量尺寸在机坑里衬下端管壁圆周方向上开 8 个孔并进行型材下料，I25b 工字钢下料长度 2.85m，共计 16 根；I16b 工字钢下料长度为 1.6m，共计 8 根，如图 4.17-3 所示。

图 4.17-3　8 个悬挑梁安装就位

（c）将 2 根 I25b 工字钢并成箱形梁结构，将其安装至机坑里衬上已割孔位置，内壁预留长度为 0.85m（此预留长度可根据机组底环的结构尺寸定），同时在内壁预留工字钢底部安装焊接 I16b 工字钢斜角支撑，以提高内部悬臂梁的安全系数，在安装过程中利用全站仪测量 8 个方位工字钢的水平度，确保水平度控制在 ±1.0mm 范围内，如图 4.17-4 所示。

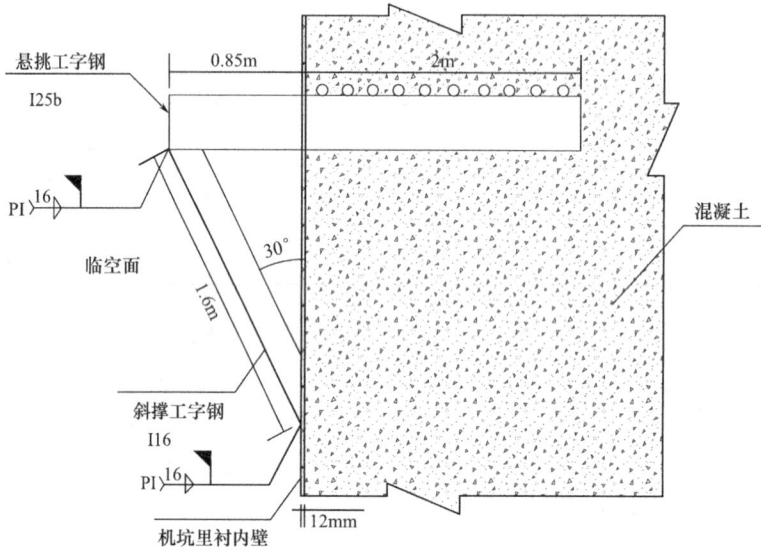

图 4.17-4　机组底环支撑平台单个支撑示意图

（d）机坑里衬外部预留部分的工字钢需浇筑到混凝土中，混凝土浇筑前在工字钢上面铺设一层钢筋网，提高机组底环支撑平台的整体受力强度，如图 4.17-5 所示。

图 4.17-5　钢筋网敷设

（e）待机组底环支撑平台现场制作完成后，再次测量检查支撑平台整体水平度，满足要求后进行混凝土浇筑，如图 4.17-6 所示。

图 4.17-6　混凝土浇筑完成

（f）机组底环吊装。根据设计图纸要求，机组底环吊装必须确保底环圆周方向与支撑平台的接触面尺寸控制在 ± 1.0 mm 范围内，以保证支撑平台受力均匀，如图 4.17-7～图 4.17-9 所示。

图 4.17-7　底环吊装

4）质量保证措施

① 安装施工前编制详细具体的安装施工工艺，并对所有参加施工人员进行详细技术交底，明确施工中的各项要求和重点难点。

② 在支撑平台制作安装的过程中，要确保支撑梁的焊接质量以及安装的整体平面度，

图 4.17-8 海拔 112.85 高程以上土建施工与座环打磨作业同步进行

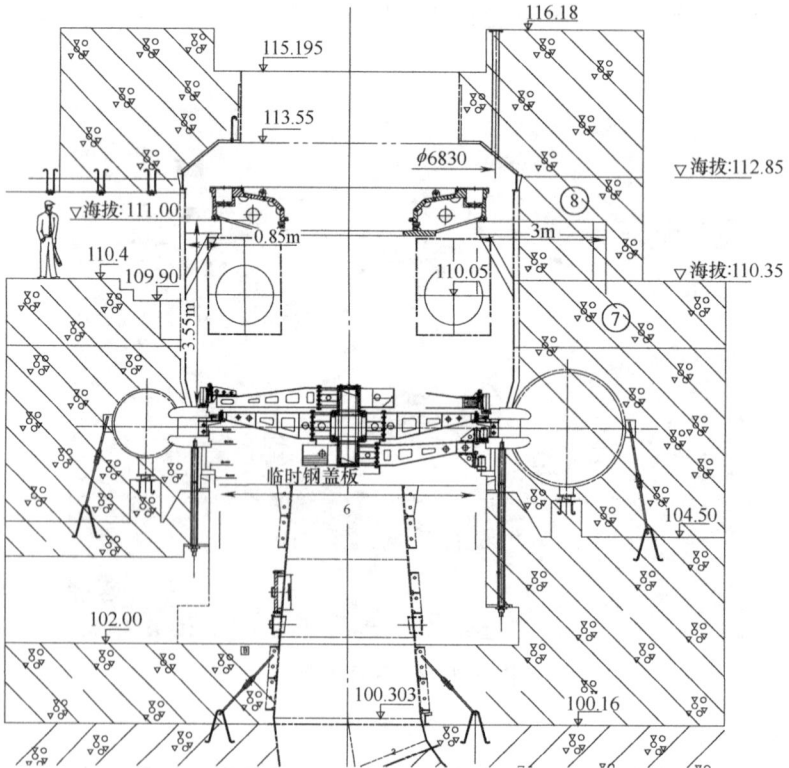

图 4.17-9 机组底环支撑平台安装使用整体示意图

如果平台安装过程中，8 根支撑梁不在一个高程上，容易造成整个支撑平台受力不均匀，存在安全隐患。安装过程中使用全站仪、精密水准仪及钢卷尺等进行精确测量，使 8 根支撑梁在同一个高程上。

（3）实施总结

浙江仙居抽水蓄能电站采用可逆式抽水蓄能机组底环安装技术，顺利地将底环提前吊入机坑固定，实现土建浇筑施工与座环机加工并行作业，提高机组安装施工的效率，节省人力物力，提升施工质量，经济效益显著。

该技术投入应用，每台机加工时间约 30d，可节约 $4 \times 30 = 120d$；土建浇筑混凝土 4 仓，以每仓平均节约工期 3d 估算，可节约工期 12d，机电和土建施工共计可节约 132d，按每天土建和机电总共投入施工成本 3 万元计算，除去投入材料及其他费用，最终至少可节约施工成本约 300 万。

浙江仙居抽水蓄能电站从建成至今，4 台机组各系统均正常运行，工程已获得四川省优质工程奖（蜀安杯）和中国安装优质工程奖（中国安装之星）。

（提供单位：中国水利水电第五工程局有限公司。编写人员：姜如洋、袁幸朝）

4.18 超大异型压力钢管制作安装技术

4.18.1 技术发展概述

在水利水电工程中，普遍布置有压力钢管作为水输送的通道。为改变水流方向，需采用一些异形管，如弯管、岔管、变径管等，这些异形管断面形状一般都为同心圆，该超大异形压力钢管较为特殊，断面呈三个圆心，"两头小、中间大"，分钢管轴线中心和上、下部分圆心。

隧洞式压力钢管安装常规的方法是在洞外将钢管组拼焊接成节，用运输车以平躺方式运输到洞内卸车、翻身，然后用台车运输就位、固定焊接。本超大异形钢管无法采用常规的方法安装，国内也未见此超大异形压力钢管的制作安装技术。

4.18.2 技术内容

（1）异形钢管展开放样采用 Solidworks 软件三维建模，用 AutoPOL 软件对钢管三维模型展开放样，制作异形钢管实体模型检验放样方法的正确性和误差大小。

（2）针对钢管结构特点，结合运输限制和安装要求，钢管分为 4 个瓦片制作，在制造厂进行管节的预组拼和相邻管节的预组拼，预拼完成后拆卸瓦片运输到安装现场。

（3）根据钢管布置形式，结合现场实际情况，钢管在竖井井底拼装平台立式拼装，在钢管底部安装滑支腿，用卷扬机牵引将钢管滑移到位。

4.18.3 技术指标

（1）《水电水利工程压力钢管制造安装及验收规范》DL/T 5017—2007；

（2）《水电水利工程压力钢管制作安装及验收规范》GB 50766—2012；

（3）《焊缝无损检测 超声检测 技术、检测等级和评定》GB 11345—2013。

（4）焊缝及钢管安装允许偏差见表 4.18-1～表 4.18-3。

纵缝、环缝对口错边量允许偏差　　　　表 4.18-1

序号	焊缝类别	板厚 δ(mm)	样板与瓦片的允许间隙(mm)
1	纵缝	任意板厚	10%δ，且不应大于 2
2		δ≤30	15%δ，且不应大于 3
3	环缝	30<δ≤60	10%δ
4		δ>60	≤6
5	不锈钢复合钢板焊缝	任意板厚	3.0

纵缝处弧度的允许偏差　　　　表 4.18-2

序号	钢管内径 D(m)	样板弦长(mm)	样板与纵缝的允许间隙(mm)
1	D≤5	500	4
2	5<D≤8	D/10	4
3	D>8	1200	6

钢管安装中心的允许偏差　　　　表 4.18-3

序号	钢管内径 D(m)	始装节管口中心的允许偏差(mm)	与蜗壳、伸缩节、蝴蝶阀、球阀、岔管连接的管节及弯管起点的管口中心允许偏差(mm)	其他部位管节的管口中心允许偏差(mm)
1	D≤2		±6	±15
2	2<D≤5	±5	±10	±20
3	5<D≤8		±12	±25
4	D>8		±12	±30

4.18.4　适用范围

适用于水电站输水系统异形压力钢管的制作安装。

4.18.5　工程案例

江苏溧阳抽水蓄能电站工程

（1）工程概况

溧阳抽水蓄能电站地处江苏省溧阳市境内，工程枢纽建筑物主要由上水库、输水系统、地下发电厂房、下水库、地面开关站等部分组成。厂房安装 6 台单机容量为 25 万 kW可逆式水泵水轮电动发电机组，发电额定水头 259.00m。

引水系统布置为一管三机，引水钢管从上库至机组由上库进出水口隧洞段钢管、上平段钢管、竖井钢管、下平段钢管、岔管及水平支管组成。上水库进出水口的隧洞段原设计为钢筋混凝土结构形式，由于地质原因，设计修改为压力钢管，钢管包括直管、弯管和渐变管。1 号隧洞 39 节，直管 11 节，弯管 18 节，渐变管 10 节；2 号隧洞 42 节，直管 15节，弯管 17 节，渐变管 10 节；钢管材质为 Q345D，板厚 34～42mm；加劲环和阻水环材质为 Q345C，厚度为 30mm，高度为 250mm 和 300mm。两个进水口隧洞钢管总重量为 2247.877t。

钢管设计有两大特点：①弯管段弯管设计成"三心圆"异形弯管，断面呈现三个圆心，钢管轴线中心和上、下部分圆心，结构复杂，外形尺寸大。②钢管的断面尺寸由小变大再变小，为"两头小中间大"，直管段断面为圆形，内径 ϕ9200mm，弯管段断面为长椭圆形，最大管节外形 13970mm×9884mm×2838mm，渐变段断面也为长椭圆形，最小管节外形为 9768mm×9768mm×2000mm。

（2）技术应用

1）超大异形压力钢管制作安装难点

"三心圆"异形管较为特殊，国内未找到该类型的展开放样方法和案例，正确、快捷的进行展开放样，是成功制作出这种异形压力钢管的关键。另外，钢管在竖井的吊装、洞外组拼及在洞内整体运输就位都是本技术的难点。

2）关键技术特点

采用计算机三维建模和展开技术，制造厂内分节整体预装，钢管分片运输，汽车起重机吊装钢管进洞、钢管洞内竖立拼装、"滑支腿"水平运输以及翻转就位等技术有机结合，使整个钢管安装过程未使用一个"天锚"进行吊装，降低了施工风险，加快了施工进度。

3）施工工艺和过程

① 工艺流程方框图（图 4.18-1）

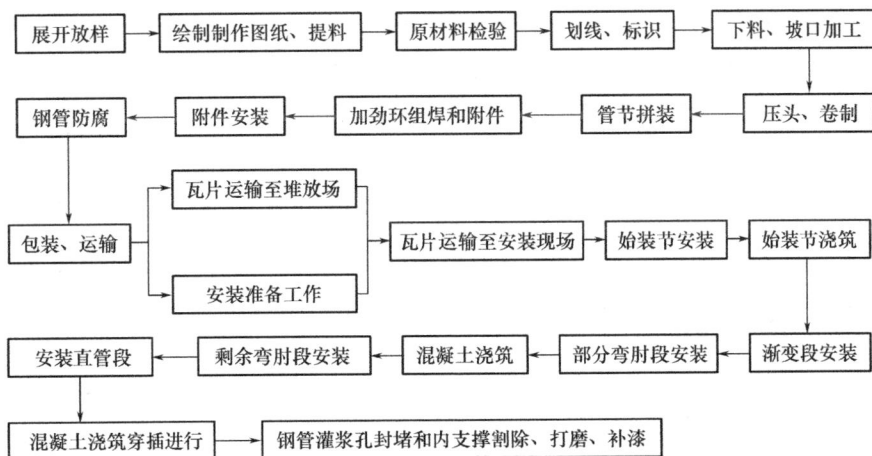

图 4.18-1　工艺流程图

② 工艺过程

a. 施工准备

（1）施工技术准备

实施前熟悉图纸和有关技术规范，根据现场实际情况编制施工方案，对方案进行论证、优化。

（b）作业人员的准备

根据工程进度计划安排要求，编制劳动力组织表，劳动力组织表见表 4.18-4。

劳动力组织表

表 4.18-4

序号	工种	人数（名）	主要工作内容
1	技术人员	2	技术方案编制、现场技术指导
2	质检人员	2	质量检查
3	下料工	3	钢板下料
4	铆工	24	钢管卷制、组拼、运输、就位、调整
5	电焊工	30	焊缝焊接
6	防腐工	6	钢管除锈、涂漆
7	起重工	2	起重作业指挥
8	探伤工	2	焊接质量检查
9	测量工	2	钢管安装测量
10	电工	2	电气设备运行、维护
11	普工	10	各类人工辅助性工作

（c）施工机具准备

按施工进度计划和施工机具需用计划，分阶段组织施工机具进场，并确保其能满足施工过程能力，主要施工机具见表 4.18-5。

主要施工机具表

表 4.18-5

序号	设备名称	型号规格	数量	用途
1	数控切割机	—	1 台	制作设备
2	半自动切割机	CG1-30	2 台	制作设备
3	三轴辊卷板机	70×3200	1 台	制作设备
4	起重设备	20t	1 台	制作设备
5	漆膜测厚仪	—	1 台	制作设备
6	砂罐	$1m^3$	1 台	制作设备
7	空气压缩机	$6m^3/min$	1 台	制作设备
8	各种弧度样板	—	2 台	制作设备
9	温湿度计	—	1 块	制作设备
10	CO_2 气体保护焊机	—	6 台	制作设备
11	汽车式起重机	130t	1 台	安装设备
12	汽车式起重机	25t	1 台	安装设备
13	载重汽车	15t	1 台	安装设备
14	捯链	10t	6 台	安装设备
15	捯链	5t	8 台	安装设备
16	捯链	3t	4 台	安装设备
17	螺旋千斤顶	50t	6 台	安装设备
18	螺旋千斤顶	20t	6 台	安装设备
19	螺旋千斤顶	10t	6 台	安装设备
20	双排座	1.5t	1 台	安装设备

序号	设备名称	型号规格	数量	用途
21	卷扬机	10t	1台	安装设备
22	动滑轮组	20t	1台	安装设备
23	定滑轮组	20t	1台	安装设备
24	空压机	$0.9m^3/min$	2台	安装设备
25	碳弧气刨机	ZX7-800	2台	安装设备
26	焊条烘焙箱	YZH-100	1台	安装设备
27	直流电焊机	ZX-400	16台	安装设备
28	直流电焊机	ZX-630	2台	安装设备
29	水准仪	S3型	1台	安装设备
30	全站仪	GTS330N	1台	安装设备
31	超声波探伤仪	—	1台	安装设备
32	TOFD探伤仪	—	1台	安装设备

（d）材料的准备

根据工程进度要求制定材料计划，并按材料计划组织好材料的采购工作，主要材料见表 4.18-6。

主要材料表　　　　　　　　　　　　　　　　表 4.18-6

序号	材料名称	型号及规格	数量	用途
1	钢板	$\delta=16$	$16m^2$	用于工装制作
2	钢板	$\delta=20$	$20m^2$	用于工装制作
3	工字钢	36b	32	台车制作
4	工字钢	20	1800m	外支撑
5	工字钢	16	5500m	内支撑
6	槽钢	16	450m	内支撑
7	槽钢	6.3	1400m	对接组装、焊接平台
8	角钢	5	1200m	对接组装、焊接平台
9	焊丝	—	若干	加劲环焊接
10	焊条	J507	若干	钢管焊接
11	氧气	—	若干	钢材切割
12	乙炔	—	若干	钢材切割
13	脚手架	—	1000m	对接组装、焊接平台
14	跳板	$L=2m$	500块	对接组装、焊接平台

b. 钢管制作技术

（a）用 Solidworks 软件对异形钢管三维建模（图 4.18-2），用 AutoPOL 软件展开放样，完成异形钢管的三维图和展开图，并按比例制作出异形钢管的模型（图 4.18-3）。通过实践证明，对钢管异形件的展开放样验证（图 4.18-4～图 4.18-6），展开图可直接用数控切割机编程软件进行编程，适用性强，同时这种方法高效、快捷，降低了人工绘制展开图的工作量和误差，提高了工作效率和精度。

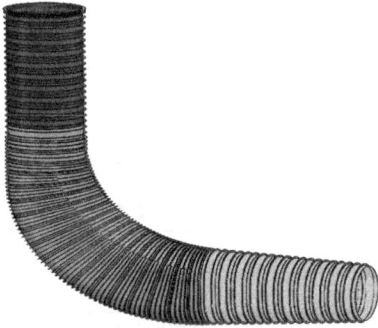

图 4.18-2　压力钢管三维模型

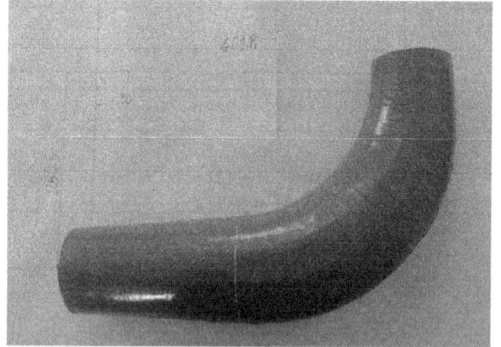

图 4.18-3　1∶100 异形钢管整体拼装模型样品

图 4.18-4　钢管管节三维模型

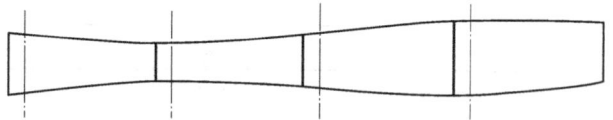

图 4.18-5　管节展开形状

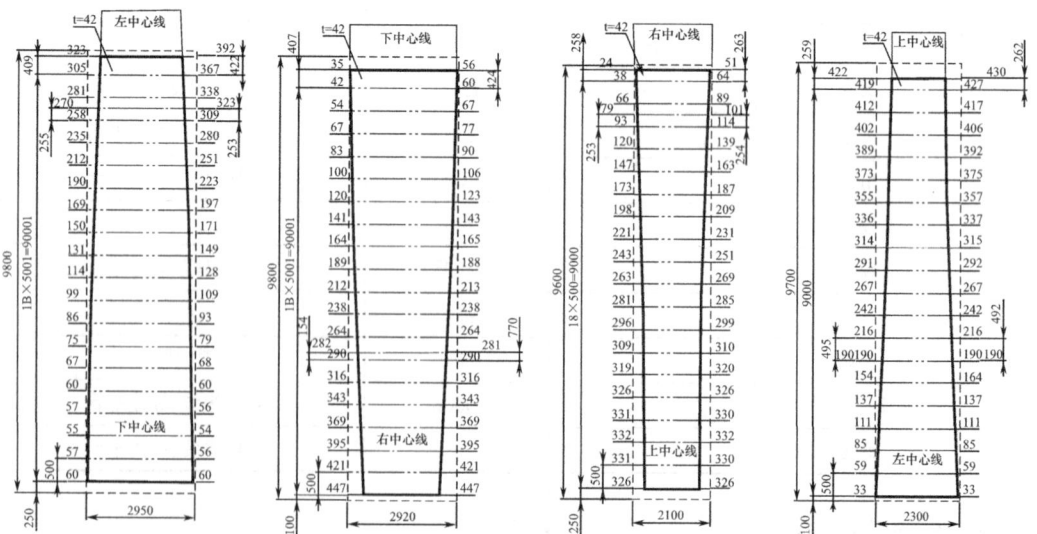

图 4.18-6　瓦片展开图

（b）根据展开图编制下料程序，用数控切割机下料和焊接坡口制备，压力机对钢板两端压弧，卷板机卷板成型，在拼装平台上放设钢管地样，把钢管瓦片拼装成节，检查钢管的实际形态、空间几何尺寸和平面尺寸，钢管实际各项指标应符合设计图纸和规范要求（图 4.18-7）。

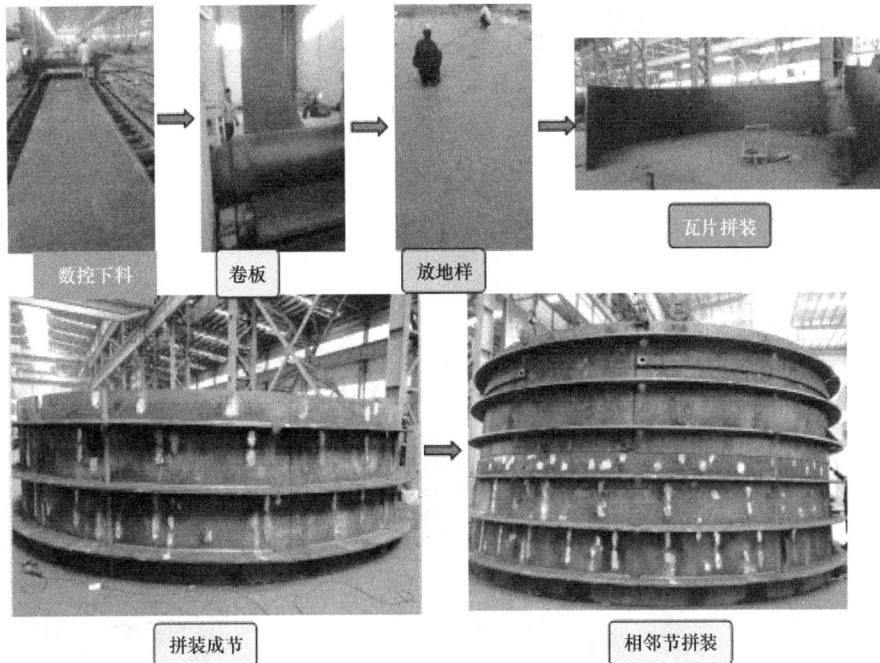

数控下料　卷板　放地样　瓦片拼装

拼装成节　相邻节拼装

图 4.18-7　钢管制作工序图

c. 钢管安装技术

（a）选用 130t 汽车式起重机吊装钢管，弯肘段的最重件重为 22t，渐变段的最重件重为 15.5t，直管段最重件重为 12.5t，吊车工作最大作业半径为 15m；起重机性能参数为：配重 45t，工作半径为 14m、臂长为 21 m 时，吊重 29t；工作半径为 16m、臂长为 21m 时，吊重 23t，满足所有钢管吊装要求。

（b）根据钢管的布置形式、结构特点及隧洞开挖尺寸，大部分钢管整节运输进洞受限，钢管需要分瓣进洞，在洞内进行组拼。钢管组拼有平躺和竖立两种方式，平躺拼装操作容易，拼装质量易保证，但场地占用大，拼装后需翻身，要布置吊装设备，而竖立拼装（图 4.18-8、图 4.18-9）的操作和拼装质量难度相对要大一些，但是拼装场地较小，拼装后不用翻身，不需要吊装设备。综合两种方式的优缺点和现场实际情况，钢管洞内拼装采用竖立拼装方式，在竖井底部（弯管段）扩挖一块场地作为钢管拼装场地。在竖井顶部拼装平台将钢管拼装成两瓣（上、下部分），先将下半部分吊装到井底调整固定，再将上半部分吊装与下半部分进行组拼。

（c）钢管在洞内水平运输有两种方式选择，滚动台车运输和滑支腿滑动运输，从承载、稳定性、灵活性等综合考虑选择后种方案，滚动台车运输中存在台车稳定性问题以及台车承载能力较小，滑支腿（图 4.18-10、图 4.18-11）采用型钢及钢板加强与钢管焊接成

图 4.18-8　现场钢管在井口平台上拼装

| 瓦片吊装进洞 | → | 底部瓦片吊装就位 | → | 顶部瓦片吊装就位 | → | 组拼成节 |

图 4.18-9　钢管洞内竖立拼装

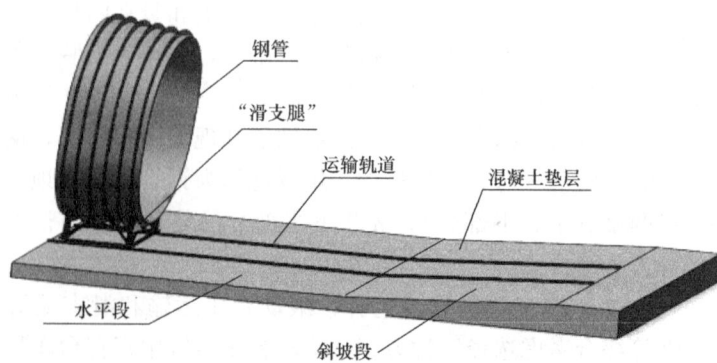

图 4.18-10　钢管洞内水平运输模型

图 4.18-11 钢管水平运输滑支腿

一体,刚性强,承载力强、稳定性好。渐变段钢管运输有一段上坡,可将滑支腿做成前低后高,防止在上坡时钢管向后倾倒。"滑支腿"技术,使钢管平稳安全运输(图 4.18-12)就位,钢管拼装完成后立即就能移出拼装工位,进行该节焊接和下一节拼装。钢管就位后,支腿可不拆除而用于钢管的底部支撑,减少了支撑的安装时间,节约了材料。

图 4.18-12 钢管洞内水平运输

(d)空间弯管就位采用翻转法,降低施工难度和安全风险。部分弯管采用竖拼、运输靠近已装管节,不能直接就位,采用翻转方法将钢管就位,在已装管节的底部焊接支撑板,作为钢管翻转的支点,在需就位的钢管底部用千斤顶向上顶升,在需就位钢管和已装钢管顶部间加装手拉葫芦对拉,使钢管翻转,在钢管翻转接近向下倾翻前,在钢管顶部加装顶杆装置，防止钢管翻转突然下坠，造成人员、设备安全事故。

（e）竖直直管内部施工平台采用移动吊篮，吊篮设计为同时满足钢管拼装和焊接作业（图 4.18-13、图 4.18-14）。

图 4.18-13　钢管安装后内部情况

图 4.18-14　钢管安装完成进口情况

4）质量保证措施

① 钢管制作质量控制

a. 钢管制作质量主要控制点在下料、卷制、管节预拼装。

b. 下料前对管节进行展开，绘制下料图，编制下料程序；正式下料前进行预下料，检查下料程序的正确性；下料后，根据下料图和规范要求检查下料尺寸，做好记录，并在已下好的料上做可靠标识。

c. 瓦片卷制时着重控制瓦片的弧度，以防过卷和欠卷。

d. 管节预拼装是对瓦片下料和卷制的检查，主要检查相邻管节的周长差、各中心对齐情况以及管口的外形尺寸和管节长度等。

② 钢管安装质量控制

钢管安装主要控制钢管的拼装、定位和焊接。钢管拼装、定位主要控制管口的中心、高程、里程，节间连接控制两管口的错边和间隙值。焊缝的焊接严格按照焊接工艺实施，加强对焊接过程的控制。

③ 管节安装质量控制

钢管安装前，在施工现场按设计图纸放出管节安装控制点，作为安装调整依据。钢管吊装之前，先检查对接的两管口椭圆度，量出所要对接的两管口的周长，根据周长差，计算出错边量，作为调整压缝的依据。然后将钢管吊装、运输就位，做临时支撑加固。钢管就位后，先按照提前放好的测量控制点对管口中心、高程、里程进行调整，直至调整到管口偏差符合规范要求，然后对钢管加固，再进行压缝。

④ 焊接质量控制

a. 焊前对坡口及两侧 100mm 范围内清理干净，其露出金属光泽。层间清理和背面清根清理要磨除渗碳层，确定无缺陷后再进行焊接。

b. 保持正确的焊条角度。焊条轴线相对于焊缝中线的角度和位置会影响焊缝的形状和熔深，焊条轴线与焊缝中心线的夹角一般在 75°～85°之间。

c. 严格控制焊接过程，按照所确定的焊接工艺参数施焊，并且根据不同焊工、不同焊接位置适当调整参数。

d. 严格控制焊接线能量，焊接时的线能量控制在 40kJ/cm 以下。

（3）实施总结

溧阳抽水蓄能电站上水库 1 号进/出水口隧洞段压力钢管于 2014 年 5 月制作安装完成，2 号进/出水口隧洞段压力钢管于 2014 年 7 月制作安装完成。钢管制作安装质量符合设计图纸和规范要求，制作安装质量优良。两个隧洞段压力钢管于 2015 年 7 月通过蓄水安全鉴定，2016 年 2 月完成 2 号引水系统充排水试验，2016 年 7 月完成 1 号引水系统充排水试验。经检查，两个进/出水口隧洞段压力钢管未出现异常情况，试验监测数据显示钢管的各项数据在设计范围内，满足要求。采用先进的计算机技术进行三维建模，钢管安装时根据钢管布置形式，结合现场实际情况优化钢管安装方案，降低施工难度和施工安全风险，减少了人员和设备投入。

溧阳抽水蓄能电站工程于 2013 年 5 月 7 日开工，2017 年 10 月 10 日 24：00 完成 6 台机组机电设备安装并顺利投产发电，创下"一年投产六台抽水蓄能机组"国内新纪录。工程获评"优秀工程勘测设计奖""四川省优秀安装质量奖（蜀安杯）""中国安装工程优质奖（中国安装之星）"等各类奖项。

（提供单位：中国水利水电第五工程局有限公司。编写人员：陈林、吴霞）

4.19　钢闸门门槽埋件、门叶制造安装技术

4.19.1　技术发展概述

钢闸门是开启或封堵水工建筑物过水孔口的重要设备之一，以调节上、下游水位和流量，满足水电站防洪、灌溉、引水发电和通航要求。钢闸门按结构形状分为平面闸门、弧形闸门和人字闸门。平面闸门用在过水建筑物（比如泄洪、溢流、导流、冲砂、船闸、发电等）的孔口检修门部位；弧形闸门用在过水建筑物（如泄洪表孔、底孔、深孔、冲砂，溢流表孔等）的孔口工作门部位。

高水头水电站不断增加，对钢闸门的抗冲蚀能力、承压能力、启闭阻力等都有了更高的要求，闸门的关键部位如滑道、水封及支承材料等大量采用新型复合材料，对闸门的制作加工精度也提出了更高的要求。金属结构新技术的发展，势必使我们在水电用材、制造方法、焊接技术、加工技术、装配技术等方面进行开发研究。

弧形闸门也逐渐向大孔口大尺寸发展。如过去常用的两支臂向三支臂发展，大孔口三支臂应用越来越广泛，已经完建的云南鲁地拉水电站、乌江银盘水电站、嘉陵江亭子口水电站等泄水由原来的两支铰向三支铰发展。白鹤滩水电站泄洪洞就创新采用三支铰弧形闸门。

高水头弧形闸门大多采用偏心铰、伸缩式及滑动转铰式止水形式，国内在 20 世纪 80年代开始研制了几例相应的闸门，如龙羊峡、东江、天生桥、小浪底、漫湾、宝珠寺等水

电工程亦相继应用了偏心铰式和伸缩式止水闸门，其中偏心铰、伸缩式两种止水均能适应工作于 100 m 以上水头弧形闸门的要求（在我国小湾放空底孔弧门已达到 160.2m）。特大型孔口、偏心铰或伸缩式止水的弧形闸门对制造及安装精度提出了远高于规范的要求，如弧门半径公差从规范要求的 $(R\pm2)$ mm 提高到 (R^0_{-1}) mm。

高水头（事故）平面闸门止水常用的止水型式有预压式和充压伸缩式两种，闸门支承型式常采用定轮和链轮。小浪底、三峡、水布垭及武都等水电工程平板定轮门设计轮压分别已达到 4050kN、4500kN、5400kN、5000kN，正在研究的 6000kN 级定轮已完成原型试验（原型试验的载荷轮压为 7500kN）。设计水头 160.2m 小湾水电站放空底孔事故平板链轮门已完成制造和安装，该链轮门应用了沉淀硬化不锈钢及 34CrNi3Mo 等高性能材料，其制造安装精度也达到了较高的水平。

三峡水利枢纽工程船闸金属结构中，船闸人字门最大门高 38.25m，宽 20.2m，单扇门重达 800 多 t，最大工作水头 36.25m。船闸第 2 至第 4 闸室充泄水阀门尺寸为 4.2m× 4.5m，工作水头 45.2m。大藤峡水利枢纽工程船闸人字门最大门高 47.5m，宽 20.2m，单扇门重达 1300 多 t，最大工作水头 40.25m，为目前世界上淹没水深最大的船闸人字门。船闸闸室充泄水阀门尺寸为 5m×5.5m，工作水头 41m。通过三峡水利枢纽工程船闸金属结构的制造安装，使我国船闸金属结构制造技术达到了世界先进水平。在大藤峡船闸金属结构的制造安装，我国船闸金属结构制造技术再次刷新世界纪录。

4.19.2 技术内容

钢闸门是水工建筑物的重要设备，主要由活动部分、埋设部分和启闭设备三大部分组成。

（1）门槽埋件制作技术

工艺流程：技术准备 → 材料检验 → 下料成型 → 拼装 → 焊接、矫形 → 机加工 → 整体组装 → 解体防腐 → 包装 → 运输

根据图纸绘制下料工艺图进行下料切割，考虑加放合理工艺余量。在固定平台上拼装，平台平面度误差不得大于 2.0mm/m。埋件焊前将焊缝及其两侧 10～20mm 范围内清理干净。焊接时，烘干焊条，焊接中断时，焊条装进保温桶，同时采取有效的防风措施。母材板厚较大或外界环境温度较低，需进行焊前预热时，可适当提高预热温度。焊接顺序为先立焊、后仰焊、横焊、再平焊。采用多层多道对称施焊，从焊缝中心位置向两端分段跳焊。定位焊起始位置距焊缝端部 30mm 以上，定位焊长度在 50mm 以上，间距为 100～400mm，厚度不宜超过正式焊缝厚度的二分之一，且最厚不超过 8mm，定位焊的引弧和熄弧点应在坡口内。

门槽埋件单件制造完成，校正直线度、平面度和扭曲度。对于尺寸大、刚性小的构件，通常采用机械矫正法；对于刚性大的构件，适宜用火焰局部矫正。校正结束对分节闸门埋件进行平卧整体组装，组装在无强制约束状态下进行，并按《水电工程钢闸门制造安装及验收规范》NB/T 35045 要求进行检查。

（2）门叶结构制作技术

工艺流程：技术准备 → 材料检验 → 平板 → 划线、下料 → 部件预制 → 部件焊接、矫形 → 门叶组拼 → 焊接、检测 → 解体、矫形 → 预组装、划线 →

机加工、配钻 → 组装验收 → 防腐涂装 → 包装 → 运输

根据设计图纸绘制工艺图，在平板机或卷板机上进行平板，平面度≤2mm/m。随后下料，预留焊接收缩余量。再进行闸门主梁、边梁、次梁、面板、吊耳装置、定位柱等部件的预制。

面板预制：对接接头避开应力最大断面，避免十字焊缝，相邻的平行焊缝间距及焊缝与筋板位置的距离不少于200mm。面板两侧及顶、底均需留二次切割余量，面板对接坡口焊接后将焊缝打磨光滑，进行无损探伤。

工字梁及T形梁预制：根据梁的几何尺寸设计拼焊胎膜，在胎膜上进行部件拼焊，严格控制装配间隙，组装件顶紧固定。焊接优先采用埋弧自动焊。部件预制完成后，对各部件进行校正，使其满足相关尺寸要求。

门叶组拼：将面板吊装就位于拼装平台上，检查合格后用经纬仪放样，确定闸门的中心及各定位基线，根据设计图纸和拼装工艺图标明主梁、次梁、隔板、边梁、加筋板等位置，每一部件拼装到位后，点焊加固。所有部件拼装完成后检查各部件位置的准确性，然后施焊，面板、主梁及边梁腹板、翼板对接优先采用埋弧自动焊焊接。在闸门整体焊接阶段，尽量采用焊接变形相对较小的 CO_2 气体保护焊。焊接顺序先焊隔板，再焊主梁翼缘板及次梁与面板的贴脚焊缝，最后焊接主梁腹板与边梁腹板的组合焊缝、边梁与面板的组合焊缝及边梁翼缘与主梁翼缘的对接焊缝，并采用多层多道对称施焊，从焊缝中心开始，向两端分段跳焊。引、熄弧在坡口内，严禁在母材上引弧。对于一、二类焊缝，每焊完一层，用风铲清渣，焊接反面坡口前，进行气刨清根，打磨至金属光泽，注意层间接头错开30mm。整体焊接采取对称分布焊接，先由闸门中间向两侧扩展，严格控制焊接秩序，焊接秩序按先立焊，仰焊，后平焊，由中间向四周扩展的顺序进行。

门叶整体焊接完成后，将门叶分节解体进行局部焊接变形调整。门叶单节校正后，将门叶置于刚性平台上进行整体组拼、调平、固定，标注门叶纵、横中心线及边梁中心线，作为门叶的加工基准线。根据基准线，拼焊止水座板及滑块支承板。止水座板及水封压板采用平面铣床进行平面加工，磁座钻等进行螺孔配钻。滑块支承面以止水座板加工面作为基准，采用平面铣床加工，磁座钻等螺孔加工。严格控制滑块支承面与止水座面的高差，确保水封的压缩量。节间联接面及底缘平面以止水座面、门叶中心线及门叶外形尺寸为基准确定加工线，采用镗铣床等加工。吊耳孔及节间连接轴孔，根据已加工的止水座面、门叶横向中心线及门叶底缘为基准确定中心线，加工吊耳孔及节间连接轴孔。

充水阀及充水试验：门叶顶节加工完成后，在其直立状态下进行充水阀的充水密封试验，按图纸要求装配阀芯与阀座，用塞尺检验周边的间隙，并进行充水和行程检验，保证平压阀操作自如，密封严实，不漏水，无卡阻现象。

闸门整体组装：门叶加工完成后，将闸门置于刚性平台上，将顶、侧止水方向面朝上进行整体组装。完成正、反向支承滑块、侧导向装置等相关附件安装后，检查组合处错位，并按相关要求检测止水座面平面度、支承滑道跨度和平面度、几何尺寸、节间接合面间隙、吊耳同轴度等。

（3）闸门安装技术

工艺流程如图 4.19-1 所示。

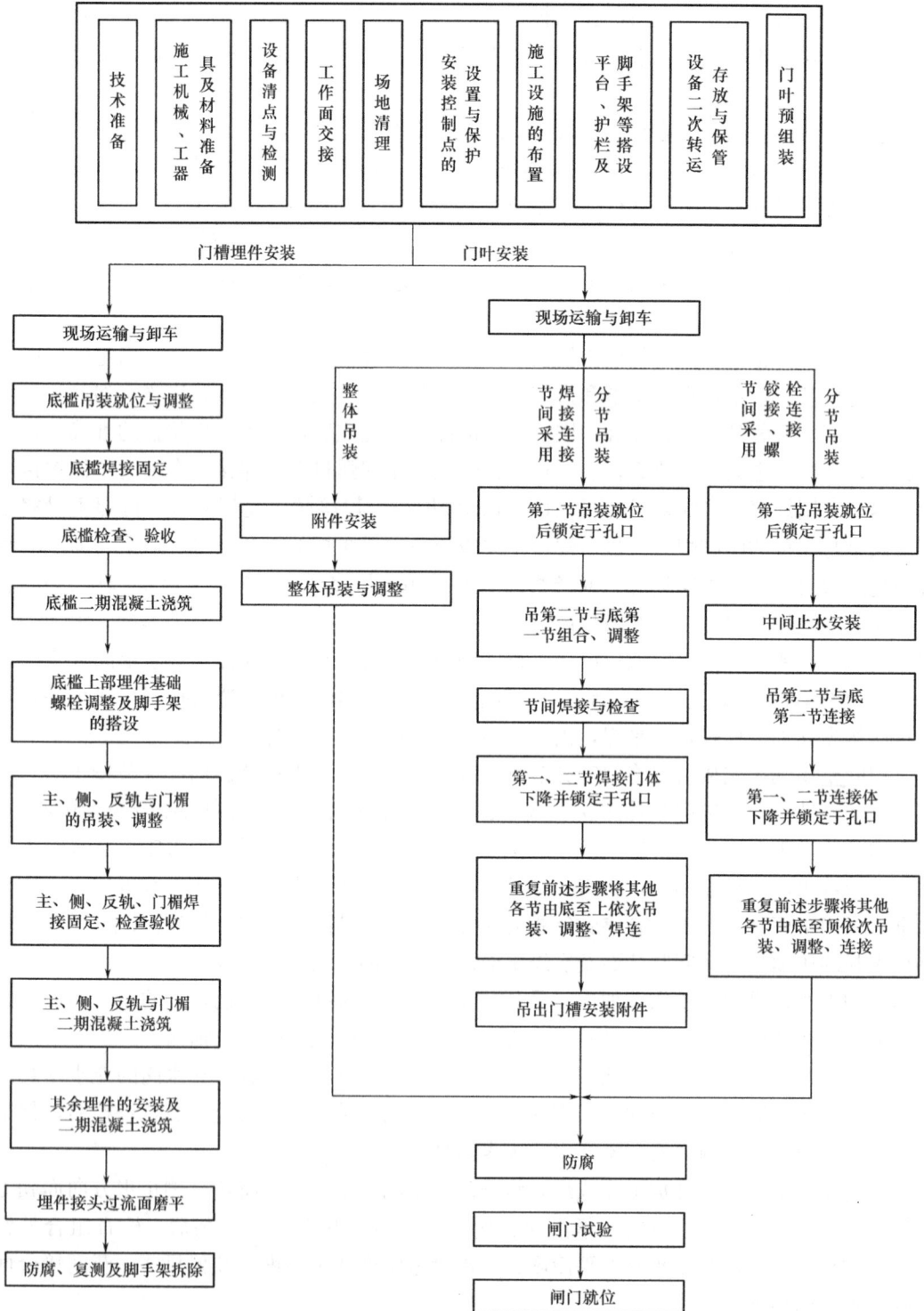

图 4.19-1　闸门安装工艺流程

　　根据施工图纸的要求设置安装控制样点，对孔口中心、门槽中心、高程及里程测量控制点设置准确且标注清楚的标识，样点位置预埋金属块打上样冲，直径不超过1mm。

　　门槽安装：底槛安装以测量放样时设置的孔口与门槽中心线及底槛高程为基准，对底槛安装高程、中心、水平等进行调整，使底槛精确定位，并将底槛与一期插筋焊接牢固。底槛固定时不得将插筋与底槛工作面焊接。焊接时，先焊接底槛对接焊缝，后焊底槛与插筋连接焊缝；按照从中间往两边，偶数焊工对称施焊的原则进行焊接。

　　主轨、副轨、反轨、侧轨、门楣安装：以门槽中心线、孔口中心线作为安装基准分节安装。主、反轨调整后先焊主、反轨节间连接焊缝，后焊主、反轨与锚筋连接焊缝。主、反轨安装平面度和直线度采用测量仪器在上、下两端放点，固定两根钢丝，以钢丝为基准进行直线度、平面度的控制。

　　门槽埋件试槽：埋件安装后，工程挡水前对全部检修门槽和共用门槽试槽。试槽的方法可采用相应的闸门或试探门在门槽中进行试验，试验过程中应起落自如，无卡阻现象。

　　闸门门叶安装：门叶组装后，其安装主要有整体吊入、分节吊入两种方式。整体吊入门叶安装，组装门叶附件，吊装就位与调整；分节吊入则采用节间螺栓连接、销轴连接、焊接连接门叶成整体，矫正后安装顶水封与侧水封等附件。

4.19.3　技术指标

　　(1)《水电工程钢闸门制造安装及验收规范》NB/T 35045—2014；

　　(2)《水电水利工程钢闸门制造安装及验收规范》DL/T 5018；

　　(3)《水利水电工程钢闸门制造、安装及验收规范》GB/T 14173—2008。

4.19.4　适用范围

　　适用于水电水利工程各类钢闸门（平面闸门、弧形闸门、人字闸门、一字闸门、浮箱式闸门、翻板式闸门）及埋件的制造及安装。

4.19.5　工程案例

　　嘉陵江亭子口水利枢纽泄洪表孔弧形闸门工程

　　(1) 工程概况

　　嘉陵江亭子口水利枢纽位于四川省广元市苍溪县境内，是嘉陵江干流开发中唯一的控制性工程，大坝坝型为混凝土重力坝，坝顶高程465m，最大坝高116m，是以防洪、灌溉及城乡供水、发电为主，兼顾航运，并具有拦沙减淤等效益的综合利用工程。水库正常蓄水位458m，设计洪水位461.3m，校核洪水位463.07m，水库总库容40.67亿 m^3，电站装机容量1100MW，通航建筑物为2×500t级升船机。

　　枢纽工程主体建筑物从左岸至右岸依次布置有左岸非溢流挡水坝段，左岸厂房坝段、泄洪（底孔、表孔）坝段，升船机坝段等建筑物。在枢纽工程左右岸各设置有一座灌溉引水渠首。

　　泄洪坝段布置8个泄洪表孔和5个泄洪底孔，泄洪表孔设置有弧形工作闸门及平面事故闸门；泄洪底孔设置有弧形工作闸门、进口平面检修闸门及平面事故闸门。

　　8个泄洪表孔，每孔设置一扇露顶式弧形工作闸门，表孔弧形工作门孔口尺寸14.0m×

23.0m，设计水位 461.30m，校核水位 463.07m，底坎高程 437.58m，支铰中心高程 450.0m，弧面半径 29.0m，闸门结构设计为三主梁直支臂形式。

（2）技术应用

1）新技术应用情况

① 闸门制造新技术的突破及应用

a. 解决了隔板及边梁腹板坡口加工的难题，无需轨道可直接在工件上加工坡口或直线切割。该割规装置结构简单，可拆可装，重复使用，安全可靠，施工效率高。应用了"一种加工弧形曲线坡口的装置及方法（ZL201510090340.2）"专利技术。

b. 弧形胎架在每个支撑点位置设置一个可调节高度的承载钢支撑，根据放样尺寸调整钢支撑高度合格后，锁定锁紧装置。利用该装置可以快速、高效搭设弧形胎架，且胎架可重复利用。应用"一种可调节高度的弧形闸门胎膜钢支承（ZL210210414270.8）"专利技术。

c. 采用一种快速高效的滚压校正方法解决窄长薄形金属结构件焊接后产生变形的校正难题，大大提高了生产效率，降低了安全隐患。应用"一种在卷板机上快速校正弧门侧轨埋件的装置及方法（ZL201510040120.9）"专利技术。

d. 设计一种无轨埋弧自动化焊接装置，适用于"工"形梁、"T"形梁、"π"形梁和箱形梁外缝的焊接，不需要搭设焊接平台也无需轨道实现梁类的船形位置焊接。应用"一种无轨埋弧自动化焊接装置（ZL20162 1109177.6）"专利技术。

e. 采用大部件整造技术。针对大型弧形闸门制造，门叶结构的面板、T 形隔梁，π 形边梁或箱形边梁采用大部件整体制造方法；门叶结构卧拼采用大部件总装法。

② 闸门安装新技术的突破及应用

a. 为解决侧止水安装便利，降低安装难度，采用"一种提供大型弧形闸门检修用锁定装置（ZL20182225366.5）"专利技术。

b. 为解决侧止水安装后止水的稳定性，加强止水效果，在水封安装中采用"一种用于顶紧闸门水封的装置（ZL201620679024.9）"专利技术。

c. 弧形闸门支铰的整体安装，采用"一种辅助弧形闸门支铰安装装置及安装方法（ZL201510904718.8）"专利技术，取得了良好的效果，不仅提高了安装效率，也取得了优良安装质量，为闸门的运行提供可靠保障。

2）项目安装特点难点

泄洪表孔共 8 孔门槽，每孔门槽设一道事故检修门埋件和工作门埋件；门槽埋件共 16 套；事故检修门 2 套；弧形工作门 8 套。弧形闸门单套闸门重量为 380t；门叶、支臂、支铰重量分别为 178.8t（单扇）、72.8t（单个）和 27.8 t（单套），如何分块、分节从堆放场转运、吊装、支臂及门体拼装制约着整个安装工期。本项目相对安装时间长，安装难度大，弧形闸门现场的拼装和焊接工程量较其他结构形式的闸门均要大，所以弧形闸门的安装是本工程的一个重点和难点。

3）安装项目关键技术特点

部件的吊装位置较高，设备单件重量较大，只能采用大坝 2 台 30t 缆机进行吊装，安装位置为二闸墩孔口内，吊装就位需要高空作业，风险较大。而且多个部件还需要采用缆机抬吊的方式，需要设计制造吊梁。吊点的布置和吊梁的设计是完成本项目安装的关键技术。

4）施工工艺和过程

①埋件安装工艺技术

a. 安装程序

准备工作→测量放点→底槛装车运输→缆机吊装→底槛组装、调整、加固→底槛验收→底槛二期混凝土→底槛复测→侧轨装车运输→缆机吊装到孔口→卷扬机吊装安装、调整、固定→焊接→检验验收→二期混凝土→复测→轨道接头打磨、清理→防腐→验收。

b. 安装方法

（a）根据土建提供测量基准点，将弧门的底槛高程点、里程点标识于孔口底槛坝墙侧位置，利用水准仪搭设底槛安装平台，将底槛构件吊入放置于安装平台之上，控制底槛面高程、水平度、上下游及左右岸位置。测量合格后，将底槛与一期混凝土锚筋搭焊牢固。

（b）底槛安装合格后，在底槛面上画出弧门左右支铰中心点及侧轨面限界点，标识清楚。

（c）利用经纬仪将侧轨面安装控制点移植在上游河床上一固定物上，安装侧轨门槽时，在上游架设经纬仪实时控制弧门侧轨的安装精度，安装侧轨顺序由下而上。安装前要搭设好脚手架，以方便安装人员操作。

（d）侧轨安装两侧同时进行，安装期间实时控制同一高程的两侧轨跨距。

（e）根据底槛的高程，将支铰中心高程引到支铰座预埋板混凝土处，利用经纬仪将支铰座中心引到支铰座凿毛混凝土面上，将支铰座面断面线也引到坝墙侧，利用高程点及中心线、断面线安装支铰座预埋板。支铰座面安装结束时采用拉粉线及连通水管进行左右支铰座面的平行度、水平度验收。

（f）弧门门槽所有构件安装验收合格后，通知土建浇注二期混凝土。

（g）主要施工措施及技术要求：

a）二期埋件的安装符合施工图纸及 DL/T 5018 第 8.1.5 条～8.1.13 条的规定。

b）埋件安装前，进行设备的清点、检查和必要的清理与保养；对埋件埋设部位一、二期混凝土面凿毛并冲洗，检查预留插筋的位置和数量是否符合施工图纸要求。

c）二期埋件就位调整完毕，与一期混凝土中的预留插筋或锚栓焊牢，严禁将加固材料直接焊在轨道工作面或水封座板上。

d）所有不锈钢材料的焊接接头使用相应的不锈钢焊条，所有工作面的连接焊缝在安装完毕和浇筑二期混凝土后仔细打磨，其表面粗糙度应与焊接构件一致。

e）二期埋件安装完毕后，对埋件的最终安装精度进行复测，做好记录。

f）安装好的二期埋件，除工作表面外，其余外露表面均按施工图纸、防腐技术要求或制造厂技术说明书的规定进行防腐处理。

②闸门安装工艺技术

a. 安装施工程序

施工准备→螺栓复测、调整→支铰装车运输→支铰吊装→支铰调整、加固→检查、验收→二期混凝土浇筑→复测→养护→下支臂（带裤衩）吊装→下支臂（带裤衩）与支铰组装→中支臂吊装组装→上支臂吊装组装→底节门叶吊装与下支臂组装→第 2 节门叶吊装与底节门叶组装→第 3 节门叶吊装与第 2 节门叶及中支臂组装→第 4 节门叶吊装与第 3 节节门叶组装→第 5 节门叶吊装与第 4 节门叶及上支臂组装→第 6 节门叶吊装与第 5 节节门叶组装→顶节门叶吊装与第 6 节节门叶组装→门体整体尺寸检查、调整→门体焊接、焊缝检查（含 NDT）→门体整体检查验收→现场焊缝防腐→门体与液压启闭机联接→提门、锁定闸门→安装水封及附件→启闭机联合无水调试与试验→竣工验收。

b. 吊装方案

利用大坝 2 台 30t 缆机进行吊装和安装调整。将门体依次吊入闸室安装，按出厂时拼装定位基准组装。所有组装尺寸须达到规范及设计图纸要求；门体的吊装顺序为：支臂吊装→支臂与支铰相连→门叶吊装→门叶与支臂相连→附件安装。

（a）吊装部件概况

本次吊装大件包括门叶结构、支臂结构、支铰及油缸等，每孔闸门共 17 个大件，8 孔闸门共 136 个大件，大件规格、重量见表 4.19-1。

弧门安装缆机吊装大件表

表 4.19-1

序号	名称	规格尺寸（m）	单套数量（件）	总量（件）	单重（t）	总重（t）	备注
一	支铰	1.8×1.8×3.18	2	16	28	448	单台缆机吊装
二	支臂						
1	下支臂与裤衩组合件	1.9×7.63×24.931	2	16	28.6	457.6	单台缆机吊装
2	中支臂与连系杆	1.9×4.466×21.226	2	16	20.8	332.8	单台缆机吊装
3	上支臂与连系杆	1.9×7.289×21.226	2	16	22.1	352.6	单台缆机吊装
三	液压油缸	0.72×0.9×14.4	2	16	23	368	单台缆机吊装
四	门体结构						
1	第一节门叶	4.42×2.4×13.9	1	8	35.25	282	两台缆机抬吊
2	第二节门叶	3.75×2.42×13.9	1	8	20.45	163.6	单台缆机吊装
3	第三节门叶	4.1×2.5×13.9	1	8	34.05	272.4	两台缆机抬吊
4	第四节门叶	3.3×2.55×13.9	1	8	17.55	140.4	单台缆机吊装
5	第五节门叶	3.6×2.5×13.9	1	8	30.25	242	两台缆机抬吊
6	第六节门叶	3.9×2.3×13.9	1	8	18.79	150.32	单台缆机吊装
7	第七节门叶	3.35×1.8×13.9	1	8	14.05	112.4	单台缆机吊装
	合计		17	136			

双机抬吊最大重量是第一节门叶 35.25t，单机吊装最重是下支臂与裤衩组合件 28.6t。

（b）吊装方案

泄洪表孔闸门及液压启闭机安装在缆机覆盖范围内，对于不超过 30t 的构件均采用单机吊装，共有 24 个门叶吊装单元需要采用双机抬吊。经实测缆机主钩包络线在 27 号坝段为最低点，该处缆机满负荷主钩高程为 474.5m，而坝面高程为 465m，净空只有 9.5m，无法采用业主方提供的平衡梁（钩头 2.1m＋柔性绳 5.3m＋桁架梁高 0.9m＝8.3m），需设计并制作一根刚性平衡吊梁。

a）门叶吊装

门叶结构吊装由缆机从右岸吊至坝段部位坝面上方，将门叶调整至安装方向缓慢落入门槽安装就位，用于吊装的吊耳4个，分别设置面板侧2个，隔板（主梁）梁系侧2个；另边梁侧各布置1个落位调节用吊耳，吊耳布置如图4.19-2所示。

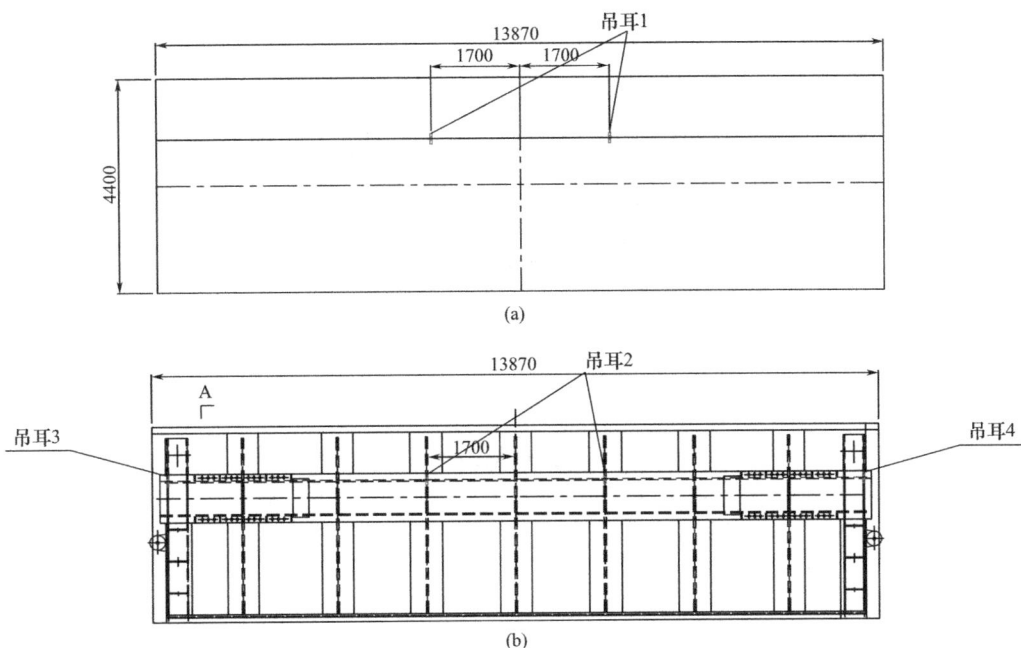

图4.19-2　门叶结构吊耳布置

（a）迎水面视图；（b）背水面视图

第2、4、6、7节门叶采用单台缆机吊装，吊耳1、2各挂1对 ϕ30-16m 钢丝绳用于吊装，吊耳3、4各挂1个20t手拉葫芦在落门时调整，第1、3、5节采用2台缆机＋自制的平衡梁吊装。其吊装示意如图4.19-3所示。

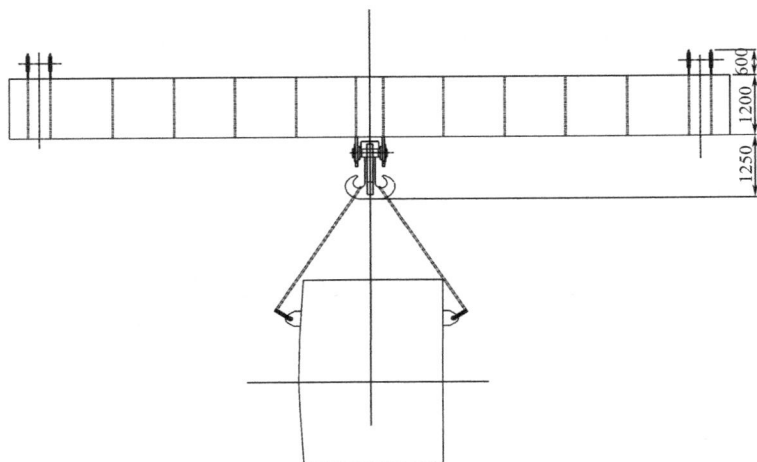

图4.19-3　门叶吊装示意

b）支臂吊装

一套支臂分三个吊装单元，裤衩与下支臂组成一个吊装单元、中支臂及连系杆件组成一个吊装单元、上支臂及连系杆组成一个吊装单元，如图 4.19-4 所示。

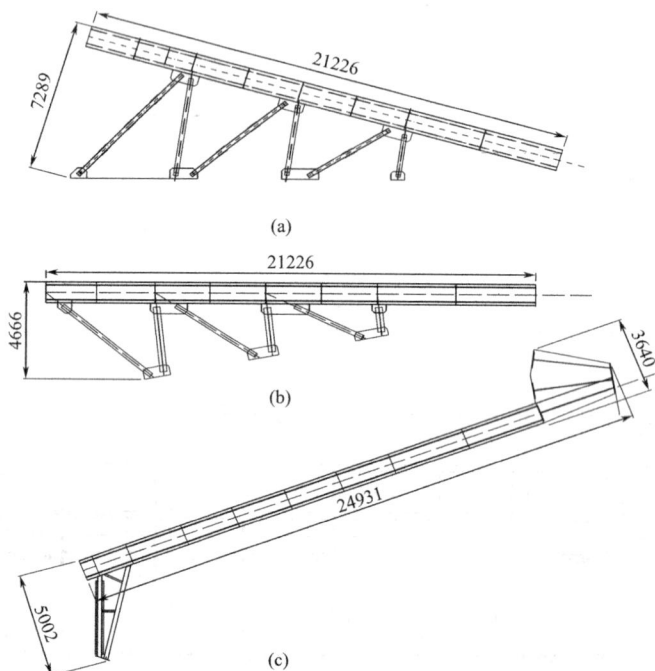

图 4.19-4　支臂分片吊装示意

（a）支臂第三吊；（b）支臂第二吊；（c）支臂第一吊

按计算好长度的 2 对 ϕ30-16m 钢丝绳通过支臂吊耳 1、2 与吊钩相连，再用 4 根 ϕ28 钢丝绳头和 2 个 10t 捯链连接吊钩和吊耳 2 副吊孔，用于调整支臂安装对位时的角度和垂直度（吊运过程中手拉葫芦处于松弛状态）。

c）其他部件吊装

包括支铰、油缸的吊装，其吊装方式由单台缆机在大坝左右岸上坝后，从闸门孔口上方落钩到安装部位。

③ 主要安装工艺

a. 支臂结构现场二次拼装

支臂结构主要由三根支杆、裤衩、支杆间的连接杆系组成，因受运输的限制，各部件是散件运输到安装现场。为加快施工进度，减少孔口内的拼装和焊接工作时间，特别是为减少占用大坝缆机的使用时间，在现场对 16 套支臂进行二次组装焊接，拼装厂租用 2 台 35t 汽车式起重机进行部件的拼装及装卸车。拼装焊接完成后拆分成 3 个安装部件，最大起吊单元为 28.6t。

支臂现场二次组装工艺如下：

（a）搭设支臂拼装平台；

（b）按支臂图纸尺寸在铺设钢板的地面上测放上中下支臂撑梁、支臂裤衩的中心线及拼装位置线，做出明显的标记；

（c）检验合格后进行部件拼装→吊装支臂裤衩，调整就位后点焊固定；

（d）吊装上中下支臂撑梁，按先中间后两边的顺序依次进行支臂吊装，调整就位后点焊固定；

（e）根据支臂地样在上中下支臂撑梁翼板上测放支臂撑梁中心线；

（f）根据出厂标示，组装支臂撑梁间的直杆、斜杆，按照先内后直杆和斜杆交错进行的顺序进行直杆和斜杆的组装，调整就位后点焊固定；

（g）对支臂整体结构及各位置尺寸进行组装检验；

（h）将裤衩与下支臂撑梁；中支臂撑梁及与之连接的直杆和斜杆以及直杆和斜杆与中支臂之间的节点板焊接成一个整体；上支臂撑梁及与之连接的直杆和斜杆以及直杆和斜杆与上支臂之间的节点板焊接成一个整体；焊接注意分块的加焊固定；

（i）检查，包括焊缝探伤；

（j）焊缝处补漆；

（k）拆分成 3 个安装部件。

b. 支铰安装

通过模拟现场铰座和铰链的安装角度，采用工字钢为支撑共制造 16 套工装，将装配好的铰座和铰链角度准确定位，并焊接固定。安装吊装时，缆机吊装到位就能直接与调整好的锚栓架支座连接定位，现场支架的支撑固定后即可浇注二期混凝土，减少了现场铰链与支臂裤衩部位的就位调整时间，大大加快支臂安装的施工进度。

c. 支臂安装

支臂装置均在现场进行了二次拼装，每套支臂装置分为 3 个安装单元，在支铰二期混凝土强度达到要求后，支臂安装均由缆机从左岸吊装到孔口安装部位。

（a）一套支臂分 3 个安装单元，裤衩下支杆组成最大安装单元为 28.6t，利用缆机吊入孔口内，用已做好的托架支撑住，组装后与已安装好的支铰连接。

（b）吊装支臂前，在靠近支铰处的支臂吊点上挂两个 10t 手拉葫芦，方便调节支臂吊置空中时的仰角，以利于裤衩与预埋支铰座高强螺栓对孔。在侧向位置用麻绳绑住支腿的前后两端，控制支腿左右摆动，方便螺栓对孔。当高强螺栓对孔成功，立即将高强螺母、弹簧垫圈拧紧，先定位一两个，再依次拧紧其他剩下弹簧垫圈、高强螺母。在支臂开口靠弧门下主梁处，根据支臂安装所需处的高度，将其用工字钢或槽钢支撑加固在孔底水泥基础上，准备安装上片支臂。

（c）采用一台缆机吊装上支杆、中支杆及连接部件。根据上支杆安装角度，采用扁担通过其上两钢丝绳来进行支杆的大致角度定位，吊装到位后，通过葫芦来完成上支杆的定位连接。

（d）上、中、下三片支臂连接并调整定位。检查螺栓连接并加焊固定。

（e）同样的方法安装另一侧的支臂。

（f）待支臂与支铰弹簧垫圈、高强螺母与高强螺栓拧紧程度符合要求后，开始吊装底节弧形工作门门叶。

d. 门体安装

（a）门叶总重 171t，共分 7 个安装单元，其中第 1、3、5 节门叶安装需要用二台缆机抬吊，其他门叶采用单机吊装。根据工作面开展情况，门叶安装时，为减少缆机在吊装时各种吊具反复装卸所需占用的时间，采用集中吊装方式，相同部位的各孔门叶尽量安排在同一天吊装，提高缆机的使用效率。

（b）在进行门槽二期埋件的安装时，在门叶分节处对应的侧轨上下两侧先预埋设二期埋件。门体安装时，在预埋件上搭设焊接支撑，用于门叶吊装到位后快速就位。

（c）在门槽顶端部位先预埋设二期天锚埋件，待各节门叶缆机吊装到部位后，通过在天锚上挂设滑轮组，利用溢流面孔口左右已架设好的2台卷扬机（卷扬机的部位要根据各节门叶实际安装部位调整）及葫芦来进行与下节门叶在左右高程和上下游面里程的调整。

（d）底节门叶重35t。底节门叶上的支臂顶板吊装前先卸除，利用2台缆机缓慢放入孔口内并置于底槛上，调节吊点使底节门叶以安装角度再次吊起，根据已放置好的支腿将底节门叶放到安装位置，调整支腿及底节门叶的仰角，将底节门叶最后安装精确到位。

（e）当底节门叶底水封座处面板放到安装位置，门叶左右位置符合要求后，先用缆机让门叶向上游倒落一定角度，以便调整支臂开口下部与底节弧门叶底主梁的相对位置。让底节门叶恢复正常角度，当弧门面板外缘边与预先测量好并标识于侧轨面上的半径点相平时，观察弧门门叶左右与坝侧的间隙是否相等。底节门叶准确到位才能接着吊装上一节门叶。最后焊上下游挡板固定底节门叶。门叶第一节是基础，挡板要焊牢并保证焊脚尺寸。

（f）底节门叶安装就位后，搭设上游面板处施工脚手架，与第2节门叶相邻的面板处焊好安装挡板，为第2节门叶的安装叠放做准备工作。

（g）用缆机将第2节门叶缓缓吊入孔口，利用预组装所焊定位挡板，将第2节门叶安装到位，观察第2节门叶左右端与弧门侧轨面板左右距离，再注意面板的整体弧度，确认安装位置无误后，点焊牢固，焊上上下游定位挡板不让门叶跑位，安装缝面板点焊牢固并多点位长焊缝以保证安装准确、安全。

（h）同样的方法安装第3节～第5节门叶，其中第3、5节门叶安装前，先将其主梁上的支臂顶板拆除。在第3、5节门叶安装叠放完毕后，观察支腿中、上臂与第3、5节门叶上主梁相对位置情况，如果有很大差错，需重新调整支臂高度，以弥补上、中、下支臂与弧门的相对偏差。

（i）最后叠放第6、7节门叶，注意此两节门叶因没有支臂支撑，而且向下游倾倒的角度比较大，因此安装时需增加支撑加固，将隔梁翼板连接缝焊完。第5节门叶与第6节门叶的面板、第6节与第7节门叶的面板对接缝定位焊尽量多一些，最好分段焊接一部分，以确保安全。

（j）门叶全部叠放结束，安装支臂顶板，根据板厚修割支臂端头，并按制造详图要求开坡口，再装上支臂顶板，拧紧高强螺栓。完成支臂头与支臂端板的点焊工作，检查左右2个支臂装置对称度及其相应要求尺寸，满足规范要求后焊接。与此同时可以完成侧水封座板的安装工作。

e. 门体的焊接

（a）焊接前整体验收，经监理工程师验收并签字同意后开始焊接。

（b）主要的焊接工作是门叶间的连接焊缝，上支臂与裤衩的连接焊缝，支臂前端板与支臂间的连接焊缝，均需探伤，按焊接工艺措施，减少焊接残余应力，并控制好焊接变形。

f. 侧水封、底止水及启闭吊耳安装

整体焊接后，进行整体尺寸半径及支臂同心度验收，经监理工程师确认后进行侧水封、底止水及启闭吊耳安装。

g. 防腐涂漆

由于本工程是利用 30t 缆机进行弧门安装，所以门叶安装完毕即可开始弧门与液压启闭机的绳联接工作，完成焊缝及运输损伤部位防腐涂漆作业。

h. 闸门试验

（a）会同监理工程师进行无水情况下全行程启闭试验，试验中用清水冲淋水封橡皮。试验时检查支铰转动情况，启闭过程中闸门是否平稳无卡阻，水封橡皮有无损伤。闸门全关时，在上游底侧观察底、侧水封有无漏光等。

（b）弧门安装完毕，蓄水达到设计水头时，进行弧门动水启闭试验。动水启闭试验包括全程启闭试验和局部开启试验，检查支铰转动、闸门振动、水封密封等有无异常现象。

④主要施工措施及技术要求

a. 两支铰座连接面高度差不大于 0.5mm，扭曲度不大于 1mm。

b. 弧门正式施焊之前，按《水电水利工程钢闸门制造安装及验收规范》DL/T 5018—2004 第 8.3 节的有关规定复查各项尺寸。

c. 按制造厂的技术说明进行弧门现场组装，组装质量符合设计图纸和规范要求，验收合格后方能进行门体的焊接。

d. 弧形闸门的横向安装焊缝，主要包括面板的对接焊缝、边梁和纵梁的对接焊缝等。弧形工作门焊接工作量大、工期紧、施工质量要求高，焊接方法采用焊条电弧焊和气体保护焊。

e. 从事现场安装焊缝的焊工，必须持有关部门签发的有效合格证书。焊工中断焊接工作 6 个月以上者，重新进行考试；无损检测人员必须持有国家专业部门签发的资格证书。评定焊缝质量应由 Ⅱ 级或 Ⅱ 级以上的检测人员担任。

f. 采购的每批焊接材料，具备产品质量证明书和使用说明书，进行抽样检验，焊接材料的保管和烘焙符合《水电水利工程钢闸门制造安装及验收规范》DL/T 5018—2004 第 4.3.6 条的规定。

g. 在进行一、二类焊缝焊接前，按《水电水利工程钢闸门制造安装及验收规范》DL/T 5018—2004 第 4.1 节的规定进行焊接工艺评定；根据批准的焊接工艺评定报告和《水电水利工程钢闸门制造安装及验收规范》DL/T 5018—2004 第 4.3 节的规定编制焊接工艺规程。

h. 焊缝按《水电水利工程钢闸门制造安装及验收规范》DL/T 5018—2004 第 4.4.1 条的规定进行外观检查；焊缝的无损探伤按《水电水利工程钢闸门制造安装及验收规范》DL/T 5018—2004 第 4.4.3 条～第 4.4.7 条的规定进行，焊缝无损探伤的抽查率除符合《水电水利工程钢闸门制造安装及验收规范》DL/T 5018—2004 第 4.4.4 条的规定外，还应抽查容易发生缺陷的部位，并抽查到每个焊工的施焊部位。

i. 焊缝缺陷的返修和处理按《水电水利工程钢闸门制造安装及验收规范》DL/T 5018—2004 第 4.45 节的规定进行。

j. 对于需要进行消除应力处理的焊缝，制定消除应力的技术措施。

k. 为减少焊接变形和焊缝残余应力，焊接时主要采取下列措施：闸门焊前进行可靠的点固焊接；合理安排焊工工位和焊接顺序，采取分段、对称施焊；对厚度较厚、焊角尺寸较大的焊缝采用多层多道焊或采用预留反变形并配合锤击消除应力等措施；对需预热的焊缝，焊前应预热。

（3）实施总结

该项目自2013年3月4日开始第一节门叶吊装，6月5日将第8孔闸门的最后一节吊装到位。历时90d共完成金属结构安装4500t，在4～5月高峰期间，最大安装工程达到2200t/月。项目采用科学的施工方法，克服闸门重量重、拼装难度高、质量要求高的困难，严格安装、焊接工艺程序，保质保量地完成了闸门工程。

（提供单位：中国葛洲坝集团机械船舶有限公司、中国葛洲坝集团第三工程有限公司。编写人员：张建中、刘桂芳、张振华、高顺阶）

4.20 固定卷扬式启闭机安装技术

4.20.1 技术发展概述

固定卷扬式启闭机主要用于启闭平面闸门或弧形闸门，依靠闸门自重、水柱或其他加重方式关闭孔口闸门，通常为一门一机单独操作或集中操作，广泛应用于泄水、导流及进水口各部位闸门的启闭。按其吊点数分为单吊点启闭机和双吊点启闭机；按传动方式分为开式传动启闭机和闭式传动启闭机；按卷筒缠绕方式分为单层缠绕和多层缠绕的启闭机。近些年随着国家大型重点水电项目的建设，固定卷扬式启闭机的启闭容量不断创新高，目前世界最大的固定卷扬式启闭机容量已达18000kN（单吊点）。

正确地选择启闭机的传动方式可使整机结构尺寸、平面尺寸减小，不仅利于水工布置，还能降低启闭机整机重量及造价。按单吊点布置形式，其传动方式分为单电机驱动单个双联卷筒、双电机驱动单个双联卷筒、双电机驱动两个双联卷筒和双电机驱动四个单联卷筒等。传动布置越复杂，启闭机的容量越大，安装精度要求越高。

固定卷扬式启闭机现场安装场地足够时，一般选用汽车式起重机、履带式起重机、塔式起重机等进行安装；安装空间不足时，通常考虑设置天锚、地锚、导向滑轮、滑轮组等配合卷扬机完成固定卷扬式启闭机的安装。整机尺寸小、重量轻的情况下一般考虑整体吊装，对位时采用预埋导向对位板或设置导向轨道、移动小车、滚杠等方式引导固定卷扬式启闭机就位。整机尺寸大、重量重、受限于现场起吊设备起吊能力不宜采用整体吊装时，尽量将启闭机运输至安装现场，先将卷筒装置与减速器连接成整体，安装调整到位，卷筒装置和减速器作为一个吊装单元整体吊装。待正式安装时，先吊装启闭机机架，调整就位；再吊装卷筒装置和减速器单元。这样的安装方式最优，可降低卷筒装置和减速器的安装调试难度。但是当现场起吊能力不足，只能将卷筒装置和减速器分别吊装将极大增加安装调试的难度。对双电机驱动单个双联卷筒和双电机驱动四个单联卷筒的传动方式不建议分体吊装。

4.20.2 技术内容

（1）技术特点

固定卷扬式启闭机主要用于启闭平面闸门和弧形闸门，依靠闸门自重、水柱或其他加重方式关闭孔口闸门，通常为一门一机单独操作或集中操作，广泛应用于泄水系统工作闸门、施工导流封堵闸门、挡潮闸和水闸工作闸门、电站机组进水口和泵站出口快速闸门的启闭。

卷扬式启闭机作为一种用于启闭水电工程钢闸门的特殊起重机械，具有以下特点：

1）荷载变化大。开启和关闭闸门的过程中，由于闸门所处的位置不断变化，启闭力大小也随之发生变化。

2）启闭速度低。一般电动启闭机的速度低于 $1\sim5m/min$。

3）专用性强。由于闸门的种类较多，运行条件及工况也不尽相同，一种结构形式的启闭机不能满足所有类型闸门的需要。

4）一般不采用单联滑轮组。因为单联滑轮组在提起或下放闸门的过程中，会使闸门产生水平位移，从而引起闸门晃动。

5）适应性强，行程应用范围广。

（2）施工工艺流程

启闭机安装分为整体安装和分体安装。安装流程如图 4.20-1 所示。

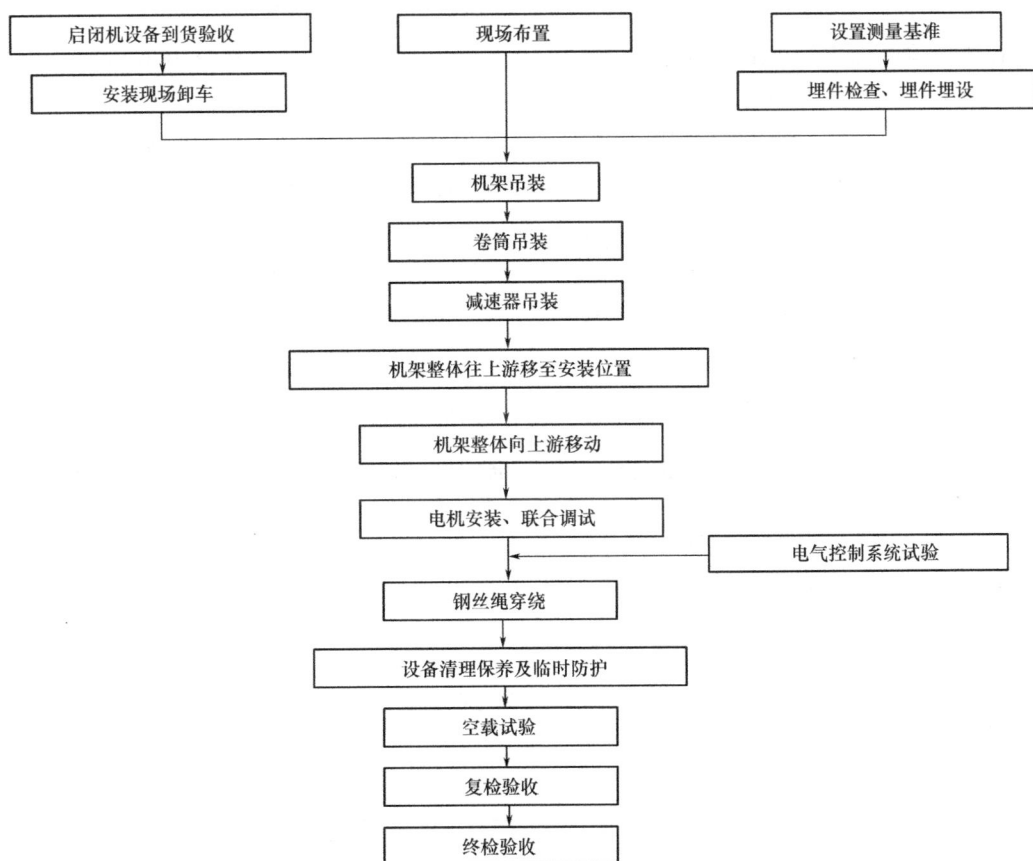

图 4.20-1　启闭机安装流程图

1）机架安装：放出机架位置线，吊装机架调整、固定。

2）减速器，电动机，卷筒装置，动、定滑轮组安装：按工厂组装所设的定位装置安装，顺序为卷筒装置→减速器→电动机→制动器→定滑轮组→平衡滑轮组→电气设备→动滑轮组和钢丝绳。对于闭式传动的固定卷扬式启闭机，先装减速器，再装卷筒装置。

3）钢丝绳安装：大型固定卷扬式启闭机扬程高、钢丝绳直径大、长度长，钢丝绳缠绕应力大，安装前将钢丝绳松开破劲，消除缠绕应力。将卷绕钢丝绳的绳盘用支架固定在主起升机构下方地面，绳盘的高度与地面间距 100～300mm。用引绳将钢丝绳一端引至卷筒压板处顺槽放置，压板压紧钢丝绳头。上升起升机构，把绳盘上的钢丝绳全部卷绕到卷筒左侧，再下降起升机构，同时人工配合将钢丝绳顺地盘圈放至钢丝绳全长的一半。用人工将地面的钢丝绳翻转 180°至右侧后，继续下降起升机，至卷筒的钢丝绳全部脱开卷筒，并用引绳固定到机架上。在钢丝绳两端装一引绳，将引绳按启闭机缠绳要求分别缠过动滑轮组、定滑轮组和平衡滑轮，并在卷筒上卷缠三圈以上，引绳用人工拉紧，启动启闭机，用卷筒转动带动引绳，当主绳缠到卷筒上时用钢丝绳压板固定，同时固定钢丝绳另一端，转动卷筒，将钢丝绳缠绕到卷筒上。

4）调试：按规范要求调试，单吊点中心与闸门吊点中心偏差不超过 3mm，双吊点启闭机吊距偏差±3mm；当吊点在下极限位置时，钢丝绳在卷筒上缠绕圈数不小于四圈；当吊点为上极限时，钢丝绳不得缠绕到卷筒绳槽以外；双吊点启闭机的吊点高差不大于 3mm，钢丝绳拉紧后，两吊轴中心线在同一水平上，其高差在孔口部分内不超过 3mm。对于高扬程启闭机，全行程状态下两吊轴中心线高差不超过 30mm。

5）制动轮调试：制动轮与闸瓦间的间隙处于 0.5～1mm 之间，制动时制动轮与闸瓦接触面积不小于总面积的 75%，制动轮径向跳动满足表 4.20-1 要求。

制动轮径向跳动值 表 4.20-1

制动轮直径(m)	100	200	300	400	500	600
径向跳动(μm)	80	100	120	120	120	150

开式齿轮副侧隙按齿轮法向侧隙测量，应满足表 4.20-2 要求。

开式齿轮副侧隙按齿轮法向侧隙 表 4.20-2

开式齿轮副中心距(mm)	200～320	320～522	500～800	800～1250	1250～2000
最小侧向间隙(mm)	0.21～0.42	0.26～0.53	0.34～0,67	0.42～0,85	0.53～1.06

开式齿轮副接触斑点应满足表 4.20-3 要求。

开式齿轮副接触斑点要求 表 4.20-3

齿轮类别	测量部位	精度等级		
		7	8	9
		接触斑点百分数不应小于		
圆柱齿轮	齿高	45%	40%	30%
	齿长	60%	50%	40%

6）试运转及检验：首先检查电气、机械及安全设施，无误后通电进行试验。确定各

元件、各限位开关、安全开关及紧急开关工作可靠；制动器工作可靠，制动力矩符合设计要求；钢丝绳缠绕正确，绳头固定牢固，双吊点启闭机2根钢丝绳长度一致；各润滑部位润滑可靠，各转动部位转运灵活，安全装置安装到位等。

7）试运行完成后进行空载试验，检查电动机旋转方向，双吊点启闭机分别通电，确保电动机旋转方向一致后方可连接同步轴，试验时电压不低于额定电压的90%。操作启闭机上、下运行状态，在全工作范围内上、下运行3次。检查各电气部件工作是否正常，电动机、减速器工作平稳，无冲击和噪声，三相电流不平衡度不大于10%。制动轮跳动符合规范要求，轴承温度不超过70℃，减速器油温不超规定要求。

8）负载试验在设计水头工况下进行，先将闸门在无水或静水中全行程上下升降2次；动水启闭的工作闸门或动水闭门静水启门的事故启闭机在动水工况下全行程启、闭门2次；快速闸门在设计水头动水工况，机组导叶开度100%甩负荷工况下，进行全行程快速关闭试验。检查3项电流，不平衡度不超过10%，电气设备无异常；所有机械部件运转中无冲击，开式齿轮啮合状态满足要求；制动器无打滑、无焦味和冒烟现象；所有保护装置和信号准确可靠；负载试验后机构各部件不得有裂纹、永久变形、连接松动或损坏，电气部分无异常发热现象等；快速闸门启闭机快速关闭闸门时间不超过设计允许值，有离心调速装置的，其摩擦面最高温度不超过200℃。采用直流电源松闸时，电磁铁圈最高温度应不超过100℃。

4.20.3　技术指标

（1）《水电工程启闭机制造安装验收规范》NB/T 35051—2015；

（2）《水利水电工程启闭机制造安装及验收规范》SL 381—2007；

（3）《卷扬式启闭机》GB/T 10597—2011。

4.20.4　适用范围

适用于水电工程固定卷扬式启闭机的安装。

4.20.5　工程案例

1. 大岗山导流洞4000kN固定卷扬式启闭机安装（整体式安装）

（1）工程概况

大坝左右岸1号、2号导流洞进口各设有2扇封堵闸门，其孔口尺寸为6.25m×15m，底坎高程均为953.00m，门槽顶部平台1000.50m。闸门为平面滑动闸门，闸门由5节门叶组成，节间采用螺栓连接，闸门最大运输单元尺寸约为8.78m×2.8m×2.1m，重约32.4t；启闭机最大运输单元尺寸约为6.7m×5.24m×4.1m，重约70t（不含钢丝绳重量）。闸门锁定在980.0m平台上，闸门的操作设备容量为4000kN的固定卷扬式启闭机。启闭机布置在1012m高程的启闭机排架上，启闭机扬程为37m。设备参数见表4.20-4。

导流洞启闭机技术参数　　　　　　　　　　　　表4.20-4

序号	名称	长度(m)	宽度(m)	高度(m)	单节最大重量(t)	数量	备注
1	卷筒	4.67	3.488	3.488	35	4套	
2	启闭机架	6.7	5.24	3.2	35	4套	不含钢丝绳、滑轮重量

（2）技术应用

1）项目安装特点难点

导流洞施工难点在于施工部位空间狭窄，设备无法集中堆放，闸门、启闭机均无法直接吊装到位，需要对吊车、平板车、台车及轨道进行精心规划、计算，合理布置，作业场地孔洞较多，安全风险难度极大，必须强化安全意识，增设防护栏杆，加强现场安全管理。

2）启闭机运输路线

导流洞启闭机、电气控制设备由金结及机电设备堆放场地经左岸 4 号公路→永久大桥→进厂交通洞→702 号支洞→上游围堰→闸门孔口高程 1000.50m，通过汽车吊吊装至安装工作面。

上述运输线路中，大岗山大桥按汽-60、挂-220 设计，宽度 12m；各弯道转弯半径均大于 12m，40t 平板车及 200t 吊车转弯半径均小于 12m，满足要求。此外路面除左岸靠近门槽顶部平台进口处外，宽度均大于 6m，702 支洞高度大于 6.5m，所有设备外形尺寸均未超出上述路面外形限制要求，也满足要求。

左岸靠近门槽顶部平台 1000.50m 进口处道路宽度仅为 3m，启闭机宽度 5.24m，无法通过，该处道路应拓宽至 6m。

3）施工工艺和过程

启闭机吊装时，吊点中心至排架柱边缘距离 7m，吊点净高为 13.5m（排架柱高 12m＋启闭机吊耳高度 1.5m），采用 100t 吊车，可以将启闭机吊至安装平台轨道上，再用卷扬机及葫芦将启闭机拖至安装部位，利用千斤顶顶起启闭机，再用葫芦将轨道移出。具体吊装过程及布局如图 4.20-2 所示。

① 启闭机安装前在启闭机底板上布设临时轨道。

② 启闭机整体采用 100t 汽车式起重机吊装，当启闭机吊至排架柱下游侧后，用手拉葫芦水平牵引至启闭机安装处，千斤顶调整就位，其纵横向偏差不超过±2mm。

③ 启闭机安装前，清理各安装部件。减速器、制动器及齿式联轴器等按设计或使用说明要求加注润滑油，各运转部件涂抹润滑脂。

④ 钢丝绳安装时，缠绕在卷筒上的钢丝绳长度，当吊点在下极限时，预留在卷筒上的圈数不得小于 4 圈。当吊点在上极限时，钢丝绳不得缠绕到光圈部分。

⑤ 启闭机电气设备（负荷及高度控制、指示装置及电控柜等）的安装，应符合施工图样及制造厂技术说明书的规定，全部电气设备可靠接地。

⑥ 启闭机安装完毕，对启闭机进行清理，按标书要求进行整体涂装，并根据制造厂技术说明书的要求，灌注润滑脂。启闭机安装过程中和安装完毕后至拆除移交前，须对启闭机设备采取妥善临时防雨措施。

⑦ 试运转。

首先检查电气系统接线正确，控制机构动作灵敏、正确后进行空载试验。空载试验是在不与闸门连接的情况下，作启闭机空载运行，检查各传动机构安装的正确性。

将启闭机与闸门连接好，在闸门不承受水压的情况下，作闸门全行程启闭试验。检查各传动机构的运行是否正常，不应有冲击声和其他异常现象；调整闸门开度指示器和各限位开关，要求指示器显示正确和各开关运行灵敏正确，同时测量电动机的电流、电压值的

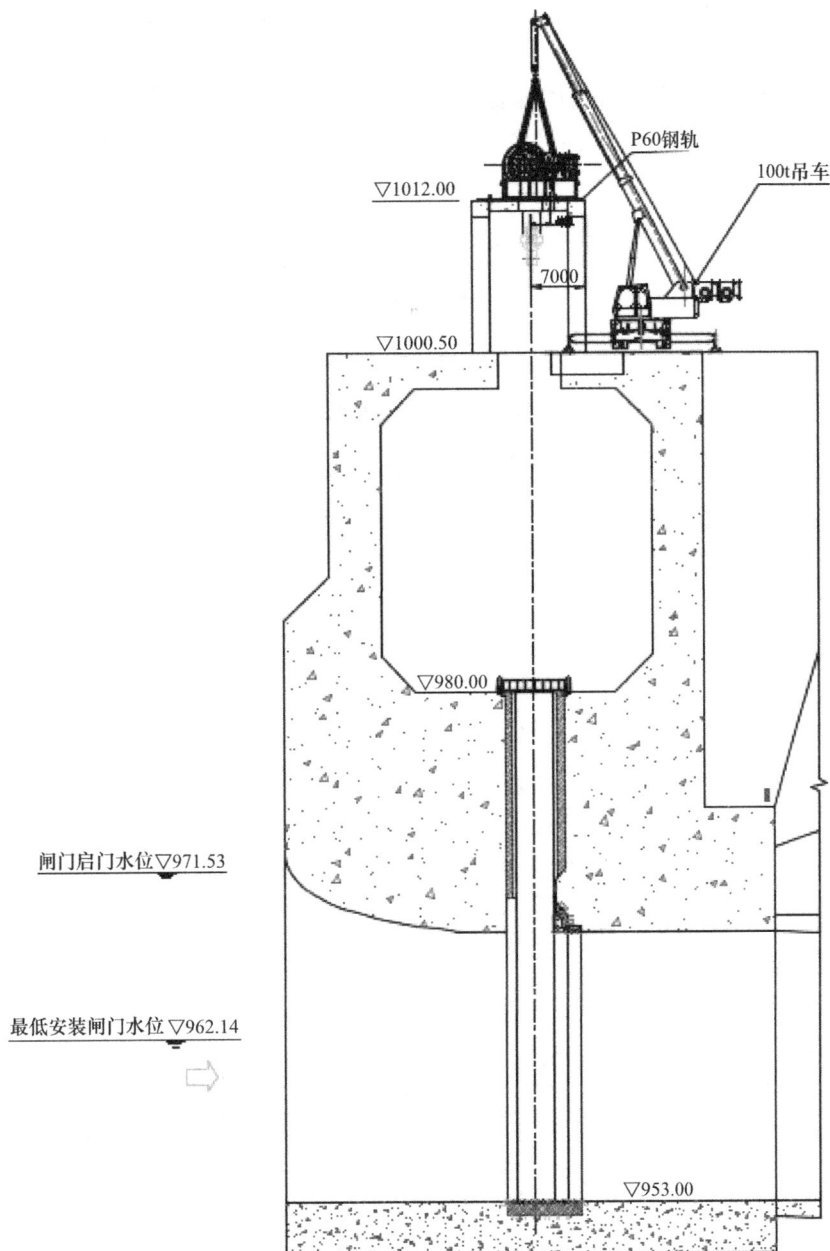

图 4.20-2　导流洞启闭机吊装示意

变化。这项试验应重复三次，并做好记录。

2. 猴子岩水电站泄洪放空洞 3200kN 固定卷扬式启闭机安装（分体式安装）

（1）工程概况及安装难点

猴子岩水电站在右岸设置 1 条泄洪放空洞，泄洪放空洞由有压进口段、有压洞段、竖井闸室、工作闸室段、无压洞段、出口挑坎等组成，总长为 1288.517m。在事故闸门井高程 1857.50m 平台上设有一台 3200kN 固定卷扬式启闭机，单台启闭机重量为 75.13t。由于启闭机安装位置在洞室内，无法用吊装设备吊装，因此需要设置吊装天锚（35t）和侧向位移天锚（10t），将启闭机分成三部分（机架及附件、减速器、卷筒），部件最重 22t。

（2）施工工艺

1）先将启闭机机架及附件整体运输至 1847.50m 高程，利用顶部设置的 35t 天锚卸车。

2）利用天锚将机架及附件提升至 1857.50m 高程以上部位（图 4.20-3）。

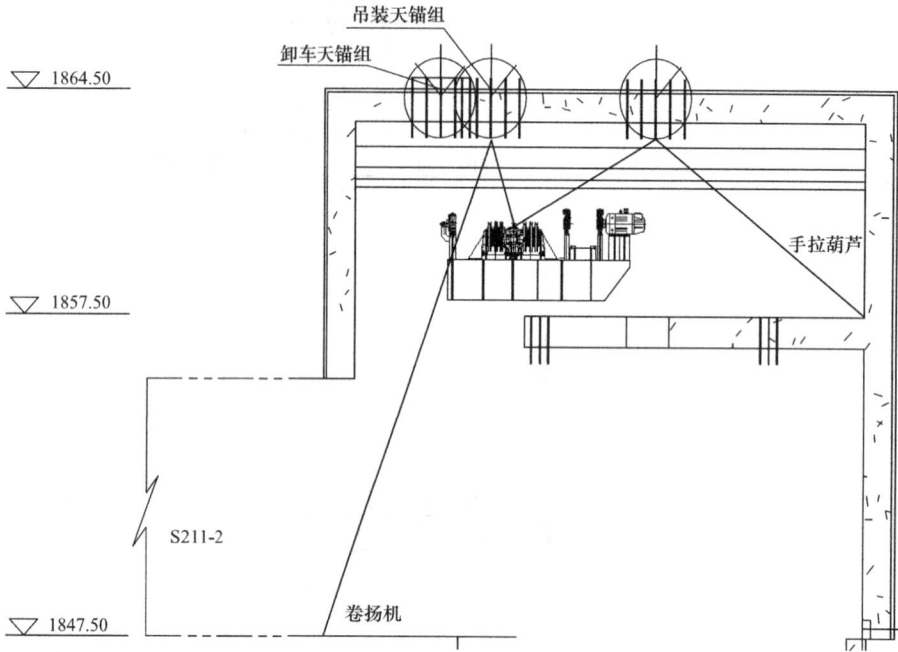

图 4.20-3　启闭机机架及附件吊装示意

3）预先在 1857.50m 平台上铺设滚杠，再利用侧向位移天锚配合，将机架放置在滚杠上，临时固定（图 4.20-4）。

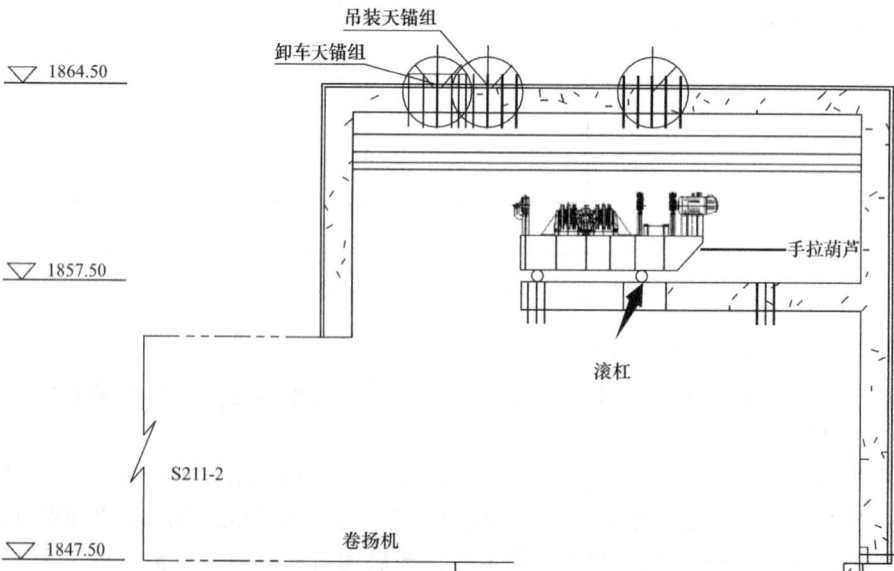

图 4.20-4　启闭机机架及附件水平移动示意

4）再依次将卷筒（图 4.20-5）和减速器（图 4.20-6）按上述方式吊装至机架上固定。

图 4.20-5　卷筒吊装

图 4.20-6　减速器吊装

5）然后整体将预拼装完成的机架水平移动至安装部位。

6）最后进行其他附件安装，调试，验收完成。

（3）实施总结

大岗山导流洞 4000kN 固定卷扬式启闭机安装自 2013 年 6 月份开始，投入人工 8 人，历时 12d 完成安装；猴子岩水电站泄洪放空洞 3200kN 固定卷扬式启闭机安装自 2014 年 5 月份开始，投入人工 10 人，历时 15d 完成安装。不同设备因地制宜采用不同的科学施工方法，采用最经济的手段克服启闭机重量重、吊装难度高、质量要求高的困难，控制安装程序，精密布置吊点、保质保量地完成了启闭机工程。

（提供单位：中国葛洲坝集团机械船舶有限公司、新疆葛洲坝大石峡水利枢纽开发有限公司。编写人员：王娟、艾华、仵海进）

Ⅲ　新能源电力工程

4.21　超百米高度全钢柔性塔筒风力发电机组施工技术

4.21.1　技术发展概述

随着一类、二类风资源地区风机趋于饱和，风机建设更多选择在三、四类风资源地区，为保证机组更高效的发电，机组塔筒高度由原先的 80m 左右增加到 120m 左右的高度。以风资源的剪切系数 0.3 为例，与 90m 传统塔筒高度相比，120m 全钢柔性塔筒机组每年能够提升 300h 以上的发电收益，这意味着有更多的超低风速区域具备了开发的可能性和更高的经济性。此前通过不断加长叶片，提高低风速地区机组发电量，因叶片加长受限，采用加高塔筒来提高风机的利用小时数。传统的塔筒在高于 100m 后，重量会出现指数型的增加。因此柔性塔筒技术也就应运而生了。所谓柔性，是与风轮额定转速有关的，风轮额定转速下的 1 阶频率称为 1P；传统塔筒的自身固有频率通常高于风轮 1 阶频率，柔塔塔筒的自身固有频率低于风轮 1 阶频率 1P，相对传统塔筒刚度较"软"。

4.21.2　技术内容

（1）柔性塔筒吊装辅助装置的使用：

风吹过塔筒时，尾流左右两侧产生成对的、交替排列的及旋转方向相反的反对称漩涡，即卡门漩涡。漩涡以一定频率脱离塔筒，使塔筒发生垂直于风向的横向振动，当漩涡的脱离频率（大致等于风振频率）接近塔筒固有频率时，塔筒容易发生共振。为保障施工作业平稳、安全的推进，通过研究塔筒涡流激励振动原理，综合考虑施工操作性、成本等方面因素，开发出一种用于柔性塔筒吊装的辅助装置。吊装时通过对第四、五节塔筒加装辅助装置，改变高空塔筒附近的气流布局，避免或降低卡门漩涡效应的影响，降低塔筒横向振幅，保障后续施工顺利进行。

（2）超百米柔性塔筒吊装缆风绳施工工艺技术：

针对塔筒在吊装完成第五节后振幅过大的问题，为保障后续塔筒与机舱、机舱与风轮的顺利对接。通过系统分析及综合防治振动有效性和现场实施的方便快捷性，研究出超百米柔性塔筒吊装缆风绳施工工艺技术。主要是通过被锚固的缆风绳限制塔筒及机舱的振幅，顺利完成空中对接，降低安装难度及施工风险。

（3）柔性塔筒吊装专用工具的研发：

1）根据塔筒的结构特点制作专用固定支座作为吊耳，确保吊装系统的稳定性及安全性。

2）利用定滑轮原理制作塔筒起吊索具，完成塔筒吊装就位。

（4）锚栓防锈工艺及预应力施工技术改进：

1）由于施工现场位于沿海地区，环境潮湿易于造成外露锚栓锈蚀，在施工过程中采用"防锈油脂＋达克罗＋锚栓保护套"三重防护措施，避免外露锚栓锈蚀。

2）采用直接张拉法取代传统的扭矩法对锚栓施加预拉力，可以精确施加预拉力而又不产生扭矩，使锚栓处于纯受拉的简单应力状态，避免了拉扭复合应力状态的出现。

（5）风电机组施工平面布置研究：

规划风机吊装设备平面布置。对风机设备从进场、进场后的卸货位置、叶轮组装位置、主吊组装区域、辅吊的行走区域等一一进行详细规划。同时通过建模来模拟现场运输场景，做到一机一建模，重点对进出机位的干涉位置进行修整；道路坡度进行合理的规划，避免由于塔筒过长，运输塔筒的汽车地盘过低而造成的塔筒托底现象的产生。做到在满足运输、组装、吊装施工的前提下尽量降低道路的修整工程量、机位安装征地面积以及树木砍伐量，降低施工成本。

4.21.3 技术指标

（1）规范、标准

1）《风力发电机组　装配和安装规范》GB/T 19568—2017；

2）《风力发电机组　高强螺纹连接副安装技术要求》GB/T 33628—2017。

（2）技术指标。

技术指标见表 4.21-1。

技术指标　　　　　　　　　　　　　　　表 4.21-1

测量项目	控制要求	检测方法
基础环水平度	≤2mm	水准仪
基础接地电阻	≤4Ω	摇表
塔筒垂直度	≤1‰已安装高度	经纬仪
螺栓孔直径误差	≤2mm	游标卡尺
螺栓孔椭圆度	≤1mm	椭圆度检测仪
法兰平面度误差	≤0.5mm	平面度检测仪
联轴器同轴度误差	≤0.1mm	同轴度检测仪

4.21.4 适用范围

适用于水平轴风力发电机组的吊装，尤其适用于塔筒超过 100m 高度的风电机组安装。

4.21.5 工程案例

（1）工程概况

山东凯润昌黎滦河口风电场一期、二期工程。凯润（昌黎）滦河口 49.5MW 风电场由山东凯润能源投资控股集团有限公司投资建设，项目融资方为中电投融和融资租赁有限公司，项目总承包方为中国电建集团山东电力建设第一工程有限公司。本项目共安装 23 台远景能源 EN-121/2.2 型风力发电机组，轮毂高度 120m，5 节塔筒总重量 297t，机舱重量 84.3t，叶轮重量 64t，扫风直径 121m，为国内首批 120m 全钢柔性塔筒风电机组。

（2）技术应用

1）关键技术特点

① 利用抑制分段塔筒在吊装过程中振动的辅助装置，降低了塔筒在吊装过程中的横向振幅，保障了塔筒吊装施工作业的平稳性。

② 采用缆风绳固定柔性塔筒的工艺方法，创新设计了专用吊耳与之配合，有效地解决了塔筒在吊装多节后出现的整体振幅大、影响塔筒安装精确定位的难题。

③ 采用直接张拉法取代传统的扭矩法对锚栓施加预应力的工艺方法，改善了锚栓基础的应力状态，提高了锚栓的抗疲劳性能。

④ 采用定滑轮原理制作塔筒起吊索具，保障塔筒在竖立过程中平稳，无冲击载荷，解决了细长类大型设备竖立难的问题。

2）工艺流程（图 4.21-1）

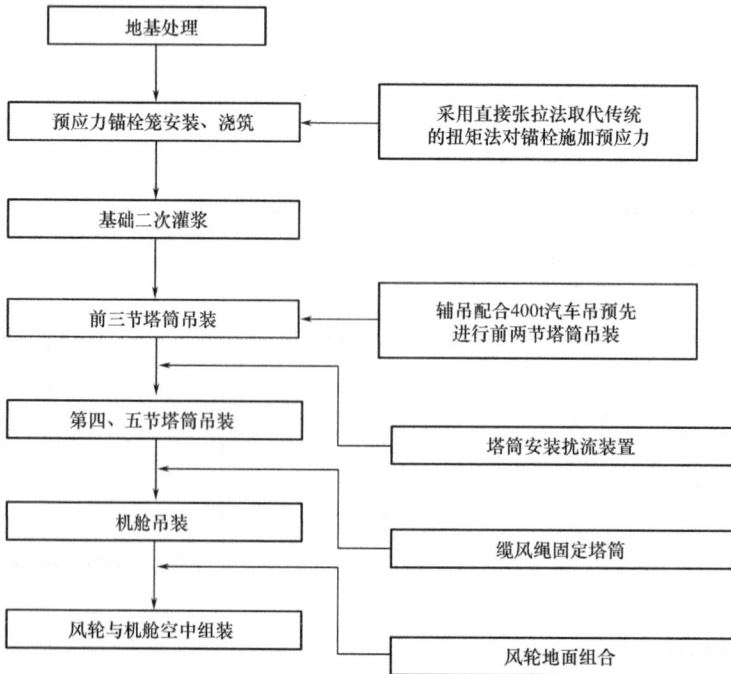

图 4.21-1　工艺流程图

3）操作要点

① 地基处理及机械设备布置

结合远景能源 EN-121/2.2 型风力发电机组各部件重量、起吊高度和外形尺寸，主吊机械使用徐工 800t 履带式起重机，126m＋12m 风电专用臂杆超起工况。辅吊机械 400t 汽车式起重机（主要用于风机机组设备卸货及吊装底部两节塔筒）以及 75t 履带式起重机、70t 汽车式起重机，确定安装场地大小和地耐力要求，要求地耐力 20t/m²，机械作业场地平整度 ≤1°，设备摆放场地平整度≤3°。

② 锚栓笼安装（图 4.21-2、图 4.21-3）

a. 下锚板的中心对应基础中心偏差≤5mm。

b. 下锚板与基础的同心度调整达到规定精度后，将支撑螺栓与预埋板焊接牢固。

c. 下锚板的水平度≤3mm。

图 4.21-2　下锚板施工

d. 上下锚板同心度允许偏差≤3mm。

e. 二次灌浆前，上锚板水平度≤1.5mm。

f. 二次灌浆施工完成后，上锚板水平度≤2mm。

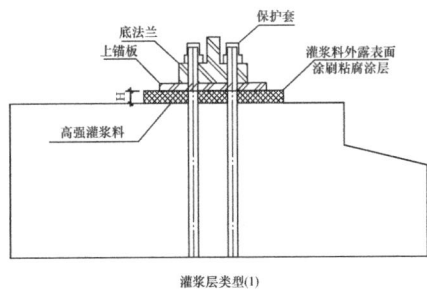

灌浆层类型(1)

图 4.21-3　二次灌浆

③ 高强度螺栓安装要求（图 4.21-4）

塔筒、机舱、叶片与风轮吊装前，准备好相应位置的高强度螺栓，检查确认螺栓、螺母及垫片的数量和规格正确、螺纹完好、无锈蚀、无弯曲变形，必要时进行清理。每个连接位置的所有螺栓、螺母及垫片的品牌、规格及批次一致，螺栓、螺母及垫片配套使用。

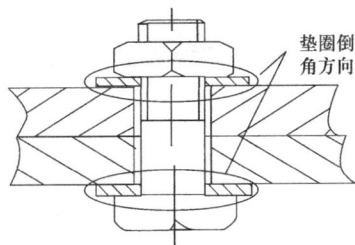

图 4.21-4　螺栓安装示意

a. 塔筒法兰连接螺栓：将螺栓自下而上穿入对齐的螺孔，手动拧紧螺母，确保螺栓的螺纹端头露出。按同样方法拧紧所有螺栓，注意垫片和螺母倒角的朝向。

b. 螺栓紧固分步要求：分两步紧固。第一次紧固到给定预紧力或力矩的 50%，第二次紧固到给定预紧力或力矩的 100%，禁止一次达到最终力矩。

c. 螺栓紧固顺序要求：使用电动冲击扳手（1200Nm）按照十字对角方法完成不少于总计 1/3 螺栓数量的冲击后，塔筒或机舱吊具可以摘钩。遵循同样方法完成所有剩余螺栓的力矩冲击；使用液压力矩扳手按照十字对角方法将所有螺栓紧固至终紧力矩值的 50%，此时可接着吊装下一段塔筒或安装机舱。使用液压力矩扳手按照十字对角方法将所有螺栓参照表 4.21-2 紧固至终紧力矩值的 100%。最终紧固力矩必须在吊装完成后 24h 内完成。

螺栓紧固力矩表　　　　　　　　　　　　　　　　表 4.21-2

连接螺栓	规格	等级	表面处理	紧固力或力矩
叶片-变浆轴承	M36	10.9	达克罗	1300Nm
轮毂-主轴	M39	10.9	达克罗	2700Nm
机舱-塔顶法兰	M36	10.9	达克罗	2200Nm
塔筒法兰	M36	10.9	达克罗	2200Nm
塔筒法兰	M42	10.9	达克罗	3400Nm
塔筒法兰	M48	10.9	达克罗	5100Nm
塔筒法兰	M56	10.9	达克罗	8100Nm
塔筒法兰	M64	10.9	达克罗	12100Nm

④ 底段塔筒安装（图 4.21-5～图 4.21-7）

a. 上锚板水平度及基础接地电阻测量，要求水平度在 2mm 以内，接地电阻≤4Ω。

b. 在上锚板法兰的外缘和孔周围，涂抹 Sikaflex-252 硅胶密封湿气。

c. 在塔筒紧固螺栓螺纹及螺母与垫片的接触面上均匀涂抹润滑脂。

d. 在塔筒上下法兰吊点位置分别安装主、辅吊机械专用吊耳并拴挂吊装吊具。

e. 两台起重机械同时起钩，塔筒离开地面后，主吊机械继续起钩，辅助起重机械配合。

图 4.21-5　底部第一节塔筒竖立

f. 主吊机械吊装底段塔筒，下部法兰螺栓孔穿过锚栓，落到上锚板上（图 4.21-6），测量塔筒垂直度偏差，标准为≤1‰已安装高度，测量位置偏差控制在 2mm 以内。初紧锚栓螺母，主吊机械脱钩。

图 4.21-6 底部第一节塔筒就位安装

图 4.21-7 直接张拉法对锚栓施加预应力

g. 依据表 4.21-3 进行锚栓预紧力施加。

锚栓直接张拉法预紧力表 表 4.21-3

锚栓规格	强度等级	设计拉力(kN)	超张拉力(kN)	验收、检查拉力(kN)
M48	8.8	658	725	570

⑤ 第二、三节塔筒安装（图 4.21-8、图 4.21-9）

利用 70t 汽车辅吊配合 400t 汽车式起重机进行第二节塔筒安装；主吊入场后进行第三节塔筒吊装。具体安装工序同底部第 1 节塔筒安装。

图 4.21-8 底部第二节塔筒吊装

图 4.21-9 第三节塔筒吊装

⑥ 第四、五节塔筒安装（图 4.21-10～图 4.21-14）

塔筒的固有频率可以通过有限元方法进行数值分析得出。风振频率 $f = sv_h/d$；s 为斯特劳哈系数，圆柱塔筒取 0.2，v_h 为塔筒任意高度处的平均风速，d 为塔筒高度 5/6 处的直径。通过计算结果显示塔筒高度为 80～100m 处的风振频率最接近塔筒的固有频率，最容易发生共振，现场吊装过程中也验证了这一计算结果。80～100m 高度位置位于塔筒的第 4 节上部与第 5 节下部，吊装第 4 节、第 5 节时，塔筒振幅明显增大，塔筒对接安装施工难度和风险倍增。

为保障施工作业平稳、安全的推进，通过研究塔筒涡流激励振动原理，综合考虑施工操作性、成本等方面因素，开发出一种辅助塔筒吊装装置。该装置主要由均匀分布，且螺旋缠绕在塔筒上 3 根扰流带（120°分布在塔筒上）组成，通过收紧带紧固在塔筒上。

图 4.21-10　辅助装置安装

图 4.21-11　顶节塔筒吊装

图 4.21-12　第五节塔筒吊装

a. 第四、五节塔筒双机抬吊前，预先在塔筒上顶面固定三根扰流带，扰流带成 $120°$ 均匀布置。扰流带由多个三棱柱扰流块组成，相邻扰流块通过贯穿其中心的尼龙绳连接，尼龙绳两端配置挂钩。

b. 上端扰流带由收紧带固定，通过卡扣和棘轮装置将收紧带闭合、收紧。预先在卡扣装置开关处设置 150m 长的 $\phi4$ 细绳，可由细绳控制开关来松脱卡扣。

c. 双机抬吊塔筒，待塔筒完全竖立后，将三根扰流带螺旋缠绕固定。

d. 待下端扰流带固定后，起吊塔筒完成相邻塔筒的组装。待风轮与机舱组装完毕后，拆除扰流带。

e. 塔筒吊具配件及说明：

每个吊座组件和塔筒两个螺栓安装，配套相应的螺栓，调整套。不同段塔筒法兰配不同调整套和螺栓。根据塔筒的结构特点制作四个专用固定支座作为吊耳；支座加工成一圆孔，一长腰孔；通过专用套筒将螺杆与吊耳隔离，达到保护螺杆及限制螺杆径向跳动的效果，使得吊装过程更加平稳，同时可以快速方便地完成安装，不再受孔距的限制。确保吊装系统的稳定性及安全性。

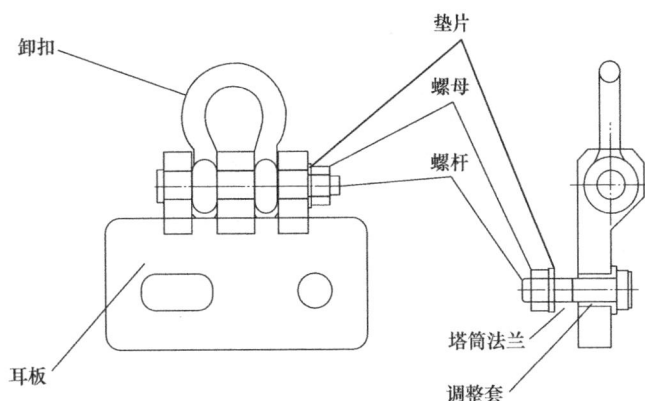

图 4.21-13　塔筒吊座组件示意图

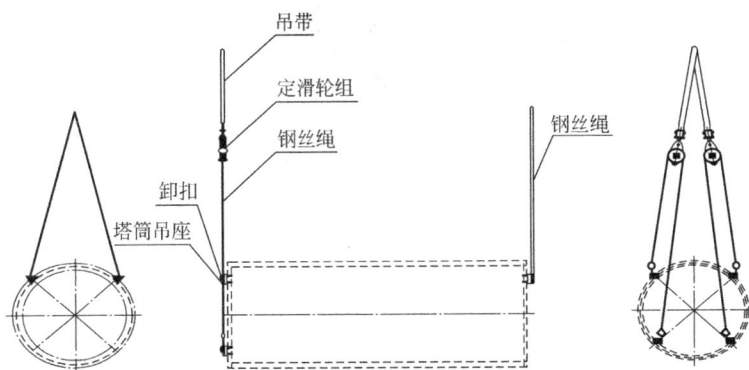

图 4.21-14　塔筒吊具安装示意图

利用定滑轮原理制作塔筒起吊索具，钢丝绳穿过滑轮后分别与吊耳相连；随着塔筒竖立，滑轮两边钢丝绳长度差值逐渐变小。直到塔筒完全竖立，滑轮两边钢丝绳长度相等，塔筒吊装就位。

φ20揽风绳均匀分布(120°)

图 4.21-15　缆风绳布置

⑦ 机舱安装

塔筒在吊装完成第五节后会出现振幅过大的现象，采用柔性塔筒吊装缆风绳施工工艺技术。

a. 第五节塔筒吊装前，准备三根 φ20 缆风绳，绳长 200m。

b. 将缆风绳均匀分布系在塔筒顶法兰上，同时保证绳子在塔筒内可以方便地拆除，如图 4.21-15 所示。

c. 第五节塔筒完成对接并经高强螺栓预紧后，将其中两根拉紧，方向尽量垂直于风向，另外一根拉紧方向与风向平行。缆风绳与地面的水平夹角在 40°左右，然后进行锚固。

d. 待缆风绳锚固后，主吊摘钩，此时保证三根缆风绳拉紧。

e. 机舱在起吊前在机舱头部设置一根缆风绳，机舱尾部设置两根，规格为 $\phi20$（缆风绳固定在头部的位置不能影响风轮与机舱的对接）。

f. 起吊机舱，在机舱下方安装两根定位销，机舱与塔筒对接时，在定位导向销穿过塔筒法兰孔时，将塔筒的缆风绳解掉，完成机舱与塔筒的对接，如图 4.21-16 所示。

图 4.21-16　机舱安装

⑧ 风轮安装

a. 风轮组合

将轮毂放置在平坦、空旷、40m×40m（或根据实际情况，准备三只叶片展开的放置场地）的工作场地上，准备好轮毂专用吊具。先将三个变桨轴承 6 点钟方向下的润滑油管插入二级分配器接口，用小活络扳手将接头螺母拧紧，手动拉扯检查油管固定牢靠。

起吊叶片，通过操纵缆绳确保叶片搬运安全。在叶片起吊与轮毂进行对接时，查看叶片根部离零度刻线最近的螺柱位置（叶片供应商出厂时提供标记），根据该位置用"变桨轴承的手动控制装置"调节轴承上安装孔的方位，使软带"S"标记（喷有红色油漆直径为10mm 的圆）对应的螺栓孔对准叶片根部离零度刻线最近的螺柱对接到一起，注意保证叶片双头螺柱在变桨轴承的螺孔正中位置，不偏斜，如图 4.21-17 所示。

图 4.21-17　叶片与轮毂组装

在拆下叶片吊具之前，必须用辅助吊车和圆环吊带提着叶片尾部"起吊点"或在叶片的重心外部下方垫上硬度较高的泡沫块来支撑叶片，如图 4.21-18 所示。

图 4.21-18　叶片与轮毂组装完成

b. 风轮吊装

风轮起吊过程中呈"Y"字形。在朝下的叶尖起吊部位捆绑上护板和圆环吊带，叶尖护板位置为叶尖起吊点位置。另外两个朝上的叶片在叶尖部位装上护套，系上操纵缆，吊装期间叶片后缘向上。提升风轮，同时将其从水平位置旋转到竖直位置，通过两台吊车不同程度的提升来实现风轮的旋转。主吊车缓慢地提升风轮，辅助吊车只吊在风轮的一个叶片上，控制其吊钩使朝向下方的叶片的尖端离开地面大约 2～3m。当风轮达到竖直位置时，辅助吊车脱钩。主吊车将风轮提升到主轴法兰高度处，在风轮叶片尖部导绳帮助下，将风轮移向机舱。在轮毂定位棒的帮助下，将双头螺柱穿入主轴的法兰孔中，风轮安装到位，如图 4.21-19 所示。

图 4.21-19　风轮吊装

（3）实施总结

该技术有着广阔的市场前景，可带动相关产业的发展，有很强的推广价值，市场潜力巨大。同时也为后续超百米级高度塔筒的风电机组施工提供了借鉴和参考，保证安装工程顺利、高效、安全的开展，在电力建设施工行业内部起到了良好的示范作用，对行业整体的科技进步与发展，有一定的推动和促进作用。

（提供单位：中国电建集团山东电力建设第一工程有限公司。编写人员：张伟）

4.22　海上风力发电机组整机吊装技术

4.22.1　技术发展概述

随着陆地风电市场日趋饱和、国家政策的变化及技术的不断革新，海上风电建设开始蓬勃发展。海上风力发电具有环境影响小、效率高、各种干扰限制少及海上风电场不占用土地等优点，海上风机安装工程日渐增多。目前国内外海上风电整机吊装传统工艺需在码头设置工装塔筒，以解决叶轮吊装时叶片与主吊吊臂干涉的问题，使得码头整机拼装工序变得繁杂，且工装塔筒及其基础大大增加了工程的整体建设费用。

针对目前海上风电整机吊装面临的工程难题，中国能源建设集团广东火电工程有限公司展开新型海上风电风机整体吊装技术的开发，成功优化了海上风电码头拼装的整体流程，在确保质量的基础上，更安全、经济和高效。

4.22.2　技术内容

通过三维分析确定机舱就位后最大偏航角度，在码头上组装叶片，选择高平潮或低平潮进行叶轮吊装。叶轮安装完成后，进行风机叶轮盘车至倒"Y"形操作，一定程度上优化了海上风电码头拼装的整体流程，并省去工装塔筒的设置，大幅度降低了工程的整体造价，且通过简化省略风机本体整体迁移的工序，降低了人员攀爬高处作业带来的风险。

4.22.3　技术指标

（1）通过优化叶轮吊装工艺（机舱偏航及叶轮吊装时机的选择），省去工装塔筒的设置，减少工装塔筒的建设费用；

（2）省去风电机组本体从工装塔筒整体吊装转移至风机塔筒的工序，大大提高工程整体效率；

（3）因无需进行风电机组本体的整体迁移，码头拼装对主力吊机的起重能力要求大大降低，与其配套的承台基础承载能力降低，工程施工难度降低，效益提高。

4.22.4　适用范围

适用于 2.5～6MW 海上风力发电机组工程。

4.22.5　工程案例

珠海桂山海上风电场示范项目工程

（1）工程概况

珠海桂山海上风电场示范项目由南方海上风电联合开发有限公司投资建设，建设规模为 120MW，拟安装 34 台 3MW 风电机组和 3 台 6MW 风电机组。项目建成后预计年发电量近 2.66 亿 kWh，每年可节约标煤 8.66 万 t、减排二氧化碳 20.67 万 t，社会经济效益显著。

珠海桂山海上风电场示范项目风机采用导管架结构基础，是国内首次运用该形式的海上风机基础结构形式。采用无工装塔筒吊装工艺，风力发电机组整体吊装。

本工程的首批风电机组安装于 2017 年 5 月 27 日～2017 年 8 月 12 日完成。

（2）技术应用

1）无工装塔筒整机吊装特点难点

珠海桂山海上风电场示范项目采用无工装塔筒吊装工艺，叶轮直接安装至机舱上。叶轮安装为水平就位，受波浪造成水平高度变化的影响较大且容易与吊臂形成干涉，从而损坏叶片。因此机舱偏航及叶轮吊装时机的选择非常关键，也是本项目的难题所在。

2）关键技术特点

① 吊装前，通过多次的三维模拟及现场模拟测试，确定机舱适宜的偏航角度，解决无工装塔筒工艺中叶片与吊臂干涉的问题。

② 通过研究码头潮汐数据，了解高平潮及低平潮时间和水深，以确定叶轮吊装的最佳时机（在高平潮或低平潮时期进行吊装），提高吊装的质量及安全可靠性。

3）施工工艺和过程

① 工艺流程方框图（图 4.22-1）

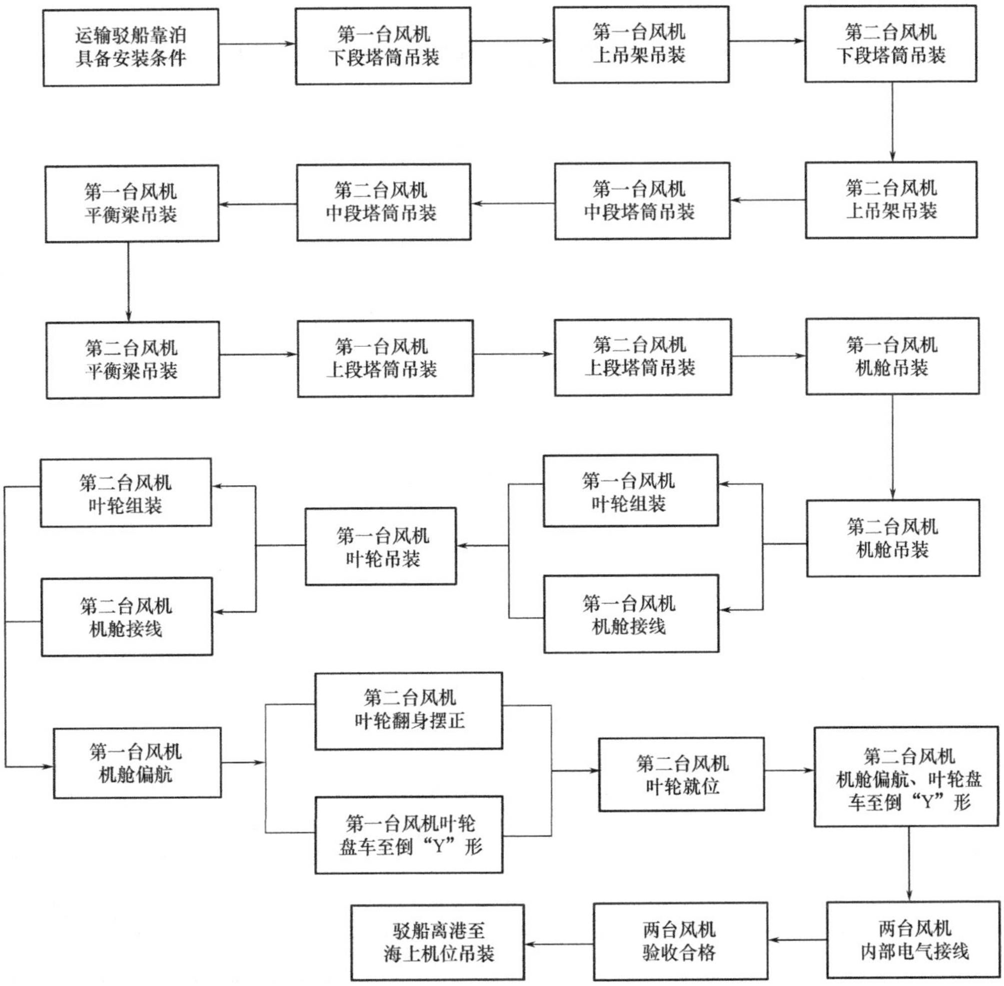

图 4.22-1 工艺流程图

② 工艺过程

a. 施工准备

（a）施工技术准备

a）针对本工程的施工特点，结合企业的实力，选定施工过类似工程、施工经验丰富、组织能力强的项目部进场施工。

b）施工队伍进场后，充分检查"三通一平"工作，搭设好各种临时设施、施工所需的机械及各种仪器设备在正式使用前进行校验和试用。

c）编写详细的实施性方案，组织技术管理人员及各工种负责人熟悉技术资料，做好技术交底，及时进行各项数据复测。

d）做好职工上岗前质量、安全、文明施工培训工作。

（b）作业人员的准备

a）根据工程进度计划要求，编制劳动力需用计划，以劳动力计划为依据组织好施工人员进场。

b）对参与施工的人员进行海上风力发电机组整机吊装技术的培训。

（c）施工机具和计量器的准备

编制施工机具、计量器具需用计划，分阶段组织施工机具、计量器具进场。主要的施工机具、计量器具见表 4.22-1 、表 4.22-2 。

主要施工机具表　　　　　　　　　　　　　　　表 4.22-1

序号	设备名称	型号规格	数量	国别产地	制造年份	额定功率	用于施工部位	备注
1	750t 履带式起重机	Manitowoc 18000/750t	1	美国	2010	750t	风机吊装	
2	150t 履带吊	QUY150/150t	1	中国	2012	150t	码头拼装辅助抬吊、机舱卸车	
3	55t 履带吊	QUY55/55t	1	中国			叶轮组装	
4	调试船		1	中国			海上作业	
5	小货车	轻卡	1				后勤物资运输	
6	工具车	皮卡车	1	当地	2010		现场转运工具	
7	小车		1	当地	2012		办公用车	
8	汽油发电机	5kW	1	当地	2012	5kW	海上施工电气接线	
9	电动扳手		4	当地	2012		螺栓紧固	
10	液压扳手		4	厂家	2012		螺栓紧固	
11	液压泵		2	厂家	2012		螺栓紧固	

主要计量器具表　　　　　　　　　　　　　　　表 4.22-2

序号	名称	型号规格	备注
1	数字高压兆欧表	3124	根据需用配备

序号	名称	型号规格	备注
2	交直流数显高压表	ADG-20	根据需用配备
3	数字交直流钳形表	2010	根据需用配备
4	氧化锌避雷器阻性电流测试仪	FKYZ	根据需用配备
5	接地装置特性参数测量仪	HDZ-1 110V	根据需用配备
6	兆欧表	2500V	根据需用配备
7	兆欧表	1000V	根据需用配备
8	数字万用表	7561	根据需用配备
9	兆欧绝缘分析仪	1-5000	根据需用配备
10	绝缘测试仪	13M-12	根据需用配备
11	滑线电阻	—	根据需用配备
12	高压试验装置	DC120-600KV	根据需用配备
13	水平仪	DZS3-1	根据需用配备
14	经纬仪	DJD2-1G	根据需用配备
15	全站仪	BTS-6082CHL	根据需用配备
16	GPS	中海达	根据需用配备

（d）材料的准备

a）根据工程进度要求，制定要料计划，并按要料计划组织好材料的采购工作。

b）进入现场的材料进行检验，材料见表 4.22-3。材料检验合格后，运入仓库指定位置堆放。

材料表　　　　　　　　　　　　表 4.22-3

序号	名称	型号/规格	数量	备注/说明
1	塔筒吊具	厂家提供	4	根据需用配备
2	机舱吊具	厂家提供	4	根据需用配备
3	叶片吊具	厂家提供	4	根据需用配备
4	叶轮吊具	厂家提供	2	根据需用配备
5	卸扣	厂家提供	2	根据需用配备
6	卸扣	厂家提供	6	根据需用配备
7	吊带	厂家提供	2	根据需用配备
8	吊带	厂家提供	2	根据需用配备
9	单轮滑车	HC1-40-00　40T	2	上吊具
10	压制钢丝绳	WCF48-14　ϕ48 14m	2	上吊具
11	液压扳手	最大调整力矩 10000N·m	1套	配防噪声耳塞
12	电动扳手	额定扭矩 1000N·m	1套	

续表

序号	名称	型号/规格	数量	备注/说明
13	梅花扳手	24mm、30mm	1套	推荐使用梅花扳手/棘轮扳手
	棘轮扳手			
	开口扳手			
14	活动扳手	300mm×34mm	2把	
15	套筒			螺栓专用套筒
16	单管胶枪		1把	打密封胶使用
17	毛刷	使用毛质较硬的毛刷	2把	涂润滑膏使用
18	中性密封胶	SIKAFLEX40	适量	塔筒连接处密封使用
19	二硫化钼		适量	螺栓使用
20	清洗剂		适量	清洗设备使用

b. 运输和存储

（a）按材质、规格、牌号、等级分类放置，应设专区保管，小管件、对要求防水、防潮的材料应放入室内保管，重量轻的设备材料应上货架摆放。

（b）对产品的质量证明文件要进行认真审核，妥善保管，材料验收合格后，向甲方或监理工程师报监，配合甲方或监理对供货材料进行检查。

c. 主吊站位在驳船中心线上（图4.22-2）

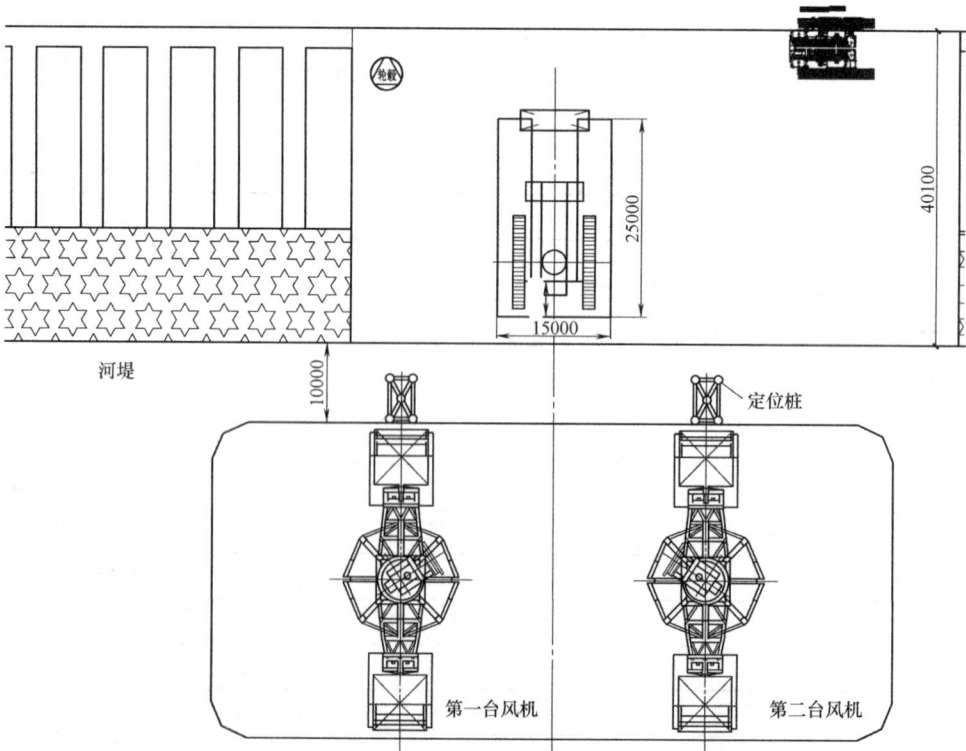

图 4.22-2　主吊站位在驳船中心线上

主吊站位选择在驳船两塔筒工装基础的连接中位线上，机舱吊装完成后进行偏航，在水平方向上解决叶轮吊装时叶片与吊机吊臂干涉的问题；选择在高平潮或低平潮时吊装叶轮，解决由于浪差影响造成叶轮水平就位困难的问题。

运输驳船在码头停靠就位后，进行塔筒的吊装。将底段塔筒吊装至运输驳船上的塔筒工装上，随后进行吊装。依此安装中断、上段塔筒、机舱等。当叶轮安装好后，驳船出海运输至机位进行风机整体吊装，用螺栓固定风机内法兰于海上风机机位上。

d. 机舱最佳偏航角度（图 4.22-3）

在顶段塔筒吊装就位后，先进行塔筒内电缆的敷设、接线。机舱吊装就位后，叶轮组装和机舱——塔筒电气接线同时进行。叶轮吊装前，机舱需往码头方向偏航一定的角度（具体角度需根据叶片尺寸及平衡梁关系进行三维模拟分析，在保留足够安全距离的情况下，尽量使得叶轮朝向主吊），从而解决叶轮吊装时朝向码头的上端叶片可能与主吊主臂干涉的问题。

机舱偏航最佳角度通过 Pro/E、UG 或 SolidWorks 等三维软件进行模拟分析，风电机组本体在笛卡尔坐标系中 z 轴上进行偏航，限制朝下的叶片模块距离平衡梁安全距离 $D \geqslant 2m$，从而进行 z 轴旋转的角度计算。其可旋转最大角即为偏航最佳角度。

针对 MY SCD3.0MW 的计算，本项目中最佳偏航角度为 $32°$。

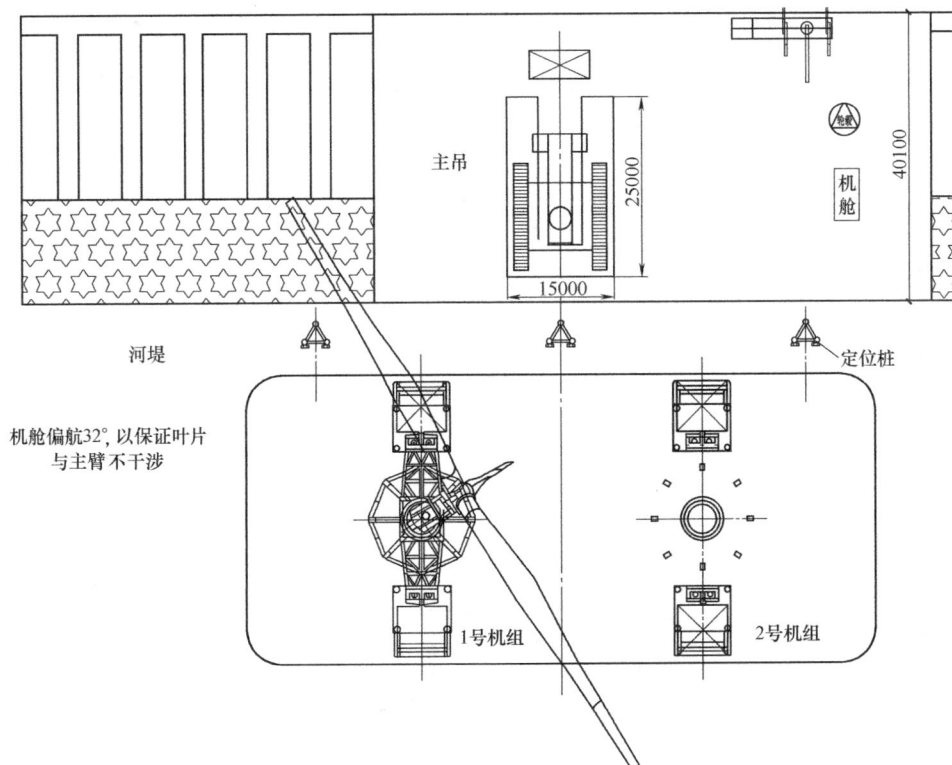

图 4.22-3　机舱偏航后再进行叶轮吊装

e. 吊装时机的选择（图 4.22-4～图 4.22-6）

（a）叶轮吊装尽量选在高平潮或低平潮时，同时吊装前应通过驳船船舱进行压舱水的调整，尽量使船身姿态水平。

（b）叶轮吊装就位后，继续调整驳船压舱水，使得驳船重新处于水平状态，以保证后续吊装工序的顺利开展。

（c）驳船重新处于水平状态后，对机舱进行偏航，使得两台风电机组叶轮相对且保持平行状态。为避免叶轮与吊臂干涉，叶轮必须盘车至倒"Y"形状态。

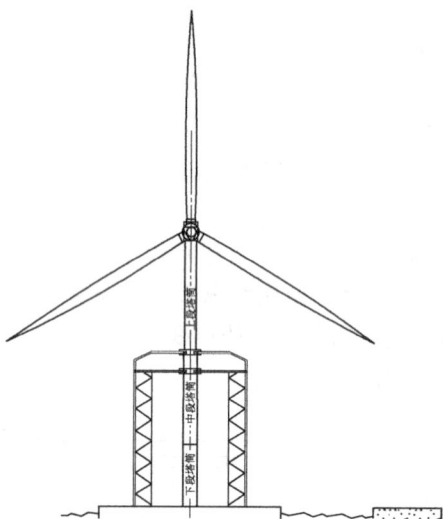

图 4.22-4　叶轮倒"Y"形状态

图 4.22-5　两机组机舱在同一直线上且相对

图 4.22-6　海上风机整体吊装

4）质量保证措施

① 规范、标准

a.《工程测量规范》GB 50026—2007；

b.《风力发电机组 装配和安装规范》GB/T 19568—2017；

  c.《风力发电机组 验收规范》GB/T 20319—2017；

  d.《风力发电场项目建设工程验收规程》DL/T 5191—2004；

  e.《风力发电工程达标投产验收规程》NB/T 31022—2012；

  f.《电气装置安装工程 电缆线路施工及验收规范》GB 50168—2018；

  g.《电气装置安装工程 接地装置施工及验收规范》GB 50169—2016；

  h.《海上风力发电工程施工规范》GB/T 50571—2010。

  ② 工程质量保证措施

  a. 将工程质量目标细化，分解到施工方案和现场质量计划中。各施工项目工程师负责对开工条件进行检查确认，专职和兼职质检员根据质量计划进行复核，按规定请业主或监理检查签署确认。对施工中的关键步骤、重要环节标出见证点（W 点）和停工待检点（H 点），隐蔽工程、四级检验项目、关键重大项目等定为停工待检点。

  b. 根据有关标准规范，制定工程验收和评定一览表，对质量验收和评定进行控制，保证所有施工项目都经过检查验收合格。

  （3）实施总结

  针对本工程的现场条件，采用无工装塔筒工艺进行风力发电机组的码头拼装作业，施工全过程处于安全可控、安装高效、施工质量优良的状态。本技术施工不仅节省施工成本、提高工作效率、保证施工工期、保证风力发电机组码头拼装质量、保证环境保护，同时在无工装塔筒工艺中解决诸多难题，积累丰富海上风电施工经验，节约了施工成本，经济效益显著。

  中国能源建设集团广东火电工程有限公司研发的海上风力发电机组整机吊装技术已经在珠海桂山海上风电场示范项目中成功实施，并取得相当好的效果。

  （提供单位：中国能源建设集团广东火电工程有限公司；编写人员：侯林高　陈德胜）

4.23　超大规模水上漂浮式光伏电站建造技术

4.23.1　技术发展概述

  由于水面太阳能具有节约用地，发电效率较高、生态环境影响小等优点，近年来水面漂浮式光伏发电在国内外的应用研究逐渐增加，尤其是两淮领跑者及济宁采煤沉陷区超大规模水面漂浮项目的规划实施，使得我国的水面漂浮式光伏电站建设呈现蓬勃发展之势。同时水面漂浮光伏电站也存着以下建造难点：

  （1）现有漂浮光伏方阵的锚固主要采用缆绳岸边固定、水底打桩固定、抛船锚固定等方式，但都有各自的局限性。

  （2）水面漂浮光伏电站现有钢结构箱变浮台，如发生水位急剧变化、大风等极端天气，浮台与漂浮方阵相撞的风险很大，同时钢结构箱变浮台对钢材的材质、焊接工艺要求、气密性、防腐性以及使用可靠性要求很高。

  （3）目前方阵电气设备支架安装通常有两种方式：一为焊接支架形式，二为螺栓组装支架形式，且都为直立式安装，都存在着组件阴影遮挡现象以及后续施工不方便的共性问题。

  （4）目前已建成的水上漂浮式光伏电站规模较小，超大规模水上漂浮式光伏电站建造技术缺少相关报道，缺少可借鉴的施工经验。

4.23.2 技术内容

（1）改进光伏方阵安装工艺，通过模块化式组装方式，实现浮体与组件的同步安装。

（2）选用蛙锚配合不锈钢钢丝绳对整个方阵进行约束固定，通过调整预留钢丝绳的长度适应现场的水位变化。

（3）通过电气设备支架与电缆桥架支架的融合，实现浮体两侧均匀受力，减少后续施工工程量。

（4）开发预制混凝土箱变浮台，实现箱变浮台与光伏漂浮大方阵自由度的统一及一致性。

（5）采用水上漂浮式高压电缆敷设技术进行电缆的水面敷设。

4.23.3 技术指标

本技术与国内外同类技术指标对比见表 4.23-1。

表 4.23-1

对比类别	本技术	国内外同类技术
方阵组装	采用模块化式组装方式，实现浮体、组件同步安装	浮体、组件安装不同步
锚固技术	锚块抓地力大、稳定性好、强度高、易施工，适应各种水深；锚固系统与接地系统的局部融合共用，使锚固装置起到了垂直接地极的作用，减少了接地施工工序，节省施工成本	水底打桩或船锚固定，适应性差
方阵电气设备安装	实现电气设备支架与电缆桥架支架的融合，减少后续施工工序及工程量，提高施工效率。浮体两侧均匀受力。斜式安装方式更有利于后续电缆施工接线、压线	竖立式安装、浮体两侧受力不均匀、容易倾斜
箱变浮台	生产制作成本仅为钢结构浮台的 1/3～1/2，安全可靠，不存在箱体进水的风险，后期维护方便、简单，实现箱变浮台与光伏漂浮方阵自由度的统一及一致性	钢结构浮台、生产及维护成本高、安全可靠性相对较差、容易发生箱变浮台与方阵的碰撞
电缆敷设技术	采用 PE 双壁波纹管保护，提高使用寿命，在平台完成电缆约束固定，降低水上施工量	电缆无套管保护，容易磨损刮碰，水上施工量大
经济性	经济性好，安装投入费用低	经济性一般，费用投入高
生态保护	光伏电站与采煤沉陷区水上综合治理相结合，有效解决煤矿采空区路面沉陷、粉煤灰二次污染问题，且施工浮体选用 HDPE 材料，能够抑制藻类产生，净化水质	钢构架容易生锈，污染水质

4.23.4 适用范围

适用于超大规模水上漂浮式光伏电站的建造，也适用于其他同类型漂浮式光伏电站工程。

4.23.5　工程案例

三峡淮南 150MW 水面光伏项目 C 标段；2. 华能欢城 100MW 光伏发电项目。

（1）工程概况

全球最大的水面漂浮光伏电站——三峡新能源安徽淮南 150MW 水面漂浮光伏项目于 2017 年 12 月 10 日正式并网发电。该项目位于安徽省淮南市潘集区，由中国三峡集团利用采煤沉陷区闲置水面建设，总投资近 10 亿元，项目总装机容量约 150MW。全部建成后年发电量约 1.5 亿度清洁电力，在发电效益上，相当于支撑国家 17.64 亿元的 GDP，年营业额约 1.2 亿元，年纳税约 2500 万元以上。

华能欢城 100MW 光伏发电为农光和渔光互补项目，位于山东省欢城镇。场址一采用农光互补形式，场址二为采煤沉陷积水区域，采用"渔光互补"方式。该项目水面区域规划面积 970 亩（1 亩≈666.67m²），采用浮筒漂浮式，总装机容量 31.5MW。

（2）技术应用

1）关键技术特点

① 通过模块化式组装方式，将传统的相互独立的支架、组件安装结合在一起，实现组件的同步安装，简化施工工序，只需在平台上完成相邻浮体的螺栓连接固定，即可完成光伏组串的安装以及大方阵的拼接。

② 根据现场地形特点，选用抓地力大、稳定性好、强度高、易施工的蛙锚配合不锈钢钢丝绳对整个方阵进行约束固定，同时利用 GPS 以及便携式超声波水深探测仪精确测定所有锚固点的水深，确定所需钢丝绳的长度，保证所有锚固点受力均匀，使水底复杂的环境对施工的影响降至最低，也省了钢丝绳。同时可以通过调整预留钢丝绳的长度适应现场的水位变化，保证漂浮光伏方阵的安全。

③ 通过对组串式逆变器、汇流箱等电气设备安装方式进行改进，优化电气设备支架结构，实现快速、可靠安装，同时实现电气设备支架与电缆桥架支架的融合，通过在电气设备支架另一侧安装电缆桥架，实现浮体两侧均匀受力，避免了倾斜现象的产生，同时减少了后续施工工程量，提高了施工效率。

④ 研发了一种生产成本低、安全可靠性强、维护方便的预制混凝土箱变浮台。浮台耐久性极高、造价较低、结构合理、更适应水面环境，且实现箱变浮台与光伏漂浮大方阵自由度的统一及一致性，避免了因大风等极端天气导致箱变浮台与光伏方阵相撞的可能，保证了整个漂浮电站方阵的安全。

⑤ 通过在岸边平台将高压电缆套入 PE 双壁波纹管内，然后固定在数个浮体上，并随浮体拖至水中，实现整根电缆随浮体漂浮在水面上，由机动船拖曳至预定位置进行电缆敷设。

2）工艺流程（图 4.23-1）

① 光伏厂区方阵水域清障、清淤（图 4.23-2）

施工前对水域清障及清淤处理，箱变浮台、浮台四周 10m 范围内水域清淤至水深不小于 3m，浮体及周围 10m 水域内水深清淤至水深不小于 2m。

以设计图纸定位放线，以地勘图纸为依据实地放样，对方阵角点使用明显的标志，在施工作业区内设置（每 200m 设置一根）水尺。

```
┌─────────────────────────────────┐
│      光伏厂区方阵水域清障、消淤      │
└─────────────────────────────────┘
                 │
┌─────────────────────────────────┐
│      岸边浮体，组件安装平台搭建      │
└─────────────────────────────────┘
                 │
┌─────────────────────────────────┐
│        浮体组件在岸拼接安装         │
└─────────────────────────────────┘
                 │
┌─────────────────────────────────┐              ┌──────────────────────────────┐
│      大方阵拼接及锚固系统安装        │──────────→  │      箱变吊装、箱变浮台组装       │
└─────────────────────────────────┘              └──────────────────────────────┘
                 │                                            │
┌─────────────────────────────────┐              ┌──────────────────────────────┐
│          组串接线施工            │──────────→    │    箱变浮台与大方阵连接、固定      │
└─────────────────────────────────┘              └──────────────────────────────┘
                 │                                            │
┌─────────────────────────────────┐                          │
│    逆变器、汇流箱支架及本体安装      │                          │
└─────────────────────────────────┘                          │
                 │                                            │
┌─────────────────────────────────┐              ┌──────────────────────────────┐
│          电缆桥架安装            │──────────→    │     高、低压电缆敷设、接线        │
└─────────────────────────────────┘              └──────────────────────────────┘
                                                             │
                              ┌──────────────────────────────┐
                              │        光伏场区接地施工         │
                              └──────────────────────────────┘
                                              │
                              ┌──────────────────────────────┐
        方阵电气施工            │         电气调试试验           │
                              └──────────────────────────────┘
                                              │
                              ┌──────────────────────────────┐
                              │          并网发电            │
                              └──────────────────────────────┘
```

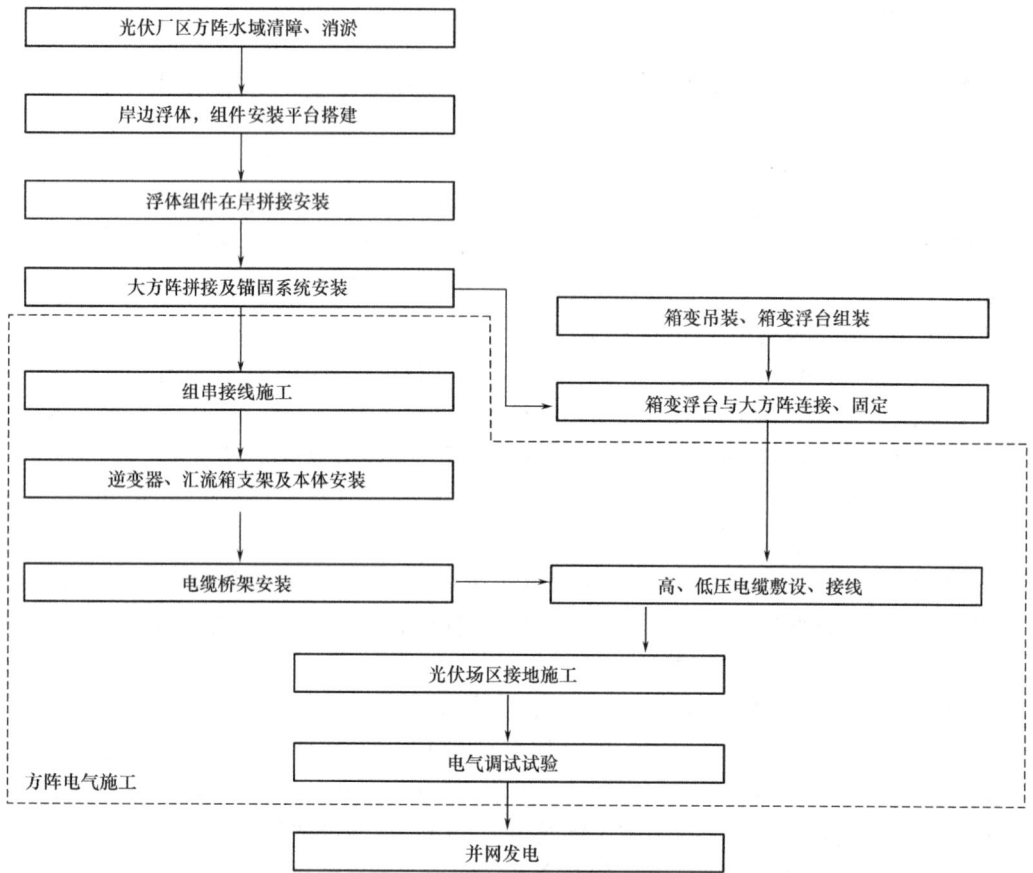

图 4.23-1　工艺流程图

图 4.23-2　水域清障、清淤施工作业

② 岸边浮体、组件安装平台搭建（图 4.23-3）

浮体、组件安装采用岸边拼接方法，可根据现场工期情况设置多个安装场地，浮体、

组件安装平台支架由脚手架管或铝合金管材铺设而成，上面铺设表面光滑的三合板，与水平面呈小角度（一般 10°倾角）倾向水面。

图 4.23-3　带倾角的安装平台

③ 浮体组件在岸拼接安装

a. 开箱检查：浮体组件安装前，对浮体及组件进行检查。浮体外观完好无损，内部无积水。组件开箱前确保包装及密封良好，发现有损坏联系监理、业主及组件厂处理。

b. 组件浮体拼装：准备相应的安装工具及材料（如：电动扳手，不锈钢螺栓，铝合金支架等），将一个主浮体放置在组件安装平台上，前立柱与后立柱分别安装在主浮体 T 形凸起部位，尽量靠近浮体边缘。铝合金支架与浮体采用夹紧的形式连接，在铝合金支架中预装带有塑料件限位的不锈钢螺母，螺母贴在螺栓方向的铝合金壁上，如图 4.23-4 所示。使用电动扳手先将铝合金后立柱用 M8 不锈钢螺栓（配一平一弹）与 T 形凸起预紧，前立柱暂时放松，如图 4.23-5 所示。

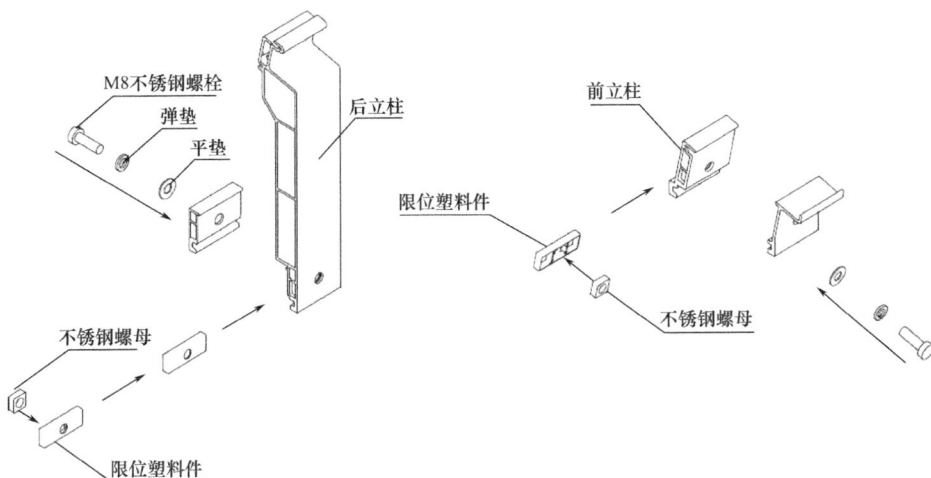

图 4.23-4　铝合金立柱分解图

745

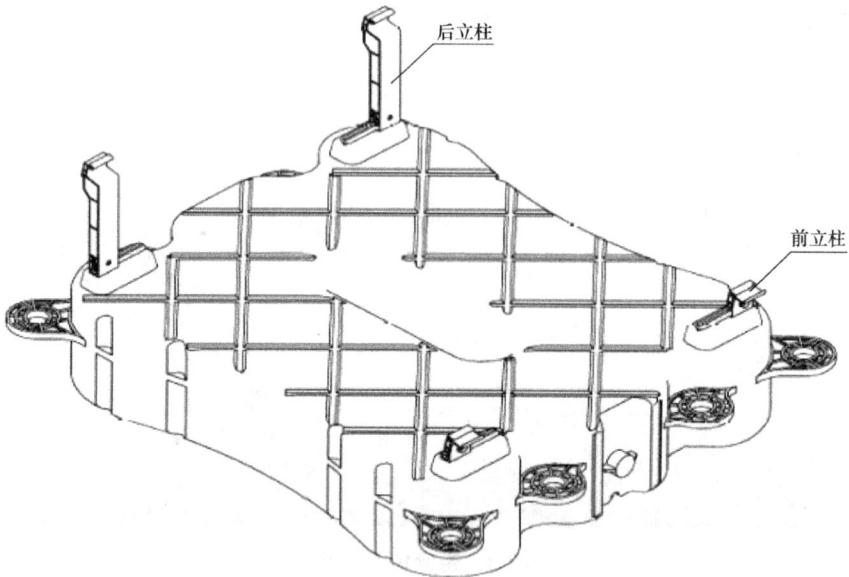

图 4.23-5　铝合金立柱安装示意图

　　将电池组件先按对应卡槽位置放置在铝合金前立柱上，使用 M8 不锈钢螺栓（配一平一弹）与 T 形凸起预紧，电池组件卡进铝合金后立柱相应卡槽内，然后将后立柱压板与铝合金后立柱使用 M8 不锈钢螺栓（配一平一弹）预紧，如图 4.23-6 所示。最后调整电池板平整度，将电池板与浮体对中，不要过于偏向于某一侧，将所有螺栓锁紧。电池组件与主浮块安装如图 4.23-7 所示。随后组装成小方阵（安装阵列），由机动船牵引至预定水域，如图 4.23-8 所示。

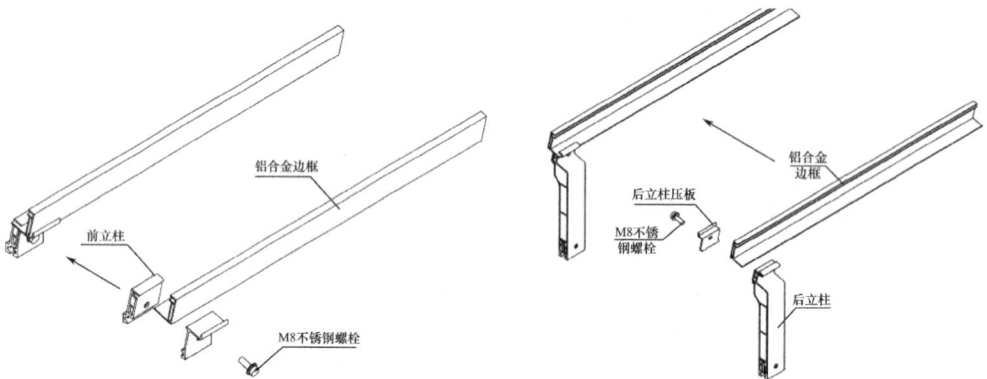

图 4.23-6　铝合金前、后立柱安装电池板示意图

　　④ 大方阵拼接及锚固系统安装

　　配备 2 艘下锚船、2 艘放线定位小船、2 台 GPS、4 把电动紧固扳手、2 把钢丝绳剪、2 把钢卷尺（15m）、不锈钢钢丝绳及卡扣、锚固块、救生圈、8 名下锚作业人员等。施工步骤见图 4.23-9。

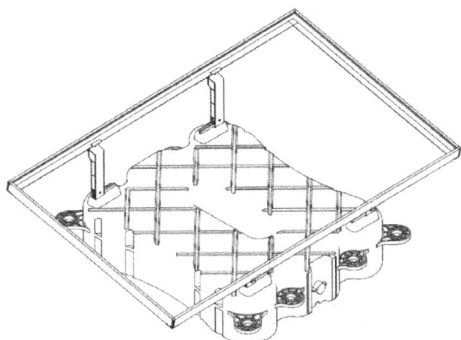

图 4.23-7　主浮体与电池板安装完毕示意图

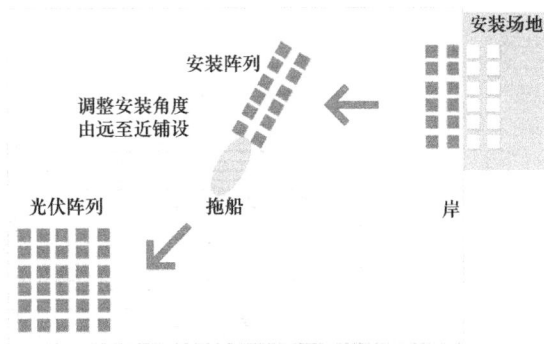

图 4.23-8　漂浮光伏方阵安装示意

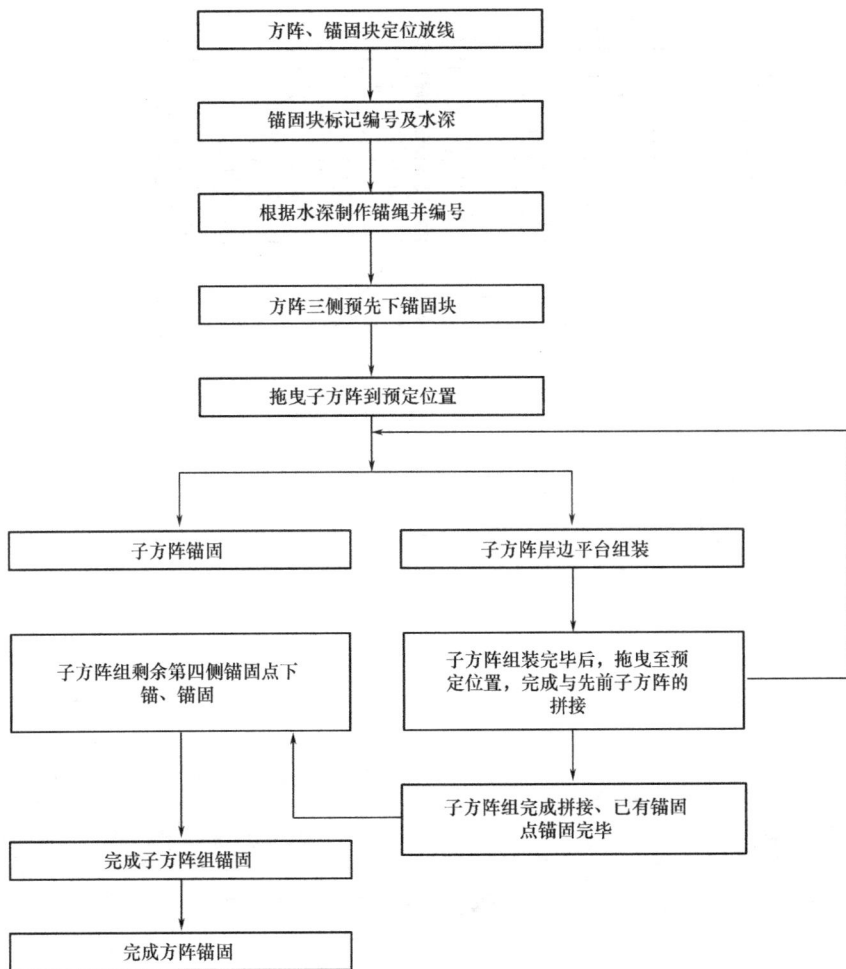

图 4.23-9　方阵锚固施工工序图

　　图 4.23-10 所示为 5 号方阵定位图，5 号方阵分为 14 个子方阵，其中子方阵 1～7 规格一致，组成一个子方阵组。每个子方阵由 32 个光伏组串组成，光伏组串由 24 块光伏板

串联组成。子方阵 8～14 规格一致，组成另一个子方阵组。每个子方阵由 33 个光伏组串组成。

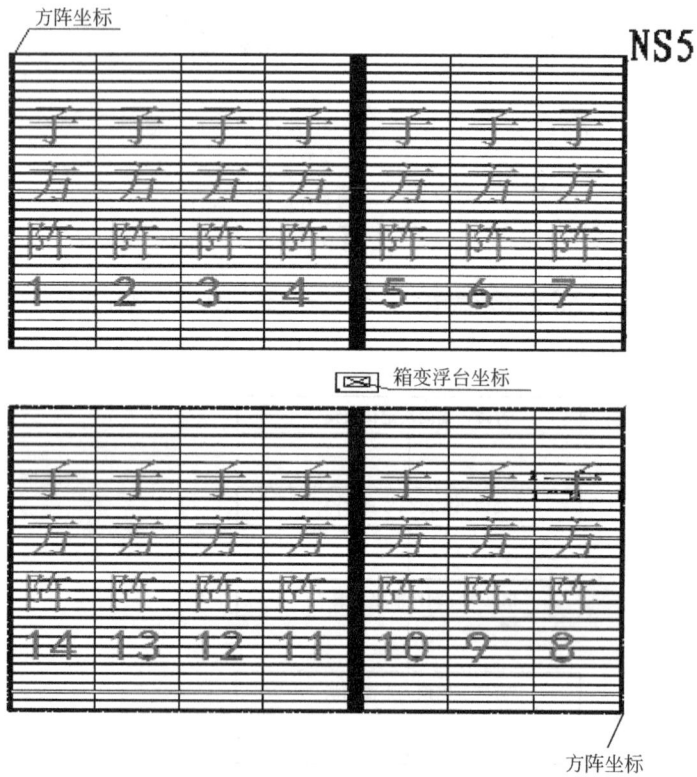

图 4.23-10　5 号方阵定位图

以 5 号方阵为例，将 5 号方阵子方阵 1～7 组成的子方阵组东、西、北 3 侧的锚固点共计 34 个锚固块全部预先完成下锚，锚固施工如图 4.23-11～图 4.23-13 所示。随后将子方阵 1 拖曳到预定位置，完成子方阵 1 西、北 2 侧的锚固，如图 4.23-14 所示。

图 4.23-11　锚固钢丝绳制作

图 4.23-12　下锚船下锚

随后将子方阵 2 拖曳到预定位置，完成其与子方阵 1 的拼接，随后进行子方阵 2 北侧锚固点的锚固。随后依次完成子方阵 3～6 的拼接、锚固，如图 4.23-15 所示。

最后将子方阵 7 拖曳到预定位置并完成与子方阵 6 的拼接，随后进行子方阵 7 东、北

利用便携式超声波水深探测仪精确测定所有锚固点的水深H

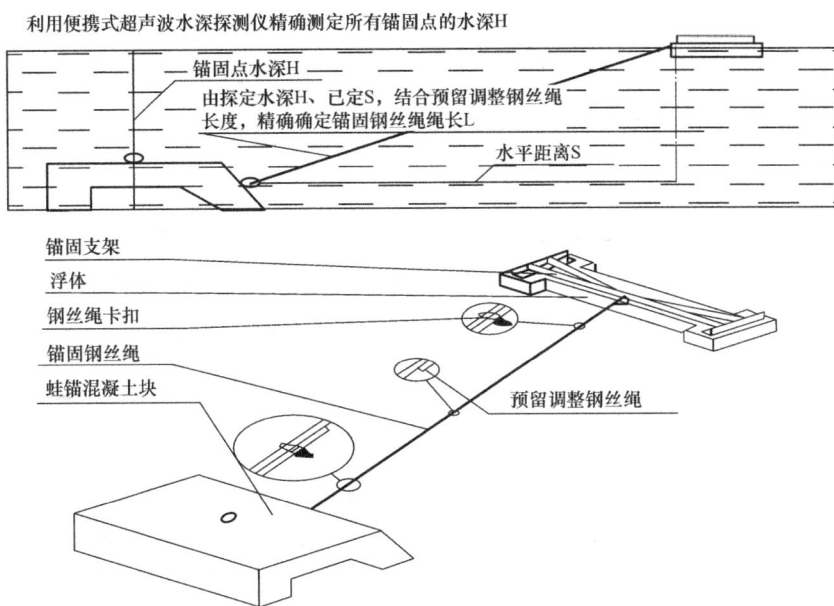

图 4.23-13　锚固工作示意图

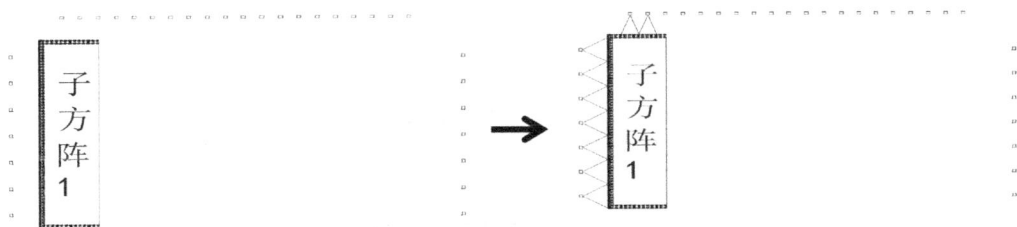

图 4.23-14　子方阵 1 锚固

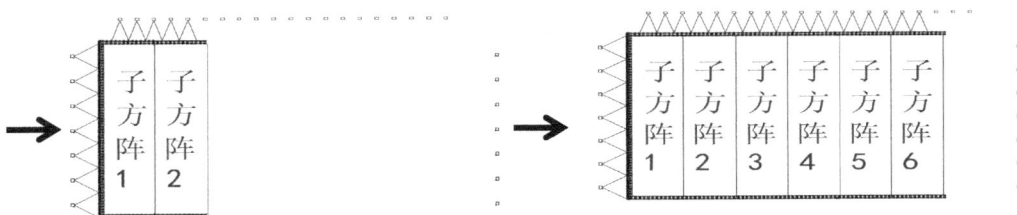

图 4.23-15　子方阵 1～6 锚固

侧锚固点的锚固。待其锚固完毕后，进行子方阵 1～7 南侧所有锚固点的下锚以及锚固，如图 4.23-16 所示。

参照子方阵 1～7 的锚固形式，完成子方阵 8～14 的锚固，最终完成整个 5 号方阵的锚固。其他方阵同样依次步骤进行锚固施工，如图 4.23-17 所示。

⑤ 箱变安装（图 4.23-18、图 4.23-19）

采用生产成本低（造价约为钢结构浮台的 1/3～1/2）、安全可靠性强、维护方便的预

749

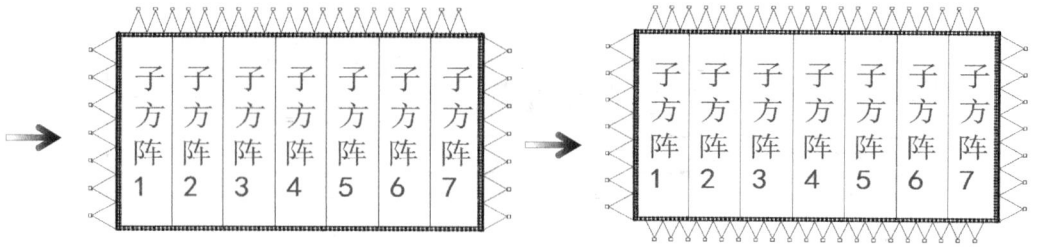

图 4.23-16　子方阵 1~7 锚固

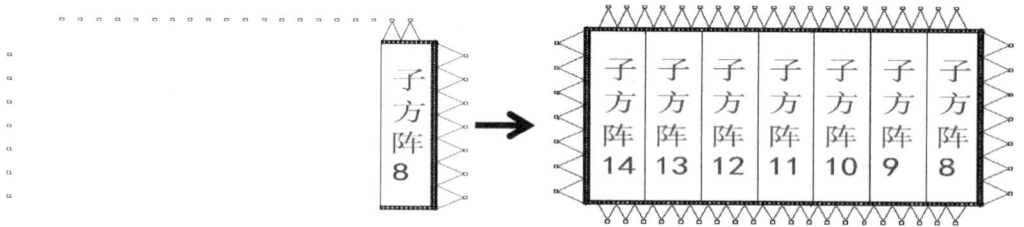

图 4.23-17　子方阵 8~14 锚固

制混凝土箱变浮台。浮台耐久性极高、造价较低、结构合理、更适应水面环境，且实现箱变浮台与光伏漂浮方阵自由度的统一及一致性，避免了因大风等极端天气导致箱变浮台与光伏方阵相撞的可能，保证了整个漂浮电站方阵的安全。

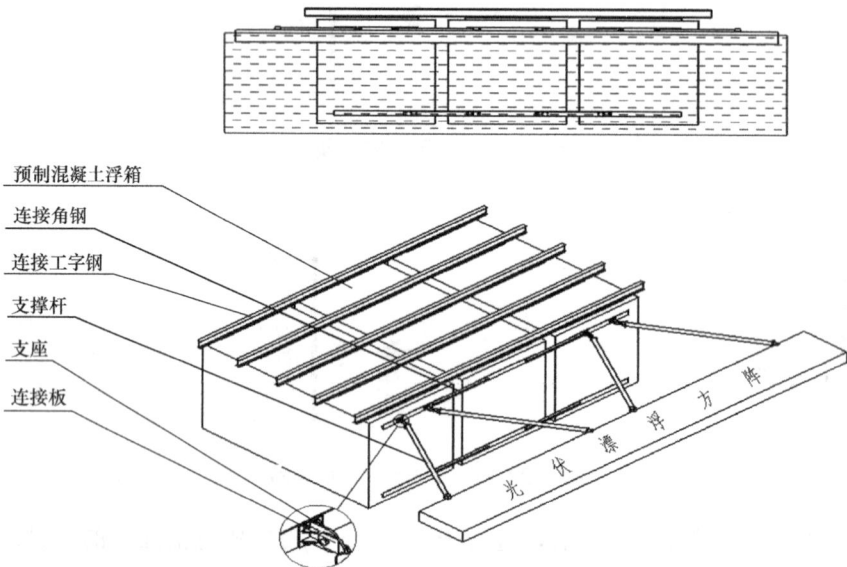

图 4.23-18　预制混凝土箱变浮台工作示意图

⑥ 方阵电气施工

a. 组串接线：方阵主要采用乐叶及协鑫组件，乐叶组件为 22 块组件串联成一个组串，协鑫组件为 24 块组件串联成一个组串。在岸边拼接时，需将前后两排组件通过其公母插头

图 4.23-19　预制混凝土箱变浮台

串成一个组串，出线侧公母头选靠近逆变器的一侧，公母头串线原则如图 4.23-20 所示。

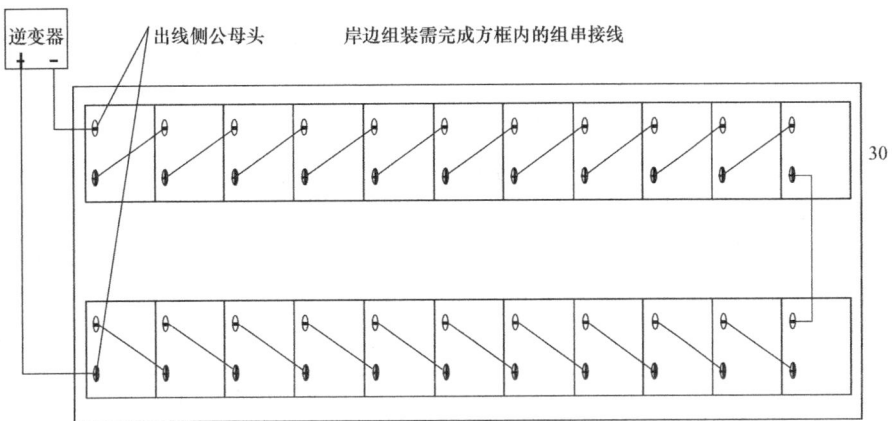

图 4.23-20　组串接线示意图

图 4.23-21　组件接地线安装示意图

在岸边组装时，需将相邻的组件完成接地线连接，接地线选用 BVR-1×4mm² 线，螺栓选用不锈钢螺栓，配备两平一弹垫垫片。施工时参照图 4.23-21 组件接地线安装示意图进行施工。

b. 逆变器、汇流箱、电缆桥架的安装：逆变器采用组串式，最大接入线路为 9 路，每一路接入一个组串，一个组串由 22 或 24 块组件串联组成，采用 PV1-F-1×4mm² 或 PV1-F-1×6mm² 接入逆变器；汇流箱最大接入线路为 4 路，即每台汇流箱最大可接入 4 台逆变器，逆变器至汇流箱的电缆采 ZR-YJY23-0.6/1kV-3×25。电缆桥架安装在浮体上，分为主干电缆桥架及支干电缆桥架。主干电缆桥架规格设计为 300mm×100mm×6000mm，支干电缆桥架规格设计为 100mm×100mm×6000mm。施工时，经过优化，取消支干电缆桥架，改由 PE 电缆套管代替。

c. 安装标准：位置正确、部件齐全、箱体开孔合适、切口整齐、箱体紧贴墙面；无绞线现象、油漆完整、盘内外清洁、箱盖开关灵活、回路编号齐全、接线整齐、PE 保护地线安装明显、牢固；导线截面、相色符合规范规定。

箱体外壳应有明显可靠的 PE 保护地线（PE 为黄绿相间的双色线）；但 PE 保护地线不允许利用箱体或盒体串联。

箱体配线排列整齐，并绑扎成束；在活动部位应固定；盘面引出及引进的导线留有适当余度，便于检修。

箱体内刀闸及保险等，均处于断路状态。

电气设备、器具和非带电金属部件的保护接地支线敷设符合以下规定：连接紧密、牢固；保护地线截面选用正确，需防腐的部分涂漆均匀无遗漏；线路走向合理、色标准确、涂刷后不污染设备和墙面。检验方法：观察检查。允许偏差：体高 50mm 以下允许偏差 1.5mm；体高 50mm 以上允许偏差 3mm。

d. 施工优化：施工时通过优化电气设备支架结构，实现电气设备支架与电缆桥架支架的融合，在电气设备支架另一侧安装电缆桥架，实现浮体两侧均匀受力，避免倾斜，减少了后续施工工程量，提高了施工效率，如图 4.23-22、图 4.23-23 所示。

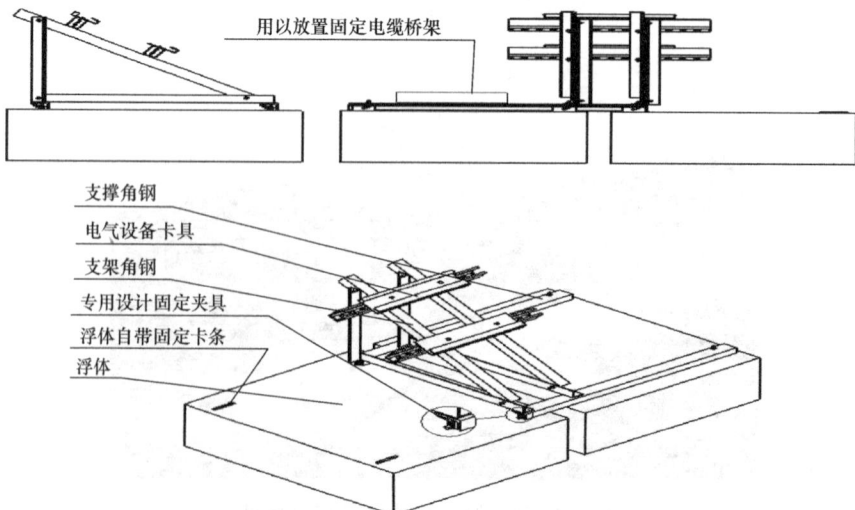

图 4.23-22　新型电气设备支架组成示意

图 4.23-23　新型电气设备支架、电缆桥架安装效果

e. 高、低压电缆敷设、接线施工：高压电缆敷设施工是水上漂浮式光伏电站的一大施工难题，目前的高压电缆敷设施工通常需要大量的人力，整个过程费时、费力，且敷设质量无法得到有效保证。通过在岸边平台将高压电缆套入 PE 双壁波纹管内，免遭磨损、刮碰以及雨淋、日晒，最大限度地保证电缆的使用寿命，通过专用卡具将其固定在数个浮体上，并随浮体拖至水中，将平台上剩余的高压电缆依次套入 PE 双壁波纹管内，固定在浮体上并拖至水中，最终实现整根电缆随浮体漂浮在水面上，由机动船拖曳至预定位置进行约束固定及高压电缆头制作，如图 4.23-24、图 4.23-25 所示。

图 4.23-24　高压电缆套入 PE 保护、固定

图 4.23-25　低压电缆敷设施工图

（3）实施总结

目前，本技术已成功应用于我公司承建的三峡淮南 150MW 项目 C 标段、晶科欢城 100MW、华能欢城 100MW、中晟微山 50MW、国阳欢城 50MW 五个水面光伏领跑者发电项目。目前，水面漂浮光伏电站在我国处于起步阶段，但呈蓬勃发展趋势，也引起了国家能源部门的重视。我国有大量的海岸线、水库、湖泊等水面资源可供太阳能项目开发利用，随着我国采煤塌陷区光伏领跑者计划的持续开展，水面漂浮光伏电站也将获得越来越多的关注，水面漂浮式光伏发电具有广阔的应用前景。

（提供单位：中国电建集团山东电力建设第一工程有限公司。编写人员：张伟）

4.24　大规模双面双玻组件平单轴发电系统施工技术

4.24.1　技术发展概述

光伏发电具有清洁性、安全性、广泛适用性、资源充足等优点，在新型能源利用中占有重要的地位。目前主流光伏发电站多为固定式光伏支架，安装单面铝边框太阳能光伏组件，太阳能利用率较低；而新兴的平单轴跟踪式发电系统可以通过提高组件的太阳光吸收率，来提升光伏发电量。但目前国内关于平单轴跟踪发电系统的应用，多为小规模试验性建设和研究，少有大规模集中式平单轴发电系统的建设和应用。本技术通过对光伏电站调研以及实验数据模拟，提出了平单轴跟踪支架安装双面双波组件的发电系统选型方案，并在该方案大规模安装实施过程中，解决了系统结构薄弱环节加固处理，优化施工工艺减少大风等灾害损失问题，形成了可以用于指导大规模双面双玻组件平单轴光伏发电电站建设的施工工艺和技术。

4.24.2　技术内容

（1）光伏电站选型

采用平单轴跟踪支架结合双面双波组件，显著提升光伏电站发电量，和传统的固定支架系统比较，平单轴跟踪技术能为光伏电站带来15％～20％的发电量提升。双面双玻太阳能组件背面可吸收背景的反射光和周围的散射光来进行发电，在条件比较理想时，能提高组件20％到30％的发电量。而背景反射率决定了背面发电量的多少，在北方较高海拔严寒地区，冬季地面有较长时间的积雪覆盖，浅白色的背景将双面双玻组件的优势发挥到最大，带来更多的发电效益。因此大规模采用平单轴支架系统同时安装双面双玻组件，二者结合使光伏电站发电量提升明显。

（2）施工调整纠偏

平单轴支架采用PHC管桩基础，传统施工过程难以进行较高精度控制，造成管桩施工后间距出现一定偏差，后期调整难度大。可通过支架和立柱焊接时重新定位纠偏，摒弃设计上立柱东西向间距要求，在保证南北成一条直线的基础上，对立柱进行整体东西方向微调，尽可能减少立柱与桩基的偏心差值，避免立柱底板与桩头板偏心悬挑情况，增加系统整体稳定性，同时加快了立柱定位的施工效率。

（3）薄弱结构补强

分析平单轴支架系统受到的恒荷载和活荷载，通过模拟各荷载组合情况，建立计算模型，对平单轴系统各结构构件进行极限荷载下变形值验算，最终找出结构薄弱环节，采取补强措施，减少强风等极端突发荷载在短时间内对结构造成的破坏。

（4）优化安装步骤

提出了支架系统的安装新工艺，优化安装步骤，提前完善驱动部分和减震部分安装，利用回转减速机的自锁制动效果和减振器的阻尼减震效应，使系统从安装到运行过程始终具备良好的整体稳定性，有效抵抗强风、振动等不利因素对系统的破坏。

4.24.3　技术指标

（1）规范、标准

1）《光伏发电站施工规范》GB 50794—2012；

2）《光伏发电工程验收规范》GB/T 50796—2012。

（2）安装允许偏差（表4.24-1、表4.24-2）

支架安装允许偏差　　　　　　　　　　　　　　　　　　表4.24-1

项目名称	允许偏差（mm）
中心线偏差	≤2

项目名称	允许偏差(mm)
梁标高偏差(同组)	≤3
立柱面偏差(同组)	≤3

光伏组件安装允许偏差 表 4.24-2

项目名称	允许偏差	
倾斜角度偏差	±1°	
光伏组件边缘高差	相邻光伏组件间	≤2mm
	同组光伏组件间	≤5mm

4.24.4 适用范围

适用于大规模双面双波平单轴光伏电站建造工程。

4.24.5 工程案例

1. 善能康保光伏电站扶贫项目工程；2. 兴满惠农 30MW 光伏扶贫电站项目工程。

（1）工程概况

善能康保光伏电站扶贫项目位于张家口市康保县张纪镇，由善能康保光伏发电有限公司投资建设，中国电建集团山东电力建设第一工程有限公司 EPC 承建。项目总装机容量为 20.03786MW，共选用 66792 块峰值功率为 300Wp 的多晶硅光伏组件、259 台逆变器、20 台 1000/500/500 kVA 双分裂升压变压器，由 35kV 集电线路接入 110kV 开关站。

兴满惠农 30MW 光伏扶贫电站项目位于张家口市康保县张纪镇，由康保县满德堂兴满惠农建筑工程服务有限公司投资建设，中国电建集团山东电力建设第一工程有限公司 EPC 承建。项目总装机容量为 24.1824MW，共选用 80608 块峰值功率为 300Wp 的多晶硅光伏组件、311 台逆变器、24 台 1000/500/500 kVA 双分裂升压变压器，由 35kV 集电线路接入 110kV 开关站。

（2）技术应用

1）关键技术特点

① 提出了平单轴跟踪支架安装双面双波组件的发电系统选型方案，提高光伏电站发电效率。

② 从定位和焊接工艺两方面提出了光伏支架与桩基础连接处焊接纠偏的解决方案。

③ 建立力学计算模型，在平单轴支架系统遭受各类型荷载组合作用时，提出对系统薄弱环节进行补强加固措施。

④ 制定平单轴支架系统安装工艺，通过优化安装步骤利用系统自身结构产生保护机制，减少大风等灾害损失，形成用于指导大规模双面双玻组件平单轴光伏发电电站建设的技术解决方案。

2）工艺流程（图 4.24-1）

```
┌─────────────────┐
│   桩基础定位放线   │
└────────┬────────┘
         ↓
┌─────────────────┐
│   引孔及桩基施工   │
└────────┬────────┘
         ↓
┌─────────────────┐      ┌──────────────────────┐
│   支架立柱焊接     │←─────│ 调整东西立柱间间距，在保证立 │
└────────┬────────┘      │ 柱南北位于一条直线的基础上， │
         │               │ 尽量减少立柱与桩基的偏心距离 │
         │               └──────────────────────┘
         │               ┌──────────────────────┐
         │          ┌────│ 在地面预先进行檩条安装和   │
         │          │    │ 横梁连接件对接安装       │
         ↓          ↓    └──────────────────────┘
┌─────────────────┐      ┌──────────────────────┐
│    横梁安装       │←─────│ 使用小型汽车吊进行吊装作业，注 │
└────────┬────────┘      │ 意使横梁保持在同一水平和垂直位置 │
         ↓               └──────────────────────┘
┌─────────────────┐      ┌──────────────────────┐
│  阻尼减震器安装    │←─────│ 优先安装阻尼减震器，起到临时固 │
└────────┬────────┘      │ 定作用，同时避免安装过程中的振 │
         ↓               │ 动损害                 │
┌─────────────────┐      └──────────────────────┘
│   驱动拉杆安装     │
└────────┬────────┘
         ↓
┌─────────────────┐
│回转减速器及驱动电机安装│
└────────┬────────┘      ┌──────────────────────┐
         │          ┌────│ 回转减速器安装完毕后方可   │
         ↓          ↓    │ 进行组件安装             │
┌─────────────────┐      └──────────────────────┘
│    组件安装       │
└─────────────────┘
```

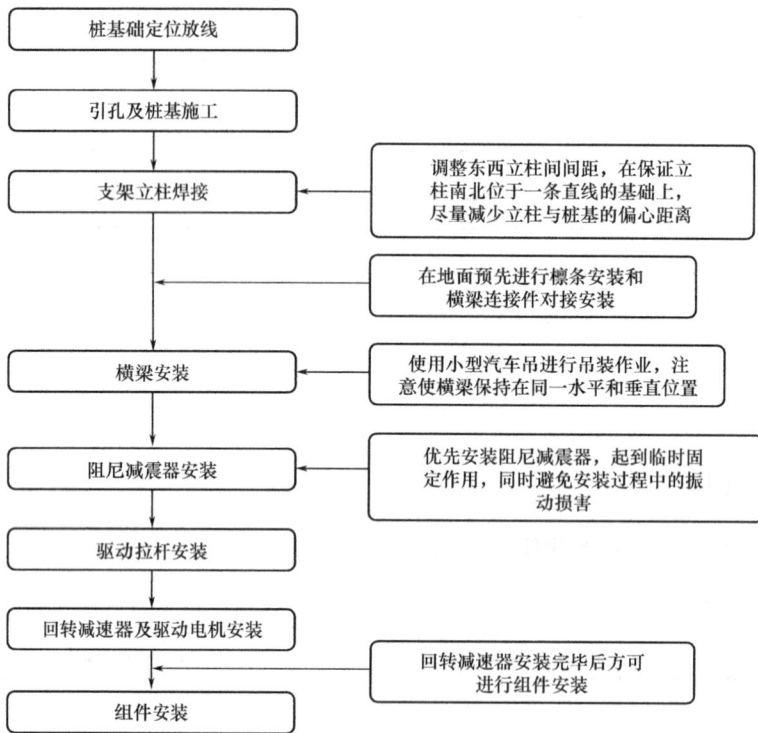

图 4.24-1　工艺流程图

3）操作要点

① 光伏电站选型研究

本技术提出了高效能光伏电站选型方案，采用平单轴跟踪支架结合双面双波组件，显著提升光伏电站发电量。

a. 支架选型：平单轴跟踪系统增大太阳辐射吸收量。

采用平单轴跟踪发电系统，可通过追踪太阳方位角，间歇的驱动电机带动机械机构，使光伏组件全天跟随太阳位置运动，提高光伏组件对太阳能的吸收率。

通过已建设完成的中晟微山采煤沉陷区 50MW 光伏发电示范项目和华能微山欢城 100MW 光伏电站项目的研究，两项目均建设了小规模实验性平单轴系统，对比相同装机容量的光伏组件实际发电量，得出结果见表 4.24-3。

同容量组件实际发电量提升率　　　　　　　　表 4.24-3

项目名称	固定支架容量	平单轴支架容量	同容量组件实际发电量提升率
中晟微山采煤沉陷区 50MW 光伏发电示范项目	45MW	5MW	16.8%
华能微山欢城 100MW 光伏电站项目	95MW	5MW	17.3%

分析国内外平单轴应用实例了解到，和传统的固定支架系统比较，平单轴跟踪技术能

为光伏电站带来15%～20%的发电量提升，在一些太阳能资源丰富的低纬度地区，发电量甚至能超出固定式22%。

b. 组件选择：双面双玻组件接收更多背景光照辐射。

双面双玻太阳能组件背面可吸收背景的反射光和周围的散射光发电，在条件比较理想时，能提高组件20%～30%的发电量。而背景反射率决定了背面发电量的多少，项目所在地位于北方较高海拔严寒地区，冬季地面有较长时间的积雪覆盖，浅白色的背景会将双面双玻组件的优势发挥到最大，带来更多的发电效益。表4.24-4为试验室模拟不同背景颜色下的组件增效对比情况。

背景颜色对双面双玻组件增效影响 表4.24-4

背景颜色	模拟材料	反射率	组件增效
绿色	草地	25%	10%
灰色	水泥地面	50%	15%
银白	明亮的屋顶	78%	25%
白色	雪地	90%	30%

② 施工调整纠偏

a. 定位纠偏（图4.24-2）

平单轴支架采用PHC管桩基础，传统施工过程难以进行较高精度控制，造成管桩施工后间距出现一定偏差，且后期调整难度大。可通过支架和立柱焊接时重新定位纠偏，摒弃设计上立柱东西向间距要求，在保证南北成一条直线的基础上，对立柱进行整体东西方向微调，尽可能减少立柱与桩基的偏心差值，避免立柱底板与桩头板偏心悬挑情况，增加系统整体稳定性，同时加快了立柱定位的施工效率。

图4.24-2 支架立柱焊接PHC管桩

b. 偏心补焊措施（图4.24-3）

若通过第一步立柱定位纠偏后，仍有部分立柱与桩基出现小比例偏桩的情况，导致焊接位置外移，偏差在±50mm以内的位置，可以采用如下工艺进行补强：镂空位置增加搭接铁板厚度10mm以上，铁板与立柱底板及管桩四周满焊，保证铁板四周焊缝厚度不小于 10mm。

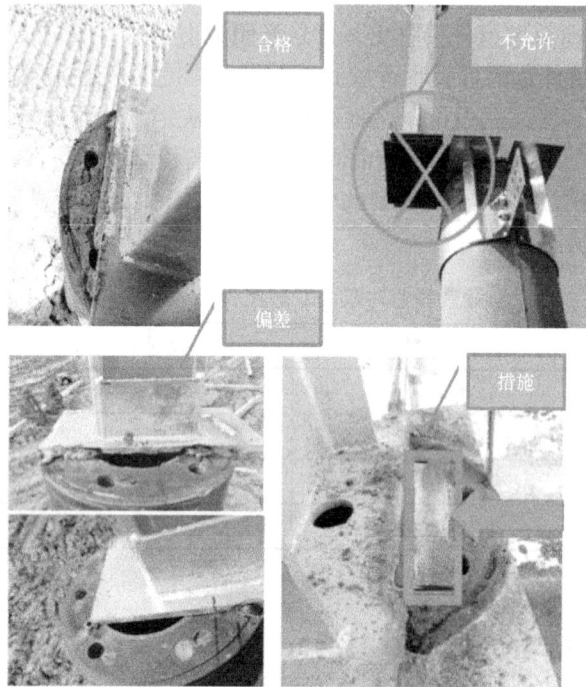

图 4.24-3 立柱偏心补焊措施

焊接要求驱动立柱焊接焊缝厚度不低于 10mm，其他立柱焊接焊缝厚度不低于 10mm，外形均匀、成形较好，焊道与焊道、焊道与基本金属间过渡平滑，焊渣和飞溅物清除干净。焊缝不得有表面气孔、夹渣、弧坑裂纹、电弧擦伤等及无咬边、未焊满、根部收缩等缺陷。

③ 通过荷载组合计算，对系统薄弱环节采取补强加固措施

a. 建立力学计算模型，对系统进行荷载效应组合计算

荷载效应组合是指结构或结构构件在使用期间，除承受恒荷载外，还可能同时承受两种或两种以上的活荷载，这就需要给出这些荷载同时作用时产生的效应，就是荷载效应组合。

平单轴系统在运行过程中主要受到以下荷载作用：（a）恒荷载 D；（b）风荷载 W；（c）雪荷载 S。在不同情境下，对各种荷载进行效应组合，并建立计算模型，对平单轴系统各结构构件进行极限荷载下变形值验算分析，得出了立柱与桩基结合处是整个支架系统薄弱的结构点结论，见表 4.24-5 及图 4.24-4～图 4.24-7。

荷载组合 表 4.24-5

序号	荷载组合	备注
1	$1.35D$	基本组合
2	$1.2D+1.4W$	基本组合
3	$D+1.4W$	基本组合

序号	荷载组合	备注
4	$1.2D+1.4S+1.4\times0.6W$	基本组合
5	$1.0D+1.4S+1.4\times0.6W$	基本组合
6	$1.2D+1.4\times0.7S+1.4W$	基本组合
7	$1.0D+1.4\times0.7S+1.4W$	基本组合
8	$D+W$	标准组合
9	$D+S$	标准组合
10	$D+W+0.7S$	标准组合
11	$D+0.6W+S$	标准组合
12	$1.2D+1.4W$	施工检修工况-承载力验算组合
13	$1.2D+1.4S+1.4\times0.6W$	施工检修工况-承载力验算组合
14	$1.2D+1.4\times0.7S+1.4W$	施工检修工况-承载力验算组合
15	$D+W$	施工检修工况-位移验算组合
16	$D+S$	施工检修工况-位移验算组合
17	$D+W+0.7S$	施工检修工况-位移验算组合
18	$D+0.6W+S$	施工检修工况-位移验算组合

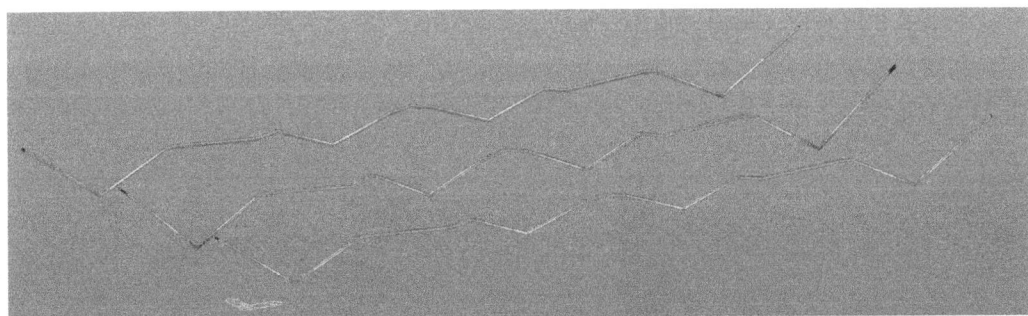

图 4.24-4 横梁构件在正常使用极限状态下的结构变形

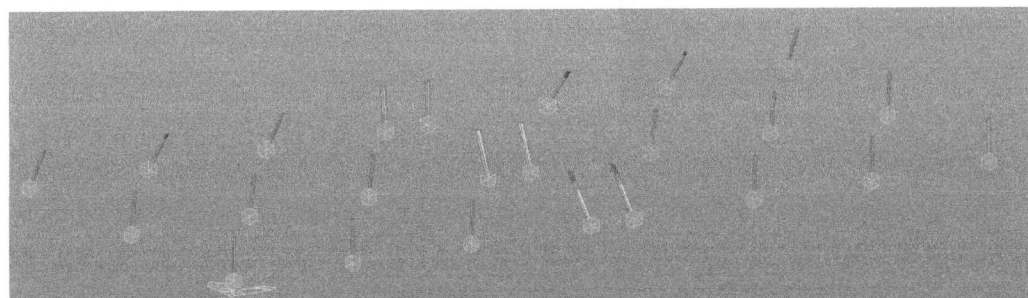

图 4.24-5 立柱在风荷载作用下的水平变形（mm）

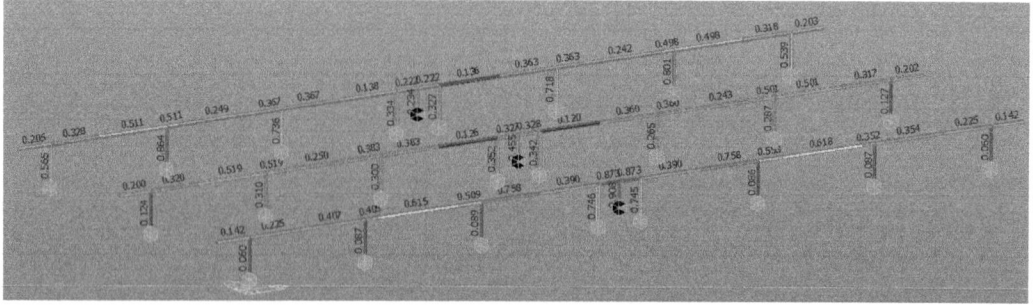

图 4.24-6　外围支架杆件应力校核结果

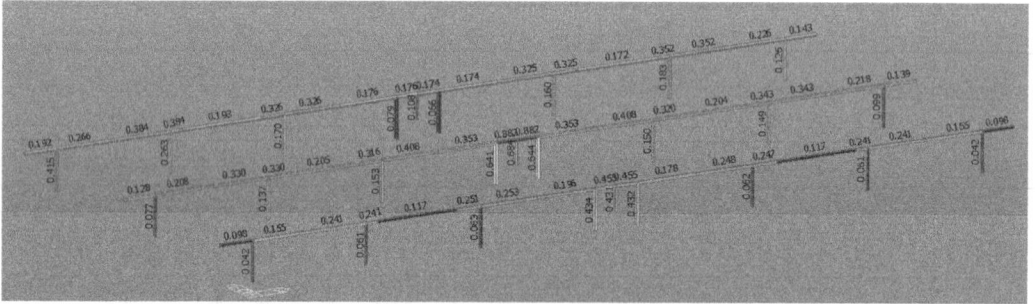

图 4.24-7　内围支架杆件应力校核结果

b. 根据计算结论对系统采取补强加固措施

（a）增加立柱与桩基的焊接强度，要求如下：

现场所有施工焊缝需要四周满焊，底部增加仰焊，增加焊缝高度，保证现场施工焊接质量，如图 4.24-8、图 4.24-9 所示。

图 4.24-8　焊接需要四周满焊

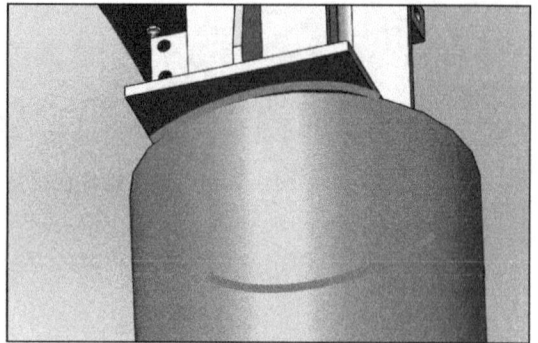

图 4.24-9　底板挑出位置需要从下方仰焊

（b）采取加固措施：立柱外侧增加 $40 \times 40 \times 4$ 角钢，长度 500mm，呈八字形焊接，消除焊接隐患。角钢紧贴 C 型钢两面，接触位置焊接，底部角钢和底板基础位置内外侧满焊，如图 4.24-10、图 4.24-11 所示。

补强后对立柱进行力学验算，应力值远小于立柱材料屈服强度，安全系数 1.8 左右，结构力学性能合格，如图 4.24-12 所示。

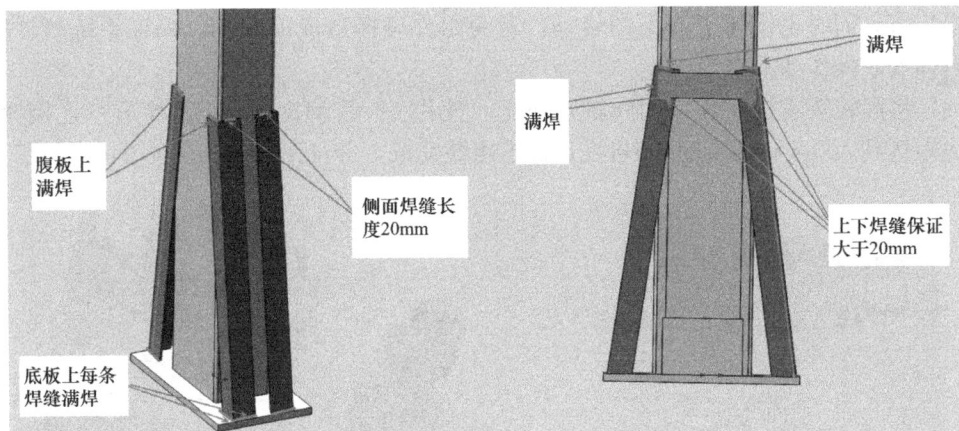

图 4.24-10 加固焊接措施

图 4.24-11 现场加固焊接图片

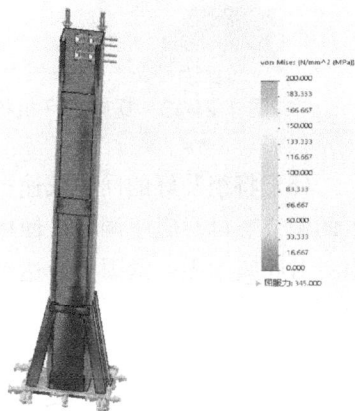

图 4.24-12 立柱补强后结构验算

④ 优化平单轴支架系统安装工艺

在平单轴系统安装过程中，应保持系统良好的安稳性，以抵抗强风或震动等不利因素对系统的破坏。本技术提出了支架系统的安装新工艺，优化安装步骤，提前完善驱动部分和减震部分安装，利用回转减速机的自锁制动效果和减震器的阻尼减震效应，使系统从安装到运行过程中，始终具备良好的整体稳定性，有效抵抗强风、震动等不利因素对系统的破坏。

a. 提前完善回转减速机及驱动电机安装

平单轴跟踪系统的动力并不直接来自驱动电机，而是通过回转减速机将电机提供的动能传递给驱动终端，回转减速机的构造是蜗轮蜗杆机构，这种构造具有自锁性。当蜗杆的导程角小于啮合轮齿间的当量摩擦角时，从动蜗轮便无法推动主动蜗杆转动，此时机构产生自锁效应。换言之，就是电机可以通过回转减速机输出较大的驱动力，推动平单轴系统缓慢转动，但从减速机传来的动力，却无法推动电机转动，如图 4.24-13 所示。

因此，回转减速机在整个动力系统中承担重要角色，可以提前完善回转减速机及驱动电机安装，当平单轴系统受到强风来袭，尤其是安装组件后支架受风面积增大，强大的风压力会反向作用于回转减速机和驱动电机，利用蜗杆蜗轮机构的自锁特性，可使得驱动电机免受损害，同时也锁死了支架的转动，避免组件碰撞造成的损坏，保证系统整体安稳型。具体安装操作如下：

（a）将回转减速机安装在回转轴承座上，使用 18 套 M20×110 螺栓进行连接紧固，紧固力矩达到 400N·m，此步骤可在地面上组装完成，等待吊装，如图 4.24-14 所示。

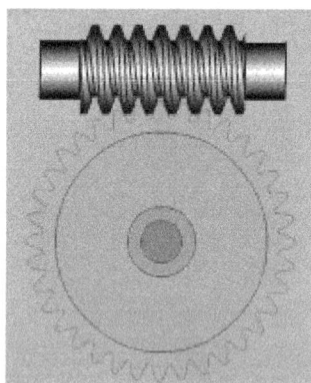

图 4.24-13　蜗轮蜗杆机构

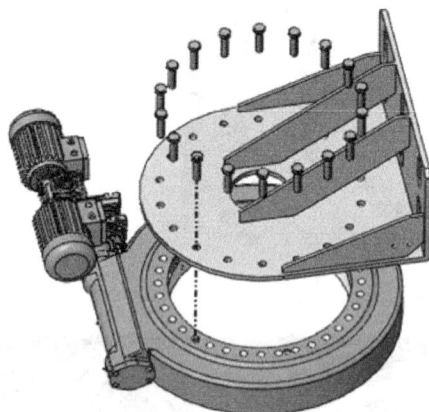

图 4.24-14　回转减速机与回转轴承座组装

（b）将组装好的回转减速机及轴承底座吊装至钢梁基础的地脚螺栓上，使用地脚螺栓上的调节螺母对底座调平，使用水平尺使回转轴承保证水平，在地脚螺栓上安装 M36 双螺母对底座紧固，紧固力矩达到 400N·m，如图 4.24-15、图 4.24-16 所示。

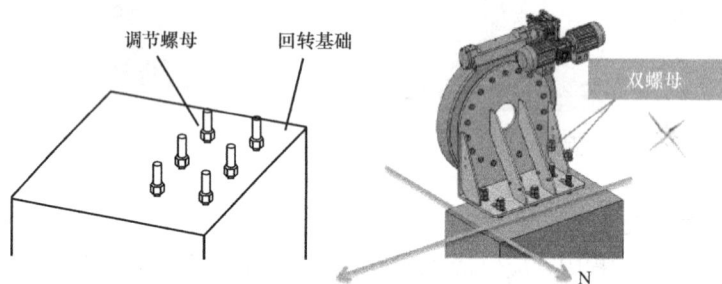

图 4.24-15　回转轴承座与基础安装

图 4.24-16　现场安装图

材料需求：回转减速机 1 套，回转轴承底座 1 套，回转轴承底座数量 1 个，M20×110 螺栓 18 套，M36 螺母数量 18 个；注意减速机使用螺栓是自带加强螺栓，不能使用其他螺栓代替。

b. 提前完善阻尼减震器的安装

阻尼减震器可使系统受到外力冲击产生的振动幅度快速衰减下降，在平单轴系统中安装阻尼减震器可达到以下效果：

（a）平单轴跟踪系统运行过程中始终存在驱动电机的动荷载，要求比较高的抗震性和动态安稳性，可以利用阻尼器的减震作用，使支架系统在驱动力作用下平稳运行。

（b）在意外遭到强震或强风等外力瞬间冲击后，阻尼减震器可以产生较大阻尼，使输入平单轴系统中的外来能量大量耗散，结构受到的冲击得到迅速衰减，避免对主体结构造成较大的非弹性变形，从而保证构造在极短的时间里康复到安稳状态。

（c）阻尼减震器可以有效地减小平单轴系统机械构造中呈现的共振振幅，进一步防止支架结构因动应力到达极限形成构造损坏。

本技术设计单排横梁两端成反方向安装 2 个减震器，在组件转动期间，始终有一支减震器处于压缩状态，另一支减震器处于伸长状态，确保系统动态均衡稳定，可有效降低组件隐裂或破损率，如图 4.24-17、图 4.24-18 所示。具体安装操作如下：

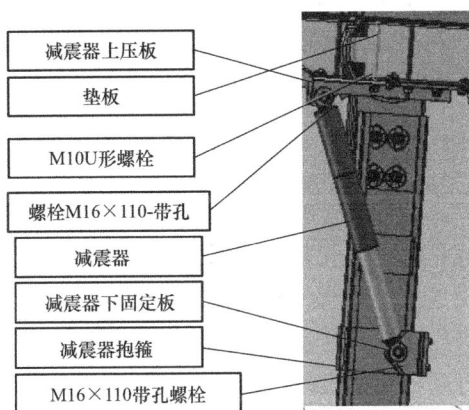

图 4.24-17　阻尼减震器工作图

图 4.24-18　阻尼减震器现场安装

ⓐ将檩条与横梁平面放平，在方管两端进行定位；ⓑ将减震器固定件（上）紧固在方管上，减震器固定件（上）与方管之间放置垫板；ⓒ将减震器固定抱箍紧贴在立柱，调整减震器伸缩行程至中间位置，装配好减震器固定件（下）；ⓓ将减震器上下固定件安装好后，通过带孔螺丝将减震器固定好，注意方管两侧减震器朝向相反，即横梁转动时，一支减震器处于压缩状态，另一支减震器处于伸长状态。

材料需要：减震器 1 个，减震器固定件（上）1 个，减震器固定件（下）1 个，垫板 1 块，M10 U 形螺栓 1 套，M16×110 带孔螺栓 2 个＋开口销 2 个，M12×50 螺栓组合（2 平 1 弹 1 螺母）。

（3）实施总结

目前，本技术已成功应用于我公司承建的多个平单轴跟踪式光伏电站项目建设当中。通过实施，本技术选用的平单轴跟踪系统与双面双玻组件结合的发电形式有效提高了发电效率；安装过程中，通过支架基础定位纠偏和偏心补焊措施，提高了支架系统整体稳定性。采取规范化施工，模块化流水作业，大大提高安装工程效率。通过控制支架结构稳定性，优化安装步骤，提前完善设备驱动部分和阻尼减震器，利用设备自身性能来达到自锁减震的效果。总结形成了一套成熟技术成果，可为同类型光伏电站建设提供有价值的参考范例。

（提供单位：中国电建集团山东电力建设第一工程有限公司。编写人员：刘钊）

4.25　渔光互补光伏发电站施工技术

4.25.1　技术发展概述

随着化石能源的日益减少以及化石能源对环境的影响，以煤炭、石油等为主的传统能源发电在未来整个电力系统中的比例会逐渐减少，而以风能、太阳能等为主的可再生能源占比逐年增加，其中太阳能以其清洁、无污染、装置安装方便、适用地域广泛，正在我国快速发展，但在我国中东部人口稠密地区，由于受到了土地资源稀缺的限制，开发建设大型地面光伏电站往往比较困难，渔光互补光伏发电的出现有效地克服了这一难题。它是科学利用鱼塘、湖泊及芦苇荡滩等资源，采用水上发电、水下养殖的模式，并具有发展休闲旅游业的潜力，能够充分发挥土地效益，对土地综合利用与新能源产业结合发展起到良好的示范作用。

4.25.2　技术内容

（1）技术特点

光伏组件安装在光伏支架上，支架安装在水塘或鱼塘中，光伏组件通过汇流电缆将组件产生的直流电汇集到汇流箱中，汇流箱与逆变器相连接，将直流电逆变成交流电，交流电通过升压变升压成中高压交流电，中高压电通过高压电缆输送到光伏中心升压站，通过升压站再次升压到电网系统电压，最后由输电线路杆塔输电到电网（图4.25-1）。

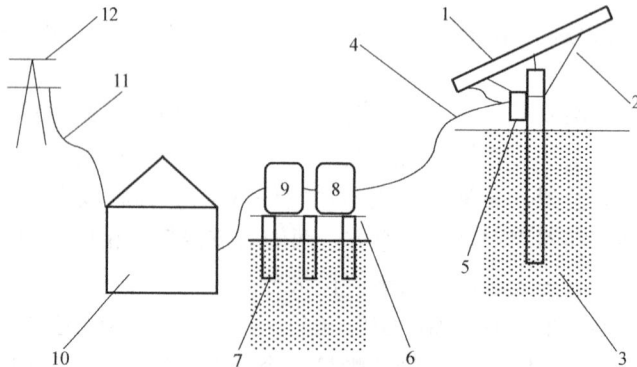

图4.25-1　系统示意图

1—组件；2—支架；3—鱼塘或水塘；4—直流电缆；5—汇流箱；6—平台；
7—PHC管桩；8—逆变器；9—升压变；10—升压站；11—高压输电线路；12—杆塔

（2）施工工艺流程

渔光互补光伏电站施工工艺流程图（图 4.25-2）。

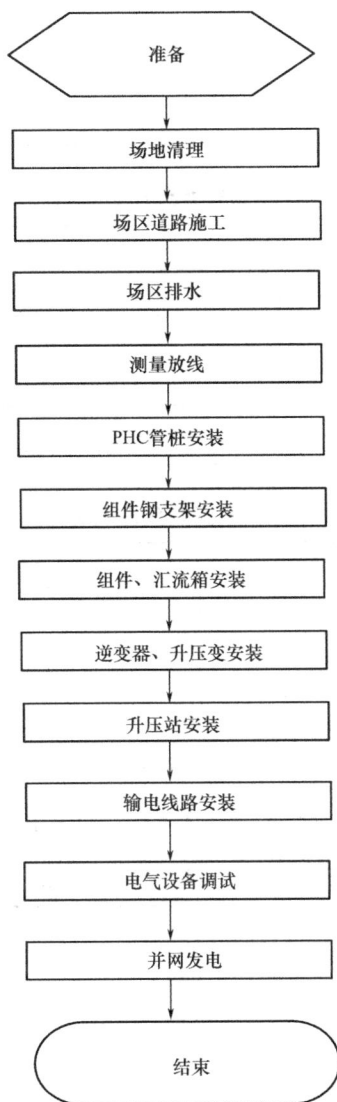

图 4.25-2 施工工序流程图

4.25.3 技术指标

（1）规范、标准

1）《光伏电站设计规范》GB 50797—2012；

2）《光伏发电站施工规范》GB 50794—2012；

3）《钢结构施工质量验收标准》GB 50205—2020。

（2）光伏组件支架安装主要允许偏差应满足表 4.25-1 和表 4.25-2 的规定。

后立柱安装允许偏差   表 4.25-1

序号	项目	标准
1	对中	5.0mm
2	柱高	+5.0mm
3	总长	8.0mm
4	垂直度	10

主梁安装允许偏差   表 4.25-2

序号	项目	标准
1	梁两端顶面高差	$L/100$ 且 $\leqslant 10mm$
2	柱高	$\pm 2.0mm$
3	总长	$H/500$

（3）汇流箱安装主要允许偏差应满足表 4.25-3 的规定。

汇流箱安装允许误差   表 4.25-3

项目	允许偏差	
	mm/m	mm/全长
不直度	<1	<5
水平度	<1	<5
位置误差及不平行度	—	<5

（4）逆变器基础型钢的安装允许偏差应符合表 4.25-4 的规定。

逆变器基础型钢安装允许误差   表 4.25-4

项目	允许偏差	
	mm/m	mm/全长
不直度	<1	<3
水平度	<1	<3
位置误差及不平行度	—	<3

4.25.4 适用范围

适用于渔光互补光伏电站工程。

4.25.5 工程案例

（1）工程概况

江西分宜 70MW 渔光互补光伏发电工程。项目建设规模为 70MW，采用 223740 块 315Wp 多晶硅光伏组件，安装容量为 70.48MW。项目站址位于江西省分宜县分宜镇横溪村（分宜县北岭的南坡）村东水库，场址内大部分区域为水面，新建单层综合用房一栋，建筑面积为 446.78m²，新建单层配电室一栋，建筑面积为 292.26m²。

（2）技术应用

1）技术特点

① 采用 315 Wp 型多晶硅组件替代 260 Wp 型多晶硅组件，增加了约 8MW 的装机容量，同时减少了光伏方阵，降低了箱变、逆变器、汇流箱以及配套的电缆、桥架、管桩等投资成本。本工程原设计光伏方阵 70 个，采用 315Wp 型多晶硅组件后优化为 65 个光伏方阵，前后排间距 d 设计为 4m。

② 根据原招标文件和初设，升压站选址在光伏厂区内西北角，需回填土约 2.5 万 m² 至设计标高。考虑 2.5 万 m² 外运土对周围环境的破坏，加上回填土施工周期较长，经现场考察和电站在年底投入商业运行要求，提出优化升压站站址方案并得到业主支持，在水库西侧原灰坝场地设置升压站。

③ 根据水库和滩涂地勘特点合理管桩的长度，减少了管桩的总体用量。

④ 根据水库和滩涂的施工特点，采用液压振动锤击管桩施工工艺，提高了工效。

2）操作要点

重点介绍光伏发电站场区降水，PHC 管桩施工，光伏支架、组件、汇流箱、逆变器、升压变安装施工工艺，升压站和输电线路的施工和常规电力工程相同，不做介绍。

① 场区降水

场区位于河滩上，并零星分布鱼塘，而打桩工期位于汛期多雨季节，导致河道水位上升。结合工程特点，本工程桩基施工前对场区靠河侧采用推土机堆筑防水堤坝，高度暂按 3m 考虑。充分利用已有围堰，并新建围堰长度约 2km，分布于升压站两侧各约 1km；围堰形成后，在场区内开挖 7m×7m 的方格网状排水沟（1m×1m），在场区四周设置汇流沟（1.5m×3m），在场区外侧靠河侧每隔 2km 设置一台抽水泵，将厂区内汇流沟内的水排至河道内。

② 管桩施工

a. 测量定位

采用天宝 R8 型 GPS 对每个方阵进行四角放线，方阵内部桩位采用全站仪根据四角坐标放点，前期采用 GPS 将 50 个方阵的四个坐标确定，再分 6 组采用全站仪对方阵每个桩位进行放线。管桩按各子阵四角定位，布设成矩形网，根据设计标高，用水准仪复核丈量后的高程，复核无误后在其他柱头处加密水平标志。

b. 试桩

（a）试桩要求

正式施工前先进行试桩，以确定桩长、最大压力值等指标，并校核压桩机设备、施工工艺及技术措施是否满足施工要求。

试桩选择在持力层较深的区域，检测单桩承载力是否达到设计要求。如达不到要求，则进行设计修改，如达到设计要求，则按照设计施工图施工。具体选择试桩桩位由设计、建设单位来定，试桩应符合以下要求：

在统一条件下试桩数量不少于总桩数的 1%，且不少于 3 根；试压桩的规格、长度及地质条件应具有代表性；试压桩应选在地质勘探技术孔附近；试压方法及试压条件与工程桩一致。

（b）其他准备工作

桩机型号、重量、最大压桩力等参数确认；规划桩机行走路线，评估桩基通行条件，采取铺设钢板或回填砂石夯实等措施。

对施工的 PHC 桩进行检查，检查项目见表 4.25-5。

PHC桩检查内容 表 4.25-5

项目	检查原则
粘皮和麻面	局部粘皮和麻面累计面积不大于桩身总面积的 0.5%，其深度不得大于 10mm，允许做有效修补
桩身合缝漏浆	合缝漏浆深度小于主筋保护层厚度，每处漏浆长度不大于 300mm，累计长度不大于管桩长度 10%，或对漏浆的搭接长度不大于 100mm 允许做有效修补
局部磕损	磕损深度不大于 10mm，每处面积不大于 50cm²，允许做有效的修补
内处表面漏筋	不允许
表面裂缝	不允许出现环向或纵向裂缝，单龟裂、水纹及浮浆层裂纹不在此限
端面平整度	管桩端面混凝土及主筋镦头不得高出端板平面
断头、脱头	不允许
桩套箍凹陷	凹陷深度不得大于 10mm，每处面积不大于 25cm²
内表面混凝土塌落	不允许

c. 打桩

液压振动锤击桩施工工艺如图 4.25-3 所示。

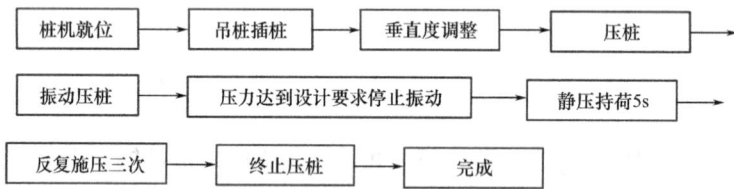

图 4.25-3 液压振动锤击桩施工工艺

将桩插入土中 1.0m 左右，检查调直桩身垂直度。桩身垂直度检查调直与桩机导向杆垂直度检查调直方法相同，即在机架前，侧呈 90°的两个方向，各距机架 20m 左右处架设经纬仪，测量检查桩身两个方向的垂直度，并利用桩机将桩身调直。控制桩身垂直度偏差 0.5% 以内。

将桩身调直后，利用桩机自身重量，将桩压入土中。沉桩应连续施压，当桩机自身重量不足以将桩压入土中时，开启桩机高频振动装置，继续将桩压入土中。压桩控制原则：以设计桩长控制为主，压力值控制为辅，当桩长达不到设计要求时，终压值应≥75%单桩设计极限承载力值，如图 4.25-4 所示。

③ 光伏组件安装

电池组件支架采用固定式三角形钢支架，支架结合电池板大小布置，支架角度为 20°，

图 4.25-4　单根打桩完成

支架主材采用角钢，角钢采用螺栓连接。

a. 工艺流程

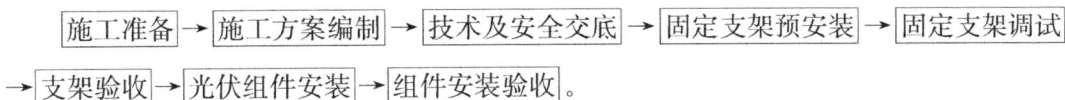

b. 支架安装

（a）标高检查

支架安装前检查独立基础的标高，对于一组独立基础顶标高满足安装要求的，可直接预安装；对于不能满足安装要求的独立基础需处理，处理完成后方可安装该组支架。

（b）前后、左右轴线偏差检查

支架安装前对独立基础的前后、左右轴线偏差进行检查，确认是否满足安装要求。

（c）固定支架角度测量

支架安装过程中随时检查其角度是否满足 20°的要求。

（d）主梁及次梁平顺度检查

c. 底座、后立柱、主梁、撑杆及次梁安装

（a）前、后底座安装

支架安装完成后检查底座安装是否牢固，对于安装不牢固的应进一步固定。

（b）后立柱及主梁安装

前、后底座安装完成后进行后立柱及主梁的安装，后立柱安装的垂直度应满足要求；主梁安装完成后，每一组主梁的平顺度满足要求。

（c）撑杆及次梁安装

撑杆安装完成后，检查每一组主梁的平顺度，对于不满足要求的主梁应再次调整。

（d）固定支架的校正标准为

垂直度≤$H/1000$；轴线位移≤5mm；标高偏差≤±3mm。

（e）初步校正符合要求后，将后立柱、主梁、撑杆及次梁形成框架。重新校正合格后，紧固螺栓。

（f）严格按照国家现行《钢结构施工及验收规范》GB 50205 及国家现行《钢结构工程质量检验评定标准》GB 50221 的要求组织施工。安装允许偏差见表 4.25-1、表 4.25-2。

d. 光伏组件安装施工方法及工艺

（a）施工准备

a）施工期的设备机具准备到位，实验设备齐全。

b）预埋件符合要求，预埋件应牢固，安装场地干净，道路畅通。

c）设备、材料齐全，并运至现场。

（b）组件安装

a）安装组件前，根据组件参数对每个太阳板电池组件进行检查测试，其参数应符合产品出厂指标。

b）将所有焊点满焊，处理焊接处无杂物，同时作防腐处理。

c）测量太阳板电池板在阳光下的开路电压，电池板输出端与标识正负应吻合，电池板正面玻璃无裂纹和损伤，背面无刮伤毛刺等。

d）按照基础槽钢预留孔位置，安放光伏太阳板，使用压块压接。

e）太阳板在搬运、摆放、紧固螺丝时要轻拿轻放，紧固力度适中。

f）严格按照图纸要求安装太阳能组件，将其用压块固定在支架斜面上。

g）组件安装允许偏差符合表 4.25-6 规定。

组件安装允许偏差   表 4.25-6

项目	允许偏差	
倾斜角度偏差	≤±1°	
组件边缘高差	相邻组件间	≤1mm
	东西向全长（相同标高）	≤10mm
组件平整度	相邻组件间	≤1mm
	东西向全长（相同轴线及标高）	≤5mm

（c）组件安装质量要求

a）组件之间的接线要求：

组件连接数量和路径符合设计要求；组件间接插件连接牢固；外接电缆同插接件连接处搪锡；组串连接后开路电压和短路电流符合设计要求；组件间连接线绑扎整齐、美观。

b）组件安装和接线注意事项：

组件安装前或安装后抽检测试，测试结果做好记录；组件安装和移动过程中，不拉扯导线；组件安装不应造成玻璃和背板的划伤或破损；组件之间连接线不承受外力；同一组串的正负极不宜短接；单元间组串的跨接线缆如采用架空方式敷设，宜采用 PVC 管保护；施工人员不应在组件上踩踏；组件连线施工时，施工人员配备安全防护用品，不得触摸金属带电部位；对组串完成但不具备接引条件的部位用绝缘胶布包扎好。

c）组件接地符合下列要求：

带边框的组件边框可靠接地，不带边框组件的接地做法符合制造厂要求，接地电阻符合设计要求。

（d）组件安装安全措施：

a）多个组件组成的一个阵列可造成致命的电击或烧伤危险。只有经授权的和训练有素的人员才可接触组件。

b）使用正确的绝缘工具和适当的防护设备来减少电击危险。

c）不要拆卸组件或去除组件的任何部分。

d）勿在组件潮湿或在大风天气时安装或处理组件。

e）勿将单个 SPV 组件的正负极短路连接。

f）勿在带有负载时断开连接。

g）确保连接器的绝缘体间没有间隙，间隙会导致火灾的危险和触电的危险。

h）最大系统电压勿超过 1000V DC。

i）组件上不应照射人为聚集的太阳光。

（e）注意事项

a）电池组件与支架连接牢固，电池组件连接孔不得出现裂纹等局部损坏；

b）电池组接地线接地连接可靠、牢固；

c）电池组件之间的连线按制造厂家的规定进行。

d）在安装电池组件时做好二极管的防护工作，防止损坏二极管。

e）电池板安装时暴露的载流部件采用绝缘、隔离或短路措施，正确使用有绝缘保护的工具。安装组件的工作人员应佩戴绝缘手套和适合的防护衣物，摘除所有金属饰品。

f）操作电气的连接或断接或断开前，光伏组件阵列应完全被遮光。

g）电缆连接过程中，预先做好防护措施，切勿拿着导电物体靠近连接器的金属件。

h）组件和安装面之间应足以防止两个面接触到电缆，防止因为受挤压摩擦导致电缆损坏。

i）组件不得放置在没有支撑混凝土上或将其中一个角放置在混凝土，或任何其他坚硬或粗糙表面上。

（f）光伏组件验收

提交的验收资料应包括：电池组件外观检查记录；电池组件安装检查记录；二极管检查记录；电缆连接测试记录；开路电压测试记录；短路电流测试记录；串、并联电阻测试记录；电池组件绝缘及一、二次回路绝缘测试记录；电池组件极性、电池组串极性测试记录；电池组件安装倾角角度检查记录；其他按规范及电池组件制造厂要求的测试记录。

④汇流箱及汇流盒设备安装

汇流箱进线为 12 路或 15 路，出线 1 回，进线装有直流熔断器，出线装有直流断路器，采用挂式安装方式，螺栓固定。

a. 设备检查

检查设备外观有无明显破损，按装箱单清点资料、附件、备品备件等，检查设备固定螺丝、元器件、端子、线头、标签等有无脱落，结构有无裂纹。

b. 安装准备

（a）检查室外使用的汇流箱的检查报告，防护等级不低于 IP65。

（b）采用绝缘高分子材料加工的，检查所用材料的说明书、材质证明书等相关技术资料。

（c）安装环境要干燥，无易燃易爆物品。

（d）安装前断开汇流箱的汇流总开关或者断路器。

c. 汇流箱安装

（a）汇流箱按相关技术规范及设备供应商技术要求安装。

（b）设备接地按有关规程规范要求进行。

（c）电缆安装按有关规程规范要求进行。

（d）将光伏防雷汇流箱按原理及安装接线框图接入光伏发电系统中，将防雷箱接地端与防雷地线或汇流排可靠连接，连接导线尽可能短直，连接导线截面积不小于 $16mm^2$ 多股铜芯。

（e）接线时拧开防水端子，接入连线至保险丝插座，拧紧螺丝，固定好连线，最后拧紧外侧防水端子。

（f）输入输出不能接反。输入线采用 $4mm^2$ 的软铜线，输出及地线采用不小于 $16mm^2$ 的软铜线。

d. 汇流箱试验

现场试验包括：直流电缆绝缘测试；直流断路器分合闸试验；熔断器测试；通信检查；电源检查；绝缘测试；汇流箱显示及控制功能试验，包括汇流箱信息显示功能、与计算机监控系统的信息上传功能等。

⑤ 逆变器安装

a. 逆变器安装前准备

（a）逆变器安装前，工程应具备下列条件：

a）拆除对安装有妨碍的模板、脚手架等，场地清扫干净。

b）混凝土基础及构件到达允许安装的强度，焊接构件的质量符合要求。

c）预埋件及预留孔的位置和尺寸符合设计要求，预埋件牢固。

（b）复核逆变器的型号、规格正确无误，逆变器外观检查完好无损。

（c）运输及机具就位，满足荷载要求。

（d）大型逆变器就位时应检查道路畅通，且有足够的场地。

b. 设备检查

检查盘柜外观有无明显破损，按装箱单清点资料附件、备品备件等是否齐全，检查设备固定螺丝、元器件、端子、线头、标签等有无脱落。

在设备安装前，对断路器、防雷器、直流电容、输出保险测试绝缘电阻、校验继电器进行检测。

c. 施工器具的准备

50t 汽车式起重机、交直流焊机、卷尺、常规工器具等。

d. 箱变、逆变器就位

本工程的箱变、逆变器安装在站内道路的两侧，箱变、逆变器就位采用 50t 汽车式起重机。

e. 逆变器安装

（a）采用基础型钢固定的逆变器，基础型钢的安装允许偏差符合要求。基础型钢安装后，其顶部宜高出抹平地面 10mm。基础型钢应有明显的可靠接地。

（b）逆变器与基础型钢之间固定牢固可靠。

（c）逆变器安装在振动场所按设计要求采取防振措施。

（d）逆变器内专用接地排可靠接地且导通良好，100kW 及以上的逆变器保证两点接地；金属盘门用裸铜软导线与金属构架或接地排可靠接地。

（e）逆变器的安装方向符合设计规定。

（f）逆变器直流侧电缆接引前确认汇流箱侧有明显断开点，电缆极性正确、绝缘良好。

（g）逆变器交流侧电缆接引前校对电缆相序，检查电缆绝缘。

（h）电缆接引完后，建筑物中和逆变器本体的预留孔洞及电缆管口做好封堵。

f. 逆变器现场试验

（a）并网电流谐波、直流分量试验。

（b）逆变器显示及控制功能试验，包括逆变器信息显示功能、与计算机监控系统的信息上传功能及远程功率控制功能等。

（c）远程开关机、自动开关机。

（d）短时中断和电压变化的抗扰度试验。

（e）过/欠压试验、过/欠频试验。

（f）恢复并网试验。

（g）防反放电保护、极性反接保护、过载保护、电网断电保护（孤岛效应保护）、直流过压保护、接地故障保护（漏电保护）、过流保护、逆变器自身故障保护、防雷保护、过热保护等试验。

（h）低电压穿越功能（电网电压跌落）。

（i）绝缘电阻测定、绝缘强度测定。

g. 逆变器验收

（a）电缆布置整齐，标识齐全正确。

（b）外观干净、无灰尘。

（c）电缆防护到位。

（d）基础安装符合设计要求。

（e）相邻盘柜间的间隙符合设计要求

（f）盘柜之间的固定牢固。

（g）与相关设备间的通信畅通。

（h）二次电缆绝缘合格，布置整齐、标识齐全正确。

h. 提交的验收资料：

现场试验记录、安装技术记录；设备调试报告。

3）主要劳动力计划表

主要劳动力计划见表 4.25-7。

劳动力计划表　　　　　　　　　　　　　　　表 4.25-7

工种人数		管理人员	测量工	机械操作工	模板工	钢筋工	混凝土工	电焊工	修理工	泥瓦抹灰工	水电工	起重工	电气安装工	二次接线工	试验人员	普工	合计	
																	人数	人工工日数
年	第1月	15	6	10	8	10	5	8	2	4	5	4	8			20	105	1680
	第2月	15	8	18	20	25	20	16	4	15	10	10	30			40	231	7161
	第3月	15	8	18	20	25	20	16	4	20	10	10	50	15	5	50	286	8580

续表

工种人数		管理人员	测量工	机械操作工	模板工	钢筋工	混凝土工	电焊工	修理工	泥瓦抹灰工	水电工	起重工	电气安装工	二次接线工	试验人员	普工	合计	
																	人数	人工工日数
年	第4月	15	5	25	15	20	20	20	4	20	10	10	60	25	10	70	329	10199
	第5月	10		12									20	6	8	30	86	2666
	第6月	10		8									15	4	4	15	56	1624
总计																	1093	31910

4）材料与设备

① 主要材料

PHC 管桩、钢支架、光伏组件、升压站电气设备、钢筋、水泥、砂、石头、导线、铁塔等。

② 投入的主要施工机械装备表

主要施工设备表见表 4.25-8。

主要施工设备表　　　　　　　　　　表 4.25-8

设备名称	型号规格	数量	制造厂名
光伏电站部分			
50t 汽车式起重机	TG-500E	1 台	中联
25t 汽车式起重机	TL-252E	2 台	中联
推土机	—	3 台	柳工
压路机	YZ20H-I	3 台	徐工
反铲挖掘机	卡特	10 台	卡特
振动式打桩机	—	8 台	卡特
静压力打桩机	500t	1 台	—
柴油发电机	150 kW	6 台	玉柴
GPS 定位仪	—	1 台	佳明
全站仪	GTS332N	6 台	TOPCON
水准仪	DS-2800	12 台	南京测绘
电焊机	BX3-300	6 台	上海通用
切割机	J3G-400	4 台	上海宝德
液压弯管机	—	4 台	扬州工三
常规工具		若干	
线路部分			
塔尺	5m	4 把	—
钢卷尺	5m	4 把	—

设备名称	型号规格	数量	制造厂名
钢卷尺	30m	4把	—
钢卷尺	50m	2把	—
花杆	3m	4根	—
柴油发电机	8kW	10台套	玉柴
搅拌机	L350	5台	湖北荆州
搅拌机	L170	4台	湖北荆州
插入式振捣器	ϕ50mm	18根	上海机电
电焊机	BX3-500-1	3台	上海通用
切割机	QJ40-1	3台	上海宝德
模板	—	15t	—
凿岩机	YN-23	9台套	天水巨丰
空压机	W-3.0/5	9台套	杭州开山
钢筋调直机	TQ4-14	1台	陕西西安
台称		9台	浙江霸王
潜水泵	QS10-34/2-2.2	6台	浙江台州
蛙式打夯机	HW-60	2台	郑州飞龙
机动绞磨	3t	9台套	上海颉鹰
机动绞磨	5t	9台套	上海颉鹰
拖拉机绞磨	SJ5 5t	3台套	上海颉鹰
手搬葫芦	3~6t	160套	沪工
铝合金抱杆	□600×600×28000	10付	江苏泰州
人字钢抱杆	ϕ25×9000	4付	江苏泰州
普通钢丝绳	ϕ9.3~ϕ24	150km	—
铁滑车	1.5~5t	200只	上海溪光
小张力机	QZ-40	1台套	河北霸州
小牵引机	QY-50	1台套	河北霸州
张力机	T200-4H/4	1台套	河北霸州
牵引机	P250-1H/1DD	1台套	河北霸州
高速转向滑车	16t	60只	上海溪光
液压机	YQ-200	8台	扬州工三
导引绳	□13抗扭钢绳	200km	江苏鹏举
牵引绳	□24抗扭钢绳	200km	江苏鹏举
三轮放线滑车	ϕ500×100	250只	上海溪光
单轮尼龙滑车 光缆及地线用	ϕ660	180只	上海溪光

设备名称	型号规格	数量	制造厂名
托线滑车	—	100 只	上海溪光
一牵二走板	与三轮滑车配套	6 套	上海溪光
手搬葫芦	3～6t	200 只	沪工
导线尾车	液压制动	10 台	河北霸州
引绳放线架	原厂配套	9 付	河北霸州
旋转连接器	5t	6 只	
旋转连接器	15t	6 只	
终端网套	用于 JL/G1A-500/45	20 支	江苏鹏举
中间网套	用于 JL/G1A-500/45	20 支	江苏鹏举
钢绳卷车	原厂配套	8 台	河北霸州
抗弯连接器	SLU-5 5t	200 只	—
抗弯连接器	SLU-20 15t	150 只	—
压接管保护套	J500A	150 只	—
钩式接地滑车	ϕ6-28 钢丝绳和钢绞线	8 套	上海溪光
地线终端网套	XWLJ-2	4 个	江苏鹏举
光缆单头网套	适用 OPGW	4 根	江苏鹏举
两线提线器	2×6t	80 只	
导线卡线器	LK08-500	200 只	
钢丝绳卡线器	□13	80 只	
钢丝绳卡线器	□24	15 只	
车载台	—	4 套	福建泉州
对讲机	GP88	100 台	建伍
差转台	—	4 套	福建泉州
吊车	20t	1 辆	中联
吊车	8t	1 辆	中联
载重汽车	8t	3 辆	东风
指挥车	1.5t	3 辆	长城
GPS	Smart 6200	1 台	—
全站仪	DTM-531E	1 台	—
经纬仪	TDJ2E	6 台	南京测绘
水准仪	DSC240	1 台	南京测绘

设备名称	型号规格	数量	制造厂名
接地摇表	ZC-8	4块	浙江温州
拉力表	—	4块	浙江台州
变电站部分			
吊车	QY-16, 16t	1台	中联
砂轮机	DSD 9250	1台	山东济宁
切割机	φ400	1台	山东济宁
台钻	ZQJ4132	1台	江苏常州
交流电焊机	BX1-500	2台	上海通用
弯管机	WYQ 10-50MPa	1台	扬子工具
经纬仪	J2	1台	南京测绘
水准仪	DS3	1台	南京测绘
高空作业车	东风145	1辆	东风
叉车	5t	1辆	杭州叉车
链葫芦	5t	3付	沪工
液压钳	FDY240	2台	上海神模
液压弯排机	YWP-98	1台	扬州工三
钻床	ZB140A	1台	江苏常州
氧化锌避雷器全电流测试仪	MOA-RCD-4	1套	武汉
微机继电保护测试仪	JJC-1H	1套	武汉
SF6气体检漏仪	LF-1 型	1套	武汉
电流互感器负载箱	FY66	2台	武汉
双臂电桥	QJ44	1台	上海
兆欧表	ZC-7	1块	上海
兆欧表	ZC25-4	1块	上海
高压标准电容器	BR16	1套	上海
试验变压器	YD-J2-3kVA	1台	武汉
微安表	HM-I	1块	温州
串联谐振试验设备	HDSR-F222/222	1套	武汉
断路器动特性测试仪	HDKC600	1套	西安
直流电源	JGF-200	1套	西安
控制箱	3kVA	1台	武汉
微量水分测定仪	WS-2 型	1套	上海
鼓风电热恒温干燥箱	SC101	1台	荆门
线号机	LM-350A II 型	1台	日本东芝

续表

设备名称	型号规格	数量	制造厂名
导线压接机	SR-100C2/200M	1 台	浙江金华
安全用具部分			
验电器	10kV、35kV、110kV	各 3 个	—
接地棒	10kV、35kV、110kV	各 5 组	—
保险带	—	40 副	—
攀塔自锁器	—	60 付	—
速差自控器	—	60 付	—
水平安全绳	—	60 付	—
防冲击安全带	—	60 付	—
安全网	—	9 套	—
迪尼玛索道式跨越桁架	—	6 台套	—
带电跨越架	36m 高六柱体跨越架	4 套	—
灭火器	6kg	20 个	—
大挂钩	—	30 副	—

（3）实施总结

渔光互补光伏发电站施工技术本着优化光伏方阵设计、优化施工技术的原则，在确保安全质量控制目标下，加快了施工进度、提高了发电效率，降低了运营成本。分宜渔光互补光伏发电工程得到了江西省政府、分宜县政府及业主的高度评价和肯定，工程建设质量优良，成为安全稳定、成本合理的渔光互补品牌和示范工程，社会效益显著，技术成果获评中国施工企业协会科技进步、中国电力建设科技成果奖。

（提供单位：中国葛洲坝集团电力有限责任公司。编写人员：许涛、卢俊岭）

4.26 采煤沉陷区光伏电站建造技术

4.26.1 技术发展概述

我国是煤炭大国，随着煤炭资源的大量开采，煤矿区大量塌陷地。采煤沉陷区不仅破坏地形、地貌，同时也改变了矿区水文地质条件，生态环境劣变、土地生产力严重下降、经济效益降低。长期以来沉陷区重建往往仅过于重视土地利用，而忽视第三产业以及第一、第二和第三产业的耦合对再生利用的影响，导致沉陷区土地利用的单一化。

对此我国在全球首先提出了采煤沉陷区建造光伏电站的方案。从土地使用上看，我国有大量的采煤沉陷区待重新开发利用；从能源结构上看我国正奉行积极改善能源结构，大力推行清洁能源的策略。

采煤沉陷区建造光伏电站的方案根据不同的地形，建造不同类型的电站，制定不同施工方案，选用不同的施工设备。采煤沉陷区地质与地形条件极其复杂，需要针对不同的地形地质条件设计不同的光伏组件承载结构形式，光伏组件承载结构选型是采煤沉陷区光伏电站设计的难点所在，也是贯穿整个项目，保证光伏电站整体结构稳定性的关键因素之一。采煤沉陷区光伏电站的建造施工重点及难点在于复杂地形上的组件承载结构选型、精准测量定位、水上及水下桩基施工、成桩质量检测、水上安装等，通过一系列的研发、试验、总结，最终形成了一整套采煤沉陷区光伏电站建造技术。

4.26.2　技术内容

采煤沉陷区地形极其复杂，有陆地、池塘、滩涂、浅水、深水等多种复合地形，给施工造成了巨大的难度。本技术根据不同的地形，建造不同类型的电站，制定不同的施工方案，选用不同的施工设备。

采煤沉陷区光伏电站大致可分为两类，在陆地、池塘、滩涂、浅水等地形，宜选用管桩支架形式，而深水区则根据具体水深、塌陷地稳沉等情况，合理选用浮筒支架形式或管桩支架形式。采煤沉陷区光伏电站的建造施工重点及难点在于复杂地形上的精准测量定位、水上及水下桩基施工，水下成桩质量检测、水上安装等。

（1）采煤沉陷区地形极其复杂，提出了采煤沉陷区PHC管桩施工技术体系，根据不同地形，综合利用几种不同的机械设备进行互补定位放线及施工，大幅拓展可施工区域，提高水面利用率，降低施工难度，提高施工效率。

（2）提出了一种水下精准送桩技术，开发了一种成本低廉、简单可靠、维护方便的新型水下PHC管桩施工用送桩器。可一次精准、快捷送桩，提高了水下打桩的施工效率。

（3）改进并完善了PHC管桩桩基检测方案，开发了专用的PHC管桩桩身垂直度检测装置，大幅提高了水上PHC管桩检测效率，解决了水下成桩质量检测难的问题。

（4）提出了一种水上光伏支架及组件的安装方法，开发了一种水上自动化施工平台，极大地提高了水上光伏支架及组件的安装效率，节约了生产成本，降低了安全风险。

4.26.3　技术指标

（1）《太阳能发电站支架基础技术规范》GB 51101—2016；
（2）《建筑桩基技术规范》JGJ 94—2008；
（3）《预应力混凝土管桩技术标准》JGJ/T 406—2017；
（4）《电力工程地基处理技术规程》DL/T 5024—2005；
（5）《建筑基桩检测技术规范》JGJ 106—2014。

4.26.4　适用范围

适用于采煤沉陷区复杂地形的光伏电站建造以及各种复杂地形光伏电站工程。

4.26.5　工程案例

中晟微山采煤沉陷区50MW光伏发电示范项目；2.晶科欢城100MW光伏发电项目。
（1）工程概况
中晟微山采煤沉陷区50MW光伏发电项目，总投资5亿元，位于微山县付村街道，占地约1800亩，用地为采煤沉陷区洼地，示范电站以渔光互补、农光互补为依托，采用先进高效单晶硅295Wp光伏组件、高效多晶280Wp组件、双玻单晶组件等形式，实施陆地双立柱条基固定式、PHC管桩单立柱固定式、平单轴跟踪等多种支架方案，兼顾林光互补、设施型、开放型农光互补，光伏与渔业养殖、莲荷种植等特色水产结合以及采煤塌陷区综合治理等多种模式结合，实现对土地资源的立体综合利用。项目建成后，年平均上网电量约5626.19万kWh，每年节约标煤约17947t，减排二氧化碳57846.5t、二氧化硫283.4t、氮氧化物184.5t、烟尘75.2t。

晶科欢城100MW光伏发电项目是微山采煤塌陷区光伏领跑技术基地项目之一，项目总投资8.5亿元，利用欢城镇所属塌陷区总计3600亩水面建设渔光互补100MW光伏电站，项目光伏场区采用浮筒漂浮技术，采取分块发电、集中并网方案，所发电量全部并入山东电网。该项目建成后，25年运营期内，年均上网电量约1.1亿kWh，与相同发电量的火电厂相比，每年节约标煤约3.5万t，相应可减少多种大气污染物的排放。

（2）技术应用

1）关键技术特点

① 采煤沉陷区根据不同地形，采用不同的放点工艺。

② 采煤沉陷区复杂地形的管桩施工技术。

③ 水下管桩施工技术。采用浮筒漂浮支架形式代替管桩支架形式，方阵锚固采用水下锚固桩＋锚固绳的形式。

④ 水下PHC管桩桩身垂直度检测装置检测水下管桩的垂直度。

⑤ 使用水上自动化施工平台进行水上安装作业。

2）工艺流程（图4.26-1）

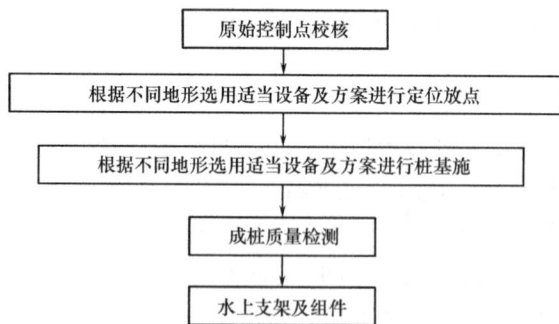

图4.26-1 工艺流程图

① 采煤沉陷区复杂地形上的放点技术

a. 陆地地形采用GPS RTK测量定位技术放点精准、高效、快捷。

b. 水深小于1.5m的浅水、池塘及滩涂等地形，采用GPS RTK测量定位技术放取控制点、全站仪控制点进行两端控制桩施工、控制桩间拉线方式。

第一步，在陆上合适位置用GPS精确的定位出控制点，如图4.26-2所示。

第二步，在控制点用全站仪控制排桩两端边桩施工，并将边桩作为控制桩。

图 4.26-2　GPS 放取陆上控制点

第三步，因管桩位置相对固定，在两控制桩间拉控制线。

第四步，按照控制线上的标记进行管桩施工。

然后再从下一排开始第一步操作，依次交替进行施工，这样既克服了 GPS 定位在滩涂地、水中等位置放点难度大、精度低、效率低，全站仪定位对距离、空间及天气情况要求较高，定位效率也较慢等的困难，大大提高了施工效率，同时控制线又能高标准的控制成桩的直线度、高程、垂直度。

c. 对于使用打桩船的深水区域，引进北斗云设备放点，本设备基于卫星定位技术的三维立体引导打桩，在目标预设距离内设置参考站，在桩机上安装工作站，通过参考站和工作站协同，实现自动精确定位，可完成像陆地汽车导航式打桩，如图 4.26-3、图 4.26-4 所示。

图 4.26-3　北斗云参考站

图 4.26-4　北斗云工作站

② 采煤沉陷区复杂地形上的管桩施工技术

针对不同地形，引进多种施工机械，制定多种施工方案，采用多种设备相互配合施工。陆地地形使用高频液压振动打桩机施工；水深小于 1.5m 的浅水、滩涂地形，引入浮箱式打桩机施工；水深超过 1.5m 且面积大于 10000m² 的区域使用打桩船施工；水位深度大于 1.5m 且面积小于 10000m² 的池塘地形，采用人工降水，然后浮箱式打桩机施工；水位很深、池塘宽度小于10m的地形，采用加长臂陆地打桩机在岸上施工。

a. 陆地上的桩基施工

针对陆地上的桩基施工，引入高频液压振动打桩机替代传统的筒式柴油锤打桩机进行施工，如图4.26-5所示。

高频液压打桩机利用其高频振动，以高加速度振动桩身，将机械产生的垂直振动传给桩体，导致桩周围的土体结构因振动发生变化，强度降低。桩身周围土体液化，减少桩侧与土体的摩擦阻力，然后以挖掘机下压力、振动沉拔锤与桩身自重将桩沉入土中，如图4.26-6所示。

图4.26-5 陆地上高频打桩机桩基施工

图4.26-6 管桩施工高程、垂直度控制

b. 水深小于1.5m水上桩基施工

针对水深小于1.5m的水上区域桩基施工，使用传统打桩船施工效率低下，且如水深小于0.8m，打桩船更是无法施工，而普通打桩机又无法进入。针对此种情况，引入浮箱式打桩机进行施工，如图4.26-7、图4.26-8所示。

图4.26-7 浅水综合浮箱打桩机管桩施工

图4.26-8 滩涂地浮箱打桩机管桩施工

该型打桩机是在普通打桩机的支架位置制作两个高约1.8m的浮箱代替传统支架，提高了打桩机履带的高度，又能提高打桩机水面上的浮力。

c. 水深超过1.5m的大面积水上地形的桩基施工

针对水深超过1.5m，面积大于$10000m^2$的区域使用水上施工的打桩船施工，如图4.26-9、图4.26-10所示。

图 4.26-9 水上打桩船管桩施工

图 4.26-10 打桩船施工过程控制

该型打桩船由船体、桩锤、桩架及附属设备等组成。桩锤依附在桩架前部两根平行的竖直导杆（俗称龙门）之间，用提升吊钩吊升。桩架为一钢结构塔架，在其后部设有卷扬机，用以起吊桩和桩锤。桩架前面有两根导杆组成的导向架，用以控制打桩方向。施工时由后部卷扬机将管桩和桩锤起升至一定高度，然后让桩锤自由落体下落，将桩锤的重力势能转化成管桩向下的动能，进而完成打桩工作。

d. 水深超过 1.5m 的小面积水上地形的桩基施工

对于水位深度高于 1.5m 且面积小于 $10000m^2$ 的池塘，首先人工降水至 1.5m 左右，采用浮箱式打桩机施工，如图 4.26-11 所示。

e. 池塘宽度小于 10m 的池塘桩基施工

对于池塘宽度小于 10m 的池塘桩基施工，引进加长臂陆地打桩机在岸上施工的方案施工，该型打桩机是在普通陆地打桩机的基础上，加长其大臂，加大其可施工范围，如图 4.26-12 所示。

图 4.26-11 浅水综合浮箱打桩机管桩施工

图 4.26-12 长臂打桩机在狭窄池塘施工

③ 水下管桩施工技术

在采煤沉陷区，还有部分地域的水位过深，13m 的管桩不足以满足要求，如采用接桩等施工方案，工程成本会大大增加，施工速度也会大大降低。另外，部分采煤沉陷区因沉陷时间相对较短，尚未达到沉陷稳定的条件，地面仍存在继续沉降的可能，在此情况下如采用管桩支架形式风险较大。综合以上情况，采用先进的浮筒漂浮支架形式代替管桩支架形式，该种形式特别适合水位深度较大和地面沉降尚未达到稳定阶段的水上区域。

采用浮筒漂浮支架形式的光伏电站，方阵锚固采用最为安全可靠的锚固桩＋锚固绳的锚固形式，如图4.26-13所示。由于水位深度较大，如管桩不露出水面以上，则需要较长的管桩，且露出水面的桩头会占用部分水面区域。为减小项目成本、节约管桩材料，采用水下锚固桩的形式。该种形式既能达到设计的锚固效果，同时水下桩的桩顶处于水面以下位置，水下锚固、水上作为检修通道，能使水面得到最大限度的利用。水下锚固桩的施工分成三步：第一步将管桩施工至桩头处于水面以上位置，第二步安装锚固件，第三步将管桩施工至水面下设计位置。

图4.26-13　浮筒漂浮支架形式的光伏电站

a. 水面上桩基施工

水面上桩基使用打桩船施工，施工至管桩桩头露于水面之上，为下一步锚固件安装提供作业面，如图4.26-14所示。

图4.26-14　第一步施工后的水上管桩

b. 锚固件安装

传统锚固件安装应在管桩施工完毕后进行，因本项目采用水下桩形式，水下安装锚固件极为不便，且安全隐患较大。为此专门制定水下锚固件安装工艺，在管桩仍处在水面以上位置时提前将锚固件安装至管桩上。锚固件安装后，将锚固用锚绳的另一端系上浮漂，这样既可使锚绳绳头处于水面位置，减少了下一步锚固时须寻找锚绳的步骤，同时又可标记水下管桩位置，减小船只等通过风险。该工艺大大提高了施工效率，且减小了施工难度及安全隐患。

c. 水下桩基施工

开发新型水下PHC管桩施工用送桩器，该型送桩器主要由顶板、厚壁钢管、吊耳、底板、导向板、定位锥等组成，如图4.26-15、图4.26-16所示。

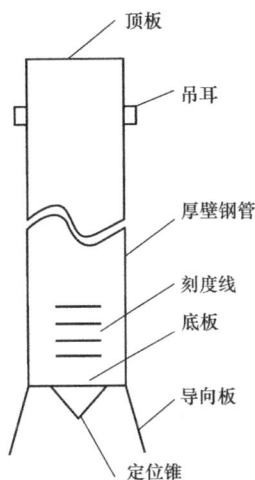

图 4.26-15　送桩器图

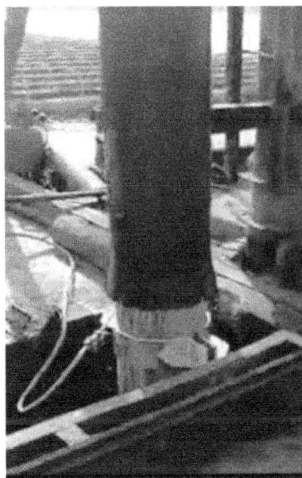

图 4.26-16　使用送桩器进行施工

为方便控制打桩深度，在送桩器上每隔一定距离标出刻度。施工前根据水深、桩顶高度，选择适合长度的送桩器。施工时将送桩器压至桩头之上，一次将已施工至水面以上位置的管桩施工至水下设计要求深度。

为提高施工效率，在施工量较大时，可先行将一定数量的管桩施工至水面以上位置，然后安装送桩器将该部分管桩施工至水下设计位置，这样可以减少送桩器的装拆次数。如条件允许，可使用2台设备进行流水作业，由一台设备专门进行定位、施工至桩头处于水面以上位置，另一台设备安装好送桩器后专门将已施工至水面以上位置的管桩施工至水下设计位置，两台设备流水作业，这样可避免送桩器的重复装拆，大大提高施工效率。

④ 水下管桩成桩质量检测技术

a. 垂直度检测

为检测水下管桩的垂直度，开发水下PHC管桩桩身垂直度检测装置，装置由尺身主体、操作把手、伸缩杆、刻度盘、指针、卡槽及加长杆组成（图4.26-17）。

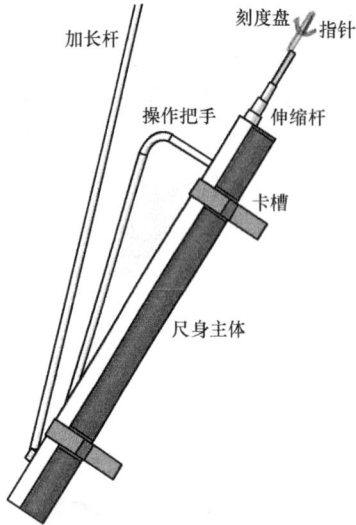

图 4.26-17　桩身垂直度检测装置

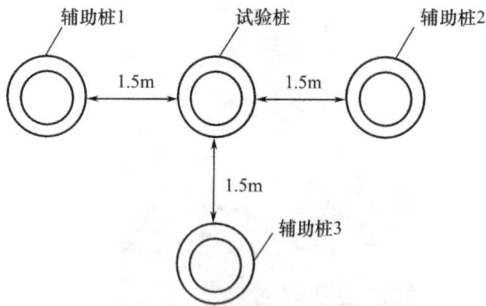

图 4.26-18　辅助桩桩位图

使用前，先更换与被测预制桩相对应的卡槽，若预制桩桩头离水面的距离较小，则可拆下加长杆；若预制桩在水面以下，且桩头离水面的距离较大，则应装上加长杆进行测量。

（a）预制桩桩头离水面的距离较小时：

测量时，手握装置的操作把手，让两卡槽卡住被测预制桩的桩身，同时对操作把手稍加施力，让尺身主体凹槽上的软橡胶紧贴桩身，然后调节伸缩杆的长度，使刻度盘露出水面，通过旋转伸缩杆来测量预制桩各个方向的垂直度，读取数值。

（b）预制桩桩头离水面的距离较大时：

先安装加长杆，测量时先将伸缩杆调节到适当长度，确保测量中刻度盘露出水面，通过操作加长杆和伸缩杆，让两卡槽卡住被测预制桩桩身，同时确保尺身主体凹槽上的软橡胶紧贴桩身，通过旋转伸缩杆来测量预制桩各个方向的垂直度，读取数值。

b. 管桩承载力检测

本项目管桩承载力检测主要为单桩竖向抗拔静载试验和单桩竖向抗压静载试验。试验前，在试验桩四周打上 3 根长度较长的辅助桩（位置如图 4.26-18 所示），使其桩头处于水面以上 1m 位置，桩头上分别放置一块厚钢板作为垫板。

（a）单桩竖向抗拔静载试验

检测流程：试验前在辅助桩 1、辅助桩 2 上各自放置 1 台 10t 千斤顶，千斤顶上安放一个工字钢作为反力梁，将锚固用钢丝绳固定至反力梁上，将安装了加长支架的百分表底座用加长杆送至水下，吸附在锚固件上，将百分表安装到支架上并在辅助桩 3 的桩头上预压至一定刻度，根据提前计算好的数据对千斤顶施加载荷，密切关注并记录相应阶段百分表的数据，最后根据相应数据分析得出结果（图 4.26-19）。

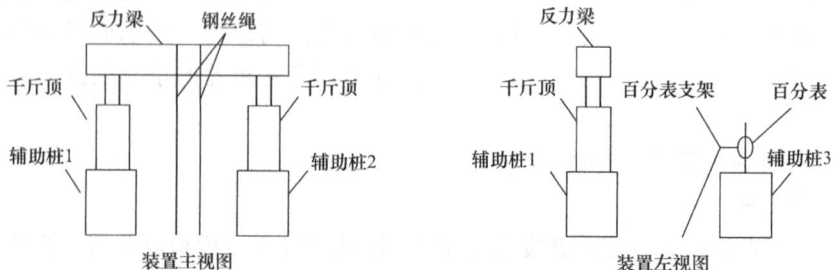

图 4.26-19　单桩竖向抗拔试验装置图

单桩竖向抗拔静载试验采用油压千斤顶施加向上拔力，载荷大小由并联于千斤顶的油压表计量，试验加载为工程桩提供反座反力装置。桩顶上拔量由置于基准梁上的百分表测量。

(b) 单桩竖向抗压静载试验

检测流程：将反力梁固定在辅助桩1、辅助桩2上，在试验桩上放置一根直径略小于试验桩的厚壁钢管，长度为露出水面0.7m，在钢管顶面放置一个直径大约为钢管直径的厚壁钢板，其上放置一个10t千斤顶，通过加装垫铁等使千斤顶刚好顶住反力梁，将百分表安装到水下支架上，并在辅助桩3的桩头上预压至一定刻度，根据提前计算好的数据对千斤顶施加载荷，密切关注并记录相应阶段百分表的数据，最后根据相应数据分析得出结果（图4.26-20）。

单桩竖向抗压静载试验采用油压千斤顶施加向下压力，再和大小由并联于千斤顶的油压表计量，试验加载为工程桩提供反座反力装置。桩顶沉降量由置于基准梁上的百分表测量。

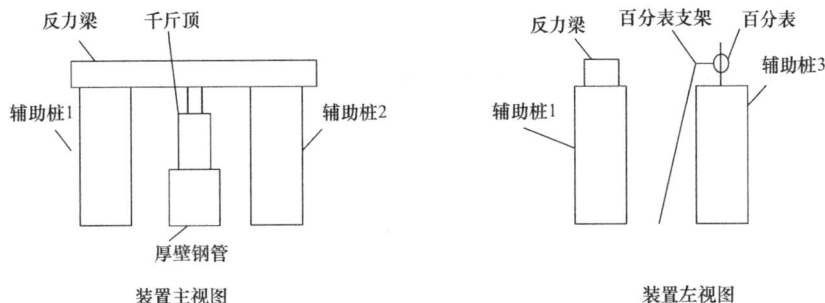

图4.26-20 单桩竖向抗压试验装置图

⑤ 水上安装技术

水上安装作业受风力、机械振动及其他方面影响，稳定性差，同时安装作业面距离水面有一定高度，这就给水上安装工作带来了诸多不便。

为增加水面施工稳定性，同时方便高处安装，开发了一种水上自动化施工平台，该平台由浮筒、底部平台、液压升降系统、顶部平台等组成（图4.26-21）。

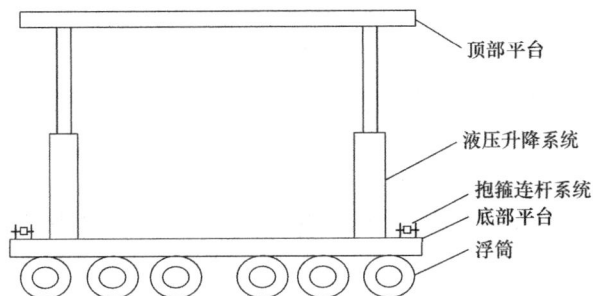

图4.26-21 水上自动化施工平台

平台由浮筒模块提供浮力，模块数量由需承载的力的大小确定；在浮筒模块上搭设底部平台；为方便高处施工，在平台上安装一套液压升降系统，该系统既能满足低处及高处施工的需求，又能将安装所需的部件提升到高处，省时省力；该平台移动方式灵活多变：既可安装动力系统，自行移动至施工位置，又可由拖船或人力驱动其移动至施工位置。为提高稳定性，采用管桩两侧双平台与管桩共同固定方式提高作业面的稳定性，即在安装位置的管桩两侧同时设置两套平台，将两套平台以连杆抱箍形式同时固定到管桩上。

（3）实施总结

目前本技术已成功应用于我公司承建的中晟微山 50MW 光伏发电示范项目、微山晶科 100MW 光伏发电项目、华能欢城 100MW 光伏发电项目、国阳欢城 50MW 光伏发电项目、三峡淮南 150MW 光伏发电项目 C 标段等采煤沉陷区光伏领跑者发电项目，充分证明该技术先进、成熟、可靠，下一步要探索研究利用该技术在更多复杂地形上建造光伏电站，努力促进该技术在各种复杂地形光伏电站建造的普及、推广和应用。

（提供单位：中国电建集团山东电力建设第一工程有限公司。编写人员：董新文）

Ⅳ 输变电工程

4.27 大直径隧道空间 GIL 安装技术

4.27.1 技术发展概述

受制于隧道空间尺寸原因，隧道空间 GIL 安装无法使用吊车等常规机具。在中低电压等级 GIL 安装时，之前常采用两副门形架。安装时，通过吊带和捯链将母线段两端吊在两副门形架上. 再通过移动门形架、调整捯链使要安装的 CIL 线段与已安装好的母线对齐并实现对接。为适应高电压等级 GIL 安装，开发了大直径隧道空间 GIL 安装技术，该技术填补了国内特高压 GIL 管廊安装施工机具的技术空白，保证施工过程安全可控，满足定制化设计、精准化安装、精细化管控，实现 GIL 工程设计、现场建设、设备状态的全过程管控。

4.27.2 技术内容

该技术主要应用于大直径隧道高电压等级 GIL 安装，主要包括：

（1）系列化的 GIL 安装机具。为隧道空间 GIL 设备运输、预就位、精确对接安装等工艺提供施工装备保障，提高作业效率，提高安装质量。

GIL 运输专用机具。行走机构选用轨道式（双轨）方案；垂直升降和水平伸缩机构选用一次运输一回 3 相 GIL 单元，且机构可旋转的方案。GIL 运输专用机具垂直升降机构、水平伸缩机构、支腿机构均采用液压传动。GIL 运输专用机具电气系统分为前车和后车两个相对独立子系统，由通信连接。前（后）电气子系统又分为动力系统和控制系统。动力系统采用动力锂电池作为动力源，额定电压为 576VDC。控制系统采用铅酸蓄电池供电，额定电压为 24VDC。具体结构见图 4.27-1。

GIL 安装专用机具。车架采用箱形结构，具有良好的抗弯曲和抗扭特性，是布置轴向行走机构、轴向行走转向机构、径向行走机构、四向调整支架的载体。轴向行走机构用于 GIL 安装专用机具整机在管廊内部沿轴向方向移动。主要由实心橡胶轮胎、传动轴、三合

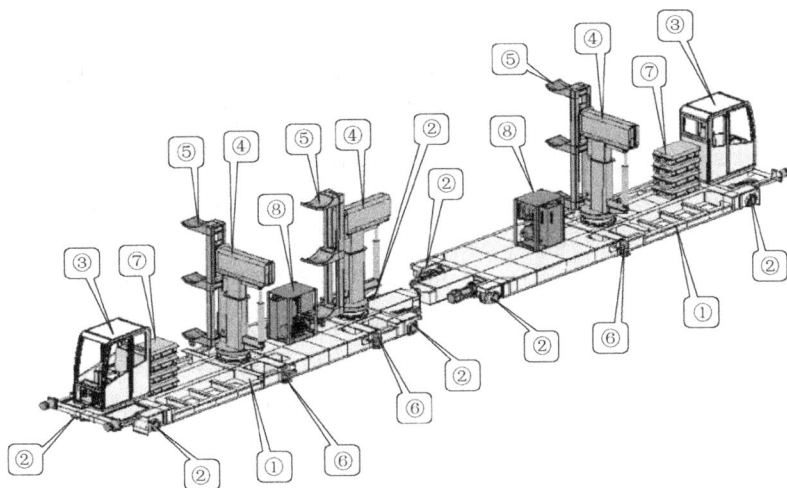

图 4.27-1 GIL 运输机具组成示意图

①—车架；②—运行机构；③—操纵室；④—垂直升降和水平伸缩机构；

⑤—运输支架；⑥—支腿；⑦—蓄电池；⑧—液压泵站

一减速电机、变频器等组成，采用三合一减速电机驱动，变频调速；径向行走机构用于 GIL 安装专用机具轴向行走就位后，将四向调整支架沿水平径向方向行走至 GIL 单元正下方，机构由两个液压油缸驱动，使用无线遥控/手持线控操作；调整支架结构是布置水平轴向调节机构、水平径向调节机构、垂直径向调节机构、旋转调节机构的载体。GIL 安装专用机具径向行走机构、四向调整机构均采用液压传动。GIL 安装专用机具电气系统输入电压为 380VAC，采用拖缆用电，控制系统电压为 24VDC。具体结构见图 4.27-2。

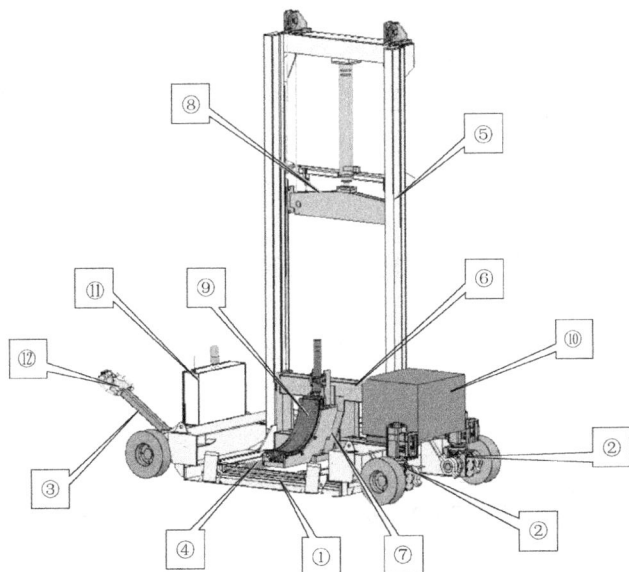

图 4.27-2 GIL 安装机具组成示意图

①—车架；②—轴向行走机构；③—轴向行走转向机构；④—径向行走机构；

⑤—调整支架结构；⑥—水平轴向调节机构；⑦—水平径向调节机构；⑧—垂直径向调节机构；

⑨—旋转调节机构；⑩—液压泵站；⑪—电控箱；⑫—转向手柄

图 4.27-3 环境控制装备示意图

GIL 安装环境控制装备。环境控制装备设计为紧凑结构，集成 GIL 对接区域环境控制和作业平台两个功能。采用分体式结构，分别在 GIL 母线的两侧设置两个棚架，两个棚架可沿着管廊轴向移动，移动到 GIL 母线对接处后，对其进行固定连接，形成整体架构。环境控制设备、照明、电源箱等分别集成到前后棚架上，不需另外配备机具进行拖动。人员、工具通过风淋室进入环境控制装备内。具体结构见图 4.27-3。

（2）基于全三维设计和物联网技术的设备管控平台，利用工程三维设计和物联网标签识别技术，对 GIL 设备的全流程数据信息采集、聚合、三维可视化展示，实现设备信息可控可追溯，为管理层决策提供支撑。平台导入设计阶段的设计模型和属性后，生产阶段开始安装定制二维码和 RFID 芯片，设备生产厂家应用定制 Pad 端或手机端，扫描二维码或 RFID，自动录入设备装配、试验、发运各阶段信息。施工单位通过扫码和拍照，快速录入现场安装各环节信息。管廊移交运检前，批量导入运检编码。利用各阶段实时数据，实现了智能化指导设备装配、发货、现场存放和安装。协调各流程环节工作有序，节奏一致。

（3）安全防护体系设计，针对隧道空间 GIL 设备安装安全风险，制定安全防护措施，设计安全防护体系，有效提升施工安全水平。

以隧道空间 GIL 安装工序为主线，对安装风险进行识别、评估，梳理安装过程中的风险形成清单，并制定针对性的预防控制措施。开展安全防护体系设计及试验，布置安全防护监测设备，建立基于物联网的监控与报警系统，对管廊施工过程中的人的行为、物的状态以及环境因素进行实时监控，及时进行预警或处置，确保隧道空间 GIL 设备安装安全管理工作处于可控、能控与在控状态。

4.27.3 技术指标

（1）《1000kV 高压电器（GIS、HGIS、隔离开关、避雷器）施工及验收规范》GB 50836—2013；

（2）《1000kV 系统电气装置安装工程电气设备交接试验标准》GB/T 50832—2013；

（3）《1000kV 变电站电气设备施工质量检验及评定规程》Q/GDW 10189—2017。

4.27.4 适用范围

适用于大直径隧道高电压等级 GIL 安装。

4.27.5 工程案例

（1）工程概况

苏通 GIL 综合管廊工程泰吴Ⅰ线、泰吴Ⅱ线等。苏通 GIL 综合管廊工程是世界上首次在重要输电通道采用特高压 GIL 技术，电压等级最高、输送容量最大、输电距离最长、技术水平最先进，是特高压输变电技术领域又一世界级重大创新成果，为未来跨江、跨海等特殊地段的紧凑型输电提供新的解决方案。

苏通 GIL 综合管廊工程起于北岸（南通）引接站，采用敷设于管廊（隧道）中的两回（6 相）1000kV GIL 管线穿越长江，止于南岸（苏州）引接站，工程核准动态总投资约 47.63 亿元。新建 1000kV 苏通 GIL 综合管廊（隧道），管廊（隧道）线位总长 5530.5m，其中盾构段长度约 5468.5m；GIL 管线单相长约 5700m，6 相合计总长 34200m。隧道断面按预留 2 回 500kV 电缆考虑，内径为 10.5m，外径为 11.6m。

电气安装施工概况：管廊内 1832 个 GIL 单元、竖井段 107 个 GIL 单元、引接站内 110 个 GIL 单元的安装施工，以及遍布管廊上下腔的各类支架、槽盒、屏柜、照明灯具、无线 AP、传感设备、监控摄像头等辅助系统设施的安装，动力电缆、控制电缆、数据线缆的敷设和二次接线。

隧道 2016 年 8 月 16 日开工建设，2017 年 6 月 28 日盾构机始发，2018 年 8 月 21 日隧道贯通。GIL 设备 2020 年 3 月 1 日开始安装，2020 年 8 月 14 日完成现场安装，2020 年 8 月 25 日通过现场耐压试验考核，工程于 2020 年 9 月 26 日正式投产。

（2）技术应用

1）大直径隧道空间 GIL 安装特点难点

① 隧道空间布置两回共 6 相 1000kV GIL，共 2000 余个单元，单体长达 18m，单重最高达 5t，隧道空间受限，无法采用大型起重机械和常规的运输安装工器具。

② GIL 设备安装质量要求高，要求做到不放电（绝缘放电）、不泄漏（气体泄漏）、不损伤（机械应力损伤），长期安全可靠运行。其中 SF6 年泄漏率要求小于 0.01%。

③ 隧道路径复杂，包含 6 个垂直变坡弧线段和 1 水平转向的弧线段，GIL 设备需按照隧道路径进行三维设计，并进行定制化生产和安装，对设备管控要求高。

④ 隧道空间内有限空间作业，车辆、机具、人员集中，环境复杂，风险点多。

2）关键技术特点

① 系列化的 GIL 安装机具，为隧道空间 GIL 设备运输、预就位、安装、抽真空、注气等工艺提供施工装备保障，提高作业效率和安装质量。

② 基于全三维设计和物联网技术的设备管控平台，利用工程三维设计和物联网标签识别技术，对 GIL 设备的全流程数据信息采集、聚合、三维可视化展示，实现设备信息可控可追溯。

③ 安全防护体系设计，针对隧道空间 GIL 设备安装安全风险，制定安全防护措施，设计安全防护体系，有效提升施工安全水平。

3）施工工艺和过程

① 工艺流程方框图（图 4.27-4）

② 工艺过程

a. 施工准备

（a）隧道内 GIL 安装前提条件

电土交接：隧道管廊上腔运输轨道及找平层全部完成，无交叉作业，通道畅通。

辅助系统：管廊内施工电源、照明已完成；环境监测系统已完成，相关数据可进行远程监控，必要时采用手持式监测仪器加强监护；图像监视、广播指挥系统已完成，可有效

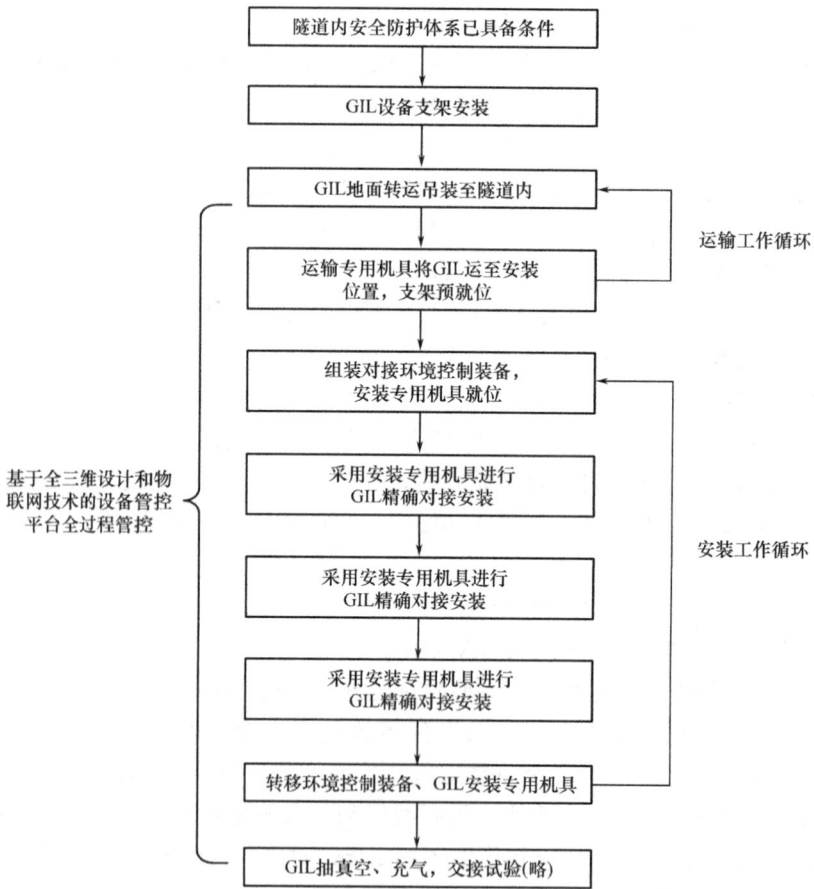

图 4.27-4　工艺流程图

监控管廊内作业情况并指挥；通风、排水系统可靠运行。

管理措施：人员、车辆定位系统可靠运行，服务于现场实际调度；应急物资、安全文明施工设施配置到位；人员、车辆门禁系统可靠记录进出情况。

专用机具：GIL 运输机具、安装机具工况良好，满足使用要求；GIL 对接防尘棚布置灵活，使用可靠。GIL 设备安装的前提条件见表 4.27-1。

GIL 安装前提条件　　　　　　　　　　　　　　　　表 4.27-1

安装位置作业条件	管廊内 GIL 安装
电土交接	√
施工照明	√
施工电源	√
管廊内通风系统	√
管廊内排水系统	√

续表

安装位置作业条件	管廊内 GIL 安装
管廊内图像监视系统	√
管廊内广播呼叫、对讲指挥系统	√
管廊内环境监测系统(CO、SF_6、CH_4、H_2S、O_2、温湿度、风速)	√
管廊内人员、车辆定位	√
管廊内门禁系统	√
GIL 专用运输机具	
GIL 专用安装机具	√

（b）施工技术准备

a）施工前收集施工图纸（有效版本）、合同文件、施工规范和标准等技术资料。

b）组织施工人员学习电气施工图、设备说明书（安装手册）、设备技术协议、安装专项施工方案、施工及验收规范，熟悉设备的施工安装工序及技术要求。

（c）作业人员准备

根据工程进度计划要求，编制劳动力需用计划，以劳动力计划为依据组织好施工人员进场。

（d）施工场地准备

a）地面物资堆场：南岸满足 120 根 GIL 管道、GIL 支架、GIL 附件等的仓储需要；北岸满足 84 根 GIL 管道、GIL 支架、GIL 附件等的仓储需要；运输道路宽度 6m，转弯半径 30m。

b）堆场储运设备：南岸使用两台 45t 龙门吊、1 台 75t 吊车用于 GIL 设备卸货倒运，北岸使用 3 台 130t 吊车用于 GIL 设备卸货倒运。

（e）施工机械、工器具及材料准备

a）GIL 单元卸货、倒运、管廊内运输及预就位、对接、附件安装、气务工作、常规交接试验以及 GIL 支架定位测量、钢筋探测、钻孔、支架就位、化学螺栓锚固等机具设备、工器具由施工单位提供。

GIL 单元安装、GIL 套管吊装所用工装以及引接站地面 GIL 对接防尘房、工作井内 GIL 对接防尘罩等由 GIL 厂家提供。

b）GIL 对接面清擦处理的消辅材料主要由 GIL 厂家提供。

c）特殊工器具。GIL 运输专用机具、GIL 安装专用机具、GIL 对接防尘棚、SF6 集中供气站。

b. 基础验收及复测定位

管廊内 GIL 支架安装固定于管廊上腔找平层，采用倒锥形化学螺栓锚固，管廊隧道存在坡度和转弯，在安装固定前需对安装位置精确定位。测量定位前管廊内混凝土基础应验收合格，混凝土基础强度和刚度达到设备安装要求。

GIL 母线每隔 72m 设置一个固定支架，固定支架的中心位置在母线安装时作为坐标参考点。每节 GIL 母线设置 2 个支架，由 2 个滑动支架组成或 1 个滑动和 1 个固定组成，滑动支架的坐标位置根据 72m 段的固定支架坐标按图纸尺寸确定。

GIL 支架定位误差控制要求如下：

相邻固定支架基础之间水平误差不超过 ±2mm，高度误差不超过 ±2mm；

相邻滑动支架基础之间水平误差不超过 ±5mm，高度误差不超过 ±3mm。

为确保管廊内 GIL 支架定位精度，聘请专业测量单位结合工程三维设计精确定位，由厂家、监理、设计共同见证确认。

c. GIL 支架运输及安装

（a）支架运输

GIL 支架进场后使用龙门吊或吊车卸货至堆放场地。在地面将可进行预装的 GIL 支架预装完成，通过行吊或吊车倒运至 GIL 专用运输机具拖车上，运输至安装位置，使用管廊内电动叉车卸车。

（b）钢筋探测

GIL 支架采用后锚固化学螺栓固定于管廊上腔找平层，根据隧道设计要求，后锚固化学螺栓钻孔安装时不得破坏结构层内钢筋，因此需对锚固区域进行钢筋探测，规避结构层内钢筋。

（c）化学螺栓安装

a）钻孔

将 TE 电锤设备安放在定制的钻孔支架上钻孔，保证钻孔垂直度；钻孔直径 24mm，深度为找平层厚度 + 结构层表层往下不小于 200mm。为避免大量灰层粉尘污染环境、设备及危害健康，在钻孔区域设置移动防尘房降尘，同时在 TE 电锤钻孔处安装自制防尘罩，用软管连接吸尘器收集粉尘。

b）清孔

钻孔完成后，使用高压吹气系统吹扫孔洞内的灰尘、浮渣，使用钢刷对孔洞内壁来回反复刷三次进行凿毛处理，最后用高压吹气系统将钢刷凿毛的浮渣清理干净，保证孔洞内壁干燥无灰尘等其他杂质；使用水钻打孔时，采用高压吹气泵将明水吹干。清孔完成后，如孔洞不立即使用，可在孔洞上部采用干净的纱布密封。

c）注胶

注胶时先将胶体装入电动注射器中，然后在胶嘴上安装混合嘴，并接上延长管。扣动扳手直到胶体流出，前三枪打出的胶不用，待胶流出成均匀的混合体后方可使用。将混合嘴插入孔的底部开始注胶，注胶延长杆慢慢往上提，直到注胶至填满孔深的约 2/3。注意注胶过程中勿将空气封入孔内，确保环境温度在 −5～+40℃。

d）种倒锥形螺杆

注胶完成后应立即插入螺杆，用手将螺杆按顺时针方向旋转着缓缓插入孔底，使胶与螺杆全面粘结，胶体顶面与孔顶面平齐或略有外溢。注胶完成后，进行胶体养护。

e）养护

按照胶体固定时间养护，养护期间不得扰动螺杆，同时避免振动影响。胶体完全凝固后，在螺杆与底板的缝隙中，用胶体将间隙填密实，然后安装垫片和螺母，注意先放入垫片和第一个螺母，用扭力扳手将螺母拧紧，然后再放入第二个螺母，同样用扭力扳手拧紧。

f) 支架安装

固定支架安装：泰吴1线北侧固定支架为"日"形结构，由"L"形主结构、主横梁、法兰托架、"I"形竖梁和加固斜撑5部分组成，均采用螺栓连接。先将北侧固定支架的"L"形主结构和内侧斜撑安装到位，再将单边法兰托架和主横梁提前安装到法兰上（上相和中相），并进行尺寸校核，母线运输和预就位时两个法兰之间的尺寸可以满足带着单边法兰托架和主横梁一起进行。母线预就位后靠每节母线的两个滑动支架受力，等母线对接完成后再安装固定支架横梁。最后完成"I"形竖梁和外侧斜撑的安装，安装时先将"I"形竖梁和外侧斜撑组合在一起后安装到位。泰吴1线南侧、泰吴2线固定支架安装时，先将固定支架的"E"形主结构按要求安装到位，再安装管壁侧的斜支撑，并按照要求调整确认相关位置尺寸。待母线对接、调整完成后安装"H"形竖梁，斜支撑。

滑动支架安装：依次将滑动支架的"E"形主结构、三相托架底板、滑动托架安装到位，母线对接、调整完成后安装抱箍。

（d）GIL运输及预就位

a）将母线从地面竖井口处吊至管廊的运输车上并与车固定连接（一次运输三个母线单元），如图4.27-5所示。

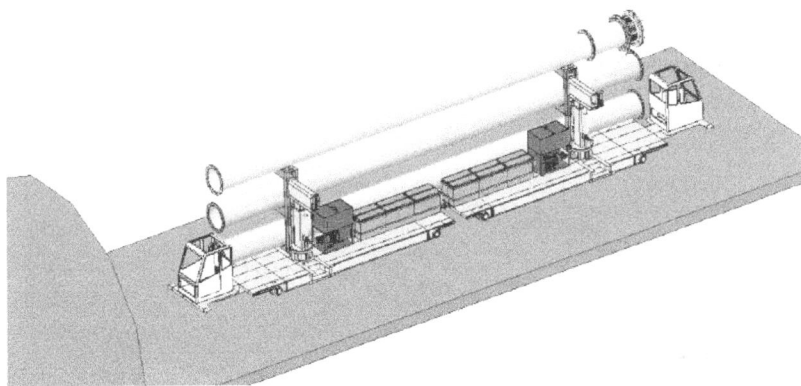

图 4.27-5　GIL 管道运输示意图

b）运输车行驶至管廊内预定位置后进行对位，如图4.27-6所示。

c）操作运输车垂直/水平液压机构带动运输支架及GIL设备整体顶升、推出至GIL支架正上方，然后缓慢下放GIL设备，依次将GIL设备放置于GIL支架上。保证已装配GIL设备与待装配GIL设备法兰间距约为600mm，如图4.27-7所示。

注意事项：需注意母线在吊装和倒运过程的冲击和振动；由于母线结构不同，需注意标准母线、非标准母线和带伸缩节母线的重心分布位置；根据现场实际工况母线最多可实现两节母线的预就位，需注意母线预就位第一节母线和预就位第二节母线之间的预留空间约为300mm。

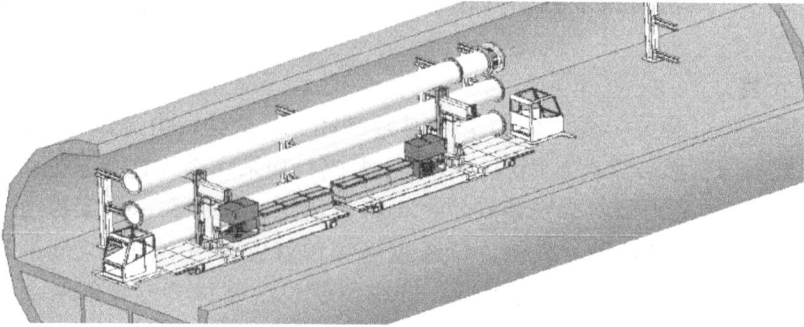

图 4.27-6　GIL 管道预就位示意图（1）

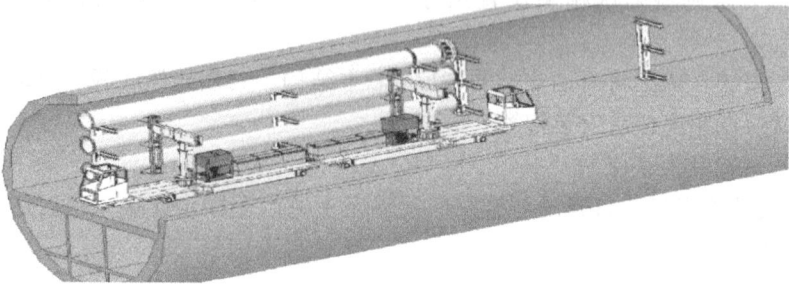

图 4.27-7　GIL 管道预就位示意图（2）

d）将运输支架收回到车体上，如图 4.27-8 所示。

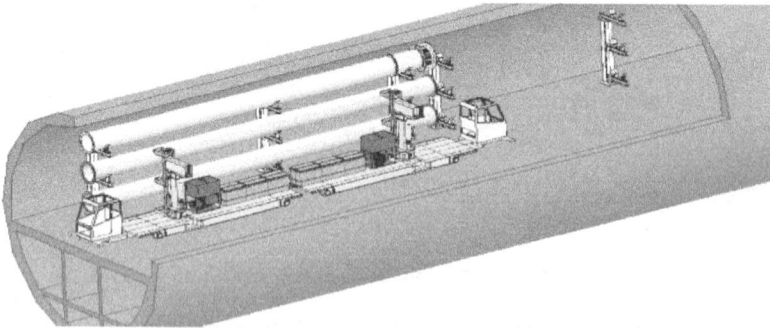

图 4.27-8　GIL 管道预就位示意图（3）

e）运输车开出隧道进行下一个循环作业。如果需要安装另一侧管道，则将顶升、推出装置旋转 180°（手动），如图 4.27-9 所示。

（e）GIL 对接安装

a）现场安装环境控制

在 GIL 管道对接部位搭建对接防尘棚，满足作业人员对接不同相位 GIL 接口的作业高度的需要，并保证 GIL 接口周边环境指标（洁净度、温湿度、照度等）满足 GIL 技术

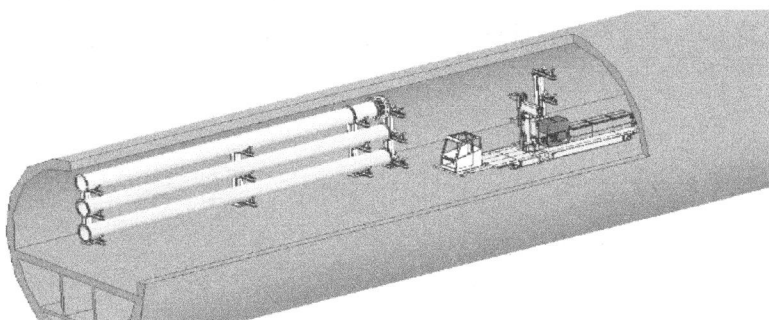

图 4.27-9　GIL 管道预就位示意图（4）

要求。作业人员进入防尘棚内需穿戴防尘服、防尘帽、鞋套等，以保证防尘棚内洁净度。对接前先就位防尘棚及风淋房，做好安装环境管控。

GIL 对接防尘棚为紧凑结构，集成 GIL 对接区域环境控制和作业平台两个功能，不另外配置脚手架或者登高梯。GIL 对接防尘棚采用分体式结构，分别在 GIL 母线的两侧设置两个棚架。两个棚架可沿着管廊轴向移动，移动到 GIL 母线对接处后，连接形成整体架构。

第一步：人工将后棚架沿 GIL 设备与管廊壁之间通道从前一 GIL 安装对接面移行至预就位位置，如图 4.27-10 所示。

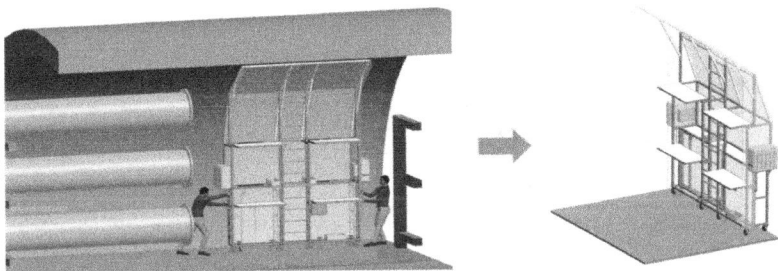

图 4.27-10　GIL 对接防尘棚搭设示意图（1）

第二步：人工将前棚架沿管廊壁中部通道从前一 GIL 安装对接面移行至预就位位置，如图 4.27-11 所示。

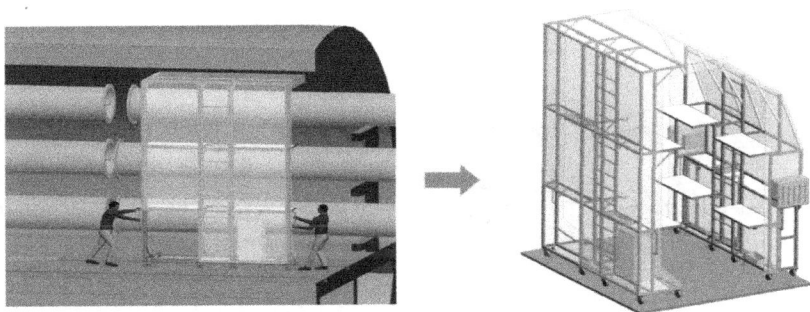

图 4.27-11　GIL 对接防尘棚搭设示意图（2）

第三步：安装中间连接组件，拼接前棚架和后棚架，粘接底部、侧面、顶部 PVC 软质透明布，完成 GIL 环境控制装备整体构架的搭建，如图 4.27-12 所示。

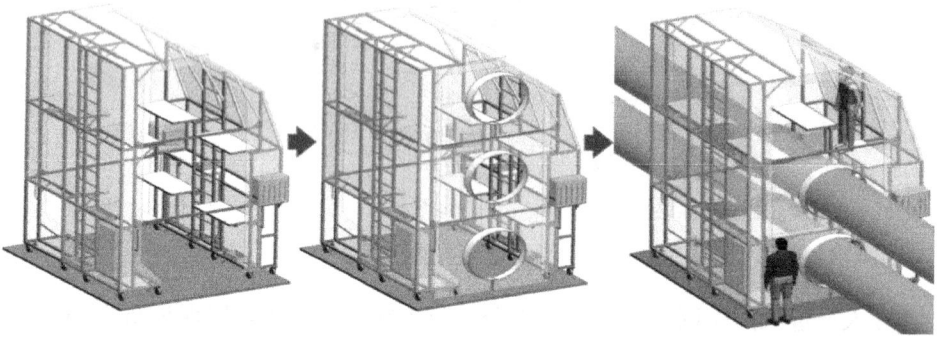

图 4.27-12　GIL 对接防尘棚搭设示意图 (3)

b）GIL 安装对接步骤

安装机具轴向行走机构就位后，按如下步骤进行操作，安装 GIL 单元（注：后续示意是按照上、中、下顺序安装为示例进行介绍，实际操作可以采用任意顺序）。

步骤一：启动液压泵站，操作垂直径向调整机构，选择需要调整的 GIL 单元。在每一相 GIL 单元的额定调节范围，GIL 安装专用机具会有相应的提示。动作过程如图 4.27-13 所示。

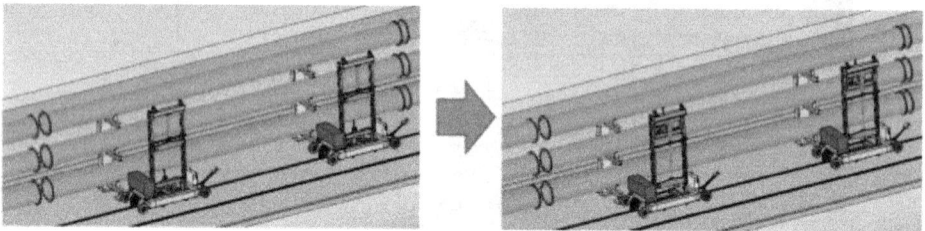

图 4.27-13　GIL 管道安装就位示意图 (1)

步骤二：操作径向行走机构，将调整支架伸出，此时径向行走机构处于就位状态，调整托盘支架位于 GIL 单元正下方。径向行走机构处于就位状态时机具会发出相应提示。动作过程如图 4.27-14 所示。

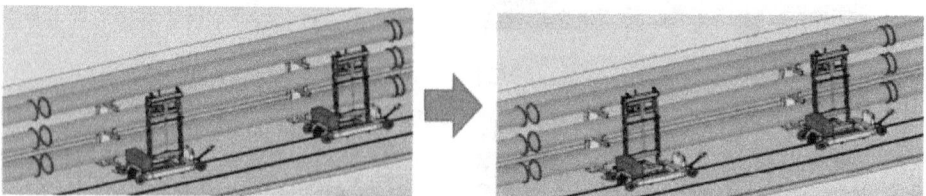

图 4.27-14　GIL 管道安装就位示意图 (2)

步骤三：操作水平轴向调整机构、水平径向调机构、垂直径向调整机构、旋转调整机构，对 GIL 单元进行调节。调节过程中，操作者使用同一个遥控器，既可以实现 2 台机具的联动，又可以实现 1 台机具的单动。动作过程如图 4.27-15 所示。

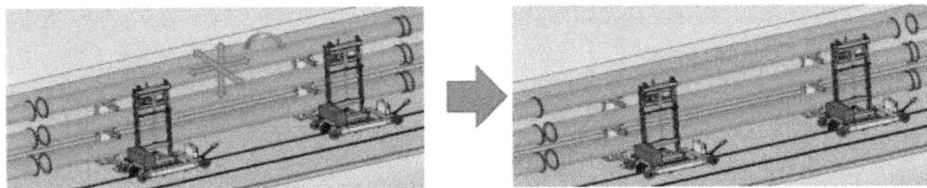

图 4.27-15　GIL 管道安装就位示意图（3）

步骤四：上相 GIL 单元安装完成后，操作垂直径向调节机构，将机具托盘脱离 GIL 单元，然后将旋转调节机构、水平径向调节机构复位。操作径向行走机构，将调整支架缩回。此时具备换相条件。动作过程如图 4.27-16 所示。

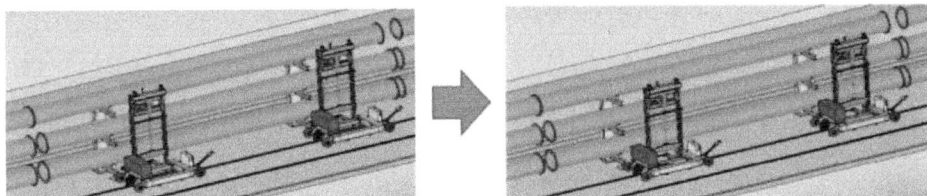

图 4.27-16　GIL 管道安装就位示意图（4）

步骤五：操作垂直径向调整机构，将调整托盘调节到中相位置，再操作径向行走机构，将调整支架伸出，此时调节托盘位于 GIL 单元正下方。操作四项调节机构安装中相 GIL 单元。动作过程如图 4.27-17 所示。

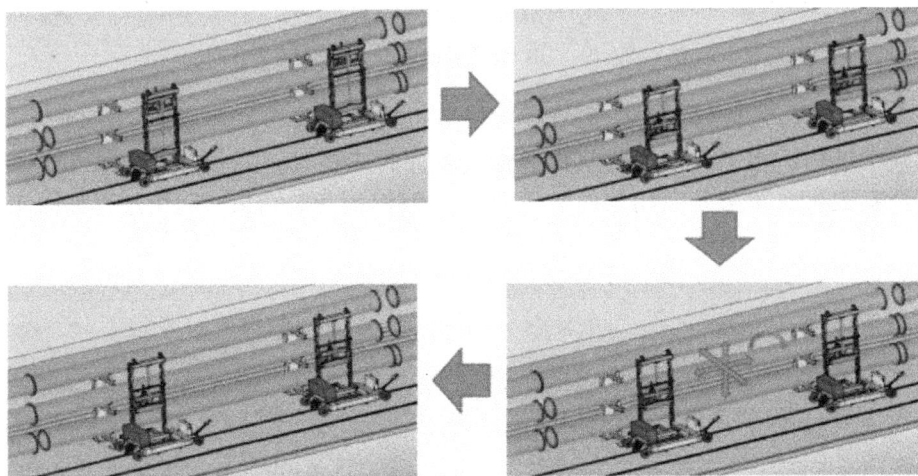

图 4.27-17　GIL 管道安装就位示意图（5）

步骤六：中相 GIL 单元安装完成后，操作垂直径向调节机构，将托盘脱离 GIL 单元，然后将旋转调节机构、水平轴向调节机构复位。操作径向行走机构，将调整支架缩回。此时具备换向条件。动作过程如图4.27-18所示。

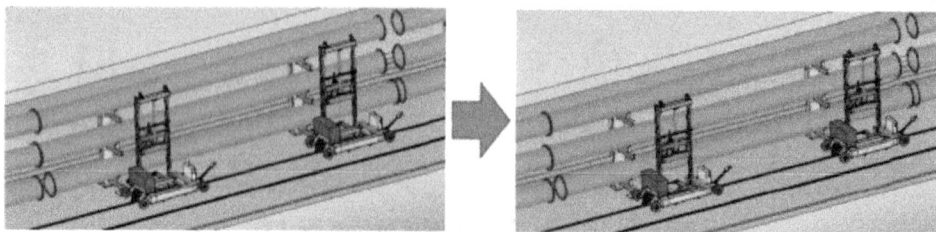

图4.27-18　GIL管道安装就位示意图（6）

步骤七：操作垂直径向调节机构，将调整托盘调整至下相位置。操作径向行走机构，将调整支架伸出，调整托盘位于GIL单元正下方。操作四项调整机构安装下相GIL单元。动作过程如图4.27-19所示。

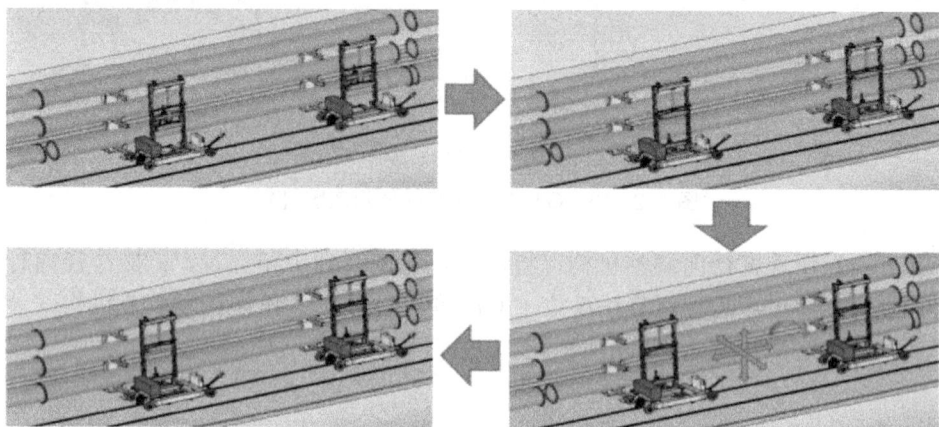

图4.27-19　GIL管道安装就位示意图（7）

步骤八：安装完毕后，操作垂直径向调节机构，将安装托盘脱离GIL单元，然后将旋转调整机构、水平径向机构复位。操作径向行走机构，将调整支架缩回，调整支架收回至安装机具车架，关闭泵站。至此一个工作面安装结束。动作过程如图4.27-20所示。

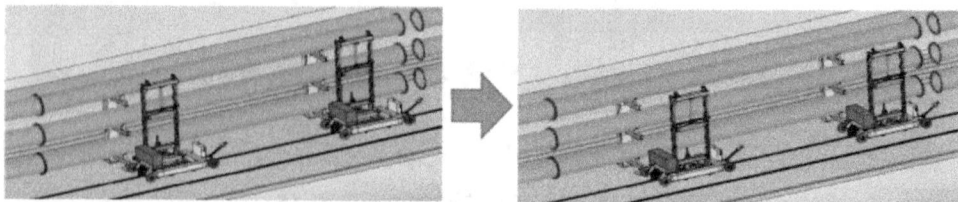

图4.27-20　GIL管道安装就位示意图（8）

（f）抽真空及注气

a）抽真空

将专用的抽真空管先连接至真空泵上，真空泵自带逆止阀和电磁阀，以防意外停电导致真空泵内的油倒吸至所抽真空的气室内。气管连接完成后启动真空泵，对气管抽真空至80Pa，使用两台1000m³/h真空泵，连接管路不超过25m，以增加气室抽真空的效果，保证气室微水的合格率。

气管的真空抽到80Pa或以下时将气管与GIL气室连接，开始对气室抽真空，并记录时间；抽真空过程中每隔2h使用电子真空计测量一次真空值。

b）注气

充气按照从下至上（C相、B相、A相）顺序进行，经GIL厂家确认管廊内GIL气室直接从真空状态充注至额定压力，后续开展检漏、微水及纯度测试；

当气室为真空状态注气时需先将充气装置的管路注SF6至微正压后再将注气管连接到GIL气室开始注气作业；注气前对注气管内SF6气体进行微水测定，要求微水$\leqslant 5\mu g/g$；后续每日在集中供气站监测微水含量，管廊内注气管间隔48h未进行注气，需要在注气前对注气管内SF6气体进行微水测定；充气接口连接前需进行清理，避免杂质混入气体。

4）质量保证措施

a. 根据厂家提供的《GIL安装作业指导书》，结合管廊施工特点组织编制《GIL设备安装施工方案》，及时报监理项目部审核、业主项目部审批。

b. 作业前组织对《GIL设备安装施工方案》进行交底，明确工艺标准、控制要点、验收标准等，并履行全员签字手续。

c. 根据管廊非直线、有弧度、有坡度的结构特点，因地制宜、合理布置GIL支架预埋件，安装时严格控制其轴线、标高等误差，在GIL支架上设置长形孔，便于GIL管道对接安装。

d. 严格控制GIL设备运输车辆行驶速度，在GIL设备本体安装冲撞记录仪，确保GIL设备在运输和就位过程中所受冲击加速度满足厂家技术规范要求。

e. 管廊内GIL管道组装对接时，应用GIL安装移动净化作业间，保证内部环境安装要求，对作业间内温度、湿度、粉尘度实时监测，一旦发现环境因素超标，立即停止组装。工作人员保持个人清洁，穿戴专用防尘服，非该班组人员不经允许不得随意进入安装现场。

f. 工作井内GIL安装时，在GIL下端安装防尘罩，在防尘罩内拆除包装盖板、清洁处理对接口的法兰面、导体以及密封圈。使用行车吊装GIL管道至对接位置，将母线插入触头座内，连接完毕后对称拧紧螺栓，所有螺栓的紧固均使用力矩扳手，其力矩值符合产品的技术规定。最后再拆除防尘罩。

g. 严格按照编号装配，不得随意混装，安装位置和相序须经厂家确认无误后才能进行安装。

h. GIL筒体内部清洁应全面、彻底，不允许有任何灰尘及金属粉末存在。尤其是安装或拆卸内部螺栓时，要特别小心。因紧固和松开螺栓时可能会产生金属异物，作业完成后用吸尘器仔细清理干净。

i. 连接装配单元或安装部件时，确保筒体在连接之前敞开的时间最短。如果不能迅速安装，则用塑料薄膜等覆盖罐体口部，尽可能减少外部物质（灰尘、碎屑、潮气）进入对 GIL 设备造成的损害。

j. 母线安装控制要点：

（a）应先检查母线表面及触指有无生锈、氧化物、划痕及凹凸不平处，如有，则采用砂纸将其处理干净平整，并用清洁无纤维白布或不起毛的擦拭纸沾无水酒精洗净触指内部，在触指上涂上薄薄的一层电力复合脂。

（b）推进母线筒至母线刚好与触头座接触，然后用母线插入工具，将母线完全推进触头座内。核对接触头尺寸，连接导体对准触头中心，均匀插入，不得卡阻，接触行程应符合产品的技术规定。母线对接通过观察孔或其他方式检查、确认。

k. 法兰面处理控制要点：

（a）法兰对接前先检查法兰面、密封槽及密封圈，法兰面及密封槽应光洁、无损伤。密封面、密封圈用清洁无纤维白布或不起毛的擦拭纸蘸无水酒精擦拭干净。密封圈确认规格正确，然后在空气一侧均匀涂密封剂，涂完后立即接口或盖封板，注意不得使密封剂流入密封圈内侧。

（b）对接过程测量法兰间隙距离均匀。对称拧紧螺栓，所有螺栓的紧固均使用力矩扳手，其力矩值符合产品的技术规定。

（c）建立 GIL 装配作业登记制度，在每个 GIL 法兰对接面封闭前，作业人员须认真检查装配情况，经厂家确认无误，共同填写记录后，再进行封闭，以确保安装质量。

（3）实施总结

GIL 安装系列机具有效提高苏通 GIL 综合管廊工程 GIL 设备运输和安装作业工效、降低安全风险及保证作业环境指标。

基于全三维设计和物联网技术的设备管控平台，通过 RFID 探测技术等手段采集设备数据信息、通过大数据及可视化技术将众多设备数据进行聚合、对比、数据虚拟化及数据可视化处理。与传统设备信息录入和采集相比速度提高了近 2 倍，管理人员通过可视化的数据展示，不用依赖查阅资料和现场考察即可对现场工作进行决策，与传统管理相比效率提高了近 1.5 倍。

编制的《管廊工程 GIL 设备安装工程固有风险汇总清册》，填补了《国家电网公司输变电工程施工安全风险识别、评估及预控措施管理办法》中输变电工程固有风险汇总清册中缺少管廊工程 GIL 设备安装风险识别的空白。通过气体环境探测系统、管廊运输车辆安全行驶保障系统等安全防护体系的设计及布置，显著增强了管廊内施工时，对人的作业行为、机械的工作状态以及管廊内环境因素的监测，发现不安全因素时通过高音喇叭等通信手段，及时预警并处置。

苏通 GIL 综合管廊工程于 2019 年 9 月 26 日正式建成投运，截至目前，GIL 设备运行正常，工程正在开展国家优质工程金质奖申报工作。

（提供单位：国家电网有限公司交流建设分公司。编写人员：江海涛）

4.28　解体式特高压变压器现场安装技术

4.28.1　技术发展概述

特高压电力变压器向超大容量、超大体积和超大重量的趋势发展，据统计现有1000kV/1000MVA特高压变压器整体充氮运输重量约480t；正在研制的1000kV/1500MVA特高压变压器本体重约600t，器身重约480t，油重约240t，总重近900t。

我国部分特高压工程集中在西北、西南、内蒙古等偏远内陆地区，运输路线条件恶劣，山区多、道路窄、路况差；部分变电站、发电厂等必须建立在山顶、大坝旁等区域狭小地区。站内使用面积有限，导致大型变压器采用三相一体结构；特高压电力变压器内部绝缘结构极其复杂，体积和重量非常庞大，如在运输、安装和运行过程中内部组件出现损坏，变压器整体返厂检修成本较高或已不具备整体返厂检修条件。

近年来，在我国的特高压工程建设中，由于运输条件限制，必须采用解体运输方式，现场组装、现场试验，可能造成运输时铁芯、线圈出现位移、变形的情况；部分器身屏蔽（电屏蔽）拆卸及回装过程中可能损伤；绝缘件长期暴露在空气中发生严重受潮；各部件组装过程中产生偏差等，均会直接影响产品的最终质量。

日本东芝1992年制造并投运第一台250MVA/275kV解体运输、现场组装变压器，1994年开始制造大容量1000MVA/500kV等级的现场组装变压器，并于2008年6月在Shin Tokorozawa变电站投入运行。此外，东芝公司在中国制造超过20台的现场组装变压器并投运，其主要采用的现场组装方案为在变电站附近搭建安装厂房，通过加强技术管控，采取与工厂等同的现场组装环境条件和质量控制基准，确保设备质量。德国西门子公司供货南网公司云广工程±800kV换流变压器，其采用解体运输、现场组装技术方案，顺利完成了换流变的现场组装过程。

我国2012年研制完成了大容量特高压变压器（单相容量1500MVA）的解体运输式样机。并在2014年6月完成型式试验，成功完成了现场解体、组装的模拟验证，形成了技术储备，证明了全部解体式大容量特高压变压器的技术可行性。

4.28.2　技术内容

（1）技术特点

特高压交流变压器电压等级高、容量大，其超大体积、超大重量使得特高压交流变压器的运输问题日益凸显，尤其是在山区运输条件受限区域，变压器解体运输、现场组装成为最好的方案之一。

解体式变压器采用模块化设计，变压器可实现解体运输，具有器身紧凑、运输重量小、运输成本低等优点，既可有效降低运输风险和成本，又可以保证建设工期，有效解决交通运输受限地区特高压建设的需要。

（2）安装工艺流程

解体式特高压交流变压器的现场安装流程见图4.28-1。

（3）解体式特高压交流变压器的现场安装关键工艺控制点（表4.28-1）

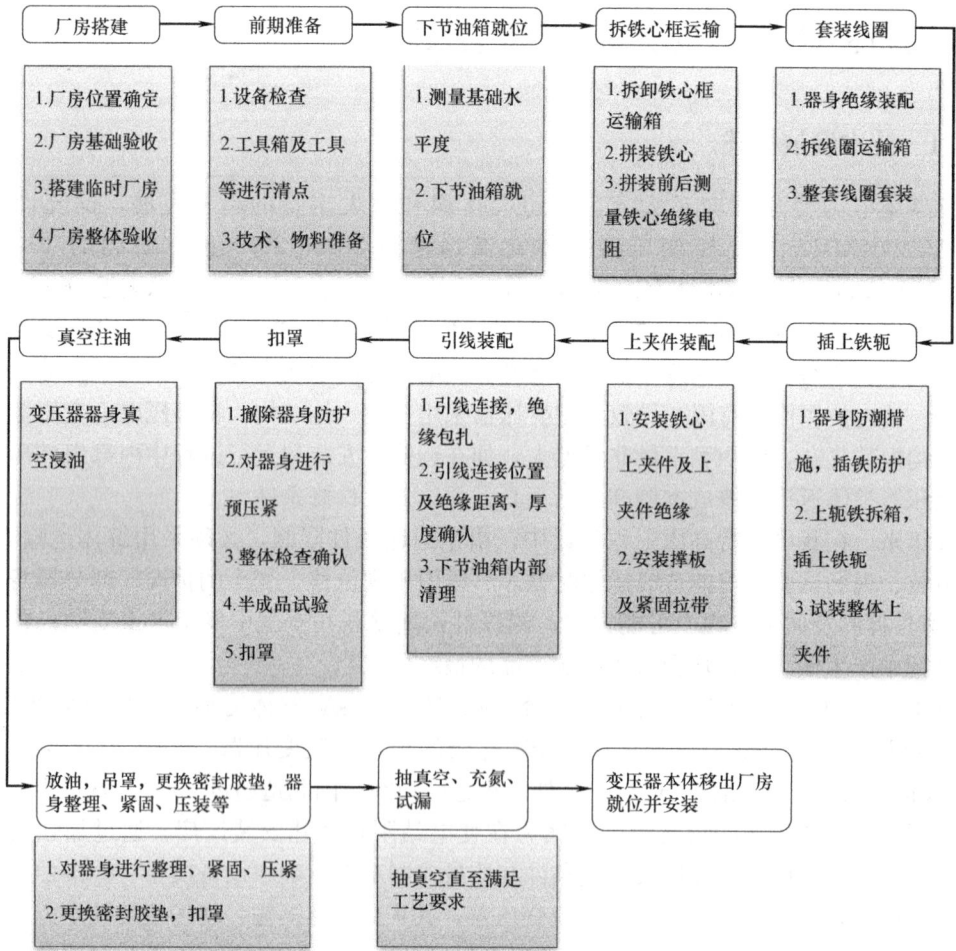

图 4.28-1　解体式特高压交流变压器现场安装流程图

现场安装关键工艺控制点　　　　　　　　　　　　表 4.28-1

工序	控制内容
下节油箱就位	用薄钢板调平地面,水平度检查
	下节油箱清理
铁心拼装	按厂内标记,拼装各个铁心框
	拼装后,检查铁心主柱直径
	控制铁心框间尺寸,铁心垂直度
	拼装后,做好铁心和下节油箱的套装前防护
整套线圈套装	屏蔽电容测量
	绝缘件检查,无异物、无破损,按对装标记安装
	线圈外观检查,无损伤、无变形
	按对装标识,套入线圈;导油孔用绝缘纸或皱纹纸塞实

工序	控制内容
插上铁轭	叠片外观检查,无弯曲、生锈及污染
	控制铁轭片与柱铁片接缝
	将铁心柱与线圈间隙用白布塞实
	铁心层间电阻、对地、对夹件电阻、各框间电阻测量
	接地片连接检查
插板试验	试验数据满足要求
引线连接	导线夹检查,无损伤、破裂
	引线检查,无污染、无损伤
	连接螺栓紧固到位
	绝缘包扎厚度满足要求
	绝缘距离满足要求
半成品试验	试验数据满足要求
器身干燥	高真空结束条件(温度、真空度、干燥时间)满足要求
压装	压装吨位符合图纸、工艺要求
	整套线圈高度满足工艺要求
抽真空、充气	真空度、维持时间满足工艺要求
	充气压力满足要求

4.28.3 技术指标

现场组装厂房内搭建独立的组装间,在独立组装间内安装环境温湿度调节设备,在小气象范围内满足特高压解体变压器的现场组装条件。室内环境条件温度控制在 15~25℃,空气相对湿度控制在 50% 以内。

组装环境要求降尘量<12mg/(m²d),浮游尘量<0.3mg/m³,湿度<65%,现场试验电源的 THDu≤2%,∣d∣≤1.2%。现场安装技术特点见表 4.28-2。

现场安装技术特点　　　　　　　　　　　　表 4.28-2

比较项目＼比较对象	本技术	国内外同类技术	技术特点
变压器智能解体辅助分析系统	采用分层自导航式变压器解体技术,实现变压器智能解体,应用范围覆盖 220~1000kV 变压器,变压器结构种类达 26 种,内部参数模块化器件 117 个	多不具备变压器解体设计能力,部分厂家依靠经验和高级技术专家人工设计完成解体方案确定	实现解体变压器智能化设计,工作效率至少提高 75%
环境-指标闭环反馈的网格化现场小区域厂房控制系统	采用正压深层净化技术,实现组装厂房环境的精确化控制,其降尘量<12mg/m²·d,浮游尘量<0.3mg/m³,湿度<65%	厂内特高压变压器生产车间的降尘量在 20mg/m²·d 左右,浮游尘量在 0.5mg/m³ 左右,现场厂房环境远低于生产厂	厂房环境控制的稳定性和改善效果均优于同类技术;降尘量和浮游尘量指标提高 40% 以上

续表

比较对象 比较项目	本技术	国内外同类技术	技术特点
新型一体化 高压试验装置	移动式一体化智能型高压试验装置，现场试验电源的THDu≤2%，|d|≤1.2%，内部器件采用气体绝缘结构和真空分合装置，实现装置的紧凑型、智能化设计	普遍采用"搬运式"方式进行现场试验，部分采用仓储式车载或半自动车载试验模式，效率低；采用滤波器的电源优化的效果较差	紧凑化、智能化，装置的体积缩小45%，重量减少35%，工作效率提高3倍左右

4.28.4 适用范围

适用于大型解体运输变压器的现场安装。

4.28.5 工程案例

（1）工程概况

榆横-潍坊特高压交流工程晋中1000kV变电站安装。2016年6月25日，国网1000kV晋中站首台解体变压器各解体部分陆续到场，并开始现场安装。变压器于10月12日完成最后的静置工作后，由国网山西电科院开展绕组频率响应特性、现场空载和负载试验、长时感应耐压测局部放电试验等，历时近7d，于10月20日顺利完成该解体式特高压变压器现场特殊交接试验，试验结果满足技术标准要求。

（2）技术应用

1）设备参数

晋中1000kV变电站主变压器及其备用相，由保定天威保变电气股份有限公司生产。

主变压器为单相分体结构的自耦变压器，调压方式为中性点无励磁调压。由主体变压器（以下简称主体变）、调压补偿变压器（以下简称调补变）两部分组成，其主体变绕组连接方式如图4.28-2所示。现场空载试验的对象是主体变。

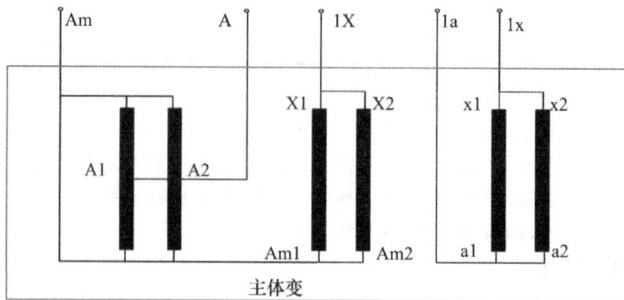

图 4.28-2 特高压变压器原理接线图

图中：A-Am-1X为主体变高、中压绕组；1a-1x为主体变低压绕组。

特高压晋中站主体变压器技术参数见表4.28-3。

主体变压器技术参数 表 4.28-3

产品型号	ODFPS—1000000/1000
额定容量	1000000/1000000/334000 kVA
额定电压	$1050/\sqrt{3}$ kV/$525/\sqrt{3}\pm4\times1.25\%$ kV/110kV
额定电流	1649.6A/3299.1A/3036.3A
冷却方式	OFAF
空载电流	0.09%
空载损耗	147kW
调压方式	中性点调压
连接组别	Ia0i0
阻抗电压	高-中：(18±5)%；高-低：(62±5)%；中-低：(40±5)%
绝缘水平	高压端子：SI/LI/AC 1800/2250/1100kV 中压端子：SI/LI/AC 1175/1550/630kV 中性点端子：LI/AC 325/140kV 电压端子：LI/AC 655/275kV

特高压晋中站调压补偿变压器技术参数见表 4.28-4。

调压补偿变压器技术参数 表 4.28-4

绕组	调压变压器		补偿变压器	
	调压励磁绕组	调压绕组	补偿励磁绕组	补偿绕组
容量	56MVA	56MVA	17MVA	17 MVA
电压	115.54kV	30.71kV	30.71kV	5.53kV
电流	546A	1826A	485A	3036A
冷却方式	ONAN			
绝缘水平	LI-650kV AC-275kV	LI-325kV AC-140kV	LI-325kV AC-140kV	LI-650kV AC-275kV

2）变压器现场安装工艺流程（图 4.28-3）

与超高压解体运输式变压器相比，特高压变压器的现场组装工艺流程没有大的区别，但其要求更高。与超高压变压器组装要求不同的地方如下：

① 组装环境控制方面：装配环境洁净度要求更高。在以往产品装配中，通常要求降尘量不大于 30mg/d，这种方法不能实时反应空气尘埃情况。为更好的控制组装中环境洁净度，在特高压产品组装中采用浮尘测量的方法。

② 干燥工艺方面：现场干燥前有采用热油喷淋、热风干燥、低频加热＋热油循环、器身绝缘防潮＋抽真空、煤油气相干燥等方法。经过大量工程实践以及移动式气相干燥设备的技术发展，国内大型制造厂逐渐开始采用移动式煤气相干燥。

③ 组装间的配置方面：在铁心拼装方面，因铁心的质量大，因此配置相应的吊装设

备。特高压变压器现场组装天车需要 100t。对组装间地面的平整度和承重强度要求更高。

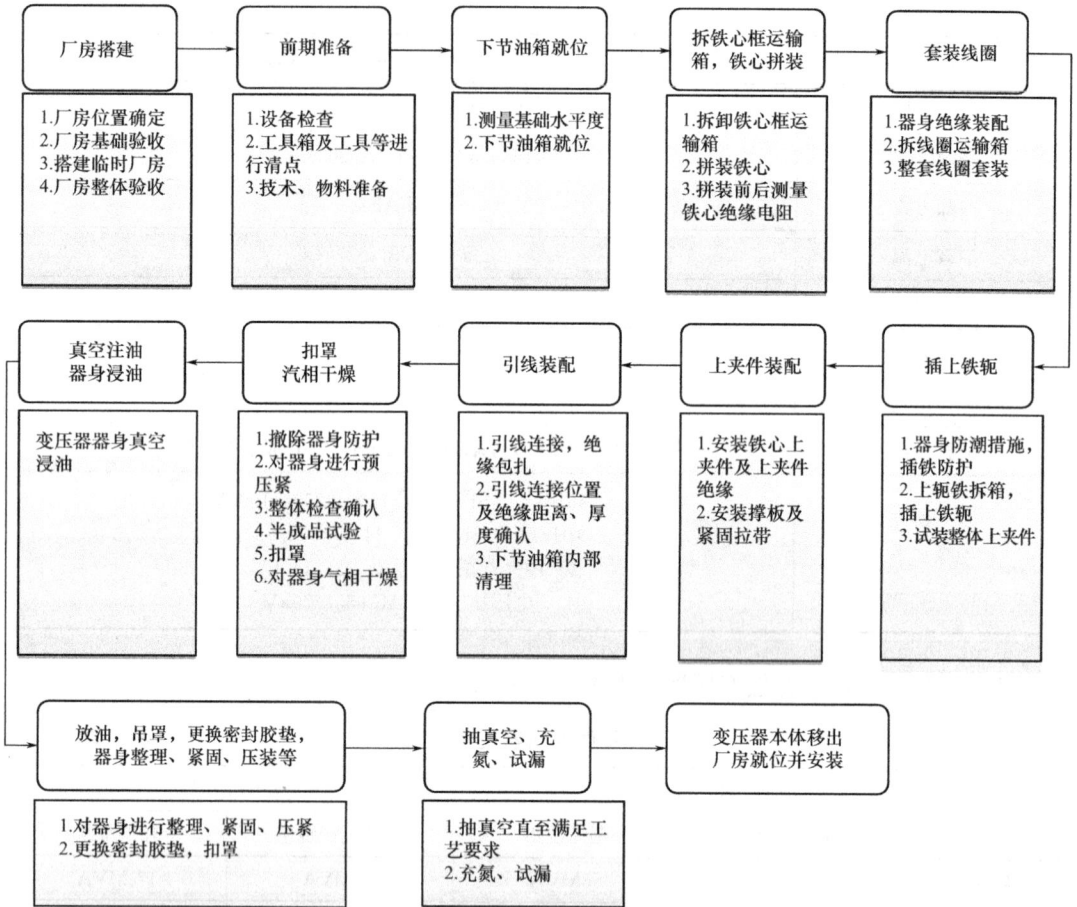

图 4.28-3 现场安装工艺流程图

3）现场组装工艺过程选择

解体运输、现场组装式变压器，目前有两种基本的工艺过程，称为"无吸潮组装"和"有吸潮组装"两种模式。

无吸潮组装又分两种：一种是塑料薄膜保护法，一种是工艺时间保护法。"塑料薄膜保护法"是用特制工程塑料，在变压器绕组和相关绝缘部件外表包裹保护，以免受潮。有些塑料薄膜直接装到变压器里，不再拆除；"时间保护法"类似于厂内车间"器身整理"的工艺过程，在拆卸装箱和组装时，按照温度和湿度，在控制的时间内完成作业。当达到控制时间时，立即进入真空罐加热和抽真空保护。现场组装则需对变压器油箱进行临时保护。制造商通常根据产品的电压等级和暴露空间的环境相对湿度，工艺上制定产品暴空时间，并在器身整理时严格执行。现场组装工序常常会超出这个时间，使变压器器身受潮，需进行二次干燥，或后续延长产品热油循环的时间。此种工艺作业周期长，占用车间很大面积，同时需要有一个大的真空罐。因特大型变压器没有真空罐来保护，只能将油箱盖起来，采取抽真空保护效果不明显。稍有不慎，产品在外暴露时间过长，后续靠热油循环需较长时间且干燥效果很难保证。

"有吸潮组装"方式与厂内的器身装配相类似，是一种连续组装法：在拆卸和装箱以及现场组装中连续工作，不受时间限制，作业周期短。但这种方法组装后，变压器必须进行干燥。无论从时间还是从保证产品质量方面考虑，特大型组装变压器应用该种组装工艺方法较为合适。

4）变压器现场组装过程

① 前期准备

a. 设备检查

（a）对组装场地整体清洁、整理，确保厂房内的清洁。

（b）设备运输前，检查现场设备是否正常。特别是干燥空气发生器：开机充气前，先检测气体漏点，漏点满足要求方可使用。

（c）现场安装装配架时，调节装配架水平。

b. 工具柜、工具箱及工具等清点

（a）对工具柜、工具箱及工具进行外观检查和数量清点。

（b）现场操作人员提前熟悉各道工序运输箱、工具（吊运工具）、设备使用情况，提前准备好相应的工具、设备。

c. 技术、物料准备

（a）现场操作人员提前熟悉工艺方案。

（b）产品各运输箱情况，如下节油箱，铁心框、整套线圈、上铁轭、绝缘件等运输箱，上节油箱等是否全部到达现场并检查其状况是否正常。

② 下节油箱就位

a. 测量基础水平度

测量下节油箱就位位置平面度，一般均需提前制作钢板进行调整。

b. 下节油箱就位（图4.28-4）

（a）下节油箱就位时高低压侧布置符合要求，千斤顶支架位置与地基对正，确保变压器能顺利顶起。

（b）松开下节油箱运输盖板紧固件，将运输盖板拆下并吊运到运输车辆上。

（c）将下节油箱中运输的部件用塑料布包好并放在内防尘室中。

（d）放置油箱内器身垫脚下部绝缘。

图4.28-4　下节油箱就位

③ 铁芯拼装

铁芯按照图4.28-5中框2-框3-框1的顺序拼装。

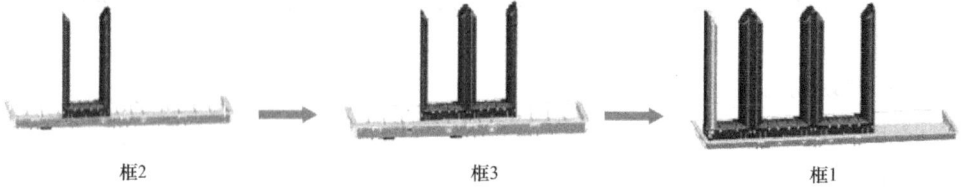

框2 → 框3 → 框1

图4.28-5　铁芯拼装顺序

a. 拆卸铁芯框运输箱

（a）先将框2铁芯运输车辆开入组装厂房，打开人孔，检查内部情况。用桅杆吊配合天车翻转吊下铁芯运输箱至直立状态，再次检查内部情况。

（b）打开铁芯运输箱箱盖、人孔后，检查运输箱内部情况，向运输箱内充入干燥空气。

（c）拆下支撑夹件腹板的支架，吊出运输箱或放置在不妨碍铁芯吊出的位置。

（d）吊出框2铁芯，放置在下节油箱。

（e）框1、框3按照同样方式拆卸铁芯框运输箱。

b. 拼装铁芯（图4.28-6～图4.28-8）

（a）按照上述操作要求松开框1铁芯固定位置，吊出框1铁芯。

（b）铁芯框缓慢打车向框2移动，直至两个铁芯框间距达到要求下落到位。

（c）紧固到位后，在高度方向安放铁芯卡具夹紧并用绑扎带绑扎心柱并就位。

（d）测量铁芯的直径尺寸是否满足套装要求，进行铁芯框间电阻测量。

（e）每拼接完一个铁芯后，打开夹件屏蔽并对屏蔽及绝缘件等进行清理，检查无问题后回装。

（f）整体铁芯拼装完成，尺寸确认无问题后，拆除框间支撑、撑板、运输上夹件等。

图4.28-6　铁芯拼装——框2拼装

图4.28-7　铁芯拼装——框3拼装

图 4.28-8　铁芯拼装——框 1 拼装

④ 套装线圈（图 4.28-9～图 4.28-12）

a. 器身绝缘装配

（a）按照图纸及绝缘件标记装配器身绝缘，绝缘件运输箱打开后充入干燥空气防潮。

（b）套装线圈前用 π 尺测量直径，满足套装要求。

b. 拆卸线圈运输箱

（a）提前安装好整套线圈十字吊运工装，选择合适位置放置。

（b）整套线圈的套装，按照套装顺序将整套线圈的运输箱转进组装厂房。

（c）吊起运输箱罩，松开压紧螺杆卸压，拆下运输压装压板，使用整套吊具吊运整套线圈。

c. 套装线圈

图 4.28-9　线圈运输箱

图 4.28-10　从线圈运输箱中起吊线圈

⑤ 插上铁轭（图 4.28-13、图 4.28-14）

a. 器身做好防潮措施，插铁防护，准备插铁

图 4.28-11　线圈Ⅰ柱套装

图 4.28-12　线圈Ⅱ柱套装完成

图 4.28-13　正在进行上铁轭插片

图 4.28-14　完成上铁轭插片

　　b. 上轭铁拆箱，插上铁轭

　　a）根据装箱单，打开主级叠片运输箱并吊放到装配架两边的放料台上。

　　b）插铁过程中，器身防护塑料布防护罩内用干燥空气发生器充干燥空气防潮。在装配架外侧安装安全防护网保证高空作业安全。

　　c）插铁时多打卡具，预防倒铁。

　　⑥ 上夹件装配（图 4.28-15、图 4.28-16）

　　a. 安装整体上夹件的腹板磁屏蔽，放置好夹件绝缘，吊起上夹件并安装。

　　b. 安装过程中注意检查拉板绝缘及其外部绝缘，无损伤和污迹。

　　c. 用夹紧梁配合安装撑板及其紧固件。

图 4.28-15 正在进行上夹件装配

图 4.28-16 完成上夹件装配

⑦ 引线装配（图 4.28-17、图 4.28-18）

a. 引线连接

（a）按照图纸及拆解模块进行引线连接。引线吊运、安装过程中应注意防护。

（b）连接各引线与线圈出线，重新紧固导线夹等。

（c）取出开关用导线夹、胶木螺杆等，开关装配。引线连接位置及绝缘距离、厚度确认。

b. 下节油箱内部清理，清点工具确认

（a）下节油箱内部清理，清点工具确认。

（b）停工、夜间等不作业时间段，器身进行防护。

图 4.28-17 正在进行引线装配

图 4.28-18 完成引线装配

⑧ 引线装配（图 4.28-19、图 4.28-20）

半成品试验，扣罩

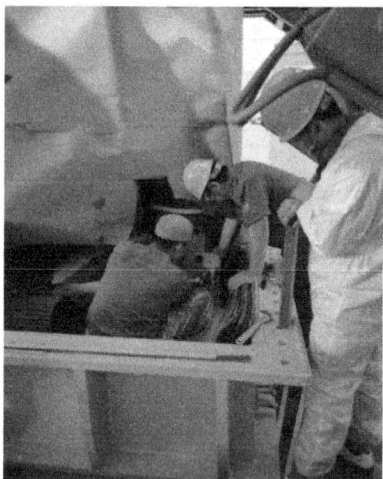

图4.28-19　进行半成品试验

图4.28-20　进行扣罩

⑨ 器身干燥（图4.28-21、图4.28-22）

采用移动式汽相干燥设备对器身进行干燥。煤油汽相干燥的操作标准及现场相应的配备要求和消防要求：

a. 操作标准

总干燥时间约为12h，按照移动汽相干燥标准执行。

b. 消防要求

（a）煤油罐需远离厂房至少12m，且罐体四周配备防火堤。

（b）汽相干燥设备使用时，管道内气体最高温度为135℃，设备最高负压力为13Pa。厂房内电气开关和灯具等需按防爆要求设计。

（c）现场布置防火标识和泡沫灭火器若干。

图4.28-21　准备进行汽相干燥

图4.28-22　正在进行汽相干燥

⑩ 真空注油、静放、放油。

⑪ 整理、压装（图4.28-23、图4.28-24）

撤除器身防护。按照图纸对每相整套线圈进行分别压紧。器身压装后，将导线夹螺杆等重新紧固。

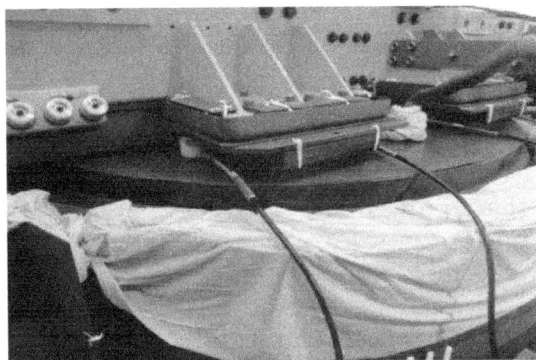

图 4.28-23 正在进行压装

图 4.28-24 完成器身整理

⑫ 充氮试漏

扣罩后抽真空。充气至油箱内为正压进行试漏。试漏满足要求后，本体进行后续转运或外部安装。

5）现场组装过程关键工艺控制点

① 关键工艺控制点

解体式特高压交流变压器的现场安装关键工艺控制点见表 4.28-1。

② 主要工艺检查

a. 铁心拼接

铁心拼接质量对后续现场装配操作及产品质量影响极大，任何偏差都会造成后续组装操作困难、使变压器无法恢复厂内制造状态。因此必须严格进行如下检测：

（a）检测铁心拼装过程中的框间离缝、铁心直径、框间距离、垂直度等尺寸，确认铁心拼装尺寸符合图纸及工艺文件要求。

（b）检测铁心拼装过程中的框间电阻，确认绝缘性能良好，无异常导通问题。

b. 线圈套装

线圈套装出头对正与否对后续柱间连线装配影响较大，因此在套包过程中必须严格按以下要求执行：

（a）套装整套线圈前用 π 尺测量直径，满足套装要求。

（b）吊具外部需绑扎吊带、捯链等以防吊钩向外滑脱。

（c）套包时，待整套线圈距离托板 300～400mm 时，调整整套线圈位置，将托板中心标识与铁心框拼接中心对齐。套装时注意按照厂内划线标识控制好整套线圈出头位置。

c. 屏蔽检测

产品电屏蔽分为器身、油箱两部分。器身部分屏蔽（电屏蔽）为拆卸运输，拆卸及回装过程中可能造成损伤；油箱部分屏蔽（电屏蔽、磁屏蔽）随油箱运输、不进行拆卸，经长途运输可能造成移位或损伤。因此在现场组装过程中必须对屏蔽进行如下检测：

（a）整体线圈套装前后，对器身部分屏蔽电容（电屏蔽-铁心、电屏蔽-夹件）进行检测，确认电屏蔽无损伤问题。

（b）对油箱部分屏蔽电阻（磁屏蔽-油箱）进行检测，确认油箱磁屏蔽-油箱绝缘性能符合标准要求，连接后无虚接、悬浮问题。

（c）对油箱部分屏蔽电容（电屏蔽-油箱）进行检测，确认总装配前后油箱电屏蔽无损伤问题。

d. 现场操作环境检测

产品现场组装过程需经历较长时间，因此现场环境状况对变压器质量有较大影响。在变压器现场组装过程中，必须全程监控环境质量：

（a）现场组装过程中，按时间节点取绝缘件样件进行含水率检测，确认器身绝缘件吸潮情况。

（b）整个现场组装过程中，对现场温度、湿度进行浮尘等监控，确保操作环境符合产品质量要求。

（3）实施总结

2016 年 6 月 25 日，国网 1000kV 晋中站首台解体变压器各解体部分陆续到场，并开始进行现场安装工作，于 10 月 12 日完成最后的静置工作，于 10 月 20 日顺利完成该解体式特高压变压器现场特殊交接试验，试验结果均满足技术标准要求。

解体运输式特高压变压器有效破解了运输困难的问题，对偏远地区特高压工程的建设具有重要的意义，预示国家电网公司在平原地区、偏远山区和运输条件受到严格限制地区也可进行特高压建设，极大地降低了特高压变压器的运输费用和运输风险；在未来特高压工程扩大建设中，特高压解体变将具有更广阔的应用前景，具有重要的社会效益。

（提供单位：国家电网有限公司交流建设分公司。编写人员：罗兆楠）

4.29 不平衡型三相共体一次通流通压试验技术

4.29.1 技术发展概述

变电站工程中的电气安装包括一次、二次设备的安装。电流、电压互感器作为联接一次设备和二次设备最关键的桥梁，是二次设备监测、分析、控制的依据。

国内通流通压试验技术主要有二次升流二次通压、三相一次通流二次通压、三相一次通流一次通压三种形式，无论常规站还是智能站，电流、电压回路系统接线复杂、连接设备多，必须保证回路的正确完整性。

电力基建行业研发通流通压试验技术，依托自身专利，应用特种变压器，有效验证现场一二次电流电压回路正确性，并形成相关技术标准。

4.29.2 技术内容

（1）一次通流技术

目前交流相位表的电流精度为 5mA，1000kV 变电设备电流互感器的额定变比一般为 3000/1、6000/1，500kV 变电设备电流互感器额定变比按 5000/1 考虑，设备一次电流输出为 250A 就能满足要求，考虑设备运行的稳定性和负荷容量，300kVA 的大容量通流通压设备能完全满足实际使用需求。一次通流原理如图 4.29-1 所示。

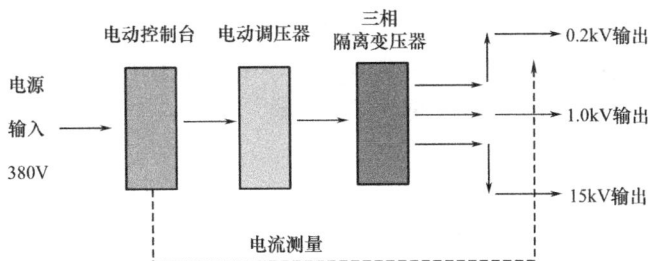

图 4.29-1 三相通流通压原理图

（2）一次通压技术

使用一次通压设备可输出最高 15kV 电压，假定电压互感器变比 $1000/\sqrt{3}/0.1/\sqrt{3}$ （kV），则电压二次侧最高可得到 1.5V 电压。通过电压大小可区分出电压互感器二次电压相序，并因为一次电压幅值的不平衡，就可在电压互感器二次侧测得零序电压 $3U_0$，确保所有电压回路带电。

如图 4.29-2 所示，试验时三相隔离变压器使用 0.4kV 端输入、0.2kV 段输出，0.2kV 三相输出接至 T011 开关靠近 1000kV 1 号母线侧导体，经 T023 开关靠近 1000kV 2 号母线侧 T02327 地刀短接隔离变压器三相，使用变压器本身短路阻抗及感应电压形成大电流。

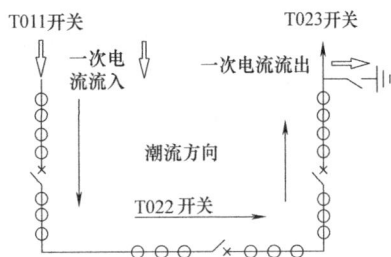

图 4.29-2 三相通流原理接线图

4.29.3 技术指标

选取 T021 开关试验数据进行说明（表 4.29-1、表 4.29-2）：

三相通流试验数据　　　　　　　　　　　　　　表 4.29-1

| 绕组编号 | T021 开关(CT 变比 6000/1) | | | 一次电流:600A | | | 备注 |
| | 幅值 | | | 角度(°) | | | |
	A	B	C	A	B	C	
TI1-1	0.101	0.101	0.099	223	103	343	线路保护 1
TI1-2	0.100	0.100	0.101	223	103	343	线路保护 2
TI1-3	0.100	0.099	0.100	223	103	343	断路器保护
T11-4	0.101	0.101	0.101	223	103	343	备用

三相通压试验数据（线路）　　　　　　　　　　表 4.29-2

三相通压试验	相别	幅值(V)	角度(°)
CVT	AN	5.6	12
	BN	5.9	132
	CN	6.2	252
	LN	0.27	155

注：三相通压时电压线接至线路 CVT 下级分压电容。

能够看出，应用不平衡型三相共体一次通压通流试验技术，试验结果同变电站启动送电时的试验数据没有任何出入。并且因为采用了不平衡构造方式，三相一次通压试验时，零序电压 U_1（$3U_0$）有明显幅值，方便了二次测量。

4.29.4 适用范围

适用于 1000kV 及以下新建、改造、扩建变电站工程。

4.29.5 工程案例

（1）工程概况

济南 1000kV 特高压变电站是"锡林郭勒盟-山东 1000kV 特高压交流工程"入鲁第一站，工程静态投资 173.6 亿元。项目起点位于内蒙古锡林郭勒盟，途经河北、天津，落点为山东济南。线路按双回路设计，全长 1460km。

济南 1000kV 变电站位于山东省济南市东北济阳县仁风镇王家村，站址西南距仁风镇约 5km，南距黄河约 11km。工程装设 2 组 300 万 kVA 主变（终期 4 组）；1000kV 出线 2 回（至北京东 2 回，终期 8 回），一个半断路器接线，组成 4 个不完整串，安装 8 台断路器，采用 GIS 设备；500kV 出线 4 回（至闻韶黄渡、博兴各 2 回，终期 8 回），一个半断路器接线，本期按 4 台断路器计列工程量，采用 GIS 设备。本期至北京东站 2 回出线各装设 1 组 72 万 kVar 高抗；变压器低压侧 110kV 单母线接线，每组主变 110kV 侧装设 2 组 24 万 kVar 低抗和 2 组 21 万 kVar 低容。

工程开工日期：2015 年 5 月 10 日电气开工，竣工日期：2016 年 7 月 25 日建成投运。

（2）技术应用

1）技术难点

电流回路系统接线复杂、连接设备多时，回路极易出现开路和短路故障。无论常规变电站还是智能变电站，面对全站大量二次交流回路已经接线完毕的情况下，尤其是部分重要且只有在带负荷阶段才能校验出正确性的回路，如何在带电前安全、高效、完整地检查出接线缺陷和保证回路的正确完整性，是电力调试人员需着重解决的问题。

目前山东送变电工程公司调试工作的重点均为 1000kV、500kV 重要枢纽变电站，这类变电站设计的电流互感器变比大，电流互感器变比通常为 2500/1、3200/1、4000/1、6000/1。

2）技术特点

借助大地，连接多个设备间隔构成闭合回路，通流变压器输出电流三相幅值不同，产生一个真实的零序电流，模拟系统带负荷运行，并使用同源电压作为二次测电流的相位参考电压，可以全面检查所有互感器的电流二次回路接线、变比、相位、相序是否符合设计要求。

选用容量大、安全性好、可靠性高的通流设备，采取科学合理的通流方法是做好通流试验的关键。因此，针对调试要求，公司组织人员通过科学计算，编制了一套不平衡型三相共体一次通流试验工法。

3）施工工艺和过程

① 试验技术工艺流程图（图 4.29-3）。

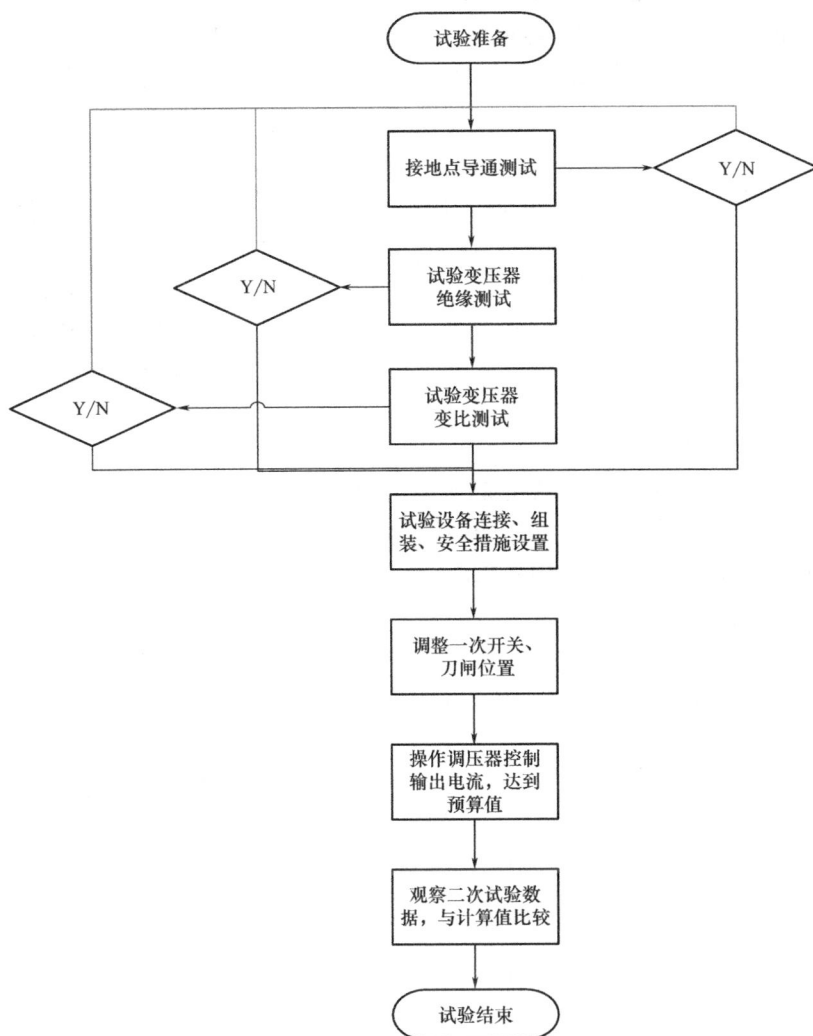

图 4.29-3　试验技术工艺流程图

② 工艺过程

a. 模型计算

以三绕组变压器为模型（图 4.29-4）计算，三相一次通流试验相关参数计算如下。

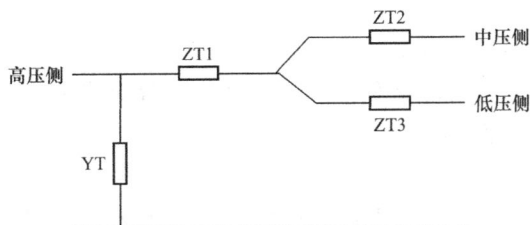

图 4.29-4　三绕组变压器模型图

目前已在系统中使用的 1000kV、500kV 三绕组变压，其高压侧额定容量 S_h 和中压侧额定容量 S_m 相等，而低压侧额定容量 S_l 小。制造厂提供的是三个绕组两两作短路试验时测得的短路损耗，将短路损耗以高压侧额定容量为基准进行规算。至于三绕组变压器导纳的求解方法和双绕组变压器的方法相似。

b. 试验计算

在试验过程中，需要隔离变三相输出有 5% 的差值，以输出电压为 0.2kV 为例，A 相输出 0.19kV，B 相输出 0.2kV，C 相输出 0.21kV，通过改变隔离变三相的绕组圈数，达到改变三相输出电压的目的（图 4.29-5）。

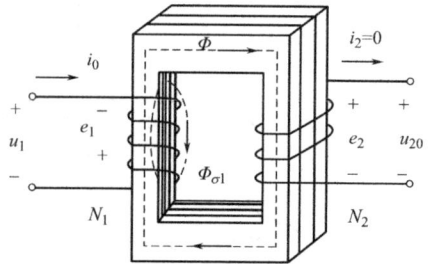

图 4.29-5 变压器原理图

$$\frac{U_1}{U_{20}} \approx \frac{E_1}{E_2} = \frac{N_1}{N_2} = K$$

隔离变压器原边绕组为 N_1，A 相副边绕组为 $0.95N_2$，B 相副边绕组为 N_2，C 相副边绕组为 $1.05N_2$。此时，若副边绕组上有阻抗，则可以达到 ABC 三相电流有 5% 差值的效果。

c. 试验原理接线

500kV 及以上电压等级接线方式为 3/2 接线，本工法可以同时通九个开关的 CT，如图 4.29-6 所示。在 T01117 处电流流入，合上 T03327 地刀，借助大地构成完整的回路，大大减少了通流的时间，提高了效率。

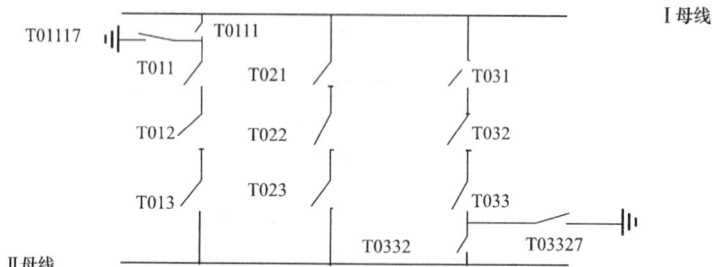

图 4.29-6 多间隔通流示意图

d. 操作要点

（a）通流前需合格试验项目

a）接地点导通测试。

b）待通流变压器绝缘测试。

c）全站 CT 变比、极性、直阻、绝缘测试。

上述试验结果符合《电气装置安装工程 电气设备交接试验标准》GB 50150—2016 相关要求后，才可进行通流试验。

（b）试验准备

a）试验负责人核对图纸，对 CT 回路进行归纳，形成全站 CT 回路试验数据分析表。

b）专职安全员到位监督，由于试验过程中电压过大，需全部清场后方可进行试验。

c）项目总工、技术员审查试验方案，并由试验负责人进行交底并签名，形成书面交底记录。

d）对现场检修电源箱的空开容量进行勘察，根据功率守恒计算检修电源箱输出电流，选取合适的电源空开。

e）通过电动控制台控制三相隔离变压器的输入电压，输入电压越大，则输出电流越大，最大值不得超过额定输入电压。

设备组装时，吊车将设备吊至合适位置，吊装全过程吊车要做好接地。

f）根据现场试验要求，调整一次侧刀闸、开关位置，以达到试验需求效果，构成完整回路。

g）在实际通流之前，需进行三相调压变压器空载试验，如图 4.29-7 所示。先将三相隔离变压器与电动调压器断开，然后用 380V 交流电单独带调压器，并用万用表测量调压器输出电压，核对控制台显示值与万用表的测量值，无误后将输出电压电动归零，然后断开 380V 进线电源，将设备重新组装完好。

h）合上总电源箱空开后，必须用一次钳形表监视调压变压器输入电流和隔离变压器输出电流，达到计算值后，计算输入功率是否和输出功率一致，然后进行电流二次回路测量，如图 4.29-8 所示。

图 4.29-7 调压变压器空载试验　　　　图 4.29-8 测量隔离变电压输出电流

（c）二次回路测量

a）在二次回路测量前，将所有 CT 回路相关螺丝及连片紧固，并测量直流电阻与出厂值相对比，在误差范围内即可开始通流。

b）二次回路测量过程中，需严格按照 CT 回路登记表测量，数据记录完整，并与计算值对比，见表 4.29-3。

CT 回路试验数据分析表　　　　　　　　表 4.29-3

安装位置		主变高压侧电流互感器								
绕组编号	回路编号	通流记录						CT 极性		备注
		电流			电压			变比		图纸极性	实际极性	
		A	B	C	A	B	C	图纸	实测	p1 指向 I 母线		
CT11	4111							1600/5		S1 头 S3 尾		主变保护 I、母线保护 I

续表

安装位置		主变高压侧电流互感器								
绕组编号	回路编号	通流记录						CT极性		备注
		电流			电压			变比		图纸极性	实际极性	
		A	B	C	A	B	C	图纸	实测	p1 指向 I 母线		
CT12	4121							1600/5		S1 头 S3 尾		主变保护Ⅱ、母线保护Ⅱ
CT13	4131							1600/5		S1 头 S3 尾		主变高压侧测量Ⅰ
CT14	4141							1600/5		S1 头 S3 尾		主变高压侧测量Ⅱ
CT15	4151 (4251)							1600/5		S1 头 S2 尾		主变高压侧关口计量

（d）人员组织结构

一次通流试验过程中人员组织见表 4.29-4、表 4.29-5。

管理人员组织结构表　　　　　　　　　表 4.29-4

编号	岗位	人数	工作内容
1	项目经理	1	现场第一安全负责人，项目全过程施工生产的组织者、协调者
2	项目总工	1	负责试验全过程的技术管理工作，落实技术方案的实施
3	工作负责人	1	负责现场试验总调度
4	起重指挥	1	负责现场吊车起重作业指挥
5	技术员	1	辅助项目总工完成试验过程中所有的技术工作
6	专职安全员	1	试验现场安全监督、监护

试验人员组织结构表　　　　　　　　　表 4.29-5

编号	班组分类	人数	主要作业内容
1	安全组	2	负责现场安全措施的布置及试验过程中设备及人身的安全
2	操作组	2	负责现场刀闸开关及试验设备的操作
3	测量组	2	负责测量和记录试验数据

（e）材料与设备

a）三相通流变压器

型号：SHB-300/0.4/0.2、1.0、17；

结构形式：铁外壳、全绝缘方式；

相数：三相；频率：50Hz；冷却方式：ONAN；

接法：YN0；

电压偏差：A 相 $100\%U_e$、B 相 $95\%U_e$、C 相 $90\%U_e$；

额定容量：300kVA；

额定电压：输入电压：0.4kV；输出电压：0.2kV、1.0kV、15kV；

额定电流：输入电流：455A；输出电流：866、173、10A；

过流能力：在125％IH持续时间300s工况下，过电流对试验变压器绕组均不应造成热损坏和绕组变形；

过压能力：在110％UH持续时间60s下过电压，不应造成三相试验变压器任何绝缘损坏，此时波形畸变率≤5％；

绝缘水平：低压工频耐压5kV/1min；高压工频耐压42kV/1min；

运行时间：在100％UH、100％IH下从环境温度开始允许连续运行8h。

b）三相感应式调压变压器

型号：TSAJ-300/0.4/0～0.42；

相数：三相；频率：50Hz；冷却方式：ONAN；

调压方式：电动/手动调压；

额定容量：300kVA；

起始电压：≤2％；

额定电压：输入电压：0.4kV；输出电压：0～0.42kV；

额定电流：输入电流：455A；输出电流：0～455A；

波形畸变率：≤3％；

阻抗电压：≤7.5％（在50％～100％范围内调压阻抗线形）；

绝缘水平：初级绕组、次级绕组对地绝缘5kV/min；

调压特性曲线平滑线性，调节精细。

短路能力：暂态容量状态下试验变压器输出端通过试品保护电阻对试品放电时，短路电流达3倍输出，放电持续时间8个周波内不应对调压器绕组造成任何热损坏和机械变形。调压器的电器性能符合调压器国标，并测量输出波形、密封试验、耐压水平均按照3kV/min，外表不能有渗漏、锈蚀、变形。

c）低压开关柜

型号：PGL-1；额定电压：0.4kV；额定电流：400A；

隔离刀闸：400A；400A交流接触器：线圈电压：220V；

柜子面板设有：电源合闸指示灯、手柄隔离刀闸。

d）设备检测及电动控制箱

型号：AC-2010；

功能：安装有过压及防止试品击穿时电压反击防雷器件措施，其中电气元件采用施奈德生产继电器和关键部件，端子排采用"菲尼克斯"器件。

e）试验专用电缆

型号：YJV 0.6/1kV；

功能：用于设备与设备之间的连接，以及隔离变压器与机构之间的连接，电缆线径一般采用3×120的电力电缆，若电流超过300A，则需更换线径为3×150的电力电缆。

（3）实施总结

锡林郭勒盟至山东工程建成投运，山东电网接受外电由800万kW提高至1000万kW，有效解决迎峰度夏期间可能出现的电力缺口。

1000kV泉城特高压变电站应用本试验技术，计算缩短启动投运时间，以每站每次平均缩短 15d 计，涉及调度、运行、现场安装调试人员以 50 人计，人均每天创造价值以 200 元/天计，每站每次直接经济效益增加 150000 元。

同时，借助 1000 万 kW 省外来电，每年可减少省内标煤消耗 1900 万 t，减排二氧化碳 5500 万 t、二氧化硫 4.7 万 t，为山东带来更多的蓝天白云。

(提供单位：山东送变电工程有限公司。编写人员：王勇、迟玉龙)

4.30 智能变电站智能巡检技术

4.30.1 技术发展概述

传统变电站监控和巡视主要通过人工方式，对设备进行简单定性判断，通过看、触、听、嗅等方法实现。但是，传统人工巡检方式存在劳动强度大、工作效率低、检测质量分散、手段单一等不足，检测的数据也无法准确、及时地接入管理信息系统。并且，随着无人值守模式的推广，巡视工作量越来越大，巡检到位率、及时性无法保证。此外，在高原、缺氧、寒冷等地理条件或恶劣天气条件下，人工巡检还存在较大安全风险，缺乏有效的巡检手段。大风、雾天、冰雪、冰雹、雷雨等恶劣天气下，也无法及时进行巡检。

为满足对供电质量日益提高的要求，更高效智能的变电站机器人巡视系统得以应用。变电站设备巡检机器人系统以自主或遥控的方式，在无人值守或少人值守的变电站对室外高压设备进行巡检，可及时发现电力设备的缺陷、异物悬挂等异常现象，自动报警或进行预先设置好的故障处理。基于此，有必要提升高压变电站巡检工作的质量，将高效智能的巡检技术应用于高压变电站中，减少各种基于人工失误出现的各种问题发生的可能性。

4.30.2 技术内容

变电站设备巡检机器人是基于自主导航、精确定位、自动停障、自动充电的移动平台，集成可见光、红外、声音、火焰探测、驱鸟等传感器；基于磁导航、GPS 导航、激光导航等方式，实现巡检机器人的路径规划和特巡双向行走，将被测设备的视频图像、音频数据和红外测温数据通过无线网络传输到监控室；机器人巡检后台系统通过数据模型转换系统及模式识别技术，实现对设备热缺陷、分合状态、外观异常的状态分析，以及仪表读数、油位计位置的信息识别；在顺控操作中，实现顺控设备状态的自动校核。

根据机器人的巡视要求，需合理设置电气设备表计朝向及安装高度，合理设置站区标高坡度，并合理衔接设备基础、道路及电缆沟，满足巡视通道要求。

采用双机分区域并行的模式，实现一个巡检控制后台，两台巡检机器人运行，将两套数据采集入口，统一并入一个数据分析内核的作业模式，实现对数据的高效、统一处理。

4.30.3 技术指标

机器人巡视通道宽度应≥1.2m，坡度应≤6°，单侧散水角度 1‰～2‰。电气设备表计应朝向巡检通道，机器人正对表计拍摄时的仰角小于 30° 且应无遮挡。

4.30.4 适用范围

适用于 110～1000kV 变电站工程。

4.30.5 工程案例

（1）工程概况

枣庄 1000kV 变电站工程。枣庄 1000kV 变电站是潍坊~临沂~枣庄~菏泽~石家庄特高压交流工程的重要组成部分。枣庄特高压站站址行政区划隶属于山东省枣庄市山亭区，位于枣庄市北偏东约 37km，山亭城区西偏北约 8km，城头镇东约 6km。

（2）技术应用

1）机器人巡检功能的实现

① 机器人巡检系统架构

变电站智能机器人巡检系统大致包括如下几个部分：变电站智能巡检机器人车载子系统（图 4.30-1）、变电站智能巡检机器人本地监控后台、智能巡检机器人远程集控后台控制系统。

智能巡检机器人的网络架构，将智能巡检机器人应用系统划分为 a）车载系统、b）本地监控系统、c）远程监控系统三部分，系统架构图如图 4.30-2 所示。

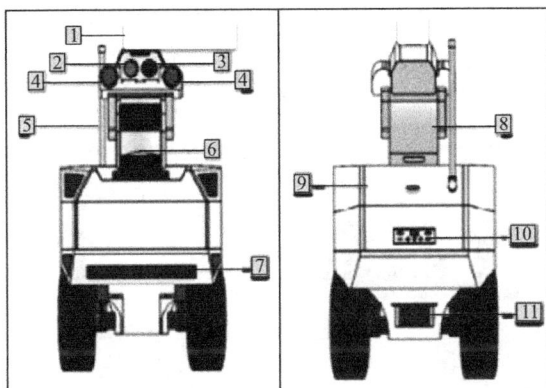

图 4.30-1　机器人车载子系统结构

1—补光灯；2—高清摄像仪；3—红外影像仪；4—拾音器；5—天线；6—激光导航仪；

7—超声波探测仪；8—云台；9—急停开关；10—总开关面板；11—自主充电插头

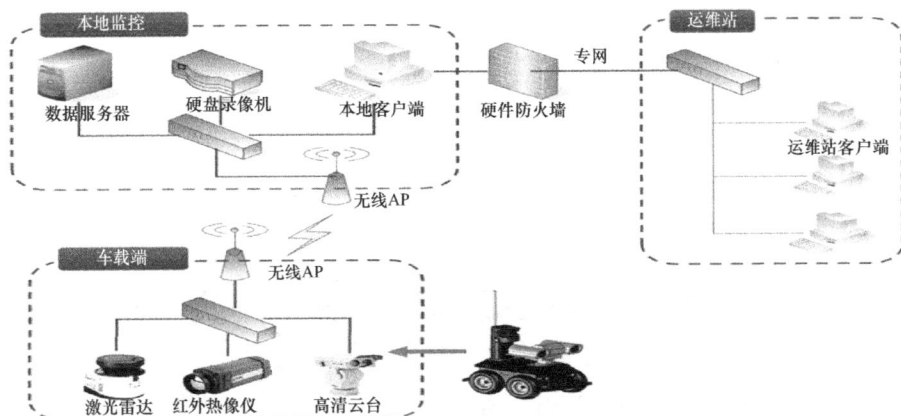

图 4.30-2　机器人巡检系统

智能机器人微气象数据采集系统可在线监测变电站现场环境温湿度、风速以及雨量等气象数据，实现变电站区域的微气象数据全天候收集、统计与分析，尤其对无人值守变电站等监测点的微气象数据实时采集有着重要的作用。

智能巡检机器人本地监控后台包括服务器端和客户端，一个服务器端支持多个客户端同时连接，实现多人操作同一巡检机器人。服务器与客户端相互之间通过无线的通信方式进行日常手动或定时的监控点巡视，并实时的获取温湿度、可见光视频、热成像图像和温度。数据通过系统生成相关的报警信息和统计记录，方便操作人员进行数据的分析、管理与故障判断并及时对异常情况进行报警以及控制机器人执行相关任务，实现事故预防与应急处理。变电站智能巡检机器人后台巡检系统包括机器人通信、微气象信息采集、本地监控客户端通信、数据库管理、巡检任务执行、模型配置、任务配置、界面展现人机交互、信息查询检索、数据分析、报表统计等功能。

智能机器人采集的数据，主要包括设备端子的红外测温、开关位置的图像识别，设备表计的数字读取等，这些数据不仅可以替代原有巡视人员的巡视内容，还可以与变电站内计算机监控系统、在线监测系统、辅助控制系统进行接口，并实现数据共享。可将智能识别的开关位置信号接入微机监控系统，实现变电站的顺序控制及一键式操作，可将智能识别的红外测温及表计的读数接入在线监测系统，实现更广更深的监测需求，可将视频信号与辅助控制系统接口，实现更全景的视频图像需求，如图 4.30-3 所示。

图 4.30-3　系统主界面

② 机器人巡检功能核心技术

a. 红外测温技术

应用红外测温技术，利用探测器探测温度，智能机器人主动对所基于探测结果产生的热图像实施分析，形成一个像素点。红外检测系统采用自动监测、超温报警，当机器人发现目标范围内有超温的设备物品时，分析目标图像，判断报警级别，及时规避因为高温导致燃烧爆炸产生的事故和损失，如图 4.30-4 所示。

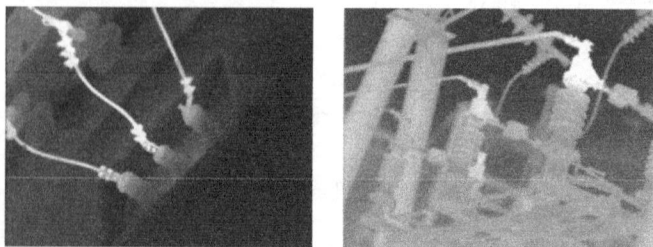

图 4.30-4　红外测温

在变电站中，智能巡检机器人主要对电站设备的稳定性加以检测和分析，及时发现和解决问题，降低电网故障产生的几率。其中，基于多数设备故障都和温度的变化具有较大的联系，智能巡检机器人经由发挥红外测温技术的实效性，对设备的状态及其是否存在故障的可能性进行检测，有助于提升检测的准确性。

b. 图像处理及配准技术

在分析以及应用红外测温技术的过程中，发现应用此类技术会使得智能机器人图像的灰度值产生变化。为了提升温度测量的精确度，提高图像的清晰程度，在获取到可见光以后，还需要应用图像处理及配准技术处理图像的灰度，对图像加以有效的修整。通常情况下，多是应用平滑过滤的形式，取得一个较为准确的数值，随后对空间的系统加以科学选择，以对图像实施有效处理。

对巡检机器人的利用，主要是为了将可见光以及相应的可见光图加以对比分析，不仅可以促使遥感数据分析技术发挥出较高的实效性，也促使配比技术的实际应用率得到大幅度提升。基于对两个差异较小的量进行对比，明确其中的匹配点，进而树立起相应的特征图像，有助于确保图形的精准性。

2）巡检综合考虑因素及要求

① 巡检内容

交流变电站需要巡视的设备主要包含进出线架构、变压器及电抗器、全封闭组合电器、断路器、隔离开关、开关柜、互感器、避雷器、电容器、干式电抗器、母线、耦合电抗器、阻波器、电力电缆及其他设备等。

a. 出线架构

巡视内容包括金属导线、绝缘子、接头及线夹。

b. 变压器及电抗器

巡视内容包括本体（含油枕/储油柜、瓦斯继电器、测温装置、呼吸器、外壳、中性点）、套管（含引线及接头、油位、瓷质部分）、冷却系统（含冷却器、风扇、油流继电器）、分接开关（含调压次数、呼吸器）。

c. 全封闭组合电器

巡视内容包括本体（含外观、气室压力、位置指示器、套管、避雷器）、汇控柜（含外观、指示灯、操作/联锁开关）。

d. 断路器

巡视内容包括引线及接头、套管及瓷瓶、分合指示、油位/压力、储能指示。

e. 隔离开关

巡视内容包括瓷瓶、动静触头、刀臂、引线及接头、刀闸分合、接地刀闸。

f. 开关柜

巡视内容包括柜体、电气表计、压力表计、操作/联锁开关、位置指示、储能指示。

g. 互感器

巡视内容包括引线及接头、本体、油位/压力、呼吸器。

h. 避雷器

巡视内容包括引线及接头、本体、在线测量装置、计数器。

i. 电容器

巡视内容包括本体、仪表、放电线圈、引线及接头。

j. 干式电抗器

巡视内容包括本体、引线及接头、支柱绝缘子。

k. 母线

巡视内容包括本体、T接及跨接、软连接、接地刀闸。

l. 耦合电容器

巡视内容包括引线及接头、外绝缘、油位。

m. 阻波器

巡视内容包括引线及接头、本体。

n. 电力电缆

巡视内容包括电缆接头、线路本体（站内）。

o. 其他

巡视内容包括穿墙套管、绝缘子、端子箱、动力箱等。

② 巡检综合考虑因素

为全面发挥智能巡检机器人的功能和作用，扩大机器人的巡视范围，统筹巡检任务规划，新建交流变电站设计应充分考虑机器人对设备巡视的要求，对监测表计巡视通道进行合理规划，具体要求见表4.30-1。

机器人巡检综合考虑因素 表4.30-1

设备类型	巡视内容		新建交流变电站设计机器人巡检综合考虑因素	
			表计	预留道路
出线架构	金属导线		—	●
	绝缘子		—	●
	接头及线夹		—	●
变压器及电抗器	本体	油枕/储泊柜	●	●
		瓦斯继电器		●
		测温装置	●	●
		呼吸器	●	●
		外壳	—	●
		中性点		●
	套管	引线及接头	—	●
		油位	●	●
		瓷质部分	—	●
	冷却系统	冷却器	—	●
		风扇		●
		油流继电器	●	●
	分接开关	调压次数	●	●
		呼吸器	●	●

续表

设备类型		巡视内容	新建交流变电站设计机器人巡检综合考虑因素	
			表计	预留道路
全封闭组合电器	本体	外观	—	●
		气室压力	●	●
		位置指示器	●	●
		套管	—	●
		避雷器	●	●
	汇控柜	外观	—	●
		指示灯	●	●
		操作/联锁开关	●	—
断路器		引线及接头	—	
		套管及瓷瓶	—	
		分合指示	●	●
		油位/压力	●	●
		储能指示	●	●
隔离开关		瓷瓶	—	●
		动静触头	—	●
		刀臂	—	●
		引线及接头	—	●
		刀闸分合	—	●
		接地刀闸	—	●
开关柜		柜体	—	—
		电气表计	●	●
		压力表计	●	●
		操作/联锁开关	●	
		位置指示	●	●
		储能指示	●	●
互感器		引线及接头	—	●
		本体	—	●
		油位/压力	●	●
		呼吸器	●	●
避雷器		引线及接头	—	●
		本体	—	●
		在线测量装置	—	—
		计数器	●	●

续表

设备类型	巡视内容	新建交流变电站设计机器人巡检综合考虑因素	
		表计	预留道路
电容器	电容器本体	—	●
	仪表	●	●
	放电线圈	—	—
	引线及接头	—	●
干式电抗器	引线及接头	—	●
	本体	—	●
	支柱绝缘子	—	●
母线	本体	—	●
	T接及跨接	—	●
	软连接	—	●
	接地刀闸	—	●
耦合电容器	引线及接头	—	●
	外绝缘	—	●
	油位	●	●
阻波器	引线及接头	—	●
	本位	—	●
电力电缆	电缆接头	—	●
	线路本体(站内)	—	●
其他	穿墙套管	—	●
	绝缘子	—	●
	端子箱	—	●
	动力箱	—	●

③ 充电室选址要求及巡检通道要求

a. 充电室选址要求

（a）充电室选址应在设备区内主干道旁，预留 3m×9m 的空地区域。

（b）充电室区域下方宜无水管管道、电缆管线等。

（c）充电室区域要求地基无塌陷、松散、沉降。

（d）充电室选取位置避开母线正下方前后 5m 内。

（e）充电室位置不得选取在低洼区域，应排水方便，无积水、倒灌现象。

（f）充电室与机器人通信基站位置临近，中间无设备、防火墙等遮挡。

b. 巡检通道要求

为满足机器人运行要求，提高机器人巡检效率及准确性，延长机器人使用寿命，对机器人巡检通道提出以下要求：

（a）巡视通道设计原则是按照设备布局，以达到全覆盖要求和最佳检测效果为目的，以机器人稳定运行为要求。

（b）电气设备表计朝向巡检通道，机器人正对表计拍摄时的仰角小于30°且无遮挡。

（c）巡视通道宽度应≥1.2m，坡度应≤6°，单侧散水角度1%～2%。

（d）巡视通道的结构设计和修筑类型参照站内主干道路设计规范，宜采用C20及以上标准的混凝土道路或沥青道路。

c. 巡检通道磁轨道铺设

智能巡检机器人采用的导航方式为磁导航，需要沿机器人行走路线铺设磁轨道，为增加机器人的巡视范围，实现新增功能，需要在原有磁轨道布局的基础上增加磁轨道，磁轨道主要为防水封装磁条和薄 ABS 封装磁条两种。

防水封装磁条主要用于普通道路上磁轨道的铺设，采用切缝后掩埋的方式固定；ABS磁条用于电缆盖板上磁轨道铺设，采用打孔后"胀塞＋自攻丝"固定的固定方式。

④ 其他要求

充电室供电采用 AC220V、25A 独立电源，选用 $4m^2$、3 芯屏蔽铠装电缆。充电室电缆起端位于室内屏柜电源取电处，配置单独空开，末端预留电缆至充电室地基后方位置。

环境信息采集系统、机器人通信基站安装于主控楼楼顶，位置选取原则为与充电室相对应的最近的楼顶女儿墙附近，安装于女儿墙之内的安装平台规格为 50cm×100cm×40cm（高×长×宽），安装平台宜使用混凝土浇筑。

应预留机器人专用穿线管连通至主控楼内，可采用 $\phi25$ 镀锌钢管。

充电室外壳接入站内主接地网，将接地扁铁引出到充电室附近，宜紧靠充电室电缆处引出。

（3）实施总结

该系统以智能巡检机器人为核心，整合机器人技术、电力设备非接触检测技术、多传感器融合技术、模式识别技术、导航定位技术以及物联网技术等，能够实现变电站全天候、全方位、全自主智能巡检和监控，有效降低劳动强度，降低变电站运维成本，提高正常巡检作业和管理的自动化和智能化水平，为智能变电站和无人值守变电站提供新型的技术检测手段和全方位的安全保障，更快地推进变电站无人值守的进程。

智能巡检技术相对于传统人工巡检，节约了大量的人力，并提升了巡检效率和质量。采用智能巡检技术，机器人巡检路线设置充分结合变电站内主道路和电缆沟布置。1000kV特高压变电站如设置智能巡检，除智能巡检系统外，需较常规站增加巡检道路约 $700m^2$，但可大大减少人工成本，有效保证输电安全，社会经济效益巨大。

枣庄 1000kV 变电站从建成至今，经受了各种恶劣气候的考验，整体系统运行正常。

（提供单位：山东电力工程咨询院有限公司。编写人员：李颖瑾）

4.31 变电站（发电厂）电气设备带电水冲洗技术

4.31.1 技术发展概述

变电站（发电厂）内的各类电气一、二次设备，如主变压器及其附属设备、GIS 设备、开关柜设备、站用变压器、继电器、端子箱、配电屏（柜）、保护屏（柜）、控制屏（柜）、测控屏（柜）、公用设备屏（柜）等设备在长期的运行过程中不可避免地会吸附灰尘、油污、潮气、盐分、金属尘埃、炭渍等污染物，导致电气屏（柜）的触点、接线柱等处积存灰垢，影响电气屏（柜）内各组件的正常散热，造成绝缘老化、缩短设备使用寿命；电气屏（柜）内各组件更易吸潮，导致绝缘下降；直接造成电气屏（柜）内各组件接触不良；容易在电路板上形成短路或微电路，造成控制、测控设备信号丢失、失真；在潮湿条件下绝缘电阻降低，泄漏电流增大，易导致短路、电弧、散热不良及设备误动作等事故。

针对上述问题，采用带电水冲洗施工技术，保障变电站（发电厂）电气设备的安全稳定运行。

4.31.2　技术内容

本技术是采用全膜法水处理工艺将普通水净化成高电阻率的超纯水，利用多功能高压水冲洗装置将超纯水通过冲洗枪喷射形成高压水柱，接近带电设备时由束状转化为辐射状对设备进行带电冲洗。对带电设备的逐层冲洗作业可采用四枪交叉等多种组合冲洗法，以达到清洗效果。

4.31.3　技术指标

根据冲洗设备类型、现场布置、污秽类型及积污程度等现场实际情况，可选择合适的冲洗方法：（1）对大型设备采用四枪交叉组合多回冲洗；（2）中型设备用三枪交叉冲洗；（3）小型设备用双枪跟踪冲洗同时组合应用双枪跟踪两回冲洗。冲洗带电设备绝缘件时，冲洗水电阻率应达到 300kΩ·cm。

4.31.4　适用范围

适用于发电厂和变电站内各类一次设备、二次设备的水冲洗。

4.31.5　工程案例

1.220kV 河源站等 11 座变电站户外设备带电水冲洗工程。

2.500kV 东莞站等 45 座变电站一次设备带电清洗工程。

（1）工程概况

1）工程 1：220kV 河源站等 11 座变电站户外设备带电水冲洗工程，本站为全站带电运行站，以双母带旁母方式运行，包括 220kV 河源站、220kV 塔岭站、220kV 升平站、110kV 新塘站、110kV 骆湖站、110kV 双下站、110kV 东城站、110kV 仙塘站、110kV 高塘站、110kV 柳城站、110kV 明珠站共 11 座变电站户外设备带电水冲洗。该工程于 2013 年 10 月 10 日～2013 年 12 月 21 日完成。

应用情况：针对本工程，采用双枪跟踪多回冲洗、四枪交叉组合冲洗、三枪组合交叉冲洗、双枪组合两回冲；零事故、高效率、高质量完成河源站施工，合适的冲洗方法为零事故、高效率、高质量奠定基础。应用 220kV 变电设备带电水冲洗施工工法，在施工过程中及完成后均未出现污闪、火花、清污不干净等情况。该施工方法及施工流程事先策划，思路明确，方案可靠，施工进展顺利，实践效果良好，节约了成本 128600 元，经济效益显著。

2）工程 2：500kV 东莞站等 45 座变电站一次设备带电清洗工程，于 2017 年 1 月 9 日～2017 年 4 月 1 日完成。

应用情况：针对本工程，采用双枪跟踪多回冲洗，四枪交叉组合冲洗、三枪组合交叉冲洗、双枪组合两回冲；零事故、高效率、高质量完成带电清洗施工。未出现污闪、火花、清污不干净等情况，节约成本 251300 元，经济效益显著。

（2）技术应用

1）带电水冲洗作业特点与难点

① 带电水冲洗作业特点

a. 静电消除仪对被清洗设备进行静电消除，静电消除后采用防静电刷清扫并吸尘，再采用清洗技术对设备实施清洗施工，采用吸水纸回收污渍。

b. 在发电厂或变电站二次设备带电清洗施工中能快速切换清洗液柱形形态，自由转换雾状与柱状，适用范围广，操作安全可靠。

c. 针对带电清洗中运行设备与清洗液体温差问题，实现自动恒温。

d. 在 100m 范围内，能实现无阻碍远程遥控。

② 带电水冲洗作业难点

带电水冲洗施工时，需固定人员在设备操作平台处进行手动操作。现场使用对讲机通信联络，经常受冲洗设备运行噪声以及通信磁场影响，导致现场冲洗时出现指挥人员口令与平台操作人员反应不同步问题。

2）关键技术特点

① 纯水处理装置控制采用一键式操作系统，通过电脑程序控制整个制水流程和药洗流程，利用分布于全系统关键节点的传感器网络，获得水位、水流量、水压、水质、电导率以及各核心器件电压、电流、开合度等状态信息，精确控制参数。全膜法多级处理工艺，制水效率高，操作简便，纯水电阻率高。

② 对横向安装设备、竖向安装设备、上下层布置设备、设备结构紧凑、设备内部纵列结构的排列方式、污垢较厚设备、中度和重度污染设备、设备上的下按式按键各类设备明确了相关带电清洗操作方式方法。

③ 发电厂（变电站）二次带电清洗设备能够有效控制清洗液体由雾状转换为柱状，雾柱状形态的转换能更好适应被冲洗设备内不同二次元器件，有效解决国内外带电清洗设备单一清洗喷嘴与停机人工更换问题。

④ 自动恒温系统解决在不同运行设备、不同地区发电厂（变电站）二次设备实施带电清洗中由于运行设备与清洗液温差过大导致二次回路跳闸问题。

⑤ 将目前使用的手动面板类操作带电水冲洗施工技术，优化为具备手自一体化控制系统，提高施工智能化，操作更加简单灵活。

⑥ 一体化操作代替人工的操作方法，使带电水冲洗设备施工操作更加简单、方便、高效、专业化、程序化，减少人为因素造成的不同步，提高工作效率。

3）施工工艺和过程

① 施工工艺流程（图 4.31-1、图 4.31-2）

② 工艺过程

a. 对横向安装设备先下再中后上，逐层逐级清洗、回收污物；

b. 竖向安装设备先左再右后中，逐层逐级清洗、回收污物；

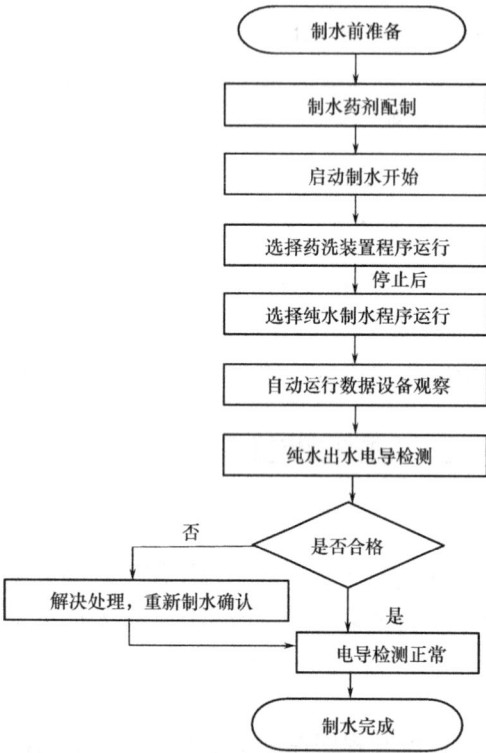

图 4.31-1 纯水处理流程图

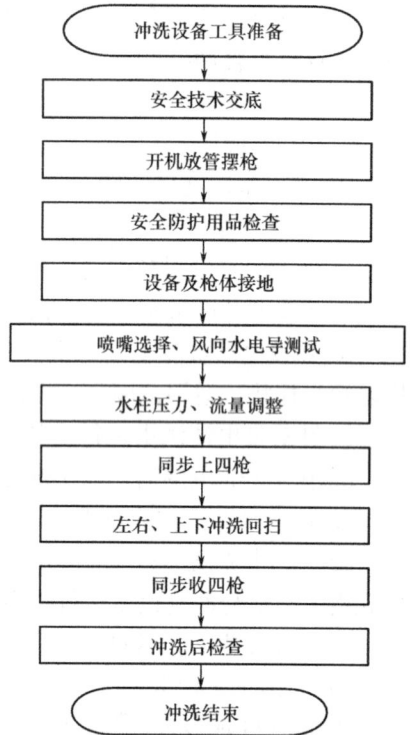

图 4.31-2 冲洗处理流程图

c. 上下层布置的设备应由下至上，逐层逐级清洗、回收污物；

d. 设备结构紧凑、板间缝隙 3～5mm 者，将专用喷枪射流调整为针流或束流，使射流深入设备板间进行双向侧面喷洗；

e. 针对设备内部纵列结构的排列方式，采用双喷枪自设备的左右两侧同步双向喷洗；

f. 污垢较厚时，先用雾状清洗使污垢相互绝缘，再以柱状法彻底清洗；

g. 对于中度和重度污染的情况，按照先下后上的顺序，并放置多层回收纸加强污物的回收，避免污物往下层堆积；

h. 对于设备上的下按式按键、继电器严格按照射流环绕式清洗，对于设备上的扳动式开关严格按照开关扳手当前位置方向清洗，防止误投误退开关。

③ 施工注意事项

a. 设备已按要求可靠接地，保护屏、通信屏等精密电子设备屏柜上的工作还应有有效的防静电措施；

b. 清洗工具不得与带电部位直接接触，保持足够安全距离；

c. 冲洗过程中严格防止操作不当造成元件、接线脱落或短路；

d. 清洗设备时，凡遇到异常情况，应立即停止工作，保持现状，及时通知值班员。待查明原因，问题解决后方可继续工作。

e. 回收的污物和材料集中收置，清洗工作完成后统一带出现场集中处理。

f. 实施带电清洗禁止在雷雨天气进行，其绝缘清洗不小于 $500k\Omega\cdot cm$。

4）操作要点

① 超纯水处理配制

a. 确定水源清澈满足制水需求，水含盐量≤500PPm，pH 值 4～9，进水水温 5～45℃。

b. 连接源水进水管，源水要求压力为 0.1～0.35MPa，流量不小于 200L/min；连接浓水排放管，将其排到合适的排水处。

c. 将电缆卷盘电缆连接到外接电源开关出线端，并连接好 N 线，所接电源容量不小于 63A。

d. 药剂箱药剂满足制水需求量，在线注射式药剂有阻垢剂、絮凝剂和 pH 值调节剂，独立清洗式药剂有清洗剂 410、清洗剂 420 和清洗剂 430，药剂重新配置配比为 400：1。

e. 打开控制箱面板上的电源开关，进入电脑程序控制系统界面。制水过程中可"预处理制水模块""反渗透制水模块""EDI 制水模块"和"药洗流程模块"相互切换。

f. 观察设备运行数据（进水水压 0.25～0.35MPa），运行电阻（1 ～18.0M$\Omega\cdot cm$）。观察清洗药剂、阻垢剂装置运行情况。

g. 检测超纯水电导率合格后用超纯水把冲洗装置超纯水箱内部清洗干净。

② 带电水冲洗作业

a. 操作准备

（a）了解确认运行变电站设备运行状态，继电保护的投入情况，设备绝缘是否良好，是否有严重漏油或裂纹的设备，是否有零值或低值的绝缘子等，设备端子箱是否密封良好，不符合冲洗条件的不能进行带电水冲洗。

（b）对照现场设备布局确定有效冲洗方法。

（c）办理工作票等进站作业手续，检查作业工器具是否齐全，所有作业人员进行安全技术交底。

（d）准备好备用发电机及备用水枪，并能随时启动，以防冲洗过程中突然断电或水泵发生故障而不能及时灭弧。

（e）测量风速风向及空气湿度等，确定冲洗设备顺序。

（f）对冲洗装置本体、冲洗水枪进行可靠有效的接地。

（g）将冲洗装置发动机启动，处于怠速状态；放水管、将细水管与手持式水枪连接好，选择合适的水枪嘴连接。

（h）穿防水衣及绝缘鞋、戴绝缘手套及面罩式安全帽。

b. 操作要点

（a）水泵操作试水，水枪对地面，将压力调节手轮顺时针转至极位，启动水泵观察水柱情况，测量水枪出口处的水电阻率，合格并做好记录。

（b）调整水泵压强，使水柱射程远且水流密集；开水泵时紧握水枪，枪口向下。

（c）同步上枪，逐层、逐片缓慢向上冲洗。向上缓慢冲洗至二分之一处时应回扫，回扫要迅速，要旋转摆动，不留死区死角。

（d）回扫完毕迅速回至原二分之一处，逐层、逐片缓慢向上冲洗，再回扫以此类推。

（e）冲洗时要同步，注意冲洗设备状况，适时调整冲洗角度及水压大小。

（f）设备冲洗时先下风侧、后上风侧。

（g）冲洗变压器时，先冲洗低压侧套管，冲洗干净后方可冲洗中压侧、高压侧套管，冲洗时注意对低压侧套管进行回扫，接着冲下风侧的套管，三相套管优先冲洗不易溅湿到其他相的套管，中性点套管为最后冲洗。

（h）水平安装的设备应先带电侧，后接地侧并注意冲洗角度。

（i）对于上下层布置的设备先冲下层，后冲上层，并注意冲洗角度，垂直冲洗角度小于 45°，水平冲洗角度大于 45°。

（j）垂直安装的设备自下而上冲洗，水平安装的设备应自导线向接地侧冲洗，倾斜安装的设备，与地面夹角大于 45°时，其冲洗方法与垂直安装的设备相同；与地面夹角小于 45°时，其冲洗方法与水平安装的设备相同。

（k）冲洗双串绝缘子或隔离开关的并立式绝缘子时，应同步、交替冲洗（悬式绝缘子逐片、并柱式绝缘子为每节 1/4）。

（l）冲洗悬垂绝缘子串、瓷横担、耐张绝缘子串时，从导线侧向接地侧依次冲洗。冲洗支柱绝缘子及绝缘瓷套时，从下向上冲洗。

（m）冲洗悬式绝缘子时，上下水枪应避开空中垂吊的导线。对上下层布置的悬式绝缘子，要先冲下层，后冲上层，冲上层时将流到下层的污水及时扫断。

（n）冲洗布置较高的设备时，如 220 kV 断路器上半部分，管母支柱绝缘子、穿墙套管等设备，一般采用中水或大水冲，冲洗时注意多次回扫，水枪与被冲洗设备的垂直冲洗角度要小于 45°。

（o）金属氧化物类冲洗时注意避开两节连接铁件的缝隙。

（p）冲洗一个瓷柱后同时下枪，按相同方法冲洗其他相。未冲完一个瓷柱时，严禁下枪。

c. 冲洗对象操作要求

冲洗操作方法　　　　　　　　　　　表 4.31-1

作业类别	轻度污染变电站	中度污染变电站	重度污染变电站
参考污秽等级	Ⅰ级	Ⅱ级	Ⅲ级
典型污秽特征	附近无明显污染源，且积尘较少	附近无严重污染源，且积尘较少	靠近海边或化工、燃煤等污染源，或有严重积尘
220kV 断路器	一冲两回，双枪多回或多枪多回冲洗，绝缘支柱冲洗干净后才冲断口瓷柱	一冲三回双枪多回或多枪多回冲洗，绝缘支柱冲洗干净后才冲断口瓷柱	一冲多回，双枪多回或多枪多回冲洗，绝缘支柱冲洗干净后才冲断口瓷柱
220kV 隔离开关	一冲两回，双枪多回或多枪多回冲洗(有并立式支柱绝缘子的必须四枪交叉冲洗)	一冲三回，双枪多回或多枪多回冲洗(有并立式支柱绝缘子的必须四枪交叉冲洗)	一冲多回，四枪交叉组合冲洗
220kV CVT、OY	一冲两回，四枪组合交叉冲洗	一冲三回，四枪组合交叉冲洗	一冲多回，四枪组合交叉冲洗

作业类别	轻度污染变电站	中度污染变电站	重度污染变电站
220kV PT、CT	一冲三回,四枪组合交叉冲洗	一冲多回,四枪组合交叉冲洗	一冲多回,四枪组合 交叉冲洗
220kV 悬式绝缘子、管母支柱绝缘子	一冲两回,双枪大水或中水冲洗	一冲三回,双枪大水或中水冲洗	一冲两回,双枪大水或中水冲洗
220kV 支柱绝缘子	一冲两回,双枪大水或多枪多回冲洗	一冲三回,双枪大水或多枪多回冲洗	一冲两回,双枪大水或多枪多回冲洗
220kV 主变压器	多枪交叉同时配合冲洗,220kV 套管用中水冲	多枪交叉同时配合冲洗,220kV 套管中水冲	多枪交叉同时配合冲洗,220kV 套管用中水冲
220kV 穿墙套管	一冲两回,双枪多回或多枪多回冲洗	一冲三回,双枪多回或多枪多回冲洗	一冲多回,双枪多回或多枪多回冲洗
220kV 金属氧化物避雷器	一冲两回,四枪组合冲洗	一冲三回,四枪组合冲洗	一冲多回,四枪组合冲洗
110kV 断路器	一冲两回,四枪组合交叉冲洗、双枪多回或多枪多回冲洗	一冲三回,四枪组合交叉冲洗、双枪多回或多枪多回冲洗	一冲多回,四枪组合交叉冲洗、双枪多回或多枪多回冲洗
110kV 隔离开关	一冲两回,双枪多回或多枪多回冲洗	一冲三回,双枪多回或多枪多回冲洗	一冲多回,双枪多回或多枪多回冲洗
110kV CVT、OY	一冲两回,双枪多回或多枪多回冲洗	一冲三回,双枪多回或多枪多回冲洗	一冲多回,双枪多回或多枪多回冲洗
110kV PT、CT	一冲两回,双枪多回或多枪多回冲洗	一冲三回,双枪多回或多枪多回冲洗	一冲多回,双枪多回或多枪多回冲洗
110kV 悬式绝缘子、管母支柱绝缘子	一冲两回,双枪大水或中水冲洗	一冲三回,双枪大水或中水冲洗	一冲多回,双枪大水或中水冲洗
110kV 支柱绝缘子	一冲两回,双枪多回或多枪多回冲洗	一冲三回,双枪多回或多枪多回冲洗	一冲多回,双枪多回或多枪多回冲洗
110kV 主变压器	多枪交叉同时配合冲洗	多枪交叉同时配合冲洗	多枪交叉同时配合冲洗
110kV 穿墙套管	一冲两回,双枪大水或中水冲洗	一冲两回,双枪大水或中水冲洗	一冲两回,双枪大水或中水冲洗
110kV 金属氧化物避雷器	一冲两回,四枪组合冲洗	一冲三回,四枪组合冲洗	一冲多回,四枪组合冲洗

5)冲洗效果

为了评价水冲洗效果,在水冲洗前、后分别进行变电站内外绝缘设备紫外检测,紫外线(UV)增益设置为70%,UV 阈值设置为0。以避雷器为例,带电水冲洗前后的外绝缘紫外测试结果对比情况如图4.31-3、图4.31-4 所示。表4.31-2 所示为线路间隔气体绝缘开关设备(GIS)套管、避雷器、电容式电压互感器(CVT)带电水冲洗前后的设备周围紫外测试结果。

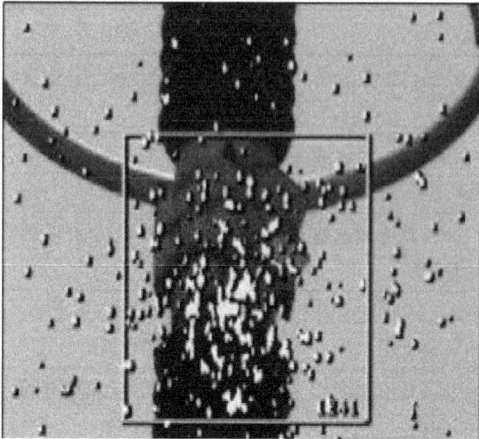

图 4.31-3　水冲洗前的紫外图谱

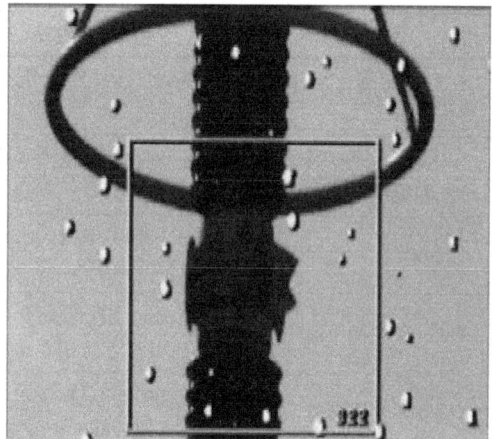

图 4.31-4　水冲洗后的紫外图谱

设备带电水冲洗前后的周围紫外测试结果　　　　　　　表 4.31-2

被冲洗设备名称	紫外光子数	
	水冲洗前	水冲洗后
设备间隔断路器	611	86
避雷器	1241	322
电容式电压互感器	608	7

6）材料与设备

① 装置设备

a. 超纯水处理装置

制水处理装置包括增压泵、$10\mu m$ 和 $5\mu m$ 精密过滤器、超精密过滤器、保安过滤器、一级增压泵、R_0 一级反渗透系统、中间水箱、二级增压泵、R_0 二级反渗透系统、中间水箱、EDI 源水泵、EDI、纯水箱、清洗系统、PLC 自动控制系统等设备，以及有关的设备、PVC-U 管道、阀门、自动化控制仪表等。水处理装置机理图及超纯水处理装置如图 4.31-5、图 4.31-6 所示，水处理装置主要技术参数见表 4.31-3。

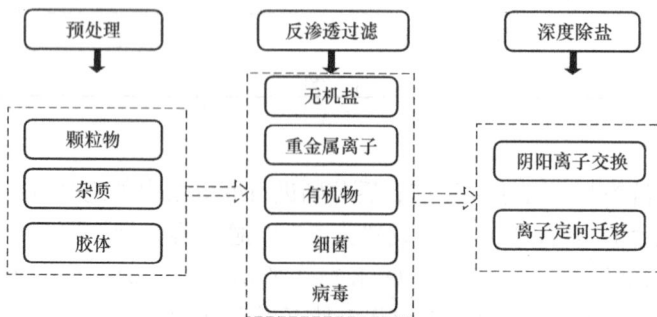

图 4.31-5　水处理装置机理图

图 4.31-6 超纯水处理装置

水处理装置主要技术参数 表 4.31-3

序号	项目	单位	参数
1	额定电压	V	380/220
2	额定功率	kW	25
3	水处理能力(25℃时)	t/h	4.5～5.5
4	出水率(25℃时)	%	50～55
5	出水电阻率	MΩ·cm	1～17
6	进水压力	MPa	0.25～0.35
7	进水温度	℃	5～45
8	进水水质	ppm	含盐量≤500ppm、pH 范围 4～9、浊度<5、硬度≤17mg/L
9	重量	kg	6500
10	外形尺寸(长×宽×高)	mm	5650×2250×2100

b. 带电水冲洗装置

冲洗装置由超纯水存储箱、高压泵室、水输送管路、开关阀门,水冲洗喷头、电控系统及其配套的工具间、安全监控组成。带电水冲洗装置技术图解及装置图如图 4.31-7、图 4.31-8 所示,其主要性能参数和主要设备工具表见表 4.31-4、表 4.31-5。

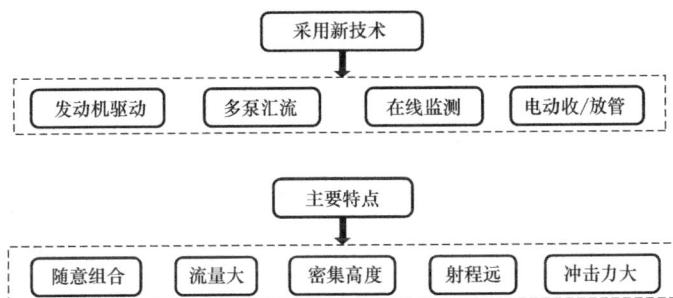

图 4.31-7 带电水冲洗装置技术图解

图 4.31-8　带电水冲洗装置图

带电水冲洗装置主要性能参数　　　　　　　　　　　　表 4.31-4

序号	项目	单位	性能参数
1	额定电压	V	380/220
2	额定功率	kW	60
3	最大流量	L/min	330
4	最大压力	MPa	90
5	水柱泄漏电流	uA	≤500
6	枪嘴出口电阻率	MΩ·cm	0.5
7	水枪和水管数量	把	$4(\phi19×30m+\phi16×20m)$
8	喷嘴规格	mm	2.5、3、4、5、6、8、9、10、12
9	缓冲储水量	kg	5000
10	重量(无储水量)	kg	5000
11	外形尺寸(长×宽×高)	mm	5500×2350×2600

主要设备工具表　　　　　　　　　　　　表 4.31-5

序号	工器具名称	规格型号	单位	数量	用途
1	红外远程遥控	F24-12S	台	2	远程遥控
2	风向测试仪	FB-2A	台	2	风向测试
3	温湿度测试仪	台湾 TES	台	2	温湿度测试
4	电导测试笔	SX650	台	2	电导测试
5	自动收放装置	普通	套	6	水管、电源线收放
6	万用表	F115C	台	2	回路测试
7	数字型钳表	bm528	台	2	设备测试
8	高压软水管	特制	m	300	冲洗使用

序号	工器具名称	规格型号	单位	数量	用途
9	长背式水枪	特制	套	8	冲洗使用
10	长形喷嘴	铜制 3—12 号	个	30	冲洗使用
11	水位显示器	SK22C	个	2	水位测试

② 试验工具及相关材料（表 4.31-6）

主要工具材料数量表　　　　　　　　　　　　表 4.31-6

序号	名称	规格/编号	单位	数量	备注
1	安全围栏、警示牌		批	1	
2	面罩式安全帽	普通	顶	20	冲洗使用
3	绝缘衣	YH	件	20	冲洗使用
4	绝缘鞋	35KVJYX004	双	20	冲洗使用
5	绝缘手套	35KVJYST001	双	20	冲洗使用
6	工具箱		套	1	
7	安全带		套	5	
8	发电车	500kW	辆	1	
9	对讲机	摩托罗拉	台	6	
10	其他附件		批	1	

7）质量保证措施

① 冲洗后从被冲洗设备上流下的水为清水时，可认为该设备已冲洗干净。

② 冲洗后的瓷件或玻璃绝缘子表面光洁明亮，无残留污迹、污垢（难除的污秽，如化工、水泥等污秽除外），无污水滴落。

③ 对布置位置较低，具备较佳冲洗角度的设备，应保证瓷套上下表面洁净，无遗留冲洗死区或死角；对于设备高度较高、受冲洗角度影响的设备，一般应至少保证下表面冲洗洁净。

④ 设备冲洗前进行泄漏值、严密度等相关检测及数据分析；冲洗时注意监视，防止设备发生闪络事故。

⑤ 冲洗时加强被冲洗设备监视，发现异常立即停止冲洗。

8）安全管理措施

① 带电水冲洗作业人员经专门培训，持证上岗。熟悉 DL 408 及导则，并经考试合格后才可进行操作。

② 每次水冲洗前，应将导水管内余水放尽。水箱或备水桶要有密封盖，防止进入灰尘等脏物，降低水电阻率。对于长水枪水冲杆，每次水冲洗后，要将绝缘杆表面水珠或灰尘用干净毛巾擦干净，并及时干燥处理，使其保持良好的绝缘强度。

带电水冲洗用水的电阻率一般不低于 $1 \times 10^5 \Omega \cdot cm$，每次冲洗前用合格的水阻表测量水电阻率，在水柱出口处取水样进行测量。

③ 冲洗人员要穿绝缘靴、戴绝缘手套、安全帽，穿防水服装；水箱、水泵、喷嘴、盛水容器可靠接地，带电水冲洗的变电设备接地线与地网相连，水枪外表装设绝缘护套。

④ 绝缘子水冲洗过程中，始终保持水柱长度，防止水枪触碰带电导线造成事故。

⑤ 对有裂纹、渗油、密封不严的端子箱与接线盒、操作机构、压力释放器、瓦斯继电器等相关设备严禁冲洗。

⑥ 冲洗前要确认设备绝缘是否良好，有零值及低值的绝缘子及瓷质有裂纹时，一般不可冲洗。

⑦ 水冲洗喷嘴直径不同，其喷口与带电体间的安全距离也相应改变，安全距离一般为 110kV≥1.5m，220kV≥2.1m。

⑧ 同一变电站内，不宜同时冲洗一组设备两相，也不得使水柱跨接两相，以防短路。

⑨ 风力大，空气湿度高和阴雨天气以及水与绝缘子的温差大时，都不宜进行带电水冲洗作业。

9）环保措施

① 冲洗用水排入城市地下排水系统之前，要设置沉淀池和栅栏，并采取必要的净化措施。

② 在施工中，如发现其他特需情况，应停工并采取保护措施，及时通知业主方，经恢复后施工。

③ 汽车出入口均设置冲洗槽，用水枪将外出的汽车、车轮泥污等冲洗干净后，方可让车辆出门。

④ 施工作业尽量安排在白天进行；减少噪声对周围居民的干扰。加强车辆的维修和保养，保证机械设备的正常运转。机械运输车辆在站区慢速行驶，不鸣喇叭。

⑤ 施工完毕后及时清理施工现场，杂物和包装物品集中存放、及时运走，做到工完料尽场地清，恢复地貌。

（3）实施总结

变电站（发电厂）电气设备带电水冲洗技术可将各类电气设备装置组合、远程红外遥控（点对点）以及电器元器件组合成一套可远程进行电动控制系统，实现对带电水冲洗施工监测，对比传统机械式操作方式更加简单，同期可提升四分之一工作效率，并可减少四分之一班组人员投入，工效高；同时，解决国内大型变电站停电除污造成大面积停电的难题，安全、经济和实效性高。冲洗技术新颖，技术原理结构、工艺先进，具有良好的推广应用价值。

（提供单位：中国能源建设集团广东火电工程有限公司。编写人员：邱建锋、王凯）

4.32 吊桥封闭式跨越高铁架线施工技术

4.32.1 技术发展概述

电网建设工程中，线路跨越施工分为有跨越架封网跨越和无跨越架封网跨越。其中，有跨越架封网跨越可利用脚手架式跨越架（可利用钢管、毛竹、杉篙等材料搭设）、金属格构立柱式跨越架等完成封网跨越；无跨越架封网跨越可利用铁塔横担、在跨越塔设置临时横梁、利用特殊地形或安装自立式跨越塔完成封网跨越。

采用毛竹、杉篙、钢管等搭设脚手架式跨越架，受材料和结构的限制，架体的整体强度、承载力相对较低，安装过程主要由工人在高空作业完成，跨越效率低，安全风险较大。金属格构立柱式跨越架依靠拉线稳定，由于拉线设置受场地地上物、地形地貌、被跨设施安全运行距离等条件限制，因此，跨越架高度较高，安装难度和安全风险较大，且存在因拉线失效而发生倾倒的安全风险。而无跨越架封网跨越对档距、被跨物高度、地形要求较高，应用条件特殊，应用范围相对较小。

封网一般采用软质封网，具有重量轻、安装方便、成本低、异常工况下对被跨越物影响小等优点，但受材质的限制，存在强度低、易磨损、耐久性差等不足，且事故工况下抵抗冲击能力难以准确计算。个别施工单位创新地采用硬质材料进行封网，如旋转臂跨越装置，提升了承载力和抗冲击能力，但受技术参数（跨距、高度、跨越交叉角等）限制，难以大范围推广应用。

当前，跨越施工与被跨设施安全运行的矛盾日益突出。传统跨越施工方案难以适应新要求，亟待提升跨越施工的技术与装备水平。

4.32.2 技术内容

（1）技术特点

跨越架线施工中，普通的钢管跨越架及毛竹跨越架工作时间长、安全风险大，特别是特殊跨越（高速铁路、电气化铁路、高速公路、重要输电通道等）其跨越高、跨度大、封网时间短，对跨越施工要求更高。本技术是针对输电线路特殊跨越，利用跨越架体和大臂封网系统，通过提升系统提供动力和辅助控制，将两侧大臂提升、倒伏平移、接触连接，在被跨设施上方形成吊桥式封闭系统，安全、高效地完成跨越封网和架线施工，如图4.32-1所示。

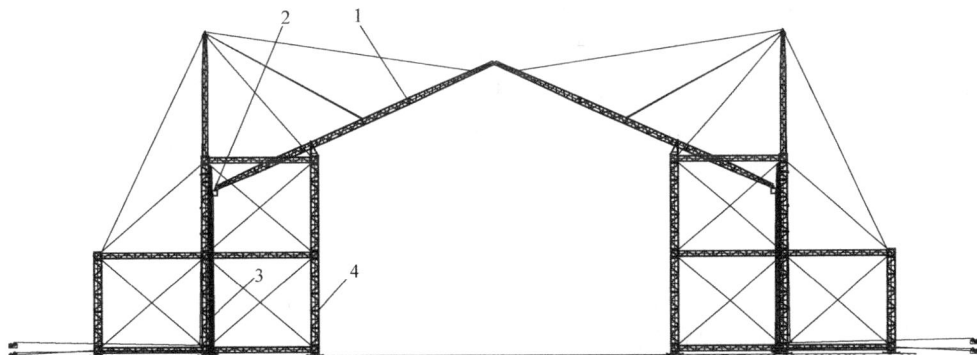

图 4.32-1 吊桥式跨越架结构示意图
1—封网系统；2—提升动力系统；3—导轨系统；4—架体系统

1）组装形式多样，可根据被跨设施类型、参数灵活选用，满足不同地形、跨距和高度的要求。

2）架体采用标准节组成格构式架体，承载能力强，安全系数高；架体结构合理、牢固，自稳定性好，无需设置外拉线。

3）架体和封网形成三角形稳定结构，防护效果好，抗断线冲击能力强。桅杆及其横梁组成 U 形凹槽结构，提升风偏防护效果。

4）架体采用自提升装置组装，摆脱了对吊车的依赖，适应各种地形需要。在满足安全距离的前提下，可最大限度地靠近被跨设施搭设，提高安全防护效果。

5）封网和拆卸过程实现全过程机械化，封拆网作业快速、安全，无需安装人员高空作业，降低安全风险。

6）通过限位器、安全绳、防坠落等安全设施为施工过程提供全方位安全保护。

7）架体采用抱杆标准节或建筑塔吊标准节搭设而成，能够充分利用行业现有设备和社会资源。

（2）施工工艺流程（图 4.32-2）

4.32.3 技术指标

高空作业量小，封网时间＜30min，较传统跨越方法有了较大提升，使全天候作业成为可能。抗风能力达"25m/s＋高速列车叠加风力"，有效应对大风天气。

4.32.4 适用范围

适用于输电线路的特殊跨越（高速铁路、电气化铁路、高速公路、重要输电通道等）工程。

4.32.5 工程案例

1. 榆横-潍坊 1000kV 特高压交流输电线路工程

（1）工程概况

榆横-潍坊 1000kV 特高压交流输变电工程线路工程（09 标）施工起于山西省晋中市平遥县北长寿村 1000kV 晋中变电站，左回路大号侧终点 5L088 号塔、右回路大号侧终点 5R088 号塔。线路长度 45.685km（折双），其中双回路 5S001 号～5S050 号段 24.811km，左回路 5L050 号～5L089 号段 20.892km，右回路 5R050 号～5R089 号段 20.856km。

图 4.32-2 施工工艺流程图

本标段新建杆塔 126 基。其中双回路直线塔 37 基，双回路耐张塔 13 基；单回路直线塔 58 基，耐张塔 16 基，单回路耐张换位塔 2 基。地形状况平地占 28.24%，丘陵占 15.21%，山地占 41.66%，高山大岭占 14.89%，地形以山地为主，交叉跨越多。

导线：晋中变电站进线档及 5S001～5S002 号段采用 8×JLK/G1A-725（900）/40 型疏绞型钢芯铝绞线，其余单、双回路导线均采用 8×JL1/G1A-630/45 型钢芯铝绞线，分裂间距 400mm。

地线：本标段全线架设两根 OPGW 复合光缆，双回路段两根地线均采用 OPGW-185，进线档其他地线采用 JLB20A-185；单回路段每个回路一根地线采用 OPGW-170，另一地线及双变单其他地线采用 JLB20A-170。OPGW 架设在每个单回路的左侧地线支架上。

跳线：双回路耐张塔跳线采用 8×JLK/G1A-725（900）/40 型疏绞型钢芯铝绞线，单

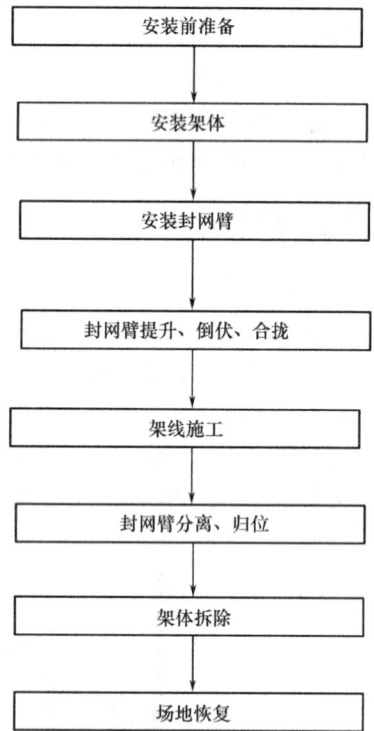

回路跳线采用 8×JL1/G1A-630/45 型钢芯铝绞线。

工期要求：榆横-潍坊 1000kV 特高压交流输变电工程线路工程（09 标）2015 年 08 月 10 日开始基础施工，于 2016 年 4 月完成基础分部工程；2016 年 4 月开始组塔施工，2016 年 8 月开始放线施工，竣工日期为 7 月 2 日，总工期为 693d。

（2）技术应用

1）跨越高铁施工难点

近年来电力网和铁路网发展迅速，特高压输电线路跨越铁路越来越频繁，特别是在跨越高铁过程中，跨越窗口时间短、安全风险高等问题日益突出，成了特高压输电线路工程建设管理中的重点与难点。

2）关键技术特点

吊桥式跨越架通过提升系统提供动力和辅助控制，将铁路两侧大臂进行提升、倒伏合拢，形成拱顶形稳定结构，对铁路设施形成封闭保护。

此次应用的吊桥式跨越封网系统跨距 52m，搭设高度 40m，遮护宽度 16m，主要系统由架体系统、导轨系统、液压提升系统和大臂封网系统四部分组成。

3）施工工艺和过程

① 工艺流程方框图（图 4.32-2）

② 工艺过程

a. 施工准备

（a）技术准备

编制详细的跨越架施工方案，由安全、质量、技术人员对全体施工人员进行安全、质量、技术交底，保证安装方案和安全、质量措施的落实。

（b）人员准备（表 4.32-1）

施工队人员配置表 表 4.32-1

序号	岗位	人数		职责
		技工	普工	
1	现场指挥	1		负责指挥现场施工,包括现场人员分工和调配
2	现场技术负责人	4		负责监督施工现场施工方案执行和技术指导
3	地面安全监护人	8		负责跨越两侧塔下、两侧跨越点地面施工安全监护
4	高空安全监护人	4		负责高空作业安全监护
5	测工	4		质量、牵引绳绳弧垂等监控
6	绞磨操作	4	12	负责牵引系统全部工作
7	高空作业	8	12	铁塔上工作
8	外部协调	2		负责跨越施工过程中外部协调
9	合计	35	24	

（c）机具、安全防护用品准备

组织施工、技术、安全、质量各部门，根据安装方案和人员组织情况配置安装机具及安全防护用品，安装中用到的起重滑车、拉线、钢丝绳套等必须进行力学实验。

（d）材料准备

对标准节（抱杆）、底座、横梁、拉线拉板、绝缘杆等材料进行清点，现场的各种材料、构件进行外观（弯曲、变形）、数量（是否缺件）、规格、质量等检查。

b. 吊桥式跨越架架体安装

（a）吊车就位

a）吊车的就位应能适于整个架体的吊装，保证有足够的吊车吊臂伸缩位置。

b）吊车工作位置的地基稳固，支撑点选择在坚硬的土层上，邻近带电必须设置接地线，接地线规格符合要求。

（b）架体安装

a）场地平整及架体定位

对搭设场地进行平整夯实，清理杂物，用水准仪操平，坡度不大于5‰。场地平整、夯实后，在跨越架落地位置铺设钢板或枕木。地耐力<8t/m² 时，应施工临时基础。采用吊车从下往上逐段搭设，架体安装完成后，其结构尺寸应满足表4.32-2要求。

跨越架体尺寸误差要求　　　　　　　　表 4.32-2

序号	名称	最大误差值	备注
1	架体立柱纵向间距	±50mm	
2	架体立柱横向间距	±50mm	
3	架体高差	±50mm	
4	两侧架体顶面高差	±200mm	
5	跨越距离	±500mm	

b）底层横梁组装

采用吊车在跨越架落地位置将底座拼装完成后，将六方体与底座采用 M20 螺栓连接。根据图纸要求，将六方体与异形箱体采用 M20 螺栓连接，或直接与底部横梁相连接（图 4.32-3）。当跨越架底端组装完成后，装设接地线。

图 4.32-3　跨越架底座结构

c) 主柱吊装

采用吊车将主柱两点绑扎竖直起吊，主柱拼接到六方箱体后，采用 M20 螺栓固定连接（图 4.32-4）。

d) 提升横梁

横梁起吊前在地面将中段、上段横梁与六箱体采用 M20 螺栓连接，因横梁长度较长，起吊时需绑扎杉篙做必要的补强；使用吊车起吊，将横梁与六箱体连接段对接至主柱上方，采用 M20 螺栓连接，完成横梁安装。一层横担吊装就位起吊第二层横担，当起吊高度超过第一层横梁时，通过地面控制绳将横梁与六方箱体安装就位。注意：为避免与导轨接触影响导轨运行，安装时将架体前端侧面横梁（靠近铁路侧）适当外移，与立柱外侧通过异形六方箱体连接（图 4.32-5、图 4.32-6）。

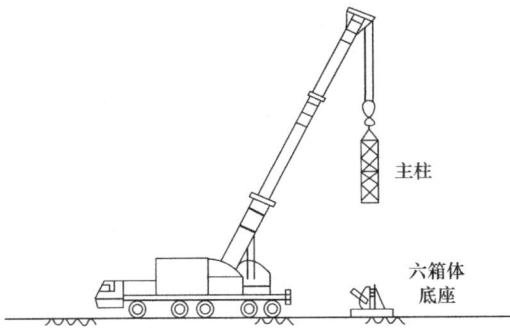

图 4.32-4 吊车吊装图

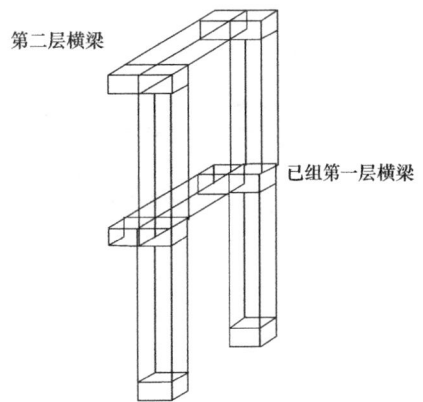

图 4.32-5 后移横梁安装示意图

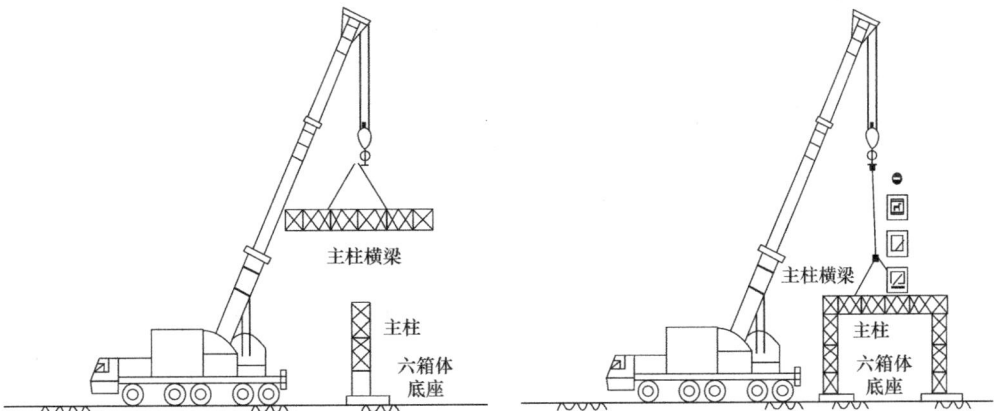

图 4.32-6 横梁吊装示意图

e) 提升桅杆

架体组立完成后用相同方式将桅杆组立，桅杆组立后在地面组装 14m 桅杆横梁，两端起吊至距桅杆顶端 4m 处连接。连接横梁中心与桅杆根部的斜支撑。安装横梁上水平、斜滚轮。

桅杆组立后打设反向拉线组成反向控制系统，在提升大臂时作为反向控制绳用。架体组立后打设外拉线，拉线采用 GJ-70，通过 UT 线夹调整拉线松紧，用 6t 手扳葫芦与 10t 地锚

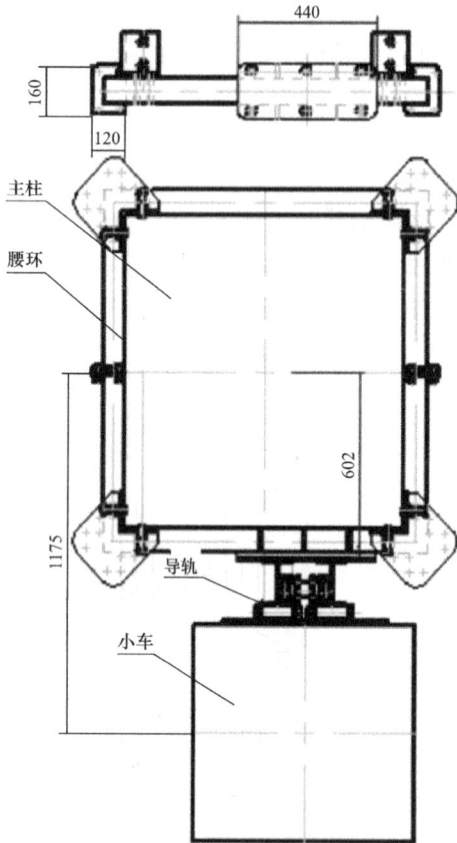

图 4.32-7　导轨与腰环连接示意图

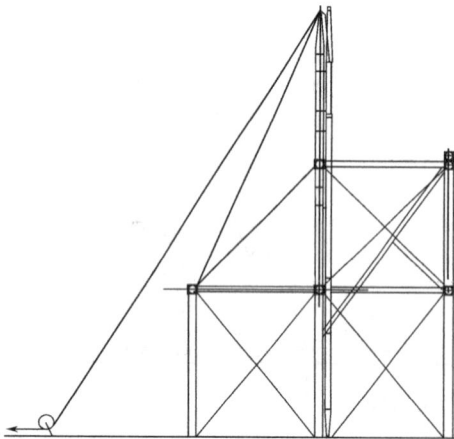

图 4.32-8　大臂安装完成示意图

连接，地锚埋深 2.0m，拉线角度不大于 45°。

c. 提升系统安装

（a）垂直导轨安装

在主柱上套装固定腰环，腰环每隔 3m 安装一个，选用 150mm×100mm 双工字钢间距 300mm 作为垂直提升导轨，并与腰环相连（图 4.32-7）。

导轨安装时紧贴主柱面，通过侧位法兰与腰环连接。导轨全长 13.4m，每侧重约 1400kg，之间用螺栓连接固定。

（b）斜导轨安装

为保证大臂伸出后能够顺利倒伏，采用斜导轨作为引导转向用。斜导轨规格选用 150mm×100mm 双工字钢间距 700mm，全长 13.4m，重约 900kg。提升时一端采用反向拉线控制绳通过桅杆滑车与斜导轨一端连接孔相连。

提升到位后在垂直导轨 13m 处斜导轨下端与杆段连接，上端与六方箱体连接件连接、中心与架体斜支承连接（安装时，导向小车放在其中）。

d. 封网系统安装

（a）大臂安装

大臂采用 50t 吊车安装，将待提升大臂 3m 锥段与 4.6m 杆段在地面通过法兰连接，完成 34m 大臂组装，分两段吊装。大臂杆段连接 $\phi 13$ 迪尼玛绳，便于控制大臂就位安装。通过 50t 吊车将大臂提升高过架体主柱，缓慢放入架体内侧，下降至支座后，将下锥段与铰接支座和小车连接。连接导向小车（法兰侧位连接孔与导向连接），连接斜导轨滚轮。安装中间保护绳。大臂组立后与绝缘段连接，并在每隔 2m 处连接绝缘撑杆。提升完成（图 4.32-8）。

（b）提升系统安装

a）提升绳索走线

大臂提升完毕，将提升钢丝绳一端锁止在垂直轨道上端的挂点处，提升绳从挂点位置经过提升小车上排双滑车，向上走到垂直轨道上端转向滑车后，向下再通过底座处的转向滑车进入液压绞车滚筒，通过液压绞车滚筒缠绕后，进入底座的转向滑车，之后走到提升小车的下排双滑车，最后锁固在底座上。

整个提升钢丝绳是一套循环走绳，通过液压绞车转动，可对提升小车进行上升和下降双向运动（图 4.32-9）。

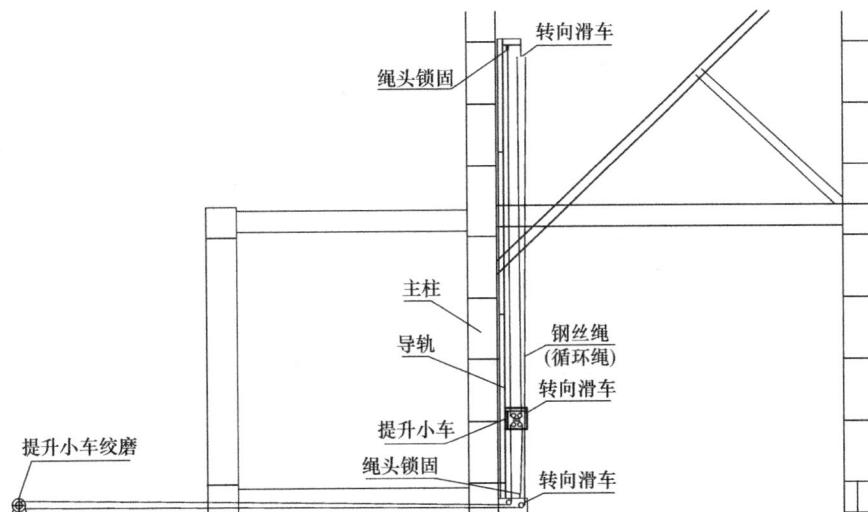

图 4.32-9 提升绳索走线示意图

b）保护绳索走线

保护绳索用于在封网大臂起伏和回收过程中，对大臂进行保护。再提升（回收）大臂时，保护绳随大臂的运动送出（收紧）。

保护绳索一端挂在大臂中间挂点处，再进入桅杆顶端悬挂的转向滑车，到达大臂顶端的转向滑车后，进入桅杆顶的滑车组，再向下通过地面转向滑车后，进入机动绞磨（或液压绞车）。

具体走绳关系为：大臂中间挂点-桅杆顶端滑车-大臂顶端滑车-桅杆滑车组-地面转向滑车-绞磨（图 4.32-10）。

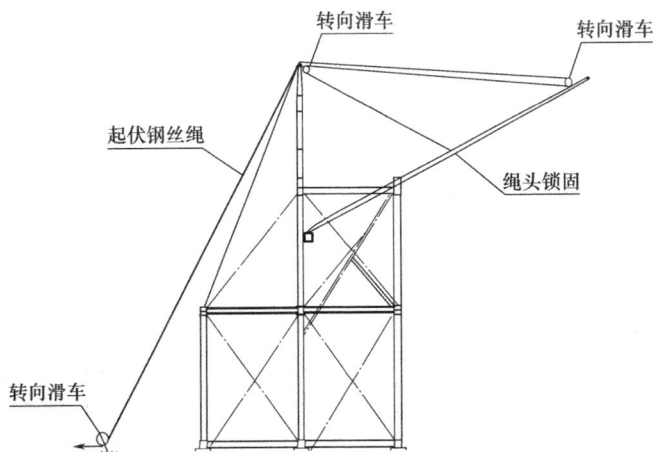

图 4.32-10 保护绳索走线示意图

e. 吊桥式跨越设施封网施工

（a）大臂提升

两侧大臂安装及提升系统、保护绳索布置完毕后，检查起重滑车、拉线、钢丝绳套、地锚等受力工具以及绞车、绞磨状态。确保无误后，从大臂底端的提升小车开始提升大臂，大臂提升应两侧架体同步进行。大臂提升 0.5m 时，两侧停机检查各受力点是否正常，有无磨绳、卡住等现象。

a）大臂刚提升时，大臂中间的固定导向小车会向上顶住斜轨道上侧的三角挡板，导向小车沿着三角挡板向外运动，带动大臂向外倒伏（图 4.32-11）。

b）随着大臂提升，大臂逐渐倒伏，大臂的自重会将导向小车落至斜轨上，大臂一边提升，导向小车一边在斜轨上运动，保证大臂倒伏速度匀速进行，反向平衡拉线绞磨同步放绳，放绳速度快于提升速度，便于大臂顺利倒伏，平均放绳速度控制为提升速度的 1.5 倍，提升时现场指挥人员密切注视大臂倒伏速度，倒伏过快时需打紧反向平衡拉线，如遇特殊情况及时停止施工。

c）随着提升，大臂搭到主柱的支撑板上，轨道小车开始脱离斜轨道。大臂沿着支撑板送出，直到倒伏结束（图 4.32-12）。

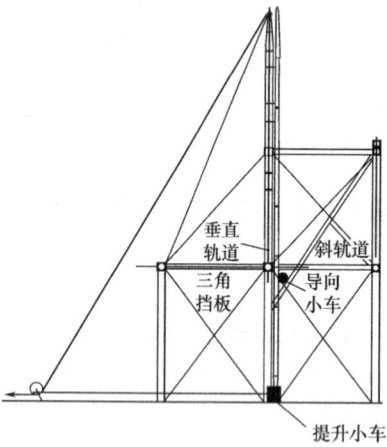

图 4.32-11　大臂开始提升示意图

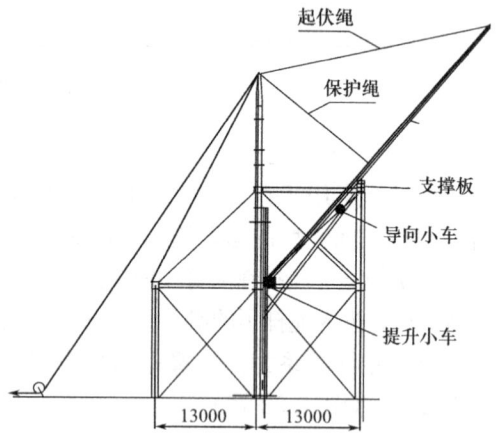

图 4.32-12　大臂接触支撑板示意图

（b）大臂合拢

a）两侧大臂倒伏到对接头接触时，对接两侧大臂。大臂对接先保证两侧顶端圆筒先接触，再适当倒伏大臂，待两侧对接头的钢指分别压住对面的圆筒后，合拢完成。合拢时，应保证大臂顶端的对接位置对应，对接头的钢指交叉搭接到大臂的钢管上。合拢完成后保证大臂与水平夹角为 22.7°（图 4.32-13、图 4.32-14）。

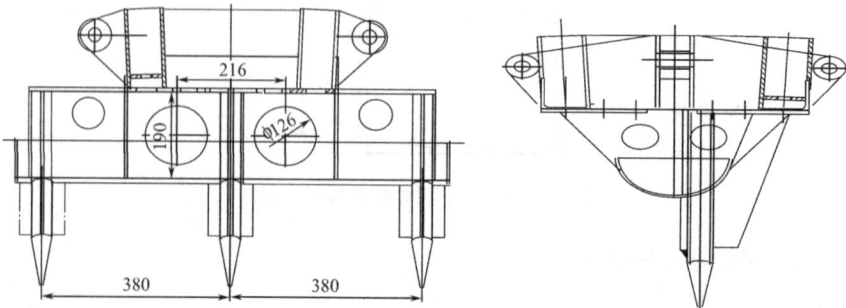

图 4.32-13　对接位置结构示意图

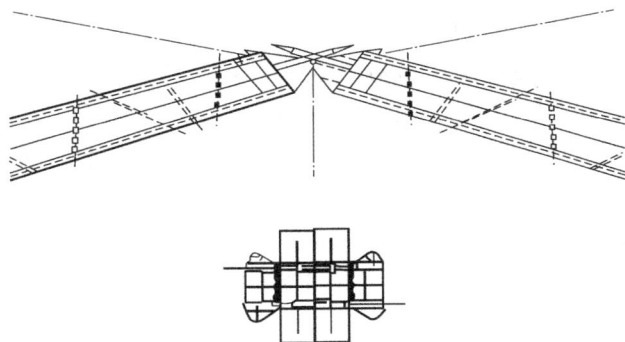

图 4.32-14 大臂合拢示意图

b）大臂合拢完成后，停止牵引，铰接处小车与前横梁连接处用螺栓紧固，提升小车与导轨和架体法兰锁死，打紧保护绳，固定卷扬机防止跑绳，完成封网（图4.32-15）。

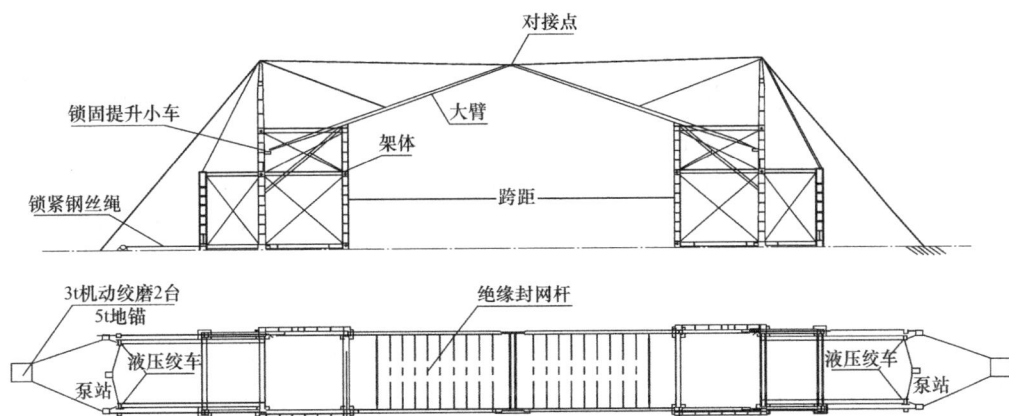

图 4.32-15 跨越架封网完成示意图

f. 封网系统拆除

（a）卸下前横梁与大臂支承装配螺丝。拆开提升小车与垂直导轨的连接，增加活动配重。

（b）启动液压绞车（提升小车放绳）；同步反向拉线机动绞磨（大臂顶端保护拉线）开始收绳，提升小车带着大臂下降，收回大臂至垂直位置。

（c）卸下大臂中间保护绳、调整绳。用绞磨拉绳固定大臂杆段，拆开铰接支座及大臂杆段法兰连接，卸下下部大臂杆段及铰接支座。

（d）提升小车上升与上部大臂法兰连接，小车同时带动大臂下降，拆开杆段法兰连接，依次拆除杆段与封网，最后拆除大臂横梁。

（e）拆除起吊绳、反向控制拉线。

（f）拆除桅杆上水平斜滚轮，拆除横梁上下斜支承。

（g）卸去桅杆及横梁，卸去桅杆顶部拉线。

（h）拆除各内拉线，依次拆除桅杆、横梁、立柱等。

（i）拆除地基拉线，拆除地基板螺栓，拆除完毕。

4）安全保护措施

① 架体安装过程中，必须安装拉线、平台、护栏和防护装备。

② 封网施工应在良好的天气进行，遇到雨天、相对湿度＞85％或 5 级及以上大风天气时，停止作业。遇暴雨、强风天气应对跨越网检查，必要时给予加固。

③ 跨越架跨越底到轨顶距离按国家标准执行，最小垂直距离 14m。

④ 跨越装置立柱临时对地拉线角度大于 45°，小于 60°。架体安装完成后及时拆掉临时拉线。

⑤ 施工过程中保持通信设备完好，通信畅通。

⑥ 封网系统使用前确认各处螺栓按规程紧固到位。

（3）实施总结

采用吊桥式封网系统，封网过程无需人员高空作业，全程采用机械化施工，不仅降低了施工风险，而且提高了施工效率，封网对接及回收控制在 30min 内，解决了现场跨越铁路时间安排难题。

2. 阜新-鹤乡 500kV 送电线路新建工程

（1）工程概况

阜新-鹤乡 500kV 送电线路工程（拉拉屯-后胡段）起点为黑山县拉拉屯，止于盘山县后胡村。途径锦州市黑山县镇安乡、段家乡，北镇市高山子镇、柳家乡，盘锦市盘山县高升镇，沿线均为平地。线路全长 50.49km，共有 124 基铁塔，其中转角塔 22 基，直线塔 102 基。基础形式有掏挖基础、开挖基础、人工挖孔桩基础和灌注桩基础，混凝土共 13231m³。线路按同塔双回路设计，共有 8 种塔形，分别为 SZ1、SZ2、SZ3、SZK、SJ1、SJ2、SJ3、SJ4。导线型号为 4×JL/G1A-500/45 钢芯铝绞线，地线一根采用 GJ-100 镀锌钢绞线，另一根为 OPGW 光缆。

线路沿线地势起伏不大，交通较为便利，可利用道路有阜营高速、京哈高速公路、丹锡高速公路、102 国道、210 省道、705 县道等。

被跨越 220kV 青黑线位于本标段 35 号～43 号放线区段内，放线区段长度为 3.517km，交叉跨越点位于 36 号～37 号档内，档距 417m。本放线区段张力场设置在 35 号塔下，牵引场设置在 43 号大号侧，放线张力为 18kN。放线区段内共有铁塔 9 基，其中直线塔 7 基，耐张塔 2 基。

（2）技术应用

1）关键技术特点

① 放线通过性验算：按照以上尺寸搭设跨越架，架顶高度为 34m，桅杆横梁高度为 35m。放线滑车高挂，挂具 1.5m。展放阜鹤线下相导线时，正常放线时控制张力为 2t，走板通过跨越档时，放线张力控制为 2.2t，跨越点处导线距离架体高度见表 4.32-3。在 2.2t 张力工况下，导线距离封网大臂最高点为 6.3m，考虑 1.2m 走板平衡锤长以及 2m 导线上下浮动，满足放线安全要求。

② 大臂回收通过性验算：导线展放完成后，跨越架封网大臂回收过程最高点为 39.5m，不考虑大臂横梁在顶端下方 0.5m 的情况。验证通过性时取 40m，则放线完成后适当紧线至导线张力为 2.4t，导线与距离大臂为 0.9m，大臂回收过程不会碰触上方导线。

③ 临近电力线吊装安全距离：临近电力线路进行吊装作业时，必须确保吊件及吊臂与带电线路导线的安全距离，应在作业现场划定安全警戒线，设专人全过程监护吊装作

业，严禁越线作业。对吊件设置控制绳，防止吊件在起吊过程中大幅摆动，防止吊件越过安全警戒线，控制绳采用绝缘绳。

④ 防拉线上扬措施：针对跨越点处夏季风速较大问题，拟对跨越架体背部增加稳定拉线，拉线采用钢绞线。如需在靠近 220kV 线路侧的架体设置拉线，则需对拉线使用绝缘绳拢住两端，防止拉线突然弹起碰触导线。

⑤ 搭设跨越架前，必须严格按照方案进行现场测量放样。对跨越架底座严格操平，每个架体 6 个底座的高差不得超过 5mm，以避免高差过大给上部架体组装造成困难。严格控制跨越架距离带电线路边导线的距离以及四个架体之间的相对位置。确保封网保护宽度中心线与导地线投影中心重合，确保大臂顺利合拢。

⑥ 跨越架架体采用 25t 吊车组装，确保吊车臂倾倒半径不会碰到 220kV 导线。上方桅杆及大臂吊装采用 70t 吊车吊装，吊车顺新建线路方向，排放在跨越架体远离带电线路侧，保证其吊臂倾倒半径不碰导线。

2）施工工艺和过程

① 工艺流程方框图（图 4.32-16）

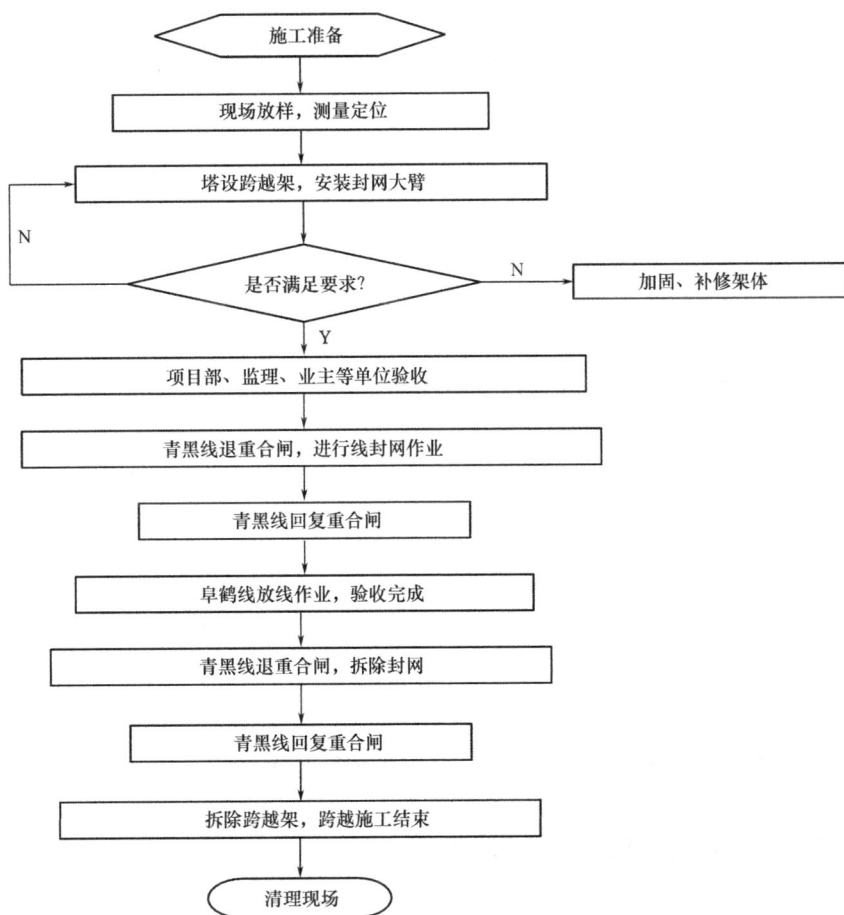

图 4.32-16 工艺流程图

② 工艺过程

经计算，吊桥式封网跨越架技术参数详见表 4.32-3。

吊桥式封网跨越架技术参数表 表 4.32-3

名称	参数
跨越架架体型式	H 型格构式
跨越架高(m)	23
封网宽度(m)	12
两跨越架体距离(m)	41.1
桅杆高度(m)	14
封网大臂与地平面交叉角(°)	25.8°
单侧封网大臂长度(m)	37
单侧封网大臂重量(kg)	6100
单侧封网大臂横梁重量(kg)	875
单侧封网杆重量(kg)	286
最大允许垂直冲击载荷(kN)	46.3
可承受最大风速(m/s)	35
提升小车额定速度(m/min)	3
工作温度(℃)	—20～40

（3）实施总结

1）通过此次跨越应用，验证了吊桥式跨越装置作为跨越新技术之一，完全实现了拟定的设计功能和目标，架体系统稳定可靠，抗冲击性能好；封网系统机械化程度高，封网效率高；整套系统对重要设施的保护效果好，有效提升"三跨"施工的安全水平，符合全过程机械化施工的发展方向，具备大范围推广应用的条件。

2）通过此次跨越应用，全面收集了跨越新技术应用施工的过程资料（包括施工人员、机具、材料、效率、占地等数据），为后续深入开展定额标准研究创造了良好条件。

（提供单位：国家电网有限公司交流建设分公司。编写人员：吴昊亭）

4.33 分体集控智能张力放线技术

4.33.1 技术发展概述

架空输电线路张力放线技术自 20 世纪 80 年代由国外引入国内应用。随着国内电网电压等级的不断提升，所需施工装备随之发生了很大的变化。同时随着国内机械零部件加工及配套产业的不断完善，张力放线用牵张设备的国产化已经实现了进口替代。牵张设备已向液压传动自动化控制等方式转变。受输变电工程建设专业限制，目前牵张设备制造与放线技术社会关注度偏低，仍采用单人单机作业方式，信息化、智能化程度低，现场作业人员条件艰苦，安全协同性不高。现有技术已不能满足特高压电网多分裂大截面导线展放需求。基于以上现实，开发了集控智能张力放线施工技术。

4.33.2　技术内容

集控智能张力放线施工技术充分借鉴现有液压插装阀技术、CAN 总线通信技术以及微处理器技术，采用模块化、分体化设计思路，将现有的张力机组进行重新解构组合，形成了动力中心、集控操作室和执行单元、尾架单元四个组成部分，实现了分体结构布局、集成控制、机电液一体化联动、标准化模块多功能组合。单元化设计制造、模块化组装的分体式结构系统，降低了单机重量，实现功能组合多样性。其中动力中心是将原来单台机械的发动机全部加以整合，归并为一台大功率发动机，通过分动箱挂接多路液压泵组。实现向各执行单元输送液压动力；执行单元、尾架单元根据线路的实际需要进行模块化配置以满足施工具体要求，执行单元对于现场的地形具有更强的适应性。多台执行单元可一字形、扇形、前后交错布场排列，特殊地形条件下甚至可高低错落布置。设置独立式集控室，将各种指令操作按键、旋钮集中布置，改善作业人员工作环境，实现单人远程控制成套机组、单人集控多机技术，实现了操作同步。执行单元张力轮槽底直径和最大放线张力输出均能满足目前所有导线的展放要求。动力中心和集控操作室通过以可编程控制器和CAN 总线为核心构建起来的智能化系统为工作平台，实现了最大输出组数达到 8 组的张力控制输出，因此可以在最多展放八分裂导线的展放时实现集中控制。根据主液压回路组成特点，该系统也可作为牵张一体机使用，同时实现单牵、双牵、四牵或一组牵引、一组张力展放的操作功能，打破现有牵张设备典型配置形式，有效降低现场小型和中型牵引机以及操作手配置数量。根据现场施工需要满足双分裂、4 分裂、6 分裂和 8 分裂导线线束的同步展放，或者各级初级导引绳的展放准备工作。

4.33.3　技术指标

（1）用于张力工况时：

单相最大持续张力：$T_{max}=90kN$；最大持续速度：$V_{max}=5km/h$；八相最大持续张力：$T_{max}=8\times90kN=720kN$；最大持续速度：$V_{max}=5km/h$。

（2）用于牵引工况时：

单组执行单元最大牵引力（并轮）：$F_{max}=2\times80kN=160kN$；单轮最大牵引力：$F_{max}=80kN$；对应牵引速度：$V=5.0km/h$。

（3）张力轮直径：$D=1850mm$，6 槽/轮；可适用导线的最大直径：$d\leqslant(D+100)/40=49(mm)$。

（4）特殊性能：

1）张力轮可主动正反转，实现牵引一体工况。

2）在张力工况时，张力可任意设定，张力值可直观显示。

3）张力轮制动可靠，具有机械和液压双重制动，在发动机及液压系统出现故障时，可实现自动刹车。

4）牵引工况时，牵引速度可无级调节。

5）执行单元两张力轮既可单独牵放工作，又可并轮牵放线工作。

6）尾架可给导线提供一定的张力，其张力值可按要求进行调节。同时在牵引工况时，可提供一定的牵引力，将导线缠绕在导线盘上。

4.33.4 适用范围

适用于特高压、超高压交直流输电线路工程多分裂大截面导线的集中展放、大跨越用导线大张力展放、旧线换新线施工。

4.33.5 工程案例

1. 山西晋北-江苏南京±800kV 特高压直流输电线路工程

（1）工程概况

山西晋北-江苏南京±800kV 特高压直流输电线路工程起点为山西省朔州市晋北换流站，终点为江苏省淮安市南京换流站。线路航空距离 965km，路径全长约 1106.6km（包含黄河大跨越段 2.832km）；线路曲折系数 1.14。本标段起自阎庄东北（冀鲁省界），止于山东省济宁市金乡县何楼西，线路路径长度 184.916km，其中一般段线路长度为 182.083km，黄河大跨越段长度为 2.832km。全线直线塔 289 基，耐张塔 78 基，合计 367 基。黄河大跨越采用耐-直-直-耐的跨越方式，跨越耐张段长度为 2832m。

杆塔采用自立式铁塔，基础为直柱板式基础、插入式基础、大板基础、钻孔灌注桩基础等形式。导线型号：一般段采用 6×JL1/G3A-1250/70 钢芯铝绞线，黄河大跨越段采用 4×JLHA1/G4A-900/240 特强钢芯高强铝合金绞线。本标段线路处于平原地区，沿线有 G35 济菏（广）高速公路、日东高速公路、G220 国道、G327 国道，S260、S259 等 10 条省道，以及多条县道及乡村公路可供利用，线路塔位大多位于田地中。

（2）技术应用

1）项目技术难点

本工程采用 6 分裂 1250 型大截面导线同步展放：常规放线工艺至少配置 3 台轮径 1850 型一张二张力机、3 台 25t 大型牵引机、3 台 8t 牵引机、3 台 4t 张力机共 12 名操作人员。3 台张力机的同步操作需要 3 人配合，有难度。3 台张力机体积重量偏大，占用农田面积大，进场布场有一定难度。操作人员夹杂在设备之间，机器轰鸣，信号传递交流困难，既对人身造成危害，也有操作风险。

2）关键技术特点

采用 1 套独立研发的张力放线系统（本次挂接 3 组张力放线执行单元），配合 3 台大型牵引机和 3 台小型张力机流水循环作业，减少 3 台中型牵引机，不过度占用施工器具。集控智能张力放线系统全过程参与导引绳全程不落地展放方式，首先在牵引模式下作业，对各类导引绳、牵引绳进行卷绕，最后在张力模式下作业，同步张力展放 6 分裂导线。采用该模式作业，减少了现场辅助牵引设备配备数量，简化了场地布置，减少了耕地占用和民事纠纷，极大地改善了现场作业人员工作环境。

3）施工工艺和过程

① 工艺流程方框图（图 4.33-1）

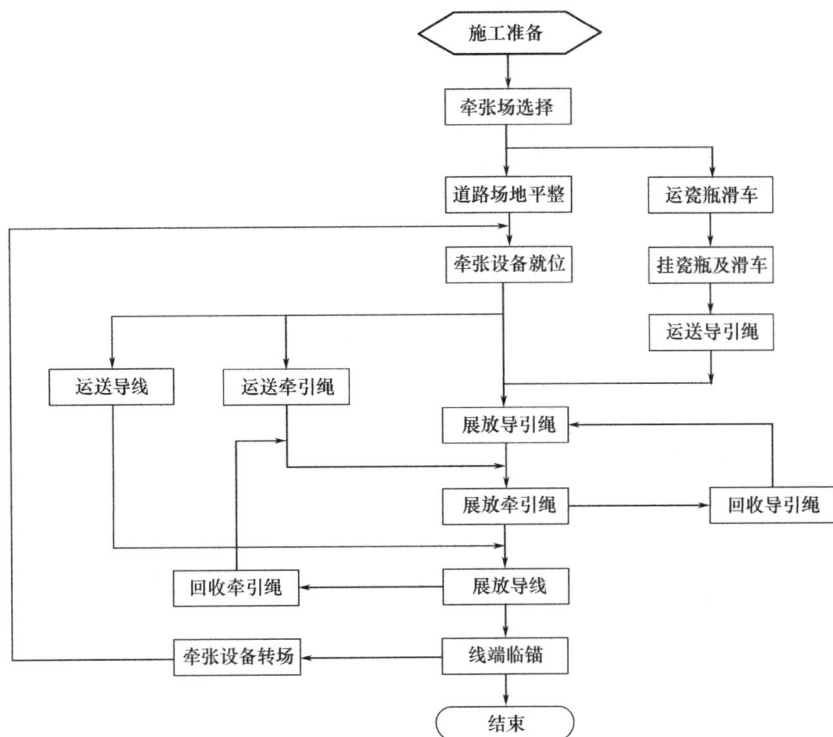

图 4.33-1　工艺流程图

② 工艺过程

a. 施工准备

（a）施工技术准备：收集施工图纸、合同文件、施工规范和标准等技术资料。熟悉图纸和有关技术规范。编制施工方案和材料需用计划。对施工班组进行施工技术交底，并签发施工任务单。

（b）作业人员的准备：编制劳动力需用计划，对施工人员进行技术培训。

（c）机具资源准备：详见表 4.33-1。

工器具配置表　　　　　　　　　　　　　　表 4.33-1

序号	名称	规格	单位	数量	备注
1	牵引机	250kN	台	3	
2	八线张力放线系统	2×90kN	套	1	
3	小张力机	40kN	台	3	
4	三轮滑车	轮径 1160mm	个	660	按 2×2.5 个区段准备
5	钢丝绳套	4×ϕ24×6m	根	220	
6	滑车挂架	30t	付	220	
7	吊车	25t	台	4	

续表

序号	名称	规格	单位	数量	备注
8	线盘专用吊具		付	8	
9	二线走板	110kN	个	10	
10	导线卡线器	90kN	个	300	
11	牵引绳卡线器	□25	个	24	
12	导引绳卡线器	□15	个	48	
13	牵引绳	□25	盘	60	
14	导引绳	□15	盘	80	
15	迪尼玛绳	$\phi12$	根	24	
16	迪尼玛绳	$\phi4$、$\phi8$	km	8	
17	旋转连接器	25t	个	22	
18	旋转连接器	8t	个	24	
19	抗弯连接器	25t	个	300	
20	抗弯连接器	8t	个	12	
21	抗弯连接器	5t	个	370	
22	抗弯旋转连接器	8t	个	8	
23	接地滑车	铝制	个	10	
24	接地滑车	钢制	个	16	
25	钢丝绳网套	单头套	根	48	1250mm² 导线用
26	铝合金手扳葫芦	9t		48	附件用
27	铁手扳葫芦	9t	个	80	锚设备用
28	锚线	GJ-150×6m	套	160	两头钢锚、包胶
29	锚线	GJ-150×20m	套	16	两头钢锚、包胶
30	临锚绳	GJ-120×100m	根	48	同时作为耐张塔临时拉线
31	地锚	15t	个	206	配地锚套子及U形环
32	地锚	10t	个	80	配地锚套子及U形环
33	地锚	5t	个	150	配地锚套子及U形环
34	U形环	20t	个	420	
35	U形环	10t	个	944	
36	U形环	5t	个	200	
37	电台	25W	台	10	
38	报话机	8W	台	200	

b. 牵张场布置与进场

（a）牵张场布置原则

牵张设备一般布置在线路中心线上。牵张设备进出口与邻塔悬点的高差角不宜超过15°，水平偏角不大于7°。钢丝绳卷车与牵引机的距离和方位、线轴架与张力机的距离和方位符合机械说明书要求，其中导线轴架与张力机导向轮进线口的距离不小于15m。尾绳、尾线不磨线轴或牵引绳卷筒。下一施工段导线线轴堆放位置不应影响本段放线作业。锚线地锚坑位置尽可能接近弧垂最低点。牵引场、张力场必须接地。尽量减少青苗损失，保护环境。

（b）张力放线系统布场与联接方式

集成控制室布置在远离设备且观测视野最佳的区域，执行单元和尾架按照顺序一字排开，动力中心根据地形可以布置在执行单元群一侧，也可在执行单元群的中间微靠后或微靠前的位置，以和导线不干涉，同时便于与各尾架组联接为宜（图4.33-2、图4.33-3）。动力中心配置液压支腿，便于将柴油机调整至水平位置。液压尾架布置在执行单元后侧，为尽可能减小尾架和执行单元导线轮之间的夹角，可将液压尾架呈扇形分步，或前后错开布置。每个执行单元和动力中心至少应联接7根管路，分别是4个主管路，2个制动管路，1个回油管路；每个执行单元和动力中心联接1根信号线缆。动力中心和集成控制室通过两根电缆联接，1根是CAN总线电缆，1根是动力电缆。

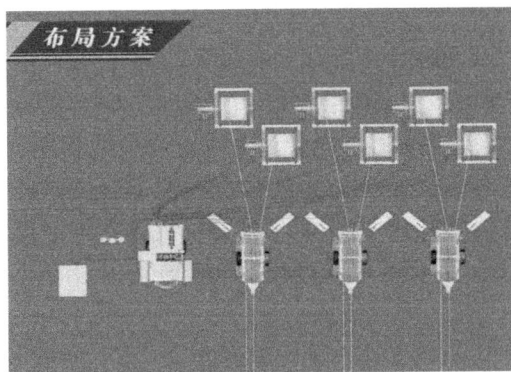

图4.33-2　放线系统布局示意图（1）

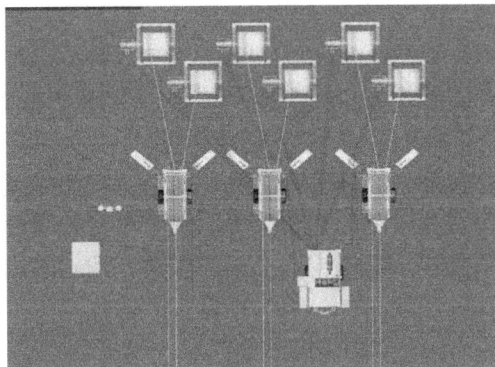

图4.33-3　放线系统布局示意图（2）

导线在执行单元的缠绕方式见图4.33-4。执行单元上设置了4个锚点，现场可以根据实际使用情况，采用后侧2个锚点进行锚固，或者使用全部4个锚点进行锚固，若线路放线张力较大，应使用全部4个锚点进行锚固。

c. 放线施工程序及要求

（a）导引绳展放

由于本线路所处为经济相对发达地区，沿途跨越复杂，因此从最初级导引绳展放即采用不落地方式。基本流程为：使用飞行器分段展放φ4迪尼玛绳，放通后落于中间3轮滑车中。利用φ4迪尼玛绳使用人力牵引φ8迪尼玛绳，φ8迪尼玛绳人力牵引φ12迪尼玛绳，再将φ12迪尼玛绳缠绕到放线系统执行单元上，机械牵引φ15防扭导引绳。

a）飞行器展放初级导引绳

放线前的准备工作：完成放线区段内所有跨越物跨越架的搭设和放线滑车的悬挂。放

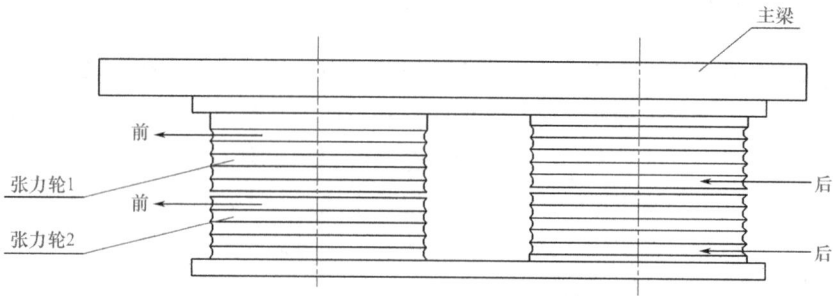

图 4.33-4　导线缠绕方式示意图

线滑车的边门选择可以活动的，便于展放后的尼龙绳放入滑车。每基需放线的铁塔悬挂红旗，作为导航标记。转角、耐张塔在地线支架两侧设置竹木并成羊角形布置，羊角伸出地线支架部分长度以 2m 以上为宜，防止放线过程中引绳滑出塔外。

飞行器展放迪尼玛绳：每区段使用飞行器展放 4 根初级导引绳，其中用于地线 1 根，OPGW 光缆 1 根，后续导线展放 2 根。有地线一侧，首先展放导线用的引绳，待其归位后再展放地线用引绳，以防止同侧两根引绳打绞。飞行器施放迪尼玛绳，每根绳长度在 1km 左右，穿过滑车连接迪尼玛绳并应保持一定张力，防止迪尼玛绳落地。

b）其余各级导引绳展放

将各段 $\phi4$ 迪尼玛绳安放于 $\phi1160$ 型 3 轮滑车中间槽中并连通，利用 $\phi4$ 迪尼玛绳使用人力牵引 $\phi8$ 迪尼玛绳。$\phi8$ 迪尼玛绳上张力执行单元，机械牵引 $\phi12$ 迪尼玛绳，继续机械牵引单根 □15 导引绳到位。此时在牵引场 3 台小张位置前挂接改装的 3 线走板，利用前期架通的 □15 导引绳，用 1 牵 3 方式低张力牵引 3 根 □15 导引绳到张力场。将其中两根 □15 导引绳采用高空作业分绳至相邻两放线滑车的中轮槽内，此时张力场放线系统一直作为牵引机组使用。□15 导引绳之间的连接使用 5t 抗弯连接器，$\phi12$ 迪尼玛绳与 □15 导引绳之间的连接使用 5t 旋转连接器。

（b）牵引绳展放

分别将 3 根 □15 导引绳缠绕到 3 组张力执行单元上，利用 3 牵 3 同步作业方式牵引 3 根 □25 牵引绳到张力场，此时张力放线系统仍然作为牵引机组使用。导引绳与牵引绳用 13t 旋转连接器相连，牵引前在执行单元前面挂上接地滑车。

当第一盘牵引绳剩 6～10 圈时通知张力放线系统停止牵引，牵引绳锚住后，将剩余绳头倒下，更换新盘，用 25t 抗弯连接器连接两绳头，将余绳缠绕在新线盘上。拆除临锚后继续牵引，当牵引绳牵到张力场后，分别在牵张场将牵引绳锚固于导线地锚上。导引绳与牵引绳的连接方式如图 4.33-5 所示。

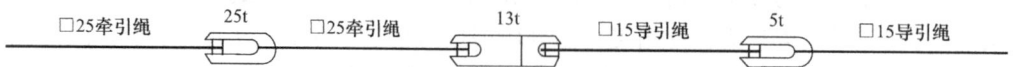

图 4.33-5　导引绳与牵引绳联接示意图

（c）导线展放

a）导线展放采用同极导线 3×（1 牵 2）同步展放方式，由 3 台大型牵引机和一套张力放线系统完成。同极各组导线到达牵引场的时间差不应超过 0.5h，并将相同档距内的放线弧垂保持基本相同。

b）1 牵 2 展放导线，以□25 防扭钢丝绳作为牵引绳。牵引绳与导线间通过 250kN 两线走板连接。导线与牵引绳的连接方式见图 4.33-6。

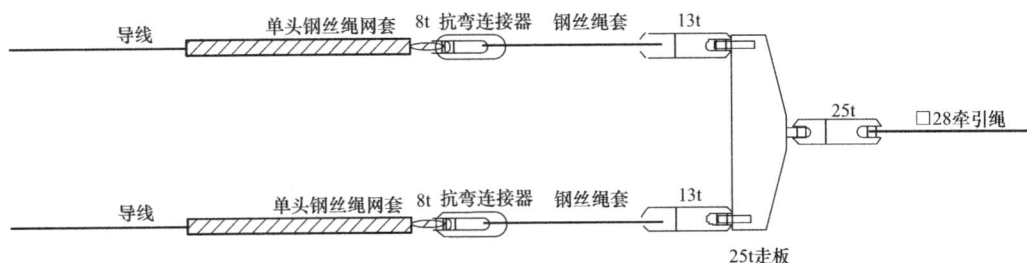

图 4.33-6　导线连接方式示意图

导线通过 120kN 网绳套（牵引头）连接 8t 抗弯连接器，抗弯连接器连接 ϕ19.5 钢丝绳套，后连接 13t 旋转连接器，再连接二线走板。网套连接器夹持长度≥1800mm，导线端头处理成坡面梯阶且端头应在铜管保护套范围内（尽量靠前），防止割伤网套。网套末端用铁丝绑扎，绑扎不得少于 20 圈。

c）在牵引场将同极 3 根牵引绳按规定分别引入对应的牵引机滚轴；在张力场首先清除张力执行单元轮槽表面油污，将导线分别引入张力轮。导线在张力机上盘绕时，盘绕方向与导线外层线股捻回方向相同。当导线过张力轮后 4～5m 时连接走板，连接时各线头长短误差不大于 0.3m，然后与牵引绳端部相连。

d）导线连接完毕拆除临锚，张力放线系统设置为自动模式，调至定值后通知牵引场大牵牵引。开始速度宜慢，施工段沿线检查有无异常。调整放线张力，使牵引板呈水平状态。待牵引绳、导线全部架空后，逐步加快牵引速度。

e）导线牵放由牵张场施工负责人统一指挥两场设备操作员的操作，确保施工负责人与设备操作员之间的通信顺畅。

f）在风速较大地区放线，采取必要的分线措施，防止子导线相互绞线。

g）为避免同极多个放线走板同时过滑车给铁塔造成过大的冲击，牵张两场在力和速度方面同时配合，控制不同组导线的牵放速度，使其先后通过同一基铁塔的导线滑车。走板通过悬挂的放线滑车时，速度应减慢，以减少走板对铁塔的冲击。

h）走板过转角塔时，张力放线系统应对单根导线张力加以调整，使得走板保持一定空间姿态，便于穿过滑车窗口。应先过转角内侧的滑车（即下方的滑车），再过转角外侧的滑车（即上方的滑车），防止先通过上方的滑车下移与下方的滑车碰撞。

i）角度较大的转角塔放线滑车采取预倾斜措施，并随时调整预倾斜程度，使引绳、牵引绳、导线的作用力方向基本垂直于滑车轮轴。

j）各塔号人员应及时报告走板位置，当走板距塔位 30m 时，通知大牵慢速牵引。如发现牵张力急剧变化或卡住等现象应紧急呼叫停止牵引，查明原因处理后再牵引。

k）密切观察各导线盘剩余导线层数，待导线放至余 20 圈时通知相对应大牵减速准备停车，在剩 3～5 圈时通知大牵停车，进行换盘压接操作。操作程序如下：

ⓐ 大牵停止牵引，对应张力执行单元合上刹车。

ⓑ 锚住线尾解下尾线。

ⓒ 卸空盘换新盘。导线盘采用可拆卸式全钢瓦楞盘，线盘使用专用槽钢吊架吊装，见图 4.33-7，防止线盘吊装时变形损坏。

ⓓ 为防止导线换盘时因不同线盘间导线的绞劲不同，致使在张力执行单元出口处双头钢丝绳网套扭转断裂，造成跑线事故的发生，使用 8t 抗弯旋转连接器，见图 4.33-8，临时过渡连接不同线盘间的导线。

图 4.33-7　专用槽钢吊架

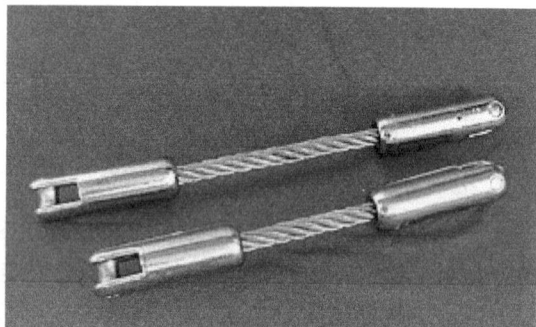

图 4.33-8　抗弯旋转连接器

ⓔ 线盘倒转收回余线。

ⓕ 继续慢牵准备锚线。

ⓖ 线头过张力轮后，停止牵引在张力执行单元前把导线锚住。

ⓗ 在张力放线系统执行单元前压接。

ⓘ 张力放下就系统倒转收紧导线解除临锚恢复标准张力。

ⓙ 通知大牵继续牵引。

l）压接后张力可能变化，通过集控张力放线系统校准调整。

m）当走板接近牵引场时，适当增加张力执行单元出口张力，以减少区段内的导地线余线。

n）一极导线展放完毕即进行地面临锚，然后调整好角度后再展放下极导线。

导线临锚要求为：

ⓐ 导线临锚使用 15t 大号地锚，每根子导线用 1 个地锚临锚。

ⓑ 同极两相邻子导线锚线张力宜稍有差异，使子导线空间位置错开，避免发生线间鞭击。

ⓒ 每极导线应在一日内放完做好临锚，如放不完对牵引绳及导线临锚，解除张力执行单元和牵引机的张力。

ⓓ 临锚后手搬葫芦及捯链应封固且由专人看守。

ⓔ 临锚夹角宜小于 20°。

ⓕ 断线时应留够余线以便与下档连接。

（3）实施总结

采用该套集控智能张力放线系统，顺利在炎热季节首次完成大截面导线放线施工。该系统具有模块化、智能化、效率高、环境适应性好、人性化等优点，操作简便，施工效率高。实际施工应用结果表明，该套系统特别适合于特高压输电线路中大张力、多分裂导线的展放施工，从根本上改变传统的张力放线施工工艺，减少了中型牵引机的使用，人员作业环境得到极大改善，经济效益、社会效益显著，赢得了一线作业人员的高度认可。

2. 昌吉-古泉±1100kV 特高压直流输电工程线路工程

（1）工程概况

昌吉-古泉±1100kV 特高压直流输电工程线路工程起于新疆准东昌吉换流站，终点为安徽古泉换流站，线路全长约 3319.2km，航空线长度为 2997.1km，海拔 10～2400m 之间，线路曲折系数 1.11，沿线途经新疆、甘肃、宁夏、陕西、河南、安徽六省及自治区。昌吉-古泉±1100kV 特高压直流输电线路工程（新 5 标段）位于哈密地区哈密市境内，线路起点位于哈密地区哈密市哈密南换流站南，终点位于哈密地区哈密市红柳河车站，长度为 165.861km。沿线地形为平地、丘陵，单回双极架设。本工程 10mm 冰区的平丘地形采用 8×JL1/G3A-1250/70 钢芯铝绞线，在 10mm 冰区山地及 15mm、20mm 中、重冰区采用 8×JL1/G2A-1250/100 钢芯铝绞线，在 30mm 冰区采用 JLHA4/G2A－1250/100 钢芯中强度铝合金绞线。

（2）技术应用

1）项目技术难点

本工程采用 8 分裂 1250 型大截面导线同步展放：常规放线工艺至少配置 4 台轮径 1850 型一张二张力机、4 台 25t 牵引机、4 台 8t 牵引机、4 台 4t 小型张力机共 16 名操作人员。4 台大型张力机设备的同步操作需要 4 个人配合，有难度。4 台设备体积重量偏大，进场布场有一定难度。设备操作人员夹杂在设备之间，机器轰鸣，信号传递交流困难，既对人身造成危害，也有操作风险。

2）关键技术特点

采用 1 套独立研发的张力放线系统（本次挂接 4 组张力放线执行单元），配合 4 台大型牵引机和 4 台小型张力机流水循环作业，不过度占用施工器具。集控智能张力放线系统全过程参与导引绳展放，首先在牵引模式下作业，对各类导引绳、牵引绳进行卷绕，最后在张力模式下作业，同步张力展放 8 分裂导线。本次施工处于新疆冬季严寒季节，采用集控放线系统，极大改善了现场作业人员工作环境。

3）施工工艺和过程

本项目施工工艺和过程与上一个工程案例基本类似，受 8 分裂导线形式和项目所处戈壁滩地域影响，主要有 3 点不同：一是设备机具的配置上数量增多，主要是初级导引绳和过渡导引绳的配置明显增多，二是最初级引绳的展放全程采用铺放方式然后采用人力腾空，三是导引绳最终过渡牵引绳时采用了多牵多的方式，没有进行高空分绳处理，降低高空作业风险。集控智能张力放线系统一开始作为牵引机组使用，最后为张力机组使用。具体步骤如下：

① 导引绳展放

由于本线路所处为戈壁滩，没有任何跨越和民事阻挡。基本流程为：人工分段展放 $\phi4$ 迪尼玛绳共 4 根，放通后分别落于中间 3 轮滑车中。利用 $\phi4$ 迪尼玛绳人力牵引 $\phi8$ 迪尼玛绳 4 根，$\phi8$ 迪尼玛绳人力牵引 $\phi12$ 迪尼玛绳 4 根，再将 4 根 $\phi12$ 迪尼玛绳分别缠绕到放线系统执行单元上，同步牵引□15 防扭导引绳 4 根。

② 牵引绳展放

分别将 4 根□15 导引绳缠绕到 4 组张力执行单元上，利用 4 牵 4 同步作业方式牵引 4 根□25 牵引绳到张力场，此时张力放线系统仍然作为牵引机组使用。导引绳与牵引绳用

13t 旋转连接器相连，牵引前在执行单元前挂上接地滑车。

③ 导线展放

本方案导线展放采用同极导线 4×（1 牵 2）同步展放方式，由 4 台大型牵引机和一套张力放线系统（附带 4 套执行单元）完成。同极各组导线到达牵引场的时间差不应超过 0.5h，并将相同档距内的放线弧垂保持基本相同。

（3）实施总结

采用该套集控智能张力放线系统，操作手仅用 1 人，比传统施工工艺减少 3 人，顺利在严寒大风季节完成 8 分裂大截面导线放线施工。工作平稳，张力稳定，放线质量高。各种地形条件下检验应用结果表明，该套系统非常适合多分裂、大截面、大张力导线的展放施工。采用该技术在旧线换新线、大跨越工程架线施工中也具有广泛的应用空间。由于该技术采用了模块化装配模式，系统可扩展性好、适用性强，为今后牵张设备的升级换代提供新的选择。

（提供单位：山东送变电工程有限公司。编写人员：巩克强、吕念、杨凯）

4.34　1000kV 四分裂软导线施工技术

4.34.1　技术发展概述

随着特高压建设的蓬勃发展，1000kV 特高压变电站四分裂软母线施工设计模式逐渐完善、固定，针对 1000kV 四分裂软母线施工缺乏成熟的施工技术。

通过对"1000kV 特高压变电站四分裂软母线最优施工技术"的研究、分析，在山东省内首个 1000kV 变电站的四分裂软母线施工过程中，不断修正和完善形成了一套成熟的施工技术。

4.34.2　技术内容

在原有 1000kV 四分裂软母线施工方案中，更改了挂线方式，使用 25t 吊车进行辅助，牵引机进行紧线，大量节省吊车费用。自行制作"电力多功能运载小车"，与同类施工技术相比，成果实用且具有创新性。采用本技术在施工过程中安全系数高，施工效率高，节约了劳动力资源。大型吊车可集中安排进场作业，有效减少了吊车台班数量，降低施工成本。

4.34.3　技术指标

母线弛度应符合要求，其误差为 2.5%～5%，同一档距内三相母线的弛度应一致。相同布置的分支线，宜有同样的弯度和弛度。

4.34.4　适用范围

适用于交流 1000kV 电压等级变电站四分裂导线施工，交流 750kV 电压等级变电站四分裂导线施工可参照实施。

4.34.5　工程案例

济南 1000kV 变电站工程。

（1）工程概况

济南 1000kV 变电站工程，本期装设 2 组 300 万 kV 安主变（终期 4 组）；1000kV 出线 2 回（至北京东 2 回，终期 8 回），一个半断路器接线，组成 4 个不完整串，安装 8 台断路器，采用 GIS 设备；500kV 出线 4 回（至闸韶黄渡、博兴各 2 回，终期 8 回），一个半断路器接线，本期按 4 台断路器计列工程量，采用 GIS 设备。本期至北京东站 2 回出线各装设 1 组 72 万 kV 高抗；变压器低压侧 110kV 单母线接线，每组主变 110kV 侧装设 2 组 24 万 kV 低抗和 2 组 21 万 kV 低容。

（2）技术应用

1）工程特点

① 节省吊车租赁费用。原施工技术使用 100t 吊车挂线，现更改为 25t 吊车辅助配合牵引机挂线、紧线。

② 大型吊车集中安排进场作业，有效减少吊车台班数量，减少施工成本。

③ 采用 SKETCHUP 软件进行模拟交底，对全体施工人员进行实景作业模拟训练。

④ 施工过程安全系数高，施工效率高。

2）施工工艺及技术措施（图 4.34-1）

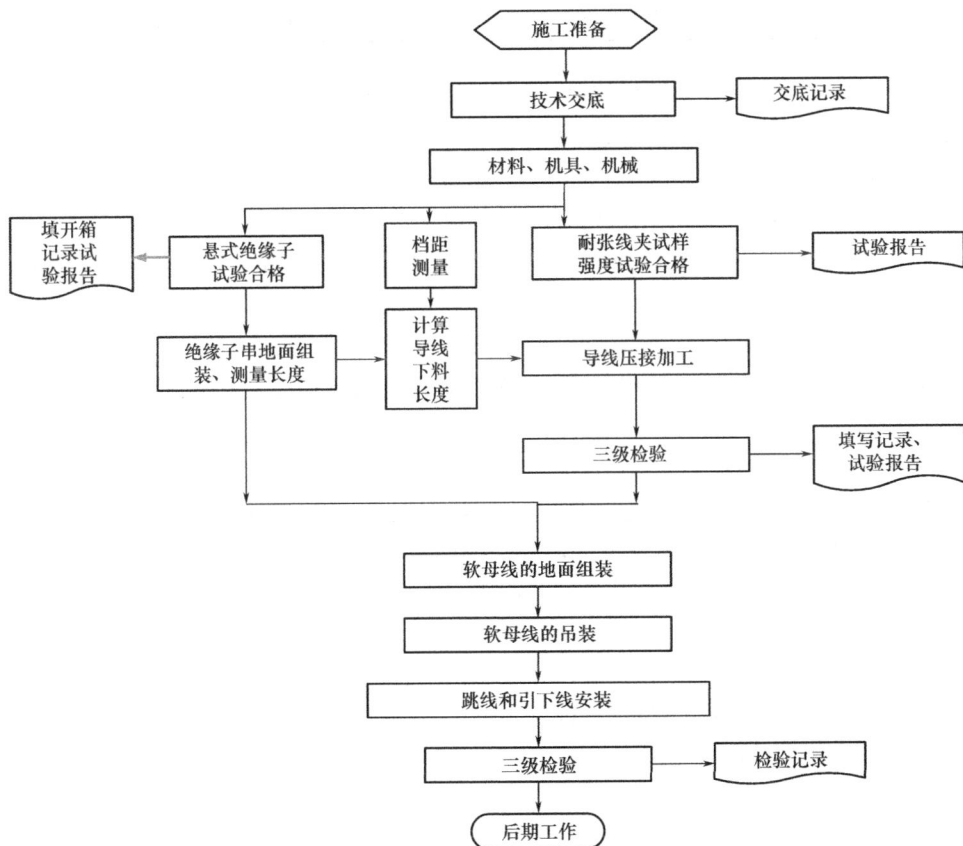

图 4.34-1 工艺流程图

① 材料到货检查、试验

检查项目如表 4.34-1。

材料到货检查项目表

表 4.34-1

序号	材料名称	检查项目	检查方法
1	导线	资料检查	质量资料齐全
		包装检查	线盘结构牢固，整体包装完整
		外观检查	导线光泽明亮，无断股、散股及变形
		数量检查	与运输单所列数量一致
2	金具	资料检查	质量资料齐全
		包装检查	运输过程中的成品保护到位
		外观检查	金具无变形、裂纹及破损，锌层完好
		数量检查	数量、型号、规格与运输单所列数量一致
3	绝缘子	资料检查	质量证明资料、出厂检验资料齐全有效
		包装检查	装箱牢固，成品保护措施到位
		外观检查	无损伤、缺陷，表面清洁
		数量检查	与运输单所列数量一致

材料验收检查：认真检查导线的尺寸、规格。所有的耐张线夹、引流线夹及设备线夹必须认真检查，金具表面光滑无毛刺，线夹套接导线部分表面光滑，线夹搭接面必须是光面，并符合相关的行业标准。耐张线夹的钢管和铝管在安装前要测量外径，JLHN58K-1600 母线用压接铝管 NY1600K2 内径 72.6mm、外径 105mm，耐张线夹的压接长度 600mm，其他金具的压接长度 300mm，铝管拔梢部分外径 90mm，扩径导线填充芯棒长度与压接长度一致。

绝缘子、金具试验：悬式绝缘子的试验项目包括测量绝缘电阻和交流耐压试验。绝缘电阻值 $\geq$500MΩ、交流耐压试验电压取 60kV。耐张线夹制作 2 套压接试件，送检验单位进行拉力试验。

② 导线下料长度计算

母线档距测量时，将卷尺拉直，逐相测量挂线环里口之间的距离，作为实测档距。

由于 1000kV 架空线为四分裂设计，为保证四根子导线弛度一致，上、下两层导线下料长度应分别计算，下层导线较上层导线的下线长度需要减去拉长杆的长度。

导线下料长度计算公式如下：

$$L_{实际} = L + \Delta L_K - 2L_0$$

式中　$L_{实际}$——软母线实际下线长度（m）；

　　　L——实测档距（m）；

由于 1000kV 架空线为 II 型绝缘子串悬挂，实测档距可取两侧挂点中心点间距离；

　　　ΔL_K——中间变量（m）；

　　　L_0——两侧金具绝缘子串长度平均值（m）；

测量方法：将每串绝缘子组装好，从第一个 U 形挂环销子中心测量至耐张线夹钢锚芯棒的丝扣处（靠挂环侧的第一个芯棒丝扣），然后求平均值。

中间变量 ΔL_K 计算公式：

$$\Delta L_K = 1.8(L_0 - X_0) + 2.4(f - Y_2)^2/(L - 2X_0)$$

其中：

$$X_0 = T_0 Y_0/(W/2 + B_0)$$

$$Y_0 = L_0 \left[\sqrt{T_0^2 + (W + B_0)^2} - \sqrt{T_0^2 + B_0^2} \right]/W$$

$$T_0 = \left[L_0(W - B_0) + B_0 L/2 \right]/2f$$

$$B_0 = G(L - 2L_0) + (L - 2L_0)g/2l$$

式中　G——每米导线重量（厂家提供的技术参数为 4.57kg/m）；

　　　l——间隔棒间距（1000kV 架空线为 10m）；

　　　g——每个间隔棒重量（厂家提供的技术参数为 3kg）；

　　　f——导线弧垂（根据中南院设计图纸 40-BA06721S-D0103，取施工时工作环境温度对应的设计值 30℃ 下为 5.931m）；

　　　W——单边金具、绝缘子串的实测质量。

③ 下线（图 4.34-2、图 4.34-3）

下线时利用放线托架将线盘支起，根据下线的长度及导线的重量，利用人力或绞磨下线，通过线盘的旋转将导线从线盘上退出。为防止线盘上导线层间摩擦，线盘旋转应有安全有效的制动装置。线盘上架时要注意是线盘底下出线。下线过程中用珍珠棉对导线进行全方位包裹，直至导线离地架设时再拆下保护层，做好导线在制作、存放阶段的成品保护。下线区域采取临时硬性围栏全封闭，防止无关人员进入施工现场碰伤导线。

图 4.34-2　搭设导线放线平台

用皮尺量出计算后的导线长度，用记号笔在导线上划出明显的记号，并在记号两头 10mm 处各扎 1 道不锈钢钢箍。钢箍要求扎紧，防止导线在用砂轮切割机切割时散股。由于软母线规格主要是 JLHN58K-1600 扩径型耐热铝合金导线，为防止杂物进入扩径导线内部螺纹管，切割后立即用塑料布对切割面包扎，并用扎带扎紧。导线在施工时必须轻拿

图 4.34-3　测量导线直线长度

轻放，防止导线内部螺纹管变形无法施工。

④ 导线压接

a. 压接工具

（a）压接前校验压接机械的可靠性，确认液压设备能正常运行。

（b）油压表应定期校核，校验合格后方可使用。压接时油压表应达到规定的压力。

（c）对铝模进行定期检查，如发现变形现象，停止或修复后使用；压接使用的铝模必须与导线截面配套。正式压接前先做试样，完成压接工艺评定，判断在目前人、机、料、法、环情况下是否能保证这一特殊工序质量满足要求。

b. 清洁

线夹内部、导线插入部分及芯棒用酒精或丙酮清除氧化物，导电部分待干燥后在接触部位涂适量的复合脂（导电脂），如图 4.34-4 所示。

c. 压接

（a）压接施工前先进行试压。耐张线夹每种导线做两件试件，并将试件送有资质单位进行检测，经检测合格后，方可进行正式的压接工作，如图 4.34-5～图 4.34-7 所示。

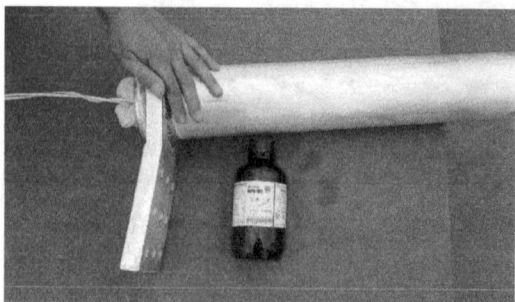

图 4.34-4　清洁线夹

图 4.34-5　压钳压力表达到 80MPa

图 4.34-6　压接线定位

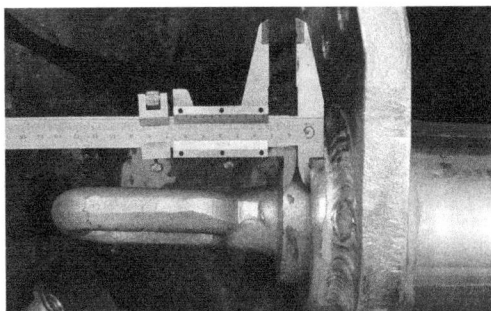

图 4.34-7　压接预留长度

（b）扩径导线压接程序：

a）穿铝管：将扩径导线穿入铝管。

b）旋入钢芯棒：将钢芯棒旋入扩径导线内部螺纹状蛇皮管，直至钢芯棒旋转到规定位置（预留 2cm 的间隙）。旋钢芯棒时注意导线内部是螺纹状的蛇皮管，要清除边口上切割留下的垃圾后方可转入。不可强行转入，会使蛇皮管涨大后顶坏导线，使导线报废，如图 4.34-8 所示。

c）套铝管：将铝管顺铝导线绕制方向旋转套向钢芯棒侧，预留 8cm 余度，并注意引流板的方向。

d）压接：第一模从铝管头部开始压接，连续向导线末端钢芯棒处施压，压接时达到和保持片刻 80MPa 压力。相邻两模间重叠长度符合产品技术文件要求，不小于 5mm，当无产品技术文件要求时，不小于钢模长度的 1/3。压接后用游标卡尺检查压接对边尺寸，线夹六边形任一对边≤0.866D＋0.2mm，否则必须更换模具，压接变形≤2％的线夹全长。尾管朝上安装且易积水的设备线夹，线夹钻 ϕ8 的排水孔，如图 4.34-9 所示。

图 4.34-8　芯棒旋入

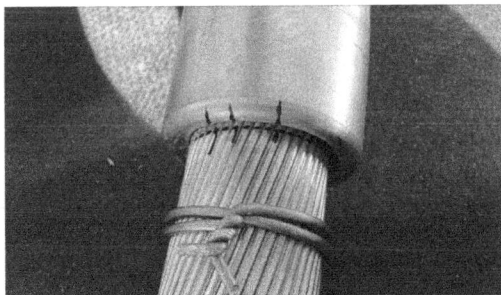

图 4.34-9　压接定位线

（c）液压后液压管不应有明显的扭曲及弯曲现象，并应加以严格控制。如出现明显弯曲则不可调校，否则影响内部的钢芯棒质量。

（d）各液压管放压后，填写记录。液压操作人员自检合格后，在液压管指定部位打上自己的钢印，如图 4.34-10 所示。质检人员检查合格后，在记录表上签名。

（e）压接后对边角毛刺打磨抛光，质检员在场监督。

d. 绝缘子串组装及与导线金具连接

图 4.34-10　压接人员钢印

（a）绝缘子串型号、数量及安装位置（表 4.34-2）

绝缘子串型号、数量及安装位置　　　　　　表 4.34-2

型号	安装位置	数量
2×59×XSP2-160 V 型绝缘子悬垂串	1000kV GIS 线路侧构架悬垂绝缘子串，1000kV GIS 主变侧构架悬垂绝缘子串	4 组
2×59×XSP-240 Ⅱ 型绝缘子耐张串	构架母线跨线耐张绝缘子串	4 组

（b）绝缘子串组装前按要求做好绝缘子试验及清洁。

（c）精确测量绝缘子串、金具串的实际长度。测量方法是绝缘子、金具组装好后，用 25t 汽车式起重机将绝缘子串竖直挂起，测量从 U 形环内侧到调整环底部之间的距离。根据测量结果确定导线下料长度。

（d）绝缘子采用开口销，R 形开口销碗口朝下，M 形开口销碗口朝上。

（e）金具安装前将表面处理光滑，无毛刺和凹凸不平，降低尖端放电效应，减小运行噪声。

（f）制作专用的绝缘子串托架，保证均压环和屏蔽环安装过程中始终与地面隔离，避免受力变形和污染。

（g）导线和绝缘子用金具连接好后，在地面上拉直，检查绝缘子碗口方向，螺栓穿向一致，开口销齐全并打开弹簧销应有足够的弹性，销针开口不得小于 60°，无折断或裂纹。

（h）间隔棒设置原则：1000kV 架空线每隔 10m 设一副，1000kV 跳线、引下线每隔 5m 设一副。耐张线夹、引流线夹、T 形线夹和设备线夹附近适当位置设置一副。为保证导线安装

图 4.34-11　测量绝缘子串长度

后间隔棒整齐、均匀、美观，在导线架设前，每隔相应距离在导线上画记号，便于间隔棒安装，如图 4.34-11 所示。

(i) 导线、金具、绝缘子的保管、保护专项措施。

a) 导线在使用前的保管采用落地固定、油布覆盖和周围用硬质围栏封闭的方式进行保管。线盘若没有上线盘架，需用垫块放在线盘的底部防止线盘滚动，导线在没用使用时不要将外包装的竹片拆去使导线裸露。导线下线时不要将导线原带的保护层褪去，在保护层外用泡沫海绵对导线进行全方位包裹，直至导线离地架设时再拆下所有保护层。

b) 下线时，在导线将要滞留的区域下方加垫塑胶地毯，并在塑胶地毯上每隔2m设置一个放线滑车，避免导线与地面摩擦。下线区域采取临时硬性围栏全封闭，防止无关人员进入施工现场碰伤导线。

c) 金具开箱检查后按规格、型号、施工顺序分类放入专用库房，分层存放于货架。货架应垫有软塑胶地毯，叠放层数不得超过两层。金具防护层应最后拆下，使用时要轻拿轻放，尽量减少搬动次数。均压环等大型金具连同包装箱存放。金具使用前如发现有毛刺、划痕等瑕疵，选择砂纸或百洁布对瑕疵处进行处理。金具压接、安装区域场地应平整，去除尖锐物，并铺设塑胶地毯，做好金具光洁度的控制。

d) 绝缘子按规格、型号、施工顺序分类码放整齐，户外保管，堆放场地应平整，去除尖锐物，并铺设塑胶地毯。绝缘子上部覆盖油布防雨防污染。

⑤ 高跨线的安装

a. 高跨线安装

在横梁挂线板上方200～300mm的位置固定开口滑车。1000kV架空线采用汽车起重机挂线，绞磨紧线的方法。先挂主变构架侧，再挂1000kVGIS构架侧。为减小紧线过程中产生的过牵引力，挂线前将两侧绝缘子串所有的花篮螺丝调至最长，待紧线完成后，再将花篮螺丝调至合适位置。

b. 挂线

挂线前将挂线侧绝缘子串与导线连接好（均压环除外），紧线侧绝缘子先不与导线连接。导线用珍珠棉全方位包裹，挂线时使用板钩将两侧双耐张绝缘子串上部联板L-5060S牢牢钩住，保证架空线安装过程中瓷瓶不相互碰撞。将四分裂导线放置于自制移动小车上，每间隔5m设置一辆移动小车。导线使用100t汽车起重机进行挂线，挂线过程中，起重机缓慢紧线，使绝缘子串缓慢上升，移动小车随之前进，当绝缘子串提升至一定高度后停止起重机。将均压环安装至绝缘子串相应位置，此时不要拆除均压环的保护层。起重机继续紧线，使导线缓慢上升，上升速度不超过5m/min。当导线离开小车平台后，拆除离车部分导线的保护层。当导线离开最后一辆小车平台时，套入FJ-1000NLV2均压环（图4.34-12、图4.34-13），再将导线与紧线侧绝缘子串联接好。起重机继续紧线，当提升至安装位置时停止起重机，由高空作业人员将绝缘子串上端的U-50U形环挂于构架横梁挂线板上。

c. 紧线

紧线前，将绞磨设置在GIS构架西侧地面，使拉线与地面的夹角小于45°。由于GIS构架高度为41m，应将绞磨设置在构架正下方西侧约50m处。根据现场实际情况，选择合适的锚固位置，固定定滑轮，地锚选择8t，埋设深度≥1.8m。紧线时，考虑紧线角度，将紧线滑车设置在导线延长线的上方，而不是挂点上方。牵引机与地锚的布置如图4.34-14～图4.34-16所示。

图 4.34-12　安装均压环

图 4.34-13　检查均压环开口销

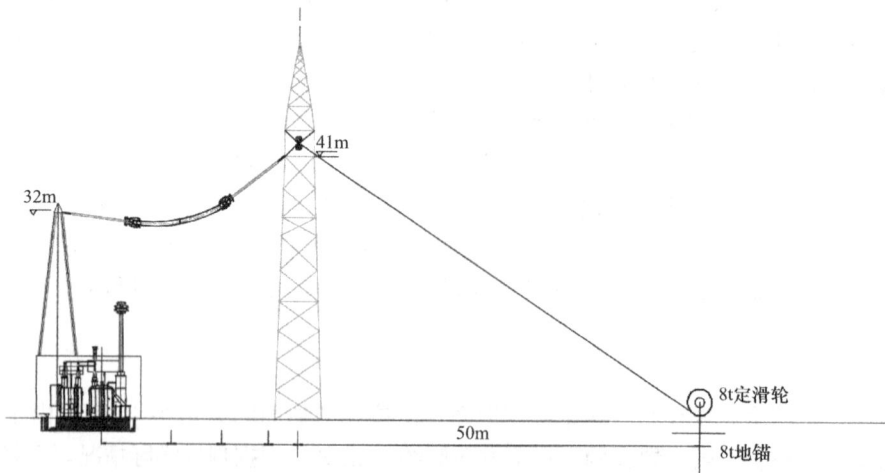

图 4.34-14　紧线时牵引机与地锚布置侧视图

d. 母线挂线过牵引计算

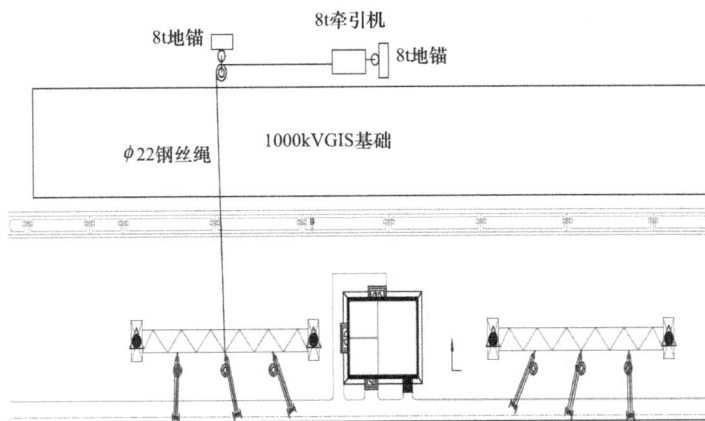

图 4.34-15　紧线时牵引机与地锚布置俯视图

图 4.34-16　吊车挂设一端

根据斜抛物线弧垂、档距、导线重量等计算软导线施工过程中牵引力的大小。

牵引机、起重滑车、牵引钢绳、U形环、卡具等工器具规格的选择与高跨线的过牵引力 P_2 直接相关，本节对高跨线的过牵引力 P_2 进行计算。

（1）考虑架空线过牵引影响时，其挂线牵引力 P_2 按下式计算：

$$P_2 = \varepsilon\ (\sigma_2 + g_1 f_1)\ S \cdot m$$

式中　P_2——过牵引时的牵引力；

　　　ε——起重滑车的摩阻系数，一般取值为 1.05；

　　　σ_2——过牵引时的应力，N/mm²；

　　　f_1——被挂母线的设计弧垂，m；

　　　S——架空线导线的计算截面积，mm²；

　　　g_1——导线的自重比载（含母线间隔棒的均布荷载），N/m·mm²；

　　　m——分裂导线根数。

（2）过牵引时的应力 σ_2 按下式计算：

$$\sigma_2^3 + \left(\frac{g_1^2 l^2 E}{24\sigma_1^2} - \frac{\Delta l}{l} \cdot E - \sigma_1\right)\sigma_2^2 = \frac{l^2 g_1^2 E}{24}$$

式中　E——架空线的弹性系数，N/mm^2；

　　　σ_1——架空线的水平应力，N/mm^2；

　　　l——档距，m；

　　　Δl——架空线的最大过牵引长度，一般不超过 70mm。

令　$a=\dfrac{g_1^2 l^2 E}{24\sigma_1^2}-\dfrac{\Delta l}{l}E-\sigma_1$，　$b=\dfrac{l^2 g^2 E}{24}$

由此公式可变换为：$\sigma_2^3+a\sigma_2^2=b$

即：$\sigma_2^2(\sigma_2+a)=b$

（3）母线两端都联有耐张串及金具，不考虑高差，弧垂在档距中间时，满足下式的关系：

$$f_1=\frac{l^2 g_1}{\varepsilon\sigma_1}+\frac{(g_\lambda-g_2)\lambda^2}{2\sigma_1}$$

式中　g_λ——耐张绝缘子串比载，$N/m\cdot mm^2$；

　　　λ——绝缘子串长，m。

（4）耐张绝缘子串比载 g_λ 由下式计算：

$$g_\lambda=\frac{G}{\lambda s}$$

式中　G——绝缘子串、金具的重量，N。

（5）导线的自重比载 g_1 由下式计算：

$$g_1=9.8\times\frac{m_0}{s}\times10^{-3}$$

式中　m_0——每公里导线的质量，kg/km。

e. 母线弛度检查

母线弛度应符合设计要求，设计最大弧垂为 6m。使用水平仪设置一个水平基准点，再用钢尺分别从高跨母线挂线环中心和软母线中心点垂直向下到水平基准点上进行测量。两个数值相减就是该母线的实际弧垂。同一档距内三相母线的弛度应一致，相同布置的分支线，宜有同样的弯度和弛度。

⑥ 施工部署及人员组织（表 4.34-3、表 4.34-4）

项目管理人员配置　　　　　　　　　　　　表 4.34-3

序号	姓名	职务	负责项目	主要工作职责
1		项目经理	安全第一责任人、总协调人	负责整体协调本部门负责的所有安装中问题
2		项目总工	技术、质量总负责	组织技术方案编审、施工方案讨论、技术交底
3		技术员	技术负责人	编写施工技术方案、现场技术指导
4		质检员	质量负责人	监督检查安装过程中标准、规范执行情况、施工质量，填写相关质量记录表
5		专职安全员	安全负责人	现场安全工作检查、吊车、机械使用前检查。安全文明施工监督

软母线安装班组配置 表 4.34-4

序号	班组名称	负责人	人数	主要工作职责
1	导线制作组		5	负责导线压接、制作、绝缘子组串等工作
2	起重组		3	负责安装过程中起重作业
3	试验组		2	负责绝缘子安装前绝缘试验
4	导线安装组		5	负责导线安装、机械操作等工作
5	后勤组		2	提供消耗性材料

⑦ 主要设备工器具（表 4.34-5～表 4.34-7）

主要设备工器具配置 表 4.34-5

序号	名称	规格/编号	单位	数量	备注
1	小型牵引机	8t	台	1	
2	汽车式起重机	100t	台	1	
3	钢材切割机		台	1	
4	火焊气割炬		套	1	
5	台钻		台	1	
6	钢丝绳	$\phi18,150m$	根	4	
7	力矩扳手		套	2	
8	棘轮扳手		把	4	
9	撬杠		根	4	
10	水平尺	400mm	把	1	
11	水平仪		套	1	
12	钢卷尺	50m	把	1	
13	定滑轮	8t	个	6	
14	动滑轮	8t	个	2	
15	地锚	5t	个	6	
16	地锚	8t	个	2	
17	U形环	8t	个	4	
18	U形环	5t	个	6	
19	手钳		把	4	
20	自制吊具		套	4	
21	钢丝绳圈套	$\phi18$	套	4	
22	液压压钳	300t	套	2	（带模具）
23	交流耐压机		套	1	
24	自制移动小车		辆	6	

安全工器具一览表 表 4.34-6

序号	名称	单位	数量	备注
1	安全带	条	10	
2	速差保护器	个	10	
3	防坠器	个	10	
4	手套	套	30	

软母线施工消耗性材料一览表　　　　　　　　　　表 4.34-7

序号	名称	详细规格	单位	数量	备注
1	橡胶地板		m²	400	
2	珍珠棉		m²	280	加厚,包导线用
3	砂纸	规格 230mm×280mm	块	200	粒度分布 280~400
4	百洁布		块	200	
5	油布		m²	100	
6	铁丝	14 号	kg	50	
7	揩布		kg	50	
8	抽带	200mm	根	2000	

（3）实施总结

1）采用本施工方法施工过程安全系数高，极大地提高了施工效率，节约了劳动力资源。

2）采用本施工方法后，大型吊车可集中安排进场作业，有效地减少了吊车台班数量，减少了施工成本。

3）本施工方法注重作业人员培训，采用 SKETCHUP 软件进行模拟交底，做到了全体施工人员进行实景作业模拟训练。

投入新设备技术后，采用新施工工艺，综合考虑人工费、材料费、机械费、水电费、配套设施费等，每个工程项目成本 30000 元，相比较普通施工工艺，每个工程减少约为 40000 元，经济上可行。按照目前施工工艺，在技术层面不断创新，不断提高装备技术水平，增加使用周期，直接节约成本 30 万元/年。

（提供单位：山东送变电工程有限公司。编写人员：张宇、高峰、王勇）

4.35　1000kV 格构式构架施工技术

4.35.1　技术发展概述

随着特高压工程的全面推广，格构式构架在特高压变电站、换流站中得到了广泛的应用。

格构式构架主要包含构架柱和横梁的吊装，其中横梁吊装方式相对固定。构架柱的吊装存在多种方式。本技术阐述的格构式构架施工技术，能够适用于杯口基础及预埋螺栓基础。"三段式"吊装的技术要点，保证了构架柱的垂直度，并且安全、高效。

4.35.2　技术内容

（1）利用 SKETCHUP 软件对组立过程交底，着重对空中作业内容、吊车站位、吊车配合、横梁调整等关键作业工序进行展示，有效提高了施工作业效率。

（2）构架柱吊装将整根构架柱分为三个吊装段（"三段式"施工技术），将最重最高的安装段设置为第一个安装段，组装工作地面化。

（3）吊装段空中对接安装根开调节器，实现高空精准对接。

4.35.3 技术指标

钢横梁组装后检验标准及钢柱组装后检验标准见表 4.35-1、表 4.35-2。

钢横梁组装后检验标准　　　　　　　　　　　　表 4.35-1

检验项目	允许偏差(mm)
断面尺寸偏差	±10mm
最外两端安装螺栓孔距偏差	±20mm
挂线板中心位移	≤10mm
梁拱度偏差	100±10mm

钢柱组装后检验标准　　　　　　　　　　　　表 4.35-2

检验项目	允许偏差(mm)
梁底标高偏差	±20mm
根开偏差	±7mm
构架柱断面尺寸偏差	±10mm
构架柱垂直度	$H/1500$ 且≤40mm

4.35.4 适用范围

适用于 750kV 至 1000kV 电压等级变电站、换流站格构式构架吊装。

4.35.5 工程案例

海南 ±800kV 换流站工程。

（1）工程概况

海南 ±800kV 换流站交流滤波场格构式构架由 36 基构架柱及 48 根横梁组成，整体分为东西两块区域。Z-1 柱高度为 61.0m，Z-2 柱高度为 35.0m，横梁分为两种形式，其中 GL-1 横梁底部标高为 46.5m，顶部标高为 49.5m，梁间距为 45m，共 20 根；GL-2 横梁底部标高为 32m，顶部标高为 35m，梁间距为 46m，共 28 根，如图 4.35-1 所示。钢材总重约 2882.19t。

（2）技术应用

1）构架柱吊装特点难点

场区共计 36 基构架柱，吊装总重达 1443.6t，单柱重量 40.1t，吊装吨位大。

构架柱为格构式钢管结构，结构复杂，组装技术难度大。构架柱与横梁采用螺栓连接，主材采用法兰连接，腹杆与主材采用两块对称的扁钢连接，连接处螺栓密集。另外单根杆件重量较大，必须借助吊车。

构架组立精度要求高，对接难度大。除地面组装后按片安装外，还有地面组装后在空中通过法兰对接的方式。

图 4.35-1　构架横梁吊装图

2）关键技术特点

利用 SKETCHUP 软件模拟交底；构架柱组立采用"三段式"安装方法，空中法兰面对接数量最少；构架吊装段空中对接加装根开调节器，实现空中精确对接；构架柱加装空中作业施工平台，确保高空作业安全，提高作业效率。

3）施工工艺和过程

① 施工工艺流程方框图（图 4.35-2）

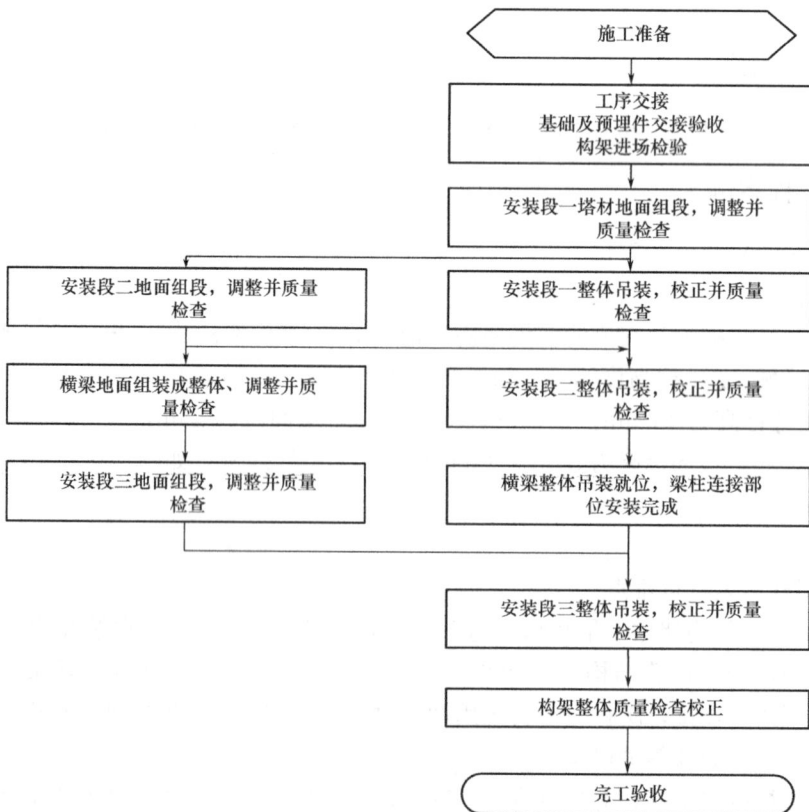

图 4.35-2　工艺流程图

② 工艺过程

a. 施工准备

（a）施工技术准备

项目部组织技术、安全、质量人员认真熟悉图纸，核对拼装节点、根开、杆件尺寸与安装标高是否准确。

吊装前进行安全技术交底，交底内容包括操作要点、技术数据、质量要求、安全措施、资料要求等，交底的主要内容包括：

a）安装工作的范围和工作量，包括构架柱和构架梁的重量、大小等各项参数。

b）构架吊装的时间和进度，具体的吊装进度安排。

c）构架吊装人员组织，各个面、点的工作负责人。

d）构架的地面组装要点，构架柱和梁的吊装方法。

e）施工安全要点，危险点、危险源以及相应的控制措施。

f）质量控制点，包括构架的垂直度、水平度、轴线偏差等各项控制指标。

g）现场施工专用工器具及重要机具使用要点。

h）每柱或梁吊装前，测量对接尺寸，严格控制偏差。如果偏差超标，在吊装前进行调整处理。

i）组织施工人员观看 1000kV 变电站构架吊装影像资料，学习《1000kV 交流变电站构支架组立 sketchup 模拟视频》及安全规程，进行理论考试。

（b）施工机具和计量器具的准备

施工机具和计量器具准备详见表 4.35-3～表 4.35-6。

施工机械车辆 表 4.35-3

序号	名称	规格型号	单位	数量	备注
1	汽车式起重机	QAY500A(500t)或 300t 履带吊	台	1	用于吊装横梁、地线柱
2	汽车式起重机	QAY160K(160t)	台	1	用于吊装构架柱
3	汽车式起重机	QAY160K(50t)	台	1	用于吊装构架柱
4	汽车式起重机	QY25K5-1(25t)	台	2	塔材卸车等其他辅助工作
5	叉车	CPD25J-C2	台	1	场地内塔材搬运
6	运输车		台	2	场地内塔材、工器具搬运
7	应急车辆		台	1	

测量仪器设备 表 4.35-4

序号	名称	规格型号	单位	数量	备注
1	全站仪	3305	台	1	
2	经纬仪	DL-101C	台	2	
3	水准仪	TDJ2E	套	1	
4	钢尺	100m	把	1	
5	钢尺	30m	把	1	

续表

序号	名称	规格型号	单位	数量	备注
6	钢尺	15m	把	1	
7	钢尺	7.5m	把	2	
8	钢尺	5m	把	1	
9	游标卡尺	20cm	把	1	

吊装工器具　　　　　　　　　　　　　　　　　表 4.35-5

序号	名称	规格型号	单位	数量	备注
1	钢丝绳	$6\times19-34-1525$ $L=25m$	根	4根	构架横梁吊装用
2	钢丝绳	$6\times19-21.5-1525$ $L=8m$	根	若干	
3	钢丝绳	$6\times19-18-1525$ $L=8m$	根	若干	
4	钢丝绳	$6\times19-14-1525$ $L=75m$	根	20	缆风绳
5	合成纤维扁平吊带	$20t,L=10m$	付	4	构架柱吊装用
6	合成纤维扁平吊带	$10t,L=10m$	付	4	构架柱吊装用
7	合成纤维扁平吊带	$5t,L=10m$	付	4	构架、横梁地面组装用
8	合成纤维扁平吊带	$5t,L=6m$	付	4	构架、横梁地面组装用
9	合成纤维扁平吊带	$1t,L=2m$	付	8	
10	U形环	16t、10t	个	各6	
11	开口滑车	30t、10t	个	各2	
12	链条葫芦	3t、5t	个	各4	
13	链条葫芦	10t	个	10	

小型工具类　　　　　　　　　　　　　　　　　表 4.35-6

序号	名称	规格型号	单位	数量
1	梅花扳手	$24\sim27mm,30\sim36mm,41\sim46mm$	把	各20
2	开口板	最大开口 30/46mm	把	各6
3	电动扳手	SJDB-C425 配全系列套筒	套	2
4	电动扳手	SJDB-C1200 配全系列套筒	套	2
5	扭矩扳手	NB-200,NB-760	套	各3
6	扭矩扳手	NB-1200A	套	1
7	千斤顶	5t	个	6
8	千斤顶	10t	个	4

序号	名称	规格型号	单位	数量
9	枕木(地锚)	1.5m,300mm×300mm	根	30
10	小撬杠	长0.5m,ϕ20mm	根	8
11	大撬杠	长1m,ϕ30mm	根	4
12	尖子撬棒		根	6
13	工具包		个	10
14	溜绳	ϕ20mm	m	400
15	传递绳	ϕ12mm	m	400
16	钢板	8m×2m×15mm	块	18
17	分电源箱		个	2个
18	电源线		m	400
19	活动电源盘		个	3
20	对讲机	HST	个	10
21	测风仪		个	1
22	安全带(配自锁器、防坠器)		套	40
23	垂直、水平安全绳		根	40

b. 构架柱安装方法

构架柱具体参数如图 4.35-3、图 4.35-4 所示。

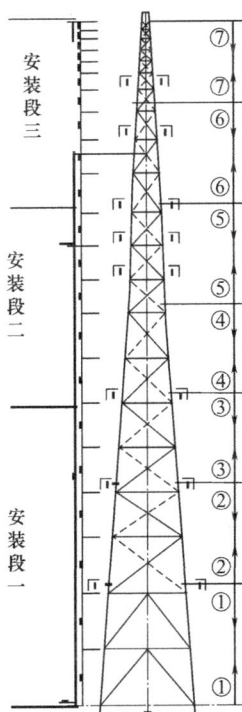

图 4.35-3　立柱安装参数 1

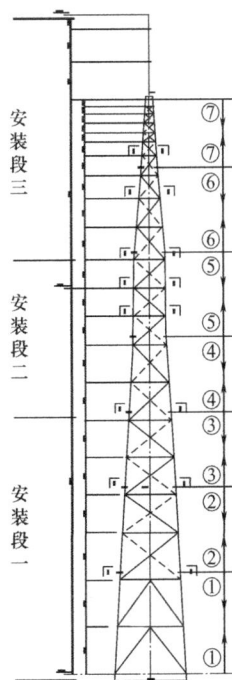

图 4.35-4　立柱安装参数 2

构架柱由法兰划分为七节（避雷针划归第七节）。吊装作业时划分为 3 个安装段：第一、二、三节作为安装段一；第四、五节作为安装段二；第六、七作为安装段三。各安装段地面组装后整体吊装，安装顺序如图 4.35-5 所示。

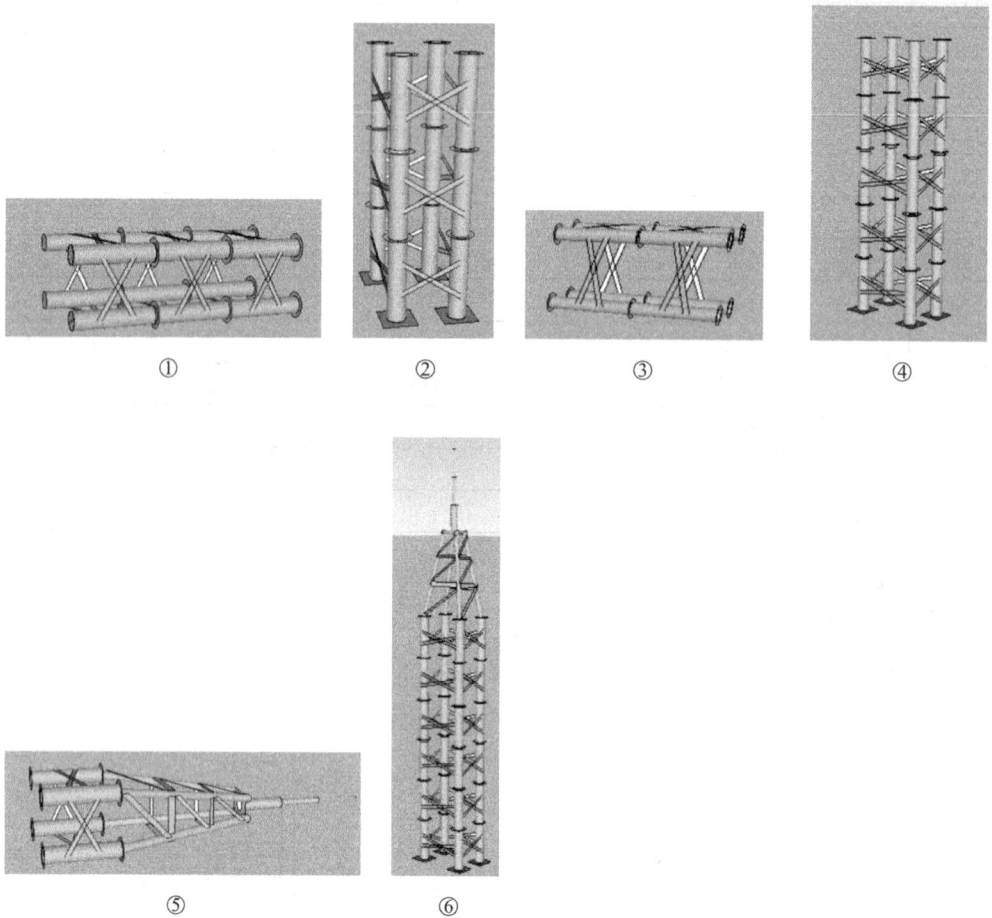

图 4.35-5　构架柱分段安装

c. 吊装方法

1000kV 构架支柱的组立采用地面分段组装、分段吊装施工方法，如图 4.35-6 所示。具体的施工办法为：

（a）将第一、二、三节（从下往上第三个法兰面以下部分）地面组装成安装段一，通过加长水平尺进行水平测量，利用捯链稳固构架，避免对角线偏移，检查调整后整体吊装。

（b）地面组装完毕后，在构架柱最上面安装高空作业平台走廊。

（c）经计算选用 160t 吊车吊装。选用 4 根 20t、10m 吊带四点起吊，吊点选在顶部法兰盘下端。

吊带绑扎位置如图 4.35-7 所示，吊装过程中通过如下方法防止构件变形。

图 4.35-6　地面分段组装

图 4.35-7　第一阶段吊装施工

a）如图 4.35-7 所示，除了安装段底部法兰、腹材调节螺栓不紧固外，其他螺栓在地面校核后均紧固，使构架具有一定强度。

b）160t 吊车平稳缓缓上升大钩，50t 吊车通过回转及变幅将构架柱底部缓缓向 160t 吊车方向移动，50t 吊车配合保证构架柱法兰不会接触地面。160t 吊车将构架柱升到一定高度，移至基础正上方就位。

c）将构架柱第二段（从下往上第五个法兰盘位置）在地面组段完毕，组段方法和吊装同第一段。

d）为确保组笼后构架柱根开符合设计要求，专门制作根开调节装置，如图 4.35-8 所示；组笼后的各节螺栓紧固前安装好根开调节装置，将各节上、下法兰面水平中心距离调至设计图纸要求，紧固所有螺栓，起吊前复测一遍。安装就位后拆除上法兰面根开调节装置后，再复测一遍，以确保满足下一节组装要求。

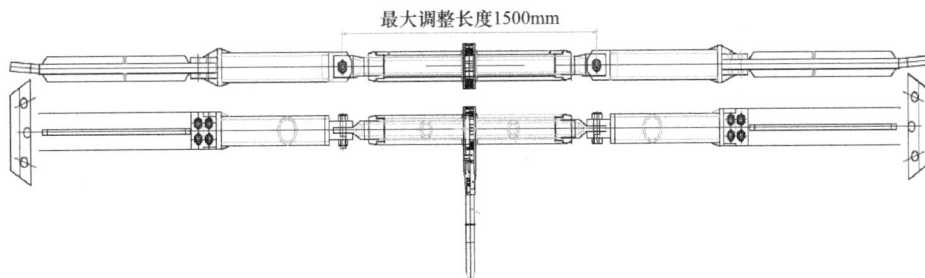

图 4.35-8　根开调节器示意图

（d）构架柱第三段

在横梁吊装完毕后吊装 1000kV 出线构架第三段。

a）选用 500t 汽车式起重机吊装，吊带选用 4 根长 10m 的 10t 吊带，配 4 只 10t U 形吊环吊装。吊装及机械位置见表 4.35-7。起吊阶段采用 25t 吊车配合 500t 汽车式起重机起吊，4 根吊带绑扎在第七节的四根立柱上段法兰下方，500t 汽车式起重机作为主吊，25t 汽车式起重机作为辅吊，主要是为了防止钢构沿地面拖曳划伤；构架立起后 500t 汽车式起重机起吊上升至安装点。

钢丝绳破断拉力换算系数	表 4.35-7
钢丝绳结构	换算系数
6×19	0.85
6×37	0.82
6×61	0.80

b）滑车的选择。根据滑车所承受的荷载及所选吊索的直径，参考有关施工手册选择滑车的型号。

c）缆风绳布置。格构柱设四道缆风绳，缆风绳下部沿基础轴线的延长线布置，缆风绳上端绑扎位置为格构柱与钢梁连接处下方 1.5m 处，确保不影响现场运输及其他构件吊装。缆风绳与地面夹角≤45°。

d）缆风绳地锚的选择。地锚采用卧式地锚，用横木或预制构件制作，回填土人工夯实。埋设方法为坑埋，埋设深度大于 2m。

e）缆风钢丝绳夹的选择。缆风钢丝绳夹按照工程实际配套选择，数量和间距参见表 4.35-8。

钢丝绳夹使用数量和间距			表 4.35-8
序号	绳夹公称尺寸(mm)（钢丝绳公称尺寸 d）	数量(组)	间距
1	≤18	3	
2	19～27	4	
3	28～37	5	6～8 倍钢丝绳直径
4	38～44	6	
5	45～60	7	

f）构架调整后检验

每个吊装段安装后进行中间检查、整体安装完成后总体检查。

检查的主要项目：构架柱垂直度偏差、构架柱轴线偏移、构架柱横向扭转、柱顶标高偏差、防腐涂层完整性检查、构架柱爬梯整体安装质量检查、吊点变形情况检查、柱梁连接螺栓紧固力矩、出丝长度、穿孔方向一致性检查等。根据检查结果填写检验批质量验收记录表，报监理验收。

垂直度、挠曲度检验方法：①在待测轴线构架的轴线延长线上适当距离按钢管直径分线，确定沿钢管外边的轴线位置。②将经纬仪架设在该轴线上，调整好水平度、垂直度。③将经纬仪目镜中的垂直线对着待测构架柱底部外边缘，沿外边缘观测构架柱的垂直度。④观察经纬仪目镜中的垂直线和钢管柱外边缘的最大偏差，引下至构架柱下部，用角尺对偏差距离测量构架的挠曲度。

构架柱偏差标准：构架柱的垂直度在缆风绳拆除后测得。为避免阳光照射后钢构架因局部温升不平衡造成的变形对测量的影响，尽可能安排在阴天或阳光照射不强烈的时段进行测量及校正工作。构架柱梁底标高偏差±20mm；断面尺寸偏差±10mm；垂直偏差标准$\leqslant H/1500$ 且$\leqslant 40$mm；根开偏差$\leqslant 7$mm。

d. 构架横梁安装方法

（a）地面组装

根据吊车站位布置横梁组装位置。地基应坚实平整，垫好枕木并抄平。梁按照设计要求分为五段，将横梁底架安装完成后，检测横梁底架整体预拱值符合要求。先组装中间段，再组装两边两段。梁拼装完成后还要安装相应的走道等附件。

（b）横梁吊点选择

吊点采用等弯矩法计算确定吊点，理论计算中横梁按线性均匀分布考虑。

吊点选择原则：钢横梁吊装采用四点绑扎起吊，绑扎点选在横梁下弦距法兰节点500mm的位置（以尽量减少钢丝绳与法兰节点处加劲板的摩擦）。根据横梁的结构特点，每根横梁吊点设置假设四种可能的方案，分别为 DD11、DD12、DD13、DD14，具体位置详见图 4.35-9，所有吊点位置经理论计算后最后确定。

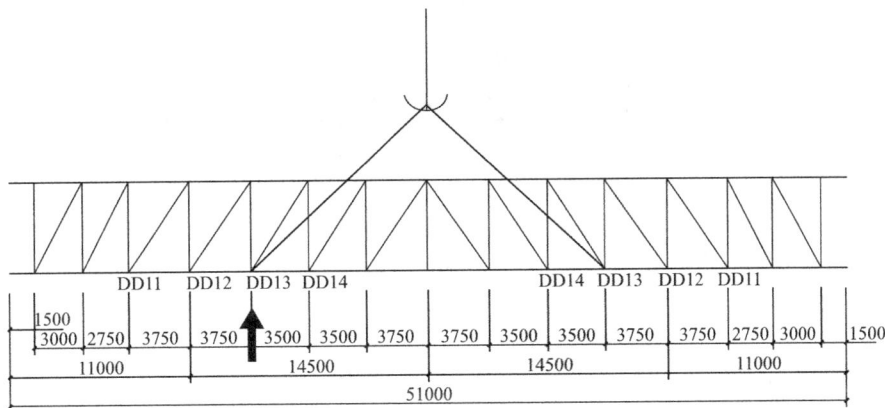

图 4.35-9　吊装横点选择

等弯矩法是合理选择横梁的吊点位置。横梁在起吊过程中，其最大负弯矩和最大正弯矩相等，使结构受力最为合理。当横梁四点起吊时，其等效弯矩荷载如图 4.35-10 所示；横梁就位后在自重状态下，其等效弯矩荷载图如图 4.35-10 所示。

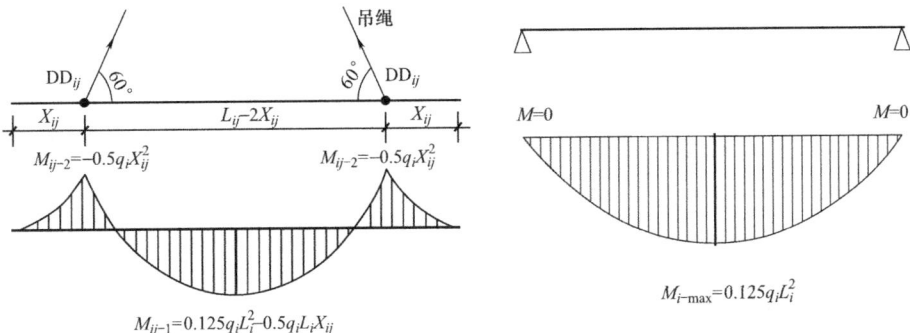

图 4.35-10　弯矩计算

横梁采用 500t 汽车式起重机（配重 140t）起吊，吊车停在距梁中心 14m 处。横梁每一侧用同一根钢丝绳绑扎，防止倾覆，绑扎点垫上麻布加以保护。横梁起吊前在两端绑扎控制绳，防止发生摇摆和晃动，同时引导就位。横梁试吊时注意观察各杆的变形情况和钢丝绳有无与加强板接触，如发现异常停止吊装及时处理（图 4.35-11）。

横梁提升至距地面 2m 高时将横梁与构架柱连接，斜材安装于横梁上后再继续提升横梁。横梁就位的同时，通过控制绳调整架构的垂直度，当架构的垂直度及横梁位置均符合要求时，连接螺栓。拉线在横梁处调整的水平位移不得大于 125mm，必要时先调整一侧拉线，待固定以后再调整另一侧拉线。

图 4.35-11 横梁吊装

横梁安装偏差：断面尺寸偏差 ±10mm；最外两端安装螺栓孔距偏差 ±20mm；挂线板中心位移 ≤10mm；梁拱度偏差 100±10mm。

e. 验收及后期工作

（a）设备安装完成后检查螺栓全部紧固，无遗漏；

（b）完成构架接地工作；

（c）工器具清理及工作场地清理；

（d）做好过程控制和过程记录，安装记录数据真实有效。配合监理完成单位工程验收。

（3）实施总结

1）采用本施工方法后将大量空中对接工作转移至地面进行，极大提高了施工效率，节约了劳动力资源。

2）采用本施工方法后，大型吊车可集中安排进场作业，有效地减少了吊车台班数量，减少施工成本。

3）本技术注重安装过程中的安全保护措施，并极大地减少了空中对接工作，确保了施工安全。

济南 1000kV 变电站新建工程荣获 2018 年中国建设工程鲁班奖。

附件 1：受力计算书

格构式钢柱受力计算

1）格构柱吊装受力计算。双机抬吊下格构柱吊车吊点受力如附图 1 所示。

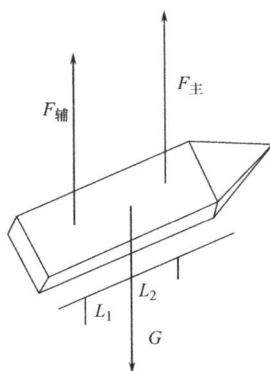

附图 1 格构柱吊车吊点受力图

L_1—辅吊车吊点距离格构柱重心距离；L_2—主吊车吊点距离格构柱重心距离；

$F_{辅}$—辅吊车吊钩承受拉力；$F_{主}$—主吊车吊钩承受拉力；G—起吊总重力

起吊载荷计算公式 $G=G_{总}+G_{吊}$

式中 G——起吊总重力（kN）；

$G_{总}$——格构柱总重力（kN）；

$G_{吊}$——绑扎吊具总重力（kN）。

a. 状态一：格构柱即将离地的水平状态。根据格构柱在起吊时力矩平衡方程得

$$F_{辅}L_1=F_{主}L_2, \ F_{辅}+F_{主}=G$$

则

$$F_{主}=\frac{L_1}{L_1+L_2}G , \ F_{辅}=\frac{L_2}{L_1+L_2}G$$

式中 L_1——辅吊车吊点距离格构柱重心距离（m）；

L_2——主吊车吊点距离格构柱重心距离（m）；

$F_{主}$——主吊车吊钩承受拉力（kN）；

$F_{辅}$——辅吊车吊钩承受拉力（kN）；

G——起吊总重力（kN）。

b. 状态二：构架柱自然垂直状态（辅吊车已脱钩），此时只有主吊车承受拉力，由受力平衡得 $F_{主}=G$，$F_{辅}=0$

2）格构柱主吊车主吊索 1 受力计算。格构柱起吊过程中由水平到自然垂直状态主吊车受力逐渐增大，辅吊车受力逐渐减小为零，因此在自然垂直状态下主吊车承受拉力最大（其值为 G），故按状态二计算主吊车主吊索 1 承受拉力。主吊索 1 受力计算简图见附图 2。

主吊车主吊索 1 承受拉力计算公式

$$f_{主1}=\frac{G}{2\sin\theta}$$

式中 $f_{主1}$——主吊车主吊索 1 承受拉力（kN）；

θ——主吊车主吊索 1 间的水平夹角（°）。

3）主吊车主吊索 2、主吊索 3 受力计算。主吊车主吊索 2、主吊索 3 分别按照下列两种状态计算其承受拉力。

a．状态一：格构柱即将离地的水平状态。主吊车主吊索 2、主吊索 3 受力计算简图见附图 3。

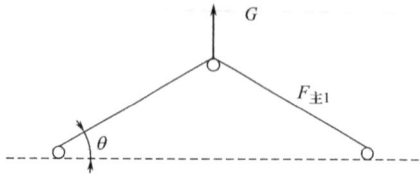

附图 2　主吊索 1 受力计算简图

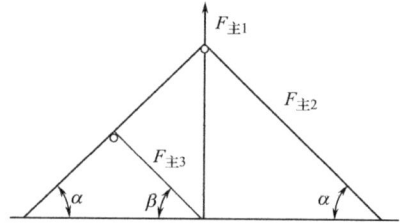

附图 3　主吊索 2、主吊索 3 受力计算图

主吊车主吊索 2 承受拉力计算公式为

$$f_{主2} = f_{主1} / (2\sin\alpha)$$

主吊车主吊索 3 承受拉力计算公式为

$$f_{主3} = f_{主2}\sin\alpha / (\sin\alpha + \sin\beta)$$

式中　$f_{主1}$——主吊车主吊索 1 承受拉力（kN）；

$f_{主2}$——主吊车主吊索 2 承受拉力（kN）；

$f_{主3}$——主吊车主吊索 3 承受拉力（kN）；

α——主吊车主吊索 2 间的水平夹角（°）；

β——主吊车主吊索 3 间的水平夹角（°）。

b．状态二：构造柱自然垂直状态（辅吊车已脱钩）。此时主吊车吊索 2、主吊索 3 夹角几乎很小，可视为零度。

主吊车主吊索 2 承受拉力计算公式为

$$f_{主2} = f_{主1} / 2$$

主吊车主吊索 3 承受拉力计算公式为

$$f_{主3} = f_{主2} / 2$$

式中　$f_{主1}$——主吊车主吊索 1 承受拉力（kN）；

$f_{主2}$——主吊车主吊索 2 承受拉力（kN）；

$f_{主3}$——主吊车主吊索 3 承受拉力（kN）。

比较两种状态下钢丝绳所受拉力，即 $f_{主2}$ 与 $f_{主2}$，$f_{主3}$ 与 $f_{主3}$，取其最大值为计算钢丝绳允许拉力 $[F_g]$。

4）辅吊车吊索受力计算。辅吊车吊索承受拉力仅按状态一情况下计算。辅吊车吊索承受拉力计算简图见附图 4。

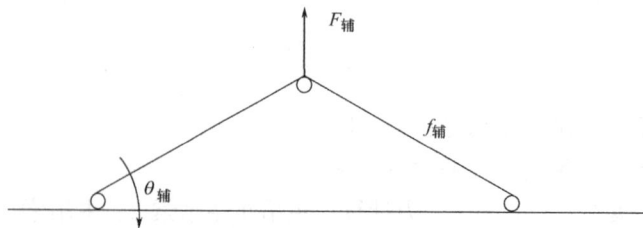

附图 4　辅吊车吊索承受拉力计算简图

辅吊车吊索承受拉力计算公式

$$f_{\text{辅}} = F_{\text{辅}} / (2\sin\theta_{\text{辅}})$$

式中　$F_{\text{辅}}$——辅吊车吊钩承受拉力（kN）；

　　　$f_{\text{辅}}$——辅吊车吊索承受拉力（kN）；

　　　$\theta_{\text{辅}}$——辅吊车吊索间的水平夹角（°）。

5）钢梁吊装受力计算。钢梁吊装承受拉力计算简图见附图5。

钢梁吊索承受拉力计算公式为

$$f_{\text{梁}} = F_{\text{梁}} / (4\sin\theta_{\text{梁}}), \quad F_{\text{梁}} = G$$

式中　$F_{\text{梁}}$——钢梁吊车吊钩承受拉力（kN）；

　　　$f_{\text{梁}}$——钢梁吊索承受拉力（kN）；

　　　G——起重总重力（kN）；

　　　$\theta_{\text{梁}}$——钢梁吊索与水平面夹角（°）。

6）钢丝绳的选择。

钢丝绳的钢丝破断拉力总和计算公式为

$$F_{\text{g}} = [F_{\text{g}}]\kappa / \alpha$$

式中　F_{g}——钢丝绳的钢丝破断拉力总和，kN；

　　　$[F_{\text{g}}]$——钢丝绳允许拉力，kN，分别取计算确定的 $f_{\text{主}1}$，$f_{\text{主}2}$，$f_{\text{主}3}$，$f_{\text{辅}}$，$f_{\text{梁}}$ 值；

　　　κ——钢丝绳安全系数，取用 6～7；

　　　α——换算系数，按表取用。

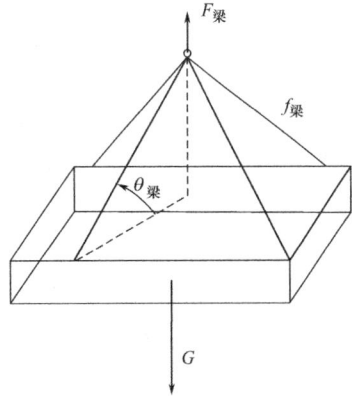

附图5　钢梁吊装承受拉力计算简图

横梁弯矩强度的验算

1）横梁吊装过程中，当不考虑吊绳水平力所产生的附加弯矩时：

跨中最大弯矩值为：

$$M_{ij-1} = 0.125q_i L_i^2 - 0.5q_i L_i X_{ij} \tag{公式 1}$$

在吊点处梁的最大负弯矩值为：

$$M_{ij-2} = -0.5q_i X_{ij}^2 \tag{公式 2}$$

q_i 为横梁均布荷载，

$$q_i = \frac{G \times 9.8}{L} \tag{公式 3}$$

2）横梁就位后在自重工况下，梁端部弯矩值为：$M = 0$

横梁跨中的最大弯矩值为：

$$M_{\max} = 0.125qL^2 \tag{公式 4}$$

挠度计算

横梁吊装时最大挠度：

$$f_{ij\text{-}\max} = \frac{q_i(L_i - 2X_{ij})^4}{384EI}(5 - 24\lambda_{ij}^2) < f_{\text{允}} \tag{公式 5}$$

其中，设计横梁刚度 $EI = 10^7 \text{kN/m}^2$；

$$\lambda_{ij} = X_{ij}/(L_i - 2X_{ij}) \qquad\qquad （公式 6）$$

（提供单位：山东送变电工程有限公司。编写人员：林凯凯、吕念、魏永乐）

4.36 架空线路密集区带电封网跨越施工技术

4.36.1 技术发展概述

面对日益增多的输电线路和不断创新的输电线路技术，尤其是特高压的兴起，使得输电线路越来越多，线路交叉跨越已无法避免且跨越电压等级越来越高。传统的输电线路架线过程中，为了确保施工安全和供电安全，一般都采用停电落线或停电搭设跨越架的方法进行跨越段施工。随着我国经济的高速发展，用电负荷日益加大，输电线路交叉跨越日益频繁，传统的停电施工方法已经越来越无法满足优质可靠供电的需求。国内外对于一档跨越多条带电线路的情况，很少有文献中提及，相关的设计理论和施工方案还不够完善。本技术针对新建线路跨越密集带电线路的情况，进行相关研究，完善了相关的设计理论，提出了相应的跨越措施和施工方案。

4.36.2 技术内容

（1）施工工艺流程（图 4.36-1）

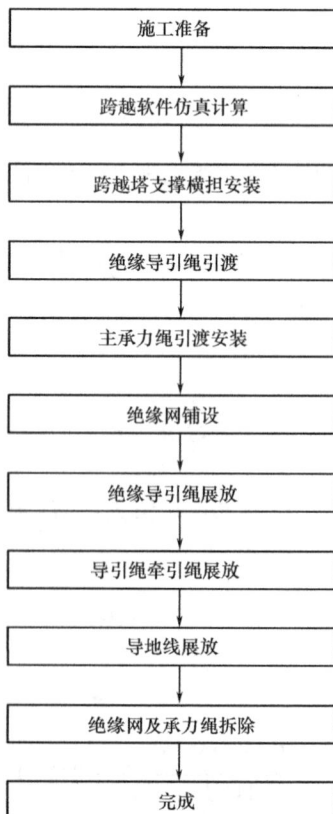

施工准备

跨越软件仿真计算

跨越塔支撑横担安装

绝缘导引绳引渡

主承力绳引渡安装

绝缘网铺设

绝缘导引绳展放

导引绳牵引绳展放

导地线展放

绝缘网及承力绳拆除

完成

图 4.36-1 工艺流程图

（2）操作要点

1）跨越塔支撑横担安装

地面准备：两跨越塔各自埋设 4 个 5t 地锚用于承力绳锚线。地锚埋设距离应保证承力绳与地面夹角＜30°。

塔上准备：在横担下 10～15m 处安装抱杆支撑横担 550mm×550mm×25000mm，支撑横担固定在塔身主材与斜材连接处，并用 φ15.5 钢丝绳与跨越塔本体相固定。具体示意图见图 4.36-2。

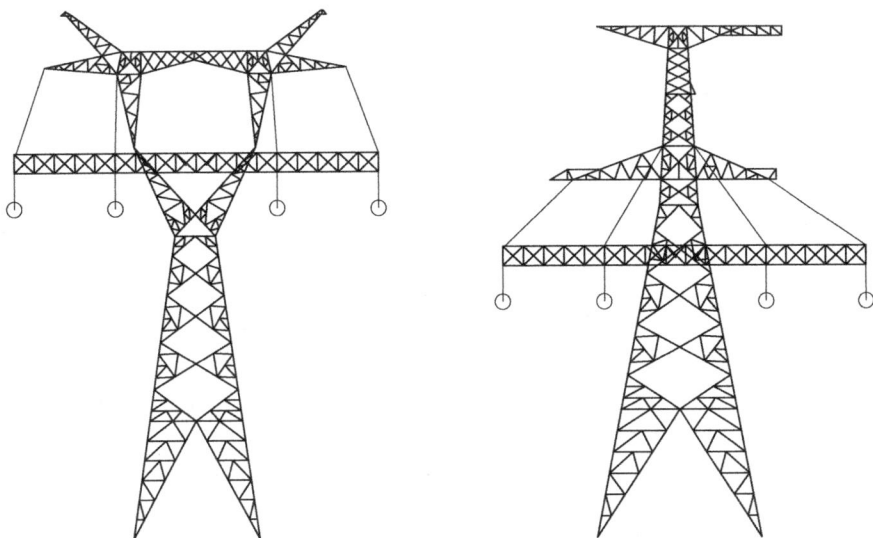

图 4.36-2　跨越塔支撑辅助横担安装

承托绳固定用尼龙滑车悬挂于□550 钢抱杆下方，每相封网的 2 个滑车相互距离与绝缘网宽度配合 6m。

2）引渡绳翻越被跨越线路

采用人工翻越带电线路，经培训考试合格的专业带电作业高空工作人员 1 人携带经测试绝缘合格的 φ8 迪尼玛绳 100m 登上带电线路塔顶，将携带的 φ8 迪尼玛绳翻越其导、地线后下塔（或采用射绳枪将迪尼玛绳射过被跨越线路）。

将翻越的引渡绳人工平移到跨越点位置后做成循环绳。

登塔人员配绝缘手套、绝缘鞋、安全带，施工中登塔人员不接触带电导线，与架空地线接触时使用绝缘手套。

3）引渡承托绳、辅助绳

利用已翻越的引渡绳采用"1 牵 2"方式同时将 φ16 主承托绳、φ8 辅助绳人工拖过带电线路。

主承托绳、辅助绳长度按被跨线路宽度选用。承托绳用来张网以及承受导引钢丝绳的重量；辅助绳用来牵引绝缘网就位。承托绳拖到两跨越塔后，连上各自固定的尼龙滑车。

用 3t 卸扣连接 φ13 钢丝绳，锚固钢丝绳一头连接承托绳卸扣，另一头串接 3t 手板葫芦，人工调节使承托绳弧度达到要求后连接地锚。同相的两根承托绳弧度用经纬仪调平。

辅助绳的作用是把绝缘网牵引到被跨越线路上方。辅助绳拖到跨越塔后留足上塔余绳，等待与绝缘网连接。

4）牵引跨越网就位（图 4.36-3、图 4.36-4）

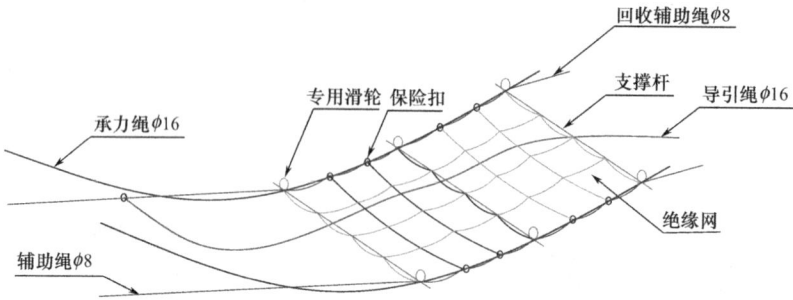

图 4.36-3　封网施工示意图

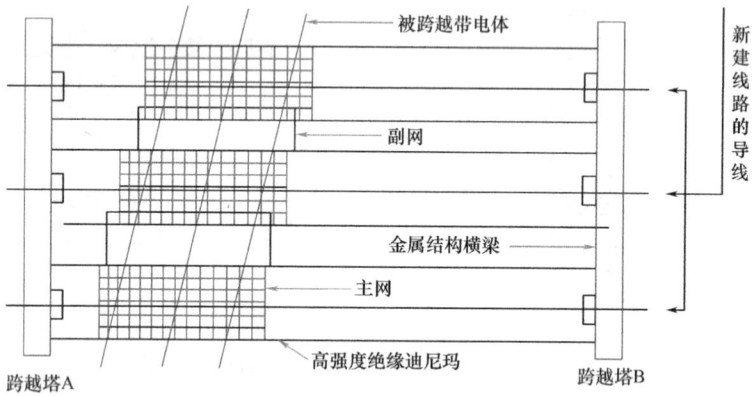

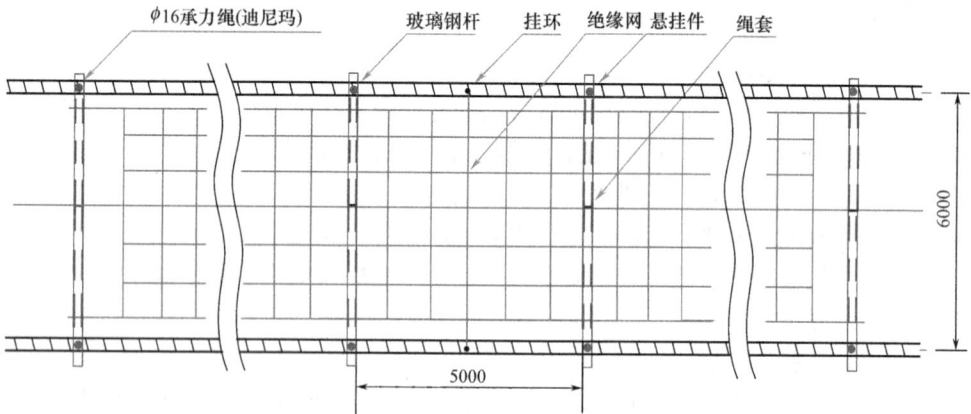

图 4.36-4　封网连接示意图

5）绝缘导引绳的翻越

参照动力伞放线方式步骤按正常施工程序进行。

6）收回防护设施

导地线架设完毕后为确保安全，将尼龙网防护设施用已铺好的 2 根 φ8 回收辅助绳收回，反向用的 2 根 $\phi 8$ 辅助绳控制拉住，拉回到跨越塔（架）后再吊下，拆除并回收绝缘网。

4.36.3　技术指标

(1)《110～500kV 架空送电线路施工及验收规范》GB 50233；

(2)《110～500kV 架空电力线路工程施工质量及评定规程》DL/T 5168；

(3)《110～750kV 架空输电线路设计规范》GB 50545；

(4)《建筑结构荷载规范》GB 50009；

(5)《圆线同心绞架空导线》GB 1179；

(6)《架空送电线路杆塔结构设计技术规定》DL 5154；

(7)《交流电气装置的过电压保护和绝缘配合》DL/T 620；

(8)《跨越电力线路架线施工规程》DL 5106。

4.36.4　适用范围

适用于架线过程中带电跨越各种电压等级下的输电线路，还适用于跨越通航河道、铁路、公路等障碍物的放线，实现全档距、全过程不封航、不停电、不封路的输电线路架线工程。

4.36.5　工程实例

阿克苏库车 750kV 变电站送出工程

(1) 工程概况

工程地点：新疆维吾尔自治区阿克苏地区库车县。

工程规模：①龟兹 220kV 变母线更换及间隔完善工程；②牙哈 220kV 变（至库车 750 变及台远变）220kV 间隔扩建及保护改造工程；③台远 220kV 变保护改造工程；④拜城 220kV 变保护改造工程；⑤龟兹变至拜城变开口接入库车 750kV 变 220kV 线路工程，线路全长 17.311km；⑥牙哈变至拜城变开口接入库车 750kV 变 220kV 线路工程，线路全长 13.698km；⑦龟兹变至台远变 I 回开口接入库车 750kV 变 220kV 线路工程；线路全长 0.8km；⑧相应的光纤通信工程。

跨越情况：本工程在新建龟兹变-拜城变开口接入 750kV 变送电线工程，新建 220kV 线路 C24～C25 档跨越两条线路：一条是 220kV 拜兹线 356 号～357 号档，另一条是 110kV 拜库线 136 号～137 号。跨越平面图如图 4.36-5 所示。

(2) 技术应用

1) 技术难点

密集区带电封网跨越施工技术难点为实现全档距、全过程不封航、不停电、不封路的输电线路架线。

2) 关键技术特点

提出针对封网跨越密集带电线路的设计理论，编制密集封网跨越带电线路方案设计软件，对带电跨越施工场景三维仿真，建立三维施工场景，提高带电跨越施工方案设计的工作效率，提高施工安全水平。

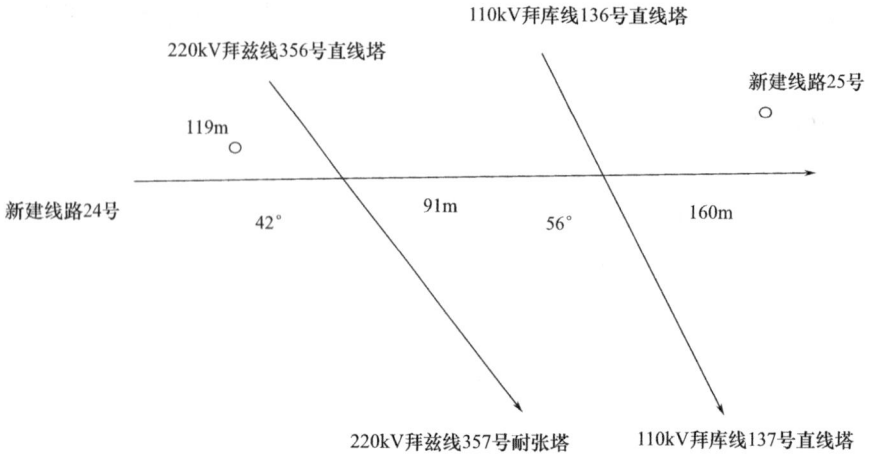

图 4.36-5　跨越示意图

3）施工工艺和过程

① 线路参数

a. 气象条件

本工程的气象条件如表 4.36-1 所示。

计算用气象条件

表 4.36-1

项目	气温（℃）	风速（m/s）	覆冰（mm）
最低气温	−10	0	0
年平均气温	15	0	0
基本风速	−5	25	0
覆冰	−5	10	导线　5
			地线　10
最高气温	40	0	0
安装	−5	10	0
雷电过电压	15	10	0
操作过电压	15	15	0
验算覆冰	−5	10	导线　20
			地线　25
冰的密度（g/cm³）	0.9		

b. 被跨线路情况

本次跨越一档跨越两条线路，线路具体参数如表 4.36-2 所示。

被跨越线路参数

表 4.36-2

被跨越线路序号	1	2
电压等级	220kV	110kV

被跨越线路序号	1	2
导线型号	LGJ-400/25	LGJ-300/50
档距(m)	260	160
被跨越塔高(m)	22.5	16.5
顺新建线路方向跨越点距离(m)	119	210
交叉跨越角	42°	56°
高差角	0	0
规程规定安全距离(m)	3.6	1.5
塔头信息	有两根地线	有两根地线
导(地)线挂点左边距(m)	9.55	7.6
导(地)线挂点右边距(m)	9.55	7.6
对地安全距离(最高温)(m)	16.91	19.98
对地安全距离(最低温)(m)	18.75	18.34
对地安全距离(安装)(m)	18.55	18.47
对地安全距离(最大风)(m)	19.02421	18.03

c. 新建线路情况

新建线路参数如表 4.36-3 所示。

新建线路参数　　　　　　　　　　　　　　　　　表 4.36-3

新建线路参数	
电压等级	220kV
导线型号	LGJ-400/35
档距(m)	370
水平档距(m)	340
垂直档距(m)	420
绝缘子串长度(m)	10.5
绝缘子串重量(m)	730
绝缘子风压比载(MPa/m)	156.35
A 塔高(m)	37
B 塔高(m)	40.8
水平放线应力(MPa)	30.5
放线滑车重量(kg)	10

② 封网装置的设计

针对被跨线路的情况，根据封网跨越设计理论，计算结果如表 4.36-4 所示。

封网装置长度和宽度计算值　　　　　　　　　表 4.36-4

被跨越线路序号	1	2
顺新建线路方向跨越点距离（m）	119	210
封网长度（计算值）（m）	87.706	67.932
封网宽度（计算值）（m）	5.853	6.36

考虑到封网网宽一般采用定型网宽设计，500、750kV 采用 6m 或 7m 网宽设计，1000kV 采用 8m 网宽设计。故对封网装置的尺寸进行优化设计，其结果如表 4.36-5 所示。

封网装置长度和宽度设计值　　　　　　　　　表 4.36-5

被跨越线路序号	1	2
顺新建线路方向跨越点距离（m）	119	210
封网长度（设计值）（m）	88	68
封网宽度（设计值）（m）	6	7

封网装置的使用情况如图 4.36-6 所示。

图 4.36-6　封网装置使用情况

每相封网装置材料参数及数量见表 4.36-6。

每相封网装置材料参数及数量　　　　　　　　　表 4.36-6

序号	名称	规格	数量	计算重量	用途
1	迪尼玛绳	$\phi 16$	400m×2 根	0.195kg/m	承载索
2	迪尼玛绳	$\phi 8$	270m×2 根 45m×2 根	0.053kg/m	牵网绳
3	高强度锦纶绳网	$\phi 12$	7 张	13kg/张	封网
4	玻璃钢撑杆	$\phi 50 \times 8$	8 根	8kg/个	撑网
5	撑杆滑轮	1t	8 个×2	0.45kg/个	承杆
6	连接挂钩	1t	48 个×2	0.45kg/个	连接承网

③ 承载索计算

采用封网跨越设计理论进行计算,先假定承载索悬挂位置位于导线悬挂点下方 4m 处,选用 $\phi16$ 迪尼玛绳。再对承载索距新建导线和跨越导线的净空距离以及承载索的张力进行校验,若承载索的净空距离满足要求,则承载索的悬挂位置符合要求;若不满足要求,则重新选定承载索位置或提高导线挂点位置,再进行校验。若承载索的张力满足要求,则选用迪尼玛绳符合要求,若张力不满足要求,则重新选择迪尼玛绳型号,重新进行检验。承载索的计算结果如表 4.36-7 所示。

承载索在各种工况下的 F 值   表 4.36-7

项目	最低气温	最大风速	安装情况	最高温
气温(℃)	−10	−5	−5	40
最大容许张力(N)	59200	59200	59200	—
最小容许张力(N)	29621.68	31905.18	29768.56	29621.68
F_a 值(N)	21.142×10^3	27.616×10^3	21.53×10^3	—
F_b 值(N)	165.848×10^3	152.069×10^3	164.848×10^3	165.824×10^3

F 值的选定范围从 27.616×10^3 到 152.069×10^3,选定 F 值为 100×10^3,则承载索的张力值和弧垂如表 4.36-8 所示。

承载索在各种工况下的张力值   表 4.36-8

项目	气象条件	空载张力(N)	静载事故张力(N)	动载事故张力(N)	安全放线工况张力(N)
工况 1	最低温	4902.575	20296.46	27872	4902.575
工况 2	最大风	9406.284	22595.95	29800.07	9406.284
工况 3	安装	5224.502	20450.61	28003.21	5224.502
工况 4	最高温	4900.426	20291.63	27866.59	4900.426

由表 4.36-8 可知,承载索在 4 种工况下张力均满足要求,所选用的迪尼玛绳型号符合要求。对承载索的弧垂进行计算,见表 4.36-9。

承载索在各种工况下的弧垂值   表 4.36-9

项目	气象条件	被跨越线路1垂直平面空载弧垂(m)	被跨越线路1垂直平面静载弧垂(m)	被跨越线路1动载垂直平面弧垂(m)	被跨越线路1安全放线垂直平面弧垂(m)	被跨越线路1 允许弧垂(m)
工况 1	最低温	5.85	9.41	9.81	5.85	10.22
工况 2	最大风	2.93	3.21	3.25	2.93	10.22
工况 3	安装	4.19	6.2	6.43	4.19	10.22
工况 4	最高温	5.85	9.41	9.81	5.85	10.22

续表

项目	气象条件	被跨越线路2垂直平面空载弧垂(m)	被跨越线路2垂直平面静载弧垂(m)	被跨越线路2动载垂直平面弧垂(m)	被跨越线路2安全放线垂直平面弧垂(m)	被跨越线路2允许弧垂(m)
工况1	最低温	6.58	12.82	13.65	6.58	17.66
工况2	最大风	3.29	4.17	4.28	3.29	17.66
工况3	安装	4.71	8.41	8.92	4.71	17.66
工况4	最高温	6.58	12.82	13.65	6.58	17.66

由表4.36-9可知，承载索在4种工况下的弧垂能够满足允许弧垂的要求。对承载索净空距离进行计算，计算结果如表4.36-10所示。

承载索的净空距离计算值 表 4.36-10

跨越点1	承载索悬挂点距导线悬挂点距离(m)	安全放线工况下承载索与跨越点的净空距离(m)	安全放线工况下跨越点处新建导线与承载索的净空距离(m)
计算值	4	7.484	1.308
跨越点2	承载索悬挂点距导线悬挂点距离(m)	安全放线工况下承载索与跨越点的净空距离(m)	安全放线工况下跨越点处新建导线与承载索的净空距离(m)
计算值	4	13.232	1.528

从表4.36-10结果中可以看出，承力梁若挂在导线滑车下方4m处，在正常牵引过程中，导线走板与承载索净空距离为1.308m，走板无法通过。采取措施将滑车高挂或者将承载索悬挂点降低。这里采取将承载索挂点降低的措施，重新计算如表4.36-11。

承载索的净空距离计算值 表 4.36-11

跨越点1	承载索悬挂点距导线悬挂点距离(m)	安全放线工况下承载索与跨越点的净空距离(m)	安全放线工况下跨越点处新建导线与承载索的净空距离(m)
计算值	9	5.53	4.99
跨越点2	承载索悬挂点距导线悬挂点距离(m)	安全放线工况下承载索与跨越点的净空距离(m)	安全放线工况下跨越点处新建导线与承载索的净空距离(m)
计算值	9	8.95	4.99

这样保证放线时走板顺利通过，保证放线安全。

基于以上计算可知：

a. 承载索应悬挂在距导线悬挂点下方9m处，才能保证放线走板顺利通过。

b. 在跨越点1，封网装置长度的设计值为88m，封网装置的宽度设计值为6m。在跨越点2，封网装置长度的设计值为68m，封网装置的宽度设计值为7m。

c. 在跨越点1，安全放线工况下承载索与跨越点的净空距离为5.53m，安全放线工况下跨越点处新建导线与承载索的净空距离为4.99m。在跨越点2，安全放线工况下承载索与跨越点的净空距离为8.95m，安全放线工况下跨越点处新建导线与承载索的净空距离为

4.99m。都满足安全净空距离的要求。

d. 承载索在 4 种工况下张力均满足要求，所选用的迪尼玛绳型号符合要求。

e. 利用设计软件的方案，应用效果良好。在满足施工要求的前提下，既简化了施工设计工作量，提高了施工设计效率，又能实现不停电作业，减少经济损失，提高企业效益。

④ 施工要点

a. 主要工器具：用于跨越档内的工器具全部为高强度绝缘工器具，其中主承托绳、辅助引渡绳、跨越段内绝缘导引绳均采用高强度绝缘迪尼玛绳，主要如下：封网主承托绳及绝缘导引绳采用 $\phi16$ 迪尼玛绳，破断拉力 21t，单位重量 0.105kg/m。辅助引渡绳采用 $\phi8$ 迪尼玛绳，破断拉力 5.4t，单位重量 0.042kg/m。绝缘网采用 $6m \times 10m$ 定制尼龙绝缘网。个人配备绝缘手套、绝缘鞋。

b. 跨越塔支撑横担安装见技术内容（2）操作要点。

c. 引渡绳翻越被跨越线路见技术内容（2）操作要点。

d. 引渡承托绳、辅助绳见技术内容（2）操作要点。

e. 牵引跨越网就位：

（a）绝缘网规格每张为 $6m \times 10m$，总长按被跨线路的宽度再加 10m 选用。

（b）支撑杆为玻璃钢制，距离 5m 布置一根。

（c）专用滑轮安装于支撑杆上。承托绳通过专用滑轮承载绝缘网及导引绳应力，使绝缘网在承托绳上自由滑动。绝缘网其余节点用保险扣挂于承托绳上。

（d）辅助绳、回收辅助绳的作用是牵引绝缘网使其在承托绳上移动。张紧绝缘网以保证有效长度。回收辅助绳在拆除绝缘网的时候用于牵引。

（e）每相每组绝缘绳网由 2 根承托绳和多套玻璃钢防护杆连同尼龙网防护设施组成。玻璃钢防护杆连同尼龙网先在地面定长连接拼装好，通过支撑横担 $\phi8mm$ 辅助绳两端同时起吊，玻璃钢防护杆两端用尼龙滑车挂在承托绳上，尼龙网两端用丙纶绳绑在玻璃钢防护杆上，两侧分别用保险钩挂在承力绳上。

（f）尼龙网利用先前牵放好的 2 根 $\phi8mm$ 辅助绳牵引，后部连接 2 根 $\phi8$ 回收辅助绳拖住，以便调整封网的准确位置。

（g）为防止感应电对防护设施的影响和损坏，要做好工作接地和防感应电措施。分别在支撑横担上对承托绳接地，接地方式采用裸铜线缠绕在承托绳上 1.5m 左右，另一端接地。防护网隔夜，第二天使用前用"钳形漏电电流表"对迪尼玛绳检测泄漏电流，如大于 0.5mA 则不能施工，寻找原因加以解决后才能继续施工。

（h）防护设施与 110kV 有电线路地线安全距离控制在不小于 3m，与 35kV 不小于 2m，在被跨线路地线上 2m 设立警戒线，派监测人在塔上用罗盘仪观察控制。

f. 绝缘导引绳的翻越：利用动力伞放线方式步骤按正常施工程序进行。

g. 收回防护设施：

（a）导地线架设完毕后为确保安全，将尼龙网防护设施用已铺好的 2 根 $\phi8$ 回收辅助绳收回，反向用的 2 根 $\phi8$ 辅助绳控制拉住，拉回到跨越塔（架）后再吊下，回收并拆除。

（b）回收承托绳时，先在一端固定于地面手链葫芦上的 2 根承托绳与 1 根 $\phi8$ 迪尼玛引渡绳连接，并使这根引渡绳带力后，再断开承托绳与地面的连接，同时另一侧牵引 2 根承托绳回收，到位后释放这根引渡绳。回收承托绳时要注意与 110kV 及 35kV 导线的距离。

（c）重复操作，每相下的保护网仅剩 1 根 $\phi 8$ 引渡绳。将其一端移至跨越塔（架）横担处，利用已展放完毕的导线，人工走线将该绳回收。

h. 施工中要注意的几个问题：

（a）迪尼玛绳应有专人进行保管，不能直接接触地面，置于干燥的库房。若受潮，晾晒后再存放。

（b）迪尼玛绳应每半年试验一次，要求 0.5m 长耐受工频交流电压≥105kV（5min）。工程开工前进行绝缘电阻测定，当两极间距为 2cm 时，用 2500V 摇表测量绝缘电阻≥700MΩ。

（c）迪尼玛绳重点做好"六防"——防止超负荷、超性能使用；防止打结系扣和弯折锚接；防止火源、热源或摩擦发热损伤；防尖利硬物摩擦、撞击、挤压；防潮湿；防油污。

（d）迪尼玛绳接长时利用两端编插的连接环直接套接。用连接器连接时，连接器的穿销直径宜大于迪尼玛绳公称直径的 2 倍。

（e）迪尼玛绳过转向滑车时，滑车的槽底直径应大于迪尼玛公称直径的 11 倍；牵引迪尼玛过双筒摩擦轮时，其槽底直径宜大于迪尼玛公称直径的 25 倍。

（f）不停电张力架线防护设施的施工要选择天气晴朗、风力小的日子，避免雨天等恶劣天气。

（g）施工前检查牵张循环过程中选用的锚固工具、牵张设备、导引绳、牵引绳和连接等施工器具，施工所用的机具设备和工器具机械性能完好。

（h）在张网、收网和收线、架线施工时，为预防万一，确保安全，被跨越运行的 110kV 有电线路在施工期间要连续停用重合闸。

（i）在张网、收网和收线、架线施工时，对承力绳的受力情况通过拉力表监控，对感应电通过"钳形漏电电流表"监测，对防护设施与 110kV 有电线路地线安全距离有专人在塔上用罗盘仪观察监控。

⑤ 劳动力组织（表 4.36-12）

劳动力配备表　　　　　　　　　　　　　　　　表 4.36-12

序号	岗位名称	工作任务	数量
1	施工队长	负责基础施工的全面工作,现场组织协调,工器具准备,物资供应计划,现场安全、质量、进度控制和对外协调	1
2	安全员	制止和纠正现场违章行为,负责现场布置和工器具的检查,做好现场安全监护	2
3	质量员	负责现场施工过程的质量控制,督促施工人员按照质量标准和相关技术规程和技术措施要求施工	1
4	机械操作手	严格按照机具操作规程操作,定期对机具和设备进行保养维护,严格执行现场指挥人员的指令	2

续表

序号	岗位名称	工作任务	数量
5	钢筋绑扎人员	负责基础钢筋的绑扎,严格按照图纸进行施工	3
6	模板工	负责玻璃钢模板安装和防冻胀处理	2
7	混凝土工	严格按照配合比要求进行上料	2
8	测工	负责基础开挖前分坑放样	1
9	普工	了解现场施工危险点,熟悉作业流程,做好本职工作	6
10	安装工	负责装配式基础(热棒)吊装	2

⑥ 设备准备（表 4.36-13）

主要设备表　　　　　　　　　　　　　　　　表 4.36-13

系统	工具名称	规格	单位	数量	备注
悬吊承托系统	临时钢桁架	550×550×25000mm	根	2	
	尼龙滑车	$\phi300$	只	12	
	吊索	$\phi15.5×10m$	根	12	
	临时拉线	$\phi13×120m$	根	12	
	侧面拉线	$\phi13×150m$	根	6	
	地锚	5t	个	16	
	手扳葫芦	3t	个	20	
	连接钢绳	$\phi15.5×8m$	根	32	
	补强钢绳	$\phi15.5×10m$	根	6	
	U 形环	U-10	个	100	
绝缘护网系统	迪尼玛承托绳	$\phi16×300m$	根	6	
	迪尼玛导引绳	$\phi16×100m$	根	2	
	迪尼玛辅助绳	$\phi8×300m$	根	6	
	迪尼玛回收辅助绳	$\phi8×200m$	根	6	
	尼龙顶网	$6×10m^2$	张	15	
	玻璃钢杆	6m	根	20	
	玻璃钢杆固定封口尼龙滑车	$\phi60$专用	只	40	
	毡布	6m×30m	张	2	
其他	机动绞磨	3t	台	6	
	接地裸铜线	$25mm^2$ 软扁铜线	m	400	
	钳形漏电电流表		只	2	

4）安全措施

① 安全管理制度

a. 认真学习各个工序作业指导书的安全措施，制定各工序安全技术措施，做到"三不伤害"。

b. 建立健全安全保证体系，落实安全生产责任制度，充分发挥各级安全监督作用。

c. 新上岗人员需进行培训，并经三级安全教育方可上岗。

d. 认真执行各级安全规章制度，定期开展各种安全活动。

e. 加强劳务人员的安全管理，明确责任，制定安全技术措施，认真进行技术交底。

② 不停电作业措施

a. 书面向运行单位申请不停电跨越手续。

b. 施工时请运行单位派人员配合施工监护。

c. 绝缘工具和绝缘保护用品配戴齐全，并经检验、试验合格。

d. 上下传递物件需用绝缘绳，并设监护人。

e. 整个放线过程设专人现场监视，制定应急预案，医护人员现场值班。

f. 施工完毕检查无误通知运行单位。

③ 封网跨越安全措施

a. 10kV 以上电力线及重要跨越应有专题施工措施方案。

b. 跨越架应牢固可靠，并有斜撑拉线。

c. 被跨线不停电时，架线必须满足电气安全距离严防触电。

d. 线头绳头过架必须用绝缘绳索引过渡。

e. 35kV 以下跨越专职安全员必须到场；110kV 及以上跨越项目总工必须到场，方案由公司总工审批，并按重大危险项目申报。

（3）实施总结

该技术应用在阿克苏库车 750kV 变电站送出工程中，精确计算出放线过程中牵张力控制下导地线对封网绳的高度，封网速度快，材料轻便，一次封网可跨越多处被跨物，高效完成密集线路的带电跨越施工，与常规采用的封网跨越的施工方法相比节约成本约 120 万元。该技术应用缩短了工作时间，提高了工作效率，降低了施工风险，保障了施工安全，满足了工期要求。获得行业级工法 1 项，技术成果获评中国施工企业协会科技进步奖、中国电力建设科技成果奖等奖项。

（提供单位：中国葛洲坝集团电力有限责任公司。编写人员：艾华）

4.37 输电线路可转动复合横担技术

4.37.1 技术发展概述

输电杆塔利用复合材料的机械及绝缘性能，可实现结构材料和功能材料的高度统一，具有非常显著的优势，在输电杆塔设计领域越来越受到工程界的重视。随着复合材料技术及其制造工艺的发展，输电线路采用复合材料杆塔已成为一种趋势。复合材料杆塔用于输电线路可以节约大量的钢材，还可以减小塔头尺寸，减少走廊宽度；杆塔轻便，易加工成型的特点，可以大幅度地降低杆塔的运输和组装成本；杆塔的耐腐蚀、耐高低温、强度大、被盗可能性小的特点，可降低线路的维护成本；由于杆塔颜色可调、无毒害、报废后可再利用，增强了线路的"环境友好性"。

目前我国对复合材料杆塔的研究进展迅速，在输电领域已成功应用复合材料单杆、复合材料格构式杆塔、超、特高压复合材料横担杆塔等。复合材料物理层面上的材料性能、连接技术和抗老化性能等将随着应用的增加而逐步优化，而复合材料杆塔的研究将从微观层面转换到宏观层面，即从复合材料的材料性能到功能性能相结合的设计研究，研究出多种符合复合材料特性的杆塔形式具有重要的意义。

4.37.2 技术内容

近些年来，国内输电杆塔结构对于复合材料的应用日渐增多，已有多条线路的复合材料杆塔建设运行。复合材料横担的实现，取得了巨大的经济效益。

（1）降低风偏闪络概率。由于采用复合材料，其绝缘性能优良，仅用较短的悬垂金具串连接联板和导线，即使发生超预期风偏，也不会发生风偏闪络事故，有利于保证线路的安全运行。

（2）压缩走廊宽度。利用复合材料的绝缘特性，通过合理设计，可有效压缩走廊宽度，大大减少房屋拆迁量，具有重要的社会和经济效益。

（3）节省本体投资。利用复合材料的绝缘特性，缩短了悬垂绝缘子串的长度，降低了杆塔的高度，减小导、地线荷载作用，使得塔重和基础混凝土量降低，节省了安装、运输成本，减少了本体投资。

（4）资源节约。传统铁塔原材料为铁矿石，需要大量进口，而复合材料的主要原材料为二氧化硅矿石，中国蕴藏量丰富，采用复合材料更有利于节约和利用国有资源。

（5）环境友好。复合材料制品与钢构件相比，生产能耗低，环境污染小；同时复合材料易加工、颜色可调，能够与环境协调，可增强线路的环境友好性。

4.37.3 技术指标

电磁环境要求的最小塔头尺寸。导地线布置首先需满足电磁环境限值的要求，根据特高压深化研究最新成果，针对导线方案，给出了最小塔头尺寸，复合横担组合绝缘配置。按照复合横担污秽耐压试验结果，复合横担的有效绝缘部分长度应大于相应复合绝缘子最小电弧距离。复合横担直线塔绝缘方式，考虑到电磁环境要求，缩短绝缘子串长也不能过多压缩导线层间距离，而悬挂适当长度的悬垂绝缘子可以缩短复合横担的长度；通过综合比较，推荐采用复合横担＋悬垂绝缘子串的绝缘方案。

（1）取消悬垂绝缘子，显著减小导线风偏摆幅，横担长度可减小为30%。

（2）采用可转动复合横担，不平衡张力降低约79%，节省塔材约5%。

（3）缩小走廊宽度28%，在房屋密集地段显著减少拆迁。

4.37.4 适用范围

适用于房屋密集、走廊拥挤地带的输电线路工程。

4.37.5 工程案例

（1）工程概况

内蒙古锡林郭勒盟-胜利1000kV特高压交流输变电工程线路工程，起于胜利1000kV变电站，止于锡林郭勒盟1000kV变电站。线路全长2×236.8km。

其中，4 标起自内蒙古锡林浩特市正蓝旗赛因呼都嘎苏木宝日呼吉尔，止于正蓝旗赛因呼都嘎苏木幸福村，两条单回路线路并行架设。本标段共有杆塔 146 基，直线塔 129 基，转角塔 17 基。设计基准风速 30m/s、设计覆冰厚度 10mm。导线型号：导线采用 8×JL1/LHA1-465/210 铝合金芯铝绞线；地线采用一根 JLB20A-170 铝包钢绞线和一根 OPGW 光缆。本标段试用的 3ZR055＋1 塔形为 FZ1 复合横担塔，杆塔呼称高 46m，全高 77.4m。

（2）技术应用

由于复合材料是一种脆性材料，其力学性能与金属材料有本质的区别，连接部位往往是薄弱环节，连接部位的设计和分析是复合材料整体结构设计计算的重点。通过对国内外复合材料连接设计的广泛调研发现，目前承力复合材料构件主要采用螺栓连接、胶接、螺栓-胶接混合连接和预埋金属件接头、通过金属件接头相连四种连接方式。对于圆形闭口截面构件，以胶接和预埋金属接头为主。

对于胶接，由于其连接部位质量小、引起的永久变形小等优点，在飞机制造业中应用最为广泛。欧洲和美国的复合材料结构设计规范中也对复合材料胶接进行了介绍并且列出了相关的设计方法，均认为复合材料胶接拥有足够的连接强度，且胶接强度大于机械连接强度，但是由于不可拆卸，在注重环保和材料可持续利用的欧美国家并不被提倡使用。胶接一般在工厂里完成，现场胶接的质量得不到可靠保证，同时目前国产胶的承载力较低，难以满足复合横担的承载力要求。因此复合横担不能采用胶接的连接方式。对于预埋金属件接头，其承载力较高，连接方便，但其工艺较为复杂，难以在多规格材质的复合横担上应用。

在借鉴预埋金属件接头、螺栓连接和胶接等连接方法的基础上，又形成了一种新型节点连接方式——钢套管式节点，该节点生产过程为在复合材料型材成型后，利用胶结连接金属件，再通过金属件进行螺栓连接。钢套管式节点具有以下优点：

1）提高了节点的承载能力：通过在复合材料管端头设置外套钢管的处理方式，钢套管对复合材料构件形成了一定的约束作用，限制了变形，提高了其承载力。

2）传力可靠：这类节点主要借鉴了钢结构的思想，与传统的钢结构类似，设计经验较为成熟，传力明确可靠。

3）连接方便：套管在工厂与复合材料进行胶结，现场只需进行金属件之间的螺栓连接，这与传统钢结构完全相同，技术要求较低，便于现场组装。

但钢套管式节点重量较重，并且增加了横担长度，结合 750kV 新疆与西北联网第二通道工程复合横担的设计方案，考虑目前加工工艺的实际技术水平，构件两端节点采用法兰连接，通过法兰复合化实现节点复合化，其具体构造如图 4.37-1 所示。采用该连接方式，在相同绝缘长度下，可有效缩短横担长度达 0.6～1.0m，经济效果显著。

由于复合材料的加工厂家提出复合法兰目前没有在工程中得以应用，复合法兰表面需要喷漆处理，对于耐老化性能又需要进一步验证，为满足依托工程的建设环境及工期紧张的要求，结合国内复合节点加工工艺水平，建议本课题复合横担塔继续采用较成熟的钢套管式金属节点。对于复合法兰节点设计方案，我们只进行有限元仿真分析。

对于复合材料构件端部与复合绝缘子端部的连接形式，根据以往的工程经验和有限元分析结果，可采用图 4.37-2 所示的连接方式，即复合材料构件与复合绝缘子端部构造一

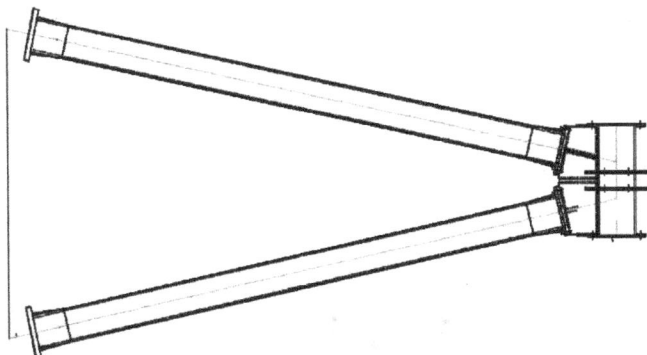

图 4.37-1 复合节点方案

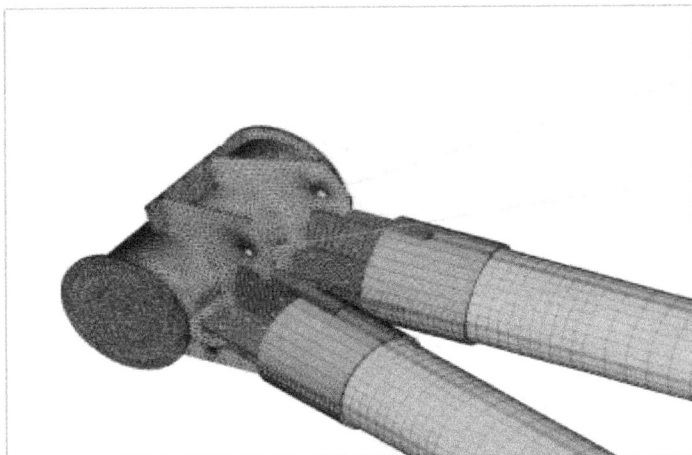

图 4.37-2 仿真模型

段钢管，通过钢管上焊接钢板与复合构件端部钢套管上焊接的十字插板，采用螺栓连接在一起，通过 ANSYS 有限元模拟分析，此种节点形式传力清晰，安全可靠，可用于特高压交流工程复合横担塔的构件连接。

对于复合材料与塔身的连接，相对于端部的构造形式较为简单，复合材料构件根部的钢套管上焊接十字插板，与塔身上连接的火曲板通过缀板用螺栓相连。通过 ANSYS 有限元模拟分析此种连接方式传力清晰，节点安全可靠，具有很好的推广价值，如图 4.37-3、图 4.37-4 所示。

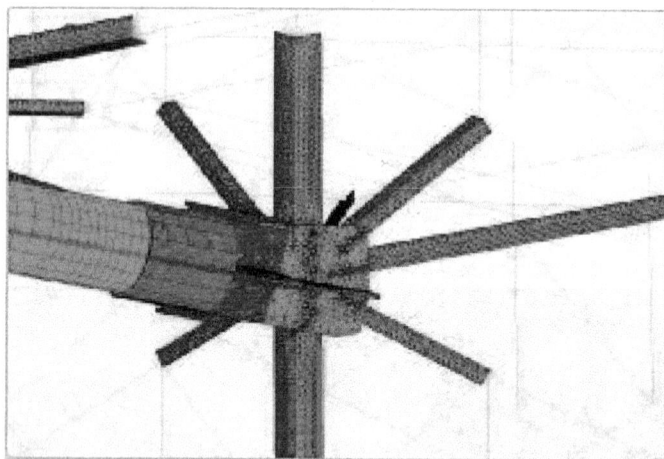

图 4.37-3　与塔身连接节点

图 4.37-4　真型塔试验

（3）实施总结

工程在单回路平丘段采用了复合横担塔。与常规角钢塔比较，上字形复合横担和酒杯形复合横担塔走廊宽度分别降低 33％和 10％，塔重分别降低 25％和 31％，基础混凝土方量分别降低 42％和 8％，综合造价分别降低 10％和 18％，由此可见，酒杯形塔有明显的优势。

（提供单位：山东电力工程咨询院有限公司。编写人员：宋志昂）

4.38 特高压交流变电站主变备用相快速更换技术

4.38.1 技术发展概述

1000kV 变电站主变和高抗制造技术难度大、生产周期长，故障时检修周期较长，主变外形尺寸和重量大、运输难，设置备用相可以缩短检修周期。因此，已建和在建的特高压主变和高抗均配置了备用相。

目前，主变备用相按生产厂家设置，布置位置优先考虑"永临结合"，一般布置在远期变压器的预留位置，设置永久基础、油池、防火墙、构架及地面以下消防管道，不安装地面以上永久消防设施。高抗备用相按生产厂家和不同容量配置，布置在变电站空余场地。当在运特高压主变或高抗的一相发生故障时，采用人工＋机械的方式更换备用相。

如果备用相更换时间长，不利于电网安全运行，因此，本技术开展特高压变电站主变和高抗备用相快速更换方案研究，以实现变压器备用相与故障相之间的快速更换，从而缩短停电时间，提高供电的可靠性和经济性。

4.38.2 技术内容

在综合比较拆套管搬运、过渡跨线（架空导线和 GIL 管）切改、轨道整体搬运等方案后，确定主变压器采用轨道整体搬运方案以实现备用相快速切换。变压器整体搬运方案是指将故障相变压器（含套管、散热器、油枕及其他附件）搬至运输小车，通过特定运输轨道整体搬运撤离，然后将备用相整体搬移至故障相位置。主变整体运输过程中，对运输小车选型、轨道布置、设备加固、二次接线、电气距离校验等方面，需进行充分考虑，确保准确快速切换。

4.38.3 技术指标

主变备用相整体搬运采取小车加轨道方式进行转运。在每台主体变的底部配两个小车组，在变压器条形基础中间铺设钢轨。为防止搬运过程中因晃动引起高压套管根部和引出线筒内绝缘损坏，对套管及套管升高座采取加固措施。运输设备外轮廓线与带电导体距离按不小于 B1 值（8250mm）控制。如在高地震烈度区，主变压器的隔震措施采用隔震垫和钢框架的方式，轨道搬运需与隔震措施相结合，主变压器本体带隔震钢框架一起运输。

4.38.4 适用范围

适用于 1000kV 变电站工程。

4.38.5 工程案例

（1）工程概况

枣庄 1000kV 变电站工程。枣庄 1000kV 变电站是潍坊-临沂-枣庄-菏泽-石家庄特高压交流工程的重要组成部分，枣庄特高压变电站是重要的枢纽变电站，位于枣庄市北偏东约 37km，山亭城区西偏北约 8km，城头镇东约 6km。

主变备用相快速更换技术简介：主变压器采用轨道整体搬运方案以实现备用相快速切换。为保证主变快速搬运无障碍，原布置在主变区的 1000kV 避雷器，根据过电压计算的结论，移至 1000kV 配电装置区。轨道整体搬运方案现场一、二次改接线工作量小，试验时间短，恢复供电时间短，符合快速切换理念；由于设备带套管运输，需特殊加固，对运输条件要求高。

（2）技术应用

1）主变备用相更换方案

为缩短特高压变电站备用相更换时间，针对拆套管搬运、过渡跨线（架空导线和 GIL 管）切改、轨道整体搬运三种方案进行比较。

① 拆套管搬运方案

由于特高压主变套管较高，设备较重，已建和在建工程中的设备是按照不带套管搬运设计的。当设备一相发生故障时，先将故障相的套管及附件拆除后移位，再将备用相移位推入原故障相的位置，并安装备用相的套管及附件，完成滤油工作及相关现场试验，进行一次引线安装、二次设备接入及辅助冷却器控制回路和电源回路的重新接线等工作。

此方案对设备运输车辆、运输通道要求较低；拆除套管后，设备高度降低，运输时对电气距离影响较小，平面布置简单紧凑；在已建工程中经过实践，积攒了一定的更换经验。但该方案缺点也较为明显，需进行各种现场试验，完成一、二次接线等，工程量较大导致设备停运时间较长，一般更换时间在一个月左右。

② 过渡跨线切改方案

过渡跨线切改方案包括利用架空导线或 GIL 管作为过渡母线进行改切，通过建设架构及过渡母线，当变压器或高抗一相出现故障时，利用过渡母线将备用相投运。

该方案相比于备用相拆套管搬运方案，优点是在主变发生故障时，备用相投入的时间较短，能较快恢复供电；故障相修复后恢复运行吊装套管时，备用相仍可继续带电运行，故障相恢复时停电时间只需 3d。

利用架空导线作为过渡母线进行改切的缺点是跨线较多，一、二次接线非常复杂，不利于运行；故障相修复后投运需要二次停电；1000kV 过渡母线布置在主变进线 CVT 前，影响 CVT 或 1100kVGIS 套管吊装；增加投资较大，费用累计增加约 661 万元。

当某相发生故障时，主变进线回路停电，此时拆除主变高、中、低压套管和 1000kV 及 500kV 避雷器的设备连接导线。将 1000kV 及 500kV 主变进线与 1000kV（500kV）过渡管母线通过跳线连接。备用相 110kV 侧按照故障相与汇流母线的连接方式进行改接线。

故障变的退出需先拆除 1000kV 避雷器及设备支架，然后拆除主变的套管及附属设备。在拆除主变套管的过程中，上方导线不需停电。

根据以上分析，备用相投入、故障相退出共需 9d，停电时间 6d。故障变修复后重新就位，备用相退出运行，故障相恢复需 27d，其中停电时间 3d，期间可并行进行二次电缆敷设、调试等工作。

利用 GIL 管作为过渡母线进行改切方案的缺点是增加了 4 组 1000kV 隔离开关、300m 1000kV GIL 母线，若隔离开关故障，会造成主变陪停，可靠性有所降低；二次保护复杂，存在隔离开关误操作的风险；由于 1000k VGIS 厂家不同，可能占地会增加；投资费用增加较多，费用累计增加约 2758 万元。

当某相发生故障时，首先将主变进线各侧断路器分闸，使主变退出运行，拆除故障相各相关引线及设备间连线。故障相 1000kV 侧进线通过隔离开关投切改接至备用相，故障相 500kV 和 110kV 进线通过与过渡母线跳线连接等改接至备用相。同时，在完成相关试验及二次接线后，恢复主变供电。故障变退出需先拆除 1000kV 避雷器及设备支架等，然后拆除主变套管及附属设备。在拆除主变套管的过程中，上方导线不带电。

根据以上分析，故障相完全退出至备用相投入运行需 9d，累计停电时间 6d。根据以上分析，备用相投入、故障相退出方案基本与方案一相同，需 9d，累计停电时间 6d。

③ 整体搬运方案

变压器整体搬运方案是指将故障相变压器（含套管、散热器、油枕及其他附件）搬至运输小车，通过特定运输轨道整体搬运撤离，然后将备用相整体搬移至故障相位置。经调研，目前具备特高压变压器生产能力的设备均可实现变压器整体搬运。各大厂家变压器结构、参数、实施周期见表 4.38-1。

各变压器厂家整体搬运方案数据统计 表 4.38-1

	天威保变	特变沈变	西电西变	山东电力设备厂	特变衡变
组件	由主体变和调压补偿变组成				
箱底结构	平板式				
运输重量(t)	501	Ⅱ柱 520t Ⅲ柱 570t	505.5	488	570
运输尺寸 长×宽×高(m³)	12×9.13×18.4	Ⅱ柱 13.5×8.8×18.1 Ⅲ柱 15.3×8.4×17.6	14.4×9.4×18.8	12.3×8.4×18.3	15.3×8.4×18
实施周期	故障相退出到备用相投入累计用时 12.5d				

该方案的优点是备用相更换停电时间短，增加占地少。但由于设备带套管运输，对地面平整度、荷载及地面强度要求较高，对运输过程中的加速度控制和牵引都有较高要求。

2) 枣庄 1000kV 站主变快速切换方案

① 方案推荐

根据上述几种方案的论述及分析，各方案总结如下：

a. 拆套管运输方案，布置简单、占地省，有一定运行经验，但是停电时间久，试验及接线工程量大，难以满足主变快速更换要求。

b. 软导线过渡跨线切改方案，上跨线非常多，一、二次接线非常复杂和凌乱；需适当增加占地；一次改接线过程中，需要多次动用吊车，现场安全运行存在安全隐患；故障相恢复时需二次停电；增加一定占地和投资。

c. GIL管过渡跨线切改方案，恢复供电时间较短，二次保护复杂，存在误操作的风险；故障相恢复时需二次停电；投资费用高，经济性差。

d. 轨道运输方案，现场一、二次改接线工作量最小，试验时间短，恢复供电时间短；需适当增加占地；由于设备带套管运输，对运输条件要求高；增加投资与软导线切改方案相当。

综合以上比较，枣庄站采用备用相轨道整体搬运方案。

② 方案实施

主变整体运输过程中，对运输小车选型、轨道布置、设备加固、二次接线、电气距离校验、技术经济等方面，需进行充分考虑，合理设计。

a. 运输小车选型

采取小车加轨道方式进行转运。在每台主体变的底部配有两个小车组，每个小车组承重400t，旋转角度为90°，小车轨距尺寸1.5～2m。小车组结构如图4.38-1所示，安装完小车后的示意图如图4.38-2所示。

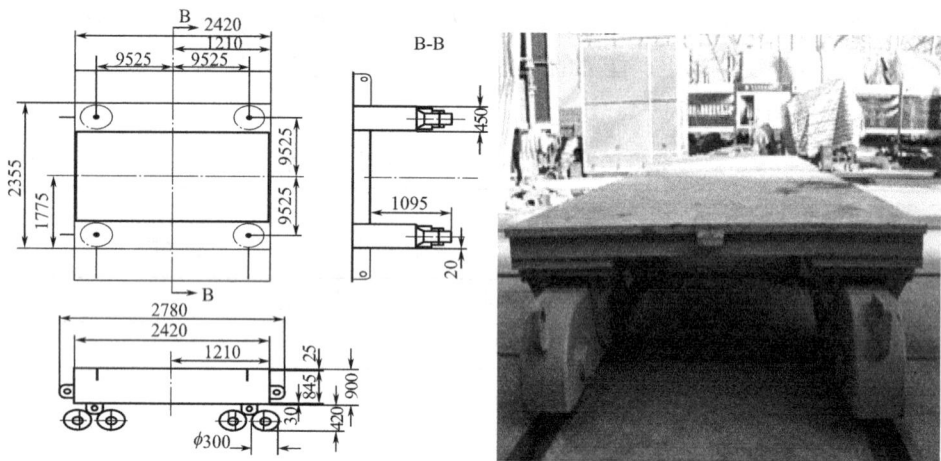

图4.38-1　小车组结构图

b. 轨道布置及土建设计

将变压器地基改为条形基础，在条形基础中间铺设钢轨，轨道平面与基础平面持平，轨道埋在基础中。采用无缝钢轨，减少转运过程中的振动并优化轨道铺设方式，降低转运风险。土建对轨道及地面的承重进行研究，同时还需考虑地面平整度、荷载及地面强度等问题。在进行轨道铺设时，在轨道中间位置需设置地锚，用于固定牵引用固定桩，以保证变压器在受到牵引时，速度在允许范围内。在进行轨道铺设时，需考虑在轨道交叉处设置辅助轨，防止换轨时变压器承受水平加速度，使变压器发生颤动。辅助轨的设置如图4.38-3所示。

c. 设备加固

主变高、中压套管由于高度较高，整体搬运难度较大，为防止在搬运过程中因晃动引起高压套管根部和引出线筒内绝缘损坏，需采取措施减少晃动使搬运尽量平稳。各大厂家

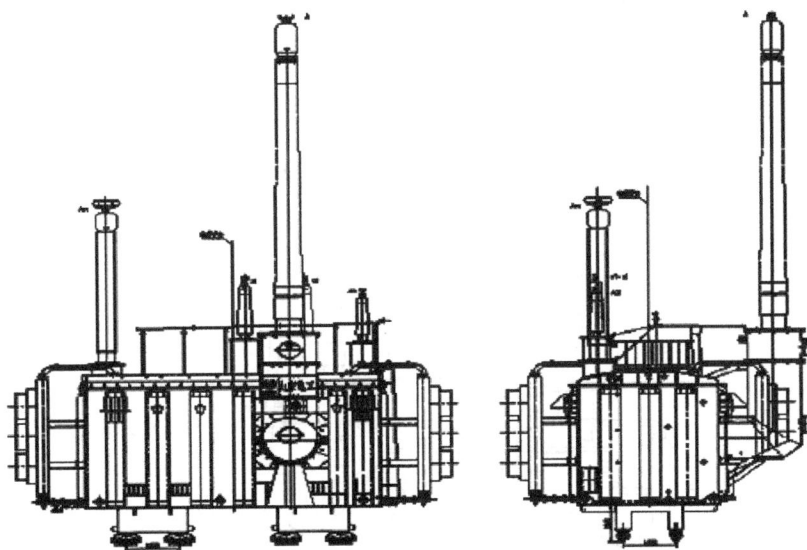

图 4.38-2　主体变转运状态示意图

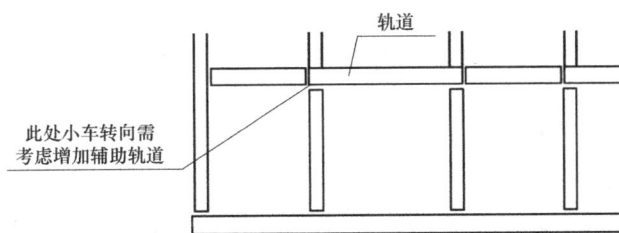

图 4.38-3　辅助轨道设置示意图

针对自身产品特点，提出了对套管及套管升高座的加固措施。基本措施为在套管外套上卡箍，卡箍里面有橡胶板保护，外面用拉杆和钢制绳索紧固，拉紧时应注意各方向力的平衡，以免伤及套管瓷套。在高压升高座外径加卡箍，与加强铁件加拉杆，在加强铁上焊接固定底板或将拉杆固定于吊攀上。设备固定示意见图 4.38-4。

各厂家应提出设备运输时水平加速度要求，在设备运输时可安装加速度记录仪实时监控。

d. 二次接线

二次接线分为四部分。

（a）备用相本体引接电缆

主变备用相需要引接的电缆同工作相，主要包括：主变组配件至主变本体端子箱；调压变组配件至调压变本体端子箱；调压开关头部至调压开关电动机构。该部分接线为设备本体固有接线，随一次设备的搬迁而整体搬迁，故接线均可保留，无改接线工作。

（b）备用相可引接，搬迁时需拆除的电缆

备用相配置了风冷控制箱，风冷控制箱不随备用相设备搬迁，故备用相在移出原位，搬至故障相之前应拆除以下电缆的接线：冷控制箱至冷却器分控箱；主变本体端子箱至风

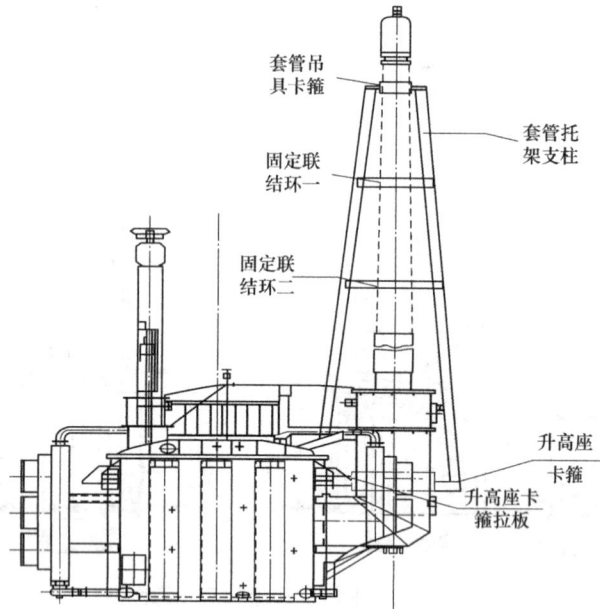

图4.38-4　设备加固示意图

冷控制箱；调压变本体端子箱至风冷控制箱；调压开关电动机构至风冷控制箱；在线监测至风冷控制箱。

（c）工作相应拆除的电缆

在某一工作相因故障退出时，此工作相应拆除以下电缆：工作相各端子箱至三相总端子箱；风冷控制箱至冷却器分控箱；主变本体端子箱至风冷控制箱；调压变本体端子箱至风冷控制箱。调压开关电动机构至风冷控制箱；在线监测至风冷控制箱；故障相的以上接线拆除后，从原位移出，将备用相移至空出的安装位置后，再将备用相的相应接线接至各端子箱，即按工作相恢复原有各端子箱的接线。

（d）其他重新连接的电缆

为缩短备用相的安装时间，火灾报警系统有关备用相感温电缆可直接安装在备用相上，待备用相代替工作相投运前，把备用相感温电缆接入原工作相所用的感温电缆调制器即可。变压器在线监测智能组件柜按相配置，备用相配置与运行相相同的在线监测装置及配套附件（支架、油管、线缆材料），并完成接线，备用相组件柜至在线监测主IED的通信光缆暂不接线，信息不上传，具备就地显示功能即可，若备用相需代替工作相工作，则仅搬迁备用相本体，组件柜原地不动，不随备用相本体的搬迁而搬迁，故需拆除备用相至该组件柜的所有接线，待备用相移至故障相位置后，再将该部分接线接至故障相配置的组件柜即可。

e. 电气距离校验

整体搬运过程中，需考虑主变备用相对带电设备的带电距离校验，即运输设备外轮廓线与带电导体距离按不小于B1值（8250mm）控制。由于套管高度较高，需增加一定占地，以满足对周围带电体的电气距离校验要求。

③ 配电装置布置

枣庄站 1000kV 主变进线侧避雷器由主变侧优化至 1000kV GIS 侧，电容式电压互感器放置在 GIS 内部。

a. 尺寸优化

图 4.38-5 为常规方案。该方案基于拆套管运输方案进行电气距离校核，避雷器和电容式电压互感器距离道路中心线分别为 8.5m、8m。

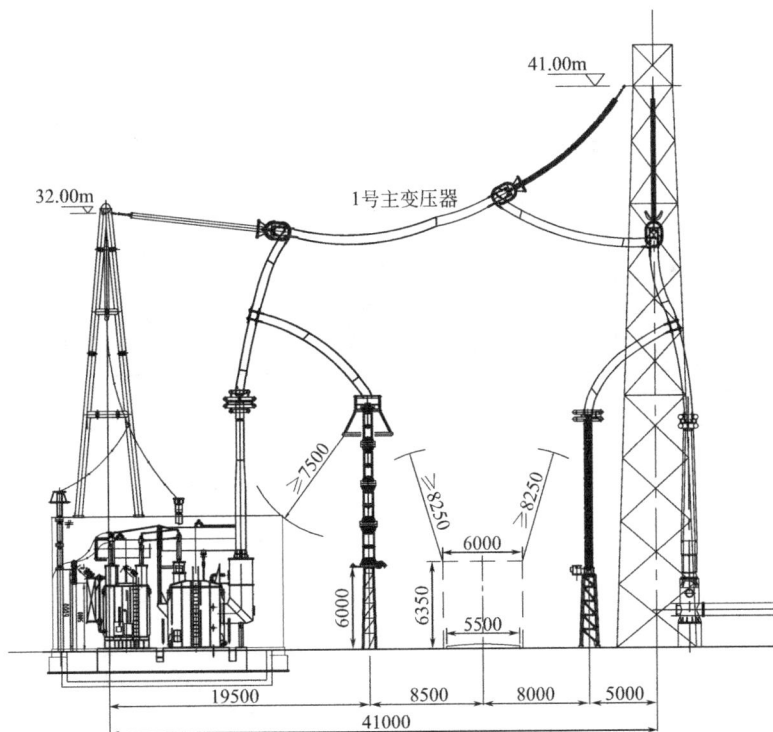

图 4.38-5 拆套管运输方案电气距离校核示意

图 4.38-6 为优化前整体运输方案电气距离校核。当采用带套管整体运输时，运输轨道中心线距避雷器的尺寸为 8.5m，运输道路中心线距电压互感器的尺寸为 14.5m，较常规方案纵向尺寸增加 10m。根据枣庄 1000kV 变电站的变压器外形，最终确定纵向尺寸较常规增加 10.5m 时，可满足设备运输时对电气距离的要求。

图 4.38-7 为平面布置优化后，重新进行电气距离校核。图中运输轨距按照 2m 考虑，设备运输时外廓距带电部分应满足 B1 值 8250mm 要求。图中防火墙至轨道中心距离应大于 9000mm（防火墙基础 500mm ＋水工管道 7000mm ＋1/2 轨距 1000mm ＋裕量 500mm）。由此，主变架构至 1000kV GIS 进线架构尺寸优化为 44.25m，较优化前压缩了 6.75m。

b. 土建优化

方案优化前，主变和轨道基础设计成筏板基础，筏板基础上放置小车。避雷器基础为从筏板基础上起支墩，避雷器支架为四边形变截面钢管格构式结构。轨道及基础布置示意如图 4.38-8 所示。经方案优化，避雷器移走后，简化了主变压器基础、避雷器基础及支架，搬迁过程省去了拆除及二次安装避雷器的步骤，大大节省了工作量。

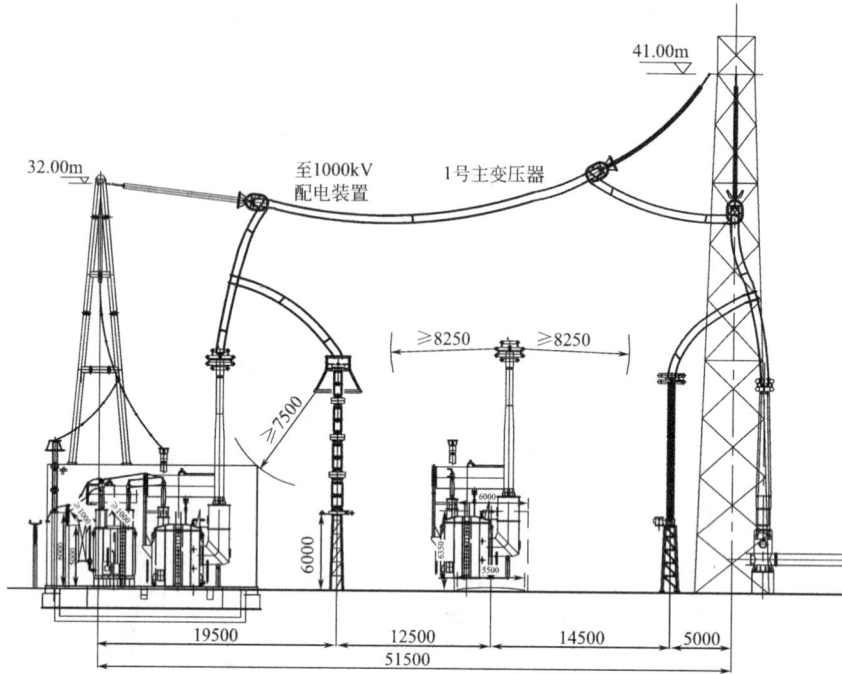

图 4.38-6　整体运输方案电气距离校核

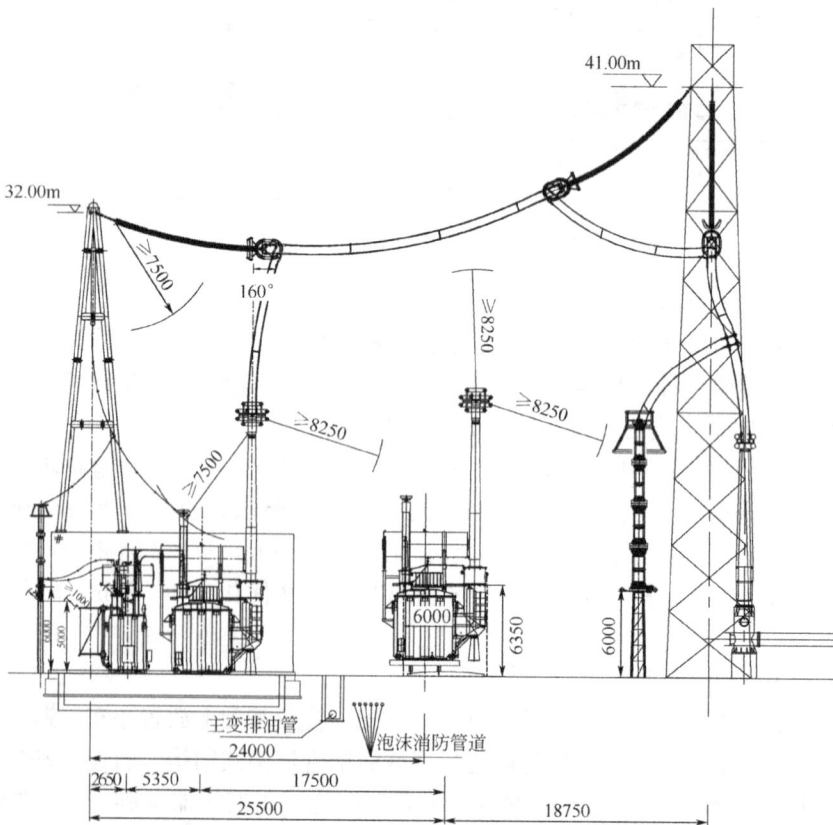

图 4.38-7　优化后整体运输方案电气距离校核

914

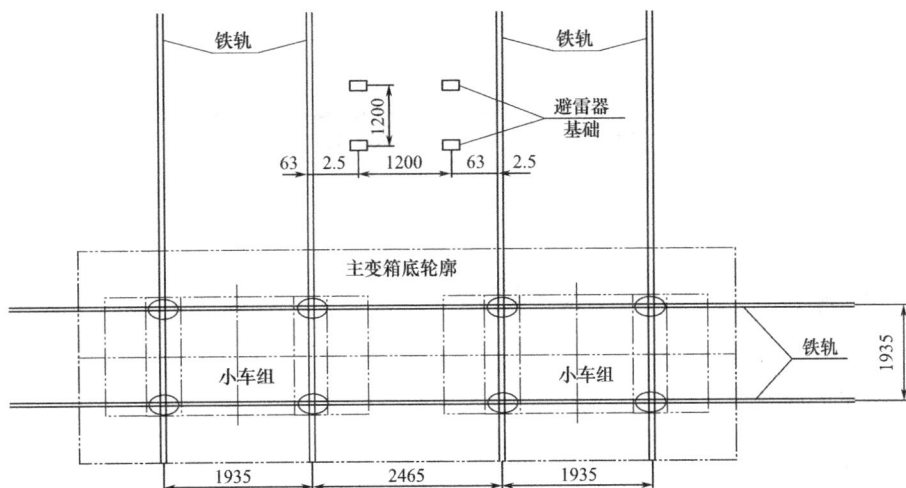

图 4.38-8 优化前轨道及基础布置示意

（3）实施总结

采用轨道整体搬运方案，合理选择平板小车，布置轨道，提前进行设备加固，并综合考虑搬运过程中带电距离校验，以及更换过程中二次接线的简化。

为保证主变搬运通道顺畅，主变 1000kV 进线侧避雷器由主变侧优化至 1000kV GIS 侧，电容式电压互感器放置在 GIS 内部。同时结合道路和导轨的合理布置，使主变运输更换场地做到最小，节约占地面积。

整体搬运方案大大缩短了故障相完全退出至备用相投入的时间，仅为 12.5d，较常规拆套管搬运节约约 17.5d，缩短了停电时间，为事故状态的特高压变压器的备用相快速投入赢得了时间，具有相当高的经济效益及社会效益。

（提供单位：山东电力工程咨询院有限公司。编写人员：李颖瑾）

5 冶金工程安装新技术

5.1 大型液密式环冷机组施工技术

5.1.1 技术发展概述

随着国家对环保和能耗的要求日益严格，烧结工程逐步向大型化、低能耗、低污染方向发展。烧结设备的大型化、配套节能环保装置发展的快速化，给建造技术带来了新的挑战，大型液密封式环冷机安装出现需要攻克的技术难题：

1）轨道直径大（>50m），调整精度要求很高（±1mm）、难度大。

2）回转框架圆度控制难度大，密封液槽装置（4mm弧形钢板）焊接变形量大，严重制约环冷机漏风率的降低。

环冷机相关安装技术的研发应用，实现了液密封式环冷机的精益安装。

5.1.2 技术内容

液密封环冷机组是一种新型环冷设备，相比传统环冷机组漏风率降低约80%，余热烟气温度提高了近20%，有利于增加余热的蒸汽产量及蒸汽发电量，节能效果显著。其中机组水平轨道和曲轨测量调整、回转框架安装调整、液密封装置组对焊接等是安装的重点和难点。采用台车轨道综合测量技术、曲轨双钢线测量调整技术、三轨调整专用工装、液密封槽组对焊接新技术等，比传统安装方法在安装精度及安装成本节约上有了较大的提升。

（1）环冷机台车轨道综合测量调整技术

大型环冷机的直径达到60m，既要保证轨道弧度一致，又要保证轨道中心至环冷圆心的距离一致。水平轨传统测量方法采用水平拉钢尺测量轨道半径，长距离悬空拉钢尺的测量精度差，鼓风机设置在环冷机内圈时，对于拉钢尺形成障碍，可直接测量的点就更少，从而影响了轨道安装精度。采用水平轨坐标测量法，能够绕过障碍物，测量到轨道任意点的半径值，再根据测量的半径值进行调整和验收，达到较高的安装精度。

（2）曲轨双钢线测量调整技术

环冷机卸料曲轨是一段异形轨道，是环冷机台车倾倒冷料的位置。传统的方法要安装临时水平轨道，将其调整后根据临时水平轨道调整曲轨，步骤繁复耗工耗时，测量精度不理想。通过挂设两根钢线，在CAD绘图软件上计算出曲轨测量点到钢线相应点的水平距离，以此为依据，在现场使用线坠、直尺等工具进行测量及调整，从而保证了曲轨的安装精度。

（3）同一半径三轨快速测量调整技术

环冷机的环形轨道包括两条水平轨及一条侧轨共三条。如果每根轨道都分别调整，工作量大，且难以保证同一半径线上的三根轨道之间的尺寸关系。采用一种环冷机三轨的调整工具，以一条调整固定完成的水平轨为依据，快速调整其他两根轨道。

（4）回转框架综合安装技术

确认环形轨道及曲轨安装符合设计要求后，开始组装回转台车，逐个吊放在环形水平轨道上，进行异形梁、双层台车、栏板及摩擦板所组成的环冷机回转框架的安装。通过优化其组成部件安装顺序和焊接工艺，保证回转框架的圆度符合设计要求。

（5）液密封装置组对焊接技术

密封液槽由不锈钢薄板分片制作现场组对焊接而成，易产生焊接变形。门形密封装置插入液槽组对焊接空间狭小，难以保证焊接质量。利用环冷机的运转，预留焊接窗口，使用防焊接变形工具，优化液槽焊接工艺，保证液槽、门形密封装置的组对焊接质量。

5.1.3 技术指标

（1）《烧结机械设备工程安装验收标准》GB 50402—2019；

（2）《烧结机械设备安装规范》GB 50723—2011；

（3）《机械设备安装工程施工及验收通用规范》GB 50231—2009；

（4）《现场设备、工业管道焊接工程施工规范》GB 50236—2011；

（5）《钢结构工程施工质量验收标准》GB 50205—2020。

5.1.4 适用范围

适用于钢铁冶金领域烧结系统环冷机在建、改造工程。

5.1.5 工程案例

1. 宝钢三烧结大修改造工程

（1）工程概况

宝钢三烧结大修改造工程位于宝钢原三烧结地块，现三号烧结机北面的一块空地内，呈 H 形。工程中选用了 $600m^2$ 烧结机和 LSCC-$700m^2$ 液密封环冷机设备。环冷机主要由双层台车及回转框架、液密封风道系统、鼓风系统、驱动装置、给料装置、卸料装置、水平轨装置、侧轨装置、骨架、风机检修支架及平台、环冷罩、安装测量台、环形风道液槽装置、风道密封装置、鼓风系统、烟囱、排料溜槽、卸料托辊、卸料曲轨、板式给矿机、导料槽等组成。烧结机、环冷机设备约 10000 多 t，如图 5.1-1 所示。

工期要求：2015 年 1 月 8 日开工，

图 5.1-1 宝钢三烧结大修改造
工程大型液密封环冷机

2016 年 9 月 13 日竣工。机电分部 2015 年 10 月开工，2016 年 9 月 13 日竣工，总工期为 615d。

（2）技术应用

1）工程特点和难点

液密封式环冷机是一种低漏风率的节能环保型环冷机，设备逐渐趋于大型化，环冷风机内置，水平轨道及曲轨道测量是施工技术难题。

2）关键技术特点

采用轨道综合测量技术，保证环冷机轨道的测量精度，为环冷机低漏风率、节能运行提供有效保证。

3）施工工艺和过程

① 工艺流程图（图 5.1-2）

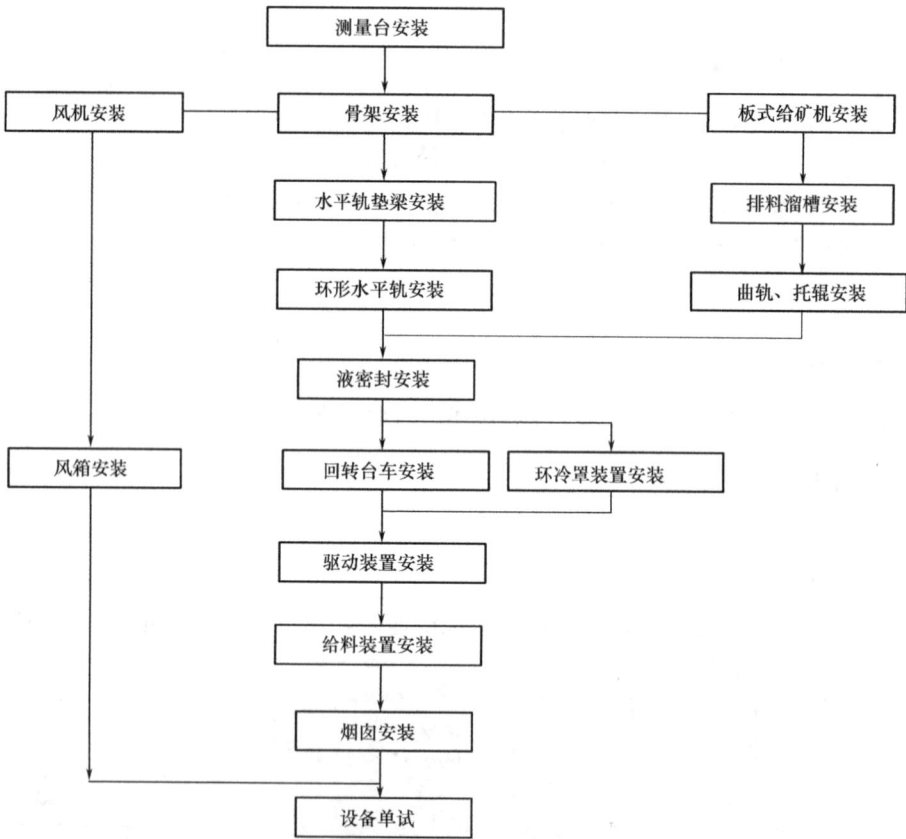

图 5.1-2 工艺流程图

② 工艺过程

a. 施工准备

（a）施工机具和计量器具的准备

按施工进度计划和施工机具需用计划，分阶段组织施工机具进场，并确保其完好，能满足过程施工能力。主要施工机具见表 5.1-1。

主要施工机具表　　　　　表 5.1-1

序号	名称	数量	备注
1	全站仪	1 台	
2	精密水准仪	2 台	
3	内径千分尺	4 套	
4	外径千分尺	4 套	
5	百分表	2 套	
6	框式(条式)水平仪(分度值 0.02mm)	2 块	
7	游标卡尺	2 套	
8	螺旋千斤顶(5t、10t、16t、20t)	8 台	各 2 台
9	弓形卸扣(2t、5t、10t、20t)	8 只	各 2 台
10	常用钢丝绳(ϕ=16mm、25mm、32mm；L=12m、16m、18m)	6 对	各 2 对
11	钢丝绳 6×37-FCϕ52　L=16m	2 对	吊装
12	钢丝绳 6×37-FCϕ42　L=16m	2 对	吊装
13	汽车式起重机 25t	1	环冷机

(b) 运输和储存

a) 搬运设备和管材时，应小心轻放，避免重压、敲击、碰撞、抛掷、折弯等易造成管材变形、开裂损伤等行为，严禁剧烈碰撞、抛摔滚地；

b) 管材和管件应存放在室内，并应避免与油污接触，不得露天存放；

c) 管材应水平堆放在平整的地面或水平支垫上。放在支垫上时，外悬端部分不得超过 0.5m，堆放高度不超过 1.5m；管件应按箱逐层码放，堆高应小于 6 箱。

b. 环冷机综合测量技术

(a) 环冷机水平轨测量调整（图 5.1-3）

a) 测量时将全站仪架设至测量台上，以圆心点 A 为坐标原点后视方向，寻找可通视的角度，将转点 C 测设至轨道旁的平台上，并记录下参考点 BA 的坐标数据；

b) 将仪器搬至转点 B 点，以 B 点坐标设站以 A 点作为后视，按照比单根水平轨道半径稍小的尺寸 Z 将测量参考点 BA、BB 测放至轨道垫梁上；

c) 从仪器读到所测点的坐标值；通过两点间距离公式计算出所测点 BA 到圆心 A 的直线距离 ABA，与理论值 Z 做比较并进行调整至 ABA=Z 时，参考点 BA 测设完毕，用样冲眼作为记号；

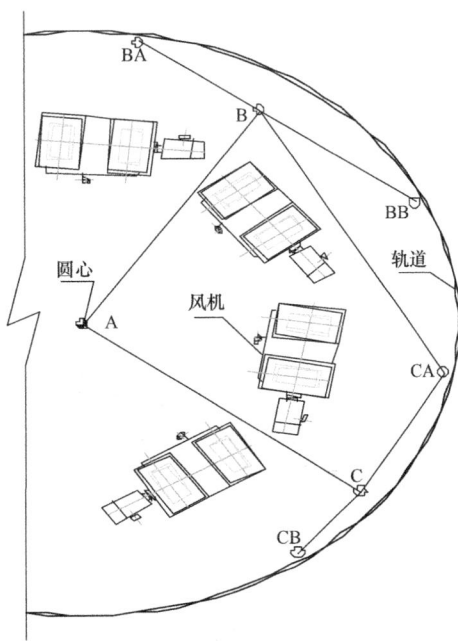

图 5.1-3　环冷机台车轨道测量示意图

d）测量轨道下翼缘至参考点冲眼的尺寸，与理论值进行比对调整轨道，直至与理论数值吻合。

（b）环冷机曲轨测量调整

a）环冷机的卸料曲轨两端的环形水平轨道调整完成之后，将卸料曲轨及其支撑立柱安装就位，将全站仪架设在圆心处，使用全站仪按照设计角度找好通过曲轨的径向线及各测点，径向线及测点的布置如图 5.1-4 所示；

b）分别在通过点 1 和点 5 处和通过径向线 3 的位置挂设钢线，在径向线 3 的钢线上挂设线坠，理论数值与钢线距曲轨最低点的测量数值进行比对，通过比对结果调整曲轨的切线方向的位置；

c）通过计算得出 Y_1、Y_2、Y_3 的理论距离，使用 Y_1、Y_2、Y_3 的理论数值对单根曲轨进行径向上的调整，符合要求后对标高进行精调，单根轨道调整完成后，通过两根轨道的轨距及标高设计值将另外一根曲轨进行调整。

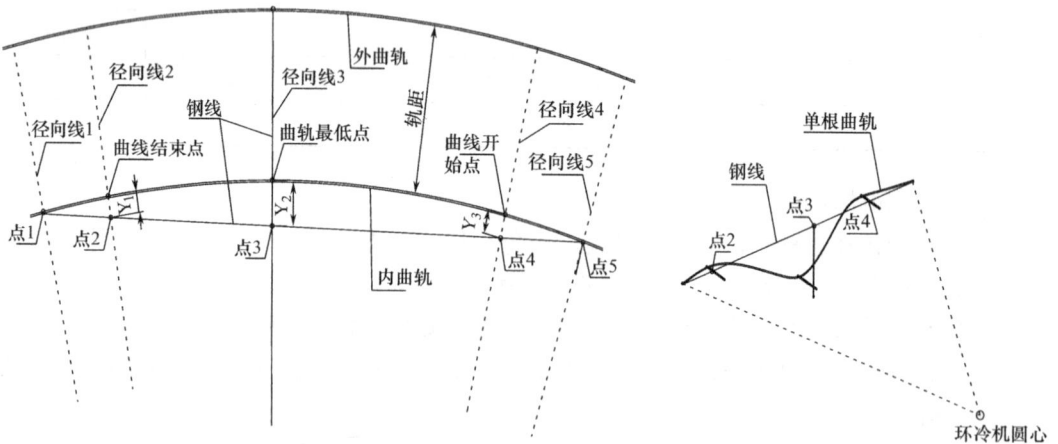

图 5.1-4　曲轨钢线调整示意图

（c）环冷机三轨安装技术

环冷机有 3 条轨道，需分别对其测量，传统使用水准仪测量法工作量大、调整速度缓慢，鼓风机在内测时水准仪需反复架设，精度不易保证，如图 5.1-5 所示。

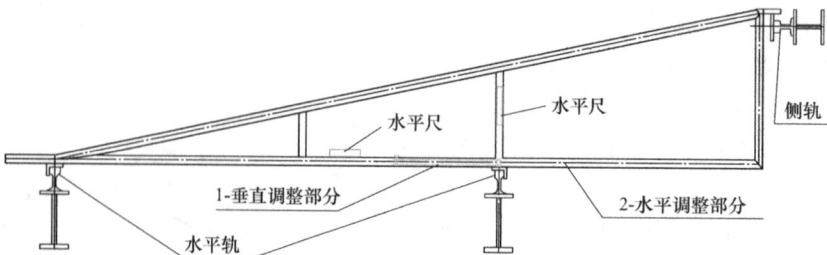

图 5.1-5　环冷机三轨调整专用工具示意图

a）三轨调整时使用三轨调整工具，先将其中一条轨道调整完毕；

b）架设三轨调整工具，通过专用工具配合水平尺对环冷机轨道进行调整，可有效提高三轨调整的速度，保证调整精度。

（3）实施总结

研发的环冷机台车轨道综合测量调整技术、曲轨双钢线测量调整技术、同一半径三轨快速测量调整技术、环冷机回转框架综合安装技术和液密封装置组对焊接技术，实现了液密封式环冷机的精益安装。

2. 宝钢广东湛江钢铁基地一二烧结安装工程

（1）工程概况

宝钢广东湛江钢铁基地一二烧结安装工程由宝钢湛江钢铁有限公司投资、中冶长天国际工程有限责任公司负责设计、中国国际工程咨询公司负责监理的宝钢广东湛江钢铁基地烧结工程，选用 2 台 $550m^2$ 烧结机、2 台 $600m^2$ 液密封鼓风环冷机。

工期要求：2013 年 11 月 30 日开工，2016 年 6 月 15 日竣工。二烧结机电分部 2014 年 12 月开工，2016 年 6 月 15 日竣工，总工期为 980d。

（2）技术应用

1）工程特点和难点

液密封式环冷机是一种低漏风率的节能环保型环冷机，与传统的密封形式不一样，增设了水槽等密封设备，但水槽设计钢板较薄、焊接量大、质量要求高，焊接变形就会影响台车的运转，防变形是施工技术难题。

2）关键技术特点

在施工过程中使用了回转框架、液密封槽等核心部件安装综合技术和专用工装，为环冷机安装质量、节能运行提供了有效保证。

3）施工工艺和过程

① 工艺流程图（图 5.1-2）

② 工艺过程

a. 施工准备

（a）施工机具和计量器具的准备

按施工进度计划和施工机具需用计划，分阶段组织施工机具进场，并确保其完好且能满足过程施工能力。主要的施工机具见表 5.1-2。

主要施工机具表

表 5.1-2

序号	名称	规格型号	单位	数量
1	角向磨光机	直径 150mm	台	2
2	角向磨光机	直径 100mm	台	2
3	螺旋千斤顶	32t、16t、10t、5t	台	各 4 台
4	磁力线坠	—	个	8
5	卸扣	常用规格	只	各 8 只
6	钢线（$\phi0.3$、$\phi0.5mm$）	—	公斤	各 2 公斤
7	框式（条式）水平仪	分度值 0.02mm	块	各 8 块

序号	名称	规格型号	单位	数量
8	精密水准仪	—	台	1
9	百分表	—	块	4
10	棕绳（$\phi=16mm$）	—	m	500

（b）施工环境准备

a）现场安装位置附近的辅材、构件堆放点需搬除，清除施工场地上所有障碍物，以确保吊装时不影响起重机械和设备车占位；

b）施工区域呈现不平整状态，需要进行场地平整，先用压路机夯实平整吊装区域路面，吊装区域汽车式起重机配备路基箱，路基箱敷设标高与进场路面标高持平。

b. 环冷机回转框架、液密封槽等核心部件安装综合技术

（a）回转框架的综合安装

a）回转框架为一个多边形结构，安装时先将整个回转框架及台车拼装成圆；

b）调整侧辊轮底部垫板，使侧辊轮顶面到内框架尺寸达到图纸要求；

c）根据焊接变形量将框架固定；

d）根据台车数量把回转框架均分隔，给框架进行编号对称焊接；

e）安装内、外加强板并将其点焊在内、外框架上；

f）采用对称卸载工艺拆除固定框架的临时设施；

g）经时效处理，测量侧辊轮顶面与侧轨顶面间隙，达不到要求的，调整侧辊轮底部垫板。

（b）环冷机液槽安装

环冷机液槽是液密封式环冷机的主要部件，环冷机液槽为 4mm 的弧形薄钢板，易产生焊接变形。门形密封装置插入液槽组对焊接空间狭小，难以保证焊接质量。安装时利用环冷机的运转，预留焊接窗口，使用防焊接变形工具，优化液槽焊接工艺，保证液槽、门形密封装置的组对焊接质量。

a）液槽初步就位以后，以测量台为基准，调整液槽的半径；核对液槽部件顺序后焊接液槽，液槽焊接时内外圈各预留两个焊接窗口；

b）焊接时使用防止液槽变形的焊接工具（图 5.1-6），焊接完成后检查液槽变形；

c）将门形密封装置核对顺序后插入液槽，依此就位；

d）在液槽预留的两个焊接窗口处，配合环冷机台车的运转，依次将分段的门形密封装置焊接起来，形成闭合的环形；

e）焊后用煤油做渗透检查，渗漏者要补焊修复，并再行检查。

（3）实施总结

采用环冷机台车轨道曲轨双钢线测量调整技术、同一半径三轨快速测量调整技术，节约了大量的调整时间，且精度更易于保证。

采用环冷机回转框架综合安装技术和液密封装置组对焊接技术，实现了液密封式环冷机的精益安装，保证了设备安装质量，加快了施工进度，节约了施工成本。

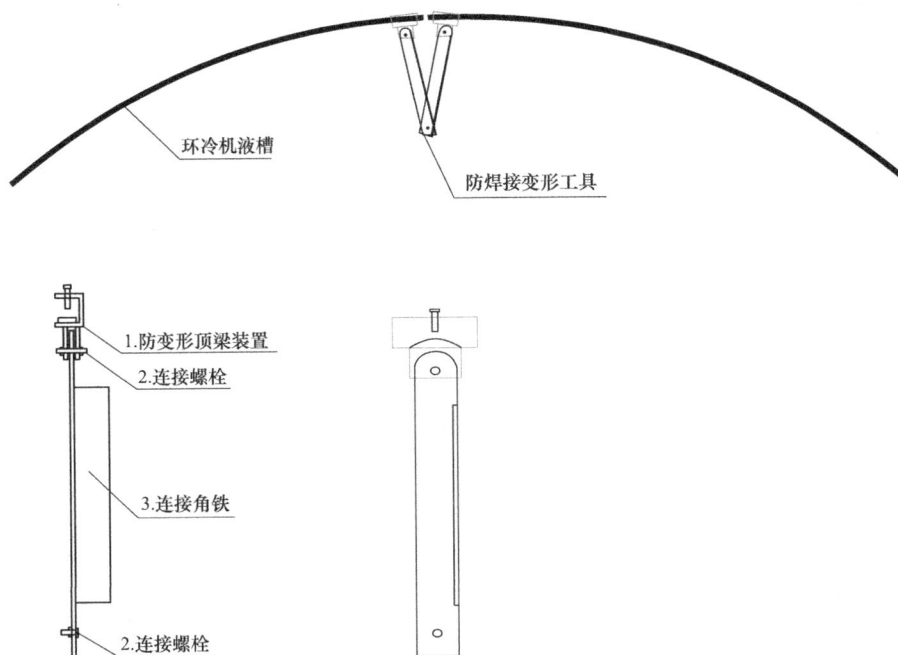

图 5.1-6　防止液槽变形的焊接工具

环冷机安装完成后运行良好，得到业主的一致好评，安装过程中形成的技术成果获得中国冶金科工集团科技进步奖二等奖、上海市科学技术奖二等奖、中国施工企业管理协会科学技术进步奖一等奖，同时该工程获得了中国冶金建设协会 2018 年度优质工程奖。

（提供单位：上海二十冶建设有限公司。编写人员：郑永恒、程俊伟、李强）

5.2　大型联排干熄焦机械设备安装技术

5.2.1　技术发展概述

我国干熄焦技术的应用，始于上海宝钢。1985 年，上海宝钢一期工程引进日本 4×75t/h 干熄焦装置并正式投产运行，这是我国最早引进投产的干熄焦装置。同年，上海浦东煤气厂引进苏联 2×70t/h 干熄焦装置，并于 1994 年投产。1991 年和 1997 年宝钢二期、三期采用日本技术的两组 4×75t/h 干熄焦，2001 年首钢采用日本技术的 1×65t/h 干熄焦装置相继建成投产，2003 年马钢的干熄焦工程被列入"九五"国家重大引进技术消化吸收项目——干熄焦消化吸收创新"一条龙"项目工程，是国内第一条自行设计制作，国产化率达 90% 以上的干熄焦装置。

我国是产焦大国，焦炉多，且炉组生产能力不一，干熄焦装置应同炉组生产能力匹配，才能充分发挥技术资源和技术优势。起初我国引进的干熄焦装置以 70t/h 和 75t/h 两种规模为主，已不能合理与现行炉组生产能力匹配。我国干熄焦装置必须根据生产能力形成系列，向大型化发展开发 100t/h 以上处理能力的干熄焦成为趋势。只有干熄焦装置大型化、高效化，才能降低投资成本，提高投资效益，干熄焦水平才能上一个新台阶。

干熄焦装置大型化发展，在机械设备安装施工方面带来了以下难题：

（1）装置平面布局更加紧凑，施工作业用地进一步压缩，对施工总体规划管理提出了更高的要求。

（2）各装置设备大型化，外形尺寸大、重量大。

（3）立体交叉作业多、安全隐患大。

5.2.2 技术内容

该技术对"多座、联排"干熄焦本体和锅炉装置统一放线，确保设备安装基准，减小累积误差；实现大型吊装机械一次进场，连续作业，减少台班浪费；合理集中设置非标设备组装场地，保证组装平台重复利用，减少组装平台搭设次数；使非标设备加工制作与安装有效衔接，保证流水施工，缩短工期。采用模块化吊装技术，减少立体交叉作业，提高作业效率，降低安全隐患。

5.2.3 技术指标

（1）《焦化机械设备安装规范》GB 50967—2014；

（2）《焦化机械设备安装验收规范》GB 50390—2017。

5.2.4 适用范围

适用于多座、联排干熄焦装置机械设备安装。

5.2.5 工程案例

（1）工程概况

宝钢湛江钢铁有限公司 4×140t/h 干熄焦工程。宝钢湛江钢铁有限公司 4×140t/h 干熄焦工程位于广东省湛江市东海岛东简镇宝钢湛江钢铁基地纬四路南侧。工程于 2014 年 1 月开工，2015 年 7 月投产。4×140t/h 干熄焦系统，主要包括熄焦槽、一次除尘、余热锅炉、二次除尘、循环风机、副省煤器、牵引装置、提升机、装入装置、排焦装置、输灰系统、干熄焦除尘地面站、焦炭筛分楼、焦炭成品缓冲仓、输焦皮带及转运站、筛焦楼与成品焦炭缓冲仓除尘地面站、C101 转运站除尘器、焦化/烧结转运站除尘器、汽轮发电机系统、干熄焦变配电室、发电并网站、35kV 变电站及配套所有辅助设施等。

（2）技术应用

1）工程特点和难点

① 设备安装统筹管理难度大

联排干熄焦工程布局紧凑，施工场地相对狭小，制作安装场地必须进行合理规划，避免二次搬运。干熄焦设备安装程序十分复杂，施工中各大专业单位、工种（土建、机械、筑炉、电气等）的进、退场，穿插作业繁复；设备、材料供货，大型机械和特殊工机具的配备，施工场地的规划利用关系密切，从施工准备起，直到投产，实施全过程的统筹管理，才能有效地组织施工，取得优质、高效、低成本的成果，创造最佳经济效益。

② 高空作业多、设备安装精度要求高

大型联排干熄焦设备安装高度从地面至高空约 50m，在钢结构框架结构中穿插安装机械设备，机械设备重量约 11000t。根据熄焦生产工艺的特点，干熄焦设备与普通工业生产线的区别在于，单座干熄焦设备安装精度要同时满足供料的水平和垂直方向上的转输和处置需求。联排干熄焦的安装，将多座设备并联布置，进一步提高了设备安装精度要求。

2）关键技术特点

① 一条基准中心线控制技术

根据干熄焦本体混凝土基础顶部基础竣工中间交接资料，以联排干熄炉的纵向中心线为基准，控制干熄焦框架柱安装的柱列中心线、控制干熄焦框架上部行车梁安装中心线、控制干熄焦提升机走行轨道安装中心线，控制干熄焦装入装置的中心线，减少累积误差，显著提高安装精度，实际多台提升机共用走行轨道、多台提升机互为生产备用的目的。采用该技术，将干熄焦中心线允许偏差从 ±5mm（单座）提高到 ±2mm（联排），见图 5.2-1。

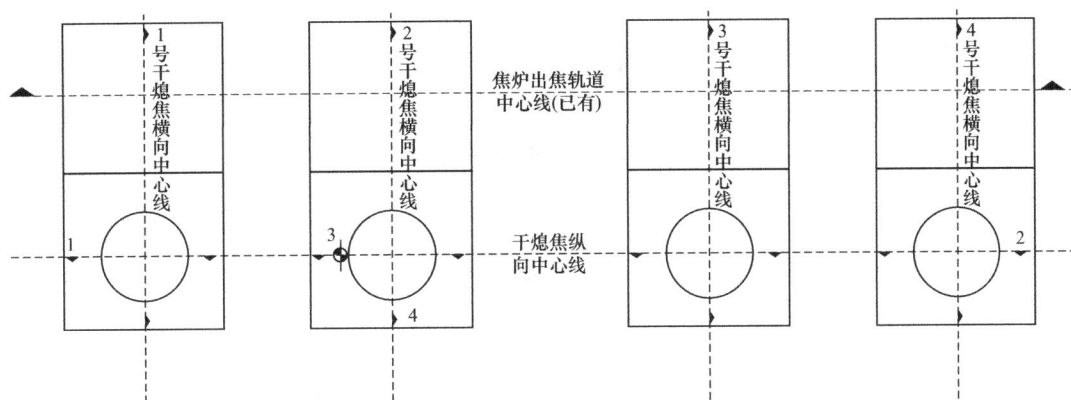

图 5.2-1　联排干熄焦纵、横向中心线布置图

各干熄焦纵、横中心交点是熄焦槽壳体的圆心，炉壳顶部入口圆心垂直于底部圆心。安装炉壳要确保各处理论半径，是炉壳耐火材料砌筑的关键。

② 熄焦槽钢结构钢柱一次落位校正及分段吊装、高空组合、分段摊销制造误差技术

熄焦槽钢结构，又称干熄焦主框架，是一种承受动载荷的特殊高层工艺钢结构，其上安装了装焦系统主要工艺设备——提升机和装入装置。由于其特定的功能，为确保结构的整体稳定，其柱、梁多为 H 型钢结构，在炉顶装入装置承载梁以下的各相邻横向柱间，均设置了"剪刀"撑，柱、梁、支撑的连接方式为高强度螺栓连接，安装精度要求比普通钢结构高。

3）施工工艺和过程

① 安装工艺流程（图 5.2-2）

② 操作要点

a. 出厂前的检查验收

主框架构件在制作厂出厂前均应进行预组装，实施组装检验，把构件本身的质量问题在制作厂内处理完毕，以免给现场安装带来困难。

b. 安装基准的设置

（a）熄焦槽钢结构安装纵横中心线必须根据基础上设置的永久基准中心板进行返测，

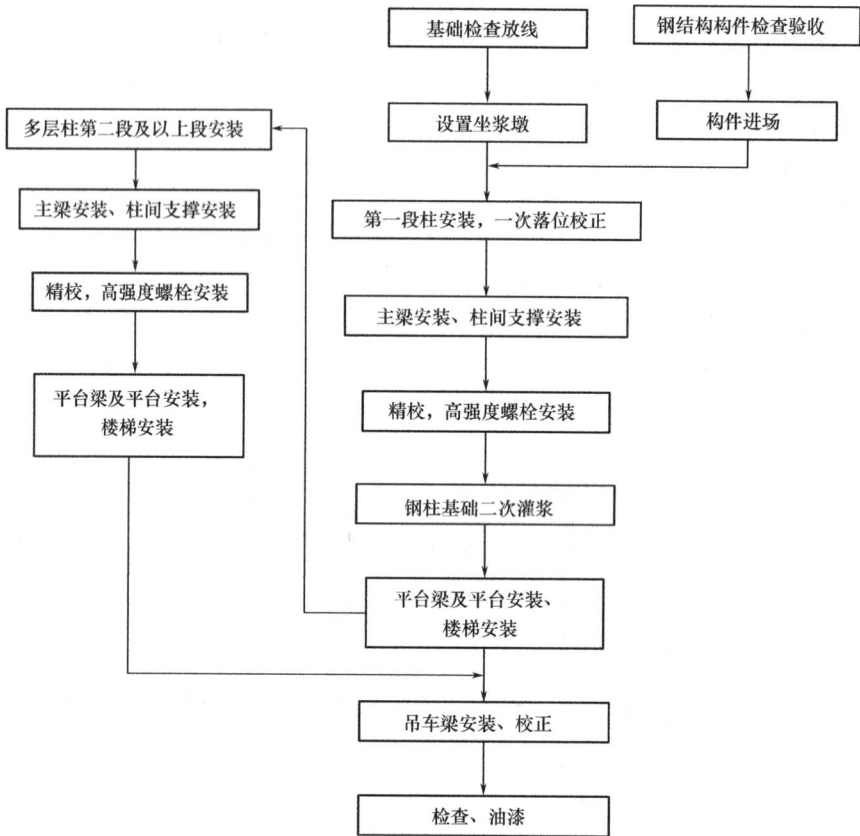

图 5.2-2　熄焦槽钢结构安装工艺流程图

主框架安装的纵横中心线的精度高与低将直接影响相关设备的安装精度。

（b）钢柱安装标高标记的划定应以一段钢柱的标高为基准向下量取定长到柱脚板约1m处划定标高标记。

c. 钢柱、主梁、柱间支撑安装

（a）钢柱采用"分段吊装、高空组合、分段摊销制造误差工艺技术"，防止制造误差累积。

（b）钢柱安装、校正，采用"钢柱一次落位校正定位工艺技术"，即钢柱吊装就位后立即进行校正，如图 5.2-3 所示。第一段钢柱吊装就位用地脚螺栓固定，第二段及以上钢柱则先用高强度螺栓连接板（装 1/2 普通螺栓）夹紧。按照先调整标高、再调整扭转、最后调整垂直度的顺序进行校正，利用缆风绳、链条葫芦及吊装机械吊臂头部摆动施加水平分力等方法校正，形成框架后不再需整体校正。

（c）钢梁安装时，应用经纬仪跟踪观测钢柱垂直度是否发生变化，若钢柱垂直度超差，应复查钢梁尺寸且进行必要的处理。

（d）同一层平台构架梁吊装就位后，复测垂直度、梁标高，符合质量要求后，柱与柱、柱与框架梁紧固高强度螺栓连接固定。如柱与框架梁为栓焊连接，则应先紧固高强度螺栓后焊接。

（e）提升机轨道梁、辅助桁架、上下水平支撑、垂直支撑安装在 45m 以上高空，构

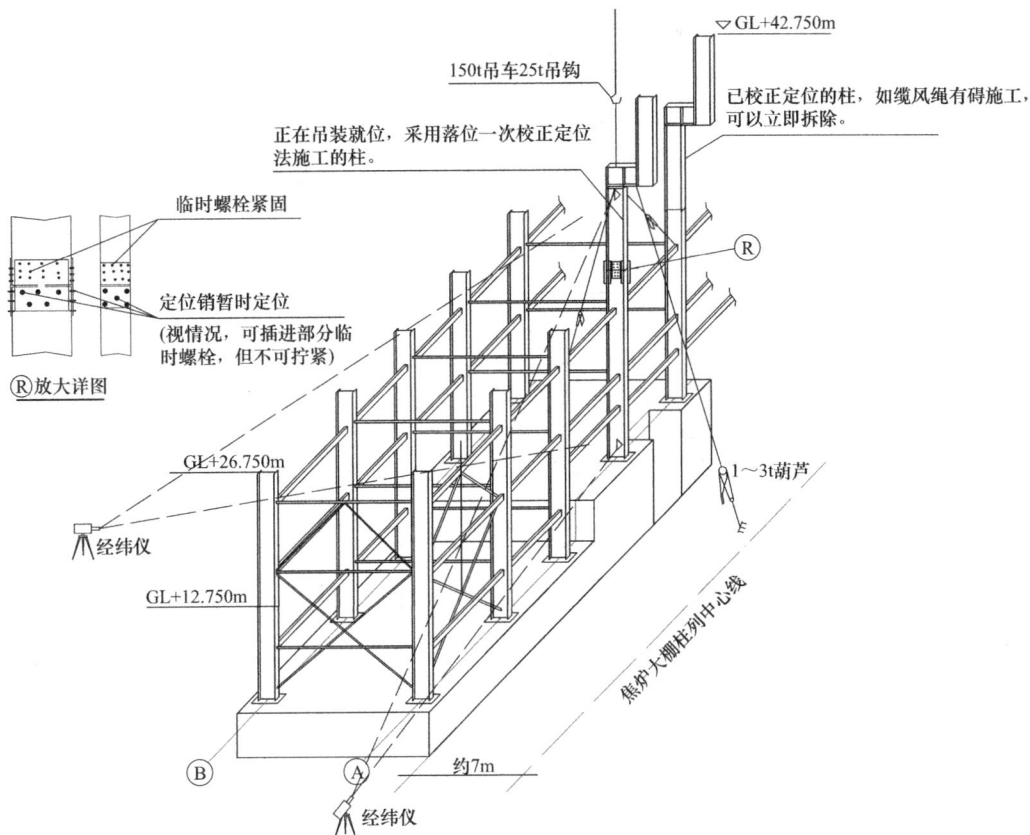

图 5.2-3　钢柱一次落位校正定位工艺操作示意图

件多，均为高强度螺栓连接，在高空进行组装安全隐患大、安全措施要求高，施工工期长。在吊装机械起吊能力满足组合吊装条件时，应优先选择组合分段吊装，以减少高空作业、缩短施工工期。

③ 熄焦槽壳体焊接防变形技术

熄焦槽由熄焦槽壳体、内衬耐火材料及底部的供气装置组成。熄焦槽壳体是一个大型薄壳变截面圆形槽体，主要形状由圆筒体、锥体、环形支撑梁及进出风口法兰等构成。熄焦槽不同于一般的槽罐，熄焦槽上接装入装置，下连排出装置，进风口法兰接循环风机或给水预热器出风管，出风口法兰接一次除尘器进风口，且各连接密封面必须密闭，对各部件的制作、安装精度要求很高。因此，必须采取特殊的技术措施，来控制炉壳焊接变形，以及炉壳组装时的吊装变形，使熄焦槽的安装精度符合要求。

a. 安装工艺流程（图 5.2-4）

b. 操作要点

（a）熄焦槽壳体地面组装

a）熄焦槽壳体分段在地面钢平台上组装。

b）钢平台应坚实平整，在钢平台上应设置划好中心及 0°、45°、90°、135°、180°、225°、270°和 315°分度线的基准圆周，且在圆周上找平 32 点，其水平度允许偏差不大于 2mm。

```
┌─────────────────────────────┐
│      基础检查验收，坐浆墩设置      │
└──────────────┬──────────────┘
               ↓
┌─ ─ ─ ─ ─ ─ ─ ─ ─ ─ ─ ─ ─ ─ ─┐
│    供气装置下部漏斗、台架安装       │ ─ ─ ─ ─ ─ ─ ─ ─ ─ ┐
└──────────────┬──────────────┘                    ┊
               ↓                                   ┊
┌─────────────────────────────┐                    ┊
│    壳体底板安装、找平、焊接         │      ┌─ ─ ─ ─ ─ ─ ┴ ─ ─ ─ ─ ┐
└──────────────┬──────────────┘      │  供气装置上部漏        │
               ↓                      │  斗、风帽安装          │
┌─────────────────────────────┐      └─ ─ ─ ─ ─ ─ ┬ ─ ─ ─ ─ ┘
│  壳体第1段安装、校正、固定、焊接   │               ┊
└──────────────┬──────────────┘               ┊
               ↓ ← ─ ─ ─ ─ ─ ─ ─ ─ ─ ─ ─ ─ ─ ─ ┘
┌─────────────────────────────┐
│      熄焦槽基础二次灌浆          │
└──────────────┬──────────────┘
               ↓
┌─────────────────────────────┐
│    壳体2、3、4、5、6段安装       │
└──────────────┬──────────────┘
               ↓
┌─────────────────────────────┐
│    壳体总高度调整、定位焊接       │
└──────────────┬──────────────┘
               ↓
┌─────────────────────────────┐
│  铆固钉、炉外加强筋安装焊接       │
└──────────────┬──────────────┘
               ↓
┌─────────────────────────────┐
│  料位计等仪表测量孔定位开孔焊接   │
└──────────────┬──────────────┘
               ↓
┌─ ─ ─ ─ ─ ─ ─ ─ ─ ─ ─ ─ ─ ─ ─┐
│            筑炉               │
└──────────────┬──────────────┘
               ↓
┌─────────────────────────────┐
│ 环行风道风量调节孔与筑炉配合开孔安装焊接 │
└─────────────────────────────┘
```

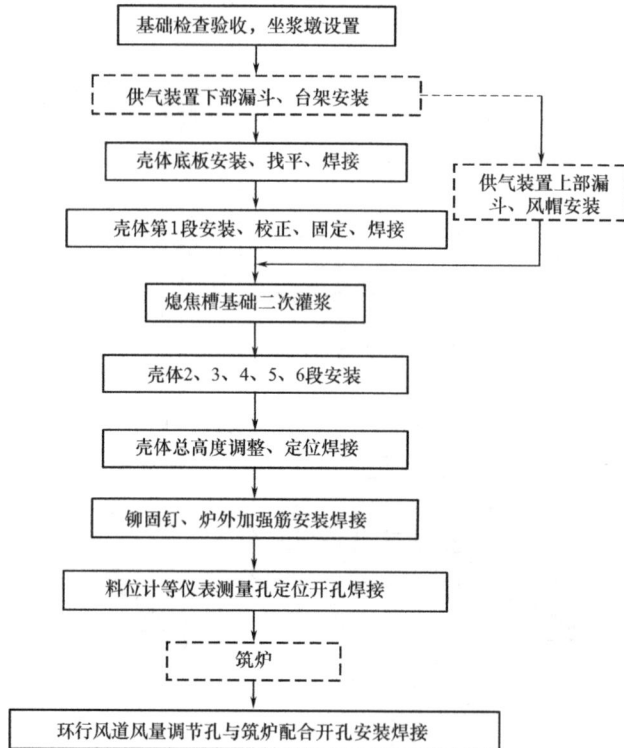

图 5.2-4　焦槽壳体及供气装置安装工艺流程图

c）组装时，炉壳下口准确定位在钢平台的基准圆周上。

d）壳体的半径应以"检测台架"上悬挂的中心线为基准，用钢卷尺在 0°、45°、90°、135°、180°、225°、270°和 315°共 8 个点上检测。

e）局部圆弧偏差用内外样板检测。如果超差，采取强制变形手段调整。

f）熄焦槽壳体减少焊接防变形方法及措施（图 5.2-5）：

ⓐ 加门形卡，强制反变形，同时按规定顺序分层焊接；

ⓑ 横向圆周焊缝，采用 4 人对称同步焊或 3 人等分圆周同步焊；

ⓒ 加强筋采用断续、错位跳焊，防止焊接热量过分集中而产生局部变形。

g）熄焦槽壳体组装时防止吊装变形方法及措施（图 5.2-6）：

ⓐ 单块壳体壁板，采用卡兰夹持，加平衡梁吊具吊装。

ⓑ 整圈壳体，在内支撑点上焊吊耳，加平衡梁吊具，控制吊索夹角，减少水平分力。

（b）熄焦槽壳体安装

a）炉壳安装的基准中心，是设在供气装置风帽顶上的中心标板上的中心点，此中心是在风帽安装完毕后通过基准中心返测到此上面的基准点，此点也是筑炉、砌砖检测的基准中心。投放时必须以干熄焦本体的基准点进行精确设置，安装全过程中，必须精心保护好。

b）壳体最后一段的焊缝必须在熄焦槽壳体总高调整好后再焊接，其高度允许偏差值应符合现行国家标准《焦化机械设备工程安装验收规范》GB 50390 的要求。

c）第 5 段壳体环行风道顶盖板上的风道调节孔，必须在筑炉砌完环形风道后，以耐

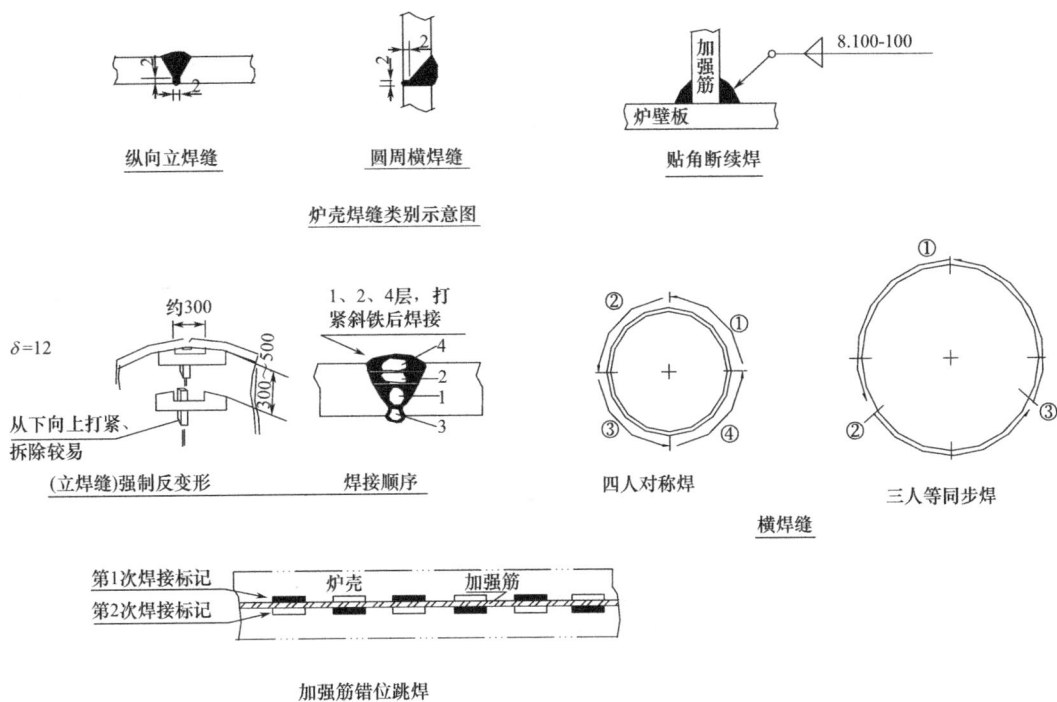

纵向立焊缝　　　圆周横焊缝　　　贴角断续焊

炉壳焊缝类别示意图

(立焊缝)强制反变形　　　焊接顺序　　　四人对称焊　　　三人等同步焊

横焊缝

加强筋错位跳焊

图 5.2-5　熄焦槽壳体减少焊接变形方法及措施

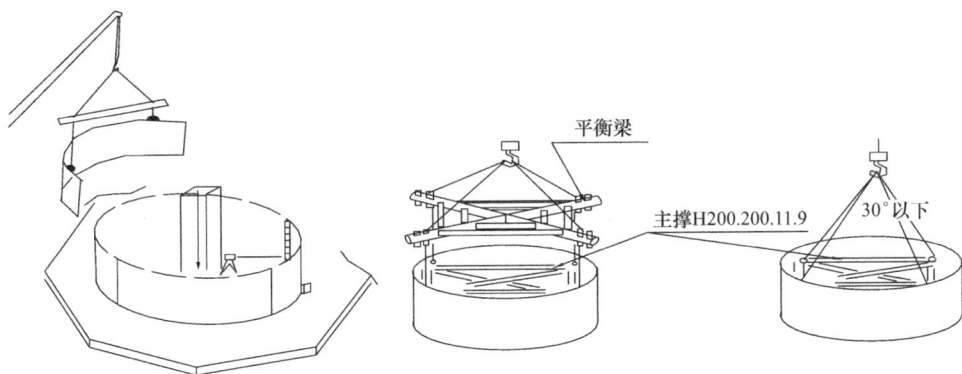

图 5.2-6　熄焦槽壳体组装时防止吊装变形方法及措施

火砖上的孔为基准与筑炉专业配合开孔、焊接定位。

　　d) 壳体上的 γ 射线检测孔，必须在壳体外的加强筋焊接完后，才放线、开孔、焊接。

　　e) 炉壳安装检测要领见图 5.2-7。

　　④ 提升机模块化吊装技术

本工程设计采用 3 台 YT96T 提升机覆盖 4 座干熄炉，其中 A 吊提升机覆盖 1 号、2 号干熄炉，B 吊提升机覆盖 1 号、2 号、3 号、4 号干熄炉，C 吊提升机覆盖 3 号、4 号干熄炉，运行生产状态为两用一备。

提升机本体主要由车架、起升机构、走行机构、吊具、检修手动葫芦、机械室、驾驶

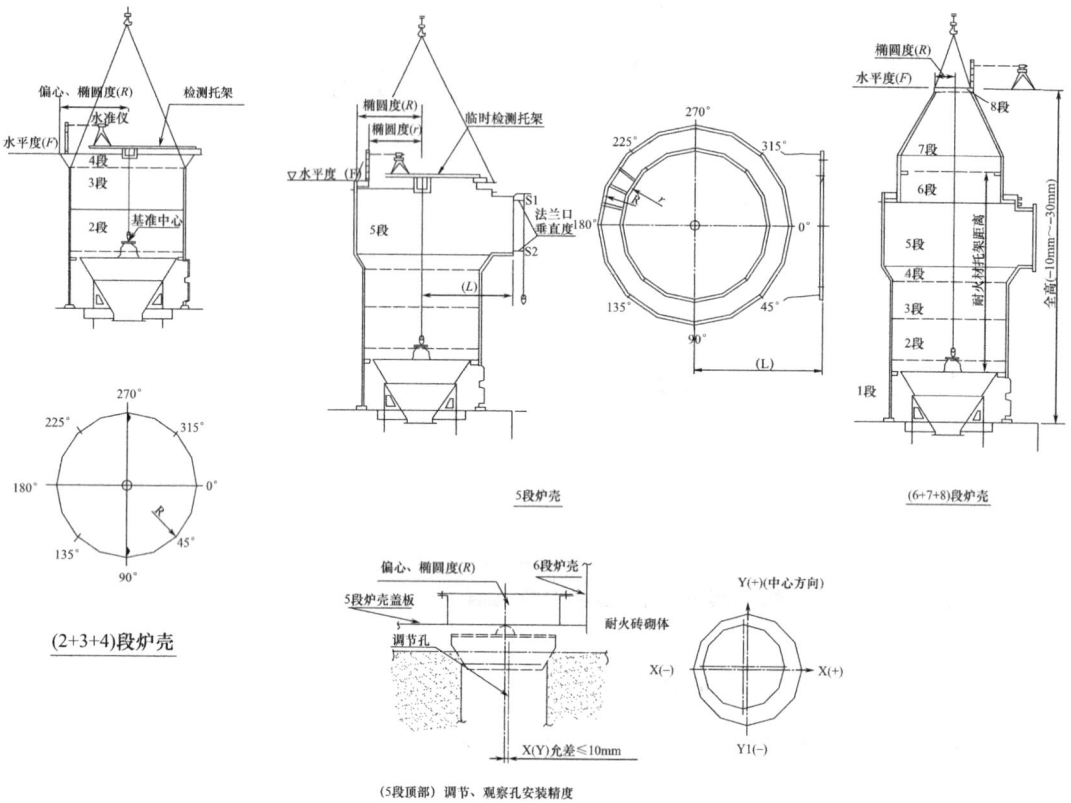

图 5.2-7　炉壳安装检测要领图

室等组成。起升机构安装在车架上部，通过钢丝绳与吊具相连，带动焦罐进行上升或下降。走行机构安装在车架下部，通过车轮的转动，带动提升机横向移动。

单台提升机总重量约为 256.186t，提升机组装后最大件为车架，外形尺寸为：15500mm×13300mm×2800mm，提升机车架重量为 103.209t，其中车架重 80.863t，运行机构平台重 10.06t，车轮重 9.924t，司机室、锚固装置重 2.362t 提升机底部框架通过走行轮安装在轨面标高为 50.765m 的提升机轨道上。

⑤ 干熄焦全系统动态气密性试验

干熄焦全系统指由熄焦炉、锅炉、一次除尘器、二次除尘器、给水预热器及循环气体管道组成的气体循环系统。该系统是红焦装入、冷焦排出及惰性气体循环、充填的区间。在生产运行状态下，该区间内除常开放散口、空气导入阀及装入、排出口之外，应是一个密闭空间。如果气体循环系统出现泄漏具有很大的危险性。干熄焦全系统气密性试验的目的是检查所有焊缝和法兰连接面是否泄漏。

a. 工艺原理

干熄焦全系统动态气密性试验是对传统的"静态保压法"气密性试验的工艺创新，由于受干熄焦全系统的结构特点的限制，采用传统的"静态保压法"进行全系统的气密性试验，需耗用大量的人力、物力、财力，实施时间长，效果不是很明显。

干熄焦全系统动态气密性试验是根据干熄焦全系统的结构特点、设备功能，将系统采取一般封堵，允许有一定的漏风量，利用系统内设备——循环风机不断向系统内送风，使送风量与漏风量之差维持一定的压力，在这种状态下，向焊缝、法兰接合面上喷发泡剂进行检验，如不鼓气泡，即可判定为合格。

b. 操作要点

用软填料封堵熄焦炉炉口水封槽、炉顶预存室放散装置水封槽和一次除尘器放散装置水封槽，关闭全部放散阀和排出装置排焦阀门，关闭循环风机入口风阀，打开风机两侧人孔门，起动循环风机运转。风机从人孔门吸进自然风连续向系统内压送，维持系统风压在 3500～4000Pa 范围，在试验压力下，向焊缝、法兰接合面上喷发泡剂，以不鼓气泡为合格。

（3）实施总结

大型联排干熄焦机械设备安装技术在宝钢湛江钢铁有限公司 4×140t/h 干熄焦工程的应用使施工准备充分，施工组织合理，施工工序和施工方案得到了优化，缩短了施工工期，提高施工效率，节约施工成本，保证了施工质量和安全，获得了甲方、监理的一致好评。

在 4×140t/h 联排干熄焦中应用该套施工技术，在措施费、材料费、人工费等方面，因合理组织、流水作业，较常规施工方法约缩短工期 62d，产生直接经济效益约 80.4 万元。

（提供单位：五冶集团上海有限公司。编写人员：焦瑯斑、严鹏、郭魁祥）

5.3 大型高炉模块化拆装技术

5.3.1 技术发展概述

在 20 世纪末 21 世纪初，以日本 JFE、新日铁为代表的日本钢铁厂纷纷对 4000m³ 大型高炉进行扩容改造，1998 年日本 JFE 钢铁厂千叶 6 号高炉进行大修时，率先开发了领先于世界的可以使传统大修所需时间减半的大型模块施工方法，改变了传统的散拆散装工艺，开创了大型高炉模块化拆装的先河。此后日本各大钢铁厂纷纷采用模块化拆装工艺，完成大型高炉大修改造，大大缩短了改造的施工工期。

我国的首座 4000m³ 大型高炉——宝钢一号高炉于 1985 年建完，截至目前我国共有 23 座 4000m³ 大型高炉在服役。我国不论是大型高炉还是中小型高炉大修改造基本为散拆散装，效率低下、劳动作业强度大、施工周期长，已经不符合现代安全、快速、环保的施工要求。2006 年宝钢二号高炉首次在大型高炉采用模块化施工工艺，改变了我国高炉大修传统落后的局面，开创了我国高炉大修发展新模式，使我国高炉大修技术达到了国际先进水平。

5.3.2 技术内容

该项技术主要是指采用专业的液压提升、滑移及运输设备，将新旧炉体分为 3～4 个大吨位的模块进行拆装，可以大大提升效率。

停炉前，首先将新炉壳分为 3～4 个模块单元进行离线组装，同时将冷却设备、部分耐材随炉壳模块化整体安装，新炉壳的组装位置根据高炉的总体平面规划合理布置。新炉壳模块单元划分充分考虑运输的界限和宽度，同时结合炉体工艺设计确定。

停炉后，在旧炉体模块化拆除前完成高炉炉内清渣、炉顶设备及运输通道方向的设备、平台及相关障碍物的拆除。旧炉壳在高度方向分为 3～4 个模块，随冷却设备、炉内耐材及残铁按照模块单元进行整体拆除。在旧炉体拆除之前在炉顶的平台设置相应的液压提升装置，并将高炉提升受力之后切割分离模块。拆除时，从下至上按照模块单元进行拆除，通过滑移设备将模块单元滑移至运输车辆，然后运送至指定的位置。

安装时，高炉采用倒装法施工工艺，按照新炉体单元模块从上至下分模块安装，首先安装高炉最上部的单元模块，采用运输滑移设备将上部单元模块滑移至高炉基础，采用液压提升设施将单元模块整体提升，然后安装高炉中部的单元模块，采用液压提升设施将单元模块整体提升与上部单元模块焊接成整体，最后安装炉缸单元模块，利用液压提升设施将之前焊接好的模块下放与炉缸模块对接。待新炉体全部安装完成后，恢复炉体运输通道的结构及设备。

一般来说要实现大型高炉模块化拆装，分为两个阶段实施：

（1）停炉前：主要完成高炉基础切割分离、高炉框架加固、新炉体离线组装及运输通道的拆除与地基基础施工。

（2）停炉中：首先应完成炉顶设备拆除、炉内清渣、剩余炉壳运输通道平台拆除及液压提升设备安装调试。然后拆除旧炉缸及旧炉壳中上部，旧炉壳拆除完成后进行高炉基础改造，改造完成后开始回装新炉壳，首先回装新炉壳上段、再回装新炉壳中段，最后回装新炉壳下段。模块化拆除与安装应采用专业的液压滑移、提升及 SPMT 运输模块车辆。

大型高炉模块化拆装技术改变了大型高炉传统零散、分散安装模式，大大缩短了工期、提高了工作效率，节约了资源投入、降低了能源消耗，降低了安全风险、达到了安全可靠的目的。

5.3.3 技术指标

旧炉壳模块化拆除、新炉壳模块化安装宜分为三段。

（1）大型高炉若不放残铁，旧炉缸运输重量一般在 6000t 以上，宜采用全程滑移的方式。

（2）由于炉壳模块单元的运输重量在 1000t 以上，应合理配置相应的滑移、运输及提升设备。

（3）停炉前的各项工作应与生产单位充分协调，确定合理的施工时间。

5.3.4 适用范围

适用于大型、中小型高炉大修改造工程。

5.3.5 工程案例

1. 宝钢二号高炉大修工程

（1）工程概况

宝钢二号高炉大修工程于 2006 年 9 月 1 日正式停炉大修，高炉本体扩容改造至 4706m³。高炉炉壳、本体冷却设备、送风支管设备、本体耐材全部更新改造。炉顶无料钟设备更新改造，采用固定料罐＋固定分配器的串罐式无料钟炉顶设备技术。均排压系统更新改造（图 5.3-1）。该工程是我国大型高炉首次采用模块化大修技术，大修工期要求 100d 之内。

（2）技术应用

1）工程技术特点难点

该项目是我国大型高炉首次采用模块化大修技术，工期要求 100d 之内完成，在当时创造了国内大型高炉大修新记录。由于实施模块化拆装技术，旧炉体最大运输重量达到 3600t，其他模块都在 1000t 以上，安全组织实施是难点。

2）施工工艺和过程

① 停炉前施工工艺

图 5.3-1 宝钢二号高炉大修工程

a. 停炉前完成新炉体三大段模块化组装。炉壳组装包括炉壳、冷却设备及附件和部分耐材。

b. 框架加固，主要是针对高炉框架进行加固处理，确保能够承受炉体提升荷载。

c. 停炉前对炉体滑移通道进行桩基、基础施工，180°出铁场平台拆除。

② 停炉施工工艺

高炉正式停炉后，高炉本体模块化拆装分为三个步骤：一是旧炉体拆除准备工作，二是旧炉体模块化拆除，三是新炉体模块化安装。

a. 旧炉体模块化拆除之前的准备工作，主要包括炉内清渣、旧一层梁及平台拆除、炉前设备及炉顶设备拆除、滑移运输设施安装调试就位。

b. 炉体拆除分为三大段进行，拆除的顺序为旧炉体下段→旧炉体中段→旧炉体上段。由于部分残铁的重量，旧炉体下段的重量也是整个模块中最大的一段，达到 3600t，利用顶升装备将旧炉体下段顶升，然后滑移至 SPMT 运输车上，运送至指定的卸车位置。然后依次拆除旧炉体中段及上段。

c. 旧炉体拆除完成后，进行新炉体的安装。新炉体分为三大段模块化安装，安装的顺序为新炉体上段→新炉体中段→新炉体下段。安装方法是通过 SPMT 运输车运输炉体模块至高炉基础，然后滑移提升就位对接。

d. 新炉体安装就位后，进行相关的滑移通道恢复工作及高炉耐材砌筑工作。

（3）实施总结

宝钢二号高炉是我国首次采用大型高炉模块化拆装技术，整个项目工期 98d，圆满完成了既定的目标。大型高炉模块化拆装技术改变了传统的高炉施工技术，大大提升了高炉施工效率，降低了作业强度。

该项目于 2006 年 12 月正式竣工投产，项目运行至今生产平稳顺利。大型高炉模块化拆装技术获得了上海市、中冶集团多项科技成果奖。

2. 宝钢三号高炉大修工程

（1）工程概况

宝钢三号高炉大修工程于 2013 年 9 月 1 日正式停炉大修，炉容由 4350m³ 扩容为 4850m³，保留高炉框架及平台，高炉本体炉壳、冷却设备、耐材等全部更新（图 5.3-2）。炉体高度增加导致炉顶法兰标高由 48.609m 提高到 49.535m，改造后炉顶设备采用旋转受料罐的方案。本次宝钢三号高炉大修首次实施未放残铁。

图 5.3-2　宝钢三号高炉大修现场

（2）技术应用

同宝钢二号高炉大修工程技术应用。

（3）实施总结

通过进一步对大型高炉模块化拆装技术的优化与改进，整个项目工期 76d，该项目于 2013 年 11 月正式竣工投产，圆满完成了既定的目标项目运行至今生产平稳顺利。大型高炉模块化拆装技术获得了上海市、中冶集团多项科技成果奖。

（提供单位：上海宝冶冶金工程有限公司。编写人员：刘卫健、闵良建、李鹏）

5.4　大型高炉残铁环保快速解体技术

5.4.1　技术发展概述

高炉残铁的处理一直是高炉大修改造的难点，也是制约高炉大修工期的关键，特别是大型高炉残铁量大多在 1500t 以上，处理难度非常大。国内外通常的做法是通过放残铁尽量减少炉内残铁的重量，但由于放残铁的不可控因素比较多，残铁放出量也不可控，如国内某大型高炉大修残铁仅放出 100t。而且放残铁过程还存在很多安全风险，易发生安全事故。对于留在炉内的残铁，国内外以往比较通常的做法有两种：一种是爆破，另一种是吹氧切割。爆破的缺点是安全风险大，炉内爆破容易造成高炉损伤，安全防护难度大。吹氧切割的缺点是作业效率低、环境污染大、劳动强度大。两种方法均已不适应现代大型高炉施工技术要求。

自 2008 年宝钢一号高炉大修以来，上海宝冶通过不断试验，研发了一种新型的环保快速高炉残铁处理方式——绳锯切割，该技术于 2012 年首次应用在宝钢上钢一厂 $2500m^3$ 高炉大修中，取得了良好效果，开创了国内高炉残铁环保快速解体的先河，此后多次应用在国内外高炉大修残铁处理中，取得了良好社会和经济效益。

5.4.2　技术内容

（1）技术特点

随着高炉快速大修工程技术的发展，残铁解体采用绳锯切割是当前最为先进而又可靠的切割技术，绳锯运行轨迹由导轮控制，切割定向性好，对炉壳无影响。实施过程噪声小、粉尘少、环境污染小。相比爆破法和吹氧法清理更安全、环保、可靠和工期短。

（2）技术方案

残铁绳锯切割由液压电机或电机驱动，它主要由主驱动系统、进给系统、绳锯、张紧装置、导向机构、控制系统、冷却系统等部件组成。

残铁切割工艺流程：

1）钻孔：在高炉炉底的碳砖上钻贯穿孔，贯穿孔水平贯穿碳砖的底部。

2）穿锯：将切割机的绳锯穿入贯穿孔内，使绳锯绕过残铁的侧面和顶部后再连接切割机的电机。

3）切割：启动电机开启绳锯，使绳锯从残铁的边缘处向对边移动分割残铁，最后将残铁逐块从高炉内运出。

残铁切割工艺流程：残铁切割装置→带动绳锯→使绳锯对残铁进行从上至下切割，绳锯运行轨道靠导轮约束。随着残铁的切割，残铁切割驱动装置沿轨道后移以保证绳锯张紧度，切割过程中的磨屑和热量通过冷却系统的冷却水带走。

（3）技术优势

该技术与国内外同类技术的比较：

1）绳锯切割

原理：运用绳锯与残铁之间的摩擦切割残铁。

实施：需在炉壁上钻 6～20 个孔，用于穿绳锯，绳锯切割过程可控，安装完成后，单人即可操作。绳锯运行轨迹由导轮控制，绳锯切割定向性好，对炉壳无影响。实施过程噪声小、粉尘少、环境污染小。

2）爆破切割技术

原理：在残铁上钻孔，并在孔内安装炸药爆破。

实施：需在炉内残铁的爆破切割方向上密集打孔，密集打孔需要大量人工机具进入炉内施工。爆破定向性差，过程管控难度大，实施过程造成炉壳开裂，安全性低。

3）氧吹切割技术

原理：利用富氧吹割。

实施：人工吹氧，吹氧过程中产生大量烟尘，铁水喷溅，不仅污染环境，而且易将作业人员烧伤烫伤，安全隐患大。

5.4.3　技术指标

（1）残铁的物理力学性质参数：

纵波波速：4091m/s；

密度：3.978g/cm；

弹性模量：9.99GPa；

抗拉强度：38.18MPa；

泊松比：0.240；

抗压强度：5.49MPa。

（2）性能指标参数：

切割效率 $\eta=0.5\sim0.7m^2/h$，切割寿命 $\beta=0.25\sim0.45m^2/m$；

切割线速度：22m/s 左右；

切割电流：驱动设备电流 80/100A；

冷却水系统：总用水 $10m^3/h$（主冷却 $7m^3/h$，排屑冷却 $3m^3/h$）。

5.4.4　适用范围

适合于所有高炉残铁环保快速处理及与残铁、钢渣等相关的切割。

5.4.5 工程案例

1. 台湾三号高炉大修高炉残铁处理工程

（1）工程概况

台湾中钢三号高炉于 2017 年 10 月停炉大修，炉容 2500m³。本次高炉停炉前放残铁，由于放残铁不够理想，炉内残铁预估在 800t 左右。本次残铁处理采用的是上海宝冶集团自主研发的绳锯切割分离技术。

（2）技术应用

1）残铁切割分离方案

针对炉内的残铁量，确定了残铁分块切割方案，如图 5.4-1 所示。计划投入 4 台绳锯切割设备。

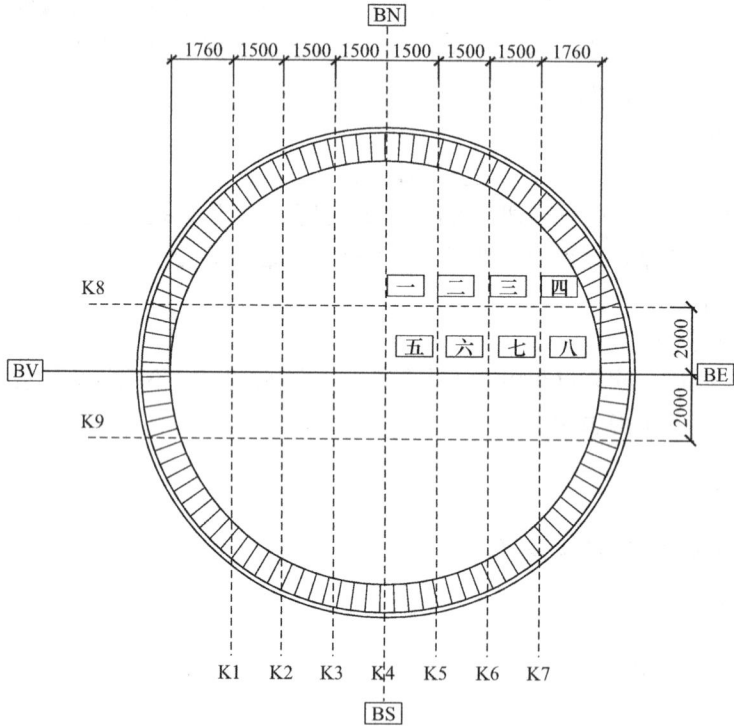

图 5.4-1 残铁切割分离平面分块图

2）钻孔机械布置方案

在高架桥侧炉缸底部放置钻孔机 1 台，3 号～4 号主沟下方放置 1 台钻孔机，临时操作平台由中钢机械配合搭设。高架桥侧的风口平台下放置 1 台切割机，对面放置 1 台切割机，1 号～2 号主沟位置放置 1 台切割机，高架桥侧的出铁场平台（炉底）下放置 1 台备用切割机。

3）切割绳锯设施的安装

切割设施安装顺序：定位放线确定轨迹→在绳锯运行轨迹内侧将立柱均匀分布→在立柱安装位置底部开孔灌浆确保立柱根部可靠→焊接水平连接件安装绳锯→运行导向滑轮组安装→动力设备及轨道安装→安装绳锯。

切割线定位完成后，因绳锯在切割过程中随着切割深度的逐渐扩大，绳锯长度在穿过残铁区域将逐渐缩短。为了保持切割正常运转，直至整个切缝形成，绳锯主机在此过程中需要移动位置来消耗绳锯切割中的长度，保证绳子的张紧度。主机轨道保证水平度不大于3°，将绳锯安装在预定切割线中心的滑轮上。

切割作业时必须在绳锯机以及残铁面上绳锯运行区域两侧设置安全钢丝网，以防绳锯突然断裂，对施工人员带来伤害。钢丝网固定在钢管脚手架上，高度不小于2m，如图5.4-2所示。

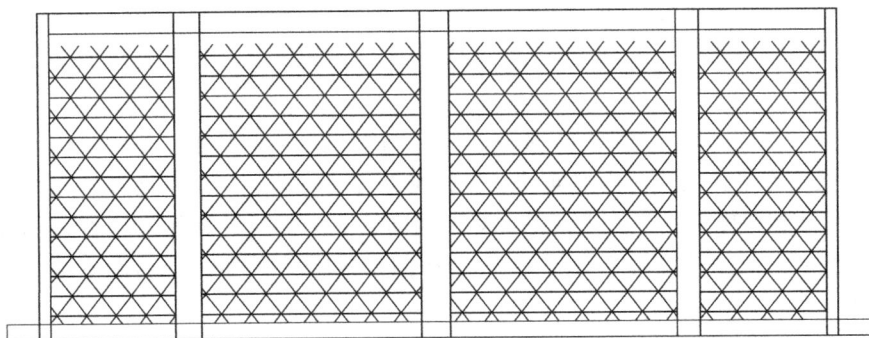

图 5.4-2 残铁切割安全装置图

4）切割注意事项

残铁切割面比较大，最大切割单元长达 16m，绳索长度达 50m 左右，设备将会出现超负荷工作状态，必须注意以下几项切割工艺参数的选择：

① 切割线速度

设备性能确定切割设备金刚石绳运转的线速度达到 18m/s 以上，切割效果最佳，切割绳容量最佳状态为 9~12m。绳索长度达 50m，只能在保证安全的前提下，发挥设备的最大功率。

② 冲洗液量

切割过程中，冲洗液量始终保持在最大泵量 60L/min，当开始通过表层限位缝后，就把表层限位缝切口槽封闭，让冷却水按绳子运行方向形成回路。

③ 绳子张力控制

切割中控制调整绳子张力尽可能大，保持绳子在孔内以直线状态运行，随切割的进行不断调节收绳，保持收绳速度和切割速度相一致。

（3）实施总结

台湾中钢三号高炉于 2017 年 10 月停炉大修，由于放残铁的不成功，炉内残铁达到约 800t，超过原先预估残铁量 600t。虽然残铁量增加，但通过采用上海宝冶自主研发的绳锯切割技术，仅用 7d 就完成了全部残铁的切割清理，比原计划提前 10d 完成，为业主节省了主线工期，确保了整个项目圆满实施，受到了业主充分肯定与赞扬。

2. 南钢 1 号高炉大修高炉残铁处理工程

（1）工程概况

南钢 1 号高炉于 2018 年 9 月 1 日停炉大修，炉容 2000m³，大修总工期 118d。本次高炉停炉不放残铁，残铁处理采用的是上海宝冶集团自主研发的绳锯切割分离技术。

（2）技术应用

1）残铁切割分离难点

由于南钢1号高炉不放残铁，经过估算高炉残铁预估达到1000t，残铁处理量比较大。同时作业平面比较狭小，也给切割带来了一定难度。

2）残铁钻孔布置方案

据业主提供的炉缸侵蚀信息，考虑在第二层碳砖位置进行钻孔，后期施工可根据炉缸实际的侵蚀情况决定钻孔位置是否上下移动。根据图纸放样出11个孔的水平分布位置，现场根据放样图测量出9个孔的位置并进行划线定位，根据钻孔位置在炉底上方平台安装钻孔机进行钻孔。

考虑钻孔的时间问题，本次钻孔施工采用3台钻孔机同时作业，3台钻孔机先同时布置在北侧炉底上方平台上，对南北向的3个孔位进行同时钻进；南北向3个孔钻通后，将3台钻孔机移动到西侧炉底上方平台上，对东西向的8个孔位进行钻进。若钻孔机在钻进过程中遇到残铁，钻进速度会十分缓慢，考虑向下调整钻孔位置，或斜向下钻孔，避开残铁，可以大大提高施工效率。

3）残铁切割方案布置

由于残铁清理工作的作业空间狭小，工期紧迫等因素，因此采用绳锯切割工艺将未排放的残铁分割成38块，如图5.4-3所示。

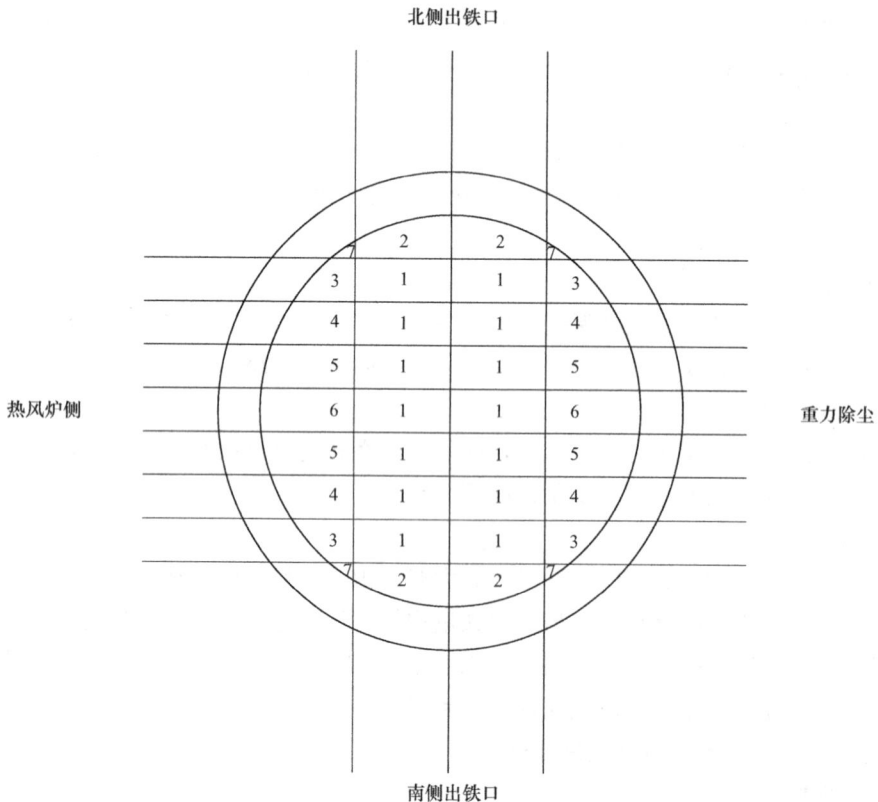

图 5.4-3　残铁切割平面分块图

切割作业正式开始前，先进行试运转，绳锯先慢速运转，施工人员先观察绳锯的张紧程度，通过移动切割设备在轨道上的前后位置来调节绳锯的张紧度至适宜。绳锯试运转的加速过程中，要密切观察绳锯运转的稳定性，若是绳锯试运转时总是会脱离出导轮，则要对导轮的角度、高度等进行调节。出铁场北侧行车最大起重量为50t，因此选择出铁场北侧为残铁出料口。

在残铁切割期间，将轻型轨道、钢板、台车等倒运至出铁场平台北侧，制作成后期残铁倒运的运输轨道，布置于出铁场北侧主沟内。同时，在出铁场北侧利用厂房柱设置一个5t卷扬机，作为牵引卷扬。

（3）实施总结

本项目于2018年9月24日～2018年9月30日共计7d完成1000t残铁切割，比传统方式节约施工工期15d，为钢铁厂直接产生经济效益9000万元。

该技术充分发挥其绿色、无污染、噪声低、粉尘少、效率高、安全性好、可控性强等特点，出色地完成了本项目的残铁切割任务。

（提供单位：上海宝冶冶金工程有限公司。编写人员：刘卫健　闵良建　林涛）

5.5　大型连铸机扇形段设备测量调整技术

5.5.1　技术发展概述

目前大型连铸机升级改造、搬迁工程不断涌现，但国内外升级改造工程，尤其是大型板坯连铸工程，可借鉴的先进经验少。扇形段为关键设备，调整精度要求高、工期长，其调整精度和速度的保障来源于基础框架、底板的调整，弧形段一般为香蕉座或大底板形式，调整难度大。

安全、快速安装连铸机为现在各企业急需的技术。由此孕育而生"大型连铸机扇形段设备三维空间坐标测量调整技术"，实现对工程施工进度、质量、安全的有效控制，有效保证了设备安装精度，提高了安装质量，缩短了施工工期，为扇形段顺利就位提供了有力保障。

5.5.2　技术内容

板坯连铸机铸流设备布置于受限立体空间内，安装精度要求高，调整难度大，采用常规经纬仪、水准仪设站困难、测设需进行多次仪器架设，累积误差大，质量、进度、安全等综合效率低。通过全站仪自由设站、利用 Auto CAD 进行数据分析处理、扇形段在线对中调整技术的应用，达到快速、高精度的效果。

（1）扇形段基础框架全站仪自由设站法调整技术

扇形段安装精度控制必须经过基础框架调整、离线对中、在线对中等众多工序保证，扇形段基础框架的调整是保证扇形段安装精度和速度的关键工序。采用全站仪自由设站法调整扇形段基础框架，可直接测量框架测量孔坐标，读数精度达到0.01mm，可快速完成基础框架的调整。

（2）扇形段在线对中调整技术

扇形段的对中调整包括离线对中、测试和在线对中，离线对中、测试需对解体的上下框架分别进行，在制造厂家完成。采用扇形段在线对中技术，扇形段上线后利用专用样板、塞尺进行检验，偏差超标时通过调整基础框架定位基座处的垫板组，确保各扇形段接口满足设计弧度。

5.5.3 技术指标

（1）《炼钢机械设备工程安装验收规范》GB 50403—2017；

（2）《炼钢机械设备安装规范》GB 50742—2012；

（3）《机械设备安装工程施工及验收通用规范》GB 50231—2009。

5.5.4 适用范围

适用于所有板坯连铸、圆坯连铸、方坯连铸在建及扩建项目铸流设备的测量调整。

5.5.5 工程案例

1. 宝钢一号连铸机改造

（1）工程概况

宝钢一号连铸机改造工程由宝钢工程技术有限公司设计，上海宝钢工程咨询有限公司监理，主要设备由常州宝菱重工和宝钢机械加工厂制造，结晶器和振动装置为合作制造件。主要改造包括结晶器及振动装置、弯曲段、扇形段、扇形段基础框架、扇形段驱动装置、扇形段拔出导轨、扇形段更换台车、离心水泵、冷却塔、二冷排蒸风机、电动单梁吊和空压机等，设备总重约 2700t。

（2）技术应用

1）工程特点和难点

主机扇形段的安装是重点也是难点，安装后需要用弧板检测及精调，耗时耗工，技术难度也很大。

2）关键技术特点

使用高精度全站仪，扇形段安装前将调整垫板精调，扇形段就位后即符合精度要求。

3）施工工艺和过程

① 工艺流程图（图 5.5-1）

② 工艺过程

a. 测量坐标系统

（a）测量作业使用的三维坐标系（图 5.5-2）：

X 轴：方向为铸流方向，以外弧线在 ±0 面上的投影为零点。

Y 轴：与 X 轴在水平面垂直，与矫直线平行。

Z 轴：以零点为起点向上，与大地水平面垂直。

（b）人员仪器配置：

a）TCA2003 全站仪，最大测程为 5km，测角精度 0.5"，测距精度为 ±（1mm + 1ppm×D），测角分辨率 0.1"。

b）NA2+GPM3 精密水准仪，每公里往返测高差中误差为 ±0.3mm。

c）拟参加测量技术人员 4 名，其中主测师 1 名、助理技术员 3 名。

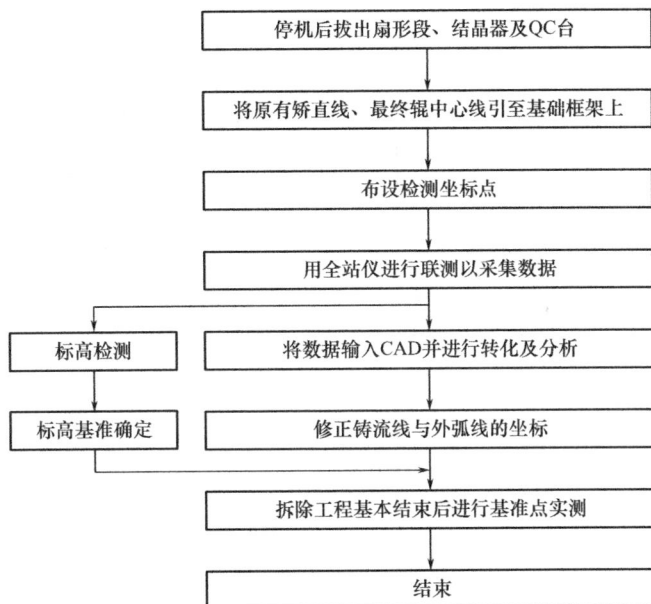

图 5.5-1 工艺流程图

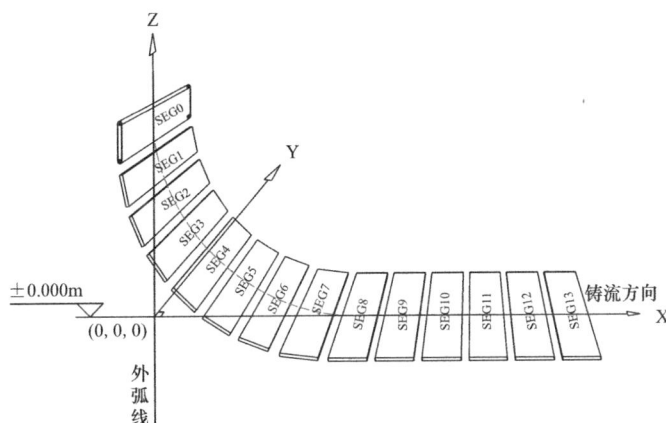

图 5.5-2 测量坐标系统

（c）中心检测方法：

a）停机后将 1 流、2 流扇形段拔出，结晶器及 QC 台吊出，主机区域温度降到 30℃以下。

b）原有基准点布置如图 5.5-3 所示（已找到 1 号～5 号中心标板），为便于观测，通过 2 号、3 号中心标板点将原有矫直线引测至二冷室内侧的基础框架上（即 J2 号、J3 号点），同理引测最终辊中心线（即 J4 号、J5 号点），如图 5.5-3 所示。

（d）布置检测坐标点：

测量人员根据现场情况进行观察，确定检测坐标点的位置并焊接在金属固定物上，拆除或切割阻碍视线的壁板、走台等。检测坐标点布设要合理，确保仪器在两个设站位置至少能观测到三个点（图 5.5-4）。

941

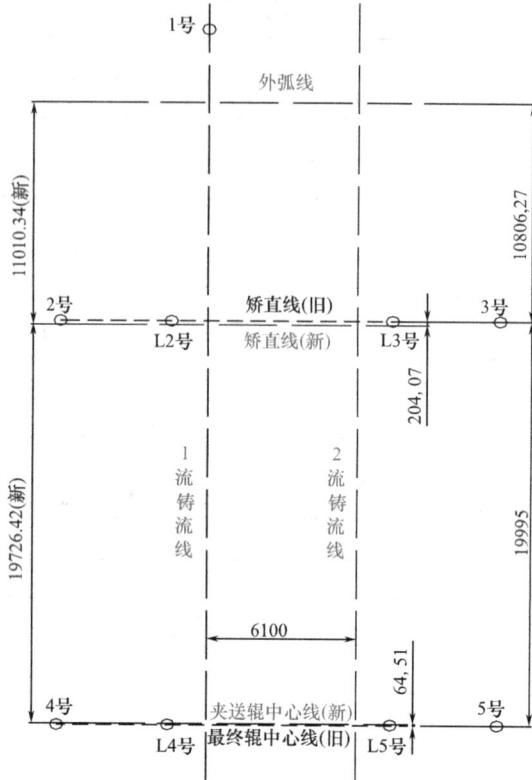

图 5.5-3　基准点布置图

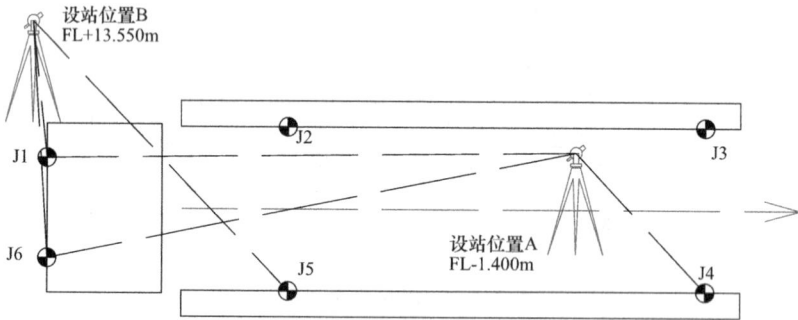

图 5.5-4　全站仪自有设站观测图

（e）在 1 流设站位置 A 用自由设站法架设全站仪，用仪器原有坐标系对以下目标进行联测并记录数据：

a）已引测到二冷室内的 L2 号、L3 号、L4 号、L5 号点及 1 号中心标板点。

b）对设置的检测坐标点 J1～J6。

c）对基础框架上的扇形段固定侧定位板中心（图 5.5-5）进行测量，或根据基础框架定位板内侧进行测量（图 5.5-6）。

（f）将仪器搬至 13.55m 平台设站位置 B 处，采用自由设站法架设仪器，后视 J5、J6 点设站，对振动装置基础框架上的用于定位 QC 台的中心定位板和定位键进行测量（图 5.5-7），尺寸关系如图 5.5-8 所示。

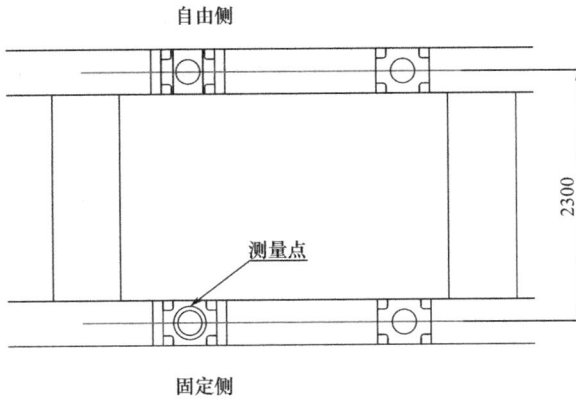

图 5.5-5 扇形段固定侧定位板中心示意图

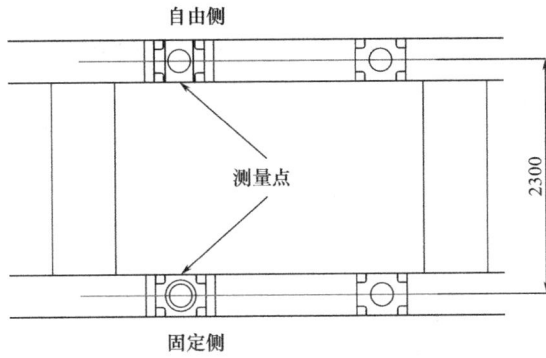

图 5.5-6 基础框架定位板内侧测量示意图

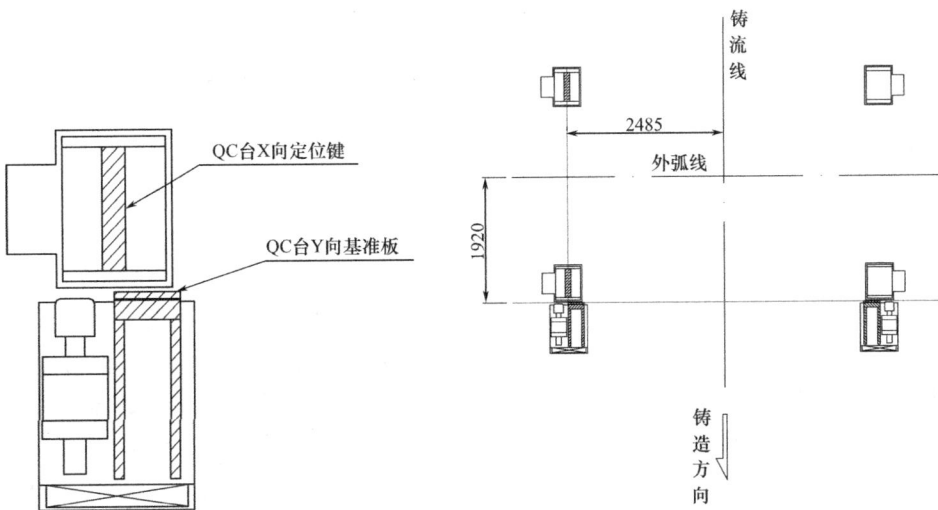

图 5.5-7 中心定位基准板和定位键示意图

图 5.5-8 QC 台位置图

（g）同理对 2 流进行施测，并记录坐标数据。在设站位置 A 时，以 L2 号、L3 号、L4 号、L5 号点及 1 号中心标板点中任意三个点作为后视点。

将 1、2 流所有采集的坐标数据输入 CAD 绘图软件中，通过坐标拟合，将之前在同一自由坐标系的坐标放置在图 5.5-2 坐标系中。

（h）相对标高的检测：

a）以 1、2 流板坯连铸出坯辊道顶面平均值为相对高程基准，严格按照二等水准测量要求，采用闭合环的形式进行标高的检测。成果精确至 0.1mm。

b）标高检测项目：

ⓐ 切前辊道顶标高，设计高＋0.900m。

ⓑ 振动装置基础框架上的标高基准面（图 5.5-9）。

ⓒ 中间包车轨道顶标高，设计高＋13.550m。

图 5.5-9　振动装置基础框架上的标高基准面

b. 安装中心线基准的确定

（a）测量基本原则

a）确保铸流线的直线度，即铸流线在不同层面上的所有中心点在同一条直线上。

b）确保外弧线与矫直线、夹送辊中心线的平行度及间距。

c）确保外弧线与铸流线的垂直度。

d）确保水平段辊标高不低于其后的出坯辊道。

e）每条中心线在最远点的测量偏差值控制在±1mm 以内。

（b）中心线调整原则

a）可调整原则，即按照新的基准线，所有在旧基础上安装的新设备的调整量在可调范围之内。

b）调整量最小原则，新的铸流线、外弧线与旧设备的铸流线、外弧线偏差值应为最小。

c. 安装基准点的确定

原始点的数据已拟合到图 5.5-2 中的坐标系中。在 CAD 中可以直观的观察、分析现有设备状态，最终将中心线修正到最理想的状态，为之后的设备安装提供基准。

（a）铸流线的确定（图 5.5-10）

a）以 k1 与 k11 点的连线为假定铸流线，剔除 k5、k8 点等有粗大误差的点，对其余的点数据进行分析比较，根据 5.5.5-(2)-3)-②-b-(b) 的中心线调整原则，对假定铸流线进行反复修正、优化，使所有点到铸流线的距离平均值最小。在修正后的铸流线头尾各取一个点，按其 XY 坐标值将其测放到现场的相应位置［应遵循 5.5.5-(2)-3)-②-b-(a)-e) 中的测量原则］。两点的连线即为新的铸流线，再根据这两点遵循 5.5.5-(2)-3)-②-b-(a)-a) 的测量原则，测设铸流线上的其他点。

b）两条铸流线应为严格平行的几何关系。

c）铸流线测设后应向后延伸至出坯辊道末，与出坯辊道中心线比对，如有重大偏差

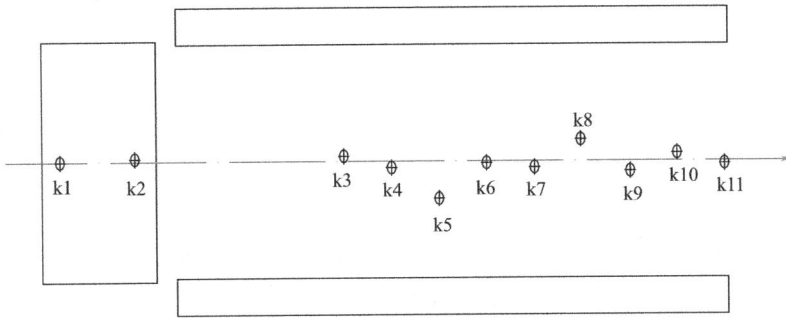

图 5.5-10 铸流线示意图

图中假设：k1、k2 点为振动装置基础框架上的定位键坐标数据引出的铸流线，
k3～k11 点为水平段基础框架坐标数据引出的铸流线。

应及时上报，以确定是否进行调整。

（b）外弧线的确定（图 5.5-11）

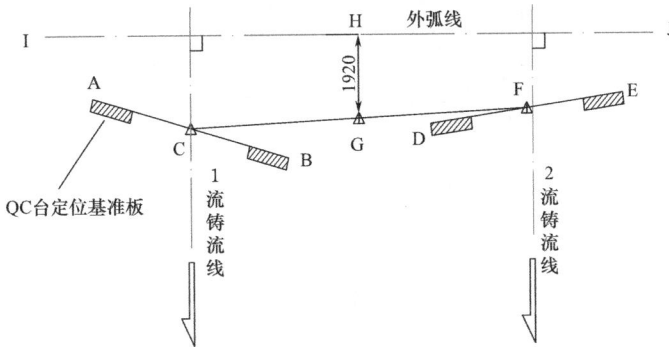

图 5.5-11 外弧线确定示意图

图中假设：线段 AB 为 1 流两块 QC 台定位基准板的连线，点 C 为线段 AB 的中点。

线段 DE 为 2 流两块 QC 台定位基准板的连线，点 F 为线段 DE 的中点。

图中可看到 AB、CE 并不共线，取其中点连线 CF 的中点，向与铸流线平行的方向平移 1920mm（基准板到外弧线的理论距离），找到点 H 的坐标值，按照坐标的 Y 值，遵循5.5.5-(2)-3)-②-b-(a)-c）的原则测放一条铸流线的垂线 IJ，即为外弧线。

（c）与原有基准点关系比对

在测设铸流线及外弧线前，需参考原有与基准点（1 号～5 号点）的几何关系，如果偏差过大，应及时向上级部门报告，讨论最终的解决方案。

（d）矫直线及夹送辊中心线的测设

铸流线与外弧线测设后，可依据这两条线，遵循 5.5.5-(2)-3)-②-b-(a)-b)、e）的测量原则，测设矫直线及夹送辊中心线。尺寸依据图 5.5-3 中所示中心线尺寸关系。

（e）标高基准的确定

分析比较 5.5.5-(2)-3)-②-a-(h)-b）中所测数据，遵循 5.5.5-(2)-3)-②-b-(a)-d）的原则，确定安装标高基准点。

d. 坐标系转化

运用 AUTOCAD 软件"旋转""移动"功能把全站仪默认坐标系测得的数据转化到已建立的三维坐标系中，通过软件坐标查询功能获取控制点三维坐标值。

（a）数据分析

通过自由设站测得每段扇形段测量孔的坐标，利用 AUTOCAD 将坐标偏差分解为半径方向和垂直半径方向偏差，根据偏差调整垫片量，达到精度要求。

（b）基础框架调整

a）全站仪观测 4 个或者 4 个以上控制点后，再测量基础框架测量孔的坐标。通过测量孔测量值和设计值的比较来调整扇形段基础框架。

b）基础框架的调整通过调整扇形段的支撑面的调整垫片来完成，弧形段支撑面的调整分解为半径方向的调整、切线方向的调整和铸流方向的调整（图 5.5-12）。

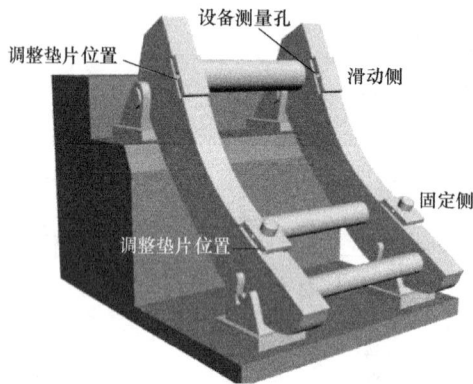

图 5.5-12　基础框架示意图

c）铸流方向的调整通过调整支撑面和固定螺栓间的间隙来达到标准值（图 5.5-13、图 5.5-14）。

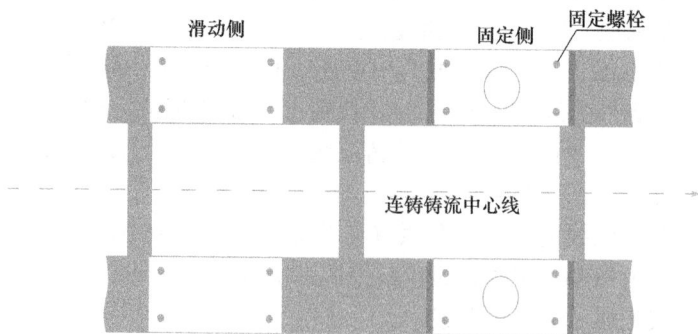

图 5.5-13　扇形段基础框架调整俯视图

（c）偏差分解

通过自由设站测得每段扇形段测量孔的坐标，利用 AUTOCAD 将坐标偏差分解为半径方向和垂直半径方向的偏差，根据两个方向的偏差调整垫片量，达到精度要求（图 5.5-15）。

图 5.5-14 扇形段基础框架调整现场作业图

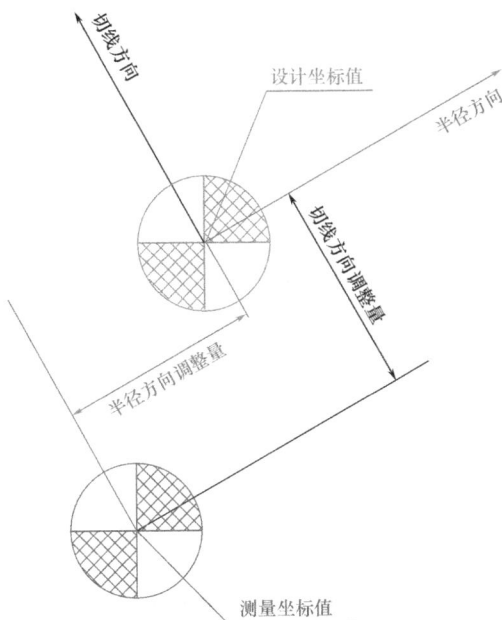

图 5.5-15 测量偏差分解示意图

（d）扇形段在线对中调整技术

扇形段的对中调整包括离线对中、测试和在线对中，离线对中、测试需对解体的上下框架分别进行，在制造厂完成。采用扇形段在线对中技术，扇形段上线后利用专用样板、塞尺进行检验，偏差超标时通过调整基础框架定位基座处的垫板组，确保各扇形段接口满足设计弧度。

a）扇形段辊缝打开到最大位置。

b）结晶器、弯曲段对中样规插入后，以样规贴紧结晶器来校对对中样规的初始位置；当样规定位后，用塞尺检查结晶器铜板与样规、辊面与样规之间的缝隙，通过增减框架和弯曲段之间的垫片，使辊面与样规完全接触，或间隙在允许误差之内。

c）弯曲段与相邻扇形段对中，采用该区间专用样规，增减框架和扇形段之间的垫片，使辊面与样轨间隙在允许误差之内。

d）弧形段在线对中、矫直段在线对中、水平段在线对中方法与弯曲段对中方法类似，关键是要选适用于不同段扇形段的专用样规。

e）数据分析：对于采集的数据，应用 AOUTCAD 软件进行差值模拟分析，以垫片厚度计算辊子相对弧心偏移量，使对中调整快速达到精度要求。

2. 宝钢广东湛江钢铁基地项目连铸工程

（1）工程概况

宝钢广东湛江钢铁基地项目连铸工程位于东海岛湛江钢铁基地，东与 2250 热轧衔接、西与炼钢主厂房衔接；连铸主厂房长 558m、宽 208m，总建筑面积 90516m²；设计年产铸坯 874.91 万 t。主要包括：1 号 2150 连铸机、2 号 2150 连铸机、4 号 2300 连铸机、机械维修设备、精整设备以及区域公辅。连铸机为垂直弯曲型，基本半径为 9.5m，工作拉速为 0.9～1.8m/min。

（2）技术应用

同宝钢一号连铸机改造技术应用。

（3）实施总结

全站仪自由设站法，利用高精度全站仪配合专用棱镜，用极坐标法测定点的平面坐标（X、Y），用三角高程法测定点的高程（Z），利用空间后方交会，使全站仪设站灵活并快速获得测站数据和起算数据，从而克服经纬仪、水准仪由于安装场地狭小和高差大引起的设站困难和累积误差，直接测量框架测量孔坐标，而且读数精度可达 0.01mm，7d 即可完成基础框架的调整，2d 完成在线对中，大大节约了人力、时间。

（提供单位：上海二十冶建设有限公司。编写人员：孙兴利、李强、张书会）

5.6 大型空分冷箱塔器施工技术

5.6.1 技术发展概述

随着空分设备设计、制造技术不断进步及气体工业的迅速发展，各行业对氧、氮、氩产品需求量不断增加，单位氧气产品的投资和能耗随着装置能力加大而降低，空分制氧装置呈现大型化发展趋势，广泛应用于冶金、石油化工、煤气化联合发电、煤制油项目等领域。在特大型空分制氧工程施工过程中，核心装置为空分塔，其大型塔器的吊装、组对、焊接施工难度大，技术要求高。关键技术的先进性、科学性及组织管理的合理性直接影响整个制氧工程的施工质量、进度、安全、成本。

5.6.2 技术内容

（1）塔器三维模拟吊装技术

冷箱内塔器设备重量大、高度高、体积大，其吊装是安装过程的重点工序。传统做法主要通过常规计算、二维 CAD 软件辅助设计进行吊车选型、吊索具选择及站位设计等，无法直观模拟验证方案的正确性。现通过应用三维吊装模拟技术，实现容器、吊车、吊锁具、安装空间环境模型自动生成，吊车及吊索具自动选型、计算，吊装全过程的模拟验证，制定最优的吊装方案，确保大件容器快速、准确吊装。

（2）塔器分段高空立体组对调整技术

大型空分冷箱内塔器直径大、塔壁厚、重量大、组对接口位置高，现场分段组对调整难度大，技术要求高。通过应用移动式错边量调整顶具改进以往在塔器筒体上焊接调整板调整错边量的方法，操作方便，在容器的壁板上不会留下工装组对辅助设施，拆除后也可避免对塔器母材的拉伤。

（3）基于 BIM 的塔器连接管道综合安装技术

空分装置冷箱塔器间连接管道主要采用铝镁合金和不锈钢材质，布置密集复杂。传统方法预制管段分割的合理性、准确性较差，效率较低；无法形象、直观地模拟预制管段安装过程，在施工中不易提前发现可能存在的碰撞问题。通过 BIM 技术创新应用建立空分装置冷箱内塔器及管道三维立体模型，通过模型和单线图合理快速分割管线，快速确定预制管段安装的顺序及位置，提高管道预制率，优化安装顺序，减少施工平台搭设。

5.6.3　技术指标

（1）《空分制氧设备安装工程施工与质量验收规范》GB 50677—2011；

（2）《制冷设备、空气分离设备安装工程施工及验收规范》GB 50274—2010；

（3）《机械设备安装工程施工及验收通用规范》GB 50231—2009；

（4）《工业金属管道工程施工规范》GB 50235—2010；

（5）《工业金属管道工程施工质量验收规范》GB 50184—2011。

5.6.4　适用范围

适用于冶金、化工等领域所有在建及扩建的空分工程及类似工业安装工程中大型箱体受限空间内塔器类设备安装。

5.6.5　工程案例

1. 林德气体（烟台）有限公司 $2 \times 50000 Nm^3/h$ 空分装置项目

（1）工程概况

林德气体（烟台）有限公司 $2 \times 50000 Nm^3/h$ 空分装置由林德气体投资建设，工程位于烟台开发区万华工业园内（图 5.6-1）。该工程包括两套 $50000 Nm^3/h$ 机组，两套装置工艺流程相同，包括一个空气压缩站（两套空气压缩系统），两套空气预冷系统，两套空气净化系统（分子筛），两套空分冷箱，一个低温液体罐区，一台氮气压缩机，两套变电站、两套水循环系统机电设备安装。工程采用深冷空气分离、氧氮内压缩、全精馏制氩工艺流程。

冷箱内主要塔器有粗氩塔（上下两段）、高压塔与冷凝器组合、低压塔。设备都属于超高超重设备，具体见表 5.6-1。

图 5.6-1　林德气体（烟台）有限公司 2×50000Nm³/h 空分装置项目

冷箱内主要设备　　　　　　　　　　　　　　　　　　表 5.6-1

序号	名称	规格尺寸(mm)	重量(t)	备注
1	低压塔	$\phi 4126 \times 13 \times 30720$	74	
2	压力塔与主冷凝器组合	$\phi 3636 \times 18 \times 27015$	69	
3	粗氩塔上段与粗氩冷凝器组合	$\phi 3382 \times 16 \times 25450$	55.5	
4	粗氩塔下段	$\phi 3382 \times 16 \times 29060$	48.5	

单套 50000Nm³/h 制氧机组：铝镁合金管道口径 $DN15 \sim DN1000$mm，管道焊缝总延长米约 1860m。

工期要求：工程 2013 年 4 月 20 日开工，A 套制氧装置 2014 年 9 月 15 日投入试生产运行，2015 年 6 月 20 日竣工，总工期为 793d。

（2）技术应用

1）工程特点和难点

大型空分冷箱塔器安装包括塔器本体及连接管道，塔器本体重量大、长度长，吊装高度高，现场吊装、组对调整施工难度大，技术要求高；塔器间连接管道布置密集复杂，立体高空受限空间内作业，安装难度大，且需充分保证管道低温运行状态下变化，安装质量要求高。

2）关键技术特点

应用三维吊装模拟技术，制定最优的吊装方案，确保大件容器快速、准确吊装。通过应用移动式错边量调整顶具避免对塔器母材的拉伤。通过 BIM 技术提高管道预制率，优化安装顺序。

3）施工工艺和过程

① 工艺流程方框图（图 5.6-2、图 5.6-3）

② 工艺过程

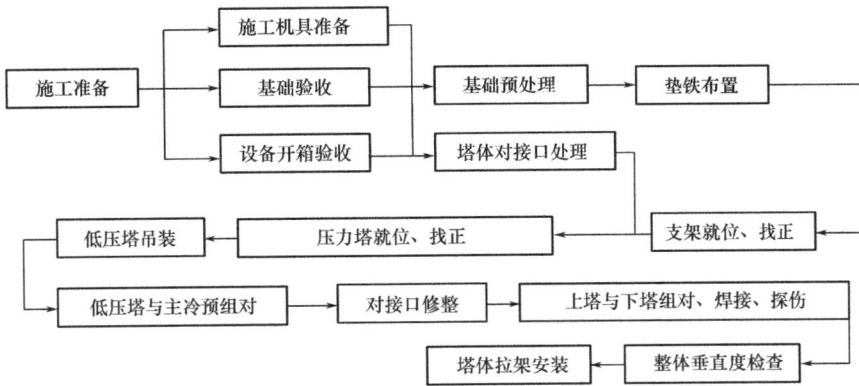

图 5.6-2　塔器吊装流程图

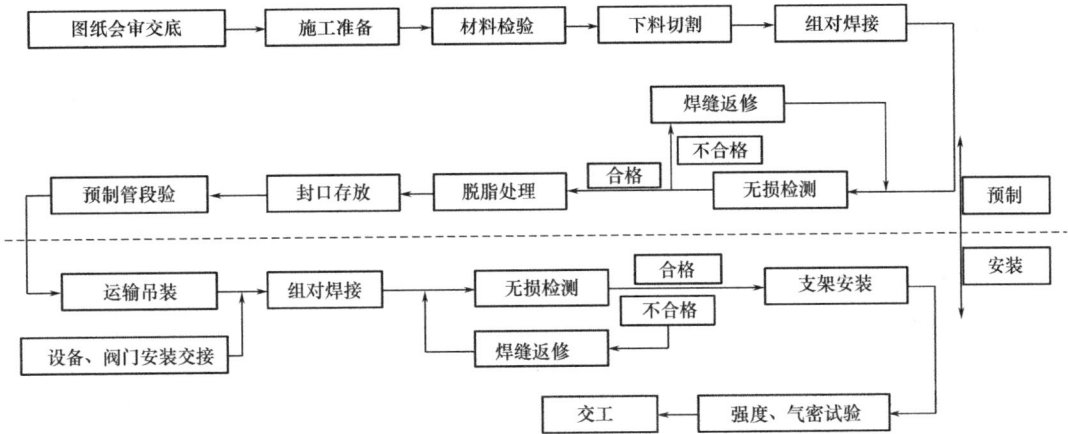

图 5.6-3　管道施工流程图

a. 施工准备

（a）施工技术准备

组织图纸自审、会审，准确、全面、完整的掌握设计意图，对设备本体的结构特点、外形尺寸和安装方位有详细的了解，尤其对设备的重量要认真核对，明确设备吊装重量。

对现场施工的条件和环境应进行实地勘测，获得实测数据，掌握第一手资料并绘制施工平面布置示图。

根据现场的实际情况确定设备的进场路线、定位位置、吊机站位、把杆的拼拆方向、容器和结构的安装顺序等。

编制详细的施工方案，对施工人员进行技术、安全交底，要求各作业人员了解本次作业的重点和难点及重要质量控制点、可能存在的安全隐患及风险。

（b）作业人员的准备

班组作业人员计划 35 人，包含钳工 10 人、焊工 10 人、起重工 2 人、管工 13 人等各专业工种。

（c）施工机具准备（表 5.6-2）

施工机具　　　　　　　　　　　　　　　　　　　　　表 5.6-2

序号	名称	规格、型号	数量
1	400t 履带吊	SCC4000C 型	1 台
2	100t 履带吊	QUY100	1 台
3	道木	$300 \times 300 \times 3000$	10 块
4	钢丝绳	型号 $6 \times 61Fi + IWR$　$D = 60mm$。全长：20m	2 对
5	钢丝绳	型号 $6 \times 61 + IWR$　$D = 65mm$。全长：22m	2 对
6	钢丝绳	型号 $6 \times 37 + IWR$　$D = 48mm$。全长：13m	1 对
7	钢丝绳	型号 $6 \times 37 + IWR$　$D = 52mm$。全长：13m	1 对
8	麻绳	$D = 24mm$	200m
9	卸扣	50t	4 个
10	卸扣	30t	4 个
11	20mm 钢板	Q235A　$\delta = 20mm$　$9m \times 2m$	6 块
12	缆风绳	16mm	200m

（d）材料的准备

做好材料的进场验收。

b. 模型建立

（a）从空分装置容器模型库中选取下段压力塔三维模型，并输入压力塔重量（图 5.6-4）。

图 5.6-4　选取压力塔三维模型

（b）然后输入压力塔的罐体、吊耳及法兰盘参数（图 5.6-5）。

（c）建立压力塔三维模型（图 5.6-6）。

（d）压力塔吊装拟采用主吊平衡梁及溜尾吊平衡梁，从模型库中选取模型，输入参数，形成模型（图 5.6-7）。

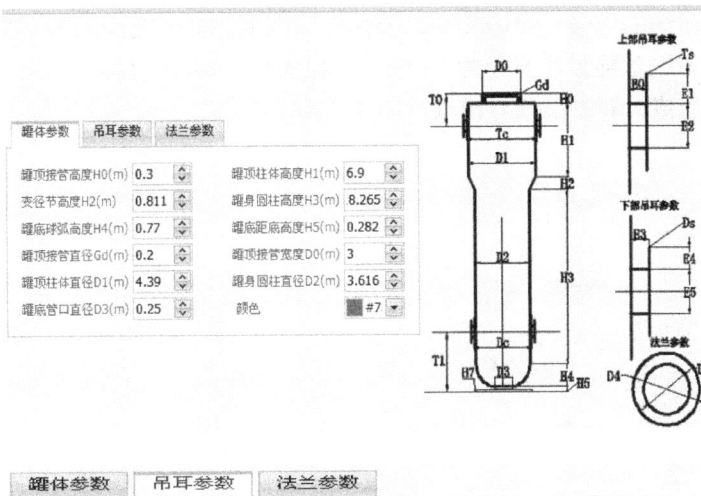

图 5.6-5 输入参数

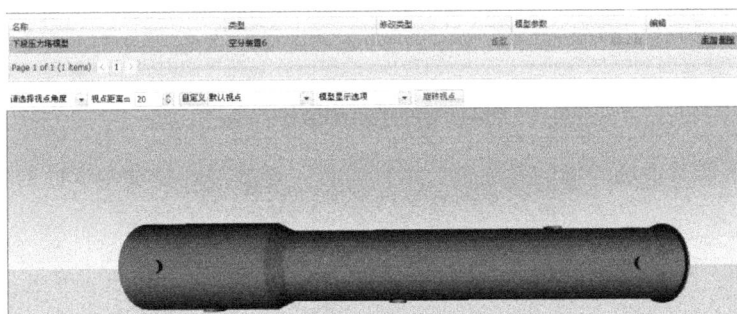

图 5.6-6 建立模型 01

图 5.6-7 建立模型 02

953

（e）给定钢丝绳的规格、绳芯类型、公称抗拉强度、钢丝绳不均匀系数、钢丝绳结构等参数，计算梁下钢丝绳最小直径为 65mm，梁上钢丝绳最小直径为 70mm，长度分别给定 20m、22m，生成计算书及索具模型（图 5. 6-8）。

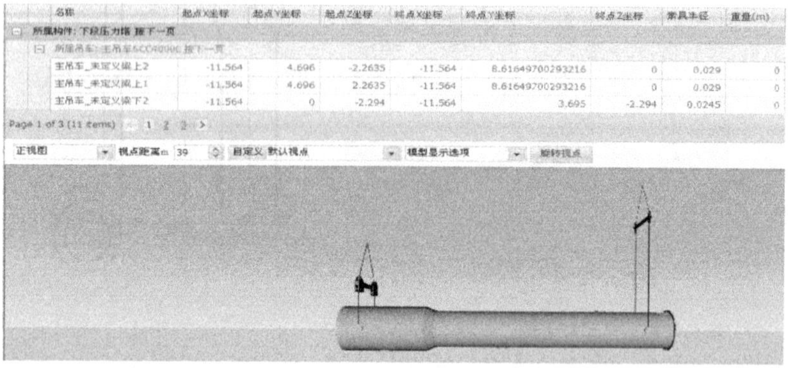

图 5. 6-8　计算书及索具模型

c. 吊车选型

（a）系统自动提取塔器、平衡梁、钢丝绳的重量以及塔器高度，根据项目情况给定各参数，确定选择 400t 履带吊三一 SCC4000C，选择主配重 135t，超起配重 250t，超起半径 15m，主臂 84m 的工况（图 5. 6-9）。

型号	主配重	压重	副臂类型	主臂	主臂角度	副臂	副臂角度	超起半径	超起配重	能力	半径	杆头高度	性能数据	PDF图表	卡杆验算
SCC4000C	135	40	-	84	10-87	0	0	11-15	0-250	69-153	20.00-56.00	66.53-84.54	数据	查看	
SCC4000C	135	40	-	86	10-87	0	0	11-15	0-250	70-89	20.00-30.00	83.75-86.59	数据	查看	
SCC4000C	135	40	-	90	10-87	0	0	11-15	0-250	73-127	20.00-52.00	77.10-90.68	数据	查看	
SCC4000C	135	40	-	92	10-87	0	0	11-15	0-250	68-87	20.00-30.00	90.08-92.72	数据	查看	
SCC4000C	135	40	-	96	10-87	0	0	11-15	0-250	73-116	20.00-52.00	84.25-96.80	数据	查看	
SCC4000C	135	40	-	98	10-87	0	0	11-15	0-250	70-75	20.00-24.00	97.99-98.84	数据	查看	
SCC4000C	135	40	-	102	10-87	0	0	11-15	0-250	69-99	20.00-48.00	93.39-102.91	数据	查看	
SCC4000C	135	40	-	104	10-87	0	0	11-15	0-250	70-74	20.00-24.00	104.14-104.94	数据	查看	
SCC4000C	135	40	-	108	10-87	0	0	11-15	0-250	70-85	20.00-38.00	104.25-109.01	数据	查看	
SCC4000C	135	40	-	114	10-87	0	0	11-15	0-250	69-73	20.00-30.00	112.98-115.09	数据	查看	

Page 4 of 5 (41 items) < 1 2 3 4 5 >

图 5. 6-9　吊车选型参数

（b）给定塔器及现场环境的参数进行卡杆验算，过滤掉容易发生卡杆的作业半径（图 5. 6-10）。

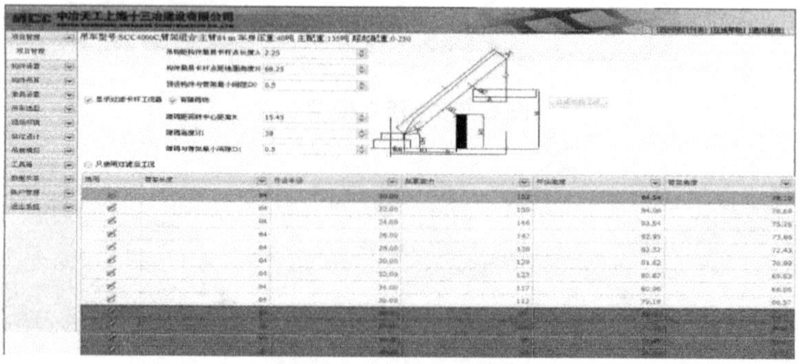

图 5. 6-10　卡杆验算

（c）确定使用作业半径为 20m 的工况，额定起重量 153t。

d. 模拟吊装

确定吊车最佳站位和塔器的合理放置位置，并模拟吊装全过程（图 5.6-11）。

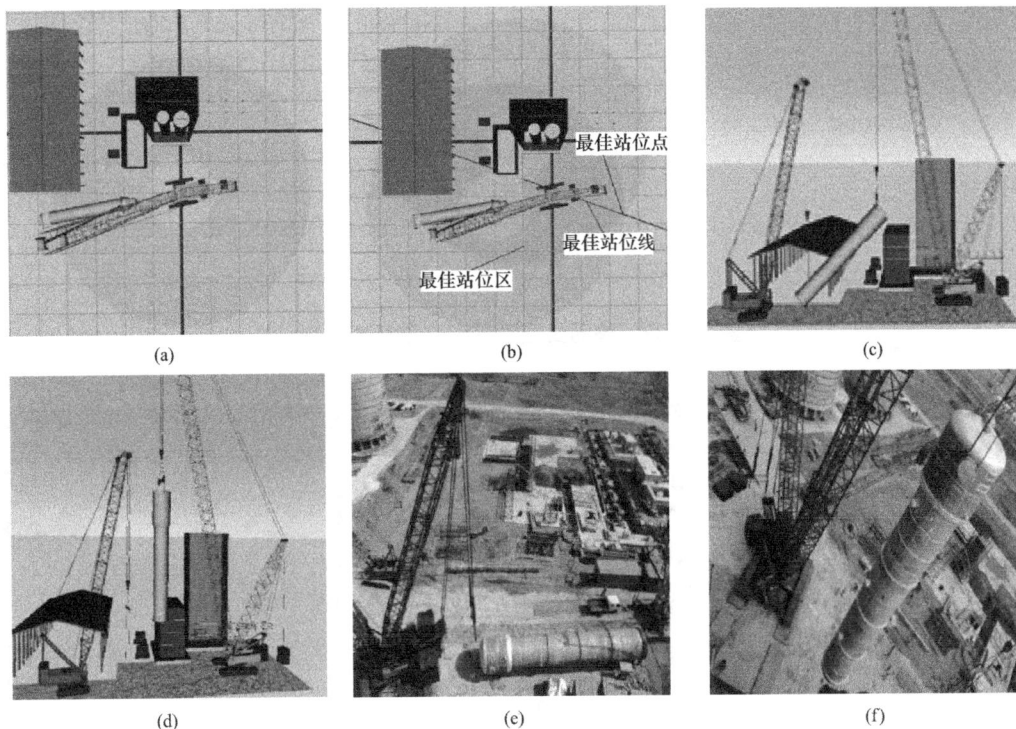

图 5.6-11　吊装模拟及实际对比

（a）吊车站位设计图 1；（b）吊车站位设计图 2；（c）吊装模拟过程图 1；
（d）吊装模拟过程图 2；（e）吊装过程图 1；（f）吊装过程图 2

e. 塔器就位组对

塔器组对前，应先检查下部塔器的垂直度，确认符合设计要求。在上、下段塔器筒体外侧 0°和 180°度方向焊接定位块，组对时保证上下段的定位块在同一直线上。

采用移动式错边量调整顶具对接口进行错边量调整。离组对坡口上下方各 200～300mm 处均匀对称装设数对支撑耳板卡具及千斤顶，采用螺旋式千斤顶均匀顶紧，调整对接口处间隙，符合设计要求（图 5.6-12）。

在对接口错变量、间隙调整符合要求后，对上塔的垂直度重新进行精确调整，并通过塔体顶部 0°、90°两个方向钢丝线坠测量塔体的垂直度偏差，确保上段塔器垂直度、上下段塔器复合后在总高范围内垂直度精度均符合设计要求（图 5.6-13）。

f. 管道安装

根据空分冷箱内塔器设备、工艺管道设计图，建立塔器及管道模型。依据模型和导出的单线图，结合现场管道预制的难易程度、吊车的吊装高度及塔内管道安装操作平台设置等实际情况，快速、合理分割断点，形成立体预制管段模型（图 5.6-14）。

依据模型清楚识别空间管线的布置，遵循冷箱内管道安装"先里后外，先下后上，

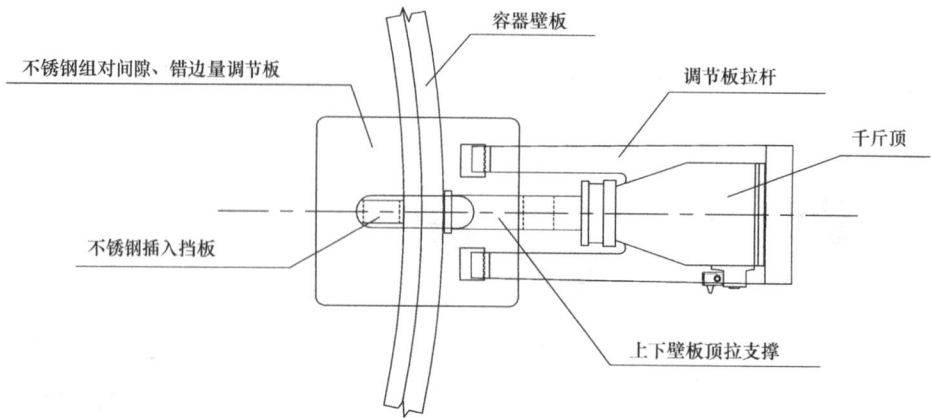

图 5.6-12　移动式错边量调整顶具俯视图

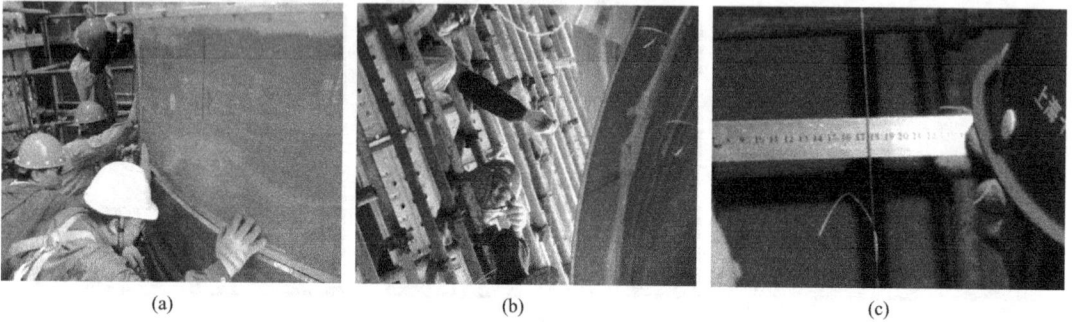

（a）　　　　　　　　　　　（b）　　　　　　　　　　　（c）

图 5.6-13　塔器安装调整

（a）塔器就位组对；（b）钢丝线坠设置；（c）塔器调整

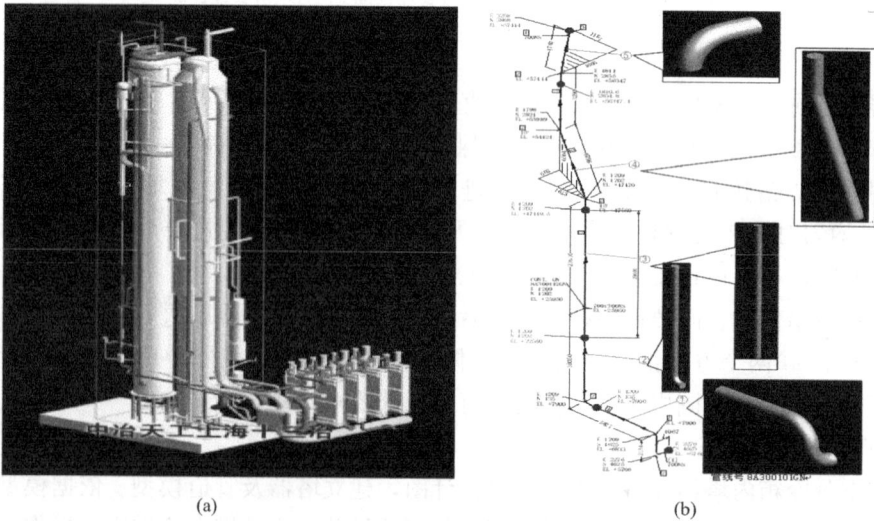

（a）　　　　　　　　　　　　　　　　　（b）

图 5.6-14　立体预制管段模型

（a）塔器及管道模型；（b）导出的管道模型

先大后小"的总体原则，快速确定各条管线预制管段放入冷箱的顺序、位置，并模拟其在冷箱内安装过程。管道建模过程中进行碰撞检查，发现碰撞查找原因，进行整改，直至符合要求，主要包括：管道间碰、管道和容器间、管道与冷箱壳体间的冲突检查（图 5.6-15）。

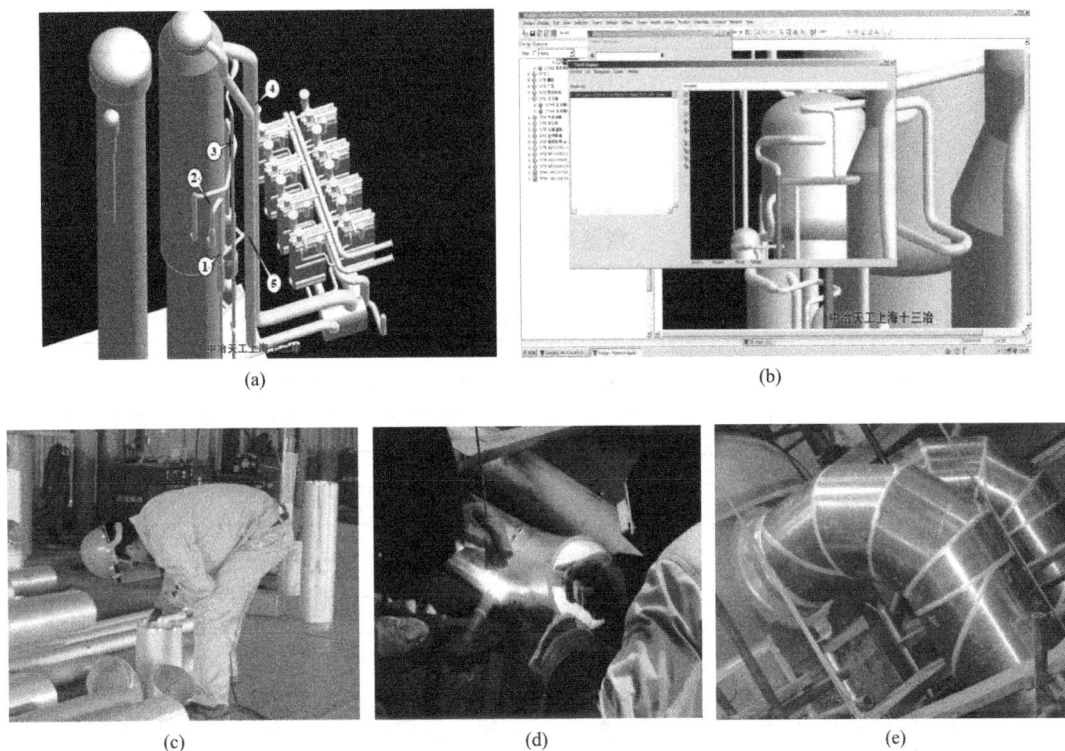

图 5.6-15　管道模型检查及管道安装
（a）管道安装顺序模拟；（b）碰撞检查；（c）管道打坡口；
（d）管道焊接；（e）安装完成的管道

（3）实施总结

通过塔器三维模拟吊装技术，对大型空分装置塔器设备、作业环境的参数化建模、吊车及索具的自动选用计算、吊装的可视化模拟等技术。可直观、形象地演示吊装作业过程，并进行方案辅助设计，对指导吊装施工有较强现实意义。该技术已在烟台万华林德空分装置塔器吊装进行了成功应用。

林德气体（烟台）有限公司 $2 \times 50000 Nm^3/h$ 空分装置项目投产至今，系统运行正常。工程获评"申安杯""全国优秀焊接工程一等奖"等质量奖。

2. 林德气体（烟台）有限公司 $2 \times 65000 Nm^3/H$ 空分装置安装工程

（1）工程概况

林德气体（烟台）有限公司 $2 \times 65000 Nm^3/H$ 空分装置安装工程项目位于山东省烟台市开发区万华工业园内，包括 E 套、D 套 2 套空分装置。工程于 2018 年 9 月 16 日开工，预计 2020 年 12 月 30 日竣工。

单套空分装置主要塔器见表 5.6-3。

单套空分装置主要塔器　　　　　　　　表 5.6-3

序号	名称	规格(mm)	重量(t)
1	低压塔	$\phi3950\times27790$	57
2	压力塔与主冷凝器组合	$\phi3800/4450\times27540$	69
3	粗氩塔上段与粗氩冷凝器组合	$\phi3340/3350\times29490$	26
4	粗氩塔下段	$\phi3340\times26040$	38

（2）技术应用

技术应用同林德气体（烟台）有限公司 $2\times50000Nm^3/h$ 空分装置项目。

塔器吊装采用 450t、150t 履带吊抬吊吊装，吊装工况见表 5.6-4。

塔器吊装工况表　　　　　　　　表 5.6-4

序号	名称	规格 （mm）	重量 （t）	吊车 （t）	杆长 （m）	半径 （m）	额定起 重量(t)	备注
1	低压塔	$\phi3950\times27790$	57	450	84	20	153	主吊
				150	30.5	12	62.7	辅吊
2	压力塔与主冷凝器组合	$\phi3800/4450\times27540$	69	450	84	20	153	主吊
				150	30.5	12	62.7	辅吊
3	粗氩塔上段与粗氩冷凝器组合	$\phi3340/3350\times29490$	26	450	84	20	153	主吊
				150	30.5	12	62.7	辅吊
4	粗氩塔下段	$\phi3340\times26040$	38	450	84	20	153	主吊
				150	30.5	12	62.7	辅吊

（3）实施总结

2 套冷箱的塔器已于 2019 年 2 月全部吊装就位，目前，工程还处于施工阶段，D 套冷箱管道施工已完成 90%，E 套冷箱管道施工已完成 80%。预计工程 2020 年 12 月 30 日竣工（图 5.6-16）。

图 5.6-16　塔器吊装

（提供单位：上海二十冶建设有限公司。编写人员：马永春、郑永恒、程威）

5.7　大型转炉线外组装整体安装技术

5.7.1　技术发展概述

转炉本体设备是炼钢核心设备，是炼钢系统最重要最关键设备。我国 60 年代太钢 50t 转炉引进奥钢联（VAI）的技术和设备，87 年宝钢一炼钢 300t 转炉引进新日铁的技术和设备，90 年代宝钢二炼钢 250t 转炉引进川崎制铁以及武钢三炼钢 250t 转炉引进德马克的技术和设备，随着国产转炉设备制造能力的发展与进步，我国国产转炉设备越来越大型化，转炉的安装技术也越发先进，《大型转炉本体安装工法》YJGF33—94 是具有时代的技术创新。

5.7.2　技术内容

简单快速：通过转炉炉壳离线整体拼装、焊接，实现转炉炉壳整体吊装至托圈内进行离线组装，不受加料跨行车高度的限制。

安全可靠：转炉炉壳整体焊接，在滑移中无需对转炉炉壳进行"翻身"，降低原有工法炉壳"翻身"焊接带来的安全风险。

缩短工期：在转炉炉壳离线整体拼装、焊接时，可以同步施工炉前平台，缩短施工工期。

5.7.3　技术指标

（1）《钢结构工程施工规范》GB 50755—2012；

（2）《钢结构焊接规范》GB 50661—2011；

（3）《钢结构工程施工质量验收标准》GB 50205—2020；

（4）《机械设备安装工程施工及验收通用规范》GB 50231—2009；

（5）《炼钢机械设备工程安装验收规范》GB 50403—2017；

（6）《炼钢机械设备安装规范》GB 50742—2012。

5.7.4　适用范围

适用于厂房结构设计不满足安装情况下的大型转炉安装工程。

5.7.5　工程案例

1. 河钢乐亭炼钢工程

（1）工程概况

河钢乐亭钢铁项目炼钢厂一期新建工程共 2 座 200t 转炉，河钢集团制定出台宣钢钢铁产能退出方案，连同唐钢、承钢部分产能一并整合重组、减量搬迁，拟在唐山市乐亭县临港工业园区内建设沿海基地项目，上海宝冶集团有限公司承担转炉安装任务。

工期要求：1 号转炉于 2019 年 5 月 15 日至 2019 年 5 月 20 日顺利滑移到位；2 号转炉于 2019 年 6 月 15 日至 2019 年 6 月 20 日顺利滑移到位。

（2）技术应用

1）工程特点和难点

转炉安装在转炉跨混凝土基础上，炉体中心线位于转炉跨（1/H-J）靠近加料跨（J-K）侧柱轴线5200mm，四周为高层框架11.35m平台，转炉跨只有45t氧枪吊，加料跨两台450/80t冶金铸造桥式起重机，无论从哪一跨均无法满足转炉直接吊装就位要求（转炉三大件：托圈、炉壳、倾动装置总重628t）。

2）关键技术特点

① 根据炉壳外形尺寸、轨道安装高度、吊具平衡梁轴套中心标高、托圈上表面标高，计算出炉壳下表面高出托圈上表面。

② 通过设计专用吊装支座，配合450t/80t冶金桥式起重机平衡梁轴套结构，对炉壳整体吊装。

③ 建立TEKLA结构模型进行力学分析和计算，设计、校核转炉滑移梁及支撑框架的安全可靠性，满足承载、抗弯及稳定性要求。

④ 转炉模块化安装，组装好的托圈、转炉炉壳、倾动装置依次吊装，整体滑移。

3）施工工艺和过程

① 工艺流程图（图5.7-1）

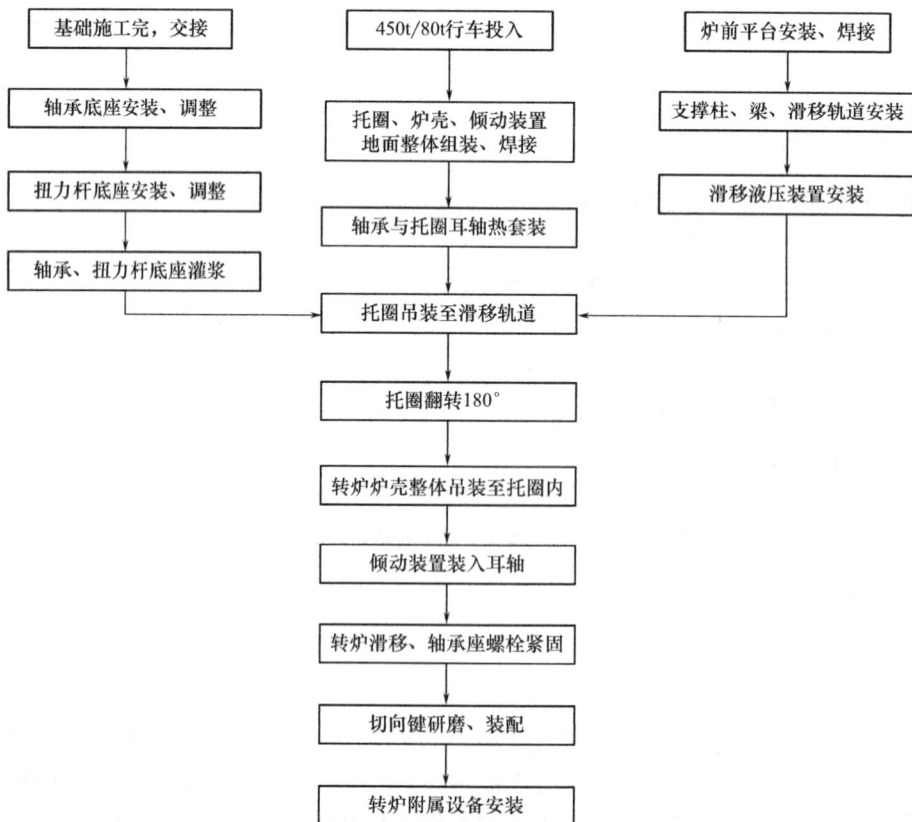

图5.7-1 工艺流程图

② 工艺过程

a. 施工准备

（a）施工技术准备

a）基础交接验收、中心标板和标高基准点的埋设及测量；地脚螺栓中心距、垂直度、标高检查与复测。

b）转炉轴承支座安装完成并验收合格。

c）加料跨450t/80t重型冶金桥式起重机特检所验收完毕，厂房封闭，拆除板钩并安装自行设计制作的专用吊具，具备使用条件。

d）准备4根ϕ90mm（6×37）纤维芯钢丝绳，作为托圈和倾动装置吊装专用钢丝绳。

e）加料跨炉前操作平台结构框架主梁安装完毕，部分次梁及结构预留，建立TEKLA结构模型进行力学分析和计算，设计、校核转炉滑移梁及支撑框架的安全可靠性，满足承载、抗弯及稳定性要求。

（b）作业人员的准备

a）根据工程进度计划要求，编制劳动力需求计划，以劳动力计划为依据组织好施工人员进场。

b）对参与施工人员进行转炉安装工艺的技术培训。

（c）施工机具和计量器具的准备

按施工进度计划和施工机具需求计划，分阶段组织施工机具进场，并确保其完好，能满足过程施工能力。主要的施工机具见表5.7-1。

施工机具表　　　　　　　　　　　表5.7-1

序号	设备名称	设备型号	单位	数量	用途
1	液压千斤顶	200t	台	3	转炉滑移用
2	水准仪		台	1	调轴承座水平用
3	经纬仪		台	1	转炉中心线测量
4	内径千分尺	测量范围2000mm	台	1	轴承热装用
5	外径千分尺	测量范围1500mm	台	1	轴承热装用
6	扭矩扳手	1000N·m	台	1	倾动减速机组装用

b. 施工工艺

（a）轴承支座安装

用汽车式起重机将轴承支座吊装到转炉基础上，按安装规范要求调整设备底座上表面的标高，纵横向中心线A、B，水平度D、E，支座间距L1、L2以及两底座对角线L3、L4的偏差，使之符合安装要求（图5.7-2）。

（b）滑移装置安装

a）支撑立柱基础设计图（图5.7-3）。

b）滑移轨道平面布置图（图5.7-4）。

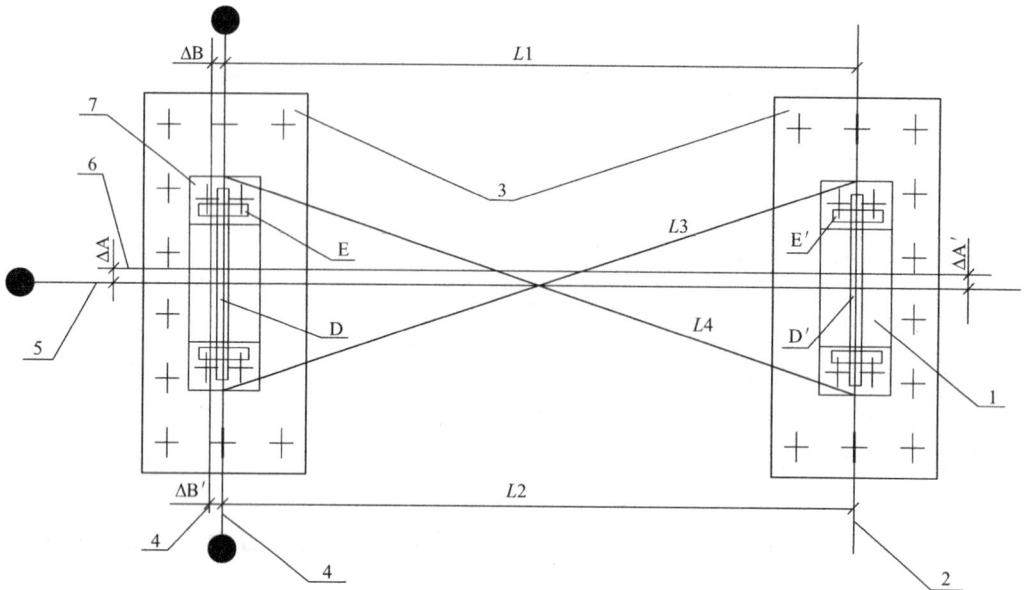

图 5.7-2　轴承座支座安装示意图

1—驱动侧轴承座；2—驱动侧轴承座纵向中心线；3—轴承支座；4—纵向基准线；
5—横向基准线；6—轴承座横向中心线；7—自由侧轴承座

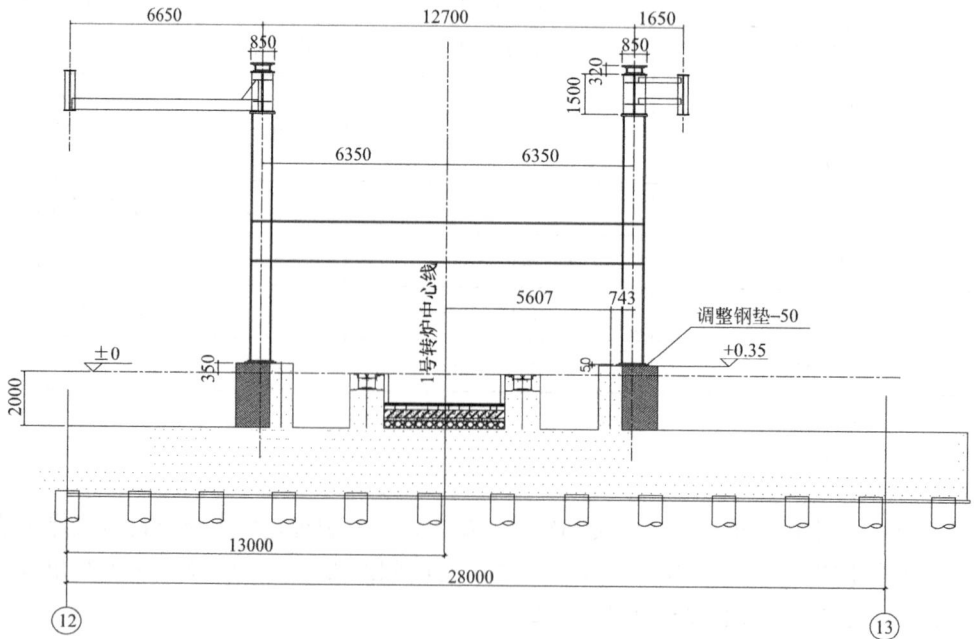

图 5.7-3　支撑立柱基础设计图

图 5.7-4 滑移轨道平面布置图

c）转炉滑移侧向视图（图 5.7-5）。

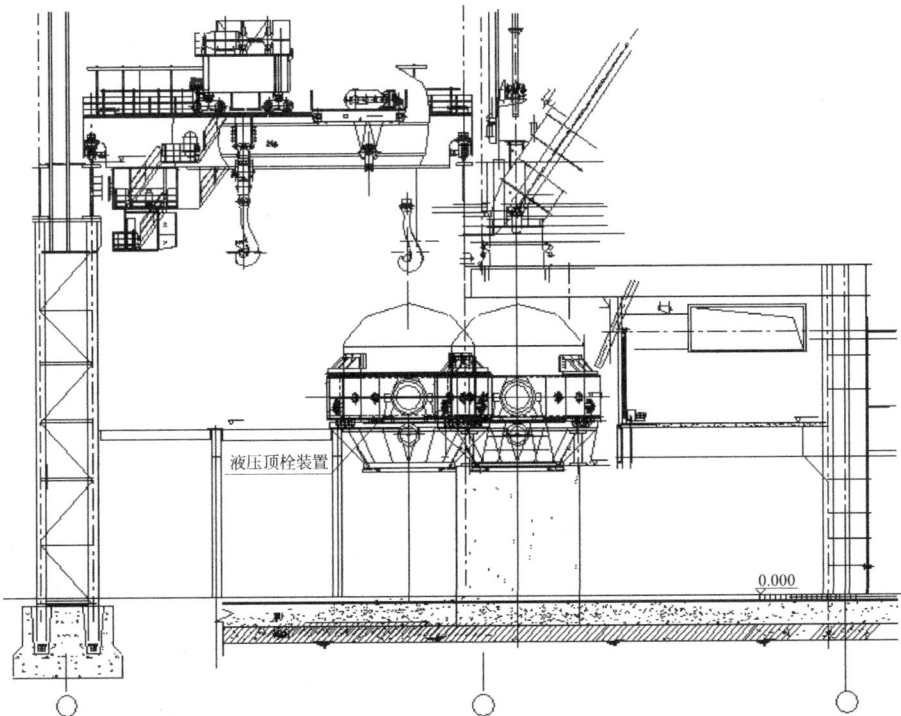

图 5.7-5 游动侧滑移轨道

　　d）托圈耳轴轴承及轴承座装配

　　ⓐ 轴承加热温度的计算

　　耳轴和轴承到达现场后首先测量耳轴和轴承的过盈量，为了使热装操作方便且有把握，加热温度应使孔的膨胀量达到实测过盈量的 2～3 倍或过盈量再加 0.2～0.4mm 的间隙，一般加热油温最高不得超过 110℃。

　　加热计算公式如下：

$$t=\frac{i+0.4}{kd}+t_0$$

式中　t——加热温度（℃）；

　　　　i——实测过盈量（mm）；

　　　　k——加热材料的膨胀系数（1/℃）；

　　　　d——配合直径（mm）；

　　　　t_0——环境温度（℃）。

　　ⓑ 轴承与耳轴的装配

　　在轴承加热前，先将耳轴内侧的轴承隔环、防尘圈、密封垫等部件装在耳轴上，认真核对图纸，确认合格，再加热轴承。

　　用⊏14 槽钢分别为传动侧、非传动侧轴承热装各制作一工装，将轴承夹持、固定（图 5.7-6、图 5.7-7）。

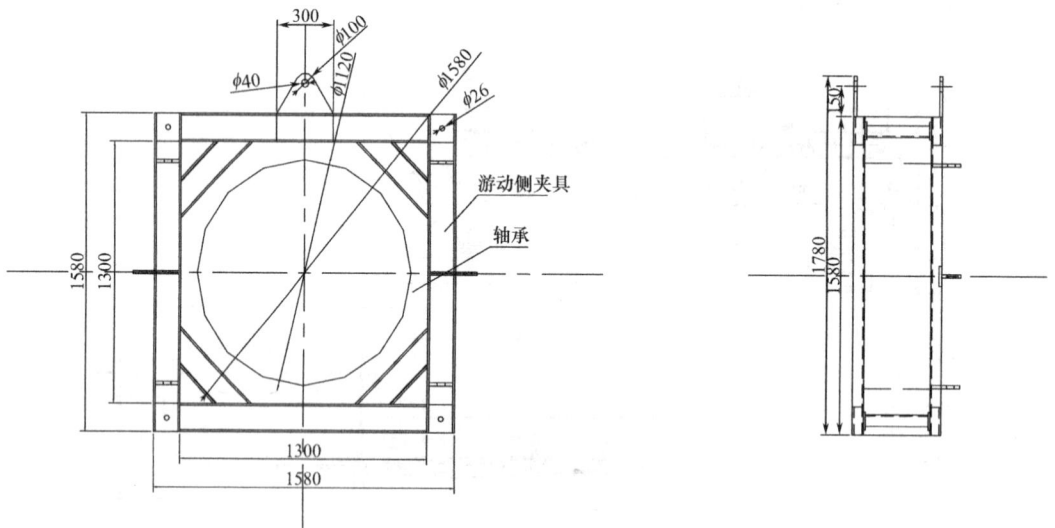

图 5.7-6　游动侧轴承加热用工装

　　使用 450/80t 冶金桥式起重机将加热完毕的轴承从油箱中取出，利用手动葫芦将轴承翻转 90°，使其端面垂直于地面，然后平稳移动 450/80t 冶金桥式起重机，使轴承内孔对准耳轴，分别将轴承装在转动侧和自由侧耳轴上，在安装轴承前需先将耳轴内侧的隔环、密封垫及防尘圈安装，最后组装轴承支座、密封圈、密封罩、隔离环、轴承固定器等（图 5.7-8）。

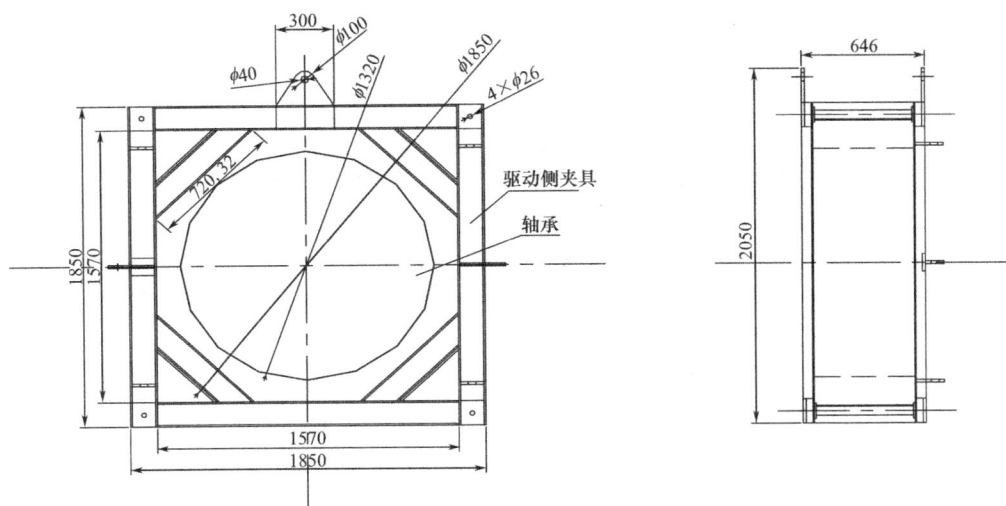

图 5.7-7 驱动侧轴承加热用工装

图 5.7-8 轴承与耳轴的装配图

e）托圈吊装

ⓐ 托圈到现场后放置在地面钢墩上，将耳轴轴承装配完；在地面将传动侧及非传动侧轴承座装配到位。

ⓑ 将安装好轴承座的托圈吊装到滑移梁上，托圈翻转 180°，按照正确安装位置将吊挂装置安装在托圈上（图 5.7-9）。

ⓒ 用辅助支撑措施将托圈与轴承座焊接固定，以防止托圈倾翻。

f）炉壳吊装

ⓐ 拆除 450t/80t 重型冶金桥式起重机的板钩，根据 450t/80t 重型冶金桥式起重机平衡梁轴套结构形式，制作两套专用吊装支座（图 5.7-10）。

ⓑ 专用吊装支座一端固定在 450t/80t 重型冶金桥式起重机平衡梁轴套处，另外一端

图 5.7-9　托圈吊装及翻身

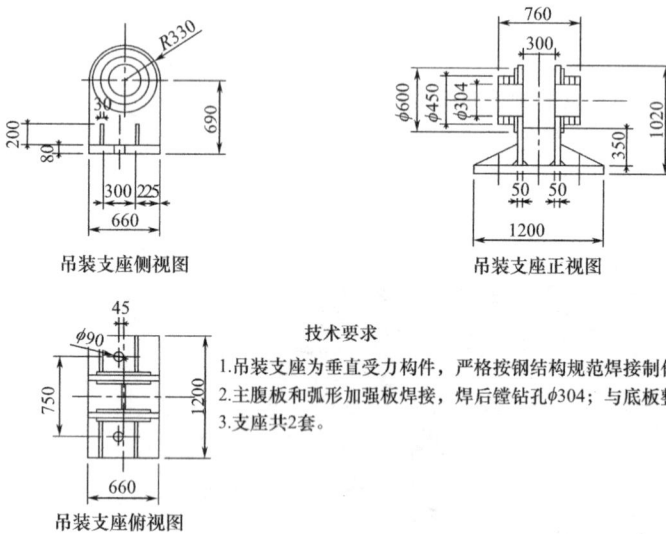

吊装支座侧视图

吊装支座正视图

吊装支座俯视图

技术要求

1. 吊装支座为垂直受力构件，严格按钢结构规范焊接制作，确保底板与腹板、筋板的焊接质量。
2. 主腹板和弧形加强板焊接，焊后镗钻孔φ304；与底板整体拼焊前，采用假轴套装，确保焊后两侧同心。
3. 支座共2套。

图 5.7-10　专用吊装支座设计图

利用 M80 大六角螺栓固定在炉壳水冷炉口。

ⓒ 利用 480t/80t 重型冶金桥式起重机平衡梁轴套配合专用吊装支座，将转炉炉壳整体吊装至托圈内（图 5.7-11）。

g）倾动装置组装

ⓐ 将耳轴、大齿轮、齿轮箱等零部件清洗干净。

ⓑ 二次减速机下齿轮箱在地面组装，将大齿轮吊放齿轮箱内，扣好上齿轮箱（图 5.7-12）。

ⓒ 大齿轮与托圈耳轴间隙配合，安装前测量大齿轮与耳轴的尺寸并检查是否符合图纸要求。

ⓓ 将倾动装置二次传动机构装入耳轴上，滑移到位后再依次安装一次减速机、电机及制动装置（图 5.7-13）。

h）转炉整体滑移

ⓐ 在滑移梁及轴承座底座上表面涂上润滑脂，以减少转炉整体推移时的摩擦力。

图 5.7-11 炉壳整体吊装现场实物图

图 5.7-12 倾动装置组装

图 5.7-13 倾动装置与托圈耳轴套装

　　ⓑ 两滑移梁上各设一台 200t 液压同步千斤顶推顶轴承座，滑移过程中驱动侧与游动侧各设置专人监护，通过不断的测量定位中心线与两边轴承座的距离来控制油缸的开闭及快慢，从而保证两轴承座同步平稳滑行。

　　ⓒ 炉体滑移到位后，在两轴承支座两侧，利用现有 200t 液压同步千斤顶调整驱动侧及游动侧轴承座，并装入定位销，检查安装质量，紧固连接螺栓，完成炉体整体安装。

　　i）切向键的装配

　　转炉切向键是转炉安装关键，倾动装置与托圈耳轴之间采用切向键连接，其作用是传递倾动机构的力，倾动装置（大齿轮空心轴）与耳轴套装前，应将托圈固定，以防耳轴转动。

　　ⓐ 键槽的检查、测量、研磨：在倾动装置与耳轴套装后，用平尺检查切向键的键槽底部、顶部工作面，采用着色方法对键槽的直线度、平面度和接触点检查。

　　ⓑ 键组检查：将动、静键斜面组合在一起，采用着色方法对键槽的直线度、平面度和接触点检查，保证键组接触紧密。

　　ⓒ 切向键安装：分别用内径千分尺和百分表加表座测量检查槽宽工作面是否平行，误差控制在 ±0.1mm。

　　利用捯链将切向键装入键槽内，利用游锤进行撞击，保证切向键斜面之间及键工作面与键槽工作面之间的接触面积大于 70%。

　　（3）实施总结

　　本技术在河钢乐亭炼钢项目中，在滑移前通过优化设计，加大炉前柱基础截面积，匹配对应的钢柱、滑移梁，保证了施工安全，缩短了施工工期。创新安装技术为特大型转炉的顺利安装进行提供了保障，社会效益明显。

　　本技术获得一种特大型转炉炉壳整体吊装安装和一种优化全悬挂四点啮合式特大型转炉安装方法两项发明专利，形成了企业级工法。

　　2. 联合钢铁（大马）集团公司 350 万 t 炼钢工程

　　（1）工程概况

　　本项目为马来西亚马中关丹产业园内 350 万 t 钢铁项目炼钢连铸工程的施工总承包项目，由联合钢铁（大马）集团公司投资的现代化综合钢铁厂。马来西亚联合钢铁 350 万 t 钢铁项目 2×100t 转炉连铸工程需要安装 2×100t 转炉两套，1 号转炉安装在 EF 跨 10 线到 11 线之间，2 号转炉安装在 EF 跨 11 线到 12 线之间，在加料跨行车的吊装区域以外，且加料跨行车的最大额定起重量为 200t，无法整体安装。由于以上原因，此次转炉安装方法采用线外组装、整体滑移就位。

　　（2）技术应用

　　1）转炉安装难点

　　① 由于转炉及托圈为大件，道路运输条件受限制。

　　② 转炉炉体、托圈等设备本身自重都在 100t 以上，设备安装时加料跨 200t 行车必需具备使用条件。

　　③ 转炉地面组装和转炉滑移都在加料跨进行，转炉设备进场后现场施工场地狭小，同时还要进行结构部件安装，施工场地小、协调难度更大。

④ 转炉地面组装以及滑移平台安装等工作都需要行车配合，间接影响转炉的安装时间，施工任务重，施工工期紧。

2）关键技术特点

① 首先在加料跨（F-G）设置转炉安装平台，平台两边设置滑移梁，平台两滑移梁纵向中心线与两耳轴纵向中心线一样，对于滑移梁薄弱部分进行加固处理，保证滑移结构稳定性；利用加料跨的 200t 行车将转炉组装完成。

② 其次将组装好轴承座的托圈利用 200t 行车整体安装在平台两侧的滑移梁上，接着将炉体嵌入托圈里面，再将托圈、炉壳、铰合点固定装置等组装完成，最后将倾动装置的一次减速机、二次减速机及电机装配于托圈上，安装倾动装置后，转炉整体偏重，利用倾动装置下面的辅助滑轨，保证滑移的稳定性。

3）施工工艺和过程

① 工艺流程图（图 5.7-14）

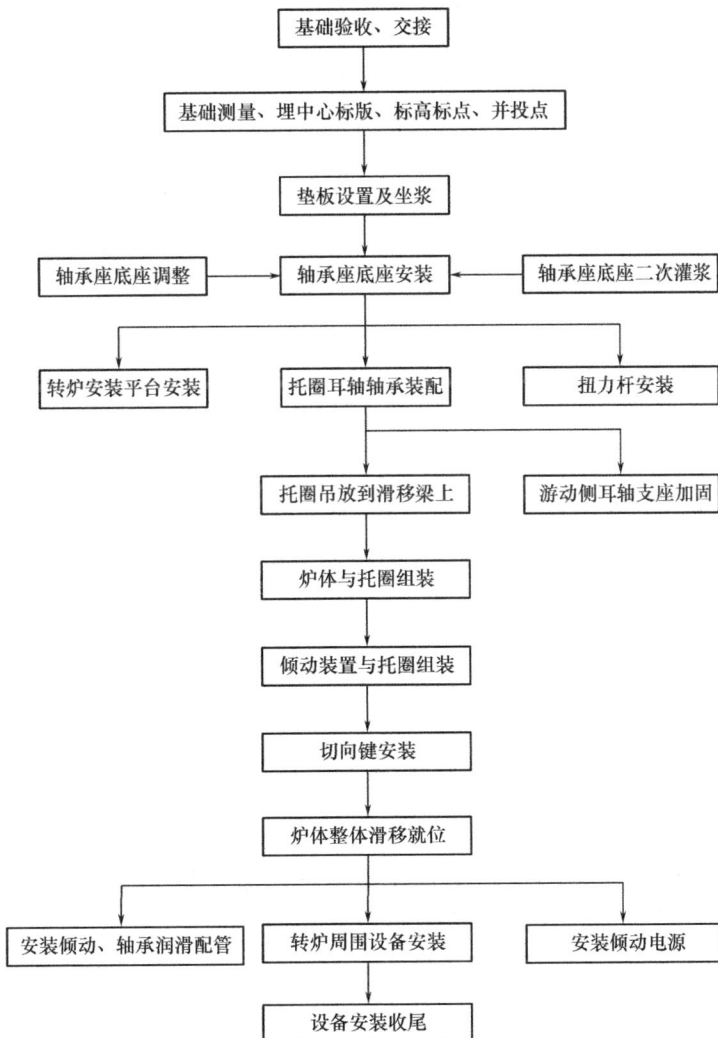

图 5.7-14　工艺流程图

② 工艺过程

a. 转炉滑移装置安装

在 8.8m 炉前平台横梁上设置滑移梁。

用经纬仪在滑移梁上投设转炉纵向中心线及横向中心线。

b. 转炉组装及滑移

（a）耳轴轴承座安装：耳轴轴承底座安装前先将其吊装到耳轴支承底座上安装调整，用水准仪、精密经纬仪检查轴承座下表面的标高、中心是否符合安装要求，并用记号笔在轴承底座做好纵横向中心标记。

（b）耳轴轴承座安装精度要求参照现行国家标准《炼钢机械设备安装验收规范》GB 50403。

将托圈两端轴承座吊放在平台滑移梁的滑轨上，并找正和调整，然后临时固定。

c. 托圈安装

（a）托圈到现场后放置在地面钢墩上，将耳轴轴承装配完。

（b）在地面将传动侧及非传动侧轴承座装配到位。

（c）将安装好轴承座的托圈吊装到滑移梁上。

（d）将托圈翻转 180°，按照正确安装位置将吊挂装置安装在托圈上。

用钢绳和捯链将托圈固定。

d. 倾动装置安装

（a）使用行车将倾动装置减速机吊装和装配在耳轴上，并安装切向键，安装时检查切向键及其与大齿轮轮毂的接触情况，并使之符合规范要求。

（b）将耳轴、大齿轮、齿轮箱等零部件清洗干净。

（c）在耳轴位置处搭一个临时操作平台，使用切向键直接对耳轴键槽工作面进行配合研磨，使工作面的接触面积达到 80% 以上。

（d）大齿轮与耳轴是间隙配合，安装前测量大齿轮与耳轴的尺寸并检查是否符合图纸要求；由于大齿轮工作面在现场研磨难度大，因此要求大齿轮工作面在制造厂处理好再发现场。

（e）先将二次减速机齿轮箱下半部分放在转炉安装操作平台上，然后将大齿轮吊放在齿轮箱内，利用行车和捯链将大齿轮装配到耳轴上。

（f）将二次减速机上齿轮箱及一次减速机和电机装配到位。

e. 转炉滑移

（a）在滑移梁及轴承座的支座上表面涂上润滑脂，以减少转炉整体推移时的阻力。

（b）在滑移梁及轴承座的支座的两侧预先标记等长的进度线，以备转炉滑移时检控，发生偏心时可及时纠正。

（c）在两根滑移梁外端上分别设置两个 100t 千斤顶及其止动挡块，两边同时使用千斤顶，将转炉整体同步、缓慢滑移推入耳轴轴承座支承座上。

（d）设计安装平台时，将轴承底座的下表面安装在滑移梁上，标高比支承座上表面略高 2~5mm，以防止平台受压，整体沉降。

（e）当滑移到梁的末端时，将从滑移梁移动到轴承座上，为防止滑移高低面刮伤耳轴受力面，可利用砂轮机将滑移梁的与耳轴底面处打 2mm 圆口，并用砂纸打磨光，涂抹润滑脂。

（f）在转炉整体推移时，两边操作人员必须按指挥信号操作，使转炉同步缓慢前进，同时两边派专门人员检查转炉在前进时轴承底座中心线与滑移梁中心线是否偏移，一旦发现有偏移现象或偏移趋势，应立即停止推移，分析产生偏移原因，制定纠偏措施后，设定液压千斤顶推进速度，再进行推移。

（g）转炉推移时，派专人操作液压横移系统，设立安全栏杆，并随转炉移动前移。

（3）实施总结

本项目为海外工程，因此需与业主加强联系，了解设备的制造进度，要求设备制造厂家按进度要求供货，做好转炉基础、预埋螺栓、预埋件及预埋孔的检查测量，为设备的顺利安装创造条件。

与钢结构安装单位做好施工配合，转炉安装滑移平台区域在加料跨10线到11线之间，在转炉组装平台内的立柱、横梁及平台板暂缓安装，便于组装平台的安装，其余部分应安装完，便于转炉组装及为作业人员提供安全的作业平台、行走通道。1号、2号转炉滑移于2016年8月15日至2016年9月15日滑移完成。工程获2019年境外鲁班奖。

（提供单位：上海宝冶集团有限公司。编写人员：王敏、宋茂祥、张啸风）

5.8 大型轧机吊装技术

5.8.1 技术发展概述

进入21世纪，我国经济步入高速增长期，旺盛的钢材需求掀起了全国各地轧机建设高潮。现代轧机的发展更趋向于连续化、自动化和大型化，产品质量要求高；与此同时，建设单位期望不断压缩项目投资、提高设备安装精度和降低运营维护成本。轧机安装具有单件设备重、安装精度高的特点，工程项目受作业时间、空间和复杂环境等条件限制，常规建造工艺和方法无法满足安全、工期和节能环保要求。因而，大型轧机成套安装技术已成为冶金工程建设领域的核心热点问题。

5.8.2 技术内容

大型轧机吊装技术主要包括"基础预留法"吊装技术、"牛腿旋转法"吊装技术、"专用吊具"吊装技术和横向滑移垂直液压顶升特大型轧机技术等，主要解决生产车间内行车吊装能力不足、吊装高度不够和环境受限的三大难题，具有操作性好、安全性高、经济效益显著等优点。

（1）"基础预留法"吊装技术

"基础预留法"吊装技术主要采用预留部分基础先不施工，降低轧机牌坊吊装旋转直立时旋转点的标高，大大降低了起吊时对行车提升高度的要求，为轧机牌坊吊装提供了足够的吊装空间，待轧机牌坊吊装完成后再进行预留基础的施工。

（2）"牛腿旋转法"吊装技术

"牛腿旋转法"吊装技术利用临时支撑结构，把轧机牌坊放置在临时支撑结构上，轧机牌坊吊装时以轧机牌坊的牛腿为旋转点进行旋转吊装。由于旋转中心由轧机牌坊底部改为轧机牌坊中下部的牛腿处，旋转时牛腿以下部分在临时支撑结构内部，大大降低了起吊时对行车提升高度的要求，为轧机牌坊吊装提供了足够的吊装空间（图5.8-1）。

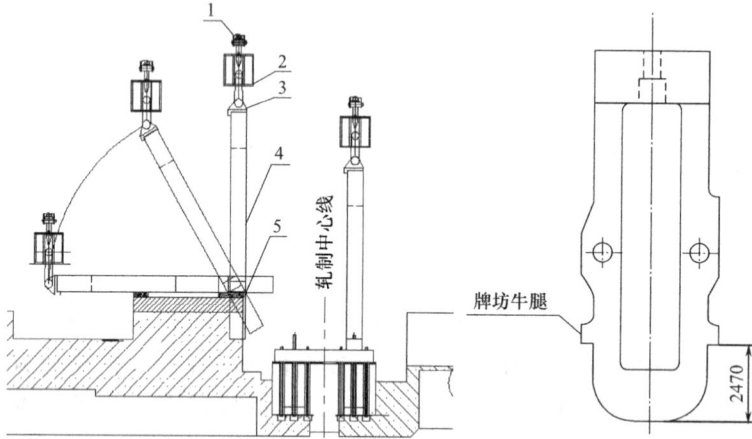

图 5.8-1　牛腿旋转法实施示意图

1—行车主钩；2—扁担梁；3—吊具；4—轧机机架；5—木垫板临时支撑

（3）"专用吊具"吊装技术

1）大型热轧初粗机牌坊吊装专用吊具

粗轧机吊具为内嵌式，可有效降低对起升高度的要求，吊具与牌坊的配合面加工精度高，有利于对牌坊加工面的保护；吊具完全内置于牌坊内部，更适合高度方向空间狭小情况下使用；适用于顶部设有压下螺母孔的轧机牌坊的吊装；外圈的直径可以调整改变，适用于不同压下螺母孔直径轧机牌坊的吊装，通用性强（图5.8-2）。

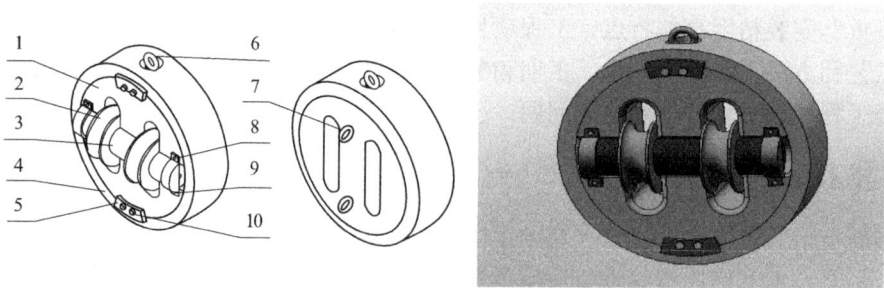

图 5.8-2　大型热轧粗轧机牌坊吊装专用吊具示意图

1—底座；2—滑轮；3—轴；4—外圈；5—托板；6—吊环；7—吊环；8—托座；9—螺栓；10—螺栓

2）大型热轧精轧机牌坊吊装专用吊具

精轧机吊具为外露式，适用于精轧机牌坊顶部设有螺栓孔的牌坊吊装，使用时钢丝绳可通过滑轮进行自动调整（图5.8-3）。

3）大型轧机牌坊卸车专用吊具

大型轧机牌坊卸车专用吊具使用时由行车把卸车吊具吊至轧机牌坊上方，使卸车吊具

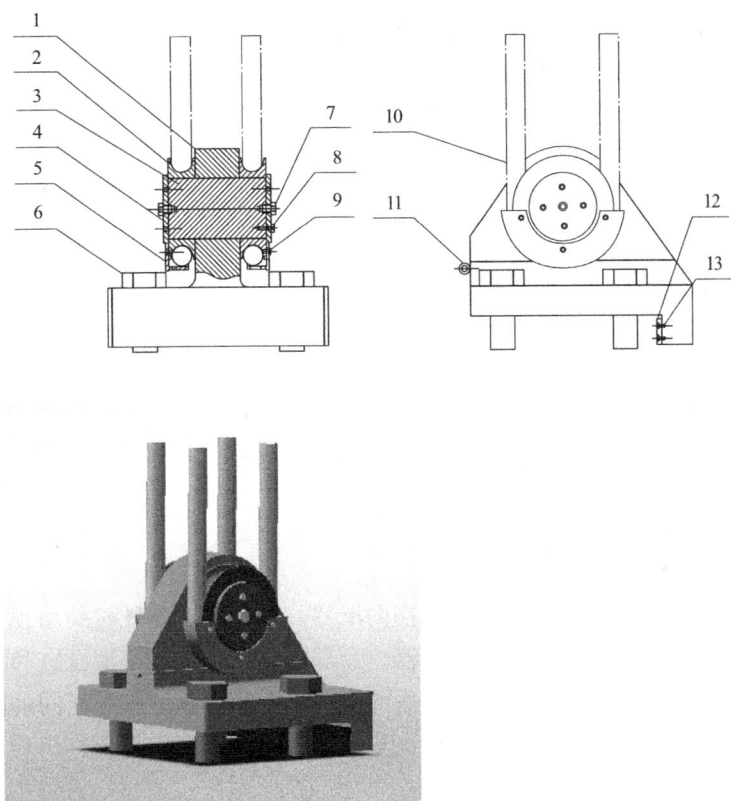

图 5.8-3　大型热轧精轧机牌坊吊装专用吊具示意图

1—底座；2—滑轮；3—轴；4—轴端挡板；5—钢丝绳挡板；6—高强度螺栓；

7~9—螺栓；10—钢丝绳；11—吊环螺栓；12—垫板；13—内六角螺栓

底座长度方向与轧机牌坊长度方向平行，放置到轧机牌坊底部，然后把卸车吊具旋转 $90°$，使卸车吊具长度方向与轧机牌坊长度方向垂直，然后提升卸车，把轧机牌坊放置到指定位置（图 5.8-4）。

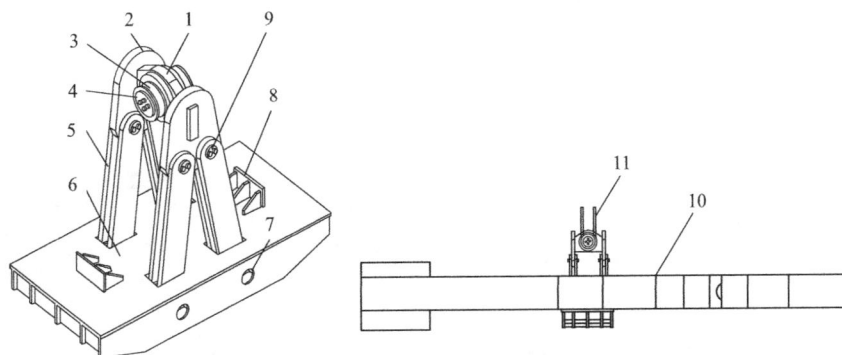

图 5.8-4　大型轧机牌坊卸车专用吊具示意图

1—短梁；2—连接板；3—滑轮；4—轴端挡板；5—拉杆；6—底座；7—手孔；

8—止挡板；9—轴端挡板；10—轧机牌坊；11—钢丝绳

4）一种旋转式联合吊具

可旋转联合吊具主要由承重梁、可调挂钩装置、旋转吊钩组成，具有挂钩调整和吊钩旋转的功能，满足不同规格行车的悬挂和不同方向位置的起吊，解决了生产车间内行车起重量不够和吊装旋转方向的难题（图5.8-5）。

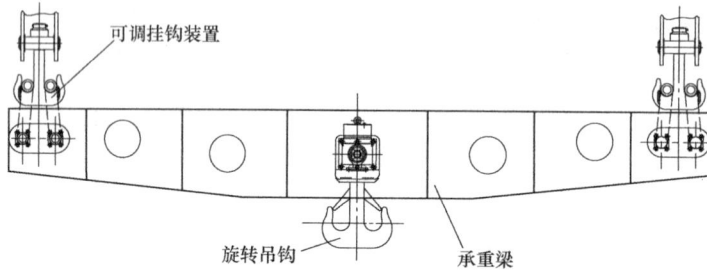

图 5.8-5　旋转联合专用吊具示意图

（4）横向滑移垂直液压顶升特大型轧机技术

1）横向滑移技术

横向滑移技术主要是完成轧机牌坊的横向滑移，使之移动到轧机牌坊顶升位置。首先将轨道铺设好，并找正固定；随后将夹轨器、后部滑移小车、滑移液压缸和前部滑移小车就位到轨道上，根据轧机牌坊的高度确定后部滑移小车和前部滑移小车间的距离；而后将轧机牌坊就位在后部滑移小车和前部滑移小车上。

2）垂直液压顶升技术

全自动液压顶升装置主要由底座、滑移立柱、框架顶梁、滑移横梁、顶升梁及吊具等组成；并配备液压执行机构、监测系统和气动控制系统。利用双作用大吨位液压缸升降原理，使重物在顶升装置的带动下，沿立柱做间歇式升降运动，达到吊装特大型轧机的目的（图5.8-6）。

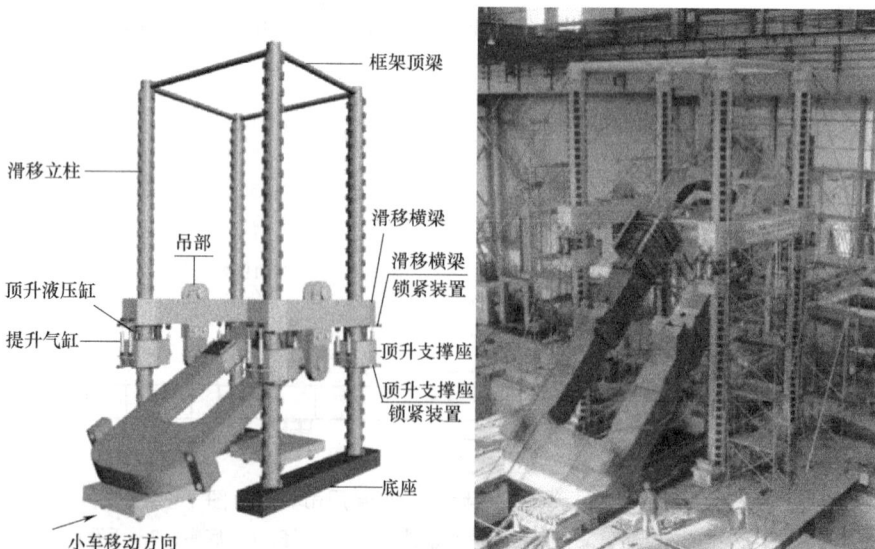

图 5.8-6　全自动液压顶升装置示意图

5.8.3 技术指标

（1）《轧机机械设备安装规范》GB/T 50744—2011；

（2）《轧机机械设备工程安装验收规范》GB 50386—2016。

5.8.4 适用范围

适用于所有在建、搬迁和扩建等工程中轧机安装、无起重设施的大型设备吊装等。

5.8.5 工程案例

1. 南钢节能降耗调整产品结构技术改造项目 4700mm 轧机工程

（1）工程概况

南钢节能降耗调整产品结构技术改造项目作为南钢"十二五"转型发展重点项目之一，被列为国家发展改革委"2010 年国家重点产业振兴的技术改造专项计划"，项目预算总投资 30 亿元，设计年产 160 万 t，产品规格为厚 8～250mm，轧制宽 1800～4850mm，最大单重 45t，产品品种包含造船钢板及海洋工程板、管线用钢板、锅炉及容器钢板、普通结构钢板、专用结构钢板、功能性结构钢板等，尤其适合生产宽幅石油及天然气管线钢板。

该工程 4700mm 轧机布置在主轧 2-F～2-G 跨，9～10 行线之间。轧机牌坊的几何尺寸为 15470mm×5020mm×2300mm，单重为 422t（牌坊裸重）。主轧跨全长 856m、跨度 36m。主轧跨内布置了 1 台 125/30t 行车，2 台 50/10t 行车。轧制车间的轨面标高＋16m。磨辊间布置了 1 台 200＋200/75＋75t 行车，1 台 50/10t 行车。磨辊间轨面标高＋11.5m。

工期要求：2011 年 11 月 11 日至 2013 年 5 月 31 日，绝对工期 19 个月。

（2）技术应用

1）施工难点

① 轧机牌坊重量重、几何尺寸大。

② 主轧跨行车起重能力有限，轧机牌坊只能在磨辊间卸车，需要横移至主轧跨吊装位置。

③ 轧机坑深 7m，底部为斜面，支撑困难。

2）关键技术特点

轧机牌坊运输至磨辊间后，利用磨辊间 200t＋200t 行车进行超负荷卸车（牌坊重量为 422t，吊索重量约为 5.6t，超载 1.07 倍），当现场达到横移条件后，再将牌坊吊至横移小车上，牌坊通过设置在换辊基础上的临时轨道水平移至主轧跨的安装位置，利用中国二十冶集团有限公司自行研发的液压顶升装置将牌坊吊装就位。

3）施工工艺和过程

① 工艺流程图（图 5.8-7）

② 工艺过程

a. 施工准备。

（a）施工技术准备

设备基础检查

搭设临时支撑结构

将滑移装置放置在支撑结构上

机架放置在滑移装置上

与吊具连接

轧机机架顶升吊装

液压顶升装置移位

下一轧机机架吊装

液压顶升装置拆除

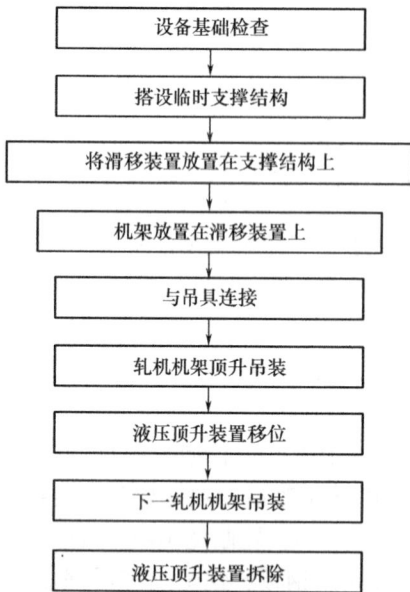

图 5.8-7　工艺流程图

a）成立吊装领导小组，明确施工总负责人，配备的各类施工人员的数量要满足施工要求，要求持证上岗的人员（工种）均应持证上岗。

b）对施工人员进行安全、技术交底，负责液压顶升操作的核心工作人员，需经过理论知识和实际操作的培训，具备对液压顶升装置操作的能力。

c）投入施工的机械设备（包括工机具）规格、性能、数量应满足施工要求，并经机械设备管理人员组织相关人员对其进行试用检验（包括安全性能检查），确保机械设备的完好性，使其处于正常使用状态。

d）轧机底座安装验收，轧机底座安装精度符合设计施工文件及验收规范要求，地脚螺栓紧固达到初始紧固力 70% 要求，并且将入口侧轨座向入口方向平行移动 0.5～1.5mm，验收合格。

（b）作业人员的准备

a）施工人员进入施工现场必须穿戴好劳保用品。

b）临时用电线路按要求架设，符合安全和技术操作规程的规定。开关箱要防潮、绝缘并加锁，接地符合要求；手持电动工具要配备漏电保护装置。

c）特殊工种必须持证上岗，严禁不具备资质或不熟练工种现场操作或施工。

d）施工前对所有施工人员进行安全交底，交底人和被交底人均应签字确认，各施工班组每天必须进行班前安全交底。

（c）施工机具和计量器具的准备

a）按施工进度计划和施工机具需用计划，分阶段组织施工机具进场，并确保其完好，能满足过程施工能力。主要的施工机具见表 5.8-1。

主要施工机具表　　　　　　　　　　　　　　　　　　　　表 5.8-1

序号	名称	规格型号	单位	数量	备注
1	液压顶升装置		套	1	
2	横移小车		套	2	
3	夹轨器		套	2	
4	液压千斤顶	50t	套	2	
5	液压螺母		套	1	
6	组合式安全平台		套	4	
7	电焊机		台	2	

序号	名称	规格型号	单位	数量	备注
8	气焊工具		套	2	
9	空压机		台	1	
10	钢轨	QU80	M	80	
11	捯链	5t	套	4	顶升装置加固
12	拖拉钢丝绳	6×37S+FC-18	M	200	顶升装置加固

b）按施工进度计划和计量器具需用计划，分阶段组织计量器具进场，并确保其在规定的周检期内。主要的计量器具见表5.8-2。

主要计量器具表   表 5.8-2

序号	名称	型号规格	备注
1	激光跟踪仪	Easy-Laser E705(D505)	根据需用配备
2	全站仪	TS11 1″ R30	根据需用配备
3	内径千分尺	50～600mm	根据需用配备
4	框式水平仪	200×200mm	根据需用配备
5	水准仪	DSZ2	根据需用配备
6	平尺	5m(镁铝)5000×150×80	根据需用配备
7	塞尺	0.02～1.0mm	根据需用配备

（d）材料的准备

a）根据工程进度要求，制定要料计划，并按要料计划组织好材料的采购工作；

b）材料详见表5.8-3。

材料表   表 5.8-3

序号	名称	规格型号	单位	数量	备注
1	钢坯	15000×1000×200	块	2	支撑结构搭设
2	钢坯	7500×1000×200	块	10	支撑结构搭设
3	钢坯	3900×1000×200	块	2	支撑结构搭设
4	钢坯	4500×2200×200	块	1	支撑结构搭设
5	钢坯	2500×1000×200	块	11	支撑结构搭设
6	钢坯	2500×1200×200	块	12	支撑结构搭设
7	钢坯	4800×1000×200	块	8	支撑结构搭设

序号	名称	规格型号	单位	数量	备注
8	钢管	$DN600 \times 8$	m	200	支撑结构搭设
9	钢管	$DN350 \times 6$	m	100	支撑结构搭设
10	钢管	$DN200 \times 6$	m	300	支撑结构搭设

c）临时支撑结构搭设：

ⓐ 临时支撑结构要经过设计和验算，具有足够的强度和稳定性，支撑结构底部的设备基础也要一并验算。

ⓑ 临时支撑结构采用现场易得的钢管、型材、钢板、钢坯搭设，重点控制连接焊缝的质量、支撑柱底部的生根是否牢固。

ⓒ 临时支撑结构搭设完毕后，液压顶升吊装领导小组会同相关人员一起进行检查验收（图5.8-8、图5.8-9）。

图5.8-8　横向滑移临时支撑结构

图5.8-9　液压顶升临时支撑结构

b. 根据轧机纵横向中心线，精确设定安装液压顶升装置底座，然后安装顶升支撑座、滑移横梁、滑移立柱、框架顶梁，安装液压缸、气动缸，连接气动、液压系统管道，液压缸压力、控制传感器等，完成后系统进行一个行程的试验，检查系统工况（图5.8-10）。

图 5.8-10　液压顶升装置组装图

　　装置装配后，在其两侧安装操作平台，操作平台采用多层可拆卸式结构，底部固定牢固，上部与顶升装置连接固定，以保证安装固定装置防倾翻缆风绳及故障处理操作人员的安全。设置 4 根防倾翻缆风绳，上部固定在顶升装置框架顶梁上，下部采用地锚固定，每根缆风绳配置一个捯链，用以调节装置框架的垂直度和稳定。

　　采用行车或液压顶升将轧机机架卸车并就位在后部滑移小车和前部滑移小车上。顶出滑移液压缸，夹轨器将轨道夹紧，使后部滑移小车、前部滑移小车和轧机机架向前移动；缩回滑移液压缸，后部滑移小车、前部滑移小车和轧机机架不动，使夹轨器在轨道上向前移动；滑移液压缸每顶出一次和缩回一次，完成轧机机架向前横移的一个行程，通过不断重复这个过程，完成轧机机架的横向滑移，使之移动到轧机机架顶升位置（图 5.8-11）。

图 5.8-11　横向滑移图

　　轧机机架运输到吊装位置后，采用行车、捯链安装吊具，并最终用液压扳手紧固连接螺栓至规定力矩，随后将上下部吊耳与吊具销轴连接，完成轧机机架与顶升装置的连接。紧固后吊具与轧机机架贴合紧密，螺栓与吊具表面垂直，保证螺栓仅承受轴向拉力（图5.8-12）。

图 5.8-12　吊具安装图

c. 轧机机架顶升吊装。

（a）先将顶升支撑座处于锁紧状态，而滑移横梁处于能上下移动状态，操作液压缸使之同步顶升，从而带动滑移横梁上升一个行程（280mm），当上升到上限位后，将滑移横梁锁紧（锁紧板旋转450），然后启动气动缸，带动顶升支撑座上升一个行程（280mm），随后顶升支撑座再锁紧（锁紧板旋转450），滑移横梁解除锁紧再上升，通过重复这一过程使滑移横梁带动重物逐渐升高。需要注意的是吊装用的板钩在吊装时必须处于垂直状态。当轧机机架升到要求的高度，停止操作，将轧机机架底部的钢坯和钢管拆除，并检查轧机机架的位置是否合适，无误后用相反的方法逐渐下降，直到轧机机架就位为止（图5.8-13）。

图 5.8-13　轧机机架液压顶升图

（b）吊装过程要设专人指挥，旗哨齐全，信号明确、统一。配备4名专职人员对液压顶升装置的顶升过程进行监视，每个立柱处1名，特别注意锁紧盘是否旋转到位，确认到位后液压缸方可泄压；注意结构、液压缸的工作情况，防止液压缸斜顶，发现问题及时报告指挥人员，停止顶升作业，待消除故障后再恢复吊装。

d. 第一片轧机机架顶升完毕后，利用横移液压系统将液压顶升装置整体横移至操作侧顶升位置，到位后重新对底梁、立柱进行调整。复测无误后再进行下一轧机机架的顶升。

e. 重复以上过程，完成第二片轧机机架的横移、吊具安装、顶升工作，直至轧机机架就位。

f. 顶升完成后检查确认轧机机架无误，方可进行装置的拆除工作。将横移装置、液压顶升装置、支撑结构及辅助设施全部拆除，清理现场，便于后续设备安装。

（3）实施总结

在南钢 4700mm 宽厚板工程轧机牌坊吊装工程中，利用液压顶升装置并通过采用倾斜式横移运输系统、搭设临时支撑结构、引入有限元分析软件和三维可视化技术克服了大吨位、大尺寸轧机牌坊在起升高度受限环境下的吊装难题。横向滑移垂直液压顶升特大型轧机技术先进、安全性高、质量可靠、施工工期短，节约了大型吊装设备资源和建设方的固定资产投资，具有广阔的应用前景。

2. 马钢新区后期结构调整四钢轧 1580mm 热轧机电安装工程

（1）工程概况

马钢 1580mm 热轧工程位于马鞍山慈湖高新开发区，属于马鞍山市四大重点工程之一。整条生产线由马钢集团自主集成，一期设计年产量 273 万 t。精轧机设备是整个 1580mm 热轧生产线的核心设备，其外形尺寸达 10330mm×4440mm×760mm，单片牌坊重达 135t。

主轧线主要工艺设备有 E1/E2 立辊轧机、R1/R2 粗轧机、热卷箱、飞剪、F1～F7 精轧机组、层流冷却装置、2 台卷取机、钢卷运输系统等。主轧线工艺设备量约 22138t。

工期要求：2013 年 1 月 10 日至 2013 年 9 月 28 日热负荷试车，绝对工期为 8 个月。

（2）技术应用

1）轧机机架吊装难点

由于轧机基础结构形式复杂，换辊坑等基础坑尺寸小于轧机机架尺寸，轧机机架很难放置在坑内起吊，由于机架重量超过厂房内单台行车的起重量，采用双行车抬吊技术。

传统的双行车抬吊技术是当车间内单台行车起重能力不足时，利用 2 台行车和扁担梁进行吊装，一般轧机机架吊装是利用牌坊自带吊耳或用钢丝绳绑住牌坊窗口上部，并以轧机底部旋转进行直立吊装，起吊位置一般在 ±0 地面或长度、宽度尺寸足够大的基础坑内进行；但是，本工程的行车轨道标高较低，给双行车抬吊技术提出了新的难题，需要在起吊高度和宽度等空间受限环境下应用双行车进行吊装，对轧机牌坊的吊装提出了更高的要求。

2）关键技术特点

大型轧机机架基础预留施工方法的原理是改变传统施工工序，预先保留部分混凝土基础暂不施工，以保证在轧机基础坑内有足够大的尺寸放置轧机机架，配合使用带旋转钩头的扁担梁，使轧机机架旋转直立，直立后平移并放置在轧机底座安装位置，待所有轧机机架吊装完毕后再施工预留部分混凝土。利用轧机机架基础预留吊装法，能降低旋转直立点标高，大大降低了起吊时对行车提升高度的要求，克服了传统双机抬吊方法的不足，扩大了双机抬吊的使用范围。

3）施工工艺和实施过程

① 工艺流程图（图 5.8-14）

② 工艺过程

设备基础施工

临时支撑结构搭设临时支撑结构

轧机机架运输液压顶升装置组装

轧机机架卸车轧机机架横向滑移

轧机机架放至倾斜状态轧机机架

吊具安装

轧机机架旋转起立

轧机机架横移就位

设备基础预留部分施液压顶升装

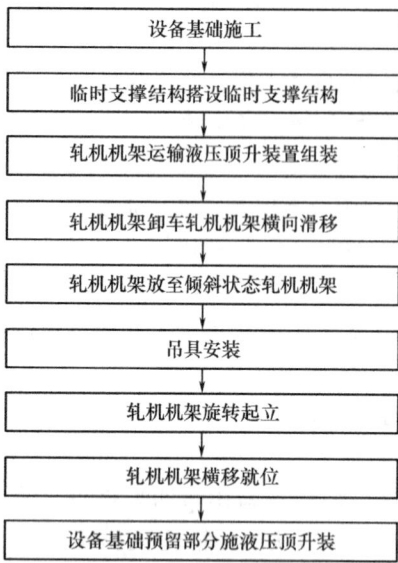

图 5.8-14　工艺流程图

a. 施工准备

（a）施工技术准备

a）施工机械、工机具、临时设施、材料、施工人员到场。

b）对施工人员进行安全、技术交底完。

c）施工临时电源到位。

d）车间行车安装、调试完成，并经过当地特种设备监督检验部门检验合格，具备使用条件。

（b）作业人员的准备

a）要求从事作业的电焊工、电工、起重工等特殊技术工种人员必须经过相应的专业培训持证上岗。

b）熟悉图纸、技术文件，掌握轧机牌坊所有相关参数及吊装作业环境因素。

c）根据工程特点，辨识危险源因素，编制详细的、可操作性的安全技术交底书，并向作业人员进行书面和口头两种形式的安全技术交底。

（c）施工机具和计量器具的准备

a）按施工进度计划和施工机具需用计划，分阶段组织施工机具进场，并确保其完好能满足过程施工能力。主要的施工机具见表 5.8-4。

主要的施工机具表　　　　　　　　　　表 5.8-4

序号	名称	规格型号	单位	数量	备注
1	手拉葫芦	10t	台	1	搭设临时支撑结构
2	手拉葫芦	2t	台	2	搭设临时支撑结构
3	卡环	5t	只	2	搭设临时支撑结构
4	卡环	10t	只	2	搭设临时支撑结构
5	气割工具		套	1	搭设临时支撑结构
6	电焊机		套	1	搭设临时支撑结构

b）按施工进度计划和计量器具需用计划，分阶段组织计量器具进场，并确保其在规定的周检期内。主要的计量器具见表 5.8-5。

主要计量器具表　　　　　　　　　　表 5.8-5

序号	名称	型号规格	备注
1	激光跟踪仪	Easy-Laser E705（D505）	根据需用配备
2	全站仪	TS11　1″　R30	根据需用配备
3	内径千分尺	50～600mm	根据需用配备
4	框式水平仪	200mm×200mm	根据需用配备
5	水准仪	DSZ2	根据需用配备

序号	名称	型号规格	备注
6	平尺	5m(镁铝)5000mm×150mm×80mm	根据需用配备
7	塞尺	0.02～1.0mm	根据需用配备

（d）材料的准备

a）根据工程进度要求，制定要料计划，并按要料计划组织好材料的采购工作。

b）材料详见表 5.8-6。

材料表　　　　　　　　　　　表 5.8-6

序号	名称	规格型号	单位	数量	备注
1	机架卸车吊具		套	1	轧机机架卸车吊装用
2	扁担梁		套	1	轧机机架吊装卸车用
3	轧机吊具		套	1	轧机机架吊装用
4	钢丝绳	ϕ80mm×16m	根	2	轧机机架吊装、卸车用
5	钢丝绳	ϕ25mm×8m	根	2	吊装小件用
6	木方	2000mm×200mm×200mm	根	50	搭设临时支撑结构
7	钢板	1000mm×2500mm×10mm	张	0.5	搭设临时支撑结构
8	角钢	50×50×5	m	30	搭设临时支撑结构
9	槽钢	匚10	m	20	搭设临时支撑结构
10	H 型钢	HW200×200	m	20	搭设临时支撑结构
11	H 型钢	HW100×100	m	20	搭设临时支撑结构

b. 轧机底座灌浆

轧机设备基础浇筑完毕后，轧机底座垫板安装调整并灌浆，然后安装轧机底座，并经过业主方、监理方（指导专家）共同检查确认合格（图 5.8-15）。

轧机机架放置处的设备基础浇筑时不能全部浇筑完毕，设备基础预留部分不能浇筑，见图 5.8-16 中透明部分。浇筑完毕后，还需对设备基础进行复测，主要包括：基础面标高、基础表面平整度、开档距离、预埋件位置，检查实际尺寸与设计尺寸之间误差是否在轧机安装允许范围内。

c. 临时支撑搭设

在轧机机架吊装位置，利用现场的型材、钢板、木方搭设临时支撑结构，支撑结构上与轧机机架精加工面接触部分必须是木方，以保护精加工表面不受损坏；临时支撑结构四周设置有挡板以防止窜动，保证支撑结构稳定性（图 5.8-17）。

临时支撑结构搭设完毕后，组织业主方、监理、施工单位相关人员进行验收，重点检查临时支撑结构的强度和稳定性。验收通过后，在临时支撑结构上标记出轧机机架放置位置。

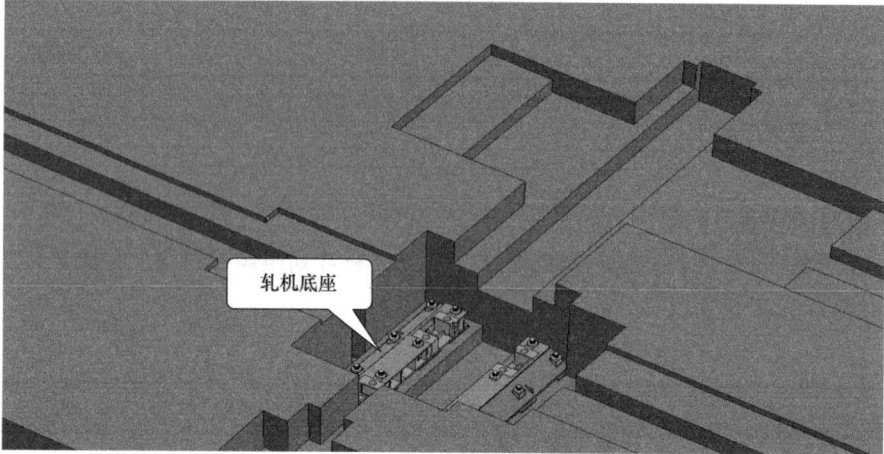

图 5.8-15　轧机设备基础示意图

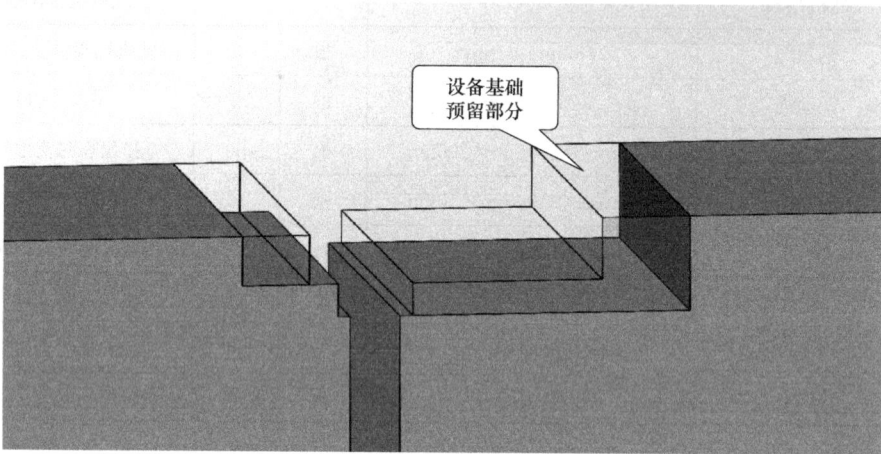

图 5.8-16　轧机机架放置处设备基础预留示意图

图 5.8-17　临时支撑结构示意图

d. 轧机机架进场

轧机机架按照安装顺序进场。单台轧机按照先传动侧机架，后操作侧机架的顺序进场。对轧机机架顶部或底部朝向车尾、操作侧或传动侧向上要提前告知设备厂家，在装车时严格执行。所有轧机机架在装车运输时垫高 600mm（机架平躺时底面至车板箱上表面的距离）便于卸车。机架出厂时，要求轧机机架的重心设置标识。

轧机机架的运输路线要保证路面有足够的承载能力，转弯处有足够大的回转半径，运输路线上无障碍物，必要时采取临时措施，如铺设石子、路基箱等，保证轧机机架运输到指定卸车位置。

e. 轧机机架卸车

采用专用卸车吊具卸车，卸车后直接将轧机机架放置到临时支撑结构上标记位置，确认无误后移走卸车吊具（图 5.8-18、图 5.8-19）。

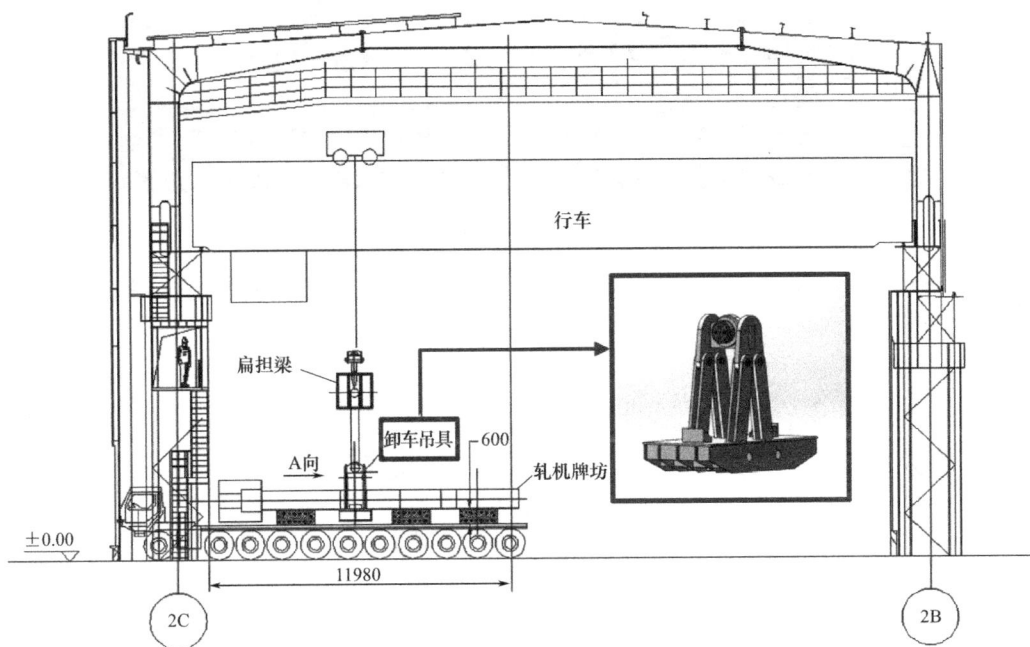

图 5.8-18　轧机机架卸车示意图

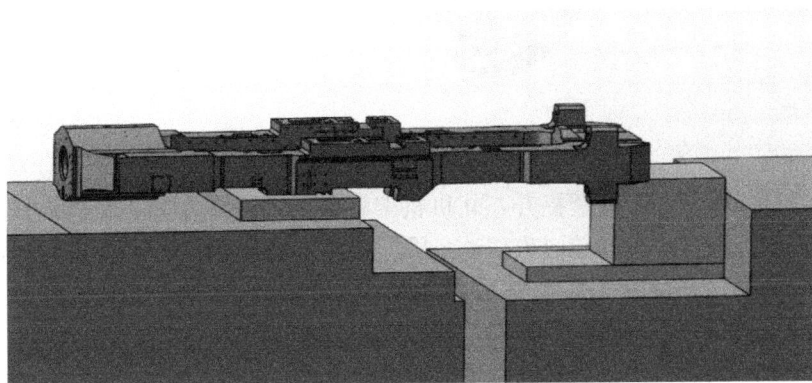

图 5.8-19　轧机机架卸车放置示意图

　　用钢丝绳兜住轧机机架底部，稍微抬起，使轧机机架底部与临时支撑结构脱离，撤走部分临时支撑结构，利用行车将轧机机架底部缓慢放置在底层临时支撑结构上，使轧机机架放置成倾斜状态，并检查轧机机架底部旋转空间尺寸及有无障碍物（图 5.8-20）。

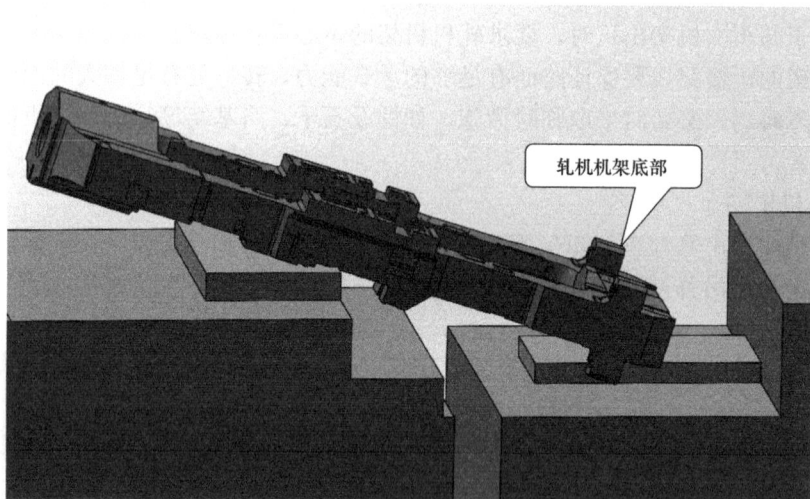

图 5.8-20　轧机机架斜放示意图

　　待轧机机架放置平稳、放置位置符合预定尺寸要求后，将轧机机架吊装用吊具安装到轧机机架上（图 5.8-21、图 5.8-22）。

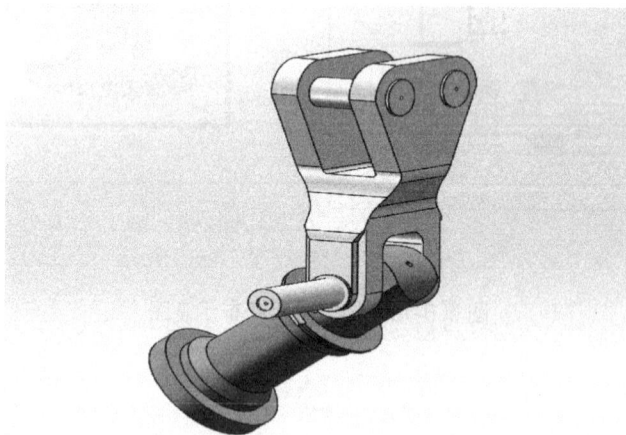

图 5.8-21　轧机机架吊具示意图

　　两台行车的主卷扬同步缓缓提升，轧机机架将以底部边缘为轴心旋转，并缓缓立直，提升一段，两台行车的小车向前同步移动一段，直至完全立直。完全立直后稍停片刻，待机架稳定后，将机架继续提升，使其底部离开底层支撑结构，离开距离至少 0.2m（图 5.8-23）。

　　两台行车大车同步移动，将轧机机架横移至轧机底座上方，两台行车的主卷扬同步缓缓下降，将轧机机架放置在轧机底座上（图 5.8-24）。

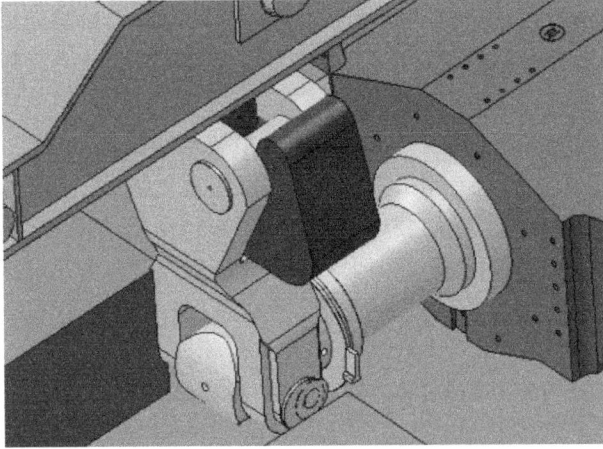

图 5.8-22　轧机机架吊具安装示意图

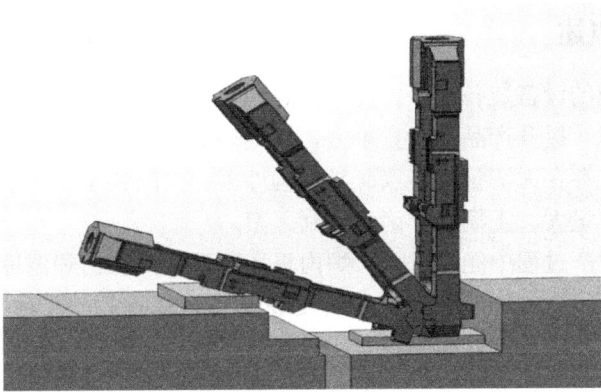

图 5.8-23　轧机机架旋转起吊示意图

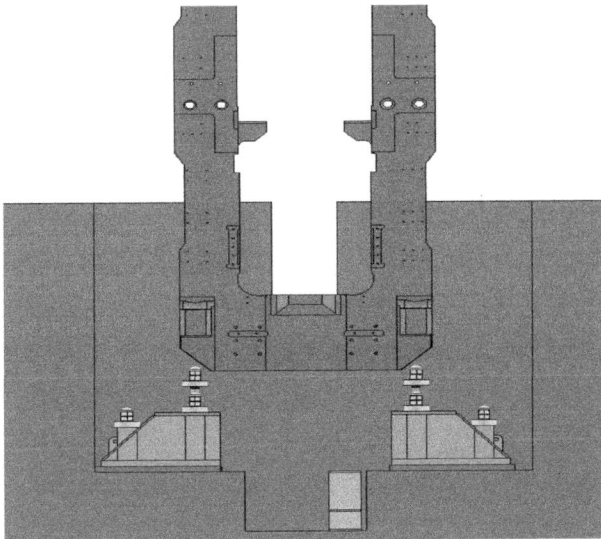

图 5.8-24　轧机机架就位图

待轧机机架就位后进行轧机机架调整工作，所有轧机机架吊装完成后，将临时支撑结构拆除。轧机机架吊装区域清理干净后，进行设备基础预留部分浇筑施工。

（3）实施总结

大型轧机机架基础预留施工方法是对双行车抬吊技术的提升，通过采用轧机机架牛腿旋转法、搭设旋转支架、开发新型专用吊具和引入三维可视化技术，克服了大型轧机机架在起升高度和基础坑宽度受限环境下的吊装难题，拓展了双行车抬吊技术的应用范围，为以后承接类似轧钢工程中重量大、尺寸大、几何形状不规则的大型设备的吊装提供了有益的借鉴。

马钢 1580mm 热轧工程热负荷试车一次性顺利通过，各系统运行正常，工程获评上海市"申安杯"奖。

（提供单位：中国二十冶集团有限公司。编写人员：魏尚起、孙剑、包佳）

5.9 大型步进式加热炉施工技术

5.9.1 技术发展概述

为了提高加热炉的设备装备水平，提高炉温均匀性和板坯加热质量，进一步降低综合能耗，改善现场环境，提升产品综合竞争力，加热炉更新改造成为大势所趋。但加热炉升级改造施工过程中，存在无测量基准点、异形构件多、空间狭小、吊装就位困难、施工效率低、电气调试工作量大、工期短等诸多不利因素。

原有加热炉在生产过程中能耗过大、炉内板坯变形量大和出炉温度不均匀性，无法满足质量要求。在紧跟步进加热炉领域最新发展趋势的基础上，针对上述施工技术难题，提升和优化传统施工技术，主要在设备安装、管道安装及配套电气设施技术改造等方面解决了加热炉系统升级改造工程的施工难题，且能满足设计及生产工艺要求，适应了钢铁冶金行业的转型发展，经济效益和社会效益良好，推广应用价值高。

5.9.2 技术内容

大型步进式加热炉成套施工技术主要包括设备快速精准安装技术、工业管道高效施工技术和电气配套设施高效施工技术，该技术大幅度提高工作效率，降低施工成本，经济效益显著。

（1）加热炉设备快速精准安装技术

1）炉底设备快速施工技术

步进式加热炉斜轨底座是一种工作面处于非水平或垂直状态的倾斜式设备底座，使用倾斜式设备安装方法，利用与倾斜式设备配套的模板，模板与设备贴合紧密，保证模板和设备间的组合高度和倾斜作业面的相对夹角，模板的上表面基本水平，通过将测量点转移至与之相匹配的模板上，来测量模具顶部的纵横向水平度、顶部标高，以及模具中心到参考轴线的纵横向水平偏差，确定设备的安装位置。

研制多套专用工具及装置，在倾斜式设备就位后，将模具与设备相互组合之后，仅对模具（或模具相互之间）进行找平、找正、找标高等多项几何尺寸调整、复测，最终使倾斜式设备达到设计及规范要求，由于制作模具所采用的板材厚度较薄，重量较轻，可由人工自由搬运，不受大型吊装设备的限制，且模具可重复利用，有利于多台设备的同时调整（图5.9-1）。

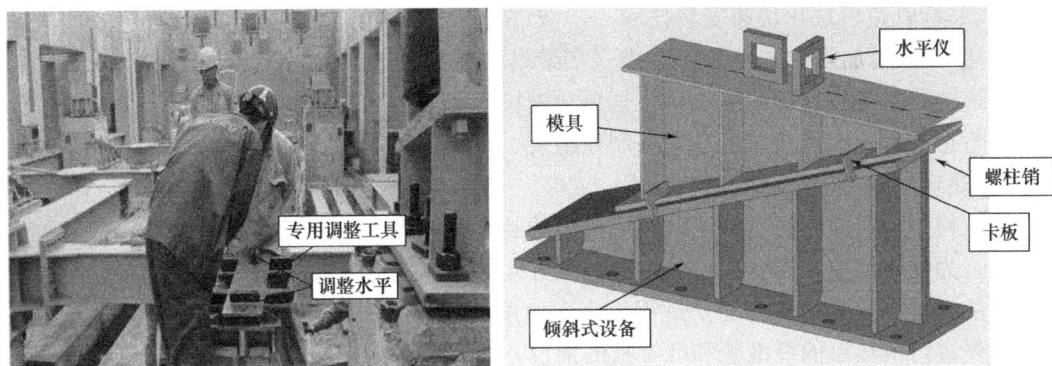

图 5.9-1　加热炉斜面调整照片和模具

2）加热炉炉体结构快速建造技术

使用加热炉侧烧嘴安装用踏脚支架、侧墙板防脱钩吊装夹具以及炉顶钢结构横梁倒运卡具，解决了步进式加热炉烧嘴安装位置高、焊接作业无临时平台的施工困难；解决了侧墙板吊装过程中易发生脱钩、造成构件脱落变形的安装难题，该套专用工具制作简单、使用方便，重复利用率高且安全可靠，提高了施工效率。

加热炉炉墙的模板施工方法，通过使用多用途施工模板系统，采用工字钢和脚手管混合支撑，增大了工人操作空间，提高了工作效率；减小工字钢总体使用量的同时，提升了支模速度，缩短了工期；设置对拉螺栓，有效减小工字钢和脚手管使用量的同时，减小了胀膜现象的发生，降低材料损耗，保证了墙衬平整度、垂直度，提高了施工质量；根据不同材质浇注料和可塑料选用木模板和钢模板，提高了墙衬工作面平整度等表面质量；支撑结构不变的情况下，木质和钢制模板均可搭配使用，有效提高了支护结构的使用和周转率，提高了经济和环境效益（图5.9-2）。

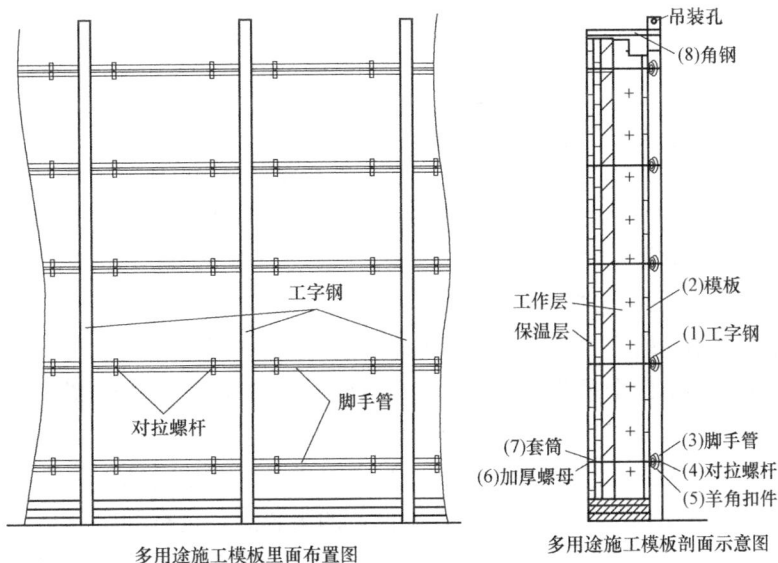

图 5.9-2　多用途施工模板体系图

（2）工业管道高效施工技术

1）非标管道模块化快速安装技术

利用 BIM 对加热炉非标准管道建立三维模型模拟安装，并根据设计图纸、安装部位以及管道的形状进行合理的模块单元划分，模块单元中包括管线中的阀门、流量孔板及膨胀节等管道元件，该模块单元在场外制作组装，现场快速安装。

2）热空气管道内衬高效安装技术

浇注料结构形式内衬，施工时圆形模板的制作难度大，模板安装和拆除操作程序复杂速度慢，为便于浇注，需要在沿着管道长度方向的壳体上部开设浇注口，浇注完成后再将浇注口的壳体恢复封闭，施工全过程工序多速度慢；而轻质砖与隔热层的混合结构形式，施工时先进行隔热层的纤维毯和纤维板的铺设，然后进行工作层轻质黏土砖砌筑，操作相对简便，速度快，但由于轻质砖强度较低，管道三通及弯头处由于气流冲刷容易造成内衬轻质黏土砖磨损严重和脱落，生产中经常需要进行维修。

使用热空气管道内衬高效安装技术，直管处采用隔热层轻质砖结构，弯头三通处采用浇注料的混合内衬结构形式（图 5.9-3），采用轻质浇注料结构形式，运用涂抹施工的方法，无需模板支护，更重要的是作为易受气流冲刷的部位，采用此技术施工，显著提升了内衬质量，有效延长了使用寿命。

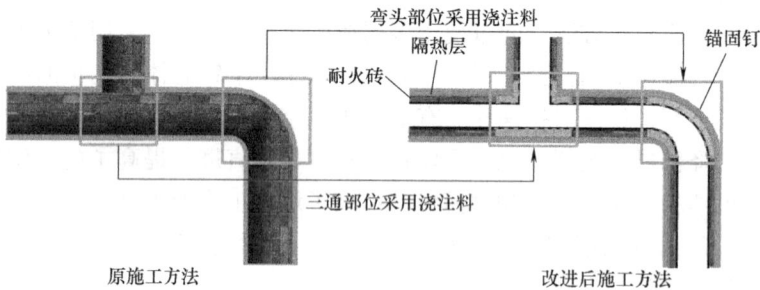

图 5.9-3 空气管道内衬施工图

（3）加热炉电气配套设施高效施工技术

1）加热炉区电气小管径钢管弯制技术

研制了小管径钢管弯制施工模具，解决了小管径钢管弯制各类异形弯的难题，提高了钢管的安装效率。通过两个滑轮组进行辅助施工，避免了钢管两处圆弧不在同一直线上的弊病，提高了弯管精确度。

2）加热炉电气设备高效运输技术

针对小体积盘柜运输及安装，采用单提升架及两侧带顶升装置，将装置移动至盘柜两端，利用装置单横梁上四个吊装点，采用吊具与设备上的吊装环连接，然后利用装置上的顶升装置，将盘柜升起，然后推移装置带动盘柜，进行运输及安装。

针对大型盘柜或成组盘柜运输及安装，采用双横梁提升架及两侧顶升装置，在装置顶端设置双档支撑，其多个部位可根据大型设备的吊装点，进行间距调整。方法为在盘柜安坐落在其基础框架上时，采用两端顶升装置控制盘柜的就位位置，避免传统施工工艺在盘柜就位时，采用人力或大锤撬杠等工具易对设备进行损伤，能够大量地减少人力物力的投入。

5.9.3　技术指标

(1)《钢铁厂加热炉工程质量验收规范》GB 50825—2013；

(2)《轧机机械设备安装规范》GB/T 50744—2011；

(3)《轧机机械设备工程安装验收规范》GB 50386—2016。

5.9.4　适用范围

适用在建、技改、检修和搬迁等项目的大型步进式加热炉施工。

5.9.5　工程案例

1. 宝钢集团浦钢搬迁工程轧钢项目

(1) 工程概况

上海浦钢搬迁工程轧钢项目（Ⅱ标轧机单元）是 2010 年上海世博会配套建设项目，2006 年上海市重大工程，由中冶京诚工程技术有限公司和宝钢工程技术有限公司设计，中国二十冶集团有限公司承建。双机架宽厚板轧机生产线年生产能力 160 万 t，主要产品为特殊专用板、不锈钢板、结构板、锅炉容器板、船板等。

该工程位于上海市宝山区罗泾工业园区，由宽厚板厂及其辅助设施两大部分组成。该工程共布置有三座加热炉，二台步进式连续加热炉，一台推钢式连续加热炉。主要安装内容包括炉体钢结构、炉体机械设备、装钢机和出钢机、加热炉前后辊道、排烟系统、汽化冷却系统、液压润滑系统、燃烧系统、工艺管道系统等。关键技术包括：在深基础螺栓设置与设备安装预先模拟安装，采用切实合理的安装基准设置和有针对性的检测手段，能够有效控制安装误差；相对常规的传动框架线外预组装法而言，本技术采用炉体结构原地就位的方法，充分利用车间内部的行车和照明，可以提高安装效率，节约了吊装和倒运机械的使用数量，降低施工投入费用；通过使用水梁与立柱的对称接口法，解决了水梁冷态安装精度要求高的难题，提高了安装效率和质量。

工程总工期 27 个月，2005 年 12 月 26 日开工，2008 年 3 月 10 日建成投产，建设总工期 27 个月。

(2) 技术应用

1) 施工难点

加热炉升级改造工程中，无法利用原有的高程控制点进行测量；炉底斜台面倾斜设备安装、调整困难；作业空间受限、施工工期短等。

2) 关键技术特点

采用加热炉工艺管道高效改造关键技术，解决空间受限，交叉作业等施工难题；采用模块化施工，场外制作，场内安装，节能环保效果好；突破了传统的施工工艺，显著地提高了施工质量。

3) 施工工艺和实施过程

① 工艺流程方框图（图 5.9-4）

② 工艺过程

```
        ┌─────────────────────────┐
        │     加热炉测量基准的确定      │
        └─────────────────────────┘
                    │
        ┌─────────────────────────┐          ┌──────────────────────────┐
        │      炉底倾斜设备安装       │─────────→│   炉底设备使用专用平台        │
        └─────────────────────────┘          │   运至加工厂测量制图          │
                    │                         └──────────────────────────┘
        ┌─────────────────────────┐                      │
        │      平移临时支撑安装       │          ┌──────────────────────────┐
        └─────────────────────────┘          │    重要减速机设备制造         │
                    │                         └──────────────────────────┘
        ┌─────────────────────────┐                      │
        │      炉底平移框架安装       │          ┌──────────────────────────┐
        └─────────────────────────┘          │   新炉底设备使用专用平         │
                    │                         │   台运至现场安装            │
        ┌─────────────────────────┐          └──────────────────────────┘
        │      水梁的拆除与安装       │
        └─────────────────────────┘
                    │
        ┌─────────────────────────┐
        │    加热炉本体钢结构安装     │
        └─────────────────────────┘
             │              │
    ┌──────────────┐   ┌──────────────────┐
    │  炉体管道安装  │   │   加热炉可塑料施工   │
    └──────────────┘   └──────────────────┘
         │                    
    ┌──────────────┐   ┌──────────────────┐
    │ 各系统试压、吹扫 │   │   加热炉炉底设备安装  │←──────
    └──────────────┘   └──────────────────┘
         │                    │
    ┌──────────────┐   ┌──────────────────────────┐
    │  各系统仪表调试 │   │ 平移框架降位至减速机，临时支撑拆除 │
    └──────────────┘   └──────────────────────────┘
         │                    │
         │         ┌──────────────────────────┐
         │         │  加热炉机械单试、联试、跑偏实验   │
         │         └──────────────────────────┘
         │                    │
         │         ┌──────────────────────────┐
         └────────→│      加热炉烘炉、投产          │
                   └──────────────────────────┘
```

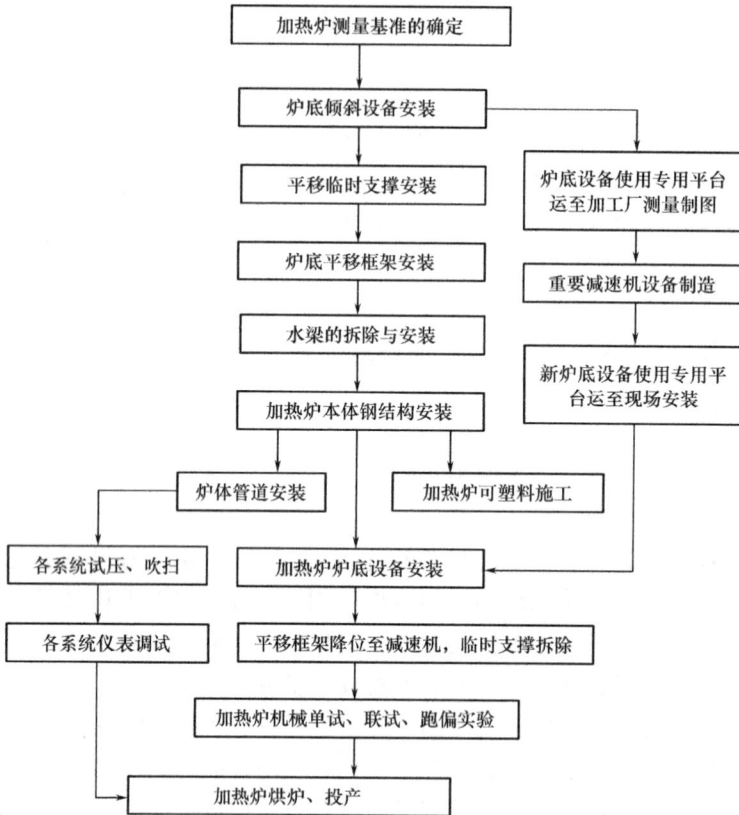

图 5.9-4　工艺流程图

a. 施工准备

（a）施工机具和计量器具的准备

a）按施工进度计划和施工机具需要计划，分阶段组织施工机具进场，并确保其完好，能满足过程施工能力。主要的施工机具见表 5.9-1。

主要施工机具表　　　　　　　　　　　　　　　　表 5.9-1

序号	名称	规格型号	单位	数量	备注
1	直流焊机	ZXG-500	台	10	
2	交流焊机	BX3-500-1	台	12	
3	氩弧焊机		台	6	
4	捯链	10t	台	6	
5	捯链	5t	台	6	
6	空压机	$10m^3$	台	2	
7	卷扬机	5t	台	4	
8	磨光机		台	20	
9	强制搅拌机	330l	台	5	
10	风镐	G8	台	2	

序号	名称	规格型号	单位	数量	备注
11	振动器		套	3	
12	切砖机	$\phi500$	台	2	
13	脚手架		t	15	
14	液压千斤顶	100t 行程 50mm	台	8	

b）按施工进度计划和计量器具需用计划，分阶段组织计量器具进场，并确保其在规定的周检期内。主要的计量器具见表 5.9-2。

计量器具表　　　　　　　　　　表 5.9-2

序号	名称	规格型号	单位	数量	备注
1	经纬仪		台	2	
2	水准仪		台	2	
3	框式水平仪	200mm　0.02mm/m	台	2	
4	内径千分尺	75～100mm　0.01mm	套	2	
5	内径千分尺	100～125mm　0.01mm	套	2	
6	外径千分尺	0～25mm　0.01mm	套	2	
7	外径千分尺	50～75mm　0.01mm	套	2	

（b）材料的准备

a）根据工程进度要求，制定材料计划，并按材料计划组织好材料的采购工作。

b）材料详见（表 5.9-3）。

材料表　　　　　　　　　　表 5.9-3

序号	名称	规格型号	单位	数量	备注
1	HW300		m	300	水梁拆除临时吊装系统

b. 测量基准的确定

加热炉技改工程施工，原有的高程控制点无法确定，没有可参照的高程点，成为施工测量的难点。本技术采用出料辊道和装料辊道上精整面的标高多次测量取平均值的方法，确定高程参考点，其原因是辊道长时间运行，表面磨损，精度无法满足施工要求，在选点时通过辊道的三点求平均数，通过对出料和进料辊道测量得出多组数据，经分析确定高程控制基准点。而基准线的建立是通过辊道分中的方法来建立施工的控制网，在确定过程中严格保证测量的准确性，通过连续测量多组辊道进行辊道的分中定位（图 5.9-5、图 5.9-6）。

c. 平移框架安装

加热炉改造工程，炉底机械设备均为国外引进，一般无详细图纸，需要拆除后进行测量仿制。测量仿制周期约 2～3 个月，造成加热炉平移框架无法连续安装。研制了等同于

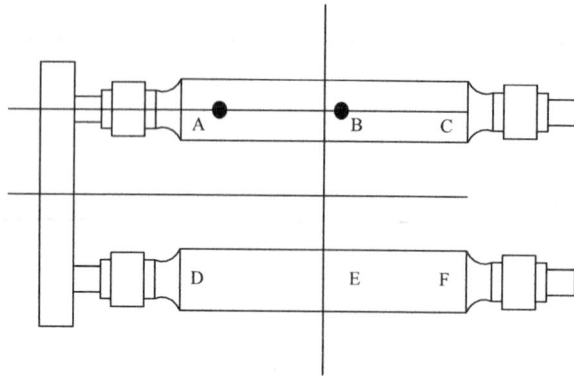

图 5.9-5　辊子标高测量点测量示意图

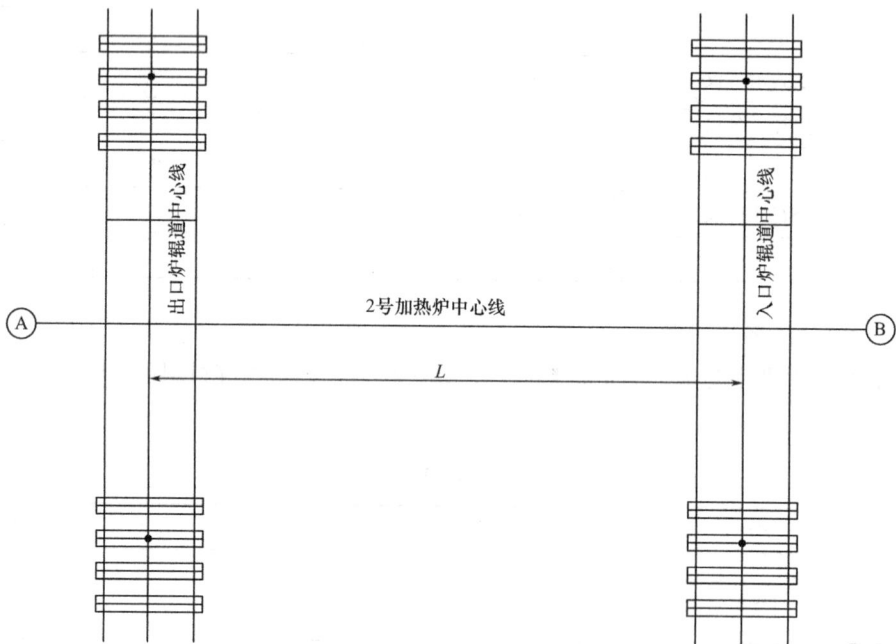

图 5.9-6　辊道分中基准线测量示意图

炉底设备的临时支撑架，确保了平移框架、加热炉钢结构和设备的正常安装（图 5.9-7、图 5.9-8）。

d. 水梁拆除与安装

通过在加热炉炉体传动侧侧墙上长短梁中心处开孔，开孔尺寸为 1200mm×1000mm，使方孔中心高度略高于水梁顶部标高，作为水梁拆除及更换时的进出口。制作并安装 6 个临时支架及 2 根单轨梁，每个单轨梁安装 1 台可移动的电动葫芦，提升葫芦将水梁吊起，将水梁一侧从炉体传动侧侧墙开孔处穿出，用炉外主跨行车，将水梁倒运至指定存放地点，水梁的更换过程为水梁拆除的逆过程，将所更换的新水梁倒运至炉内，进行水梁与立柱安装（图 5.9-9、图 5.9-10）。

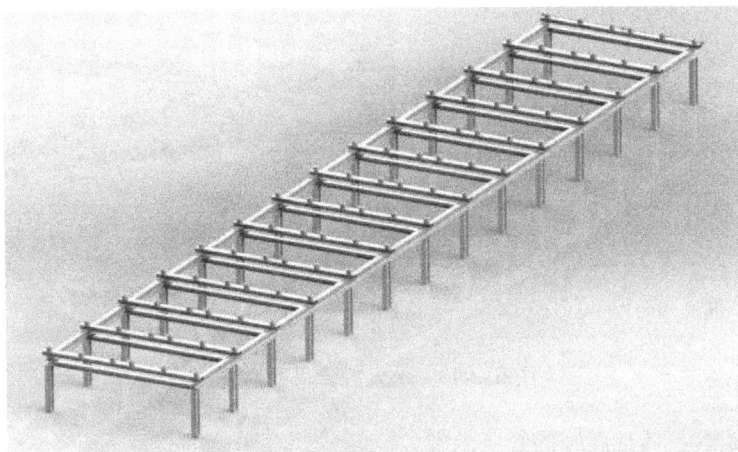

图 5.9-7 临时支撑架及平移框架安装示意图

图 5.9-8 平移框架放在临时支撑上

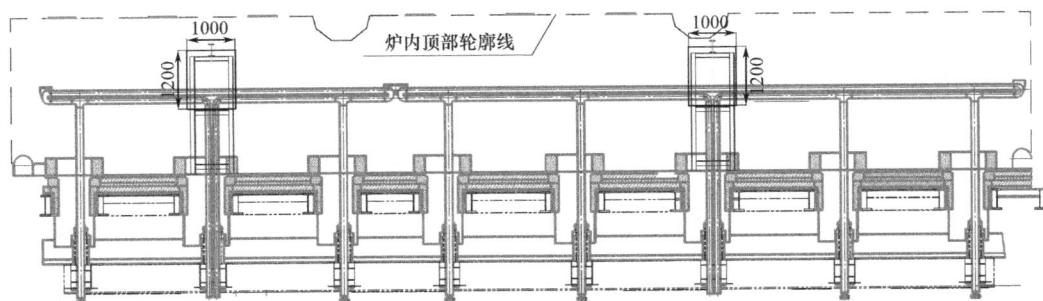

图 5.9-9 炉体侧墙开孔布置图

（3）实施总结

使用加热炉设备快速精准安装技术，解决了空间受限、异形构件吊装、无测量点、工期紧等众多技术难题，该技术安全可靠、技术先进，降低能源消耗，高效、快速、节能环

图 5.9-10　水梁拆除吊梁系统

保，降低施工成本，具有良好的经济效益。

上海浦钢搬迁工程轧钢项目先后获得 2007 年、2008 年上海市重大工程文明工地、上海市市级文明工地及上海市重大工程立功竞赛优秀集体，并获得上海市金钢奖、申安杯。

2. 宝钢湛江钢铁基地 2250mm 热轧工程

（1）工程概况

2250mm 热轧主体工程是宝钢湛江钢铁工程最大的项目之一，建成后年产热轧钢卷 550 万 t/年，其中热轧成品钢卷（板）547.40 万 t/年。整个热轧的建设全部由中国二十冶承建，施工场地位于厂区东部。其东侧是 1750mm 冷轧车间，南侧为 1780mm 热轧车间，西与转炉炼钢连铸工程连接，北与 2030mm 冷轧工程毗邻。施工范围从热轧板坯库开始直至精整区，主要包括：板坯库、4 座加热炉、主轧线、平整分卷库、磨辊间等。施工内容包括桩基、混凝土、钢结构、机电设备安装、调试。经统计，混凝土完成量为 198702m³；建筑钢结构制安量为 16829.6t；工艺钢结构制安量为 7696.3t；电缆铺设共 2478km；电器设备安装共 7572 台套；管道安装共 4770t；机械设备安装量为 42210t。

工程合同工期 928d，其中机械设备施工工期仅为 8 个月，2014 年 12 月底正式设备安装，2015 年 8 月 15 日开始单机调试。

（2）技术应用

1）施工难点

加热炉的空、煤气管道安装工作基本上与耐材砌筑工作同步进行，现场交叉作业增多，施工场地狭小，施工难度增大。

加热炉大型电气设备较多，大多分布在电气室内，且电气室设计空间狭窄，给大型电气设备运输及安装带来施工难度。

2）关键技术点

利用 BIM 对炉体空气和煤气管道进行合理模块单元划分，模拟安装，提前在场外进行预制，增加工作面，达到现场快速安装的目的，缩短工期 10%。

3）施工工艺和过程

① 工艺流程方框图（图 5.9-11）

② 工艺过程

a. 施工准备

```
┌─────────────────┐
│    测量放线      │
└────────┬────────┘
         │
┌────────▼────────┐
│   炉墙底部砌砖    │
└────────┬────────┘
         │
┌────────▼────────┐
│ 模板固定、紧固件焊接 │
└────────┬────────┘
         │
┌────────▼────────────┐        ┌──────┐
│ 第一段隔热材料、锚固砖砌筑 │◄──────│ 循  │
└────────┬────────────┘        │ 环  │
         │                      │ 至  │
┌────────▼────────┐            │ 规  │
│  隔热材料防水处理  │            │ 定  │
└────────┬────────┘            │ 高  │
         │                      │ 度  │
┌────────▼────────┐            │      │
│  第一段模板安装   │            │      │
└────────┬────────┘            │      │
         │                      │      │
┌────────▼────────┐            │      │
│  第一段浇注料浇注  │───────────►│      │
└────────┬────────┘            └──────┘
         │
┌────────▼────────┐
│   浇注料养生     │
└────────┬────────┘
         │
┌────────▼────────┐
│    模板拆除      │
└────────┬────────┘
         │
┌────────▼────────┐
│  拉紧螺栓孔封堵   │
└─────────────────┘
```

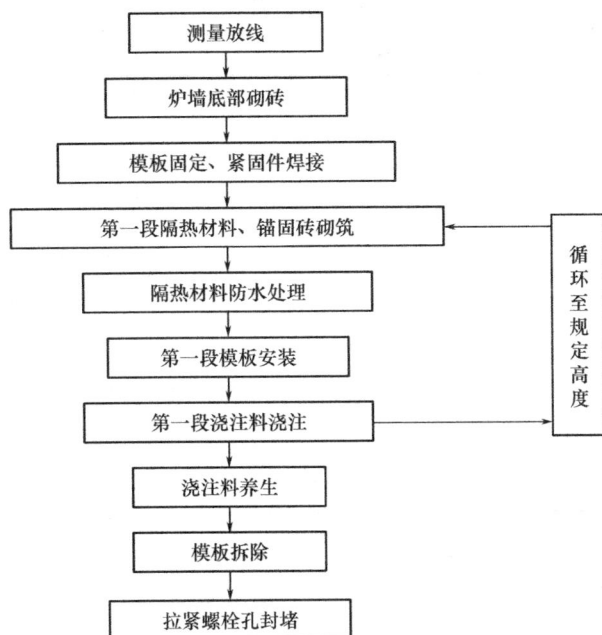

图 5.9-11　工艺流程图

（a）施工机具和计量器具的准备

a）按施工进度计划和施工机具需用计划，分阶段组织施工机具进场，并确保其完好能满足过程施工能力。主要施工机具见表 5.9-4。

主要施工机具表　　　　　　　　　　　表 5.9-4

序号	名称	规格型号	单位	数量	备注
1	氩弧焊机		台	6	
2	交流焊机	BX3-500-1	台	12	
3	液压弯管机(台式)	$DN15\sim60mm$	台	4	
4	液压弯管机(手动式)	$DN15\sim60mm$	台	4	
5	管子套丝切管机	$1/2''\sim3''$	台	6	
6	等离子切割机		台	5	
7	管子坡口机		台	2	
8	锯床		台	3	
9	切砖机	$\phi500$	台	2	
10	强制搅拌机 J-375		台	2	

b）按施工进度计划和计量器具需用计划，分阶段组织计量器具进场，并确保其在规定的周检期内。主要的计量器具见表 5.9-5。

主要计量器具表　　　　　　　表 5.9-5

序号	名称	规格型号	单位	数量	备注
1	水平尺 $L=500$		把	10	
2	50m 钢卷尺		把	2	
3	台秤		台	2	
4	塞尺	$0.05\sim1mm$	套	5	
5	万用表		台	2	

（b）材料的准备

a）根据工程进度要求，制定材料计划，并按材料计划组织好采购工作。

b）具体材料详见表 5.9-6。

材料表　　　　　　　表 5.9-6

序号	名称	规格型号	单位	数量	备注
1	木跳板	50mm	m^2	350	搭跳
2	水管	$DN15$	m	200	现场搅拌用水
3	铁线	8 号	kg	200	绑扎跳板
4	木板		m^3	20	绑扎跳板
5	钢丝绳	6m/8m	根	4	吊装
6	圆钉	1″	kg	10	可塑料密封用
7	圆钉	2″	kg	100	制作模具
8	圆钉	3″	kg	20	制作模具
9	油毡		卷	6	包扎用

c）运输和储存

耐火泥浆、浇注料、结合剂、耐火纤维必须存放在能防止潮湿和污脏的仓库内，并不得混淆。如包装破损、物料外泄、污染或潮湿变质时，该包不应使用。

掺有水泥、水玻璃或卤水等凝固较快的泥浆，不应在砌筑前过早调制。

调制磷酸盐泥浆时，必须保证规定的困料时间。

b. 可塑料施工

（a）加热炉可塑料快速切修

根据炉衬结构及膨胀缝留设的位置和尺寸要求，首先确定可塑料切割缝的留设位置、切割缝的宽度和深度等尺寸要求、可塑料气孔扎设深度等要求；然后再进行专用切缝工具和特制扎孔钻头的制作；耐材施工时先进行可塑料的大面积捣打；在可塑料模板拆除后，使用专用切缝工具进行切割缝开设，使用特制扎孔钻头开设标准透气孔，一次性完成可塑料切缝扎孔等修补保护工作（图 5.9-12、图 5.9-13）。

采用专用切缝工具开设膨胀缝，提高了膨胀缝宽度、深度的精确度，降低了工人劳动强度，提高了工作效率；采用特制扎孔钻头钻开设透气孔，保证了透气孔尺寸和深度，降低了工人劳动强度，工作效率提高了 15%，经济效益显著。

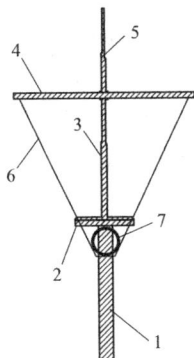

图 5.9-12　专用切缝刀示意图
1—锤击杆；2—受击板；3—刀身；4—止入板；
5—切缝刀刃；6—加强板；7—手柄

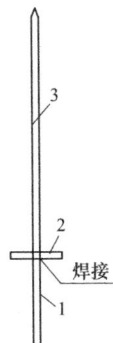

图 5.9-13　扎孔针示意图
1—钻头；2—止入圈；3—扎孔针头

（b）浇注新型支护模板

利用 PVC 组合模板替代预制钢模板作为水梁浇注的支护模板，该模板拼装支护方便，提高了工作效率，降低了施工成本，同时 PVC 模板表面光滑，提高了浇注料表面施工质量（图 5.9-14）。

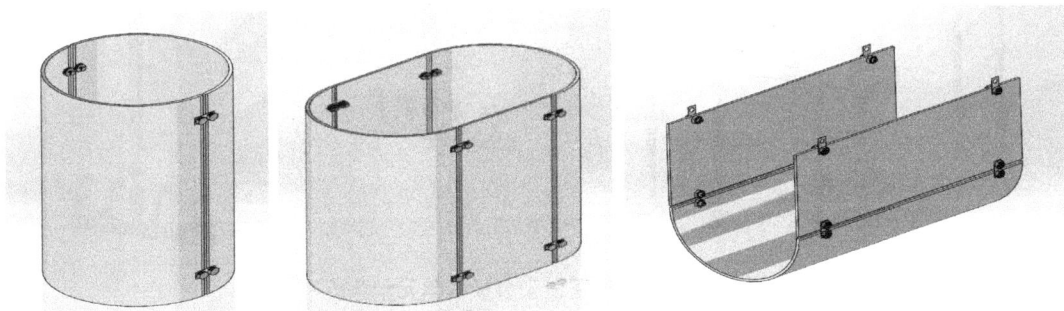

图 5.9-14　PVC 组合模板做支护模板

c. 炉体管道安装

加热炉炉体空气和煤气管道较多，受安装空间限制，施工效率低，针对这种情况，利用 BIM 对炉体空气和煤气管道进行合理模块单元划分，模拟安装，提前在场外进行预制，现场快速安装（图 5.9-15～图 5.9-18）。

d. 电气设备安装

热炉大型电气设备较多，大多分布在电气室内，且电气室设计空间狭窄。

（a）成组盘柜的顶升安装

针对大型盘柜或成组盘柜运输及安装，采用双横梁提升架及两侧顶升装置，在装置顶端设置双档支撑，其多个部位可根据大型设备的吊装点，进行调整间距，其使用方法与小型设备运输装置一致，在盘柜安装坐落在其基础框架上时，采用两端顶升装置进行控制盘柜的就位位置，避免传统施工工艺在盘柜就位时，采用人力或大锤撬杠等工具，易对设备进行损伤。旨在克服现有技术的上述缺陷，提供一种盘柜承重双横梁吊架，可灵活起吊成组或重量较重盘柜及运输（图 5.9-19）。

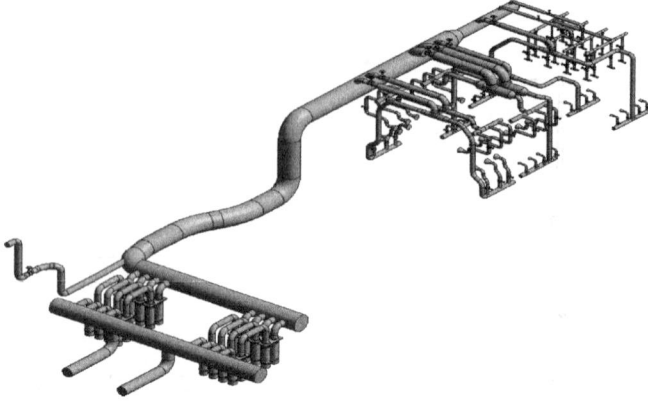

图 5.9-15　炉体空气管道模型图

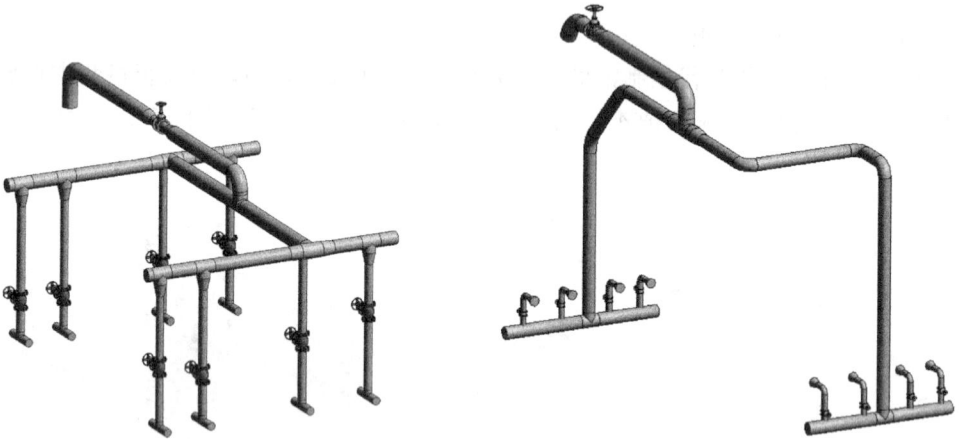

图 5.9-16　空气管道安装模块单元示意图

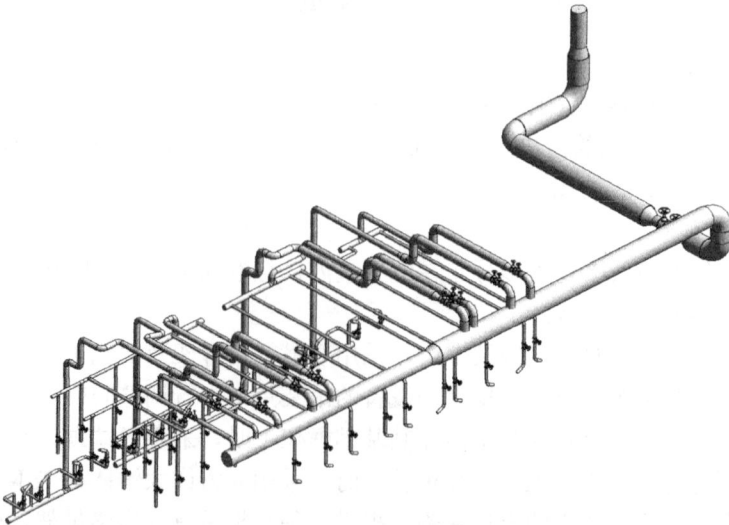

图 5.9-17　炉体煤气管道模型图

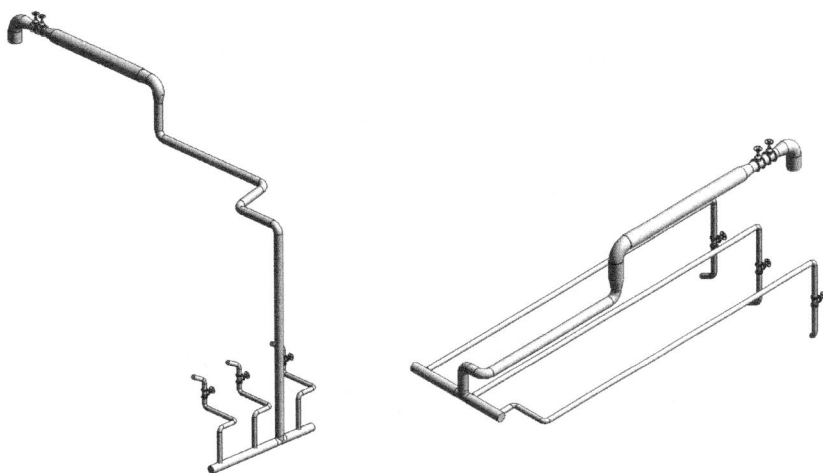

图 5.9-18　煤气管道安装模块单元

图 5.9-19　成组盘柜整体运输模拟

（b）大截面电缆现场敷设

针对大截面电缆盘卷重量重、面积大、放线困难等特点，采用自主研制的大截面电缆现场敷设装置，通过将电缆盘卷放置在可调节高度的装置上，通过电机传动装置来实现电缆盘卷的转动，从而实现大截面电缆的敷设（图 5.9-20）。

e. 电气系统调试

根据加热炉生产工艺流程及设备区域分布，将工艺上联系紧密的信号集中分配到同一个站内，减少站间信号的相互引用，减少不同站点在调试中的相互影响；各区域内将工艺顺序上有联锁关系的设备、控制站或者相对独立的成套设备分成若干组，形成若干调试组，以达到分区、分组调试的目的。

在调试区域及分组划分好后，各组调试人员在能源介质和电机主回路不投入的情况下对其所负责的设备组同时开始调试工作（图 5.9-21）。

图 5.9-20　大截面电缆现场敷设装置

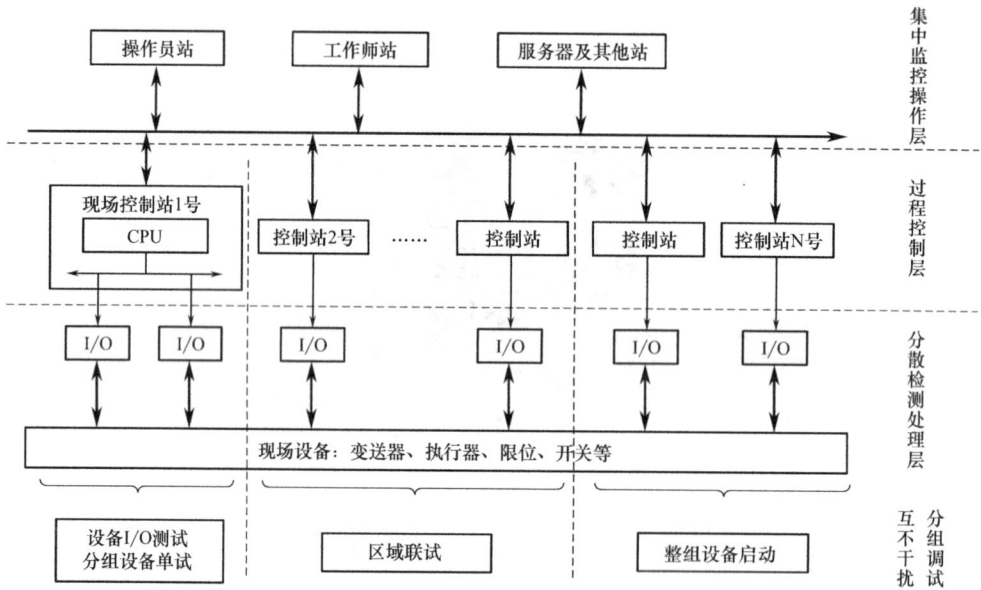

图 5.9-21　自动化系统分组联合调试方法示意图

（3）实施总结

大型步进式加热炉成套施工技术解决了加热炉设备安装、管道安装及配套电气设施施工的难题。本技术具有高效性、可靠性、简约性、适用性，保证了施工质量，提高了施工效率，同时也保障了安全施工。

宝钢湛江钢铁基地 2250mm 热轧工程提前 108d 成功完成热负荷试车节点目标，确保二十冶"轧机之秀"的旗帜在湛江这边热土上飘扬，彰显了冶金建设"国家队"的工程水平。

（提供单位：中国二十冶集团有限公司。编写单位：周建敏、刘威、朱华）

5.10　铸造起重机柔性钢绞线液压同步提升技术

5.10.1　技术发展概述

冶金大型重型铸造起重机传统安装一般是在厂房初步形成稳定框架结构尚未完全封闭前，采用大型自行式起重机进行安装；在起重机额定起重能力不够的情况下，也有采用大型卷扬机"梁工法"进行安装，这些传统安装方式对安装环境要求较高，工人作业劳动强度较大，安全危险性较大。随着机电液一体化的柔性钢绞线液压同步提升技术的成熟及推广应用，对一些自重较大、安装环境要求相对特殊的重型起重机，采用柔性钢绞线液压同步提升技术，实现了冶金重大型铸造起重机的快速安装。

5.10.2　技术内容

（1）技术特点

大型铸造起重机安装方法有多种，如在新建项目上可以使用大型汽车式起重机或履带式起重机进行安装，但这对现场的场地条件、厂房结构要求都有一定的限制，甚至有时候还可能需要对安装区域的屋面进行拆除，尤其在已生产的冶炼工厂改造、新增或更换铸造起重机时，极大地影响了工厂生产，施工难度非常大，同时作业风险的管控难度增大。

大型铸造起重机液压同步提升技术解决了受限制特殊条件下利用厂房结构安装大型铸造起重机的难题。该技术的场地适应性、操控的远程性及施工的快捷性缩短了施工总体周期、降低了作业人员的作业风险，减少了大型施工机械的成本。

（2）施工工艺

1）安装参数

一般冶炼工厂使用450t、320t等大型铸造起重机，现以某钢厂钢水接受跨的320t大型铸造起重机的安装工程为例介绍相关参数：

① 320t铸造桥式起重机跨度27m，轨面标高29.02m，主要由主、副梁和端梁以及主副小车、司机室、吊具等部件组成。

② 主梁长度27m，司机室侧主梁重量（包括大车运行机构等部件）135t；

③ 主小车长度15m，宽度为8.4m，重量155t。

2）安装流程（图5.10-1）。

3）施工步骤

① 根据设备进场路线、设备堆放组装的平面布置图，准备设备吊装所使用的场地，保证机电设备和施工材料进场道路畅通。

② 液压提升设备准备：提升器液压泵站的检查与调试、泵站耐压试验、泄漏检查、可靠性检查；液压提升器主油缸及锚具缸的耐压和泄漏试验、液压锁的可靠性试验；计算机控制系统检测与试验；控制柜、启动柜及各种传感器的检查与调试；钢绞线质量检查。

③ 屋面结构加固措施：根据吊点设置在屋面梁上的位置，结合提升器安装所需的节点形式进行强度和稳定性核验。首先建立模型（图5.10-2），并进行受力分析，根据分析结果选择加固方案和措施。

图 5.10-1　安装流程图

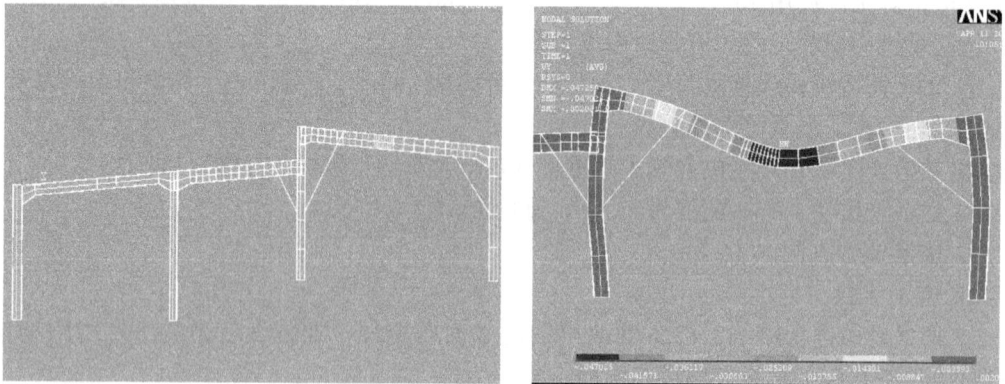

图 5.10-2　厂房柱及屋面梁整体受力模型

④ 利用屋面大梁及搭设操作平台；悬挂安装提升吊架及液压提升器（共两套），安装钢绞线及提升专用吊具，如图 5.10-3 所示。

⑤ 行车大梁或上、下小车在地面上分别组装；提升专用吊具与行车大梁或上下小车上的吊耳通过销轴连接，张紧钢绞线；整体提升大梁或小车，如图 5.10-4 所示。至离开

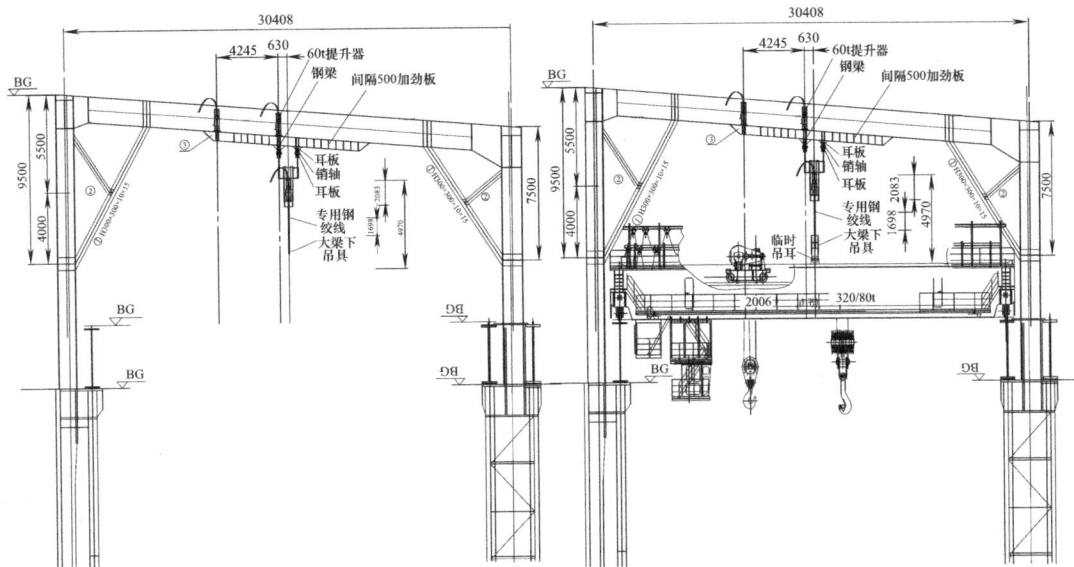

图 5.10-3 吊装立面示意图

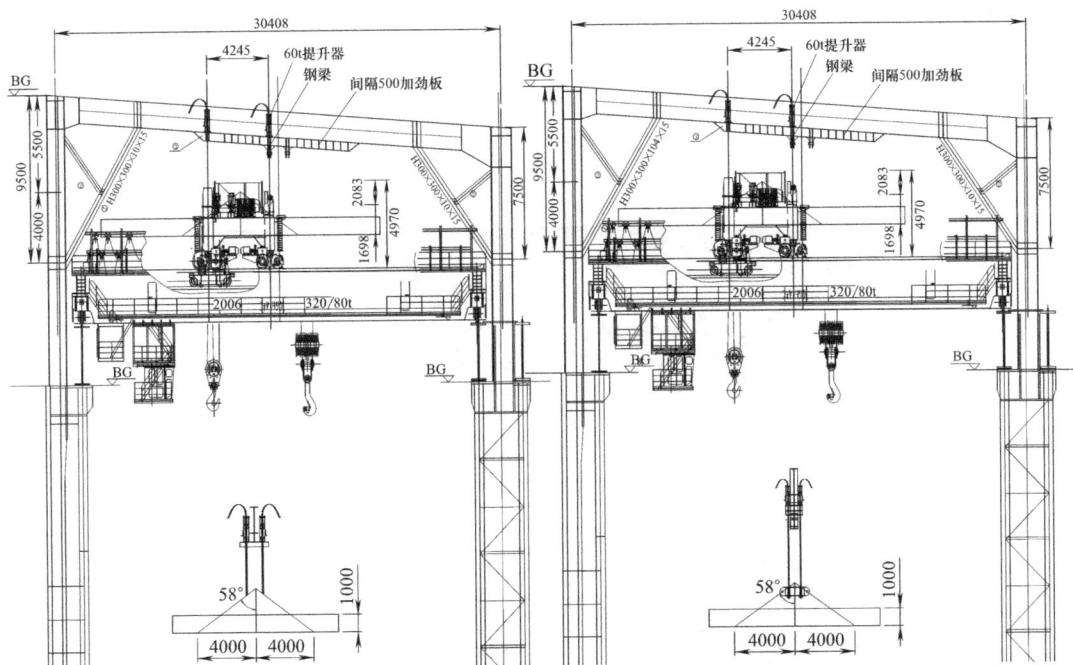

图 5.10-4 设备就位示意图

支承面约 200mm 后，液压提升器暂停提升作业，检查提升设施、吊具及吊耳等，确认各部分工作情况正常。调整行车大梁或小车的空中姿态，液压提升器提升行车大梁或小车至超出大车/小车轨道一定高度。

⑥ 依靠系统自锁能力和临时固定措施保持设备空中姿态，水平旋转行车大梁或将两侧行车大梁推入；液压提升器进行下降作业，设备落位、固定。

⑦ 液压提升器卸载，拆除，交后续设备安装。

5.10.3 技术指标

(1)《起重设备安装工程施工及验收规范》GB 50278—2010；

(2)《钢结构工程施工规范》GB 50755—2012；

(3)《钢结构焊接规范》GB 50661—2011；

(4)《钢结构工程施工质量验收标准》GB 50205—2020；

(5)《机械设备安装工程施工及验收通用规范》GB 50231—2009；

(6)《石油化工大型设备吊装工程施工技术规程》SHT 3515—2017；

(7)《重要用途钢丝绳》GB 8918—2006。

5.10.4 适用范围

适用大型钢厂的厂房内等受限条件下，利用屋面梁进行大型设备吊装以及工业安装项目上超大、超高或超重等大型设备、罐体等吊装就位。

5.10.5 工程案例

宝钢三号连铸工程440/80t冶金铸造起重机安装项目

（1）工程概况

宝钢三号连铸工程钢水接受跨440/80t冶金铸造起重机外形尺寸（长×宽×高）为25200mm×21500mm×14400mm，总重约1000t，走行轨道上表面标高FL＋32.5m，其中2片主梁重分别为130t和121t，主小车重205t（图5.10-5）。

图5.10-5 宝钢三号连铸工程钢水接受跨冶金铸造起重机

（2）技术应用

铸钢水接受跨屋面钢结构加固，安装液压同步提升装置，顺利实现了440/80t冶金铸造起重机安装就位（图5.10-6、图5.10-7）。

图 5.10-6　起重机大梁提升就位

图 5.10-7　起重机主小车提升就位

（3）实施总结

宝钢三号连铸工程 440/80t 冶金铸造起重机采用液压提升工艺，仅用了 40d 就安装完毕，与传统安装方式比较，耗时更短，工人作业强度大大降低，安全性更高。工程于 2004年 12 月 2 日竣工投产，运行至今生产平稳顺利。

（提供单位：上海宝冶集团有限公司。编写人员：王敏、张兆龙、宋茂祥）

5.11 基于 BIM 的工业管道安装技术

5.11.1 技术发展概述

现代工业厂房中动能管线实用性和视觉的美观性已经日益为人们所重视，建筑物中各种介质管道、通风暖通系统管道、电力系统、消防系统及智能控制系统更为合理的空间布局规划、便捷的实施显得尤为重要，因此，通过 BIM 技术可实现工业管道空间深化设计的可视化，使得安装效率和质量得到了提升。

5.11.2 技术内容

（1）技术特点

通过 BIM 技术建立管道模型具有可视化直观效果、优化设计、可与多种软件结合深化设计等特点，极大地提升了工业管道尤其是大型工业设施的综合管道的安装水平。

1）将二维转化三维，具有可视化直观效果。

利用 BIM 建立的三维模型，产生极强的视觉效果：简单、清晰，既可微观细化到零部件，又可宏观整体厂房，还可全方位即每个角度或者视图剖面观察。

2）多专业 BIM 模型闭合，确定优化设计方案。

常规的工业管道的平面设计总会存在多种问题：管道自身及其与机电、建筑、结构专业干涉，缺少预留洞口，缺少支架或预埋件，占用安全通道等。基于 BIM 软件对管道进行三维立体建模，然后与各专业模型进行整合，解决传统平面管线图纸设计中可能存在的管线碰撞与管线重叠等问题，确保设计的合理性。

3）与多种软件结合深化设计。

① 管道基于 BIM 的数字化材料族库信息系统管理

在满足查碰撞的模型基础上，将管材直径、管壁厚度、管件规格、阀门类型等建立三维模型库，将不同的管材数据参数输入到模型当中创建管线的三维模型图纸，形成可导出的加工图纸及材料清单。

② 试压管道的有限元数值计算模拟

采用三维软件构建各管道部件的三维模型，导入有限元分析软件中，设置边界条件和试压工况，开展静应力分析，获得各个部件的应力云图，分析压力管道、左右法兰、盲板、连接螺栓等元件的应力分布状况和应变状态，快速发现危险截面、薄弱部位及最大应力应变位置，验证理论分析结果的合理性，同时可为合适的压力管道参数和材料的选取提供依据。

③ 利用"宝冶焊接管理"软件，智能管道预制分段技术

利用宝冶自主研发的"宝冶焊接管理"软件，将设计优化好的管道三维模型，通过 Revit 插件对预制管道进行分段，对预制或安装完成管道进行信息标记同时生成数字化模型信息，其中包括管段长度、焊缝标注、分段标注、标高等信息，方便管道管理，又为下一步管道预制加工做好准备。导出的数据可以直接导入加工中心的加工机床使用。

④ 移动式管道生产线装备集成技术

"管道焊接管理＋BIM 协同平台＋构件成品追踪管理平台＋PDSOFT"软件实现了管道预制、现场集成式设备生产、管道出库、条形码发货、信息资源云平台共享等全流程、全方位可控，智能化、集成化程度极高，实现设计、管道加工、现场安装互动平台。

⑤ 应用 BIM 技术实施相关的计划与跟踪检查

空间检查、施工进度检查、安装检查等。

（2）工艺流程（图 5.11-1）

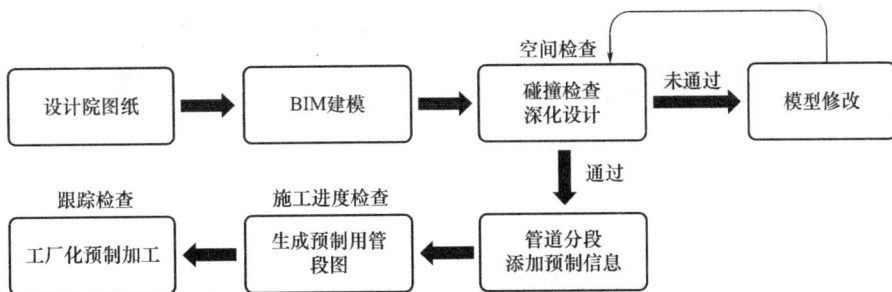

图 5.11-1　工艺流程图

5.11.3　技术指标

（1）《工业金属管道工程施工规范》GB 50235—2010；

（2）《工业金属管道工程施工质量验收规范》GB 50184—2011；

（3）《工业金属管道设计规范》GB 50316—2000；

（4）《压力管道施工规范》GB/T 20801—2006；

（5）《给水排水工程管道结构设计规范》GB 50332—2002；

（6）《给水排水管道工程施工及验收规范》GB 50268—2008。

5.11.4　适用范围

适用于大型冶金、石油化工、发电等工业工程的工业管道安装。

5.11.5　工程案例

1. 越南河静炼钢、连铸工程能源介质管道工厂预制

（1）工程概况

越南河静炼钢、连铸工程位于越南河静省永安经济区内，建造一座一期年产能达 1059.7 万 t 钢坯的炼钢厂。钢厂有水、蒸汽、氧气、液压润滑等各种能源介质管道 12000t，管道材质有碳钢、不锈钢等各种材质，管道口径 $DN50 \sim DN800$。

（2）技术应用

所有能源介质管道采用 BIM 建模、深化设计，国内进行管道工厂预制，船运到越南河静现场安装（图 5.11-2～图 5.11-4）。

（3）实施总结

在越南河静炼钢、连铸工程能源介质管道施工过程中，成功采用本技术，施工进度提前，出口退税增加。自 2015 年 10 月投产至今，使用效果良好。

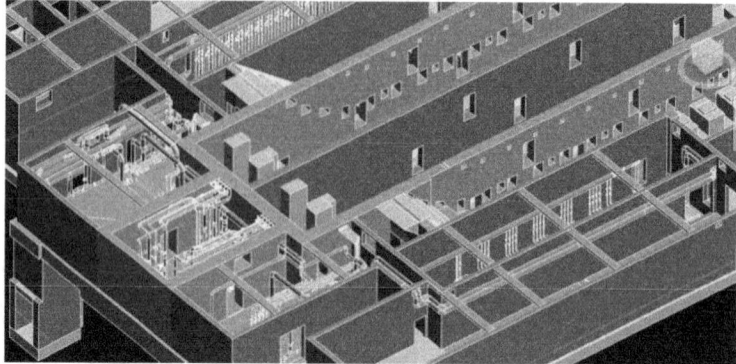

图 5.11-2　BIM 数字深化设计

图 5.11-3　工厂预制，自动焊接

图 5.11-4　现场安装

2. 某年产 100 万 t 天然气制甲醇转化炉模块化建造项目

（1）工程概况

某年产 100 万 t 天然气制甲醇转化炉模块化建造项目分成辐射段、对流段、屋顶、空气管道、过渡风道、烟囱等大小 34 个模块，其中最重的模块重量达 2400t。本项目的各种介质管道 37000db，高温高压能介管道材质达 7 种。

（2）技术应用

工程采用 BIM 数字深化设计，国内进行管道工厂预制，码头组装成模块，整体运输到国外目的地进行现场安装（图 5.11-5～图 5.11-9）。

图 5. 11-5 BIM 数字深化设计

图 5. 11-6 PDSOFT 管道预制管理软件可识别 A、B、C 文件

图 5. 11-7 工厂预制, 自动焊接

图 5.11-8　码头组装

图 5.11-9　船运国外目的地

（3）实施总结

在本模块化项目建造过程中，成功采用本技术完成整个建造过程，2017 年 11 月成功发运，得到业主等各相关方的高度评价。

（编写单位：上海宝冶集团有限公司。编写人员：马广明、王雪珍）

5.12　液压管道酸洗、冲洗技术

5.12.1　液压、润滑气液混合冲洗技术

5.12.1.1　技术发展概述

传统液压管道油冲洗工艺存在污染环境、浪费资源、效率低、耗能高等诸多问题，过

程中要消耗大量的盐酸、硝酸、磷酸、氨水等化学物质，操作过程存在一定的危险性，对环境有危害，能源重复利用率低。此外，每项工程均需现场制作临时环路，增加了施工时间。

液压、润滑气液混合冲洗技术具有冲洗效率高、冲洗质量高、节能环保、安全可靠、施工成本低等优点，满足社会节能减排、低碳环保的要求。

5.12.1.2 技术内容

液压、润滑气液混合冲洗技术包括气液环保型油冲洗新技术、智能化高效节能油冲洗新技术、液压系统管道整体试压新技术，主要解决液压管道油冲洗、油品净化和整体压力试验的难题。

（1）气液环保型油冲洗新技术

1）管道高效清洁技术

采用压缩空气推动高密度的聚亚氨酯泡沫体（简称"海绵清洁球"），在管道内部高速旋转前进，摩擦、吸收管道内壁的杂质，达到清洁管道的目的，改变管道内部清洗由化学过程转为物理过程，实现管道在线清洗过程中盐酸等化学物质的零使用、零排放，避免了环境污染（图5.12-1、图5.12-2）。

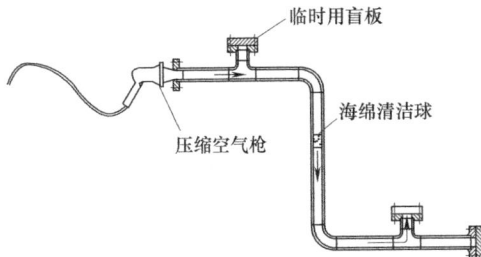

图5.12-1　通球示意图

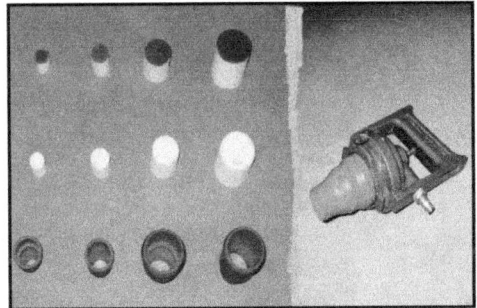

图5.12-2　海绵清洁球和通球气枪

2）紊流油冲洗及在线快速检测技术

在管径、冲洗液和环境温度一定时，雷诺数值主要由液体流量决定，流量越大雷诺数越大，油分子窜动越剧烈，冲洗效果越佳。利用该原理自主研制了液压系统油冲洗装置，包括油箱、油泵、过滤器、加热冷却装置、清洁人孔等，根据不同的管径选择不同规格的软管，与冲洗的管段用法兰连接。打开试压装置的供油阀门，向管道内充油，使管道内的油液达到紊流状态，根据取样分析仪显示屏所显示的冲洗油等级报告，判断是否还需要进一步的冲洗。采用在线检测技术替代油样试验室检测，实现了冲洗环路的智能切换，提高了冲洗效率（图5.12-3）。

（2）智能化高效节能油冲洗技术

1）智能化高效节能双向油冲洗技术

智能化高效节能环保型管道在线油冲洗装置具有智能多模式冲洗功能，可根据需要选择调试模式、手动模式、智能冲洗模式。本装置通过自动化控制系统，对冲洗中的参数：冲洗压力、流量、油温、液位、过滤器压差进行连锁及实时监控，动态调整各项参数，自动进行检测和回路切换，使管道系统保持最有效的冲洗状态，实现了智能化高效冲洗。

图 5.12-3　紊流油冲洗装置及在线检测仪

研制了双向油冲洗装置，通过控制阀门的开闭实现正反双向冲洗（图 5.12-4）。正向冲洗时，冲洗油由大管径流向小管径管道，这时大管径管道冲洗压力大，流速快，利于大管径管道的冲洗；反向冲洗时，冲洗油由小管径流向大管径管道，这时小管径管道冲洗压力大，流速快，有利于小管径管道的冲洗。

图 5.12-4　智能环保双向油冲洗装置

2）管道环路快速连接技术

研制了设备与管道快速连接装置和阀台处管路快速连接装置，实现了设备与待冲洗管道主管、主管与阀台后支管之间的快速连接，施工效率高。快速连接装置制作简单、连接快速、通用性强、可重复利用，节约环路制作费用。

3）管道在线油冲洗防乳化技术

研制了串联式两级油品净化装置，集精密油品过滤和高效油水分离功能于一体。冲洗过程中，外接油品净化装置对油箱内油品进行持续循环净化，有效避免冲洗时发生油品乳化，同时还可对已经发生乳化的油品进行净化，实现油品的再生利用（图 5.12-5）。

（3）液压系统管道整体试压技术

发明了液压系统在线整体压力试验技术，通过引入外置高压泵作为动力源，用高压集管和高压阀门制作临时环路替代阀台，解决了大规模、复杂液压管道阀台后管道系统压力试验的难题，实现了阀台前后液压管道压力试验的全覆盖，保证了试运行和生产期间管线

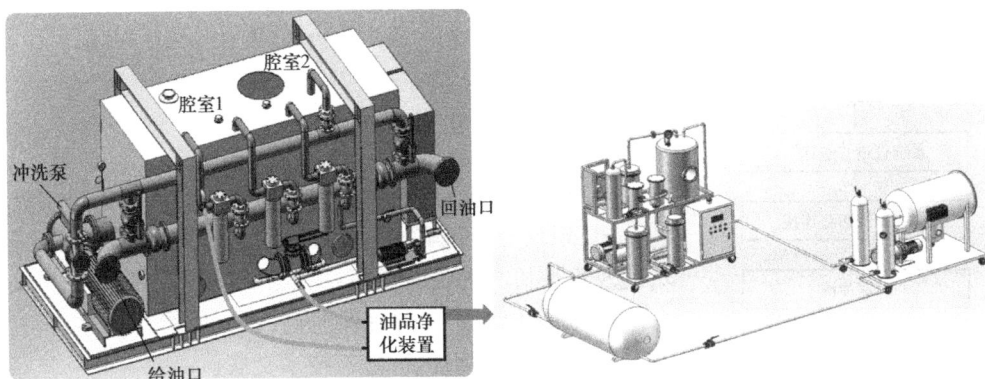

图 5.12-5 管道在线油冲洗防乳化示意图

运行的可靠性。

5.12.1.3 技术指标

(1)《冶金机械液压、润滑和气动设备工程安装验收规范》GB/T 50387—2017;

(2)《冶金机械液压、润滑和气动设备工程施工规范》GB 50730—2011。

5.12.1.4 适用范围

适用于液压、润滑管道的在线冲洗。

5.12.1.5 工程案例

1. 山东钢铁精品基地项目 2050mm 热连轧工程

(1)工程概况

山东钢铁精品基地项目 2050mm 热连轧工程造价为 3.94 亿元人民币,年生产热轧钢卷 500 万 t(以卷取机出口计)。本工程车间及公辅系统管道主要包括液压系统管道、稀油润滑系统管道、高压水除磷系统管道、油膜轴承润滑系统管道、干油润滑系统管道、给水排水系统管道、车间氧气系统管道、压缩空气管道、蒸汽管道等系统管道。

液压系统管道总长约为 9066m,稀油润滑系统管道总长约为 4082m,高压水除磷系统管道总长约为 484m,油膜轴承润滑系统管道总长约为 955m,轧制油润滑系统管道总长约为 650m,干油润滑系统管道总长约为 950m,给水排水系统管道 7295m,车间氧气系统管道总长约为 2970m,车间压缩空气系统管道总长约为 3000m。

合同绝对工期 18 个月,2017 年 7 月 15 日建成投产。

(2)技术应用

1)施工难点

冶金行业液压管道系统具有液压站多、系统多,单个系统规模大(阀台多、管道长度长)的特点,对管道的冲洗精度和冲洗效率要求高。

2)关键技术特点

液压、润滑管道气液混合油冲洗技术先利用压缩空气推动不同密度、不同材质的海绵球体在管路内高速旋转前进,摩擦、吸收、吹扫管道内壁的污物,达到洁净管道内壁的目的。再利用特制的油冲洗装置,对管道进行高压力、高流速、大流量的冲洗,最终保证管道系统的清洁度要求。

3）施工工艺和过程

① 工艺流程方框图（图5.12-6）

② 工艺过程

a. 施工准备

（a）施工准备准备

a）施工现场道路畅通，保证冲洗油设备等的进出；

b）现场应有足够的布置油冲洗装置的场所和用油存放场地及小型机具的临时仓库；

c）施工电源、气源确保通畅；

d）对施工班组进行施工技术交底。

（b）作业人员的准备

a）配备相应管理人员，负责工程、技术、质量、安全、机械、物料的管理，并明确施工总负责人，负责施工总体协调；

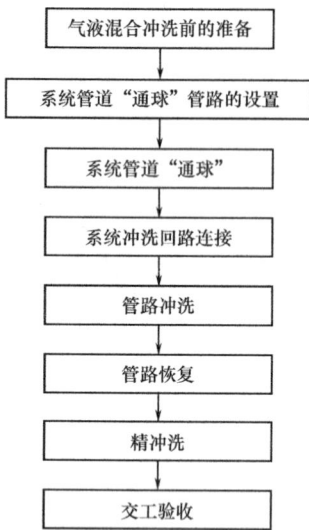

图5.12-6　工艺流程图

b）配备施工的各类人员数量要满足要求（配管、焊工、力工等）。对参与施工的人员进行液压、润滑管道气液混合油冲洗技术的技术培训。

（c）施工机具和计量器具的准备

a）按施工进度计划和施工机具需用计划，分阶段组织施工机具进场，并确保其完好，能满足过程施工能力。主要的施工机具见表5.12-1。

主要施工机具表　　　　　　　　　　　表5.12-1

序号	名称	规格型号	单位	数量	备注
1	油冲洗循环装置	3QCS/100×2W21-90kW 1.6MPa 132m³/h	套	2	油冲洗
2	手提泡沫灭火器		瓶	5	
3	通球气枪	与海绵球配套	套	10	
4	尼龙网罩		m²	20	
5	无线电对讲机		对	3	
6	防护眼镜		个	10	

b）按施工进度和计量器具需用计划，分阶段组织计量器具进场，并确保其在规定的时间检测。主要的计量器具见表5.12-2。

主要计量器具表　　　　　　　　　　　表5.12-2

序号	名称	规格型号	单位	数量	备注
1	油液污染度检测仪	FCU2110-4-M(内置泵)	台	2	

（d）材料的准备

a）根据工程进度要求，采购液压油；

b）液压油进入现场前进行检验，合格后运送至指定地点（表5.12-3）。

材料表　　　　　　表 5.12-3

序号	名称	规格型号	单位	数量	备注
1	塑料管	$\phi60$	m	50	废液排放
2	锯末		kg	50	
3	面粉		kg	100	
4	海绵球	标准型 S7-S60	套	50	
5	海绵球	结合型 C7-C60	套	50	
6	海绵球	研磨型（A 型）S7-S60	套	50	
7	海绵球	磨砂型（GR）型 GR7-GR50	套	50	
8	冲洗滤芯	1.6MPa、$10\mu m$	个	20	
9	冲洗滤芯	1.6MPa、$5\mu m$	个	10	

b. 管路通球

（a）利用生产车间内的压缩空气管道气源（0.6～0.8MPa），也可以用空压机代替车间气源；选择海绵清洁球：清洗软管或管道在选用海绵球时，应选用比软管或管道内径大约 20％ 直径的海绵球。

（b）管道气液混合冲洗工艺是将海绵清洁球通过使用通球气枪从管路一头开始高速摩擦管道内壁后从另一头飞出，进行管道的气液混合冲洗（图 5.12-7、图 5.12-8）。

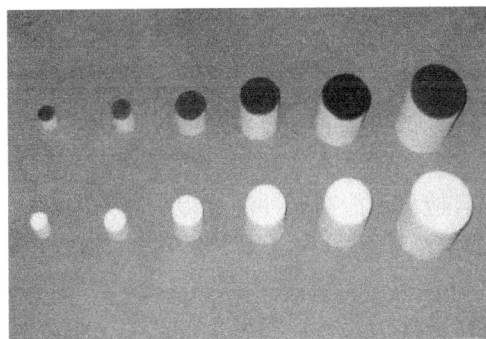

图 5.12-7　海绵清洁球

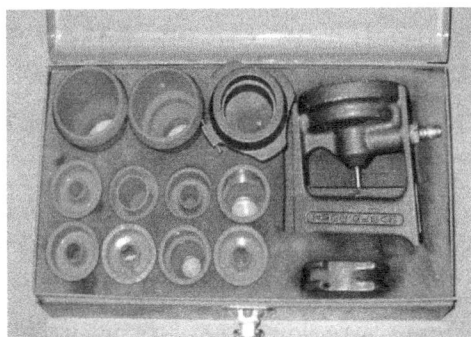

图 5.12-8　通球气枪

（c）液压系统管道在组成循环油冲洗回路时，必须将液压缸、液压电机阀台、仪表及蓄能器与冲洗回路分开。

（d）润滑系统管道在构成油循环回路时，应使润滑点与冲洗回路分开。冲洗回路中如有节流阀或减压阀，则应将其调整到最大开口度（图 5.12-9）。

（e）将要清洗的管道从与设备及阀台相连的法兰处断开，形成"通球"回路。如果有三通的支管，要用临时的盲板将不通球的支管堵住。准备一只尼龙网罩，用于收集射出的海绵球体。根据海绵柱球的选用对照表，选择相应规格的两种海绵柱球，一种是不带磨砂的海绵柱球接合型（C 型），另一种是一头带磨砂头的磨粒型（A 型）。然后将通球气枪接上气源，调整压力到 0.6～0.8MPa。

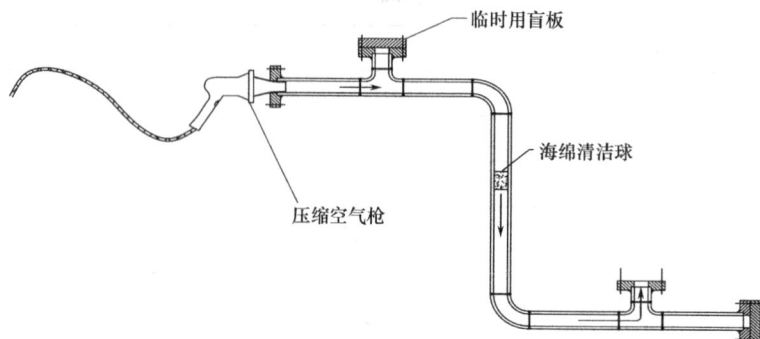

图 5.12-9　冲洗回路中的节流阀或减压阀

（f）在枪内塞入 A 型海绵柱球，扳动通球气枪的扳机，海绵球从管道的一头开始高速摩擦管道内壁后从另一头飞出，弹射到收集尼龙网罩内，重复几次后对收集的海绵球进行检查，当磨砂面没有大颗粒杂质时可以换用 C 型海绵球进行"通球"。

（g）C 型海绵柱球"通球"过程中，检查海绵球表面的洁净情况，直至表面基本上看不出脏物时为合格。

c. 在线油冲洗

（a）配备的冲洗泵、油箱、滤油器等应适用于所使用的冲洗油（液）。

（b）连接软管与要试压和冲洗的管段，连接试压泵与冲洗油的供油点，并确认冲洗供回油的阀门都处于关闭状态。

（c）打开试压装置的供油阀门，向管道内充油，压力表的读数达到试验压力时关闭试压的阀门。然后检查管道的焊缝、法兰、活接头等连接处是否有漏点。无漏点后进行强度试验。强度试验合格后直接进入管道的油冲洗工序，可使用智能环保双向油冲洗装置或紊流油冲洗装置。

（d）冲洗油的冲洗流速应使油流呈紊流状态，且应尽可能高，冲洗过程中宜采用变换冲洗方向及振动管路等办法加强冲洗效果。冲洗油（液）的温度：用高水基液压液冲洗时，冲洗液温度不宜超过 50℃；用液压油冲洗时，冲洗温度不宜超过 60℃。

（e）系统冲洗合格后，将冲洗油排除干净。管道冲洗后若要拆卸接头，必须立即用洁净的塑料布封口。冲洗过程中要经常检查回油过滤器，滤芯被污染后要及时更换。

d. 油样检测

（a）冲洗开始后半小时用在线检测装置检测油样清洁度（图 5.12-10），油样的洁净度不得低于设计要求。以后每隔半小时进行一次检测。

（b）初步检测合格后，油样送专业实验室进行检验。

（c）油冲洗检测合格后，马上将临时连接管拆除，对系统管道进行恢复，敞开的管口要用干净的塑料堵严或用塑料布、白布包扎封闭好。

（3）实施总结

液压管道高效节能环保油冲洗成套施工新技术的成功开发，实现了冲洗油的重复利用，并最大限度减少了对环境的污染，在环境保护、节省成本、缩短施工工期、提高质量等方面都有着极大的应用价值。

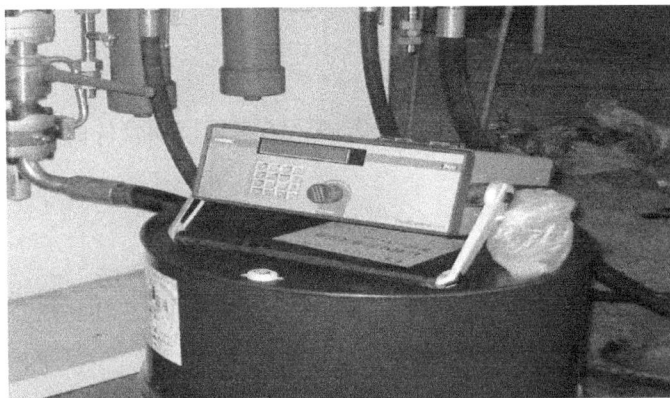

图 5.12-10　在线检测仪

　　山东钢铁精品基地项目 2050mm 热连轧工程生产线全线贯通联动试车一次成功，该项目先后获评：上海市申安杯、上海市金钢奖、中国钢结构金奖、全国优秀焊接工程一等奖、国家优质工程奖、中国安装工程优质奖（中国安装之星）、冶金行业工程质量优秀成果奖等。

　　2. 包钢 2030mm 冷轧工程

　　（1）工程概况

　　包钢新体系冷轧工程热镀锌生产线以生产民用高档稀土钢板材为主，产品主要为宽幅板，面向高档次、高强度、高深冲性能、高附加值的汽车及家电用热镀锌钢板，同时此条生产线还可兼顾其他行业用板。工程包含液压管道总量约为 6000m，管径范围从 $\phi20\sim$ $\phi219$ 不等。

　　中国二十冶集团有限公司承建 2 条连续热镀锌机组，两个机组产品各有侧重，CGL1 连续热镀锌机组的锌层种类为 GI 热镀锌板，投产后将具备年处理能力 90 万 t；CGL2 连续热镀锌机组镀层种类以 GA 为主，兼顾部分 GI 产品，投产后将具备年处理能力 60 万 t。生产带钢宽度 800～1880mm，带钢行进最大速度 240m/min。

　　工期要求：2015 年 7 月 18 日开始安装，2016 年 7 月 18 日开始热负荷联动试车。

　　（2）技术应用

　　1）全系统压力试验难点

　　传统液压管道施工中，只对阀台前主管进行压力试验，缺少对阀台后管道耐压情况的测试，导致在试车和液压系统正式工作时，存在管道漏油或爆裂等安全隐患。

　　2）关键技术特点

　　通过引入外置高压泵解决试验压力问题，在临时环路上增设代替阀台的集管和高压阀门，解决了阀台后 A、B 管道的打压问题，做到全面检验液压管道系统设计和制作质量，提高了系统的安全性。

　　3）施工工艺和过程

　　① 工艺流程方框图（图 5.12-11）

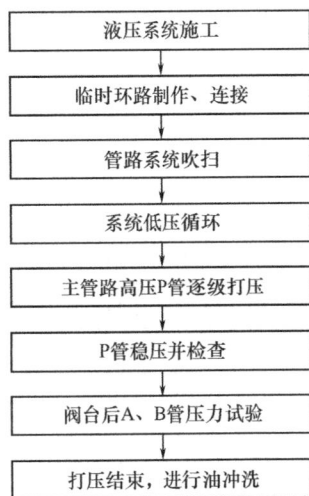

液压系统施工
临时环路制作、连接
管路系统吹扫
系统低压循环
主管路高压P管逐级打压
P管稳压并检查
阀台后A、B管压力试验
打压结束，进行油冲洗

图 5.12-11　工艺流程图

② 工艺过程

a. 施工准备。

（a）施工技术准备

a）熟悉图纸，了解环路的总体布置及走向，了解管道和管件的规格、统筹系统管道的回路连接等；

b）施工临时电源到位。

（b）作业人员的准备

a）对施工人员进行试压安全、技术交底完；

b）施工人员应了解管道在线试压的工艺特点，并了解操作要领，熟练掌握操作程序。

（c）施工机具和计量器具的准备

a）按施工进度计划和施工机具需用计划，分阶段组装施工机具进场，并确保其完好，能满足过程施工能力。主要的施工机具见表 5.12-4。

主要施工机具表　　　　　　　　　　　表 5.12-4

序号	名称	规格型号	单位	数量	备注
1	油冲洗装置		套	1	低压循环用
2	外置高压泵		套	1	压力试验源

b）主要计量器具见表 5.12-5。

主要计量器具表　　　　　　　　　　　表 5.12-5

序号	名称	规格型号	单位	数量	备注
1	压力表	0～100MPa	套	1	低压循环用

（d）材料准备

a）准备现场环路使用的材料，并按计划采购；

b）根据工期进度进场。材料明细表详见表 5.12-6。

材料表　　　　　　　　　　　表 5.12-6

序号	名称	规格型号	单位	数量	备注
1	高压球阀	BKH 16S-13-1123	套	7	回路控制
2	高压球阀	BKH 20S-13-1123	套	10	回路控制
3	高压球阀	BKH 38S-13-1123	套	3	回路控制
4	高压球阀	SKH40-SAE 6000PSI D/S 3123	套	8	回路控制
5	高压球阀	SKH50-SAE 6000PSI D/S 3123	套	7	回路控制
6	高压球阀	KHF3/6-65-5314-05X-A-SO760	套	2	回路控制
7	高压球阀	KHF3/6-80-5314-05X-A-SO760	套	4	回路控制
8	高压球阀	KH-DN100-CET250-4-212A	套	1	回路控制
9	高压方法兰	DN100/114.3×16 PN＝31.5MPa	套	2	盲端封堵

序号	名称	规格型号	单位	数量	备注
10	高压方法兰	DN40/48.3×6 PN＝31.5MPa	套	1	盲端封堵
11	ASK 直通焊接接头	ASK16×2.5SM24×1.5	个	20	环路连接
12	ASK 直通焊接接头	ASK20×3SM30×2	个	15	环路连接
13	ASK 直通焊接接头	ASK30×5SM42×2	个	25	环路连接
14	ASK 直通焊接接头	ASK38×6SM52×2	个	5	环路连接
15	无缝钢管	$\phi20×3$	m	20	临时环路制作
16	无缝钢管	$\phi25×4$	m	18	临时环路制作
17	无缝钢管	$\phi30×5$	m	13	临时环路制作
18	无缝钢管	$\phi38×6$	m	16	临时环路制作
19	无缝钢管	$\phi48.3×3$	m	30	临时环路制作
20	无缝钢管	$\phi48.3×6.3$	m	16	临时环路制作
21	无缝钢管	$\phi60.3×4$	m	30	临时环路制作
22	无缝钢管	$\phi60.3×8$	m	20	临时环路制作
23	无缝钢管	$\phi76.1×4$	m	15	临时环路制作
24	无缝钢管	$\phi76.1×10$	m	25	临时环路制作
25	无缝钢管	$\phi88.9×3.2$	m	6	临时环路制作
26	无缝钢管	$\phi88.9×12.5$	m	30	临时环路制作
27	无缝钢管	$\phi114.3×4$	m	40	临时环路制作
28	无缝钢管	$\phi114.3×14.2$	m	4	临时环路制作
29	无缝钢管	$\phi139.7×17.5$	m	4	临时环路制作
30	无缝钢管	$\phi168×22$	m	18	临时环路制作
31	无缝钢管	$\phi168×4.5$	m	30	临时环路制作
32	无缝钢管	$\phi219×6$	m	10	临时环路制作

b. 临时环路制作、连接：

（a）集管的连接支管数量多、间距小，为保证焊接质量，集管上支管开孔处采用机械加工。见图 5.12-12。

（b）系统中的液压缸、伺服阀、比例阀、压力继电器、压力传感器以及蓄能器不得参加压力试验。

（c）所有参与压力试验的临时管道连接用材料的压力等级必须与正式管道一致，即管道采用厚管壁皮管道，管件采用高压管件。参与压力试验的临时管路的焊接要求也与正式管道焊接要求一致。

（d）为将 P 管与 T 管断开、P 管与 A、B 管断开，便于控制，需要加装一批高压球阀。见图 5.12-13、图 5.12-14。

图 5.12-12　压力试验集管

图 5.12-13　P 管与 T 管末端连接

图 5.12-14　集管与 A、B 支管间控制球阀

c. 液压管路系统连接完成后，使用洁净压缩空气对管道进行吹扫，清除管道内的焊渣、金属切屑、纤维、灰尘等污物。

d. 低压循环：

（a）压力试验采用的外接压力泵压力高、流量小，低压循环时为提高速度，使用油冲洗装置进行低压循环。启动油冲洗装置 1，高压球阀 3 关闭，其他高压球阀打开，先作低压循环，让冲洗介质灌满整个环路。见图 5.12-15。

（b）低压循环时通过临时管路上安装的单向阀尽量将空气排出。见图 5.12-16。

e. 出于对安全性、经济性以及故障点确认速度的考虑，压力试验宜分段进行，先对主管道高压 P 管进行压力试验，再对阀台后 A、B 管进行压力试验。

主管道 P 管打压时，关闭油冲洗装置 1 后的高压球阀 2、P 管末端高压球阀 13、阀台后高压球阀 11、12；打开高压球阀 3，让外接高压泵和 P 管连通，启动外置高压泵 4（图5.12-17），每级升压 10%，直至升至试验压力。在压力升至 5MPa 和 10MPa 时，分别在高处设置的排气阀处再次排气，确保管路中空气排净。

f. 主管道 P 管试验压力达到试验设定值后，稳压 10min，然后将压力降至系统设计压

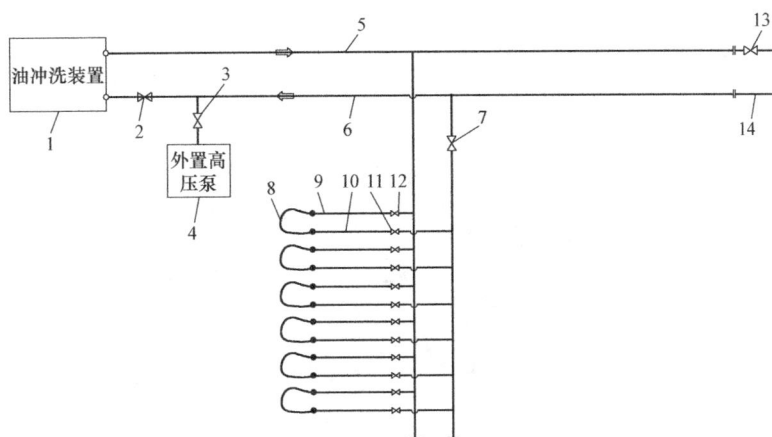

图 5.12-15 管路连接示意图

1—油冲洗装置；2—高压球阀；3—高压球阀；4—外置高压泵；5—回油管道 T 管（低压管）；6—给油管
道 P 管（高压管）；7—高压球阀；8—高压软管；9—A 管（阀台后）；10—B 管（阀台后）；11—高压
球阀；12—高压球阀；13—高压球阀；14—连接 P、T 管末端的临时管

图 5.12-16 排气单向阀

力，对管路进行检查，以系统管路所有焊缝和连接口无漏油、管道无变形为合格。

g. 阀台后 A、B 管打压时，关闭油冲洗装置 1 后的高压球阀 2、P 管末端高压球阀
13，打开高压球阀 3，让外接高压泵和 P 管、阀台后 A、B 管连通，启动外置高压泵 4
（图 5.12-15、图 5.12-17），每级升压 10%，直至升至试验压力。在压力升至 5MPa 和
10MPa 时分别在高处设置的排气阀处再次排气。

试验压力达到试验设定值后，稳压 10min，然后将压力降至系统设计压力，对阀台后
A、B 管进行检查，以系统管路所有焊缝和连接口无漏油，管道无变形为合格。

阀台较多时，分组进行压力试验。

h. 压力试验结束后，关闭阀门 3，进行油冲洗。

（3）实施总结

液压管道高效节能环保油冲洗成套施工新技术，通过引入外置高压泵解决试验压力问
题，在临时环路上增设代替阀台的集管和高压阀门，解决了阀台后 A、B 管道的打压问

图 5.12-17　液压管道连接回路

题，做到全面检验液压管道系统设计和制作质量，提高了系统的安全性，缩短了施工工期，提高了冲洗质量，降低了施工成本。

包钢 2030mm 冷轧工程生产线一次性热负荷试车成功，该项目先后获评河北省建筑业新技术应用示范工程、河北省建设科技示范工程、绿色安装工程、冶金行业优质工程奖、中国建设工程鲁班奖（国家优质工程）。

（提供单位：中国二十冶集团有限公司。编写人员：魏尚起、徐冰、杨春福）

5.12.2　液压管道酸洗冲洗装置二合一技术

5.12.2.1　技术发展概述

冶金工业液压系统碳钢管道的除锈，经历了喷砂、喷丸除锈（20 世纪 70 年代前）和酸洗除锈（20 世纪 70 年代末后）两种方法。喷砂除锈既不能清除小口径管道的内部铁锈，又不能阻止金属表面返锈，而脱脂、酸洗、钝化的酸洗工艺避免了喷砂、喷丸除锈工艺的不足。

管道酸洗方式主要分为槽式酸洗、循环酸洗两种。

宝钢一期（20 世纪 80 年代）热轧工程以德国技术为主，宝钢二期（20 世纪 90 年代中期）热轧工程以日本技术为主，期间大量采用槽式酸洗，其工艺如下：将配好的液压管道（包括连接冲洗回路的临时管道）拆下，运至车间槽式酸洗处理（脱脂、酸洗、钝化）后，再经过空气吹扫干燥、喷油、管口包扎，再回厂安装。

其优点：①易检查管道内部酸洗质量；②管道内液体排放彻底。

缺点：①大量增加管道的中间连接件；②酸洗槽尺寸大；③增加一次拆除安装；④回装时易污染。

2001 年，在梅山钢铁公司 1422mm 热轧改造时（西门子公司专家技术指导），卷取机液压管道采取线外配置，线外循环酸洗冲洗合格，待设备安装后回装，其优点是设备安装与配管同步进行，缩短工期；缺点是线外预制准确率不高，管接头数量多，回装时易污染。

2003 年厦门铝箔厂 3 期工程铝箔轧机液压系统，采用德国供货的材料（管道经过已经酸洗磷化处理），安装完毕，先用氮气吹扫后直接采用本泵进行冲洗。此工艺优点：减少管道连接件，减少施工现场环境污染，施工最简单；缺点：酸洗磷化管道，一旦遇到水会生锈。

2008 年，在梅山钢铁 1422mm 冷轧镀锌线，入口、出口液压系统管道采用了酸洗装置及大流量临时冲洗装置进行在线循环酸洗及冲洗。

2016 年，马钢（合肥）连续镀锌线工程，入口、出口及包装线液压系统管道采用了酸洗冲洗二合一装置施工工艺，省去了大流量冲洗装置及其配管。

5.12.2.2 技术内容

随着氟塑料衬里离心泵代替不锈钢离心泵作为酸洗泵的使用，且耐酸耐碱耐油密封材料出现，原来作为酸洗泵的装置只需在其回液总管路上增加预留过滤器的接口，酸洗时过滤器位置用管道短接连接，在冲洗时将过滤器装上，可实现酸洗冲洗装置合二为一。因此，液压管道在线循环酸洗结束后，继续利用酸洗装置冲洗液压管路，冲洗达到 NAS7 级，完成液压管道的初次冲洗。

5.12.2.3 技术指标

（1）泵选型：氟塑料衬里离心泵，流量 $Q \approx 1900l/min$，扬程 $H \approx 80m$（例如 HF100-65-250）。

（2）酸洗钝化结束与油冲洗开始时间间隔不宜超过 4h。

（3）酸洗冲洗液体流向宜从回油 T 管进，从供油 P 管回。

（4）过滤器：①过滤精度要求见表 5.12-7。②最大通油量 Q_{MAX}：$nQ_{MAX} \geqslant 2Q$ 实际通油量，n-过滤器数量。③过滤器处的最高工作压力大于泵的工作压力。

过滤精度表   表 5.12-7

	推荐的清洁度等级 （NAS1638）	推荐的绝对过滤精度 $Mm(\beta_x \geqslant 100)$
伺服系统	7	5
高精度比例系统	7~8	5
普通比例系统	9	10
一般系统	9~10	10~20

（5）《冶金机械液压、润滑和气动设备工程安装验收规范》GB/T 50387—2017。

5.12.2.4 适用范围

适用于口径 $DN \leqslant 150$、单根管线长 $L \leqslant 80m$、高程差 $H \leqslant 15m$ 的液压系统管道，且酸洗冲洗装置附近有水源及压缩气源。

5.12.2.5 工程案例

1. 马钢（合肥）公司连续镀锌线工程

（1）工程概况

马钢（合肥）连续镀锌线工程入口、出口及包装线液压系统管道总长约 6000m，管径范围为：$\phi22 \times 3 \sim \phi168 \times 8$，管道材质 20 号钢；系统中有比例阀、伺服阀，要求冲洗达到 NAS 5 级。

（2）技术应用

1）酸洗冲洗装置二合一难点

初次冲洗前，须将循环酸洗环路中留下的残液彻底排除干净，否则会造成冲洗液压油乳化，需要采取下列措施：①在管路盲端设置排污阀；②在管路倒门形 Ц 低点处设置排污阀；③将单线管纳入循环管路；④各支路上需设置阀门以便控制流量分配；⑤现场需要水源和气源；⑥人工清理酸洗槽内残留液体。

2）关键技术特点

酸洗泵的扬程及流量需满足冲洗流速的要求；酸洗装置回液总管上增设过滤器组且通流量大于 2 倍的实际通油量；整个管路的设计易于残液排除和空气的排除。

3）施工工艺和过程

① 工艺流程方框图（图 5.12-18）

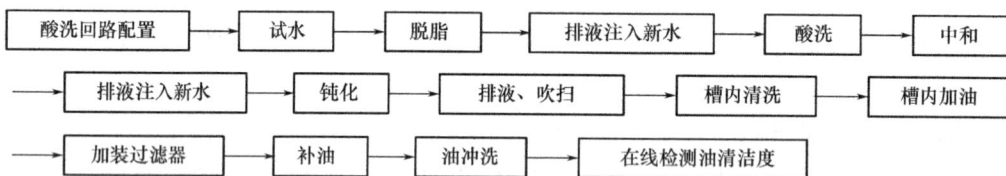

酸洗回路配置 → 试水 → 脱脂 → 排液注入新水 → 酸洗 → 中和

→ 排液注入新水 → 钝化 → 排液、吹扫 → 槽内清洗 → 槽内加油

→ 加装过滤器 → 补油 → 油冲洗 → 在线检测油清洁度

图 5.12-18　工艺流程图

② 工艺过程

a. 酸洗回路配置

（a）按施工图完成液压系统设备及管道的安装：泵站设备及管道、阀台及中间管道、执行机构及管道。

（b）选择合适的位置放置酸洗装置：方便配管、方便后续操作、防止酸液腐蚀设备，本案中选择在泵站附近。

（c）配置临时回路：将所有设备断开，用临时管短接。拖链软管不得参与酸洗，拖链后的中间管道拆除与拖链前的管道相连，并形成环路。

（d）设置排污、排气阀：在管道盲端处设置排污阀（图 5.12-19）、倒门形管路低处设置排液阀（图 5.12-20），门形管路高处设置排气阀（图 5.12-21）。

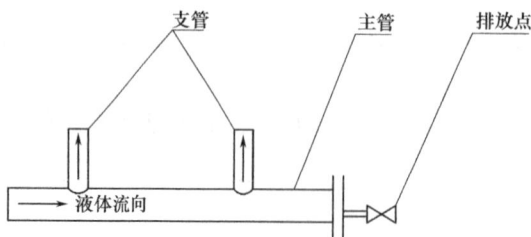

图 5.12-19　盲端排放　　　　图 5.12-20　低处排液

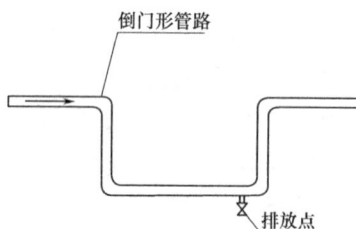

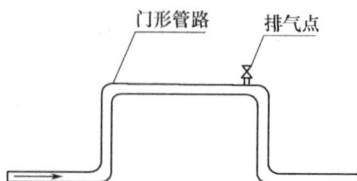

图 5.12-21　高处排气

b. 试水

（a）算出酸洗管路容积（图 5.12-22）：

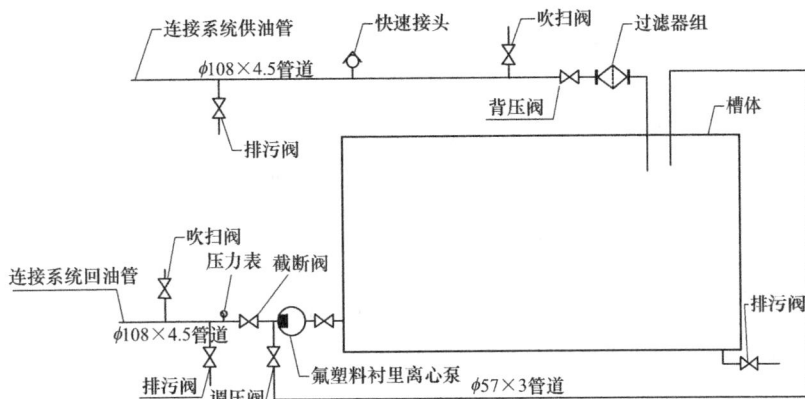

图 5.12-22　水冲洗、查漏

a）关闭泵的出口调压阀、所有吹扫阀、所有排污阀；

b）打开泵入口阀、背压阀；

c）取出过滤器内滤芯；向标有体积刻度的槽内注水，记下数值，打开泵的出口阀，启动泵将水注入管道内，记下进入管道内水的体积 $l1$；

d）停泵并关闭泵的出口阀，槽内注水，开阀并启动泵，记下进入管道内水的体积 $l2$，重复多次，直到管道的水进入槽内为止，算出管道内的体积 $M1$（$L1=l1+l2+\cdots$），加上槽内水体积 $L2$，得到总体水量 L（$L1+L2$）作为后续计算各化学药剂的浓度的依据。

（b）水冲洗、查漏（图 5.12-23）：

a）当管道内水注满后，继续将槽内注满水（一般为槽体体积的五分之四）开启酸洗泵保持压力 0.5MPa，进行水冲洗；

b）同时沿管线检查管路系统，确认无泄漏；

c）通过高点排气阀（图 5.12-22）排除气体，打开回液管路上的排污阀，用软管将污水引至地沟，调节调压阀，保持泵出口压力在允许范围，同时不断向槽内补充洁净自来水，直到目测槽内水质清澈时停止排水和补水。

c. 脱脂

视管道内含脂情况，确定加清洗剂量，常规加入工业碱或洗洁精。

d. 排液注入新水

e. 酸洗

（a）在酸槽上加设平台，以便放置存酸槽，在酸洗槽内留有试件；

（b）算出需要加入浓度为 37%盐酸的量 M，通过专用存酸槽的排放阀直接向酸洗槽注入 M 体积的盐酸；

（c）通过酸洗泵不断循环，均匀管路、酸槽内酸液的浓度，直到 pH 试纸检测稳定且浓度符合要求；

（d）酸洗时间一般在 3～4h 以内，在此时间内，保持每一个回路得到充分的循环，并使得管路中的盲点（图 5.12-20）排放液体直到出酸液，管路存气高点（图 5.12-22）直到气体排放干净为止；在最远端检查小口径管道内壁，达到金属光泽为合格。

f. 中和

向酸槽内加入工业碱，直到液体的 pH 值为 7。

g. 排液并注入新水

（a）中和后液体尽量在 4h 内排放干净；

（b）利用压缩空气，通过吹扫阀将管路中液体赶回酸槽内，再导入槽车外运环保处理；

（c）当管道内液体无法继续吹赶出来时，打开盲点处（图 5.12-20）及存液低点处（图 5.12-21）的阀门排液，注意控制压缩空气流量，将液体收集起来外运环保处理；

（d）注入新水冲洗管道，进行上述步骤 b 进行水冲洗及查漏。

h. 钝化

（a）通过加入氢硼酸，将管道内的浮锈清洗干净；

（b）加入氨水保持液体弱碱性；

（c）加入钝化液运行 2～3h。

i. 排液吹扫

重复 g 排液并注入新水中（b）和（c）步骤，尽量将管道内液体吹扫干净，最后可在管道末端排气，检查管道无液体吹出为止。

j. 酸槽内部清洗

彻底清洗酸槽内部液体和垃圾，先用海绵清理，后用面团清理。

k. 油冲洗及检测

（a）恢复管路到酸洗时状态，将滤芯装入过滤器内；

（b）通过加油泵将油桶内液压油加入到酸槽内，通过不断启动酸洗泵将管道内注满液压油，直到加入 L 体积的液压油；

（c）通过各支路阀门的开闭，使得所有管道得到有效时间的冲洗，使得酸洗泵的流量得到充分利用并保持泵在额定压力下工作；过滤器精度一般为 $5\mu m$，每次更换前宜将所有管路冲洗一遍；3h 内油清洁度不下降时，更换过滤芯；

（d）通过在线检测仪检测每一组冲洗回路的清洁度，不低于 NAS7 级为合格。

4）质量保证措施

① 确保药剂的使用量充分，不得因药剂不够原因造成酸洗钝化不连续；

② 酸洗与钝化之间时间间隔不宜超过 4h，钝化与油冲洗时间间隔不宜超过 6h；

③ 回路设计合理，确保流量分配均衡，确保管内流速在 4～7m/s；

④ 酸洗钝化油冲洗的全过程中，确保所有管路充分接触液体；

⑤ 油冲洗前要彻底将管路中液体排干净；

⑥ 水源宜为洁净水且充足，气源应为洁净压缩气体且充足。

（3）实施总结

在冶金工业厂房内，液压管道酸洗冲洗装置二合一的使用，既能省去使用大流量冲洗装置、节约运输成本，又能节约临时配管量，减少污染过程环节，节约滤芯，加快冲洗速度。

马钢（合肥）连续镀锌线工程入口、出口及包装线液压系统管道三个独立液压系统，采用此技术后，共节约工期 18d，在后续生产中未出现液压系统故障。

(提供单位：上海宝冶集团有限公司。编写人员：刘昌芝、周勤、梅伟)

5.13 轧线主传动电机施工技术

5.13.1 技术发展概述

随着科技的进步，工业生产工艺的巨大改进，轧线主传动电机传动功率日益增大，造成主传动电机机械结构更加庞大。

国内外轧线主传动电机主要有如下施工方式：电机底板安装时采取先将电机基座就位再提升旋转地脚螺栓方式；电机穿芯采用厂房内桥式起重机或大型汽车式起重机吊装作业；电机调整阶段采用塞尺测量空气间隙或采用斜体或圆锥形探尺配合千分尺或游标卡尺测量。该技术在发展过程中不断完善改进，但还是存在设备安装精度低、受厂房行车吊装能力及环境限制导致电机穿芯过程繁琐、电机调整定心精准度不够等不足。

轧线主传动电机施工技术的开发，创新了传统施工技术，并形成了自主知识产权，具有安全可靠、施工质量高、能耗低、安装精准、成本低等优点，显著提升轧机电机运行的稳定性，实现了小成本、低能耗、高效率、系统化施工。

5.13.2 技术内容

(1) 技术特点

轧线主传动电机安装技术主要包括：受限环境下 T 形螺栓安装技术、C 形梁吊装穿芯技术、空气间隙测量技术等，解决了厂房行车吊装能力不能满足电机整体吊装需求、电机结构庞大安装位置设计紧凑的问题，实现了安装工艺合理、工效高、工程质量和施工安全高、施工成本低。

(2) T 形螺栓安装技术

电机底座是电机安装的基础平台，主电机的稳定性来源于底座基础平台的牢固程度。传统施工工艺是首先将螺栓放入套筒中，再将电机底座吊装就位后提升旋转螺栓并用螺母固定，后对螺栓套筒进行密封，存在工效低、施工空间太狭小、视角有限，不能准确快速密封等问题。

该技术先将 T 形地脚螺栓投入套筒内，将大圆环钢板焊接在套筒内壁，使用捯链将 T 形地脚螺栓旋转并提升，再把橡塑圆环套进 T 形地脚螺栓，将两个半圆环钢板放置圆环上，使用螺栓通过螺母进行紧固。两个大小圆环及固定装置的组合，利用两个圆环重叠部分可调整移动地脚螺栓中心位置及依靠橡塑海绵的弹力密封套筒（图 5.13-1），新技术在电机底座就位时不需要人员固定每一颗地脚螺栓，减少大量施工人员，提高工作效率，施工空间大、视角好，施工简便、密封效果好，准确率达 100%，增强了主电机投入运行工作稳定性。

(3) C 形梁吊装穿芯技术

该技术主要针对行车吊装能力受限，设计工艺为上后下前粗轧主传动电机穿芯。这种

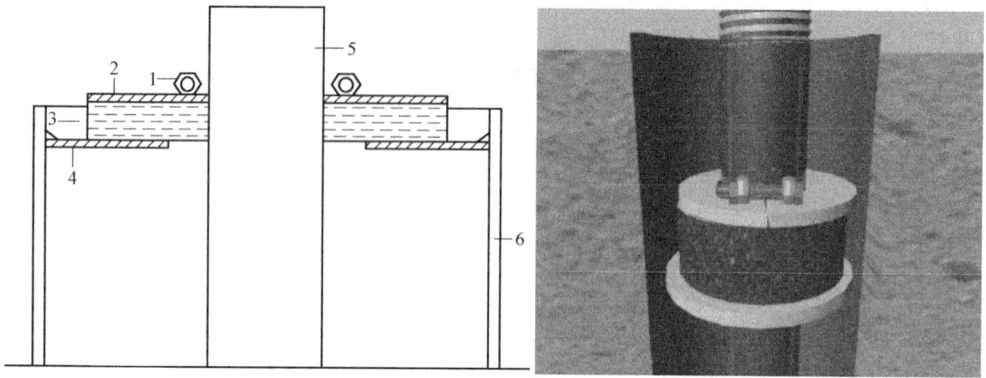

图 5.13-1 T 形螺栓安装示意图

1—夹具螺栓；2—小圆环钢板；3—橡塑海绵；4—大圆环钢板；

5—T 形地脚螺栓；6—螺栓套管

工艺布置在下电机安装时受上电机基础限制及厂房宽度使行车横向吊装受限，不能满足穿芯吊装的空间要求。C 形梁穿芯步骤如下（图 5.13-2）：

①底座、轴承座安装	②转子进场、清洗	③转子吊装到底座上
④定子进场、吊装至底座	⑤延伸轴安装	⑥转子移动到安装位置
⑦定子吊装到安装位置	⑧轴承座移回安装位置	⑨转、定子降至安装位置

图 5.13-2 C 形梁穿芯吊装步骤示意图

1）将下电机底座及轴承座安装完成，将轴承座定位后移除，轴承座下垫滚杠；

2）转子进场后，采用吊梁卸车，并清洗吹扫转子；

3）将转子吊装到底座上，并垫好支撑块；

4）将定子进场，清洗吹扫后吊装至底座上；

5）使用 C 形梁将延伸轴安装在转子上；

6）采用吊梁将转子吊起并移动到安装中心位置；

7）支撑转子将定子吊装到中心位置；

8）将转子采用吊梁吊起，将支撑块移除。将轴承座移回安装位置。

（4）空气间隙测量技术

空气间隙是指定子铁心与转子磁极铁心之间的最小距离，现在轧线使用的大型同步电动机通常采用凸极式，极数为 16～24 极，由于原有的测量工具及测量方法（塞尺法）费时费力且精度不高，造成定子调整需要大量时间且精度不高。空气间隙测量技术采用两块拥有斜面完全吻合板材，沿斜面方向运动时，两块板材组合厚度发生改变，根据主电机内部环境情况，研制出专用空气间隙的测量工具，检测精度在 0.1mm 以内（图 5.13-3）。

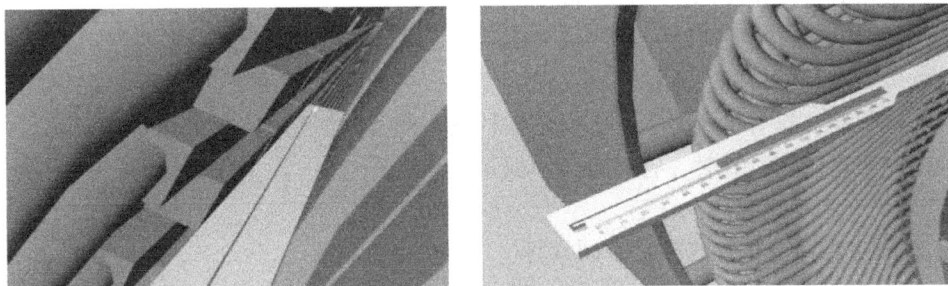

图 5.13-3 空气间隙测量示意图

5.13.3 技术指标

（1）《电气装置安装工程 旋转电机施工及验收标准》GB 50170—2018；

（2）《冶金电气设备工程安装验收规范》GB 50397—2007。

5.13.4 适用范围

适用于热轧、厚板、宽厚板及冷轧工程等。

5.13.5 工程案例

1. 宝钢湛江 2250mm 热轧带钢工程

（1）工程概况

宝钢湛江 2250mm 热轧厂位于宝钢湛江公司的厂区东部，建筑面积约 96468m²。本热轧厂生产规模为年产热轧钢卷 550 万 t，热轧成品钢卷为 547.6 万 t/年，其中供 2030mm 冷轧原料钢卷 263.06 万 t/年，供 GJSS 冷轧原料钢卷 90.00 万 t/年，热轧商品钢卷 221.34 万 t/年。

宝钢湛江热轧工程主传动电机跨内设置 120/25t 行车一部，粗、精轧主传动电机共 11 台，分别由哈尔滨电机厂和上海东方电机厂生产制造。全部电机采用凸极式交流同步电动机，R1、R2 粗轧机均采用双电机传动，布置方式为上辊电机在前、下辊电机在后，各设置一套润滑装置；精轧 F1～F7 电机均为单电机传动，其中 F1～F4 精轧传动大电机与机械侧减速机连接，F5～F7 主传动大电机与机械侧分齿箱连接。主传动电机均采用单电枢形式，冷却方式为背包式带空-水冷却器的密闭循环强制通风。

粗、精轧主传动电机总装机容量为 89MW。其中：粗轧 R1 电机为 4750kW 1 台，粗轧 R2 电机为 9500kW 1 台，精轧 F1～F5 电机为 11000kW 5 台，精轧 F6、F7 电机为 10000kW 2 台，以上电机均为分体运输，电机的转、定子需在安装现场穿芯组装。

工期要求：工程 2013 年 8 月 15 日开工，2015 年 12 月 18 日竣工。总工期为 858d。

（2）技术应用

1）轧线主传动电机安装特点难点

粗轧主传动电机按上后下前设计排列情形进行设计。由于行车吨位小于定、转子的总重，电机线外组装后无法整体吊装；受上电机基础限制及厂房宽度限制，导致行车横向吊装无法满足粗轧主电机穿芯吊装的空间要求。

2）关键技术特点

在电机穿芯就位阶段，根据现场环境的特点，采用在 C 形梁穿芯就位技术，使大型电动机在环境限制及起重机能力不足等受限条件下，能及时简易的将电动机安装就位。采用这种方法安全、经济、省时、省材料、环保。

3）施工工艺和过程

① 轧线主传动电机在线穿芯空间计算

$L＝L1＋L2＋L3＋L4$（L：电机穿芯距离；$L1$：转子长度；$L2$：定子长度；$L3$：延伸轴长度；$L4$：安全距离）。

本工程粗轧区设计为上下排列的 2 台主传动电机，由于下辊电机受上辊电机基础墙阻挡，下辊电机在线穿芯空间尺寸小于 L，车间内行车吨位小于定、转子的总重，不能采用线外穿芯整体吊装就位的方式。

为了解决电机在线穿芯空间尺寸小于 L 的问题，使用 C 形梁穿芯安装就位技术。本技术先将转子定子吊装至临时位置后，再利用 C 形梁吊装延伸轴与转子，在定子腔内连接，这样就有效地缩短了电机在线穿芯空间尺寸 L。

② C 形梁的外形尺寸要求及计算

C 形梁的作用是在穿芯过程中将延伸轴吊装至定子腔内并与转子相连接，所以其外形尺寸必须满足以下条件：

a. C 形梁开口尺寸必须大于定子中心到定子顶部距离 300mm 以上。

b. C 形梁宽度尺寸必须大于延伸轴长度 300mm 以上。

c. C 形梁的下支撑臂截面尺寸小于延伸轴内孔尺寸。

d. C 形梁制作完成后应进行试吊，适当调整配重。

③ C 形梁穿芯步骤

a. 将下电机底座及轴承座安装完成，将轴承座定位后移除。在轴承座下垫滚杠。注意事项：采用钢纸垫铺在电机底板轴承座安装位置，对加工表面保护，滚杠采用有效的制动装置，防止轴承座移动时滚杠碾压伤害施工人员。

b. 转子进场后，采用吊梁卸车，并清洗吹扫转子。注意事项：由于转子各部位直径尺寸不同，需要钢丝绳长度也不同，在使用吊梁起吊转子时需要进行反复试吊，找出合适的吊点位置并在吊梁上做出标记。转子的清扫主要检查铁芯缝隙中是否存在包装使用的铁钉螺丝等金属物体。

c. 将转子吊装到底座上，并垫好支撑块。（注意事项：转子吊装时，对转子起吊后的水平状况使用水准仪进行检查确认，以免穿芯过程中撞伤定子内腔。）

d. 定子进场，清洗吹扫后吊装至底座上。（注意事项：定子就位时要对定子中心校准，防止转子穿入时相互碰伤。定子支撑面与钢垫块之间加入钢纸垫保护定子加工表面。定子的清扫采用从上至下的方法进行吹扫检查，最后打开定子底部端盖进行清理。）

e. 使用 C 形梁将延伸轴安装在转子上。注意事项：吊装 C 形梁时应使用大绳控制方向，防止撞到定子线圈。

f. 采用吊梁将转子吊起并移动到安装中心位置，支撑转子将定子吊装到中心位置。注意事项：转子、定子再次吊起时应反复检查调整转子重心与行车钩头的横向纵向位置是否重合，以免在转子离开支架时发生位移造成碰撞。穿芯前应对定子、转子内部进行充分的清理，安放轴承的轴径部位要使用橡胶板保护，穿芯过程中钢丝绳与定子之间应保持一定的安全距离。

g. 将轴承座移回安装位置并固定（图 5.13-4）。注意事项：对轴承座底面进行处理，防止在移动过程中对加工表面造成划痕，影响轴承座安装精度。

图 5.13-4　C 形梁穿芯步骤图（一）

h. 使用行车吊转子、4 台千斤顶支撑定子的方法同步下降至基座内（图 5.13-5）。注意事项：行车与 4 台 50t 千斤顶配合下降过程中必须进行协调控制，对每台千斤顶的下降量进行控制，防止下降过程中定子晃动造成定转子摩擦。

图 5.13-5　C 形梁穿芯步骤图（二）

（3）实施总结

在广东湛江 2250mm 热轧工程中粗轧主传动电机由于空间环境的限制，主要实施轧线主传动电机施工技术中的 C 形梁吊装穿芯技术，消除了受桥式起重机起重能力及厂房净空高度、工作空间的限制，工艺流程简单、安全性高，改变了传统穿芯吊装方法的复杂工序。由本项技术实施的轧线主传动电机运行更加安全、稳定，故障率明显降低，增强了施工的安全性，加快施工进度，缩短了施工工期，显著提高了施工质量。本项工程获国优金奖。

2. 山钢日照 2050mm 热轧工程

（1）工程概况

山钢日照 2050mm 热轧工程位于山东省日照市岚山区工业园区，年生产热轧钢卷 500 万 t，总建筑面积 254352m²，合同总金额为 10 亿元，其中安装工程造价 40001 万元。该热连轧工程粗、精轧主传动电机共 11 台，由日本 TMEIC 电机厂生产制造。全部电机采用凸极式交流同步电动机，R1、R2 粗轧机均采用双电机传动，布置方式为上辊电机在前，下辊电机在后，每个电机各设置一套润滑装置；精轧 F1～F7 电机均为单电机传动，其中 F1～F5 精轧传动大电机与机械侧减速机连接，F6～F7 主传动大电机与轧辊直接连接。主传动电机均采用单电枢形式，冷却方式为背包式带空-水冷却器的密闭循环强制通风。

粗、精轧主传动电机总装机容量为 96500kW。其中：粗轧 R1 电机为 4500kW 2 台，粗轧 R2 电机为 9500kW 2 台，精轧 F1～F6 电机为 10000kW，精轧 F7 电机为 8500kW，以上电机均为分体运输，电机的转、定子需在安装现场穿芯组装。

本工程于 2016 年 4 月 20 日开工，于 2017 年 10 月 20 日竣工。机电分部开工日期为 2016 年 7 月 20 日，竣工日期 2017 年 9 月 20 日，总工期为 425d。

（2）技术应用

1）轧线主传动电机施工特点难点

在主传动电机底座调整中，基座固定螺栓数量多（24～30 套）且笨重（通常 60～200kg），其安装固定通常采用行车配合进行，施工工艺多，效率低，且固定后套筒密封施工也较困难；轧线主传动电动机采用凸极式，极数为 16～24 极，原有的测量工具及测量方法（塞尺法）测量空隙间隙费时费力且精度不高，造成定子调整需要大量时间且精度低。

2）关键技术特点

T 形螺栓安装技术，在电机底板安装前通过一套固定设施及相关施工工艺的实施，对 T 形螺栓提升固定及其套筒进行密封，避免底板就位后难以进行螺栓提升固定及套筒密封的问题。

在电机机械调整阶段，采用新专用测量工具快速准确对电机空气间隙进行检测，为快速电机机械调整提供精确的数据依据。

3）施工工艺和过程

① T 形螺栓安装施工工艺（图 5.13-6～图 5.13-8）

a. 将地脚螺栓清洗干净，检查螺纹部分有无伤碰现象。

b. 在地脚螺栓前端面标注 T 形地脚螺栓锤头方向。

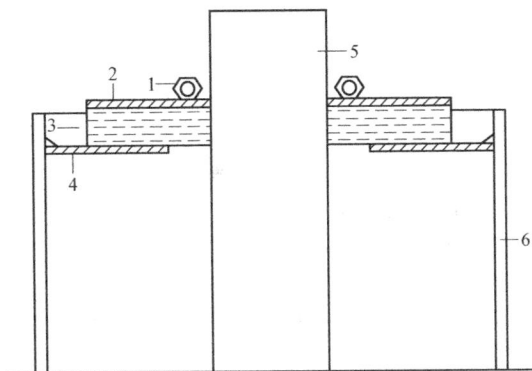

图 5.13-6　T 形地脚螺栓固定装置图

1—夹具螺栓；2—小圆环钢板；3—橡塑海绵；4—大圆环钢板；

5—T 形地脚螺栓；6—螺栓套管

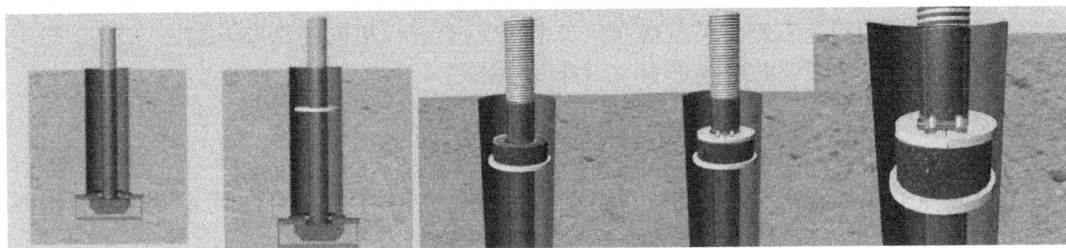

图 5.13-7　T 形螺栓安装施工图

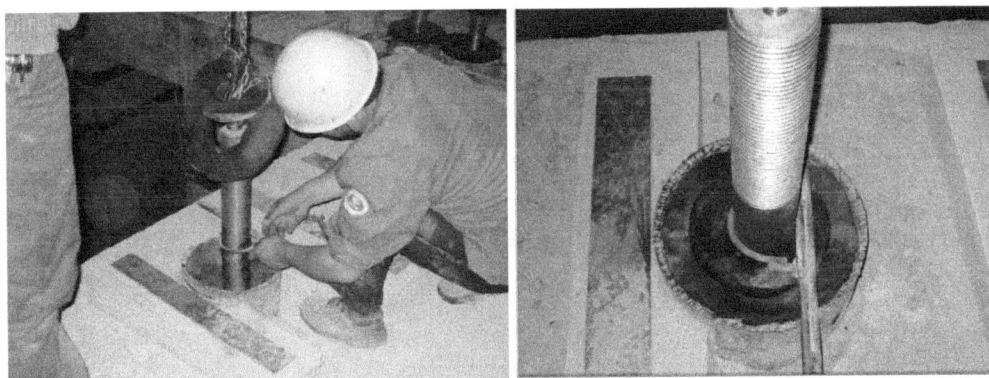

图 5.13-8　山钢日照 2050mm 热轧 T 形螺栓安装施工图

c. 检查地脚螺栓套筒内有无杂物积水等，并对开槽方向进行记录。

d. 将地脚螺栓投放进套筒内。

e. 采用捯链将 T 形地脚螺栓提升到使用高度，并 90°旋转。

f. 在套筒内焊接大圆环。

g. 套入 30mm 厚度的橡塑海绵，使其起到密封套筒的作用。

h. 在地脚螺栓上安装小圆环。

② 电机空气间隙检测与调整工艺（图 5.13-9）

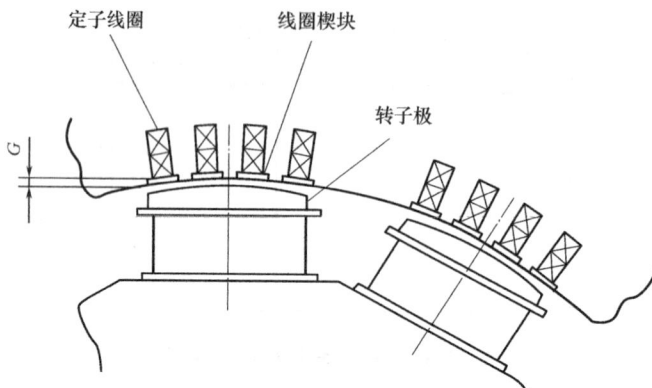

图 5.13-9　电机气隙测量图

电机气隙又叫电机空气间隙。其精确调整方法是使用新型厚度规测量 4 个地方（集电极侧和非集电极侧的左右侧）的气隙值，并移动定子进行相同的调整，如图 5.13-9 转定子空气间隙测量。气隙公差应小于 10%（小于 2mm）。

公差＝（最大测量值－最小测量值）×100%。

测量平均值：G 为测量转子极中心和定子芯的气隙。

电机空气间隙的调整准确与否，重点在测量数值的准确性。以下采用新设计的专用厚度规尺进行电机空气间隙测量及调整工艺。

a. 选取测量点，通常选取 4 个固定点（集电极侧和非集电极侧左右侧）。

b. 将新型厚度规尺放置于选取固定点位置，移动规尺上下滑块，使规尺滑块测量点厚度同所测点定转子处间隙一致，滑块上下面紧密贴在定转子检测点处，此时厚度规尺的读数即为该检测点空气间隙。

c. 重复步骤 b，测量各选取点数值。

d. 将转子旋转 180°，重复步骤 b 测量气隙（上下左右），将检测各点结果取平均值。

e. 根据测量结果，采用移动定子调整气隙。通过重复测量及精确调整，使所测值达到规范要求，并记录这些数值。注意：必须在定子芯和电极之间的电极中心位置测量气隙；厚度规的插入紧密度应一致；气隙测量过程中，定子支架的设定螺栓应保持紧固。

（3）实施总结

在山钢日照 2050mm 热轧工程中，主传动电机调整垫板安装工艺采用 T 形螺栓安装技术，在电机底座就位时不需要人员固定每一颗地脚螺栓，施工简单方便，密封效果好，准确率达 100%；在电机调整工艺阶段，采用空气间隙测量技术，有效减少施工人员，提高了设备安装效率，同时提高安装精度。

轧线主传动电机施工中采用本项技术，缩减了施工周期，保障了施工安全，工程成本明显降低，实现节能、环保。本项工程获国家优质工程奖和中国安装之星。

（提供单位：中国二十冶集团有限集团。编写单位：宋赛中、金辽东、张婷）

5.14 大型变压器就位安装技术

5.14.1 技术发展概述

室内安装的变压器，国内外通常采用的移位安装方式是在变压器室前搭设临时平台，利用吊车将变压器由运输车上吊运至临时平台上，然后采用手动葫芦配合人海战术将变压器移位至安装点。这种人力为主、吊车辅助的施工方式，存在搬移过程中强力拖拽易损坏设备的隐患，且施工效率低下。

本技术是在综合国内外冶金工程室内型变压器施工技术的基础上，根据工程实践，自行设计并实施具有自主知识产权的新型成套施工工艺，攻克了由于变压器室内空间结构的限制难以就位的难题。

5.14.2 技术内容

（1）技术特点

大型变压器就位安装技术主要包括：高度可调大型变压器安装移动平台技术和大型变压器移动平台及液压助力安装技术，可显著提高工程施工质量，增强工程施工的安全性，加快工程施工进度大型电力变压器见图 5.14-1。

（2）高度可调大型变压器安装移动平台技术

可无级升降、自由移动的移动平台装置，主要由平台主体框架、手动液压千斤顶、万向

图 5.14-1　热轧总降（110/10kV，63MVA）大型电力变压器

移动轮及升降柱组成，实现了变压器就位安装的方便快捷，确保大型变压器在移动过程中的安全性，减少施工成本，提高施工效率。平台制作用钢材快速查询表见表 5.14-1。

平台制作用钢材快速查询表　　　　　　　　　　　　　　表 5.14-1

变压器重量	转动惯量（cm^3）	选用型材
5～10t	46	10 号工字钢
15～20t	141	16 号工字钢
21～48t	145～220	16 号工字钢
50～100t	250	20 号工字钢
100～150t	692	20 号工字钢

（3）大型变压器移动平台及液压助力安装技术

利用液压移位技术取代人工牵引变压器就位方式及变压器机械吊装移位方式，采用平台技术同电动液压技术组合，将变压器推进就位。新技术可大幅减轻工程临时工作量，显著提高施工效率，节省大量人工和材料，不需将大型变压器起吊即可将变压器平稳送进变

压器室，保障了施工安全。具体实施工艺流程如下：

1）自升降平台移至变压器室和变压器运输车之间，为变压器卸车及液压输送至安装位置做准备；

2）平台升至车板平面高度位置；

3）千斤顶抬起变压器；

4）钢轨铺设及液压推移装置安装；

5）将变压器推至自升降平台中心；

6）拆除板车上钢轨并移走板车；

7）自升降平台调至变压器室地坪高度；

8）钢轨铺设至变压器安装位置；

9）运行液压推移装置将变压器推至安装位置；

10）安装位置变压器调整、附件安装。

5.14.3 技术指标

（1）《冶金电气设备工程安装验收规范》GB 50397—2007；

（2）《电气装置安装工程 电气设备交接试验标准》GB 50150—2016；

（3）《电气装置安装工程 电力变压器、油浸电抗器、互感器施工及验收规范》GB 50148—2010。

5.14.4 适用范围

适用于工业工程、市政建设、建筑、电站等高压供配电系统工程。

5.14.5 工程案例

1. 包钢新体系 2030mm 冷轧镀锌工程

（1）工程概况

包钢新体系 2030mm 冷轧工程主要由六大生产线组成，包括一条连续酸洗线、一条酸轧生产线、两条连续退火线及两条连续热镀锌线、磨辊设施、重分卷机组和相应的公辅设施，年设计产能 353 万 t。产品以宽幅板为主，主要面向高档次、高强度、高深冲性能、高附加值的汽车用板、辅以家电用板，满足汽车、家电等行业高端需求。

包钢新体系 2030mm 冷轧热镀锌工程，共 41 台油浸式变压器，主要的施工内容包括：变压器室底座地坪复测检查，变压器支撑底座制作和找正找平，变压器的吊装及二次倒运，变压器安装及调试，变压器油检验工作。

合同工期：2014 年 7 月 18 日开工，2015 年 5 月 18 日热负荷联动试车，总工期 305d（日历天数）。

（2）技术应用

1）大型变压器就位安装特点难点

大型变压器移位通常要在室外搭建一个同变压器室内地坪高度一致的临时辅助平台，耗费大量的人力和物质，平台质量不易控制，施工过程中容易发生设备和人员安全事故。

2）关键技术特点

本技术是在原有变压器吊装就位技术基础上进行改良，采用移动平台取代原有变压器室前的临时平台。节省了大量施工耗材和制作临时平台的人工，同时消除了临时平台各类不安全因素，安全、经济、省时、省料、环保。

3）施工工艺和过程

① 搭设高度可调移动平台

高度可调移动平台技术主要装置为移动平台，包含平台主体框架、6组手动液压千斤顶、4组移动轮及升降柱等（图5.14-2、图5.14-3）。

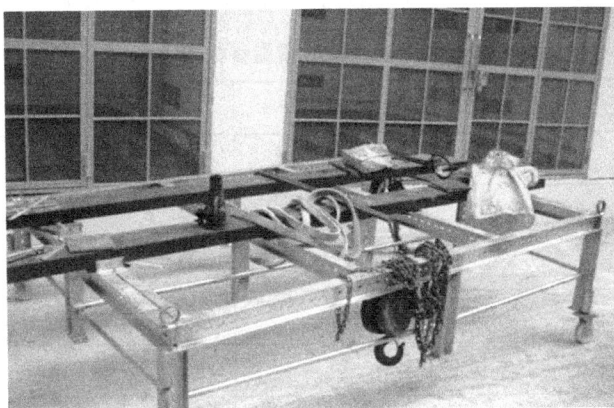

图 5.14-2　自升降变压器平台

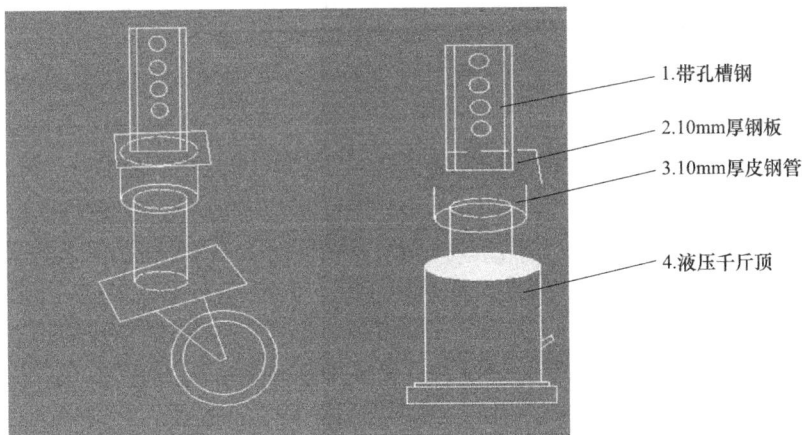

1. 带孔槽钢
2. 10mm厚钢板
3. 10mm厚皮钢管
4. 液压千斤顶

图 5.14-3　自升降平台液压支撑及移动轮

为确保升降平台和升降柱实用性和安全稳定性，在工程施工前，针对大型变压器的重量进行设备、材料选型。可根据现场施工的具体应用情况及具体型号的变压器吨位进行理论计算，选择搭设平台的材料。

a. 型钢判别参数与判别标准

通用工字钢能否达到承重要求，是以转动惯量 W_x（cm^3）为判别标准，当所选型号工字钢的转动惯量大于计算所需的转动惯量时，表示承重可以达到要求，可以选用；反之，则不能选用。

计算转动惯量的方法，以主梁承重力计算为例。

b. 参数

面积 A（cm^2）、转动惯量 W_x（cm^3）、均布载荷 q、最大转矩 M、主梁半径（长度的一半）δ。

c. 型钢转动惯量理论计算公式

$$转动惯量\ W_x = M/\delta$$

根据转动惯量 W_x，在表 5.14-2 内选择符合要求的钢材，制作变压器安装移动平台。

常用钢材转动惯量参数表   表 5.14-2

序号	名称	转动惯量 W_x（cm^3）
1	⎿10 槽钢	39.70
2	⎿16 槽钢	116.80
3	⎿20 槽钢	191.40
4	⎿32 槽钢	474.88
5	10 号工字钢	49.00
6	16 号工字钢	141.00
7	20 号工字钢	250.00
8	32 号工字钢	692.20

② 移动平台施工工艺

a. 实施前提条件

（a）变压器移动平台已根据要求制作完成；

（b）变压器已临时卸至变压器室前，或变压器由运输车运至变压器室前；

（c）用于变压器沿轨道拖拽的手动葫芦固定点已安装；

（d）变压器室具备变压器安装就位条件并已移交。

b. 施工工艺流程

（a）移动平台移至变压器室门前，使移动平台上的轨道和变压器室内的轨道在一个平面上；

（b）平台水平位置调整完成后，将移动平台上轨道同变压器安装轨道平行对接，拆除移动平台滚轮并固定；

（c）吊车就位，挂吊环、吊绳，做好变压器保护；

（d）利用吊车将变压器从运输车上吊装到平台上，注意变压器放置方位，油浸式变压器邮箱面向外侧；

（e）利用已固定的手动葫芦将变压器顺导轨拖放至变压器最终安装位置；

（f）变压器调整后固定。

（3）实施总结

本技术针对变压器施工需搭建临时平台存在的不足进行技术革新，取消人工临时平台，采用可无级升降、自由移动的简易平台替代，实现了将变压器方便快捷地运送至安装位置，显著减少单台变压器安装时的人工成本和材料耗费，提高施工效率，降低施工强度，提高施工安全性。本工程获中国建设工程鲁班奖。

2. 首钢京唐第一冷轧工程（酸轧标段）工程

（1）工程概况

首钢京唐钢铁联合有限责任公司钢铁厂项目第一冷轧工程，位于唐山市南部渤海湾曹妃甸岛，设计年产商品卷 160.7 万 t。变电站工程共有 3 台 110kV 的主变压器，8 台 10kV 的干式变压器，主要的施工内容包括：变压器室底座地坪复测检查，变压器支撑底座制作和找正找平，变压器室及周边环境调查，变压器本体外形、重量、设计制造图纸等资料的收集，变压器安装备件和调试备件的确定，变压器运输进场路径及路基载荷调查，变压器吊装用吊车站位确定，变压器室外地坪铺设及载荷要求，变压器的吊装及二次倒运，变压器附件安装，变压器油检验工作，器身检查，变压器调试等。

工期要求：2012 年 3 月 17 日开工，2014 年 6 月 30 日竣工，总工期为 823d。

（2）技术应用

1）大型变压器就位安装特点难点

110kV 主变压器重达 80t，利用自升降平台移动至安装位置，但变压器室结构高度和室内空间不足致使机械吊车在室内无法作业，存在如下难题：①需要大量的人工牵引作业，人工耗费高；②拖拽变压器移位用固定点，在不破坏设施和地坪的情况下设置困难，且通常强度难以符合要求，造成重复施工和大量人工闲置情况；③变压器底座硬拖拽的方式，常常使变压器底座产生一定的变形，易损坏设备。

2）关键技术特点

本技术采用可无级升降、自由移动的移动平台装置与液压成套推移装置，通过液压推移、顶升和无遮挡钢轨技术，实现变压器精准入室安装。攻克了由于变压器室内空间结构限制难以就位的难题，改变了以往人力为主、吊车辅助的施工方式，避免了搬移过程中强力拖拽对设备的损坏。

3）施工工艺和过程

① 液压推移装置

液压推移装置是采用液压技术对变压器进行移位，装置由液压卡轨夹紧装置或机械自动卡轨夹紧装置、液压推移缸、轨道滑靴、液压驱动装置组合而成。

液压卡轨夹紧装置或机械自动卡规装置根据钢轨轨道型号规格选用（表 5.14-3），其主要功能是在变压器液压推移时，卡规装置能自动卡住轨道，为推移液压缸提供推移基点。

根据液压工作压力转换推力速查表　　　　表 5.14-3

推移力选择	
工作压力（MPa）	额定推力（kN）
50.4	157
58.5	294

轨道滑靴可根据液压推移缸前联接形式及变压器重量确定。

液压驱动装置主要由液压推移缸及液压卡规装置组合而成。

液压推移缸以液压卡轨夹紧装置为基准，对变压器在钢轨轨道上进行推移。

液压推移缸根据液压缸所需承受的推力选型，其最小推移力必须大于变压器在钢轨上的静摩擦力。该设备推力理论计算如下：

摩擦力理论计算公式：
$$F = Gf$$

式中　F——理论推力（N）；

G——被推移物重力（N）；

f——摩擦系数，静摩擦为 0.15；动摩擦为 0.10。

根据变压器的重量选择推移机的推力，以 150t 的变压器计算，由两个额定推力为 157kN 的推移机就可以实现将变压器安全稳定的推移。

根据现场实际经验，设备实际选型应考虑一定的安全系数。根据理论计算及实践经验得到修正后变压器重量及液压推移缸推力速查表，具体见表 5.14-4。

变压器重量及液压推移缸推力速查表　　　　　　　　　表 5.14-4

变压器重量		50t 以下	50～100t	150～200t
液压装置工作状态	工作推力（kN）	52	157	297
	额定推力（kN）	49	98	196

② 无遮挡钢轨施工技术

无遮挡钢轨功能是确保液压推移装置能顺畅地在钢轨上移动而不被连接处所阻挡。采用钢轨间的特殊连接方式，使液压助推移位设备顺利通过钢轨连接处，无需拆卸连接钢轨。确保了液压移位的连续性和施工安全，大大提高了液压移位的施工效率和进度。

无遮挡钢轨技术不仅使钢轨连接方便，也使钢轨截短到方便运输且不影响整体功能。

根据现场实施情况及钢轨的形式，一般连接形式如图 5.14-4。

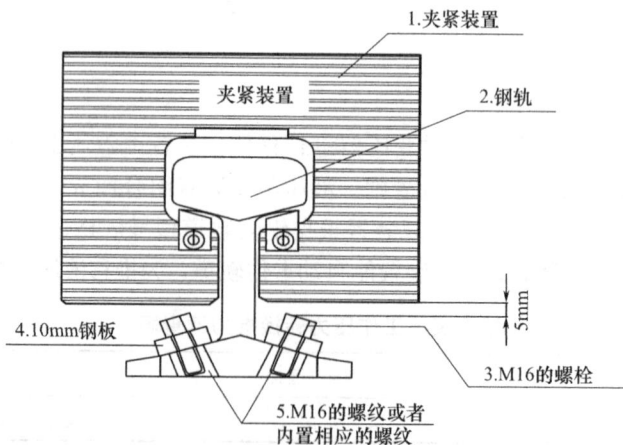

图 5.14-4　无遮挡钢轨技术连接简图

③ 液压助力安装技术工艺流程

利用电动液压助推技术和钢轨无阻挡连接技术组合，将板车车厢同变压器室地坪的高度差通过自升降平台调节，成功实施两个平台的对接，在不需人工牵引和大吨位机械吊车的情况下可将变压器采用液压推移方式直接移至室内安装位置。工艺流程图如图 5.14-5。

a. 变压器液压移位施工前提条件：

（a）液压移位装置已具备，并能使用；

（b）移位过程中所需的各类临时垫木已准备；

（c）液压移位操作液压油能正常工作，油温不能太低；

（d）变压器运输车已到施工现场；

（e）场地符合运输车站位要求；

（f）变压器室具备变压器安装就位条件并已移交。

b. 变压器液压移位施工流程：

（a）确认变压器安装方向，根据变压器安装方向将变压器主体运输拖车拖拉至变压器室前；

（b）移动拖车，将拖车上变压器的中心线同变压器室同轨道平行的中心线基本一致；拖车固定；

（c）将液压千斤顶放置在变压器受力板下，并连接千斤顶和液压驱动装置；启动驱动装置，将变压器下四组千斤顶同时顶升，放入枕木，将变压器放置于枕木上（图 5.14-6）；

（d）循环运用以上方法，最后在变压器顶升到适当高度，在变压器下铺设钢轨，并通过调整确保轨道直接同变压器轨道平行对接，或直接将轨道铺设到变压器最终安装轨道上；

（e）卸载千斤顶，将变压器放在轨道上；

开始

自升降平台移至变压器室前置

变压器车运至安装位置

平台升至车板平面高度置

千斤顶抬起变压器

无遮挡钢轨铺设

液压推移装置安装

将变压器推至自升降平台中心

拆除板车上钢轨

板车移走

自升降平台调至变压器室地坪高度

无遮挡钢轨铺设至变压器安装位置

液压推移装置工作

将变压器推至变压器安装位置

安装位置变压器调整

变压器附件安装

安装结束

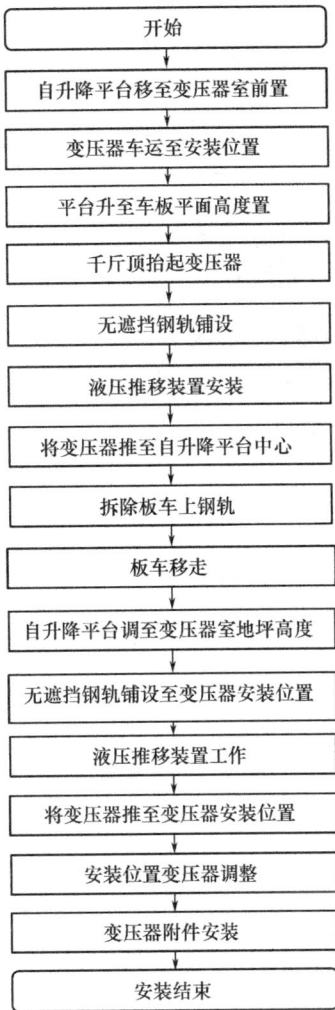

图 5.14-5 液压助力安装技术工艺流程图

（f）安装液压卡钳于钢轨上，安装液压杆于钢轨上，并将液压杆的两个固定端头分别同变压器底下专用固定件和液压卡钳固定；

（g）将液压卡钳和液压杆连接到液压装置上，启动液压装置，由液压卡钳和液压杆组合将变压器推至变压器最终固定位置；

（h）配合千斤顶进行变压器高度调节，将变压器最终放置于安装轨道上；

（i）撤除临时设施。

（3）实施总结

变压器液压助力安装技术应用于京唐一冷轧大型变压器工程，成功将变压器平稳送进变压器室就位安装，不仅提高了施工安全性，节省了施工成本，提高了施工效率，同时保障了安装过程中设备和施工人员的安全，缩短了施工时间，提高了工程施工质量。本工程获中国建设工程鲁班奖。

图 5.14-6　采用液压助力安装技术实施变压器入室安装

（提供单位：中国二十冶集团有限集团。编写单位：陈雷、张婷、张书峰）

5.15　现场总线智能仪表集成系统施工技术

5.15.1　技术发展概述

在计算机网络飞速发展的推动下，传统的回路控制系统发生了根本变化，加上现场总线系统的发展与应用，形成的由常规传感器、变送器、显示器、控制器和执行器网络化产品，进而实现了检测、变送、显示、控制和执行单元的网络化。

现代工业的迅速发展，不断促进着自动化控制技术及设备通信技术创新的发展，现场总线智能仪表是个特定的概念，即把遵循国际现场总线协议设计制造的智能仪表称为网络（总线）智能仪表，它是随着现场总线控制系统的出现应运而生的。现场总线技术将专用微处理器置入传统的测量控制仪表，使其具有数字计算和数字通信能力，成为能独立承担某些检测、控制和通信任务的网络节点。通过普通双绞线把多个测量控制仪表、计算机等作为节点连接成的网络系统，使用公开、规范的通信协议，在位于生产控制现场的多个微机化测控设备之间以及现场仪表与用作监控、管理的远程计算机之间，实现数据传输与信息共享，形成各种适应实际需要的自动控制系统。

5.15.2　技术内容

当前，PLC、DCS、智能仪表等已广泛应用到现场生产控制系统中，并发展到由上述设备相互协同、共同面向整个生产过程的分布式工业控制系统。在此系统中，现场总线通信技术至关重要。

（1）降低工程成本及减少安装工作量

现场总线（FCS）网络控制系统以 Siemens PLC S7 支持的 PROFIBUS-DP 通信标准为基础，安装极为方便，一根网线就可以替代原来错综复杂、密密麻麻的信号线，不仅大大降低了原来点对点接线的设备故障率，便于维护，而且主从站之间可以通过网络修改读取参数和状态，便于状态监视和设备管理。DP 总线能够提供很多强大的功能，同时价格低廉易于安装，这是一种两芯、横截面积为 $1.5mm^2$ 的柔性电源线，既便宜又随处可见。

（2）现场总线智能仪表与现场总线控制系统有着不可分割的密切关系

采用现场总线控制系统必须有现场总线智能仪表与之相匹配，在现场总线控制系统下，总线智能仪表替代了传统集散控制系统中的模拟现场仪表，把传感测量、补偿计算、工程量处理与控制等功能分散到现场仪表中完成。

5.15.3　技术指标

（1）《测量和控制数字数据通信　工业控制系统用现场总线　类型 3：PROFIBUS 规范》GB/T 20540—2006；

（2）《电气装置安装工程　低压电器施工及验收规范》GB 50254—2014；

（3）《工业通信网络．现场总线规范》IEC 611581—2014；

（4）《建筑电气工程施工质量验收规范》GB 50303—2015；

（5）《电气装置安装工程　电缆线路施工及验收标准》GB 50168—2018；

（6）《电气装置安装工程　接地装置施工及验收规范》GB 50169—2016；

（7）《电气装置安装工程　盘、柜及二次回路接线施工及验收规范》GB 50171—2012；

（8）《冶金电气工程通信、网络施工及验收规范》YB/T 4386；

（9）《自动化仪表工程施工及验收规范》GB 50093—2013。

5.15.4　适用范围

适用于冶金、石油、化工、医药等行业的网络智能仪表安装。

5.15.5　工程案例

1. 宝钢广东湛江钢铁 1 号高炉工程

（1）工程概况

宝钢广东湛江钢铁 1 号高炉工程建设内容为一座 $5050m^3$ 的高炉及其配套设施，年产铁水 411.5 万 t，年产水渣 136 万 t，年产高炉煤气 60 亿 m^3。工程自 2013 年 09 月 30 日开工，2015 年 9 月 25 日建成投产，历时 24 个月。其中炉体系统 40 个风口小套的进出口 80 台流量计和 16 台炉身静压测量采用 Profibus-DP 总线仪表，炉体冷却水系统中 452 台微小温差、热流强度检测用热电阻采用总线设备。

（2）技术应用

1）现场总线设备安装特点难点

现场总线技术采用集管理、控制功能于一身的工作站与现场总线智能仪表的二层结构模式，把原来 DCS 控制站的功能分散到智能型现场仪表中。而现场总线技术不同类型的物理连接、设备参数的设置及通信主站与各站的通信三方面的调试及常见故障的处理，对调试人员的综合技术要求很高。

2）现场总线设备安装

现场总线控制体系结构如图 5.15.1 所示。

3）施工工艺和过程

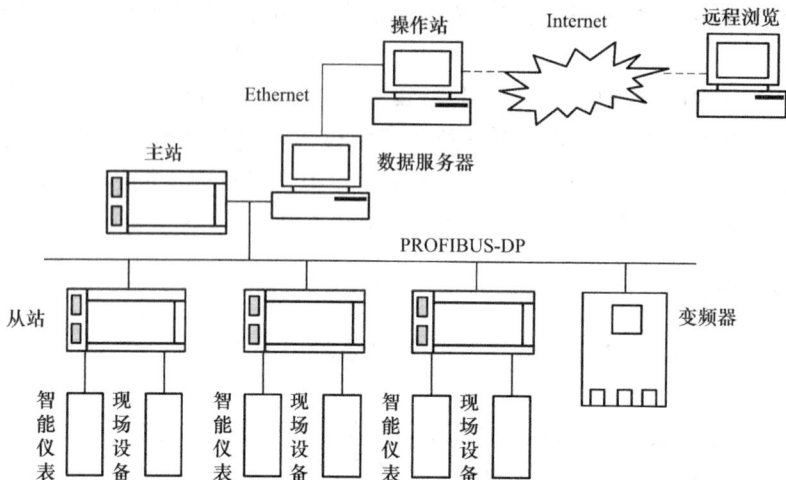

图 5.15-1　现场总线控制体系结构

① 工艺流程方框图（图 5.15-2）

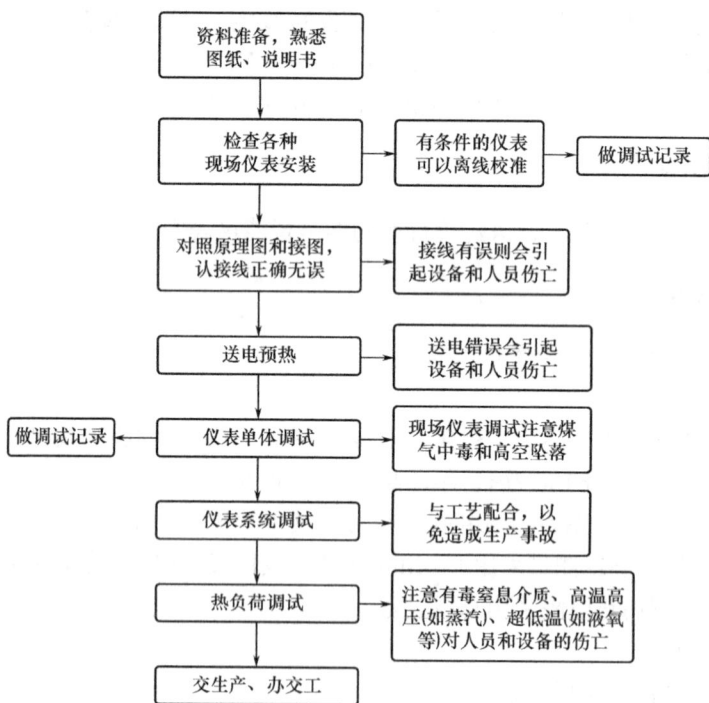

图 5.15-2　工艺流程图

② 工艺过程

a. 施工准备

（a）施工技术准备

保证相关的设计施工图纸、技术文件及必要的仪表安装使用说明书已齐全，作业人员经过技术交底和必要的技术培训等技术准备工作。

（b）施工的机具及计量器具

根据本系统工程施工特点和施工进度配备施工设备，主要施工设备见表 5.15-1。

主要施工设备配备表　　　　　　　　表 5.15-1

序号	机具或设备名称	型号	数量（台）
1	角磨机	GWS8-100C	1
2	兆欧表	ZC25-3	1
3	接地电阻测试仪	DER2571	1
4	Q9钳	AS4681/DL608	4
5	网络测试器	6PS/8PS	2
6	对讲机	GP2000	10
7	压线钳	268	5
8	打码机		2
9	数显万用表	UT-51	5
10	HART 通信器	475	1
11	便携电脑	联想	3

（c）材料及设备的要求

a）现场总线设备安装前应外观完整、附件齐全，并按设计规定检查其型号、规格及材质。检验合格后保存至指定的位置保管；

b）现场总线设备运输和安装时不应撞击及振动，安装后应牢固、平整。

b. 现场总线设备的接线

（a）设备的接线应符合下列规定：

a）剥绝缘层时不应损伤线芯和屏蔽层；

b）连接处应均匀牢固、导电良好；

c）锡焊时应使用无腐蚀性焊药；

d）电缆（线）与端子的连接处应固定牢固，并留有适当的余度；

e）接线应正确，布置应美观。

（b）现场总线仪表安装

a）现场总线仪表应综合考虑网段划分、地理位置和电缆敷设距离进行安装；

b）现场总线仪表的安装应尽量避开静电干扰和电磁干扰，当无法避开时应采取抗干扰措施；

c）现场总线仪表的安装应采取适应现场环境的防护措施。

（c）安装位置应符合下列规定：

a）照明充足，操作和维修方便；不宜安装在振动、潮湿、易受机械损伤、有强磁场干扰、高温或温度变化剧烈和有腐蚀性气体的地方。

b）仪表的中心距地面的高度宜为 1.2～1.5m。带有就地显示屏的仪表应安装在手动

图 5.15-3　现场仪表安装位置

操作阀门时便于观察仪表示值的位置。如图 5.15-3。

（d）现场总线通信组件安装要求

a）现场总线通信组件不宜安装在高温、潮湿、多尘、有爆炸及火灾危险、有腐蚀作用、振动及可能干扰附近仪表通信等场所。当不可避免时，应采取相应的防护措施。

b）现场总线通信组件安装前应检查设备的外观和技术性能，并符合下列规定：

ⓐ 各组件接触紧密可靠，无锈蚀、损坏。

ⓑ 固定和接线用的紧固件、接线完好无损。

ⓒ 防爆设备、密封设备的密封垫、填料函完整、密封。

ⓓ 附件应齐全，无缺损。

ⓔ 通信接头、中继器、终端电阻等安装接线可靠。

c）现场通信箱内的通信电缆弯曲半径应不小于生产厂商规定的值，电缆没有扭结和凹坑。

d）厂房内布置的现场通信箱宜安装在环境温度 0～40℃，相对湿度 10%～95%（不结露）的环境中。

e）现场 I/O 站（包括通信卡、组件等）安装要求：

ⓐ 安装环境的温度、湿度、粉尘、振动、冲击等条件满足设计或产品说明书的要求。不宜安装在高温、潮湿、多尘、有爆炸及火灾危险、有腐蚀作用及可能干扰附近仪表通信等场所。

ⓑ 现场 I/O 应安装在保护箱内。

（e）现场通信箱的安装位置应远离大型电力设备、高电压强电流设备等干扰源（如变频器、大功率电机等）。

（f）通信连接件安装要求：

a）通信总线分支专用 T 形接口、多口分支器应布置在便于查找和检修的地方，宜接近相关现场总线设备，如图 5.15-4。

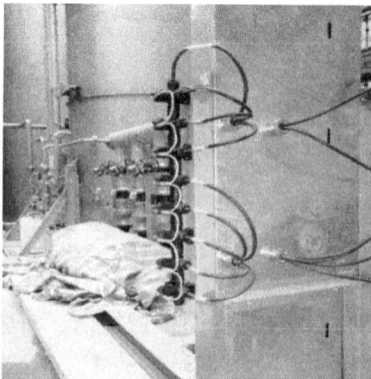

图 5.15-4　T 形接口、多口分支器

b) 接头接触良好、牢固，不承受机械拉力并保证原有的绝缘水平。

（g）现场总线网段终端电阻宜装设在系统机柜或现场总线就地接线箱内，不宜安装在就地的现场总线设备内。PROFIBUS DP 总线宜采用有源终端电阻。

（h）为便于调试，在每个 PROFIBUS DP 网段上宜装带有扩展接口的总线连接器。

（i）应提供冗余电源模块为 PROFIBUS PA、FF H1 总线网段供电。

（j）现场通信机箱安装在混凝土墙、柱或基础上时，宜采用膨胀螺栓固定，箱体中心离地面高度宜为 1.3～1.5m；成排安装的供电箱排列整齐、美观。

（k）现场通信机箱有明显的接地标记；接地线连接牢固可靠。

4）现场总线设备的调试

① PROFIBUS 电缆及布线检查

标准 PROFIBUS 电缆为双层屏蔽双绞电缆，其中数据线有两根：A-绿色和 B-红色，分别连接 DP 接口的管脚 3（B）和 8（A），电缆的外部包裹着编织网和铝箔两层屏蔽，最外面是紫色的外皮（图 5.15-5）。

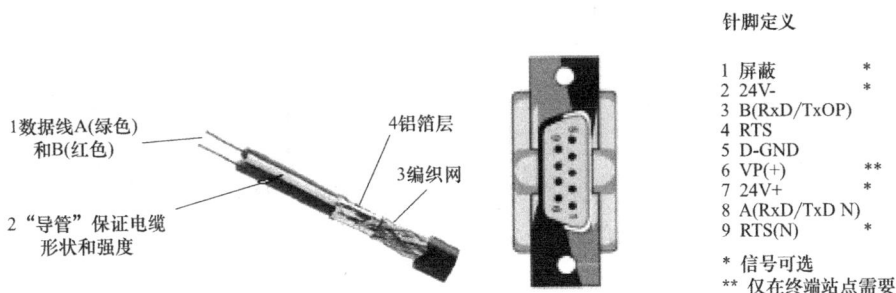

图 5.15-5　标准 PROFIBUS 电缆及 PROFIBUS 总线接口

PROFIBUS 电缆在插头内接线时，须将屏蔽层剥开，与插头内的金属部分压在一起，该金属部分应当与 Sub-D 插头外部的金属部分相连。当插头插在 CPU 或者 ET200M 等设备的 DP 口上时，则通过设备连接到安装底板，而安装底板一般是连接在柜壳上并接地，从而实现了屏蔽层的接地。由于接地有利于保护 PLC 设备以及 DP 通信口，因此对于所有的 PROFIBUS 站点都要求进行接地处理，即"多点接地"（图 5.15-6）。

图 5.15-6　PROFIBUS 插头内部接线即屏蔽层的处理

② 现场布线规则

a. 不同电压等级的电缆应分线槽布线，并加盖板；如果现场无法分线槽布线，则将两类电缆尽量远离，中间加金属隔板隔离，同时金属线槽要做接地处理。

b. 通信电缆单独在线槽外布线时，可根据情况采用穿金属管的方式，但外部的金属管要接地。

c. 通信电缆与动力电缆避免长距离平行布线，可以交叉，不会因为容性耦合而产生干扰。

d. 通信电缆过长时不要形成环状，此时如果有磁力线从环中间穿过时，根据"右手定律"，容易产生干扰信号。

e. 通信线连接的设备应做等电势连接，即采用等势线将两个设备的"地"进行连接，等势线的规格为：铜 $6mm^2$，铝 $16mm^2$，钢 $50mm^2$。

f. 通信线在电柜内的布线，应遵循远离干扰源的原则。在柜内的走线应精心设计，尽量避免与高电压、大电流的电缆在同一线槽内走线。同时不要在柜内形成"环"，特别是避免将变频器等干扰源包围在"环"内。

g. 通信电缆的屏蔽层在电柜内的处理：

（a）首先是 PROFIBUS 插头，需要将屏蔽层压在插头的金属部分外，还需要注意屏蔽层不要剥开的太长，否则会暴露在空间，成为容易受干扰的"天线"，如图 5.15-7 所示。

（b）通信电缆的屏蔽层在进/出电气柜时，应进行屏蔽层接地处理，屏蔽层应该保证与接地铜排进行大面积的接触，如图 5.15-8 所示。

图 5.15-7　屏蔽层暴露在空间易接收干扰

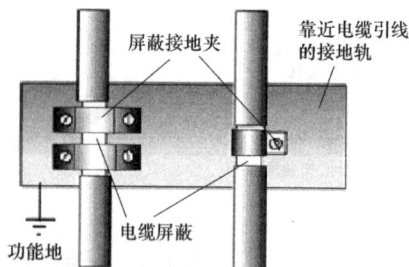

图 5.15-8　屏蔽层的接地

（c）为方便将 PROFIBUS 的外皮以及屏蔽层按照固定的长度进行切除，减少剥线时间和防止电缆破坏或者造成短路的可能，使用专用快速剥线工具。

h. 单体调试

通过图 5.15-9 的连接方式可以进行远程操作。

i. 开启变送器

在设备启动阶段，继电器和电流输出在初始化前的几秒内处于未定义的状态。注意可能对所连接的任何制动器造成的影响。

（a）先关闭外壳盖，并拧上设备。

（b）接通电源。

（c）等待完成初始化。

（d）按下"菜单"软键，首先在顶部菜单选项中选择语言。

（e）转至"显示/操作"菜单，配置所需的显示屏设置（显示对比度、背光显示和显示屏旋转）。

j. 基本设置

（a）在"设置/基本设置"菜单中进行下列设置：

通过PROFIBUS DP网络

PROFIBUS DP型仪表带通信接口。

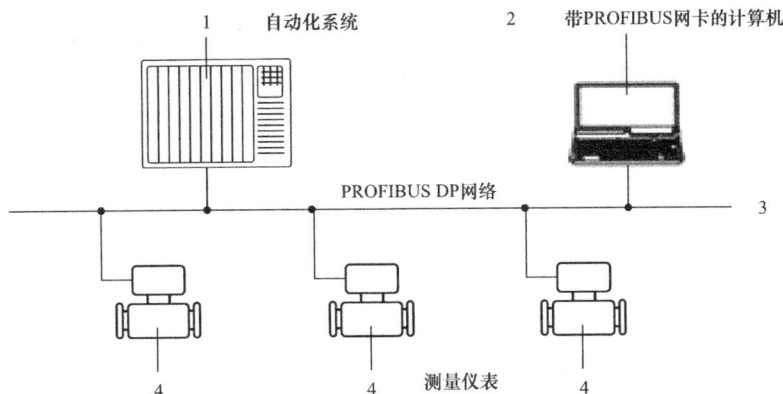

图 5.15-9　远程操作连接

a) 设备位号：根据设计图纸命名设备（最多 32 个字符）；

b) 设定量程：根据设计图纸设置。

（b）利用仪表仿真输出的功能进行测试。如图 5.15-10 所示。

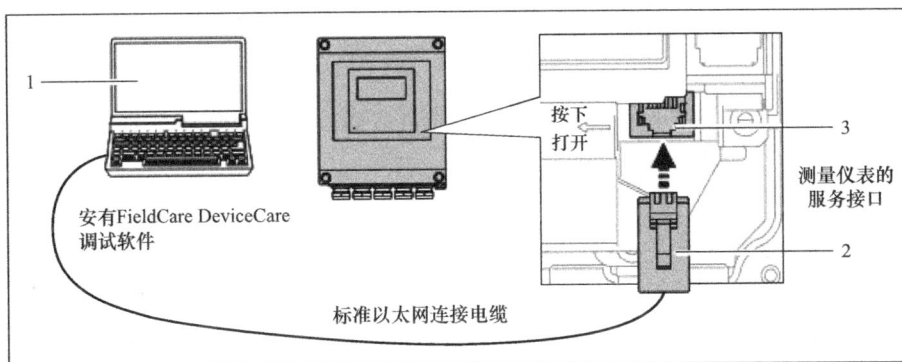

图 5.15-10　利用仪表仿真输出的功能测试

1—带网页浏览器的计算机；2—标准以太网连接电缆，带 RJ45 插头；3—测量仪表的服务接口（CDI-RJ45）

③ 系统上电及检查

确认按施工图纸安装，检查接线端子是否正确，检测电源与通信线是否符合要求；确认设备接线是否正确；确认各设备接地、屏蔽工作；检查现场控制线缆的接线；确认模块信号有无异常、电压涌入等。经过各项目检查均无异常后，对设备依次通电。

④ 现场总线的 I/O 调试

a. I/O 点调试

现场总线的 I/O 调试是整个调试工作的首要基础工作，确保设备通电后均正常无误，连接现场调试专用笔记本电脑，连接专用的调试连接线。通过系统调试软件及编好的调试程序，对每个 I/O 点进行测试。本项目主要测试温度、流量、压力信号等。通过以上步骤对系统中的各个点位进行检测，排除所有设备端接错误（漏接线、错接线），线路敷设问题（短路、断路），设备安装过程中的损坏等硬件问题。当有不正确的点位时及时排除故障，确保最终达到所有监控点 100%正常。

b. 通信调试

通信调试主要包括上层管理网通信调试和 PLC 相关的控制网通信调试。当前主流的自控系统网控器都采用 TCP/IP 协议，所以可以对网控器进行系统组网。设置各个网控器的 IP 地址及网关，然后测试其通信是否正常。而 PLC 是否能正常通信需要通过调试软件进行编程，在确保物理连接、设备 ID、设备地址都正确后，通过软件进行测试，将各个 PLC 进行联网调试。

⑤ 系统功能检测

a. 系统可维护功能检测

检测应用软件的在线编程（组态）和修改功能，在中央站或现场进行控制器或控制模块应用软件的在线编程（组态）、参数修改及下载，全部功能得到验证为合格，否则为不合格。

b. 现场设备工作条件测试

系统电源供电质量：电压波动不大于±10%；频率变化不大于±1Hz；波形失真度不大于 20%。

系统的接地电阻：联合接地系统不大于 1Ω；专用接地系统不大于 4Ω。

⑥ 现场设备性能检测

传感器精度测试：检测传感器采样显示值与现场实际值的一致性；依据设计要求及产品技术条件，合格率达到 100%时为检测合格。

⑦ 系统联调

系统联调是在单点调试和通信测试完成后所进行的调试，主要是对整个现场总线系统的各项目功能的一个调试。

（3）实施总结

网络智能化仪表是未来工业的发展方向，和传统仪表安装方式相比较，大大减轻了电缆敷设的工作量，现场的流量、压力、调节阀、变频器等设备参数的设置修改直接在控制室内完成，也避免了在现场设置参数，加快了系统的调试进度。湛江 1 号高炉 548 台的总线仪表参数设置及回路测试 1 个星期基本完成，充分体现了网络智能化仪表的优势。宝钢广东湛江钢铁 1 号高炉至 2015 年投产炉况稳定，炉体机电各系统运行正常，工程也获评"2016～2017 年度国家优质工程奖"。

2. 上海宝钢集团不锈钢分公司炼钢厂连铸机工程

（1）工程概况

上海宝钢集团不锈钢分公司炼钢厂始建于 2001 年，拥有一条世界先进的不锈钢和碳钢联合生产线，全年可产碳钢板坯 225 万 t、不锈钢板坯 150 万 t。其中炼钢厂的连铸机自控系统采用了 PROFIBUS—DP 现场总线技术仪表。

（2）技术应用

1）现场总线设备安装特点难点

工厂控制系统主要由西门子 S7-400 和 Profibus-DP 总线构成，除了现场常规仪表接入，还有部分现场总线仪表和部分 Modbus 设备需要接入，实现通过 Profibus-DP 网络对 Modbus 网络数据的通信。

2）现场总线设备安装

现场总线控制体系结构：以下以 E＋H 公司的总线仪表 CM442 为例，CM442 是一种多通道变送器，可在非防爆区中连接各种 Memosens 数字传感器进行测量。对于现场总线智能仪表在该系统中的应用，其工作方式有几种，作为常规仪表，可用 HART 协议方式（例如通过 HART 调制解调器和 FieldCare 软件）接线，也可以使用以太网/网络服务器/Modbus TCP 的方式通信，当作为总线仪表使用时，则采用 PROFIBUS DP 方式连接，见图 5.15-11。

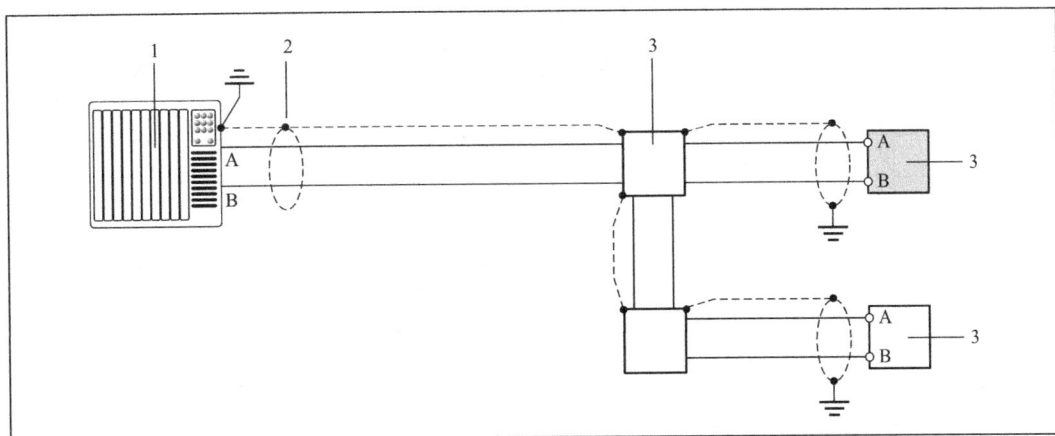

图 5.15-11　PROFIBUS DP 方式连接

1—控制系统（如 PLC）；2—电缆屏蔽层必须两端接地，确保满足 EMC 要求；3—变送器

3）施工工艺和过程

① 工艺流程（图 5.15-12）

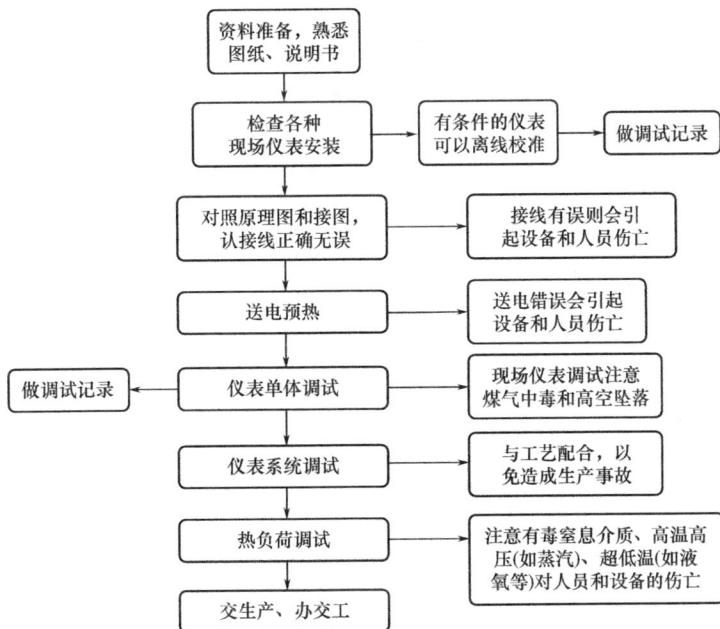

图 5.15-12　工艺流程图

② 工艺过程

a. 施工准备

（a）施工技术准备

保证相关的设计施工图纸、技术文件及必要的仪表安装使用说明书已齐全，作业人员经过技术交底和必要的技术培训等技术准备工作。

（b）施工的机具及计量器具

根据本系统工程施工特点和施工进度配备施工设备，主要施工设备见表 5.15-2。

施工设备配备表　　　　　　　表 5.15-2

序号	机具或设备名称	型号	数量（台）
1	兆欧表	ZC25-3	1
2	接地电阻测试仪	DER2571	1
3	网络测试器	6PS/8PS	2
4	对讲机	GP2000	2
5	压线钳	268	1
6	打码机		1
7	数显万用表	UT-51	1
8	组合工具		2
9	HART 通信器	475	1
10	便携电脑	联想	2

（c）材料及设备的要求

a）现场总线设备安装前应外观完整、附件齐全，并按设计规定检查其型号、规格及材质。检验合格后保存至指定的位置保管。

b）现场总线设备运输和安装时不应撞击及振动，安装后应牢固、平整。

b. 现场总线设备的接线

安装接线前例已做过介绍，不再复述，要注意的是总线终端有两种端接方法。

（a）内部终端电阻

（通过模块板上的 DIP 开关）接法，见图 5.15-13。

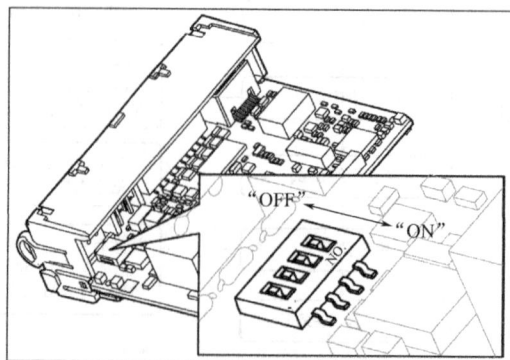

图 5.15-13　内部终端电阻的 DIP 开关

使用镊子等适当工具将 4 个 DIP 开关全部设置在"开启"位置。使用内部终端电阻的原理见图 5.15-14。

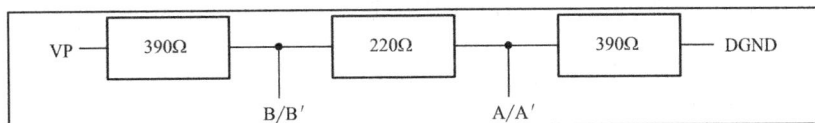

图 5.15-14 内部终端电阻的结构

（b）使用外部终端电阻

将电阻连接至 5V 电源模块 485 上的相应接线端子上，此时将模块板上的 DIP 开关保留在"关闭"位置（出厂设置）。

4）调试

① 通过硬件设置总线地址

a. 打开外壳。

b. 通过模块 485 的 DIP 开关设置所需的总线地址。

c. 对于 PROFIBUS DP，1-126 之间的任何总线地址均为有效，如果配置的地址无效，则会通过本地配置或现场总线自动启用软件寻址。如图 5.15-15 所示。

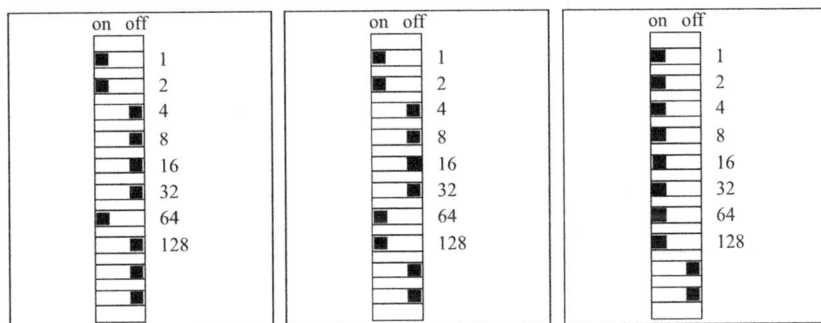

图 5.15-15 有效地址

② 开启变送器

在设备启动阶段，继电器和电流输出在初始化前的几秒内处于未定义的状态。注意可能对所连接的任何制动器造成的影响。

a. 先关闭外壳盖，并拧上设备。

b. 接通电源。

c. 等待完成初始化。

d. 按下"MENU"软键，首先在顶部菜单选项中选择语言。

e. 转至"显示/操作"菜单，配置所需的显示屏设置（显示对比度、背光显示和显示屏旋转）。

③ 基本设置

a. 在"设置/基本设置"菜单中进行下列设置：

（a）设备位号：以任意名称命名设备（最多 32 个字符）。

（b）设定日期、时间：根据需要校正日期、时间设置。

b. 如需快速调试，可忽略输出、继电器等附加设置。可以在以后通过具体菜单进行这些设置。

c. 按下"ESC"软键 1s 以上即返回测量模式。

d. 变送器按照基本设置工作。

所连接的传感器采用适用于该传感器类型的出厂设置和上次保存的各个标定设置。

如要设置"基本设置"中已经存在的最重要输入和输出参数，按以下步骤进行：

（a）在时间设置之后，使用子菜单配置电流输出、继电器、限位触点、控制器、设备诊断和清洗循环周期。

（b）具体设置可在产品操作手册的特定章节中找到相关的描述。

④ 系统上电及检查

确认按施工图纸安装，检查接线端子是否正确，检测电源与通信线是否符合要求；确认设备接线是否正确；确认各设备接地、屏蔽工作；检查现场控制线缆的接线；确认模块信号有无异常电压涌入等。经过各项目检查均无异常后，对设备依次通电

⑤ 现场总线的 I/O 调试

a. I/O 点调试

I/O 信号取决于所选型号及应用方案：各通道 0/4 至 20mA 有源信号，与传感器电路电气隔离且信号间相互隔离，其中 1x 带选配 HART 通信（仅限使用电流输出 1∶1）。

HART：

信号编码	通过电流信号的 FSK±0.5mA
数据传输速率	1200bps
电气隔离	是
负载(通信电阻)	250Ω

PROFIBUS DP：

信号编码	EIA/TIA-485，根据 IEC 61158，符合 PROFIBUS-DP
数据传输速率	9.6kBd、19.2kBd、45.45kBd、93.75kBd、187.5kBd、500kBd、1.5MBd、6MBd、12MBd
电气隔离	是
连接器	弹簧端子(最大 1.5mm)，内部桥接(T-功能选项)，选配 M12
总线终端	带 LED 显示屏的内部滑动开关

Modbus RS485：

信号编码	EIA/TIA-485
数据传输速率	2400、4800、9600、19200、38400、57600 和 115200bps
电气隔离	是
连接器	弹簧端子(最大 1.5mm)，内部桥接(T-功能选项)，选配 M12
总线终端	带 LED 显示屏的内部滑动开关

以太网和 Modbus TCP：

信号编码	IEEE 802.3(以太网)
数据传输速率	10/100MBd
电气隔离	是
连接	RJ45、选配 M12
IP 地址	DHCP 或通过菜单配置

b. 通信调试

通信调试主要包括上层管理网通信调试和 PLC 相关的控制网通信调试。当前主流的自控系统的网控器采用 TCP/IP 协议，所以可以对网控器进行系统组网。设置各个网控器的 IP 地址及网关，然后测试其通信是否正常。而 PLC 是否能正常通信需要通过调试软件进行编程，在确保物理连接、设备 ID、设备地址都正确后，通过软件进行测试，将各个 PLC 进行联网调试。

⑥ 系统功能检测

a. 系统可维护功能检测

检测应用软件的在线编程（组态）和修改功能，在中央站或现场进行控制器或控制模块应用软件的在线编程（组态）、参数修改及下载，全部功能得到验证为合格，否则为不合格。

b. 现场设备工作条件测试

系统电源供电质量：电压波动不大于±10%；频率变化不大于±1Hz；波形失真度不大于 20%。

系统的接地电阻：联合接地系统不大于 1Ω；专用接地系统不大于 4Ω。

⑦ 现场设备性能检测

传感器精度测试：检测传感器采样显示值与现场实际值的一致性；依据设计要求及产品技术条件，合格率达到 100% 时为检测合格。

⑧ 系统联调

系统联调是在单点调试和通信测试完成后所进行的调试，主要是对整个现场总线系统的各项目功能的一个调试。

（3）实施总结

相比传统控制系统，在施工、调试、维护方面，现场总线的应用将使控制成本下降 67%。

（提供单位：上海宝冶冶金工程有限公司。编写人员：沈炯、刘冬青、周建刚）

5.16 大型双膛窑建造技术

5.16.1 技术发展概述

600T/D 双膛窑是目前最先进、产量最大的高品质石灰煅烧装置之一，相比于传统的土窑、机械窑、回转窑更加节能环保，同时配套设备设施也更加复杂。双膛窑系统主体一般包含焙烧装置和能源动力公辅设施等，由于双膛窑主体是立式竖窑结构，各专业一般采用从下到上、从内到外依次散拼施工，建设期一般为12个月。经多年安装实践综合分析，采用结构和设备模块化建造、专有施工技术、BIM应用辅助施工，可大大提高施工效率和施工质量，降低成本。

5.16.2　技术内容

（1）技术特点

600T/D双膛窑工程一般包含原料储运系统、焙烧装置、成品处理系统、能源动力公辅系统等，是典型的多专业综合性工程，涵盖建筑、结构、非标设备、机运、耐材、液压、暖通、给水排水、燃气、电气、电信、仪表、自控和热工等专业。整体布局紧凑，建设期压缩到8个月以内，工序衔接非常重要。基于EPC总承包平台上的资源一体化优势，应用模块化建造、耐材专业化砌筑、BIM技术进行建造，提高效率和质量，项目效益显著。

（2）窑本体模块化建造

石灰窑工程是以石灰窑本体为核心，配套各能源介质和动力公辅装置的系统工程。基于EPC总成平台的设计优势，方案设计阶段就充分考虑模块化制作、安装的因素，设备和系统按照功能和层次分解成若干有接口关系的相对独立单元，再按标准化的流程制作，最后组合成完整的单体。

（3）耐材专业化砌筑

双膛窑耐材砌筑的主要关键部位为牛腿的砌筑和连接通道的砌筑。连接通道柱砌砖时，应该注意标准砖和异型砖混合砌筑。保证通道内墙体处于同一水平面以及主拱砖侧立面的倾斜角度，采用专用样板（或木模）进行控制；同时同侧的顶层砖顶面应在一个面上。

（4）BIM应用建造技术

针对石灰窑EPC项目普遍存在同时设计同时施工同时变更的"三同时"工程特点，重点在于解决方案变更、构件返工、制作安装累积误差等问题。引入BIM技术进行施工方案模拟、工厂预制出厂检查、模具胎架放样制作等，以BIM数据为标准，大大提高了施工效率，降低返工率，提高施工质量。

5.16.3　技术指标

（1）《工业金属管道工程施工质量验收规范》GB 50184—2011；

（2）《钢结构工程施工质量验收标准》GB 50205—2020；

（3）《机械设备安装工程施工及验收通用规范》GB 50231—2009；

（4）《工业炉砌筑工程施工及验收规范》GB 50211—2014。

5.16.4　适用范围

适用于冶金、化工、建材等在建及扩建的多专业双膛石灰窑EPC工程。

5.16.5 工程案例

1. 衢州元立 2×600TPD 双膛窑 EPC 总承包工程

（1）工程概况

衢州元立 2×600TPD 双膛窑 EPC 总承包工程为新建年产 40 万 t 石灰项目，包含原料储运、筛分上料、窑本体、成品输送及存储、液压、煤粉分配及输送、热力设施、除尘设施、给水排水设施、供配电设施、自动化控制、电讯设施、工业视频监控、火灾自动报警及消防设施、总图运输、设备单体试车、无负荷联动试车、热负荷试车、调试用备品备件及相关技术服务等，其中煅烧生产工艺引进瑞士麦尔兹公司技术。工程建于衢州元立金属制品有限公司厂区内，从土方开挖到竣工投产，合同工期要求 270d。

（2）技术应用——窑本体模块化建造

石灰窑本体是石灰窑工程核心装置，在设计阶段按照模块化制作、安装的原则，将石灰窑工艺钢结构 BIM 建模（图 5.16-1），再分解成相对独立的六段，多段同时制作，然后安装组合。双膛石灰窑全高 55m，主体为两个窑膛，基本组成为窑底部灰仓、卸料斗、窑壳体、窑顶小房几个部分。窑壳主要为 10mm 钢板，高空散拼，存在焊接难度大、变形控制难，是占主线工期最长的建筑单体。

图 5.16-1 窑本体工艺钢结构

双膛石灰窑与其他套筒窑外形区别在于直径不规则，石灰窑本体结构模块化建造即窑本体钢结构以每层平台的环形圈梁下翼板为节点沿高度方向分为五段，壳体第一部分由三段扇形钢板圈（$\delta=10mm$）组成，钢板圈高度为 5.5m；窑壳第二部分结构形式为直段，高度为 3.05m，直径为 8380mm；窑壳第三部分窑壳壁厚 10mm，高度为 6.95m，直径为 5070mm，相对于第二部分直径变化很大；窑壳第四部分窑壳壁厚 10mm，高度为 1.88m，直径变化为 5070mm；窑壳第五部分窑壳壁厚 10mm，高度为 4.74m，直径变化为 4310mm。这些部分按照下面窑壳的制作安装流程施工（图 5.16-2）。

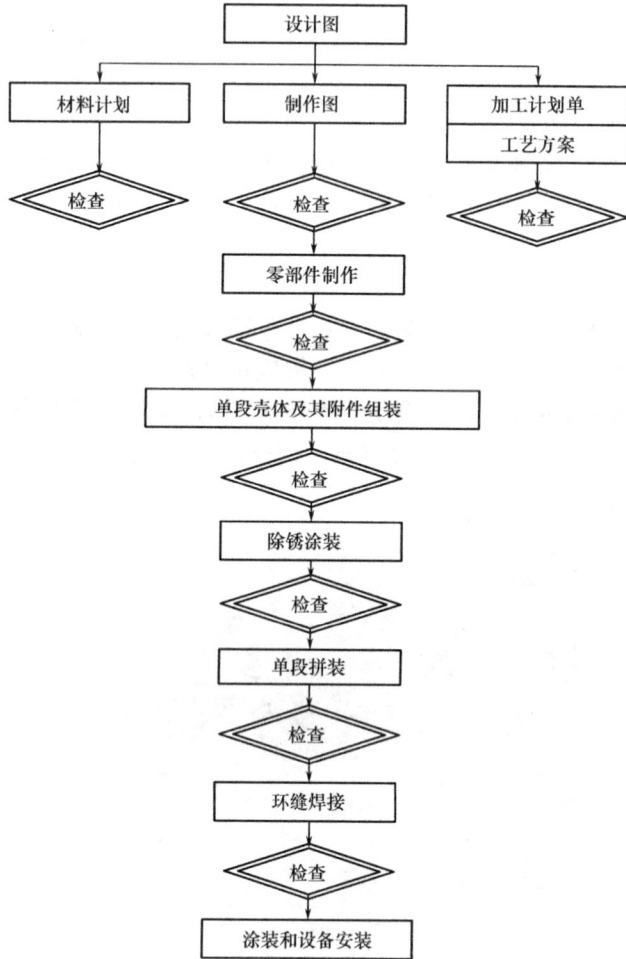

图 5.16-2　窑壳体制作工艺流程图

每段均工厂化制作，制作中要对壳体进行周长、椭圆度、同心度测量（表 5.16-1），直到调整后所测数据符合规范要求，然后使用带弧形钢板圈的十字撑点焊和定位板固定。

窑壳的允许偏差（mm）　　　　　　　　　　　　　　　　　　　表 5.16-1

壳体椭圆度	壳体同心度	壳体钢板对口错边量	壳体钢板圈上口水平度
$\leqslant 2/1000D$	$\leqslant 1/1000H$ 且不大于 30mm	$\leqslant 1/10t$ 且不大于 3mm	$\leqslant 4mm$

在地面组装平台上安装平台、栏杆、环管、桥架等附件以及开设工艺孔洞，每段最大重量约为15~21t，组装完与BIM模型数据进行核验，确保偏差在允许范围之内，之后环形圈梁和平台以及栏杆形成一个稳定的整体即可拆除十字撑和固定板。组装完倒运至吊装场地，由150t履带起重机进行整体吊装（图5.16-3）。高空拼接中仅需在已安装平台上校正、对接待安装段下部的水平环缝（图5.16-4）。大面积组装平台可以多段同步制作、组装，集中高空拼装，焊接质量以及安全性大大提高，且能确保焊缝检测一次合格率，同时节省约50％工期。

图5.16-3　壳体第二段吊装

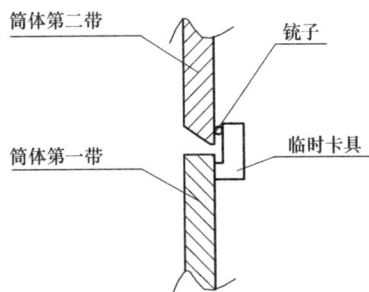

图5.16-4　窑壳水平环缝对接示意图

（3）应用总结

此次应用模块化建造技术，吊装29d完成窑本体封顶，节省大型吊机台班约40％；耐材砌筑经外方SV专家验收一次通过。2014年顺利投产，运行稳定，产品质量优质。

2. 连云港兴鑫2×600TPD双膛窑EPC总承包工程

（1）工程概况

连云港兴鑫钢铁有限公司（后面简称"连钢"）位于江苏省连云港市灌南县半岛临港产业区内，由于厂区内9座机械窑不符合生产和环保要求，并且转炉煤气需要给新建电厂提供能源，所以计划在年内新上两座燃煤双膛窑，待投产后再对老窑进行拆除。此工程包含原料储运和制粉、筛分上料、窑本体、成品筛分储运和破碎、煤粉制备及输送、热力设施、暖通除尘等系统。合同工期要求180d。

（2）技术应用

1）双膛石灰窑窑本体总高度约为38m，+11.35m以下为窑底灰仓部分，包括上下两个锥段和中间的卸料平台。在+11.35m以上可分为五大部分。第一、二部分窑壳连体，从第三部分窑壳开始变成两个独立的单元。双膛石灰窑与其他套筒窑外形区别在于直径不规则（图5.16-5），例如第一部分直径由$\phi 6620$变化到$\phi 8152$，再到最上面第五部分的$\phi 4310$，直径变化将近4m。锥段按设计图进行分段

图5.16-5　窑壳外形

分片下料、拼装、焊接。

下料时每一个构件长度方向预留 100mm 余量，便于预组装时调整，其他附件在号料时应留出相应的切割和焊接余量，号料时在筒体的 0°、90°、180°、270°以及所有开孔中心线上打上洋冲，并用白色油漆做出明显标记。下料完毕后采用半自动切割机或坡口用刨边机打坡口，坡口形式严格按照设计要求进行（图 5.16-6）。

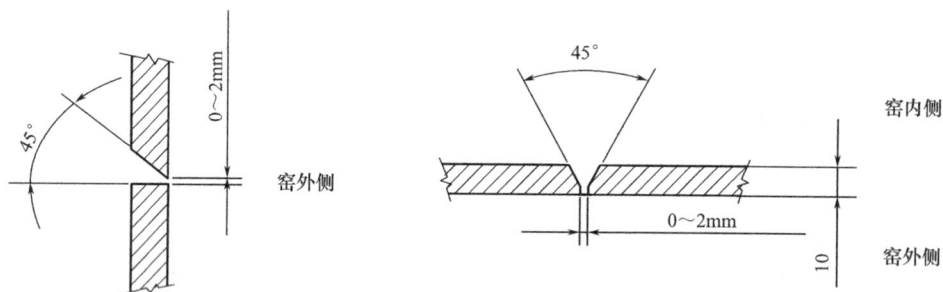

图 5.16-6　横、立焊坡口详图

加工成型后的半成品进入装配工序，在组装平台上按照设计展开图进行，装配完毕后将各种组装卡具焊在炉壳相应位置上。第一部分壳体由三段扇形钢板圈（$\delta = 10\text{mm}$）组成，每段钢板圈高度为 2000mm 及两带一吊，每带高度为 1865mm。第一部分壳体选在已安装好的环形圈梁下翼板上进行组装，组装时选用 25t 汽车式起重机（图 5.16-7）。组装中对壳体进行周长、椭圆度、同心度测量，直到调整后所测数据符合规范要求，然后将弧形钢板圈之间焊接固定。

图 5.16-7　壳体第一段吊装

窑壳第一部分吊装在 +14.13m 位置，+18.3m 平台在吊装前与窑壳第一部分一起吊装，自重约 21.5t，选用 150t 履带吊吊装（主臂 46m，作业半径 16m，窑壳第一部分加吊具索具重约 22t）。将窑壳第一部分缓缓提升至下表面标高为 +14m 位置，调整同心度、窑壳顶部的水平度、椭圆度及标高到位后与六边梁结构焊接。

窑壳第二至五段、喷枪平台、窑顶小房部分吊装参照第一段实施吊装（图 5.16-8、图 5.16-9），利用 BIM 模型进行吊装重量调配和运输通道、吊装空间模拟。

在场地紧凑工地中，对于体量小单体和局部高耸结构可直接设计为全钢结构模块，异地制作好后整体吊装拼接到位，缩短主线工期。如常规吊装上料斜桥需在窑前仓结构完成后逐节安装，但根据其狭小安装位置和重量，起重机无处站位，采用倒装法可很好解决此问题。上料斜桥顶部弯轨与斜桥上段在地面进行组装，从上至下进行拼装，下段暂预留。

图 5.16-8　喷枪平台吊装

图 5.16-9　窑顶小房吊装

2）耐材专业化砌筑

双膛窑耐材砌筑的主要关键部位为牛腿的砌筑和连接通道的砌筑。牛腿砌筑过程需要向内退台施工，砖结构的径向膨胀由 2mm 陶瓷纤维板和 3mm 陶瓷纤维垫来吸收。每个窑有两个窑膛，每个窑膛冷却带有 12 座牛腿支撑整个窑膛上部耐材。24 座牛腿柱耐材从六边形托砖圈开始砌筑，最大的难度在于砌筑至 124 层必须保证 24 座牛腿顶部累计高差＜5mm。砌筑中用水准仪检查耐火窑衬的水平底板，是否有不平整。在前 10～15 层砌筑砖中，可用灰泥补偿累积最大 15mm 的标高差异。如果存在较大的底板变形，可用耐火泥捣打料进行找平，最小厚度为 20mm。两个窑膛需从相同水平开始砌筑。

连接通道柱砌砖时，应注意标准砖和异形砖混合砌筑的情况。先砌筑柱子的角部砖，这些砖应与下部砖层重叠 1/2 块砖。应在外环形通道墙方向上大约 1～1.5m 处放置端部的砖。另窑膛内墙体与通道内墙体砌筑同时进行，用水准仪把同层耐火砖的标高写在砖上，做好标记保证通道内墙体处于同一水平面。两侧特殊高铝砖斜度退台后支拱胎，在主拱砖上用侧面砖作找平层并加工斜面，保证其侧立面的倾斜角度，可用专用样板（或木模）进行控制，同时同侧的顶层砖顶面应在一个面上（顶部高差＜5mm）。

（3）实施总结

此工程建设场地开阔，模块化制安优势充分发挥。现场就近进行窑本体制作、组装，多段同时开工，吊装 19d 即完成两座窑封顶，创业内最快纪录。窑本体配套工艺设备和管路采用倒装法，节约了机械台班、减少了交叉施工风险，创效显著。工程提前 5d 投产，2016 年生产至今运行稳定，获得业主的一致好评，目前已成为业内石灰窑示范工程。

（提供单位：上海宝冶冶金工程有限公司。编写人员：刘军、刘林）

5.17　大型水泥熟料生产线施工技术

5.17.1　技术发展概述

大型水泥熟料生产线通常情况下，因回转窑筒体与筒体对接在空中进行、轮带的安装在空中套装，传统方法采用两台吊车配合吊装：一台进行主吊，一台进行配合吊装（保护悬空部分窑筒体）。经综合分析，采用一台大型起重机＋移动式框架的新技术进行窑筒体及轮带的吊装，节省机械费用，施工安全可靠。

5.17.2 技术内容

目前我国水泥熟料生产线新建、改建项目中，生产规模均为不低于5000t/d及以上，其中最大达到12000t/d。

单线生产能力的提高，各生产设备重量、外形尺寸都增大，大、重设备多，其中12000t/d生产线设备安装总量超过14000t，结构及非标制作安装量接近10000t，各类电气线缆长度达到60万m。水泥熟料生产线其主要设备包括回转窑、箅冷机、电收尘器、预热器、生料立磨等。

（1）回转窑安装

回转窑施工工艺流程：

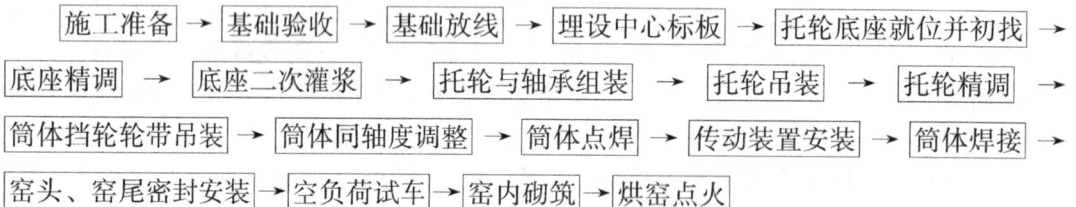

施工准备 → 基础验收 → 基础放线 → 埋设中心标板 → 托轮底座就位并初找 → 底座精调 → 底座二次灌浆 → 托轮与轴承组装 → 托轮吊装 → 托轮精调 → 筒体挡轮轮带吊装 → 筒体同轴度调整 → 筒体点焊 → 传动装置安装 → 筒体焊接 → 窑头、窑尾密封安装 → 空负荷试车 → 窑内砌筑 → 烘窑点火

在回转窑安装时采用临时支撑架的辅助方式进行吊装，避免了多台大型吊车的同时作业，降低了意外事故的发生概率，并节省了机械费用，如图5.17-1所示。

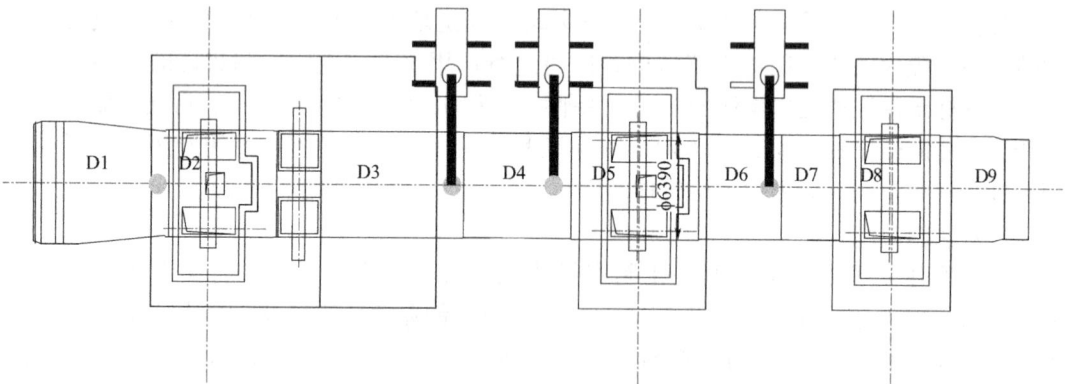

图5.17-1 回转窑筒体吊装吊车站位示意图

回转窑关键技术点托轮底座及主电机底座采用无垫铁安装，调整时采用顶丝调节。由于回转窑的窑体与水平呈约4%的倾斜，设备底座外形尺寸大，调整过程中因接触面小稳定性差，所以采用顶丝与垫铁同时调整。此法适用大型水泥回转窑的安装，特别适用在同一项目上有多台水泥回转窑的情况。

回转窑吊装调节后，应达到下列要求才可进行焊接：

1）大齿圈及轮带处直线度偏差不大于2mm。

2）窑头、窑尾处直线度偏差不大于5mm，齿圈处不大于2mm，其余部分不大于 6mm。

3）轮带与托轮接触面长度不小于其工作面的 70％。

4）轮带宽度中心线与托轮宽度中心线距离偏差为±5mm。

回转窑焊接一般采用手弧焊或半自动焊，焊接过程中每焊接完成两层焊缝应对筒体直线度进行检查，并根据变形情况更改焊接顺序和调整支撑、垫片等进行调节，焊缝焊接完成后对焊缝进行超声波检查，焊缝质量应达到国家现行标准《承压设备无损检测》NB/T 47013 规定的 2 级以上。

（2）箅冷机安装

目前箅冷机技术开发至第四代，主要是模块化设计方面进行了优化。我国目前熟料线大部分仍采用第三代空气梁可控气流箅冷机。

箅冷机安装工艺流程：

施工准备 → 基础验收 → 落灰斗安装 → LPS 旋摆装置安装 → 传动装置安装 → 下壳体及破碎系统安装 → KIDS 系统安装及箅板安装 → 上壳体及附件安装 → 砌筑 → 试运转

由于箅冷机安装过程是模块拼安过程，除破碎机重量较重外，其他构件都在 1t 以内，除了 LPS 系统精度要求较高外，其他部件易于组装。但由于箅冷机位置一般在建筑内，构件就位、运输较困难。壳体及驱动轴安装时，在建筑结构顶部沿箅冷机两壁面装两根 $\phi20$ 钢丝绳（俗称"钢丝绳天线"），挂滑轮、捯链牵引物体到安装位置，使得狭小场地的设备吊装变得简单易行。

1）线性摆动支撑系统（简称 LPS 系统）安装

新改进的 LPS 系统体积非常小（图 5.17-2），很容易放到箅冷机的风室里面，而在外面不需要任何支撑。

图 5.17-2 安装好的 LPS 系统

LPS 系统的调整通过一组棱镜进行，通过经纬仪将其调整到合适的位置。

2）试运转要求：运转时仔细检查传动是否平稳，无异常声响；箅床运行平稳，无卡碰、跑偏现象，箅缝均匀；箅床传动的液压系统工作正常；各部位轴承不允许有过热现象，温度应小于 40℃；润滑系统工作良好，各润滑点满足润滑和密封要求，管路无渗漏情况；各监测设备、控制装置及报警装置工作正常；各风机工作正常。

（3）电收尘器安装

电收尘器的安装工艺流程：

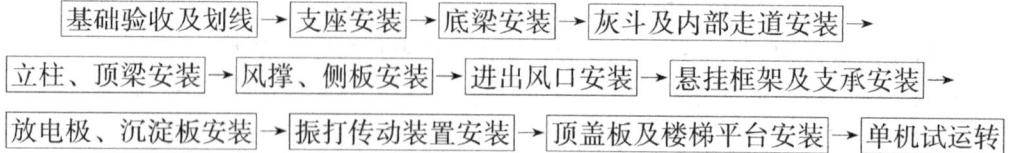

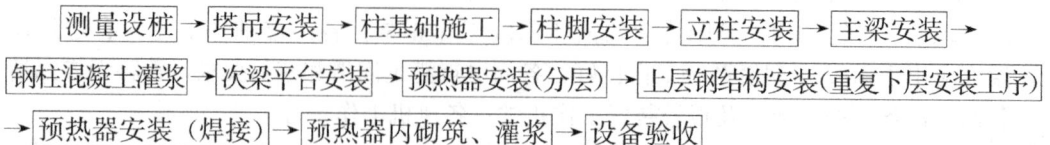

基础验收及划线 → 支座安装 → 底梁安装 → 灰斗及内部走道安装 →

立柱、顶梁安装 → 风撑、侧板安装 → 进出风口安装 → 悬挂框架及支承安装 →

放电极、沉淀板安装 → 振打传动装置安装 → 顶盖板及楼梯平台安装 → 单机试运转

电收尘器由于零部件较多，属于搭积木式组装，每一步要严格控制组装公差。特别是振打机构，按图纸要求安装布置振打锤轴和轴承，振打锤轴安装在同一水平线上，其水平度不大于 0.2mm/m，同轴度不大于 1mm，全长为 3mm。振打轴安装在轴承内，先找好轴承位置并固定，然后在轴承底部与轴承支架之间插入调整垫片来调节全部轴承的高度，用水平尺测量，将锤轴调整到同一高度。调整高度时，每个轴承利用不同的调整垫片进行调节。

安装振打锤，旋转振打轴，检查振打锤的承击点，其偏差在垂直和水平方向均不大于 ±3mm。安装提升机构和传动装置，调整振打锤提升角度和上、下降拉杆尺寸，确认满足振打锤承击点的要求后，锁紧提升杆的螺母，并焊接振打锤轴轴承座的限位挡块。传动装置及传动支架应固定牢固，传动轴与振打锤轴轴心线应在同一直线上，同轴度为 2mm。

放电极和沉淀极是极易变形的部件，现场搬运和堆放时注意搬运方式和场地平整。为防止吊装过程中变形，用型钢制作一付吊装架和地面滑道装置。如图 5.17-3 所示。

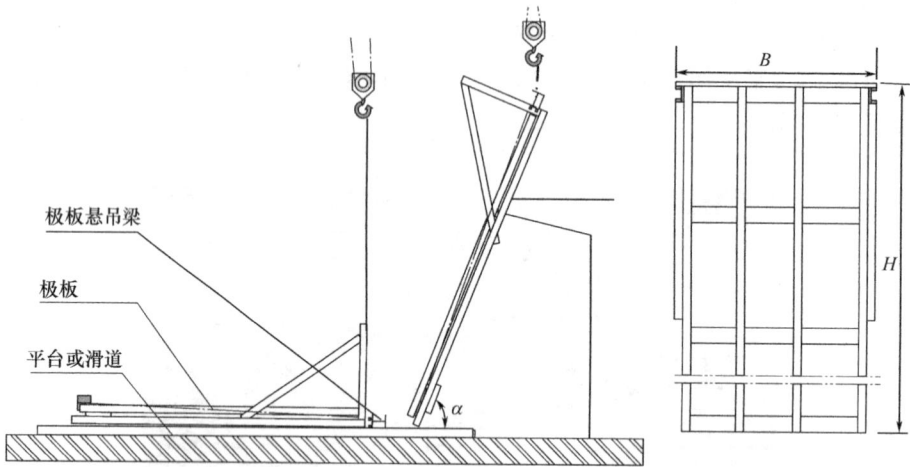

说明：
1. 极板吊装架可用槽钢制成。
2. 极板组对好后，借助吊装架，吊至 $\alpha \geqslant 75°$ 后，再吊装极板。

图 5.17-3　极板吊装架和滑道装置示意图

（4）窑尾塔架及预热器安装

安装工艺流程：

测量设桩 → 塔吊安装 → 柱基础施工 → 柱脚安装 → 立柱安装 → 主梁安装 →

钢柱混凝土灌浆 → 次梁平台安装 → 预热器安装（分层）→ 上层钢结构安装（重复下层安装工序）

→ 预热器安装（焊接）→ 预热器内砌筑、灌浆 → 设备验收预热器及塔架为高空、多层，钢结构框架，预热器的安装必须按一定顺序自下而上逐层进行。设备组对安装、钢结构框架组对安装和砌筑等多工种施工，构成立体交叉作业，形成施工作业面窄小、立体作业层多、工种交错、施工工期长等水泥行业安装施工的特点。为此，在施工计划安排中要周密考虑施工工期和安全措施，确保工程质量和进度。

窑尾预热器钢结构塔架属于高层工业建筑，为独立高层、重载荷、钢制构件拼装组合式建筑，对材料、制造、喷砂除锈、涂装、包装运输等技术要求较高，在水泥厂干法生产工艺中占有相当重要位置，其制作质量将直接影响项目的经济效益。

在预热器安装过程中，选用一台型号为 TC-7032（臂长 45m）和一台型号为 TC-7052（臂长 60m）型自升塔式起重机，其中部分立柱需要两台塔吊配合抬吊。塔式起重机安装位置如图 5.17-4 所示。

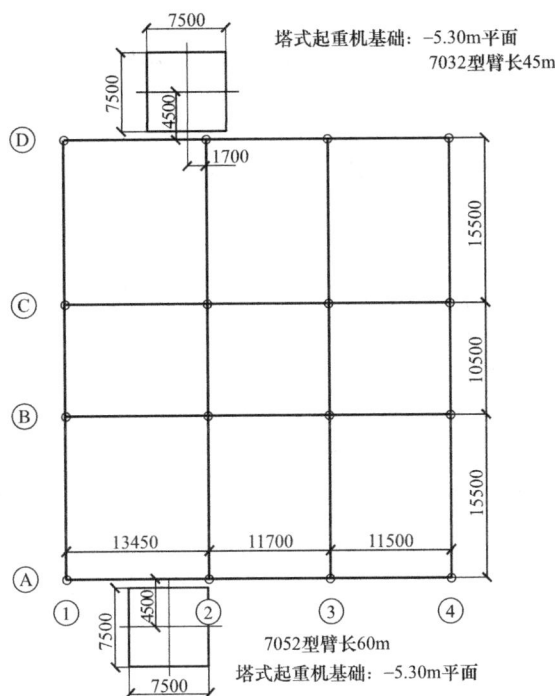

图 5.17-4　塔吊布置图

预热器分段安装，首先在地面预拼，要求筒体内同一断面上，最大直径与最小直径之差不大于 $3/1000 \times D$（D 为筒体内表面直径）。筒体圆周周长公差 ±10mm。钢板对接焊缝（环、纵向）错边量小于 2mm。筒体母线直线度，用 800～1000mm 直尺来检查，其公差不大于长度的 2/1000。

（5）生料立磨安装

生料立磨主要由外壳、主电机、主减速机（Flender）、磨盘、磨辊、高压油站、低压油站、选粉机、液压站、喷水冷却等部分组成。

立磨安装流程：

设备安装前的准备工作 → 设备验收 → 设备基础验收、放线 → 磨辊支撑架底座拼焊及安装 → 电机底座拼焊及安装 → 磨辊支撑架安装 → 减速机底板安装 → 基础孔一次灌浆 → 基础底板精调 → 基础二次灌浆 → 减速机安装 → 立磨下壳体拼焊、安装 → 磨盘安装 → 磨盘衬板、挡料环、刮板、喷环安装 → 磨辊总成的安装 → 立磨中部壳体拼焊、安装 → 楼梯栏杆的安装 → 选粉机壳体拼焊、安装 → 选粉装置安装 → 选粉机电机及其联轴节安装 → 液压站及磨辊润滑油站安装 → 密封风机及风管安装 → 喷水系统及其管道安装 → 主电机安装 → 单机无负荷试车

由于立磨是从下向上分多个部件组装，为保证各部件中心偏差小于 1mm，在基础施工前，地面按要求放线定位，在轴线上、中心点预埋标板，并做好标识，用圆管制作三脚架，在立磨上方制作中心线标板，如图 5.17-5 所示。其中用临时支架制作的上方中心标板，因为吊装部件过程中需要不断拆装，每次重装时要用铅垂线重新找中。

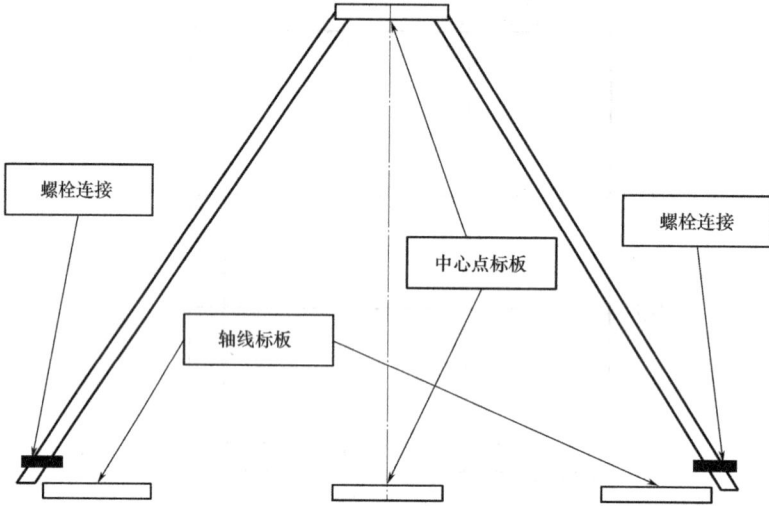

图 5.17-5　生料立磨安装

减速机安装在设备基础支座上。将减速机放置在 4 根 $\phi30$ 的圆钢上，圆钢下平铺 $\delta=30$ 的钢板，用 2 台 10t 手拉葫芦牵动减速机就位。

减速机就位后，用 4 台 50t 液压千斤顶顶起，打磨减速机底座毛刺，底座上表面涂上油脂方便调整。调整减速机的横向、纵向中心线与底座横向、纵向中心线相重合，重合后安装减速机与底座连接螺栓，拧紧后要求底座与减速机结合面间隙≤0.1mm，同时安装减速机定位销。

磨盘是立磨最重的部件，重量 100t 左右，清洗磨盘和减速机相接触表面，涂上少量的油脂，检查圆柱键与键槽之间的配合。根据吊装位置，选用 350～450t 汽车式起重机（或履带式起重机），利用磨盘上三个安装吊环吊装磨盘，连接磨盘和减速机上法兰。找正磨盘，使磨盘和减速机的中心相重合，检查磨盘水平度找正偏差 0.05/1000，达到要求后连接减速机和磨盘的连接螺栓，使用液压扳手拧紧，螺栓拧紧后用塞尺检查结合面，间隙

不得大于 0.1mm。将磨盘盖板安装到位并拧紧。

5.17.3 技术指标

(1)《水泥机械设备安装工程施工及验收规范》JCJ/T 3—2017；

(2)《自动化仪表工程施工及质量验收规范》GB 50093—2013；

(3)《电气装置安装工程　接地装置施工及验收规范》GB 50169—2016；

(4)《电气装置安装工程　电气设备交接试验标准》GB 50150—2016；

(5)《电气装置安装工程　低压电器施工及验收规范》GB 50254—2014；

(6)《钢结构工程施工质量验收标准》GB 50205—2020；

(7)《工业炉砌筑工程施工与验收规范》GB 50211—2014；

(8)《工业设备及管道绝热工程施工质量验收标准》GB/T 50185—2019。

5.17.4 适用范围

适用于 12000t/d 水泥熟料生产线工程机电设备安装。

5.17.5 工程案例

1. 芜湖海螺三期 2×12000t/d 熟料生产线（B 线）工程机电设备安装

（1）工程概况

由芜湖海螺水泥有限公司投资建造的 12000t/d 熟料生产线，是目前世界上单体产能最大的水泥熟料生产线。

本工程包含整条水泥熟料生产线，从石灰石破碎及输送、预均化堆场、原煤输送及储存、原料调配、原料粉磨及废气处理、烧成窑尾、烧成窑中、烧成窑头及箅冷机到熟料输送及储存等子项的设备安装、非标及非标设备制作安装、电气仪表安装、保温工程、筑炉工程及各类管线的施工。

工程自 2011 年 1 月 18 日正式开工，2012 年 5 月 10 日点火投产，见图 5.17-6。

图 5.17-6　芜湖海螺三期 2×12000t/d 熟料生产线（B 线）工程

（2）技术应用

1）箅冷机安装技术特点及难点

箅冷机由生产厂家分块制作，散装供货，除破碎机外，每个部件重量在1t以内，现场按顺序搭积木式安装完成。但一般箅冷机整个设备在混凝土框架内，安装空间小、设备安装精度要求高，现场采用吊车倒运、滑轮平移设备方案，采用全站仪定位、自制调节装置调节安装精度等技术完成设备安装。

2）关键技术特点

箅冷机的零部件较多，倒运量大，安装位置狭小，如果采用简单起重搬运法安装，工期长、人工量大。根据现场建筑结构特点，在箅冷机安装位置上方拉两根吊装钢丝绳，钢丝绳上悬挂电动葫芦进行垂直方向吊装，水平方向运输，通过采用"天线"法吊装设备可以有效减少人工及工机具成本，明显提高工效。

线性摆动系统LPS对精度要求高，在设备安装之前用全站仪建立测量网络，采用自制顶丝工具对各点进行微调，用全站仪进行控制，保证LPS系统精度达到要求。

3）施工工艺过程

① 工艺流程图（图5.17-7）

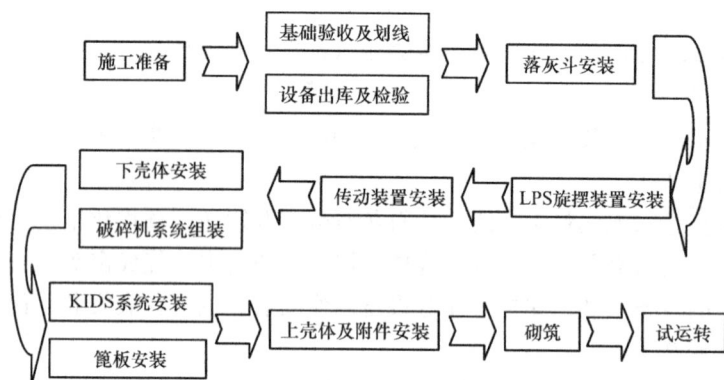

图5.17-7　工艺流程图

② 工艺过程

a. 施工前准备

（a）施工技术准备

a）设置吊装机具：在两排混凝土柱子的正上方顺着箅冷机的纵向方向借助厂房楼板用 $\phi24$mm 的钢丝绳设置两根走线，在走线上各挂一个 5t 单滑轮，在滑轮上挂一个 5t 捯链。

b）窑头罩的安装必须在箅冷机主体结束之后进行，否则将会导致箅冷机的安装工作无法进行。

（b）主要施工机具（表5.17-1）

b. 基础验收及放线

（a）基础验收

设备基础各部分的偏差应符合表5.17-2的要求。

主要机具配备表 表 5.17-1

序号	名称	型号规格	单位	数量	备注
1	汽车式起重机	50t	台	1	根据需要安排
2	汽车式起重机	25t	台	1	根据需要安排
3	经纬仪	J2	台	1	
4	水准仪	S3	台	1	

设备基础偏差表 表 5.17-2

序号	名 称	允许偏差(mm)
1	基础外形尺寸	±30
2	基础坐标位置(纵、横中心线)	±20
3	基础上平面标高	0,−20
4	中心线间的距离	±1.0
5	地脚孔中心位置	±10
6	地脚孔深度	+20,0
7	地脚孔垂直度	5/1000

（b）基础放线

a）用经纬仪或线坠等将窑体的轴线引到冷却机基础上，划出一条窑纵向中心线的延长线。

b）以窑头托轮的横向中心线为基准，将回转窑窑口圈热态工作点引到在冷却机基础上已画出的窑纵向中心线上，并在此点划出与托轮横向中心线相平行的线。

c）以上述所划出的纵线为基准，划出冷却机的纵向中心线，允许偏差≤1.5mm。

d）以划出的横向线为基准，划出尾轮、冷却机、传动减速机的中心线及冷却机进料端第一根柱子的横向中心线，其允差≤1.5mm。

e）通过已划出的冷却机纵向中心线、尾轮、冷却机传动减速机的中心线、第一根柱子的横向中心线划出全部基础的各个中心线，其允差≤1mm。

c. 灰斗及 LPS 系统支腿安装

（a）灰斗安装

将灰斗分别按照图纸安放到预留孔洞位置，与预埋板密封焊接，在灰斗坑上沿安装横梁并安放格栅板（图 5.17-8）。

（b）LPS 系统支腿安装

按照图纸位置安装 LPS 系统支腿，在支腿的下面制作支撑并将上表面标高找平，支腿可进行微量调整（图 5.17-9）。

d. 线性摆动支撑系统（简称 LPS 系统）安装

整个 LPS 系统在场外组装，整体吊装到设备基础上。为了便于调整固定，用角钢制作简易的调整工具（图 5.17-10），此调整工具上采用了大螺杆，使得调节更加方便简洁。支腿上面的小丝杆可以对 LPS 支撑进行微调。

图 5.17-8　灰斗安装

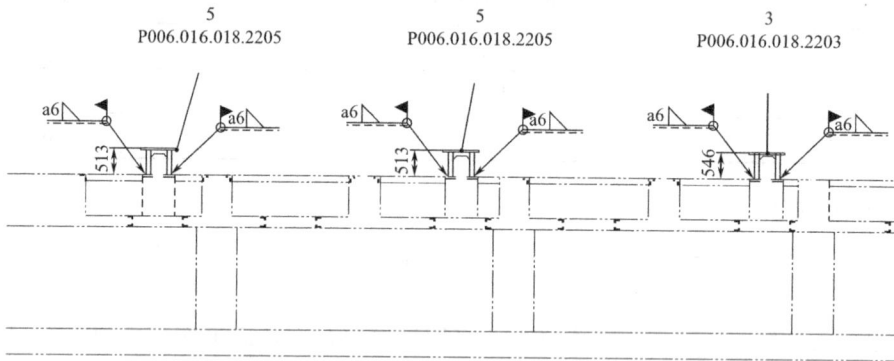

图 5.17-9　支腿安装图

图 5.17-10　LPS 系统调整临时角钢支架

　　LPS 系统的调整通过全站仪加一组棱镜进行（图 5.17-11），3 个棱镜为一组拧到 LPS 支撑架上面，通过经纬仪将其调整到合适的位置，校准的误差范围在 ±1mm。

图 5.17-11　使用全站仪（各检测点装棱镜）在调整 LPS 系统

使用 LPS 作为活动箅板的支撑，活动箅板与固定箅板之间的间隙为 0.5mm 以下。

e. 驱动梁及下部壳体的安装

（a）安装驱动梁

调整好 LPS 系统后，将驱动梁安装到悬摆梁上面，此时角钢临时支架起到固定 LPS 系统悬摆梁的作用（图 5.17-12）。

图 5.17-12　驱动梁安装

（b）安装中间隔板

中间隔板的安装在驱动梁安装完成后进行，且中间隔板此时只是临时安放到位，待下壳体板就位后一起进行找正固定焊接。由于基础的偏差，厂家自带了厚薄不一的调整垫片，但是如果基础偏差太大就需要提前在下壳体接缝两边制作砂浆墩或者采用平垫铁。

（c）下壳体的固定

下壳体与基础之间的固定采用设备厂家自带的膨胀螺栓，长度 200mm 左右，用专用电锤安装，安装一般在壳体安装找正焊接结束后进行（图 5.17-13）。

图 5.17-13　中间隔板及下壳体安装

f. 破碎机的安装

由于破碎机的设计是抽出式，即在维修时可以直接将其抽出到箅冷机外面，故而在安装的时候可以在箅冷机外面的破碎机滑道上进行，组装结束待箅冷机安装完将其推入。破碎机上面设有一个电动检修葫芦，此葫芦可以提前安装，为破碎机的拼装服务。

g. 箅板安装

IKN 公司的箅冷机全部采用 COANDA 箅板，其主要形式有 3 种。在活动箅床区采用了 1 种，该区每 3 排箅板中有一排是活动箅板，共有 95 排。在固定箅床区采用了 2 种，落料点使用的是稍窄一点的箅板，另一种则是增加了斜槽的数量。

箅板的安装利用厂家提供的专用工具进行（图 5.17-14），安装方便快捷。

图 5.17-14　箅板安装调整专用工具

h. 熟料入口分配系统的安装

箅冷机的整体宽度为 6.8m，在进料段使用浇注料将两侧的三角区域封住，使得能够吹气的区域形成一个"V"字形。在该区域料床厚度较厚，一般为 800～1000mm。在箅板的气流及物料的重力作用下，熟料将顺着箅板坡度流向活动区，并逐步散开，均匀地分布在 6.8m 宽的箅床上（图 5.17-15）。

图 5.17-15　KIDS 系统安装

i. 上机壳安装

（a）安装上机壳钢构架

上机壳的工字钢钢柱用螺栓与下机壳柱顶梁联接，安装时临时用支撑将钢柱支起；横梁用螺栓与钢柱组对好，然后将四个角柱的垂直度调整焊接。四个角柱的对角线允许误差为±3mm。四个角柱焊接定位后，测量中间各柱的上、下距离，最后焊接柱顶工字梁。

（b）焊接侧壁板、顶板

首先检查检查口、进风口等的形位公差，核对侧壁板、顶板的编号，对号就位。施焊时要求气密性好，不得有漏焊、气孔等疵病。

j. 液压系统的安装

液压缸的安装要注意叉形法兰的安装，叉形法兰安装在驱动支撑扶壁上，用调整套筒和测距仪进行校准。

k. 润滑系统安装

（a）管道布置要牢固、整齐、美观，力求捷径，减少弯曲，弯曲半径不小于管径的 3 倍，不允许热搋。

（b）管路安装前进行酸洗，内部不允许有铁屑、氧化皮、杂物等。

（c）分配器安装在易于受到指示杆操作的地方，并使指示杆均指向一个方向。

l. 耐火材料砌筑

（a）在高温区侧壁与拱顶全部采用耐火砖砌筑，灰缝不大于 2mm。

（b）采用耐热混凝土浇筑时，应先检查锚钉是否焊牢，并在锚钉上涂沥青漆或缠绕绝缘胶布，而后制模板浇灌，具体见筑炉施工图纸。

m. 箅冷机单机无负荷试运转

（a）试车前准备工作

a）清除施工时所遗留的垃圾杂物。

b）检查紧固联接螺栓紧固程度，点焊处是否焊牢。

c）检查各密封垫是否严密。

d）卸下润滑管与设备的接头，启动油泵，检查是否出油，分配阀的工作情况，管路是否有渗漏，起动调整润滑系统，确认供油系统工作正常。

e）点动电动机检查回转方向是否正确。

f）检查各温度计及压力表指针是否灵活准确。

（b）试运转

a）确认箅床、导轨、托轮等动作构件上没有杂物才能通电启动。

b）合上开关启动 5s 后停止，无异常现象再重新启动。

c）破碎机应检查轴承运转是否平稳，有无异响及温升；电机的电流及电压。

d）运转期间应检查：箅板的冲程长度；轴承温升及有无异声；活动箅板与固定箅板、侧板有无摩擦现象；电机的电流和电压等。

n. 箅冷机安装质量控制点

（a）冷却机纵向中心线用激光经纬仪完成。

（b）从窑头托轮横向中心线到冷却机尾部第一根柱子的横向中心距一定要放准，涉及窑头罩下料口与冷却机后墙板的装配。

（c）侧框架安装找正，使用高精度水准仪、经纬仪测量。

（d）各空气室密封板组对好后，焊缝不能有气孔，并用液体渗透法检查。

（e）各托轮安装时，其尺寸误差严格控制在规范之内。

（f）各箅板间的间隙量要严格按设计规定执行，不合格的要进行箅板修整。

o. 箅冷机及与箅冷机关联的风机、破碎机多机联动空负荷试运转

（a）试运转前准备工作

a）首先应检查各联接螺栓是否拧紧，尤其是一些重要的部位，如地脚螺栓、活动框架与传动轴的连接螺栓、箅板与箅板梁的连接螺栓、箅板梁与活动框架及侧框架的联接螺栓，托轮、轮轨、密封件、行走小车及破碎机轴承的连接螺栓等。

b）检查有现场焊接要求的部位是否焊接，不能遗漏。各风室之间是否气密焊接。

c）液压传动系统工作正常。

d）润滑系统工作正常，各润滑点有足够的润滑油。

e）各风机风管内畅通无异物，下灰锥斗中无异物，箅冷机各处不能有妨碍其运转的工具及杂物存在。

f）电气检查接线是否正确。

（b）试运转要求

a）运转时仔细检查传动是否平稳，无异常声响。

b）箅床运行平稳，无卡碰、跑偏现象，箅缝均匀。

c）箅床传动的液压系统工作正常。

d）各部位轴承不允许有过热现象，温度应小于 40℃。

e）润滑系统工作良好，各润滑点满足润滑和密封要求，管路无渗漏情况。

f）各监测设备、控制装置及报警装置工作正常。

g）各风机工作正常。

（3）实施总结

采用"天线"法吊装设备可以有效减少人工及工机具成本，明显提高工效。采用全站仪定位控制精度使设备精度控制高效准确。

该工程获中国安装协会优质工程（安装之星），万吨熟料生产安装工法获批国机集团

（部级）工法。

2. 泰国 TPI 项目熟料水泥生产线设备安装工程

（1）工程概况

泰国 TPI 项目是由泰国某公司投资建设，德国波利俅斯设计、动态设备供货，由中国机械工业第五建设有限公司承建，其中 P 部分（静态设备供货）由中国机械工业第五建设有限公司金结分公司执行，C 部分（设备拆除、制作、整改、安装）由中国机械工业第五建设有限公司泰国分公司承建。泰国 TPI 熟料生产项目设计连续产量为 12000t/d，位于泰国 Saraburi 府，是一条老线改造扩建工程（原设计是 7500t/d），C 部分包含 11 个子项的全部拆除、改造、制作、安装和防腐工作，不包含保温、筑炉和电气工作，设备及非标拆除工作量约为 4466t；新制作 2212t；整改量 1889t；设备及非标安装量为 20529t。工程于 2013 年 9 月开工，2015 年 7 月投产，历时 2 年，见图 5.17-16。

图 5.17-16　泰国 TPI 项目熟料水泥生产线设备安装工程

（2）技术应用

1）回转窑安装特点及难点

TPI 公司 12000t/d 水泥熟料生产线回转窑，主要由筒体、轮带、大齿轮、支撑装置、带挡轮支撑装置、传动装置及窑头和窑尾密封装置等组成。支撑装置由三档托轮组组成，支撑着全部筒体及耐火材料的重量，安装要求很高。筒体分为 27 节运输到现场，经现场组对、吊装、找正、焊接成为整体，与水平方向成 3.5% 的斜度。传动大齿轮通过连接弹簧板焊接到回转筒体上，由驱动装置完成回转作业。回转窑的上下窜动采用液压挡轮控制，该装置不但能承受回转窑的下滑力，而且还能推动窑体向上移动，操作灵活方便。

因为回转窑尺寸大、重量重，回转窑空中吊装对接是回转窑安装过程中的最重要工序，施工过程中既要保证安装安全，同时要保证安装精度，降低施工成本。

2）关键技术特点

回转窑托轮底座找正找平的精度影响到整个窑运转的质量，以往托轮都是在底座二次灌浆之前吊装，进行精调。本项目回转窑的托轮精调后方可进行二次灌浆。由于回转窑的窑体与水平呈 3.5% 的倾斜，设备底座外形尺寸大，此调整过程因接触面小稳定性差，所以采用顶丝与垫铁同时调整。

筒体的对接在空中进行，轮带的安装在空中套装，通过科学论证及统筹分析后决定将吊装场地垫高，采用一台320t履带起重机、一组移动式钢支架进行配合吊装，有效提高了安全系数、降低了人工机械成本、提高了安装质量及工效。

3）施工工艺和过程

① 施工工艺流程（图5.17-17）

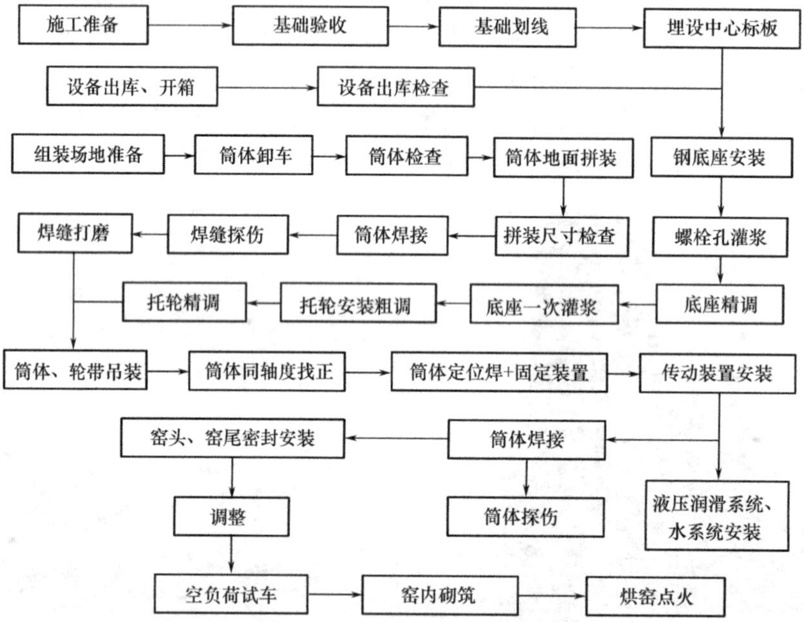

图5.17-17　施工工艺流程图

② 工艺过程

a. 施工准备

（a）施工技术准备

a）熟悉工艺图纸、设备图纸及设备安装使用说明书。

b）熟悉施工现场环境，及时就施工场地的布置及要求与甲方联系并落实，为以后的工作开展创造条件。

c）根据现场实际情况编制详细的施工方案及作业指导书，并进行技术交底。

d）准备施工机具及所需的生产材料。

e）设备开箱清件，并填写《设备开箱记录》。

（b）主要施工机具（表5.17-3）

主要施工机具配备表　　　　　　　　表5.17-3

序号	名称	型号、规格	单位	数量	备注
1	汽车式起重机	50t、25t、70t	台	1/1/1	需要时进场
2	履带起重机	320t	台	1	筒体吊装时进场

序号	名称	型号、规格	单位	数量	备注
3	履带起重机	160t	台	1	
4	载重汽车	20t	台	1	
5	螺旋千斤顶	32t、20t、8t	台	2/2/2	
6	埋弧焊机	MZ-1000	台	4	筒体焊接时进场
7	经纬仪	J2	台	1	
8	水准仪	N24	台	1	
9	电锤	S14	台	1	
10	游标卡尺	300	把	1	
11	框式水平仪	200mm×0.02	台	1	
12	液压千斤顶	200t	台	2	
13	液压千斤顶	50t/32/t/20t/10t	台	若干	
14	斜度规	4%	个	1	
15	弹簧秤	30kg	把	1	

（c）施工人员准备

测量工、安装钳工、焊工、起重工、电工、普工等作业人员。

b. 基础验收

（a）设备安装前，混凝土基础应会同土建单位、业主单位共同验收，验收合格后，方能进行下步工序。

（b）验收范围：土建单位提供的中心线、标高点、基础外形尺寸、标高尺寸。

（c）验收的基础必须达到下列要求：所有遗留的模板和露出混凝土外的无用钢筋必须清除，并将设备安装现场及地脚孔内碎料、脏物及积水全部清理干净。

（d）基础验收的检查项目及偏差项目见表5.17-4。

基础验收允许偏差　　　　　　　　　　　　　　　　表 5.17-4

序号	检查内容	允许偏差（mm）
1	基础外形尺寸	±30
2	与设备底座相结合的基础平面标高	0，−10
3	中心线间距离	±1
4	地脚螺栓孔的中心位置	±10
5	地脚螺栓孔深度尺寸	+20

c. 基础放线、埋标板

（a）基础放线，如图5.17-18所示。

（b）在放线时，钢卷尺应与弹簧秤（30kg）配合使用，使钢卷尺受到相同张力，减少挠度的影响（每米5～8N）。

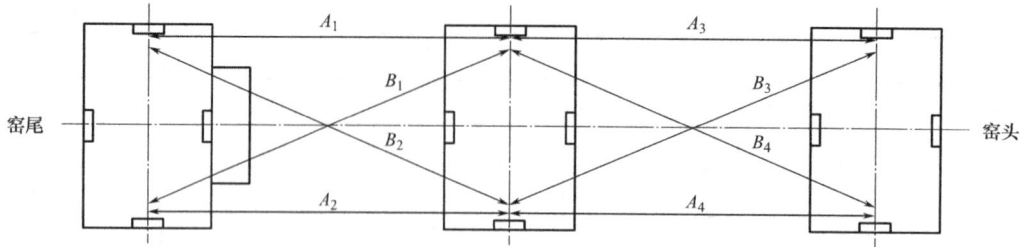

图 5.17-18　基础放线

（c）横向中心线的检查，采用对角线测量法，其目的是不会产生平行四边形，减小误差，保证安装质量。

（d）纵横向中心线间距允许偏差不大于±0.5mm，相邻两基础横向中心线间距允许偏差不大于±2mm。

（e）基础检查允许偏差见表5.17-5。

基础放线允许偏差　表 5.17-5

项目		允许偏差(mm)
纵向中心线		≤0.5
横向中心线	相邻跨距	±1.5
	首尾跨距	≤6
基准点及基准线的标高		±1

（f）所有中心线放好后进行复查，经确认达到表中要求之后，在所有中心线上预埋标板。

d. 预埋标板

（a）每条主要中心线埋设2块中心标板，中心标板采用100mm×200mm×10mm钢板制作，用M12膨胀螺栓固定在基础上，并在每个基础墩侧面标高1m处埋设沉降观测点，如图5.17-19所示。

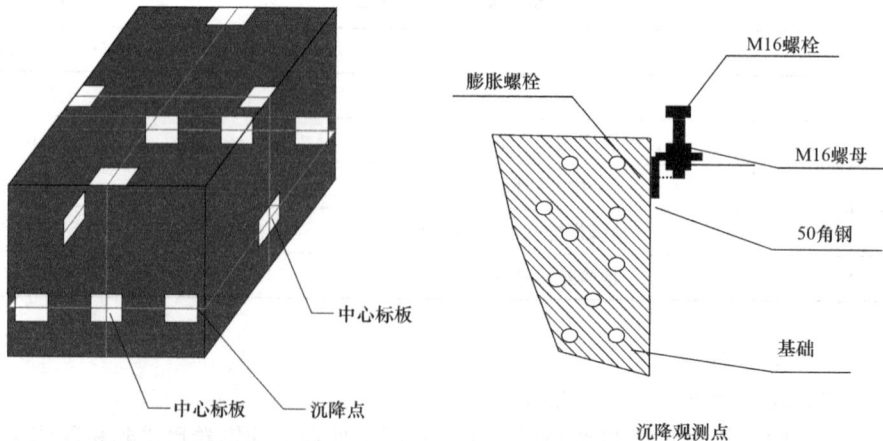

图 5.17-19　标板及沉降观测点示意图

（b）以对角线检测及经纬仪复核放线精度，同一中心线各中心标板的中心点允许偏差±0.5mm。两基础上横向中心线距离偏差不大于±1mm，对角线偏差不大于±2mm，横向中心线平行度允许偏差不大于±0.5/1000。划线后，在预埋板下打出样冲眼（图5.17-20）。

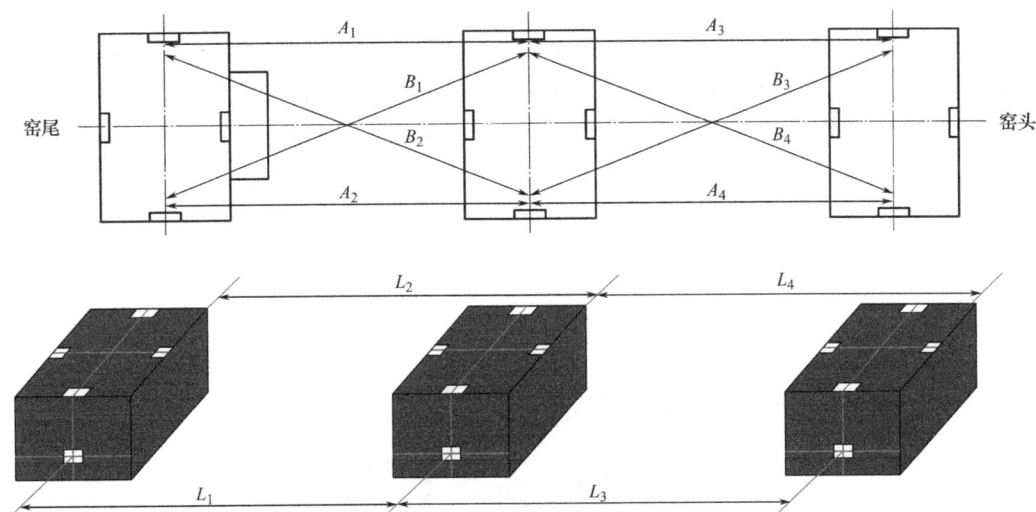

图5.17-20　基础测量示意图

（c）在放线时，还要在基础的外侧放出设备纵横中心线的辅助线，以备安装后的设备检查时用。

（d）操作要点：

a）纵横中心线采用经纬仪放线。

b）回转窑运转时会产生热位移，故基础放线时应以热态尺寸放线。因回转窑的坡度为3.5%，所以3档底座放线时应算好标高差，所放线的中心距以斜长为准。

e. 布置垫铁及砂浆墩

（a）砂浆墩制作前，根据坡度及设备底座尺寸放好砂浆墩的中心线，如图5.17-21所示。

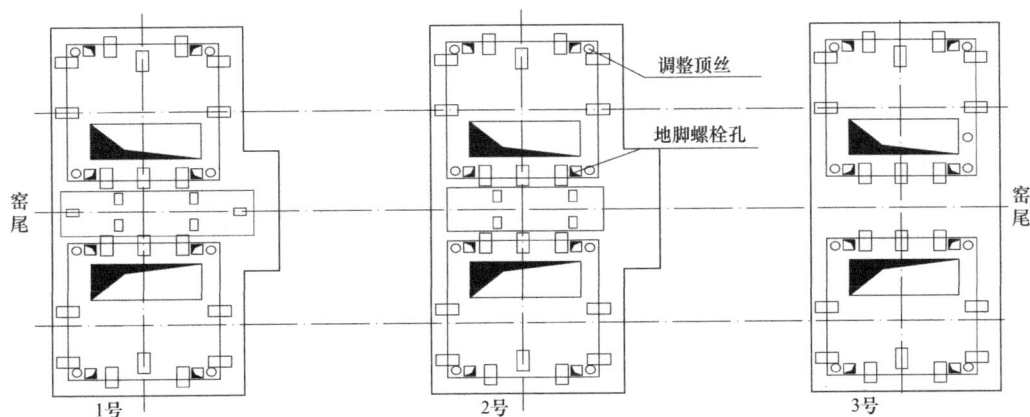

图5.17-21　砂浆墩分布示意图

（b）砂浆墩制作：基础表面凿成小凹坑，按中心线放置铁制磨板，放在垫铁安装位置处，将砂浆放在铁盒内，按层灌入。边灌边用木棒捣实，将砂浆水分捣出砂浆表面，然后砂浆表面放置一块平垫铁，水泥盒中砂浆的高度应达到平垫铁厚度的 $1/3\sim1/2$ 的位置，以保证垫铁与砂浆的接触。

垫铁纵横方向水平度，要求为 $\pm0.05/250$mm，同时用水准仪测量其标高，要求低于安装标高 $1\sim2$mm，当水平度及标高符合要求时，用水泥砂浆抹平砂浆堆侧面，即按正常混凝土养护方法进行养护，等混凝土强度达 75% 设计强度后，平垫铁上再放成对斜垫铁（图5.17-22）。

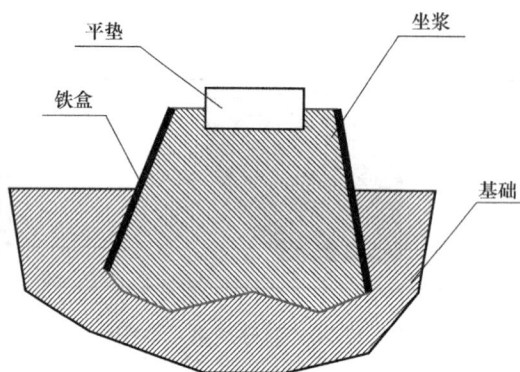

图 5.17-22　砂浆墩制作示意图

f. 设备出库

（a）底座检查：检查钢底座有无变形，各加工面是否有毛刺，各焊口是否有开裂，螺纹及螺纹孔有无锈死等现象，实测底座螺栓孔间距及底座厚度尺寸是否符合图纸要求。

（b）托轮及轴承检查：检查轴瓦表面是否存在缺陷、托轮轴承座与球面接触情况，检查轴承底面的纵向中心线。

（c）筒体检查：筒体椭圆度偏差不大于 2mm，单节筒体长度误差不大于 ±5mm；轮带位置筒体周长偏差不大于 ±5mm；两轮带中心距离尺寸偏差不大于 0.5mm。检测工具：弹簧秤、盘尺、角尺。

g. 钢底座安装

（a）钢底座安装顺序为：窑尾底座→窑中底座→窑头底座。

（b）钢底座安装前表面进行清理，划出钢底座纵横向中心线，并用样冲打上永久性标记。

（c）钢底座按出厂编号就位，使钢底座纵横向中心线与基础的纵横向中心线对齐。

（d）底座初调：

a）在底座进行调整之前，在底座上画出纵横向中心线及标高测量点，并打上样冲眼，如图 5.17-23 所示。

b）用千斤顶调整底座的纵横向中心线，因三档轮带直径不同，所以三组底座纵向中心线尺寸不同，底座纵横向中心线与基础预埋标板的中心线误差不得大于 ±0.5mm。

ⓐ 纵向中心线测量见图 5.17-24，允许偏差见表 5.17-6。

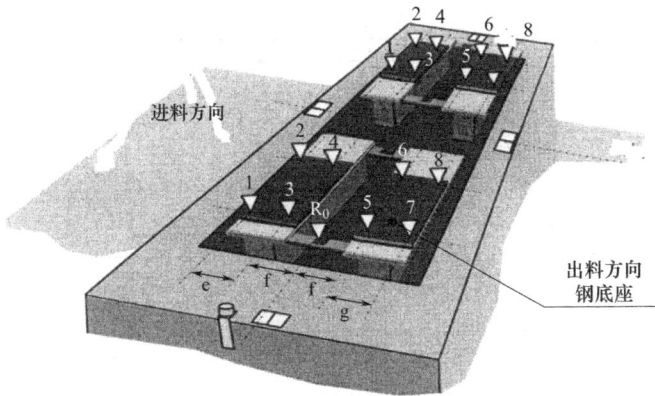

图 5.17-23 底座标高测量点示意图

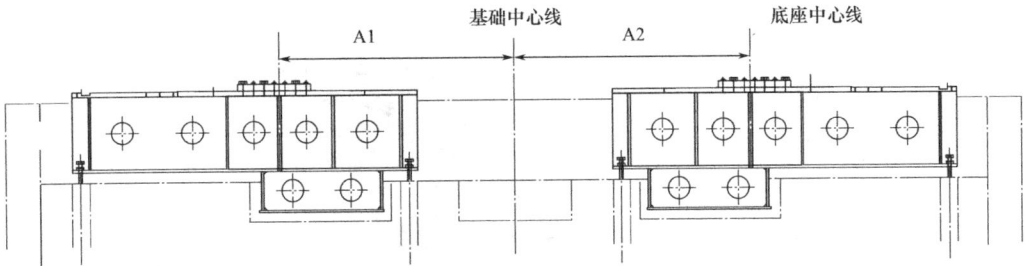

图 5.17-24 基础中心线测量示意图

基础中心线允许偏差　　　　　　　　　　　表 5.17-6

测量位置	轮带直径(mm)	纵向中心线(mm)		允许偏差(mm)	
		A1	A2	A1	A2
Ⅰ档	7672.9	2760	2760	±0.5	±0.5
Ⅱ档	7669.6	2776	2776	±0.5	±0.5
Ⅲ档	7655.2	2625	2625	±0.5	±0.5

ⓑ 横向中心线测量见图 5.17-25。

c）钢底座纵横向中心线调整后，采用临时垫铁及 4 个顶丝进行钢底座的标高及水平度调整。

ⓐ 标高测量：因钢底座有 3.5% 的坡度，测量标高的标尺要求底部是尖端，测量方法及数据要求见图 5.17-26。

图中 A、B、C、D、E、F 为底座中心标高点，距离 $e=f=g=500$mm，根据坡度计算 1、2、3、4、5、6、7、8 点的理论标高；所有实测标高与理论标高的误差不大于 ±0.5mm。

ⓑ 水平度测量：钢底座上平面水平度偏差不大于 ±0.05mm/m，测量示意图见图 5.17-27。测量工具：斜度规（4%）、框式水平仪。

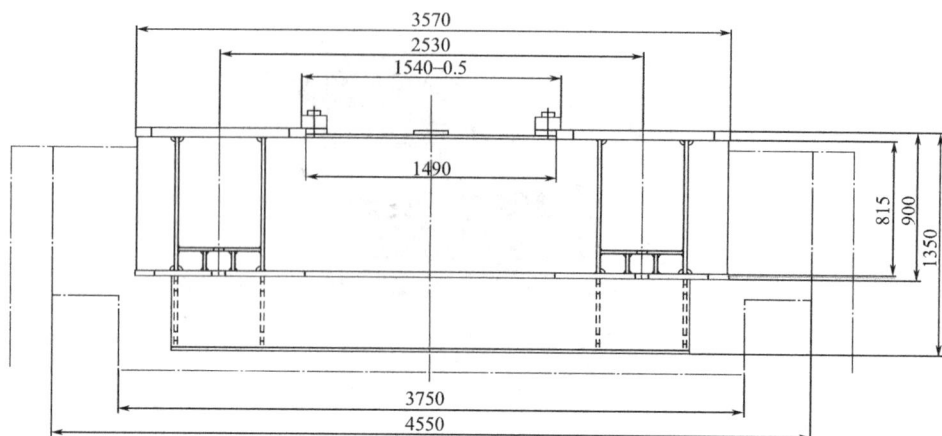

图 5.17-25　钢底座横向中心线测量

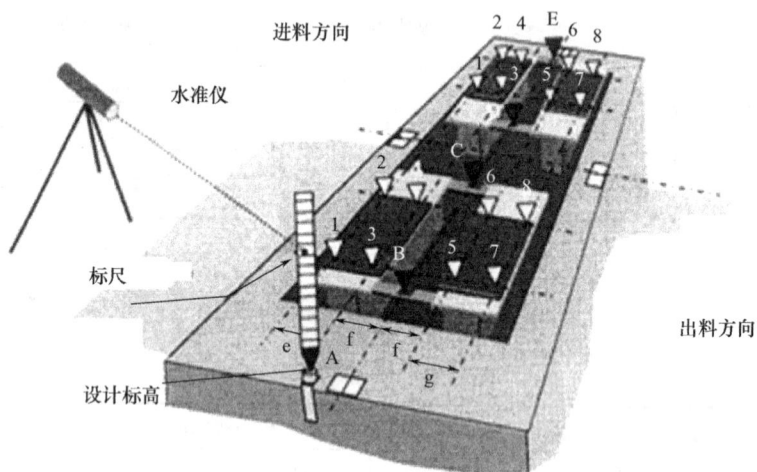

图 5.17-26　钢底座标高测量示意图

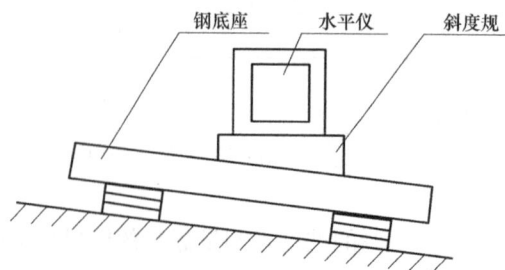

图 5.17-27　钢底座水平度测量示意图

d）根据图纸尺寸，测量底座间的相互尺寸（图 5.17-28）。

ⓐ 钢底座纵横向中心线与基础纵横向中心线偏差不大于±0.5mm。

ⓑ 相邻两钢底座之间跨距偏差不大于±2mm。

ⓒ 两钢底座对角线偏差不大于±1mm。

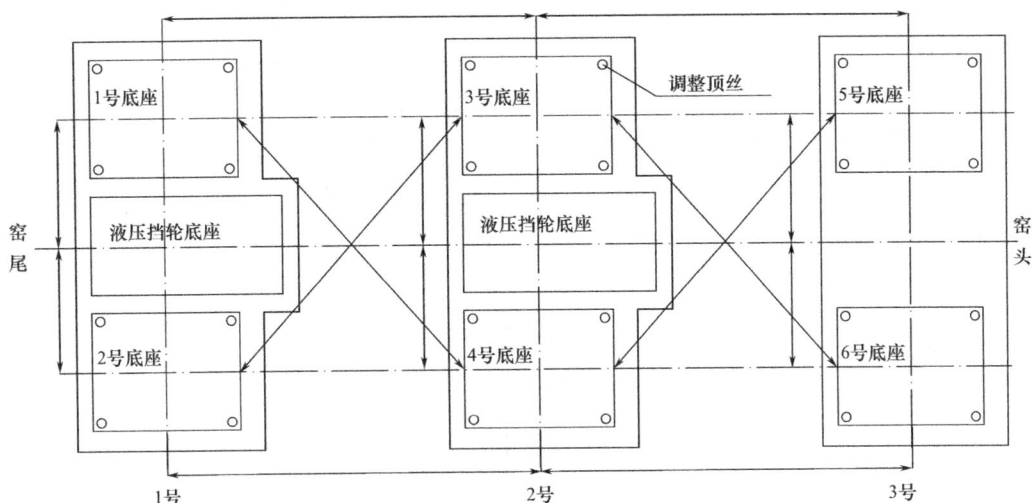

图 5.17-28　底座间距测量示意图

　　ⓓ 钢底座中心标高偏差不大于 0.5mm。

　　e) 地脚螺栓一次灌浆：钢底座粗找正完毕后，即可进行地脚螺栓孔的灌浆，灌浆前应对底座进行加固，防止灌浆时钢底座中心发生偏移。

　　f) 底座精调：钢底座地脚螺栓孔一次灌浆养护期过后，开始对底座按初调方法进行精调，验收合格后，交付土建单位进行二次灌浆。灌浆前对底座进行保护。

　　h. 托轮组安装

　　(a) 安装顺序：窑尾托轮→窑中托轮→窑头托轮。

　　(b) 托轮安装应按事先的标记号进行安装（图 5.17-29）。

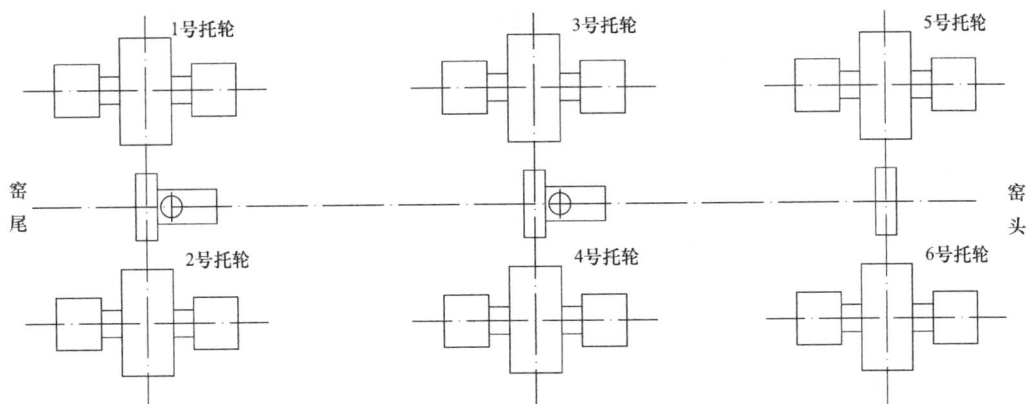

图 5.17-29　托轮位置标识图

　　(c) 托轮可以互用，但单个托轮有方向，安装托轮之前首先确认托轮的方向，如图 5.17-30 所示。

　　(d) 托轮地面组装：

　　轴瓦安装前先安装密封圈及其压板，然后套装轴瓦，轴瓦安装应注意轴瓦在托轮轴上的位置，如图 5.17-31 所示。

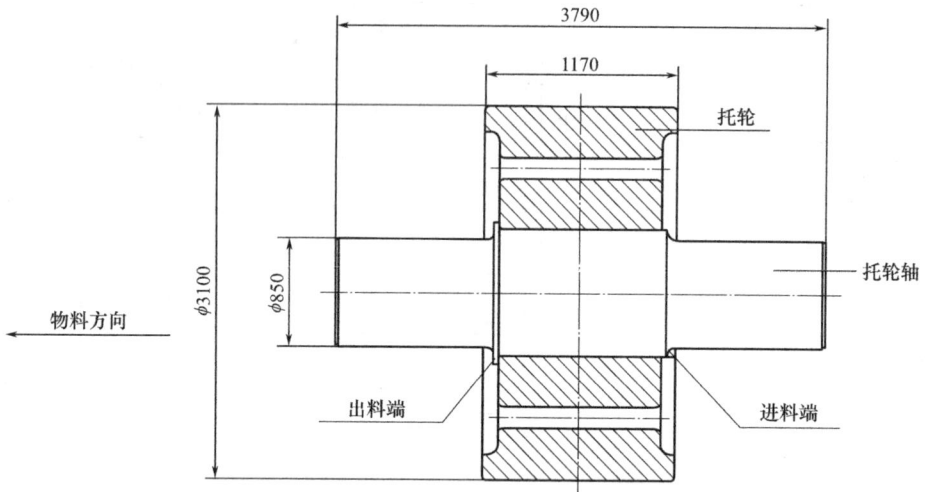

图 5.17-30 托轮安装方向示意图

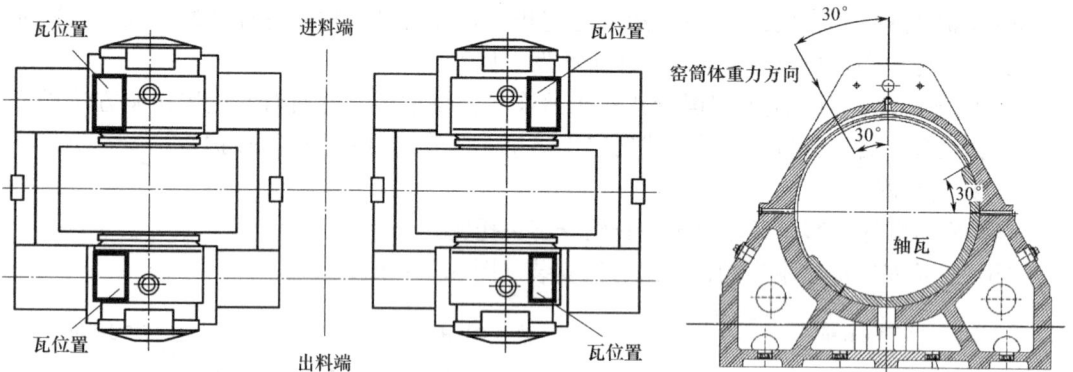

图 5.17-31 托轮轴瓦安装示意图

a）先将托轮轴清洗干净。

b）轴瓦密封及其压盖安装。

c）轴瓦清洗。

d）轴瓦安装。

e）托轮端盖安装：端盖拧紧螺栓扭矩为 5300Nm，分两次拧紧后调整端盖断面与轴瓦断面之间的游隙，要求为（3±0.5)mm。

（e）托轮吊装：托轮就位前钢底座上表面清洗干净并涂抹二硫化钼，同时清理瓦座及托轮底面，利用 160t 履带起重机将托轮就位。

（f）托轮找正：使瓦座纵横中心线与钢底座纵横中心线对齐，允许误差±0.5mm，并调整轴瓦与压盖间隙（3±0.5)mm。

a）托轮横向中心线找正：用四个 50t 千斤顶将托轮顶起，纵向方向用 32t 千斤顶配合百分表，对齐托轮本体中心线与钢底座中心线，用钢板尺及角尺测量中心线误差±0.5mm。

b）托轮纵向中心线找正：用四个 50t 千斤顶将托轮顶起，保证瓦座在悬浮状态，横向方向用 10t 千斤顶配合百分表，对齐瓦座中心线与钢底座中心线，然后使顶丝受力，误差±0.5mm。

c）轴瓦间歇调整：用四个 50t 千斤顶将托轮顶起，保证瓦座在悬浮状态，纵向方向用 10t 千斤顶配合百分表，调整轴瓦与压盖间隙，用塞尺测量间隙（3±0.5)mm。

i. 回转部分吊装

根据基础尺寸及筒体、轮带重量选择筒体吊装用起重机，回转窑筒体共 27 节，地面组对成 9 节吊装，如图 5.17-32 所示。

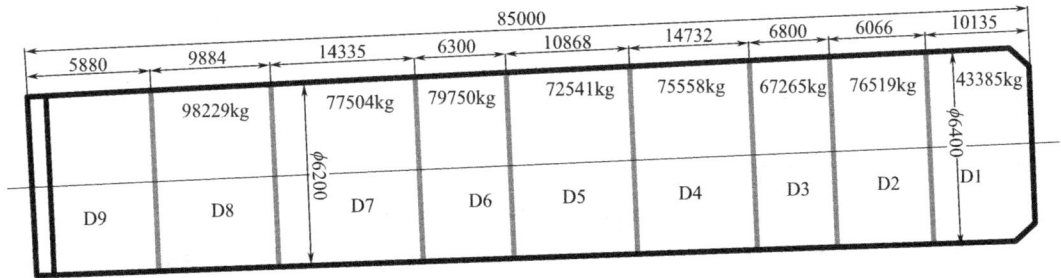

图 5.17-32　筒体地面组装分节示意图

（a）筒体地面组装

a）窑筒体堆放场地准备：在回转窑安装现场准备筒体堆放场地、组装场地、焊接场地及其组对后的堆放场地。

b）筒体进厂后，检查每节筒体长度、轮带位置筒体周长、椭圆度，再根据设备安装图及工艺图的要求修正轮带的位置，然后对每节筒体圆周方向按四等分进行划线。

c）筒体组对在胎具上进行，筒体同轴度按图纸要求调整。利用焊接在筒体上的 12 等分螺栓连接块进行调整，其中在空中组对的连接螺栓、调整压板及筒体连接板必须安装完毕。

d）组对后的筒体经验收达到图纸要求后进行焊接，焊接后按图纸要求进行打磨。

（b）筒体吊装

a）回转部分吊装主要指回转窑筒体、大齿圈及轮带吊装。

b）组装后 9 节筒体及轮带、大齿圈的重量、长度见表 5.17-7。

回转窑筒节参数表　　　　　　　表 5.17-7

序号	筒体编号	名称	长度(mm)	长度允许误差（mm）	周长允许误差（mm）	重量(kg)
1	D1	1 号筒体	10135	±0.5		43386
2	D2	2 号筒体	6067	±0.5	—0.5	76518
3	D3	3 号筒体	6800	±0.5		67269
4	D4	4 号筒体	14732	±0.5		75568
5	D5	5 号筒体	10868	±0.5		72641

序号	筒体编号	名称	长度(mm)	长度允许误差 （mm）	周长允许误差 （mm）	重量(kg)
6	D6	6号筒体	6300	±0.5	−0.5	78750
7	D7	7号筒体	14336	±0.5		77904
8	D8	8号筒体	9884	±0.5	−0.5	98229
9	D9	9号筒体	5880	±0.5		<50000
10		轮带Ⅰ				116098
11		轮带Ⅱ				155825
12		轮带Ⅲ				98820
13		大齿圈				52000

c）吊装前，根据现场位置及最重物体选择吊车的型号。

吊车选择：吊装过程中吊车站位在筒体侧面，筒体吊装中轮带Ⅱ单体重量最重，约156t，就位高度为15m，并且2号窑墩的基础宽度最大，所以吊车回转半径最大，现以此吊装数据，图解计算吊车回转半径及吊车主臂长度（图5.17-33）。

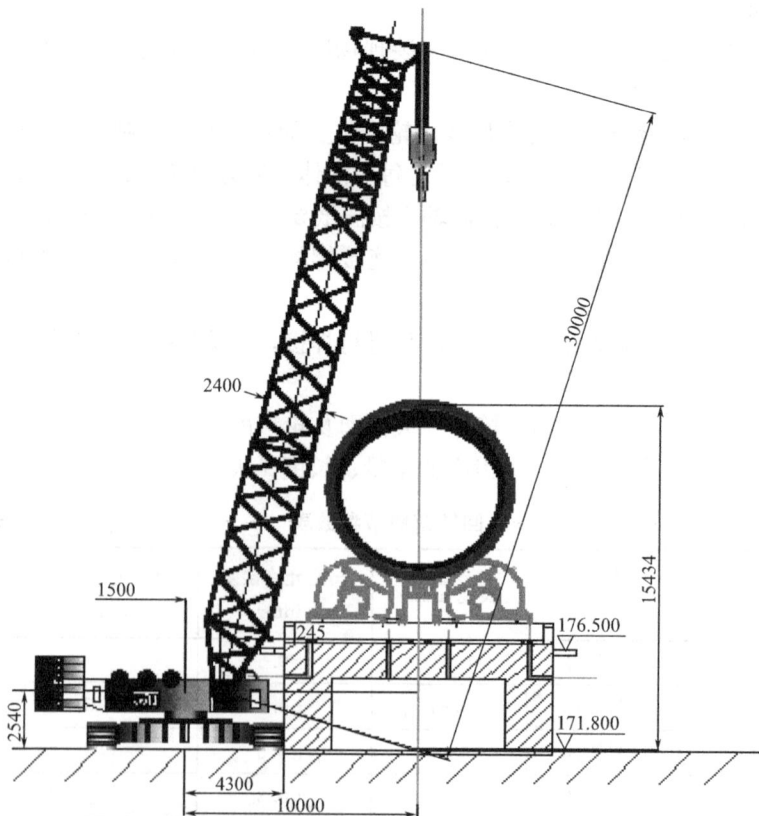

图5.17-33　计算吊车回转半径及吊车主臂长度示意图

根据图 5.17-34 中吊物高度、回转半径等尺寸，选择徐工 SCC3200 型履带吊车，主臂长 30m，此吊车车体尺寸及重型主臂起重性能图表（图 5.17-34）。

半径	18	24	30	36	42	48	54	60	66	72	78	84	半径
m	t	t	t	t	t	t	t	t	t	t	t	t	m
5	320*	-	-	-	-	-	-	-	-	-	-	-	5
5.5	305*	295*	-	-	-	-	-	-	-	-	-	-	5.5
6	295*	290*	286*	-	-	-	-	-	-	-	-	-	6
7	290*	285*	278	275	246	-	-	-	-	-	-	-	7
8	274*	260*	258	254	239	216	172	-	-	-	-	-	8
9	230*	224*	221	221	210	196	168	143	116	-	-	-	9
10	192*	191*	190	188	186	176	165	140	114	98	83	-	10
12	144*	143*	140	138	136	134	133	131	110	97	82	70	12
14	115*	114*	112	110	110	107	105	104	102	95	79	69	14
16	95*	94*	92	90.5	90.5	90	89	88	87	85	75	66	16

主臂工况载荷表

后配置150t　中央配置40t　　单位：t

主臂

图 5.17-34　吊车起重性能

d）吊装顺序：D1→D2→套装轮带Ⅰ→D3→套装大齿圈→D4→D5→D6→套装轮带Ⅱ→D7→D8→套装轮带Ⅲ→D9（图 5.17-35）。

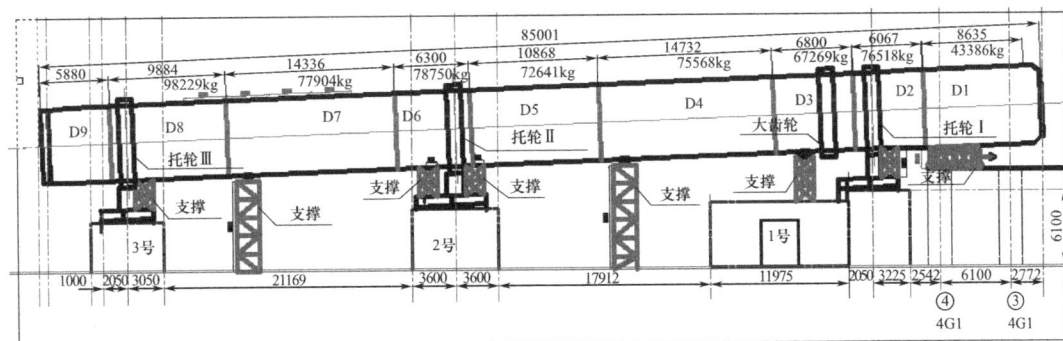

图 5.17-35　筒节吊装顺序图

e）吊装方案：

ⓐ D1 筒体吊装时，吊车回转半径为 14m，额定起重量 112t，筒体重量为 43t。D1 筒体放在预先安放在基础上的钢支架上，吊点平移到筒体后端，钢支架 1 号墩为固定支架，塔架平台上为滚动支架，筒体由滚动支架牵引至安装位置。

ⓑ D2 筒体吊装时，吊车回转半径为 14m，额定起重量 112t，筒体重量为 76.5t，吊装至安装位置后吊车不松勾，经与 D1 筒体连接固定后再松勾，D2 筒体出料端支撑在预先安放在托轮上的钢支架上。

ⓒ 套装轮带Ⅰ，吊车回转半径为 12m，额定起重量 140t，轮带Ⅰ重量为 116.1t，吊车将轮带在地面立起后，将轮带由 D2 筒体出料端缓缓套入到安装位置。在套入之前在 D2 筒体进料端放置钢支架，在支架上放置 2 个 200t 千斤顶将筒体顶起超过轮带安装高度的 100mm 左右，将轮带就位后，拆除千斤顶及支架。

ⓓ D3 筒体吊装时，吊车回转半径为 14m，额定起重量 112t，筒体重量为 67.3t，吊装至安装位置后吊车不松勾，经与 D2 筒体连接固定后，D3 筒体出料端支撑在预先安放在基础上的钢支架上后再松勾。

ⓔ 套装大齿圈，吊车回转半径为 12m，额定起重量 140t，大齿圈重量为 52t，套装方法如轮带Ⅰ。

ⓕ D4 筒体吊装时，吊车回转半径为 14m，额定起重量 112t，筒体重量为 75.6t，吊装至安装位置后吊车不松勾，经与 D3 筒体连接固定后，D4 筒体出料端支撑在预先安放在基础上的钢支架上后再松勾。

ⓖ D5→D6→套装轮带Ⅱ→D7→D8→套装轮带Ⅲ→D9 吊装方案与以上吊装方案相同。

j. 筒体同轴度调整

筒体连接好后，对筒体同轴度进行综合调整，利用钢丝测量中心线、垂直百分表，放置在离焊缝位置不小于 300mm 的位置，进行轴向和径向的检测，使用组对焊缝连接块调整（图 5.17-36）。

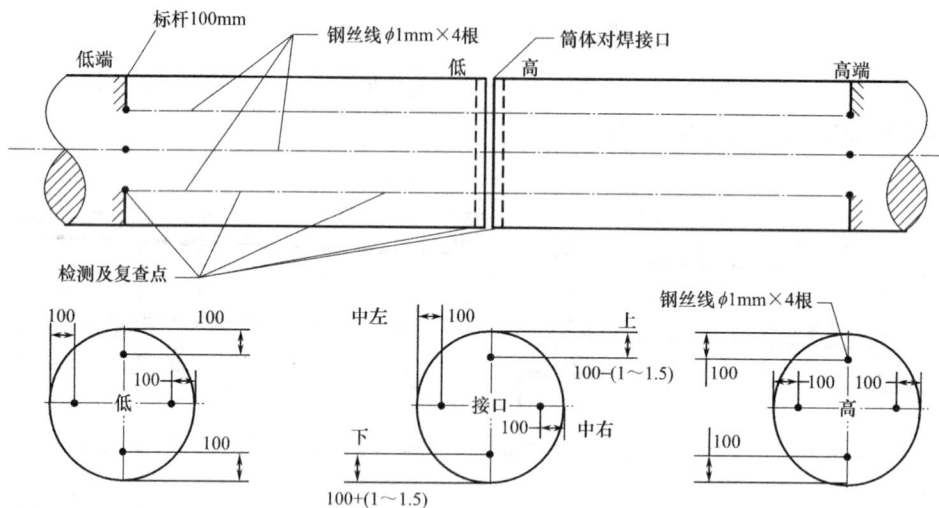

图 5.17-36 回转窑筒体同轴度测量示意图

筒体同轴度偏差：

（a）轴向偏差不大于 ±1mm。

（b）径向偏差不大于 ±12.4mm。

（c）轮带与托轮接触面长度不应小于其工作面的 70%。

（d）轮带宽度中心线与托轮宽度中心线距离偏差小于 ±5mm。

k. 筒体点焊固定

（a）对各焊缝对称进行点焊，每个焊缝等分 8 点，每点焊接长度不应小于 500mm。

（b）点焊时使筒体直线偏差最大值位于筒体上部，在焊接过程中可利用重力影响直线度向着理想方向变化。

l. 筒体焊接

（a）焊前准备

a）回转窑共分27节，焊缝共26条，筒体壁厚一般为30mm，轮带段厚为100mm，过渡段厚分别为30mm、31mm、33mm、40mm、55mm、60mm、60mm，筒体材质为20号钢卷制而成，从理化上分析可焊性良好。

b）根据本工程的特点，现场焊接主要为手工焊条电弧焊打底填充，盖面采用埋弧自动焊（外坡口），为保证焊缝焊透，焊缝背面采用碳弧气刨清根，打磨后采用埋弧自动焊焊接背面。焊接过程中焊材选用符合图纸要求。

c）焊接前对筒体坡口形式，尺寸应进行检查。

d）焊接前将坡口两侧各40mm范围内的油漆、铁锈、毛刺等杂物清除干净。

e）焊条在使用前必须烘干，烘干温度为250～300℃，烘干时间1h。烘干后降温至150℃恒温保存，随用随取，取出的焊条应放在焊条保温筒内。

f）托轮轴瓦内应定时加油，档轮处应往油杯内加入润滑脂，转窑前应对窑体各个部位进行检查，看是否妨碍有窑体运转的部位，轮带托轮间不得有异物，窑体上是否有他人在工作或其他施工单位交叉作业。

g）焊窑时涉及负荷大，用电设备多，应由电气人员根据施工要求，合理配置。

h）将窑体圆周分成十二等份按对称顺序焊接码板，码板长度为200mm×300mm，采用满焊。

i）焊接工人必须持证上岗。

j）由于窑采用卧式安装，因此其环向焊缝处于全位置。为保证焊接质量，应使焊缝处于平焊位置，因此窑筒体下支撑必须能够使筒体旋转，本工程采用窑体的托轮机构。

k）利用辅传驱动，焊接时由专人进行操控，以保证焊工焊接焊缝处于平焊位置。

l）筒体焊接时，为防止筒体整长弯曲变形（不同轴），8条焊缝不同时焊接。首先由4名焊工同时分开焊接4条环缝，中间相隔的4条焊缝暂时不焊。在焊接过程中应不断测量筒体弯曲变形，如整体变形弯曲矢量大于5mm应停止焊接，由技术人员制定纠正措施后再焊接。4条焊缝焊接完毕后，对筒体整体进行测量，如出现较大变形，可以调整未焊接的焊缝对接尺寸，尺寸合格后再由4名焊工同时焊接。

（b）焊接工艺

回转窑焊接主要分外口焊接、内部清根、内口焊接三个步骤：

a）外口焊接先找出起焊点，把该部位转到顶部，利用窑筒体本身自重和焊接反变形，减少其径向跳动（窑体焊接前，测量各焊口、窑头、窑尾径向跳动时应使窑体运转一段时间后测量，根据跳动数据，确定焊接顺序。）焊接中由一人施焊，一人辅助作业。

b）第一层打底采用手工焊条电弧焊，选用直径 $\phi4.0$mm 的焊条，短弧焊接，焊条不做摆动，保证有一定的熔深，应进行连续施焊，因故中断，再焊时要对焊缝局部做预热处理。

c）第二层盖面采用埋弧自动焊，焊前每层层间焊渣应清除干净，磨平后再进行焊接。

d）外口焊接完毕，将窑内的支撑、调整铁连接板等清除干净。采用圆形碳棒，对内口进行清根、修口。要求将过渡的裂纹、夹渣等缺陷彻底清除。

e）内口的焊接采用手工焊条电弧焊，内口焊接的起焊点与外口的起焊点对称水平施焊。

（c）焊接质量检查

a）焊缝外观检查：焊缝表面应呈平滑细鳞的形状，接头处无凹凸现象。焊缝表面热影响区域不得有裂纹。焊缝咬边深度不得大于 0.5mm、连续长度不得大于 100mm，总长度不得大于该焊缝总长度的 10%。筒体外部焊缝高度不得大于 2.5mm，筒体内部焊缝高度不得大于 2mm，焊缝的最低点不得低于筒体表面，并应饱满。

b）焊缝的探伤检查：采用超声波探伤时，每条焊缝均应检查，探伤长度为该焊缝的 25%，质量评定达到《焊缝无损检测　超声检测　技术、检测等级和评定》GB/T 11345 中的 Ⅱ 级合格。射线探伤必须符合《焊缝无损检测射线检测》GB/T 3323 中 Ⅱ 级的要求。焊缝任何部位返修次数不得超过两次，超过两次必须由总工程师批准并且记录存档。

m. 传动装置安装、调整

（a）根据基础划线，逐次安装小齿轮、主减速机、辅助传动装置。找正时应特别注意大小齿轮的啮合质量和各联轴器的同轴度，使之符合规范要求。

（b）大齿圈在安装前须在地面上进行组装，四片齿圈结合处应紧密贴合，用 0.04mm 塞尺检查，塞入区域不大于周长的 1/5，塞入深度不大于 90mm。

（c）大齿轮吊装时，应注意将弹簧板和齿圈上的螺栓孔编号对号，注意弹簧板的受力方向，弹簧板应受拉力。

（d）转动筒体，利用齿轮调节支架调整大齿圈的径向、端面摆动值；允许偏差：径向不大于 ± 2mm，端面摆动不大于 ± 0.07mm。

（e）大齿圈找正后，使用临时固定支架，将弹簧板固定在筒体上。

（f）按设计要求将大齿圈固定于筒体上。

a）齿圈径向跳动偏差不大于 2mm。

b）齿圈端面跳动偏差不大于 1.5mm。

c）大齿圈与相邻轮带的横向中心线偏差不大于 3mm。

（g）齿轮确保大小齿轮的顶间隙及大小齿轮接触面积，用涂压红丹方法进行检查，其接触面在齿高方向不小于 40%，沿齿长方向不小于 50%，保存压铅实样。减速器安装应根据小齿轮位置来进行，各传动轴应平行，同轴度为 $\phi 0.2$mm，倾斜度应与筒体倾斜一致均不大于 0.05mm/m。

（h）大小齿轮啮合顶间隙按 0.25m＋(2～3)mm 计算，m 为齿轮模数。考虑到热膨胀量，实际数值要大于该数 1～2mm。

n. 其他装置安装

（a）窑头、窑尾密封装置安装按图纸要求。

（b）润滑冷却装置安装按工艺图纸要求就位。油管应除锈、清洗，并用 30% 的盐酸溶液进行酸洗后中和处理，管内不许有杂质。

o. 单机试运转

（a）试运转前准备工作

a）检查托轮及轮带表面无杂物、焊渣等，并清除干净。

b）检查大小齿轮啮合情况，窑头、窑尾密封情况。

c）检查基础标高是否有变动，各处螺栓是否拧紧。

d）检查各托轮轴承密封情况，有无脏物进入。

e）按设备使用说明书要求加油，由于回转窑安装后很少转动，在试车刚开始时托轮轴与轴瓦间润滑较差，所以应在窑体转动前在每个托轮轴上加适量润滑油。

（b）试运转程序

a）打开给、排水阀门，使水量达到正常。

b）启动、调整供油系统，使油压和流量达到正常。

c）电动机空载试运转 2h，辅助电动机带动 2h，电动机带减速器空载试运转 4h，主电动机带设备试运转 8h。

（c）试运转中的检查

a）检查减速机供油情况。

b）检查电机、减速机及各传动部件的轴承的温升。

c）检查各托架轴瓦的供油情况，油膜形成情况及温升情况。

d）检查轮带及托轮接触情况。

e）检查密封有无局部摩擦现象。

（3）实施总结

回转窑安装过程中，窑筒体采用吊装场地垫高，采用一台履带起重机、一组移动式钢支架进行配合吊装，提高了安全系数、降低人工机械成本、提高了安装质量及工效。目前这项技术已在公司多个工程中应用，效果良好。

（提供单位：中国机械工业第五建设有限公司。编写人员：李享清）

5.18 多层管架内部管道施工技术

5.18.1 技术发展概述

工业建筑中工艺管线繁多，管架一般为多层管架，导致管架内部空间狭小，不能为施工人员提供一个良好的施工环境；为确保施工安全，在管架周围搭设满堂脚手架，使管道非常困难的送入指定位置，吊装设备的效率低下。

通过设计滚动支架，提高施工机械设备、人员的工作效率，管架内部管道安装只需要将管道用设备吊装至管架内部的操作平台附近就可以逐段焊接，利用滚动支架逐段输送就可以到达安装位置，避免了管道在滑动过程中对结构表面油漆和管道本身的损坏。

5.18.2 技术内容

（1）滚动支架加工制作

1）固定部分与连接部分的施工程序：槽钢底座下料→端板下料→限位顶托扩孔→支

撑板、限位顶托焊接。

2）限位部分施工程序：构件下料→构件扩孔→构件打磨。

3）支架组装及刷漆：漆料、涂装遍数、涂层厚度符合图纸要求。涂层干漆膜总厚度：室外应为 $15\mu m$，室内应为 $125\mu m$，其允许偏差$-25\mu m$。每遍涂层干漆膜厚度的允许偏差$-5\mu m$。

（2）管架内部管道安装流程

施工准备→滚动支架加工制作→滚动支架安装→管道焊接或熔接→管道安装→管道试压→管道清洗。

5.18.3 技术指标

（1）《钢结构工程施工质量验收标准》GB 50205—2020；

（2）《涂覆涂料前钢材表面处理 表面清洁度的目视评定》GB/T 8923 规定的 C 级及 C 级以上；

（3）钢材表面锈蚀、麻点或划痕等深度不得大于厚度负允许偏差值的 1/2。

5.18.4 适用范围

适用于工业与民用建筑多层管架内部管道施工，尤其适用于管架内部受限空间作业。

5.18.5 工程案例

1. 刚果（金）RTR 尾矿回收一期管道安装工程

（1）工程概况

刚果（金）RTR 项目位于刚果（金）民主共和国 Katanga 省 Kolwezi 镇西北约 26km。本项目一期尾矿处理量 560 万 t/年，一期阴极铜产量 7 万 t/年，一期氢氧化钴产量 1.4 万 t/年，管道安装总量约 150km，其中厂区综合管网约 90km，均为多层管架安装，部分区域吊装困难甚至无法使用设备吊装。

合同计划开工日期：2017 年 2 月 6 日，合同计划竣工日期：2018 年 5 月 5 日（无负荷试车完），工期总日历天数 454d。

（2）技术应用

1）多层管架中管道施工难点

目前多层管架中管道施工均采用分段在地面焊接后，用设备逐段输送至管架内部，最后焊接固定焊口。部分设备无法吊装的地方用人工结合链条葫芦牵引的方式布管在管架内部焊接。

2）关键技术特点

运用滚动支架，管道移动过程中滑动摩擦变为滚动摩擦，减小管道运输的摩擦力，使管道在滑动过程中降低结构表面油漆和管道本身的损坏，提高工作效率和工人操作的安全性。

3）施工工艺及过程

① 滚动支架组成

滚动支架主要由 U 形管卡、滚筒、中心轴、心轴支撑板 1、心轴支撑板 2、管道限位支架撑板、管道限位支架、滚动支架底座、滚动支架限位横杆、滚动支架限位立杆组成，其结构如图 5.18-1～图 5.18-3。

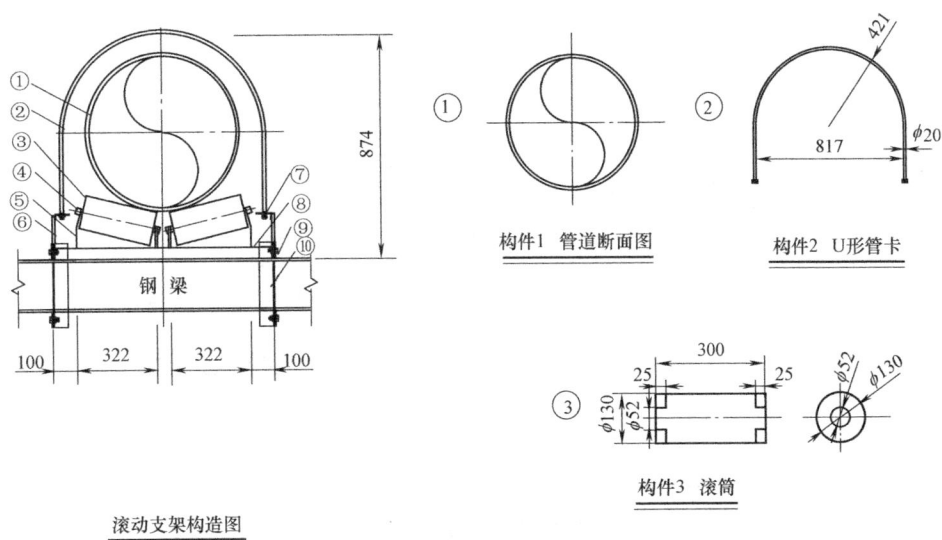

图 5.18-1　滚动支架构架 1-3

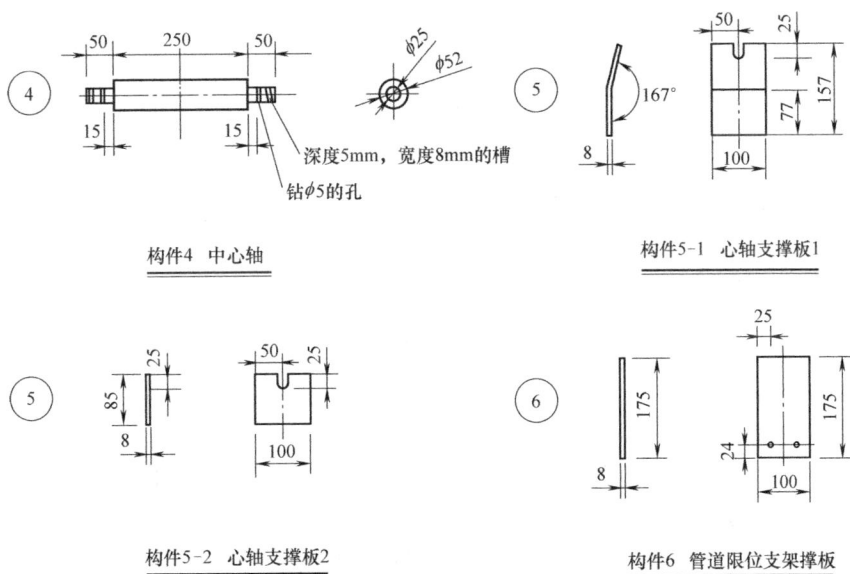

图 5.18-2　滚动支架构架 4-6

② 管架内部管道安装

a. 施工准备

（a）作业人员的准备

编制劳动力需用计划，根据工程进度计划，合理组织安排施工人员进场。对参与施工的人员进行技术培训与安全培训。

构件7 管道限位支架   构件8 滚动支架底座

构件9 滚动支架限位横杆   构件10 滚动支架限位立杆

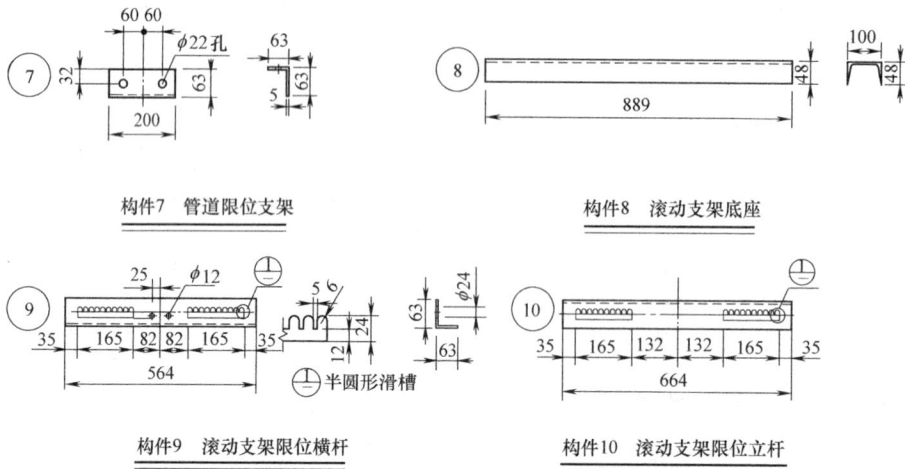

图 5.18-3 滚动支架构架 7-10

（b）施工机具准备（表 5.18-1）

主要工机具和辅助材料计划表   表 5.18-1

序号	名称	规格型号	单位	数量	备注
1	手持电锯	GKS190	台	1	
2	电动套丝机	$DN15 \sim DN50$	台	1	配套丝机板牙
3	电动试压泵	4.0MPa	台	2	
4	压力表	$0 \sim 4.0$MPa	块	4	
5	承插式热熔机	$De20 \sim De110$	台	1	
6	管道液压热熔对接机	JL-450 （D280～D450）	台	2	
7	八角锤	2.5磅	套	2	
8	汽车起重机	25t	辆	1	

b. 滚动支架制作

（a）按照设计图纸采购材料、配件。

（b）固定部分与连接部分的施工程序：槽钢底座下料→端板下料→限位顶托扩孔→支撑板、限位顶托焊接。

（c）限位部分施工程序：构件下料→构件扩孔→构件打磨。

（d）支架组装及刷漆：漆料、涂装遍数、涂层厚度均应符合设计要求。涂层干漆膜总厚度：室外应为 $15\mu m$，室内应为 $125\mu m$，其允许偏差 $-25\mu m$。每遍涂层干漆膜厚度的允许偏差 $-5\mu m$。

（e）滚动支架组装，见图 5.18-4。

c. 滚动支架安装

根据管道安装图，把滚动支架安装在管架的钢梁上，检查滚动支架成一条直线。滚动支架的滚动面应洁净平整，不得有歪斜和卡涩现象。

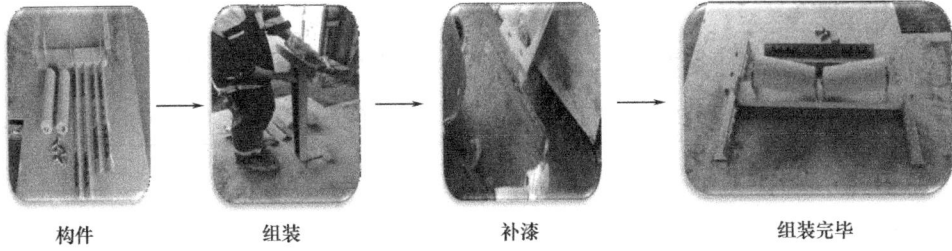

构件　　　　　　组装　　　　　　补漆　　　　　　组装完毕

图 5.18-4　滚动支架组装图

把管道放置在滚动支架上，安装 U 形管卡，使管道能在管道支架上自由滑动。滚筒转动部分加注润滑油，减少摩擦力。

钢管或 HDPE 管焊接完毕后，使用牵引设备牵引管道。以此往复循环，直至完成该管线。

把该管线安装到指定位置，再开始下一条管线施工。一层管架只需固定一次滚动支架。见图 5.18-5、图 5.18-6。

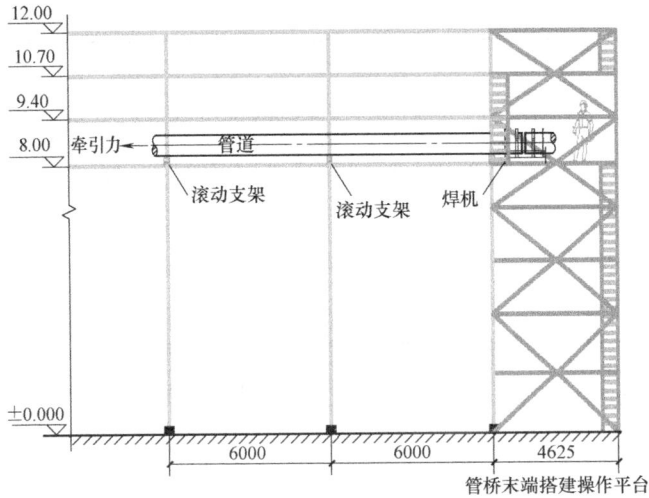

图 5.18-5　管架内部使用滚动支架示意图

图 5.18-6　管架内部使用滚动支架安装管道

4）质量保证

① 现场采用气割允许偏差应符合表 5.18-2 气割的允许偏差的规定。

气割的允许偏差（mm）　　　　　　　　　表 5.18-2

项目	允许偏差
零件宽度、长度	±3.0
切割面平面度	$0.05t$，且不应大于 2.0
割纹深度	0.3
局部缺口深度	1.0

注：t 为切割面厚度。

② 滚动支架的制孔应符合 C 级螺栓孔（Ⅱ类孔），孔壁表面粗糙度不应大于 $25\mu m$，其允许偏差应符合表 5.18-3 的规定。

C 级螺栓孔的允许偏差（mm）　　　　　　　表 5.18-3

项目	允许偏差
直径	+1.0 0.0
圆度	2.0
垂直度	$0.03t$，且不应大于 2.0（t 为切割面厚度）

③ 螺栓孔孔距的允许偏差应符合表 5.18-4 的规定。

螺栓孔孔距允许偏差（mm）　　　　　　　　表 5.18-4

表 5.18-3　C 级螺栓孔的允许偏差螺栓孔孔距范围(mm)	≤500	501-1200	1201-3000	>3000
同一组内任意两孔间距离	±1.0	±1.5	—	—
相邻两组的端孔间距离	±1.5	±2.0	±2.5	±3.0

注：1. 在节点中连接板与一根杆件相连的所有螺栓孔为一组；

2. 对接接头在拼接板一侧的螺栓孔为一组；

3. 在两相邻节点或接头间的螺栓孔为一组，但不包括上述两款所规定的螺栓孔；

4. 受弯构件翼缘上的连接螺栓孔，每米长度范围内的螺栓孔为一组。

（3）实施总结

通过滚动支架将管道用设备吊装至管桥内部的操作平台附近就可以利用逐段焊接，利用滚动支架逐段输送就可以到达安装位置。而传统的施工方法需要用设备将管道沿管桥依次吊装到位，加大了吊装设备的移位频率，减少了设备的有效利用率。同时滚动支架，避免了管道在滑动过程中对结构表面油漆和管道本身的损坏，减少人员在高空和狭小环境中作业的危险。

2. 刚果（金）SOMIDEZ 铜钴矿项目

（1）工程概况

刚果（金）SOMIDEZ 铜钴矿项目位于刚果（金）卢阿拉巴省科卢韦齐市以东 35km

处，地处著名的加丹加铜矿带之上，项目集采、选、冶为一体，年处理矿石 450 万 t，阴极铜产能 8 万 t/年，粗制氢氧化钴产能 0.8 万 t/年（钴金属量）。该项目由采矿工程、选矿工程、湿法冶炼工程、尾矿工程、辅助工程、公用系统工程等工程组成。钢结构及非标设备制作安装 17000t，彩板瓦制作安装 105000m²，设备安装 8000t，各类工艺管道安装 150km，电缆电线总长度 700km。

工期要求：具体开工日期为 2018 年 4 月 19 日，2019 年 12 月 31 日全部工程建成完成投料试车及竣工移交，总日历天数 550d。

（2）技术应用

同刚果（金）RTR 尾矿回收一期管道安装工程技术应用。

（3）实施总结

同刚果（金）RTR 尾矿回收一期管道安装工程实施总结。

(提供单位：中国十五冶金建设集团有限公司。编写人员：黄开武、刘锐、徐少臣)

5.19 大型溢流型球磨机施工技术

5.19.1 技术发展概述

随着经济的发展，世界各国矿山工业建设规模逐渐扩大，球磨机的大型化已成为选矿技术发展的方向，以往通过在空中组装对接单节筒体、端盖的球磨机安装技术也因存在大量空中作业和连接精度得不到保障等因素，满足不了现在大型溢流型球磨机的安装。通过大型溢流型球磨机施工技术的研发与应用，不仅免去了大量的空中作业同时连接精度有保证，也提高了效率，降低了成本，节约了工期。

5.19.2 技术内容

本球磨机安装技术采用副底板调平方式，现场加工、提前安装调平，同时清理端盖、筒体各连接面并将各构件拼装组对成单节，交叉作业缩短了工期。

在地面将每节筒体、端盖拼装成整体后吊装，免去了大量高空作业，同时减少单节构件在空中连接的时间，并提高筒体、端盖端面连接精度；集中吊装、连接重型构件，提高汽车式起重机的利用率，减少吊车使用台班，节约成本。

采用汽车式起重机进行主电机转子、定子的穿插工作，保证主电机转子、定子的间隙与平衡，并吊装就位。

5.19.3 技术指标

（1）标准规范

1)《机械设备安装工程施工及验收通用规范》GB 50231—2009；

2)《矿山机电设备工程安装及验收标准》GB/T 50377—2019；

3)《破碎、粉磨设备安装工程施工及验收规范》GB 50276—2010。

（2）精度要求

1) 主轴承主底板的水平度误差不超过 0.08mm/m；两底板的相对高度差不大于

0.08mm/m；两底板纵向中心线偏差不超过±1mm；两底板横向中心线平行度偏差不应大于0.08mm/m；两底板对角线偏差不超过±1mm。主轴承座与轴承底板的接触面局部间隙不大于0.1mm，不接触的边缘长不超过100mm，累计总长度不超过四周总长的1/4。

2）筒体、端盖与中空轴法兰同心度要求0.25mm以内，所有法兰之间用0.03mm塞尺检查间隙不得插入。

3）大齿轮径向跳动不超过0.6mm，轴向摆动不超过0.8mm，两个测点间的允许误差不超过0.27mm。

4）小齿轮齿面的接触沿齿高方向不少于60%，沿齿长方向不少于80%，齿侧隙符合设计要求。

5）慢驱轴和小齿轮轴上离合器间的径向位移不超过0.3mm，两轴线倾斜偏差不超过0.5mm/m。

6）主电机轴与小齿轮轴上离合器径向跳动不超过0.20mm，轴向摆动不超过0.15mm。

5.19.4　适用范围

适用于工业设备安装工程中大型磨机安装，对于具有大型起重吊装设备且磨机单件重量40t以上的工程尤为适用。

5.19.5　工程案例

1. 刚果（金）SICOMINES 铜钴矿项目

（1）工程概况

刚果（金）SICOMINES 铜钴矿项目位于刚果（金）卢阿拉巴省科卢韦齐市，是一个世界级特大型铜钴矿。

该项目由采矿工程、选矿工程、湿法冶炼工程、尾矿工程、制酸工程、辅助工程、公用系统工程等七大工程共77个子项组成。钢结构及非标设备制作安装18000t，彩板瓦制作安装98000m^2，设备安装11000t，各类工艺管道安装120km，电缆电线总长度410km，HDPE膜铺设13万m^2。

选矿系统磨矿车间含有一台ϕ8.5×4.3m半自磨机，净重806t；一台ϕ6.2×10.2m溢流型球磨机，净重713t，总重1419t，安装在标高为10m的设备基础。

工期要求：2014年3月22日开工，2015年7月30日完成无负荷联动试车。

（2）技术应用

1）大型溢流型球磨机安装技术特点难点

磨机主轴承底座的纵横中心线、水平度、中心距调整是磨机安装的难点和重点，为了确保其安装精度，对两轴承座底板采用在线架上挂钢线、钢线上垂线坠的办法找正主底板的纵横向中心，通过钢尺加弹簧秤进行精度控制，采用精密水准仪进行标高测量（精度可达0.01mm）。

2）施工工艺及过程

① 球磨机组成

大型溢流型球磨机主要由给料小车、主轴承、筒体部、衬板部、大齿轮、小齿轮轴组、齿轮罩、气动离合器、主电机、出料筒筛、慢速驱动装置、主轴承和小齿轮轴承润滑站、喷射润滑装置等组成，其结构如图 5.19-1 所示。大型溢流型球磨机筒体直径大于6m，重量大于800t，厂家分体加工，现场组装，大部分设备部件单件重量50t左右，最重的达到80t左右。

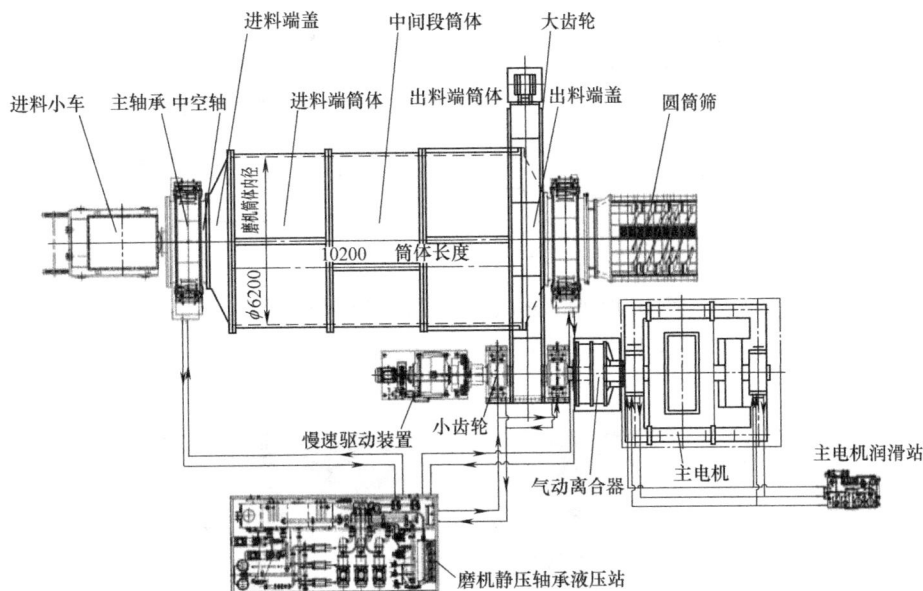

图 5.19-1　球磨机主要部件

② 工艺流程

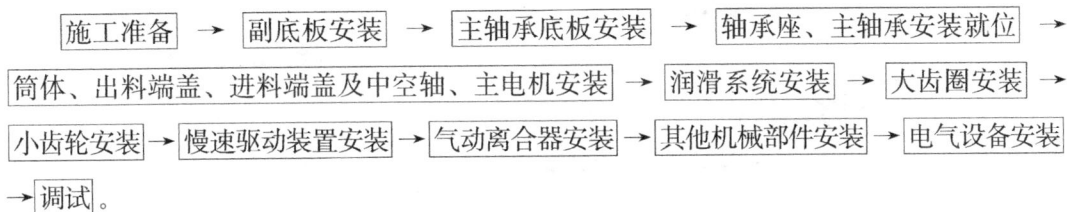

施工准备 → 副底板安装 → 主轴承底板安装 → 轴承座、主轴承安装就位 → 筒体、出料端盖、进料端盖及中空轴、主电机安装 → 润滑系统安装 → 大齿圈安装 → 小齿轮安装 → 慢速驱动装置安装 → 气动离合器安装 → 其他机械部件安装 → 电气设备安装 → 调试。

③ 工艺过程

a. 施工准备

（a）基础处理

对设备及混凝土基础验收，验收合格后结合设备部件数据、图纸进行放线。按图5.19-2 所示埋设中心标板及基准点。在混凝土基础的两侧面安装沉降观测点，并按要求进行观测。

（b）连接面清理

彻底清洗筒体、端盖、齿轮、中空轴等部件的法兰与配合表面，去掉油污和毛刺，清理法兰面、连接孔内的防锈油，检查法兰和止口配合表面的平整度，对不合格的地方进行处理，如图 5.19-3 所示。

（c）单节构件拼装

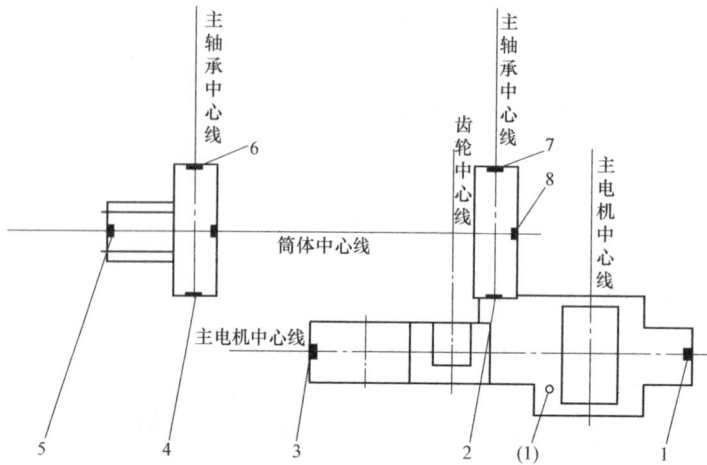

图 5.19-2　磨机中心标板埋设布置位置

1、2、3、4、5、6、7、8—中心标板

图 5.19-3　连接法兰面清洗

检查确定装配标记，在地面上将单片筒体或者端盖按照装配图正确装配，如图 5.19-4 所示。调整交叉方式，副底板安装、连接面清洗、单节组对拼装可以同时进行，吊车进场后统一吊装。

（d）作业人员的准备

编制劳动力需用计划，根据工程进度计划，合理组织安排施工人员进场。对参与施工的人员进行大型溢流型球磨机安装工艺的技术培训与安全培训。

（e）材料及工机具的准备

按施工进度计划和施工机具需用计划，分阶段组织施工机具进场，并确保能满足施工要求。主要的施工机具如表 5.19-1。

图 5. 19-4　构件地面拼装成段

主要的施工机具　　　　　　　　　　　　表 5. 19-1

序号	机具、设备名称	规格型号	单位	数量
1	汽车式起重机	250t	台	1
2	汽车式起重机	50t	台	2
3	汽车式起重机	25t	台	1
4	平板拖车	40t	台	1
5	电焊机	GS500	台	2
6	氩弧焊机	WS-400T	台	2
7	捯链	10t	台	6
8	卷扬	5t	台	1
9	钢丝绳	32.5mm	m	72m
10	钢丝绳	24mm	m	86m
11	尼龙吊装带	80t—15m	对	2
12	尼龙吊装带	50t—12m	对	2
13	卡环	10t	个	8
14	卡环	20t	个	8
15	螺旋千斤顶	32t	台	4
16	螺旋千斤顶	50t	台	4
17	框式水平仪	0.05mm/m	台	2
18	水平尺	0.4mm/m	台	2
19	钢卷尺	50m	把	2

续表

序号	机具、设备名称	规格型号	单位	数量
20	钢板尺	1.0m	把	2
21	卷尺	5m	把	6
22	游标卡尺		把	2
23	磁力百分表		套	6
24	外径千分尺		把	1
25	内径千分尺		把	1
26	塞尺		把	3
27	精密水准仪	DS3	台	1
28	全站仪	莱卡 TS09PLUS	台	1
29	红外线测振仪		台	2
30	红外线测温仪		台	2
31	红外线测速仪		台	1
32	铟钢尺		把	2
33	钢丝	0.5mm	米	500
34	弹簧秤		把	2
35	吊线坠	2kg	个	8
36	大锤	16磅	个	8
37	刮刀		把	8
38	锉刀	平锉、圆锉、三角锉	把	6
39	画针		根	2
40	样冲		套	2
41	各种扳手		把	若干
42	抛光片		小盒	1
43	不锈钢垫片	0.05～3mm厚	m^2	若干
44	QJ铅丝		卷	2
45	红丹粉		kg	5
46	环氧树脂胶		kg	25
47	柴油		L	100
48	浓硫酸		kg	100
49	3‰石灰水		kg	40

b. 副底板安装

底板采用副底板调平，所有副底板应在指定位置浇注（具体安装位置见图5.19-5），副底板在现场制作加工。调整好后的副底板上表面应比要求标高略低。副底板的顶面必须在两个方向水平,调整到单个副底板的水平度在0.1mm以内。

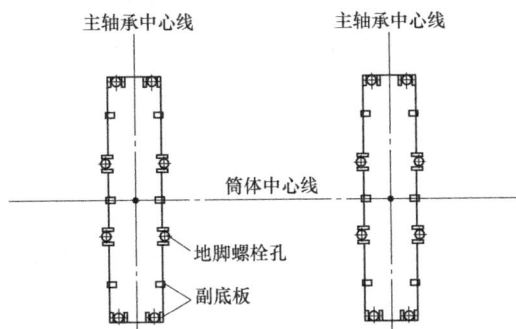

图5.19-5 磨机副底板布置位置

c. 主轴承安装

(a) 主底板安装

主底板安装前清洗各加工面防锈油和铁锈,去除毛刺。将主轴承底板吊装就位并调整其平整度与平面位置。

以图5.19-2中5号和8号中心标板为依据,用在线架上挂钢线、钢线上垂线坠的办法找正主底板的纵向中心,使两个主底板上的两个中心点和标板上的两个点在一条直线上,其偏差不超过±1.0mm。横向中心线以6号和4号、2号和7号四个中心标板为依据,仍以线架上挂钢线垂线坠的办法找正,其偏差不超过±1.0mm。为验证两个主底板横向中心线的平行性,可在每个主底板横向中心相同尺寸处量取两点,以冲子打上小而清晰的印坑,然后量取此四点的对角线进行比较。

调整后的主轴承底板水平度误差不超过0.08mm/m,且中部应高出两边,不允许出现中间凹下情况;两底板的相对高度差不大于0.08mm/m,且进料端高于出料端;两个主底板的纵向中心线在一条直线上,其偏差不超过±1mm。两个主底板横向中心线的两端的距离的偏差不超过±1mm,平行度偏差不应大于0.08mm/m。

(b) 主轴承座安装

清洗主轴承底板顶面和轴承座底面,去除毛刺和油污,清洗完后利用汽车式起重机将轴承座吊装至主底板上。调整轴承座使两轴承座达到相同高度,同时轴承座与轴承底板的接触面沿其四周应均匀接触,局部间隙不得大于0.1mm,不接触的边缘长不超过100mm,累计总长度不超过四周总长的1/4。

d. 筒体安装

(a) 安装前彻底清洗筒体法兰及端盖的配合表面,检查法兰和止口配合表面的平整度,不允许有局部突出部分存在。

(b) 根据安装标记将分瓣筒体分段组装,然后将组装好的一段筒体吊装至磨机基础上并与顶起装置固定。接着进行第二段筒体吊装就位,并与第一段筒体对接;安装合格后进行第三段筒体的吊装就位且与前面已安装合格的筒体对接。组装与对接应控制法兰间隙、螺栓紧固度和筒体同轴度,法兰同心度要求为0.25mm以内,所有法兰之间用0.03mm塞尺检查间隙不得插入,如图5.19-6所示。

e. 端盖及中空轴安装

将端盖和中空轴在地面组装完毕后进行整体吊装，按照装配标记，将组装完的整片端盖与中空轴连接起来；安装出料端盖时，连接螺栓应避开大齿轮连接孔，安装过程中严格控制间隙和螺栓紧固度。端盖与中空轴吊装如图 5.19-7 所示。

图 5.19-6 球磨机筒体法兰同轴度检查

图 5.19-7 球磨机端盖及中空轴吊装

f. 筒体和端盖组件装入主轴承

筒体和端盖组件就位前，轴承座必须已调整符合要求，顶升装置已调整至比工作状态低 3～5mm。对端盖和筒体组件进行复检，经检查无误后，缓慢将顶升装置降至正常工作位置，筒体和端盖组件落入主轴承。

g. 主电机安装

球磨机主电机吊装前需将定子、转子组装好。采用汽车式起重机在室外进行转子穿插和主电机吊装。

（a）利用汽车式起重机将主电机定子放置在已调平的基座上，并在主电机定子线圈下部铺上 3mm 厚的橡胶皮，防止转子穿插过程中转子与定子摩擦造成损伤。见图 5.19-8。

图 5.19-8 球磨机定子内圈底部保护垫铺设

（b）利用汽车式起重机将转子吊起缓慢穿过定子；当转子一端穿过定子后，利用另外一台汽车式起重机在转子两端重新设置吊点，两台汽车式起重机配合继续穿插转子。

（c）转子穿插完成后，用无缝钢管作为扁担，钢丝绳、手拉葫芦垂直方向交替连接固定，控制转子、定子间隙和平衡。

h. 润滑系统安装

轴承润滑站在安装之前用面粉团将油箱内的杂质清理干净。现场配管在一次安装之后，拆除所有润滑油管进行酸洗。润滑系统装配完成后进行试压，然后注入冲洗油进行油循环。

i. 大齿轮安装

在安装之前，所有齿面和安装表面必须彻底清洗，按照配对标记进行安装。

（a）安装第一个 1/4 齿轮

1/4 齿轮起吊时以两根等长的吊绳从两边套穿在齿轮轮辐的空档内，为防止吊绳损伤齿轮，在吊绳与大齿圈之间加防护垫。第一个 1/4 齿轮起吊后扣在筒体上方，安装固定完成后用卷扬旋转筒体进行盘车，使安装好的第一个 1/4 齿轮慢慢下转到磨机中心线以下的位置。

（b）剩余 1/4 齿轮安装及找正

按装配标记及同样的方法安装第 2、3、4 个 1/4 齿轮。四个 1/4 齿轮啮合好后，拧上全部大齿轮和筒体、端盖的连接螺栓，调整大齿轮径向跳动与轴向摆动，使大齿轮径向跳动不超过 0.6mm，轴向摆动不超过 0.8mm，两个测点间的允许误差不超过 0.27mm。

j. 小齿轮安装

（a）小齿轮安装前彻底清洗底座、轴承箱等零件。拆开小齿轮轴，彻底清理轴承和轴承座、轴承盖内润滑脂。参考主轴承底板安装方法调整小齿轮组底座。

（b）小齿轮安装完成后，调整齿侧隙，检查齿轮齿面的接触情况，沿齿高方向不少于 60%，沿齿长方向不少于 80%，同时齿侧隙满足图纸设计要求。

k. 慢速驱动装置安装

慢驱吊装就位后，找正慢驱和小齿轮中心，控制慢驱轴和小齿轮轴上离合器间的径向位移，两轴线倾斜偏差、两轴头间隙按图纸要求调整，要求慢驱轴和小齿轮轴上离合器间的径向位移不超过 0.3mm，两轴线倾斜偏差不超过 0.5mm/m。

l. 气动离合器安装

在准备安装空气离合器前，小齿轮轴必须最终校准位置，电机必须安装完毕且检查合格。控制主电机轴与小齿轮轴上离合器径向跳动和轴向摆动。

m. 其他机械部件安装

按要求进行衬板、给料小车、圆筒筛等其他部件的安装。

3）质量保证措施

① 质量控制点见表 5.19-2。

质量控制点 　　　　　　　　　　　　　　　　　　　表 5.19-2

序号	检查项目	备注
1	主底板安装精度	水平度误差不超过 0.08mm/m；两底板的相对高度差不大于 0.08mm/m；纵向中心线偏差不超过 ±1mm；横向中心线平行度偏差不应大于 0.08mm/m；对角线偏差不超过 ±1mm

序号	检查项目	备注
2	主轴承座安装精度	与主底板的接触面局部间隙不得大于 0.1mm,不接触的边缘长不超过 100mm,累计总长度不超过四周总长的 1/4
3	筒体、端盖安装精度	法兰同心度在 0.25mm 以内,所有法兰之间用 0.03mm 塞尺检查间隙不得插入
4	大齿轮安装精度	径向跳动不超过 0.6mm,轴向摆动不超过 0.8mm,两测点间的允许误差不超过 0.27mm
5	小齿轮安装精度	齿面接触沿齿高方向不少于 60%,沿齿长方向不少于 80%,齿侧隙符合设计要求
6	慢驱安装精度	径向位移不超过 0.3mm,轴线倾斜偏差不超过 0.5mm/m
7	主电机安装精度	径向跳动不超过 0.20mm,轴向摆动不超过 0.15mm

② 质量控制主要措施

a. 安装工作开始前，组织所有参加施工人员进行技术交底，使其明确了解主要的技术要求，施工程序和质量要求，把好工程质量关。

b. 安装所使用的测量仪器、仪表合格，以保证精度。

c. 彻底清洗筒体、端盖、齿轮、中空轴等部件的法兰与配合表面，去掉油污和毛刺，清理法兰面、连接孔内的防锈油，检查法兰和止口配合表面的平整度，对不合格的地方进行处理。

d. 在施工过程中，施工技术人员应及时做好各种数据的记录整理工作，确保交工资料同步。

e. 施工中拆卸零部件，按规定必须使用专用工具，要轻起轻放。拆下的零部件，应分类整齐放置，避免混淆，零部件拆卸前，必须做好方位标记。

f. 每道工序完成后班组自检，自检合格后，报项目部质检人员，复查合格后，报监理人员和业主相关人员进行检查，合格后方可进行下道工序，施工严格按照各工序的报验程序。

（3）实施总结

大型溢流型球磨机安装技术相对于以前安装技术，采用副底板调平方式，现场加工、提前调平，交叉作业缩短了工期；在地面将每节筒体、端盖拼装成整体后吊装，免去了大量高空作业，同时减少单节构件在空中连接的时间，并提高筒体、端盖端面连接精度；集中吊装、连接重型构件，提高汽车式起重机的利用率，减少吊车使用台班，节约成本；采用汽车式起重机进行主电机转子、定子的穿插工作，保证主电机转子、定子的间隙与平衡，并吊装就位。

此技术应用于刚果（金）SICOMINES 铜钴矿项目磨机安装，5 天内完成两台磨机的筒体、端盖、中空轴、主电机的安装，并在 4 个月内就具备单体试运行条件，整个施工过程工艺先进、施工顺畅，安装精度有保证，效率高，降低成本，未发生安全和质量事故，节约成本约 144330 美元，缩短了施工周期，取得了良好的经济效益与社会效益。

刚果（金）SICOMINES 铜钴矿项目两台磨机从安装完成后至今各系统运行正常，工程也获评"全国化学工业境外优质工程奖""中国建设工程鲁班奖（境外工程）"。

2. 刚果（金）SOMIDEZ 铜钴矿项目

（1）工程概况

刚果（金）SOMIDEZ 铜钴矿项目位于刚果（金）卢阿拉巴省科卢韦齐市以东 35km 处，该项目由采矿工程、选矿工程、湿法冶炼工程、尾矿工程、辅助工程、公用系统工程等工程组成。钢结构及非标设备制作安装 17000t，彩板瓦制作安装 105000m²，设备安装 8000t，各类工艺管道安装 150km，电缆电线总长度 700km。

选矿系统磨矿车间含有一台 $\phi 8.8 \times 4.8m$ 半自磨机，净重 851.5t；一台 $\phi 6.4 \times 11.15m$ 溢流型球磨机，净重 887.9t，总重 1739.4t，安装在标高为 8.5m 的设备基础。

工期要求：开工日期 2018 年 4 月 19 日，2019 年 12 月 31 日全部工程建成完成投料试车及竣工移交。

（2）技术应用

同刚果（金）SICOMINES 铜钴矿项目溢流型球磨机安装技术应用。

（3）实施总结

此技术应用于刚果（金）SOMIDEZ 铜钴矿项目磨机安装，在 4 个月内就具备单体试运行条件，整个施工过程工艺先进、施工顺畅，安装精度有保证，效率高，降低成本，未发生安全和质量事故，节约成本，缩短了施工周期，取得了良好的经济效益与社会效益。

（提供单位：中国十五冶金建设集团有限公司。编写人员：陈维、刘锐、王润）

5.20 大型工业模块化施工技术

5.20.1 技术发展概述

自 20 世纪 60 年代以来，模块化技术在造船工业发达的美国、俄罗斯、日本等国得到了迅速发展，已成为现代造船和海洋工程中的重要技术。

在 19 世纪末期，一部分海洋工程项目利用将采油设施划分成多个子模块，通过在陆地工厂预制后，运输到海上现场安装，以减少施工风险。后来，由于其合理性和高效性，越来越多的发达国家采用了这种模块化建造的技术和方法，并逐步运用到了陆地大型工程项目。

21 世纪开始，大型陆地工程项目如液化天然气厂、矿石提炼厂等，如果陆地运输条件允许，基本都愿意采用模块化建造技术。

近年来国内模块化技术的开发应用已转移到陆地工厂，如大型炼油、燃气、冶炼装置。随着模块运输车和吊装能力的提升，大型工业模块的建造也在迅猛的发展中。

5.20.2 技术内容

大型工业模块具有超大、超高、超重的特点，其施工技术是指，将一个需要建设的大型工艺系统，先按照系统功能进行集成，至少一个工艺功能集成在一个装置中，形成功能模块；其次，选择一个工艺条件及生产环境较好的场地，完成各功能模块的异地建造；接着，将建造好的所有功能模块运至安装现场；最后，完成各功能模块的安装，形成一个所需的、完整的工艺系统。大型模块施工技术包括：模块建造技术、模块搬运技术、模块海运技术、模块装（卸）船技术、模块起重技术、全站仪测量定位技术。

5.20.3　技术指标

（1）《钢结构工程施工质量验收标准》GB 50205—2020；

（2）《现场设备、工业管道焊接工程施工规范》GB 50236—2011；

（3）《电气装置安装工程　电缆线路施工及验收标准》GB 50168—2018；

（4）《建筑机械使用安全技术规程》JGJ 33—2012；

（5）《施工现场临时用电安全技术规范》JGJ 46—2005。

5.20.4　适用范围

适用于采用模块化方法设计建设的各类大型工业项目。

5.20.5　工程案例

新喀里多尼亚 Koniambo 镍矿工程冶炼 1 号线模块、冶炼 2 号线模块、煤场模块的建造及工厂建设

（1）工程概况

Koniambo 镍矿项目位于南太平洋的新喀里多尼亚北部，有两条生产线，年产金属镍高达 60000t，是世界上第一个模块化建造的集成冶炼装置，采用异地（中国青岛）建造、现场组装的模式，也是世界上首例以模块化方法设计建设的工厂。其中，冶炼厂主体结构划分为 17 个功能模块，17 个主模块分别完成冶炼厂的电炉供电、电炉送料、还原、分离、输料、矿粉缓冲、研磨/干燥、煤粉制备等功能。单个模块重量为 2400～5000t 不等，总重量超过 50000t。

利用该技术，中机工程在新喀里多尼亚 Koniambo 镍矿项目现场完成了 17 个模块的安装，13000t 散装钢结构和 12000t 的设备安装，涉及有土建、钢结构、机械设备、电气仪表、管道以及防腐保温等多个专业工作，赢得业主满意。

工期要求：镍矿模块于 2008 年 8 月 28 日在中国海洋石油工程（青岛）场地上开始建造，于 2010 年 8 月 10 日完成建造，建造总工期 712d。安装人员于 2010 年 6 月 5 日进驻新喀里多尼亚现场，做模块安装基础的准备，2010 年 8 月 30 日模块运抵现场码头，2010 年 12 月 31 日完成冶炼厂 1 号线和 2 号线主体模块安装，进入煤场、公用设施、散装构件及冶炼电炉的安装施工，2012 年 12 月 15 日一号线试生产，2013 年 11 月 2 日线试生产，安装总工期 1246d。

（2）技术应用

1）大型工业模块施工的特点难点

① 超大、超高、超重是大型工业模块的基本特征。为了实现模块的建造，对于建造

场地的要求如下：

　　a. 建造场地要足够大，所有模块能够在这个场地内完成建造作业。

　　b. 要有足够的加工能力，以完成模块构件的制造作业。

　　c. 要有足够的搬运能力，以完成大型构件的搬运作业。

　　d. 要有足够的起重能力，以完成模块组立时大型构件的吊装作业。

　　e. 建造场地要紧靠装运模块的码头。

　　f. 要有能力完成模块的装船作业。

　　② 为实现大型工业模块的安装，对于安装场地的要求如下：

　　a. 安装现场要紧靠卸载模块的码头。

　　b. 要有能力完成模块的卸船作业。

　　c. 要有足够的搬运能力，以完成模块的搬运作业。

　　d. 要有足够的起重能力，以完成模块的安装作业。

　2）关键技术特点

　①大型工业模块施工技术由六大技术组成，各组成技术的特点如下：

　a. 模块建造技术

模块建造采用一层甲板片（平台）、一层层间立柱的部件组装大流程，并应用多立柱同时对接的专利技术，实现甲板片与近20个的立柱同时对接的作业。

　b. 模块搬运技术

采用由驱动模块、6轴承重模块或四轴承重模块组成的、可横向或纵向组合应用的自行式模块运输车（SPMT），实现模块的短距离搬运作业。

　c. 模块海运技术

采用自航式半潜运输船，实现模块长距离的跨洋运输。

　d. 模块装（卸）船技术

采用自航式半潜运输船压仓水的荷载调节控制功能与自行式模块运输车车轮的自主浮动功能，实现模块的装（卸）船作业过程。

　e. 模块起重技术

（a）底层模块就位技术。当应用模块搬运技术将模块运至安装位置后，根据高精度定位测量技术得到的测量结果，再利用SPMT承重平台的升降功能和7种行走模式，微调模块至正确的位置上。

（b）上层模块顶升技术。上层模块的顶升采用刚性支撑的四柱导架式"井"字液压顶升架完成，模块顶升前先放置在两副门架顶升大梁上，顶升时跟随顶升大梁到达就位高度。

（c）上层模块滑移技术。模块跟随顶升大梁到达预定高度后，利用在两副门架间顶升大梁上的液压自锁推动系统推运装置，缓慢推运模块滑移。滑移前应在模块支墩下方和顶升大梁接触的部分用四氟乙烯板粘接好，以减少钢材之间的摩擦力。为防止模块偏离顶升大梁，在顶升大梁上方设置导向挡块。模块滑移到位后利用全站仪测量模块对接立柱的位置和对口间隙，并调整到位。

　f. 全站仪测量定位技术

根据模块设计图纸，将模块的钢柱中心线与钢梁的结构上表面的交点换算成相对坐标到钢柱外表面易于测量的位置，作为测量控制点，利用全站仪测量其相对坐标，与设计的理论坐标 X、Y、Z 三个方向比较偏差值，据此，对模块的空间 6 个自由度进行调整和微调，使其位置符合设计的规定。

3）模块建造工艺及操作要点

① 模块建造工艺流程图（图 5.20-1）

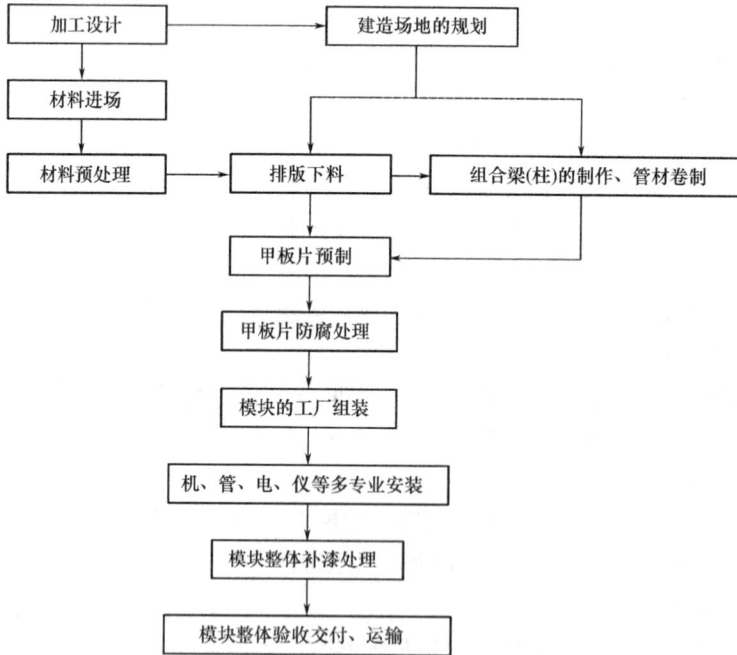

图 5.20-1　模块建造工艺流程图

② 甲板片预制（平台）

模块甲板片（或段单元）预制有正造和倒造两种模式。

甲板片按照各杆件的正的姿态模式摆放的建造模式称为正造法，正造法多使用多个独立支墩支撑甲板片单元进行建造，不受地面不平整的限制。

与正造法相反，各构件建造时处于倒立姿态的建造模式称为倒造法，倒造法一般在平坦的拼装平台进行，先将甲板片进行拼片铺设，然后拼装甲板结构框架。

两者最大的区别，倒造法预制完成的甲板片在成片结束后，需要进行翻身。两种方法在甲板片预制时可以根据甲板片框架梁的断面尺寸进行选择，甲板片刚性好，主梁断面尺寸大，正造操作不便时可以选用倒造法。甲板片预制流程，见图 5.20-2。

在流程图中将检验点的工作标注出来是必要的，因为在建造过程中，检验节点花费的检验时间较长，所以在生产计划中，必须考虑检验用时。

③ 立柱及其他构件的预制

立柱及其他构件的预制与一般的钢结构无太大的差别。

④ 模块总装

甲板片、立柱、斜撑及其他构件的预制完成后，即可开始模块的总装作业。模块总装

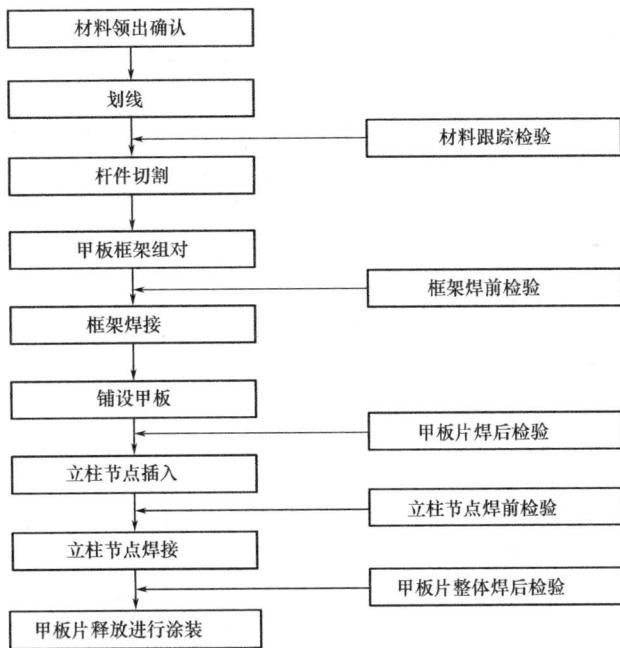

图 5.20-2 甲板片预制流程图

工艺流程工序较多，又涉及多专业的综合协调，需要周详的计划，图 5.20-3 所示的总装工艺流程图中，同时反映了几处重要的尺寸检验点，尺寸检验点的控制将利于模块建造尺寸的保证。

a. 垫墩摆放

垫墩摆放时，应将垫墩底部地面清理平整，若在碎石地面摆放垫墩时，可以使用大沙或石粉进行基础面找平，注意不应太厚，控制在 50mm 找平层即可。

垫墩上平面一定要水平，垫墩之间的高差控制在 20mm 内，以减少靴套的调平支垫。

靴套的摆放，垫墩摆放平整后，在垫墩上平面划线，定出靴套的准确位置，靴套的水平和标高的调整可以使用斜垫铁进行。

b. 首层甲板片的吊装就位

为了保证首层甲板片的就位准确，在垫墩组最外侧的四个边角处的靴套上安装定位导向块。定位导向块与立柱之间应留适当的间隙，控制在 6mm 比较好。

甲板片吊装就位时，注意在甲板就位的最后 100mm 高度时，应指挥吊车动作平稳，以避免甲板片撞击靴套，平稳调整位置，缓慢下落，确保位置的准确。

c. 首层甲板片的调整

首层甲板片就位后进行的调整主要是甲板片水平的调整，甲板片可能与垫墩中心线有微小的偏差，控制在 10mm 内，但甲板片的水平要求控制在 ±6mm 内，甲板水平可以通过靴套和垫墩间的调节斜铁调整。首层水平验收合格后立即做好沉降观测的首次观测记录，观测点设置在垫墩上。

d. 吊装上层立柱

首层调整结束后，将鞋套和下部短柱的连接筋板焊接，完成后可以进行上层立柱的吊

```
┌─────────────────┐      ┌─────────────────┐
│ 模块总装场地      │─────▶│ 垫墩摆放及水平调整  │
│ 测量放线         │      │                 │
└─────────────────┘      └─────────────────┘
                                 │
                                 ▼
                         ┌─────────────────┐      ┌─────────────────┐
                         │ 测量放线，在垫墩  │◀─────│ 基础验线检查      │
                         │ 上标记立柱安装线  │      │                 │
                         └─────────────────┘      └─────────────────┘
```

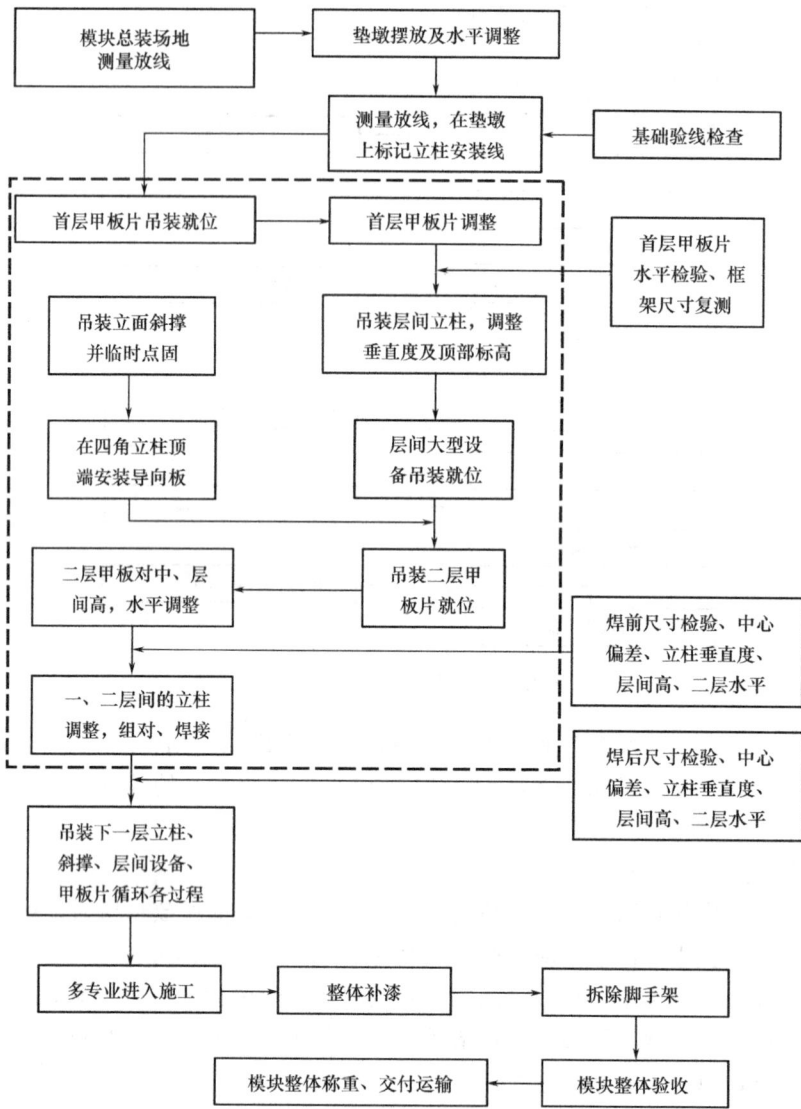

图 5.20-3　模块总装工艺流程图

装，上层立柱使用临时螺栓固定。通过螺栓来完成立柱垂直度和组对间隙的调节。

图 5.20-4 和图 5.20-5 反映了立柱对接的调节和固定。

e. 修切立柱高度余量

立柱垂直度调整完成后，根据层高和上层下部短柱的实测尺寸，确定出每条立柱柱顶修切量，完成对上层立柱的修切，打磨坡口。在四角的立柱顶端设置定位导向块，为吊装上层甲板片做好准备。同时完成立面斜撑的吊装和临时固定。

f. 层间大型设备的吊装就位

在层间立柱吊装的同时，安排将层间的大型设备吊装就位，例如镍矿 3M101 和 3M102 两个是供电的模块，在一层甲板上安装有大型变压器，重量有 100t，在二层甲板吊装之前，首先安排吊装变压器就位，减少了以后吊装的麻烦。

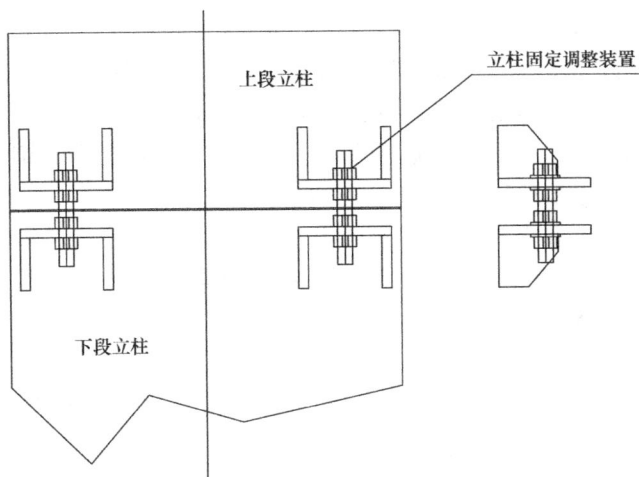

图 5.20-4　立柱对接临时固定装置示意图

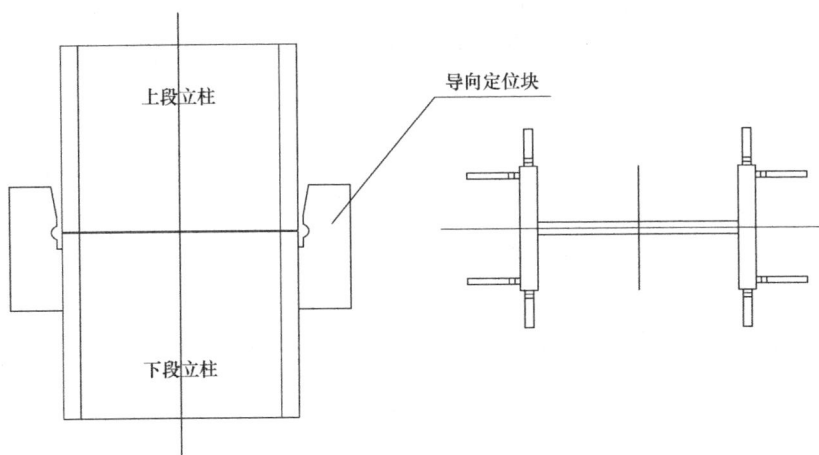

图 5.20-5　立柱对接就位导向定位块示意图

g. 吊装上层甲板片

上层甲板片吊装前应实际测算吊车行进位置和吊车的旋转半径，保证甲板片能够准确到位。立柱的位置误差和上层甲板片的尺寸误差会有一些叠加，造成甲板片落稳过程中的卡阻，这时需要通过松开被卡立柱的连接螺栓来调节局部的对接，完成甲板片的落稳过程。

h. 上层甲板片的调整

上层甲板片的调节是一项比较复杂的工作，基本要求有四项指标：上下两层中心线对中、立柱垂直度、层高尺寸、甲板片水平度。

（a）甲板片上下中心线对中：在甲板落稳过程中注意靠四角立柱的导向板尽量控制落稳过程，减少调节量；落稳后实测上层甲板片的中心线和首层甲板片中心线的偏差，并进行调整，调整时利用立面斜撑加固生根立柱后，利用 50t 千斤顶进行调节，保证上层甲板片中心线与首层甲板片中心线偏差控制在 6mm 内。

（b）立柱垂直度调整：甲板片对中调整后进行立柱垂直度的调整，立柱垂直度应首先调整四角的四根立柱的垂直度，然后调整其他立柱的垂直度。立柱的垂直度：层高小于4m时控制在8mm内，层高大于4m时按层高的1/500mm控制。在调整时可以与组对错边量互相借量，优先保证垂直度，组对错边量控制在4mm内。

（c）层高尺寸的控制：所有层高都是指一层的基准到测量位置的高度，层高的偏差应控制在8mm内与或层高的1/1000mm内的较小值。

（d）甲板片水平偏差要求控制在±6mm内。

由于层间的立柱多达20个左右，调节前一定要全面测量数据，然后综合分析，互相借量，以满各方面的要求。

i. 立面斜撑的调整

立面斜撑较多，基本上每个轴间都有立面管斜撑，甲板片和立柱调整完成后，进行立面管斜撑的调节，按照图纸节点要求调节好立面管斜撑的位置。注意管斜撑的尺寸位置要使用管外壁延长线定位。

j. 立柱焊接和管斜撑焊接

立柱焊接前应使用过桥板进行加固，管斜撑要在节点的四个方向上进行加固焊，加固点的焊接长度不小于75mm，然后合理安排对称焊接，保证焊接收缩引起的尺寸影响最小。

k. 焊后尺寸复核

立柱和甲板片焊接完成后，应进行尺寸的焊后检验，主要还是复核（甲板片水平、层总高、立柱垂直度、中心线偏差），根据实际作业情况，基本焊后尺寸都能够满足要求。对于超差不可接受的位置应刨开相关焊缝进行纠正。

l. 模块最终的整体释放

模块总装完成后，对模块整体的几何尺寸进行检验，形成最终的尺寸报告。同时模块应完成对接接口的标识和安装测量标记，然后可以最终释放。

⑤ 模块建造的多专业施工

模块的工厂建造以钢结构为主线，形成结构建造，同时模块内的机械设备、管道、电气动力与照明、仪表、装饰装修、防腐等形成模块建造过程的多专业施工。

a. 机械设备的安装

两层甲板片吊装的中间间隔，将留出部分时间，以完成层间设备的吊装就位，这时机械设备的吊装难度已经降低，使用大型吊车将很容易的完成设备的吊装就位。例如：镍矿模块建造时，3M101模块是供电模块，3M101首层安装有大型变压器一台，重100t，在常规建造模式中，结构建成后在安装该设备，需要搭建临时支撑平台，通过滑动平移实现安装，比较复杂。在模块建造时，首层甲板片就位后，使用吊车吊装变压器就位，要方便许多。

设备就位的位置尺寸控制，分两种情况，一种是独立的成套设备，在模块对接时，设备无对接接口要求，可以直接使用模块轴线定位，完成安装和验收。另一种是在模块有对接接口要求的，或与其他设备有较多的接口要求，这类设备位置尺寸要求使用相对坐标定位，这样有利于消除结构建造的积累误差，也有利于将建造的模块尺寸报告使用电脑模拟模块对接的效果。

设备安装的基本施工工艺本技术不再详述。

b. 管道施工

模块内的管道包括公用设施管道和工艺管道。管道的安装同模块的结构建造和设备安装相协调，在模块总装两层后，管道施工工作面就形成，可以逐层施工。管道施工也采用工厂预制现场安装的模式。

（a）管道预制

管道预制流程见图5.20-6。

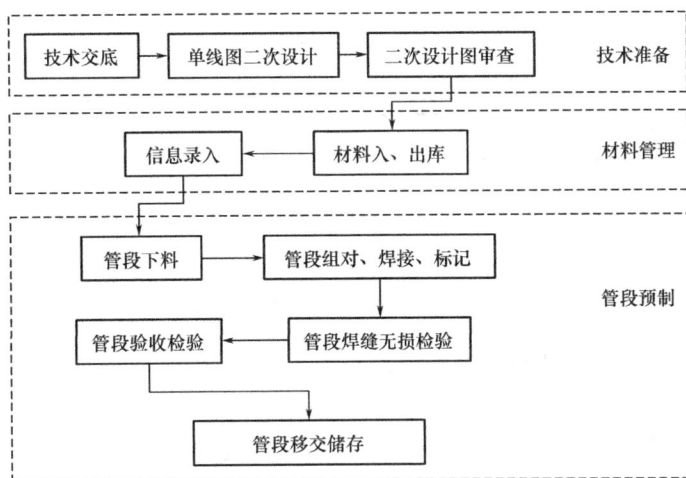

图 5.20-6　管道预制流程图

技术人员应对设计院单线图进行二次设计，生成管段图，工程师在交底会接受二次设计任务，根据预制顺序和进度计划要求开展二次设计。二次设计完成必须经审核批准后，才用于制作生产。

材料管理应将各种规格、材质、数量、材料的炉号、批号等信息录入数据库，严格按照设计单线图数据管理材料发放，确保每个管段的材料信息都得到控制，并有详细的数据记录。可以利用"管道预制管理软件"自动配料，并生成出库单。出库单和管段图应配套交预制厂资料员。材料管理员对已配料完成的管道图纸应建立档案，便于查阅。材料保管员必须依据料单发放，发放的材料必须有记录完整的发放记录。

管段预制完成后应制作标记，标记应便于长期保存。管线应按照现场的安装顺序和安装单元堆放，以减少管线的翻找时间。

（b）管线的安装

管线的安装流程见图5.20-7。

管线安装应重视测量放线，因模块对接时要求管线接口偏差较小，所以管线接口通过坐标控制，同时模块内部管线密集的管廊段、管道密集交叉转弯段、多管共架位置，都要细致的测量放线，严格按照综合管线布置图纸定位，对于小于 $DN50$ 的管道，设计人员经常在综合管线图纸中没有画出，安装前需要在综合管线图中补充出来，以及时发现管线干涉的情况，进行调整。

设计人员重视了大型支吊架的设计，对于小管线或管线转角位置的支吊架容易缺失，工程师应在管线安装前根据现场的结构实际情况，将小管线缺失的支吊架和转角位置缺失

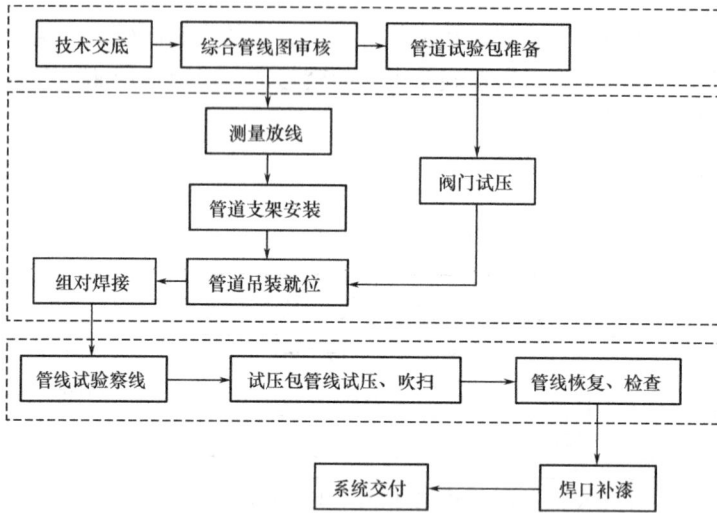

图 5.20-7　管线的安装流程图

的支吊架补充到图纸中，以便班组的施工。

（c）电气、仪表的安装

电气仪表的安装时机要把握好，一般模块建造时设计没有在综合管线布置中考虑电气、仪表的管线位置，如果电气、仪表管线施工过早，将会发生较多的管线干涉引起的返工，电气、仪表专业宜在机械设备和管道专业大部分就位后开始施工，这样减少了管线干涉，同时设备和管道专业也为电气、仪表现场接线提供了准确的定位。

⑥ 大型构件的搬运

模块建造和现场安装过程中，大型构件（甲板片、段单元和模块等）主要采用由驱动模块、6 轴承重模块或四轴承重模块组成（图 5.20-8）的自行式模块运输车（SPMT）进行搬运作业。

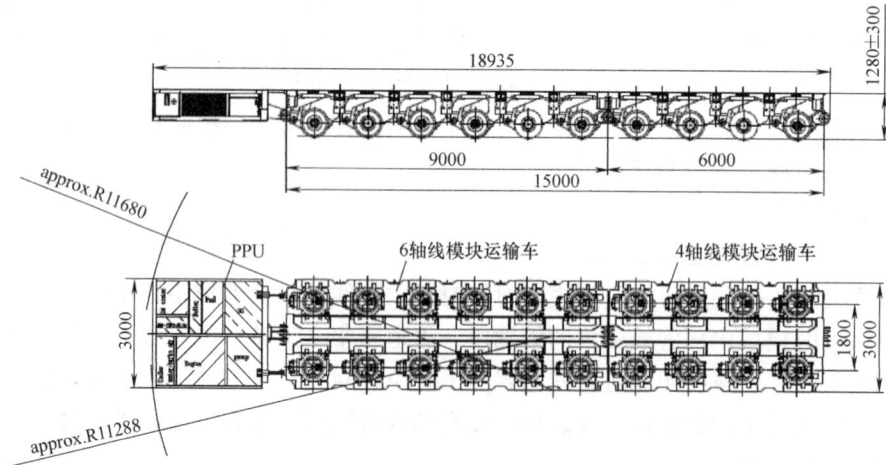

图 5.20-8　自行式模块运输车（SPMT）

该运输车辆运输能力强，载重量大，可以沿行驶轴线的纵向和横向自由拼接，形成更大的运输台车。也可以根据需要选择承重平台的升降功能和直行、斜行、横行、八字转向、前轴转向、后轴转向、中心回转7种行走模式，以实现自装、自卸、原地调头、横向平移、绕中心点旋转等动作。悬挂系统则通过液压油缸控制承重平台的升降、完成各种转向、自主控制车轮的浮动，在行驶中使承重平台始终保持水平姿态，图 5.20-9 为模块的搬运状态。

图 5.20-9　模块的搬运状态

4）模块安装工艺及操作要点

① 模块安装工艺流程图（图 5.20-10）

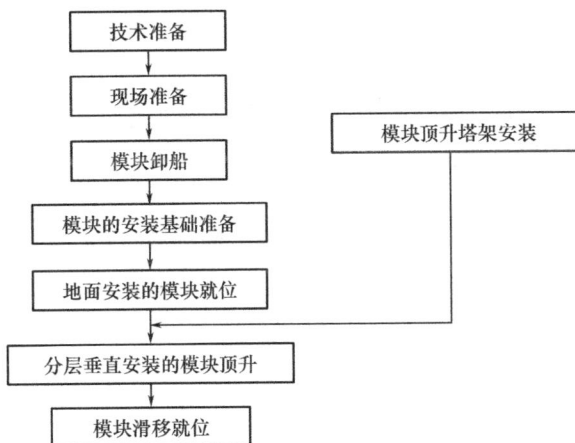

图 5.20-10　模块安装工艺流程图

② 技术准备

大型工业模块安装是一项技术含量高、工艺复杂、风险大的系统工程，特别是模块顶升和滑移工艺，是模块安装的难点和核心。模块安装前做好施工组织设计、顶升滑移方案的编制，工况计算与复核，深化设计、质量控制检验点设置等工作，还要策划工程总体施工进度计划，对模块运输车、顶升设备等大型机械进场和模块进场进行合理的安排。

③ 现场准备

a. 由于模块重量达千吨级以上，模块搬运的道路及场地均要平整坚实，承载能力必须达到 15MPa 以上。

b. 工厂建筑物基础、设备基础及临时施工设施基础测量、定位、放线。

c. 临时工装设施制作、液压顶升设备设施进场、组装。

④ 模块卸船

a. 模块卸船工艺流程（图 5.20-11）

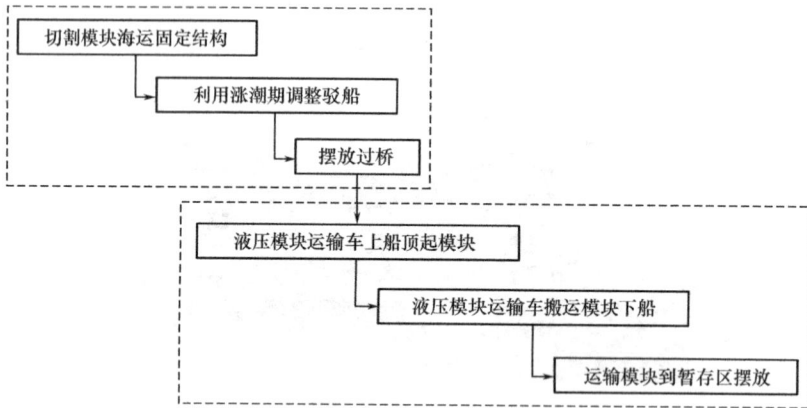

图 5.20-11　模块卸船工艺流程图

b. 切割模块海运固定结构

模块在建造场地建造完成后，通过驳船海运到安装场地，模块靠垫墩支撑摆放在驳船甲板上，模块与垫墩、垫墩同甲板焊接连接，模块的各支撑点安装有管斜撑支撑，斜撑同甲板和模块焊接连接。

模块运输船到港靠岸后，首先切割斜撑和模块垫墩的各焊接点。切割后要对每条固定焊缝进行检查确认，确保无遗漏。

c. 摆放过桥

收紧驳船缆绳，驳船靠紧码头，在驳船和码头间摆放过桥。过桥为特制的钢制过桥，钢桥两端为楔形，同甲板和码头平面过渡平缓，过桥厚度不超过 300mm。

d. 液压模块运输车（SPMT）上船顶起模块

根据各模块重量与下部结构构造特点，在加工设计时即确定好模块运输受力点，并做好相应的结构加强措施，确保受力安全。

液压模块运输车上船，进入到模块下部，按照设计的顶升位置站位，模块运输车平面和模块支撑点间，摆放硬木方墩，硬木木方为纵横叠层摆放密实。然后缓缓升起运输车，顶升模块，模块顶起 100mm 即可，然后检查运行通道，确保无障碍干涉。

e. 液压模块运输车搬运模块下船

液压模块运输车驮起模块后，缓慢行驶下船，同时监测系统监视驳船平面和码头平面，随时调整压舱水量，保证驳船甲板不因模块重量负荷减轻而发生浮动，图 5.20-12 所示为模块卸船后的搬运状态。

f. 运输模块到暂存区摆放

模块运下船后，将甲板上的临时垫墩也运下船，在模块暂存区按模块尺寸位置摆放，然后将模块运往模块暂存区，落稳在垫墩上。

在暂存区对模块进行复测，对支撑切割后的焊疤进行打磨，对模块对接接口进行

图 5.20-12　模块卸船搬运途中

打磨。

⑤ 模块安装基础准备

a. 模块安装基础准备工艺流程（图 5.20-13）

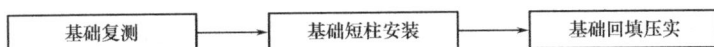

```
基础复测  →  基础短柱安装  →  基础回填压实
```

图 5.20-13　模块安装基础准备工艺流程图

b. 基础复测

使用全站仪对模块安装基础进行复测，测量立柱中心点位坐标和立柱地脚螺栓中心点位坐标，测点测量坐标同图纸理论坐标的偏差不能超过 3mm。

地脚螺栓的测量结果同基础短柱螺栓孔进行模拟匹配，发现个别偏差较大的地脚，对基础短柱的螺栓孔进行扩孔处理。

c. 基础短柱安装

模块并非直接就位到基础上，在模块与基础之间设计了一个短柱，短柱顶部设计为法兰面，用于支撑模块和消除模块建造的尺寸偏差，模块底部短柱同法兰面焊接连接。

吊装短柱就位、找正，使用液压扭力扳手按照设计给定值拧紧地脚螺栓。之后在短柱顶部法兰面测量放线，标记模块就位基准线。

d. 基础回填

基础短柱安装完成后，对模块基础分层回填压实，过程中进行密实度检测，承载能力达到 15MPa。

回填后基础短柱高出地平面 1280mm，该尺寸是模块运输车顶升行程的中间值，在此尺寸上模块运输车可实现上下 300mm 的顶升或下落。

⑥ 底层模块就位安装

a. 底层模块就位安装流程（图 5.20-14）

b. 模块复测、准备

低层模块重达 5000t，为了防滑需要在模块运输车与模块间支垫硬木方墩，使模块下部的短柱正好处于模块运输车顶平面位置，上下偏差控制在 50mm，该位置利于模块运输车利用顶升行程调整模块的高度。

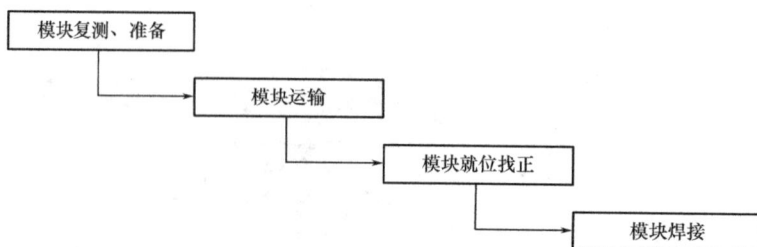

图 5.20-14　底层模块就位安装流程图

模块选择沿其长轴的方向进入基础，利于模块运输车的布置和组合。

c. 模块就位找正

模块运输车搬运模块到基础上方后，应用模块运输车的全方位移动功能，调整模块下部短柱与就位基准线对正，然后落稳模块到基础短柱的法兰面上，同时使用全站仪测量模块顶部的轴线节点标记，若有偏差，利用模块运输车轻轻顶起模块调整，标高偏差可使用垫铁支垫进行调整，使模块顶部的测量标记点坐标与理论坐标相符，偏差应控制在 6mm 内。

d. 模块焊接

就位位置坐标测量合格后，焊接模块立柱与基础短柱的对接焊口，焊接过程采用从中心向四周对称焊接的顺序，对于单个立柱节点先焊接腹板然后焊接翼缘的焊接顺序。

⑦ 模块顶升塔架安装

模块采用"井"字形液压顶升塔架顶升滑移就位的安装方式。顶升塔架紧贴底层模块布置，并采用刚性支承保持无摆动的竖立（图 5.20-15、图 5.20-16）。

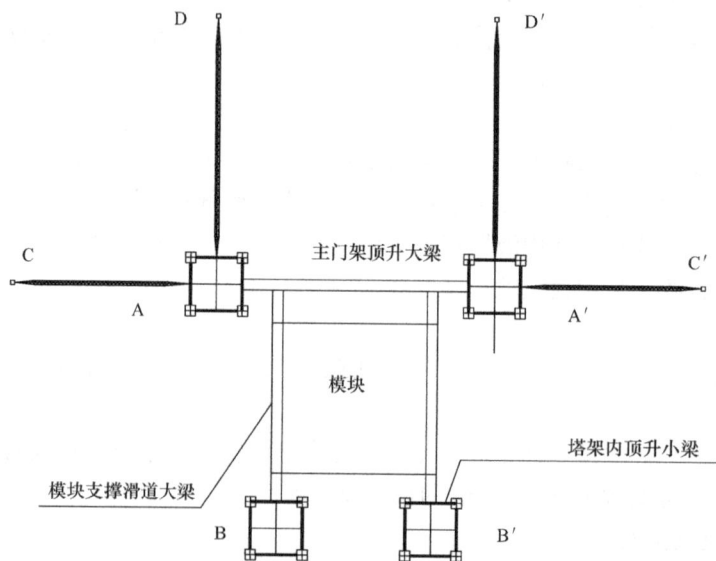

图 5.20-15　顶升塔架平面布置图

图 5.20-15 中，A、A′、B、B′为"井"字形顶升架基础，C、C′、D、D′为顶升架的刚性支承基础。顶升塔架的基础为钢筋混凝土结构，预埋顶升塔架的地脚螺栓，同模块基础一同施工完成。

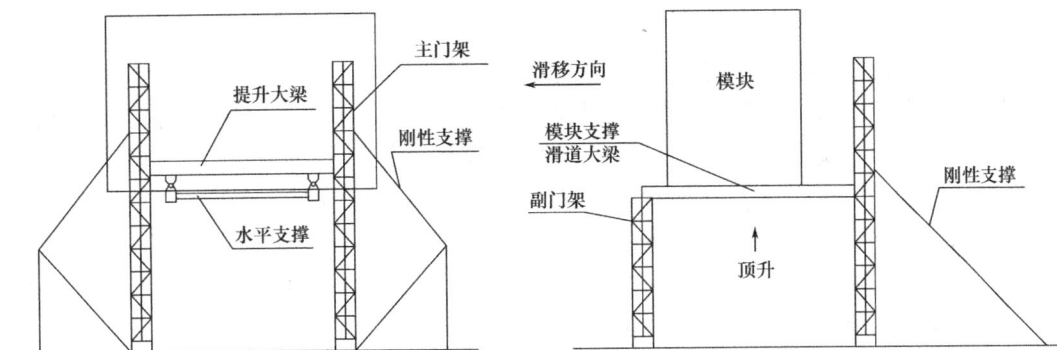

图 5.20-16　顶升塔架立面图

"井"字形顶升塔架由主门架、副门架和顶升滑道大梁组成。主门架在"井"字形结构的远离模块一端，由刚性支撑固定，主门架由格构式立柱、提升大梁，格构式立柱内的顶升小梁，液压千斤顶、顶升垫块（支撑垫块）、架格构式立柱支撑系统等单元构成。副门架靠近已就位的底层模块布置，附着于已安装的底层模块结构上，副门架由格构式立柱、格构式立柱内的顶升小梁，液压千斤顶、顶升垫块、与模块的附着结构等构成。主门架和副门架间由模块顶升滑道大梁连接，大梁的一端悬挂于主门架的提升大梁下，另一端支撑于副门架的顶升小梁上，两滑道大梁之间用格构式杆件做水平支撑。在主门架和副门架内设有"C"形轨道，轨道底部安装有千斤顶和锁紧机构，通过千斤顶的一次次顶升和锁紧机构的一次次锁紧，使顶升垫块在轨道内逐一增加，由顶升垫块推动主副门架内的顶升小梁一次次升高，最终推动顶升滑道大梁上升。

顶升架的安装同模块基础准备同步开始，顶升塔架的底座由地脚螺栓固定于基础上，塔架上部为标准节，标准节间榫接，标准节间法兰由高强度螺栓紧固。塔架的支撑结构安装前，靠临时风绳缆风固定，整个安装过程采用大型起重完成。

⑧ 上层模块的顶升

上层模块的安装就位高度分别为 30m、50m 和 70m，最重的上层模块重量达 2500t。

a. 上层模块顶升工艺流程（图 5.20-17）。

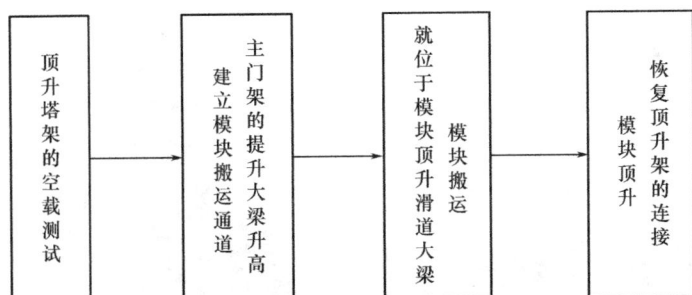

图 5.20-17　上层模块顶升工艺流程图

b. 顶升塔架的空载测试

顶升塔架安装完成后，应进行空载测试。空载顶升滑道大梁到模块安装高度，以检测液压系统、控制系统和顶升垫块在轨道内的运行通畅，顶升小梁和提升大梁、模块顶升滑道大梁升降平稳正常。

c. 主门架的提升大梁连接脱开，建立模块运输通道

主副主门架提升大梁、两顶升滑道大梁和副门架外的模块间形成了封闭"井"字形结构，为了运输模块在模块顶升滑道大梁就位，要升高主门架提升大梁，为模块就位运输建立通道。

首先将模块顶升滑道大梁落下到最低位置，使用临时垫墩支撑。然后脱开主门架提升大梁与模块顶升滑道大梁的连接，将主门架顶升大梁升高到高处，使模块可以在其下部通过。然后拆除模块顶升滑道大梁水平支撑杆件，这样顶升塔架从远端打开一个通道，模块可以由远端的这个缺口运输到"井"字内部。

d. 模块搬运、就位于模块顶升滑道大梁上

模块就位于顶升滑道大梁上，不同于地面基础的就位，因滑道大梁顶面距地面有 3m 多高，模块要先在准备场地顶升支垫到一定高度，在模块下部安装临时支撑结构，然后模块运输车进入模块下部，顶起模块支撑结构，从而搬运模块到顶升塔架"井"字内部后，在模块顶升滑道大梁顶面就位。模块是通过滑行底座支承在顶升滑道大梁上的，滑行底座上部同模块螺栓连接，底座内布置有液压千斤顶组，可以共同顶起模块，使滑行底座底面同顶升滑道大梁脱开。模块就位于模块顶升滑道大梁后，拆除模块临时支撑结构，模块运输车退出。

e. 恢复主门架提升大梁的连接、模块顶升

复装模块顶升滑道大梁的水平支撑杆件，落下主门架提升大梁，与模块顶升滑道大梁连接。

对顶升塔架进行全面的检查后，开始顶升模块，8 个液压千斤顶在液压同步顶升系统控制下，升高一个行程（450mm），然后锁紧机构锁紧顶升垫块，液压千斤顶缩回，在轨道底端送入标准顶升垫块，然后松脱锁紧机构，开启第二个顶升行程，如此循环顶升，顶升每个塔架内的小梁，从而顶升模块顶升滑道大梁，使模块升起。

顶升过程中的液压顶升装置，核心技术是采用计算机系统控制，全自动完成同步顶升、负载均衡、操作闭锁、支撑垫块支撑，具有过程显示、故障报警等多种功能。液压顶升装置由液压千斤顶、支撑垫块、液压泵站、传感测量系统和计算机控制系统组成，是集机、电、液、传感器、计算机和控制于一体的现代化先进设备，图 5.20-18 为模块顶升图。

图 5.20-18　模块顶升图

⑨ 模块滑移就位

a. 模块滑移就位工艺流程（图 5.20-19）

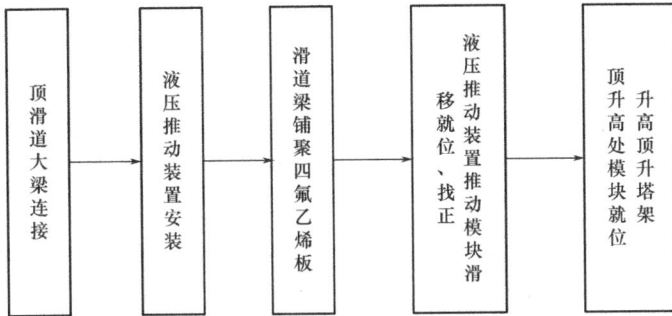

图 5.20-19　模块滑移就位工艺流程图

b. 模块滑向安装位置准备

模块顶升到位后，顶升塔架的模块顶升滑道大梁平面与已安装的结构滑道大梁平齐，两个滑道中间有一端空缺，这时通过预先制作好的一段滑道梁将两者连接为一体，为模块滑向安装位置准备条件。

c. 液压推动装置安装

在模块顶升滑道大梁的主门架端安装液压推动装置，两条滑道上各安装一套，通过控制系统实现同步推动，同步滑移。

"液压同步滑移技术"的液压推动装置为组合式结构，一端以夹紧装置中的楔形夹块与滑移轨道连接（夹紧），另一端以铰接点形式与模块的滑行底座连接，推动装置推动模块滑移过程是依托楔形夹块夹紧滑道的边沿作为反力支撑点，利用推动装置液压缸的顶出操作来推动模块水平滑移，直至正确位置就位。液压推动机构的楔形夹块具有单向自锁功能，图 5.20-20 为模块滑移照片。

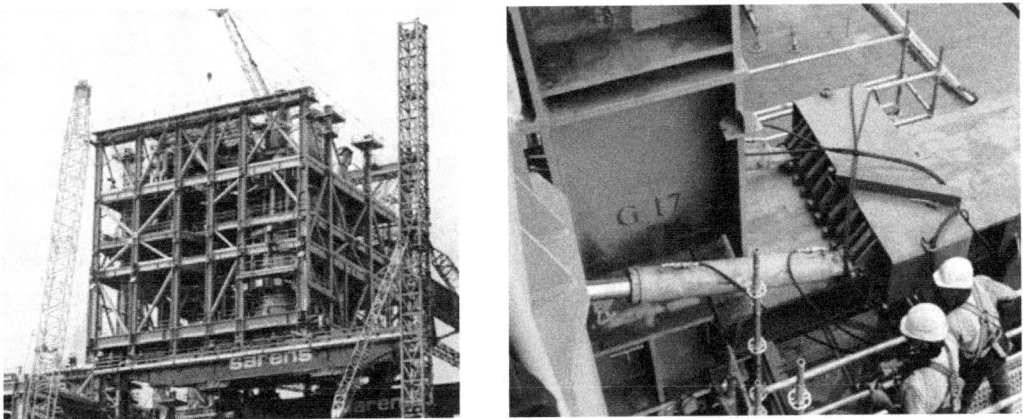

图 5.20-20　模块滑移照片

d. 顶升滑道大梁铺设聚四氟乙烯板

顶升滑道大梁顶面预先喷涂了防滑涂料，模块滑移时滑道表面铺设聚四氟乙烯板，以减小模块滑移阻力，聚四氟乙烯板因滑道的防滑涂料，保持底面不滑移。

用滑行底座内的千斤顶顶升模块，使模块和底座升起 50mm，在底座与顶升滑道大梁间铺设聚四氟乙烯板，然后缩回千斤顶，恢复模块滑行底座的受力，滑道梁上模块滑行区域都铺上聚四氟乙烯板。

e. 液压推动装置推动模块滑移就位、找正

条件具备后，启动液压同步推动系统，模块缓慢滑移，每次推动一个行程。为了避免滑行过程中模块偏移，在模块滑行底座两侧安装有导向块，导向块依靠滑道梁的翼缘进行导向，避免模块的横向偏移。

模块滑移到位后，使用全站仪对模块进行位置测量，同理论坐标进行比较，要求偏差小于 6mm，可使用液压饼式千斤顶推动模块进行微调。

就位找正后，固定模块立柱对接位置，拆除模块滑移底座、液压推动机构、滑道大梁连接段；落下模块顶升滑道大梁。

模块立柱对接位置焊接，焊接前首先使用码板固定加强，然后按照从中间向四周对称焊接的顺序进行焊接。

f. 升高顶升塔架，顶升高处模块就位

就位模块焊接同时，升高顶升塔架的高度。主门架高度升高后，调整刚性支撑的支撑位置；副门架升高后，借助已就位的模块结构固定。

然后重复模块搬运就位、顶升滑道大梁、顶升模块、滑移就位的过程，直到高处模块完成安装。

新喀里多尼亚镍矿项目的两条冶炼线共有 6 个分层垂直安装的模块，安装就位高度分别为 30m、50m、70m。主门架最高升高到 75m，副门架最高升高到 70m。

⑩ 小型模块及大型板片吊装

大型模块安装后，仍有部分散装构件和迷你模块安装，这些构件的安装使用大型吊机吊装就位。

由于小型迷你模块、大型板片外形各异，吊装过程和就位方式也千差万别，需要有针对性地进行吊装方案编制，其中包括：主吊机选用与工况配置、吊车站位确定、吊点设计、平衡梁设计、吊索与索具选用、配合吊机选用与站位、吊装动作过程设计等。

（3）实施总结

2010 年～2013 年该技术应用于新喀里多尼亚镍矿项目的 1 号线模块和 2 号线模块安装，共完成了 17 个大型模块安装。最小的模块重量为 2400t，最大的模块重量为 5000t，其中 11 个模块安装在地面基础上，6 个模块上层模块垂直安装，模块安装后总高为 135m。安装过程安全可控，安装质量优良，缩短了工期，项目按期投产，业主满意，取得良好的经济和社会效益。实践证明该技术成熟，适用性和操作性好。

模块化建造和安装技术将项目建造过程中的大量工作转移到工厂，充分利用工厂的集约资源，利于安全控制和质量管理，缩短工期，减少项目安装现场对人力资源投入，降低对项目现场所在地区的生产资料市场的依赖，减少对项目所在地的环境破坏，模块化建造和安装模式被越来越多的工业项目建设所采用。

（提供单位：中国机械工业建设集团有限公司。编写人员：时龙彬、杜世民）

（提供单位：中国安装协会。编写人员：王清训）

5.21 铜母线熔化极氩弧焊焊接施工技术

5.21.1 技术发展概述

随着近年来铜冶炼技术的成熟，铜冶炼项目焊接工艺也发生了极大的改变，对大型紫铜母线焊接而言，有气焊、碳弧焊、埋弧焊等几种常见的焊接方法。

据了解，碳弧焊预热温度较高，必须保证焊口母材温度750℃以上，焊缝外观成型一般，焊接过程中高温产生的氧化亚铜对人体有害，且易引起渗碳，塑性较差，电阻率较大。埋弧焊预热温度稍低，约在500℃，质量较稳定，但电流、电压高，且焊剂用量较大，不适于大型紫铜母线焊接。气焊过程不易掌握，易出现各种缺陷。而熔化极氩弧焊，预热温度低（450～500℃）、电流密度大、热量集中、熔敷率高、焊接速度快，是比较适合的一种焊接方式。

5.21.2 技术内容

熔化极氩弧焊母材采用乙炔焊枪加热，预热温度一般为450～500℃，加热时间为12～15min；母线焊接采用窄焊道，组对间隙宜为3mm左右，预热后间隙宜为1～2mm，采用气体保护焊（氩气为主），直流正极性焊接方式，焊丝通过丝轮送进，导电嘴导电，在母材与焊丝之间产生电弧，使焊丝和母材熔化，并用惰性气体氩气保护电弧和熔融金属。

5.21.3 技术指标

（1）熔化极氩弧焊工艺参数详见表5.21-1。

熔化极氩弧焊接工艺参数　　　　表 5.21-1

焊件厚度 （mm）	焊丝直径 （mm）	焊接电流 （A）	电弧电压 （V）	氩气流量 （L/min）	层数	预热温度 （℃）
3	1.6	300～350	25～30	16～20	1	—
5	1.6	350～400	25～30	16～20	1	100
6	2.5	450～480	25～30	20～25	1	250
8	2.5	460～480	32～35	25～30	2	250～300
10	2.5～3	480～500	32～35	25～30	2	400～500
12	2.5～3	550～650	28～32	25～30	2	450～500

（2）焊机选用：主机 NB-630P 焊机，送丝机 WF-630 框式，气冷焊枪 YJ-50CS3VTA。焊机主要参数：输入电压3～380V 50Hz；额定输入电流：51A；额定输入功率：37kVA；额定暂载率60%；送丝速度：0.3～13m/min。

（3）对口接触面不得有氧化膜，加工平整，截面减少不得超过原截面的5%；焊件切口应平整和垂直，坡口表面光滑、均匀、无毛刺；坡口为单面 V 形，角度为45°左右，钝边1～2mm；焊接组对时焊件应垫置牢固，预施焊母材对口应平直，其弯折偏移不大于0.2%，中心线偏移不大于0.5mm。

（4）单面 V 形对接焊口采用打底焊、盖面焊，打底焊的参数：电流 280～300A，电压 35V，氩气保护气体流量 30L/min；盖面焊的参数：电流 240～260A，电压 30V，氩气保护气体流量 30L/min；焊接过程中焊枪应均匀、平稳的向前做直线运动，并保持恒定的电弧长度，当填充或盖面时，焊丝应做轻微横向摆，在接头填满后，逐渐拉长电弧灭弧。

5.21.4 适用范围

适用于焊接易氧化的有色金属和合金钢（目前主要用于 Al、Mg、Ti 及其合金和不锈钢的焊接），可采用单面焊双面成形。

5.21.5 工程案例

北方铜业股份有限公司垣曲冶炼厂处理 50 万 t/a 多金属矿综合捕集回收技术改造工程

（1）工程概况

北方铜业股份有限公司垣曲冶炼厂处理 50 万 t/a 多金属矿综合捕集回收技术改造工程，施工地点山西省垣曲县原北方铜业垣曲冶炼厂旧址，建筑面积 68260m²。本工程电解车间铜母线安装项目，共有 460 台电解槽的母线敷设，分为 24 组，铜母线规格为 TMY-200×10（紫铜），母线安装总量 170 余吨，焊接量大工期紧，是项目按期完成的重点。

（2）技术应用

1）铜母线施工特点难点

由于铜的导热系数特别大，焊接时热量迅速从加热区传导出去，使母材与填充金属难以融合，因此焊接时须预热母材，在大功率热源的作用下不仅会使焊接影响区增宽，还会引起较大的变形，预热温度达不到焊接要求会引起热裂纹，如何选用焊接方式就成了该项目的难点。

2）关键技术特点

铜母材焊接采用熔化极氩弧焊，直流正极性焊接工艺。这种焊接方式资源消耗量少，人员操作方便，可在原地实现双面、四面焊接，电弧热量集中，熔池小、电弧线性好、焊接速度快；焊接热影响面积小、焊件不易变形，并且抗震裂能力强、焊缝质量好。

3）施工工艺和过程

① 工艺流程方框图（图 5.21-1）

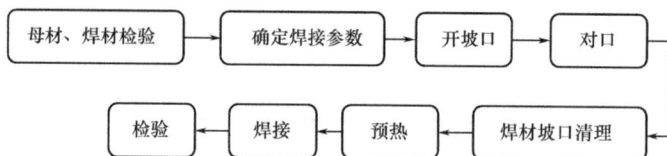

图 5.21-1 工艺流程

② 施工准备

a. 技术准备

（a）熟悉、会审、深化施工图。

（b）施工工艺的设计、安排、试验、审核。

（c）编制机具、材料购置计划，保证工期进度。

（d）焊材的选择，铜母线预制、加工的临时平台制作。

b. 技术交底

依据设计文件、图纸说明、质量控制目标及施工技术措施等资料，制定技术交底方案。包括会审后的施工图、施工验收规范、质量检验评定标准、施工组织设计、施工计划及施工重点、要点、节点及质量标准等向施工作业班组进行交底。

c. 现场准备

（a）根据现场情况确定材料堆放场地，并设专人看护，根据工程实际需要确定材料的到场顺序，保证施工正常进行。

（b）根据母线槽的间距及主梁的尺寸并结合施工图纸加工母线，确保准确无误。

d. 物资准备

（a）根据施工预算中的工料分析，编制工程所需材料用量计划，做好备料、供料、运输。

（b）根据施工进度计划及施工预算提供材料数量，编制相应的需求量计划。

e. 施工机具的准备

（a）根据工序要求以及施工进度安排，编制施工机具需求量计划并确定进场时间。

（b）对专用工具进行进场前的检查验收，确保进场施工机具性能满足使用要求。

f. 施工人员的准备

根据本工程实际需要，落实施工人员数量。

③ 母材、焊材检验

材料进场时必须附有材料质量证明文件，合格证原件，同时进行外观检查，并按国家现行有关标准的规定进行抽样检验，焊丝应符合现行国家标准《铜及铜合金焊条》GB/T 9460—2008 的规定。

④ 确定焊接参数

为保证焊接质量，母线施焊前首先确定焊接参数，确定焊丝、保护气体流量、焊接电流、送丝速度等。可选试样母材进行参数核定，并应符合下列要求：

a. 试样的母材、焊材、接头形式、焊接位置、工艺等应和实际施工相同，见图 5.21-2。

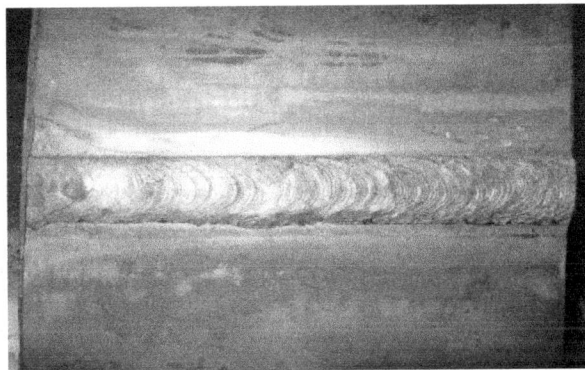

图 5.21-2　母材焊接试样

b. 在试样焊接完毕后，抽取试样进行下列检查：

（a）焊缝表面不应有凹陷、裂纹、未熔合、未焊透等缺陷。

（b）焊缝应采用 X 射线无损探伤，其质量检验应按有关标准的规定。

（c）焊缝直流电阻应不大于同截面、同长度的原金属的电阻值。

⑤ 开坡口

由于工件的厚度不同按表 5.21-2 的规定，确定开坡口的形式。

坡口形式   表 5. 21-2

材料名称	板厚(mm)	图形	坡口形式	接头类型	接头结构尺寸		
					α	b(mm)	p(mm)
紫铜	≤3		I 型	对接	—	1~2	—
	≥4		V 型	对接	30°~35°	b	1~2
	≤12		单 V 型	T 形接	50°~60°	2~3	1~2

⑥ 对口

为保证对口和焊接质量，便于操作，地面焊接时应搭设稳固平台，母线放中心线，如图 5.21-3、图 5.21-4 所示，空中焊接时必须搭设稳固的脚手架，并制作对口工装夹具。预施焊母线对口应平直，其弯折偏移不大于 0.2％，中心线偏移不大于 0.5mm。

支持瓷瓶   挑梁   20号H型钢

组对、焊接用临时平台支架(12号槽钢)

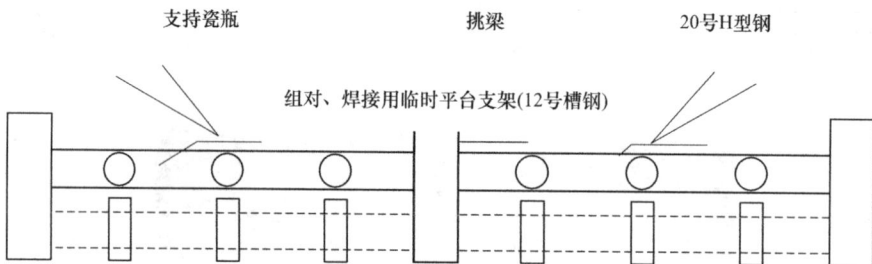

图 5.21-3　母线焊接平台

⑦ 焊材、坡口清理

a. 焊丝和母材坡口表面常有氧化膜、水、油污等杂物，如不处理进行焊接，焊缝会产生气泡、夹渣，严重的会产生裂纹，因此施焊前要给予清理，根据工件的厚度选择不同的焊丝见表 5.21-3。

b. 焊丝清理：先用细砂纸除去表面氧化膜，再用干净的白棉布蘸无水酒精进行表面清理。

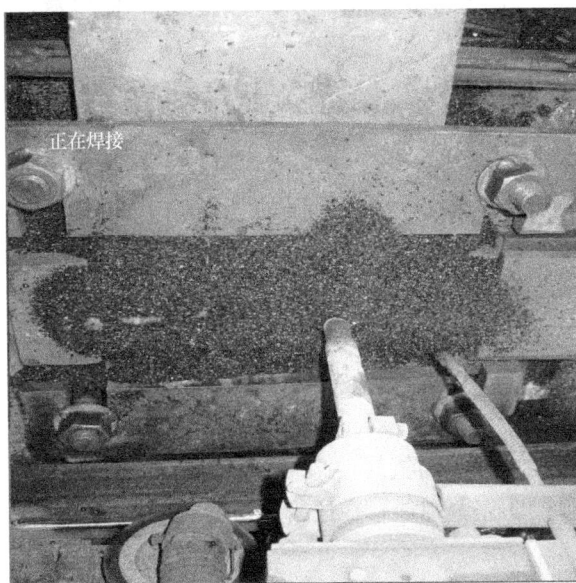

图 5.21-4　固定母线进行焊接

c. 坡口清理：先用电动抛光机将母线坡口两侧表面各 50mm 范围氧化膜清理干净，再用干净的白棉布蘸无水酒精进行清理。

焊丝选择　　　　　　　　　　　　　　　　　　　　　　表 5. 21-3

板厚（mm）	钨极直径（mm）	焊丝直径（mm）	焊接电流（A）	氩气流量（L/min）	预热温度（℃）
1～4	$\phi2.0$	$\phi2.0$	140～220	15～16	200～300
5～12	$\phi2.5$	$\phi2.0$	240～260	16～18	600～650

⑧ 焊前预热

a. 由于铜的导热系数大，散热快，焊接前必须进行预热并保温，以保证焊接处的温度，施焊时才易形成熔池，保证母材和焊材的熔合，见图 5.21-5。

图 5.21-5　主母线焊接成品

b. 预热温度控制在 450～500℃ 之间，在坡口两边用石棉包覆，每侧覆盖宽度不小于 80mm，确保整个焊接过程，维持这一温度。

c. 预热方式可用电加热器或氧气、乙炔火焰，红外线测温仪检测加热区温度。

⑨ 焊接

a. 按已确定的焊接参数进行设定。

b. 为便于观察熔池及添加焊丝，焊枪与工件夹角宜为 75°～85°，操作时焊枪应均匀、平稳地向前做直线运动，并保持恒定的电弧长度，弧长一般控制在 2～4mm。当填充或盖面时，焊丝应做轻微横向摆，在接头填满后逐渐拉长电弧灭弧，为使起弧和收弧得到良好的焊缝成型，需安装起弧板、收弧板，见图 5.21-6。

c. 为避免焊缝产生气泡、夹渣和裂纹，每个焊口应一次焊完。母线焊完冷却前，不得移动或受力，见图 5.21-7。

d. 每次收弧时，不能立即关闭氩气，必须在收弧处维持 30s。

e. 第一层焊缝必须保证完全焊透，在进行次层焊道焊接前，用钢丝刷进行清理，清除缺陷后才能继续焊接。

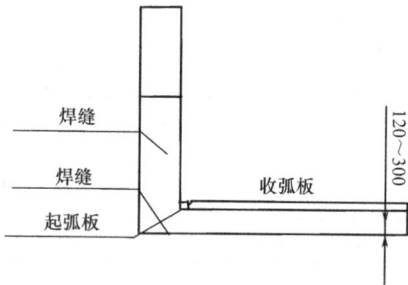

图 5.21-6 起、收弧板

图 5.21-7 槽边导电板安装

f. 焊接结束后，应清理焊缝表面的飞溅物等，并仔细检查焊缝表面的成型质量，一旦发现有超标缺陷，应及时清除重新焊接至外观合格。

g. 焊接接头表面应无肉眼可见的裂纹、凹陷、缺肉、未焊透、气孔、夹渣等缺陷，咬边深度不得超过母线厚度的 10%，且其总长度不得超过总焊缝长度的 20%。

4）工程材料及机具设备（表 5.21-4）

主要设备、材料表   表 5.21-4

序号	名称	型号规格	数量	备注
1	气体保护焊机	NBC-500A	2 台	
2	风冷式焊机	500A	2 把	
3	电动抛光机	ϕ125	2 台	
4	铜焊丝	S201ϕ4		
5	钢丝刷	大号	2 把	
6	烤枪	大号	2 把	
7	无水酒精		500mL	

序号	名称	型号规格	数量	备注
8	石棉保温被	1000mm×500mm×50mm	6块	
9	红外线测温仪	900℃	2个	
10	防辐射劳保服		2套	
11	电加热器	2kW	4套	

5）安全措施

① 预防触电安全技术措施

a. 临时用电施工前编制临时用电专项方案，并对作业人员进行安全专项交底。

b. 施工过程中由维修电工定期进行检查维护，定期复查接地电阻值和绝缘电阻值。

c. 定期进行现场用电设施、设备的检查，及时更换失效的电气元件，确保用电安全。

d. 每台用电设备必须有各自专用的开关箱，严禁用同一个开关箱直接控制2台及2台以上用电设备（含插座）。

② 预防高处坠落安全技术措施

a. 母线预制焊接时无关人员禁止靠近。

b. 安装母线时必须使用操作平台，操作平台围护栏杆加设齐全。

c. 高处作业人员必须系好安全带，安全带高挂低用。

d. 高温时应避开高温时段，错时施工。

③ 防辐射安全技术措施

a. 进行焊接作业时，因弧光强烈、烟气大，焊接人员要穿防辐射服，戴防护镜和防毒面具。

b. 应在空气流通的地方施焊，或加强通风措施，以防止铜中毒。

c. 焊接预热工件时，应有石棉被或挡板等隔热措施。

6）执行规范

《电气装置安装工程 母线装置施工及验收规范》GB 50149—2010、《铜及铜合金焊接及钎焊技术规程》HG/T 20223—2017、《铜及铜合金焊条》GB/T 9460—2008。

7）检验方法

① 外观检测：对接焊缝上加强高度为3～4mm；焊缝熔合良好，呈圆弧形过渡，表面光滑，没有毛刺和凹凸不平之处，焊接接头表面无肉眼可见的裂纹、凹陷、缺肉、未焊透等。

② 内部检查：用X射线探伤检验。

③ 焊道电阻检测：电阻率采用双臂电桥测试法，测定结果应与母材接近，符合《电气装置安装工程 母线装置施工及验收规范》GB 50149—2010标准的要求。

④ 机械性能试验：用拉力试验机进行测试，应符合《铜及铜合金焊接及钎焊技术规程》HG/T 20223—2017要求。

8）质量保证措施

① 焊接前进行焊接工艺评定，并依据工艺评定进行现场试焊，然后确定现场焊接作

业指导书。

②　焊工经培训考试合格后，方能上岗。

③　焊机及氩气瓶上的计量器具在校验周期内，指示准确，氩气纯度达到99.9%。

④　严格按作业指导书确定的焊接参数施焊。

9）环境保护措施

焊接过程中采取遮挡措施，避免焊接产生的烟气、弧光等造成大气污染及人身伤害。

（3）实施总结

该焊接工艺与传统焊接工艺比较，焊缝外观成型良好，保证了内在质量，基本解决了铜焊接中普遍存在的夹渣、气孔缺陷，同时焊接速度有了明显提高，缩短了施工工期，各种铜母线焊接工艺对比，见表5.21-5。

铜母线焊接工艺对比表 表5.21-5

焊接方法	对铜母线焊接适用性描述
熔化极氩弧焊	焊接效率高,焊缝成型和质量好,各方面符合要求
气焊	焊接过程不易掌握,易出现各种缺陷
埋弧焊	铜母线板不厚,焊缝不长,不太适用
银铜钎焊	焊接效率高,焊缝成型和质量好,但焊缝强度不大

（提供单位：山西省工业设备安装集团有限公司。编写人员：王向波、雷平飞、朱红满）

5.22　大功率同步直流电机施工技术

5.22.1　技术发展概述

大功率同步直流电机一般是冶金和电力行业传动装置的核心设备，其功率都在5000kW以上，其安装的质量和工期，对全线设备的安装影响至关重要。因大功率同步直流电机均是分体式现场组装，且定、转子单件自重较大。在受施工环境影响自行式大型机械吊装设备无法使用时，采用此方法比传统的竖抱杆、制作吊装龙门等逐台安装的方法，将极大地提升施工工效。

5.22.2　技术内容

（1）技术特点

1）本技术针对平行、多台大型分体式同步直流电机流水式安装，因厂房高度有限、施工区域紧凑、设备基坑、基础分布密集，自行式大型吊装设备无法使用的环境下，通过此方法的运用，可减少设备、人员的投入，缩短施工工期；

2）各部件的安装、吊装、调整、检测等工序按顺序连续进行，可实现专业化一次同步进行施工，大大提高了施工效率；

3）本技术采用平衡法吊装转子的方法，关键要进行吊装核算，找到转子的重心，确认不规则设备的吊点，从而达到安全高效的目的。

（2）技术内容

本技术分为 2 部分，电机的安装、检测调整和定、转子的吊装及专用吊具设计核算。

5.22.3 技术指标

（1）《机械设备安装工程施工及验收通用规范》GB 50231—2009；

（2）《电气装置安装工程　低压电器施工及验收规范》GB 50254—2014；

（3）《电气装置安装工程　电力变流设备施工及验收规范》GB 50255—2014；

（4）《电气装置安装工程　起重机电气装置施工及验收规范》GB 50256—2014；

（5）《电气装置安装工程　爆炸和火灾危险环境电气装置施工及验收规范》GB 50257—2014；

（6）《冶金机械设备安装工程施工及验收规范　液压、气动和润滑系统》YBJ 207—1985。

5.22.4 适用范围

适用于机械、冶金、电力等行业大功率同步直流分体式电机的安装、拆解、检修工程。

5.22.5 工程案例

沙钢集团 1720mm 热轧板卷项目

（1）工程概况

2004 年 3 月至 2005 年 6 月，在江苏沙钢集团张家港宏昌钢板有限公司年产 300 万 t1720mm 热轧板卷项目中，项目内容包括步进式加热炉、粗轧机组 2 架（1 架两辊式粗轧机组，1 架四辊式可逆式粗轧机组）、7 架精轧机组、层流冷却及液压润滑、电控仪表等配套工程。

在该项目中，V2 粗轧机、F0～F6 精轧机的主传电机是高压直流同步电机，均采用分体安装。电机参数见表 5.22-1。

电机参数表　　　　表 5.22-1

电机名称	数量	功率	转速(rpm)	备注
V2 粗轧上、下传动电机	2 台	6170	80	
F0 前、后传动电机	2 台	3700	375	
F1 后传动电机	1 台	7300	460	
F2 后传动电机	1 台	7300	460	
F3 后传动电机	1 台	7300	460	
F4 后传动电机	1 台	7300	460	
F5 后传动电机	1 台	7300	460	
F6 后传动电机	1 台	6000	460	

主电机主要由底座、上、下定子、碳刷架、转子及轴承座、外壳组成。由于是大型电机重量较重，大型同步电机的安装是关键，以整条生产线多台整体安装为考量点，处理各

台、各工序之间的交叉和衔接接口，并对工序进行优化，参见图 5.22-1。

图 5.22-1　现场电机照片图

（2）技术应用

1）安装工艺流程图（图 5.22-2）

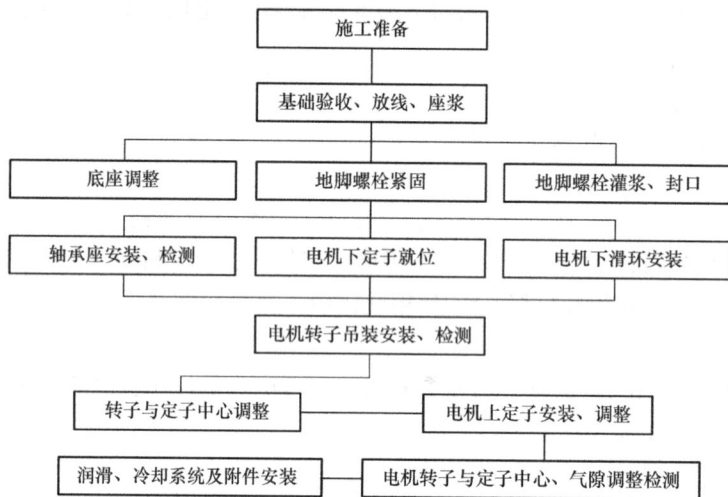

图 5.22-2　安装工艺流程图

2）安装过程及施工关键技术

① 电机底座安装调整

a. 电机基础复测和放线

（a）通过放线复核基础的设计标高，纵、横向中心线和预留的地脚螺栓孔尺寸，参见基础放线示意图 5.22-3。

（b）测量基础标高及纵横中心线，根据机械标高和中心线埋设的电机安装的基准点并投放电机中心线。基础检查合格后，进行设备基础坐浆、设备安装等后续工作。

b. 电机底座垫铁安装

（a）根据地脚螺栓的规格在施工规范中查得电机底座垫铁宽度应为 100mm；垫铁的长度取决于地脚螺栓（M90）孔中心到底座边缘的尺寸（240mm）；垫铁安装时应露出设备底座边缘 10～30mm，垫铁在长度方向应超过地脚螺栓中心；最终选择垫铁的规格为：

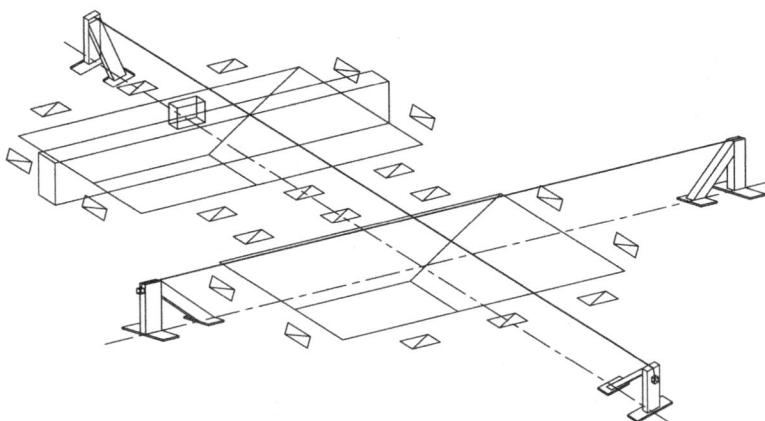

图 5.22-3　基础放线示意图

$300 \times 100 \times 30$（mm）。

（b）垫铁的放置要求（图 5.22-4）：每个地脚螺栓两侧各放置一组垫铁；垫铁的长边要垂直于设备的底边；依据设备实际状况采用标准垫法。

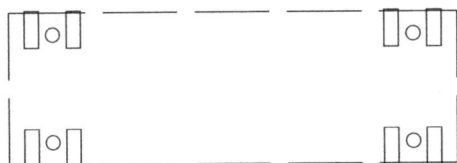

图 5.22-4　垫铁布置示意图

（c）垫铁坐浆：电机底座尺寸 $5000\text{mm} \times 8000\text{mm}$，自身是一个弹性大平面，考虑在运输、吊装、安装过程中有微量变形，轴承座与底座间须垫胶木绝缘板，厚度 $\delta = 6\text{mm}$。基于以上两点考虑，坐浆垫铁的标高比电机底座下平面标高低 $10 \sim 15\text{mm}$ 为宜（图 5.22-5）。坐浆层养护达到设计强度的 75% 时，进行设备底座的安装、检测。

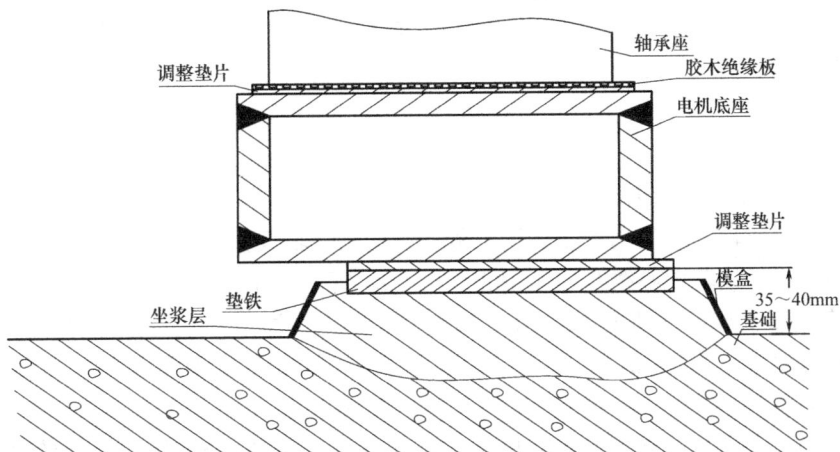

图 5.22-5　垫板坐浆示意图

（d）垫铁的调整：用条式水平仪（精度 0.05mm/m）测量各组垫铁的水平度，每组垫铁的横向、纵向水平允许偏差不大于 0.1mm/m。

c. 电机底座安装和检测

（a）按照底座上的下定子机座螺栓孔和轴承座螺栓孔中心线设置对角线，来测量底座的变形量，经测量对角线最大偏差为 2.5mm；根据螺栓和螺孔的尺寸差进行检测，应能够满足正常调整、使用要求。

（b）清除坐浆垫铁表面的浮锈，用角磨机来修磨垫铁的毛刺，清除电机底座底面的锈蚀。

（c）先将地脚螺栓放在预埋管内，然后将电机底座吊装入基础坑，平稳地放在坐浆垫铁上。在预先已测好的中心标板上用线架和细钢丝放出纵横中心线，用线坠测量并调整底座，使底座的纵横中心线与已投放的中心线的偏差在 0.5mm 之内，采用千斤顶或撬杠调整底座。

（d）利用预设的标高基准点，采用高精度电子水准仪进行测量，使标高误差达到 ±0.5mm。用研磨板对轴承座和底座的接触面、下定子与底座的接触面进行研磨，从而达到水平度误差小于 0.05mm/m；纵横中心线误差小于 0.5mm。

（e）当底座调整完成后，进行地脚螺栓初拧，初拧前先检查地脚螺栓 T 形头要与预埋板垂直，地脚螺栓自身要垂直，地脚螺栓在预埋管中要居中。

（f）采用对角循环法拧紧地脚螺栓，装上防松螺母，螺杆露出螺母 2~5 扣，然后用敲击扳手拧紧即可，后续采用液压扳手旋紧至设计值。

② 轴承座安装和检测

a. 安装前对前、后轴承座分别做上标记，拆下端盖取出轴瓦，用煤油清洗，检查轴承座内腔有无裂纹或砂眼，然后用面团将腔内浮渣粘干净，再喷涂润滑油，封死进油口和出油口，盖上薄膜或白布保护。

b. 检查轴承盖与座的接合面，如不平应进行刮研，直至用 0.05mm 塞尺检查，接触面积达到 80% 为合格。

c. 绝缘器件安装：清洗轴承座的底座表面，擦干后安装绝缘板；绝缘垫板的作用是为了避免在轴承内形成散失电流而损伤轴承。绝缘器件用 500V 绝缘摇表检查阻值不应低于 1MΩ，否则应进行干燥处理，绝缘板厚度一般为 4~10mm；通过对胶木绝缘板的承载能力和绝缘性能分析，选用胶木绝缘板的厚度为 6mm。同样固定轴承座的螺栓和锥销也要安装绝缘垫片和绝缘套筒。注意所有绝缘器件都应进行加工处理，以保证安装的精度。

d. 测量出各轴承座的轴线中心，并做好标记，将轴承座放在底板的安装位置上，再将轴承座与底座的连接螺栓用扳手轻轻拧紧。沿着底座轴线挂好细钢丝和线锤，调整轴承座的纵横中心线，使其中心线与底座中心线误差不大于 0.5mm（图 5.22-6）。

e. 用高精度水准仪（精度 0.01mm）检查轴承座平面的水平度和两轴承座的相对标高，标高允许误差 ±0.3mm，水平度允许误差 0.05mm/m；如标高超标，可在轴承座与底座的接合面之间垫薄垫片处理。

f. 用对角循环法拧紧连接螺栓，用 1:50 的铰刀处理轴承座与底座定位销孔的偏移，安装锥销。

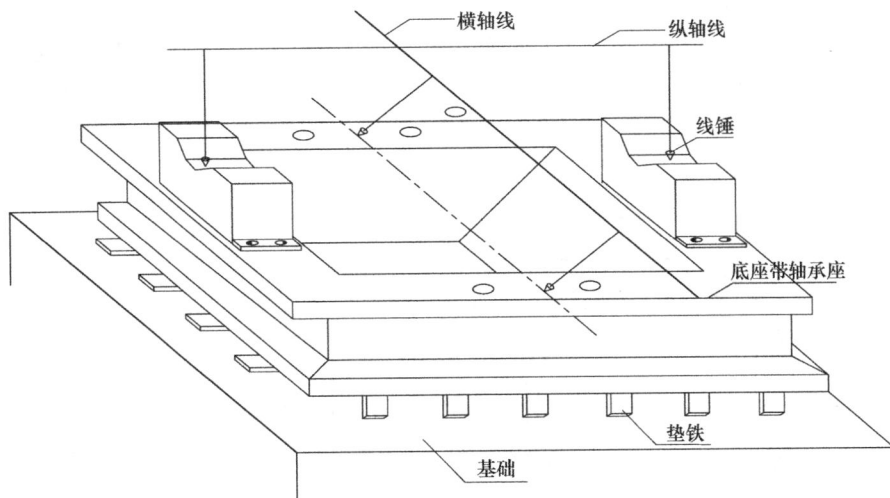

图 5.22-6　轴承座安装示意图

③ 电机转子的安装

a. 轴承座调好后，用专用吊具将转子吊放到轴承座的下轴瓦上，吊运时钢丝绳与转子的接触部位用胶皮垫好，严禁在重要配合处（轴颈）吊装。转子落在轴瓦前先用枕木和千斤顶将其顶住，运用千斤顶使转子慢慢落在轴瓦上。

b. 转子就位后进行调整，水平度调整以中间低两头高的原则。转子装好后，进行轴承检查。

c. 轴承座和转子精调完成后，对轴瓦进行检查刮研。

④ 轴瓦刮研和检测

a. 轴瓦刮研前先用涂色法检查瓦背与轴承体的接触面积和接触斑点；下轴瓦（受力轴瓦）与轴承座的接触面积不得小于 60%，上轴瓦（不受力轴瓦）与轴承盖的接触面积不得小于 50%。轴瓦与轴承座、盖的接触斑点为 1～2 点/25mm^2。未达到要求时，可进行刮研。

b. 刮研轴瓦的顺序一般为先下瓦，后上瓦。刮研下轴瓦时注意找好轴的水平度。

c. 轴瓦接触角、接触点的选择：电机转速为 0-45-80r/min（根据工艺要求工作转速分段），由于轴瓦接触角、接触点由电机的转速所决定，所以轴瓦接触角、接触点分别为：90°～110°、2～3 个点。根据此处电机的情况接触角全部选择为 90°。

d. 电机轴承座滑动轴承顶间隙为轴颈直径的 0.10%～0.15%，侧间隙两侧应相等，单侧间隙为顶间隙的 1/2～2/3；固定端的轴向两间隙之和不大于 0.2mm，自由端轴向间隙不小于主轴受热膨胀时伸长量。轴颈两端直径分别为 ϕ600mm、ϕ500mm 时，则顶间隙分别为 0.6～0.9mm、0.5～0.8mm。

e. 用涂色法检查轴颈与受力轴瓦的接触，应注意将轴上的所有零件装上。首先在轴颈上涂一层薄薄的红铅油，轴在轴瓦内正、反两个方向各转一周，轴颈与轴瓦摩擦，在瓦面较高的地方会呈现出色斑。刮研时，每刮研一遍应改变一次刮研的方向，继续刮研数次，直至符合要求为止。

f. 间隙的检查与调整

轴颈与轴瓦的配合间隙有两种，径向间隙和轴向间隙。径向间隙还包括顶间隙和侧间隙。间隙参见图 5.22-7。

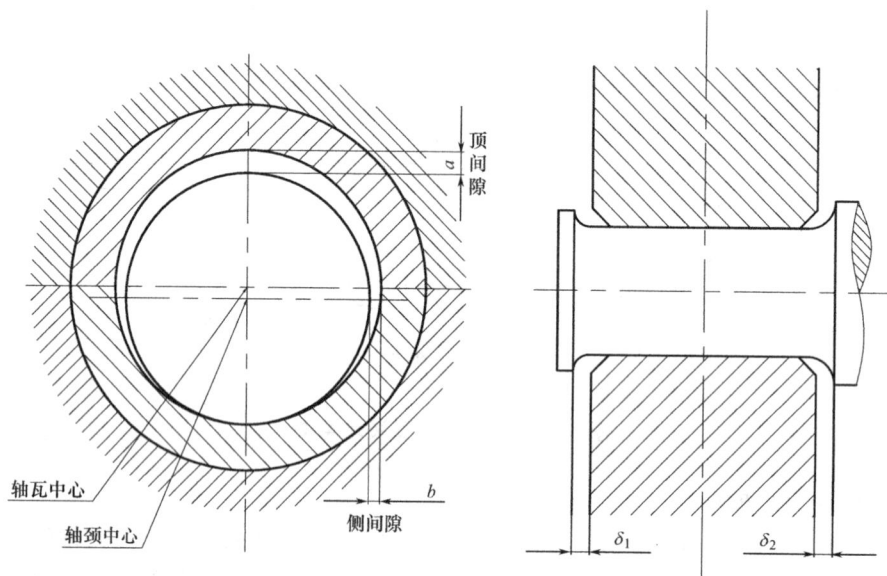

图 5.22-7　滑动轴承间隙示意图

（a）用压铅法检测轴瓦顶间隙和轴瓦与瓦盖的顶间隙

测量时，先将轴承盖打开，用直径为顶间隙 1.5～3 倍、长度为 10～40mm 的软铅丝或软铅条，分别按图 5.22-8 位置放在轴颈上和轴瓦的剖分面上。因轴颈表面光洁，为防止滑落，可用润滑脂粘住。然后放上轴承盖，对称而均匀的拧紧连接螺栓，再用塞尺检查轴瓦剖分面间的间隙是否均匀相等。最后打开轴承盖，用千分尺测量被压扁的软铅丝的厚度，并按下列公式（5.22-1）计算顶间隙：

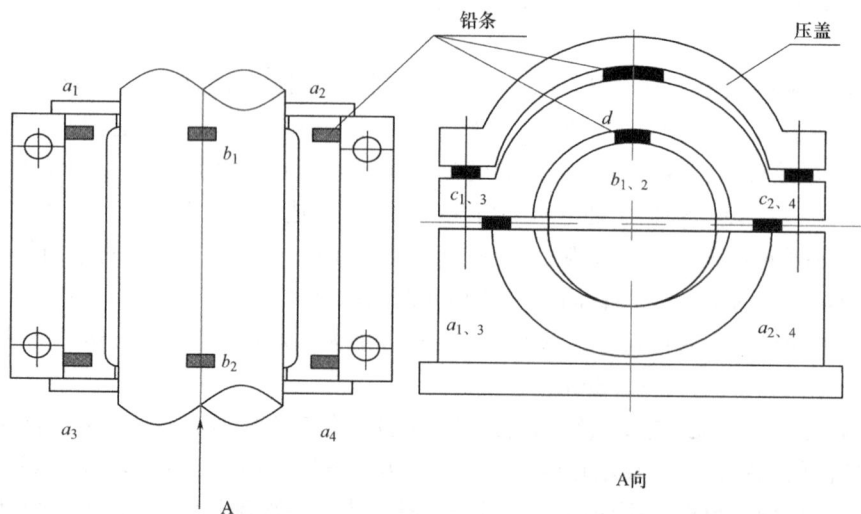

图 5.22-8　压铅法测量轴承顶间隙和轴瓦与瓦盖的顶间隙示意图

$$S_1 = b_1 - \frac{a_1 + a_3}{2}$$

$$S_2 = b_2 - \frac{a_2 + a_4}{2} \tag{5.22-1}$$

式中　　　　S_1——一端顶间隙，mm；

　　　　　　S_2——另一端顶间隙，mm；

　　　　b_1、b_2——轴颈上各段铅丝压扁后的厚度，mm；

a_1、a_2、a_3、a_4——轴瓦合缝处结合面上铅丝压扁后的厚度，mm。

　　按上述方法测得的顶间隙值如小于规定数值时，应在上下瓦接合面间加垫片或者对上瓦进行刮研来重新调整。如大于规定数值时，则应减去垫片或刮削瓦的接合面来调整。

　　同一轴瓦两端的顶间隙之差不得大于 0.1mm，否则继续对上轴瓦进行刮研直至符合要求为止。

　　瓦背与瓦盖应为过盈配合，其顶部铅片 d 的厚度应小于或等于 $(c_1 + c_2 + c_3 + c_4)/4 + 0.05$。如顶部铅片 d 的厚度大于 $(c_1 + c_2 + c_3 + c_4)/4 + 0.05$ 时，在瓦背与瓦盖间垫适量的垫片来调整，垫片在轴瓦上的角度不得小于 $90°$。

　　（b）侧间隙用塞尺法检查

　　测量时，先将轴承盖打开，参考图 5.22-9 用塞尺进行测量，侧间隙两侧应相等，单侧间隙应为顶间隙的 $1/2 \sim 2/3$。

　　（c）用塞尺法检测轴向间隙

　　在固定端的轴向间隙的两间隙（图 5.22-10）之和不得大于 0.2mm，在自由端轴向间隙不应小于轴受热膨胀时的伸长量。

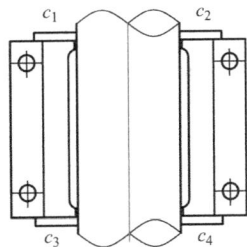

图 5.22-9　塞尺法检查侧间隙示意图　　　　图 5.22-10　塞尺法检测轴向间隙示意图

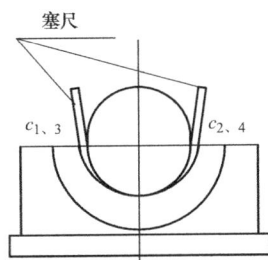

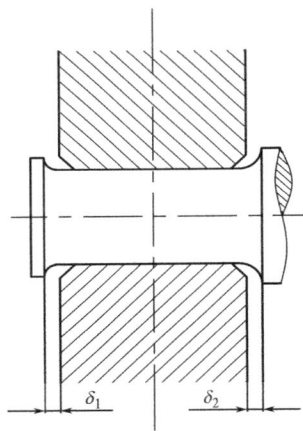

　　⑤ 转子与定子中心调整和安装

　　a. 当轴承刮研完成后，以转子的纵横向中心为基准调整下定子与转子的相对中心位置。调整时，用定子移动调整螺栓来调整，直到纵横中心线误差小于 ± 0.5mm 为止。调整过程中不可用榔头敲击、撬杠和千斤顶，以防滑动损坏绝缘漆。

　　b. 转子与定子的相对中心线调好后，用吊具将上定子吊装就位，将上下定子间的锥销连接定位，然后拧紧连接螺栓。

⑥ 气隙调整及检测

电机气隙的调整应该与定子的调整同步进行，在电机两端分别对称取 8 个点，用楔形探尺检查定子和转子间的气隙，气隙的调整通过调整电机定子下的垫片厚度和左右中心反复进行。气隙的调整标准如表 5.22-2。

电机定、转子空气间隙表　　　　　表 5.22-2

电机种类	气隙最大值、最小值与平均值的差,同平均值的比值(%)
同步机(快速)	±5
同步机(慢速)	±10
直流机气隙小于 3mm 时	±20
直流机气隙大于 3mm 时	±10

注：1. 调整气隙时，下部气隙应比上部气隙大 5%；2. 电机两端气隙之差不得超过平均气隙的 5%。

3）吊装流程及操作要点

① 吊装工艺流程（图 5.22-11）

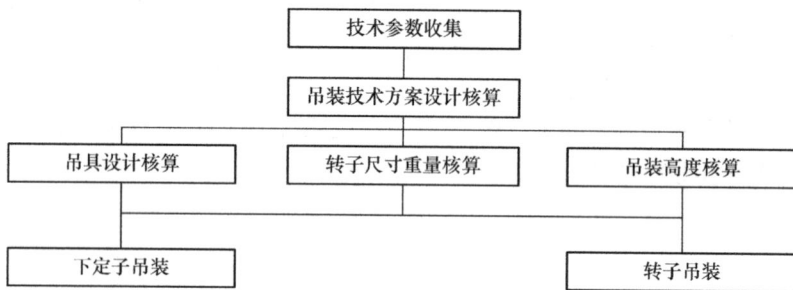

图 5.22-11　吊装工艺流程图

② 吊装形式设计

a. 吊装方案选用

根据现场环境条件，为了保证转子吊装过程平稳，采用自制 100t 平衡梁和行车配合吊装转子。平衡梁设计形式参见图 5.22-12。

b. 转子吊装受力核算

（a）转子吊装重心分布图（图 5.22-13）。

根据力矩平衡原理：

$$P_1(2.05+X)+P_2(1.1+X)+P_3(0.2+X)+P_4X=P_5(1.8-X)+P_6(3.3-X)$$

得出 $X \approx 500mm$

（b）转子吊装吊点位置计算（图 5.22-14）。

根据转子尺寸和重心位置，设计吊点 P1 和 P2 的位置参见图 5.22-13。

$$P_1/P_2=2.2/0.6 \quad P_1=3.6P_2 \quad P_1+P_2=68.7t$$

$$P_2 \approx 15t \quad P_1=53.7t$$

c. 转子吊装示意图

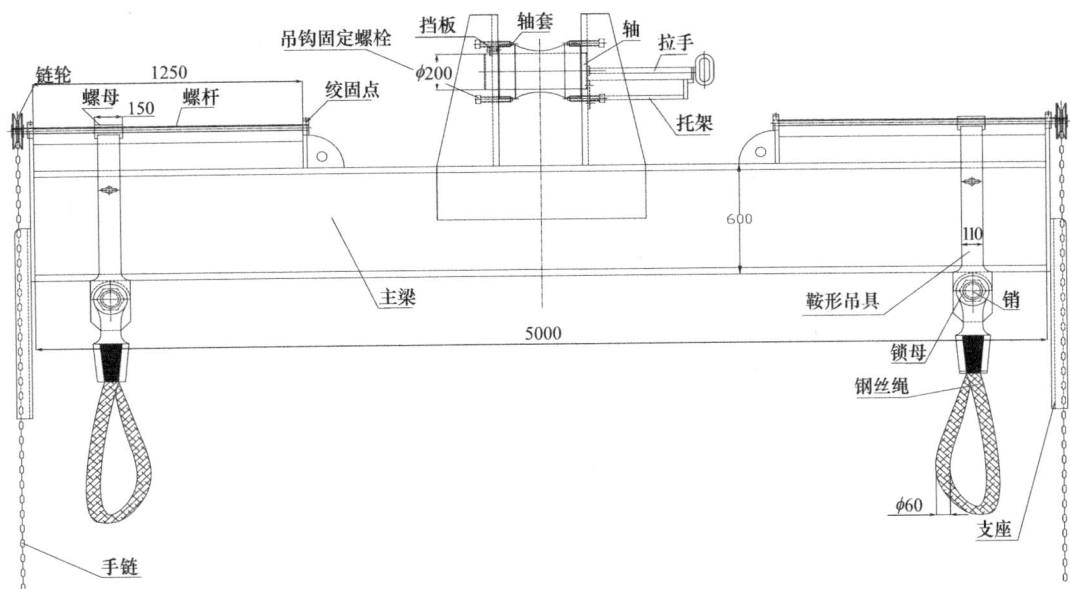

图 5.22-12 吊具示意图

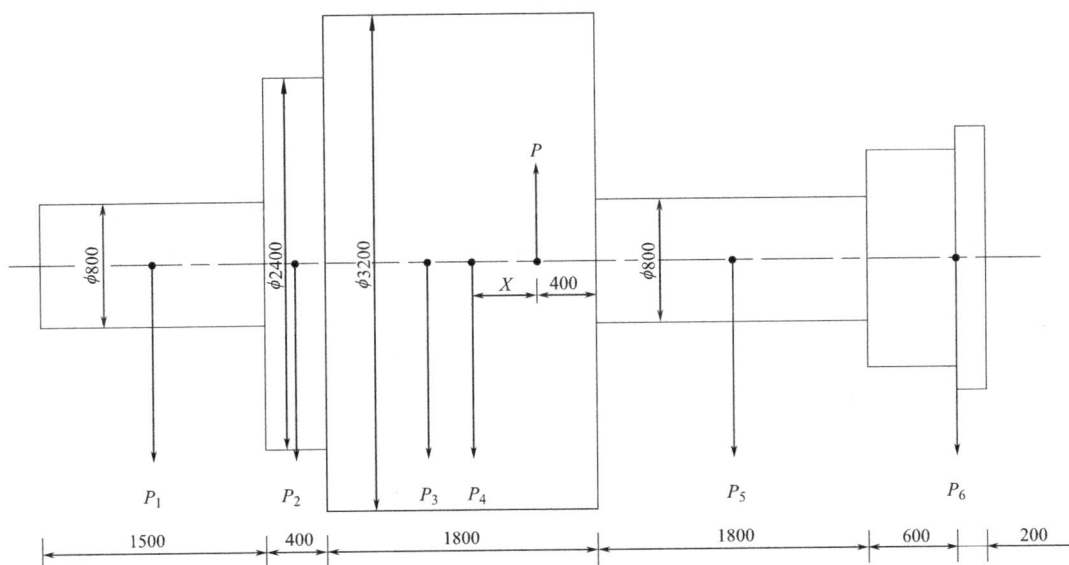

图 5.22-13 转子吊装重心分布示意图

$P_1 = 6t$——后轴重量；$P_2 = 5t$——电枢重量；$P_3 = 8.7t$——转子内轴重量；

$P_4 = 30t$——转子整流器重量；$P_5 = 7t$——前端轴；$P_6 = 12t$——联轴节；总重：68.7t

根据平衡计算，采用平衡梁按图 5.22-15 的吊装示意图进行转子吊装，保证了吊装过程的平稳和安全。

d. 转子吊装操作要点

（a）确认吊装前的检测项目完成后，进行吊装准备，检查吊具及钢丝绳吊索（专用吊索）。

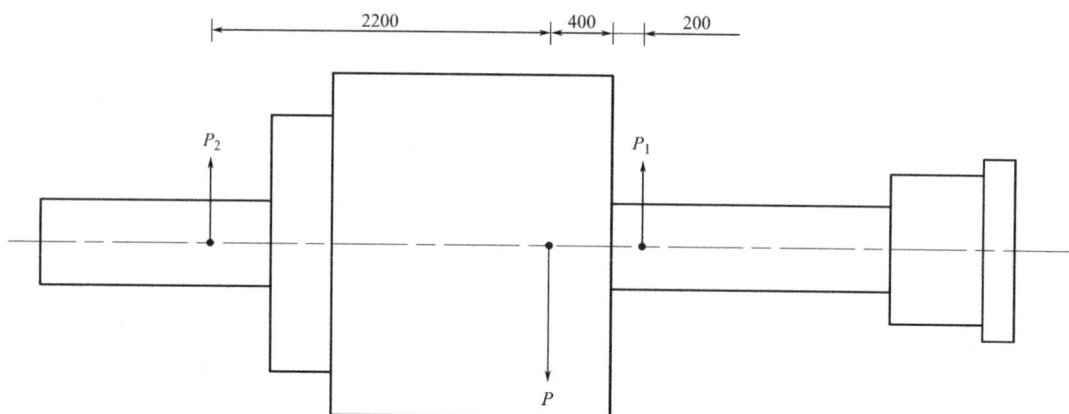

图 5.22-14　吊点位置示意图

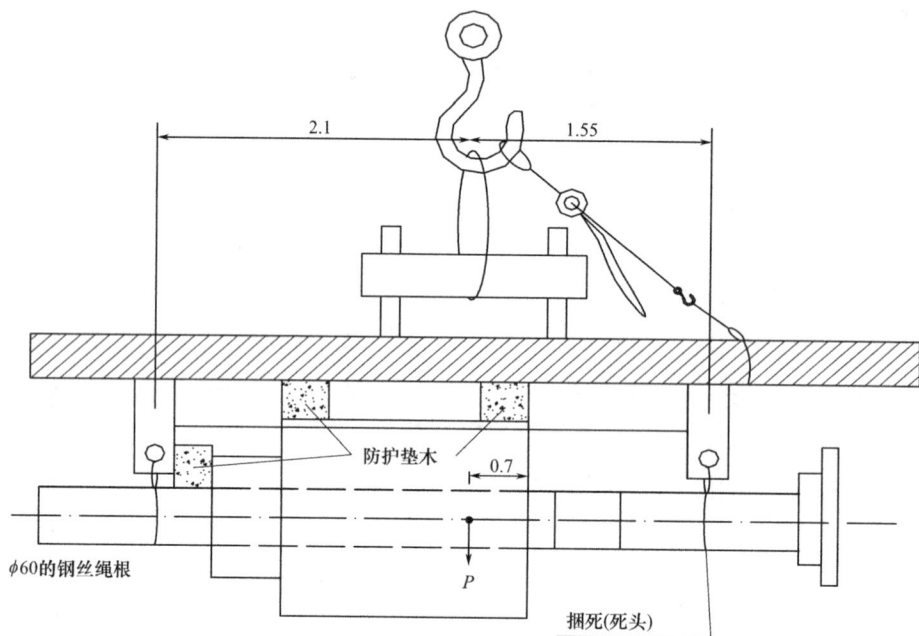

图 5.22-15　转子吊装示意图

（b）吊装过程由专人指挥，挂好吊绳后先进行试吊，精确调整好吊点位置，消除计算误差，尽量保证吊装平衡。因吊点位置调整量有限，如果不能完全平衡，则在重的一侧挂装 10t 捯链，增加辅助力保证平衡。见图 5.22-16。

（c）钢丝绳与轴接触处要垫以橡胶板保护。转子安装时，转子与下定子两侧要垫以橡胶板保护，以防碰撞。

③ 吊装材料和机具

a. 吊装材料（表 5.22-3）

图 5.22-16 转子吊装过程图

吊装材料表 表 5.22-3

序号	名称	规格型号	单位	数量	备注
1	绝缘胶木板	$\delta=6$	m²	10	
2	绝缘胶木板	$\delta=8$	m²	1	
3	绝缘胶木板	$\delta=4$	m²	1	
4	绝缘胶木棒	$\phi60$	m	5	
5	绝缘胶木棒	$\phi42$	m	5	
6	绝缘胶木棒	$\phi28$	m	1	
7	绝缘胶木棒	$\phi80$	m	1	
8	紫铜皮	$\delta=0.25$	m²	2	
9	紫铜皮	$\delta=0.5$	m²	2	
10	紫铜皮	$\delta=0.1$	m²	2	
11	不锈钢皮	$\delta=0.25$	m²	2	
12	不锈钢皮	$\delta=0.5$	m²	2	
13	不锈钢皮	$\delta=0.1$	m²	2	

绝缘胶木板主要是用来做大电机下定子与底座和轴承座与电机底座间的绝缘垫片和连接螺栓的绝缘垫片；绝缘胶木棒主要是用来做连接螺栓和定位锥销的绝缘套。用绝缘垫片和绝缘套的目的是避免在轴承内形成散失电流而损伤轴承。

b. 施工机具表（表 5.22-4）

主要机具设备表 表 5.22-4

序号	名称	规格型号	单位	数量	备注
1	行车	80～90t	台	1	
2	专用吊具	5m	套	1	自制
3	液压分离式千斤顶	100t	套	1	

续表

序号	名称	规格型号	单位	数量	备注
4	螺旋千斤顶	50t	台	2	
5	液压分体式扭矩扳手	JYB60	套	1	
6	标准研磨板	500mm×800mm	块	1	
7	电子水准仪	DIN112	套	1	配套标尺
8	全站仪	DTM-552C	台	1	带三脚架
9	经纬仪	DT-6-1	台	1	带三脚架
10	角磨机	$\phi125$	台	3	
11	框式水平仪	200×200	台	2	0.02mm/m
12	三角刮刀	500mm	把	3	
13	绝缘摇表	500V	台	1	
14	数字万用表	VC9807A	台	2	
15	磁力电钻	$\phi22mm$	台	1	
16	游标卡尺	0～300mm	把	1	
17	外径千分尺	0～25mm	把	1	
18	百分表	0～4mm 0.01mm	块	2	
19	磁性表座	WCZ-10	套	2	

（3）实施总结

该技术由于多台电机流水式施工，通过对电机的安装、检测调整及吊装设计校核的控制操作，实现各部件的安装、吊装、调整、检测等工序按顺序连续进行。同步进行施工，减少了设备、人员的投入，缩短了施工工期，其中关键工艺在类似设备安装或检修中可单独应用；经济和社会效益显著。

（提供单位：中国三安建设集团有限公司。编写单位：姚宏晅、李磊）